U0215313

国家出版基金项目
NATIONAL PUBLICATION FOUNDATION

中国植物保护百科全书

植物病理卷

一 二 三 四

中国林业出版社

亚麻白粉病　flax powdery mildw

由亚麻粉孢引起、主要危害亚麻的叶片和茎秆的真菌病害。

分布与危害　该病害主要分布在黑龙江、新疆、云南等地，是制约亚麻原茎和麻籽优质、高产的主要病害。亚麻白粉病在亚麻整个生育期都可发生，主要危害叶片和茎秆。病害一般先发生在底层叶片，逐渐向上部感染，茎、叶及花器表面上产生零星的灰白色粉状斑，即病菌的菌丝和分生孢子梗及分生孢子，随后病斑扩大形成圆形或椭圆形，呈放射状排列。先在叶的正面出现白色粉状薄层（菌丝体和分生孢子），以后扩大及叶的背面和叶柄，最后布满全叶。此粉状物后变灰、淡褐色，上面散生黑色小粒（子囊壳），病叶提前变黄，卷曲枯死（见图）。在白粉病大发生的情况下，品种间差异很明显。天亚 4 号较抗病，基本不发生；宁亚 6 号、宁亚 7 号发病较轻；定亚 12 号、定亚 15 号发病较重。亚麻、胡麻栽植密度过大或发生倒伏常为诱发该病创造了有利条件。

病原及特征　病原为亚麻粉孢（*Oidium lini* Skoric），有性态为二孢白粉菌（*Erysiphe cichoracearum* DC.）。此外，有记载亚麻内丝白粉菌（*Leveillula linacearum* Golov），也是该病病原。该病在亚麻 5cm 高时就开始发生，伴随亚麻的整个生长过程。其症状分慢性型和急性型。慢性型，叶片自上而下变黄、枯萎，发病轻的少数叶片上有白色菌层，重的则叶片、茎上密布白色菌丝，远看如撒了一层白灰，最后全株枯死。急性型，一开始发病，叶片上就起白色菌丝层。

侵染过程与侵染循环　病原菌以子囊壳在种子表面或寄主病残体上越冬，翌年壳中的子囊孢子在适宜的温度、湿度条件下在幼苗上侵染叶片引起初次侵染，发病后由白粉状霉上产生大量分生孢子，经风雨传播，引起再侵染。一个生长季节中再侵染可重复多次，造成白粉病的严重发生。

流行规律　气候温暖潮湿，利于病害的发生；霜冻情况下，病害的发生、发展受到抑制。气温较低、降水量较多的地区亚麻白粉病发生较轻。

防治方法

选育、利用抗病优良品种　白粉病病原菌有较强的寄生专化性，品种不同抗病性不同，选育抗病良种是一项最经济有效的防治方法。合理使用抗病品种，充分发挥具有抗白粉病种质资源的遗传潜能，防止品种退化，推迟抗病性丧失现象的发生，延长抗病品种的使用年限。

药剂处理　亚麻白粉病的初次侵染源主要来源于种子带菌，播前种子用药剂处理是十分必要的。亚麻白粉病病原菌敏感药剂以多菌灵最佳，用种子质量 0.3% 的 70% 多菌灵可湿性粉剂拌种，并在病害发生初期及时喷药，可抑制病害的发生与流行。在亚麻苗高 15～25cm 时喷洒甲基托布津可湿性粉剂 1000 倍液或 15% 三唑酮可湿性粉剂 1000～1500 倍液，隔 10～15 天喷洒 1 次，防治 2～3 次。

合理轮作　轮作是一项传统的防病措施。实行合理的轮作制度，既可以调节农田生态环境，改善土壤肥力和物理性质，有利于作物生长发育和有益微生物繁衍，又可以减少病原物存活，中断病害循环，减少白粉病对亚麻的危害。因此，各地必须根据当地具体条件，兼顾丰产和防病的需要，建立合理的种植制度。

加强栽培管理　选地、整地、清洁田园。选择土壤肥沃、土层深厚、土质疏松、保水、保肥、排灌良好的地块。秋翻地能提高春季土壤墒情，精细整地，保证墒平、沟直、土细。清洁田园，清除田间、沟边杂草。

适时播种，合理密植　适期播种对防治亚麻白粉病也很重要。黑龙江亚麻产区的最适合播种期为：东部和南部 4 月下旬至 5 月上旬；北部 5 月中旬。播种时注意播种质量，因地制宜确定播种深度，避免过深过浅，以保证出苗快、齐和壮，以抵抗白粉病病原菌的侵染危害。用种量 8～9kg/ 亩，保证基本苗有 1600～1800 株 /m²，达到合理的群体结构。科学施肥、灌水。科学施用中层肥和底肥，增施氮、磷、钾肥，在枞形末期施用氮肥 10～15kg/ 亩。灌好出苗水、枞形末期水、快速生长期水、开花期水、结果期水，以保证亚麻整个生育期对水分的要求，提高植株抗病力。在整个作物生育期全面发挥水肥的调控作用。

亚麻白粉病症状（朱春晖摄）

参考文献

何建群，杨学芬，王少怀，等，2003. 纤用型亚麻白粉病综合防治技术初报 [J]. 农村实用技术 (5): 29-30.

李广阔，王锁牢，王剑，等 . 2007. 新疆亚麻白粉病的初步研究 [J]. 新疆农业科学，44(5): 591-594.

刘淑霞，潘冬梅，魏国江，等，2011，黑龙江省亚麻白粉病发生特点及防治措施 [J]. 黑龙江科学，2(4): 53-54.

杨学，2007. 亚麻白粉病田间药剂试验研究 [J]. 黑龙江农业科学 (2): 48-49.

杨学，李柱刚，关凤芝，等，2007. 亚麻白粉病发生规律研究 [J]. 中国麻业科学，29(2): 86-89.

赵震宇，1978. 新疆白粉菌志 [M]. 乌鲁木齐：新疆人民出版社 .

（撰稿：史晓斌；审稿：朱春晖）

亚麻顶萎病　flax chlorotic dieback

是在亚麻各个生育期均可发生的一种病害。又名亚麻顶枯病。

发展简史　该病于 1947 首次报道，在加拿大的萨斯喀彻温的亚麻上发现。

分布与危害　顶萎病是亚麻主要病害之一，在中国各亚麻产区均有不同程度发生，一般发病率为 10%～20%，严重时可达 30% 以上。亚麻幼苗感病后，植株生长缓慢或枯死，发病严重地块，常造成田间缺苗、断条，给亚麻生产带来较大的损失。亚麻顶萎病在亚麻全生育期均可危害。主要表现为生长点坏死，小叶簇生，节间缩短，分权，后期不开花结实，严重影响亚麻的原茎产量、籽产量及纤维加工品质。

病原及特征　亚麻顶萎病的发病原因尚不完全确认，有学者认为是锌铁等微量元素导致了该病的发生，另有报道称硼元素的缺乏是该病发生的原因，也有学者认为一些真菌是该病的病原菌，其中 *Selenophoma linicola* Vanterpool、*Fusarium* 及 *Alternaria* 为提及最多的真菌病原。

流行规律

品种抗病性　品种对亚麻顶萎病抗性有显著差别，但一般栽培品种很少是抗病的，品种抗病力低，是造成亚麻顶萎病发生严重的主要原因之一。

气候条件　亚麻顶萎病发病最适宜温度 25℃ 左右，10℃ 以下病害发展缓慢，在阴天、高湿条件下有利于顶萎病的发生和流行，在雨水多的年份，亚麻顶萎病发生就比较严重。

耕作栽培　在亚麻重茬、迎茬地块，可使病原菌在土壤内不断积累，发病就较严重。深翻和精耕细作的麻田，麻株生长旺盛，抗病力强，发病就较轻。缺乏营养及营养失调也是促成亚麻感病的诱因，如磷肥对根系发育有良好的作用，钾肥能促进亚麻茎秆粗壮，在缺钾等养分的土壤内，亚麻顶萎病特别严重。过剩的氮素增加顶萎病感染率。

防治方法

选育、利用抗病优良品种　通过筛选抗病资源，进行抗病育种，培育出高产、高抗病材料，是亚麻育种主要目标之一。

合理轮作　轮作、选茬十分必要，应采用 5 年以上轮作，严禁重茬、迎茬。东北麻区多以玉米、小麦、谷子、高粱、大豆等作物轮作，是防治亚麻顶萎病的有效措施。

加强栽培管理　种植亚麻要选择土层深厚、土质疏松、保水保肥力强、排水良好，地势平坦的黑土地、二洼地，深翻和精耕细作。合理密植。氮、磷、钾和微量元素合理搭配施用。清除田间杂草，及时防治虫害，培育壮苗，促进亚麻的生长，以提高植株抗病力。

化学防治　根据病情和气候情况，在亚麻顶萎病病害发生初期及时喷药，可抑制病害的发生与流行。可喷洒 50% 咪鲜胺锰盐可湿性粉剂 1000～1500 倍液或 75% 百菌清 500～800 倍液。第一次用药后，根据病情发展程度 1 周后再喷第二次药剂，防治效果可达 80% 以上。

参考文献

杨学，关凤芝，李柱刚，等，2007. 亚麻顶萎病发生特点及防治技术研究 [J]. 中国麻类科学，19(5): 283-285.

MORAGHAN J T, 1978. Chlorotic dieback in flax[J]. Agronomy journal, 70(3): 501-505.

VANTERPOOL T C, 1947. *Selenophoma linicola* sp. nov. on flax in Saskatchewan[J]. Mycologia, 39(3): 341-348.

（撰稿：王会芳；审稿：陈绵才）

亚麻灰霉病　flax gray mold

由灰葡萄孢引起的、亚麻生产中的重要病害之一。

分布与危害　是一种世界性病害。在各麻区均有不同程度发生，给亚麻生产带来较大的损失，影响了麻农种麻的积极性和生产厂家的经济效益。主要危害亚麻、胡麻等。

从种子发芽开始，整个生长过程都可侵染。幼苗出土后，茎基部可见棕色小点，病菌迅速传播幼苗萎蔫而死。在植株成熟阶段，常侵染茎秆形成条状病斑，感病部位变成淡黄色溃烂。多雨年份麻茎上由分生孢子梗形成绒毛状霉层，破坏纤维。雨露沤麻时，茎秆感病部位变白，上面出现与茎木质部牢固粘连而突起的黑色坚硬疣状物（菌核），它由紧密交织的菌丝构成。

病原及特征　病原为灰葡萄孢（*Botrytis cinerea* Pers. ex Fr.），属葡状菌属。菌丝体灰色匍生性，分生孢子梗直立，有隔，褐色，有大量葡萄串状分枝，上面布满分生孢子，分生孢子单胞，球形、椭圆形或长圆形，无色或淡色，在茎上繁生之后，分泌毒素，使植物中毒，有时可产生黑色片状菌核。病菌生长发育温度范围 4～32℃，最适温度为 20～25℃，分生孢子在 13～30℃ 均能萌发，产生分生孢子与孢子萌发的适温为 21～23℃。

侵染过程与侵染循环　亚麻灰霉病病原菌主要以菌核在土壤中或以菌丝及分生孢子在病残体组织上及混杂在种子中越冬，这些均可成为翌年初侵染来源。翌春条件适宜，菌核萌发，产生菌丝体和分生孢子梗及分生孢子。分生孢子成熟后脱落，借气流、雨水等进行传播。萌发时产出芽管，病原菌不需要有伤口即能侵入，也可由表皮直接侵染引起发病，潮湿时病部产生大量的分生孢子可进行再侵染。

流行规律　亚麻灰霉病病原菌在土壤中可存活 3～4 年，所以重茬、迎茬地块发病就比较严重。病原菌可以通过病株与健康株的根系在土壤中接触来传播，因此，密植田比稀植田感病严重。引种时带菌的种子是该病传播到无病区去的主要途径，播种带菌种子和施用混有病残体的堆肥、粪肥，则是病情逐渐加重的主要原因。

品种抗病性　亚麻品种间对灰霉病抗性有显著差别，但一般栽培品种很少是高抗病的，品种抗病力低，是造成灰霉病发生严重的因素之一。

气候　温、湿度是亚麻灰霉病发生的必要条件，高湿是病害发生发展的主导因素。低温阴雨有利于此病的发生，当田间温度在 15℃ 以上，相对湿度 70% 以上就会发病；当温度在 20℃ 左右，相对湿度 85% 以上时，灰霉病就会严重发生；温度升高，病害停止。

菌源　菌源主要来源于混有亚麻灰霉病病原菌的土壤、茎秆、枯叶的残秸、种子以及未腐熟的肥料。在亚麻重茬、迎茬地块，可使病菌在土壤内不断日积月累，这是发病重的一个因素。

土壤性质　亚麻灰霉病是以土壤传播为主的病害，因此，它的发生发展受土壤理化性状影响很大。亚麻田地势低洼、排水不良，易造成田间积水，土壤湿度大，灰霉病发生就会严重。

耕作栽培　亚麻田植株密度过大、播期过晚、偏施氮肥，使亚麻生长贪青、倒伏等情况，以及田间通风透光差，湿度大，有利于病菌繁殖，亚麻灰霉病发生就重；深翻和精耕细作的亚麻田，麻株生长旺盛，抗病力强，发病就轻。缺乏营养及营养失调也是促成亚麻感病的诱因，如磷肥对根系发育有良好的作用，钾肥能促进亚麻茎秆粗壮。过剩的氮素增加灰霉病感染率，而氮、磷、钾和微量元素合理搭配施用，有利于提高产量和减轻病害，特别在钾肥不足的土壤内，适当均衡施肥效果更好。施肥不仅可提高寄主的抗性，而且对根际拮抗微生物数量的变化也有影响。

防治方法

选育、利用抗病优良品种　选用抗病品种是防治灰霉病有效的途径之一。通过筛选抗病资源，进行抗病育种，培育出高产、高抗病材料。要在无病田中采种，无病地区应采取严格的检疫措施，防止带病种子传播。

合理轮作　多年种麻的连作地不仅土壤理化性状变劣，对麻株生长发育不利，而且土壤中的病菌日积月累，增加了土壤感染度。因此，轮作、选茬十分必要，应采用 4 年以上轮作，严禁重茬、迎茬。东北麻区多以玉米、小麦、谷子、高粱、大豆等作物轮作，是防治亚麻灰霉病的有效措施。

加强栽培管理　深翻和精耕细作，要求严格遵守减轻亚麻倒伏的农业技术措施，即缩减氮肥用量，增加磷钾肥和微量元素用量，协调好植株体内氮、磷、钾的比例，合理密植，清除田间杂草，及时防治虫害，培育壮苗，促进亚麻的生长，以提高植株抗病力。收获后清除亚麻残体，切忌在下年种亚麻地块沤麻，减少菌源。

化学防治　根据病情和气候情况，在亚麻灰霉病发生初期，及时喷药，可抑制病害的发生流行。发病初期喷洒 50% 农利灵可湿性粉剂 1000～1500 倍液、50% 多霉灵可湿性粉剂 800～1000 倍液、50% 扑海因可湿性粉剂 1000 倍液，每隔 7～10 天喷 1 次，连喷 2～3 次，防治效果可达 75% 以上。使用药剂防治注意事项：①用药时间在病害发生初期用药，效果较理想。②药液配制时要搅拌均匀。③喷药时要仔细，保证植株的周身都喷到，才能获得最佳的防治效果。④注意药剂的交替使用。

参考文献

杨学，2002. 亚麻病害症状及检索表 [J]. 中国麻业 (5): 23- 27.

张福修，2000. 亚麻重迎茬病害防治方法研究初报 [J]. 中国麻作，22 (2): 31-34.

中国农业科学院植物保护研究所，中国植物保护学会，2015. 中国农作物病虫害 [M]. 3 版 . 北京：中国农业出版社 .

COLHOUN J, 1944. Grey mould (*Botrytis cinerea*) of flax[J]. Nature, 153: 25-26.

（撰稿：程菊娥；审稿：朱春晖）

亚麻假黑斑病　flax false black spot

由细链格孢引起的亚麻上的一种真菌病害。

分布与危害　在中国种麻区均有不同程度发生。亚麻假黑斑病可危害亚麻小苗和成株，田间发病率一般为 10%～20%，发病严重地块，常造成田间缺苗，给亚麻生产带来很大的损失。病斑圆形或近圆形，浅灰褐色，轮纹不大明显，湿度大时病斑上生有灰黑色霉层，即病菌分生孢子梗和分生孢子。严重时病斑互相融合，致叶片干枯，每年均有发生（见图）。

病原及特征　病原为细链格孢（*Alternaria tenuis* Nees），属链格孢属。分生孢子常聚为长而分枝的链，单个孢子呈倒棒状倒梨形、卵形或椭圆形，常具有短喙，其长度不超过孢子长度的 1/3，淡褐色或橘黄褐色，光滑或具瘤，大小为 9.5～40μm×5～11.25μm，腐生或弱寄生，常作为第二寄生物。

侵染过程与侵染循环　以菌丝或分生孢子在种子或病残体上越冬，成为翌年初侵染源。发病后从新病斑上产生的分生孢子，通过气流传播蔓延并进行再侵染。

流行规律　亚麻假黑斑病，一般在雨季植株长势弱的田

亚麻假黑斑病症状（王会芳提供）

Y

块发病重。发病后遇天气干旱利于症状显现。发病严重的，叶片大量干枯而死。

防治方法

种子处理　播种前用种子重量 0.3% 的 50% 福美双可湿性粉剂或 40% 拌种双粉剂或 70% 代森锰锌、75% 百菌清、50% 扑海因可湿性粉剂拌种。

田间管理　从无病株上采种，做到单收单藏；实行 2 年以上轮作；增施底肥，促其生长健壮，增强抗病力。

化学防治　发病初期开始喷洒 50% 异菌脲可湿性粉剂 1000 倍液或 75% 百菌清可湿性粉剂 600 倍液，或 80% 代森锰锌可湿性粉剂 600 倍液。

参考文献

吕佩珂，苏慧兰，吕超，2007. 中国粮食作物、经济作物、药用植物病虫原色图鉴：下册 [M]. 3 版 . 呼和浩特：远方出版社 .

徐素琴，原树忠，陈晓春，1984. 杨叶枯病菌：细链格孢 [Alternaria tenuis] 的研究 [J]. 东北林学院学报，12(1)：56-64.

（撰稿：王会芳；审稿：陈绵才）

亚麻立枯病　flax seedling blight

由立枯丝核菌引起、危害亚麻的一种真菌病害，是亚麻苗期常发病害之一。

分布与危害　是亚麻苗期的一种常发病，在中国种麻区均有不同程度的发生，一般发病率为 10%～30%，严重时可达 50% 以上。

亚麻出苗后 1 个月是立枯病常发期：出苗后罹病植株幼茎部呈黄褐色条状斑痕，病痕上下蔓延，严重时茎基部缢缩变细，形成明显的凹陷缢缩，叶片凋零下垂，茎不倒伏，但顶梢下弯，之后逐渐枯死。罹病轻者可以恢复，重者顶梢萎蔫，茎直立而死，也有折倒死亡的，很难连根拔出。此病常与炭疽病混合发生，有时症状不易区别，一般幼苗在 2 片真叶以前引起死亡的主要是炭疽病，3cm 高时主要是立枯病。难以确诊时可切割少许折断的茎组织，置 25℃ 下用清水培养数日，病部长出疏松的褐色颗粒，即为立枯病的菌核（见图）。

病原及特征　病原为立枯丝核菌（*Rhizoctonia solani* Kühn），属丝核菌属。在自然条件下只形成菌丝体和菌核，病菌主要由菌丝体繁殖传播。初生菌丝无色，较纤细；老熟菌丝呈黄色或者浅褐色，较粗壮，肥大，菌丝宽为 815μm，在分枝处略呈直角，分枝基部略缢缩，近分枝处有一隔膜。在酷暑中有时能形成担子孢子，担子孢子无色，单胞，椭圆形或卵圆形，大小为 4.07μm×5.09μm，能生成粗糙的菌核，菌核成熟时棕褐色，形状不规则，褐色，直径 1～3mm，常数个互相合并，无内外部分化，切面呈薄壁组织状，菌核之间有少数菌丝相连。

病菌生长的温度范围为 10～38℃，最适宜温度为 20～28℃，致死温度为 72℃10 分钟。对酸碱度的适应范围很广，在 pH2.0～8.0 均可生长，但以 pH5.0～6.8 为最适。日光对菌丝生长有抑制作用，但可促进菌核的形成。菌核在 25～28℃ 和相对湿度 95% 以上时，12 天内就可萌发。

侵染过程与侵染循环　潜伏在土中或病残体上越冬的病原菌如遇合适条件便会侵染幼苗，使其腐烂，不能出土。亚麻立枯病病原菌是典型的土壤真菌，主要以菌丝体和菌核在病残体或土中越冬，并可在土中腐生。早春土壤解冻后就开始活动。条件适宜时，菌丝可在土壤中扩展蔓延，反复侵染。又可附着或潜伏于种子上越冬，成为翌年发病的初侵染来源。播种后条件合适时便侵染幼苗。引种时带菌的种子是该病传播到无病区去的主要途径，而播种带病种子和施用混有病残体的堆肥、粪肥，则是病情逐渐加重的主要原因。在田间，该病还可以借流水、灌溉水、农具和耕作活动而传播蔓延。

流行规律　亚麻立枯病主要受温度和湿度的影响。播种后如土温较低，出苗缓慢，增加病原菌侵染的机会。出苗后半个月如遇干旱少雨，幼茎柔嫩，易遭受病原菌侵染。一般在土温 10℃ 左右病原菌即开始活动，在多雨、土壤湿度大时，极有利于病原菌的繁殖、传播和侵染。

耕作栽培对亚麻立枯病也有影响。在亚麻重茬地块，可使病菌在土壤内不断积累，发病加重。亚麻田块地势低洼，易造成田间积水，土壤湿度增大，病害则加重。土质黏重，土壤板结，地温下降，使幼苗出土困难，生长衰弱，立枯病严重。播种过深使出苗延迟，生长不良，也有利于发病。深翻和精耕细作的亚麻田，亚麻株生长旺盛，抗病力强，发病轻。

另外，缺乏营养及营养失调也是促使亚麻感病的诱因，如磷肥对根系发育有良好的作用，钾肥能促进亚麻茎秆粗壮，在缺钾等土壤内，亚麻立枯病特别严重。单施氮肥有促进病害发展的趋势，而氮、磷、钾和微量元素合理搭配施用，有利于提高产量和减轻病害，特别在钾肥不足的土壤内，适当均衡施肥效果更好。施肥可提高亚麻的抗病性。

防治方法　亚麻立枯病的发生和流行与品种感病性、越冬菌源和气候条件密切相关，因素复杂，因此，需采取以选种抗病品种为主、栽培和药剂防治为辅的病害综合治理措施。

选用抗病品种　是防治立枯病的有效方法。通过筛选抗病资源，进行抗病育种，培育出高产、高抗病材料。如黑亚 11、双亚 6 号属于抗病品种，适于大面积种植。要在无病田中采种，并采取严格的检疫措施，防止带病种子传播。

合理轮作　亚麻立枯病菌腐生土壤中，多年种麻的连作

亚麻立枯病症状（朱春晖摄）

地不仅土壤理化性状变劣，对麻株生长发育不利，而且土壤中的病菌日积月累，增加了土壤感染度。因此，轮作、选茬十分必要，应采用 5 年以上轮作，严禁重茬、迎茬。东北区多以玉米、小麦、谷子、高粱、大豆等作物轮作，是防治亚麻立枯病的有效措施。

适期播种　过早播种，尤其在遭遇寒流情况下，使幼苗病害严重发生。播种时注意播种质量，因地制宜确定播种深度，避免过深过浅，以保证出苗快、齐和苗壮，减少病菌侵染机会。

加强栽培管理　选择土层深厚、土质疏松、保水肥强、排水良好、地势平坦的黑土地、二洼地，深耕和精耕细作。氮、磷、钾和微量元素合理搭配施用。清除田间杂草，及时防治虫害，培育壮苗，促进亚麻的生长，以提高植株抗病力。收获后清除亚麻残体，减少菌源。

化学防治　亚麻立枯病的初次侵染源来自土壤和种子带菌，播种前用药剂处理十分必要。用适量多菌灵加少量甲基托布津和代森锰锌制成复配药剂，用种子重量种 0.6% 的药量拌种或用种子重量 0.3% 的 50% 五氯硝基苯粉剂拌种，防病效果可达 80% 以上。

参考文献

肖尧，2009. 亚麻立枯病发病条件及防治对策 [J]. 农村实用技术 (2): 43.

杨春玲，祁秀玲，白新敏，2014. 绥化地区亚麻田常见病虫害的防治 [J]. 现代农业科技 (22): 120, 128.

杨学，2002. 亚麻立枯病发生规律及其综合防治措施 [J]. 黑龙江农业科学 (1): 43-44.

杨学，刘丽艳，关凤芝，等，2009. 亚麻立枯病病原菌鉴定及药剂筛选 [J]. 黑龙江农业科学 (4): 67-68.

朱轩，羊国安，王学明，等，2010. 几种药剂对冬季亚麻立枯病的防治效果 [J]. 中国麻类科学，32(6): 323-326.

（撰稿：孙书娥；审稿：朱春晖）

亚麻锈病　flax rust

由亚麻栅锈菌引起的、亚麻上的一种流行性病害。

分布与危害　亚麻整个生育期均可受害。病菌侵染亚麻子叶、真叶、茎、花梗和蒴果等绿色部分，先侵染上部叶片，后扩展到下部叶片、茎、枝及蒴果和花梗等部位。发病初期叶片上产生黄色小斑点，为病菌的性孢子器和锈孢子器，性孢子器不明显。在生育的中后期，叶、茎和蒴果上均产生淡黄色至橙黄色小点，微隆起成疱斑，为病菌的夏孢子堆。成熟前在夏孢子堆周围产生暗褐色至黑色的光滑小疱斑为冬孢子堆。冬孢子堆埋生于寄主表皮下，不突破表皮，有光泽，主要发生于茎部，排列不规则，严重时孢子堆密集，相互汇合，长可达 2~15mm，叶片和茎上的病斑颜色和形状略有差异，在叶上，病斑呈鲜橘黄色，圆形或卵圆形。夏孢子堆生于正、背两面，大小为 0.8~1.8mm，在茎上，夏孢子堆呈梭形，大小为 1.5~15mm，也有更长的。茎部严重被害后可使纤维折断，甚至植株早枯，降低种子和纤维的产量和品质。

病原及特征　病原为亚麻栅锈菌 [Melampsora lini (Ehrenb.) Lév.]，异名 Melampsora liniperda (Koern.) Plam; Verdo miniata f. lini Pers.; Xyloma lini Ehrenb.。该菌单主寄生，生活史完全。性子器多在叶表皮下的气孔腔内形成，瓶状，浅黄色，内生圆形至卵形的性孢子。锈子腔散生在叶片两面，近圆形至椭圆形，黄色至橘黄色，内生锈孢子。夏孢子堆叶上的直径 0.3~0.9mm，茎上的长达 2mm，夏孢子倒卵形至椭圆形，表生细刺，孢子间混生丝状体。冬孢子堆生在叶的两面或茎表皮下，初为红褐色，后变黑，茎上的为 1.5~2.5cm。冬孢子圆柱形或角柱形成层排列，褐色光滑，大小 46.8~80μm×8~19μm。

在寄主表皮下紧密排列成栅栏状；冬孢子萌发产生担孢子，担孢子球形。性孢子器小，淡黄色，在叶上不明显，性孢子球形或卵形，无色。锈孢子器圆形，橘黄色，裸生于叶片两面并稍突出于寄主表皮，锈孢子球形，壁无色，有细疣，内容物橘黄色。夏孢子堆橘黄色，具护膜，成熟后散出夏孢子。病菌以冬孢子堆在病残体上越冬，也可以冬孢子在蒴果和种子上越冬。冬孢子耐低温能力很强，在 20~30℃ 下仍具生命力。通常冬孢子在雪下越冬后才能萌发，在种子上的冬孢子不萌发。当春季温度回升并有降雨时，田间病残体上越冬的冬孢子萌发产生担孢子，借风雨传播，侵染亚麻的幼叶和幼茎，并产生性孢子器和锈孢子器。锈孢子借风雨传播，从气孔侵入叶片，形成夏孢子堆，夏孢子借风雨传播，再侵染亚麻叶、茎、花序、小枝及萼片等部位，环境条件合适时，5~7 天就能产生一代夏孢子，在亚麻生长期间可反复再侵染多次，到亚麻生育后期，夏孢子堆周围形成冬孢子越冬。

侵染过程与侵染循环　以种子上黏附的冬孢子及病残体上的冬孢子堆越冬。翌春条件适宜时，冬孢子萌发产生担孢子进行初侵染，以后病部产生的锈孢子和夏孢子通过风雨传播蔓延，进行再侵染。春季气温 14~18℃ 及雨露利于担孢子形成，18~20℃ 利于锈孢子和夏孢子的侵染。

流行规律　多雨年份，麻田低洼潮湿、施用氮肥过多易发病。播种过晚、不抗病的品种发病重。亚麻锈病受品种抗病性和气候条件影响很大，冬孢子要求较长时期低温的冷冻环境后才能萌发，在春季 14~18℃ 下 2~3 天就萌发。锈孢子和夏孢子萌发温度范围是 0.5~27℃，最适 18℃ 左右，侵染温度 16~22℃，最适 18~20℃。病害在田间发生发展期间的温度与孢子萌发侵染适温相吻合，根据黑龙江克山观察，亚麻锈病于 6 月末出现夏孢子堆，7 月中旬为发病盛期，当地的温度条件有利于锈病发生。冬孢子、锈孢子和夏孢子有水滴十才能萌发和侵入，故 6~7 月降雨多，田间湿度大发病重；低洼地比岗地病重。品种间对锈病的抗病性有很大差异。华光 1 号和公交 75 均为高感品种；工河林、蒙选 198、集宁红、宁亚 2 号、匈牙利 1 号等抗病。此外，氮肥施用过多、播种晚、地势低洼排水不良的地块发病都重。

防治方法　选用早熟丰产抗病品种，并注意小种的变化。合理轮作。收获后及时清除病残体。选择高燥地种植亚麻，低洼地注意排水。不要偏施、过施氮肥，适当增施磷钾肥，提高抗病力。药剂防治。播种前用种子重量 0.3% 的粉锈宁或 20% 萎锈灵可湿性粉剂拌种。在亚麻苗高 15cm 和现蕾

Y

期喷洒 20% 三唑酮（粉锈宁）乳油 2000 倍液或 20% 萎锈灵乳油或可湿性粉剂 500 倍液、12.5% 三唑酮（粉锈宁）可湿性粉剂 1500～2000 倍液。隔 10 天 1 次，连防 2～3 次。

参考文献

杨学，2002. 亚麻锈病发生特点及防治 [J]. 中国麻业科学，24(6): 17-20.

张科，2003. 亚麻常见病害识别与综合防治 [J]. 农业与技术，23(2): 35.

（撰稿：方勇；审稿：朱春晖）

烟草靶斑病　tobacco target spot

由立枯丝核菌引起的、主要危害烟草叶片的病害。

发展简史　首先由 Costa 于 1948 年在巴西发现，1973 年，Vargas 描述了哥斯达黎加烟草上的靶斑病。1984 年，Shew 等报道在美国北卡罗来纳州大面积发生这种病害。此病害在南非、津巴布韦也有报道。吴元华等 2005—2006 年在中国首次报道了该病害，广西、湖北、贵州、云南等地均有发生。

分布与危害　烟草靶斑病在巴西、哥斯达黎加、美国和中国的广西、湖北、贵州、云南等地发生。1989 年，此病害在美国北卡罗来纳造成 2000 万美元的损失。2005—2006 年靶斑病在辽宁大面积发生，一般地块减产 15%～20%，严重地块产量损失高达 90% 以上。

烟草靶斑病在烟草苗期和成株期都可以发生，以成株期受害严重。

病苗幼叶上开始时形成小而圆的水渍状小点，1～2 天可扩展成直径 2～3mm 的圆斑，迎光观察呈现网纹状；幼茎也可受害，病斑椭圆形，稍凹陷，易腐烂和溃疡。

根据侵入时气候条件及烟草品种抗性情况，可将靶斑病的症状区分为以下 3 种类型：①靶斑型（图 1 ①）。即典型症状，病斑初为小的圆形水渍状斑点直径 2～3mm，如温湿度适宜，病斑扩展为不规则形，直径可达 2～12cm，病斑内的组织浅褐色，常有同心轮纹，病斑的坏死部分易碎裂脱落成穿孔，形似枪弹射击后留在靶子上的空洞，故称靶斑病；病斑周围有褪绿晕圈。②云纹型。该类型病斑初为水渍状后变为灰褐色，病斑上常可见 1 至多个侵染点，病斑不产生穿孔症状，边缘明显呈不规则状，无黄色晕圈。③似野火型（图 1 ②）。产生褐色水渍状小圆点，周围被病菌分泌的毒素毒害而产生很宽的黄色晕圈，病斑通常开裂、脱落形成穿孔。

病原及特征　病原为立枯丝核菌（*Rhizoctonia solani* Kühn）。菌丝粗壮，有隔膜，多核，直径为 7～12μm，幼嫩菌丝无色，老熟菌丝呈浅褐色至黄褐色。菌丝有分枝，分枝处往往成直角，并在其基部有缢缩，菌丝时常有锁状联合（图 2）。该菌菌丝生长的适宜温度为 20～30℃，最适温度 25℃；菌丝生长的最适 pH 为 4.5～7.0。

立枯丝核菌是一类复杂的土壤习居菌，存在菌丝融合现象，根据其菌丝融合能力可划分为若干菌丝融合群（anastomosis group，AG），不同的菌丝融合群对寄主的选择有一定的倾向性。

辽宁的 18 个烟草靶斑病菌代表株划分为 3 个致病类型：致病型Ⅰ，属于强致病类型，占供试菌株的 11.1%；致病类型Ⅱ属于中等致病类型，占供试菌株的 72.2%；致病类型Ⅲ，属于弱致病类型，占供试菌株的 16.7%。致病类型分布与地区来源无明显相关性。

该病菌寄主范围较窄，可危害烟草、番茄、茄子及马铃薯等。

侵染过程与侵染循环　该病菌的侵染受到许多环境因素的影响，其中最重要的是温度和湿度。15～35℃ 均可侵染，以 25～30℃ 最适宜。越冬病菌在 24℃ 左右的温度和适宜的湿度条件下产生担孢子，担孢子萌发直接侵入烟草叶片，完成初侵染；菌丝和菌核萌发，也可直接侵染幼苗，而引起烟苗茎溃疡和立枯症状。

流行规律　该病菌以菌丝、菌核在土壤和病株残体上越冬，越冬病菌可产生担孢子，靠空气流通而传播扩散到健康的烟株上，侵染危害。

烟草靶斑病发生的早晚、轻重，取决于寄主抗性、病菌和环境条件三者的相互作用。①寄主的抗病性。②病菌数量及其致病性。中国的菌系间致病力虽有差异，但在病害流行中似乎没有明显的表现，只要环境条件合适，病菌大量存在，

图 1　靶斑型烟草靶斑病菌症状（①③夏博提供；②陈德鑫提供）
①靶斑型症状；②似野火型症状；③症状

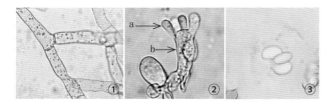

图 2　烟草靶斑病菌形态图（吴元华摄）

①多核菌丝；②担孢子梗（a）及担子（b）；③担孢子

不管是强致病力菌系或弱致病力菌系，同样在感病品种上引起大流行。③环境条件。主要指温度、湿度或降水量，尤以湿度和降水量对病情的发生发展影响最大。

防治方法　对烟草靶斑病的防治应实行利用抗病品种为主，栽培管理、合理轮作和化学防治为辅的综合防治措施。

选育、推广抗病品种　没发现对烟草靶斑病免疫的品种，但有一些中抗和高抗品种，应根据当地病菌致病性分化情况选育或推广抗病品种。

农业防治　①苗床土壤消毒及卫生移栽，保证烟苗健壮抗病。②彻底销毁烟秆、烟杈、烟根及烟田已死亡的杂草，以减少越冬菌源。③与禾本科作物合理轮作。④及时中耕除草。大田中后期应浅中耕，有助于烟叶抗性提高和成熟落黄；除草可降低田间相对湿度及减少病菌的杂草寄主。

化学防治　靶斑病是暴发流行病害，在团棵期烟株下部叶即出现零星病斑，此时应及时药剂防治。可选用以下药剂：80% 波尔多液可湿性粉剂 600 倍液、10% 井冈霉素水剂 600 倍液、40% 菌核净可湿性粉剂 500 倍液等。

参考文献

吴元华，王左斌，刘志恒，等，2006. 我国烟草新病害——靶斑病 [J]. 中国烟草学报 (6): 22, 51.

吴元华，赵艳琴，赵秀香，等，2012. 烟草靶斑病原鉴定及生物学特性研究 [J]. 沈阳农业大学学报，43(5): 521-527.

（撰稿：吴元华、夏博；审稿：王凤龙、陈德鑫）

烟草白粉病　tobacco powdery mildew

由二孢白粉菌引起的、危害烟草地上部的一种真菌病害，是全球许多烟草产区的重要病害之一。

发展简史　Comes 等于 1878 年报道，在意大利发现烟草白粉病。此后澳大利亚、保加利亚、巴西、中国、希腊、危地马拉、印度、伊拉克、日本、印度尼西亚、北马其顿、马达加斯加、毛里求斯、莫桑比克、葡萄牙、罗马尼亚、俄罗斯、南非、津巴布韦、土耳其、前南斯拉夫、波兰、牙买加、尼加拉瓜等相继报道发现该病。

分布与危害　1947 年烟草白粉病曾在意大利流行；在巴尔干半岛国家常年危害严重，通常发病率为 50%～100%；在津巴布韦白粉病是烟草最严重的真菌病害，尤其在海拔 500m 以上的烟区十分流行；在南非年平均损失为 20%～30%；在奥地利、北马其顿、印度尼西亚常年发生严重。

中国台湾 1919 年报道发现烟草白粉病。1939 年，余茂勋报道在四川成都平原发现烟草白粉病，随后贵州、云南、山西、陕西、山东、广东、福建、安徽等地继发现烟草白粉病，局部危害严重。进入 21 世纪以来，烟草白粉病在华中、华南和西南烟区呈危害加重的趋势（图 1）。

病原及特征　病原为二孢白粉菌（*Erysiphe cichoracearum* DC.），属白粉菌属（*Erysiphe*）。二孢白粉菌形成椭圆、透明、单细胞粉孢子，粉孢子串生，着生在不分叉的粉孢子梗上（图 2 ②），粉孢子大小为 20～50μm×12～24μm（图 2 ①）。黑色圆形的子囊壳，无孔，但有弯曲的、不确定的附属丝，大小为 80～140μm，内含 4～25 个卵形的、微小短柄的子囊，大小为 58～90μm×30～35μm，多数子囊中含有 2 个透明、单细胞的子囊孢子，大小为 20～28μm×12～20μm，个别子囊含有 3 个子囊孢子。粉孢子萌发的最低温度为 7℃，最适为 23～25℃，最高温度为 32℃。Minev 报道，粉孢子可抵抗 –3℃ 的低温。粉孢子在相对湿度 100% 和水中不能萌发，尽管 Rossouw 报道粉孢子在相对湿度 0～100% 和 15～32℃ 的条件下可以萌发，最适萌发湿度是相对湿度 60%～80%，有些可在相对湿度 20% 的条件下萌发，粉孢子在萌发过程中利用了自身的水分。Somers 和 Horsfall 报道，粉孢子的含水量随其形成时间的空气湿度变化而变化。粉孢子的储水能力不是绝对含水量，而是干旱条件下粉孢子萌发的重要条件。Levykh 发现在相对湿度 80%～89% 的条件下，短命的粉孢子能够存活 12 天，但在相对湿度 40%～58%、19～21℃ 的条件下粉孢子存活几天。Tsumagari 认为粉孢子的寿命为 28～73 天，夏季比冬季的生命力强。粉孢子在黑暗和有光照的条件下都能形成，但在有光照的条件下比在黑暗中成熟得快，在光照条件下释放粉孢子。Pady 认为，粉孢子的释放是由需光的内源节律控制的。而 Cole 和 Fernandes 认为，

图 1　烟草白粉病症状（①陈德鑫提供；②时焦提供）

①重病株；②初始形成的粉孢子堆

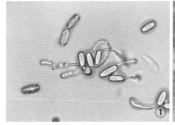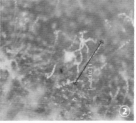

图 2　烟草白粉病病原（时焦提供）

①二孢白粉菌的粉孢子；②孢子梗上串生粉孢子

温度、湿度和风速对产孢、孢子成熟、扩散和萌发都有影响，一般在 13：00～15：00 粉孢子释放达到峰值。

通常子囊壳在生长季节的后期形成，将成熟子囊壳放入水中可以诱发子囊孢子的产生。Tsumagari 报道，在 4～22℃ 的条件下子囊壳裂开，最适温度为 14℃，在 4～34℃ 的条件下子囊孢子萌发，最适温度为 10～18℃。白粉菌的子囊壳在相当广泛的环境条件下能够存活多年。

二孢白粉菌的不同菌株对不同的寄主具有不同的致病力。Deckenbach 用来自烟草的白粉病菌成功地接种了葫芦，但用葫芦上的白粉菌接种烟草没有成功；Hopkins 报道，从马铃薯上获得的白粉病菌能够成功地入侵烟草；意大利的学者发现，用烟草白粉病菌接种烟草，能够产生严重的为害症状，并且形成子囊壳，而用其接种菠菜和其他葫芦科植物，所产生的菌丝层和粉孢子层都很稀疏，用其接种其他 11 科多个属的植物都不成功，而这些植物都是二孢白粉菌的寄主。二孢白粉菌是异宗配合的，Morrison 用多个混合菌株接种，5 周后获得成熟的子囊壳。2 个等位基因控制配合力，来自不同寄主的分离物构成了特异生理小种的事实，说明存在其他的遗传配合组合。这说明新的生理小种会连续形成。

烟草白粉病菌还侵染多种其他植物，主要是葫芦科和菊科植物，Salmon 列出了 115 属的寄主植物，并对烟属植物的抗病性进行了认真研究。Ternovsky 报道了一种高抗日本晾烟品种。Raeber 等发现 19 种植物对白粉病菌免疫。而 Cole 报道了 23 个种或者是高抗或者免疫。一些品种在某一国家是高抗的，而在其他国家是高感的。这表明或者种子错了，或者存在不同致病力的菌株。

Ternovsky 利用 *Nicotiana digluta* 作为抗花叶病和白粉病的抗源培育了抗 2 种病害的烟草品种；Raeber 等对 *Nicotiana digluta* 所做的研究表明，其抗性由多遗传因子控制，难以获得具有抗性的纯合品系，他们推测在育种过程中丢失了免疫主效基因，而筛选了具有高抗能力的多基因；Cole 也利用 *Nicotiana digluta* 作为抗源，将杂交后代与 Yellow Mammoth 回交 7 次，最终获得了高抗品系，这些品系表现出过敏性反应，其抗性是显性的，可能由单基因控制。

侵染过程与侵染循环　烟草白粉菌的粉孢子落到感病烟草品种的叶片上，遇到合适的温、湿度条件即萌发长出芽管，沿着叶片表皮生长，并形成菌丝与吸器。吸器伸入附近细胞内，用以从烟草组织中吸取养料和水分。

染病烟株产生大量的粉孢子，粉孢子借助风媒得到快速传播。有时在生长季节的末期才形成子囊壳，很可能白粉病菌靠子囊壳在烟草病残组织上越冬，或者在病残体上以菌丝越冬，同时也可以在多年生寄主上越冬。Tsumagari 报道，子囊壳通常在魁蒿（*Artemsia princeps* Pamp）和车前草（*Plantago asiatica* L.）上形成，成熟后掉落到土壤中，翌年春天破裂，释放出子囊孢子，子囊孢子成为初侵染源。在烟株上越冬的菌丝垫也可作为来年的初侵染源。

流行规律　任何植物病害的流行都与寄主本身的抗性、环境条件和病原的特点及其致病力有关。

寄主与病原的相互关系　烟草白粉病菌是专性寄生菌，菌丝体生长在叶片表面，通过吸器从叶片组织中吸取营养，吸器可以穿透叶片表面进入叶片组织中。在有光照的条件下，

适宜的温湿度有利于粉孢子与子囊孢子的萌发。在适宜的条件下 2 小时内粉孢子萌发并产生芽管。Tsumagari 报道，用流水冲洗叶片后粉孢子的萌发率提高，他认为叶片形成的化学物质对粉孢子的萌发有抑制作用，而对子囊孢子的抑制作用差一些。粉孢子萌发后在芽管的末端形成附着胞或者附着丝，它们紧密与寄主的表皮吸附，从附着胞上形成穿透叶片表皮的菌丝栓。当细胞壁的纤维素被酶完全改变之后，针状菌丝栓穿过细胞壁，菌丝栓已经通过局部的纤维素加厚形成乳状突起，最终穿过细胞壁，陷入细胞膜进入细胞，在细胞内芽管膨大为球状的吸器。随后 1 周内在叶片表面就可见到白色的粉斑，4 天内就能生成粉孢子。

温度、湿度和光照对白粉病发生的影响　Levykh 发现，侵染最适湿度 60%～80%，温度 16～23.6℃，最低温度 7℃，最高温度 32℃。如果夜间温度长时间维持在 18～19℃，在 100% 的湿度条件下接种，6 天后不发病，然而，当相对湿度降到 70%～76%，症状出现，并出现粉孢子。Stoimenov 指出，保加利亚白粉病发病是昼夜温差比较大（大于 10℃）的时候发生的。很明显白粉菌可以忍耐宽广范围的温湿度条件，与这些条件相配合的是光照不足有利于病害的发生。

海拔高度对白粉病发生的影响　通常白粉病在高海拔地区发生严重，这是由于在一定的温度条件下，低湿度导致的。伊拉克观察到，烟草苗期发现白粉病，但随着干热天气的到来病害消失，在生长后期雨水到来，温度下降，白粉病再次出现。雨水来得早，将受到白粉病的严重为害，雨水来得迟，将不受白粉病的为害。在爪哇岛烟株成熟前不会发生白粉病，首先表现症状的烟株是位于低洼、潮湿和背阴的地方。

烟株营养对白粉病发生的影响　Cole 报道，在田间 Hicks 品种只有在叶片停止伸长的时候才表现感病。最初从下部叶片发病，逐渐向上蔓延，新叶抗病性好，成熟叶片变得感病。烟草生长后期高发病率是因为接种体的积累、叶片衰老和环境条件适宜。打顶减缓了上部叶片的发病。缺钾烟草叶片发病轻，尽管叶片含有充足的碳水化合物和氮素营养。缺钾大概阻碍了蛋白质的合成，并且降低了必需营养的获得；激动素提高了烟草叶片的抗性，大概其阻止了叶片的衰老与叶绿素的降解；氯素能够限制白粉菌的生长，很可能是阻碍了病菌生长所必需的蛋白质和维生素的合成。当有其他侵染病斑存在的时候，病菌生长快；Cole 认为，当发生了初始侵染之后叶片变得感病，多侵染的协和效应发生。灌溉有利于侵染，这主要是影响了烟株的生长。

白粉病菌与其他病菌的相互作用　Cole 认为，当烟株受到丛顶病毒危害后对白粉病菌具有抗性。在潮湿的条件下，葡萄白粉病菌寄生菌（*Cicinnobolus cesati*）能够侵染和消灭白粉病菌，但是这种重寄生菌的应用显示出的效果不好。Yamaguchi 等发现，在温室中一种弹尾虫（*Lepidocyrtinus* sp.）取食白粉菌的孢子和菌丝。

防治方法　只要抓好三项工作，烟草白粉病就能够得到控制，首先采用抗病品种，其次加强田间管理，第三适时进行药剂防治。

选用优质抗病品种　各类烟草种质中都有抗白粉病的品种。烤烟品种抗白粉病的有台烟 5 号等，还有中烟 102、

中烟 103、K346、龙江 911 等高抗白粉病；白肋烟品种有 Banket102、PMR Burley21 和 Burley21、Burley52 等；晒烟品种塘蓬对全国采集的 95% 以上的白粉菌分离物免疫，广红 12 号和 13 号高抗；湖北晒晾烟地方种质特高抗品种 LC04（兰花烟）、ZX06（大乌烟）和 WF04（铁板）。

农业防治　实践证明早栽早收都可避开白粉病的流行，雨季到来之前就将易感病的下部叶片采收，既可减少田间白粉菌的再侵染菌源，又可以改善通风透光条件，不利于白粉病发生；不在低洼地种烟，密度合理；实行轮作；起垄培土，及时排除田间积水；搞好田间卫生，发病后及时摘除下部病叶并进行妥善处理；合理施肥，增强烟株营养抗性，适当控制氮肥、钾肥用量，增施磷肥。

化学防治　在白粉病始发期用药效果较好，另外，视病害发展趋势和药剂情况确定用药的次数，严重时 2～3 次即可。常用药剂：20% 三唑酮可湿性粉剂 1000～1500 倍液、50% 硫菌灵可湿性粉剂、70% 甲基托布津可湿性粉剂或 50% 苯菌灵可湿性粉剂 500～800 倍液、12.5% 腈菌唑微乳剂 2000 倍液。

参考文献

雒振宁，时焦，王聪，等，2015. 湖北晒晾烟地方种质对白粉病的抗性鉴定 [J]. 烟草科技，48(1): 26-30.

孟坤，时焦，孙丽萍，等，2013. 不同烟草品种对白粉病的抗性评价 [J]. 烟草科技 (12): 78-81.

孙丽萍，雒振宁，孟坤，2013. 5 种杀菌剂对烟草白粉病的防治试验 [J]. 中国植保导报 (9): 64-66.

中国农业科学院植物保护研究所，中国植物保护学会，2015. 中国农作物病虫害 [M].3 版 . 北京 : 中国农业出版社 .

LUCAS G B, 1975. Diseases of tobacco[M]. 3rd ed. Raleigh, North Carolina, USA: Biological Consulting Associates Box.

（撰稿：时焦、王静；审稿：王凤龙、陈德鑫）

烟草赤星病　tobacco brown spot

由链格孢引起的、于烟叶成熟后期发生的一种叶部真菌病害，是世界烟草生产威胁最大的病害之一。又名烟草红斑、烟草火炮斑。

发展简史　烟草赤星病于 1892 年首次在美国发现。中国于 1916 年在北京附近第一次发现，现各烟区均普遍发生。1892 年，最初报道该病害病原名称是 *Macrosporium longipes* Ellis & Everhart。1928 年，由 Mason 将其组合为 *Alternaria longipes*（ELL. & Ev.）Mason，这个名称一直沿用到 20 世纪 70 年代。但是，1971 年 Lucas 认为 *Alternaria longipes* 与 *Alternaria alternata*（Fr.）Keissler 在形态上相同，此后出现了 *Alternaria longipes* 与 *Alternaria alternata* 并用的局面。1998 年，张天宇等建议将病原定名为链格孢烟草专化型［*Alternaria alternata*（Fr.）Keissler F. sp. *nicotianae* T. Y. Zhang et W. Q. Chen］。Simmons 和张天宇等专家认为，长柄链格孢菌（*Alternaria longipes*）是明显区别于链格孢菌（*Alternaria alternata*）等其他小孢子种的独立存在种。

分布与危害　烟草赤星病自发现以来，扩散至哥伦比亚、阿根廷、委内瑞拉、澳大利亚、加拿大等烟草种植国。2000 年曾在美国的康涅狄格州和马萨诸塞州大暴发，导致烟草减产和巨大经济损失，津巴布韦、日本亦曾严重发生。在中国，赤星病从 20 世纪 60 年代初开始发生，1963 年河南烟区暴发流行，1964 年又在山东烟区大流行，70 年代间歇发生，80 年代以后，由于生产上推广的烤烟品种多数为中感或高感赤星且重茬普遍，栽培上增施氮肥和提高采收成熟度，致使该病再度在各烟区日趋加重。此外，广东的香料烟产区和浙江的晒红烟区危害也较重。赤星病不仅使烟叶残缺不全，等级下降，而且，由于内在品质不协调，如总氮、蛋白质升高，总糖、还原糖降低，糖碱比值下降，使吃味变差，降低了工业使用价值。

烟草赤星病，发生于烟叶成熟后期，主要侵染叶片，严重时还会侵染茎秆、花梗、蒴果等。病害多在烟株打顶后，下部叶片进入成熟阶段开始发病，最初发生于烟株底脚叶片，随着叶片的成熟，病斑自下而上逐步发展。典型症状是叶片发病初期的病斑为圆形褐色小圆斑，以后变成圆形或不规则形病斑，呈褐色或红褐色，病斑边缘明显，外围有淡黄色晕圈（见图），致使叶片提前"成熟"和枯死。湿度大时，病斑可扩展 1～2cm，每扩大 1 次，病斑上留下一圈痕迹，形成多重同心轮纹，病斑中心有深褐色或黑色霉状物，为病菌分生孢子和分生孢子梗。天气干旱时，病斑质脆，有可能在病斑中部产生破裂，病害严重时，多个病斑会相互连接合并

烟草成株期赤星病症状（王静提供）

Y

成片，致使病斑枯焦脱落，进而造成整个叶片破碎而无使用价值。茎秆、蒴果上等侵染部位形成椭圆形深褐色或黑色凹陷病斑。

病原及特征　病原为链格孢 [*Alternaria alternata*（Fr.）Keissl.]，属链格孢属（*Alternaria*）。

菌丝无色透明，有分隔，直径 3～6μm。分生孢子梗浅褐色，单生或丛生，形状多为直立，部分为屈膝状，合轴式延伸，上面有多个明显的孢痕，有 1～3 个横隔膜，大小为 25～65μm×5～6μm。分生孢子萌发初期颜色较浅，成熟后变成浅褐色，呈卵圆形、椭圆形、倒棒锤状等，有 1～7 个横隔膜，1～3 个纵隔，有时微弯曲，嘴喙长短不等，长度为 6～46μm。

烟草赤星病菌生长的适宜温度为 25～30℃，孢子在液滴中 5 小时的萌发率达 90% 以上。分生孢子致死温度为 53℃5 分钟。菌丝生长温度为 6～37℃，适宜温度为 20～30℃，菌丝致死温度 50℃10 分钟。赤星病菌对酸碱度适应范围广，孢子萌发的最适 pH 为 6～7，生长和萌发的最低 pH 为 3。该病原菌对多种单糖、双糖和多糖等碳源及有机氮和无机氮均能够利用。其中葡萄糖、麦芽糖、乳糖为最佳碳源，产孢量以麦芽糖最高。

烟草赤星病菌是一个寄主范围广、形态学和毒力差异大的混杂种，有生理分化现象，即存在着形态相同而毒力不同的生理小种，生理小种内部也会出现毒力不同的菌株。如云南大理、楚雄、昆明、玉溪、红河、曲靖等地区分离的菌株毒力有很大差异，重庆各烟区来源性不同的菌株的致病力有所不同，而且同一烟区的菌株致病力也存在一定的差异。病菌的致病性随采集的时期不同而有差异，一般情况下病菌在寄主上繁殖的代数越高致病力越强，即田间生育后期菌株致病力要比前期菌株强。

赤星病菌在侵染寄主时和培养过程中可以产生几种不同类型的毒素，其中主要是 AT 毒素和 TA 毒素，这两种毒素在致病过程中起重要作用。AT 毒素是一种寄主专化型毒素，在寄主病原物互作中是识别因子，同时也是病菌能致病的决定因子，在病菌侵入、建立侵染关系的初期具有决定性作用。AT 毒素与叶片产生的病斑数量和品种抗病数量及抗赤星病菌侵入能力呈正相关，但较少参与病斑的扩展过程。TA 毒素主要在病斑的扩展过程中起主要作用，与病斑大小呈正相关。

侵染过程与侵染循环　菌丝可从伤口侵入，也可直接穿透叶片细胞壁或通过气孔侵入。在烟草生长后期，约在现蕾期叶片趋于成熟，在适宜条件下，菌丝重新长出新的分生孢子，以后随气温上升，产生的孢子量逐渐增多，经气流传播落到感病烟草品种叶片上，当温度适宜、叶片等部位有水膜时，孢子产生具有吸器的短芽管，直接侵入叶片或植株的任何部分形成侵染。孢子可以从底叶正反面侵入，最易于从叶毛基部细胞、叶缘和虫咬伤口处侵入，有时也可从气孔侵入。

赤星病菌是弱寄生菌，烟叶采收后，病菌随病残体越冬，翌年再次引起病害。侵染烟株形成初侵染菌源中心，病菌又在这些发病烟株上生长再产生分生孢子，当温度适宜、叶片等部位有水膜时，孢子产生芽管，形成二次或多次侵染。

流行规律　烟草赤星病是一种气流传播病害，病原菌的长距离传播主要靠风，雨水只能作短距离传播。赤星病在田间的流行曲线大致呈 S 形，有明显的始发期和盛发期，由于不同的气候条件，致使不同地区烟草赤星病发病的始发期和盛发期而有所不同。如湖南、广西 4 月中旬可见发病，6 月进入盛发期；山东、河南、安徽等地，最早可在 6 月底 7 月初开始发病，盛发期为 7 月底至 8 月初。

赤星病发生的先决条件是烟株叶片是否进入感病生育阶段。烟草对赤星病有明显的阶段抗性，幼苗期、移栽至团棵期较抗病；旺长期以后随着底脚叶片成熟，抗病性降低，开始进入感病阶段，并按叶片成熟的先后发病。病害流行与温、湿度密切相关。赤星病是中温型病害，日平均温度 25℃ 以上有利于该病流行，20℃ 以下和过高的温度反而不易发病。温度主要影响赤星病发生的早晚和潜育期时间的长短，如黄淮烟区较东北烟区发病早，一般 6 月下旬即可满足赤星病发病的基本温度，而同期东北烟区日平均温度较低，发病则较晚。当温度条件可以满足该病害的发生发展时，露时长短也是重要影响因素之一。降雨可延长叶面保湿时间，有利于病害的流行。

防治方法　"预防为主，综合防治"，以种植抗病品种、实施合理栽培措施为主，辅以药剂防治。

选育、种植抗或耐病品种　选用优质适产抗病的品种，是最经济有效的措施。中国较抗赤星病的品种有中烟 90、中烟 9203、许金四号、单育二号、净叶黄、辽烟 10、春雷三号；美国新引起的 K730 和 VA116 品种（系）对赤星病表现较强的抗性，但可供生产上应用的优良抗病品种较少，为此，应当加强选育抗赤星病品种工作的力度。

农业防治　培育健壮烟苗，增强烟株的抗病性，是抵抗赤星病发生的基础。适时早栽，合理密植，合理施肥，适当增施磷、钾肥，氮、磷、钾比例以 1∶1～2∶3 为宜，烟株生育期中缺钾时，应立即用 1% 硫酸钾或磷酸二氢钾溶液喷施烟株和烟叶，以叶片正反面喷施为宜。起垄移栽，改善透光和烟草通风条件，降低田间湿度，赤星病发病相对较轻。适时打顶，早打顶促发赤星病。搞好田间卫生，烟叶成熟后，及时采收或摘除低脚叶，并带出田外集中销毁，能及时防治或延缓赤星病的发生。

化学防治　根据病情适时喷施，当底脚叶开始成熟，结合采收底脚叶进行喷药，间隔 7～10 天喷 1 次，2～3 次即可。施药方法应着重中下部叶，自下而上喷施。防治烟草赤星病的农药品种有 40% 的菌核净可湿性粉剂 500 倍液、10% 多抗霉素 600～800 倍液、70% 代森锰锌可湿性粉剂 500 倍液、30% 王铜悬浮剂 500 倍液、10 亿个 /g 枯草芽孢杆菌可湿性粉剂 700 倍液。长期单一使用同一种农药，会导致病菌产生抗药性，使药效降低。因此，为了安全经济合理地使用农药防治赤星病，建议轮流交替使用几种药剂进行防治。

参考文献

张天宇，2003. 中国真菌志：第十六卷　链格孢属 [M]. 北京：科学出版社.

中国农业科学院植物保护研究所，中国植物保护学会，2015. 中国农作物病虫害 [M]. 3 版. 北京：中国农业出版社.

朱贤朝，王彦亭，王智发，2002. 中国烟草病害 [M]. 北京：中国农业出版社.

SIMMONS E G, 2007. *Alternaria*: An Identification manual[M]. Utrecht: CBS Fungal Biodiversity Centre.

（撰稿：王静、孔凡玉；审稿：王凤龙、陈德鑫）

图 1　烟草丛顶病症状（①③④秦西云提供；②谭仲夏提供）
①叶片上的坏死斑；②病株早期；③黄化矮缩；④后期症状

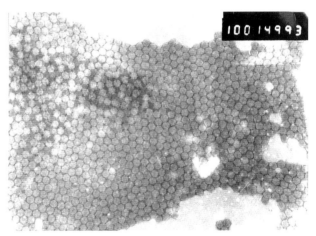

图 2　烟草丛顶病病原病毒复合体粒子（莫笑晗提供）

烟草丛顶病　tobacco bushy top disease

由烟草丛顶病原病毒复合体引起的、危害烟草生产的病毒类病害之一。

发展简史　烟草丛顶病最早于 1958 年在津巴布韦发生。中国 20 世纪 50 年代曾在云南建水羊街农场一带烟区发生较多，其他烟区也有零星分布。

分布与危害　烟草丛顶病仅在津巴布韦、南非等一些南部非洲的国家和亚洲的泰国、巴基斯坦等国家发生。中国主要在云南西部怒江、澜沧江、金沙江流域发生。在大流行年份，可造成大面积绝产。

烟草丛顶病为系统性侵染病害，烟草整个生育期均可感染。烟草丛顶病田间典型症状为植株严重矮化、侧枝丛生、叶片变小、变脆、黄化、茎秆变细、根系发育差。发病症状因感病时间不同而有一定的差异，在团棵以前发病的烟株全无采收价值；旺长后发病的烟株能开花结籽，可采收部分中下部烟叶。

带毒蚜虫接种约一周后，在接种叶片上开始出现褪绿斑，继而产生强烈的过敏反应，形成局部坏死蚀点斑（图1①）。在随后的两周左右时间，烟株生长缓慢，节间明显缩短，叶片褪绿黄化，植株顶部几乎成为一个平面（图1②）。接毒后 3～4 周，植株顶端优势丧失，腋芽提前萌发，植株矮缩，呈密生小叶、小枝的丛枝状塔形症状。苗期感病的烟株严重矮缩且不会开花，团棵期后发病的烟株表现为典型的黄化丛枝塔形症状，能够开花结籽（图1③④）。

病原及特征　烟草丛顶病是由烟草丛顶病毒（tobacco bushy top virus，TBTV）、烟草扭脉病毒（tobacco vein distorting virus，TVDV）、烟草丛顶病毒类似卫星 RNA（sat-TBTV）以及烟草扭脉病毒相关 RNA（TVDV aRNA）复合侵染引起的一种烟草病毒病害（图 2）。

侵染过程与侵染循环　在田间该病主要由蚜虫［*Myzus persicae*（Sulzer）］传播，是造成该病大规模流行的主要因素。

烟草丛顶病的寄主范围较窄，仅侵染曼陀罗、茄子、辣椒、假酸浆等茄科植物和所有测试的烟属植物。烟草丛顶病还可以通过菟丝子（嫁接）传播。

流行规律　1994—1998 年，秦西云等研究发现，云南烟草丛顶病最早发病时间在 4 月中下旬苗床上，导致病害流行的主要因素是苗期和移栽初期的两次蚜虫迁飞期高峰。烤烟不同生育期接种与发病率的相关性差异不显著，苗龄与病害发病的潜育期差异达极显著水平。烟草丛顶病与气象因子的相关性显著。

在中国审定推广的烟草种植品种全为感病品种，在病区田间发病情况看，红花大金元、云烟85 相对于其他品种抗性较好。

防治方法　控制烟草丛顶病，必须采取"以治（避）蚜防病为主，综合防治"的综合措施，重点是培育无毒烟苗、控制传媒蚜虫、淘汰病苗、加强田间管理。

农业防治　加强保健栽培，适时移栽。避开蚜虫迁飞的高峰期，减少传毒的机会。移栽后 1 个月以内（团棵以前），将病苗拔除。后期施用抑芽剂抑芽，采后清除烟秆，减少翌年初侵染源。

物理防治　育苗棚全程覆盖不低于 40 目的防虫网，并在棚内不定期喷施防蚜农药，防止蚜虫对网棚内烟苗可能的危害。

化学防治　移栽后防治蚜虫，可以有效地控制蚜虫传播烟草丛顶病。用 70% 吡虫啉可湿性粉剂 12000～13000 倍液、3% 啶虫脒乳油 1500～2500 倍液等杀虫剂防治蚜虫。

参考文献

中国农业科学院植物保护研究所，中国植物保护学会，2015. 中国农作物病虫害 [M]. 3 版 . 北京：中国农业出版社 .

MO X H, CHEN Z B, CHEN J P, 2011. Molecular identification and phylogenetic analysis of a viral RNA associated with the Chinese tobacco bushy top disease complex[J]. Annals of applied biology, 158:

188-193.

　　MO X H, QIN X Y, TAN Z X, et al, 2002. First report of tobacco bushy top disease in China[J]. Plant disease, 86: 74.

　　　　　　　（撰稿：秦西云、莫笑晗；审稿：王凤龙、陈德鑫）

烟草猝倒病　tobacco damping-off

　　由腐霉属真菌引起的、危害烟草的一种真菌病害，是烟草苗床期的主要病害。

　　发展简史　1900 年，M. Raciborski 在印度尼西亚爪哇首先发现。随后，世界上许多产烟国家相继报道了猝倒病的发生，如加拿大、波多黎各、马拉维、津巴布韦、尼日利亚、加纳、法国、德国、希腊、罗马尼亚、土耳其、印度、菲律宾、日本、俄罗斯等。

　　分布与危害　在世界各烟草生产国均有发生，每年都有因该病造成苗床期烟苗损失或移栽后烟苗死亡的情况发生，尤其在热带或亚热带烟区的雨季，苗床发病更为严重，常造成毁灭性损失。以湖北、湖南、云南、贵州、四川、广西等烟区发病较多，遇低温多雨或灌水不当、苗床湿度过大时，发病较重。

　　病原及特征　由腐霉属（*Pythium*）真菌引起。主要病原菌有瓜果腐霉［*Pythium aphanidermatum*（Eds.）Fritz.］、德巴利腐霉（*Pythium debaryanum* Hesse）、终极腐霉（*Pythium ultimum* Trow），此外，还有畸雌腐霉（*Pythium irregulare* Buisman）、群结腐霉（*Pythium myriotylum* Drechs.）和德里腐霉（*Pythium deliense* Meurs.）等。此类真菌属腐霉属。

　　腐霉属真菌的共同特征是菌丝发达、无色、无隔膜。无性繁殖产生不同形态的孢子囊和游动孢子。有性繁殖产生特殊形状的雄器和藏卵器，两者交配形成厚壁的卵孢子。

　　腐霉菌的寄主范围很广，终极腐霉可侵染 90 多个属，瓜果腐霉可侵染 50 个属。有些植物可被几种腐霉菌侵害。许多栽培作物、蔬菜、观赏植物、林木的实生苗为常见寄主，如大豆、水稻、甘蔗、亚麻、玉米、大白菜、芹菜、黄瓜、甘蓝、番茄、茄子、菜豆、萝卜、草莓、马铃薯和瓜类等，还可侵染松树幼苗及芥菜、荠菜等杂草。

　　侵染过程与侵染循环　腐霉菌主要生存于耕作土壤中，以腐生或在植物上和腐烂的有机物上兼寄生。它以卵孢子和厚垣孢子在土壤中或病残体上越冬，成为翌年的初侵染源。环境条件适宜时，萌发产生芽管，芽管顶端膨大形成孢子囊和游动孢子，游动孢子游动约 30 分钟后，鞭毛消失成为圆形休止孢子，在土壤界面上下萌发，侵染烟草的茎基部或根系。

　　病菌侵入后，在皮层组织的薄壁细胞内或细胞间蔓延，引起幼苗腐烂，并在病部表面产生孢子囊和游动孢子，借助灌溉和雨水传播，进行再侵染。同时，寄主组织内产生大量卵孢子，组织腐烂后进入土壤中，成为再侵染源或休眠越冬。发芽种子的根部和旺盛生长植株的根部渗出液，可刺激卵孢子和孢子囊产生芽管，利于真菌侵染。病原除通过土壤传播外、病残体、带菌肥料、农具等也具传播性质。带病烟苗移栽大田后，也是大田的主要传播源。

　　流行规律　发生流行受诸多环境因素的相互影响，其中包括土壤菌量、温度、水分、土壤酸碱度、根系渗出物的性质和数量、土壤微生物区系和土壤中存在的过量溶质等诸多因素，都对猝倒病的发生起促进或抑制作用。

　　土壤中腐霉菌的卵孢子通常在植物生长旺盛部位的附近数量最大，随着根系在土层中的深度增加，卵孢子数量逐渐减少。

　　烟草猝倒病可发生于适合烟草生长的任何温度条件下，但病害严重发生的温度一般低于烟草生长的最适温度（26～30℃），如果几天内气温均低于 24℃，猝倒病便会迅速发生、蔓延。土壤湿度是影响猝倒病发生的最重要因素。

　　防治方法　猝倒病为苗床期的主要土传病害，加强苗床的防治和管理是防病的主要措施。

　　选用无病土育苗　苗床土最好选用新土或火烧土。也可选用以下药剂进行苗床消毒处理：苗床于播种前 10 天左右，用 30% 威百亩水剂 50～75g/m² 熏蒸；30% 精甲·噁霉灵 30～45ml/亩苗床喷雾；60% 硫黄·敌磺钠可湿性粉剂育苗前拌土撒施于土壤。

　　苗床管理　留苗密度要适宜，不要过密，幼苗三叶期前少浇水，尤其在阴雨、低温情况下更需控制苗床湿度，注意排水，湿度过大可撒干细土吸湿。覆膜时间应根据当地气候条件，以培育壮苗为原则，不宜覆膜过久。

　　化学防治　不移植带病、带菌的烟苗于大田。发现田间开始发病，可用 20% 乙酸铜可湿性粉剂灌根，1000～1500g/亩；也可采用生物药剂 3 亿 CFU/g 哈茨木霉菌可湿性粉剂，4～6g/m² 灌根。

　　参考文献
朱贤朝，王彦亭，王智发，2002. 中国烟草病害 [M]. 北京：中国农业出版社.

　　　　　　　（撰稿：王秀国、张成省；审稿：王凤龙、陈德鑫）

烟草低头黑病　tobacco blank death

　　由辣椒炭疽菌的新变型——辣椒炭疽菌烟草变型引起的一种烟草土传病害，是危害烟草的主要病害之一。

　　发展简史　中国 1953 年首次鉴定报道。20 世纪 50 年代，其危害程度不亚于黑胫病，60 年代加强了对该病的防治，危害逐渐减轻，80 年代，部分烟区发病又趋于严重。烟草低头黑病在遇到适宜条件时可暴发，逐年呈现高发态势。

　　分布与危害　烟草低头黑病是发生于中国山东潍坊一带烟区的一种严重病害，迄今世界上其他国家及中国其他地区的烟区，尚未见有关此病的正式报道。20 世纪 50 年代曾试用抗病品种控制该病并获得了较好的防效，但由于种植品种大幅度更换，生产上推广种植的烟草品种和品系的抗病性尚未做系统鉴定。该病一般不易发生，一旦遇到适宜条件即可暴发。

病原及特征　病原为辣椒炭疽菌烟草变型，刺盘孢菌 [*Colletotrichum capsici* (Syd.) Butler & Bisby f. *nicotianae* G. M. Zhang & G. Z. Jiang f. nov]，属炭疽菌属，是一种土传病害。病原菌菌丝萌发产生分生孢子，分生孢子盘上密生棍棒状单细胞的分生孢子梗，顶生分生孢子，分生孢子形状有新月形和椭圆形两种，属于同一种孢子的不同发育阶段，椭圆形孢子是新月形孢子的早期发育过渡形态，成熟的分生孢子为新月形。孢子发育成熟速度不同，因而在同一菌体上往往存在着两种不同形状的孢子。分生孢子萌发时中部产生一隔膜，于一端或两端产生芽管，芽管顶端或分枝顶端产生附着胞（见图）。

侵染过程与侵染循环　土壤中及病残体上的菌丝体和分生孢子盘上产生的分生孢子，借气流或雨水的反溅传到烟株茎基部，附着在表皮纤毛上，萌发后形成附着胞，固着后使表皮毛坏死，从表皮毛基部侵入，引起茎基部局部组织坏死，并产生毒素使组织细胞腐烂，病斑急剧扩展。

低头黑病菌主要以分生孢子盘和菌丝体在病株残体上以及分生孢子盘和厚壁孢子在土壤中越冬，因此，病株残体及带菌土壤是该病的主要侵染来源。烟草低头黑病菌在土壤中至少存活 3 年。田间病株上产生的分生孢子借气流、雨水和灌溉水传播，引起再侵染。带病烟苗是远距离传播的主要途径。

流行规律　烟草低头黑病的发生与流行受烟草生育期及品种抗性、气候、栽培等因素的影响。不同品种之间抗病性差异较大，同一品种不同生育阶段抗病性也有较明显差异，烟草从 3～4 片真叶至现蕾开花期间，病株率无明显差异，但病情指数差异明显，以 3～4 片真叶期和现蕾开花期抗病性最弱。多雨高湿易引起病害的猖獗流行，连作土壤中病残体及菌源逐年积累，发病逐年加重。

防治方法　应在加强栽培管理、增强烟株抗病性基础上，采用农业防治和药剂防治相结合的综合防治策略。

农业防治　①选用抗病品种。烟草品种对黑胫病和低头黑病的抗病力具有正相关性，抗黑胫病的品种或耐黑胫病品种均能兼抗低头黑病。②合理轮作。低头黑病病菌在土壤中至少可存活 3 年，烟田应实行至少 3 年以上轮作，水旱轮作效果更佳。前作以小麦、玉米、谷子、高粱和水稻为宜，避免与马铃薯等茄科作物及其他蔬菜轮作。③培育无毒壮苗。

播种前进行种子消毒，及时喷施药剂保护，及时剔除病苗。④精心耕作和注意田间卫生。选择地势较高、排水良好、土壤不过于黏重的地块规划种烟。在雨季到来之前及早追肥和起垄高培土，及时排除积水，降低土壤湿度。

化学防治　苗床期从小十字期开始，每隔 7～10 天喷洒 1 次退菌特、代森锌或波尔多液。移栽期可穴施甲基硫菌灵药土。团棵期可连续喷洒甲基硫菌灵、多菌灵或苯菌灵等。

参考文献

张广民，王智发，陈瑞泰，等，1994. 烟草低头黑病病原菌的研究 [J]. 植物病理学报 (4): 367-371.

朱贤朝，王彦亭，王智发，2002. 中国烟草病害 [M]. 北京：中国农业出版社.

（撰稿：孙惠青、王静；审稿：王凤龙、陈德鑫）

烟草根黑腐病　tobacco black root

由根串珠霉引起的、危害烟草根部的一种真菌病害，是世界上许多国家烟草种植区常见病害之一。又名烟草黑根病。

发展简史　烟草根黑腐病是各国常见的一种土传真菌病害。1884 年，Killebrew 首次在美国报道了其发病症状，但未指出它由真菌引起。1904 年，Selby 在美国对其症状、病原等做了详细报道。后来，世界各产烟国家均有发病的报道，该病已成为世界性的主要烟草根颈病害之一。

分布与危害　烟草根黑腐病在未获得抗病品种以前，给全世界烟草种植者造成的巨大损失。其在美国、加拿大、俄罗斯、南非、澳大利亚、新西兰、津巴布韦及欧洲等烟草产区都造成了严重危害。在中国，20 世纪 60 年代以前，主要发生在河南、山东、安徽、云南等烟区，以苗床发病为主，田间零星发病为辅（图 1）；70 年代以后，病情逐渐蔓延。随着中国烟草种植面积的调整，耕作制度以及烟草品种的变化，烟草根黑腐病有加重的趋势。

病原及特征　病原为根串珠霉 [*Thielaviopsis basicola* (Berk. & Br.) Ferr.]，属根串珠霉属 (*Thielaviopsis*)。

菌丝初生为无色透明，后变褐色，直径 3～7μm，具分隔，双叉分枝。菌落平展，呈粉状，有两种类型：一种黄棕色至浅褐色；另一种灰色至淡黑色。在中国分离到的烟草根黑腐病菌，菌落呈灰色至浅黑色。

病菌孢子有两种：一种为内生孢子，从孢子梗内产生，长杆状，无色，两端钝圆，大小为 8～30μm×3～5μm，管口直径 3～5μm。另一种为链状厚垣孢子，在菌丝顶部或侧枝上单生或簇生，1～9 个细胞呈链状，大小为 25～65μm×10～12μm，最初透明，后成青黑色至褐色。

侵染过程与侵染循环　烟草根黑腐病在烟草的整个生长期均可发病，尤以幼苗期至现蕾期发病较重，主要侵染烟草根系。病菌从幼苗土表部位侵入，病斑环绕茎部，向上侵入子叶，向下侵入根系，使整株腐烂呈"猝倒"症状。感病后的幼苗长势不均，发病重的植株矮化，叶子变浅绿色至黄色；发病轻的地上部症状不明显（图 2）。

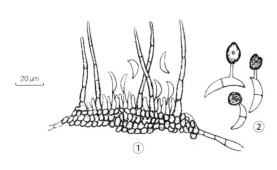

烟草低头黑病病原菌（引自朱贤朝等，2002）

①分生孢子盘；②分生孢子和附着胞

Y

图 1 托盘育苗烟草根黑腐病苗床症状
（李义强提供）

图 2 烟草根黑腐病症状（陈德鑫提供）

烟草根黑腐病菌主要以厚垣孢子和内生分生孢子在土壤中、病残体及粪肥中越冬后成为初侵染源。条件适宜时，分生孢子和厚垣孢子发芽产生菌丝，从烟株根系表面小伤口侵入，形成大量的分生孢子和厚垣孢子，成为再侵染源。一般厚垣孢子可存活 3 年以上，内生分生孢子在土壤中可存活 10 个月。在田间不仅侵染烟草，也侵染豆科植物、田间杂草等多种植物，增加了病原在土壤中的循环和传播。

流行规律　田间发病的最适温度为 17～23℃。15℃ 以下很少发病；26℃ 以上，病害的严重程度逐渐减轻；30℃ 时，危害很小。土壤的 pH 对病害的控制具有关键作用，当土壤 pH 在 6.4 以上呈微酸性或碱性时，根黑腐病很容易发生蔓延，而土壤 pH 为 5.6 或更低时，则不发病或少发病。土壤湿度大易于发病，低温多雨是该病严重发生的主要气候因素。

防治方法

选用抗病品种　各类型烟草都有一些抗病品种。如烤烟品种有 NC82、NC89、NC60、G140 等；白肋烟有 TN86、TN90、白肋 11A、白肋 11B 等；香料烟有 Trapezondl 36、Varatik26、Varatik295 等。

培育无病壮苗　控制苗床发病是防病的关键：①选择无病土、无病肥育苗，对育苗土进行药剂消毒。②加强苗床管理，避免低温高湿。③塑料盘营养土育苗、漂浮育苗新技术，也是防病的有效措施。

加强田间科学管理　①合理施肥。②适时移栽，适当避开低温期移栽，地温达 22℃ 以上时，移栽最好。③提高栽培管理技术，提倡高垄栽培，避免低洼积水，以免造成低温高湿引起发病。

合理轮作　烟田重茬对病害的发生有重要影响。因此，有条件的应实行 3 年轮作，轮作植物以禾本科植物为好，避免与易感根黑腐病的豆科、茄科、葫芦科作物轮作。

田间药剂防治　70% 甲基硫菌灵可湿性粉剂 1000 倍液、80% 代森锰锌可湿性粉剂 500 倍液等药剂可用于烟草根黑腐病的预防和发病初期的防治。

生物防治　针对烟草的土传真菌性病害，可通过引入拮抗真菌、生防细菌，喷施植物源农药的方法加以控制。

参考文献

刘延荣，张修国，王智发，1993. 烟草根黑腐病菌生物学特性的研究 [J]. 中国烟草学报，1(4): 1-7.

朱贤朝，王彦亭，王智发，2002. 中国烟草病害 [M]. 北京：中国农业出版社.

JOHNSON J, HARTMAN R E, 1919. Influence of the soil environment on root rot of tobacco[J]. Journal of agricultural research, 17: 41-86.

（撰稿：王文静、李义强；审稿：王凤龙、陈德鑫）

烟草根结线虫病　tobacco root-knot nematodes

由根结线虫侵染引起的烟草上的重要病害，是一种世界性病害。又名烟草根瘤线虫病。中国部分烟区还有烟草鸡爪根、烟草马鹿根等俗称。

发展简史　1892 年，Janse 首先报道发现于印度尼西亚爪哇，此后在世界各主产烟的国家相继发生，已成为世界烟草种植区普遍发生的重要病害之一。20 世纪 80 年代末期是中国根结线虫病扩展最快，危害最重的时期，自此成为中国烟草的重要病害。

分布与危害　此病在广西、广东、福建、湖南、湖北、云南、贵州、浙江、四川、安徽、陕西、河南、山东等 13 个主产烟区均有发生。田间发病率一般为 30%，重者在 50%～70%，少数地块甚至绝产失收（图 1）。联合国粮农组织统计，全世界因线虫所致的烟草产值直接损失每年平均约 4 亿美元，其中绝大部分是由根结线虫病所造成的。

病原及特征　病原为根结线虫（*Meloidogyne* spp.），属根结线虫属（*Meloidogyne*）。系内寄生线虫，两性虫体异形。

卵　肾脏形至椭圆形，黄褐色，两端圆。藏于黄褐色胶质卵囊内。每个卵囊内有卵 300～500 粒。初产的卵一侧向内略凹，长 79～91μm，宽 26～37.5μm（图 2 ①）。

幼虫　一龄幼虫呈现 "8" 字形卷曲在卵壳内，孵化不

图 1 根结线虫大田危害状（陈德鑫提供）

久即通过口针不断穿刺柔软卵壳末端，穿刺成孔洞而逸出。二龄幼虫线形、圆筒状，具有发育良好的唇区，其前端稍平，有 1～3 条环纹，略呈杯状结构，由 6 个唇片组成，侧唇大于亚中唇（图 2②）。蜕皮后成为三龄幼虫，雌雄虫体开始分化，再经两次蜕皮后成为成虫。

成虫　雌成虫因发育成熟度不同其形态变化较大。头部尖、后端圆，平均长度为 0.44～1.30mm，平均宽度为 0.33～0.70mm（图 2③）。会阴区的角质膜形成一种特异的会阴花纹，会阴花纹构型是鉴别种的重要特征之一（图 2④）。雄成虫体细长，圆筒状，头部收缩为锥形，尾部钝。平均体长 1.15～1.90mm，平均体宽 0.30～0.36mm（图 2⑤）。

侵染过程与侵染循环　烟草根结线虫以卵、卵囊、幼虫在土壤中以及以幼虫、成虫在土壤、粪肥中的病根残组织和田间其他寄主植物根系上越冬，为翌年发病的主要侵染来源。田间一旦发病，即使短期内不种烟草，也会因种植其他寄主作物或田间有大量杂草寄主，而使土壤中线虫逐渐积累，病情加重。

条件适宜时，病土病肥中的线虫侵入幼苗根部进行初侵染，在幼苗根系上形成少量根结，移栽时幼苗带病直接传入大田，病情持续发展。移栽后田间土壤中及土壤病根茬上的线虫可直接从烟株根部侵染发病。整个烟草生长期，线虫可有多次反复再侵染，使根系布满根结，烟株受害越来越重。烟草收获后，线虫的卵、幼虫、成虫又随病根残体或在田间其他寄主植物根部越冬，成为翌年的发病来源。

流行规律　烟草根结线虫病在田间的发生发展与土壤温度、湿度、土壤质地、栽培条件及品种抗病性等因素有较密切的关系。

土壤温、湿度的影响　温度对病害的发生与流行起着主导作用。长期处于 0℃ 条件下的线虫仍能存活。当春季日平均地温达 10℃ 以上时，卵陆续孵化为第一代幼虫；当日平均地温达 12℃ 时，蜕皮成一龄幼虫；当平均地温达 13～15℃ 时，二龄幼虫开始侵染，苗床上病苗形成根结。

土壤质地的影响　一般土质疏松、通气性好的砂壤土发病重，黏重土壤发病轻。

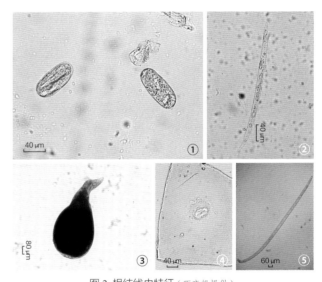

图 2 根结线虫特征（丁晓帆提供）
①卵；②幼虫；③雌成虫；④雌虫会阴花纹；⑤雄虫

防治方法　中国主产烟区烟田集中，对根结线虫病的防治，大面积轮作较难实行。应采用选种抗、耐病品种和药剂防治相结合，辅以农业控病技术的综合措施。从长远看，应以选育抗线虫品种为主要措施。

抗病品种　在中国以南方根结线虫为优势种群的生产烟区，生产上推广种植的品种中，NC89、G80 等是抗病性较为稳定的品种，K326、G28 等表现中抗或抗病，中烟14、云烟 2 号等在不同地区抗性表现有一定差异。由于中国各烟区根结线虫种群较为复杂，选用抗病品种时，应在监测线虫种群动态基础上，因地制宜有针对性地选择使用。

农业防治　合理轮作，病田应实行 3 年轮作。一般与禾本科作物轮作为宜，并及时清除田间杂草寄主，有条件的地区可实行水旱轮作。培育无病壮苗，应选无病地、无病土育苗，避免在蔬菜地或用菜田土育苗。

化学防治　较理想的施药方法是移栽时穴施药土法。可采用 3% 阿维菌素微胶囊剂 1kg/ 亩或 2.5 亿个孢子 /g 厚孢轮枝菌微粒剂 1.5kg/ 亩或 10% 噻唑膦颗粒剂 1.5kg/ 亩，以烟草移栽时拌适量细干土穴施为宜。若沟施时，选用上述药剂则应相应增加用药量。

参考文献

朱贤朝，王彦亭，王智发，2002.中国烟草病害[M].北京：中国农业出版社.

（撰稿：冯超、孔凡玉；审稿：王凤龙、陈德鑫）

烟草黑胫病　tobacco black shank

　　由寄生疫霉烟草变种引起的、主要危害烟草茎基部和根部的一种真菌病害，是世界上许多国家烟草种植区重要病害之一。

　　发展简史　世界最早记载的黑胫病是1896年van Breda de Haan在印度尼西亚爪哇发现的，随后，陆续在波多黎各（岛）、美国佛罗里达州和北卡罗来纳州被鉴定发现。1934年，俞大绂先生首次在山东鉴定出烟草黑胫病。

　　分布与危害　烟草黑胫病遍布全世界温带、亚热带和热带地区烟田，可以危害烤烟、晾晒烟、白肋烟、香料烟等所有的栽培烟草。该病害自发现以后，在中国的病区扩大到黄河流域、长江流域及以南各产烟区，除较寒冷的黑龙江尚未发现该病外，其他各产烟区均有不同程度的发生，已造成重大损失，发生较重的有山东、河南、安徽、云南、四川、重庆、湖南、湖北、福建、广西和贵州。由于中国连作烟田面积扩大，连作年限延长，再加上气候、土壤等原因，使该病害的发生呈上升趋势。2009年，全国烟草黑胫病发生面积为5.45万hm²，产值损失为17383.24万元。在长江以南各烟区又常与烟草青枯病、根黑腐病和根结线虫病混合发生，更加重了对烟草的危害。

　　该病主要危害成株的茎基部和根部，苗期一般发病较少。在苗床期，感病幼苗首先在近土表的茎基部出现暗褐色至黑色的病斑或底叶受到侵染，再沿叶柄扩展到茎上，根系受侵染腐烂变黑。大田烟株被侵染后的主要症状表现为黑胫，即茎基部出现凹陷缢缩黑斑，黑斑逐渐环绕全茎向上扩展，病株叶片自下而上依次变黄；若大雨后遇烈日、高温，全株叶片就会突然凋萎，悬挂在茎上，烟农形象地称作"穿大褂"。当病斑扩展到烟茎的1/3以上时，病株基本死亡。纵剖病茎，可以看到髓部干缩呈碟片状，碟片之间有稀疏的白色菌丝，这是烟草黑胫病区别于其他根茎病害的主要特征（见图）。若生长季节多雨，雨点飞溅将土表或茎基病斑上的孢子传播到下部叶片，形成直径可达5cm以上的圆形大病斑，中心变淡黄褐色坏死，边缘有淡黄绿色带围绕，常有水渍状淡绿相间的轮纹，俗称为"黑膏药"。

　　病原及特征　病原为寄生疫霉烟草变种[*Phytophthora parasitica* var. *nicotianae*（Breda de Haan）Tucker]，属疫霉属。气生菌丝较细，直径为3.14～10.5μm，无色透明，无隔膜，内含泡沫状颗粒，其分枝多呈锐角。孢子囊顶生或侧生在气生菌丝上，梨形或椭圆形，成熟的孢子囊多呈灰白色或淡褐色，平均大小为14.5～55μm×14.9～40μm，顶端有一明显的乳状突起，乳状突起长为4.7～7.86μm×6.5～10.5μm，亦有双乳突现象。适宜条件下，孢子囊可产生多个游动孢子，游动孢子无色，侧生两根不等长鞭毛，在水中游动，遇寄主时失去鞭毛进入静止期，产生芽管侵入寄主植株。条件不适宜时，孢子囊直接萌发出芽管侵入。在染病组织或6周以上培养物菌丝的顶端和中间常形成大量的厚垣孢子，厚垣孢子球形或卵形，无乳状突起，单生或串生，初生时壁薄无色透明，后渐渐变成淡褐色或褐色，壁加厚，大小为16.2～18.3μm×29.7～54μm。厚垣孢子是烟草黑胫病菌赖以度过不良环境的主要形态。

烟草黑胫病症状（陈德鑫提供）

①成株期；②髓部碟片

菌丝生长最适温度为 28～32℃，在 pH4.4～9.6 时都能生长，以 pH5.5 生长最好。孢子囊形成的最适温度为 24～28℃，游动孢子在 16～30℃ 时的萌发率是 90% 以上，在土壤中游动孢子对烟根有趋化性，游动孢子浓度愈大，活动能力越强，游动时间也愈长。不同菌系的孢子囊数量及游动孢子活性与病菌致病力相关。

烟草是黑胫病菌主要的自然寄主。在人工接种条件下，可侵染番茄、马铃薯、茄子、辣椒、蓖麻、苹果、棉花、西葫芦等少数植物。但 Song、Humphreys 和 Suyui 分别发现在自然条件下，可以侵染豆瓣绿（*Peperomia magnoliaefolia*）、茄子和草莓的根、根冠、叶柄，并可引起整株萎蔫。烟草黑胫病菌还对多种杂草均表现出不同的侵染致病能力。

烟草黑胫病菌的生理小种在人工培养、生物学和致病性等方面均有不同表现的群体。1962 年，Apple 在美国北卡罗来纳州发现了 0 号和 1 号小种，现已广泛分布于世界各烟区；1973 年，Pringsloo 等在南非鉴定出烟草黑胫病菌 2 号小种；1978 年，Jpjm 等在美国康涅狄格州发现了 3 号小种；近来，4 号生理小种又在美国的北卡罗来纳州和弗吉尼亚州被发现，这个新的小种能够克服来自 *Nicotiana longiflora* 的单基因抗性 *Phl*，但不能克服来自 *Nicotiana plumbaginifolia* 的 *Php* 抗性基因。中国烟区至少有 0 号和 1 号两个生理小种，以 0 号小种为优势小种。

综合国内外研究者在生理小种鉴定研究工作中的经验得出（见表），白肋烟品种 L8 的使用频率是最高的，其抗性来源于 *Nicotiana plumbaginiflora*，抗 0 号小种，感 1 号小种。其次是烤烟品种 NC1071 和野生种 *Nicotiana nesophila*，NC1071 的抗性来源于一直被认为是抗 0 号感 1 号小种 *Nicotiana longiflora*，*Nicotiana nesophila* 是抗 1 号感 0 号小种。另外，Wernsman 等发现 5 个不同来源的 *Nicotiana logiflora* 都是高抗 0 和 1 号小种；*Nicotiana stocktonii* 是对黑胫病菌的 0 号和 1 号小种具有高抗的野生种，因此，采用此品种作为抗病的指示寄主，对检测病原菌的变异情况具有十分重要的意义。

中国抗黑胫病育种工作开始于 20 世纪 50 年代，利用的抗性大都是间接来自品种 Florida301。从 80 年代开始在黑胫病病圃中对国内 1500 多份烟草资源材料进行了抗黑胫病 0 号小种的鉴定筛选，其中有许金三号、大青筋等烤烟种质资源高抗黑胫病，晒烟资源有什邡毛烟、黑蛮柳、大秋根等抗黑胫病；在雪茄烟中只有铁杆青较抗黑胫病。中国白肋烟和香料烟资源中无高抗黑胫病资源材料。国内外育成的抗烟草黑胫病品种主要有 K 系列、RG 系列、Speight G 系列、Coker 系列、VA 系列、NC 系列、Burley 系列、云烟系列、中烟系列等及其后代中的一些品种。

该病在一定条件下导致的突然系统萎蔫原因之一是烟草黑胫病菌在被侵染烟株的病组织中产生毒素，该毒素为一种耐热的、非脂溶性的大分子糖蛋白，其分子量为 76kD，等电点为 pH3.9，其中糖占 25%，蛋白质占 75%，烟草黑胫病菌在烟草体内外均可产生毒素。另外，烟草黑胫病菌引起萎蔫的另一主要原因是由于水分移动受阻而引起的。病组织解剖学研究发现，在导管中有大量的胶质物和侵填体，在这些细胞中还有大量的菌丝，且维管束和导管的细胞也被侵入，而在健康组织中未观察到胶质物和侵填体。

侵染过程与侵染循环　越冬的厚垣孢子遇适宜的温、湿度条件即通过芽管萌发产生孢子囊，释放游动孢子，孢子通过流水或风雨吹溅传播到烟根、茎、叶片上，萌发侵入寄主组织并以菌丝状态在寄主细胞间或细胞内生长蔓延。

黑胫病菌主要以厚垣孢子和菌丝体在病株残体、土壤、土杂肥中越冬，成为翌年的初侵染源。再侵染主要发生于近地表的茎基部伤口处，其次是抹杈或采收所造成的伤口及下部叶片的伤口部位。在温暖潮湿条件下，土表或初侵染病株的茎叶表面可以产生大量繁殖体，游动孢子在 72 小时就可完成萌发，发育形成新的孢子囊和游动孢子，成为再侵染源。连续产生的孢子囊和游动孢子，很快在田间积累大量的接种体，并迅速传播蔓延，导致黑胫病的流行。

流行规律　烟草黑胫病是一种土传病害，病菌主要通过流水进行传播。水流经过被侵染的土壤、病烟田，孢子囊和游动孢子顺水传播到所流经的地方，使病害逐步蔓延扩大。被污染的池水、河水，若用来浇灌苗床、大田，也可形成新的病区并引起黑胫病的暴发流行。风雨亦可将病土、病株上的孢子囊、游动孢子传到邻近烟株，引起叶片或茎被侵染。此外，人、畜、农具等也可造成病菌较远距离的传播。

烟草黑胫病发生的早晚、轻重及其流行与否取决于病菌致病性强弱和数量、寄主抗病程度、连作状况和环境条件。不同地区和寄主来源的黑胫病菌株对烟草的致病性也存在差异。不同生育阶段抗性的差异也影响田间黑胫病消长，一般现蕾期前易感病，在此以后接种几乎不发病。

在环境条件中影响黑胫病流行与否的主要因素是降雨，其次是温度。在适温条件下，多雨高湿有利于病害发生。在植株易感病阶段，在 23～25℃ 开始发病，降水量大，田间水分饱和，黑胫病迅速蔓延；当土壤湿度大于 80%，并保持 3～5 天，即可出现 1 个病情高峰。因此，每到大雨过后骤晴高温天气，黑胫病发生严重。

除温度、湿度条件外，土壤类型、耕作制度等对发病程度也有一定的影响。中国部分烟田土壤由于长期连作，导致土壤肥力下降、养分失调，形成不利于作物健康生长而有助于病原菌侵染的土壤微生态环境，导致病菌的大量滋生。另外，地势低洼、排水不良、黏重的地块病重。土壤有机质含量对发病率无明显影响。

防治方法　该病的发生和流行与寄主抗病程度、环境条件和病菌致病性强弱和数量等密切相关，因素复杂，因此，需采取选育抗病品种为主、农业栽培和药剂防治为辅的病害综合防治措施。

烟草黑胫病菌生理小种的鉴别表（引自《中国烟草病害》，2002）

寄主名称	0 号小种	1 号小种	2 号小种	3 号小种
NC1071	R	S	R	M
L8	R	S	R	S
Florida301	R	R	R	S
H21	S	S	R	—
小黄金 1025	S	S	—	—

选育抗病品种　中国较抗黑胫病的烤烟品种有豫烟2号、中烟9203、中烟90、云烟85、云烟87、单育3号、革新3号等；中抗品种有国外引进的K346、K326、G-28、Coker371、NC37NF、NC89等。在利用抗病品种的同时，与轮作等栽培防治措施相结合，这些抗病品种才能更好地发挥其防病保产作用。

农业防治　主要包括合理轮作与间作，清理病株残体，保持田间清洁，适时早栽及平衡施肥等。对防治黑胫病而言，轮作的作物以水稻、小麦、玉米、谷子、高粱、甘蔗、羊茅草等禾本科作物及山芋、大豆、棉花等作物为宜，中国南方烟区以烟—稻隔年水旱轮作。搞好田间卫生和排灌设施，及时清理发病烟田上的病残体，烟叶废屑及烟田杂草烧毁或深埋，以减少初次侵染源。田间农事操作尽量合并或减少，避免造成伤口。减少烟株底部叶与地面的接触，从而减少与病原物的接触机会。高起垄、高培土栽烟，有利于根系生长发育和排水，减少病菌对根系接触侵染的机会。氮、磷、钾、微肥合理搭配，施用净肥，保持灌溉水不被病菌污染。

化学防治　根据烟草黑胫病菌主要侵染茎基部、根系及现蕾前为感病阶段等特点，结合生产实际情况，防治烟草黑胫病的主要施药时间是在移栽后3～6周，施药方法是向茎基部及其周围土表浇灌，实施局部保护，充分发挥药剂的防病作用，提高防治效果。

甲霜灵（metalaxyl，瑞霉素）系列杀菌剂是国内外防治该病常用的比较好的药剂，甲霜灵和代森锰锌的混剂甲霜灵锰锌是一种低毒杀菌剂，具有保护和治疗双重作用，其内吸性好，可随植物体内水分运转而转移到植物器官中，生产上应用较多的是58%和72%甲霜灵·锰锌可湿性粉剂，50%烯酰吗啉水分散粒剂及霜霉威盐酸盐水剂，对烟草黑胫病的田间防治效果也均较好。黑胫病菌侵染时间长，药剂防治难以长期奏效，由于长期连续使用和过量使用甲霜灵单一类药剂，已导致了抗药菌系的产生且抗药性增加，因此，要周期性轮换使用具有不同作用机制的杀菌剂，以延缓病菌的抗药性。

参考文献

谈文，吴元华，2003.烟草病理学[M].北京：中国农业出版社.

中国农业科学院植物保护研究所，中国植物保护学会，2015.中国农作物病虫害[M].3版.北京：中国农业出版社.

朱贤朝，王彦亭，王智发，2002.中国烟草病害[M].北京：中国农业出版社.

（撰稿：陈德鑫、王静；审稿：王凤龙）

烟草环斑病毒病　tobacco ring spot virus disease

由烟草环斑病毒引起的、危害烟草叶部的一种病毒病害。是豇豆花叶病毒科线虫传多面体病毒属的代表种。广泛分布于世界各植烟区。

发展简史　1927年，由Fromme、Wingard和Priode在美国弗吉尼亚烟草上首次发现并报道。它可侵染54科300多种植物，自然寄主有花卉、瓜类、豆类、果树和烟草等作物。传播途径多样，危害严重，分布于世界50多个国家，是中国公布的二类进境检疫有害生物。

分布与危害　烟草环斑病毒病最初在北美被发现，随后，英国、俄罗斯、南非、日本、澳大利亚、新西兰等国陆续报道了该病。在中国，该病主要分布在山东、河南、台湾、四川、云南、贵州、福建、陕西及东北等地，但多局部小面积发生。

烟草环斑病毒病在黄淮烟区田间一般6月上旬开始发病，6月中下旬为发病高峰期；陕西渭北烟区发病盛期在6月下旬至7月上旬。该病多在烟株叶片上发生，叶脉、叶柄、茎上亦可发病。感病烟株在叶片上最初出现褪绿斑，继而形成直径4～6mm的2～3层同心坏死环斑或弧形波浪线条斑，周围有失绿晕圈（图1）。大叶脉上发生的病斑是不规则的，并沿叶脉和分枝发展呈条纹状，破坏输导组织，造成叶片断裂枯死。叶柄和茎上产生褐色条斑，下陷溃烂。生长后期新生叶及腋芽上面也可出现同心坏死环斑。早期感染的重病株矮化，叶片变小变轻，引起小花不育，结实极少或完全不结实。

病原及特征　烟草环斑病毒病由烟草环斑病毒（tobacco ring spot virus，TRSV）引起。病毒粒子为球形，直径为25～29nm，有明显的角形轮廓，通常为六角形（图2）。病毒基因组为单链RNA，由两条核酸组成，分子量为$2.73×10^6$（RNA1）和$1.34×10^6$（RNA2），RNA1编码复制酶，RNA2编码运动蛋白和外壳蛋白。该病毒归线虫传多面体病毒属（Nepovirus）。在基因组和病毒蛋白的表达策略上线虫传多面体病毒属于病毒的微小RNA（microRNA，miRNA）总类。

烟草环斑病毒的致死温度为65～70℃，稀释限点10^{-4}～10^{-3}。烟草环斑病毒从受侵染植株上取下后，在室温下6～10天，在冰冻干燥下5年都具有侵染能力。用氯化钙吸干的叶片，10℃下存放17年以上仍具有侵染性。该病毒在烟草调制过程中会丧失侵染力，干燥后迅速失去活性。

侵染过程与侵染循环　烟草环斑病毒可在2年生或多年生杂草寄主以及烟草和大豆种子上越冬，其带毒的越冬寄主和带毒种子都可成为初侵染源。病害在烟田可通过汁液摩擦、烟蚜、线虫及烟蓟马等传染，造成再侵染和田间传播。

种子传播是TRSV扩散的主要途径之一，种传率从香瓜的3%至大豆的100%不等。胚组织带病毒，种皮不带病毒，花粉可以传毒，至少有16种植物种子可带毒传播TRSV。土壤中的传毒介体主要是美洲剑线虫，线虫24小时内可获毒，成虫和幼虫均可传毒，随线虫数量增加感染频率也增加。带毒线虫食道腔内有病毒粒体，自食道向外缓慢释放。

图1　烟草环斑病毒病症状
（战徊旭提供）

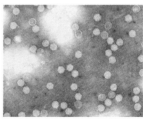

图2　烟草环斑病毒粒子形态电镜图（崔红光提供）

流行规律 在陕西渭北烟区，烟草环斑病毒病一般在 6 月上旬开始发病，6 月下旬达到发病高峰。该病的发生与烟田茬口有关，在河南洛阳，豆茬烟田的病情指数 20.1，重茬烟病情指数达 28.9，而甘薯茬烟仅 8.7。

防治方法

加强检疫 控制带线虫苗及其繁殖材料等传入无病区，可以有效防止病害蔓延。

农业防治 选用无病种子，培育无病壮苗，可大大减少田间初侵染源。

化学防治 虽然 TRSV 主要传播媒介是线虫，但也有其他昆虫媒介，因此，对其进行化学防治时，应结合对其他烟草病毒如黄瓜花叶病毒、烟草花叶病毒和烟草蚀纹病毒的防治进行治蚜防病。

施用抑制物质 氰化物抑制 TRSV 蛋白的合成，叠氮钠可以抑制病斑的形成。2，4-D、脱脂奶粉、酵母、放线菌 D、菠菜汁液等都有一定的防病效果。

参考文献

洪键，李德葆，周雪平，2001. 植物病毒分类图谱 [M]. 北京：科学出版社.

魏宁生，安调过，1990. 陕西渭北地区烟草环斑病毒（TRSV）的研究 [J]. 中国烟草 (3): 1-5.

MAYO M, AMBARKER H, HARRISON B D, 1979. Evidence for a protein covalently linked to tobacco ring spot virus RNA[J]. Journal of general virology, 43: 735-740.

（撰稿：战徊旭、陈德鑫；审稿：王凤龙）

烟草黄瓜花叶病毒病 tobacco cucumber mosaic virus disease

由黄瓜花叶病毒引起、危害烟草叶部的一种病毒病害，是一种重要的病毒病害。

发展简史 1916 年，Doolittle 和 Jagger 首次报道，此后 100 年来，各国学者相继报道了黄瓜花叶病毒的危害。黄瓜花叶病毒具有极广的寄主范围，天然寄主有 67 科 470 种植物，加上人工接种的共有 85 科 365 属，包括单子叶和双子叶植物在内的 1000 多种植物，其中包括番茄、芹菜、莴苣、烟草、瓜类、菠菜、甜椒、辣椒和南瓜等常见经济作物及蔬菜品种。该病毒通过至少 75 种蚜虫传播，分离物还可通过种子传播，是寄主植物最多、分布最广、最具经济重要性的植物病毒之一。

分布与危害 20 世纪 80 年代以来，黄瓜花叶病毒在一些国家和地区的许多作物上造成严重危害，如引起烟草的花叶、番茄的坏死、香蕉的心腐、豆科植物的花叶、瓜类的花叶等。

烟草是最易被感染的作物之一，全世界所有烟草种植区均有黄瓜花叶病毒的分布和危害。20 世纪 80 年代后期以来，黄瓜花叶病毒一直是中国黄淮烟区、华南烟区及西北一些地区的烟草花叶型病毒病流行的主要毒源。烟田主要靠桃蚜及其他几种蚜虫传播，此病毒随着蚜虫的迁飞而流行。因此，发病流行速度极快，来势迅猛，常在移栽后团棵期发生，造成烟株早期发病，生长发育停滞，严重减产。

烟草整个生育期均可感病。发病初期表现"明脉"症状，后逐渐在新叶上表现花叶，病叶变窄，伸直呈拉紧状，叶表面茸毛稀少，失去光泽。有的病叶粗糙、发脆，如革质，叶基部常伸长，两侧叶肉组织变窄变薄，甚至完全消失。叶尖细长，有些病叶边缘向上翻卷。黄瓜花叶病毒也能引起叶面形成黄绿相间的斑驳或深黄色疱斑，但不如烟草普通花叶病毒多而典型。在中下部叶上常出现沿主侧脉的褐色坏死斑，或沿叶脉出现对称的深褐色的闪电状坏死斑纹。植株随发病早晚也有不同程度矮化，根系发育不良，遇干旱或阳光暴晒，极易引起花叶灼斑的症状。症状与烟草普通花叶病毒显著不同的特点是病叶基部伸长，茸毛脱落成革质状，病叶边缘向上翻卷，对根系的影响很大（图 1）。

病原及特征 黄瓜花叶病毒（cucumber mosaic virus，CMV）是雀麦花叶病毒科黄瓜花叶病毒属（*Cucumovirus*）的典型成员。1963 年，Scott 第一次从烟草组织里将 CMV-Y 株系病毒粒子纯化结晶出来，病毒粒体为近球形的 20 面体，直径 28～30nm。黄瓜花叶病毒基因组为三分体，包括 3 个 RNA 片段，即 RNA1、RNA2 和 RNA3。RNA1 和 RNA2 含有复制酶基因，分别编码 111kDa 和 97kDa 两个蛋白质；RNA3 含 3a 基因和外壳蛋白基因（coat protein），编码一定蛋白和外壳蛋白，与病毒的虫传特性、寄主范围、症状表现及血清型有关。病毒分类编码为：R/1:1/18:S/S:S/Ap（图 2）。

物理特性 黄瓜花叶病毒在体外的抗逆性较烟草普通花叶病毒差。在 60～75℃ 条件下 10 分钟即丧失侵染力，室温下病汁液内的病毒只能存活 3～4 天，即使在干病叶中的病毒也不能长期存活，但真空冷冻干燥病叶中的黄瓜花叶病毒保存 9 年仍有侵染力。其稀释限点为 10^{-5}。

寄主范围 黄瓜花叶病毒的寄主范围十分广泛。在中国已从 38 科的 120 多种植物上分离到黄瓜花叶病毒，包括常见的葫芦科、茄科、十字花科作物以及泡桐、香蕉、玉米等农林作物，还有繁缕、老鹳草、竹叶草、小酸浆等农田常见杂草。其常用鉴别寄主：系统花叶症状寄主有烟草、黄瓜，局部枯斑寄主为豇豆、昆诺藜、蚕豆和苋色藜等。

株系分化 随着分离的黄瓜花叶病毒分离物的不断增加，许多学者进行了株系及亚组研究。学者的研究基本限于某一种作物（如烟草、番茄或辣椒等）或几种作物（如几种豆科作物、蔬菜作物），且主要根据这些黄瓜花叶病毒分离物在不同寄主植物上的症状反应来区分株系或亚组。由于不

图 1 烟草黄瓜花叶病毒病的症状
（陈德鑫提供）

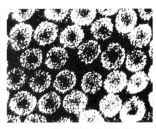

图 2 黄瓜花叶病毒粒体
（战怀旭提供）

同学者所用的鉴别寄主不同，测定的环境条件也不同，因此，株系划分标准不统一，这一问题亟待解决。

卫星RNA　黄瓜花叶病毒卫星RNA是寄生于黄瓜花叶病毒粒子内的小分子核酸，卫星RNA必须依赖辅助病毒的复制而复制并反过来干扰黄瓜花叶病毒的复制，从而影响寄主的病状表现。

侵染过程与侵染循环　黄瓜花叶病毒在自然条件下主要依靠蚜虫以非持久方式传播，也可以通过寄生植物（如菟丝子）以及汁液摩擦传播。蚜虫在病株上获取病毒并将病毒传播到健株上，整个过程最快可在1分钟之内完成，且所有龄期蚜虫均可传毒。当蚜虫种群数量迅速增加时，大量聚集在一些多年生黄瓜花叶病毒宿主植物上，并大量向田间新种农作物迁飞取食，从而导致田间大面积农作物遭受病毒感染。

黄瓜花叶病毒可侵染烟草种子、杂草种子并随种子越冬，也能在其众多的中间寄主（如十字花科蔬菜及杂草）上越冬。翌年春天，由蚜虫（如烟蚜）传染到新植的烟苗上，在田间再通过蚜虫和机械接触反复传染开来。黄瓜花叶病毒在烟草内增殖和移动较快，黄瓜花叶病毒通过机械或蚜虫造成的微伤口侵入烟叶，叶片中脉和网状脉黄瓜花叶病毒含量最高，接种后2小时即可在原生质中检测到病毒的存在，接种后24小时子代病毒也可被检测到。病毒主要聚集在质膜、液泡膜或核及胞质体内，但叶绿体、线粒体及液泡内未有病毒粒子存在。

流行规律

越冬场所　黄瓜花叶病毒和烟草普通花叶病毒的越冬场所不同，由于黄瓜花叶病毒的抗逆性较差，不能在病株残体中越冬，而主要在蔬菜、多年生树木及农田杂草中越冬。还可以在葫芦科的黄瓜、甜瓜、西葫芦，豆科植物的大豆、菜豆、豇豆及茄科植物的辣椒、番茄的种子内越冬。

传播方式　黄瓜花叶病毒可以通过蚜虫和机械接触传播。蚜传在病害流行中起决定性作用，有70多种蚜虫可以传播这种病毒，而以桃蚜传毒为主。蚜虫传播黄瓜花叶病毒为非持久性传播，蚜虫只需在病株上吸食1分钟就可以获毒，在健株上吸食15～120秒，就可以完成传毒过程。

流行条件　黄瓜花叶病毒的发生流行与寄主、环境和有翅蚜数量关系密切。东北烟区，黄瓜花叶病毒的初发期在5月20～30日，即移栽后10～20天，在以后的20～30天发病率和病情指数迅速发展到高峰，而后随烟株现蕾、打顶后病情开始稳定，病情指数还呈下降趋势，这说明在烟株团棵期和旺长期为易感病期，现蕾后抗病性增强。黄瓜花叶病毒的流行与蚜虫的数量及活动关系密切，在与辣椒、黄瓜、番茄等蔬菜地相邻的烟田，蚜虫较多时，发病较重。在烟草生长过程中，蚜虫有两次迁飞高峰期，第一次是在3月下旬至4月上旬，首先在幼苗上引起发病，移栽后，常在5月10～25日发生第二次迁飞高峰，这一次迁飞高峰时，有翅蚜数量愈大，发生时间愈早，则侵染次数愈多，流行愈广。在大田蚜虫进入迁飞高峰期后10天左右病害发生开始出现高峰。

气象因素　气象因素的变化也常影响蚜虫的活动。在黄淮烟区，前一年冬季至翌年3月的气温、降水量以及4～5月的气温与此病发生轻重有很大关系，当冬季及早春气温低，降水量大，越冬蚜虫数量少，早春活动晚，黄瓜花叶病毒发生就轻；反之，就较重。

防治方法

选用抗（耐）病品种　烟草中黄瓜花叶病毒的抗病品种很少，辽烟15、中烟14、辽烟3号、中烟90、KY14、TN90等具有一定的抗病性。

避蚜防蚜　桃蚜传毒是通过有翅蚜的迁飞过程来完成的，而无翅蚜的传毒作用很有限，因此，利用常规方法在烟田防治蚜虫不能起到很好的防病效果，避蚜防病方法主要从以下几个方面着手：利用银灰地膜覆盖。用铝箔纸避蚜。悬挂铝膜带。防蚜主要通过烟茧蜂等生物防治效果显著。

化学防治　①药剂治蚜。当蚜虫多的时候，用200g/L吡虫啉可溶液剂于烟叶正背两面进行喷雾。在桃蚜向烟田迁飞高峰时，应用击倒性强的农药，如用50%抗蚜威或80%的丁硫吡虫啉进行防治。②抗病毒药剂的应用推广。如宁南霉素、氨基寡糖等。

农业防治　根据桃蚜趋黄性的原理，在黄瓜花叶病毒等蚜传病毒病严重的烟区实行一行麦一垄烟或二行麦一垄烟的套种模式，防病效果达70%～75%，而且能够生产出同纯作烟一样的优质烟叶。

坚持卫生栽培　在进行苗床和大田操作时，切实做到手和工具用肥皂水消毒。在间苗及大田管理中，应先处理健株，后处理病株。在操作过程中不能吸烟或吃茄科蔬菜等。在病害初发期，及时拔除田间病株。注意集约管理，不要过多在烟田反复走动和触摸。

致弱卫星RNA的应用　1991年，田波等在世界上首先应用黄瓜花叶病毒致弱卫星RNA来防治黄瓜花叶病毒引起的辣椒和烟草花叶病毒获得成功。周雪平等也成功地从豇豆分离到黄瓜花叶病毒致弱卫星RNA，并用于防治番茄和烟草上的黄瓜花叶病毒病害，温室效果明显，并开始进行田间试验。

参考文献

徐平东，谢联辉，1998. 黄瓜花叶病毒亚组研究进展 [J]. 福建农业大学学报，27(1): 82-91.

DOOLITTLE S P, 1916. A new infectious mosaic disease of cucumber[J]. Phytopathology, 6: 145-147.

JAGGER I C, 1916. Experiments with the cucumber mosaic disease[J]. Phytopathology, 6: 149-151.

（撰稿：陈德鑫、战徊旭；审稿：王凤龙）

烟草角斑病　tobacco angular leaf spot

由角斑病菌引起的、危害烟草的一种细菌病害。又名烟草黑火病。在部分烟区严重危害烟叶生产。

发展简史　1917年，美国北卡罗来纳州首次报道烟草角斑病。角斑病已遍布亚洲、非洲、欧洲及南北美洲各地的主产烟区。中国最早由余茂勋于1950年报道。

分布与危害　中国河南、浙江、陕西、广西、山东、四川、安徽、辽宁、吉林、黑龙江等地的部分烟区均有烟草角斑病的发生，其中，以陕西、山东、四川、吉林发生较普遍，常与野火病同时发生。而北方烟区角斑病再度流行，并成为烟草的主要病害之一（见图）。

病原及特征　病原为假单胞菌属的丁香假单胞菌烟草致病变种[*Pseudomonas syringae* pv. *tabaci*（Wolf et Foster）Young & Dye Wikie]，曾用名烟草野火假单胞菌[*Pseudomonas tabaci*（Wolf et Foster）Stevens]。

角斑病菌属假单胞菌属中的荧光类群，菌体杆状，0.5～0.6μm×1.5～2.2μm，极生鞭毛3～6根，革兰氏染色阴性，不产生芽孢，无荚膜，好气性，无聚-β羟基丁酸盐积累。在肉汁胨琼脂培养基平面上的菌落最初半透明，渐变为灰白色，中间不透明，边缘透明，圆形，稍凸起，表面光滑，有光泽，边缘波状。在肉汁胨液中浓云雾状，无菌膜。在KB培养基上产生绿色荧光。角斑病菌生长适温为24～28℃，最低4℃，最高38℃，致死温度52℃ 6分钟，45～51℃ 10分钟。

角斑病菌的寄主范围除烟草属外，还有豇豆、大豆、番茄、辣椒、蓼、荠菜、龙葵、稗和药用蒲公英等植物。

侵染过程与侵染循环　水从带有病残体的土壤流入烟田时，将细菌带入，经风、雨或流水反溅到烟叶上，病菌从气孔侵入，以伤口侵入为主。若从气孔侵入，必须叶片湿润，气孔中有水。侵入后3～5天即表现症状。

烟草角斑病菌的主要越冬场所是散落在田间的病残体。土壤表面或5～10cm土层中或干燥的烟叶中的病原菌，都可以越冬成为翌年的初侵染源。在病残体中的病菌可存活9～10个月。另外，病菌可在许多作物和杂草根系附近存活越冬，也能成为初侵染源，但不引起这些作物发病。病菌主要借风、雨、灌溉水或昆虫传播，在暴风雨后，常出现病害暴发流行。

流行规律　角斑病在24～28℃下适于发病，降水天多、降水量大，特别是经常发生暴风雨的年份病害就重。条件合适，潜育期3～4天，流行年份病害蔓延迅速。如果天气干燥则潜育期延长，病情就轻。相对湿度大促进发病。特别是在暴风雨后，叶片湿润，充水严重，伤口多，病菌容易侵染

和传播。

角斑病的发生还和寄主的抗病性及栽培条件有关。烟草品种间对角斑病的抗病性有差异。国外培育的Burley和Havana类型的抗野火病品种均不抗角斑病。中国栽培的品种也都不抗病,感病稍轻的有NC89、K326等。使用氮肥过多，钾肥不足，使烟叶生长过旺，易感病，特别是在施肥较多的地块，如打顶过早或过低均会促使发病加重。

在田间，角斑病常和野火病同时发生，野火病受温度限制，在温度达到30℃以上时就停止发展。而角斑病则不受此温度限制，常年发生，但一般发病期较短，病情发展较缓慢，损失也较轻。

烟株本身的感病性还与叶龄和烟叶的部位有关，一般嫩叶比老叶感病。植株高氮低钾易感病。

总之，田间有较多菌源，夏季雨量大，雨日多，湿度大，常有暴风雨，再加上施肥不当，偏施氮肥，少施钾肥或施肥太晚均促使植株生长过旺，这样的年份易造成病害流行。

防治方法　烟草角斑病的治理以加强栽培管理和药剂防治为主。

农业防治　实行轮作。以水稻、玉米等禾谷类作物为前茬最好，特别注意不宜以辣椒、马铃薯等茄科作物为前茬，最好实行2～3年轮作。控制密度。大田烟株适当稀植，以改变病害发生的条件。合理施肥。应增施磷钾肥，氮磷钾比例要协调。科学打顶。根据烟株生长情况，适时适度打顶，以免植株贪青晚熟，而降低抗病能力。摘除病叶。零星发生病害时，应及时摘除病叶，病叶要销毁，不能散扔于烟田内，及时喷施药剂以封锁发病中心。

化学防治　根据测报情况，田间出现零星病叶时，要及时进行药剂防治，并做到药剂交替轮换使用。可选波尔多液、50%氯溴异氰尿酸可溶粉剂800倍液、20%噻菌铜悬浮剂500倍液、20%噻森铜悬浮剂500倍液、4%春雷霉素可湿性粉剂800倍液、100亿芽孢/g枯草芽孢杆菌可湿性粉剂1000倍液等药剂进行防治。在雨后4～5天要仔细观察是否出现中心病株，一旦发现应立即全田喷药，隔7天喷1次，连喷3次效果较好。

参考文献

朱贤朝，王彦亭，王智发，2002.中国烟草病害[M].北京:中国农业出版社.

（撰稿：张成省、王晓强；审稿：王凤龙、陈德鑫）

烟草角斑病危害症状（任广伟摄）

烟草空茎病　tobacco hollow stalk

由果胶杆菌引起的、危害烟草的一种细菌病害，是影响烟叶生产的一个重要病害。又名烟草空胴病、烟草空腔病。

发展简史　此病最早由美国Johnson在1914年记载。

分布与危害　由于引起该病害的病原细菌分布极为广泛，寄主植物多样，因此，在加拿大、日本、马拉维等许多国家的烟草产区均有发生。烟草空茎病虽然分布广泛，但一般仅在局部地区造成严重为害。其危害主要发生于大田生育后期，出现于打顶抹杈前后。如果收获季节遇十分潮湿的天

气，该病害还会造成仓库的烟叶腐烂。

病原及特征 病原为果胶杆菌属胡萝卜果胶杆菌胡萝卜亚种（*Pectobacterium carotovorum* subsp. *carotovorum*）。文献中曾用名 *Erwinia aroideae*（Townsend）Holland。

菌体直杆状，大小为 0.5～1.0μm×1.0～3.0μm，不形成芽孢，革兰氏染色阴性反应。多根周生鞭毛，兼性厌气性。菌落为灰白至乳白色，圆形光滑略隆起。在金氏 B 培养基、酵母汁葡萄糖碳酸钙琼脂和蔗糖蛋白胨琼脂上生长良好。最适宜生长温度为 27～30℃，最高温度为 37℃，39℃ 以上生长受抑制。

侵染过程与侵染循环 烟草空茎病菌在病残体组织和病株及其他寄主植物（包括杂草）的根围土壤腐生越冬。在烟草生长季节，空茎病菌在烟草根表面聚集增殖。在湿润的叶片表面，该病菌可在叶面存活并增殖。但在干燥时，叶面病菌很快死亡。在烟株生长旺期下部叶片因不见光，通风差，高湿条件下叶面附生病原菌菌量很大，上部叶菌量则少。

烟草空茎病菌主要通过雨水和灌溉水扩散。溅起的雨滴可将土壤中的病原传到植株的地上部。烟草空茎病菌由伤口侵入寄主。田间发病过程的观察表明，初侵染可能有两种途径：一种是由根部侵入，通过茎向上蔓延；另一种是通过地上部伤口侵入，沿茎部向下或上下蔓延。植株发病后通过病原细菌的传播可发生再侵染。此外，降雨、灌溉、打顶抹杈等农事操作均可造成空茎病在田间传播。昆虫也可造成此病害传播，特别是双翅目昆虫由于烟株伤口渗出物的吸引而将病原细菌从病株带到健株伤口上。

流行规律 烟草空茎病菌主要发生于烟草大田生育期的成熟阶段。如果降雨多，在打顶之前开始发病。一般在打顶后进入发病高峰。土壤温度在 21～35℃ 最适于该菌引起的软腐病发病。

烟草空茎病的发生与土壤质地有一定关系。一般以丘陵红壤土（重壤土）种烟，空茎病发生最重；轻壤土次之；河谷平原中壤土发病最轻。土壤含水量对烟草空茎病的发生有明显的影响。凡是地下水位高、排水不良而容易积水的烟田，空茎病发生早、发生重。原因是土壤高湿时植物根际菌量大，而且植物组织抗病力降低。

烟田前茬作物的种类亦影响空茎病的发生。凡前栽作物是萝卜、白菜等十字花科蔬菜的烟田，空茎病发生严重；前茬连作晚稻的烟田发病轻。十字花科蔬菜软腐病的病残体成为烟草空茎病的初侵染源之一。

烟田使用未充分腐熟的粪肥亦会加重烟草空茎病的发生。

因打顶、抹杈和采收等农事操作造成烟株大量的伤口是烟草空茎病发生的重要诱因。特别是雨天进行打顶、抹杈的烟田发病严重。

防治方法 一般以加强栽培管理为主，发病严重地块可进行药剂防治。

农业防治 在苗床后期，应控制湿度，及时揭膜炼苗；培育壮苗，提高抗病力；应避免用十字花科蔬菜为前茬的田块种烟，其前茬最好为禾本科作物；施用充分腐熟的肥料；发病初期应拔除病株带出田外或烧掉，并在拔除病株的位置施石灰；南方多雨的烟区应避免田间积水；打顶、抹杈和采

收应在晴天露水干后进行，以加快伤口愈合，减少侵染机会。

化学防治 可用 20% 噻菌铜悬浮剂 700 倍液或 4% 春雷霉素可湿性粉剂 700 倍液进行防治。可在烟株成熟采收期视病情发生程度喷施 2 次。

参考文献

朱贤朝，王彦亭，王智发，2002.中国烟草病害 [M].北京：中国农业出版社 .

（撰稿：冯超、张成省；审稿：王凤龙、陈德鑫）

烟草马铃薯 X 病毒病 tobacco potato virus X disease

由马铃薯 X 病毒引起的、危害烟草叶片的一种病毒病害，是世界上许多国家烟草种植区重要的病害之一。

发展简史 1931 年由 Smith 发现，曾定名为马铃薯潜隐病毒（potato latent virus）、马铃薯斑驳病毒（potato mottle virus）、马铃薯轻型花叶病毒（potato mild mosaic virus）等。

分布与危害 该病害分布于种植马铃薯的世界各大烟区，冷凉地区发生较其他烟区普遍。中国东北、西北、河南、山东及云南等烟区都有烟草马铃薯 X 病毒病发生的报道。PVX 寄主范围较广，可侵染 16 科 240 种植物，寄主范围以茄科、苋科和黎科植物为主。

病原及特征 马铃薯 X 病毒（potato virus X，PVX）属于单链 RNA 病毒，马铃薯 X 病毒属（*Potexvirus*）。RNA 占粒体重 6%，病毒粒体线状，稍弯曲，一般长 515nm，直径约 13nm；张满良在陕西渭北测定为 500～550nm×13nm；王劲波等在山东测定粒子为 480～580nm×10～12nm。无包膜，有横纹结构和直径约 3.4nm 的空心。病毒编码为 R/1:2.1/6:E/E:/（Fu）。病毒粒子分子量为 $3.5×10^6$，等电点为 pH4.4，核酸为单链 RNA，分子量为 $2.1×10^6$，蛋白质为一种多肽，纯化病毒亚基的分子量为 $3.0×10^4$。

烟草马铃薯 X 病毒病由马铃薯 X 病毒侵染所致，病毒侵染烟草所表现的症状，依品种、病毒株系以及环境条件的不同有很大差异。有些株系虽能侵染烟草，但烟株不表现任何症状；还有些株系在冷凉、多云的条件下，叶片出现明脉、轻微花叶，继续发展为褪绿斑驳、环斑、坏死性条斑等症状，晴朗天气可减轻明脉、轻微花叶等症状，甚至完全消失；有些株系在高温条件下不表现症状，出现隐症（见图）。

在田间 PVX 常与马铃薯 Y 病毒（PVY）属病毒复合侵染，导致马铃薯的毁灭性减产。当 PVX 与 PVY、TEV 等复合侵染普通烟时，PVX 的积累量是其单独侵染时的 3～10 倍；而当复合侵染本生烟时，PVX 的积累量并没有显著的增加，但本生烟整株表现系统坏死甚至死亡，这表明 PVX 与马铃薯 Y 病毒属病毒的协生作用具有寄主依赖的差异。

侵染过程与侵染循环 PVX 主要靠汁液接触传播，也可以由某些昆虫如异黑蝗和绿丛螽蟖的咀嚼式口器的机械作用传播，菟丝子和集合油壶菌能够传毒，种子不能传毒。

PVX 在寄主体内的成功侵染依赖于病毒在寄主体内的

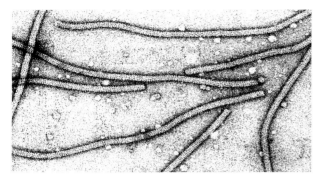

烟草马铃薯 X 病毒粒子形态电镜图（崔红光提供）

扩散。病毒通过机械摩擦进入植物细胞，在寄主体内的移动可分为两个阶段，即细胞与细胞之间的短距离移动和组织之间的长距离移动，前者是通过胞间连丝实现的，而后者是通过维管束组织进行的。

流行规律

传播方式　烟草马铃薯 X 病毒主要靠汁液接触传播，也可以由某些昆虫的咀嚼式口器的机械作用传播，种子不能传毒。

汁液侵染力　烟草汁液中病毒的致死温度为 68～76°C 10 分钟，稀释限点为 $10^{-6}～10^{-5}$。

复合侵染　PVX 可与其他病毒发生复合侵染，CMV 和 TMV 对 PVX 有抑制作用，相对 PVX 单独侵染表现较轻的症状，而 PVY、TRSV 对 PVX 有协生作用。

环境对病害的影响　低温冷凉、光照不足条件下，病害加重，天气晴朗、温度升高病害症状减轻。

防治方法

加强预测预报　通过合理准确的病情预报，可以有效预测病毒病的发生动态和流行趋势，从而有针对性地采取预防和综合防治措施。

控制机械传毒　降低农事操作中对植物的机械损伤，可以有效减轻病毒病的发生。

农业防治　①选育抗病品种。②合理布局烟田。应因地制宜地对烟田进行合理布局，选择在背风向阳、地势高、不易积水的田块，适时早播早栽。③注意田间卫生。农事操作时剪刀、育苗盘和人手等要严格消毒；农家肥要充分腐熟，营养土、苗床等要用土壤消毒剂熏蒸消毒。④加强栽培管理。及时追肥、培土、浇水、中耕，促进烟株生长健壮，提高植株抗病力。

化学防治　对发病烟株喷施激动素抑制 PVX 病毒外壳蛋白的合成，从而控制病害的发展。此外，喷施以脂肪酸钾盐为助剂的杀虫剂，可以在防治烟草害虫的同时诱导烟株产生对 PVX 的抗性。

参考文献

谢联辉，2008.植物病原病毒学 [M].北京：中国农业出版社.

中国农业科学院植物保护研究所，中国植物保护学会，2015.中国农作物病虫害 [M].3 版.北京：中国农业出版社.

朱贤朝，王彦亭，王智发，2002.中国烟草病害 [M].北京：中国农业出版社.

（撰稿：陈德鑫、杨金广；审稿：王凤龙）

烟草马铃薯 Y 病毒病　tobacco potato virus Y disease

由马铃薯 Y 病毒引起的、危害烟草叶片的一种病毒病害，是世界上许多国家烟草种植区重要的病害之一。

发展简史　马铃薯 Y 病毒（PVY）最早于 1931 年在马铃薯上首次发现。1953 年烟草马铃薯 Y 病毒病在欧洲马铃薯种植区流行，20 世纪 70 年代扩展至美洲。1980 年中国首次公开报道了 PVY 在烟草上的危害。80 年代初，国内学者研究证明该病在中国东北烟区、黄淮烟区和西南烟区都有不同程度的发生，尤其是在烟草与马铃薯、蔬菜混种的地区危害最为严重。

分布与危害　世界各地均有报道。到 1990 年，在黑龙江、辽宁、河南、山东、陕西、安徽、福建、广东、湖北、湖南、云南、贵州和四川等地均有发生，以河南、山东、辽宁和四川烟区危害较重。到 1996 年，已扩大到 16 个省（自治区），在吉林、河北和甘肃也有严重发生。由于暖冬气候和春季干旱的频繁发生和大量保护地蔬菜、果蔬以及花卉等面积的扩大，给蚜虫越冬和繁殖提供了有利条件，因此，PVY 的危害也逐年加重。河南分别于 1996 年、1998 年、2000 年、2002 年 4 次暴发了烟草 PVY 病毒病。此病引起的损失因侵染时期和病毒株系不同而异。在栽烟后 4 周内 PVY 感染的脉坏死株系，可导致绝产绝收，若近收获期感染或感染弱株系，则减产相对较轻，一般损失 25%～45%。PVY 侵染烟草除了会引起烟叶产量上的损失外，还会导致病叶烤晒后色泽和烟味较差，品质大为降低。Latorre 等研究认为，被 PVY 侵染后的烟叶较正常烟叶尼古丁含量增加，还原糖减少，全氮含量增高，糖氮比降低，品质下降。并且，PVY 除单独侵染外，还常与烟草花叶病毒、黄瓜花叶病毒等混合侵染，造成实际生产中更大的损失。寄主广泛，尤其以烟草、马铃薯、辣椒等受害严重。

病原及特征　马铃薯 Y 病毒（potato virus Y，PVY）是马铃薯 Y 病毒科（Potyviridae）马铃薯 Y 病毒属（Potyvirus）的典型成员。其粒体为微弯曲线状，长 680～900nm，宽 11～12nm。病毒基因组为正义单链 RNA，长约 10kb，5'- 末端共价结合基因组连接蛋白，3'- 末端为多聚腺苷酸，只包含 1 个开放阅读框架（open reading frame，ORF），翻译成 1 个约 360kD 的多聚蛋白，最终裂解成 11 个成熟的病毒蛋白。病毒编码蛋白的功能极其复杂，均是多功能的，通过与其他编码蛋白及寄主蛋白的相互作用来共同完成病毒的侵染循环。

PVY 株系的划分主要是根据以马铃薯为初始寄主的株系以及以非马铃薯物种（如烟草、番茄等）为初始寄主的株系。根据寄主植物反应，已发现的以马铃薯为初始寄主的 PVY 株系主要分为以下几种类型：普通型（common ordinary strain，PVY^O）、烟草叶脉坏死型（tobacco veinal necrosis strain，PVY^N）、马铃薯块茎环斑坏死型（potato tuber ring spot necrosis，PVY^{NTN}）、点条斑型（stipple streak strain，PVYC）及 PVYZ 和 PVYE。早期研究者研究得出，根据 PVY 是否可以诱导不同马铃薯品种顶端坏死，这种马铃薯是通过嫁接接种的；机械摩擦接种烟草诱导系统坏死；或者在烟草上产生过敏性坏死反应，可以将 PVY 分为不同的株系。PVY^E 可以诱导马铃薯品种顶端坏死，但是这种马铃薯要带有抗性基因 Nc；PVY^C 能引起马铃薯顶端坏死，这种马铃薯带有抗性基因 Ny；PVY^N 不能引起含有 Nc 或者 Ny 马铃薯品种过敏性反应，但是可以诱导烟草系统性坏死；PVY^Z 能引起可能带有抗性基因 Nz 的马铃薯坏死，但是 PVY^Z 不能引起带有 Ny 和 Nz 的马铃薯坏死，也不能引起烟草坏死。PVY^{NTN} 是 PVY^N 和 PVY^O 两个株系的重组，包括两个株系片段的重组。目前，一个新的分离物 NE-11 被检测，它是 PVY^N 株系和另一个未知株系的重组体。据不完全统计，各国已报道的株系有：P-US、MM、MN、NN、VAM-B、Europe-WG、Chile、SA、ARG；PVY^N、PVY^{N-3}、PVY^C、PVY^{o-chl}；PVY^{NS}、PVY^{chl} 等 20 个株系。已知全序列的 PVY 株系有 PVY^N 和 PVY-H。中国烟草上鉴定出 4 个株系，分别为普通株系（PVY^O）、脉坏死株系（PVY^{VN}）、茎坏死株系（PVY^{SN}）、点刻条斑株系（PVY^C）。

此病自幼苗到成株期都可发病，但以大田成株期发病较多。此病为系统侵染，整株发病（见图）。烟草感染 PVY 后，因品种和病毒株系的不同所表现的症状特点亦有明显差异。宏观症状大致分为 4 种类型。①花叶型。叶片在发病初期出现明脉，而后网脉脉间颜色变浅，形成系统斑驳，PVY 的普通株系常引起此类症状。②脉坏死型。由 PVY 的脉坏死株系所致，病株叶脉变暗褐色到黑色坏死，有时坏死延伸至主脉和茎的韧皮部，病株叶片呈污黄褐色，根部发育不良，须根变褐，数量减少。在某些品种上表现病叶皱缩，向内弯曲，重病株枯死而失去烘烤价值。③褪绿斑点型。发病初期病叶先形成褪绿斑点，之后叶肉变成红褐色的坏死斑或条纹斑，叶片呈青铜色，多发生在植株上部 2～3 片叶，但有时整株发病，此症状由 PVY 的点刻条斑株系所致。④茎坏死型。病株茎部维管束组织和髓部呈褐色坏死，病株根系发育不良，变褐腐烂，由 PVY 茎坏死株系所引起。

侵染过程与侵染循环　PVY 可通过蚜虫、汁液摩擦、嫁接等方式传播。自然条件下仍以蚜虫传毒为主。介体蚜虫主要有棉蚜（*Aphis gossypii*）、烟蚜（*Myzus persicae*）、马铃薯长管蚜（*Macrosiphum euphorbiae*）等，以非持久性方式传毒。蚜虫传毒效率与蚜虫种类、病毒株系、寄主状况和环境因素有关。马铃薯 Y 病毒可侵染 34 属 163 种以上植物，其中茄科、藜科和豆科植物严重。PVY 主要在农田杂草、马铃薯种薯和其他茄科植物上越冬。亚热带地区可在多年生植物上连续侵染，通过蚜虫迁飞向烟田转移，大田汁液摩擦传毒也很重要。染病植株在 25℃ 时体内病毒浓度最高，温度达 30℃ 时浓度最低，出现隐症现象。幼嫩烟株较老株发病重。蚜虫危害重的烟田发病重。天气干旱易发病。该病多与 CMV 混合发生。

流行规律　PVY 一般在马铃薯块茎及周年栽植的茄科作物（番茄、辣椒等）上越冬，温暖地区多年生杂草也是 PVY 的重要宿主，这些是病害初侵染的主要毒源，田间感病的烟株是大田再侵染的毒源。

PVY 进入寄主完成脱壳后，即开始大量复制。一方面 PVY 的基因组进行表达，合成病毒复制过程中所需的非结构蛋白和病毒的结构蛋白，另一方面病毒的基因组进行复制，合成子代核酸。在这一过程中，寄主细胞提供了合成子代病毒核酸和蛋白质的前体，细胞核糖体则作为病毒蛋白质合成的场所，同时病毒合成过程中所需要的酶和能量也由寄主细胞提供。因此说，PVY 的复制是与寄主互作的产物。PVY 通过植物胞间连丝来完成相邻细胞间的运动，涉及病毒的运动蛋白与寄主因子特异性的相互作用。病毒的长距离运输是病毒能够从起初感染的叶肉细胞经维管束鞘细胞、韧皮部薄壁组织、伴胞等进入韧皮部中，在韧皮部快速地运输，最后在一远处位点（如新生的幼叶）建立侵染位点。由于各种复杂的细胞结构，长距离运输没有像病毒的细胞间运动那样研究的透彻。

防治方法　利用抗耐病品种。北美、欧洲、日本已育成若干个抗 PVY 的烟草品种，如 NC744、NCTG52、Virginia SCR、VAM、TN86、PBD6、筑波 1 号、筑波 2 号等。

苗床和烟田应远离蔬菜地，铲除田间周边杂草，减少病毒侵染源。应避免将烟田安排在茄科作物附近，尤其是不能与马铃薯田邻作，在烟田与毒源植物之间种植隔离作物，如向日葵、玉米等，以阻碍蚜虫向烟田传毒。

采用银灰地膜栽培，避蚜防病。栽烟后把 50cm 宽的铝箔纸平铺在垄沟内，栽烟 40 天后撤去。

栽烟前应把附近茄科作物及杂草上的蚜虫喷杀 1 次，避免有翅蚜迁飞传毒。栽烟后 40 天内要采用黄皿诱蚜预测，在皿中发现有翅蚜时，田间可立即喷药防治。另外，栽烟时配合使用内吸性杀虫剂，可有效控制烟田蚜虫数量，从而防止田间病毒的进一步蔓延。

在发病早期，及时拔除发病中心病株，减少田间传染源。在田间农事操作时用肥皂水进行手和工具消毒，减少接触传播。施用抗病毒药剂，如盐酸吗啉胍、宁南霉素、氨基寡糖素等，在早期施用有一定防效。

参考文献

谢联辉，2008. 植物病原病毒学 [M]. 北京：中国农业出版社.

中国农业科学院植物保护研究所，中国植物保护学会，2015. 中国农作物病虫害 [M]. 3 版. 北京：中国农业出版社.

马铃薯 Y 病毒病危害状（①②杨金广提供；③④陈德鑫提供）
①②③马铃薯 Y 病毒病叶片症状；④全株症状

朱贤朝，王彦亭，王智发，2002.中国烟草病害 [M].北京：中国农业出版社 .

（撰稿：杨金广、王杰；审稿：王凤龙、陈德鑫）

烟草普通花叶病毒病　tobacco mosaic virus disease

由烟草花叶病毒引起的、危害烟草叶片的一种病毒病害，是世界上许多国家烟草种植区最重要的病害之一。

发展简史　烟草花叶病毒是一种模式病毒，它的发现可以说就是病毒研究的开始。烟草花叶病毒发展简史就是一部植物病毒的发展简史。分为 3 个时期：病毒的发现时期、病毒本质的研究时期、病毒与宿主相互关系的探索时期。

1886 年，Mayer 第一次用"花叶"一词描述了烟草上的病毒病症状，证明用机械接触的方法可以使这种病害传染。1892 年，D. Ivanowski 证实烟草病汁液经过细菌滤器过滤后仍有侵染力。1898 年，Beijerinck 第一次使用"病毒"一词。试验证明病毒有别于细菌。1935 年，Wendell M. Stanley 从烟草花叶病毒植物中分离到具有侵染性的蛋白质结晶。1936 年，Bawden 和 Pirie 通过化学分析将这种结晶物质定名为核蛋白。1939 年，Kausche、Dfankuch 和 Ruska 在电镜下观察到烟草花叶病毒的长形病毒粒子。

1956 年，证明 TMV 的核糖核酸（ RNA ）能独立侵染烟草，第一次证明 RNA 也是遗传信息的载体。将 TMV 外壳蛋白和 TMV 的 RNA 在试管内重组成完整的、有侵染性的 TMV 颗粒。TMV 外壳蛋白的一级结构是第一个被完全测定的病毒蛋白。利用 TMV 第一次证实病毒核酸的突变反应是在外壳蛋白的氨基酸序列上。

1929 年，Holmes 发现了心叶烟中的 N 基因，能将 TMV 病毒限定在侵染点附近不扩展形成枯斑。1938 年，Holmes 通过渐渗杂交将 N 基因导入普通烟草。N 基因介导的抗性，在 28℃ 以下培养烟草时，发生 HR 反应，显示抗 TMV 功能，在此温度以上，TMV 在烟草植株内扩散，发生系统性 HR 反应。

烟草中的 N 基因是第一个被克隆的编码 TIR-NBS-LRR 结构域的植物抗病基因，它能够通过介导在侵染位点的过敏反应（hypersensative response，HR）形成对烟草花叶病毒的抗性。存在于 TMV 复制酶羧基端的 50kDa 解旋酶基序的氨基酸序列就能够在含有 N 基因的烟草中引发过敏反应，即 N 基因对应的无毒基因 $P50$。

分布与危害　烟草普通花叶病毒病在世界各烟区都普遍发生。在中国的黑龙江、辽宁、吉林、山东、河南、安徽、四川、广东等地发生较重，田间发病率一般在 5%～20%。

苗床至大田整个生育期均可感病。幼苗感病后，先在新叶上发生"明脉"，即沿叶脉组织变浅绿色，对光看呈半透明状。以后蔓延至整个叶片，形成黄绿相间的斑驳。几天后就形成"花叶"，即叶片局部组织叶绿素褪色，形成浓绿和浅绿相间的症状。病叶边缘有时向背面卷曲，叶基松散。由于病叶只一部分细胞加多或增大，致使叶片厚薄不均，甚至叶片皱缩扭曲呈畸形（图 1）。早期发病烟株节间缩短、植株矮化、生长缓慢。重病株的花器变形、果实小而皱缩、种子大半不能发芽。接近成熟的植株感病后，只在顶叶及权叶上表现花叶，有时有 1～3 个顶部叶片不表现花叶，但出现坏死大斑块，被称为"花叶灼斑"。

病原及特征　烟草花叶病毒（tobacco mosaic virus，TMV）是烟草花叶病毒属（*Tobamovirus*）的代表成员。病毒粒体呈直杆状，长约 300nm，最大半径约 9nm；粒体由 2130 个相同的蛋白亚单位的蛋白外壳和内部为一个链状 RNA 核酸分子组成，装配成一个螺旋棒状粒体。每个亚单位由 158 个氨基酸组成。粒体能离解成核酸和蛋白质；核酸和蛋白质能重组成稳定的侵染性病毒粒体。蛋白质外壳不能单独侵染，其作用是保护内部的核糖核酸。病毒粒体分子量 3.9×10^7；沉淀系数 185～186S，等电点 pH 为 3.4；核酸含量 5%，沉淀系数 30S（图 2）。

烟草花叶病毒增殖的最适温度是 28～30℃，37℃ 以上停止增殖。它的毒力和抗逆性都很强，含病毒的新鲜汁液稀释到 100 万倍时仍有致病力，在汁液中病毒的钝化温度为 93℃10 分钟或 82℃ 24 小时或 75℃ 40 天才失去致病力；干病叶在 120℃ 下处理 30 分钟仍有侵染力，140℃ 下 30 分钟才失去活力。TMV 的抗原性较强，可以制备高效价的抗血清，可用烟草普通花叶病毒抗血清对该病做快速诊断。寄主除烟

图 1　烟草普通花叶病毒病症状（引自朱贤朝等，2002）

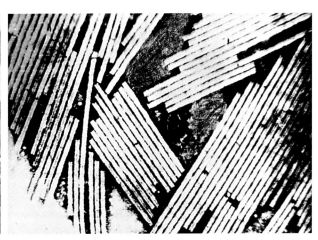

图 2　烟草普通花叶病毒粒体（引自朱贤朝等，2002）

草外，还可侵染番茄、马铃薯、茄子、辣椒、龙葵等茄科作物。

TMV 侵染寄主后，引起寄主细胞结构的一系列变化，主要的变化是诱导寄主细胞产生长方形及六角形的蛋白质晶体状内含体及长条形假晶。2016 年，李方方、孙航军等通过内质网标记红色荧光蛋白，农杆菌浸润注射三生 NN 烟和本氏烟发现，健康烟草叶片的内质网呈清晰的微丝网状结构。在 TMV 侵染的初期，内质网沿微丝产生逐渐增大的荧光皮层体，在侵染后期，又恢复成微丝状（图 3）。

2016 年，刘伟、李方方等通过透射电子显微镜观察到 TMV 侵染烟草诱导寄主产生细胞自噬。电镜观察结果显示，与对照相比，TMV 侵染 72 小时后的叶片细胞的胞质内，除了在细胞质中分布着规则排列的病毒粒子结晶体外，还发现较多的类似自噬小泡的结构，其内容物大多与胞质电子密度一致，将其定义为自噬体结构。接种毒叶片平均自噬体样结构明显多于空白对照处理（图 4）。

侵染过程与侵染循环　TMV 主要通过汁液摩擦叶面造成轻微伤口侵入，农田操作、移植、摘心、整枝、打杈时手沾染含病毒的汁液，均可造成病毒传播。病毒也可通过嫁接或植物根在土壤砂砾中生长时所造成的伤口而传染。

病毒的增殖包括 3 个阶段。第一阶段为 TMV 以被动方式经微伤口进入寄主细胞，并脱蛋白外壳释放核酸。第二阶段为进行病毒的核酸复制和基因表达。第三阶段为病毒粒体的装配和转移，通过胞间连丝转运至邻近的健康细胞，完成胞间转运侵染（图 5）。病毒在植株体内的长距离转运则通过韧皮部的筛管，完成系统侵染。

初侵染源　苗床期的侵染源有病株残体、带病的其他寄主植物，TMV 可在土壤中的病株根茎残体存活 2 年。大田烟株发病的侵染源是病苗、土壤中残存的病毒及其他带毒的寄主。同时大田发病株又成为新的侵染来源，在田间病毒主要靠植株之间的接触及人在田间操作时手、衣服、工具等与烟株的接触传毒。

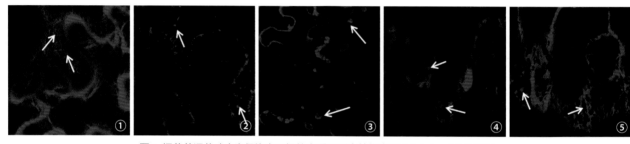

图 3　烟草普通花叶病毒侵染本氏烟的内质网形态结构变化（李方方、孙航军提供）

①正常状态下的内质网；②TMV 处理 3 天内质网上出现很多荧光点；③④TMV 处理 5 天内质网上出现几个大的皮层体并且内质网微管开始发生重排；
⑤CMV 处理 10 天内质网的微管膨大增生，标尺 =10μm

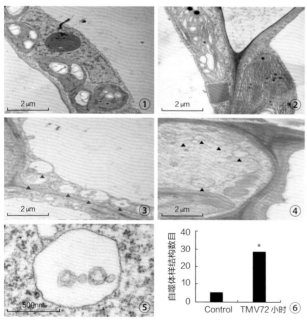

图 4　电镜观察 TMV 侵染后的叶片内的细胞自噬体（刘伟、李方方提供）

①和②为 PBS 模拟接种 72 小时；③和④分别为接种 TMV 72 小时的自噬体样结构（红色箭头指的是自噬小泡，黑色箭头指的是自噬小体）；⑤为接毒细胞内放大的自噬体样结构；⑥细胞内平均自噬体样结构数，

*P < 0.05

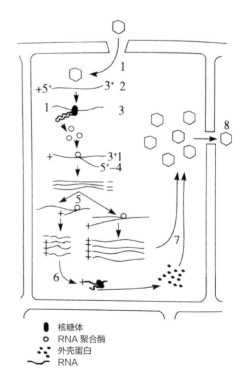

核糖体
RNA 聚合酶
外壳蛋白
RNA

图 5　（＋）ssRNA 病毒的增殖过程（许志刚提供）

传播方式　TMV 主要通过汁液摩擦传播。TMV 必须在烟叶有微伤时才能侵染，气孔侵入极少。在自然情况下，TMV 可通过病叶与健叶间，或是病根与健根间接触摩擦所造成的微伤达到传毒的目的。在田间的农事操作中，如打顶、抹杈、除草、施药等均可通过人手和工具等将病毒从病株传到健株上。

侵染过程　①侵入当病毒汁液达到叶片表面时，遇到机械擦伤，使角质层出现的微伤就足以使病毒粒体接触外壁胞质这个侵染点，病毒粒体通过外壁胞质连丝转移到细胞内的细胞器受体上，TMV 粒体的一端吸附在寄主细胞的原生质膜上，病毒粒体就随着质膜内陷进入原生质内，这一过程叫做内吞作用，病毒就如此达到了侵染目的，复制增殖以至发病显症。当机械擦伤较重致使表皮细胞无法存活时，病毒即使直接与细胞接触，由于受残细胞很快死亡，病毒亦无法达到侵染的目的。当叶片表皮的细胞膜仅受微伤时，寄主细胞易于恢复，因此，适当微伤引致细胞直接受侵。②脱壳。植物病毒到达寄主细胞内建立侵染点后，病毒粒体的一部分外壳蛋白降解裸露出粒体内部的核酸。将 TMV 接种烟原生质体后仅需 30 分钟就开始脱蛋白外壳，随后病毒通过 mRNA 表达基因在复制的同时合成蛋白并形成子代病毒粒体。③增殖。TMV 粒体进入细胞质中，首先从 RNA 的 5'-末端依次脱掉外壳蛋白。这时 TMV-RNA 是按半保留复制形式经过双链复制型和中间体完成（＋）ssRNA 的复制。然后 RNA 的 5'-末端基因组结合鸟苷酸后与亚基组 5'-末端进行 5'5'-端结合形成帽式结构。另一方面从 TMV-RNA 基因组还可以转录出 RNA 亚基因组的 30K 蛋白 mRNA 和外壳蛋白 mRNA，这两种 mRNA 在寄主细胞质内核糖体合成帽式结构蛋白和病毒专化性外壳蛋白。最后 RNA 和蛋白结合构建成子代 TMV 粒体。④转运。经胞间连丝转运至邻近细胞，经筛管远距离运输，引起一系列诸如花叶、坏死、畸形、矮化、变色等可见的组织病变以及内含体等内部症状。

流行规律　由 TMV 引起的花叶病的流行，主要是农事操作中借人手和工具的机械接触传染发生的。在通常情况下，刺吸式口器的昆虫（如蚜虫）不传染 TMV。构成 TMV 流行的因素为：种植感病品种、土壤结构差、苗期及大田期管理水平低、连作持续时间长、施用被 TMV 污染过的粪肥、天气干旱烟株得不到正常生长发育、感病时期早等。

环境条件的变化可影响烟株对 TMV 的侵染性和潜育期　烟株生育期、接种量及生长条件，一般影响症状呈隐性症状或常态症状。此外，温度及光照能够在很大程度上影响病势的发展速度。提高温度和光照强度可以缩短潜育期，但是没有一个温度能在一个固定阶段内持续地促成最高量的病毒浓度。在接种后的叶中，病毒的合成一般随温度而变化，并与寄主的生长呈平衡关系。即温度高寄主生长速度快，病毒合成量大。但在系统感染的叶片中，还涉及病毒的移动与运转，病毒的积累速度与寄主的生长速度呈负相关（寄主生长速度愈快病毒积累愈慢）。当达到最高点后，温度就通过寄主生长决定 TMV 在植株中积累的速度和浓度。可以说在任何温度的 TMV 浓度遵循着低—高—低—高的过程。

防治方法　主要是种植抗病品种，其次是通过田间卫生，培育无病壮苗，适时早栽早发，根除杂草及轮作等综合防治措施。

抗病品种　中国抗 TMV 的抗病育种开展较早也较成功，较早的抗病品种有辽宁培育的辽烟 8 号、辽烟 10 号和辽烟 12 号；台湾的台烟 5 号、台烟 6 号；还有引进的白肋 21、柯克 86；最近育成的抗 TMV 品种（系）有丹东的辽烟 15 号、延边的 9205、中国农业科学院烟草研究所的 CV09-2 等。

农业防治　土壤和种子消毒；加强苗床管理，培育无病壮苗；移栽时要剔除病苗；在苗床和大田操作时，手和工具要消毒（用肥皂水洗手即可），多采用工厂化集约化育苗，要特别重视剪叶工具的消毒；田间操作应自无病区开始，打顶、抹杈要在雨露干后进行，并注意病株须最后打顶、抹杈。

化学防治　抗病毒剂的作用以抑制病毒的活性和诱导烟株产生抗性为主，因此，其应用一定要掌握在病毒侵入烟株之前。根据有关抗病毒剂抗性机理研究结果，提出如下施用程序：苗期用药 1～2 次，移栽前 1 天一定用药 1 次，防止病毒在移栽时通过接触传染；在移栽后的生长前期施用 2～3 次。提倡在田间操作前对烟株喷药保护。生产上应用较好的抗病毒剂有 20% 吗胍·乙酸铜可湿性粉剂 700～1000 倍、8% 宁南霉素水剂 1600 倍、6% 烯·羟·硫酸铜可湿性粉剂 300～400 倍、24% 混脂·硫酸铜水乳剂 600～900 倍、18% 丙多·吗啉胍可湿性粉剂 500 倍等。

参考文献

谢联辉，2008. 植物病原病毒学 [M]. 北京：中国农业出版社.

中国农业科学院植物保护研究所，中国植物保护学会，2015. 中国农作物病虫害 [M]. 3 版. 北京：中国农业出版社.

朱贤朝，王彦亭，王智发，2002. 中国烟草病害 [M]. 北京：中国农业出版社.

（撰稿：申莉莉、王凤龙；审稿：陈德鑫）

烟草气候斑点病　tobacco weather fleck

由大气中臭氧等有害物质引起的一种非侵染性生理性病害。

发展简史　由美国安德森（P. J. Anderson）于 1920 年首先报道，随着一些国家工业化的发展，在大气中诱发病害的废气浓度增加，该病害日益加重，并上升为当地烟草的主要病害，发生于各种类型的烟草上。在美国，1959 年康涅狄格州、1965—1966 年佛罗里达州、1972 年北卡罗来纳州相继大发生。在加拿大，1955 年以来此病成为经济失调因素之一。在日本，1965 年尚仅有秦野等地少量发生，1968—1970 年便一跃成为主要病害，受害烟田达 17.5%～18.5%。在中国，台湾于 1970 年前后已有发生，但其他地区直至外引烟种于 20 世纪 70 年代试种、80 年代推广后，云南 1982 年、河南 1987 年发生，气候斑点病逐渐严重起来，并引起人们的注意。

分布与危害　1989—1991 年中国烟草侵染性病害调查发现，除云南、河南外，吉林、陕西、山东、安徽、浙江、湖南、江西、贵州、福建、广东、广西等各产烟区均有发生。

Y

1975—1976年云南普遍发生危害，尤以江川、通海烟区较多，Speight G-28、NC2326、Coker347等品种受害较重。1987年河南和广西普遍发生，河南受害烟田面积占全省种植面积50%以上，受害烟草品种以Speight G140为主。富川、钟山是广西烟草最主要种植区，绝大多数烟草都受害，受害烟草品种以Speight G-28为主。1989年，福建龙岩烟区大面积发生。1990年，广东南雄占全县烟草种植面积80%的K326几乎全部发病，每株病叶可达6～8片。1991年，福建永定主栽品种K326中病叶率53%以上的面积占14.7%。1992年，云南的病情又重于往年。烟草发病后，生长减退，产量和品质明显下降（图1）。烟叶产量损失10.5%～53.5%，尼古丁含量下降36.7%，总糖下降17.26%，还原糖下降18.32%，总氮和蛋白质也有下降趋势。

病因及特征　该病为大气中以臭氧为主的污染物所致。烟草气候斑点病一般发生于烟草团棵期至旺长期的中下部已全部伸展的叶片上，但早花烟株的脚叶和在适宜病害发生条件下旺长后期至成熟采收中后期的中上部叶片也时有发生。病害常仅发生于某一部位叶片上。因病害的发生时期和发生条件的不同，病害的症状有如下类型（图2）。

白斑型　发生于团棵期后中下部叶片上。病斑一般圆形、近圆形或不规则形，大小1～3mm。初期水渍状，后变褐色，在1～2天内再变为灰白色甚至白色，病斑外缘组织稍褪绿变黄，斑点常集中在主脉和侧脉两侧和叶尖部位。最后，病斑中心坏死、下陷，严重时穿孔、脱落，特别严重时因许多病斑连合穿孔，可使叶片破烂不堪。但病斑中央不透明，也无黑点或黑色霉状物。

褐斑型　亦发生于团棵期后中下部叶片上。症状及其演变与白斑型类似，但病斑变褐色后，不再变为灰白色，仍长期保持褐色。病斑内缘色更深，病健交界更明显。

环斑型　病斑常在白斑和褐斑的周围具1个甚至2～3个由多点间断组成的轮环，极似烟草环斑病毒病症状。这种环斑在同一叶片上，可以与上述两斑型同时发生，但所出现的数量及其与两斑型的比例则有多有少，斑点色泽也有白色与褐色两种。环斑直径约1cm。

尘灰型　病斑极小，且互相紧靠，似尘灰或一般植物叶片受红蜘蛛危害状。初灰白色，后变褐色，多发生于嫩叶叶尖、叶缘和生长稍差、较薄的叶片上，受害处也很少穿孔。

坏死褐点型　多发生于始花期后下中叶至上中叶上。病斑初位于叶片表皮下，大小针头状，暗紫色至黑色，水渍状，后变褐色或黑褐色。病斑常聚集成片，叶片迅速黄化早衰甚至坏死。多发生于烟株根部发育不良的水田和排水不良的旱地上。

非坏死褐色型　发生叶位与坏死褐点型相同。病斑大小、色泽及演变亦与坏死褐点型相似。病斑较少、分散，大多互相不连结，组织不坏死，叶片除斑点外仍保持绿色。多发生于氮肥不足的烟株叶片上。

成熟叶褐斑型　发生于烟株成熟阶段已充分生长的叶片上。病斑发生于叶片转黄处，初褐色，较小，后扩大合并为不规则形的褐色大斑。多发生于荫蔽烟株叶片上。

雨后黑褐斑型　发生于成熟阶段中上部叶片上。病斑初位于叶缘或叶脉旁，水渍状，后迅速扩大，变黑褐色，不规则形，组织坏死。多发生于排水不良、荫蔽或生长差的烟株上。

在上述这些类型中，白斑型是最常见类型，褐斑和环斑型在广东、广西、山东和福建等地也较多，尘灰型是在广西多次臭氧人工模拟中发现，1993年又在武鸣合美烟田中见到。坏死和非坏死褐点型等虽为日本所提出，但中国烟田中有些症状也与之相类似。

烟草气候斑点病为不适宜的气候条件引起的非侵染性病害。

流行规律　臭氧是引起烟草气候性斑点病的直接原因，突然低温降雨则是诱导病害发生的一个重要因素。烟草在团棵期至旺长中后期，病害最易发生，若此时期冷空气来袭，引起连续低温、多雨、日照少，土壤水分含量高，烟草叶片细胞间隙充满水分，气孔开张，雨后骤晴，特别是雷电交加的天气，病害便有可能普遍出现而严重。大气中的臭氧浓度在0.06～0.08μg/g时，与烟株接触24小时以上即可发病，臭氧浓度增大时，会缩短发病时间。若大气中有二氧化硫等污染物时，较低的臭氧浓度即可造成发病。一般情况下，低温、多雨、日照少、持续阴雨骤然转晴的天气发病重。持续晴天突降暴雨，天晴后发病尤其严重。磷、钾肥施用量少，氮肥施用量过多、叶片疯长、肥厚的发病重。连作田重于轮作田，平地重于山区，近公路的村庄、砖窑附近的烟田以及种植过密、感染病毒类病害的烟田发病也较重。

烟株的生育状况　烟株进入团棵期时起直至旺长中后期止，病害最易发生。受害叶片多位于自下而上的第四至第八叶片上，但若烟株早花和生育后期出现特别适合病害发生的气象条件和栽培条件，脚叶和上二棚叶也会发生。

气象条件　寒潮是对烟草气候斑点病发生影响最大的气象因子。寒潮时，低温多雨，雷暴闪电可形成臭氧、地面逆温层又有利于对流层的臭氧以及地面汽车和工厂废气等初级污染物在日光下所产生的臭氧在地面聚集，地面臭氧浓度较高；加上寒潮使原在较高温度下生长的烟株生理失调，又有利于臭氧的侵袭。

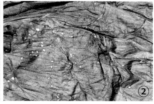

图1　烟草气候斑点病危害状（陈德鑫提供）
①田间发病症状；②烘烤后症状

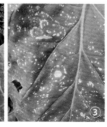

图2　烟草气候斑点病常见症状（陈德鑫提供）
①白斑型；②褐斑型；③环斑型

水田与旱地　烟草气候斑点病最易发生于膨胀多汁的烟叶上。水田种烟，水分多，湿度大，烟叶膨胀多汁，叶片气孔张开，病害常较重。

土壤　土壤不同，肥料和水分含量及供应状况不同，烟株生长状况不一，受臭氧的伤害也存在一定的差异。黏性红壤、新垦红壤发病最重，稻田土次之，砂壤土紫色土最轻。病害发生程度还与土壤养分含量有关，质地较轻、偏酸性白砂泥田有效钾含量仅 $33\sim44mg/kg$，碱解氮为 $66\sim114mg/kg$，钾属极缺范围，发病较重；质地较黏、微碱性紫泥田有效钾为 $130mg/kg$，碱解氮为 $173mg/kg$，发病则较轻。

肥料　施肥量直接影响烟株对养分的吸收，适量施肥，烟株才能生长发育健壮，抗性提高，减轻或抑制病害发生。但因肥料种类、数量及各要素间配比，往往与土壤类型、地力、前作施肥状况及所种植品种的实际需要等密切相关，情况复杂，合理施肥应因地而异。在施氮量相同的条件下，磷钾配比量较小则病害重，反之磷钾配比量高则病害轻；在氮磷钾配比相同的条件下，不同的施氮量与病害的关系则不明显。叶片中钙的含量、叶位与气候斑严重度有直接关系，下位叶片中钙的浓度最高，气候斑的数量也最多。

排灌　在同样气象条件下，不同烟田的排灌状况对烟草气候斑病的发生程度影响较大。土壤湿度过大，即便是抗病品种病害也会骤增，同一田块，地势高处发病较轻，地势低、杂草丛生、沟中积水则发病重。

与病毒病及其他病原物的关系　烟株受病毒病的感染状况在一定程度上也影响着臭氧对烟株的伤害。但不同的病毒病对臭氧伤害的影响不同。已感染烟草普通花叶病毒病（TMV）、蚀纹病毒病（TEV）比未受感染的烟株气候斑点病轻；反之，已感染黄瓜花叶病毒病（CMV）、烟草脉带花叶病毒病（TVBMV）、烟草马铃薯Y病毒病（PVY）、烟草矮化病毒病（TSV）和烟草条纹病毒病（TSV）比未受感染的烟株气候斑点病重。接种根结线虫的烟株比不接种的对臭氧更敏感。

影响烟草气候斑点病发生的因素有多种，并且非常复杂，除自身生长发育进度及外界条件等因素外，还与烟草自身抗性、气孔密度和气孔导度、抗氧化酶活性等因素关系密切。

防治方法　自20世纪80年代以来，国内外学者对烟草气候斑点病的防治进行了大量的研究，并制订了相应的综合防治措施，取得了一定的研究成果。根据影响烟草气候斑点病发生的相关因素，应从选育抗（耐）病烟草品种、加强大田栽培管理、促进烟株健壮生长以及使用化学药剂防治等方面入手。

选育抗（耐）病品种　是国内外生产实践已普遍证明的最经济有效的防治手段之一。不同基因型烤烟对气候斑点病的抗性不同，中国自育烤烟品种对烟草气候斑点病抗性整体上明显强于外引基因型。程崖芝等（2005）从调查的60个烟草种质资源中初步筛选出13个高抗种质，包括鹤峰晒烟等8个晒烟种质和永定401、NC89等5个烤烟种质，抗病种质5个，包括岩烟97、红花大金元等；此外，还有翠碧一号等10个中抗种质。

农业防治　烟草气候斑点病发生的主要诱因是低温和臭氧，而且易发生在烟叶生长发育的旺盛阶段，因此，需要结合当地的气候条件，合理安排播种育苗和移栽期，使烟叶旺长期正处于良好的外界环境中，从而减轻外界不利气候因素对气候斑点病的诱导作用。在烟田土壤干旱时科学、合理灌水，防止烟田土壤湿度过大诱导气候斑点病发生。在烟株团棵期及旺长前期，如果遭遇大风、寒流等不利气候条件时，应减少灌水。若烟田必须灌溉时，应依据气象部门天气预报，结合天气实况，确定相应的灌溉方案。一般情况下，在烟草移栽后30天以前，应避免大水漫灌。

化学防治　关于烟草气候斑点病的防治，Lucas 称之为植病研究的新难题，随着对该病发病原因研究的深入，人们开始探索筛选有效的化学防治药剂。从20世纪60年代以来，国外广泛试用抗坏血酸喷剂、抗氧化剂、抗蒸腾剂、气孔调节剂、生长调节剂、农药、化学试剂及各种叶面覆盖物进行防治。在加拿大，有报道指出，乙撑双脲可以提高烟草体内的 SOD 的活性，效果显著并已商品化生产。20世纪90年代以来，中国也开始进行此项工作，并初见成效，筛选出了一批防治效果较好的化学药剂，大致可划分为：

①抗臭氧剂。三甲基喹啉和 N,N- 二苯基对苯基乙基二胺。②诱导气孔关闭的药剂。甲基硫菌灵、多菌灵等杀真菌剂，不仅可以诱导气孔关闭，而且具有一定的抗氧化特性，具有一定的防护效果。③抗氧化剂。乙撑双脲（EDU）、SOD、益微和抗坏血酸等药剂。④其他防护药剂。波尔多液、代森锌、甲基托布津和百菌清等。

参考文献

陈碧珍, 1993. 烤烟不同品种叶片结构的解剖观察 [J]. 福建农学院学报, 22(2): 241-246.

陈锦云, 曾军, 童玉焕, 等, 1996. 烟草资源品种气候斑点病的抗性鉴定 [J]. 烟草科技 (5): 45-46.

程崖芝, 巫升鑫, 顾刚, 等, 2005. 烟草种质对气候斑点病抗性的初步鉴定 [J]. 福建农业科技 (3): 33-34.

（撰稿：孙惠青、孔凡玉；审稿：王凤龙、陈德鑫）

烟草青枯病　tobacco bacterial wilt

由假茄科雷尔氏菌引起的、危害烟草根部的一种维管束病害，是世界范围内危害烟草生产的重要细菌性根、茎病害。又名烟瘟。

发展简史　1864年，印度尼西亚首先报道了青枯菌对烟草的毁灭性危害，此后，迅速蔓延至各主要产烟国，特别是热带、亚热带及一些温暖烟区发病尤为严重，并成为制约烟草生产的主要病害。中国每年因青枯病危害导致烟叶产量、质量下降而造成的直接产值损失均以千万元计算；2009年全国烟草青枯病发生面积为 3.27 万 hm^2，产值损失为 10552.21 万元，该病造成的损失已居各类烟草侵染性病害损失中的第四位。烟草青枯病虽未大面积流行，但局部地区发病依然严重，且其常与黑胫病、根结线虫病等混合发生，严重时可使全田烟草枯死。

分布与危害　中国长江流域及以南烟区都普遍发生，其

Y

中广东、广西、福建、四川、重庆、湖南、安徽等地发病较重，许多重病区的老病田或旱地烟田，全田发病和绝产无收的现象每年都发生。由于青枯菌的演变及适应，青枯病有向北方烟区扩展的趋势，如河南、陕西、山东及辽宁等局部烟区均已有该病发生。

该病是典型的维管束病害，烟草根、茎和叶均可受害，但主要危害烟草根部。发病初期，病菌多从烟株一侧的根部侵入，植株感病枯萎很快，而叶片萎垂仍呈青绿色，故称"青枯病"。直至发病的中前期，烟株一直表现一侧叶片枯萎，另一侧叶片似乎生长正常，这种半边枯萎的症状可作为与其他根茎类病害的重要区别（见图）。随着病情发展，病害从茎部维管束向外表的薄壁组织扩展，坏死黑色条斑一直伸展至烟株顶部，甚至到达叶柄或叶脉上。到发病后期，病株全部叶片萎蔫，根全部变黑腐烂，茎下部黑色坏死，髓部呈蜂窝状或全部腐烂，如切取小段的新鲜病茎浸入清水中，可见切口处渗出乳白色菌脓。茎上的黑色条斑和叶片上黑黄色网状病斑是烟草青枯病最重的症状特征。

烟草青枯病叶片（左）和整株（右）症状（王静提供）

病原及特征　国际上将茄科雷尔氏菌［*Ralstonia solanacearum*（Smith）Yabuuchi］又划分成 3 个不同的种，即由亚洲和非洲分支菌株构成的假茄科雷尔氏菌［*Ralstonia pseudosolanacearum*（Smith）Yabuuchi］、由美洲分支菌株构成的茄科雷尔氏菌以及由印尼分支菌株构成的蒲桃雷尔氏菌（*Ralstonia syzygii*）。该病原应为假茄科雷尔氏菌。

烟草青枯菌是革兰氏阴性好氧细菌，在厌氧条件下培养，其毒力迅速丧失。菌体短杆状，两端钝圆，无内生孢子及荚膜，大小为 0.9～2μm×0.5～0.8μm，单极鞭毛 1～3 根，偶尔两极生，能在水中游动。该菌生长的温度范围为18～37℃，最适温度 30～35℃，致死温度为 52℃持续 10 分钟，最适 pH 为 6.6。

青枯雷尔氏菌的生理生化特性复杂，其菌株在不同寄主、不同地理条件下的致病性、流行学均有差异。国际上公认的将青枯雷尔氏菌分为两个亚分类系统，一个是根据寄主的亲和性和病原菌的定居特性将其分为 5 个生理小种（race 1，2，3，4 和 5），另一个系统则是根据青枯菌对 3 种多糖和 3 种己醇的氧化能力差异划分为 5 个生化型（biovar Ⅰ、Ⅱ、Ⅲ、Ⅳ 和 Ⅴ）。侵染中国烟草的主要是 race1，biovar Ⅲ 和 Ⅳ 型的菌株，且 biovar Ⅲ 是中国长江流域及其以南地区的优势菌系。2005 年，Fegan 和 Prior 共同提出了演化型分类框架用于描述青枯菌种以下的差异，该分类框架依次将青枯菌分为种（species）、演化型（phylotype）、序列变种（sequevar）以及克隆（clone）4 个不同水平的分类单元，并分别建立了与之相对应的鉴定方法。

青枯雷尔氏菌寄主广泛，最近报道其可侵染 44 个科 300 多种植物，以茄科中的寄主种类最多，除烟草外，对番茄、辣椒、茄子、花生、马铃薯、芝麻、甘薯、姜类作物危害最重，另桑、桉树等木本植物也发生青枯病。不危害禾本科植物。

青枯菌是国际上研究植物病原细菌致病机制的模式系统之一。其致病因子主要包括：Ⅱ型分泌系统（T2SS）、Ⅲ型分泌系统（T3SS）、胞外蛋白（EPS）、脂多糖（LPS）和Ⅳ型鞭毛系统。Ⅱ型和Ⅲ型蛋白分泌系统主要作用是将多种致病因子输送到胞外导致寄主植物致病，与青枯菌致病性密切相关。胞外蛋白是另一类主要的致病因子，已分离鉴定的胞外蛋白有 10 多种，与青枯菌致病密切相关的主要包括果胶降解酶类和纤维素水解酶类。Ⅳ型鞭毛系统对于细菌在植物表面的附着十分重要，直接影响着青枯菌的致病性。

侵染过程与侵染循环　青枯雷尔氏菌通常从植物根部或茎部的伤口侵入，直接进入导管系统，引起植株发病。但在自然条件下，也可以从没有受伤的次生根的根冠部侵入，引起相邻的薄壁组织的细胞壁膨胀并在细胞间隙生长，破坏细胞间的中胶层，使导管附近的小细胞受刺激形成侵填体，侵填体破裂后病原菌即被释放进入导管，青枯菌在导管内大量繁殖菌体及其代谢产生的大量胞外多糖，胞外多糖堵塞导管，影响和阻碍植物体内水分运输，同时青枯菌还向胞外分泌多种细胞壁降解酶，如果胶酶和纤维素酶，破坏导管组织，从而引起植株萎蔫和死亡。

青枯菌是一种土壤习居菌，主要在土壤中或随病残体遗落在土壤中越冬，亦能在田间寄主体内及根际越冬。病菌在病残体中可存活 7 个月，在湿润的土壤或堆肥中可存活 2 年以上，但在干燥的条件下很快死亡。青枯菌可随病苗、病残体及土壤传播，形成初侵染，再以灌溉水、雨水、病苗、肥料、农具、病土及人畜活动而传播，从烟株根部伤口侵入致病，完成再侵染。农事操作如中耕培土、打顶抹芽、收摘烟叶等及昆虫危害，均能使病菌传播和侵入同时完成。诸多因素中，带菌土壤是最重要的初次侵染来源。病田流水是病害再侵染和传播的最重要方式。

流行规律　该病是高温高湿型病害，发病最适宜温度为30～35℃，主要发生在热带、亚热带和一些温暖的地区。在病害始发后，湿度增大为加速病害流行速度和加大为害程度的主导因子。暴风雨或久旱后遇暴风雨或时雨时晴的闷热天气更有利病害的发生和流行。实际生产中，高温多雨的季节，烟株也正处在旺长期和成熟期，此时植株迅速生长，抗病性降低，有利于病菌在烟株体内迅速传导扩展，造成染病植株快速死亡。

影响烟草青枯病发生与流行的因素主要分为以下 4 个方面：环境气候条件、品种抗性、土壤类型及地势及农业栽培技术等，其中以气候因素影响最大。

环境气候条件　烟草青枯病的分布介于北纬 45° 至南纬 45° 之间，通常发生条件为：①平均年降水量 1000mm 以上；②年平均生长季 6 个月以上；③北半球 1、7 月的平均温度分别不低于为 10℃ 和 21℃，南半球 1、7 月的平均温度分别不低于 21℃ 和 10℃；④年平均温度不超过 23℃。湿度是影响该病害流行的重要因素之一。当日平均温稳定在 22℃ 以上、烟株根系层的土壤充分湿润后，病菌即可侵入为害。中国南方许多烟区（如广西南宁和福建三明烟区）在每年的 4 月中下旬，温度一般能满足青枯病菌侵入危害的需要，但此时病害能否发生还取决于降雨或灌溉条件，湿度大，病害发生早、发展快，危害加重。

土壤类型及地势 不同土壤类型的青枯病发病程度差异较大。土质黏重板结易发生烟草青枯病，砂壤土发病较轻，砂质土最轻。一般情况下，利用水田栽烟发病较轻，旱地烟普遍发病较重。在某些丘陵烟区，水田烟比旱地烟发病严重的主要原因是排灌不良，田块之间串流，病田流水给病菌传播蔓延创造了极为有利的条件。烟草青枯病在偏酸性的土壤发生偏重，试验研究表明，在酸性条件下，青枯菌生长速度快、繁殖数量多、运动性和生物膜生成能力强、EPS 单产量和总产量最高，EPS 能促进青枯菌在烟草根部的吸附和定殖，所以青枯病在酸性土壤中发生重，而偏碱性土壤条件不利于其发病。

品种抗性 品种间的抗病性存在着明显的抗感差异，生产上推广的烤烟品种中尚无抗青枯病品种。红花大金元、云烟 85、云烟 87、NC89 等都属高感品种，仅有 K326 为较抗病，属中抗型，发病期也稍迟。Coker176、Ti448A、D101 等引进品种有较高的抗性，美国用抗源 Ti448A 育成了 VA080、K358、K326 等一系列品种，但都很难被中国直接利用。

农业栽培技术 烟草青枯病多发生于连作土壤中，尤其之前作为茄科或其他青枯病寄主植物的田块发病均较重，凡是与禾本科作物轮作发病均较轻。此外，由于病原菌主要借助雨水和田间灌溉进行传播，坡上和坎上发病的田块，在当年或翌年常常会造成下方田块的发病。适时合理的中耕培土，可促进烟株根系发达，生长健壮。

防治方法 烟草青枯病的防治仍然是生产上尚待解决的一大难题，该病害的发生、流行和危害是诸多因素综合作用的结果，因此，对烟草青枯病的防治必须坚持预防为主，综合防治的方针，着重向生态环境恢复的方向进行，主要包括抗性品种利用、改善栽培条件和药剂防治等方面。

抗（耐）青枯病优良品种利用 在生产上种植的优质品种多数是不抗烟草青枯病的，抗病品种较少，K326 是较抗、耐病的，岩烟 97 可兼抗青枯病和黑胫病。抗病育种依赖于品种资源的抗病性鉴定来提供抗源，而青枯病为土传病害，青枯菌腐生性较强，其致病机制复杂，并且存在着许多不同的生理小种，这使得青枯病的抗病育种更为艰辛。

农业防治 轮作是防治青枯病最为经济有效、方便可行的栽培防治措施之一。根据该病菌的好气性，而且不危害禾本科植物的特点，实行烟稻隔年轮作制，旱地烟实行 3 ～ 5 年与禾本科作物或非青枯病菌寄主大面积连片轮作，均可取得良好效果。合理选地，有条件的地方选择砂壤土、排灌分开的田块栽烟；地势较低、湿度大的地块应起高畦，以利于排水、防止田间积水、排灌串灌。中耕培土、打顶抹芽应避免在雨天或露水未干前进行；收摘烟叶应先收摘无病田，再

收摘有病田。施足基肥，适当增施磷钾肥，以提高烟株抗病性，氮肥尽量使用硝态氮。在土壤偏酸性地区，在栽烟前施用石灰 750 ～ 1050kg/hm^2 进行土壤改良，可减少病菌传播机会。

田间卫生也是不容忽视的重要方面，大田种植前期，一旦发现病株应立即拔除，带出田外集中烧毁，并撒施少许石灰消毒病穴。不要将病株随地乱扔，以减少病菌传播蔓延的机会。烟叶收摘完毕后，也应将病株连根拔起集中处理，切勿将病株还田作肥用，并对病田进行消毒、以防止病菌潜存，减少翌年病害的初侵染源。病田消毒通常可用石灰消毒法，即每公顷撒施石灰 750 ～ 1050kg 后进行耙沤。

化学防治 根据烟草生育期，及时合理使用药剂进行保护与治疗。由于尚无防效良好的药剂，施用药剂应本着以推迟青枯病发病高峰期，减轻发病程度为目的。常规采用 3000 亿个 /g 荧光假单胞菌粉剂每亩 500g 兑水 50kg、50% 琥珀酸铜（DT）300 ～ 400 倍稀释液、20% 青枯灵 400 倍稀释液于团棵期到烟草旺长期灌根，每株 50 ～ 100ml，每隔 10 ～ 15 天处理 1 次，共 2 ～ 3 次，均有一定的防效。

适时施药对药效影响很大。每一次施药时间应根据当地历年该病发生情况，掌握在始病前后 7 天，如果是在始病后 10 天以上才第一次用药，防治效果明显降低。在发病始期较早的福建、广东、广西和湖南等地，用药时间应在移栽期、团棵期、旺长期或零星发病时各用药 1 次，在四川、贵州、安徽和湖北等地，应在团棵期、旺长期或零星发病时各用药 1 次。此外，施药时土壤的湿度对药效的影响也很大，施药时若土壤湿润，就有利于药力的发挥，若土壤干燥，则防效较差。

参考文献

中国农业科学院植物保护研究所，中国植物保护学会，2015. 中国农作物病虫害 [M]. 3 版 . 北京：中国农业出版社 .

朱贤朝，王彦亭，王智发，2002. 中国烟草病害 [M]. 北京：中国农业出版社 .

（撰稿：王静、孔凡玉；审稿：王凤龙、陈德鑫）

烟草蚀纹病毒病　tobacco etch virus disease

由烟草蚀纹病毒引起的、危害烟草叶片的一种病毒病害，是世界上许多国家烟草种植区主要的病害之一。

发展简史 烟草蚀纹病毒病的发展简史分 3 个时期：病毒的发现时期、病毒本质的研究时期和病毒与宿主相互关系的探索时期。

1928 年，Valleau 和 Johnson 首次在美国肯塔基感病的烟草上发现烟草蚀纹病毒病。1985 和 1986 年，谢联辉等先后在福建、陕西的烟草和辣椒上发现了烟草蚀纹毒病。I. S. Damirdagh 等报道在电镜下观察到病毒粒体呈稍曲的线状，其大小为 726nm×12.25nm。Stover 将蚀纹病毒的症状分为蚀纹症状和轻微症状两类，并指出蚀纹病毒的斑驳症状与烟草普通花叶病毒病症类似。

分布与危害 烟草蚀纹病主要分布于加拿大、美国、德

国、墨西哥、印度、尼加拉瓜、阿根廷、俄罗斯、委内瑞拉及中国。烟草蚀纹病在中国各烟区都有分布与发生，且已成为一些烟区的主要病害之一。

烟草蚀纹病主要发生在大田期，田间可出现两种症状类型。一种是感病叶片初出现1～2mm大小的褪绿小黄点，严重时布满叶面，进而沿细脉扩展呈褐白色线状蚀刻症。另一种是初为明脉，进而扩展呈蚀刻坏死条纹。两种症状后期叶肉均坏死脱落，仅留主、侧脉骨架。烟株的茎和根亦可出现干枯条纹或坏死。轻度发病的叶片有隐症或轻微褪绿明脉。重病株除叶面典型蚀纹症状外，整个株形和叶形亦发生病变，使叶柄拉长，叶片变窄，整株发育迟缓，与健株差异明显（图1）。

病原及特征　烟草蚀纹病毒（tobacco etch virus，TEV）是马铃薯Y病毒属中的一个重要成员。病毒粒体呈稍曲的线状，大小为726nm×12.25nm（图2）。

TEV是由4个蛋白质亚单位螺旋状围绕而形成一个柱体，螺旋体的空心中填埋有核酸，有接近194个氨基酸片段，核酸（RNA）含量约为5%，粒体沉淀系数在pH8.2的0.05M硼酸盐溶液中为154S。

分子质量为$2.98×10^4 ～ 3.16×10^6$。致死温度为51～53℃10分钟，稀释限点$10^{-3}～10^{-2}$，体外保毒期为20℃下3～7天。在室温下TEV很快失去活性，但病叶在1℃下迅速干燥，其侵染活性可保持1年之久。在1%叠氮钠溶液中TEV侵染性可保存4周之多。病毒分类编码为：R/1:*/5:E/E:S/AP。

图1　烟草蚀纹病毒病的症状（引自朱贤朝等，2002）

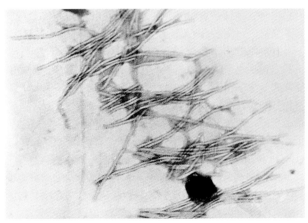

图2　烟草蚀纹病毒粒体（引自朱贤朝等，2002）

侵染过程与侵染循环　烟草蚀纹病毒主要通过蚜虫以非持久性方式进行口针传毒，桃蚜传播TEV其传毒率为26.2%，最短获毒时间1分钟，最短接毒时间亦为1分钟，而持毒的最长时间为100～200分钟。还可通过汁液摩擦及菟丝子和嫁接传播。

①病毒的传播方式。烟草蚀纹病毒极易经汁液进行机械摩擦传播。蚜虫传毒是最主要的媒体，此外，菟丝子亦能传播此病。②病原的越冬越夏。刺儿菜和越冬菠菜是TEV的越冬寄主，自然寄主有辣椒、烟草、番茄、龙葵、曼陀罗、菠菜以及刺儿菜等。③烟田内的病原传播。烟草在苗床揭膜阶段即可由有翅蚜传毒而感染烟草蚀纹病，这是烟田最早的初侵染来源，而烟苗移栽到大田最初阶段，是TEV初侵染的重要时节，有翅蚜取食传毒，被感染的烟苗形成烟田内初侵染源。

流行规律　TEV的发生、分布与危害情况与地理差异、生态环境、传毒介体生境及作物有关。TEV的发生与介体蚜虫的关系。病害的发生流行与介体蚜虫数量呈正相关。传毒介体蚜虫的发生期、发生量随年际间变化，造成病害的年际间波动。不同品种对TEV的抗性有明显的差异，而各地的抗性反应不完全相同。烟田靠近村庄或与油菜田、蔬菜邻作，烟草蚀纹病发生则重；远离村庄，采取麦烟间套的种植形式，病害发生显然少而轻。冬季及早春气温低，雨雪量大，越冬蚜虫少，早春活动晚，TEV发生轻；反之则重。

防治方法　烟草蚀纹病因其寄主范围的广泛及非持久性蚜传特点，对该病害的防治采取以农业防治为基础、结合化学防治的综合治理措施，以达到平衡生态、控制病害的目的。

利用品种间抗病性的差异，合理布局，是控制TEV的最有效措施。此外，还可通过合理轮作，科学选择烟田；推行规范化农业耕作和栽培措施；清除杂草，合理施肥；施用抗病毒药剂预防病害。

参考文献

中国农业科学院植物保护研究所，中国植物保护学会，2015.中国农作物病虫害[M].3版.北京：中国农业出版社.

朱贤朝，王彦亭，王智发.2002.中国烟草病害[M].北京：中国农业出版社.

（撰稿：申莉莉、李莹；审稿：王凤龙、陈德鑫）

烟草炭疽病　tobacco anthracnose

由烟草炭疽菌引起的、危害烟草的一种真菌病害，是烟草苗期的主要病害。

发展简史　1922年，Averna Sacca在巴西首次发现。几年后，Boning在德国描述了该病害。后来，在日本、美国、澳大利亚、印度、韩国、非洲也陆续被发现。该病原菌最早被命名为*Colletotrichum destructivum* D'Gara，后被定名为*Colletotrichum nicotianae* Averna。中国大部分烟草种植区的炭疽病均由此菌引起。

分布与危害　普遍发生在世界各烟草生产国。该病是烟草苗期的主要病害，当露天育苗遇低温多雨或塑料薄膜覆盖育苗管理不善时，往往3～4天便使整个苗床的烟苗发病。

一般发病率为 30%～40%，严重发病地块或苗床可达 80% 以上（见图）。

病原及特征　病原为烟草炭疽菌（*Colletotrichum nicotianae* Averna）。属有丝分裂孢子真菌，炭疽菌属（*Colletotrichum*）。该病原菌最早被命名为 *Colletotrichum destructivum* D'Gara，后被定名为 *Colletotrichum nicotianae* Averna。中国大部分烟区的炭疽病均由此菌引起。

病原菌的菌丝体有分枝和隔膜，初为无色，随着菌龄增长，菌丝渐粗，变暗，内含大量原生质体，并在寄主表皮上变态形成子座，子座上着生分生孢子盘，分生孢子盘上密生分生孢子梗，孢子梗无色单胞，棍棒状，上着生分生孢子，分生孢子长筒形，两端钝圆，无色单胞，两端各有一油球。在分生孢子中混生有刚毛，暗褐色，有隔膜，该菌在自然条件和人工培养条件下形态大小有差异。

在培养条件下，菌落圆形，初为污白色，后期颜色稍深，边缘整齐，菌丝匍匐状，3 天后菌落中心产生小黑点，有同心轮纹。分生孢子萌发时可以从一端或两端同时或先后长出芽管。附着胞梗无色，有分隔及分枝，每个分枝顶端产生 1 个附着胞，似姜块状、双层壁、褐色。

菌丝及分生孢子产生的适宜相对湿度为 70%～100%。该菌生长的酸碱度范围为 2～14，生长最适宜 pH 为 5～8。炭疽病菌最适宜生长的培养基为马铃薯葡萄琼脂培养基、Rechard 培养基、胡萝卜培养基。

侵染过程与侵染循环　炭疽菌在侵染寄主时，由分生孢子萌发形成附着胞，从叶片的正面和背面直接侵入，侵入后形成初始菌丝，从初始菌丝形成的纤细菌丝丝状体侵染相邻的细胞。在侵染点附近产生的毒素可加快侵染过程。在最适温、湿度条件下，4～5 天便可使烟苗出现症状。

流行规律　烟草炭疽病菌以菌丝、分生孢子盘在病株残体、带病残体所在的土壤肥料上及以菌丝在种子内外越冬，成为翌年的初侵染源。大田里的感病野生寄主植物也是此病的初侵染来源。

传播途径　①种子传播。菌丝和分生孢子可以附着在种子内外进行传播。②雨水传播。雨水主要起两方面的作用，一方面是雨水的淋溶作用，分生孢子盘的胶质物遇雨水后溶解，释放出分生孢子；另一方面是雨水的反溅作用，把分生孢子带到烟株叶片上。

发病条件　①温度。烟草炭疽病菌对温度要求范围很广，20～30℃ 为发病的适宜温度，当白天温度低于 30℃，夜晚温度低于 20℃ 时，炭疽病发生严重。②湿度。在多雨、多雾、多露的条件下以及苗床排水不良、大水漫灌、烟苗过密时，均易诱发该病。

防治方法　防治炭疽病的中心环节是控制苗床湿度，防止雨水直接冲刷烟苗和及时喷药保护。

栽培防治　苗床育苗，要开好排水沟，浇水要小水勤浇，不积水，浇水宜在晴天上午 8：00～9：00，降雨时不能揭膜。如遇长期阴雨，床面湿度较大，可撒干细沙土或草木灰降低苗床湿度。晴天要注意通风降温。避免施用未经充分腐熟而混有病株残体的粪肥。

种子消毒　在无病田或无病烟株上采收种子，播种前需对种子进行消毒。用 0.1% 硝酸银或 1% 硫酸铜溶液浸种 10 分钟，然后用清水洗净、晾干备用。

化学防治　在烟苗长至 2～3 片真叶，日平均温度达 12℃ 以上时，喷施 1：1：160～200 波尔多液，每 7～10 天喷 1 次。发病后可选用 75% 百菌清可湿性粉剂 500～800 倍液；50% 代森锌可湿性粉剂 500 倍液；50% 多菌灵可湿性粉剂 500 倍液；50% 甲基托布津可湿性粉剂 500～700 倍液喷施，每隔 7～10 天 1 次，连续 2～3 次，严重时可喷 4～5 次。

参考文献

朱贤朝，王彦亭，王智发，2002. 中国烟草病害 [M]. 北京：中国农业出版社 .

（撰稿：孔凡玉、冯超；审稿：王凤龙、陈德鑫）

烟草炭疽病症状（陈德鑫提供）

烟草甜菜曲顶病毒病　tobacco beet curly top virus disease

由甜菜曲顶病毒引起的、危害烟草茎和叶片的一种病毒病害，是世界上许多国家烟草种植区发生的病毒病害之一。

发展简史　甜菜曲顶病毒病的发展简史分 3 个时期：病毒的发现时期、病毒本质的研究时期和病毒与宿主相互关系的探索时期。

1888 年，Brasiliensis 首次报道在美国内布拉斯加州严重危害的甜菜曲顶病和曲顶症状。Esau 和 Hoefert 在受侵染的甜菜叶中检测到直径 16nm 的球状病毒粒子。

1986 年，Stanley 等确定甜菜曲顶病毒基因组全序列为 2993 个核苷酸。Briddon 和 Markham 在 1995 年确定甜菜曲顶病毒基因组编码 7 个基因，3 个在病毒链上（*V1-V3*），4 个在互补链（*C1-C4*）上。病毒的单一外壳蛋白（30kDa）由基因 *V1* 编码。

Gidding 根据寄主范围、致病力和症状至少可将 BCTV 分为 10～14 个株系。Duffus 在 1986 年报道叶蝉可通过口针刺吸获得病毒，并可保持活性 1 个月以上。Thomas 证实甜菜叶蝉（*Circulfer tenellus* Baker）同时能传带该病毒的 3 个株系，并可将其传到同一植株上。

分布与危害　甜菜曲顶病毒起源于地中海东部地区，此后传入印度、伊朗、土耳其、加拿大、墨西哥、美国、哥斯达黎加、秘鲁、阿根廷、玻利维亚、巴西、乌拉圭，中国的山东、安徽、陕西和黑龙江等地。随着甜菜曲顶病毒致病性的增强，在美国、巴西已成为较重要的病害。

在生长早期受侵染的植株表现顶症状：簇生、矮小、皱叶、叶肿、叶卷曲。侵染烟草初期，新生叶表现明脉，之后叶尖、叶缘向外反卷，叶间缩短，大量增生侧芽，叶片浓绿，质地变脆，中上部叶片皱褶，下部叶片往往正常。叶脉生长受阻，叶肉突起呈泡状，整个叶片反卷呈钩状。发病植株严重矮化，比健株矮 1/2～2/3，重者顶芽呈僵顶，后逐渐枯死。烟草生长后期发病，仅顶叶卷曲形成"菊花顶"，下部叶仍可采收（图1）。

病原及特征　甜菜曲顶病毒（beet curly top virus，BCTV）属联体病毒科联体病毒属Ⅱ（Geminivirus Ⅱ）。甜菜曲顶病毒是本属的代表成员，该属已发现病毒3种，即 BCTV（甜菜曲顶病毒）、TLRV（番茄卷叶病毒）、TPCTV（番茄假曲顶病毒）。

图1　烟草甜菜曲顶病毒病病株（吴楚提供）

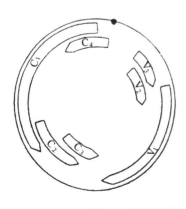

图2　甜菜曲顶病毒（BCTV）基因组结构
（引自朱贤朝等，2002）

图3　甜菜叶蝉成虫
（引自朱贤朝等，2002）

病毒粒体为双球体，18nm×30nm；含一条环状单链 DNA 分子，分子量 $8×10^5$；一条多肽外壳，分子量为 $30×10^3$。基因组全序列为 2993 个核苷酸，编码 7 个基因，3 个在病毒链上（V1-V3），4 个在互补链（C1-C4）上（图2）。病毒的单一外壳蛋白（30kDa）由基因 V1 编码。体外存活期是 7 天，致死温度是 75～80℃，pH 为 9.1～2.9，稀释限点 10^{-4}。

根据其编码链（病毒基因组链 V 或互补链 C）来表示基因。外壳蛋白由基因 V1 编码。保守的九核苷酸序列（TAATATAC）位置由圆点（·）表示。

侵染过程与侵染循环　甜菜曲顶病毒体可由介体叶蝉经口针直接将病毒传入植株韧皮部，接种后 6～14 天出现症状；甜菜曲顶病毒还可通过嫁接、菟丝子传毒。但实验室内常用摩擦叶面造成的轻微伤口难以传染甜菜曲顶病毒。

甜菜曲顶病毒体可通过嫁接、菟丝子传毒。摩擦接种难以传染甜菜曲顶病毒，自然传毒主要是通过叶蝉科的叶蝉（图3）。叶蝉传播病毒有两种方式：刺吸饲喂获毒和刺吸病叶获毒。

寄主—病原物的相互关系。通过饲喂介体叶蝉由其口针直接将病毒传入植株韧皮部，接种后 6～14 天出现症状。病毒转移的主要通道是通过韧皮部的筛管。解剖显示，所有的株系都危害烟草维管束的韧皮部。

流行规律

环境对介体昆虫的影响　甜菜曲顶病毒对烟草的危害主要依赖于叶蝉危害的时间和春季迁飞到烟草苗床及田间的大量叶蝉。病毒在昆虫体内不能增殖，在媒介昆虫的体液、消化道、唾液腺及粪便中已发现甜菜曲顶病毒。

寄主对病毒的影响　病毒在烟株韧皮部内随着有机物转运。低温、弱光及干燥条件将推迟病害症状的出现。

防治方法　有效而成功地防治甜菜曲顶病毒要使用全面而综合的防治措施。①加强植物检疫。②治虫防病。由于幼苗最易感甜菜曲顶病毒，因此，要通过防治叶蝉来控制病害的发生。③注意田间卫生，苗床消毒。④喷施抗病毒药剂。

参考文献

中国农业科学院植物保护研究所，中国植物保护学会，2015. 中国农作物病虫害 [M]. 3 版. 北京：中国农业出版社.

朱贤朝，王彦亭，王智发，2002. 中国烟草病害 [M]. 北京：中国农业出版社.

（撰稿：申莉莉、王凤龙；审稿：陈德鑫）

烟草野火病　tobacco wild fire

由丁香假单胞菌引起、危害烟草的一种细菌病害。在烟草苗期和大田期均可发生，主要危害叶片，也危害幼茎、蒴果和萼片等。

发展简史　美国人 Wolf、Foster 1917 年首次报道。1920 年以后相继报道的有澳大利亚、哥伦比亚、阿根廷、巴西、加拿大、法国、德国、希腊、匈牙利、意大利、日本、朝鲜、菲律宾、波兰、苏联、土耳其、南非和津巴布韦等30多个国家。

分布与危害　野火病20世纪40年代末期在中国云南烟区就零星发生，以后随着烟草栽培面积逐渐扩大，野火病渐趋严重。中国烟草侵染性病害调查中已发现野火病的有广西、福建、湖南、云南、贵州、四川、浙江、安徽、陕西、山东、河南、辽宁、吉林、黑龙江等地，其中黑龙江、吉林、辽宁、山东、云南、贵州及四川野火病分布广、危害重。野火病常与角斑病混合发生，病害流行年份造成重大损失（见图）。

病原及特征　病原为假单胞菌属丁香假单胞菌烟草致病变种［*Pseudomonas syringae* pv. *tabaci*（Wolf et Foster）Young & Dye Wikie］。曾用名 *Pseudomonas tabaci*（Wolf et Foster）Stevens。对于野火病的命名是有争论的，由于野火病和角斑病田间常混合发生，在细菌学上有许多相似之处，有的学者认为是同一种病菌，有的学者则认为是截然不同的两种病菌，1980年Dye等将 *Pseudomonas angulata* 和 *Pseudomonas tabaci* 都归入 *Pseudomonas syringae* pv. *tabaci* 中。

野火病菌菌体杆状，无荚膜，不产生芽孢，单生，两端钝圆，大小为0.5～0.75μm×1.5～2.5μm。格兰氏染色阴性，单极生鞭毛1～4根。

野火病菌的生长适温为24～28℃，4℃左右可以生长，38℃以上不能生长。致死温度为52℃6分钟，45～51℃10分钟。Valleau发现野火病菌在PDA培养基上只存活12天；在肉汁胨培养基上可存活300天（室温），在无菌水5℃下保存可存活0.5～3年。经培养后常在短期内失去侵染力，培养18个月后也可分离出不产生毒素的菌系。Valleau认为野火菌在PDA培养中丧失侵染能力的原因是培养基不断变酸的缘故。

野火病菌能产生野火毒素。这种野火毒素可以使病斑周围产生一种很宽的一圈黄晕。在24～25℃下，24小时培养可在各种培养基上产生一定量的毒素，如将培养液去掉病菌，仍可使健叶产生黄晕。野火毒素不是专化性毒素，因为它在野火病菌的非寄主植物叶片上也能引起晕圈症状，而且此种毒素对其他生物如细菌、藻类、哺乳动物有毒害作用。

成熟期烟草野火病叶片症状（陈德鑫提供）

这种毒素是一种新陈代谢抑制物，它通过干扰植物细胞的蛋氨酸代谢而使植物受害。野火毒素还可以干扰植物的谷氨酸或者RNA代谢，并阻止某些代谢产物穿过细胞膜。

野火病菌和角斑病菌，其菌体形态、培养性状和生理生化反应相同或相似。野火病菌能产生野火毒素，而角斑病菌则不能。野火毒素能使侵染点周围叶肉组织中毒，产生褪绿黄色晕圈，而角斑病菌在病斑周围则不产生黄色晕圈，这是二者的根本区别。

致病性分化，据Brian和Ternonth报道，1971在美国威斯康星州首先发现能侵染 *Nicotiana longiflora* 的菌系，经鉴定为1号小种，而原始菌定为0号小种，随后在引种过程中1号小种扩散到津巴布韦。

寄主范围：用人工接种方法证明该菌除侵染烟草外，还能侵染豇豆、大豆、番茄、辣椒、曼陀罗、心叶烟、菜豆、马铃薯、黄瓜、白菜、荠菜和龙葵等，但不能侵染小麦、大麦、甘蓝、蚕豆和高粱等。野火病菌可能在不同寄主上有不同致病力的菌系。

侵染过程与侵染循环　野火病菌借风雨传播，主要从伤口侵入，其次是从自然孔口侵入。烟草叶片感染野火病后，导致叶绿体破坏，光合色素含量降低，光合产物积累减少，硝酸还原酶活性下降，可溶性糖和可溶性蛋白含量降低，而过氧化物酶活性提高，并随病害程度的加重而明显升高。

野火病的初侵染来源主要是田间越冬的病残体和带菌种子。种皮内外及胚均可带菌，感病品种带菌率为8%～16%。有的学者认为，烟草野火病菌在自然情况下存在于其他作物、杂草和牧草根部，借暴风雨传播，引起烟草发病。据中国各烟区多年观察证明，野火病的初侵染源主要是病残体和被病残体污染的水源和粪肥。

苗床发病后，病苗可带病菌传播到大田，引起大田烟株发病。病菌的再次侵染主要是靠风雨或昆虫传播，从伤口或自然孔口侵入。病菌如果从气孔侵入时，必须叶片表面湿润，气孔中充水时才能顺利完成侵染。叶片发病后，天气潮湿，在病斑上产生菌脓，由雨水冲溅传播或由昆虫传播，引起再次侵染。

流行规律　病害的发生流行和流行轻重与当年的温湿度、烟草的抗病性和栽培条件等有密切关系。

温湿度　每年夏天暴风雨或大雨后，野火病常常大发生，往往数日之内叶片破烂枯焦。一般认为，28～32℃适温条件有利于野火病的发生。实际在烟草能正常生长的温度范围，气温的高低对野火病是否发生或发生轻重影响并不很大。从中国野火病发病总趋势看，云南、贵州、吉林、辽宁和黑龙江等稍温凉的烟区发病和危害程度比其他气温较高的烟区略重。

湿度则是影响野火病发生和流行的重要因素。如天气干旱、少雨、相对湿度低，野火病少发生或不发生。如降雨多、土壤湿度高、大气湿度饱和，使烟叶细胞间充满水分，病原细菌就可以迅速侵入并大量繁殖扩展蔓延，产生急性病斑，导致野火病大流行。特别是暴风雨后，雨水不仅有利于细菌的传播，而且易在叶片上造成伤口，有利病菌侵入，造成病害大流行。

品种抗性　中国烟草生产上推广的品种大都不抗野火

病或抗性较低，这是野火病流行的重要原因之一。但烟草品种（系）间抗性差异较明显。表现高抗野火病的品种有白肋21、安徽大白梗、达磨和 G80。

关于烟草品种抗野火病机制涉及以下 3 个方面：①烟草抗病原菌侵入或者即使病菌侵入也不能建立寄生关系，因而不表现症状。如野生种 Nicotiana mudicualis 虽经人工针刺接种，但不表现症状。②烟草品种原有或病原侵入后诱发的抗菌物质抑制病菌扩展，阻止病斑增大，病斑只局限在侵染点周围。③潜育期延长，推迟病害发生时间。如高感品种在适宜条件下接种，潜育期为 4 天，而高抗品种白肋 21 等潜育期则为 6 天。

栽培条件　烟草营养条件可影响叶片的充水程度，在高氮低钾的条件下，可增加细胞间的充水，导致烟株感病。施氮肥过多会降低烟株对野火病的抗性，有利于野火病的扩展蔓延，病斑扩展速度随氮肥用量增加而加快。增施钾肥和磷肥能提高烟株的抗病性，减慢野火病的扩展速度，病斑扩展速度随钾肥和磷肥用量增加而减慢。在高氮肥用量条件下，增施磷肥或钾肥也明显减慢病斑扩展速度。通过以上不难理解烟草生产上一些氮肥施用量过多的烟田野火病发生危害严重，而钾肥和磷肥施用量多的烟田发病较轻。

烟苗带病是引起大田烟株发病的主要原因之一。连作地比轮作地发病重，连作年限越长病原菌积累越多，发病越重。

防治方法　主要采用抗、耐病品种，加强栽培管理及药剂防治等综合措施。

抗病育种　培育和利用抗病品种是防治野火病害最经济有效的途径。20 世纪 50 年代以来，对烟草栽培品种（系）群体感病性差异的利用，育成了许多抗野火病的品种。而中国推广的烤烟品种长脖黄、NC82、G140、G28 以及红花大金元等均不抗野火病。今后应进一步加强品种抗性鉴定、筛选优良抗源、选育优质抗病品种的工作。由于抗野火病的基因大多来自 Nicotiana repanda 和 Nicotiana longiflora，且抗病性是由单个显性基因控制的，这就要求在抗病育种中考虑到抗性丧失的可能。

农业防治　主要包括与非寄主作物实行 3 年以上轮作。收集和销毁烟秆、烟杈、烟根、病叶及烟田已死亡的杂草，减少侵染源。选无病田或无病株留种，播种前进行种子消毒，培育无病壮苗。适期早栽，适当稀植，改善田间通风透光条作，降低田间小气候湿度。加强管理，氮：磷：钾以 1：2：3 配比使用，及时摘除易感病底脚叶，适时适度打顶，并做到按部位适时提早采烤。

化学防治　①苗床期防治。采用无病株种子育苗，病区烟种用 50℃ 恒温水浸种 10 分钟，或用 1% 硫酸铜液或 0.1% 硝酸银液或 2% 甲醛液消毒 10 分钟，然后用清水冲洗再进行催芽，晾干后播种。苗床发病后，应及时摘除病叶，并喷洒细菌清 150～200μg/ml 或 1：1：160 倍波尔多液。②大田喷药防治。可选波尔多液、50% 氯溴异氰尿酸可溶粉剂 800 倍液、20% 噻菌铜悬浮剂 500 倍液、20% 噻森铜悬浮剂 500 倍液、4% 春雷霉素可湿性粉剂 800 倍液、100 亿芽孢 /g 枯草芽孢杆菌可湿性粉剂 1000 倍液等药剂进行防治。在雨后 4～5 天要仔细观察是否出现中心病株，一旦发现应立即全田喷药，隔 7 天喷 1 次，连喷 3 次效果较好。

参考文献

朱贤朝，王彦亭，王智发，2002.中国烟草病害 [M].北京：中国农业出版社 .

（撰稿：冯超、陈德鑫；审稿；王凤龙）

烟曲霉菌　*Aspergillus fumigatus*

是曲霉种群中最常见的一种霉菌，在自然界中分布广泛，多存在于土壤和有机质中。

分布与危害　其孢子体积小，人和动物大量吸入孢子或误食烟曲霉污染的食物可中毒。烟曲霉孢子也是一种常见的呼吸道过敏原，引起敏感人群的哮喘病。该菌可寄生于人及动物的肺内，发生肺结核样症状，导致人及动物死亡，属于病原真菌。在粮食品种中，在玉米、大麦、小麦中较为多见，具有分解纤维素和油脂的能力。该菌在粮食发热霉变的中期和后期常大量出现，使粮堆温度不断升高。

病原及特征　烟曲霉（*Aspergillus fumigatus*）的菌落生长迅速，绒状或呈一定的絮状，暗烟绿色，成熟后颜色变深。烟曲霉菌丝是有隔菌丝，菌丝无色透明或微绿，分生孢子梗常带绿色。分生孢子呈典型的柱状，较为致密，呈深浅不同的颜色。顶囊呈烧瓶状，上半部 3/4 以上处可育，常呈绿色。小梗单层并密集，分生孢子梗光滑，带绿色。分生孢子球形至近球形，罕见椭圆形，具有小刺至细密粗糙状。在某些种中产生闭囊壳，初为白色，老时呈奶油色、淡黄色、黄色或橙色。子囊孢子无色，双瓣形，凸面具有各种不同的纹饰（见图）。

流行规律　该菌生长温度范围较广，略嗜高温，在 25～55℃ 的条件下都能生长，在 45℃ 或稍高的温度下生长旺盛。

毒素产生及检测　烟曲霉菌可以分泌多种毒素，能引起动物的震颤反应，降低动物免疫功能，甚至使动物死亡。该毒素可引起小鼠肝脏肿大、胃肠膨大等消化系统病变。

烟曲霉产生烟曲霉震颤素（fumitremorgins，FT），有

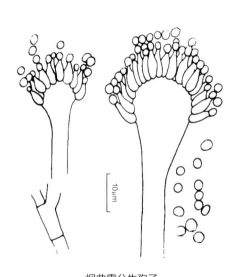

烟曲霉分生孢子
（引自蔡静平，2018）

A～N 十余种类型，其中最重要的为 A、B、C 三种类型，对实验动物有较强的毒性。FT 是 1971 年首先从烟曲霉产毒培养基中分离出来的，随后从费氏新密丝明孢曲霉的培养物中还分离出 FTA 和 FTB。产生该毒素的菌还有焦曲霉（Aspergillus ustus）、羊毛状青霉（Penicillium lanosum）、鱼肝油青霉（Penicillium piscarium）、丛簇曲霉（Aspergillus caespitosus）、微紫青霉（Penicillium janthinellum）和短密青霉（Penicillium brevicompactum）。

烟曲霉震颤素的检测　常采用 TLC 和 HPLC 方法进行检测。TLC 检测中常用的展开剂为苯 - 丙酮，显色剂为 10% 硫酸，烘烤 15～20 分钟，紫外灯下观察，但检测灵敏度低。刘江等人介绍了一种简便、快捷的检测烟曲霉震颤素 B 的高效液相色谱（HPLC）检测方法，用三氯甲烷提取后直接进样，方法检出限为 1.5～2.0pg，在 2.5～400pg 线性良好。

毒素的去除　该菌有较强的抗性，在干热 120℃、1 小时，或煮沸 5 分钟才能使孢子失去发芽能力。0.05%～0.5% 硫酸铜，0.01%～0.5% 的高锰酸钾等药物处理，均不能使其死亡，而只稍微使孢子发芽及发芽时间延长。

防治方法　粮食在入库前，需把水分降低到当地安全标准以内，掌握好气候条件，合理通风密闭，保持仓内和储粮的干燥。同时采用低温密闭、缺氧保管的方法，严格控制适当的粮食水分，可防止烟曲霉的产生以致品质变劣。

参考文献

蔡静平，2018. 粮油食品微生物学 [M]. 北京：科学出版社.

郝飞，2004. 烟曲霉的致病因子及作用机制的研究进展 [J]. 中华医院感染学杂志，14 (1):119-120.

刘江，俞世荣，王玉华，等，1996. 烟曲霉震颤素 B 的高效液相色谱检测方法的建立 [J]. 卫生研究 (6):368-370.

龙飞，2008. 烟曲霉菌对呼吸道上皮细胞结构和功能的影响 [D]. 上海：上海交通大学.

王若兰，2015. 粮油贮藏理论与技术 [M]. 郑州：河南科学技术出版社.

王若兰，2016. 粮油贮藏学 [M]. 北京：中国轻工业出版社.

（撰稿：胡元森；审稿：张帅兵）

严重度　severity, S

表示植物个体或器官发病的严重程度，一般用植物个体或器官的发病面积占植物个体或器官总面积的百分率表示。病害严重度用分级法表示，根据一定的调查和评估标准，按照从轻到重分为不同级别表示病害的严重程度。

其有两种表示方法，即利用各级的代表值表示或利用发病面积所占百分率表示。一般地，对于局部侵染的病害，采用发病面积所占百分率表示严重度；对于系统侵染的病害，采用各级代表值表示严重度。例如，小麦条锈病严重度是以叶片上条锈病菌夏孢子堆及其所占面积与叶片总面积的相对百分率表示，划分为 1%、5%、10%、20%、40%、60%、80%、100% 共 8 个级别（见图）。例如，小麦黄矮病成株期严重度是根据植株症状整体表现划分为 1 级、2 级、3 级、

4 级、5 级共 5 个级别（见表）。对于一些病害，病斑可以密集连片，严重度是真正的发病面积所占百分率，严重度达到最高水平时，整个植物个体或器官布满病斑。而对于一些病害，如小麦条锈病，夏孢子堆周围存在不产孢的部位，即使对于 100% 的严重度，也不一定是叶片上布满了夏孢子堆，只是说叶片上已经不能再容下更多的夏孢子堆了。又如小麦叶锈病，当发病叶片严重度达到 100% 时，夏孢子堆面积总和仅占叶片面积的 37%。

进行病害严重度调查和评估时，要严格按照分级标准或尺度进行。对于某一病害，严重度调查和评估标准应该统一，以方便信息交流和数据共享。严重度分级标准或尺度可以用文字描述，也可以用分级标准图或分级尺度图表示。如果没有相应的标准或尺度，可以参照病害的有关文献报道的方法进行，若没有相关文献报道，则可参照相似的其他病害的标准制订相应的分级方法。严重度评估通常是依靠人工肉眼观察进行的。由于视觉的影响，在按照相关严重度分级标准或尺度进行病害严重度评估时，不同调查人员对同一发病植物个体或器官可能给出不同的级别，尤其是对于中间级别更容易出现偏差。因此，调查人员需要经过一定的锻炼，熟练掌握相应病害严重度的分级方法之后再进行实地病害调

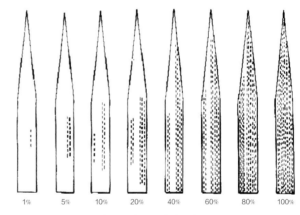

小麦条锈病严重度分级标准图

[引自"商鸿生，姜瑞中，杨之为. 小麦条锈病测报调查规范. 中华人民共和国国家标准（GB/T 15795-1995）. 国家技术监督局 1995 年 12 月 8 日发布，1996 年 6 月 1 日实施"]

小麦黄矮病成株期严重度划分标准表

严重度分级	分级标准
1 级	部分叶片尖端变黄
2 级	旗叶下 1～2 片叶叶尖黄化
3 级	旗叶黄化面积占旗叶总面积的 1/2 以下，其他叶片黄化面积占总叶面积 1/2 以下
4 级	旗叶黄化面积占旗叶总面积的 1/2 以上，其他叶片黄化面积占总叶面积 1/2 及以上
5 级	几乎所有叶片完全黄化，植株矮化显著，穗变小甚至不抽穗

注：引自"陈万权，刘太国，陈巨莲，刘艳，王锡锋. 小麦抗病虫性评价技术规范第6部分：小麦抗黄矮病评价技术规范. 中华人民共和国农业行业标准（NY/T 1443.6-2007）. 中华人民共和国农业部2007年9月14日发布，2007年12月1日实施"。

Y

查。在病害调查中，尽量由同一个调查人员进行评估，以降低误差。当获得若干发病植物个体或器官的严重度之后，可以利用加权平均法计算平均严重度（$\bar{S}$），其计算方法如下：

$$\bar{S} = \frac{\sum\limits_{i=1}^{m} (x_i \times S_i)}{\sum\limits_{i=1}^{m} x_i}$$

式中，$\bar{S}$ 为平均严重度；m 为调查方法中严重度的级别数；i 为发病植物个体或器官的严重度级别；x_i 为严重度为 i 级的植物个体数或器官数；S_i 为严重度为 i 级的级值。

随着科技的发展，图像处理技术逐渐被应用于病害严重度的评估，在获取病害图像后，可基于计算机或移动终端的图像识别系统进行严重度的自动评估，尤其是对于叶部病害评估效果更好。利用遥感技术，获得植物的发病单叶光谱时，可利用建立的病害严重度反演模型进行病害严重度的自动评估。病害严重度的自动化评估的实现和完善，可以提高评估的客观性和准确性，降低人工评估可能带来的误差。

参考文献

马占鸿，2010.植病流行学 [M].北京：科学出版社.

肖悦岩，季伯衡，杨之为，等，1998.植物病害流行与预测 [M].北京：中国农业大学出版社.

许志刚，2009.普通植物病理学[M].4 版.北京：高等教育出版社.

（撰稿：王海光；审稿：马占鸿）

燕麦秆锈病（夏孢子堆）（李天亚提供）

燕麦秆锈病　oat stem rust

由禾柄锈菌燕麦专化型引起的影响燕麦产量和品质的重要病害，为燕麦主要锈病之一，是世界燕麦产区的流行病害。

发展简史　1890 前后曾在欧美国家频繁发生，20 世纪初期在北美流行严重，20 世纪 40 年代，在加拿大西部与东部先后暴发流行成灾。

分布与危害　在全世界燕麦产区均有发生。该病是美国、加拿大、澳大利亚燕麦上的主要病害，频繁发生流行造成危害。1973 年燕麦秆锈病在澳大利亚新南威尔士流行造成燕麦减产 10%～35%，个别地区高达 80%；1977 年造成加拿大曼尼托巴燕麦减产 35%；2002 年造成加拿大萨斯喀彻温省东部减产 5%～10%。

1895—1899 年俄国人杰泽斯基（A. L. Jaezewski）和柯马罗夫（W. L. KoMarov）在中国东北地区发现燕麦秆锈病。该病害在河北、黑龙江、吉林、内蒙古、江苏、福建等地均有发生。2008—2009 年和 2012—2013 年，燕麦秆锈病分别在吉林、河北严重发生，造成燕麦减产 10%～15%。

燕麦秆锈病主要危害茎秆，叶、叶鞘和穗部亦可受害。病部产生砖红色夏孢子堆。夏孢子堆长椭圆形，隆起明显，突破寄主表皮正反两面，数个夏孢子堆可连接成不规则形（见图）。燕麦近成熟期产生黑色冬孢子堆。受害严重的燕麦品种，茎秆遇风易折断，籽粒变黑，灌浆不饱满形成瘪粒，

质量与产量下降明显。

病原及特征　病原为禾柄锈菌燕麦专化型（*Puccinia graminis* Pers. f. sp. *avenae* Erikss. et Henn.），属真菌类柄锈菌属。夏孢子浅黄褐色，表面具细刺，长卵形，大小为 18～39μm×15～24μm。夏孢子表面有发芽孔。冬孢子暗褐色，双胞，棍棒状，基部具长柄，大小为 40～60μm×15～20μm。

夏孢子萌发的温度 10～30℃，35℃以上孢子萌发受到抑制。

该菌存在明显的小种生理分化现象。斯特克曼（E. C. Stakman）等最先鉴定出 4 个燕麦秆锈菌生理小种。李天亚等 2014 年的研究结果表明中国燕麦秆锈菌的优势小种为 TKR。

国际上已鉴定出抗燕麦秆锈病基因 18 个（*Pg-1*～*Pg-17* 和 *Pg-a*），其中 *Pg-6* 和 *Pg-15* 是中国燕麦秆锈病的有效抗病基因。

侵染过程与侵染循环　燕麦秆锈菌是专性寄生菌，必须在活的寄主上繁殖。普通小檗（*Berberis vulgaris* L.）是其转主寄主。该菌的完整生活史在主要寄主燕麦和转主寄主小檗上进行。燕麦秆锈菌在燕麦上产生夏孢子与冬孢子。冬孢子萌发产生担孢子，担孢子侵染转主寄主小檗，在叶正面和背面分别完成其性孢子器和锈孢子器阶段。锈器内产生大量锈孢子，锈子器破裂释放出锈孢子，锈孢子通过风扩散到燕麦上侵染，在燕麦上产生夏孢子。夏孢子借助气流传播进行再侵染。一个作物生长季节，夏孢子可进行多次重复侵染。

流行规律　燕麦秆锈病是一种通过气流传播的病害。主要是通过夏孢子的不断繁殖、传播和再侵染对燕麦造成危害。一般在温暖（18～21℃）多雨气候区，有利于病害发生。燕麦秆锈病是中国东北地区、内蒙古西部、河北等地的一种流行性病害。虽然吉林和河北燕麦秆锈病发生严重，但是该病害在中国的流行规律有待深入研究。

防治方法 可见小麦秆锈病的防治措施。培育和种植抗秆锈病燕麦品种是最经济有效的方法。已育成的抗病燕麦品种有晋燕 15 号、坝莜 5 号、坝燕 1 号等。*Pg-6* 和 *Pg-15* 是当前中国抗燕麦秆锈病的有效基因，可用于培育抗锈新品种。发病期，喷施杀菌剂是防治该病的有效措施。

参考文献

胡长程，1979. 燕麦冠锈病 [M] // 中国农作物病虫害编辑委员会，中国农作物病虫害：上册．北京：农业出版社．

李天亚，吴限鑫，王浩，等，2014. 我国燕麦秆锈菌生理小种与毒力分析 [J]. 麦类作物学报，34(4): 552-556.

袁军海，曹丽霞，张立军，等，2014. 冀西北地区燕麦主栽品种（系）抗秆锈病鉴定 [J]. 植物保护，40(1): 165-168.

LI T, CAO Y Y, WU X X, et al, 2015. First report on race virulence characterization of *Puccinia graminis* f. sp. *avenae* and resistance of oat cultivars in China[J]. European journal of plant pathology, 142(1): 85-91.

（撰稿：赵杰；审稿：康振生）

燕麦冠锈病 oat crown rust

由冠柄锈菌燕麦变种引起的燕麦和少数禾本科杂草上的一种重要真菌病害。可造成种子产量与品质降低。

发展简史 在人们开始种植燕麦时，冠锈病就可能危害燕麦并造成巨大的产量损失。但是人们认识冠锈病的历史并不长。1767 年，土兹提（G. T. Tozzetti）最早认识燕麦冠锈病，目前，燕麦冠锈病已传播至世界几乎所有燕麦种植区，成为燕麦上普遍发生的主要病害。

20 世纪 40 年代，燕麦冠锈病在中国西南各地即已发现。迄今，在所有燕麦种植区均有不同程度发生。

分布与危害 燕麦冠锈病的分布十分广泛，在几乎全世界范围内（除非常干旱的地区外）均有发生，甚至在远离主要陆地的岛屿上都有发生。主要发生在非洲、美洲等国家。中度到重度的冠锈病流行可造成减产达 10%～40%，若种植感病的燕麦品种，常常可造成燕麦绝产。

冠锈病主要危害燕麦，亦可侵害大麦、毒麦和多种禾本科杂草（如野青茅、白毛茅），甚至小麦（人工接种）。冠锈病主要危害叶片，叶鞘、茎和穗亦可受害。发病初期，叶片两面产生橙黄色椭圆形病斑（夏孢子堆），后扩大略隆起呈"小疱疮"状，表皮破裂后散出黄褐色粉末（夏孢子堆）。燕麦生长后期（近成熟期）在夏孢子堆上形成黑色或暗褐色的冬孢子堆，略隆起但不突破寄主表皮。

病原及特征 病原为冠柄锈菌燕麦变种（*Puccinia coronata* Corda var. *avenae* W. P. Fraser ex G. A. Ledingham），属柄锈菌属，是全孢型的大循环锈菌（macrocyclic rust），转主寄主为鼠李（*Rhamnus* spp.）。

病原菌夏孢子球形至椭圆形，黄色，表面有刺，大小为 24～32μm×18～24μm，有 6～8 个芽孔（有的记载为 3～4 个芽孔）。冬孢子双胞，具柄且粗短（柄大小 20μm×10μm），长棍棒形或楔形，暗褐色，表面光滑，大小为 36～64μm×

12～26μm。上细胞顶端增厚形成数个突起（长约 12μm），形似"王冠"，冠锈病因此而得名。

侵染过程与侵染循环 夏孢子与锈孢子的萌发需要叶表有水膜存在。10～25℃ 有利于病原菌侵入，超过 30℃ 侵入受抑制。

冠锈菌有生理分化现象。冠锈菌存在不同的专化型或变种。国际上已鉴定 96 个抗冠锈病基因，被命名为 *Pc1*～*Pc96*，其中大部分 *Pc* 基因来自野燕麦（*Avena sterilis* L.）和糙伏毛燕麦（*Avena strigosa* Schreb.）。

燕麦冠锈菌是一种转主寄主的长生活史循环真菌。冬孢子在燕麦病部组织越冬后，翌年春天萌发产生担孢子，担孢子随风传播至鼠李植物上，侵染鼠李后在叶片正面产生性孢子器，受精作用后，在性子器相对应的叶背面产生锈子器。锈子器内产生大量的锈孢子，破裂后释放出锈孢子，锈孢子随气流传播至燕麦上并侵染，受侵燕麦产生夏孢子并传播发生重复侵染，造成危害。在一些地区夏孢子可以顺利越冬，翌年可直接侵染燕麦。

流行规律 冠锈病是一种气传病害。风有利于病害的传播。病原菌孢子（夏孢子、锈孢子）可被风传播数千米远。担孢子在晚间高湿或有降雨时产生并释放侵染鼠李，但寿命较短，仅能从产生处传播数百米。冠锈病在温暖多雨的季节有利于病害发生流行。在白天温度 20～25℃ 和夜晚温度 15～20℃ 并伴有结露形成的气候条件最适宜病害发生。

防治方法 种植抗病品种是经济有效且环保的措施。铲除燕麦田周围的转主寄主鼠李属植物。药剂防治以及农业综合管理措施可参照小麦锈病的防治方法。

参考文献

胡长程，1979. 燕麦冠锈病 [M] // 中国农作物病虫害编辑委员会，中国农作物病虫害：上册．北京：农业出版社．

CARBRAL A L, PARK R F, 2014. Seedling resistance to *Puccinia coronata* f. sp. *avenae* in *Avena strigosa*, *A. barbata* and *A. sativa*[J]. Euphytica, 196: 385-395.

ROELFS A P, BUSHNELL W R, 1985. The Cereal Rusts Vol. II [M]. New York: Academic Press.

（撰稿：赵杰；审稿：康振生）

燕麦坚黑穗病 oat covered smut

由燕麦坚黑粉菌引起的、世界燕麦产区普遍发生的一种真菌病害，是中国燕麦上最严重的病害之一。

发展简史 黑穗病危害作物被人们认识的历史不长，仅有数百年。19 世纪末至 20 世纪初期，在欧洲、北美已有燕麦散黑穗病发生的报道。1889 年，凯勒曼（W. A. Kellerman）最先报道了燕麦（散、坚）黑穗病。1918 年，曾德尔（G. Zundel）发现美国 167 块燕麦田全部感染（散、坚）黑穗病。迄今，该病害已在世界各燕麦栽培区均有发生。

分布与危害 燕麦坚黑穗病是世界燕麦种植区主要病害之一。1920—1930 年，苏联、美国、加拿大等国每年都

Y

有发生。该病在中国燕麦产区发生普遍，以河北、山西、内蒙古、甘肃等地发生严重，发病率曾高达 90%。

苗期至抽穗前期，受侵植株一般不表现症状，与健株无明显差异。病株抽穗比健株略早，且稍高些。受害穗抽芒或不抽芒。灌浆后期病穗的结实部分充满黑褐色的冬孢子，冬孢子黏结成团，不易散开，病穗外部包被灰色的膜，但不破裂。因此，称为坚黑穗病（见图）。

病原及特征　病原为燕麦坚黑粉菌［*Ustilago kolleri* Wille，异名 *Ustilago levis*（Kell. & Swing.）Magn.］，属黑粉菌属。冬孢子（厚垣孢子）球形或椭圆形，黑色，一侧颜色稍浅，表面光滑，大小为 6～9μm×6～7μm。病原菌生长发育的温度为 4～34℃，最适温度为 15～28℃。病原菌存在致病性分化现象，有不同生理小种。

侵染过程与侵染循环　燕麦坚黑穗病是种传病害，主要通过带菌种子传播，土壤和粪肥中也可带菌进行传播。越冬存活的病原菌冬孢子萌发在担子侧边及顶端产生 4 个担孢子，担孢子萌发以芽殖的方式形成次生担孢子，次生担孢子通过异宗配合，产生双核的菌丝在种子萌发至苗出土前期间（大约 3 天）侵入幼芽，菌丝随着燕麦植株的生长在寄主体内生长，至抽穗时，均不表现症状。在成株期，病原菌侵染花器组织形成大量的黑褐色的冬孢子。冬孢子亦可随风传播至健康植株侵染种子，使种子带菌，有时颖片也可以受侵染。病原菌在受侵种子或颖片上存活，成为下一个生长季节的侵染来源。

流行规律　燕麦坚黑穗病是单循环病害，不进行再侵染。一年只侵染一次。病菌冬孢子黏附在健粒表面或落入土壤及混在粪肥中越冬或越夏。冬孢子一般可在干燥土壤中存活 2 年，甚至达 5 年，成为病害的初侵染源。春季播种后，冬孢子萌发侵染未出土种子幼芽，穗期侵入子房产生冬孢子，形成病穗（菌瘿）。

土壤的酸碱度、温湿度与病原菌侵染相关。中性到微酸性土壤有利于病菌侵染，pH4.9 时孢子萌发最好。播种期，土壤温度高（15～25℃）、湿度大（35%～40%）有利于病菌侵染燕麦幼芽。此外，春燕麦提前早播发病轻。播种过深等造成幼苗出土延迟则加重病害的发生。

防治方法　种植无病种子和利用表面活性或系统性杀菌剂进行种子处理是防治燕麦坚黑穗病最重要的措施。具体方法见大麦散黑穗病。筛选和利用抗病品种，如内蒙古的燕麦 2 号（品 1163）、新疆额敏 2056、沙弯 2131、2132、2151 品种、青海黄燕麦等。及时清除病株并烧毁，可减轻病原菌传播。

参考文献

胡长程，1979. 燕麦冠锈病 [M] // 中国农作物病虫害编辑委员会 . 中国农作物病虫害：上册 . 北京：农业出版社 .

相怀军，2010. 燕麦种质遗传多样性及坚黑穗病抗性 QTL 定位 [D]. 北京：中国农业科学院 .

BRUEHL G W, 1989. Plant pathology at Washington State University, 1891-1989, and cereal research at Pullman[M]. Pullman, WA: Washington State University Publications.

（撰稿：赵杰；审稿：康振生）

燕麦坚黑穗病（相怀军提供）

燕麦散黑穗病　oat loose smut

由散黑粉菌引起的燕麦重要真菌病害，是世界性普遍发生的黑穗病之一。燕麦散黑穗病的发病普遍性与严重程度不如坚黑穗病。

发展简史　1894 年，贝德福德（Bedford）报道加拿大首次发生燕麦散黑穗病。目前，燕麦散黑穗病在全世界普遍发生。该病害的发生历史见燕麦坚黑穗病。

分布与危害　在中国多个燕麦产区均有发生，包括黑龙江、内蒙古、吉林、辽宁、河北、山西、四川、江苏、福建和台湾等地。病穗率一般不超过 2%，但在有的品种上可高达 25% 或更高。

燕麦散黑穗病主要危害穗部，叶片、芒和颖壳有时也可受害。在发病早期，很难与燕麦坚黑穗病区分开来。病穗受侵后，子房被破坏，完全冬孢子代替，内部充满大量的粉末状冬孢子，形成"菌瘿"。发病时期，受害籽粒外部包被一层浅灰色的膜，后期膜破裂，散落出大量的冬孢子，被风吹落，只残留燕麦组织（穗轴），这是与燕麦坚黑穗病的不同之处。通常受害植株略矮于健株。受害严重时颖壳受害消失，受害轻时颖壳仍包被于冬孢子团外面（见图）。

病原及特征　病原为燕麦散黑粉菌［*Ustilago avenae*（Pers.）Rostr.］，异名 *Ustilago nigra* Tapke。属黑粉菌属。冬孢子（厚垣孢子）圆形至椭圆形，橄榄色至暗褐色，大小

燕麦散黑穗病症状（相怀军提供）

为 7～8μm×5～6μm，半边颜色较淡。冬孢子表面生长有细刺，这是与燕麦坚黑穗病冬孢子的重要区别特征。

冬孢子的萌发常因温度不同而有很大的变化。萌发的温度为 4～34℃，最适温度为 15～28℃。病原菌发育的温度为 6～34℃，最适温度为 18～26℃。冬孢子在水中即可萌发。

病原菌主要危害燕麦，还侵染野燕麦（*Avena sterilis* L.）和鸭茅（*Dactylis glomerata* L.）等禾本科杂草。

该菌存在小种生理分化现象，并有广泛的地理分布。

侵染过程与侵染循环　燕麦散黑穗病与坚穗病有相似的侵染循环。带菌种子和土壤带菌是该病的主要传播来源。侵染发生在燕麦种子发芽时间段，冬孢子萌发产生的担孢子直接侵入胚芽鞘（未出土前）。当燕麦第一叶长出超过叶鞘约 1cm 时，燕麦不再感病。病原菌侵入燕麦后，随着植株的生长而向上扩展到达生长点，侵入花器，子房受害并被病原菌产生的黑色冬孢子代替成为病穗。病穗外层初期包被一层灰色膜，后期膜破裂散出粉末状冬孢子，冬孢子落入土壤或随风传播黏附于健康植株的穗部，侵入颖片之间或种皮之间存活，甚至萌发以菌丝体潜伏在颖片内或种皮内，发生再次侵染。

流行规律　冬孢子可通过脱粒操作过程、风和雨传播。主要通过风传播。冬孢子在低温干燥条件下保持较长时间的生活力。冬孢子在病穗和种子上可以顺利越冬，但落入土壤中的冬孢子则很快就失去萌发力。土温和土壤湿度对病原菌侵染有明显的影响。当土温在 5～30℃（最佳为 15～25℃），土壤湿度 5%～60%（最佳为 35%～40%）时，病原菌侵染就可发生。土壤接近中性（pH7.0）或稍偏酸性

有利于侵染。播种过深，幼苗出土慢，使病菌侵入期延长，加重病害的发生。

防治方法　与燕麦坚黑穗病的防治方法相同。采取种植抗病品种为主，辅以种子处理相结合的措施。

参考文献

胡长程，1979. 燕麦冠锈病 [M] // 中国农作物病虫害编辑委员会. 中国农作物病虫害：上册. 北京：农业出版社：383-385.

刘惕若，1984. 黑粉菌与黑粉病 [M]. 北京：农业出版社.

相怀军，2010. 燕麦种质遗传多样性及坚黑穗病抗性 QTL 定位 [D]. 北京：中国农业科学院作物科学研究所.

（撰稿：赵杰；审稿：康振生）

杨树斑枯病　poplar spot blight

由壳针孢属真菌侵染引起的，杨树苗木、幼树叶部重要病害。主要发生在叶上及嫩梢上，有灰斑型、黑斑型、黑茎型 3 种类型。

分布与危害　国外分布于意大利、美国、捷克、土耳其等国。中国分布于华北、西北、华东、东北等地区，以河南、河北、陕西、新疆、甘肃、宁夏、贵州、湖南和江苏等地较普遍。主要危害毛白杨、胡杨、箭杆杨、北京杨、沙兰杨、密叶杨、二白杨、小叶杨、青杨等树种，以毛白杨受害最重。

杨树斑枯病主要危害叶片。其病斑特点因寄主和病原菌的不同而有差别。毛白杨上最初在叶片正面出现褐色近圆形小斑点，直径 0.5～1mm，此后病斑逐渐扩大成多角形，直径 2～10mm，为灰白色或浅褐色，边缘深褐色，斑内散生，或轮生黑色分生孢子器。一个病叶上可生数十个病斑，互相连接后，叶片变黄，干枯早落。

病原及特征　病原为壳针孢属（*Septoria* Sacc.）真菌。在中国已报道的有两种：杨生壳针孢（*Septoria populicola* Peck）和杨壳针孢（*Septoria populi* Desm.）。杨生壳针孢的分生孢子细而长，有多个隔膜，杨壳针孢的分生孢子圆柱形或腊肠形，有一个隔膜。杨生壳针孢分生孢子器黑褐色，近球形，位于叶片下，直径 115～140μm。分生孢子细长，微弯曲，无色，有 3～5 个隔膜，大小 32～48μm×3～5.5μm。10 月以后，病斑内混生小型性孢子器，位于叶表皮下，近球形，黑褐色，直径 60～71μm。性孢子单胞无色，椭圆形，4.5～6μm×2.5～3μm。

侵染过程与侵染循环　病原菌以分生孢子器在病落叶内越冬，翌年春季产生分生孢子，分生孢子借风传播侵染新叶，并可进行再侵染。

防治方法　加强抚育管理，提高树体的抗病性。发病初期喷 1：2：200 波尔多液或 65% 代森锌 400～500 倍液，每 15～20 天喷 1 次，共喷 2～3 次，可防止叶片感病。

参考文献

袁嗣令，1997. 中国乔、灌木病害 [M]. 北京：科学出版社：104-105.

中国林业科学研究院，1982. 中国森林病害 [M]. 北京：中国林业出版社：63-64.

周仲铭，1990. 林木病理学 [M]. 北京：中国林业出版社：115-116.

（撰稿：理永霞；审稿：张星耀）

杨树黑斑病　poplar *Marssonina* leaf spot

由无性型菌物盘二孢属真菌引起的杨树重要病害之一。

分布与危害　发生范围相当广泛，在美洲、欧洲和亚洲的所有杨树栽培区都有分布。杨树黑斑病在中国所有的杨树栽培区均有发生，但不同的地区发生的病菌种类不同。*Marssonina populi* 和 *Marssonina castagnei* 在中国仅新疆有分布，而 *Marssonina brunnea* 则分布在除新疆以外的其他杨树栽培区。

Marssonina populi 仅发现存在于新疆的密叶杨上；人工接种还可侵染黑杨派和青杨派树种及派间杂交种，而不侵染白杨派和胡杨派树种。

Marssonina castagnei 仅在新疆的新疆杨上发现。人工接种可侵染白杨派的毛白杨、山杨和胡杨派的胡杨；但对黑杨派和青杨派树种不侵染，也不侵染白杨派的银白杨。

Marssonina brunnea 在中国分布最广，除新疆以外的广大杨树栽培区均有分布。可侵染白杨派、黑杨派和青杨派树种以及它们的杂交种。对 *Marssonina brunnea* 较为敏感的树种有I-45杨、加杨、I-214杨、北京杨、箭杆杨、沙兰杨、小叶杨等；对 *Marssonina brunnea* 抗性较强的树种也有很多，如I-69杨、I-63杨、I-72杨等。*Marssonina brunnea* 的两个不同专化型，其寄主范围也不同。在自然界，单芽管专化型只在白杨派树种上寄生，而不侵染黑杨派和青杨派树种；多芽管专化型则能侵染黑杨派和青杨派树种，而不侵染白杨派树种。

杨树黑斑病主要危害杨树叶片和叶柄，有时也危害嫩梢。受害杨树光合效率下降，提早落叶，生长量降低。在苗圃内，有时也会引起杨苗死亡。病菌通常在叶片上，或在叶柄和嫩梢上形成很小的黑褐色病斑，病斑中央生白色隆起的分生孢子盘。杨树黑斑病的症状因寄主种类不同有一些变化。在黑杨派和青杨派树种上病斑通常很小，直径在0.5～1.0mm，黑色，多角形小点状，常始终各自分离（图1），只有在侵染严重时才连合成不规则形坏死斑。在黑杨派树种上，病斑常两面生；在青杨派树种上，叶背面侵染较重；在白杨派树种上，病斑叶两面生，常连合成不规则形的大斑（图2），子实体多在叶背面形成，在坏死的病斑上可见许多橘红色的孢子堆。在密叶杨上病斑主要生叶正面，病斑直径0.5～2.0mm，圆形至多角形，黑色；其上生1～3个分生孢子盘，后病斑连合为不规则形褐色至黑色斑块。

病原及特征　病原为盘二孢属（*Marssonina*）真菌。病菌在病斑中央产生白色的分生孢子盘，大小为116～348μm，厚46～58μm；分生孢子无色，倒卵形，双细胞，一大一小，大细胞端钝圆，小细胞端略尖（图3）。病菌有性态为 *Denpanopaziza* 属的一些种。有性态只在欧洲发现，中国未见报道。寄生在杨树上的盘二孢属真菌曾记载的就有十几种，但能被大家所认可的仅有4个种。

Marssonina populi（Lib.）Magn.（异名 *Marssonina populinigrae*）分生孢子顶端圆，通常稍弯曲至强弯曲，梨形至广倒卵形，基细胞带一扁平的疤；大小为16.0～19.5～25.0μm×5.3～6.7～9.0μm；分隔位于孢子基部的24%～28%～33%处。

Marssonina castagnei（Desm. & Mont.）Magn. 分生孢子顶端圆，倒卵形至广倒卵形，14.5～18.0～23.0μm×4.8～6.0～8.0μm，分隔位于孢子基部的35%～40%～45%处。

Marssonina brunnea（Ell. & Ev.）Magn. 分生孢子顶端圆，窄倒卵形至倒卵形，13.0～15.0～18.0μm×3.7～4.3～5.5μm，分隔位于孢子基部的27%～32%～38%处。

Marssonina balsamiferae Hiratsuka 分生孢子顶端尖，常弯曲，大小为14.0～17.0～21.0μm×4.0～4.5～5.5μm，分隔位于孢子基部30%～33%处；症状上的特点是在叶背面生

图1　黑杨派杨树症状表现（韩正敏提供）

图2　白杨派杨树症状表现（韩正敏提供）

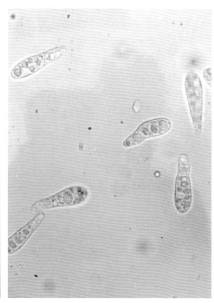

图3　病菌的分生孢子（韩正敏提供）

红褐色的病斑。

中国杨树上的 Marssonina 有 3 个种，分别为 Marssonina brunnea、Marssonina populi 和 Marssonina castagnei。其中 Marssonina brunnea 在中国分布最广，危害也最大。Marssonina brunnea 又被分为两个专化型，单芽管专化型（Marssonina brunnea f. sp. monogermtubi）和多芽管专化型（Marssonina brunnea f. sp. multigermtubi）。前者孢子萌发时产生 1 个芽管；在 PDA 培养基上形成酱红色孢子堆；后者孢子萌发时产生 1～5 个芽管；在 PDA 培养基上形成黄色孢子堆。

侵染过程与侵染循环　病菌可以由菌丝、分生孢子盘和分生孢子在嫩梢的病斑中、芽鳞中或落叶中越冬，但以嫩梢的病斑为主，翌年春在这些部位产生新的分生孢子。在欧洲病菌还可以子囊盘越冬。分生孢子和子囊孢子均可作为初次侵染来源。分生孢子随水滴飞溅再加风的作用传播。侵染苗木的叶、叶柄和嫩茎，并形成坏死斑。长途传播主要靠插穗和苗木的携带。病蒴果中的种子虽然可以带菌，但对实生苗的发病影响很小。分生孢子萌发的最适温度一般为 25℃，最低为 12℃，最高为 32℃。分生孢子萌发后，其芽管靠酶的作用直接穿透表皮侵入，但也可自气孔侵入。菌丝在栅状组织和叶肉组织中生长，后在表皮细胞中形成分生孢子盘，释放出成团的分生孢子并再次被雨水稀释。

病害在杨树的整个生长季节都能发生。一般在杨树叶片展开时，病害就开始发展，到杨树叶片完全落完为止。

流行规律　多种因素与发病程度有关。最为主要的因素是杨树的种、品种或无性系的抗病性，所以在杨树黑斑病的防治中要以抗病选育和种植抗病无性系为主。在高温、多湿条件下也有利于病害的发生和发展。所以在中国的南方（如江苏）病害发生往往较重，而在干燥的北方（如北京以北）病害相对较轻。即便在北方，如苗圃距离大树较近，苗木密度较高，湿度较大等，也同样可造成巨大损失。在重茬的苗圃中，病害往往发生也较严重。

防治方法　对于那些感病的无性系，如 I-45、I-214 等，对其病害的防治是相当困难的，因为病菌的孢子可长时间到处传播。抗病无性系的利用和种植是防治该病害的最有效方法。一些无性系已被证明是非常抗病或较耐病的，如意大利的一些无性系 I-72/51、I-63/51、I-69/55 等，中国的一些无性系如南林-95、南林-895、南林-351、中林-115、中林-379、中林-34 等都是非常抗病的。在可能的条件下，应尽量利用和种植这些抗病无性系。在北方，抗病无性系的种植不是那么迫切，只要在苗圃期略加注意即可。如苗圃远离大树，尽量不重茬，适当的喷药保护等。苗圃内可喷洒杀菌剂来降低春夏的侵染率。常用的杀菌剂有波尔多液、多菌灵、苯来特、代森锌、代森锰、百菌清等。在杨树刚发芽时喷一次，后每隔 7～10 天再喷几次。

参考文献

贺伟，杨旺，1991. 三种杨树黑斑病菌的寄主范围及在我国部分地区的分布 [J]. 林业科学，27(5): 560-564.

李传道，1984. 杨盘单隔孢菌 [Marssonina populi (Lib.) Magn.] 的两个专化型 [J]. 南京林学院学报，8(4): 10-16.

李传道，1995. 森林病害流行与治理 [M]. 北京：中国林业出版社：153-162.

CASTELLANI E, 1970. Problems in poplar growing posed by Marssonina brunnea, and solutions arrived at[M]. Annali dell' accademia di agricoltura di torino, 113: 45-60.

CASTELLANI E, CELLERINO G P, 1964. A dangerous disease of hybrid black poplars caused by Marssonina brunnea[J]. Cellulosae carta, 15(8): 3-17.

SPIERS A G, 1988. Comparative studies of type and herbarium specimens of marssonina species pathogenic to poplars[J]. European journal of forest pathology, 18(34): 140-156.

（撰稿：韩正敏；审稿：叶建仁）

杨树黑星病　poplar scab

由欧洲山杨黑星菌引起的、危害杨树的一种真菌性病害。又名杨树枝条黑色枯萎病（black shoot blight），包括枝条变黑扭曲（blackened and twisted）和叶片黑斑（black spotted leaves）两种症状，是杨树人工林重大病害。

发展简史　最早在北欧发现，20 世纪 70 年代随杨树引种进入中国。魏勒明（Vuillemin，1889）首先报道了欧洲地区黑杨上的黑星病菌（Venturia populina）。1961 年，邓斯（B. W. Dance）报道了加拿大地区青杨派树种上的杨树黑星病，北美地区曾一度认为 Venturia populina 是当地青杨派和黑杨派杨树黑星病的唯一病原，直到 1993 年马勒特（Morelet）报道北美地区杨树的另一病原 Venturia mandshurica。2003 年，牛卡比（Newcombe）在青杨派树种毛果杨上又报道了 Venturia inopina，Venturia inopina sp. nov. 被认为是北美地区的土著病原，只侵染毛果杨及其杂交种，分布在太平洋西北地区。而 Venturia populina 分布范围广泛，在欧洲、北美、亚洲等地均有分布，危害黑杨派、青杨派树种和它们的杂交种，以及白杨派的大齿杨。形态上 Venturia inopina 的分生孢子有 2 隔膜，而 Venturia populina 通常只有 1 隔膜，前者为同宗配合，后者为异宗配合。斯万乐山（Sivanesan）发现了法国白杨派树种上的黑星病，定名为 Venturia macularis，并认为 Venturia macularis 与 Venturia tremulae 为同物异名，Pollaccia radiosa 是其无性型。而马勒特（Morelet）认为 Venturia macularis 与 Venturia tremulae 非同物异名。前者未发现无性型，并将 Venturia tremulae 分成 3 个变种 var. tremulae，var. grandidentatae 和 var. populi-alba，分别危害欧洲山杨、大齿白杨、阿尔巴杨。

中国对杨树黑星病研究报道较少，病原的分类也比较混乱。最早是 1986—1988 年向玉英、景耀报道杨树黑星病病原为 Fusicladium tremulae (Fr.) Aderh.，后来国内的教科书和研究论文均以此名作为杨树黑星病病原。2017 年出版的《森林病理学》第二版，提出了中国杨树黑星病的两种有性型病原（Venturia populina 和 Venturia macularis），但无性型仍采用的是欧洲黑星菌［Fusicladium tremulae (Fr.) Aderh.］。中国是杨树引种和栽培的大国，杨树人工林的面积是世界其他地方栽培面积的 4 倍之多。随着黑杨派及其杂交品种的引进和推广栽培，中国杨树黑星病发生和危害日趋严重，特别是大量推广的红叶杨品种，黑星病发病率在四川、陕西等栽培地区高达100%，中国杨树黑星病抗病育种和防治管理工作面临巨大挑战。

分布与危害　杨树黑星病在中国主要分布于新疆、陕西、内蒙古、四川、贵州、河南、山东和辽宁等地。国外分布于欧洲、北美洲、亚洲的印度等国。主要危害密叶杨、太白杨、大关杨、苦杨、青杨、小叶杨、卜氏杨、川杨等青杨派树种，15号杨、阿河杨（苦杨×欧洲山杨）等杂交杨。在新疆也可危害胡杨及其杂交种杨树，尤其是胡杨及其杂交种苗圃地，黑星病病叶普遍率达100%。该病危害杨树的叶、叶柄和嫩枝，感病嫩叶变黑扭曲、很快枯死。老叶生病，常形成圆形斑，直径2～5mm，病斑凹陷变硬变厚，正面稍凸起、色黄。背面病斑变褐色或黑褐色，四周有一黄色晕环，表面黑灰色霉状，周边有放射状细纹（图1）。病叶呈黄色、卷曲、萎缩和掉落。严重时，每叶生40～50个霉斑。发病后期，病斑上形成一层灰绿色霉层。嫩枝、叶柄、叶脉病斑长条状，后卷曲枯死。严重影响杨树景观和生长量。

病原及特征　在中国，杨树黑星病病原通常认为是山杨黑星孢［*Fusicladium tremulae*（Fr.）Aderh.］，其有性态为欧洲山杨黑星菌［*Venturia tremulae*（Frank.）Aderh.］，但少见。

分生孢子梗橄榄色，纵生，无分隔；分生孢子长椭圆形，通常有1分隔，大小为10～18μm×6～7μm（图2）。分生孢子萌发最适温度为25℃左右，最低8℃，最高30℃。病菌在实验室内生长的最适温度为10～20℃，最低5℃，最高25℃。孢子萌发时，要求植株叶面结露，有水膜或水滴

图1　杨树黑星病病害症状（余仲东提供）

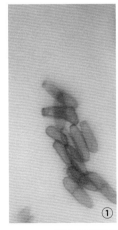

图2　山杨黑星菌无性型形态特征（余仲东提供）
①分子孢子；②分生孢子梗

存在，最适宜侵染的相对湿度为94%～98%。菌丝体异宗配合，子囊壳形成于叶表、埋生，大小为130～165μm，喙短，孔口外露于叶表，周围有黑褐色刚毛数根，子囊棍棒形或近圆柱形，60～85μm×12～16μm，子囊孢子8个，双胞，中间微缩，大小为15～18μm×6～9μm。子囊壳通常在病落叶中形成。

侵染过程与侵染循环　该病菌以分生孢子或菌丝体在被害枝或落叶中越冬，翌年春随着气温回升，遇潮湿产生分生孢子。分生孢子借风、雨传播降落在杨树叶片背面，萌发形成芽管侵染叶肉组织。子囊壳在病落叶中形成，但子囊孢子在侵染中的作用不明确。

该病每年5月开始产生分生孢子，从6月初开始，分生孢子侵染当年新萌发叶片，侵染发生最适温为17℃左右，气温较低时，病情发展缓慢；7月中旬前后为侵染盛期，叶片产生大量的分生孢子，分生孢子可进行再侵染；8月若高温少雨，病害基本停止侵染，发展缓慢；到9月降水量增加，气温有所下降，病害发展又出现高峰；10月上旬随气温下降病害迅速减缓直至中下旬停止。但不同年份气候有差异，其始发期、盛发期、终止期会有所不同。在新疆，8月为发病盛期，病菌重复侵染发病可持续到10月。树冠下部首先发病，逐渐向上部扩散，苗圃地幼苗、幼树发病较成龄树严重。关中、陕南在5月底6月初开始发病，7月较普遍。病原菌以分生孢子及菌丝状态在病叶、病枝上越冬，翌年春季产生新的分生孢子借风雨传播。气候寒冷的北欧和北美地区，越冬的病菌可形成子囊壳，气温比较暖和的地区一般不形成子囊壳，子囊孢子在侵染循环中的作用不确定。

流行规律　杨树黑星病是一种气传病害，分生孢子随风飘移并可反复侵染杨树，形成流行性病害。受害严重的叶片，病斑数高达46个，叶片很快发黑、焦枯、脱落；受害嫩枝发黑、卷曲、死亡；受害苗圃似开水烫过，顶梢屈曲死亡。

杨树黑星病的流行，第一，和寄主品种有密切的关系。在中国，青杨派、胡杨树种发病较重，白杨派树种抗病，I-214杨有高度抗性。第二，与立地条件关系密切。树势生长衰弱容易感病。凡是土层浅薄且呈碱性的地段，杨树生长差，受害亦重。因此，林间发病多位于砂石裸露、土层浅薄的地段。第三，与树龄及林分密度密切相关。随着树龄增加病害越来越轻，苗圃发病重于大树林分，幼林重于成熟林分，人工林重于天然林。病害的发生与树龄呈负相关，但病害的发生与林分密度呈正相关。在同样立地条件下，严重感病的多发生于5年生以下比较稠密的部位，树冠下部叶片发病重于中部，中部远重于上部。第四，与7月、9月两月的气温和降水量呈正相关。7月正值气温高、降雨量大、湿度高，有利于分生孢子的释放和传播、受害重；8月虽气温居高不下，但因降雨量相应降低，高温干旱抑制了分生孢子的释放，重复侵染停止；到9月气温有所下降，湿度增加，有利于病菌分生孢子的传播，病情指数又会显著回升。杨树黑星病一个生长季节通常有两个发病高峰，主要决定于当年的气温和降水量。

防治方法　杨树黑星病的发生与危害同杨树品种和栽培条件密切相关。因此，杨树黑星病的防治第一要做好树种（品种）选择，选育抗病品种。中国比较抗病的品种是

白杨派树种和部分黑杨派树种及其杂交种。在流行区，避免引种和栽植感病的青杨派、黑杨派及其杂交种杨树。做好苗木的检验检疫，及时处理带病疫苗。

第二，做好栽培管理。病原菌主要在病落叶、病梢上越冬，因此，秋末冬初清除病落叶、树下的杂草及被害枝梢，集中深埋或烧毁，减少初侵染来源，防止扩散。科学设计造林密度，注意通风透光。选用抗病的乡土树种。培育实生苗时要对种子消毒，可用55℃温水浸种15分钟或用25%多菌灵300倍液，浸种1～2小时，洗净后催芽播种。每平方米苗床土用50%多菌灵8g处理土壤后播种。加强对人工林的管理，基肥以有机肥为主，并增施磷钾肥，以提高植株抗病能力，适当控制苗圃、人工林郁闭度，使通风、透光。新疆等地大棚育苗时，棚室内要防止出现低温高湿状态，白天气温保持在28～32℃，相对湿度60%。定植后控制浇水量。

第三，在发病初期做好化学防治。在6月发病初期喷洒1∶1∶125波尔多液或0.3～0.5波美度石硫合剂，或65%代森锌500倍液。放叶后喷药防治用多菌灵1∶500～800倍液或粉锈宁，粉锈宁可兼治锈病。

第四，做好杨树黑星病的流行监测。根据杨树品种空间分布、气温和降水量，做好杨树黑星病流行的预测预报，及时采取防范措施，防止病害大流行。

参考文献

KASANEN R，HANTULA J，VUORINEN M，et al，2004. Migrational capacity of fennoscandian populations of *Venturia tremulae* [J]. Mycological research, 108 (1): 64-70.

NEWCOMBE G，2003. Native V*enturia inopina* sp. nov., specific to *Populus trichocarpa* and its hybrids[J]. Mycological research, 107(1): 108-116.

（撰稿：余仲东；审稿：叶建仁）

杨树花叶病毒病　poplar mosaic virus disease

由杨树花叶病毒引起，对杨树苗木和幼树的整个植株造成危害，使植株变矮小、分枝增多、叶片缩小，生长量减少的一种病害。

发展简史　杨树花叶病毒病是一种世界性病害，1935年在国际上首见报道。1962年Berg描述了发生在荷兰的杨树花叶病毒的粒体形态和结构。70年代随着国外杨树品种的不断引进和推广，中国局部地区出现该病。2004年，Smith等测定了杨树花叶病毒PV-0341分离物的基因组全序列。

分布与危害　在中国分布于北京、山东、河南、甘肃、宁夏、陕西、湖南。国外分布于新西兰、澳大利亚、乌克兰、保加利亚、捷克、丹麦、波兰、意大利、德国、英国、比利时、法国、匈牙利、爱尔兰、卢森堡、西班牙、瑞士、日本、韩国、土耳其、坦桑尼亚、美国、加拿大。在欧洲许多国家的杨树栽培区造成严重危害。传入中国后在局部地区也造成一定程度的危害，2013年被列入"全国林业危险性有害生物名单"。

杨树花叶病毒主要侵染美洲黑杨及其杂交种，如健杨、意大利214杨、沙兰杨，也可寄生在青杨派的毛果杨上。发病初期在叶片上出现点状褪绿，以后叶片边缘褪色发焦，沿叶脉为晕状，叶脉透明，叶片上小支脉出现橘黄色线纹，或叶面布有橘黄色斑点；主脉和侧脉出现紫红色坏死斑；叶片皱缩、变厚、变硬、变小，甚至畸形，提早落叶。叶柄上也能发现紫红色或黑色坏死斑点，叶柄基部周围隆起。顶梢或嫩茎皮层常破裂，发病严重植株枝条变形。病株矮小，多纤细的分枝，有时还会出现病叶早落和茎干开裂等症状（图1）。

该病一般危害1～4年生杨树苗木和幼树，使植株变矮小，分枝增多，病叶较正常叶短1/2，病株生长量比健株减少30%～40%，严重发病的植株木材比重和强度降低，木材结构也发生异常。

病原及特征　由杨树花叶病毒（poplar mosaic virus，PopMV）引起，隶属香石竹潜隐病毒属（*Carlavirus*）。为正义RNA病毒，单链，长8742bp。衣壳蛋白分子量23200～40000Da，病毒粒子线状，略弯曲，长600～1000nm×10～14nm，核衣壳无包膜（图2）。该病毒粒子具有耐高温的特性，致死温度在75～80℃。稀释限点10^{-4}～10^{-3}，体外存活时间不超过7天。

用酶联免疫吸附试验技术（ELISA）可以对杨树体内的杨树花叶病毒进行有效地检测。

侵染过程与侵染循环　杨树花叶病毒可在寄主体内存活多年，可通过枝接、根接进行传播。并以此侵入杨树薄壁细胞和韧皮部，系统侵染。插条浸出液同样传病。远距离传播是通过长途调运带病毒的苗木、插条、接穗、种根等繁殖材料所致。

流行规律　花叶病毒病多发生于春季和秋季，夏季高温季节病害不显著，有隐症现象；树木年龄不同发病状况也不同，1年生苗病害严重，大树则不显著。

杨树的不同种、杂交组合或无性系对杨树花叶病毒的抗性差异很大。一般而言，黑杨派受害较重，青杨派受害较轻。

病毒对杨树的影响与树龄有关。树龄越小，症状越重，造成的损失也越大。

防治方法

苗木检疫　严禁从疫区或疫情发生区调运寄主苗木、插条进入非病区，发现带有PopMV的苗木等繁殖材料要销毁。把好产地检疫关，将防治重点放在育苗阶段，对插条苗要精选种条；对平茬苗应严格检查；严禁用病苗造林。

培育和选用抗病品种　适于黑杨派和青杨派树木生长的地方，要培育抗病的杨树品种，更新淘汰易感病的品种。

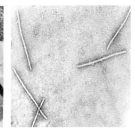

图1 杨树花叶病症状（田国忠摄）　　图2 杨树花叶病毒粒体形态（标尺为200nm，引自 J. Staniulis 等，2001）

Y

发生疫情时对病株喷施 0.1%～0.3% 硫酸锌溶液，用药量为 0.75～2.25kg/hm²。或将感病植株周围 1～3m 的植株全部拔除销毁。

参考文献

蔡三山，陈京元，2007. 杨树花叶病毒研究进展 [J]. 湖北林业科技，144(2): 36-38.

向玉英，奚中兴，张恒利，1984. 杨树花叶病毒的危害及病毒特性的研究 [J]. 林业科学，20(4): 441-446.

张锡津，1985. 杨树花叶病毒的识别与诊断 [J]. 林业科技通讯(7): 27-29.

张志华，1984. 杨树花叶病毒的酶联免疫吸附分析 [J]. 西南林学院学报 (1): 126-133.

ATANASOFF D, 1935. Old and new virus diseases of trees and shrubs[J]. Phytopathology Z, 8(2): 197-200.

COOPER J I, EDWARDS M L, SIWECKI R, 1986. The detection of poplar mosaic virus and its occurrence in a range of clones in England and in Poland[J]. European journal of forest pathology, 16: 116-125.

SMITH C M, CAMPBELL M M, 2004. Complete nucleotide sequence of the genomic RNA of poplar mosaic virus (genus Carlavirus)[J]. Archives of virology, 149: 1831-1841.

（撰稿：贺伟；审稿：叶建仁）

杨树溃疡病（类）　poplar canker

发生在杨树干、枝上局部性韧皮部组织坏死或腐烂的病害，包括典型的溃疡病、腐烂病、枝枯病、干癌病等，它是杨树病害中最严重的一类病害。在中国重要的杨树溃疡类病害主要是杨小穴壳孢溃疡病（水泡型溃疡病）、杨壳囊孢溃疡病（烂皮型溃疡病、腐烂病）和杨疡壳孢溃疡病（大斑型溃疡病）。

发展简史

杨小穴壳溃疡病　该病于 1955 年首次在北京德胜门苗圃发现，后相继在黑龙江、辽宁、天津、内蒙古、山东、山西、河北、河南、安徽、江苏、湖北、湖南、江西、陕西、甘肃、宁夏、贵州和西藏等地有报道。该病害危害的树种包括青杨派、白杨派、黑杨派及欧美杨等在内的 200 多个杨树种、杂交种和无性系。该病不仅危害杨树，还可侵染柳树、刺槐、油桐、苹果、杏、梅、核桃、石榴、海棠、雪松等多种树木。

杨壳囊孢溃疡病　该病在亚洲日本、非洲、欧洲和美洲等都有报道。中国最早在 20 世纪 50 年代有该病害的报道，主要分布于东北、华北、西北、山东、河南、江苏等地，并有向南方蔓延之势。寄主范围相当广泛，除侵染杨树，也侵染柳树、榆树、桑树、核桃、槭树、花椒、木槿、泡桐、苹果、接骨木等多种树木。

杨疡壳孢溃疡病　一种世界性的杨树病害，1884 年首次在法国发现，1916 年在美国发现，至今已有百年历史。中国于 1978 年在南京的合作杨和蒙古杨上首次发现，此后在辽宁、山东、黑龙江、吉林、内蒙古、江苏等地相继发现。

该病在中国的分布虽不普遍，但在一些地区危害极为严重，已被列为中国对外检疫对象。

分布与危害　杨树是重要的生态和经济树种，是世界三大速生丰产树种之一。中国杨树人工林总面积已达 700 多万 hm²，居世界第一，超过了世界其他国家杨树人工林面积的总和。杨树溃疡病是中国最为严重的杨树病害之一，危害青杨派、白杨派、黑杨派等杨树派系的多个杨树树种，在中国几乎所有杨树栽培区普遍发生。在发病严重的山东、河南、江苏、安徽等地，林木发病率可达 100%，不仅严重影响杨树生长，更使幼林和成林大面积死亡。2004 年以杨树溃疡病、杨树烂皮病和杨树黑斑病为主的病害发生面积为 23.1 万 hm²，同比 2003 年增加 13.3%，杨树病害面积占栽植总面积的 3.3%。2005 年杨树病害发生面积与 2004 年持平（23.5 万 hm²），其中山东杨树溃疡病发生面积 7.5 万 hm²。2006 年杨树病害发生面积 32 万 hm²，同比上升 49%，主要种类是杨树烂皮病，以辽宁、河南最为严重。杨树烂皮病等病害大面积暴发成灾，造成了大量的杨树死亡。

杨小穴壳溃疡病症状　4 月上旬感病植株的干部产生圆形或者椭圆形病斑，大小约 1mm，呈水渍状或水泡状。病部质地松软，手压水渍状病斑有褐水流出，压破水泡型病斑有大量带腥臭的黏液流出。病部后期下陷，呈灰褐色，并很快扩展成长为椭圆形或长条形，但边缘不明显。此时皮层腐烂，呈黑褐色。至 5 月下旬在病部产生很多黑色小点，并突破表皮外露，即病菌的分生孢子器。当病部不断扩大，环绕树干一周时上部枝条枯死（图 1）。病部后期开裂，至 11 月在病部产生较大的黑色小点，即病菌的子座及子囊壳。秋季形成的病斑在翌年的 5 月中旬子实体成熟。

杨壳囊孢溃疡病症状　病害主要发生于树干和枝条上，表现为干腐和枝枯（枯梢）两种类型（图 2）。

干腐型：主要发生于主干、大枝及分枝处。发病初期呈暗褐色水渍状病斑，略为肿胀，皮层组织腐烂变软，以手压之有水渗出，后失水下陷，有时病部树皮龟裂，甚至变为丝状，病斑有明显的黑褐色边缘，无固定形状，病斑在粗皮树种上表现不明显。后期在病斑上长出许多黑色小突起，此即病菌分生孢子器。在潮湿或雨后，自分生孢子器挤出橘红色

图 1　杨小穴壳溃疡病症状（梁军提供）

卷丝状分生孢子角，在条件适宜时，病斑扩展速度很快，向上下扩展比横向扩展速度快。当病斑包围树干一周时，其上部即枯死。病部皮层变暗褐色，糟烂，纤维素互相分离如麻状，易与木质部剥离，有时腐烂达木质部。如环境条件对树木有利，抗病性提高，病斑的周围组织则可长出愈伤组织，阻止病斑的进一步扩展。

枯梢型：主要发生在苗木、幼树及大树枝条上。发病初期病部呈暗灰色，迅速扩展，环绕一周后，上部枝条枯死，此后在枝条上散生许多黑色小点，即为分生孢子器。

杨杨壳孢溃疡病症状　病害主要危害幼苗、幼树主干及枝条。病斑多发生在皮孔、叶痕、伤口或枝条分杈。初期，病斑呈水渍状，病部色暗，常呈暗灰色，此后失水下陷，颜色变浅。病斑为梭形、近圆形、椭圆形或不规则形。病斑多时常相互连接在一起，病斑处皮层坏死，边材变褐色，后期病斑树皮往往开裂。病斑表面生许多扁圆形凸起的小黑点，有时呈同心环状排列，此为病菌的分生孢子器（图3）。分生孢子器比杨小穴壳溃疡病菌和杨壳囊孢溃疡病菌的子实体明显大而稀疏，潮湿时溢出乳白色至淡黄色短链状的分生孢子角，风干后呈褐色盾状。当病斑环绕枝条和树干一周时，其上部随即死亡。

病原及特征

杨小穴壳溃疡病　有性型为葡萄座腔菌［*Botryosphaeria dothidea*（Moug. ex Fr.）Ces. et de Not.］，属葡萄座腔菌属。在中国常见其无性型为七叶树壳梭孢（*Fusicoccum aesculi* Corda）。

有性型形态：子座埋生于寄主表皮下，后突破表皮外露，黑色，近圆形。子座单生时直径0.2～0.4cm，集生时2～7cm，子囊腔生于子座中。子囊腔一般于秋季形成，比分生孢子器稍大，黑色，粒状。散生或簇生，洋梨形，黑褐色，具乳头状孔口，直径180～250μm（图4）。子囊棒形，有短柄，壁双层透明，顶壁稍厚，易消解，大小为84～176μm×16～24μm。内含孢子8个，中部成双行斜列，下为单列。子囊间有假侧丝，子囊孢子单细胞，无色，倒卵形或椭圆形，大小为（15～）18～25.5（～28）μm×（6～）7.5～12（～14）μm。

无性型形态：春季发生的病斑，当年秋季在其上形成分生孢子器；秋季发生的病斑，则在翌年春季形成分生孢子器。

分生孢子器暗色，球形，生于寄主表皮下，后外露，单生或集生，有明显子座，成熟时突破表皮，孔口外露，孢梗短而不分枝，分生孢子单胞无色，卵圆形到宽椭圆形，大小为（18～）21～28.5（～30）μm×（3.5～）4～4.5（～6）μm，分生孢子长宽比为5.3±0.6。

杨壳囊孢溃疡病　有性型为污黑腐皮壳（*Valsa sordida* Nit.），属黑腐皮壳属。无性型为金黄壳囊孢［*Cytospora chrysosperma*（Pers.）Fr.］属壳囊孢属。

有性型形态：在寄主皮层中形成子实体，假子座灰黑色，聚生或散生，后外露，大小1.5～2mm。子囊壳多聚生埋生于假子座内，长颈烧瓶状，直径为350～680μm，高580～896μm，孔口外露，黑色。子囊棍棒状，中部略膨大。子囊孢子单胞，无色，腊肠形，两行排列，大小为2.5～3.5μm×10.1～19.5μm（图5）。

无性型形态：分生孢子器埋生于子座中，黑褐色，不规则形，多室或单室，具长颈，直径0.89～2.23mm，高0.79～1.19mm，有一总孔口伸出于子座外，颈长0.41～0.64mm，孔口突破寄主表皮伸出表面。分生孢子梗丝状，10～15μm×1μm。分生孢子单细胞，无色，腊肠形或肾形，0.8～1.4μm×3.7～6.8μm。

除 *Valsa sordida* 外，雪白白孔座壳［*Leucostoma nivea*（Hoffm. ex Fr.）Hohn.］也可引起杨树烂皮病。

杨杨壳孢溃疡病　有性型为杨隐间座壳菌［*Cryptodiaporthe populea*（Sacc.）Butin.］，属隐间座壳属，中国未发现。无性型为杨杨壳孢［*Dothichiza populea* Sacc. et Briard.］，属杨壳孢属。

有性型形态：子座黑褐色，革质，直径5mm，在枝条上形成密集团块。子囊棍棒状，具长柄，大小为75～90μm×8～9μm。子囊孢子长椭圆形，稍弯曲，大小为16～18μm×4～5μm。

无性型形态：分生孢子器扁圆形，平滑，暗黑色，大小为160～197.8μm×119.6～150μm，单生或聚生于子座内，后期分生孢子器成熟，顶部不规则裂开，分生孢子梗细长，分生孢子卵圆形、椭圆或瓜子形、无色、单胞，9.5～15.5μm×6.8～8.6μm（图6）。

侵染过程与侵染循环

杨小穴壳溃疡病菌一般在枝干的病斑内越冬。越冬病斑内产生分生孢子器和成熟的分生孢子，成为当年侵染的主要来源。病菌主要由伤口侵入，自然条件下，病斑往往与皮孔和小伤口相连。分生孢子成熟时期不同，可成活长达两三个月，且萌发时对温度适应性强（13～38℃）。因此，在自然情况下几乎常年存在具侵染力的接种体。病害发生呈现春–夏、夏–秋两个高峰期，但两个发病高峰期出现的时间在不同的地区有所不同。在北京地区是在4月初发病，5月底为春季发病高峰，6、7月病势减缓，9月再次出现高峰，10月以后逐渐停止；在南京是6月、9月两个发病高峰；在陕西则是5月初开始发病，7月初为第一次发病高峰，9月为第二次，10月后病害的发展逐渐减缓，11月至翌年4月，气温低，病害停止发生和发展，病菌进入越冬阶段。病原菌孢子飞散高峰的出现与每年降水高峰出现相对应。孢子飞散高峰之后1个月，就是发病高峰期，病害的发生发展与降水量、相对湿度呈正相关，凡是在降水

图2　杨壳囊孢溃疡病症状
（梁军提供）

图3　杨杨壳孢溃疡病症状
（梁军提供）

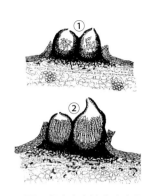

图 4 杨小穴壳溃疡病病原
（曲俭绪绘制）
①分生孢子器；②子囊腔

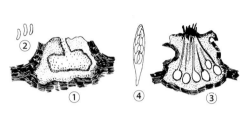

图 5 杨壳囊孢溃疡病病原（梁军提供）
①分生孢子器纵切面；②分生孢子；③子囊壳假子座；
④子囊及子囊孢子

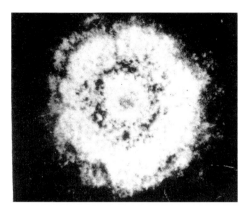

图 6 杨疡壳孢溃疡病病原（梁军提供）

量和相对湿度出现高峰的同时或在其后不久必然出现发病高峰。在温度 18～25℃，相对湿度、降水量的多少对病害的发生发展和流行起着主导作用。

杨壳囊孢溃疡病主要以子囊壳、菌丝或分生孢子器在病部组织内越冬。翌年春季借风、雨、昆虫和鸟类传播。分生孢子从枝、干的伤口侵入。该病于每年 3、4 月开始发生，各地气温不同，发病的迟早和侵染的次数也不同。北京地区 3 月中下旬开始发病，东北地区稍迟，多在 4 月上旬至 4 月中下旬开始活动。5、6 月为发病盛期，7 月后病势渐趋缓和，至 9 月基本停止发展。

杨疡壳孢溃疡病菌主要以菌丝体和分生孢子器在树皮内越冬，翌年 4、5 月形成分生孢子器和分生孢子，越冬的分生孢子器也能产生分生孢子，借风、雨水、昆虫及人为活动传播，伤口和自然孔口是病原菌的主要侵入途径。该病害在山东 3 月上中旬开始发病，4 月中下旬为发病盛期，5 月中下旬病斑停止发展，秋季不发病；在辽宁南部地区该病从 4 月上旬开始发病，一直延续到 10 月上旬，停止发展。

流行规律　杨树水泡型溃疡病、杨树烂皮病和杨树大斑溃疡病的病原均具有弱寄生性的特性，对于由各种原因引起的生长势衰弱的寄主植物具有较大的危害性；其次，树势较强时，溃疡类病害的病原具有潜伏侵染的特性，因此，使得种苗传播成为溃疡类病害传播的重要途径之一，也使得该类病害的防治成为一个难点。另外，溃疡病菌潜伏侵染率的高低与苗木附近有无大量的溃疡病菌来源有密切的关系。侵染来源丰富，寄主潜伏侵染率就高，反之则低。潜伏侵染率的高低还与杨树品种对溃疡病的抗病性强弱有关，一般来说，抗病性强，侵染率低，反之则高。最后，由于杨树树皮的保护，杨树溃疡类病害从病菌侵染到症状出现，一般需要 1 个月时间，很难发现病害的早期症状，而一旦发现症状时，又很难被彻底清除，即使刮除病斑和采用杀菌性很强的药剂，也很难奏效。

杨树的速生特性以及杨树产业化生产的特性决定了杨树人工林主要为单一树种或无性系构成，并且其栽植方式也较为单一；营造过程中盲目引进外来速生品种，不能坚持适地适树的原则，尤其是在中国西部生态条件恶劣的地区，干旱和低温胁迫使得大多数速生杨树品种生长衰弱，从而造成

杨树溃疡类病害的大面积发生；忽视苗木检疫工作，频繁的苗木调运使得溃疡类病害远距离跳跃式蔓延；杨树人工林的营造及管理粗放，树木生长不良，未老先衰，致使溃疡类病害猖獗。总之，人为因素和生态因素的结合，加重了杨树溃疡类病害在中国的发生、传播和蔓延成灾。

防治方法

以病原为出发点的控制策略和技术　①加强苗木检疫，建立卫生苗圃，控制病苗出圃，清除苗圃周围重病树等方法，是控制该类病害的重要方法，特别是苗木的检疫措施，这是控制溃疡类病害由人为因素传播的最有效方法。②治疗病树，伐除并集中烧毁发病严重的树木，可以避免病害大面积传播。具体方法为：剪除发病的侧枝、小枝等，刮除病斑，涂干或喷干处理。药剂可选用康复剂 843、福美胂、菌毒清、双效灵、琥珀酸铜、石硫合剂、波尔多液或农抗 120 等。

以寄主为出发点的控制策略和技术　树木溃疡类病害是典型的寄主主导性病害，因而持续保持和提高树体的抗病性，是控制该类病害的核心一环。①严格执行适地适树的造林原则，划定主要栽植杨树树种的抗病适生区；营造不同抗性树种的混交林，营造针阔混交林；选育抗病品种和培育转基因抗性树种，在杨树人工林种植中具有重要的意义。②加强苗木管理，提高苗木抗病性，促进苗木健康生长。③菌根化育苗与微生物抗病保健技术，激素处理技术等。

参考文献

曹支敏，周芳，杨俊秀，1991. 杨树溃疡病流行规律与测报研究 [J]. 森林病虫通讯 (3): 5-9.

陈原，杨旺，1994. 北京杨溃疡病抗病性的研究 [J]. 北京林业大学学报，16 (2): 51-57.

景耀，杨俊秀，1981. 杨树溃疡病的发生发展规律 [J]. 林业科学，17(2): 183-188.

杨俊秀，张星耀，1990. 箭杆杨溃疡病经济阈值的研究 [J]. 森林病虫通讯 (3): 1-3.

杨旺，韩光明，孙兴，等，1984. 杨树苗木带菌状况与溃疡病发生的关系 [J]. 森林病虫通讯 (4): 13-16.

张星耀，骆有庆，2003. 中国森林重大生物灾害 [M]. 北京：中国林业出版社：40.

赵仕光，景耀，1997. 杨树对溃疡病的抗性研究——Ⅰ树龄及形

态结构与抗病性 [J]. 西北林学院学报，12(3): 35-40.

钟兆康，1984. 杨树扬壳孢溃疡病的研究续报 [J]. 植物病理学报，14(2): 120-122.

周仲铭，1990. 林木病理学 [M]. 中国林业出版社：167-169.

HRIB J, 1983. Invitro testing for the resistance of conifers to the fungus *Phaeolus schweizii* (Fr.) Pat. on callus cultures[J]. European journal of forest pathology, 13: 86-91.

（撰稿：梁军；审稿：叶建仁）

杨树炭疽病　poplar anthracnose

由胶孢炭疽菌和杨炭疽菌引起的，杨树上的重要病害之一。广泛分布于杨树栽培区的一类叶部病害。

发展简史　杨树炭疽病在 20 世纪 60 年代就有报道，并开展了杨树良种对炭疽病的抗病性测定。1987 年以来，北京市区通往郊区的各主要道路的北京杨以及山区北京杨片林均不同程度地发生炭疽病，发病率在 50% 以上，严重时导致大片的杨树叶片枯死，悬于枝梢，俗称"黑叶病"。陕西毛白杨当年扦插苗发病株率可达 78%，4～5 年幼树发病株率可达 100%，叶片受害率达 100%。

分布与危害　在北京、陕西、河南、河北、新疆、山东、宁夏等区域严重发生。可危害毛白杨、北京杨、箭杆杨、小叶杨、银白杨、加杨、青杨、黑杨及钻天杨等多种杨树，尤以毛白杨和北京杨受害最为严重。

主要危害杨树枝、叶，造成杨树枝梢干枯或提早落叶，发病严重时会造成杨树树势衰弱，甚至整株死亡。在发病初期，枝梢、叶柄和叶背部出现黑褐色小斑点。枝梢处的小斑点逐渐扩展成不规则形的中央凹陷的褐色病斑。叶柄基部的黑褐色小斑点绕叶柄逐渐扩展成梭形褐色病斑，病斑上出现轮纹，边缘颜色加深和隆起，与健康组织的分隔较明显。叶背处的病斑沿叶脉和叶缘部位扩展较快，最后造成叶片枯死，悬挂于树上，直到翌春才陆续从树上脱落。病斑在嫩枝上常形成溃疡斑，病斑环割则引起枯梢。发病后期，在杨树的叶面、叶柄基部及枝梢部病斑上，均会形成黑色分生孢子盘，有些枝梢病斑上偶尔会出现子囊壳和橘红色的分生孢子堆。

病原及特征　病原属炭疽菌属（*Colletotrichum*）。有两种，常见的是胶孢炭疽菌［*Colletotrichum gloeosporioides*（Penz.）Sacc.］，异名围小丛壳［*Glomerella cingulata*（Stonem.）Spauld. et Schrenk］；另一种是杨炭疽菌（*Colletotrichum populi* C. M. Tian & Zheng Li），仅见于钻天杨（*Populus nigra* var. *italica*）上。分生孢子盘初埋生在寄主表皮下，后突破表皮裸露，呈黑色小点状。分生孢子单胞无色，椭圆形或长椭圆形，孢子内常见 1～2 个明显的油滴，分生孢子聚集在一起呈橘红色，分生孢子萌发形成芽管，芽管顶端异化形成附着胞，从而侵染寄主植物。该病原菌的有性产孢结构是子囊壳，子囊壳单生或多个丛生，半埋于基质中，颈部有毛；子囊棒状，无柄，通常每个子囊内含有 8 个子囊孢子，子囊孢子无色，单胞，梭形，排成 2 列或不规则 2 列。

侵染过程与侵染循环　以菌丝体在病落叶、落枝和残留在树上的病枝叶以及芽鳞上越冬。翌春 3～4 月，以分生孢子或者越冬后的菌丝进行初侵染。分生孢子通过风雨传播到寄主植物表面后，孢子萌发，两端长出芽管，并逐渐伸长，后期芽管顶端膨大形成黑褐色、扁球状的附着胞，附着胞形成侵染钉直接穿透寄主表皮侵入杨树组织，也可通过孢子萌发形成的菌丝从自然孔口或伤口侵入（图 1）。

附着胞基部的侵染钉穿透寄主角质层和表皮细胞壁膨大形成侵染泡囊，侵染泡囊初始生长在寄主细胞壁和细胞膜之间，不穿透寄主的原生质体，随后分化产生初生菌丝，并萌发形成次生菌丝，次生菌丝在寄主表皮和叶肉组织内大量扩展。几天后，大量菌丝聚集在角质层下形成子座组织，并产生分生孢子梗和分生孢子（图 2、图 3），分生孢子又随风雨传播。环境条件适宜时，分生孢子在整个季节都能萌发，并再次侵染。随着菌丝的扩展，叶片组织发生一系列的病理变化，在侵入点周围的叶肉细胞壁附近产生胼胝质，细胞壁向内凹陷并发生溶解，细胞质消解，叶绿体等细胞器解体以及寄主细胞坏死塌陷，最终在叶表面产生典型的褐色坏死病斑。

流行规律　杨树炭疽病的流行与多种因素有关，尤其与温度和降雨有密切关系，温度适宜且雨水偏多的年份发病也偏重。林木密度大，枝叶稠密，通风透光差，易发病。当杨树处于不良的生长条件时，也会导致该病害发生加重，如土壤贫瘠、排水不良、立地条件差、粗放管理等。另外，偏施氮肥枝条徒长，组织柔嫩，也有利于该病害的发生。

北京杨、毛白杨、箭杆杨等较感病，而美洲黑杨的遗传资源变异丰富，其无性系具有较好的抗病性。

防治方法

农业防治　采取合理的经营管理措施，如造林时不宜过密、幼林要及时修枝、保持林内通风透光，做到适地适树，促进树木的生长，从而提高抗病性。对于已经发生了杨树炭疽病的区域，应在秋冬季节清除地面的枯枝落叶、剪除树上

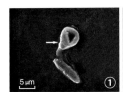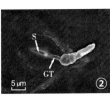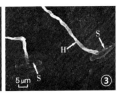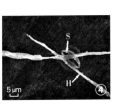

图 1　胶孢炭疽菌在叶片上的侵入情况（田呈明提供）

①附着胞—侵染钉侵入，附着胞周围分泌胞外基质（箭头处）；②芽管从气孔侵入；③菌丝从气孔侵入

GT：芽管；H：菌丝；S：气孔

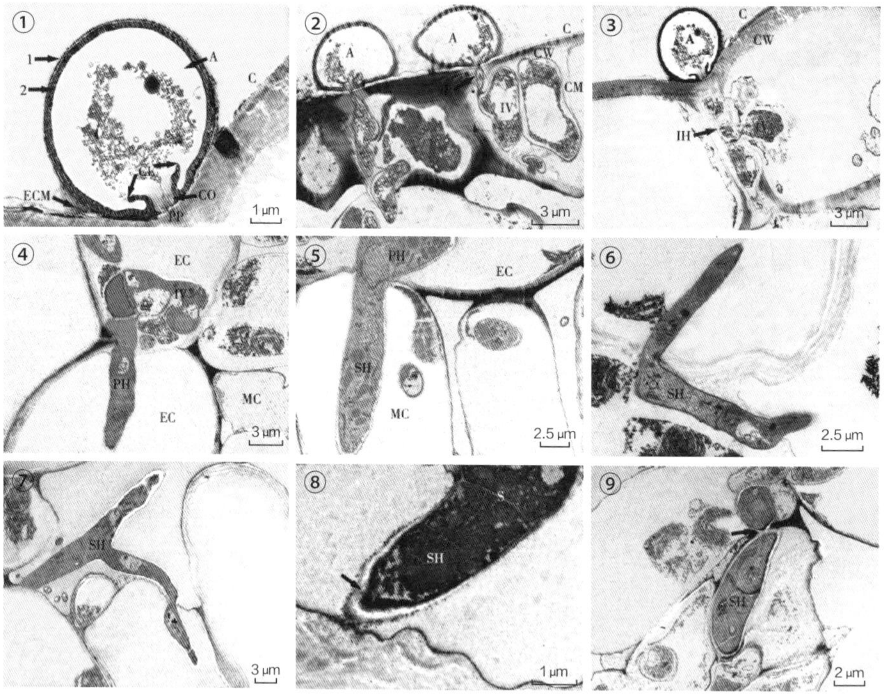

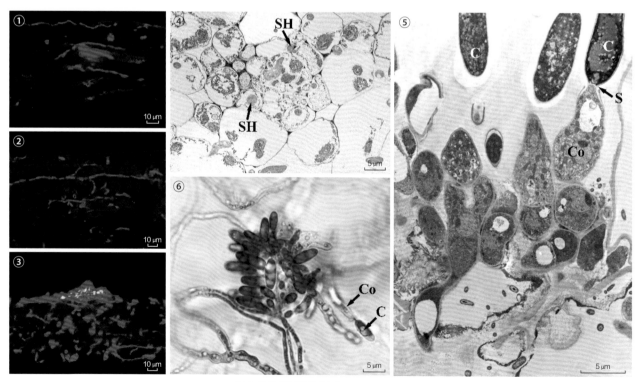

图 2　病原菌在表皮细胞内扩展过程的透射电镜观察（田呈明提供）

①附着胞结构；②附着胞—侵染钉直接穿透角质层和表皮细胞壁；③附着胞—侵染钉从细胞间隙侵入；④侵染泡囊分化成初生菌丝向相邻表皮细胞扩展；⑤初生菌丝分化成次生菌丝向相邻叶肉细胞扩展；⑥次生菌丝从胞内向胞间扩展；⑦次生菌丝从胞间向胞内扩展；⑧次生菌丝靠近顶端处产生隔膜，顶端变窄，细胞壁变厚；⑨次生菌丝穿透寄主细胞壁时，菌丝收缩

A. 附着胞；1. 附着胞外层壁；2. 附着胞内层壁；ECM. 附着胞外基质；CL. 围领；CO. 附着胞锥；PP. 穿透孔；IP. 侵染钉；IV. 侵染泡囊；C. 角质层；CW. 细胞壁；CM. 细胞膜；EC. 表皮细胞；MC. 叶肉细胞；IH. 侵染菌丝；PH. 初生菌丝；SH. 次生菌丝

图 3　分生孢子盘的形成（田呈明提供）

①菌丝在维管组织内扩展；②菌丝在栅栏组织和海绵组织内扩展；③菌丝聚集在表皮细胞周围；④次生菌丝在叶肉组织的细胞内和细胞间扩展；⑤分生孢子梗和分生孢子；⑥分生孢子盘

SH：次生菌丝；Co：分生孢子梗；C：分生孢子；S：隔膜

未落的带病枝叶，减少病菌的侵染来源。

化学防治　对于发病较重的区域，必要时可以使用杀菌剂进行化学防治。常用的药剂有保护性杀菌剂（铜制剂等）和内吸性杀菌剂［苯并咪唑类（MBCs）、甲氧基丙烯酸酯类、麦角甾醇生物合成脱甲基酶抑制剂（DMIs）等］，其中以MBCs类的多菌灵和DMIs类的咪唑类和三唑类的药剂应用最为广泛。但是，不同地区的胶孢炭疽病菌对不同药剂的敏感性存在差异，因此，在实际操作过程中应根据受害区域的实际情况进行药剂选择。萎缩芽孢杆菌（*Bacillus atrophaeus*）对胶孢炭疽菌的生长及附着胞形成具有很强的抑制作用。

加强检疫　杨树炭疽病菌可以随着带病苗木、无性繁殖材料或种子进行远距离传播，因此，应该加强检疫，防止使用带病材料。

参考文献

贺伟、沈瑞祥、杨旺，等，1993.北京杨炭疽病药剂防治试验［J］.森林病虫通讯，2(1)：15-17.

宋丹丹、张伊莹、张琳婧，等，2016.杨树炭疽病菌对多菌灵及3种DMIs杀菌剂的敏感性［J］.农药学学报，18(5)：567-574.

叶建仁、贺伟，2011.林木病理学［M］.北京：中国林业出版社.

于地美，2019.萎缩芽孢杆菌XW2胞外蛋白抑制胶孢炭疽菌附着胞形成的机制研究［D］.北京：北京林业大学.

张晓林、张俊娥、贺璞慧中，等，2018.胶孢炭疽菌侵染杨树叶片的组织病理学研究［J］.北京林业大学学报，40(3)：101-109.

CANNON P F, DAMM U, JOHNSTON P R, et al, 2012. Colletotrichum – current status and future directions[J]. Studies in mycology, 73(73): 181-213.

KIRK P M, AINSWORT H GC, 2008. Ainsworth and bisby's dictionary of the fungi[M]. 10th ed. Wallingford, UK: Centre for Agricultural Bioscience International.

LIU F, DAMM U, CAI L, et al, 2013. Species of the *Colletotrichum gloeosporioides* complex associated with anthracnose diseases of Proteaceae[J]. Fungal diversity, 61(1): 89-105.

MACKENZIE S J, MERTELY J C, PERES N A, 2009. Curative and protectant activity of fungicides for control of crown rot of strawberry caused by *Colletotrichum gloeosporioides*[J]. Plant disease, 93(8): 815-820.

NEWCONBE G, 2000. Inheritance of resistance to *Glomerella cingulata* in populus[J]. Canadian journal of forest research, 30(4): 639-644.

O'CONNELL R J, THON M R, HACQUARD S, et al, 2012. Lifestyle transitions in plant pathogenic *Colletotrichum fungi* deciphered by genome and transcriptome analyses[J]. Nature genetics, 44(9): 1060.

（撰稿：田呈明、熊典广；审稿：叶建仁）

杨树心材腐朽病　poplar heart rot

由粗毛针孔菌引起，造成杨树心材白色腐朽的病害。

发展简史　粗毛针孔菌别名粗毛黄褐孔菌、粗毛黄孔菌、粗毛褐孔菌等。1940年在吉林有过报道。2010年郭春宣等人根据子实体形态特征、担孢子形态和ITS序列系统发育分析，对树干腐朽菌粗毛纤孔菌子实体进行了分子鉴定。ITS序列系统发育树状图表明粗毛纤孔菌与辐射状纤孔菌（*Inonotus radiatus* Karst）亲缘关系较近。子实体着生于树干基部。该菌在中国主要分布于北温带地区。粗毛纤孔菌也是中药桑黄的一种，在中医上用于抗病毒、抗肿瘤和抗氧化等药理作用。

分布与危害　在中国分布于北京、山西、河北、内蒙古、辽宁、吉林、黑龙江、山东、陕西、甘肃、宁夏、新疆等地。寄主有杨树、柳树、海棠、苹果、水曲柳、榆树、核桃楸、紫椴、刺槐、栎树、日本槐和桑树等阔叶树，为杨树、柳树人工林、城镇园林绿化的重要病害。在东北地区以水曲柳上常见，在西北地区以桑树上常见。在树干外部产生大型子实体。木质部形成白色海绵状腐朽。腐朽初期木质部呈黄白色至黄褐色，较心材原色为深，后期变为淡黄色乃至白色，木质部形成轮裂，木材变松软，在轮裂缝穴中常形成片状或较厚的块状洁白色菌膜。寄主常因树干腐朽，遭受风害，形成折梢或折干。

病原及特征　病原为粗毛针孔菌［*Inonotus hispidus*（Bull.）P. Karst.］，隶属于针孔菌属（*Inonotus*）。异名有 *Polyporus hispidus* Bull.: Fr.、*Boletus hispidus* Bull.、*Phaeoporus hispidus*（Bull.: Fr.）J. Schröt. 和 *Xanthochrous hispidus*（Bull.: Fr.）Pat.。

子实体：担子果一年生，无柄盖形，菌盖通常单生，有时呈覆瓦状叠生，新鲜时无嗅无味，革质至软木栓质，干后木栓质，重量明显变轻。菌盖半圆形，长6～29cm，宽4～22cm，基部厚达1～3cm。菌盖表面浅褐色，活跃生长期为金黄褐色，成熟期变暗褐色，被粗毛，无环带；边缘钝。孔口表面褐色至暗褐色，无折光反应；不育边缘明显，宽可达3mm；孔口多角形，每毫米2～3个，但有时孔口不规则，每毫米0.5～1个；管口边缘薄，撕裂状。菌肉暗栗褐色，软纤维质至木栓质，厚0.2～3cm，有时上下层异质，上层粗毛层与下层致密菌肉层明显不同，但无分界细线。菌管与孔口表面同色，但明显比菌肉颜色浅，木栓质至脆质，长5～35mm（见图）。

菌丝系统一体系；菌丝隔膜简单分隔；菌丝在Melzer和棉蓝试剂中均无变色反应；在KOH试剂中组织颜色变黑。

杨树上的粗毛纤孔菌子实体（赵晓燕、李洁摄）

生殖菌丝黄褐色或金黄褐色，薄壁或稍厚壁，常常分枝且分隔，在隔膜处略收缩，规则排列，有时塌陷，直径为4～10μm。子实层中无刚毛；担子宽桶形，具4个小梗并在基部具一个横隔膜，大小为14～20μm×9～12μm；拟担子形状与担子相似。担孢子椭圆形，金黄褐色，明显厚壁，在Melzer试剂中无变色反应，未成熟的孢子在棉蓝试剂中有中度嗜蓝反应，大小为8～11μm×6.5～9μm，平均长9.96μm，平均宽7.6μm，长宽比1.25～1.38。粗毛纤孔菌菌丝生长最适温度为25～35℃，5℃以下和50℃以上生长停止；黑暗条件有利于菌丝生长，光照条件下菌丝生长相对缓慢，长势较弱；最适pH7～9，最适碳氮比为80∶1～90∶1，石灰添加量1.5%时能促进菌丝生长。

侵染过程与侵染循环　夏末秋初病菌散发担孢子，靠风力传播，从伤口侵入，粗毛纤孔菌侵入定殖后，即向心材生长扩展，但由于树木本身的保卫反应及受温度、含水量及内含物等因素的影响，蔓延的速度较慢，潜育期长。子实体1年生，在夏季和秋季出现，至冬季死亡，翌年产生新的子实体。子实体多生长在寄主木材裸露处，向树干上、下蔓延。子实体死亡后，菌丝在木材内能存活多年，在温度和湿度适合时每年均可产生子实体。

流行规律　树龄15年以上、修枝不合理、伤口过多的树木较易发生，北方地区遭受日灼、冻寒害、伤口多、长势弱的树木，常导致该病严重发生。

防治方法

栽培管理　注意施肥、松土、定期除草、浇水等后期管护；采收病菌子实体，消灭病菌侵染来源；合理修枝，修枝时剪锯口要平滑，切忌伤及干皮，行道树、公园树木或其他珍贵树木修枝后，最好用保护剂涂抹伤口，以免病菌侵入。对园林绿化树木、行道树树干涂白保护。

侵染林木治疗　用树干注射机向病腐部注入硫化铜150～200倍液。珍贵树木如已经腐朽，用刀斧等去除腐朽部分，在伤口上涂以防腐剂（如3%氯化钠溶液、5%硫酸铜溶液等），切口再涂一层油灰，经过上述处理后的树洞内一定不能积水，以免再引起腐朽。

参考文献

崔宝凯，戴玉成，杨宏，2009. 药用真菌粗毛纤孔菌概述[J]. 中国食用菌，28(4): 6-7.

戴玉成，2012. 中国木本植物病原木材腐朽菌研究[J]. 菌物学报，31(4): 493-509.

郭春宣，王峰，董爱荣，2010. 粗毛纤孔菌形态学鉴定及ITS序列系统发育分析[J]. 中国农学通报，26(3): 142-145.

昝立峰，包海鹰，2011. 粗毛纤孔菌的研究进展[J]. 食用菌学报，18(1): 78-82.

（撰稿：王爽；审稿：李明远）

杨树叶枯病　poplar leaf blight

由细链格孢引起的一种危害杨树叶部的真菌性病害。

分布与危害　中国发生在黑龙江、吉林和辽宁等地。危害小叶杨×黑杨、山杨、小叶杨×黑杨14号和银白杨×山杨等21个树种与品系的扦插苗和实生苗。

病害发生初期，叶片上先呈现隐约可见的褐色斑，斑的面积较小，随病情发展面积逐渐扩大。这时受病组织变成黄色，然后中央部分变褐色，并于其上长出黑褐色霉状物，它们分布在受害叶片的正反两面。症状表现为三种类型。①病斑近圆形。斑周围带黄色，中央为灰褐色，由小斑扩展为较小圆斑，初看类似灰斑病的病状。在病斑上有黑褐色霉状物。小青杨×黑杨天杂1号为这种症状。②病斑多角形。斑周围不带黄色，初期形状不规则，发展后联成大片，甚至全叶枯死。后期在病组织上生出黑褐色霉状物。③病斑不规则形。在叶柄附近、叶缘或叶片内部形成不规则坏死斑，其上生长大量暗褐色霉状物（见图）。小叶杨×黑杨表现为这种症状。杨树发病以后，病叶在植株上分布特点依树种不同而异。2年生沙兰杨的1个杂交种发病的叶片多分布在1.5m以下部位，发病株率为100%。小青杨×黑杨、小叶杨×黑杨14号、银白杨×山杨除顶梢叶片不发病外，余者全部发病。病株于8月下旬至9月上旬即大量落叶。

病原及特征　病原为链格孢［*Alternaria alternata*（Fr.）Keissl.］，属链格孢属（*Alternaria*）。该真菌产生分生孢子为孔出孢子。

侵染过程与侵染循环　细链格孢是以分生孢子在落叶上越冬，越冬以后的萌发率高达40%，具有较强的抗逆性。20%左右的芽内含有链格孢菌丝和分生孢子，经过组织分离培养，第四天则可产生分生孢子。证明越冬芽也是这种病菌分生孢子的越冬场所，越冬后可以做为翌年的初侵染源。分生孢子在萌发时，需要适宜的温度、相对湿度和酸度，一

杨树叶枯病危害症状（宋瑞清提供）

般在 7～38℃、相对湿度 93%、pH2～8 的条件下，孢子均可萌发产生芽管，但是只有在 26～28℃、pH 为 6 时萌发的最好。在温度不稳定的条件下形成的分生孢子，它们的萌发率很低，萌发率不到 30%。分生孢子在环境条件适宜时，从伤口或芽内萌发产生菌丝蔓延发生侵染，潜育期很短，只有 2～3 天。3～5 天在病斑中央呈现灰褐色，其上部灰白，基部为黑褐色霉状物，即病菌的菌丝及分生孢子。

流行规律　杨树不同的种和品系具有不同的抗病能力。细链格孢菌的寄主范围较广。青杨派、黑杨派以及这两派的杂交种和白杨派中很多种都能被这种病原物侵染并发病，尤以青杨派和青杨与黑杨两派杂交种发病普遍。这种病害不仅危害多种杨树的叶子，还危害幼树的嫩梢，使之发生枯梢病。

防治方法　该病原菌为半知菌，在生长季节可以重复产生分生孢子。①清除侵染来源，每年秋季插条杨树苗落叶以后，及时清扫枯枝落叶，集中烧毁，减少侵染机会。②选育抗叶枯病的杨树品种，淘汰高度感病树种小青杨×黑杨天杂 1 号。③6 月 10 日开始进行化学药剂防治。在整个生长季施 3～4 次 40% 乙膦铝 30 倍液，抑菌效果最好；50% 多菌灵 500 倍液也可收到一定的防治效果，使用这种化学农药不但病情大大减轻，而且控制了被害树木的提早落叶，达到抑制病害大发生的目的。

参考文献

徐素琴、孙连君，1986. 杨树霉斑病的研究 [J]. 东北林业大学学报，14(增刊): 56-63.

袁嗣令，1997. 中国乔、灌木病害 [M]. 北京：科学出版社 .

（撰稿：宋瑞清、王峰；审稿：叶建仁）

杨树叶锈病　poplar leaf rust

由几种栅锈菌侵染杨树叶片的一类真菌性病害。主要包括落叶松—杨栅锈病（又名青松锈病）、毛白杨锈病和胡杨锈病，是杨树最重要的叶部病害之一。

分布与危害　杨树叶锈病广泛分布于中国各杨树栽植区，尤以西北、华北、东北和西南地区发生较为普遍。随着杨树人工林面积的扩大，幼林、苗圃杨树叶锈病发病率可高达 100%，引起叶面黄色失绿斑，进而枯死、提前脱落，严重影响苗木生长量，甚至引起苗木枯梢死亡。锈病连年发病可造成大树材积损失和材质下降。

各种杨树叶锈病的危害寄主、分布区域有所不同。落叶松—杨栅锈病是中国分布最广、危害最重的杨树叶锈病之一。其病原菌的性孢子、锈孢子阶段寄生于落叶松，夏孢子、冬孢子阶段寄生于杨树，主要包括青杨派、黑杨派及其杂交杨树种或品种。最常见如青杨、太白杨、小叶杨、欧美杨和 69 号杨等。该叶锈病在中国西北、华北、东北和西南地区及华东速生杨树林生产地均有分布，严重危害杨树幼苗和幼树。

毛白杨锈病主要分布于河北、河南、陕西、山东和山西等毛白杨栽植地区。随着西北、华北退耕还林和防护林工程建设的发展，促使毛白杨育苗、栽培面积的迅速增加，导致毛白杨锈病这一传统病害的进一步加重。毛白杨锈病除主要危害毛白杨外，还侵染白杨派的河北杨、银白杨和新疆杨等树种。

胡杨主要分布于中国西北的新疆、甘肃、宁夏和内蒙古西部地区。因此，长期以来，胡杨锈病一直为西北荒漠地区最主要的杨树叶锈病，危害较为严重。寄主除胡杨外，还有灰胡杨。

在中国，葱—杨栅锈病病原菌的夏孢子、冬孢子阶段危害新疆的青杨、苦杨和密叶杨等青杨派树种。

杨树叶锈病因其病原菌不同而症状表现不同。其中，落叶松—杨栅锈病为转主寄生性病害。在落叶松针叶背面，先后形成褐色、近圆形的性孢子器和粉状、橘黄色、短圆形至矩线状的锈孢子器，且锈孢子器周围残存淡色包被膜。在杨树叶背面及正面散生近圆形、橘黄色、粉状的夏孢子堆（图 1 ①），秋天则在病叶正面产生棕褐色至黑褐色、多角形、垫状的冬孢子堆。发病由树冠下部向上部发展，严重时，使树叶提前 1～2 个月逐渐脱落，甚至引起顶梢枯死。

毛白杨锈病主要发生在早春、初夏和秋季，受侵冬芽在展叶时幼叶畸形、皱缩并为橘黄色粉状物（病菌夏孢子堆）所覆盖，似绣球花状，嫩叶展开后，树冠中上部受二次侵染的病叶背面产生大量橘黄色、粉状的夏孢子堆，且叶背发病处常隆起，并随后形成大型坏死斑（图 1 ②）。发病严重时，在叶柄或幼嫩枝梢处亦见长椭圆形橘黄色夏孢子堆。

胡杨锈病寄主症状与毛白杨锈病相似。发病初期先在患病叶片产生褪绿小斑点，随后形成橘黄色小疱，即夏孢子堆，成熟后小疱呈粉状。夏孢子堆周围有晕圈，单夏孢子在扩展过程中，可在其周围形成由多个夏孢子堆组成的环状圈（图 1 ③）。严重发病时，夏孢子堆集生成片，导致叶片枯黄脱落。

病原及特征　中国杨树叶锈病病原菌常见的有 6 种，即落叶松—杨栅锈菌（ *Melampsora larici-populina* Kleb.）、马格栅锈菌（ *Melampsora magnusiana* Wagn.）、粉被栅锈菌（ *Melampsora pruinosae* Tranz.）、*Melampsora populnea*(Pers.) Karst、葱—杨栅锈菌（ *Melampsora allii-populina* Kleb.）和 *Melampsora abietis-populi* Imai。其中，危害人工林杨树的叶锈菌主要有落叶松—杨栅锈菌、马格栅锈菌、粉被栅锈菌和葱—杨栅锈菌。

落叶松—杨栅锈菌　该锈菌为典型的转主寄生菌。性孢子器、锈孢子器在落叶松针叶上形成。性子器 3 型，生于针叶背面角质层下，纵切面呈三角状锥形；外观褐色，近圆形，直径 70～100μm。锈孢子器与性孢子器生于同处，其周围有黄色褪绿斑，突破表皮发生，矩圆至矩线状，长 1～1.5mm，宽约 0.5mm，粉状，鲜时橘黄色，周围有破裂残留的淡色包被膜。锈孢子多为近球形，少数卵圆形，较大，20～35μm×17～27.5（～30）μm，表面密被粗疣，疣顶平截，疣高约 2μm，锈孢子呈黄褐色至淡黄色。

夏孢子、冬孢子寄生于杨树叶片。夏孢子堆通常叶背生，严重时亦生于叶正面，散生，近圆形，直径 0.3～0.5（～1）mm，粉状，橘黄色；夏孢子堆密生棒状至头状侧丝，50～90μm×25μm，侧壁、顶壁均显著加厚，顶壁可厚达 25μm，淡黄或无色；夏孢子多长椭圆、矩圆至棒状，或少数椭圆至近球形，形态及大小变化较大，25～50（～55）μm×15～

27.5（～30）μm，两侧壁明显加厚，达 5～10（～12.5）μm，夏孢子表面刺非均匀分布，其顶部有无刺光滑区，壁近无色，孢子内含物黄色至淡黄色（图 2①）。冬孢子堆仅生于叶正面表皮下，呈多角形，0.3～0.8（～1）mm，散生或通常连合，垫状，棕褐色至黑褐色，冬孢子圆柱状，两端圆，排列成单层，（20～）27.5～45μm×7.5～12.5（～15）μm（图 2②）。

葱—杨栅锈菌 该锈菌的性孢子、锈孢子阶段寄主国外记载为葱属植物，但具体在中国仍不清楚。夏孢了堆多生于杨树叶片背面，圆形，直径约 1mm，粉状，橘黄色；夏孢子长椭圆形至宽棒状，24～38μm×13～20μm，壁厚度均匀、赤道处不增厚，2～3μm，表面具刺，顶部有光滑无刺区；侧丝多为头状，50～75μm×l7～23μm，壁厚度均匀，2～3μm。冬孢子堆主要生于叶背表皮下，单生或较稀疏集生，垫状，深褐色；冬孢子呈单层栅状排列，单细胞，为两端近圆形的棱柱状，淡褐色，30～55μm×8.5～13μm。

马格栅锈菌 该锈菌的性孢子、锈孢子阶段寄主在中国仍不清楚，或不存在。夏孢子堆散生于叶背及幼芽，圆形，直径 0.4～0.6mm，粉状，橘黄色；侧丝棒状，52～95μm×10～20μm，薄壁，无色；夏孢子广椭圆形、卵形至圆球形，19.5～25.5μm×16～21.0μm，内壁呈多角状，密被刺，淡黄至无色（图 2③）；该锈菌的冬孢子堆罕见。

粉被栅锈菌 该锈菌夏孢子多生于叶背，亦生于幼芽、嫩枝上，圆形，直径 0.5～1.5mm，粉状，橘黄色；侧丝棒状，54～96μm×12.5～21.6μm，近无色；夏孢子圆球形至卵圆形，18～32μm×17～21μm，壁较厚，2～5μm，密被疣状刺。冬孢子堆生于叶两面，多角形，棕褐色至黑褐色，冬孢子圆柱状，35～56μm×9～15μm。

侵染过程与侵染循环 杨树各种叶锈菌夏孢子（或锈孢子）落到感病杨树种或品种的叶片上，遇适宜的温、湿度条件即萌发长出芽管，通过杨树叶背气孔侵入叶片组织。落叶松—杨栅锈菌夏孢子萌发产生分枝状芽管，直接侵入气孔，并形成圆形或椭圆形的气孔下泡囊，进而产生初生侵染菌丝在寄主细胞间扩展，与叶肉细胞壁接触后形成吸器母细胞，在吸器母细胞基础上形成侵染钉侵入叶肉细胞内部、形成球形或肾形吸器，从叶片组织中吸取养料和水分。与此同时，侵染菌丝在寄主叶肉细胞间扩展形成次生菌丝菌落，随着菌落在表皮下不断发展，叶面出现褪绿斑，最后发育形成夏孢子堆。

落叶松—杨栅锈菌以冬孢子在杨树染病落叶越冬。春季（4 月下旬至 5 月上旬）遇水冬孢子萌发产生担子与担子孢子，担子孢子经气流传播落到落叶松针叶上，萌发芽管由气孔入侵，7～10 天后依次产生性孢子器与性孢子、锈孢子器与锈孢子。锈孢子再经气流传播、侵染杨树叶片，6～15 天后产生夏孢子堆并重复侵染杨树，7 月下旬至 9 月上旬达到发病高峰。秋末当温度低于 17℃ 时，病叶上开始形成冬孢子堆，病叶提前脱落。

马格栅锈菌以菌丝状态在寄主冬芽或嫩梢中越冬，春季 3、4 月间冬芽展开时即在幼叶上产生大量夏孢子堆，成为初侵染源。在陕西关中，每年 4 月下旬至 5 月上旬为毛白

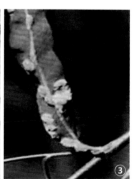

图 1 杨树叶锈病症状（曹支敏摄）

①青杨叶锈病；②毛白杨叶锈病；③胡杨叶锈病

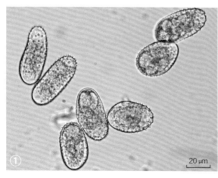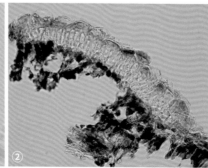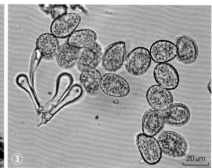

图 2 杨树叶锈菌形态特征（曹支敏摄）

①落叶松杨－栅锈菌夏孢子；②落叶松杨－栅锈菌冬孢子堆；③马格栅锈菌夏孢子和侧丝

杨锈病的暴发期，6 月底至 7 月初可达到高峰，7 月中旬至 8 月受高温影响，病害下降，秋季 9～10 月，随着气温下降和雨量增多，又可形成一次发病高峰。在华北地区，4 月初当气温达到 13℃ 时，毛白杨锈病病芽显现，5～6 月形成发病高峰，7～8 月停滞，9～10 月可形成第二次发病高峰。

胡杨锈病的发生、发展规律与毛白杨锈病相类似。粉被栅锈菌也是以菌丝态在冬芽越冬，4 月开始发病，5 月开始再侵染，7～9 月达到发病高峰。此特点与毛白杨夏季发病停滞不同，明显地与胡杨的生态环境有关。

流行规律　杨树叶锈病发生主要与杨树种、品种及其抗病性有关。银白杨、毛白杨等白杨派树种对落叶松—杨栅锈菌表现为免疫，但容易受到马格栅锈菌的侵染。陕西南部、甘肃东南部和山西中南部的毛白杨无性系抗病性最强，而来自河南和山东西部的无性系较为感病。欧洲黑杨叶锈病菌以落叶松—杨栅锈菌最为常见，但诸多无性系之间的感病性表现出较大的差异。相反，美洲黑杨无性系及其杂交种（如陕林 3 号、中绥 12 号等）大多对落叶松—杨栅锈菌表现为高度抗病性或近免疫。而中林美荷杨、波兰 15 号、欧美 108 杨等许多欧美杨品种容易感染落叶杨栅锈菌。青杨、小叶杨和小青杨等青杨派杨树及其杂交杨（如陕林 4、中黑杨等）对落叶松—杨栅锈菌多表现为感病性或高度感病。粉被栅锈菌主要侵染西北荒漠地区的胡杨和灰胡杨两个胡杨派树种。

落叶松　杨栅锈菌在中国存在着明显不同的致病类型，划分为 5 个生理小种，即 CMLP1、CMLP2、CMLP3、CMLP4 和 CMLP5（见表）。致病性变异与生理小种分化，往往导致杨树品种的抗锈性逐渐“丧失”。在与转主寄主落叶松邻近的杨树林，落叶松—杨栅锈菌具有丰富的遗传多样性，容易发生致病性与生理小种变异和叶锈病流行。

夏秋季降水量多、空气湿度大以及感病杨树大面积、高密度栽植的环境条件，容易导致杨树叶锈病流行。落叶松—杨栅锈病的流行与气温、相对湿度和降雨关系密切，6～8 月平均降雨量达 80mm 以上、空气相对湿度 65%～75%、平均气温 18～24℃ 时落叶松—杨栅锈菌发病严重。毛白杨锈病流行的春、秋季月平均气温为 18.2～26.8℃。

防治方法

选育抗病品种　不同杨树派、种、品种对叶锈病的抗病性有明显差异，美洲黑杨及其杂交种多表现对落叶松—杨叶锈病高度抗病或近免疫。毛白杨不同无性系对叶锈病抗性存

在明显差异。因此，选育和栽培抗病品种是控制杨树叶锈病的根本途径。

营林管理　对落叶松—杨栅锈菌这种转主寄生菌来讲，不要营造落叶松与杨树的混交林。同时，应合理密植，苗圃地适当控制灌水，避免林地湿度过大。

清除初侵染源　由于胡杨锈病和毛白杨锈病均能以菌丝态在冬芽越冬，所以在越冬叶芽展开后，人工摘除病芽并将其集中销毁，是减少初侵染源的重要途径。

化学防治　在落叶松—杨锈病发生的 4 月下旬至 5 月上旬，可用 1% 波尔多液喷洒落叶松幼苗，预防该锈病在转主寄主发生。7 月下旬至 8 月中下旬，用 25% 粉锈宁可湿性粉剂 500～800 倍液、43% 戊唑醇悬浮剂 1000 倍液或 80% 代森锰锌可湿性粉剂 500 倍液喷雾苗圃地杨树苗或成林幼树 2～3 次，每 10～15 天喷 1 次，可有效控制杨树叶锈病。

对于胡杨锈病和毛白杨锈病，可配合人工清除病芽，用 25% 粉剂宁可湿性粉剂 800 倍液喷施叶芽或病叶，每 7～10 天喷 1 次，连续喷 3～4 次，效果良好；秋季用 0.5 波美度石硫合剂喷洒毛白杨树苗，用 25% 粉锈宁可湿性粉剂 800～1000 倍液喷洒胡杨树苗，均可起到防治效果。

参考文献

陈建珍，曹支敏，樊军锋，2013. 杨树叶锈病寄主抗性调查 [J]. 西北林学院学报，20(1): 153-155.

葛广需，景耀，谌谟美，等，1964. 毛白杨锈病发生发展规律及其病原学形态和观察 [J]. 林业科学，9(3): 221-231.

沈瑞祥，樊自红，周仲铭，1989. 毛白杨不同无性系对锈病 (Melampsora magnusiana) 抗病性的研究 [J]. 林业科学，25(5): 420-924.

田呈明，梁英梅，康振生，等，2002. 青杨叶锈病菌 (Melampsora larici-populina Kleb.) 侵染过程的超微结构研究 [J]. 植物病理学报，32(1): 72-78.

杨旺，1996. 森林病理学 [M]. 北京：中国林业出版社：44-48.

袁毅，1984. 我国杨树叶锈病菌种类的研究 [J]. 北京林学院学报 (1): 48-73.

中国林业科学研究院，1984. 中国森林病害 [M]. 北京：中国林业出版社：70-76.

（撰稿：曹支敏；审稿：叶建仁）

中国落叶松–杨栅锈菌鉴别寄主反应型表

鉴别寄主	CMLP1	CMLP2	CMLP3	CMLP4	CMLP5
太白杨	4	4	4	4	4
美洲黑杨 × 毛果杨	4	4	4-～4	3～4	4
川杨	3-～4	1～1+	1～3	2+～4	0; ～1+
波兰 15 号	2+～3+	2-～4	1～2	4	4
健杨	3～4	1+～2+	1+～3	3～4	4
尤金杨	3～4	2+～4	0; ～1	4-～4	4
美洲黑杨	0;	0;	0;	0; ～1	0;

注：4～4 高感；3-～3+ 中感；2-～2+ 中抗；1～1+ 高抗；0; 近免疫。

杨树皱叶病　poplar crinkle disease

由四足瘿螨引起的杨树生长期间最常见的病害之一。有皱缩型和卷团型两种类型。

分布与危害　分布于山东、河南、河北、甘肃、陕西、山西、新疆、北京等地，主要危害毛白杨。杨树叶片受害后皱缩变形，肿胀变厚，卷曲成团，为紫红色，似鸡冠状。一个芽中所有叶片都可被害。春季、冬季舒展后即表现病状，一般被害芽比健康芽展叶早，并随树叶的生长皱叶不断增大，可达 10～20cm，到 6 月后，被害叶逐渐干枯变黑，呈"绣球状"，悬挂在树上，若遇大风，则大量脱落。

病原及特征　病原为四足瘿螨（*Eriophyes dispar* Nal.），属蜱螨真螨科目瘿螨属。成螨黄褐色，体圆锥形，长 125μm，宽 27.5μm，具有多数环纹。近头部有两对软足。腹部细长，尾部两侧各生有一根细长的刚毛。卵椭圆形，光滑，无色透明，直径 40～50μm。

侵染过程与侵染循环　瘿螨 1 年发生 5 代，以卵在受害芽内过冬。翌年 4 月初卵开始孵化，继续在冬芽内为害，4 月下旬大量成螨出现，5 月初在瘿球内产大量第一代卵，有世代重叠现象。5 月上旬若螨开始出瘿球，在枝条上爬行，5 月中旬开始侵入黄米粒大小的冬芽。

防治方法　人工摘除幼树病芽烧毁；发芽前喷洒 5 波美度石硫合剂。5 月中下旬害螨大量出现时喷 1 次 0.2 波美度石硫合剂或 50% 久效磷乳剂 1000～1500 倍液。

参考文献

袁嗣令，1997.中国乔、灌木病害 [M].北京：科学出版社：117-118.

赵经周，于文喜，林凡平，等，1994 杨树皱叶病的研究 [J].林业科技 (5)：21-23.

中国林业科学研究院，1982.中国森林病害 [M].北京：中国林业出版社：69.

（撰稿：理永霞；审稿：张星耀）

杨桃褐斑病　carambola brown spot

由杨桃假尾孢引起的杨桃最常见的叶斑病。又名杨桃赤斑病。整年均可发生。

分布与危害　该病害广泛分布在中国杨桃种植区，包括海南、广东、广西和云南等地的种植区。个别杨桃园或苗木上有时造成大量落叶。

该病害仅危害叶片。被害叶片病斑紫褐色，直径 3～5mm 不等，近圆形至不规则形，周缘有明显的黄色晕圈，病斑平展。严重时病斑密布整个叶片，有的病斑脱落呈穿孔，叶片变黄，易早落。湿度大时仅现隐约可见薄薄灰白色霉层，为病原菌分生孢子梗和分生孢子（见图）。

病原及特征　病原为杨桃假尾孢（*Pseudocercospora wellesiana*）。仅发现在杨桃上。病原菌子座主要长在叶片正面，半埋生或表生，球形，直径为 30～50μm，褐色。分

杨桃褐斑病危害症状（谢昌平提供）

生孢子梗成束自气孔伸出，分生孢子梗淡橄榄色，0～1 个隔膜，不分枝，大小为 6～25μm×2～3μm。分生孢子近无色至青黄色，倒棍棒形，直或略弯曲，隔膜 2～7 个，大小为 12.5～46μm×2.0～3.2μm。

侵染过程与侵染循环　病菌以菌丝体和分生孢子梗在病株上和随病残体遗落土中存活越冬，以分生孢子作为初侵染和再侵染接种体，借风雨传播。受侵染的叶片发病后，又长出大量分生孢子，进行多次再侵染。

流行规律　温暖潮湿的天气或荫蔽透性差的条件有利于发病。缺肥或氮肥偏施或过施易感病。品种间抗病性差异情况不明显。

防治方法

加强肥水管理　在施肥上以有机肥为主，勤施薄施壮梢和壮花肥，以增强树势。不宜偏施或过施氮肥。在用水上，注意防止涝害或旱害。花期遇上干燥天气，宜适当喷灌。对幼树要做好整型修剪，以利于果园的通风透光。

搞好田间卫生　结合田间管理，翻晒土壤，收集病落叶和落果，可减少病害的侵染来源。

化学防治　可结合防治杨桃炭疽病一起进行。可喷施百菌清可湿性粉剂、甲基托布津可湿性粉剂、代森锰锌可湿性粉剂和丙环唑乳油、苯醚甲环唑水分散粒剂。10～15 天喷施 1 次，喷药次数视天气情况及病情而定。

参考文献

谢昌平，郑服丛，2010.热带果树病理学 [M].北京：中国农业

科学技术出版社.

（撰写：谢昌平；审稿：李增平）

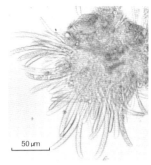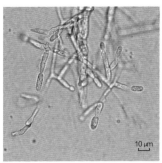

图2 杨桃炭疽病菌（胡美姣提供）

杨桃炭疽病 carambola anthracnose

由炭疽病菌引起的、危害杨桃果实和叶片等的一种重要真菌病害。

发展简史 早在1971年，印度报道了该病害。之后在各杨桃种植地，如马来西亚、印度尼西亚、美国、中国等地均有该病害报道。

分布与危害 在种植杨桃地区均有发生。炭疽病是杨桃的常见病，不但危害采收前成熟期的果实，而且在采后贮运期间还可继续造成危害，亦可危害叶片，发病严重的时期，由炭疽病造成的损失可高达40%～60%。

主要危害果实，果实任何部位都可发病，出现水浸状、浅褐色、圆形轻微凹陷小点，病斑逐步扩大并深入组织内部，最后扩大并互相连合为暗褐色至紫褐色不规则大斑，有的裂开，内部果肉亦变褐腐烂，发出异味。病斑直径1cm时，病斑中央产生赤红色或黑色的分生孢子堆，潮湿时为黏质小点即分生孢盘和分生孢子，严重时全果腐烂。后期常感染杂菌（如绿霉菌等），加速果实腐烂（图1）。叶部感病时，可在叶尖、叶缘、叶面形成不规则病斑，中部灰白色至淡褐色，边缘有明显的褐色条纹，上面密生小黑点，即分生孢盘和分生孢子。

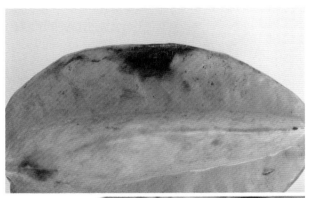
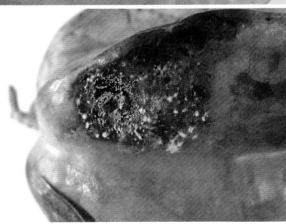

图1 杨桃炭疽病危害症状（胡美姣提供）

病原及特征 病原有2种：胶孢炭疽菌［*Colletotrichum gloeosporioides*（Penz.）Sacc.］，有性阶段为围小丛壳［*Glomerella cingulata*（Stonem.）Spauld. et Schrenk］，详细描述见杧果炭疽病（图2）；辣椒炭疽菌［*Colletotrichum capsici*（Syd.）Butler & Bisby.］，详细描述见鸡蛋果炭疽病（图2）。

侵染过程与侵染循环 病菌以菌丝体和分生孢子盘在病组织上或随病残体进入土壤存活越冬，以分生孢子借风雨传播进行初侵染与再侵染，由气孔或伤口侵入。潜育期2～3天，全年均可发病。

流行规律 温暖潮湿的年份和季节发病严重，果面受伤易发病，近成熟或成熟的果实易感病。高温高湿的条件有利于此病的发生流行。近成熟和成熟期的果实易发病。果面伤口多，在贮运销售期间发病严重。

防治方法

加强栽培管理 冬季清园，剪去病枝、病果、落果、病果集中深埋或烧毁，彻底清除树上和地面上的菌源。

化学防治 发病严重的杨桃园，可在幼果期开始喷碳酸钠波尔多液（如硫酸铜500g，碳酸钠600g，水100kg），隔10～15天喷1次，连续防治2～3次。此外，也可以用25%溴菌腈可湿性粉剂500倍液、80%炭疽福美可湿性粉剂500倍液、40%多硫悬浮剂600倍液、25%咪鲜胺乳油800倍液、70%托布津可湿性粉剂+75%百菌清可湿性粉剂1000倍液、30%氧氯化铜悬浮剂+50%退菌特可湿性粉剂800～1000倍液。视天气和病情隔7～15天防治1次，连续4～5次。

参考文献

何凡，周传波，王运勤，等，2000.海南省8市县阳桃病虫害种类及其防治[J].热带农业科学(2): 8-13.

胡美姣，李敏，高兆银，等，2010.热带亚热带水果采后病害及防治[M].北京：中国农业出版社：171-172.

吕佩珂，苏慧兰，庞震，等，2002.中国果树病虫原色图谱[M].2版.北京：华夏出版社：291-292.

戚佩坤，2007.广东果树真菌病害志[M].北京：中国农业出版社.

徐雪荣，臧小平，雷新涛，2002.杨桃病虫害及其防治[J].中国南方果树，31(4): 34-37.

张传飞，姜子德，钟国强，等，2005.外源水果贮运期病害研究初报[J].仲恺农业技术学院学报，18(4): 53-57.

RANA O S, UPADHYAYA J A, 1971. New record of anthracnose on carambola fruits (*Averrhoa carambola*)[J]. Science and culture,

37(11): 529.

（撰稿：李敏；审稿：胡美姣）

杨桃细菌性褐斑病 carambola bacterial brown spot

由丁香假单胞菌导致的杨桃叶片的病害。

分布与危害 该病害广泛分布在中国杨桃种植区，包括海南、广东、广西和云南等地。在个别杨桃种植园或苗圃发生，严重时可造成叶片脱落。

发病初期，在叶片上出现水渍状小斑点，斑点疹状隆起，随后斑点稍扩大，中央黑褐色，边缘不规则，隆起，红褐色，外围有黄色晕圈，数个小斑可连成块斑，严重时叶片变黄，脱落。该病害与杨桃褐斑病的症状极为相似，所不同的是杨桃细菌性褐斑病的病斑呈疹状隆起，而后者的病斑平展，不隆起，在潮湿的环境条件下，病斑产生灰白色霉层（见图）。

病原及特征 病原为丁香假单胞菌杨桃致病变种（*Pseudomonas syringae* pv. *averrhoi*）。菌体短杆状，个别菌体稍弯，两端钝圆，大小为 0.3～0.6μm×1.3～1.9μm。多数单个，少数双链，不产生芽孢和荚膜。革兰氏染色反应呈阴性。菌体有鞭毛1～3根，极生。在金氏培养基（KB培养基）培养48小时，菌落乳白色，圆形，细小，表面光滑。边缘

完整，稍凸起，菌落直径大小为 0.8～1.2mm。在 365nm 紫外线照射下菌落发亮，即产生荧光色素。在肉汁胨培养基（NA）斜面培养基上培养 72 小时菌苔丝状，表面光滑，边缘微皱，培养基不变色。

侵染过程与侵染循环 病菌在病叶和病枝条越冬，并成为主要的初侵染源。翌年环境条件适宜时，病菌借助风雨和接触传播。远距离传播可通过带菌苗木传播。除侵染杨桃外，人工接种还可侵染菜豆和甜橙，不能侵染鸡蛋果、烟草、油梨、中粒种咖啡、桑、杧果、胡椒、黄皮和香蕉。病菌从伤口和自然孔口侵入，潜育期一般为 10～12 天。

流行规律 高温高湿有利于病害的发生，果园或苗圃郁闭潮湿、通风不良和地势低洼，有利于病害的发生。同时，在台风或暴雨季节，由于叶片伤口较多和雨水有利于传播，往往更有利于病害的发生。田间病叶较多的果园和苗圃往往发病也严重。

防治方法

加强栽培管理 秋季果园修剪时，应将病枝和病叶剪除，并集中烧毁，以减少侵染菌源。加强栽培管理，增施有机肥，提高抗病力。

化学防治 在台风雨过后立即喷药保护，常用药剂有波尔多液、络氨铜水剂、琥胶肥酸铜（DT）悬浮剂、松脂酸铜乳油、可杀得可湿性粉剂，间隔 7～10 天喷施 1 次。

参考文献

谢昌平，郑服丛，2010. 热带果树病理学 [M]. 北京：中国农业科学技术出版社.

（撰写：谢昌平；审稿：李增平）

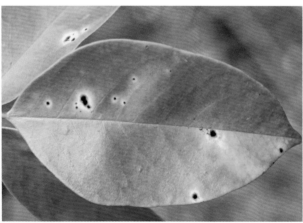

杨桃细菌性褐斑病危害症状（谢昌平提供）

洋葱炭疽病 onion anthracnose

由刺盘孢属葱炭疽菌引起的一种真菌病害。又名洋葱污点病、洋葱污斑病等。

发展简史 该病最早于 1851 年在英国发现，1874 年美国等相继发现该病。中国各洋葱产区也都有不同程度的发生。1999 年 11 月，在新疆乌鲁木齐北园春菜市场调查发现，几乎所有洋葱摊点的白皮洋葱中都掺杂感染炭疽病的洋葱葱头，一般发病鳞茎占 12%～15%，严重时高达 30%～45%。

分布与危害 洋葱炭疽病广泛分布于欧洲、美国、韩国、中国等，特别在温暖潮湿的年份和地区发生尤其严重。该病主要危害洋葱鳞茎，在鳞茎表面形成大量污渍状斑，影响洋葱的产量和产值。除田间发病外，在储藏过程中仍可继续危害，常造成鳞茎表层污秽不堪，有时病害深度可达鳞茎的 1/3 以上，最终导致鳞茎收缩、腐烂，损失严重，是洋葱冬贮期的毁灭性病害。

洋葱整个生长阶段都可受炭疽病危害，以鳞茎成熟期和储藏期发病最普遍。苗期发病，常造成幼苗猝倒死亡。成株期发病，随发病部位不同而表现不同症状。叶片发病，首先在叶片形成卵圆形或不规则形斑点，水渍状、暗绿色或灰白色，有时病斑周围有黄色晕圈，病斑常沿纵向扩展，直至整个叶片感病，严重时上部叶片枯死。叶鞘发病，常在靠近地

面的茎基部形成小的凹陷斑，淡黄色，有时多个病斑连在一起形成不规则形大斑，后期病斑上形成黑色小点，为病菌分生孢子盘。鳞茎发病，初期在鳞茎的外层形成暗绿色或黑色斑点，以后逐渐扩大变成暗褐色或黑色污斑，多数病斑为不整圆形，直径多为1cm左右，有时可达2～3cm。后期病斑上可见黑色小点，即病菌的分生孢子盘，散生或同心轮纹状排列。严重时病害向鳞茎内部扩展，在肉质鳞茎上产生小型黄色凹陷斑，并逐渐向内溃烂，造成整个鳞茎收缩、早熟并提前萌芽。有色品种上病斑多发生在鳞茎颈部的无色部分。鳞茎上的症状通常在收获前开始出现，一直到贮运期间仍可继续发展蔓延。染病葱头种植后，幼苗易发生猝倒。

病原及特征　病原菌无性态为葱炭疽菌［*Colletotrichum circinans*（Berk.）Voglino.］，属刺盘孢属。该病原曾经被描述为束状刺盘孢葱类专化型［*Colletotrichum dematium*（Pers.）Grove f. *circinans*（Berk.）Arx］，后更名为*Colletotrichum circinans*。该病原主要侵染洋葱、甜菜、大葱和韭葱等植物，病斑上产生的黑色小粒点即为病原菌的分生孢子盘。分生孢子盘初生于寄主表皮下，成熟后突破寄主表皮外露，黑色，盘状或垫状，盘内散生数根到十多根坚硬刚毛和分生孢子梗，刚毛暗褐色至黑色，有1～4个隔膜，大小为80～315μm×3.7～5.6μm。分生孢子梗粗短，棍棒状，单胞，无色，大小为11～18μm×2～3μm，顶端着生分生孢子。分生孢子无色，单胞，弯月形或纺锤形，稍向一侧弯曲，大小为14～30μm×3～6μm，萌发前偶生一个隔膜。附着胞褐色或暗褐色，球形或不规则形，大小6.5～15.0μm×5.0～7.5μm。分生孢子在13～25℃均可萌发，最适萌发温度为20℃。病菌在培养条件下生长发育的温度范围为4～34℃，最适为20～26℃。

侵染过程与侵染循环　病菌产生的分生孢子在温、湿度适宜时萌发，萌发后先形成芽管和侵染菌丝，从伤口或直接穿透寄主表皮侵染。侵入的菌丝首先在寄主的表层危害，环境条件适宜时继续向内部组织扩展，一般经过5～6天即可表现症状，并在病斑表面形成分生孢子盘和分生孢子。

炭疽病菌主要以分生孢子盘，其次以菌丝体、分生孢子附着在被害鳞茎、葱苗、种子和土壤中的病残体上越冬，为翌年的初侵染来源。越冬后，在适宜条件下可在分生孢子盘上形成大量分生孢子，分生孢子主要通过风、雨或灌溉水等进行传播。其次，分生孢子黏附在农具、作业人员的衣物及小昆虫身体上等也可在田间传播。病菌也可随鳞茎、葱苗和种子的调运等进行远距离传播。发病植株上产生的分生孢子在田间可以进行多次再侵染。通常在田间只侵染鳞茎的外鳞片，在鳞片表面形成大量污渍状斑点，当条件适宜时，病菌也可以向内扩展，使幼嫩的肉质鳞片发病。田间侵染的鳞茎，在储藏期遇合适的条件可以进一步危害，导致鳞茎收缩或腐烂，但由于储藏过程中湿度较低，一般很难再进行新一轮侵染（见图）。

流行规律

品种抗病性　洋葱有色品种和白色品种对炭疽病抗病差异较为明显。一般洋葱红色和黄色品种的鳞茎含有原儿茶酸（protocatechnic acid）和儿茶酚（catechol）等酚类抗病物质。白皮鳞茎的品种由于缺乏这些物质，而表现较为易感病。

气象条件　温暖潮湿的环境条件有利于该病的发生。侵染温度范围为5～32℃，最适为23.9～29.4℃，低于10℃病菌很难侵染。炭疽病菌分生孢子的产生、萌发都需要较高的相对湿度，尤其是分生孢子的萌发，以寄主表面有水滴或雾滴为宜。洋葱整个生育期中以收获前的气候条件对病害的影响最大，在洋葱收获期如果遇到短短几天的阴雨天气，或土壤高度潮湿，病害发生严重。

储藏条件　病菌的侵染大多发生在田间，贮运期间虽然病害可以发展，但难以产生新病斑。储藏期的窖温升高至5℃以上时，带病鳞茎上的病菌即开始活动，随储藏环境温、湿度的增高而加速致腐。在10～15℃的温度下，经7～10天鳞茎即可全部损坏而不可食用。

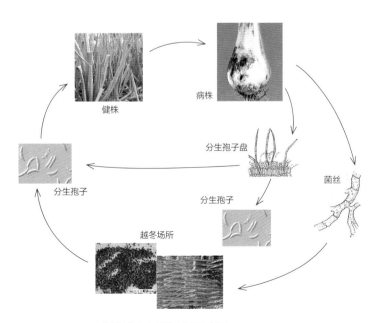

洋葱炭疽病侵染循环示意图（刘爱新提供）

管理措施　病田连作或以葱类作物等为前茬作物，病害加重。管理不当、偏施氮肥或氮肥过量、通风不良、地势低洼、排水不畅、大水漫灌等，有利于病原发生、传播和流行。

防治方法　采用抗病品种为主，加强栽培管理并结合药剂防治等综合防治措施。

选用抗病的有色洋葱品种　红色或黄色品种对炭疽病抗病力强，而白色品种极易感病，在发病重的地区不宜种植。

选留无病葱头作种株，加强种子处理　应选择无病株进行采种，对有病种子必须进行消毒处理，常用药剂如70%代森锰锌可湿性粉剂500倍液浸种2小时，清水冲洗后晾干播种，也可用50%多菌灵可湿性粉剂，或50%福美双可湿性粉剂拌种，用药量为种子重量的0.3%～0.5%。也可播种前先经凉水浸10～12小时，沥干，再浸入55℃温水中15分钟，基本上可铲除种子上所带病原菌。

春栽前，仔细查看种鳞茎，确保鳞茎无病。可用5%～8%的次氯酸钠或漂白粉液浸渍种鳞茎15分钟后再进行移栽。

选择排水良好的地块种植，加强栽培管理　严防田间积水，以降低土壤湿度，特别是收获前的一段时间，切忌土壤湿度过高。搞好田间卫生，收获后彻底清除残株病叶，并集中处理，冬前土地深耕、晒田。

化学防治　发病初期及时喷洒杀菌剂。有效药剂有70%代森锰锌可湿性粉剂800倍液，70%甲基硫菌灵可湿性粉剂800倍液，50%炭疽福美可湿性粉剂400倍液，25%咪酰胺乳油2000倍液，50%醚菌酯干悬浮剂3000倍液等，同时注意多种杀菌剂交替和轮换使用。在病害发生期间隔7～10天喷1次，连续用药2～3次。

及时收获，保证无菌入窖储藏，以减少感染机会　避免在雨天收获，减少田间感染机会。储藏前确保鳞茎无病、无伤口入窖。入窖前将选好的洋葱摊开成单层，在阳光下暴晒10～12天，直至鳞茎的上端干涸封顶，洋葱表面洁净无斑后入窖，贮运时保持室内温度0～2℃，相对湿度60%以下。

必要时进行轮作　由于葱炭疽病菌主要侵染葱类作物和甜菜等，寄主范围较窄，因此，可选择非寄主作物进行2～3年轮作，重病田应实行3年以上轮作。一般选择十字花科蔬菜、茄科蔬菜或小麦、玉米、谷子等禾本科作物。

参考文献

贾菊生，方德立，2000. 洋葱炭疽病及其防治措施 [J]. 新疆农业科学 (4): 171-172.

中国农业科学院植物保护研究所，中国植物保护学会，2015. 中国农作物病虫害 [M]. 3 版. 北京：中国农业出版社.

KIM W G, HONG S K, KIM J H, 2008. Occurrence of anthracnose on welsh onion caused by *Colletotrichum circinans*[J]. Mycobiology, 36(4): 274-276.

（撰稿：刘爱新；审稿：竺晓平）

椰枣花序腐烂病　date palm inflorescence rot

由 *Mauginiella scaettae* Cav. 菌引起的一种真菌病害，

是椰枣上仅次于枯萎病的第二大病害。在北非，该病也称为 Khamedj 病。

分布与危害　椰枣花序腐烂病是于1925年在利比亚首次报道的。随后，花序腐烂病在北非其他国家也相继发现，阿拉伯半岛、伊拉克和西班牙西南部的 Elx 也发生。在伊拉克和沙特阿拉伯，该病曾造成严重的经济损失。1948—1949年、1977—1949年，该病在伊拉克的巴士拉省大暴发，导致该区椰枣果减产80%。1983年，花序腐烂病造成沙特阿拉伯卡迪夫省椰枣果减产高达70%。

在早春，染病花苞首先开始腐烂（图①），未展开的花苞外侧出现褐色或锈色病斑（图②）。佛焰苞内侧与花苞外侧症状相似但发病程度较轻。染病花苞开裂时靠近佛焰苞的花穗顶部多染病腐烂（图③），随后全部花和花穗被感染。早期严重感染的花苞不能展开并且花苞开始逐渐干枯。

病原及特征　病原为 *Mauginiella scaettae* Cav.，属于一种分类地位尚不十分明确的子囊菌门 *Mauginiella* 属真菌。Abdullah 等（2005）研究表明，*Mauginiella scaettae* 菌 ITS 序列与 *Phaeosphaeria* I.Miyake 分支 B 亲缘关系很近，尤其与 *Phaeosphaeria triglochinicola* 亲缘关系最近。*Phaeosphaeria* 属真菌大多形成具有假薄壁组织的子囊座和双囊壁子囊，这种现象主要发生在单子叶寄主植物上。

椰枣花序腐烂病菌菌落白色，菌丝体由无色分枝的有隔菌丝组成。在 PDA 培养基上菌落起初为奶油色后变为浅褐色，部分菌株的菌落可变为黑色。孢子产量大、粉状。气生菌丝宽3～4μm。分节孢子由气生菌丝分化而成（图④），单细胞或多细胞，无色、透明；无隔分生孢子6～8μm×2.5～4μm，单隔分生孢子6～14μm×3～4μm，2隔分生孢子16～22μm×3.5～4μm，3隔分生孢子12～26μm×3.5～5μm，4隔分生孢子24～26μm×3.5～4.5μm，6隔分生孢子最长35μm。

椰枣花序腐烂病发病症状及成串的分节孢子

（引自 Abdullah 等，2010）

①腐烂的雌花序；②未展开的雄花苞（或佛焰苞）严重发病状；
③展开的雄花苞发病状；④成串的分节孢子

相对湿度高时有利于分生孢子萌发。相对湿度为 95% 时分生孢子萌发率最高，为 80.7%；相对湿度低于 95% 时萌发率急剧下降，低于 80% 孢子不能萌发。此外，产孢量随着相对湿度升高显著增加。相对湿度 100% 时产孢量最大，相对湿度 70% 时最少。椰枣花序腐烂病菌在固体培养基上可产生不同水平的纤维素酶、脂肪酶、蛋白酶、酚氧化酶、聚半乳糖醛酸酶、果胶酸裂解酶但不产生淀粉酶。

侵染过程与侵染循环 椰枣花序腐烂病菌主要以菌丝体形式存在于上年度染病的椰枣花序中或存活于染病叶片基部。初侵染发生在椰枣花芽形成的早期。分生孢子也可以作为侵染源。花芽形成前和形成早期遇到雨水较多的天气时有利于侵染，此时分布在叶片基部间的菌丝体开始扩展并侵染新展开的花序。

流行规律 椰枣花序腐烂病在高温高湿或暴雨频繁的地区发病较重。伊拉克南部巴士拉省的奥法欧市由于湿度很高致使花序腐烂病发病率高达 52%，而较为干燥的伊拉克中部地区发病率仅为 10%～20%。

防治方法

农业防治 做好田间管理措施，及时修剪，收集并烧毁染病花序。

化学防治 可喷施的杀菌剂有二氯萘醌或福美双。

参考文献

ABDULLAH S K, ASENSIO L, MONFORT, et al, 2005. Occurrence in Elx, SE spain of inflorescence rot disease of date palm caused by *Mauginiella scaettae*[J]. Journal of phytopathology, 153(7/8): 417-422.

ABDULLAH S K, LOPEZ LORCA L V, JANSSON H B, 2010. Diseases of date palms (*Phoenix dactylifera* L.)[J]. Basrah journal for date palm researches, 9(2): 1-44.

（撰稿：唐庆华；审稿：覃伟权）

椰枣枯萎病 date palm wilt

主要由尖孢镰刀菌的一个专化型引起的、一种严重危害椰枣的致死性真菌病害。

发展简史 1930，Killian 和 Maire 首次报道了 20 世纪早期在摩洛哥发现的椰枣枯萎病。1982 年，Djerbi 报道该病已蔓延到邻近的阿尔及利亚。2011 年，Adel Ahmed Abul-Soad 等对巴基斯坦发生一种症状类似的椰枣枯萎病（date palm wilt）或猝衰综合症（sudden decline syndrome）进行了研究，但其病原主要是 *Fusarium solani*。此外，来自伊拉克、埃及、伊朗研究表明 3 种镰刀菌 *Fusarium oxysporum*、*Fusarium solani* 和 *Fusarium proliferatum* 是最常见的病原菌。

分布与危害 椰枣枯萎病是一种毁灭性土传真菌病害。该病仅在北非东部几个国家发生、流行。在摩洛哥，几乎全部绿洲均有发生；但在阿尔及利亚仅西部和中部的绿洲有发生。迄今，椰枣枯萎病造成了严重的经济损失和社会影响。在摩洛哥，1200 多万株椰枣树被该病摧毁；阿尔及利亚也有 300 万株椰枣树染病死亡。在重病区，许多农民由于失去主要经济来源被迫放弃种植的土地。此外，失管的椰枣园极易沙漠化，给生态环境也带来了严峻威胁。

外部症状表现为树冠中间的 1 片或几片复叶颜色首先变暗，随后从叶片基部到顶部开始萎蔫。一侧的小叶或脊柱发育不良，颜色变白，紧接着发病症状从基部扩展到顶部；随后另外一侧也开始从顶部到基部颜色变白直至整片复叶枯死。随着菌丝体在叶轴的导管中扩展，叶轴背侧出现棕色病斑，一直从复叶的基部扩展到顶部。随后病复叶向下弯曲呈拱形，垂挂于树干上。几天至数周后小叶白化、死亡。随后，邻近的叶片开始出现类似症状。生长点一旦被侵染可造成植株死亡。从最初表现症状 6 周至 2 年时间内椰枣整株死亡，这与种植的椰枣品种和种植条件有关。最后，整株椰枣树基部的复叶全部枯死。

内部症状表现为一小部分被侵染的根变成红色。根基部红色区域大而多，维管束和健康组织分离。切开表现外部症状的复叶可发现维管束呈红棕色。因此，维管束变色是从根部一直延续到羽状复叶的顶端。

病原及特征 主要病原为尖孢镰刀菌的一个专化型 [*Fusarium oxysporum* f. sp. *albedinis*（Killian & Maire）W. L. Gordon]，属镰刀菌属真菌。此外，其他镰刀菌如层出镰刀菌、腐皮镰刀菌等也可引起椰枣枯萎和顶梢枯死症状。

椰枣枯萎病菌在 PDA 培养基上菌落呈橙红色。孢子梗基部膨大，顶端细长。小型分生孢子单细胞，无色、椭圆形，3～15μm×3～5μm。大型分生孢子镰刀形，通常 3 个分隔，20～35μm×3～5μm。厚垣孢子球形，单个或 2～3 个一组，分布在菌丝体中间或末端。在培养上菌核产生数量极少，深蓝色至黑色，直径 1～2mm。

侵染过程与侵染循环 椰枣枯萎病菌在植株死亡组织（特别是根）内形成厚垣孢子，病组织腐烂后厚垣孢子在土壤中潜伏（在土壤中存活时间可超过 8 年）。条件适宜时厚垣孢子萌发并穿透椰枣根部。菌丝进入根部维管组织后沿着茎干扩展，然后在维管束中产生小型分生孢子并向上扩展到达芽点末端。椰枣枯萎病菌在木质部导管中向上扩展过程中通过胞内和胞外菌丝体定殖于周围薄壁组织的细胞内。一旦椰枣生长点被枯萎病菌及其毒素侵染可导致植株死亡。菌丝体能够在死亡组织中继续扩展并在厚壁组织细胞内产生大量厚垣孢子。

枯萎病菌还可侵染椰枣园间作的其他作物和蔬菜。尽管这些植物并不表现症状，但是却可增加椰枣园枯萎病菌基数。枯萎病菌可通过带菌幼苗、死亡病残体、无症状中间寄主、肥料、土壤和灌溉水传播。

防治方法 椰枣枯萎病是一种土传病害，防治起来非常困难。药剂防治成本非常高且浪费严重。此外，北非种植的大多数商业化椰枣树（Medjool 和 Deglet Noor）均为感病品种。椰枣枯萎病的防治可采取加强田间管理、种植抗性品种的策略。

检疫措施 加强检疫，严禁带有枯萎病菌的椰枣材料引种到中国。

农业防治 加强田间管理，清除并烧毁死亡植株和病残体，增施钾肥。

化学防治 用溴甲烷进行土壤熏蒸。但该措施浪费很严

Y

重，同时还会污染环境。

种植抗病品种　是最经济有效的防治方法。在摩洛哥，研究人员通过田间和实验室鉴定获得了高抗枯萎病的椰枣品种。

生物防治　包括抗性诱导和生防治剂。用低毒力尖孢镰刀菌预处理枣椰幼苗可在一定程度上保护幼苗免受高毒力菌株侵染。壳聚糖可抑制枯萎病菌扩展并引起菌丝体形态发生变化。2007 年，El Hasseni 等从土壤筛选了 21 个拮抗菌，发现菌株短小芽孢杆菌 WI、蜡样芽孢杆菌 W2、*Rahnella aquatica* X16 对枯萎病菌菌丝体生长或孢子形成均具有较高的抑制活性，3 个菌株对菌丝生长抑制率达 70%～77%，对孢子形成抑制率达 80%～95%。此外，北里孢菌属放线菌也具有较强的抑制枯萎病菌活性。

参考文献

ABDULLAH S K, LOPEZ LORCA L V, JANSSON H B, 2010. Diseases of date palms (*Phoenix dactylifera* L.)[J]. Basrah journal for date palm researches, 9(2): 1-44.

TANTAOUI A, OUINTEN M, GEIGER J P, et al, 1996. Characterization of a single clonal lineage of *Fusarium oxysporum* f. sp. *albedinis* causing bayoud disease of date palm (*Phoenix dactylifera* L.) in Morocco[J]. Phytopathology, 86(7): 787-792.

（撰稿：唐庆华；审稿：覃伟权）

椰子果腐病　coconut fruit rot

由疫霉菌引起的一种严重影响椰子产量的果实部病害。

发展简史　在椰子种植区均有发生，2009 年在海南调查发现此病。

分布与危害　椰子果腐病在椰子种植国都有发生，对椰子品质、产量影响非常大。但尚无因果腐病引起植株死亡的报道。

幼果发病较多，受害果脱落。发病早期，在果柄附近出现水渍状暗绿色斑点，随后变为褐色，发病组织腐烂，表面长有白色菌丝。腐烂严重时还可蔓延至外果皮，如果外果皮不够坚硬，腐烂可扩展至中果皮甚至可以蔓延至内果皮（内腔果肉）（见图）。

病原及特征　椰子果腐病菌主要由疫霉属（*Phytophthora* sp.）菌物引起。孢囊梗不规则分枝、合轴分枝或从空孢子囊内长出；孢子囊呈卵形、倒梨形或近球形，也有不规则形，大小变化大；顶部具乳突、半乳突或无乳突，一般单独顶生于孢囊梗上，偶尔间生；成熟后脱落或不脱落；萌发产生游动孢子，或直接萌发产生芽管。游动孢子卵形或肾形，侧生双鞭毛，休眠后形成球形休止孢。厚垣孢子多为球形，无色至褐色，顶生或间生。藏卵器球形或近球形，内有 1 个卵孢子，卵孢子球形，厚壁或薄壁，无色至浅色；雄器大小形状不一，围生或侧生。

侵染过程与侵染循环　椰子果腐病菌以卵孢子随病残体在土壤中越冬，翌年条件适宜时侵染寄主，在病部产生大量游动孢子，通过灌水及风雨传播、再次侵染。

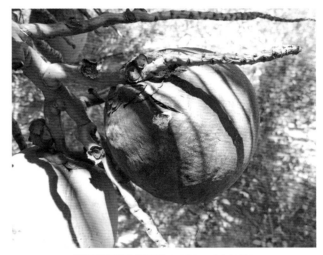

椰子果腐病危害症状（覃伟权、朱辉提供）

流行规律　高温多雨有利于发病。一般地势低洼、排水不良、浇水过多或地块不平整的椰园发病较重。

防治方法

农业防治　合理灌水，避免大水漫灌，雨后及时排水，适当增施钾肥，发现病株及时清除病组织和脱落的果实，集中烧毁。

化学防治　发病初期可喷施乙膦锰锌、克露、克霜氰、霜脲锰锌、噁霜·锰锌、安克锰锌等药剂，每隔 10 天喷 1 次，连续喷 2～3 次。

参考文献

覃伟权，朱辉，2011. 棕榈科植物病虫鼠害的鉴定及防治 [M]. 北京：中国农业出版社.

ELLIOTT M L, BROSCHAT T K, UCHIDA J Y, et al, 2004. Compendium of ornamental palm diseases and disorders[M]. St. Paul: The American Phytopathological Society Press.

（撰稿：余凤玉；审稿：覃伟权）

椰子红环腐线虫病　coconut red ring nematodes

由椰子伞滑刃线虫引起的、一种严重危害椰子树的致死性病害。该病在中国尚未发现，是一种检疫性病害。

发展简史　椰子红环腐线虫病于 1905 年在加勒比海地区的塞德罗斯岛首次发现，1918 年被确认为线虫病害。在巴西、委内瑞拉、哥伦比亚、巴拿马、洪都拉斯、多巴哥、格林纳达、萨尔瓦多等国均有发生。中国尚未发现。

分布与危害　椰子红环腐线虫仅在南美洲和中美洲发生危害，已被中国列为检疫对象。椰子红环腐线虫病在疫区严重危害椰子和油棕，可造成椰子减产 30%～60%，最高达 80%，发病严重的树根腐烂，导致整棵树死亡，局部地区新定植的椰园完全被摧毁。

具体症状表现为病树叶片变色，最老的叶片首先变黄，从小叶尖向中脉扩展，随后叶柄及小叶也变为黄色。发病后期小叶叶尖变褐、脱落。最后内层叶片也变黄。在树干离地面 0.5～1m 的茎干位置横切，在距茎干外表皮 3～5cm 的维管束组织中，可观察到一条宽 2～4cm 的橙红色环腐带（见图）。在这条橙红色环腐带上，线虫最多。红色环腐带从茎基部开始向上扩展，可以蔓延到几米高的地方，再往上则分裂成红色纵向条纹并可到达叶柄。通常根系也会被侵染，根外皮变成红褐色和海绵状。变色组织隐藏有大量的线虫幼虫。在萨尔瓦多，受害植株通常不出现红环症状，而是顶部叶片逐渐变黄干枯，病树能存活数年。

病原及特征　病原为椰子伞滑刃线虫（*Bursaphelenchus cocophilus* Cobb），属伞滑刃属。椰子伞滑刃线虫是迁移型内寄生线虫，可以从茎干、叶柄、根的裂缝、伤口等多种途径侵入寄主体内。其最主要的传播媒介是昆虫，线虫从媒介昆虫取食和产卵时造成的伤口处侵入。有 300 多种昆虫可以携带传播椰子伞滑刃线虫，其中最重要、最常见的介体昆虫是棕榈象甲（*Rhynchophorus palmarum*）。健康的椰子树在被侵染 3 个月后表现症状，症状出现后 6～8 周椰子树开始死亡。

椰子红环腐线虫在椰树茎干组织中能存活 16 周，在树根中能活 90 周，在土壤中只能活 4 周左右，在传播媒体昆虫如棕榈象甲的肠、体腔和产卵器中可以存活 8～10 天，而在 4～6℃ 的水中只能活 3～8 天，而且不活跃。

侵染过程与侵染循环　椰子伞滑刃线虫除了危害椰子树外还可危害其他棕榈科植物，包括菜棕、椰枣树和油棕等。在新定植的或隔离的种植园，椰子红环腐线虫病通常侵染 3～10 龄椰树，侵染循环约 3 个月。

流行规律　郁闭、光照不足、土壤潮湿的椰园以及时晴时雨、空气湿润、温暖多雨的气候均有利于椰子红环腐病的发生与蔓延。

防治方法

检疫措施　严格禁止从中美洲、南美洲引进椰子红环腐病的寄主植物。如需引进，应经检疫机关隔离试种 1 年以上，证明种苗健康，签发检疫证书后方能引进。

农业防治　加强栽培管理，避免人为对树体造成伤口。合理施肥、灌水，提高树体抵抗力。科学修剪，注意排水，清理枯枝、落叶、病残体等，用除草剂清除椰园内杂草，切断线虫可能的食物来源，可以大大减少线虫的侵染来源并减

少线虫基数。休闲椰园，利用椰树红环线虫在茎的病残组织中存活 16 周、在根中存活 90 周、土中只活 4～5 周的特点，对于已毁的重病椰园休闲 2 年后重植新苗，这样会大大减轻危害。此外，在休闲期间需及时清除杂草，彻底切断线虫的食物来源。

化学防治　包括施用杀线虫剂和杀昆虫剂两方面，前者直接控制线虫，后者是控制媒介昆虫，减少或切断线虫的传播。①杀灭线虫。在患病椰子树初现症状时，在根、茎、叶柄施用内吸性杀线虫剂可以杀死一部分线虫，而且用过药的植株能在较短时间内抵抗线虫侵害。可选用的杀线虫剂有克线磷、万强等。具体做法为每株树用药 6g，也可以把虫洞先堵塞起来，然后在洞上方打 1 个往下斜的孔（直径 3mm，深 10cm），用注射器向孔内注射杀线虫剂。若病树砍掉且地上部分烧掉，可用熏蒸剂杀死病穴土壤中残留的线虫。②杀灭媒介昆虫。在疫区施用杀虫剂消灭媒介昆虫防治红环线虫病的效果比施用杀线虫剂效果好，媒介昆虫羽化始期是施用化学药剂的最佳时期。可用磷化铝片切成小片，塞入羽化孔内。如果用砍伐的椰树或性引诱剂诱集甲虫然后再施用杀虫剂会更经济、更有效。

参考文献

覃伟权，朱辉，2011. 棕榈科植物病虫鼠害的鉴定及防治 [M]. 北京：中国农业出版社 .

ELLIOTT M L, BROSCHAT T K, UCHIDA J Y, et al, 2004. Compendium of ornamental palm diseases and disorders[M]. St. Paul: The American Phytopathological Society Press.

（撰稿：余凤玉；审稿：覃伟权）

椰子红环腐线虫病危害症状（引自 Robin M. Giblin-Davis）

椰子灰斑病　coconut gray leaf spot

由棕榈拟盘多毛孢引起的、一种分布广泛的椰子叶部病害。

发展简史　椰子灰斑病在椰子种植区均普遍发生，据安贤书等 1994 年报道，1984 年该病害在海南文昌就有发生，并逐年加重，苗期感病率 90% 以上。

分布与危害　椰子灰斑病分布很广，在所有种植椰子的地区都有发生。在中国，该病也是一种常见病害。椰子灰斑病大多发生于成龄树下层叶片或外轮叶片上，嫩叶很少发病。首先在小叶上出现黄色小斑点，外围有灰色条带；随后这些病斑逐渐扩散、汇合形成大的条斑。病斑中心逐渐变成灰白色或暗褐色，边缘黑色，外围有黄色晕圈，长 5cm 以上。严重时整片复叶干枯萎缩，如火烧状，提早脱落。在褐色病斑上常散生有黑色、圆形、椭圆形或不规则的小黑点（见图）。椰子灰斑病影响叶片光合作用。

在苗期或幼树期，染病植株长势衰弱，严重时可导致整株死亡。成龄树影响开花、结果，导致减产。

病原及特征　病原为棕榈拟盘多毛孢［*Pestalotiopsis palmarum*（Cke.）Stey.］，属黑盘菌目拟盘多毛孢属真菌（Ainsworth 1973 年分类系统）。然而在维基百科中检索则分类地位为子囊菌门粪壳菌纲炭角菌亚纲炭角菌目圆孔

椰子灰斑病危害症状（余凤玉提供）

壳科拟盘多毛孢属真菌，谢联辉等也将棕榈拟盘多毛孢菌划分到子囊菌门。有性世代为棕榈亚隔孢壳菌（*Didymella cocoina*）。

棕榈拟盘多毛孢在 PDA 培养基上菌落圆形，排列紧密，质地均匀，紧贴平板；菌丝白色，可产生黑色分生孢子。分生孢子盘球形至椭圆形，分生孢子梗无色，圆柱形至倒卵圆形，5～18μm×1.5～4μm。分生孢子直纺锤形，极少弯曲，17～25μm×4.5～7.5μm；顶部有 2～3 根附属丝，少数为 2 根或 4 根，长 5～25μm；基部附属丝长 2～6μm。

侵染过程与侵染循环　病菌主要以菌丝体和分生孢子盘在病叶、落叶残体上越冬，翌年产生分生孢子，借风雨传播。除椰子树外，椰子灰斑病菌还可危害油棕、槟榔等棕榈科植物。

流行规律　椰子灰斑病周年均有发生，高湿条件有利病害发生。管理粗放、树势弱的椰园发病重。育苗密度过大时蔓延迅速，偏施氮肥会导致发病加重。

防治方法

农业防治　育苗时应避免密度过大并做好遮阴措施；种植密度一般以 165～210 株 /hm² 为宜。加强苗圃和椰园抚管，施肥要均衡，避免偏施氮肥，宜增施有机肥和钾肥。同时，应及时排出苗圃或椰园积水，清除病残老叶并集中烧毁。

化学防治　在苗圃和幼龄椰园发病初期及时喷药进行防治，可选用克菌丹、王铜、波尔多液、甲基托布津、代森锰锌、异菌脲等药剂喷洒叶片。每隔 7～14 天施 1 次，连续喷施 2～3 次，可以有效地防治椰子灰斑病。发病严重时，先把病叶清除干净，然后再喷施以上药剂，防治效果更好。

参考文献

覃伟权，朱辉，2011. 棕榈科植物病虫鼠害的鉴定及防治 [M]. 北京：中国农业出版社 .

谢联辉，2013. 普通植物病理学 [M]. 2 版 . 北京：科学出版社 .

ELLIOTT M L, BROSCHAT T K, UCHIDA J Y, et al, 2004. Compendium of ornamental palm diseases and disorders[M]. St. Paul: The American Phytopathological Society Press.

（撰稿：余凤玉；审稿：覃伟权）

椰子茎干腐烂病　coconut trunk rot

由奇异根串珠霉引起椰子茎干腐烂的一种致死性真菌病害。

发展简史　中国最早于 2011 年在海南文昌发现该病。

分布与危害　椰子茎干腐烂病菌在世界范围内均有分布，在中国海南琼海、万宁、东方等地均有发生。主要危害亚热带地区的单子叶植物，如棕榈科植物、甘蔗、菠萝等。椰子茎干腐烂病发生初期难以被发现，直到叶片大量枯死直至树干折断或是树冠倒伏才能发现，有时倒伏的树冠仍表现正常（见图）。树冠倒伏时，树冠心部已经腐烂，木质部也有少量腐烂。当树干逐渐往下腐烂时，就会导致树干折断。检查树干横截面可以发现，通常只有一边的树干腐烂。这与灵芝菌（椰子茎基干腐病）引起的腐烂症状不同，后者腐烂发生在树干基部，而且是从树干中心开始向外围腐烂。

病原及特征　病原为奇异根串珠霉［*Thielaviopsis paradoxa*（Seyn.）Höhn］，属根串珠霉属；其有性态为奇异长喙壳菌［*Ceratocystis paradoxa*（Dade）Moreau］，属长喙壳属真菌。在自然条件下，有性态很少见。奇异根串珠霉是一种土壤习居菌，广泛分布于非洲和亚洲的热带地区，除侵染棕榈科植物外还可侵染椰子、甘蔗、菠萝等多种作物。奇异根串珠霉生物学特征见椰子泻血病。

侵染过程与侵染循环　椰子茎干腐烂病发生十分分散。病原菌通常侵染未木质化或是轻度木质化的茎干组织，侵染后一般会产生挥发性物质（特别是乙酸乙酯和酒精），因此，病组织常有特别的果腐气味。椰子茎干腐烂病的发生必须在茎干有新伤口，由于吸水过多造成的树干裂口或昆虫（如小蠹虫）、鸟类（啄木鸟）、老鼠及其他哺乳动物等造成的伤口或暴风及人类活动造成的伤口都可成为病原侵入的重要途径。

椰子茎干腐烂病菌的分生孢子可通过风、雨水、昆虫和啮齿动物传播至新的伤口；厚垣孢子可通过土壤传播。树势较弱时传播速度加快。

防治方法　由于该病在早期很难发现，尚无有效的防治

椰子茎干腐烂病危害症状（余凤玉提供）

措施。一旦发现椰树断倒，应立刻清除病株，防止其成为二次传染源。

如果发现较早，须把发病部位挖除干净后及时喷施杀菌剂（如有效成分为甲基托布津或氟咯菌腈的杀菌剂），可有效防治该病。用于清除发病组织的工具都必须用消毒剂消毒。可选用的消毒剂有漂白粉、松油清洁剂、外用酒精、工业酒精。把工具放在消毒剂中浸泡 10 分钟，然后用自来水冲洗干净。对于小型机械，需要把链条和轮盘分开浸泡。

参考文献

覃伟权，朱辉，2011. 棕榈科植物病虫鼠害的鉴定及防治 [M]. 北京：中国农业出版社.

（撰稿：余凤玉；审稿：覃伟权）

椰子茎基腐病 coconut basal stem rot

由灵芝菌引起的、椰子生产上的一种致死病害。

发展简史 1952 年，印度首次报道了椰子茎基腐病的发生；1987 年大面积发生，发病率达到 8.0%，在发病严重的地方，发病率高达 30%。2010 年调查发现此病在海南有零星发生。

分布与危害 该病在大部分椰子种植区均有发生。茎干症状表现为首先在茎基部流出红棕色黏性液体，随着病情加重，黏液可扩展到距地面 3m 高的茎干部分。部分内部组织变成褐色。发病末期，椰子树茎基部完全腐烂。在部分病株枯死前，靠近地面的茎干上长出灵芝菌子实体（见图）。

叶部症状表现为发病初期下层叶片变黄，随后变成淡黄色，最后枯萎。在树冠部位，心叶枯萎。随着病情加重，残留的叶片很快枯萎脱落。一些病株的芽由于输导组织被破坏，细胞液缺失，细胞死亡，导致芽部软腐。发病末期，整个树冠从主干上脱落下来。

花部症状表现为花朵和花穗生长受到抑制。随着病情加重，花蕾不断脱落；病害较轻时不出现这种现象。当叶片枯萎时，花穗也垂挂在树上，不能结果。当病害蔓延速度较慢时可长出少量正常椰子果。

根部症状表现为根系水渍状，且散发出发酵气味，皮下组织变红，邻近中柱的组织变褐。根部一旦被侵染一般不会再长出新根。

总体而言，椰子茎基腐病可分为 5 个发展阶段：第一阶段，小叶枯萎，最下层叶片变黄，健康根系受侵染后腐烂死亡；第二阶段，靠近地面的茎基部出现泻血点，逐渐向上蔓延，根系进一步腐烂，植株停止抽生新的花穗；第三阶段，泻血点在茎干上进一步蔓延，下层叶片枯萎、大量花蕾脱落，不结果；第四阶段，茎腐继续向上蔓延，最底层叶片干枯脱落，除了叶轴及两三片仍向上展开的嫩叶外，其余叶片全都枯萎；第五阶段，所有叶片枯萎并从主干上脱落，茎干皱缩干枯。从病害第二阶段至第五个阶段（从植株出现泻血斑点至死亡）需要 6～54 个月的时间。在第三、四、五阶段，一旦有钻蛀性害虫穿孔齿小蠹和椰花四星象甲从茎干泻血部位钻进树干危害，则会加速椰子树死亡。

病原及特征 病原为灵芝菌（*Ganoderma lucidum*），属灵芝属真菌，为土壤寄居菌。菌丝体气生、无色、壁薄，常具锁状连合分枝，直径为 1.4～2.9μm。能产生大量的厚垣孢子，厚垣孢子椭圆形，中间和两端稍厚，有时串生，大小为 8.8～11.8μm×3.7～5.9μm。菌檐表皮细胞透明至浅灰色，圆形至不规则形，排列紧密。自然条件下一般产生有柄的担子果，柄通常侧生，也会产生无柄的担子果。担子果初期质软，后期本质化，大小为 10～12cm×10～12cm×3～4cm，大的可以达到 30cm。上表面牛血色，光滑，封蜡状。子实层白色或奶油色，后期转为褐色，微孔小，圆形，直径为 90～250μm。担孢子褐色、壁厚，有疣突，大小为 8.3～10μm×5.8～6.7μm。在 PDA 培养基上菌落白色至浅黄色，毡状至羊毛状。在光照条件下，菌落变成黄色。

侵染过程与侵染循环 病原菌从根部侵入，随后向上发展，最后整个根系腐烂。

流行规律 椰子茎基腐病主要发生在滨海地区砂壤土中种植的失管椰子树上，这些椰子树一般靠雨水来供给水分。夏季土壤湿度低、雨季土壤积水、种植园中残存有老病株以及栽培管理不当均有利于椰子茎基腐病的发生与传播。一般 10～30 龄的老树比幼树更容易受到侵染（老树发病率为 43%，幼树为 17%）。在病害流行地区，杂种椰子树在 5～6 龄时易遭受侵染，高种椰子树在 16～30 龄时易受侵染。椰子茎基腐病多在 3 月和 8 月发生，与土壤平均最高温度相关性显著。每年 11 月至翌年 6 月，椰子茎基腐病发生较普遍，长势弱的椰子树易发病。

防治方法

农业防治 把发病植株连根和树桩一起烧毁，在离病株 2～3m 远的地方挖一条 1m 深、0.5m 宽的隔离沟，防止病害传播。重新种植椰子树时，在坑穴中加入黏土、农家肥和印楝肥。砂质土壤的椰子园发病严重时，可种植田菁等绿肥植物来保持土壤水分，增强抗病性。深耕和挖掘时，避免给根部造成伤口。每年 6～7 月给每株树施用农家肥 20kg 和印楝饼 5～10kg；每株树施 2kg 过磷酸钙和 3kg 氯化钾，在 7 月和 11 月分 2 次施用。

椰子茎基腐病危害症状（覃伟权、朱辉提供）

化学防治　每年8～9月，每株椰子树干基部喷40L波尔多液。发病初期，用十三吗啉灌根，每年3～4次。在每株椰子树根部施硫黄粉和石灰2kg也可以有效预防该病。

参考文献

覃伟权，朱辉，2011.棕榈科植物病虫鼠害的鉴定及防治[M].北京：中国农业出版社.

ELLIOTT M L, BROSCHAT T K, UCHIDA J Y, et al, 2004. Compendium of ornamental palm diseases and disorders[M]. St. Paul: The American Phytopathological Society Press.

（撰稿：余凤玉；审稿：覃伟权）

椰子煤烟病　coconut sooty mold

由煤烟病菌引起的、影响椰子叶片光合作用的一种叶部真菌病害。又名椰子煤污病。

发展简史　煤烟病是椰子常见病害，无具体发生时间报道，其发生严重程度与黑刺粉虱、介壳虫等刺吸式口器昆虫的数量有关。

分布与危害　椰子煤烟病在各椰子种植区发生普遍。椰子煤烟病主要危害叶片，被害部分覆盖一层黑色煤炱状物。因病原种类不同，引起的症状各有差异，如煤炱菌产生的煤炱为黑色薄纸状，易撕下或自然脱落；刺盾炱菌产生的霉层似锅底灰，若用手指擦拭，叶色仍为绿色；小煤炱菌产生的霉层呈辐射状小霉斑，分散于叶面及叶背，由于其菌丝产生吸孢，能紧附于寄主表面，不易脱落。椰子煤烟病发生严重时，浓黑色的霉层可覆盖整片叶片及枝干，致使叶片光合作用被阻碍，生长受到抑制，叶片变黄枯萎，提早脱落，观赏价值和产量降低（见图）。

病原及特征　椰子煤烟病病原种类较多，常见的有柑橘煤炱菌（*Capnodium citri* Berk. et Desm.）、刺盾炱菌［*Chaetothyrium spinigerum*（Hohn）Yamam.］和小煤炱目的巴特勒小煤炱（*Meliola butleri* Syd.）。这3种病原可同时危害。

柑橘煤炱菌为煤炱属真菌。菌丝体暗褐色，表生。

椰子煤烟病危害症状（余凤玉提供）

子囊座球形或扁球形，表面无刚毛，成熟后有孔口，直径110～150μm。子囊棍棒形或长卵形，60～80μm×12～20μm，内含8个子囊孢子，子囊孢子有3个隔膜，褐色。20～25μm×6～8μm。

刺盾炱菌为刺盾炱属真菌。子囊座球形，表面粗糙，黑色，具有隔刚毛，无孔口。子囊内含8个子囊孢子，子囊孢子有3个隔膜，无色。

巴特勒小煤炱为小煤炱属真菌。菌丝体刚毛，有头状附着枝和刺状附着枝，量多。闭囊壳球形，直径130～160μm。子囊椭圆形或卵形，50～66μm×30～50μm。子囊孢子长圆形至圆筒形，2～3个，有4个隔膜，大小为35～40μm×14～18μm。

侵染过程与侵染循环　椰子煤烟病主要在高温、潮湿的气候条件下发生、蔓延。在栽培管理粗放和荫蔽、潮湿的椰园中常造成严重危害。病原孢子借风雨传播，也可随昆虫传播。大部分病原以蚜虫、介壳虫和粉虱等昆虫的分泌物为营养，因此，这些昆虫的存在是椰子煤烟病发生的先决条件，并随这些昆虫的活动而消长。小煤炱属病原是一种纯寄生菌，由其引起的煤污病与昆虫关系不大。

防治方法

农业防治　加强田间管理，种植椰树不要过密，清除杂草，改善椰园的通风透光条件，增强树势，以减轻发病程度。

化学防治　及时防治与病害发生有关的黑刺粉虱、介壳虫等刺吸式口器的媒介害虫。可选用百菌清、敌力脱、多菌灵、代森铵、灭菌丹等药剂进行防治。

参考文献

陆家云，1997.植物病害诊断[M].北京：中国农业出版社.

覃伟权，朱辉，2011.棕榈科植物病虫鼠害的鉴定及防治[M].北京：中国农业出版社.

ELLIOTT M L, BROSCHAT T K, UCHIDA J Y, et al, 2004. Compendium of ornamental palm diseases and disorders[M]. St. Paul: The American Phytopathological Society Press.

（撰稿：余凤玉；审稿：覃伟权）

椰子平脐蠕孢叶斑病　coconut *Bipolaris* spot

由印科瓦塔平脐蠕孢引起的椰子苗期常见病害，是一种危害较重的真菌病害。

发展简史　椰子平脐蠕孢叶斑病具体始发时间不可考。2007年，在中国海南椰子病虫害调查中发现此病。

分布与危害　椰子平脐蠕孢叶斑病是椰子苗期常见的一种病害，在中国椰子产区发生较普遍，可严重影响椰子苗的生长，严重可使整株椰子苗枯死。发病初期叶片上出现水渍状黄色或绿褐色小斑点，最后扩展成圆形至椭圆形的病斑，大小为2～10mm或更大一些。病斑呈褐色、红褐色或黑褐色到黑色，周围有褪绿色晕圈。一些叶片上有凹陷的斑眼。发病严重时病斑汇集成大的病斑，叶片干枯碎裂（见图）。

病原及特征　病原为印科瓦塔平脐蠕孢［*Bipolaris incurvata*（Ch. Bernard）Alcorn］，属平脐蠕孢属真菌。分

椰子平脐蠕孢叶斑病危害症状（覃伟权、朱辉提供）

生孢子长梭形、直或弯曲、深褐色，具假隔膜，脐点略突起，基部平截。分生孢子第一隔膜位于孢子中部至近中部。从两端细胞萌发伸出芽管。

侵染过程与流行规律　病原孢子随风传播。种植密度过大、过度荫蔽、土壤贫瘠时发病重，偏施氮肥会加重病害，叶片上有露珠也可加重发病。

防治方法

农业防治　提高土壤肥力，苗期增施钾、磷肥。降低种植密度，确保苗期阳光照射充足，减少露水在叶片上的滞留，减少水珠溅射，降低树冠湿度。清除并烧毁发病组织。

化学防治　可往叶片上喷施多菌灵、硫菌灵、三唑酮、嘧菌酯、代森锰锌、福美双、敌力脱等药剂进行防治。

参考文献

覃伟权，朱辉，2011. 棕榈科植物病虫鼠害的鉴定及防治 [M]. 北京：中国农业出版社.

ELLIOTT M L, BROSCHAT T K, UCHIDA J Y, et al, 2004. Compendium of ornamental palm diseases and disorders[M]. St. Paul: The American Phytopathological Society Press.

（撰稿：余凤玉；审稿：覃伟权）

椰子死亡类病毒病　coconut cadang-cadang disease

由椰子死亡类病毒引起的、一种危害严重的椰子致死性病害。

发展简史　椰子死亡类病毒病是一种毁灭性病害。自从1930年首次在菲律宾的圣米高岛发现以来，该病已经摧毁了菲律宾种植的椰子及其他棕榈科植物3000多万株。1946年，菲律宾的拉古娜地区发现椰子死亡类病毒病；1947年，该病毒引起的病害在必科尔地区广泛流行。截至1953年，圣米高岛染病植株达2600万株，占种植总数的80%，每年造成的经济损失达5000万～6000万比索。至2006年，菲律宾染病植株达4000万株。即使是现在，每年也有100万株发病死亡。

椰子死亡类病毒的危害引起了世界各国的高度重视，已有多个国家和机构将其列为检疫性有害生物。欧洲及地中海植物保护组织（European and Mediterranean Plant Protection Organization）将其列为A2类检疫性有害生物。中国也于1992年将其列为检疫性有害生物，是《中华人民共和国进境植物检疫危险性病、虫、杂草名录》中规定的二类危险性病毒。

分布与危害　分布在菲律宾群岛。椰子死亡类病毒的寄主有椰子、油棕、槟榔椰枣、国王椰等。病害早期症状表现为叶片上产生形状异常的亮黄或橘黄色小斑点，病斑随叶龄增长而扩大，最后连合成大的条纹状斑块，老叶出现黄化和斑驳。病害后期叶片变小、数量减少，嫩叶易碎，最后只剩下几片直立的叶片，随后整个树冠死亡。染病椰子树花期推迟，花序变短呈圆形，花败落，不结果。叶片表现症状1年左右，部分果实变小，但数量增多，果实呈圆形而非正常的三角形。随病情加重，果实变小，并且伸长或变形，结果量减少，甚至不结果，果实多破裂。病树老叶脱落快，染病植株从表现症状到死亡历时8～15年，其症状表现与椰子品种有关。

病原及特征　病原为椰子死亡类病毒（coconut cadang-cadang viroid，CCCVd），CCCVd属于马铃薯纺锤形块茎类病毒科（Pospiviroidae）椰子死亡类病毒属（*Cocadviroid*）。CCCVd核酸为ssRNA，以单体和二聚体共价联结的环状或线性分子存在。病害症状出现前在嫩叶中可观察到病毒单体，随病害发展出现二聚体。其共价闭合的环状棒状结构，在变性处理后转变为环状分子，而不成为线状。在侵染早期，CCCVd由246个核苷酸组成，然而它总是伴随着一种由247个核苷酸组成的、完全相同的类病毒分子，仅多出1个胞苷酸残基。在侵染后期，两种较长的类病毒分子出现，并在叶中最终取代较小的类病毒。这两种较长的分子分别是296和297个核苷酸，是较短类病毒分子的右端发生部分重复的结果。这种改变分子结构的情况只存在于CCCVd，它也是已知唯一的侵染并导致单子叶植物死亡的类病毒。

侵染过程与侵染循环　CCCVd可在染病椰子树和其他棕榈植物上存活。CCCVd存在于椰子树各种组织中（包括椰子的外果皮、胚和花粉），并可通过少量种子传播（种传率为0.3%）。尚不清楚CCCVd如何从病树传播到健康树，可能的传播方式有采摘椰子果的工具、咀嚼式口器昆虫、带有CCCVd的花粉等。

防治方法

检疫措施　加强检疫，严禁带有CCCVd的棕榈材料引种到中国。

农业防治　加强椰园管理，合理施肥灌水，增强树势，提高树体抗病力。科学修剪，调节通风透光，保持果园适宜的温湿度，注意排水措施；清理果园，挖除并烧毁病株，减少病源。定期重新定植新树以代替老树、病树和死树。

种植抗病品种　选择抗耐病品种，用健康树的椰子果育苗。由于尚无抗病品种，因此，培育和种植无毒种苗尤为重要。

参考文献

陈卫军，赵松林，2013. 椰子产业发展关键技术 [M]. 北京：中国农业出版社.

HANOLD D, RANDLES J W,1991. Coconut cadang-cadang disease and its viroid agent[J]. Plant disease, 75(4): 330-335.

VADAMALAI G, PERERA A A F L K, HANOLD D, et al, 2009. Detection of coconut cadang-cadang viroid sequences in oil and coconut palm by ribonuclease protection assay[J]. Annals of applied biology, 154(1): 117-125.

VADAMALAI G, HANOLD D, REZEDAN M A, et al, 2006. Variants of coconut cadang-cadang viroid isolated from an African oil palm (Elates guineensis Jacq.) in Malaysia[J]. Archives of virology, 151(7): 1447-1456.

（撰稿：余凤玉；审稿：覃伟权）

椰子炭疽病　coconut anthracnose

由胶孢炭疽菌引起的一种椰子叶部真菌病害。

发展简史　2007 年，在海南椰子病害调查中发现椰子炭疽病，危害不严重，只有零星发生。

分布与危害　椰子炭疽病是一种常见病害，各椰子种植国均有发生，一般危害不严重。

发病初期在叶片上出现水渍状、墨绿色、1～2mm 宽的小斑点。病斑扩大成圆形，病斑中央由棕褐色转为浅褐色，边缘水渍状。随着病斑的扩展，病斑中心由浅褐色转为乳白色，一些病斑边缘呈黑色。多数圆形病斑宽 3～7mm，随着病斑连接在一起，坏死面积增大。展开的嫩叶上病斑扩大。

嫩叶容易感病，老叶比较抗病。叶片老化后，病斑扩展速度减慢。但是如果湿度足够大，新孢子继续产生，形成比较大的、边缘黑色、周围有大量黑色小点的大斑。在老叶上，病斑不再扩展，叶片大部分被数百个病斑覆盖，整个叶片表面黄化坏死，单个斑点也会发生黄化。叶柄和叶鞘也会被侵染。典型病斑是长 5～10mm、褐色到灰白色、边缘褐色到黑色的病斑（见图）。

病原及特征　病原为胶孢炭疽菌［*Colletotrichum gloeosporiodes*（Penz.）Sacc.］，属炭疽菌属真菌。分生孢子盘

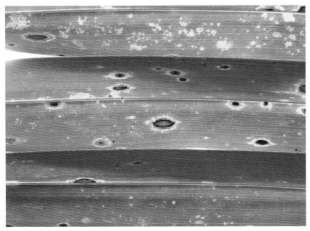

椰子炭疽病危害症状（唐庆华提供）

的顶部无色，短棒状。分生孢子长圆形或圆筒形，无色，单胞，大小为 13.5～17.7μm×4.3～6.7μm，油球有或无。具体见杧果炭疽病。

侵染过程与侵染循环　叶片和叶鞘上的老病斑上会产生炭疽菌孢子，这些孢子通过雨水溅射传播到健康植株上。叶片保持湿润 12 小时以上，孢子即可萌发产生附着胞，附着胞使孢子牢牢吸附于叶片上，然后产生侵染菌丝，侵染菌丝穿透叶片表面，完成病原在叶片上的定殖，叶片出现褐色坏死或叶斑。孢子也可通过风传播。苗圃工人清除病植物等人事操作或昆虫等也可传播。

防治方法

农业防治　加强果园管理，增施钾、磷肥；降低种植密度，保持空气流通，调节通风透光。合理灌水，注意果园排水措施，增强树体抗病力。清除坏死病叶和叶鞘并集中烧毁。发病植株的盆栽土应该废弃，须高温灭菌方再用。控制椰园湿度，减少高空灌溉或是雨天湿度以减少病原的传播。选择抗性品种，因地制宜种植。

化学防治　可往叶部喷施咪鲜胺、代森锰锌、退菌特、多菌灵、丙森锌、代森锰锌·波尔多液、嘧菌酯、百菌清、甲基托布津等药剂进行防治。

参考文献

覃伟权，朱辉，2011. 棕榈科植物病虫鼠害的鉴定及防治 [M]. 北京 : 中国农业出版社 .

ELLIOTT M L, BROSCHAT T K, UCHIDA J Y, et al, 2004. Compendium of ornamental palm diseases and disorders[M]. St. Paul: The American Phytopathological Society Press.

（撰稿：余凤玉；审稿：覃伟权）

椰子泻血病　coconut stem bleeding

由奇异长喙壳菌引起的，为椰子最常见的茎干部病害，整年均可发生。是椰子上最重要的病害之一，也是椰子种植业上的一种常见病害。

发展简史　泻血病在国外最早发生于斯里兰卡，跟着印度、菲律宾、马来西亚等地区相继发生。中国在 2009 年首次在海南文昌椰子大观园中发现，现在海南各主要椰子种植区均有发生。

椰子泻血病多发生在 20 龄左右的成龄椰树上，症状表现在茎干部。病害发生初期，茎部出现细小变色的凹陷斑，病斑扩大后可汇合，在树干基部形成大小长短不一的裂缝，从裂缝处流出铁锈色汁液，形成黑色条斑或块斑。随着病情发展，茎干内纤维素开始解体，裂缝组织腐烂，从裂缝处流出红褐色的黏稠液体，黏液变干后呈黑色，泻血症状由基部逐渐向上扩展（见图）。严重时叶片变小，继而树冠凋萎，叶片脱落，整株死亡。

分布与危害　该病在斯里兰卡、印度、菲律宾、马来西亚和特立尼达岛等地都有发生。中国海南各椰子种植区发生较严重。发病植株在症状出现后 3～4 个月就会死亡，如不及时采取防治措施，能给椰子产业造成严重损失。

椰子泻血病症状（覃伟权、朱辉提供）

病原及特征　病原为奇异长喙壳菌［*Ceratocystis paradoxa*（Dade）Moreau］，属长喙壳属真菌；其无性态为奇异根串珠霉［*Thielaviopsis paradoxa*（Seyn.）Höhn］，属根串珠霉属。奇异长喙壳菌是一种土壤习居菌，广泛分布于亚洲和非洲的热带地区，除棕榈科植物外，还可侵染椰子、甘蔗、菠萝等多种作物。

奇异长喙壳菌子囊壳长颈瓶状，顶端孔口裂成须状，大小为 1000～1450μm×200～340μm；子囊棍棒形，大小为26μm×10μm；子囊孢子无色，椭圆形，大小为6.0～10.0μm×2.5～4.0μm，内生8个椭圆形单细胞的子囊孢子。无性态奇异根串珠霉菌可产生小型分生孢子和厚垣孢子，前者短圆筒形或长方形，单胞，壁薄，初无色，后变为褐色，内生，大小为6.3～10.6μm×4.3～6.3μm。分生孢子梗自菌丝侧生，无色至淡蓝色，不分枝。厚垣孢子排列成链状，壁厚，黄棕色至黑褐色，球形至椭圆形，大小为11.3～17.6μm×8.1～13.1μm。厚垣孢子生成于较短的孢子梗上，能抵御外界不良环境，在土壤中可休眠4年以上。在PDA培养基上，奇异根串珠霉菌落初为灰白色，后变黑色，菌落平展，扩展迅速。

侵染过程与侵染循环　椰子泻血病一般在11月至翌年3月发生（国外为3～5月），病菌通常从伤口侵入危害。春季雨水较多时该病易于发生、流行。椰子泻血病菌以菌丝体或厚垣孢子在病组织或土壤中越冬，厚垣孢子可在土壤中存活4年。厚垣孢子借气流或雨水以及昆虫传播，遇到寄主组织时可产生芽管，从伤口侵入危害。

流行规律　一旦成功侵入，只要环境温暖潮湿，椰子泻血病菌即可迅速发展。高温干旱的天气发病较轻，暴风雨或台风后发病率显著升高。春季气温低于19℃或遇到阴雨连绵的天气时发病加重。此外，土壤黏重、板结、低洼积水、昼夜温差大的椰园容易发病。

防治方法

农业防治　避免在椰树茎干上造成机械损伤。雨季做好排水工作，修建椰园排水系统，避免积水，在干旱季节应及时灌溉浇水。科学施用有机肥和化学肥料，减施氮肥，增施钾肥、磷肥和有机肥，每年9月在每株椰子树基部施用5kg有机肥和5kg含拮抗真菌木霉的印楝素饼。挖除病组织，集中烧毁。

化学防治　清除病组织后，对处理过的伤口涂上克啉菌（十三吗啉）消毒，2天后再涂抹波尔多液保护。为防止病害沿着树干向上蔓延，可用克啉菌在4～5月、9～10月和翌年1～2月各灌根1次。

参考文献

覃伟权，朱辉，2011. 棕榈科植物病虫鼠害的鉴定及防治[M]. 北京：中国农业出版社 .

（撰稿：余凤玉；审稿：覃伟权）

椰子芽腐病　coconut bud rot

由棕榈疫霉引起的椰子树上的一种致死性病害。

发展简史　该病最早报道于加勒比海西北部的大开曼岛屿，在中国发生也较为普遍。

分布与危害　椰子芽腐病在整个生长期都可发生危害，该病在大部分椰子种植区均有发生，在潮湿地区发病尤为严重。在中国许多椰子苗圃发生也较重。椰子芽腐病主要危害椰子树冠中央、椰苗的幼嫩叶片和芽基部。发病初期，心叶停止抽出，树冠中央未展开的嫩叶停止生长，进而逐渐枯萎、腐烂，散发出臭味，最后从基部倾折（见图）；已展开的嫩叶基部常见水渍状病斑，潮湿时长出白色霉状物。腐烂症状通常从中间嫩叶基部向下扩展到生长点，导致生长点死亡腐烂，而周围未被侵染的叶片几个月内依然保持绿色。在此期间，最外层叶片叶腋中长出的果穗能正常生长，而其他叶腋的幼果则先后脱落。随后，较老的叶片按叶龄顺序依次凋萎并从基部倾折，直至整个树冠死亡。

病原及特征　病原为棕榈疫霉［*Phytophthora palmivora*（Butler）Butler］，属疫霉属。棕榈疫霉在V8琼脂培养基上菌落均匀，气生菌丝稀疏。菌丝均一，较细，

椰子芽腐病危害症状（覃伟权、朱辉提供）

5～6μm，没有菌丝膨大体。孢囊梗合轴分枝或不规则分枝，粗 2.0～2.5μm。孢子囊球形、卵形、椭圆形、倒梨形或不规则形。乳突明显，多数 1 个乳突，少数 2 个，高 4～6μm，基部圆形，大小为 32～55μm×23～39μm。孢子囊脱落，具短柄，柄长 1.7～5.0μm。孢子囊萌发产生芽管或游动孢子，每个孢子囊内产生 18～51 个游动孢子。游动孢子大小为 10～13μm×8～12μm，鞭毛长 16～29μm。休止孢球形，直径 8.0～12.4μm。厚垣孢子球形，顶生或间生，直径 21～41μm。藏卵器球形，少数具一个指状或乳头状突起，直径 21～35μm；柄倒锥形或棍棒形；雄器近球形、鼓形或短柱形，多数单胞，少数双胞，围生，10～21μm×8～20μm，平均 12.1μm×11.21μm。卵孢子球形，平滑，直径 18～29μm，壁厚 1.0～2.7μm，满器或不满器。

流行规律　椰子树整个生长期都均可发病，以幼龄期（5～10 龄）发生较为严重。椰子芽腐病菌在椰子病残体上存活，潮湿多雨地区易发生流行。每年 2～5 月是常发季节，当雨季或相对湿度 90% 以上、温度适宜（20～25℃）时，病原菌便可侵入寄主的幼嫩组织危害。雨季末期和台风雨后，此病危害最为严重。5 月以后，由于温度升高，该病危害明显减弱，干旱季节不利该病发生。

在椰园中，如果较高的植株先发病，则其他较矮的植株也容易发病。抚育管理好、无杂草、排水良好、施肥适当、生长苗壮、无虫害风害的椰园发病较轻；反之，管理差、缺钾肥的椰园芽腐病多且重。

防治方法

选育抗病品种　在重病区应选种抗性较强的高种椰子。

农业防治　加强栽培管理，多施有机肥及人畜土杂肥。雨季及时开沟排出椰园积水，降低椰园湿度，干旱时及时浇水。经常巡查椰园，发现病植株及时铲除，将病组织深埋或集中烧毁，减少初侵染源；处理过的伤口需涂药保护。合理间作，在高大乔木下间种椰子可大大降低椰子芽腐病的发生率。

化学防治　在每年 10 月到翌年 2 月选用波尔多液、瑞毒锰锌、乙膦铝、甲霜灵、嘧菌酯、双炔酰菌胺、烯酰吗啉锰锌、烯酰氟吗、精甲霜锰锌、普力克、杀毒矾等药剂喷施植株心叶及幼嫩部分，降低初侵染源。每隔 7～10 天喷药 1 次，连喷 2～3 次，可有效地防治椰子芽腐病。

参考文献

覃伟权，朱辉，2011. 棕榈科植物病虫鼠害的鉴定及防治 [M]. 北京：中国农业出版社 .

ELLIOTT M L, BROSCHAT T K, UCHIDA J Y, et al, 2004. Compendium of ornamental palm diseases and disorders[M]. St. Paul: The American Phytopathological Society Press.

（撰稿：余凤玉；审稿：覃伟权）

椰子致死性黄化病　coconut lethal yellowing

由椰子致死性黄化植原体引起的椰子毁灭性病害。对全球椰子产业构成了严重威胁。中国已将其列入检疫性有害生物。

发展简史　椰子致死性黄化病是 1955 年 Nutman 和 Roberts 首次描述加勒比海、牙买加西部地区发生的一种椰子黄化型毁灭性病害时采用的名称。该病在加勒比海地区至少有 100 年的历史，在西非也有 50 年的历史。

分布与危害　该病分布于拉丁美洲的开曼群岛、巴哈马群岛、古巴、多米尼加、海地、美国佛罗里达州南部地区，非洲和西印度群岛及亚洲的印度尼西亚、马来西亚等地也有发生。

椰子致死性黄化病是一种发病迅速的致死性病害，从表现症状到整株死亡，一般只需要 3～6 个月。各龄椰子树均可感病。病害早期的典型症状为花序干枯。发病初期，顶部复叶有褐色枯死斑，病斑可扩展至未展开的羽状复叶上，再向下扩展最后可引起生长点死亡，未成熟的椰子果脱落。开花的花序轴从顶端开始坏死、变黑，佛焰苞未成熟就提前开放，随后凋萎、落花、落果。叶片黄化多从较下层的叶片开始表现，随后迅速发展到整株叶片，直至脱落。嫩芽感染后出现不规则的褐色水渍状条斑，症状逐渐发展为芽腐，腐烂的芽有恶臭味。此时新生叶很容易剥落。叶片呈现黄化症状时根系坏死，不久腐烂，根系受害死亡。叶片黄化症状是植原体侵入根系后导致植株一系列生理、生化反应变化的结果。通常症状发展过程为大多数感病植株的果实提前脱落，新开的花序变黑；从下部叶片到上部叶片逐渐黄化；小叶死亡、脱落，可能仅留少量绿叶；整个树冠脱落，仅剩下光秃秃的树干。

病原及特征　病原为椰子致死性黄化植原体（coconut lethal yellowing phytoplasma，CLYP），属植原体属棕榈植原体组 16Sr IV。椰子致死性黄化植原体颗粒由三层结构组成，即两层电子密集层，中间隔一层透明层。椰子致死性黄化植原体存在于感病椰子树韧皮部筛管的细胞内，丝状、念珠状及近球状，大小为 400～2000nm。在新近成熟的韧皮部筛管细胞中常可发现植原体，而在薄壁组织细胞内则观察不到植原体存在。

侵染过程与侵染循环　在自然条件下，椰子致死性黄化病靠媒介昆虫麦蜡蝉（Myndus crudus）传播。一些叶蝉（Gypona sp.）也可能传播椰子致死性黄化病，理由是这些叶蝉在美洲的地理分布与椰子致死性黄化病的分布相吻合。在西洲，叶蝉（Myndus adiopodoumeensis）也可能是该病的媒介昆虫。化学防治传播昆虫可明显降低病害的传播速度。在国际贸易中带病的植物材料（包括观赏树种），也可能携带并传播椰子致死性黄化植原体。

防治方法

种植抗病品种　种植抗病品种是最经济有效的防控方法。马来西亚的矮种椰子（黄、红或绿果类型）抗性较强，现已在牙买加和美国佛罗里达州大规模栽植，但这些矮种椰子对干旱、虫害和台风等环境胁迫相当敏感，已逐渐被杂交种 Maypan 所替代。该杂种椰子是牙买加育种家通过将马来西亚矮化品种（红黄型）与 Panama 高种椰子杂交得到的。

农业防治　加强田间管理，及早清除病叶、病枝，重病树须及时砍伐烧毁。

化学防治　轻病株可注射四环素抑制病害发生，每株病树进行保护性注射 1～3g 可降低病害蔓延速度 3～5 倍。用盐酸土霉素注射液进行树干注射处理能够抑制症状，处理后的植株可重新生长，每 4 个月处理一次能保持植株不表现症状。用杀虫剂防治介体叶蝉能抑制或降低病害的传播速度。

检疫措施　加强检疫，严禁带菌的椰子种质材料引种到中国。

参考文献

覃伟权，朱辉，2011. 棕榈科植物病虫鼠害的鉴定及防治 [M]. 北京：中国农业出版社 .

ELLIOTT M L, BROSCHAT T K, UCHIDA J Y, et al, 2004. Compendium of ornamental palm diseases and disorders[M]. St. Paul: The American Phytopathological Society Press.

（撰稿：余凤玉；审稿：覃伟权）

遗传多样性　genetic diversity

遗传多样性分为广义的和狭义的。广义的遗传多样性是指地球上所有生物所携带的遗传信息的总和。但一般所指的遗传多样性为狭义的，是指生物种内基因的变化，即种内显著不同的群体之间以及同一群体内的遗传变异的总和。遗传多样性具有使群体适应变化中的环境的作用。当变异较多时，一个群体中具有适应环境的等位基因变异个体产生后代的可能性较大，而群体也因此能延续更多的世代。遗传多样性可以表现在多个层次上，如分子、细胞、组织、个体、群体等。种内的遗传多样性是物种以上各水平多样性的最重要来源。遗传变异、生活史特点、种群动态及其遗传结构等决定或影响着一个物种与其他物种及与环境相互作用的方式。而且种内的多样性是一个物种对人为干扰进行成功反应的决定因素。种内的遗传变异程度也决定其进化的趋势。

在植物病理学中，遗传多样性涉及寄主植物种、品种（系）、病原物种、群体或生理小种、传毒介体种、种群以及这些生物群体在分子水平上的遗传多样性。

简史　人类为了满足粮食的需求，少数高产、高抗品种的大面积单一化种植，导致过去 100 年世界农作物种植的品种急剧减少，从而使农田生物多样性降低，而且这些长期大面积单一种植的品种大多具有单一的抗病基因，即具有极低的遗传多样性，可对高度多样化的病菌群体中的相对应毒性基因产生定向选择，使具有相应毒性基因的病菌群体或生理小种得以大量繁殖。当环境有利于病菌时，作物品种抗性"丧失"，病害暴发流行。品种单一抗病性的丧失，在历史上造成惨重的损失的案例包括：19 世纪 40 年代爱尔兰马铃薯晚疫病大暴发造成的大饥荒；20 世纪 50 年代中国小麦品种碧蚂 1 号抗病性的丧失造成 1300 万 hm² 小麦条锈病大流行，损失 62 亿 kg 小麦；20 世纪 70 年代美国玉米 T 型细胞雄性不育系对玉米小斑病 T 型小种的定向选择，在有利于病害发生的气候条件下，玉米小斑病大流行，减产 660 亿 kg 等。

作物遗传多样性控制作物病害　在漫长的传统农业生产中，农作物生物多样性对病虫害控制无疑是最重要的因素之一。20 世纪 30 年代绿色革命之前，农学家已经认识到了大面积种植单一作物品种具有潜在的病害流行的后果，因此，应用生物多样性与生态平衡的原理，进行农作物遗传多样性、物种多样性的优化布局和种植，增加农田的物种多样性和农田生态系统的稳定性，利用物种间相生相克的自然规律，有效地减轻植物病害的危害，大幅度减轻因化学农药的施用而造成的环境污染，提高农产品品质和产量，实现农业的可持续发展，已成为现代农作物病虫害防治的发展趋势。

现行的方法和途径包括不同作物的间作套种（种水平上的多样性）；品种混种和多系品种（品种水平上的多样性）、培育和种植多抗病主效和微效基因及持久抗病基因的品种（基因水平的多样性）、基因布局（在大尺度空间上对不同的抗病基因品种进行布局种植）、生态调控（对病原源头地区进行控制，达到保护下游地区作物的目的）等。

参考文献

曾士迈，1985. 作物品种抗病性持久化的研究 [J]. 世界农业 (7): 29-31, 17.

曾士迈，2005. 宏观植物病理学 [M]. 北京：中国农业出版社 .

朱有勇，2007. 遗传多样性与植物病害持续控制 [M]. 北京：科学出版社 .

（撰稿：段霞瑜、周益林；审稿：范洁茹）

益母草白粉病　motherwort powdery mildew

由鼬瓣白粉菌引起的一种益母草真菌病害。

发展简史　该病一般危害较轻，缺乏系统研究。

分布与危害　该病广泛分布于各个产地，是益母草一种常见病害。主要侵害叶片，茎秆也可发病。被害叶片两面产生白色粉霉层（病菌的菌丝体和分生孢子），生长后期粉霉层上产生黑色小粒点（病菌的闭囊壳）。

病原及特征　病原为鼬瓣白粉菌（*Erysiphe galeopsidis*），属白粉菌属。菌丝体白色，主要生于叶面，也能在茎上生长。分生孢子桶形至柱形，串生。闭囊壳聚生，黑褐色，扁球形，具多根丝状附属丝。子囊椭圆形至短圆形，有柄至无柄。子囊孢子当年不形成，翌春才能成熟。病菌还可侵害鼬瓣花、夏至草、大花益母草、细叶益母草、假水苏等多种植物。

侵染过程与侵染循环　病菌以闭囊壳在病残体上越冬，翌春产生子囊孢子引起初侵染。病株上形成大量的分生孢子，借风雨传播不断引起再侵染。生长后期病斑上形成闭囊壳越冬。

防治方法

农业防治　入冬前清除病株及病残落叶，集中烧毁，以保持田园卫生，减少翌年菌源。

化学防治　发病期喷洒 50% 苯菌灵 1000 倍液或 15% 粉锈宁 800 倍液。根据病情发展喷 2～3 次，每次间隔 7～10 天。

参考文献

傅俊范，2007. 药用植物病理学 [M]. 北京：中国农业出版社 .

周如军，傅俊范，2016. 药用植物病害原色图鉴 [M]. 北京：中国农业出版社 .

（撰稿：傅俊范；审稿：丁万隆）

Y

益母草白霉病　motherwort frosty mildew

由柱隔孢引致的一种益母草真菌病害。

发展简史　该病一般危害较轻，缺乏系统研究。

分布与危害　分布于各地。严重危害时引起时片枯黄，影响益母草产量。危害叶片，病叶上形成直径 2～5mm 的多角形至不规则形病斑，病斑淡褐色，无明显边缘，背面形成白色霉层（分生孢子梗和分生孢子）。病害严重时病斑连合成片，叶片提前枯黄。

病原及特征　病原为益母草柱隔孢（*Ramularia leonuri*），属柱隔孢属。病菌子实体生于叶背面，无子座。分生孢子梗 6～25 根丛生，无色，无隔膜，不分枝，无膝状节，顶端圆锥形至近截形，孢痕色深。分生孢子无色，串生，两端圆锥形至近截形，单胞至双胞，隔膜处无缢缩，16～36μm× 3～4.5μm。

侵染过程与侵染循环　病菌以菌丝体在病残体上越冬，翌年形成分生孢子，借风雨传播引起初侵染。生长后期病株上形成的分生孢子可重复引起再侵染。

防治方法　搞好田园卫生，入冬前清除病株及病株残体，并集中烧毁。发病前喷洒 1∶1∶160 波尔多液。发病期喷洒 50% 多菌灵 600 倍液。

参考文献

傅俊范，2007. 药用植物病理学 [M]. 北京：中国农业出版社.

周如军，傅俊范，2016. 药用植物病害原色图鉴 [M]. 北京：中国农业出版社.

（撰稿：傅俊范；审稿：丁万隆）

阴香粉实病　*Cinnamum burmannii* powdery fruit

一种发生在阴香果实上的常见病害。

分布与危害　分布于广西和广东的广州、中山、佛山、湛江、郁南等地。阴香果实 10 月中旬开始发病，变形肿大，11 月果内出现褐色粉状物。病果被风雨吹打易落地。樟树果实则 10 月开始发病，11 月大量出现病果。

除阴香外，樟树、肉桂也发生此病。阴香粉实病主要危害果实，广州市郊的阴香和樟树普遍发生此病，果实发病率常达 30%～80%，影响阴香、樟树的采种繁殖。阴香果实受害后，逐渐成瘤状，以后全果肿大，呈球形或不规则形，直径 1.6～2.5cm。表面最初产生白色粉状物，由表及里，逐渐变为橄榄绿色，最后变为褐色，全果干缩，内部全是褐色粉状物，外有一层栗色外壳，外壳破裂后，粉状物释放出来（见图）。

病原及特征　病原菌为 *Exobasidium sawadae* Yamada，属外担菌属，专性寄生。

担子从寄主细胞间长出，棍棒状，其上着生担孢子；担孢子无隔，长椭圆形至卵形，大小为 8.5～16.5μm×5.5～ 10.0μm。

侵染过程与侵染循环　病原菌以担孢子在病果内越冬；

阴香粉实病症状（王军提供）

担孢子借气流传播；潜育期 7～17 天。生长季节有多次感染。担孢子萌发出菌丝在寄主细胞内扩展蔓延，刺激寄主组织增生，形成肿瘤。

防治方法　该病侵染源主要来自病果，因此，防治应清除病果，烧毁或深埋。

参考文献

冉梦莲，李周玉，2003. 阴香粉实病简况 [J]. 惠州学院学报，23(6): 44-46.

苏星，岑炳沾，1985. 花木病虫害防治 [M]. 广州：广东科技出版社.

（撰稿：王军；审稿：叶建仁）

银杏茎腐病　jingko stem rot

由菜豆壳球孢侵染引起的银杏病害。

分布与危害　银杏茎腐病是银杏常见病害，广泛分布于各银杏栽培区，多出现于 1～2 年生的银杏实生苗木，尤以一年生苗木更为严重，常造成幼苗大量死亡。

发病初期幼苗基部变褐，叶片失去正常绿色，并稍向下垂，但不脱落。感病部位迅速向上扩展，以至全株枯死。病苗基部皮层出现皱缩，皮内组织腐烂呈海绵状或粉末状，色灰白，并夹有许多细小黑色的菌核。病原菌也能侵入幼苗木质部，褐色中空的髓部可见小菌核产生。病菌逐渐扩展至根，使根皮皮层腐烂。银杏扦插苗在高温或低温的条件下，茎腐病也能发生，韧皮部薄壁组织变黑腐烂，插穗表皮呈筒状套在木质部上。

病原及特征　病原为菜豆壳球孢［*Macrophomina phaseolina*（Tassi）Goid.］。属壳球孢属。病菌在银杏上只产生菌核。菌核黑褐色，近圆形或者扁球形，表面光滑，直径 50～200μm。

病原菌喜高温，适宜的生长温度为 30～32℃，对酸碱度要求不严，在 pH4～9 均能很好生长。

侵染循环与发生规律　病原菌为土壤习居菌，以菌丝体和菌核在土壤中生存。银杏茎腐病主要在高温季节容易发生，病原菌易自根茎部位伤口侵入，夏秋间的高温和日晒使苗床土壤温度升高，苗木茎基部受过高土温的损伤为病菌的侵入创造了条件。苗木受地下害虫的危害，易为病菌感染。

防治方法　及早播种，有利于苗木早期木质化，增强对土表高温的抵御能力；用腐熟有机肥料作基肥可促进苗木生长，减少病害发生；合理密植，注意消灭地下害虫，幼苗移植时候避免损伤苗木的根茎；在苗床上架设荫棚，防止太阳辐射地温增高，降低对幼苗的危害；在高温季节及时灌水，喷灌方法更有利于减少病害的发生。可喷洒托布津、多菌灵等杀菌剂，有利于幼苗的保护和病害的防治，利用放线菌、芽孢杆菌等进行生物防治，也是有利的方法。

参考文献

方中达，袁贤熔，李传道，等，1956.银杏茎腐病的防治试验 [J].植物病理学报，2(1): 43-54.

山东林木病害志编委会，2000.山东林木病害志 [M].济南：山东科学技术出版社．

（撰稿：刘振宇；审稿：田呈明）

图 1 银杏叶枯病（刘振宇提供）

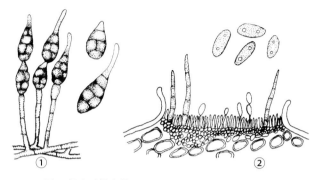

图 2 银杏叶枯病菌（引自《山东林木病害志》，2000）

①胶孢炭疽菌链格孢的孢子梗及分生孢子；②胶孢炭疽病菌的分生孢子盘及分生孢子

银杏叶枯病　jingko leaf blight

主要由链格孢侵染银杏引起的一种常见病害。

分布与危害　广泛分布于各银杏栽培区。银杏叶面产生大小不等的枯斑，大量落叶，果实瘦小，种核产量、质量受到影响。

发病初期常见叶片先端黄化，逐渐扩展至整个叶缘，呈现褐色、红褐色病斑；病斑继续向叶基部延伸，直至整个叶片呈暗褐色或灰褐色，病斑边缘呈波状，清晰明显，有时具黄色线带；潮湿情况下，病斑上可见黑色至灰绿色霉状物，或者黑色小点，为病原菌子实体；严重者，叶片枯焦、脱落（图 1）。

病原及特征　引起银杏叶枯病的病原，主要有 3 种真菌。主要病原菌为链格孢 ［*Alternaria alternata*（Fr.）Keissl.］，对银杏健康叶或黄化叶都有明显的致病性。属链格孢属。该菌多生于病斑背面，分生孢子梗单生或丛生，直立或弯曲，不分枝，有分隔，褐色，大小 40 ～ 90μm×4.0 ～ 7.5μm。分生孢子卵形、椭圆形、纺锤形或棒形，有或无喙状附属丝，橄榄灰色至橄榄褐色，表面平滑，横隔膜 2 ～ 8 个，纵隔膜 0 ～ 6 个，分隔处稍缢缩。分生孢子大小 24 ～ 42μm×11 ～ 18μm，喙长 7.4 ～ 25μm，为 2 个或 3 个串生。

围小丛壳 ［*Glomerella cingulata*（Stonem.）Spauld. et Schrenk］和银杏盘多毛孢 ［*Pestalotia ginkgo* Hori］主要危害黄化叶，一般认为是次要病原菌。

围小丛壳为炭疽菌属。在病叶上主要以无性阶段出现，为胶孢炭疽菌 ［*Colletotrichum gloeosporioides*（Penz.）Sacc.］。分生孢子盘散生于病叶两面，埋于表皮细胞下，褐色，直径 50 ～ 87μm 其上生有褐色刚毛。分生孢子椭圆形，单胞，无色，大小 10 ～ 18μm×4.0 ～ 6.5μm（图 2）。

银杏盘多毛孢为盘多毛孢属。分生孢子盘生于叶表皮细胞下，直径 110 ～ 150μm；分生孢子纺锤形，黄褐色，大小 20 ～ 22μm×6.5 ～ 8.5μm，4 分隔，分隔处稍缢缩，顶端有附属毛 2 ～ 3 根，两端细胞无色，中央 3 个细胞有色，基部有色细胞颜色较淡。

流行规律　银杏叶枯病的发生与树势有较大关系，树龄较大、不合适的立地条件和栽培管理措施等可能导致树势弱的多种因素，可导致病害的发生甚至严重发生。在苗木上，病害在 6 月较早期即可出现，而在幼树和大树上，通常发生较迟。病害的盛发期为 8 ～ 9 月，10 月逐渐停止。土层浅薄、下土板结、低洼易积水的地段，基肥不足、地下害虫危害猖獗的圃地，或起苗伤根、定植窝根等情况下，叶枯病发生较严重。大树和古银杏树，经常表现为雌株较雄株感病重，结果雌株大年比小年时感病要重。

防治方法　首先要选择立地条件好的地块进行育苗或栽培，避免使用土壤瘠薄、板结、低洼积水的土地。银杏大树在定植过程中注意充足浇水，保证较大树穴，种植深度不宜超过原根茎部位。苗圃和大树栽培管理过程中，加强肥培管理，促进植株良好生长，提高其抗病能力。于发病期喷洒多菌灵、甲霜灵等药液，有较好的防治效果。

参考文献

山东林木病害志编委会，2000.山东林木病害志 [M].济南：山东科学技术出版社．

朱克恭，石峰云，1991.银杏叶枯病病原菌形态及分类 [J].南京林业大学学报，15(1): 36-39.

（撰稿：刘振宇；审稿：田呈明）

樱花根癌病　oriental cherry crown gall

由根癌土壤杆菌侵染引起的危害樱花根部的一种细菌性土传病害，是一种世界性病害。又名樱花冠瘿病。

发展简史　1907 年，Smith 和 Townsent 首先发现植物冠瘿瘤是由农杆菌诱发的。1942 年，Braun 等进一步研究冠瘿瘤与农杆菌的关系，提出了"肿瘤诱导因子"假说，即推测农杆菌中存在一种染色体外遗传因子。60 年代，Movel 等研究发现，植物肿瘤组织中含有高浓度的特殊氨基酸，最常见的是章鱼碱和胭脂碱，总称为冠瘿碱。Petit 等人证明冠瘿碱的种类取决于菌种的种类，而与宿主植物无关。这些菌株分别专性地利用不同类型的冠瘿碱作为菌株生存的唯一碳源和氮源。这一结果为肿瘤诱导因子假说提供了有利的证据。1974 年，Zaenen、Schell 和 Vanlarbeke 等从致瘤农杆菌中分离出一类巨大质粒，称为致瘤质粒，简称 Ti 质粒。凡丢失 Ti 质粒后，致瘤能力则完全丧失。1977 年，Chilton 等利用分子杂交技术证明植物肿瘤细胞中存在一段外来 DNA，它与 Ti 质粒的 DNA 有同源性，是整合到植物染色体的农杆菌质粒 DNA 片段，称转移 DNA，简称 T-DNA，其内有致瘤和冠瘿碱合成酶等基因。1981 年，Omos 等发现 Ti 质粒上有致瘤区域即 *vir* 区基因。1984 年，Shaw 等人用实验表明，农杆菌对酚类化合物具有趋化性，而且这种趋化性依赖于 VirA 和 VirG 毒性蛋白。1985 年，Stachel 等在实验中观察到，叶子的受伤部分与非受伤叶子相比，具有明显的诱导作用。这些现象提示我们，*vir* 区基因诱导物是从受伤植物细胞产生的，确认了两种主要的 *vir* 区基因诱导物，乙酰丁香酮（简称 AS）和羟基乙酰丁香酮。1986 年，Bolton 等进一步研究证明，一些植物中常见的酚类化合物的混合物可以激活 *vir* 区基因。1990 年，Shimoda 等人研究指出，在限定的 AS 诱导条件下，许多中性糖都可以增强一些 *vir* 区基因的诱导。2000 年，Suzuki 等完成植物肿瘤诱导 Ti 质粒的核苷酸序列。现已确定了 Ti 质粒上的基因位点及它们在植物细胞中的表达。

由于该病菌特殊的致病机制，病菌致病基因 Ti 质粒转移并整合于植物的细胞中，导致植物细胞的异常增生，从而形成根瘤，防治较为困难。1972 年，Kerr 从土壤杆菌中分离得到放射土壤杆菌（*Agrobacterium radiobacter*）K84 菌株，这是应用较早且非常有效的生物制剂，是根癌病防治中的重大突破。K84 菌株与根癌土壤杆菌同属一个属，但 K84 能抑制根癌土壤杆菌，而不被根癌土壤杆菌抑制，对桃树及近缘的核果类果树的根癌病防治效果最好。K84 本身无致瘤性，它的质粒可以合成一种细菌素 Agrocin84，抑制很多种有致病性的菌株，而对非致病性的菌株则无影响。另外，它还可以通过与病原菌竞争附着位点而控制病原菌的侵入。K84 菌株中的控制细菌素合成的质粒可以整合到病原菌细胞中，从而使病原菌对 K84 产生抗性。中国农业大学曾从国外引进 K84 菌株，王慧敏等用 K84 防治桃根癌病的试验研究表明，K84 对核果类根癌病有很好的防治作用，特别是对未感病的植株防效更好，在与病菌 1∶1 混合的情况下，防效可达 96%～100%，且苗龄越小防效越好，并由此推断 K84 在重茬的苗床上和重茬土壤上的应用是很有前途的。1984 年，谢学梅等从葡萄冠瘿中分离得到一株产细菌素菌株 MI15，该菌株可抑制 90% 以上不同葡萄根癌土壤杆菌的生长。1985 年南非 Staphorst 从葡萄根癌病组织中分离获得 F2/5，该菌不致病，但可产生农杆菌素。敏感葡萄植株的枝条经 F2/5 处理后，再接种病原菌，结果使肿瘤的形成受到抑制，而 Vir 区的诱导和对照相比并没有显著差异。因此，推测 F2/5 菌株诱导了葡萄植株抗性的表达，或者 F2/5 与植株的相互作用间接地促进了植株对病原菌的抑制。1986 年，

陈晓英等从山东啤酒花冠瘿瘤中分离出的 HLB-2 菌株，无致病性，能产生细菌素抑制根瘤。同年，南非 Webster 报道从南非李树冠瘿中分离到 J73，产细菌素，本身是致病菌，但对葡萄不致病，且可通过产细菌素来抑制葡萄根癌病的发生。1988 年，澳大利亚科学家用遗传工程的方法构建出菌株 K1026，它的各方面特性和抑瘤效果与 K84 没有区别，但是不会将产细菌素质粒转移到病原菌内，所以不会使病原菌产生抗性。E26 是 1990 年梁亚杰等从葡萄根癌病组织中分离的，无致病性，能产生农杆菌素，对 85.2% 的供试菌株有防治效果。李金云的研究结果表明 E26 菌株对葡萄根癌病的生防作用主要是预防作用，其机理复杂，产生土壤杆菌素、在伤口的定殖能力以及在侵染部位与病菌竞争空间和营养的能力都是 E26 菌株对葡萄根癌病的生防作用机制。1994 年，T. J. Burr 从葡萄冠瘿中分出 H6，无致病性，混合接种可明显减少瘤数和瘤大小，含有一个质粒。1998 年，Stahl 等发现质粒连接的媒介 RSF1010 对 *Agrobacterium tumefaciens* 的毒性有较好的抑制作用。2001 年，Escobar 等设计出 iaaM 和 ipt 的干涉 RNA，通过对转基因后的阿拉伯芥进行体外接种，发现抑瘤率可达 97.5%。2002 年，Herlache 等发现蛋白类抗生素 Trifolitoxin（TFX）对葡萄农杆菌有较好的抑制效果。2003 年，Lee 等通过使转录后致瘤基因沉默，抑制根瘤的生长。2004 年王关林等以发根土壤杆菌 K84 为供试菌株，对其进行紫外诱变，筛选出高产细菌素的菌株 WJK84-1，通过樱桃接瘤实验表明，WJK84-1 菌株和其产生的细菌素均可抑制根瘤发生，抑瘤率达到 83.4% 左右。之后研究者们发现了更多可用于防治根癌病的生防菌株，如金色假单胞菌（*Pseudomonas aureofaciens*）B-4117 和荧光假单胞菌（*Pseudomonas fluorescens*）CR330D 对葡萄农杆菌 Tm4 和 Sz1 均具有拮抗作用；水生拉恩氏菌（*Rahnella aquatilis*）HX2 对由 *Agrobacterium vitis* K308 引起的葡萄根癌病有较好的抑制作用；葡萄根瘤菌（*Rhizobium vitis*）VAR03-1 对苹果根癌病具生物防治的作用。瓦雷兹芽孢杆菌（*Bacillus velezensis*）JK-XZ8 是可用于樱花根癌病防治的有效生防菌株。李健强等采用抑菌圈法测定了 6 种杀菌剂和抗菌素对不同生物型根癌土壤杆菌的作用。结果表明，福美双对生物 Ⅲ 型根癌菌所有菌株都有较强抑制作用，抑菌圈直径（DBA）最大达 23.2mm，对 Ⅰ、Ⅱ 型的个别菌株也有轻微抑制作用；多菌灵、乙膦铝和加瑞农对 3 种生物型的根癌菌无抑制作用；青霉素钠对 Ⅰ、Ⅱ 型根癌菌无抑制作用，对 Ⅲ 型抑制作用较强，最大 DBA 为 27mm。硫酸链霉素对 Ⅰ、Ⅱ、Ⅲ 型根癌菌抑制作用显著，DBA 最大值达 40.8mm。多菌灵、乙膦铝对 3 种根癌抑制菌均无作用。李莹莹采用纸片法检测了 27 种中草药对根癌土壤杆菌的抑菌效果，供试中药有金银花、广金钱草、半枝莲、大黄、泽泻、黄连、黄芩、穿心莲、白花蛇舌草、黄柏、荷叶、鸡骨草、车绒草、车前草、川乌、青黛、防风、火麻仁、猪苓、佩兰、草蔻、桑叶、赤小豆、冬瓜皮、茯苓、野生柴胡、地肤子。结果表明，黄连的抑菌效果明显，其抑菌圈直径为 22mm，最低抑菌浓度（MIC）为 15.62mg/ml；大黄和穿心莲也有抑菌作用，其抑菌圈直径分别为 19.5mm 和 18.9mm，MIC 均为 31.25mg/ml。

分布与危害　根癌病已从辽宁、江苏、北京一带蔓延扩展到浙江、山东、河南、云南、吉林、内蒙古、上海、河北等地。樱花作为一种优良的园林观赏树种，在中国各地均有种植，然而樱花根癌病严重响了樱花的生长和苗木的培育。根癌病的症状表现是在植物的根部，有时在茎部，形成大小不一的肿瘤，初期幼嫩，后期木质化，严重时整个主根变成一个大瘤子（见图）。病树树势弱，生长迟缓，产量减少，寿命缩短。受到该菌危害后不仅本身树势弱，生长迟缓，也严重影响了绿化美化功能，造成城市生态环境恶化。重茬发病率在 20%～100%，有的甚至造成毁园。根癌病主要通过苗木调运实现远距离传播。由于病菌可长时间存活在土壤中，因此，它也是一种土传病害。根癌病传入中国以后，又通过苗木调运不断扩散。

病原及特征　病原为农杆菌属根癌土壤杆菌［*Agrobacterium tumefaciens*（Smith & Towns.）Conn］，细菌短杆状，单生或链生，大小为 1～3μm×0.4～0.8μm，具 1～6 根周生鞭毛，有运动性。若是单菌毛，则多为侧生。细菌内不含色素，具有 Ti 质粒（tumer-inducing plasmid），可引起植物根部肿大。该细菌有荚膜，无芽孢，革兰氏染色阴性反应。在琼脂培养基上菌落白色、圆形、光亮、透明，在液体培养基上微呈云状浑浊，表面有一层薄膜。不能使明胶液化，不能分解淀粉。

根癌土壤杆菌可侵染 93 科 331 属 643 种植物。在中国根癌病菌可侵染樱桃、桃、杏、李、苹果、梨、葡萄、榆叶梅、杨树、毛白杨、无患子等。

侵染过程与侵染循环　根癌土壤杆菌致病原因是由于细菌染色体外的遗传物质即 Ti 质粒中的一个片段转移到植物细胞并整合到植物染色体组，染色体上致病基因表达所致。所转移和整合的 DNA 含有合成两种生长剂生长素和细胞分裂素的编码，以及一类氨基酸衍生物冠瘿碱的基因。植物激素合成基因的表达，导致植物肿瘤发生，因为根癌土壤杆菌具有特殊的致病机制，一旦有根癌症状表现就证明 T-DNA 已经转移到植物的染色体上，再用杀菌剂杀细菌细胞已无法抑制植物细胞的增生，更无法使肿瘤症状消失。根癌土壤杆菌在肿瘤组织皮层内或混入土中越冬。病菌可在土壤和病组织中存活多年。调运带病苗木是远距离传播的主要途径。近距离传播主要通过雨水、灌溉水和地下害虫传播，如蛴螬、蝼蛄和线虫均能传播该菌。病菌既可通过虫伤、机械伤及其他根病引起的损伤侵入，也可从自然孔口侵入。侵入后只定

植于皮层组织，在寄生过程中分泌 β- 吲哚乙酸刺激周围细胞加速分裂，体积增大形成癌肿，但一般很难察觉到。环境条件适宜，侵入后 20 天左右即可出现癌瘤，有的则需 1 年左右，表现潜伏侵染现象。寄主细胞变成癌瘤后，即使无病菌也能继续扩展。

流行规律　病害的发生与土壤温度、湿度及酸碱度密切相关。22℃ 左右的土壤温度和 60% 的土壤湿度最适合病菌的侵入和瘤的形成。超过 30℃ 时不形成癌瘤。发病随土壤湿度升高而增加，反之则减轻。中性至碱性土壤有利发病，pH 为 5 的土壤，即使病菌存在也不发生侵染。各种创伤有利于病害的发生，细菌通常是从树的裂口或伤口侵入，断根处是细菌集结的主要部位。此外，苗木嫁接方式及嫁接后管理都与病害发生的轻重有关。一般切接、枝接比芽接发病重。土壤黏重、排水不良的苗圃或果园发病较重。病害发生与土壤的肥沃度有关，而与耕种和其他土壤因子关系较小。

防治方法

植物检疫　根癌病的防治必须要以预防为主，预防要从侵染途径入手。注意苗木检查消毒，对用于嫁接的砧木在移栽时应进行根部检查，发现病菌应予淘汰。选择无病土壤作苗圃避免重茬，或者施撒抗重茬菌剂改良土壤。曾经发生过根癌病的老苗圃地不能作为育苗基地。鉴于根癌菌主要存在于土壤中，所以防治的时间应以在种子或植株接触未消毒的土壤之前为好，从根本上阻止根癌菌的侵入。因病原细菌能在土壤内存活两年以上，所以在清除病株后，一定要对周围的土壤消毒，尽量不要在原地补种。土壤可用硫酸亚铁 225kg/hm² 或链霉素 500mg/L 进行消毒。北京地区土壤属碱性，不建议用生石灰进行土壤消毒。

生物防治　如放射土壤杆菌（*Agrobacterium radiobacter*）K84 菌株、K1026 菌株和葡萄土壤杆菌（*Agrobactium vitis*）E26 菌株、芽孢杆菌等根际细菌，能够有效地预防根癌病的发生，必须在发病前，即病菌侵入前使用才能获得良好的防治效果，有效期可达 2 年。健康苗木栽植前需使用生防细菌加水 1∶1 稀释，用于浸根、浸种或浸插条。

抗性品种　鉴于根癌菌比较复杂，特别对于系统侵染的根癌病要以生物防治结合抗性品种进行防治，抗性品种不仅要抗根癌菌的侵染，同时要具有抗寒的特性，减少冻害为根癌菌侵染提供的机会。

农业防治　碱性土壤应适当施用酸性肥料或增施有机肥料，以改变土壤 pH，使之不利于病菌生长。雨季及时排水，以改善土壤的通透性。中耕时应尽量少伤根。所有的根癌菌均是以伤口作为唯一的侵染途径，而且是以同样的致病机制使植物发病，因此，保护伤口是最好的防治方法。在定植后的梅树上发现病瘤时，先用快刀彻底切除病瘤，用链霉素涂切口，外加凡士林保护，切下的病瘤应随即烧毁。防治根癌病还要兼防地下害虫，地下害虫造成根部受伤，增加发病机会，及时防治地下害虫，可以减轻发病。

参考文献

北京市颐和园管理处，2018.颐和园园林有害生物测报与生态治理 [M].北京：中国农业科学技术出版社.

罗贵斌，张建军，陈晓东，等，2017.起垄与药剂组合对樱花根癌病防效及生长的影响 [J].北方园艺 (3): 121-126.

樱花根瘤（王爽摄）

倪大炜，沈杰，张炳欣，1999. 日本樱花根癌病病原菌的鉴定及其防治 [J]. 微生物学通报 (1): 3-5.

邱金亚，1987. 日本樱花根头癌肿病病原菌的分离鉴定 [J]. 植物检疫 (1): 59-60.

王志龙，金杨唐，谭志文，等，2014. 宁波樱花根癌病病原细菌鉴定 [J]. 植物保护，40(3): 147-150, 164.

许晓波，马玉，王燕，2002. 樱花根癌病发生规律和控制措施初报 [C] // 北京园林学会. 北京奥运和城市园林绿化建设论文集：158-162.

詹国辉，樊新华，吴新华，2005. 樱花根癌病的入侵机制与检疫管理对策 [C] // 中国昆虫学会，中国植物病理学会，江苏省植物病理学会. 外来有害生物检疫及防除技术学术研讨会论文汇编：120-123.

张锡唐，吴小芹，陈飞，2020. 瓦雷兹芽孢杆菌 JK-XZ8 对樱花根癌病的防效与抑菌物质初探 [J]. 山西农业大学学报 (自然科学版)，40(5): 75-82.

朱熙樵，1988. 利用根癌病原细菌防除根癌病 [J]. 世界农业 (12): 32.

（撰稿：王爽；审稿：李明远）

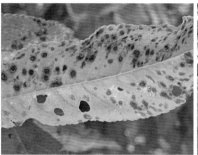

褐斑穿孔病症状（王爽摄）

樱花褐斑穿孔病　oriental cherry *Cercospora* shot hole

由核果尾孢侵染引起的危害樱花叶部的一种真菌性病害。

发展简史　早在 20 世纪 70 ～ 80 年代，魏景超等人对樱花褐斑穿孔病原菌就有研究记载。

分布与危害　樱花种植区域均有发生。樱花生产上叶部病害主要是褐斑穿孔病危害严重，大大降低了观赏价值和经济效益。在桃、李、杏、梅、樱桃、樱花等核果类观赏树木的种植区域均有发生，属常发性病害（见图）。

病原及特征　病原为核果尾孢（*Cercospora circumscissa* Sacc.），异名 *Cercospora cerasella* Sacc.、*Cercospora padi* Bubak et Sereb.，有性世代为樱桃球腔菌（*Mycosphaerella cerasella* Aderh.）。分生孢子梗浅榄褐色，具隔膜 1 ～ 3 个，有明显膝状屈曲，屈曲处膨大，向顶渐细，大小为 10 ～ 65μm×3 ～ 5μm。分生孢子橄榄色，倒棍棒形，有隔膜 1 ～ 7 个，大小为 30 ～ 115μm×2.5 ～ 5μm。子囊座球形或扁球形，生于落叶上，大小为 72μm；子囊壳浓褐色，球形，多生于组织中，大小为 53.5 ～ 102μm×53.5 ～ 102μm，具短嘴口；子囊圆筒形或棍棒形，大小为 28 ～ 43.4μm×6.4 ～ 10.2μm；子囊孢子纺锤形，大小为 11.5 ～ 178μm×25 ～ 43μm。

侵染过程与侵染循环　以菌丝体在病叶或枝梢病组织内越冬，翌春气温回升，降雨后产生分生孢子，借风雨传播，侵染叶片、新梢和果实。以后病部产生的分生孢子进行再侵染。叶片被害后，产生圆形或近圆形病斑，直径 1 ～ 4mm，边缘清晰，略带环纹，有时晕圈呈紫色或红褐色。后期在病斑上可见灰褐色霉状小点，中部渐干枯而脱落穿孔，穿孔的边缘整齐，穿孔多时可造成提前落叶。新梢和果实上的病斑，与发生在叶片上的相似，后期均可产生灰褐色霉状小点。但病斑不脱落。

流行规律　适温多雨的天气有利于发病。病菌发育温度 7 ～ 37℃，适温 25 ～ 28℃。低温多雨利于病害发生和流行。气温在 22℃ 以上时开始发病，雨日、雨量是影响病情发展的重要因素。当气温在 20 ～ 30℃ 时，湿度是决定樱花褐斑穿孔病发病程度的主要因素，发病程度与空气湿度呈显著正相关。

防治方法

农业防治　入冬前彻底清除枯枝落叶，减少越冬菌量；适时合理修剪，保证植株内膛通风透光良好；增施有机肥和磷钾肥，忌偏施氮肥，防止绿地积水，增强树势，提高抗性。

化学防治　早春樱花萌芽前喷 5 波美度石硫合剂清园，在展叶时喷 1 ～ 2 次苯醚甲环唑、代森锰锌或甲基硫菌灵等广谱杀真菌剂保护，发病后喷药还未发现有治疗效果显著的药剂。在实际养护过程中，应根据气候情况决定防治措施。根据当地气象预报，如果 5 ～ 8 月干旱少雨、相对湿度较小，可只采用综合防治而不采用化学防治，这样既可以节约成本，又可以减少环境污染；如果 5 ～ 8 月雨水充沛、温暖湿润，则不但需要加强综合防治，而且要及时进行化学药剂的预防。

参考文献

北京市颐和园管理处，2018. 颐和园园林有害生物测报与生态治理 [M]. 北京：中国农业科学技术出版社.

曹若彬，1986. 果树病理学 [M]. 2 版. 上海：上海科学技术出版社.

沈娟，宋丽莉，张志国，2008. 樱花褐斑穿孔病与空气湿度的关系 [J]. 安徽农业科学 (28): 12317, 12333.

魏景超，1979. 真菌鉴定手册 [M]. 上海：上海科学技术出版社.

杨文成，邱清华，2006. 樱花褐斑穿孔病及其综合治理 [J]. 江西农业学报，18(2): 112-114.

（撰稿：王爽；审稿：李明远）

Y

油菜白斑病 oilseed rape white leaf spot

由芥假小尾孢引起的一种油菜真菌病害，是一种世界性分布的病害。

发展简史 欧美国家科研人员从20世纪50年代就开始研究油菜白斑病。中国是20世纪初在十字花科蔬菜上发现了白斑病。

分布与危害 油菜白斑病是世界性分布的病害。在中国各油菜产区均有发生，以湖北、湖南、安徽、浙江、云南、贵州、四川、河南、山西、甘肃、新疆等地为主要发生区域。

病斑在老叶上较多，初为淡黄色小斑，后病斑扩大，近圆形或不规则形，直径1～2cm，中央灰白色或浅褐色，有时略带红褐色，周围黄绿色或褐色，病斑稍凹陷，后期病部变薄，常破裂穿孔。湿度大时，病斑背面产生稀疏的淡灰色霉状病菌，病斑相互连合形成大斑，常致叶片枯死。白斑病在加拿大等国也称为灰茎病。茎上病斑不规则形，灰色到黑色。严重时整株变成灰色（图1）。

白斑病在症状上与*Mycosphaerella brassicicola*引起的环斑病较为类似。在自然发病情况下，白斑病引起的病斑为灰白色或浅褐色，边缘呈褐色，有时候会形成假菌核(子座)。环斑病在叶片上引起的病斑为淡褐色至黑色，并有黑色的性孢子器。

病原及特征 病原为芥假小尾孢[*Pseudocercosporella capsellae*（Ell. & Ev.）Deighton]，异名*Cercosporella brassicae*（Faitrey and Roum.）Höhn，属小白尾孢属真菌。菌丝无色，有隔膜。分生孢子梗从病部气孔伸出，束生，无色，不分枝，7.0～12.6μm×2.0～2.7μm。分生孢子梗顶端圆截形，着生1个分生孢子。分生孢子无色，线状或鞭状，直或弯曲，基部稍膨大，顶端稍尖，有横隔膜3～4个，大小为40～65μm×2.0～2.5μm（图2）。有性阶段芥菜小球壳菌（*Mycosphaerella capsellae*），产生子囊孢子，为子囊菌门真菌。子囊孢子梭形，略弯曲，1个隔膜。

侵染过程与侵染循环 病原菌主要以菌丝体在病残体上或以分生孢子黏附在种子上越冬和越夏，翌年以雨水传播飞溅到叶片上引起初侵染。病斑上的分生孢子继续传播引起再侵染。子囊孢子从子囊壳弹射到空气中，沉积在叶片表面，引起初侵染（图3）。

流行规律 病原菌的分生孢子随风雨或灌溉水传播，飞散高度可达30cm，距离3m，由气孔侵入植株引起病害。病原菌在5～28℃均可侵染，最适发病温度为11～23℃。湿度大有利于发病，发病的田间湿度要求60%以上。

温度和湿度是影响病害发生的主要因素。病害流行的气温偏低，属低温型病害。连续降雨易引起病害流行，长江中下游一般在3～4月发生和流行。此外，不同油菜品种之间抗性差异较大，甘蓝型油菜较抗病，而白菜型油菜较感病。

防治方法

轮作 病区实行两年以上与非十字花科植物轮作。

选用抗病品种。

加强田间管理 施足底肥，增施磷钾肥以增强抗病性。

种子消毒 用50%多菌灵粉剂浸种1小时。

化学防治 重病区应进行化学防治。发病初期及时喷

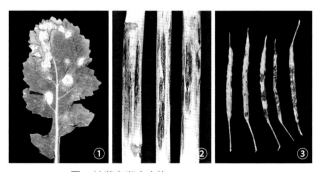

图1 油菜白斑病症状（A. J. Inman 提供）

①叶片受害状；②茎秆受害状；③果实受害状

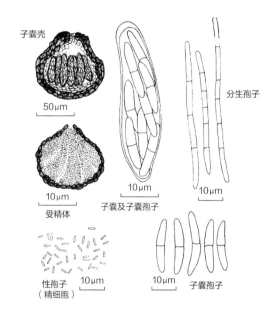

图2 油菜白斑病病菌形态图（引自 Inman et al., 1999）

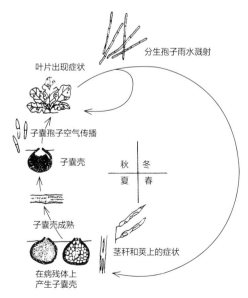

图3 油菜白斑病侵染循环图（引自 Inman et al., 1999）

药。可用药剂包括 50% 多菌灵可湿性粉剂 500 倍液、75% 百菌清可湿性粉剂 600 倍液、70% 代森锰锌 500 倍液、50% 异菌脲可湿性粉剂 1000 倍液、10% 苯醚甲环唑水分散粒剂 2000 倍液等。共喷施 2～3 次，间隔 7～10 天。

参考文献

李春艳，刘希全，2004. 大白菜抗白斑病的生理生化相关性状的研究 [J]. 辽宁农业科学 (3): 8-10.

周艳芳，李宝聚，谢学文，等，2009. 湖北长阳火烧坪高山蔬菜病害调查 [J]. 中国蔬菜 (21): 18-20.

FITT B D L, DHUA U, LACEY M E, et al, 1989. Effects of leaf age and position on splash dispersal of *Pseudocercosporella capsellae*, cause of white leaf spot on oilseed rape[J]. Aspects of applied biology, 23: 457-464.

INMAN A J, FITT B D L, TODD A D, et al, 1999. Ascospores as primary inoculum for epidemics of white leaf spot (*Mycosphaerella capsellae*) in winter oilseed rape in the UK[J]. Plant pathology, 48: 308-319.

INMAN A J, SIVANESAN A, FITT B D L, et al, 1991. The biology of *Mycosphaerella capsellae* sp. nov., the teleomorph of *Pseudocercosporella capsellae*, cause of white leaf spot of oilseed rape[J]. Mycological research, 95: 1334-1342.

（撰稿：任莉、李国庆；审稿：刘胜毅）

油菜白粉病　oilseed rape powdery mildew

由十字花科白粉菌引起的一种油菜真菌病害。分布广泛，但危害不是十分严重。

发展简史　中国戴芳澜在《中国真菌总汇》中最早记录的油菜白粉病的病原为蓼白粉菌（*Erysiphe polygoni* DC.）。1986 年日本发现该病还可以由十字花科白粉病（*Erysiphe cruciferarum*）引起。在中国，J. T. Alkooranee 等于 2015 年报道了十字花科白粉病引起的油菜白粉病。

分布与危害　油菜白粉病在世界上很多国家均有发生。由于病害发生不十分严重，且造成的产量损失不大，是油菜的次要病害之一。在中国，油菜白粉病过去主要分布于湖北、四川、云南、贵州等地。随着全球气候变暖，病害逐渐向东和北蔓延，在陕西、山西、甘肃等地也有大面积发生，成为油菜生产中的潜在隐患性病害。感染白粉病的油菜（发病率 26%～100%）与健康植株相比，千粒重降低 18.8%～77.5%，单株有效角果数平均减少 8～18 个，每角粒数平均减少 1～4 粒，单株产量减少 21.3%～80.7%。

白粉病可危害油菜的叶片、茎秆、角果等部位。发病初期在感病部位形成少量的点块白斑（菌丝、分生孢子梗和分生孢子），以后向外扩展连结成片，一段时间后受害部位变黑，有的产生黑色粒状物（见图）。病轻时，植株生长、开花受阻，严重时白粉状霉覆盖整个叶面，到后期叶片变黄、枯死，植株畸形，花器异常，直至植株死亡。

霜霉病与白粉病有一定相似之处，二者都是在叶片上形成白色霉层，区别在于霜霉病在叶片正面产生黄色病斑，叶

油菜白粉病症状（程晓晖提供）
①叶片症状；②茎秆症状；③角果症状

背面形成白色霜状霉层；而白粉病则在叶片正面和背面（一般在叶片正面）出现白色粉状霉层。

病原及特征　病原为蓼白粉菌（*Erysiphe polygoni* DC.）或十字花科白粉菌（*Erysiphe cruciferarum* Opiz ex Junell），属白粉菌属。

白粉菌的有性世代产生暗褐色扁球形闭囊壳，一般为聚生，较少散生，直径 83～137μm，具 7～39 根附属丝。附属丝一般不分枝，较少数有一次不规则的分枝，呈曲折状，长度是闭囊壳直径的 1～2 倍。每个闭囊壳含有 3～10 个子囊。子囊卵形或近球形，一般有明显的短柄，少数无柄。子囊大小为 45.7～71.1μm×30.5～50.8μm，有 2～8 个子囊孢子。子囊孢子椭圆形，单胞，无色或略带黄色，有的有油滴，大小为 17.5～36.3μm×11.2～17.5μm。

白粉菌的无性世代产生分生孢子，圆柱形到卵圆形，大小为 26.6～43.2μm×15.2～20.0μm。分生孢子的长宽比约为 2。分生孢子梗直立，不分枝，顶端形成分生孢子。

白粉菌的菌丝体无色或灰色，常通过吸器侵入寄主组织内。附着胞裂瓣型，足细胞圆柱形，直立，大小为 35～42μm×7～10μm。

侵染过程与侵染循环　白粉菌的子囊孢子和分生孢子随风飞散，落到感病油菜品种的叶片、茎秆或角果上。当温湿条件合适时，孢子萌发形成芽管，芽管顶端逐渐膨大形成附着胞，在附着胞下方形成侵染钉侵入寄主表皮，侵染钉顶部发育成吸器，之后菌丝体附生在表皮组织，通过吸器吸收营养供菌丝生长，再由菌丝侵入表皮细胞形成吸器，如此反复。

油菜白粉菌在南方主要以菌丝体或分生孢子在不同作物，尤其是十字花科作物上辗转传播和危害。在北方，白粉菌主要以闭囊壳在病残体上越冬并成为初侵染来源。在条件适宜时，子囊释放出子囊孢子随风雨传播，进行初侵染。发病后，病原菌在发病部位产生的分生孢子随风传播，进行多次重复侵染。在油菜收获前病菌产生闭囊壳越夏。

流行规律　油菜白粉病是一种气流传播病害，子囊孢子和分生孢子在遇到气流时会飞散到附近的油菜叶片、茎秆或角果上，之后萌发形成芽管侵入寄主组织。

白粉菌的生长范围通常在 16～28℃，分生孢子萌发的温度一般为 20～24℃，但不同菌系之间会有差别。分生孢子萌发的最适合湿度为 100%。低温有利于子囊孢子萌发。高温有利于病害流行。

适宜的温湿度是白粉菌侵染的关键因子。温度决定病

害发生的时间和扩展速度，降水量影响病害的流行和严重程度。高温有利于病害流行，14℃以下很少发病。干湿交替、持续高温有利于白粉菌的二次侵染，这主要是由于干旱会降低寄主的抗病能力，而短暂的湿润条件可满足孢子的萌发和侵染。

防治方法

选用抗（耐）病品种 油菜不同品种对白粉病的抗性差异非常明显，利用抗病品种是防治白粉病最经济有效且对环境友好的措施。对白粉病近免疫或高抗的品种有中双 8 号、中双 9 号、黔油 14 号、尼古拉斯等，这些品种在白粉病发病盛期只有轻微感病症状，菌丝扩展慢，后期不散孢。中抗品种有中双 6 号、中双 7 号等，表现为植株表现感病症状，但病斑几乎不扩展，也不散孢。感病品种有湘油 15 号、湘油 13 号等，表现出明显的白粉病症状，后期散发出分生孢子。高感品种有晋油 1 号，表现为发病初期菌丝扩展快，散孢早。

农业防治 与非寄主植物如水稻等轮作，可有效减少菌源。加强栽培管理，注意田间卫生，发病初期及时摘除病叶。增施磷钾肥以增强植株的抵抗力，少施氮肥以防徒长。叶面喷施腐熟的堆肥茶可抑制病原的生长，在一定程度上可减轻病害。干旱时及时进行灌溉。在土壤湿度大的地区，注意开沟排水以避免种植过密，降低田间湿度。

化学防治 在没有抗病品种时，喷药防治是控制病害大面积流行的主要手段。发病初期可喷施嘧菌酯、咪鲜胺、多菌灵、苯醚甲环唑等，病害严重时可防治 2～3 次，每次间隔 7～10 天。

参考文献

罗宽，周必文，1994. 油菜病害及其防治 [M]. 北京：中国商业出版社：282-283.

ALKOORANEE J T, LIU S, ALEDAN T R, et al, 2015. First report of powdery mildew caused by *Erysiphe cruciferarum* on *Brassica napus* in China[J]. Plant disease, 99(11): 1651.

ENRIGHT S M, CIPOLLINI D, 2007. Infection by powdery mildew *Erysiphe cruciferarum* (*Erysiphaceae*) strongly affects growth and fitness of *Alliaria petiolata* (*Brassicaceae*)[J]. American journal of botany, 94(11): 1813-1820.

ENRIGHT S M, CIPOLLINI D, 2011. Overlapping defense responses to water limitation and pathogen attack and their consequences for resistance to powdery mildew disease in garlic mustard, *Alliaria petiolata*[J]. Chemoecology, 21: 89-98.

MOHAMED E A, REDA E A M, WAFFAA H, et al, 2008. Transgenic canola plants over-expressing bacterial catalase exhibit enhanced resistance to *Peronospora parasitica* and *Erysiphe polygoni*[J]. Arab journal of biotechnology, 11(1): 71-84.

（撰稿：任莉、刘胜毅；审稿：周必文）

油菜白绢病　oilseed rape southern blight

由齐整小核菌侵染引起的一种油菜真菌病害。又名油菜南方枯萎病。由于白绢病是高温高湿型病害，生长需要的温度较高，与油菜生育期内的温度差别较大，因此，在中国发生较少。

发展简史 1892 年，Rolfs 首次在番茄上发现白绢病。引起白绢病的病原是齐整小核菌（*Sclerotium rolfsii* Sacc.）。无性型的同物异名有 *Sclerotium delphinii*。白绢病菌有性阶段产生担孢子，命名为 *Athelia rolfsii*（Curzi）Tu and Kimbrough，同物异名有 *Corticium rolfsii* 和 *Pellicularia rolfsii*。

分布与危害 一般在温暖潮湿的热带或亚热带地区发生。白绢病菌可侵染 500 多种植物，最常见的寄主植物属于豆科、茄科、十字花科和葫芦科。在不同植物上侵染过程相似。除油菜外，白绢病菌还可以危害花生、向日葵和大豆等油料作物。

病害主要发生在幼苗靠近地面的根颈部。根颈开始发病时，表皮呈褐色水渍状，长出白菌丝，菌丝继续生长形成白色菌丝层，状如白色丝绢。潮湿时菌丝体辐射状扩展，蔓延至附近的土表上。病部组织下陷，皮层腐烂。病斑可向根部发展。病部和地面有时均覆盖有白色绢丝状的菌丝体；后期在病部和地表形成许多初为白色，后为黄色，最后呈茶褐色的油菜籽状菌核。发病植株生长不良，叶片尖端枯死，逐渐衰弱凋萎乃至枯死。

病原及特征 病原为齐整小核菌（*Sclerotium rolfsii* Sacc.），属小菌核属真菌，是强腐生性土壤习居菌。病菌的无性阶段只产生菌丝和菌核，不产生孢子。菌核表生，初白色，最后茶黄色，球形或近球形，直径 0.5～1mm，表面光滑且有光泽，很像菜籽，易与菌丝脱离（见图）。菌核内部灰白色，结构比表层疏松。菌丝体白色，有绢丝般光泽，呈羽毛状，从中央向四周辐射状扩展。镜检菌丝呈淡灰色，有横隔膜，常呈直角分枝，分枝处缢缩，离缢缩不远处有一横膜。白绢病菌主要分布在热带、亚热带和温带地区。

侵染过程与侵染循环 该病菌菌核以菌丝形态侵染植物茎，也可侵染其他植物器官（根、果实、叶柄、叶片、花）。侵染初期病斑暗褐色，随着侵染深入，植物地上部表现黄化和萎蔫。被侵染的植物组织产生白色绒毛状辐射生长的菌丝，并在菌丝表面产生大量的菌核。菌核圆形，大小及形状相似，油菜籽状，初期白色，逐渐变成浅褐色和暗褐色。偶尔在菌落边缘产生担孢子（有性孢子）。

流行规律 该病菌一般以成熟菌核或菌丝体等形态在土壤和病残体内越冬。病菌借流水及农事操作传播，也可以种子中混杂菌核传播。菌核在适宜条件下萌发产生菌丝，菌丝接触到寄主时，可直接侵染，伤口有利于侵染。菌丝体在土中蔓延，接触感染形成再侵染。菌核作为初次侵染源，侵

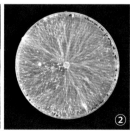

白绢病病原菌核（①引自金苹和高晓余，2011；②晏立英提供）

染寄主后形成次生菌核，作为翌年的初侵染源。菌核可借流水、昆虫、农事操作等传播，造成再侵染。菌核在土壤中可存活数年。

白绢病是高温高湿型病害。菌核在 25～35℃，相对湿度 90% 以上时萌发。在适宜的湿度条件下，温度在 27～30℃ 最适宜于病原侵染。菌丝在 8～40℃ 均能生长，42℃ 下也能存活数日，最适生长温度为 30～35℃。温度降到 -10～2℃ 时能杀死菌丝体和发芽的菌核，但不能杀死休眠的成熟菌核。菌丝生长和菌核萌发的 pH2.0～8.0，最适 pH5.0～6.0，因此，在中性和弱酸性的土壤中病害较重。菌核一般局限在土壤表层或土壤深度 7cm 以上，在潮湿条件下及土壤深处，菌核存活时间较短。此外，在施有未腐熟的有机肥和过多氮肥的田间发病较重。

防治方法

加强田间管理　做好田间清洁，及时消除病残体。合理密植以改善田间通风条件。深埋菌核以减少初侵染源。

与非寄主植物实行轮作　玉米为白绢病的非寄主植物，高粱、棉花等也较少感染白绢病。

化学防治　可用于拌种、灌根和喷施。可用药剂包括 20% 三唑酮乳油 1000 倍液、40% 菌核净可湿性粉剂 600～1000 倍液、50% 异菌脲可湿性粉剂 800 倍液、50% 腐霉利可湿性粉剂 1000～1500 倍液等。用于拌种时用量为种子重量的 0.5%，用于喷施时可根据情况喷施 1～2 次，间隔 7～10 天，用于灌根时每株灌 100～200ml，视病情可灌根 1～2 次。

参考文献

金苹，高晓余，2011. 白绢病的研究 [J]. 农业灾害研究，1(1): 14-22.

BULLUCK L R, RISTAINO J B, 2002. Effect of synthetic and organic soil fertility amendments on southern blight, soil microbial communities, and yield of processing tomatoes[J]. Phytopathology, 92(2): 181-189.

HAGAN A K, OLIVE J W, 1999. Assessment of new fungicides for the control of southern blight on aucuba[J]. Journal of environmental horticulture, 17: 73-75.

PUNJIA Z K, 1985. The biology, ecology, and control of *Sclerotium rolfsii*[M]. Annual review of phytopathology, 23: 97-127.

XU Z H, 2008. Overwinter survival of *Sclerotium rolfsii* and *S. rolfsii* var. *delphinii*, screening hosta for resistance to *S. rolfsii* var. *delphinii*, and phylogenetic relationships among *Sclerotium* species[J]. Ames: Iowa State University.

（撰稿：任莉、李国庆；审稿：刘胜毅）

油菜白锈病　oilseed rape white rust

由白锈菌引起的一种油菜真菌病害，是一种雨水和气流传播病害。在世界各国均有分布。在中国，病害流行年份引起的产量损失较为严重。

发展简史　白锈菌是真菌中相对较小的一个类群，十字花科上的白锈菌主要有 3 个种，侵染油菜的为 *Albugo candida*。在中国，油菜白锈菌在 20 世纪 50 年代就有危害记录，主要发生在西南、华东等地。随着全球气候变暖和油菜品种抗性水平的提高，白锈病的发生有减轻趋势，相关的研究报道也随之减少。

分布与危害　油菜白锈病在世界上很多国家均有发生，其中危害较重的国家有印度、德国、加拿大等。在中国，油菜种植区均有发生，其中以四川、云南、贵州、江苏、安徽、浙江和上海较重。有些年份油菜白锈病苗期发病率几乎100%，"龙头"率 70% 以上，严重田达 100%，每亩减产20kg 左右。在发病较重的地区，大流行年份发病率 50%～100%，产量损失 30%～50%，千粒重和含油量均下降。

白锈病可危害油菜的叶片、茎枝、花和花梗、角果等部位。油菜在苗期至开花结荚期均能感染白锈病，抽臺开花期最为严重。白锈病感病初期在叶片正面产生淡绿色小点，后变黄，叶背面长出白漆状疱斑，破裂后散出白色粉末，发展成白斑，最后变成褐色枯斑。幼茎和花梗染病后，顶部肿大弯曲成"龙头"状，疱斑多呈长圆形或短条状。花器感病后畸形肥大，花瓣变绿变厚，不脱落也不结实，上生白色漆状疱斑。角果感病后，病部褪绿，长出白色疱状物，破裂后散出白色粉末（图 1）。

白锈病与霜霉病的症状有类似之处，二者在花器上都形成"龙头"拐杖，区别在于白锈菌形成的龙头表面粗糙；霜霉菌形成的龙头表面光滑，上面覆有霜状霉层。在其他部位病斑的主要区别在于白锈病的病斑为疱疹状，主要在表皮下，病斑破裂后散出白粉；霜霉病的病斑在表面，为霜状霉层。

病原及特征　病原为白锈菌〔*Albugo candida*（Pers.）Kuntze〕，属白锈菌属。白锈菌是一种专性寄生菌，有无性阶段和有性阶段，无性繁殖产生具双鞭毛的游动孢子，有性繁殖产生卵孢子。

菌丝无隔，多核，蔓生于寄主细胞间，借吸器侵入细胞内吸收营养。孢囊梗棍棒状，不分枝，无色，无隔，生在植物表皮下，排列成栅栏状，串生；孢囊梗顶端着生链状孢子囊，长卵形至球形，无色，大小为 26～42μm×8～15μm。孢子囊以由上往下的方式产生，也就是说，最老的孢子囊在顶端。孢子囊球形至亚球形，直径 12～18μm，无色透明，萌发时直接产生双鞭毛游动孢子，一般不形成芽管。1 个孢子囊可产生 5～18 个游动孢子。游动孢子大小为 9～15μm×11～22μm，两根鞭毛一长一短，帮助孢子在水中游动。卵孢子褐色，近球形，大小为 31～42μm，外壁有网状突起或瘤刺等纹饰，可作为白锈菌种鉴定的主要依据。卵孢子萌发形成游动孢子。卵孢子有 5 层细胞壁，可帮助病原度过干旱等逆境条件（图 2）。

白锈菌的专化性很强，有许多生理小种，其致病性分化现象在很久以前就有研究。Eberhardt 于 1904 年将 *Albugo candida* 分为两种类型，一种是寄生荠菜（*Capsella*）、独行菜（*Lepidium*）和南芥属（*Arabis*）；另一种是寄生芸薹属（*Brassica*）、野芥（*Sinapis*）和二行芥属（*Diplotaxis*）。根据这种对不同十字花科寄主的致病性，Napper 对英国 20 个白锈菌小种进行了描述。Pound 和 Williams 收集了十字花科 6 个属的寄主植物上的白锈病菌，根据不同寄主将白锈菌分为

图 1　油菜白锈病症状（①②G. A. Petrie 提供；③S. R. Rimmer 提供；④⑤程晓辉提供）
①叶片正面症状；②叶片背面症状；③④花梗症状；⑤大田症状

6个生理小种，而病原的来源寄主就作为这6个生理小种区分的最佳鉴别寄主。这6个生理小种分别为：小种1来自于萝卜（*Raphanus sativus*）品种 Early Scarlet Globe，小种2来自于芥菜（*Brassica juncea*）品种 Southern Giant Curled，小种3来自于辣根（*Armoracia rusticana*）品种 Common，小种4来自荠菜，小种5来自药用大蒜芥（*Sisymbrim officinale*），小种6来自蔊菜（*Rorippa islandica*）。

侵染过程与侵染循环　由卵孢子萌发形成的芽管顶端膨大形成游动孢子囊。孢子囊随风雨传播落在油菜叶片上，在适宜的条件下萌发产生双鞭毛的游动孢子。游动孢子从气孔侵入植物组织，在植物的细胞间隙产生大量胞间菌丝，并不断扩展。当菌丝接触到寄主组织的细胞壁时，在接触处伸出入侵栓伸到细胞内形成小球状吸器。一个菌丝细胞上可形成多个吸器。卵孢子萌发形成的芽管也可以直接侵入寄主组织。

病菌可以菌丝体随病残体越冬，也可以卵孢子在病株残体上、土壤中和种子上越冬和越夏。卵孢子在干旱条件下可存活20年以上。在冬油菜区，秋播油菜苗期时卵孢子萌发产生芽管形成孢子囊，孢子囊萌发产生游动孢子，借风雨传播至叶片上，从气孔侵入，引起初侵染。卵孢子也可直接萌发产生芽管侵入寄主。病斑上产生的孢子囊（疱疹）又随风雨传播进行再侵染。冬季以菌丝或卵孢子在寄主组织内越冬。春季气温回升时产生大量孢子囊继续危害，到油菜收获时形成卵孢子（"龙头"）越夏。白锈病是一种低温高湿病害，0～25℃时病菌孢子均可萌发，以10℃最适宜。只要水分充足，就能不断发生，连续危害。品种间抗病性有差异（图3）。

流行规律　油菜白锈病是一种雨水和气流传播病害。卵孢子萌发后产生的游动孢子借雨水传播，从气孔侵入；孢子囊也可借气流辗转传播，遇到适宜的条件时侵入寄主。

白锈菌侵入寄主的最佳温度为18℃。卵孢子萌发的温度一般为0～25℃，最适温度为10℃。孢子囊一般在寄主组织腐烂、疱斑破裂时萌发。低温高湿为孢子囊萌发所必需，一般萌发温度为1～20℃，最适温度为7～13℃。湿度90%以上有利于孢子囊萌发。

病菌一般由游动孢子从气孔侵入引起初侵染。侵染过程中会形成侵入钉、吸器等结构帮助侵入和寄生。

气温、降水量和湿度是影响白锈病发生的主要因素。气

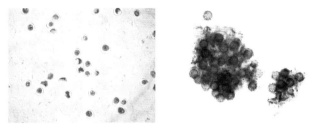

图 2　油菜白锈病菌症状游动孢子（左）和卵孢子（右）
（S. R. Rimmer 提供）

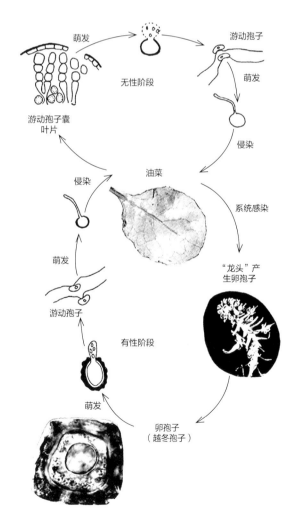

图 3　油菜白锈菌侵染循环示意图（引自 P. R. Verma, 1994）

温和降水两个因素均满足时病害才能流行。冬季气温偏高有利于病原菌越冬，早春气温回升缓慢或有倒春寒时有利于孢子囊的萌发和侵入油菜。油菜花期降水日、降水量和空气相对湿度决定病害的严重程度。

防治方法　防治的基本原则是以种植抗病品种为基础，提高田间管理水平，对感病品种或病害流行年份及时喷药进行化学防治。

种植抗（耐）病品种　不同品种对白锈病的抗性差异较大。一般而言，白菜型和芥菜型油菜发病较重，甘蓝型油菜发病较轻，且早熟品种比晚熟品种发病更重。

农业防治　可实行水旱轮作，减少菌源。在主茎或分枝上初见"龙头"时，及时摘除"龙头"，对白锈病的防效可达98%。加强田间管理，适期播种，合理施肥。

化学防治　用于防治霜霉病的杀菌剂均对白锈病有效，如波尔多液、代森（锰）锌、福美锌、嘧菌酯、百菌清、甲霜灵等。在用农药进行防治时，需要注意避免抗药性的产生，在同一个地方最好用多种药剂轮换使用。同时要注意避免产生药害。药剂的使用方法包括拌种和田间喷施。田间喷施时，在油菜3～5叶期和初花期用药效果最好，根据病情可施药多次，间隔7～10天。

参考文献

任沪生，王圣玉，李丽丽，等，1985.油菜白锈病抗源筛选鉴定研究 [J].中国油料 (3): 49-55.

BAKA Z A M, 2008. Occurence and ultrastructure of *Albugo candida* on a new host, Arabis alpina in Saudi Arabia[J]. Micron, 39 (8): 1138-1144.

CHOI Y J, SHIN H D, HONG S B, et al, 2007. Morphological and molecular discrimination among *Albugo candida* materials infecting Capsella bursa-pastoris world-wide[J]. Fungal diversity, 27: 11-34.

CHOI Y J, SHIN H D, PLOCH S, et al, 2008. Evidence for uncharted biodiversity in the *Albugo candida* complex, with the description of a new species[J]. Mycological research, 112: 1327-1334.

PEDRAS M S C, ZHENG Q A, GADAGI R S, et al, 2008. Phytoalexins and polar metabolites from the oilseeds canola and rapeseed: Differential metabolic responses to the biotroph *Albugo candida* and to abiotic stress[J]. Phytochemistry, 69: 894-910.

（撰稿：任莉、刘胜毅；审稿：周必文）

油菜病毒病　oilseed rape virus disease

由多种病毒单独侵染或复合侵染引起的一种油菜重要病害。又名油菜花叶病。

发展简史　植物病毒病的症状最早记录出现在752年，日本诗歌描述"在一个村庄，看起来像秋天来了，夏天里的植物叶子变黄了"，后来确认是由烟草卷叶联体病毒（tobacco leaf curl virus, TLCV）引起林泽兰的黄化病。1576年，荷兰人 Charles de Lieclase 描述郁金香杂色花，在荷兰掀起一股"郁金香热"，一株郁金香（球根）可以换取数头牛、猪、绵羊，几吨谷物，甚至上千磅奶酪或一个磨坊。1670年，

Traite des Tulip 推测碎色郁金香可能是一种病害，后来证明是由芜菁花叶病毒（turnip mosaic virus, TuMV）侵染引起的病毒病。荷兰阿姆斯特丹的 Rijks 博物馆还保存着一张1619年荷兰画师的一幅罹病的郁金香静物画。而 TuMV 也是引起油菜病毒病的最重要的一种病毒，它于1921年首次在美国白菜上报道。中国，凌立和杨演于1941年首次报道 TuMV 引起油菜花叶病。

Doolittle 于1916年在美国首次报道黄瓜花叶病毒（cucumber mosaic virus, CMV）引起黄瓜和甜瓜病毒病，后来发生遍布世界各地，主要在温带以及热带地区引起多种作物、蔬菜和花卉病毒病，是经济作物上最重要的植物病毒之一。

油菜花叶病毒（oilseed rape mosaic virus, ORMV）最早侵染中国油菜的报道在1962年，周家炽和裴美云分别报道在寄主反应和血清学性质上类似烟草花叶病毒（tobacco mosaic virus, TMV）的油菜分离物，称为油菜花叶病毒（youcai mosaic virus, YoMV）。1996年，Aguilar 等在核酸分子水平上证明了 YoMV 是完全不同于 TMV 的 Tobamovirus 属新病毒，建议将病毒的油菜汉语拼音 youcai 改为英文 oilseed rape，即 oilseed rape mosaic virus，这一名称已被国际病毒分类委员会所承认。中国20世纪80年代末的油菜病害调查中，对10省（自治区、直辖市）1000多份油菜病毒病样品血清检测，ORMV 约占检测样品的8%。此后，也有不少油菜和十字花科蔬菜上 ORMV 的发生报道，但当时均被报道为 TMV。2005年，蔡丽等人通过鉴别寄主植物的反应、血清学性质和分子生物学分析发现，一个侵染油菜的烟草花叶病毒分离物是油菜花叶病毒的一个株系。

花椰菜花叶病毒（cauliflower mosaic virus, CaMV）1937年首次在田芥和甘蓝上发现，早期报道在保加利亚、新西兰和美国侵染油菜。CaMV 是影响英国油菜生产的主要病毒之一，早期感染病株产量损失高达92%。1992年和1993年两年调查，分别有14%和25%的油菜地块有 CaMV 发生，平均发病率为5%和7%。之后，在油菜上陆续报道了其他病毒种类的存在。

分布与危害　油菜病毒病在世界上许多国家均有分布，如加拿大、英国、德国、荷兰、新西兰和澳大利亚等。中国油菜病毒病主要发生在冬油菜区，以长江中下游地区最严重，其他地区虽有发生，一般都比较轻。油菜病毒病为间歇性流行病害，大流行年份，发病率一般为20%～60%，严重可达70%，损失20%～30%。油菜感病后主要影响菜籽的产量和品质，据中国农业科学院油料作物研究所测定，病株减产34%～92%，含油量降低1.7%～13.0%。此外，病株易感染菌核病、霜霉病和软腐病，引起植株枯死，造成失收。

油菜病毒病的症状表现因油菜品种类型和毒源种类不同以及感病迟早而有很大差异。

白菜型和芥菜型油菜苗期受害后，通常先从心叶的叶脉基部开始显症，沿叶脉两侧褪绿呈半透明状的"明脉"，其后逐渐发展为"花叶"状，并伴随叶片皱缩畸形，严重时植株矮化僵死（图1）。轻病株虽能抽薹，但植株明显矮化，茎薹缩短，叶片和花器丛集，花色失去光泽，不能正常开放，病株角果稀少、畸形，大多不能正常结籽或结籽很少。成株

期发病，一般株形正常，叶片黄化，易脱落，果轴和角果弯曲，结实率低，且籽粒不饱满。

甘蓝型油菜苗期受害主要表现有黄斑型和枯斑型两种症状。病株叶片先产生近圆形的黄褐色斑点，略凹陷，中央有一黑褐色枯点。抽薹期感病，新生叶片多出现系统性褪绿、小斑点，圆斑点较多，看上去呈"花叶"状，严重时叶片皱曲。成株期感病植株茎秆上的症状主要表现为条斑。病斑初为褐色至黑褐色梭形斑，后逐渐纵向发展成条形枯斑，病斑相互连合连接后常导致植株半边或全株枯死，后期病斑纵裂（图2）。油菜抽薹后，在叶柄、叶脉、花薹和荚上也可表

图 1　油菜病毒病引起花叶症状（蔡丽提供）

①芥菜型；②白菜型油菜

图 2　油菜病毒病引起的甘蓝型油菜症状

（许泽永、陈坤荣和蔡丽提供）

①明脉；②花叶和畸形；③枯斑和茎秆上褐色条状坏死斑

现褐色条斑，荚常扭曲，叶片早枯脱落，病株易死亡。

病原及特征　据文献报道，田间自然侵染油菜的病毒有13种，分属于8个病毒科和12个病毒属（见表），不同油菜产区病毒种类有所不同。在中国，引起油菜病毒病的主要病毒有4种：芜菁花叶病毒（turnip mosaic virus，TuMV）、黄瓜花叶病毒（cucumber mosaic virus，CMV）、油菜花叶病毒（oilseed rape mosaic virus，ORMV）和花椰菜花叶病毒（cauliflower mosaic virus，CaMV），其中以TuMV最为重要，栽培油菜和十字花科蔬菜病毒病害90%左右是由TuMV单独或与其他病毒复合侵染引起的。

芜菁花叶病毒（TuMV）属马铃薯Y病毒科（Potyviridae）马铃薯Y病毒属（Potyvirus），病毒粒子线状，大小为720nm×15~20nm，基因组为正单链RNA。钝化温度为55~60°C，稀释限点为10^{-4}~10^{-3}，体外存活期3~5天。病毒可经汁液接种和蚜虫传播，能传毒的蚜虫种类很多，自然条件下主要是桃蚜、萝卜蚜和甘蓝蚜等，以非持久方式传毒。TuMV具有广泛的寄主范围，世界不同国家凡种植油菜或十字花科作物的地区均有分布。人工接种条件下，TuMV至少侵染43个双子叶植物科的156个属的318种植物，主要包括十字花科、茄科、豆科、苋科、菊科、藜科和石竹科，也侵染单子叶植物。在自然条件下，主要危害油菜和其他十字花科蔬菜，栽培油菜和十字花科蔬菜病毒病害90%左右是由TuMV单独或与其他病毒复合侵染引起的。

黄瓜花叶病毒（CMV）属雀麦花叶病毒科（Bromoviridae）黄瓜花叶病毒属（Cucumovirus），是中国油菜上仅次于TuMV的主要病毒。病毒粒子为球状，直径约为29nm，基因组为正单链RNA。钝化温度55~70°C，稀释限点10^{-4}~10^{-3}，体外存活期1~10天。CMV在自然界中主要靠蚜虫传播，但也可经汁液摩擦和种子传播，可被桃蚜、棉蚜等75种蚜虫以非持久性方式传播。CMV寄主范围极其广泛，自然寄主有茄科、十字花科、葫芦科、豆科、菊科等67科470多种植物。人工接种还可侵染藜科、马齿苋科等85科356属1000多种植物。此外，CMV还可侵染玉米，是第一个被报道既能侵染单子叶植物又能侵染双子叶植物的病毒。

油菜花叶病毒（ORMV）属帚状病毒科（Virgaviridae）烟草花叶病毒属（Tobacovirus），在中国四川、贵州、浙江、江苏、上海、安徽、江西、湖南、湖北、河南等地均有发生，发病率一般在30%以上，检出率占油菜田间病毒病样品的8%左右。病毒粒体直杆状，长300nm左右，宽15~18nm。钝化温度95°C，稀释限点10^{-8}~10^{-6}，存体外活期22个月。基因组为正单链RNA。通过汁液、土壤和水传播，无需借助传毒介体。ORMV自然条件下侵染油菜、油青菜等，引起明脉和花叶。人工接种可系统侵染小白菜、大白菜、甘蓝、芥菜和荠菜等十字花科蔬菜和杂草，发病初期出现明脉，逐渐发展成花叶，严重的病株矮化；隐症感染萝卜，系统侵染普通烟、黄烟、番茄、矮牵牛等，引起花叶和斑驳；局部侵染苋色藜、昆诺藜、曼陀罗、心叶烟、豇豆、辣椒等，产生局部枯斑。

花椰菜花叶病毒（CaMV）属花椰菜花叶病毒科（Caulimoviridae）花椰菜花叶病毒属（Caulimovirus），病

油菜病毒一览表

病毒名称	分类地位	发生地区	参考文献
菁花叶病毒 （turnip mosaic virus，TuMV）	马铃薯 Y 病毒科，马铃薯 Y 病毒属	遍及世界各地	凌立和杨演，1941
黄瓜花叶病毒 （cucumber mosaic virus，CMV）	雀麦花叶病毒科黄瓜花叶病毒属	遍及世界各地	Komoro，1966
油菜花叶病毒 （oilseed rape mosaic virus，ORMV）	寻状病毒科烟草花叶病毒属	中国、日本和韩国	裴美云，1962
花椰菜花叶病毒 （cauliflower mosaic virus，CaMV）	花椰菜花叶病毒科花椰菜花叶病毒属	广泛发生在温带地区	Tompkins，1937
甜菜西方黄化病毒 （beet western yellow virus，BWYV）	黄症病毒科马铃薯卷叶病毒属	遍及世界各地	Gilligan et al.，1980
芜菁黄化花叶病毒 （turnip yellow mosaic virus，TYMV）	芜菁黄花叶病毒属	欧洲、澳大利亚	Markham and Smith，1949
萝卜花叶病毒 （radish mosaic virus，RMV）	豇豆花叶病毒科豇豆花叶病毒属	美国、日本、欧洲、摩洛哥和伊朗	Tompkins，1939
芜菁皱缩病毒 （turnip crinkle virus，TCV）	番茄丛矮病毒科石竹花斑驳病毒属	英格兰、苏格兰和前南斯拉夫地区	Broadbent and Blencowe，1955
芜菁丛簇病毒 （turnip rosette virus，TRV）	南方菜豆花叶病毒属	苏格兰	Blencowe and Broadbent，1957
芜菁脉明病毒 （turnip vein-clearing virus，TVCV）	烟草花叶病毒属	美国、欧洲	Lartey et al.，1993
分枝花椰菜坏死黄化病毒 （broccoli necrotic yellow virus，BNYV）	弹状病毒科细胞质弹状病毒属	英国	Walsh and Tomlinson，1985
番茄斑萎病毒 （tomato spotted wilt virus，TSWV）	布尼亚病毒科番茄斑萎病毒属	伊朗、欧洲	Shahraeen et al.，2003
蚕豆萎蔫病毒 （broad bean wilt virus，BBWV）	豇豆花叶病毒科蚕豆病毒属	英国	Walsh and Tomlinson，1985

毒粒体球状，直径约 53nm，基因组为双链 DNA。钝化温度 $75 \sim 80℃$，稀释限点 $10^{-3} \sim 10^{-2}$，体外存活期 5～7 天。通过汁液接种传播，自然条件下被蚜虫以非持久性或半持久性方式传播。CaMV 寄主范围较窄，自然条件下可侵染十字花科芸薹属、萝卜属植物和拟南芥。CaMV 侵染油菜后引起花叶、枯斑、明脉、矮化等症状。

侵染过程与侵染循环　引起油菜病毒病的几种主要病毒共性是寄主范围较广，都可以通过汁液接触传播。油菜收获后，病毒越夏的寄主植物较多，病毒可在夏季种植的十字花科、茄科和豆科蔬菜、杂草和油菜自生苗上越夏。TuMV、CMV 和 CaMV 都可通过蚜虫传播。当油菜育苗和移栽大田后，上述感病寄主植物经有翅蚜吸毒迁飞到油菜苗上引起初侵染，其后油菜田中的蚜虫在病株上反复吸毒迁移而导致再侵染，邻近油菜田的十字花科蔬菜病株，也可经带毒有翅蚜传播至油菜健株上引起再侵染。此外，CMV 还可通过种子带毒传病，ORMV 还可通过土壤和流水传播，无需借助传播介体。ORMV 可通过病残株及根系在土壤中有较长残留期，种子播于病土内或健苗移栽至病土内均可引起发病。病毒通过根系排入土壤和水中，可通过水流传播再侵染。这些病毒主要通过伤口侵入寄主，因此，田间农事操作、咀嚼式口器昆虫（如蝗虫、菜青虫等）取食造成微伤，也可以传播病毒。

流行规律　油菜病毒病的发生危害与油菜类型和品种的抗病性、蚜虫发生数量和迁飞频率以及毒源植物和气象因素等关系密切。

油菜类型和品种　不同油菜类型和同一类型不同品种，病毒病的发生危害表现出明显差异。通常甘蓝型油菜较白菜型和芥菜型油菜抗性较好。各类型油菜品种中，绝大部分白菜型品种属高感类型，甘蓝型油菜品种中一般表现为抗病，部分品种表现高抗。

蚜虫数量和迁飞　带毒蚜虫吸毒传毒是导致油菜病毒病发生流行的关键因素。毒源植物上蚜虫数量多，带毒率高，在油菜苗期，带毒蚜虫迁飞到油菜苗床或大田移栽苗上传毒，造成苗期发病，田间蚜虫发生数量多，尤其是桃蚜、萝卜蚜和甘蓝蚜发生危害重时，在田间迁飞频率高，反复吸毒传毒，从而导致病毒病的发生流行。

气象因素　主要是通过影响传毒蚜虫的发生和迁飞，而间接影响病毒病的发生和流行。在油菜生长期间，若干旱天气持续时间较长，有利于传毒蚜虫的繁殖与活动，尤其是有利于有翅蚜的繁殖与迁飞，往往造成病害大发生。反之，若阴雨天气持续长，特别是秋季降水量多，直接影响蚜虫的繁殖和迁飞，通常发病较轻。

播种期　油菜播种期与病毒病的发生危害也有一定关系。一般早播发病重，迟播发病轻。播种早，毒源植物上的带毒蚜虫往油菜苗上迁飞的时间也相应较早，传毒吸毒的频率亦相应升高，因此，发病重。

此外，毒源植物较多的油菜产区，也是影响病毒病发生危害的重要因素之一。秋季较油菜早播的十字花科蔬菜是油

Y

菜病毒病的主要毒源植物，凡离十字花科蔬菜较近的油菜田，病毒病的发生往往早而重。

防治方法 根据油菜病毒病的发生危害特点，防治应选用抗病品种为基础，适期播种，集中育苗移栽，重点搞好苗期治蚜防病等综合措施。

选用高产抗病品种 是防治油菜病毒病最经济有效的方法。但不同类型油菜品种对病毒病的抗性具有明显差异，一般对病毒病抗性为芥菜型＞甘蓝型＞白菜型油菜品种。但芥菜型油菜产量较低，白菜型油菜早熟、易感染病毒病，甘蓝型油菜抗病性好，产量高。在病毒病发生地区，应根据当地种植的油菜品种进行自然抗性鉴定，选用适宜本地种植的高产抗病良种，尤其是注意选用"双优"甘蓝型油菜品种。

适期播种 适当推迟播种有利于减轻病害。不同地区应因地制宜，适期播种，做到既防病，又不影响油菜产量和前后茬作物的种植。重病区干旱年份切忌早播，根据当地的气象条件和油菜品种类型，播种应掌握在 9 月中下旬至 10 月上旬完成，甘蓝型油菜由于生育期较长，可适当提前早播，白菜型油菜应适当迟播。

加强苗床管理 油菜苗床地应远离十字花科蔬菜等毒源植物的地块，要土质肥沃、排灌方便。集中育苗，并清除周围的杂草，苗床四周种植高秆作物有预防蚜虫传病的作用。苗期勤施肥，及时间苗、剔除病苗，促使油菜苗生长健壮，增强植株自身抗病性。若天气干旱，土壤缺水时，及时灌水可以减轻病毒病的发生。

治蚜防病 苗床或直播油菜出苗后，注意蚜虫的发生情况，及时喷药灭蚜，同时应加强对苗床或移栽油菜田周围较油菜早播的十字花科蔬菜上蚜虫的防治，以防带毒蚜虫迁飞到油菜苗上。防治药剂主要有 25% 噻虫嗪、50% 灭蚜净、50% 抗蚜威和 10% 吡虫啉等。

此外，根据有翅蚜对某些颜色的忌避或趋性，用银灰或乳白色塑料薄膜平铺畦面周围，具有避蚜作用，也可在油菜田插放黄色诱蚜板，可诱集迁飞蚜虫。

参考文献

蔡丽，许泽永，陈坤荣，等，2005. 芜菁花叶病毒研究进展 [J]. 中国油料作物学报，27(1): 104-110.

蔡丽，许泽永，陈坤荣，等，2005. 油菜花叶病毒 Wh 株系的鉴定 [J]. 油料作物学报，32(4): 367-372.

蔡丽，许泽永，陈坤荣，等，2007. 湖北和安徽省油菜病毒病调查和病毒血清鉴定 [J]. 植物保护，33(2): 88-90.

许泽永，陈坤荣，2008. 油料作物病毒和病毒病 [J]. 北京：化学工业出版社.

WALSH J A, JENNER C E, 2002. Turnip mosaic virus and the quest for durable resistance[J]. Molecular plant pathology, 3(5): 289-300.

（撰稿：蔡丽；审稿：侯明生）

油菜病害 oilseed rape diseases

油菜是中国最重要的油料作物之一，播种面积和产量均居世界前列，每年可提供大量的优质食用油和蛋白饲料，同时也是生物燃料、医药、化妆品、冶金等行业的重要工业原料。病害作为油菜安全生产的主要限制因子之一，不仅会带来巨大的产量损失，还影响到农产品质量安全、生态安全、种植效益等诸多方面。

全世界已知的油菜病害共有 78 种，其中真菌病害 57 种、细菌病害 4 种、病毒病害 13 种、类菌原体病害 3 种、线虫病害 1 种。中国于 2010—2013 年在全国农业技术推广服务中心的组织下对全国油菜有害生物的种类进行了普查，共查实油菜病害 27 种。其中真菌病害 18 种，包括油菜菌核病、油菜霜霉病、油菜黑胫病、油菜根肿病、油菜灰霉病、油菜黑斑病、油菜立枯病、油菜白锈病、油菜白粉病、油菜白斑病、油菜白绢病、油菜炭疽病、油菜猝倒病、油菜枯萎病、油菜黄萎病、油菜淡叶斑病、油菜黑腐病、油菜圆斑病；细菌病害 3 种，包括油菜软腐病、油菜细菌性黑斑病、油菜黑粉病；病毒病害 4 种，包括芜菁花叶病毒病、油菜花叶病毒病、黄瓜花叶病毒病、烟草花叶病毒病；类菌原体病害和线虫病害各 1 种。

油菜不同生育期病害发生种类和危害程度不同，在生产中应根据当地病害的发生特点，以主要病害为防治对象，制定一套切实可行的防治措施，将病害的损失控制在经济允许水平之内。

按油菜的生长发育阶段，总结不同时期的防治要点。

播种前期 在油菜播种之前应考虑是否可以通过种植抗病品种或轮作措施有效地控制病害发生。

选用优良抗（耐）病品种 尽管用到生产上高度抗病的油菜品种不多，但不同的油菜类型和品种间对许多病害的抗（耐）性仍表现出明显的差异，可以从中选出抗（耐）性较强的品种供生产使用。种植抗（耐）病的品种可有效地控制油菜菌核病、病毒病、霜霉病和白锈病的危害。

合理轮作、适时换茬 菌核病、霜霉病、根肿病等病害的病原菌可以在土壤中越冬（越夏），实行水旱轮作或与非寄主轮作 2 ～ 3 年以上可以有效减轻病害的发生。

播种期 播种期的工作重点是选用不带菌的种子或对带菌的种子进行消毒，保证种子出苗齐、全、壮。

精选种子 提倡盐水或温水浸种，淘汰病残体、秕籽，及时清除菌核和霉变的种子，以保证种子饱满、健壮、整齐一致。

种子消毒 用 1% 石灰水、多菌灵、甲基托布津、氰霜唑等杀菌剂进行种子消毒，可杀灭种子表面的病原菌；或者用氟啶胺等药剂对种子进行包衣或丸粒化，以控制病害的发生。

适时播种 播种过早，根肿病、病毒病和软腐病发生加重，适当延期播种可减轻病害的发生。

苗期 苗期病害种类较多，应通过合理的栽培管理和药剂防治等措施控制苗期病害的发生。

农业防治 加强水肥管理，及时间苗，培育壮苗，提高植株自身的免疫能力。

化学防治 苗期病害主要有根肿病、病毒病、立枯病、猝倒病、霜霉病等。在根肿病发生严重的地区，可用氰霜唑等药剂灌根，以控制病害的发生。在病毒病发生严重的地区，

Y

在油菜出苗后6～7天或幼苗移栽前需喷施杀虫剂控制传毒蚜虫的数量，以减轻病毒病的发病率。在立枯病、猝倒病、霜霉病等发生严重的地区，应采取合理施肥、及时清沟排渍等栽培管理措施结合适期喷施杀菌剂来预防和控制病害的发生。

大田期　很多病害在大田期危害严重，搞好田间水肥管理，控制病害再侵染数量可有效减轻病害的发生。

加强水肥管理　首先要做好合理施肥，少施氮肥、增施磷肥、钾肥，以提高植株的抗病性。施用的农家肥一定要充分腐熟，以免将病菌带入田间。做好田间的清沟排渍，深沟窄厢种植可降低田间湿度，减轻大多数病害的发生程度。

减少病害的侵染源　在菌核病发生严重的地区，在油菜盛花期之前，可结合中耕除草，铲除萌发的子囊盘，打掉基部腐叶，防止病叶传染茎秆。在霜霉病发生严重的地区，应在终花期摘除发病的"龙头"，以减少病菌的再侵染及越夏菌源数量。

化学防治　根据当地病害的发生规律和预测预报情况，确定好重要病害的防治对象和防治适期，选用化学农药或生物农药进行防治。在防治过程中应注意不同类型农药的使用时期和施用次数以及合理搭配。

收获期　由于菌核病、霜霉病、白锈病等病害的病菌可以在病残体或种子中越夏（冬），成为病害的初侵染源，因此，在收获过程中应采取措施减少病菌的初侵染源数量及越夏（冬）基数。应选用无病田或无病株留种，留种用的植株最好单收、单脱、单藏。在油菜收获后应及时清除田间地头的病残体，并集中销毁或沤制肥料。也可向田间施用生物菌剂等，以减少翌年田间菌源数量。

参考文献

侯明生，黄俊斌，2006.农业植物病理学[M].2版.北京：科学出版社：215-267.

罗宽，周必文，1994.油菜病害及其治理[M].北京：中国商业出版社.

中国农业科学院植物保护研究所，中国植物保护学会，2015.中国农作物病虫害[M].3版.北京：中国农业出版社：1450-1490.

（撰稿：程晓晖、刘胜毅；审稿：周必文）

油菜猝倒病　oilseed rape damping-off

由瓜果腐霉侵染引起的一种油菜真菌病害，是一种土传世界性病害。又名油菜卡脖子、油菜小脚瘟。

分布与危害　油菜猝倒病在全国各地均有发生，以南方多雨地区较重，常引起缺苗断垄。猝倒病主要危害油菜、黄瓜、茄子、青椒、莴苣、芹菜、菜豆等多种蔬菜幼苗，严重时成片死苗，甚至毁种。另外，猝倒病菌也可侵染苗木、花卉、烟草等。据统计，该病约占幼苗死亡的80%，造成重大的经济损失。

油菜猝倒病的发生主要有苗前和苗后侵染两种情况。当苗前侵染发生时，病原菌是在种子萌发时侵染幼芽，从而导致种子腐烂最终死亡。当苗后侵染发生时，真叶尚未展开前发病，在靠近土壤表面的茎基部初生水渍状病斑，迅速扩大变成黄褐色，以后逐渐绕茎一周，幼茎缢缩成线状，使幼苗失去支撑力而倒伏，一拔即断。

油菜猝倒病多发生在出苗后，在长出1～2片叶之前，初期在茎基部近地面处产生水渍状淡褐色斑，腐烂，后缢缩成线状，最后倒伏死亡（见图）。根部发病，出现褐色斑点，严重时地上部分萎蔫，从地表处折断，潮湿时，病部密生白霉。发病轻的幼苗，可长出新的支根和须根，但植株生长发育不良。子叶上亦可产生与幼茎上同样的病斑。

病原及特征　病原为瓜果腐霉［*Pythium aphanidermatum*（Eds.）Fitz.］，属腐霉属。菌丝体生长繁茂，呈白色棉絮状。菌丝无色，无隔膜，直径2.3～7.1μm。菌丝与孢囊梗区别不明显。孢子囊丝状或分枝裂瓣状，或呈不规则膨大，大小为63～725μm×4.9～14.8μm。泡囊球形，内含6～26个游动孢子。藏卵器球形，直径14.9～34.8μm。雄器袋状至宽棍状，同丝或异丝生，多为1个，大小为5.6～15.4μm×7.4～10.0μm。卵孢子球形，平滑，不满器，直径14.0～22.0μm。

侵染过程与侵染循环　病菌以卵孢子在12～18cm表土层越冬，并在土中长期存活。翌春，遇有适宜条件萌发产生孢子囊，以游动孢子或直接长出芽管侵入寄主。此外，在土中营腐生生活的菌丝也可产生孢子囊，以游动孢子侵染幼苗引起猝倒。田间的再侵染主要靠病苗上产出孢子囊及游动孢子，借灌溉水或雨水溅附到贴近地面的根颈上引起更严重的损失。病菌侵入后，在皮层薄壁细胞中扩展，菌丝蔓延于细胞间或细胞内，后在病组织内形成卵孢子越冬。

流行规律　病菌生长适宜温度15～16℃，适宜发病地温10℃，温度高于30℃受到抑制。低温对寄主生长不利，地势低洼，土质黏重，灌水量大，床土阴冷，高湿低温，床土温度上升慢，幼苗生长弱小。夏秋育苗，苗地易被雨水浇淋，种子或幼苗被浸泡，病菌侵染有适宜湿度，致使病害急剧发生，迅速传播，出苗少，死苗现象严重。所以低温潮湿的气候是造成苗期猝倒病病害发生的主要原因。

猝倒病的发生与苗龄、不同生育阶段有关。幼苗出土后，在子叶期或真叶尚未完全展开的时期，种子内所贮存的养分已逐渐耗尽，根系发育不健全，第一片真叶快要抽出，幼苗独立生活能力及抗逆力差，遇到不良环境，幼苗生命活动消耗大于积累，抗病力弱，极易发生病害。

保护地或露地育苗，若覆盖过严，育苗时水量过大，不及时分苗，造成光照缺乏、通风不良，播种量大，使幼苗拥挤郁闭，幼叶黄化，二氧化碳供给少，易发病。

油菜猝倒病症状（吴楚提供）

防治方法

选用抗病品种。

农业防治 提倡施用酵素菌沤制的堆肥和充分腐熟的有机肥,增施磷钾肥,避免偏施氮肥,培育壮苗。适时灌溉。雨后及时排水、排渍,防止地表湿度过大。合理密植。降低田间湿度,防止湿气滞留,促进幼苗健壮生长,提高抗病力。与非十字花科作物进行轮作。

化学防治 ①种子处理。可用40%拌种双、40%拌种灵、80%敌菌丹按药种比1:400进行拌种。②苗床处理。苗床如果发现少量病苗,应及时拔除,并用50%福美双500~800倍液、30%噁·甲750~1000倍液、50%烯酰吗啉1000~1500倍液或者72.2%霜霉威600~800倍液进行苗床处理,以防止病害蔓延。

参考文献

中国农业科学院植物保护研究所,中国植物保护学会,2015.中国农作物病虫害[J].3版.北京:中国农业出版社:1484-1485.

（撰稿:刘勇、张蕾;审稿:刘胜毅）

油菜淡叶斑病 oilseed rape light leaf spot

由芸薹硬座盘菌侵染引起的一种油菜真菌病害。是温带芸薹属作物上的一种重要病害。

发展简史 该病最早于1823年由Greville在甘蓝上发现。过去,此病在芸薹属蔬菜叶片上引起斑点和褪色,主要影响其商品性而不是产量,因此,一直未受到重视。然而,随着油菜种植面积的增加和油菜特别感病,该病也日益受到重视。比如,2004—2007年,该病在英国引起的油菜籽产量损失达到了22%。

分布与危害 油菜淡叶斑病主要分布于欧洲、澳大利亚以及东南亚部分地区。油菜淡叶斑病在中国发生较少,仅在湖北、四川、云南等部分地区有发生报道,造成的产量损失也较低。

病菌早期侵染会导致田间植株群体密度的降低,花期侵染会导致角果数量的减少,角果期侵染会使角果提前成熟而裂开导致种子散落。油菜植株整个地上部分都能显现淡叶斑病症状。种子受侵染后,子叶上可能有小的坏死斑点。叶片感病后开始表现为青铜色小点,后变为淡绿色,周围有黄色边缘,继而转变为黄色,病斑扩展后会形成一个不规则的区域,老病斑中央变为苍白色和薄纸状,然后破溃。分离的病斑可能合并,导致侵染严重的叶片凋谢。该症状在外观上很容易和除草剂药害、氮肥使用过量引起的焦枯、机械损伤以及霜害引起的症状混淆,所不同的是油菜淡叶斑病病斑的边缘可产生白色的孢子层,以近似同心环状排列,每个直径1mm左右。如果幼叶在完全展开以前就受到侵染,叶片会扭曲。特别感病的品种严重发病时,在秋冬季偶尔可使整株枯死。叶片枯死的矮小植株在春季仍可长出新苗。春季茎上叶感病后可引起枯死、变形以及植株矮化等严重症状。茎秆感病后病斑通常仅局限于表面,为浅黄褐色边缘有黑色小点的条纹。除非在异常潮湿的情况下,这些病斑表面一般不

会产孢。后期病斑上的表皮会一层层破溃开裂,产生纵向脱散的效果。茎上的病斑极易和油菜黑胫病(*Leptosphaeria maculans*)的类似症状混淆。花芽受侵染会引起枯死,花不能开放,最终导致不育。角果在发育早期受侵染会变得卷曲或歪曲,并在表面形成典型的白色孢子层(图1)。

病原及特征 病原为芸薹硬座盘菌(*Pyrenopeziza brassicae* Sutton & Rawlinson),是一种半活体营养型真菌,属硬座盘菌属。子囊盘产生于死亡病组织的类菌核体上,常2~3个成丛,无柄或短柄,大小随它们着生的位置不同而变化,产生于叶片上的较小,0.1~0.2mm,产生于叶柄处的较大,1~2mm,边缘为鼠灰色,并有白色粉状物(图2)。子囊棍棒形,大小为80~100μm×7~9.5μm。子囊孢子长筒形,直或弯曲,末端钝圆,0~1个隔膜,无色,光滑,大小为13.5~15.5μm×2.5~3μm,通常通过风力扩散开来。无性世代为 *Cylindrosporium concentricum* Grev.,属柱盘孢属真菌。分生孢子盘生于角质层下,离生或合生,圆形,无色或淡褐色,大小为100~200μm。分生孢子成团时白色,单个无色,光滑,无隔,长圆形,大小为10~16μm×3~4μm,主要通过雨水飞溅传播。

病菌在 PDA、MA(5%麦芽浸膏)、MEB(0.5%麦芽浸膏加0.075%菌蛋白)、V8培养基上均能生长,在V8和MEB上培养4个月就可大量产生类菌核体,而在PDA上则产生较少。病菌在1~24℃均可生长,以10~15℃生长最快。分生孢子萌发的最适温度为16℃,相对湿度为98%~100%。菌丝扩展温度为15~20℃,以18℃症状表现最快,在5~15℃ 5天可表现症状。

病菌除侵染油菜外,还可侵染甘蓝、花椰菜、抱子甘蓝、嫩茎花椰菜、芜菁甘蓝、芥蓝等。

侵染过程与侵染循环 病菌以菌丝或类菌核在种子、病残体和土壤中越夏或越冬。种子上的病菌在干燥条件下储

图1 油菜淡叶斑病症状(Rothamsted Research 提供)
①叶片症状;②茎秆症状;③角果症状

图2 油菜淡叶斑病菌的子囊盘(Rothamsted Research 提供)

存 19 个月仍有活性。在有杂草的土表子囊盘可存活 27 周，而在土中仅能存活 8 周。分生孢子在未灭菌的肥土中可存活 10 周。在下季种植油菜时，病菌遇到适宜条件可产生子囊孢子或分生孢子，萌发侵染油菜，然后在病斑上形成分生孢子进行再侵染。油菜收获时又以菌丝、类菌核越夏越冬，从而完成一个生产季节的侵染循环（图 3、图 4）。

流行规律 病害流行的初侵染源主要来自于带菌的种子、雨水飞溅而来的分生孢子以及经气流传播而来的子囊孢子。其中，雨水飞溅传播的分生孢子可能只在局部扩散，而借助风力传播的子囊孢子则能够使病害在更大的距离内扩展。病菌在侵染过程中需自由水，必要的叶面湿润，持续时

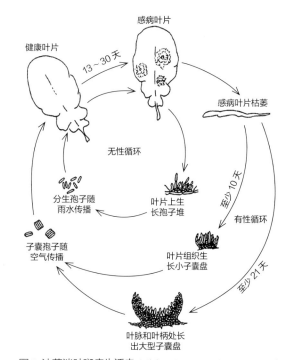

图 3 油菜淡叶斑病生活史（引自 McCartney and Lacey，1990）

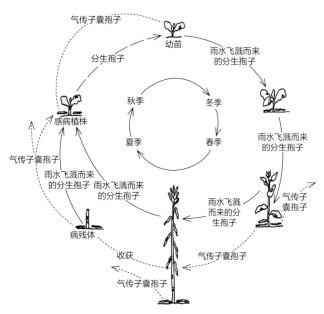

图 4 油菜淡叶斑病季节循环（引自 McCartney and Lacey，1990）

间依温度而定：在 16℃，叶面至少需要保持 6 小时的湿润才能保证侵染发生；在 4℃，则需长达 24 小时的叶面湿润；只要叶面保持湿润长达 48 小时以上，则在任何适宜的温度下侵染效率都会显著提高。由于雨水飞溅有助于病原菌的扩散，孢子的有效萌发也需要水分，所以温和湿润的季节淡叶斑病容易暴发流行。

防治方法

合理轮作 通过较长时间的轮作（超过 3 年），尤其是水旱轮作，对淡叶斑病的发生有明显的控制效果。

处理病残体 油菜收获后的残体、残茬等可能混有病菌，应及时予以清除或销毁。

种子处理 可用种子重量 0.4% 的 40% 福美双可湿性粉剂拌种，也可用种子重量 0.2%～0.3% 的 50% 异菌脲可湿性粉剂拌种。

化学防治 抑制麦角甾醇的三唑类杀菌剂对淡叶斑病具有较好的防治效果，这类产品包括环唑醇、苯醚甲环唑、氟硅唑、咪鲜胺、丙环唑和戊唑醇等。另外，使用植物生长调节剂抑芽唑（triapenthenol），除了能促进油菜增产外，还能有效防治淡叶斑病。

参考文献

罗宽，周必文，1994. 油菜病害及其治理 [M]. 北京：中国商业出版社：285-288.

中国农业科学院植物保护研究所，中国植物保护学会，2015. 中国农作物病虫害 [J]. 3 版. 北京：中国农业出版社：1488-1489.

RIMMER S R, SHATTUCK V I, BUCHWALDT L, 2007. Compendium of brassica diseases[M]. St. Paul: The American Phytopathological Society Press: 31-35.

（撰稿：程晓晖、刘胜毅；审稿：周必文）

油菜根肿病 oilseed rape clubroot

由芸薹根肿菌侵染油菜根部引起的一种世界性病害，是油菜上最重要的病害之一。又名油菜萝卜根、油菜大根病或油菜大脑壳病。

发展简史 油菜根肿病 13 世纪即在欧洲发现，1874 年被俄国的 Wornin 描述，迄今已逾 140 年历史。早在 1936 年在中国台湾的大白菜上即有报道，1955 年大陆也有发生。

分布与危害 根肿病广泛分布于中国的上海、浙江、江苏、安徽、台湾、福建、广东、广西、江西、湖南、湖北、云南、贵州、四川、重庆、河南、河北、北京、山东、山西、陕西、新疆、西藏、辽宁等地。油菜危害严重的地区主要集中在四川、云南、贵州、安徽和湖北等地。由该病引起的油菜籽产量损失在 10% 以上，发病严重的田块甚至绝收。在中国的十字花科蔬菜的主栽区几乎均有分布，常年发病面积 1500 多万亩，损失非常严重，而且发病面积逐年增加。

根肿病危害油菜根系，通常苗期和成株期均可感病，以苗期侵染为主。植株发病初期地上部分不表现明显症状，以后生长迟缓，植株僵缩矮小，叶片无嫩绿光泽，叶色变淡，基部叶片中午有萎蔫现象，早晚可恢复，后期基部叶片逐渐

变黄死亡，严重时整株枯死。常发生植株大量死亡，甚至全田毁灭。拔起病株可见主根和侧根膨胀形成大小不等的肿瘤或鸡肠根，其形状大小受着生部位影响较大，主根上的瘤多靠近上部大而少，肿瘤一般呈纺锤形、圆筒形、手指形、球形或近球形等形状（图1），表面凹凸不平、粗糙，后期表皮有时开裂，有时不开裂；侧根上的瘤多呈圆筒形，手指状；须根上的瘤多且串生在一起。发病后期易被软腐细菌侵染，造成组织腐烂，散发臭气致整株死亡。

病原及特征　病原为芸薹根肿菌（*Plasmodiophora brassicae* Woron.）。长期以来，根肿菌在界、门和纲的分类地位上一直存有争议。分类学者将其归于各自提出的分类系统不同的界、门和纲中。《真菌字典》（第7版，1983）将该菌归属于真菌界黏菌门根肿菌纲。《真菌字典》（第8版，1995）根据该菌的生活史中存在变形虫体（即原生质团）阶段将其置于原生动物界根肿菌门。根据分子生物学研究结果，该菌的最新分类为原生动物界丝足虫门植物寄生黏菌纲根肿菌目根肿菌科根肿菌属（*Plasmodiophora*）。

病菌的营养体是没有细胞壁的原生质团，在寄主根细胞内形成休眠孢子。扫描电镜下油菜根肿病菌休眠孢子近球形、孢壁不平滑、有乳突，大小为直径1.9～4.3μm（平均3.5μm）。休眠孢子密生于寄主细胞内，呈鱼籽状排列。在透射电镜下游动孢子肾形或椭圆形、近球形，大小为1.6～3.8μm（平均2.8μm），同侧着生不等长的尾鞭式双鞭毛（图2）。环境潮湿有利于休眠孢子的萌发及游动孢子的侵入。休眠孢子的萌发温度为6～30℃，适宜温度是18～25℃。

根肿菌属专性寄生不能人工培养。主要检测方法有荧光显微镜鉴别方法、血清学ELISA检测法和基于DNA的PCR检测方法。因专一性强，精确度高，PCR检测方法广泛应用到土壤、水和植物样本的根肿菌检测中。

根肿菌属专性寄生菌，致病性分化明显，国际上生理小种的划分主要有2个方法。Williams于1965年提出以Wilhelmsburger和Laurentian两个芜菁甘蓝品种、Badger Shipper和Jersey Queen两个结球甘蓝品种为鉴别寄主的鉴别系统（表1）。

Williams系统最早正式使用，由于鉴别寄主少、归类方式简单、使用方便等优点而得到广泛的应用。该鉴别系统采用4个鉴别寄主将芸薹根肿菌分为16个生理小种。但Williams鉴别系统对一些小种不能进行明确鉴别，通过1974年在欧洲植物育种研究学会十字花科作物会议上的广泛讨论，于1975年正式建立欧洲根肿病菌生理小种鉴别系统（European clubroot differential set，简称ECD系统）（表2）。ECD和Williams两套根肿菌生理小种鉴别系统成为国际上通用的鉴别系统。

侵染过程与侵染循环　根肿菌的生活史可分为2个阶段，即侵染根毛阶段和侵染皮层组织阶段。根肿菌生活史的大部分时期都是单倍体，发生核配后立即进行减数分裂形成游动孢子囊，游动孢子囊释放出次生游动孢子，次生游动孢子侵染皮层组织最后形成休眠孢子。根肿菌的所有阶段并不是都能直接观察到，但根据已经观察到的大部分阶段可大致推测出根肿菌的生活史。

根肿菌主要以休眠孢子在土壤、病残体中或黏附在种子

图1　油菜根肿病症状（程晓晖提供）
①②③根部症状；④⑤全株症状；⑥大田症状

表1 Williams根肿病菌生理小种鉴别系统

鉴别品种	模式小种															
	1	2	3	4	5	6	7	8	9	10	11	12	13	14	15	16
Cabbage：Jersey Queen	+	+	+	+	-	+	+	-	-	+	-	+	-	-	-	-
Cabbage：Badger Shipper	-	+	-	+	-	+	+	-	+	+	-	+	+	+	+	-
Rutabaga：Laurentian	+	+	+	+	-	-	-	+	+	-	+	-	+	-	-	-
Rutabaga：Wilhelmsburger	+	-	-	+	-	-	-	+	+	+	+	-	+	-	+	+

注：+表示感病；-表示抗病。

上越冬、越夏。休眠孢子在土壤中的存活力很强，一般可存活至少8年，环境适宜可存活10年以上。该菌靠流水、雨水、灌溉水和土壤中的线虫、昆虫的活动以及农事操作在田间近距离传播；远距离传播主要通过休眠孢子污染的种子、感病植株的调运或带菌泥土的转移传播。

根肿菌休眠孢子萌发产生初生游动孢子侵染根毛并形成游动孢子囊，游动孢子囊产生次生游动孢子，释放出的次生游动孢子再侵染根毛，或者成对融合后侵染皮层细胞形成次生原质团，刺皮层细胞分裂、膨大，致根系形成肿瘤，肿瘤内进而形成大量休眠孢子（图3）。发病后期，病部易被软腐细菌等侵染，造成组织腐烂或崩溃，散发臭气。根瘤烂掉后，休眠孢子囊进入土中或黏附在种子上越冬、越夏。休眠孢子在适宜条件下侵染植株，休眠孢子萌发产生游动孢子从根毛侵入到根部表现根肿症状，一般历时9～10天，侵染发生早，植株受害越重（图4）。

流行规律　根肿菌在土壤中的休眠孢子靠流水和土壤中的线虫、昆虫的活动及农事操作等近距离传播，水旱轮作有利于根肿病在本田的传播和扩散；病菌还可随带病根的菜苗、菜株的调运或菜苗根系带菌泥土的转移进行较远距离传播；跨地区远距离传播病原主要来源于混杂在种子中的病残体或黏附在种子上的休眠孢子。

土壤中存在大量的根肿菌休眠孢子是该病发生的主要

表2 欧洲根肿病菌鉴别系统（ECD）

鉴别序号	鉴别寄主	二进制值	十进制值
Brassica campestris L. sensu lato			
01	ssp. *rapifera* line aaBBCC	2^0	1
02	ssp. *rapifera* line AAbbCC	2^1	2
03	ssp. *rapifera* line AABBcc	2^2	4
04	ssp. *rapifera* line AABBCC	2^3	8
05	ssp. *pekinensis* 'Granaat'	2^4	16
Brassica napus L.（$2n=38$）			
06	var. *napus* line Dc101	2^0	1
07	var. *napus* line Dc119	2^1	2
08	var. *napus* line Dc128	2^2	4
09	var. *napus* line Dc129	2^3	8
10	var. *napus* line Dc130	2^4	16
Brassica oleracea L.（$2n=18$）			
11	var. *capitata* 'Badger Shipper'	2^0	1
12	var. *capitata* 'Bindsachsener'	2^1	2
13	var. *capitata* 'Jersy Queen'	2^2	4
14	var. *capitata* 'Sep ta'	2^3	8
15	var. *acephala* subvar. *laciniata* 'Verheul'	2^4	16

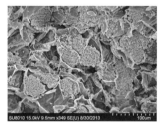
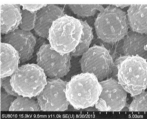

图2 油菜根肿菌休眠孢子图（方小平提供）

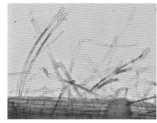

图3 油菜根肿菌根毛侵染（左）和健康油菜根毛（右）
（方小平提供）

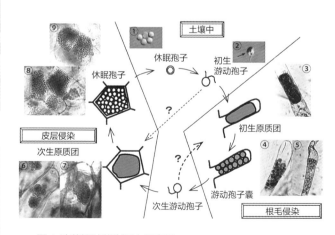

图4 油菜根肿菌生活史示意图（引自Kageyama et al., 2009）

①休眠孢子；②初生游动孢子；③根毛中的初生原质团；④根毛中的游动孢子囊簇；⑤空游动孢子囊；⑥⑦皮层组织细胞中的次生原质团；⑧⑨皮层组织细胞中的休眠孢子

条件，在十字花科作物连作田中，有大量的芸薹根肿菌的休眠孢子存在，连作田发病重；土壤 pH5.4～6.5 时发病重，最适 pH6.2，pH7.2 以上发病轻，酸性土壤适于根肿病菌的发育和侵染；土壤含水量 50%～98% 都能发病，以 70%～90% 最为适宜，土壤含水量低于 45%，病菌容易死亡，高于 98% 也会妨碍病菌的发育；氧化钙不足，缺钙、黏重的土壤透气性差，利于发病；根肿病的发生要求温度范围为 9～30℃，适宜为 19～25℃。

在适宜的条件下，休眠孢子萌发后产生游动孢子，从寄主的根毛或侧根的伤口侵入寄主，刺激寄主细胞分裂，体积增大，根部出现肿瘤。地上部生长迟缓、萎蔫。一般病菌侵染后 10 天左右根部长出小肿瘤。

油菜根肿病发生流行有以下特点：秋季播种早发病重，播种晚发病轻；在根肿病发生区域内，酸性土壤种植油菜，发病较重；有机质含量低、地下水位高、排水状况差的田块危害较重；病害发生早产量损失大，发病的早晚、轻重与当年的苗期温度、降水和土壤湿度有关，油菜各生育时期均会感染根肿病，以苗期感染（主根感染）对产量的影响最大。

防治方法

实行检疫　虽然根肿病在许多地区都有发生，但有些地区仅局部范围内发生，因此，加强检疫，防止从病区调运蔬菜及种苗和种子至无病区，对防治根肿病具有重要意义。

选用抗（耐）根肿病丰产良种　对于专性寄生菌侵染引起的病害，利用抗病品种是最理想的防治手段。国外在根肿病的抗病遗传方面做了不少研究工作，已培育出一些很好的十字花科蔬菜抗根肿病品种，如甘蓝品种 Kilaton、Kilaxy、Tekila、Kilazol 和 Kilaherb；花椰菜品种 Clapton 和 Clarify；抱子甘蓝品种 Crispus 和 Cronus 等。这些抗病品种在十字花科蔬菜根肿病防治中发挥着重要作用。

抗根肿病的油菜育种工作进展较为缓慢。2009 年先锋公司（Pioneer Hi-Bred）培育并登记的油菜品种 45H29 为世界上第一个抗根肿病的杂交油菜。45H29 对根肿病菌 3 号生理小种表现出高抗，并且对 5、6、8 号生理小种也表现出抗病。该品种在加拿大油菜根肿病防治中扮演关键角色。中国油菜抗病育种研究主要集中在通过远源杂交将抗病基因导入优良油菜常规品种或杂交种亲本中，首批选育的抗根肿病品种华油杂 62R 和华双 5R 抗病效果显著，对中国多数油菜主产区根肿菌生理小种表现为免疫抗性。

农业防治　与非十字花科作物轮作。与小麦、大麦、玉米、大豆、花生等实行 5 年以上的轮作，可以有效降低土壤中休眠孢子数量，减轻发病率。

适当延迟播种期，有利于降低发病率，减轻危害。

种植"诱饵植物"捕杀休眠孢子。叶用十字花科蔬菜萝卜品种 CR-1 能诱导休眠孢子萌发进行初次感染，但是却不发病，不生成根瘤。除了十字花科以外，在根肿病严重的田里种植燕麦品种ヘイオーツ，雪印，休眠孢子的密度也会下降。

改良土壤，降低土壤酸度。调节土壤酸碱度，亩用生石灰 100～150kg 均匀撒施于土表，通过整地充分拌于土中。加强栽培管理。坚持深沟高畦，及时排除田间积水。发现病株，及时拔除，并采取高温煮或晾干后统一烧毁，绝不能将病株留于田中或丢在其他区域，防止病菌更大面积的蔓延。

化学防治　播种前用 55℃ 的温水浸种 15 分钟，再用 10% 氰霜唑悬浮剂 2000～3000 倍液浸种 10 分钟进行种子消毒。

育苗移栽油菜防治技术：①培育无菌苗。采用育苗杯培育健康苗或在育苗前 2～3 天用氰霜唑进行苗床消毒，每 100m² 苗床用 10% 氰霜唑悬浮剂 25ml，2000 倍稀释液喷浇。②剔除病苗。挑选长势好、健壮的油菜苗移栽。③移栽前田间施用氰氨化钙（300kg/hm²），移栽时采用 10% 氰霜唑 2000 倍液灌根（100ml/ 株）。

直播油菜防治技术：采用 500g/L 氟啶胺对油菜种子包衣或丸粒化，每克种子用 500g/L 氟啶胺 1ml，种子晾干后播种。播种前施用氰氨化钙（300kg/hm²）结合复合肥作为底肥。

参考文献

刘勇，黄小琴，柯绍英，等，2009. 四川主栽油菜品种根肿病抗性研究 [J]. 中国油料作物学报，31(1): 90-93.

王靖，黄云，胡晓玲，等，2008. 油菜根肿病症状、病原形态及产量损失研究 [J]. 中国油料作物学报，30(1): 112-115.

DIXON G R, 2009. The occurrence and economic impact of *Plasmodiophora brassicae* and clubroot disease[J]. Journal of plant growth regulation, 28: 194-202.

DONALD E C, CROSS S J, LAWRENCE J M, et al, 2006. Pathotypes of *Plasmodiophora brassicae*, the cause of clubroot, in Australia[M]. Annals of applied biology, 148: 239-244.

DONALD E C, PORTER I J, 2009. Integrated control of clubroot[J]. Journal of plant growth regulation, 28: 289-303.

KAGEYAMA K, ASANO T, 2009. Life cycle of *Plasmodiophora brassicae*[J]. Journal of plant growth regulation, 28: 203-211.

（撰稿：方小平；审稿：李丽丽）

油菜黑斑病　oilseed rape black spot

由链格孢侵染引起的一种世界性真菌病害，可危害油菜叶片、茎秆和角果，是油菜生育后期较为常见的病害。

分布与危害　油菜黑斑病在印度、英国、德国发病较重，严重时产量损失可达 20%～50%。近几年该病在中国有扩大趋势，在全国各油菜产区均有发生。其寄主植物除油菜外，还有萝卜、芥菜、白菜等十字花科蔬菜。

油菜黑斑病主要危害角果。角果发病初期为黑色的小圆点，后发展成圆形或椭圆形黑色病斑，湿度大时角果变黑，上面密布黑色霉层，收获前角果容易裂开。病株油菜籽千粒重明显低于健康种子的千粒重，产量损失可达 24.6%。

植株下部叶片也容易感病。叶片发病初期，产生灰褐色或黑色小病斑，后发展成黑褐色、有同心轮纹、边缘有黄色晕圈的圆形或不规则形病斑。湿度大时，病斑上长出黑色的霉状物。发病严重时，病斑密布叶片，破裂穿孔，引起叶片干枯脱落。茎秆上病斑圆形或梭形，初期褐色，后期中间白色，边缘深褐色，有同心轮纹。当病斑环绕侧枝或主茎一周

Y

时，导致侧枝或整株枯死（图 1）。

病原及特征　病原包括芸薹链格孢［*Alternaria brassicae*（Berk.）Sacc.］、芸薹生链格孢［*Alternaria brassicicola*（Schweinitz）Wiltshire］和萝卜链格孢（*Alternaria raphani* Groves et Skoloko），属交链格孢属真菌。湖北发生的油菜黑斑病主要由芸薹生链格孢引起。芸薹生链格孢在 PDA 培养基上初为白色，后逐渐成为黑褐色菌落；在 PCA 培养基上，培养 5 天的孢子链链长超过 10 个分生孢子，在单生分生孢子梗上形成小树状分枝的分生孢子链，分生孢子梗直立或上部随着产孢作膝状弯曲，淡褐色；成熟的分生孢子卵形或倒棒状，40.0～63.0μm×11.5～15.5μm，具 1～5 个横隔膜和 0～2 个纵、斜隔膜，分隔处明显缢缩，喙一般不发达，多为单细胞假喙，淡褐色（图 2）。芸薹链格孢和萝卜链格孢的形态与芸薹生链格孢十分相似，但芸薹链格孢和萝卜链格孢的分生孢子较大、有喙，分生孢子多为单生。

三种病原菌最适生长温度均为 20～25℃，最适 pH 6.0～7.0，能有效利用多种碳、氮源。芸薹生链格孢和芸薹链格孢在连续光照、光暗交替的条件下生长较快，在黑暗条件下生长较慢，而萝卜链格孢在这 3 种光照条件下的生长速率无显著差异。

侵染过程与侵染循环　油菜黑斑病以菌丝体和分生孢子在土壤、病残体及种子内外越冬或越夏。翌年病原菌的菌丝或分生孢子通过气流和农事操作传播侵染油菜引起发病，病斑上可以不断产生新的分生孢子，对健康的植株进行再侵染。

图 1 油菜黑斑病叶片、茎秆及角果症状（J. P. Tewari、G. A. Petrie 提供）

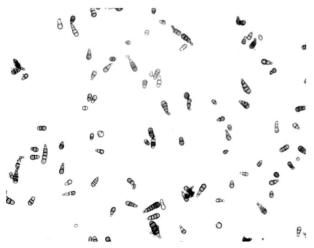

图 2 芸薹生链格孢分生孢子（黄俊斌提供）

病原菌分生孢子在油菜组织表面数小时后即可萌发，孢子两端或侧面可生出芽管，随着时间增加芽管不断伸长；芽管可从气孔和表皮直接侵入油菜组织，被侵染的油菜细胞组织周围变褐坏死，后期可以看到叶片表面产生大量的黑色病斑。分生孢子侵入油菜叶片、茎秆、角果的过程大致相似。

流行规律　油菜黑斑病的流行受气候条件、病菌种类和栽培品种的抗性影响。芸薹生链格孢分生孢子接种油菜角果，在 15℃、20℃和 25℃条件下保湿培养 3 小时和 6 小时后，角果均未发病，当保湿时间大于 9 小时后，15℃病害潜伏期为 48 小时，20℃下黑斑病的潜伏期为 24 小时；在 15℃、20℃和 25℃温度条件下，随着保湿时间的延长，角果发病率逐渐增加，保湿 72 小时与 60 小时的角果发病率无显著差异，但均显著高于保湿 9 小时和 12 小时的角果发病率。用芸薹链格孢接种油菜植株，发现温度在 15～30℃油菜叶片和角果都能发病，其中老叶发病最重。在同一温度下，发病率随着湿度的增加而增加。在不同温度条件下，植株发病所需的最少保湿时间随着温度的增加而缩短。湿度在病害的侵入过程中起着重要作用，病菌成功侵入后，温度则决定了病害的发展速度。

病害的发生与种子带菌率有密切关系。带菌种子萌发后，可造成幼苗生长缓慢，发育不正常，主要表现在子叶变黄、变褐、有黑色病斑，严重时烂苗。种子带菌率越高，病害发生越重。同一地区长期连作，种植过密都有利于此病的发生。白菜型油菜最感病，甘蓝型较抗病，芥菜型油菜最抗病。

不同地域来源菌株的致病力强弱不同，同一地区菌株的致病力也表现差异。例如，在湖北用不同地区分离的菌株分别接种油菜叶片，其中荆门、仙桃和孝感采集的菌株致病力较强，平均病情指数为 56.79，54.50 和 47.40；武穴采集的菌株致病力居中，平均病情指数为 35.18；而从黄冈分离的菌株致病力较弱，平均病情指数为 17.97。

防治方法

选用抗病品种　现有的油菜栽培品种中缺乏高抗品种，但是品种之间有较明显的抗性差异。姜小洁用致病力较强的菌株 XT-1 接种 68 个油菜品种的角果，结果发现，荆油杂 8 号、鼎油杂 3 号、中双 5 号等 7 份表现为抗病，阳光 2008、沪油 21 号、G142 等 35 份表现为中抗，圣光 77、HM42、N6013 等 26 份表现为感病。因此，在生产上可以因地制宜选用一些抗性较好的品种种植。

种子处理　在播种前精选种子，并做好种子处理。①用 50℃的温水或 40% 甲醛 100 倍液浸种 20～30 分钟，晾干后播种。②可用种子重量 0.4% 的 50% 福美双可湿性粉剂或 0.2%～0.3% 的 50% 扑海因可湿性粉剂拌种。

农业防治　发病重的田块要实行轮作，与非十字花科的蔬菜如瓜类、豆类、葱、蒜类等蔬菜轮作 2～3 年，可以有效减少土壤中病原菌的数量。种植过密、排水不良的油菜田既影响油菜的生长，还有利于油菜黑斑病的发生。因此，要做好合理密植、窄畦深沟、清沟排水、降低田间的湿度。合理施肥，避免过量施用和偏施氮肥，适量增施磷钾肥，可以提高植株抗病力。

化学防治 油菜黑斑病发病初期，选用 30% 苯甲丙环唑水分散粒剂、10% 苯醚甲环唑水分散粒剂、43% 戊唑醇悬浮剂、70% 甲基硫菌灵可湿性粉剂、40% 多菌灵胶悬剂等化学农药进行喷雾防治，可以达到较好的防病效果。

参考文献

张天宇, 2003. 中国真菌志：第十六卷 链格孢属 [M]. 北京：科学出版社.

DEGENHARDT K J, PETRIE G A, MORRALL R A A, 1982. Effects of temperature on spore germination and infection of rapeseed by *Alternaria brassicae*, *A. brassicicola*, and *A. raphani*[J]. Canadian journal of plant pathology, 4: 115-118.

IACOMI-VASILESCU B, AVENOT H, BATAILLE-SIMONEAU B, et al, 2004. In vitro fungicide sensitivity of Alternaria species pathogenic to crucifers and identification of *Alternaria brassicicola* field isolates highly resistant to both dicarboximides and phenylpyrroles[J]. Crop protection, 23: 481-488.

MRIDHA M A U, WHEELER B E J, 1993. In vitro effects of temperature and wet periods on infection of oilseed rape by *Alternaria brassicae*[J]. Plant pathology, 42: 671-675.

TOHYAMA A, TSUDA M, 1995. Alternaria on cruciferous plants. 4. Alternaria species on seed of some cruciferous crops and their pathogenicity[J]. Mycoscience, 36: 257-261.

（撰稿：黄俊斌；审稿：李国庆）

油菜黑粉病 oilseed rape smut

由芸薹条黑粉菌侵染引起的一种油菜真菌病害。又名油菜根瘿黑粉病。在中国、日本和印度都有报道。

发展简史 该病在十字花科蔬菜上有发生，油菜上报道较少，主要是在芥菜型油菜和白菜型油菜上发生。中国最早是在 1964 年由王云章编写的《中国黑粉菌》中记录有白菜黑粉病，1979 年，戴芳澜编写的《中国真菌总汇》中记录有芥菜型油菜黑粉病。2011 年，郭林在芥菜、白菜上发现该病，在油菜上鲜有报道。

分布与危害 油菜黑腐病在湖北、云南和四川等地有发生。除危害油菜外，病菌还可侵染其他十字花科蔬菜，如白菜、甘蓝、萝卜等。

油菜黑粉病是一种担子菌引起的根部病害，主要特征是在主根的侧面形成大小不等的根瘤。根瘤一般为球形、椭圆形、长葫芦形或不规则形，灰白色，有光泽。随着病害的发展，根瘤表面颜色白里透黑，剖开根瘤可见其内部布满小黑点，似老熟茭白。病害发展后期根瘤外层破裂，露出黑色粉末（冬孢子堆）。病株的地上部分可保持正常株型，但较健康植株矮小，叶色暗淡，有时呈缺水萎蔫状。植株感病后通常表现早花。

病原及特征 病原为芸薹条黑粉菌（*Urocystis brassicae* Mundkur），属条黑粉菌属真菌，是低等的担子菌，不形成担子果，担子从冬孢子萌发产生，冬孢子堆生于寄主组织内。冬孢子黑褐色至黑色，粉末状。冬孢子外壁较厚，球形或椭

圆形。冬孢子无柄，数个冬孢子结合成孢子球，孢子球外围有无色的不孕细胞。与其他黑粉菌相比，条黑粉菌最主要的特征是具有吸器，菌丝横隔有孔膜。

侵染过程与侵染循环 黑粉菌主要以冬孢子（厚垣孢子）随根瘤在土壤中越冬和越夏。秋季油菜播种时，遇适宜温湿度条件，病菌冬孢子萌发产生先菌丝，从油菜根部侵染。病菌在生长繁殖过程中分泌出生长素和细胞分裂素类的物质刺激侵染点周围的寄主组织增生膨大，形成根瘤。根瘤内部形成黑粉，即冬孢子，成熟后根瘤外层破裂，散发出大量黑色粉末状冬孢子，随雨水和农事操作传播。

流行规律 黑粉菌生长发育的最适温度为 20～24℃，偏好弱酸性环境，pH 5～7 适宜于黑粉菌生长，在强酸性和碱性条件下黑粉菌的生长受阻。田间湿度大有利于病害发生。

十字花科重茬地、地势低洼、排水不良、播种早、偏施氮肥的地块发病重，高温多雨条件有利于病害的流行。

防治方法

种植抗病品种 是防治病害的最重要途径。

农业防治 与非十字花科作物进行轮作。在发生病害的田块及时拔除病株并集中销毁。

加强检疫 无病区注意检疫，防止病害传入。

参考文献

戴芳澜, 1979. 中国真菌总汇 [M]. 北京：科学出版社.

王云章, 1964. 中国黑粉菌 [M]. 北京：科学出版社.

曾翠云, 2006. 甘肃省黑粉菌分类研究 [D]. 兰州：甘肃农业大学.

（撰稿：方小平；审稿：刘胜毅）

油菜黑腐病 oilseed rape black rot

由黄单胞菌侵染引起的一种油菜细菌性维管束病害，是一个世界性病害。

发展简史 黑腐病发生非常普遍，但在十字花科蔬菜上发生较多，油菜上报道较少。1973 年美国甘蓝黑腐病大暴发，1975 年研究者成立了委员会专门研究黑腐病和黑胫病。在中国，自 20 世纪 60 年代以来油菜黑腐病发生就很普遍，严重时发病率达 80%。

分布与危害 油菜黑腐病在湖北、四川、浙江、贵州、江苏、陕西、河南、北京等地均有发生。除危害油菜外，还危害其他十字花科蔬菜。一般发病率在 3.5%～72%，严重发病地块，可造成产量相当大的损失。

油菜黑腐病是一种细菌引起的维管束病害，主要特征是维管束坏死变黑。主要危害叶、茎和角果。幼苗、成株均可发病。叶片染病现黄色 "V" 字形斑，叶脉黑褐色，叶柄暗绿色水渍状，有时溢有黄色菌脓，病斑扩展致叶片干枯（见图）。抽薹后主轴上产生暗绿色水浸状长条斑，湿度大时溢出大量黄色菌脓，后变黑褐色腐烂，主轴萎缩卷曲，角果干秕或枯死。角果染病产生褐色至黑褐色斑，稍凹陷，种子上生油浸状褐色斑，局限在表皮上。该病可致根、茎、维管束变黑，后期部分或全株枯萎，病部无臭味。

Y

油菜黑腐病叶片症状（程晓晖提供）

病原及特征　病原为野油菜黄单胞菌野油菜致病变种
［*Xanthomonas campestris* pv. *campestris*（Pammel）Dowson］，
属黄单胞菌属细菌。大小为0.7～3μm×0.4～0.5μm，极生鞭毛，
无芽孢，有荚膜，菌体单生或链生，革兰氏染色阴性。在牛
肉汁琼脂培养基上菌落近圆形，初呈淡黄色，后变为蜡黄色，
边缘完整，略凸起，薄或平滑，具光泽，老龄菌落边缘呈放
线状，能使明胶液化，在费美液中生长很少，在孔氏液中不
生长。氧化酶阴性，能产生硫化氢，不产生吲哚，硝酸盐不
还原，能水解淀粉，尿酶阳性，耐酸碱度范围为6.1～6.8，
最适pH6.4，耐盐浓度为2%～5%。

该菌在生活过程中能产生胞外多糖及一些胞外酶如蛋
白酶、果胶酶、纤维素酶、淀粉酶等。

侵染过程与侵染循环　油菜黑腐病可以通过带菌的种
子、昆虫、雨水、农具等传播，通过造成伤口和植株叶片的
水孔侵染，长时间的高温、高湿是最适发病条件。

油菜黑腐病菌一般先从叶片水孔或根部伤口侵入，在维
管束中大量繁殖，堵塞导管，限制水分的输送，从而导致发
病部位以上的分枝、茎、叶和角果枯死。

黑腐病菌对干燥抵抗力很强，干燥状态可存活12个月，
病菌在病残体上一般可存活2～3年。病菌进入种荚和种皮，
在留种株上，病菌从果荚的柄维管束进入果荚内而使种子表
现带菌，可以在种子内和病残体上越冬、越夏，种子带菌率
低时为14.67%～17.31%，高时可高达100%。因此，种子
带菌是黑腐病的主要侵染源。在植株生长期，病菌主要通过
病株、带菌的土壤和肥料，经风雨、农具以及昆虫等媒介传
播蔓延。

流行规律　黑腐病病菌生长发育的最适温度为23～30℃，
最高39℃，最低5℃，致死温度51℃，最适湿度为
80%～100%。在人工接种的研究中发现，温度与病菌侵染
关系密切，但接种时的湿度更为重要。病菌进入水孔后，与
环境的湿度关系不大，在适合的温度范围内，温度越高发病
越快。油菜在秋季（平均气温15～21℃）多雨、结露时易
发病。

16～28℃连续降水20mm以上，15～20天后油菜的病
情指数就能明显增加。偏施氮肥、植株徒长或早衰、害虫猖
獗或暴风雨频繁易发病。

十字花科重茬地、地势低洼、排水不良、播种早、发
生虫害地块发病重，高温多雨、高湿多露条件有利于病害的
流行。

防治方法

种植抗病品种。

种子处理　播种前，种子用45%代森铵水剂300倍液
浸种15～20分钟，冲洗后晾干播种；或用农抗751杀菌剂
100倍液15ml浸拌200g种子，吸附后阴干；或1kg种子用
漂白粉10～20g加少量水，将种子拌匀后，放入容器内封
存16小时。均能有效地防治油菜种子上携带的黑腐病菌。

轮作　与非十字花科作物进行2～3年轮作，水旱轮作
较好。

选无病田留种。

加强田间管理　适时播种，培育壮苗，科学施肥，采用
配方施肥，增强植株抗病力。及时中耕除草、防虫，减少病
菌传播途径。发现病株，及时清除销毁。收获后及时清洁田园。

化学防治　在发病初期及时喷药防治。发病初期可供
选用的药剂有77%可杀得可湿性粉剂500～800倍液，或
1:1:250～300波尔多液，或72%农用硫酸链霉素可溶性
粉剂3500倍液，或20%喹菌酮可湿性粉剂1000倍液，或
45%代森铵水剂900～1000倍液，50%琥胶肥酸铜可湿性
粉剂1000倍液，或60%琥·乙膦铝可湿性粉剂1000倍液等。
每7～10天喷1次，共喷2～3次，各种药剂宜交替施用。

参考文献

王清文，张吉昌，邓志勇，等，1998.油菜黑腐病田间分布型及
抽样技术[J].陕西农业科学(4):22-23.

王少伟，2011.不同萝卜抗源抗黑腐病相关基因差异表达比较
研究[J].北京:中国农业科学院.

张吉昌，邓志勇，1997.油菜黑腐病危害损失测定研究初报[J].
陕西农业科学(2):19-20.

中国农业科学院植物保护研究所, 中国植物保护学会, 2015. 中国农作物病虫害 [M]. 3 版. 北京: 中国农业出版社: 1482-1483.

WILLIAMS P H, 1980. Black rot: a continuing threat to world crucifers[J]. Plant disease, 64: 736-742.

（撰稿：方小平；审稿：刘胜毅）

油菜黑胫病　oilseed rape black leg

由双球小球腔菌和斑点小球腔菌侵染引起的真菌性病害，危害油菜及其他芸薹属植物，每年造成世界油菜产量近 10 亿美元的损失。中国将双球小球腔菌引起的弱侵染型病害定名为油菜黑胫病，斑点小球腔菌引起的强侵染型病害定名为油菜茎基溃疡病，国外统称为油菜黑胫病。

发展简史　十字花科作物由于受到黑胫病侵染而造成的产量损失，相关的文献记载可以追溯到 100 多年以前。人们对黑胫病害的认识最早获得于被感染的瑞典油菜（*Brassica napus* var. *napobrassica* L.）。此后，病害的记载不断增多，黑胫病害被逐步认识，可以广泛存在于多种十字花科作物，并导致植株茎基腐（phoma stem canker，或称黑胫）症状的产生。

油菜黑胫病的研究与世界生命科学的发展同步，大体可以分为以下 3 个阶段：

一是早期认知阶段（20 世纪 60 年代中期以前）。在此阶段内，世界范围内只有零星病害记载，分离获得一些致病菌的分离菌株，并对其培养特性和寄生能力等进行了初步探讨。如报道显示，19 世纪末至 20 世纪初，黑胫病害在澳大利亚、北美和欧洲的花椰菜、饲用油菜和大白菜生产地区时有发生，并造成产量损失。

二是流行学及病原生物学的研究阶段（20 世纪 60 年代中后期至 90 年代）。20 世纪中叶以后，黑胫病在多个油菜种植地区多次暴发和流行，传播范围、发生频率、致病菌群体的遗传复杂性、对作物造成的产量损失等都显著增加，其危害性也日益被人们所重视。在此阶段，澳大利亚、加拿大和欧洲诸国迅速增加了高度密集的油菜生产，潜存了黑胫病发生的风险，如在 60～70 年代，黑胫病害发生严重，使澳大利亚及美国的油菜生产明显停滞。实践上的需要迫使人们更多地去了解病害实质以控制其流行，系统的流行学和病理学研究工作在世界许多国家（如法国、英国、澳大利亚等）相继展开，抗病育种工作也随即进行，并先后培育、推广了多个抗黑胫病的油菜新品种。

三是分子生物学研究阶段（20 世纪 90 年代以后）。分子生物学的飞速发展为油菜黑胫病害研究提供了新的手段和思路，采用这些先进技术，研究人员对致病菌的遗传构成、寄主与病原菌的分子互作、抗病及致病机理等各方面的认识都在不断加深，综合防治的策略也在不断完善。病原菌及寄主植物的基因组学研究也在此阶段全面展开，病原菌斑点小球腔菌 [*Leptosphaeria maculans*（Desm.）Ces. & de Not.] 的全基因序列测定工作也由法国的 INRA-Versailles 实验室率先完成，为揭示油菜黑胫病原真菌更多的奥秘开辟了道路。

由于频繁的油菜国际间贸易，黑胫病原菌已经进入世界多数油菜生产国，并导致病害的发生。油菜黑胫病可以在多种气候条件、不同的栽培措施和作物类型暴发和流行，造成冬、春型油菜的病害发生。受黑胫病影响最严重的油菜区在澳大利亚、欧洲和北美的一些国家。

分布与危害　油菜黑胫病是一个世界性分布和危害的病害，是欧洲、澳大利亚和北美油菜生产上最重要的病害，如澳大利亚、加拿大等国每年因黑胫病引起的产量损失巨大，甚至严重影响到菜籽的出口。在中国，油菜黑胫病广泛分布于湖北、湖南、云南、贵州、四川、江苏、安徽、浙江、河南、陕西、内蒙古等地，其中以贵州、湖北、江苏、安徽、河南（信阳）、陕西（汉中）等地发生较为严重。

油菜各生育期均可感染黑胫病。病部形成灰白色枯斑，斑内散生黑色小点。病斑蔓延至茎基及根系，引起须根腐朽，根颈易折断。成株期叶上病斑圆形或不规则形，稍凹陷，中部灰白色。茎、根上病斑初呈灰白色长椭圆形，逐渐枯朽，上生黑色小点，植株易折断死亡。角果上病斑多从角尖开始，与茎上病斑相似，种子感病后变白皱缩，失去光泽。由斑点小球腔菌引起的症状常见于茎基部，而双球小球腔菌（*Leptosphaeria biglobosa*）引起的症状常局限于茎基以上茎秆上（图 1）。

由于中国油菜黑胫病均为弱毒株双球小球腔菌引起，尚未出现强毒株斑点小球腔菌引起的茎基溃疡病（油菜检疫性病害），因此，黑胫病引起的油菜损失相对较轻。但黑胫病引起植株死亡的现象时有发生，引起的产量损失逐步加重，严重时损失可达 50% 以上。有些地方黑胫病的发生率甚至高于油菜菌核病。

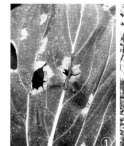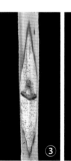

图 1　油菜黑胫病症状（程晓晖拍摄）
①叶片症状；②③④茎秆症状；⑥大田症状

病原及特征　病原有斑点小球腔菌［*Leptosphaeria maculans*（Desm.）Ces. & de Not.］和双球小球腔菌（*Leptosphaeria biglobosa*）两种，属小球腔菌属，其中双球小球腔菌致病力较弱，是中国油菜黑胫病的主要病原，斑点小球腔菌致病力强，是欧美等国油菜黑胫病的主要病原，其引起的黑胫病也称为茎基溃疡病，是中国油菜上的检疫性病害。病原假子囊壳球形，黑色，具孔口，埋生于寄主组织内，成熟后爆出表皮外，内生圆柱形或棍棒形子囊。子囊双层壁，大小为 80～125μm×15～22μm，内生 8 个子囊孢子。子囊孢子圆柱形或椭圆形，末端钝圆，黄褐色，大小为 35～70μm×5～8μm。无性世代为黑胫茎点霉［*Phoma lingam*（Tode）Desm.］，分生孢子器球形至扁球形，深黑褐色。分生孢子圆柱形，无色，单胞，大小为 3～5μm×1.5～2μm 两端各有 1 个油球（图 2）。

黑胫病的两种病原在培养形态上存在差异。在马铃薯葡萄糖琼脂（PDA）培养基上，双球小球腔菌菌丝体表面成绒毛状，菌丝分枝少，生成黄色至黄棕色色素，培养一段时间后，可观察到粉色液滴溢出；斑点小球腔菌在 PDA 上形成的菌丝分枝多，气生菌丝少，不形成色素。一般根据色素的有无可判断病原类型。通过分子生物学技术在分子水平上区分两种病原是更为可靠的方法。

侵染过程与侵染循环　病菌以假囊壳和菌丝在病残体中越冬和越夏，子囊壳在适宜温度（10～20℃）和高湿条件下释放出子囊孢子，通过气流传播，成为初侵染源。病残体上的病菌存活 2～4 年后仍能产生假囊壳。带菌的种子偶尔也可随种子萌发而直接侵染，成为初侵染源。植株感病后，病斑上产生的分生孢子借气流、雨水和流水传播，进行再侵染，但分生孢子引起的再侵染危害比子囊孢子引起的初侵染要轻得多，因此，一般认为黑胫病没有再侵染（图 3）。

流行规律

黑胫病的传播与扩散　油菜黑胫病的子囊孢子主要靠气流传播，子囊孢子借助空气传播距离可达 2km 以上。分生孢子也可以借助雨水飞溅传播。

子囊孢子和分生孢子的萌发条件　温度是影响分生孢子和子囊孢子萌发的重要因素。分生孢子在 16℃ 下 24 小时可萌发，而子囊孢子萌发温度比分生孢子萌发温度低，在 4～8℃ 下 8 小时即可萌发。假囊壳成熟的最适温度是 5～20℃。温度和湿度是影响侵染的重要因子，孢子的萌发和侵染需要高湿度（80% 以上）。温度对潜育期也有影响，低温下潜育期长。

黑胫病的侵染过程　子囊孢子和分生孢子一般从气孔侵入，也可从表皮直接侵入。从气孔侵入后，菌丝在细胞间蔓延，不进入细胞内，使寄主细胞水解而出现坏死症状。病菌进入由叶柄向茎秆扩展，进入维管束，主要在木质部的导管间扩散，最后侵入并破坏茎的皮层细胞，引起茎的溃疡症状。从表皮细胞直接侵入的孢子在维管束蔓延和定殖，并通过分泌多种细胞壁降解酶破坏植株正常的木质化过程，阻塞导管，使植株表现萎蔫症状。黑胫病主要是单循环病害，病株上产生的分生孢子虽可传播再侵染，但在病害流行中作用不大。

防治方法

选用抗（耐）病品种　抗病品种在许多国家已经成功

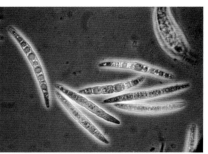

图 2　油菜黑胫病菌假子囊壳和子囊孢子（A. Mengistur 提供）

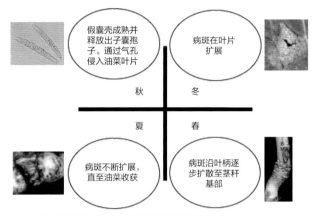

图 3　冬油菜黑胫病和茎基溃疡病的侵染循环（仿 Evans N，2008）

应用于茎基溃疡病的防治，但对于双球小球腔菌的抗性研究甚少。此外，一些研究表明，对斑点小球腔菌的抗性基因对双球小球腔菌并没有效果。中国很多油菜品种对国外的强毒病原斑点小球腔菌引起的茎基溃疡病均表现感病，可见黑胫病始终是中国油菜生产的威胁因素，培育和选用抗病品种可防患于未然，避免茎基溃疡病对中国油菜的毁灭性危害。

种子处理　选用无病株留种或对种子进行消毒处理，可减少初侵染源。

农业防治　及时清理病株和病残体，轮作，油菜收获后深翻土地等，在一定程度上均可以减轻黑胫病的危害。一般认为与非寄主植物（如小麦、水稻等）至少轮作 3 年以上。

化学防治　麦角甾醇生物合成抑制剂（EBI）、杀菌剂（如氟硅唑）和苯并咪唑类杀菌剂（如多菌灵）是最常用的黑胫病防治药剂，可于发病初期喷施。EBI 杀菌剂是防治黑胫病的最有效农药，可以显著抑制病原的分生孢子萌发和生长，但却不能抑制子囊孢子的萌发。

参考文献

李强生，荣松柏，胡宝成，等，2013. 中国油菜黑胫病害分布及病原菌鉴定 [J]. 中国油料作物学报，35(4): 415-423.

刘泽，2009. 农作物病害研究之——油菜黑胫病害 [M]. 北京：光明日报出版社.

中国农业科学院植物保护研究所，中国植物保护学会，2015. 中国农作物病虫害 [M]. 3 版. 北京：中国农业出版社：1461-1464.

HUANG Y J, HOOD J R, ECKERT M R, et al, 2011. Effects of fungicide on growth of *Leptosphaeria maculans* and *L. biglobosa* in relation to development of phoma stem canker on oilseed rape (*Brassica napus*)[J]. Plant Pathology, 60: 607-620.

　　ROGERS R, SHATTUCK V I, BUCHWALDT L, 2007. Compendium of *Brassica* diseases[M]. St. Paul: The American Phytophological Socitey Press.

（撰稿：程晓晖、刘胜毅、胡宝成；审稿：周必文）

油菜黄萎病　oilseed rape *Verticillium* wilt

　　由长孢轮枝菌侵染引起的一种重要的油菜土传维管束病害。在温带和亚热带地区均有发生。

　　发展简史　1930年和1980年分别在瑞典和德国被发现而开始被大家所知。自1960年以来，始终是欧洲油菜生产上的主要病害之一，尤其是在瑞典，它被认为是最为严重的病害。但在中国发生较少。

　　分布与危害　该病主要分布于欧洲以及加拿大、美国等油菜种植区，尤其是在瑞典、丹麦、英国和德国北部发生较为严重，引起的产量损失可达50%。在中国则发生较少，仅在湖北、江西、云南、贵州等部分地区有报道发生，造成的产量损失也较低。

　　轮枝孢属菌可广泛地侵染一年和多年生双子叶植物，包括十字花科、茄科、葫芦科、锦葵科、蔷薇科和菊科等。芸薹属的寄主主要包括球茎甘蓝、油菜、卷心菜、黄芥末、萝卜、山葵、荠菜、盾木、大蒜芥和菥蓂等。这种菌具有一定程度的寄主特异性，例如棉花黄萎病并不会致使油菜萎蔫，但可以引起油菜的植株矮化、早花和早熟；而从油菜中分离出的菌株接种到油菜上会更快产生病症，且发病率高于其他寄主的分离株。

　　油菜黄萎病的病害症状主要出现于叶片、茎秆、根和角果上。早期症状出现在开花之后，最初表现为老叶单侧褪绿变黄，后发展为浅褐色直至干枯，午间太阳光强烈时可引起凋萎，一般由下部叶片逐渐向上发展，最后全株凋萎枯死。茎秆发病时，初期在单侧茎秆上产生浅棕色的条带，纵剖病茎，对应的木质部上可见浅褐色变色纹；后期茎秆变浅灰黑色，同时，由于表皮下产生大量的微菌核，茎秆组织就像喷洒了铁屑一样，表皮脱落为小条状，茎秆基部和根部变成暗灰色到黑色。小心拔出植株，可见主根显现灰色到黑色条纹，而侧根时常腐败，因此，植株很容易被拔出。感病植株一般表现为早熟，易倒伏，角果内种子稀少。有时病害发展延迟，黄萎病的症状可能直到作物成熟才明显，或者可能仅仅出现在收获后的残株上（图1）。

　　油菜黄萎病的一些外部病症与其他病害十分相似，如黑胫病和灰霉病。黄萎病的微菌核在茎秆外部和内部都有发现，而黑胫病的分生孢子器虽具有相似的形状和大小，但是仅出现在茎秆表面。

　　病原及特征　过去普遍认为油菜黄萎病的病原菌为大丽轮枝菌（*Verticillium dahliae* Kleb.），最近，这种病害已经被证明是由大丽轮枝菌的一个变种引起的，该变种主要以芸薹属植物为寄主，在分类学上被称为长孢轮枝菌〔*Verticillium longisporum*（Stark）Karapapa, Bainbridge & Heale〕，属无性孢子类丝孢目淡色孢科轮枝孢属。分生孢子梗基部透明，由2～4层轮枝和1个顶枝组成，大小为110～130μm×2.5μm，每个小枝顶生1至数个分生孢子。分生孢子透明，椭圆形到近椭圆形，多数为单细胞二倍体，大小为2.5～10μm×1.4～3.2μm。病菌可产生暗棕色或黑色、不规则、伸长的微菌核，由菌丝分隔、膨大、芽殖形成形状各异的紧密的组织体（图2）。微菌核在土壤中可以存活6～8年。病菌生长适温为19～24℃，5℃和30℃下仍能生长，最适pH5.3～7.2，pH3.6时亦生长良好。最好的碳源为蔗糖和葡萄糖。

　　侵染过程与侵染循环　油菜黄萎病菌主要以菌丝体和微菌核在土中越夏或越冬。下季油菜种植时，病菌通过菌丝体直接穿透根部或通过线虫等造成的伤口入侵，然后进入维管束系统引起发病。在油菜上，虽然侵染可能在秋季就已经

图1　油菜黄萎病症状（V. H. Paul、D. M. Eastburn 提供）
①叶片症状；②茎秆早期症状；③茎秆横切面症状；④茎秆后期症状

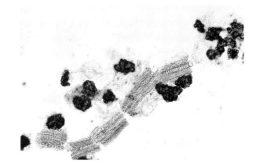

图2　黄萎病菌的微菌核（L. Buchwaldt 提供）

开始，但是直到翌春才会首次出现病症。分生孢子在木质部产生，随蒸腾作用向上运输，形成新的菌落。最初，病菌仅限于木质部，只在发病的最后阶段周围组织才坏死，并在表皮下产生大量的微菌核。分生孢子很少产生在寄主的表面，并且在同一个生产季节内不会造成次生传播，因此，油菜黄萎病是一个单循环病害。病残体上的微菌核随着田间耕作混入土壤中，并成为下一个生长季的主要侵染源（图3）。

流行规律　油菜黄萎病传播的主要途径是病残体和带菌土壤，借风雨、流水、人、畜及农具传播。病害流行受土壤温度、空气温度和土壤湿度等因素的影响。一般空气温度20～25℃，土壤平均温度15～19℃，并且土壤湿度大时，有利于黄萎病的发生。干旱胁迫可使根部和木质部功能受损，从而增加病害的严重度。地势低洼、排水不良、土壤黏重的地块发病重。连作、缺肥或偏施氮肥，可促进病害发生。播期越早，秋季田间生长期越长，黄萎病发病率就越高。除草剂甲草胺、除草醚和氟禾灵可加重病害的发生。

防治方法　由于油菜黄萎病菌属广谱型菌，其病原体微菌核在土壤中存活期长且能在病残体和土壤中生长发育，病菌绝大部分的生命周期在寄主体内进行以及该病菌群体遗传

和致病的多样性等多种因素，使得化学防治对黄萎病效果不佳，同时，由于抗原的缺乏，生产上基本没有对黄萎病表现出抗性的品种，因此，对于该病的防治，主要以农业措施为主。

合理轮作　通过较长时间的轮作（超过3年），尤其是与大麦轮作，对黄萎病的发生有明显的控制效果。

加强栽培管理　合理安排播期，及时清除病残体和宿主杂草，施用腐熟肥料，不偏施氮肥，注意开沟排水。

参考文献

罗宽，周必文，1994. 油菜病害及其治理 [M]. 北京：中国商业出版社：294-295.

中国农业科学院植物保护研究所，中国植物保护学会，2015. 中国农作物病虫害 [J]. 3 版. 北京：中国农业出版社：1486-1488.

ROGERS R, SHATTUCK V I, BUCHWALDT L, 2007. Compendium of *Brassica* diseases[M]. St. Paul: The American Phytophological Socitey Press.

（撰稿：程晓晖、刘胜毅；审稿：周必文）

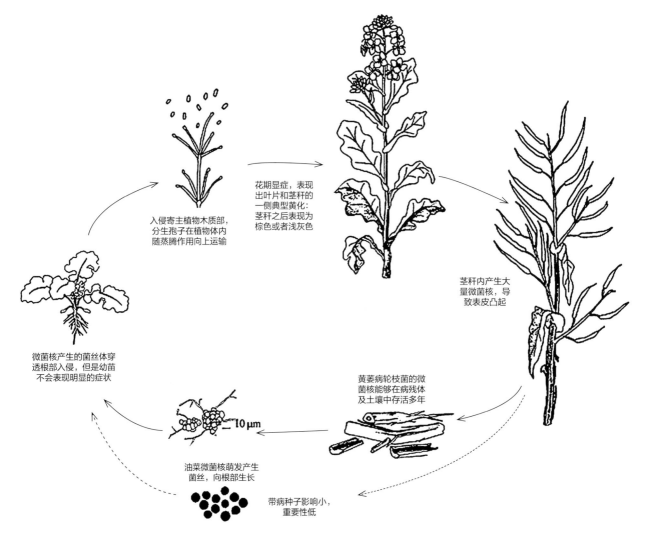

图3　油菜黄萎病侵染循环（引自 L. Buchwaldt.）

油菜灰霉病　oilseed rape gray mold

由灰葡萄孢引起的一种气传油菜菌物病害。在中国各油菜产区均有发生，是一种与气候关系密切的病害。

发展简史　灰葡萄孢为葡萄孢属真菌，该属是 Micheli 在 1729 年建立且最早描述的真菌属之一。依据 1905 年双系统的真菌命名法原则，灰霉病菌具有无性和有性阶段，因此，其存在两个名称：无性名称 *Botrytis cinerea* 和有性名称 *Botryotinia fuckeliana*。随着菌物学的发展，真菌学家于 2011 年推出简化分类和命名真菌，并倡议"一个真菌一个名字"。2013 年，在 "*XVI International Botrytis Symposium*" 上，讨论并通过采用无性名称 *Botrytis cinerea* 作为通用名称。

由灰葡萄孢引起的油菜灰霉病是油菜上的次要病害，研究相对较少。1967 年 Conners 报道在加拿大灰葡萄孢危害油菜。在中国，2006 年《中国真菌志：第二十六卷葡萄孢属柱隔孢属》中记录了油菜作为灰葡萄孢寄主。2012 年洪海林等发表了《油菜灰霉病发生规律与防治技术初报》一文，报道了湖北油菜灰霉病的症状、发生规律及防治技术。

分布与危害　在中国油菜产区均有发生。一般在低温潮湿气候条件下发生严重。油菜灰霉病危害油菜的各个部位。在叶片和叶柄上，多从近地面的老叶开始发病，病斑初期水渍状，干燥条件下变成灰白色或灰褐色。在叶片上病斑圆形或不规则形，边缘具有黄色晕圈。在潮湿条件下病斑呈现腐烂症状。病斑表面密生灰白色至灰褐色分生孢子梗和粉状分生孢子（图1①②）。在干燥条件下，叶片和叶柄受风力或人力振动时其上的分生孢子像灰尘一样弥散在空气中。在油菜茎秆和枝条上危害时，病部表面灰白色。密生灰色至灰褐色分生孢子梗和粉状分生孢子。在发病后期在茎秆表皮下产生黑色扁平不规则菌核（图1③④⑤），油菜茎秆腐烂导致油菜植株倒伏。在油菜荚上危害时，病部表面灰白色，表面密生灰色至灰褐色分生孢子梗和粉状分生孢子。病荚内的籽粒干瘪、皱缩、表面布满霉层（图2），造成荚腐和籽粒腐烂，直接导致油菜千粒重和含油量及油的品质下降。

病原及特征　病原为灰葡萄孢（*Botrytis cinerea*），无性阶段产生分生孢子梗和分生孢子。有性阶段产生子囊盘、子囊及子囊孢子，自然条件下不常见。在马铃薯葡萄糖琼脂培养基（PDA）上，20℃恒温条件下培养，灰葡萄孢菌落呈圆形扩展，边缘整齐。菌丝体初期灰白色，绒毛状。菌核初期为白色菌丝团原基，逐渐变成灰白色颗粒状，有水滴从菌核溢出。成熟菌核黑色，形状不规则、散生于整个培养皿，大小为 1.0～12.9mm×0.7～6.1mm。菌核不易脱离基质。分生孢子梗蓬松，单生或丛生，褐色至浅褐色，712～1745μm×10～17μm，顶端有多轮互生分枝，分枝顶端着生一串分生孢子。分生孢子椭圆形，单胞，无色至淡褐色。大小为 7～14μm×6～13μm，表面粗糙（图3）。

灰葡萄孢菌丝的生长温度范围较广，3～30℃均能生长，最适生长温度为 20～23℃，在 5℃ 以下及 30℃ 以上菌丝生长缓慢。50℃ 条件下处理 1 小时菌丝致死。灰葡萄

图1　油菜叶片、叶柄、枝条和茎秆灰霉病症状（李国庆提供）

①病叶；②叶柄；③枝条；④表面灰白色至黑褐色绒毛状分生孢子梗及粉状分生孢子；⑤病茎表面黑色不规则菌核

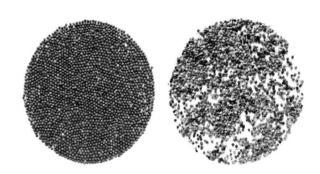

图2　油菜健康籽粒（左）和发病籽粒（右）（张静提供）

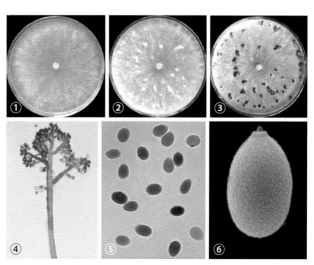

图3　灰葡萄孢培养特征和分生孢子梗／分生孢子显微形态图
（张静提供）

①②③分别是 1 天、7 天、15 天在 PDA 培养基上菌落形态；④⑤⑥分生孢子梗及分生孢子形态

Y

孢分生孢子在 8～32℃ 均可萌发，最适萌发温度为 20℃，培养 24 小时后分生孢子萌发率可达 94.3%。分生孢子萌发对湿度的要求较高，当相对湿度 ≥ 80% 时，灰葡萄孢分生孢子才能萌发，当空气相对湿度 < 80% 时，分生孢子不能萌发。淹水条件则不利于分生孢子萌发，在 20℃ 下培养 24 小时的萌发率仅为 5.8%。灰葡萄孢在 pH2～11 均能生长，但灰葡萄孢菌丝生长和分生孢子萌发喜爱偏酸的环境，最适pH 分别为 5.0 和 6.2。灰葡萄孢菌丝生长对光照无特别要求，在黑暗或光照条件下均能生长。灰葡萄孢可利用多种营养成分，但是对培养基的碳氮源也有一定的选择性，最适碳源为葡萄糖、甘露糖和果糖。最适宜氮源为精氨酸、蛋白胨或牛肉胨为最佳。外源营养可促进灰葡萄孢分生孢子萌发。但有些营养成分可抑制灰葡萄孢分生孢子萌发，如淀粉、蔗糖和精氨酸。在适温条件下灰葡萄孢的致病力随着湿度的增加而增强。相对湿度 ≥ 85%，灰葡萄孢能成功造成侵染。另外，灰葡萄孢是弱寄生真菌，寄主品种抗病性差，田间寄主种植密度过大，通风透光差，管理粗放，不合理施肥，机械损伤，虫伤等均利于发病。

侵染过程与侵染循环　灰葡萄孢主要以分生孢子借助风、气流、流水或雨水溅射进行传播。分生孢子落到油菜植株地上部分，在环境条件适宜的情况下萌发长出芽管，芽管伸长通过植物表面气孔或伤口侵入植物组织，或是在芽管顶端形成类似附着胞的结构，附着胞则通过机械压力及分泌一些细胞壁降解酶类物质直接穿透寄主植物表皮，进入寄主植物体内。侵入寄主植物体内后，灰葡萄孢产生毒素类化学物质杀死寄主植物细胞并形成初始病斑，经过一段时间的潜伏侵染之后，病斑开始扩展并造成植物组织腐烂；侵染后期，空气湿度大的条件下，寄主组织表面产生大量分生孢子和分生孢子梗，并开始下一轮的侵染循环。

灰葡萄孢以菌核在土壤中或以菌丝及分生孢子在病残体上越冬或越夏。在温暖条件下，灰葡萄孢可终年辗转危害。翌春环境条件适宜时，菌核萌发产生菌丝或分生孢子。活跃生长的菌丝与油菜组织接触后发生侵染。分生孢子借气流传播到油菜组织上，温度湿度均适宜且在外源营养物质（油菜花粉、衰老花瓣、伤口外渗物等）刺激下萌发及进行菌丝生长，进而从寄主伤口、衰弱或死亡的油菜组织侵入，侵入后病菌迅速蔓延扩展，后期在死亡油菜组织上产生分生孢子梗和分生孢子。新形成的分生孢子经气流、雨水及农事操作进行传播再侵染。之后形成菌核越冬（图 4）。

流行规律　油菜灰霉病是一种气流传播病害，灰霉病菌的分生孢子遇到轻微的气流，就会从分生孢子梗上散落出来。如遇适温和叶面等有水滴存在的条件下，分生孢子迅速萌发，产生芽管从寄主伤口、气孔，衰弱或死亡组织侵入。较老叶片尖端坏死部分或开花后花瓣萎蔫也易被病菌侵入。病菌侵入寄主后迅速蔓延扩展，并在病部表面产生分生孢子进行再次侵染，后期形成菌核越冬。

油菜灰霉病是一种低温高湿病害。在低温潮湿和光照不足的条件下易造成流行。病害发生的温度范围为 5～25℃，最适宜发病温度为 20～23℃。分生孢子借气流传到寄主组织上，寄主植物生长状况处于极度衰弱或组织受冻、受伤的条件下，相对湿度在 95% 以上，温度适宜时极易诱发灰霉病。

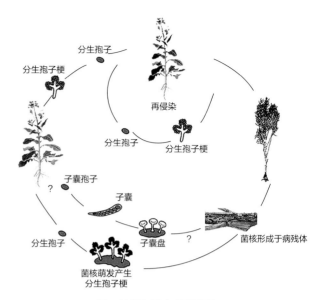

图 4　油菜灰霉病害循环
（引自 Sabine Fillinger and Yigal Elad, 2016）

如遇连阴雨或寒流大风天气，密度过大，都会加重病情。旱地发病重于水田，长势好的重于长势差的。3 月下旬至 4 月中旬达发病高峰期。

防治方法　迄今还未发现抗灰霉病的油菜品种。因而防治油菜灰霉病可采取清除病残体，加强栽培管理、化学防治和生物防治等措施。

清除病残体　在病残体上灰霉病菌产生大量分生孢子。清除病残体则能减少再侵染来源。油菜生长季及时摘除油菜中下部的病叶、黄叶、老叶，带到田外深埋或烧毁，减少初侵染源。病残体深埋（20cm 以上）、焚烧或作为堆肥材料发酵。

农业防治　合理密植。平衡施肥，施用以腐熟有机肥为主的基肥，增施磷钾肥，不偏施氮肥，培育壮苗，提高植株自身的抗病性。水旱轮作，宜推行水稻—油菜连作耕作模式。

化学防治　对油菜菌核病有效的杀菌剂一般对油菜灰霉病也有效。在花期喷药防治油菜菌核病可兼防油菜灰霉病。可用的杀菌剂包括 40% 菌核净可湿性粉剂 100～150g/ 亩、50% 多菌灵可湿性粉剂 150～200g/ 亩、50% 腐霉利（速克灵）可湿性粉剂 45～60g/ 亩、45% 特克多悬浮剂 3000～4000 倍液、50% 扑海因可湿性粉剂 1500 倍液。在油菜花期间隔 7～10 天喷 1 次药，喷 3～4 次。需要注意的是灰霉病菌易产生抗药性，防治时应尽量减少药量和施药次数，并注意交替用药，切忌长期使用一种杀菌剂。

生物防治　使用一些防治油菜菌核病的微生物，如木霉、粉红黏帚霉、酵母菌和链霉菌等，对油菜灰霉病也可起到一定的防治效果。

参考文献

洪海林，李国庆，余安安，等，2012. 油菜灰霉病发生规律与防治技术初报 [J]. 湖北植保 (3): 40-41.

STAPLES R C, MAYER A M, 1995. Putative virulence factors of *Botrytis cinerea* acting as a wound pathogen[J]. FEMS microbiology letters, 134: 1-7.

VAN KAN J A L, 2006. Licensed to kill: the lifestyle of a

necrotrophic plant pathogen[J]. Trendsin plant science, 11: 247-253.

WINGFIELD M J, De BEER Z W, SLIPPERS B, et al. 2012. One fungus, one name promotes progressive plant pathology[J]. Molecular plant pathology, 13(6): 604-613.

（撰稿：张静；审稿：李国庆）

油菜菌核病 oilseed rape *Sclerotinia* rot

由核盘菌侵染引起的一种油菜真菌病害，是世界油菜的主要病害之一，也是中国油菜的最主要病害。又名油菜白腐病、油菜茎腐病、油菜秆腐病、油菜白秆病等。

发展简史 1837 年 M. A. Libert 首次报道了菌核病菌，并将其命名为 *Peziza sclerotiorum*。1870 年 L. Fuckel 创立了 *Sclerotinia* 属，将 *Peziza sclerotiorum* 名称改为 *Sclerotinia libertiana*。1884 年 de Bary 在其发表的论文中首次使用 *Sclerotinia sclerotiorum*（Lib.）de Bary 作为该菌的种名。1915 年 F. J. W. Shaw 在印度首次报道了该菌侵染油菜。由于 E. N. Wake-field 于 1924 年证明 *Sclerotinia libertiana* 这个种的名称与国际植物委员会的命名规则是矛盾的，因此，大多数植物病理学家，特别是从事该病菌研究的一些权威学者，都同意使用 *Sclerotinia sclerotiorum*（Lib.）de Bary 作为病菌的种名，并一直沿用至今。

中国自 20 世纪 30 年代以后才开始重视该病害。最早关于菌核病的研究是朱美风于 1932 年对菌核病的寄主范围和危害的调查报告。50 年代以后，杨新美报道了菌核病在中国的寄主范围和生活特性，李丽丽等发表了油菜菌核病病原特性、发病规律和防治的研究结果，随后福建、湖北、江西、贵州、四川等地普遍开始该病的防治研究工作。

分布与危害 油菜菌核病在所有栽培油菜的国家和地区均有分布。主要发生在油菜生长季节相对冷凉和潮湿气候或雨量较多的地区，但在温暖和干燥的气候条件下也有发生，在亚洲冬油菜区和北美、欧洲油菜主产区比较严重。由于每年气候条件不同，一般损失 5%～10%，严重时可达 50%。

此病在中国所有油菜产区均有发生，一般发病率为 10%～30%，产量损失在 5%～50%，严重时可达 80%，含油量降低 1%～5%。常年造成经济损失在 30 亿元以上，如 2013—2014 年，仅长江中下游的湖南、湖北、江西、安徽、江苏、浙江等地，在实施传统防治的情况下，油菜籽损失保守估计就在 80 万 t 以上。根据历史和近几年病害发生情况，可将中国油菜菌核病分为 3 个大病区：长江中下游及东南沿海严重病区（上海、浙江、安徽、江苏、江西、湖北、湖南、河南南部）、长江上游和云贵高原中病区（云南、贵州、重庆、四川、青海东部、陕西汉中地区）、北方和青藏高原轻病区（河南中北部、山西、陕西、甘肃、内蒙古、新疆、青藏高原）。每年实际发生程度受气候和栽培条件影响，轻病区如气候条件适宜，也会严重发生，青海地形复杂，多数山区（东部）病害较重。

该病菌的寄主很多，已知的有 64 科 225 属 396 种植物，以十字花科、菊科、豆科、茄科、伞形科和蔷薇科植物为主。

中国报道的该菌自然寄主有 36 科 214 种植物，除油菜外，还包括大豆、向日葵、花生、烟草和 10 多种主要蔬菜等重要经济作物。

油菜各生育阶段均可感染菌核病，病菌能侵染油菜地上部分的各器官组织，但侵染主要发生在花期，终花期以后茎秆发病受害造成的损失最重。苗期感病后，一般首先在接近地面的根颈和叶柄上形成红褐色斑点，后转为白色，病组织变软腐烂，其上长出大量白色棉絮状菌丝。病斑绕茎后幼苗死亡，病部形成黑色菌核。在长江中上游冬油菜区抽薹开花前的侵染危害严重。开花期花瓣感病后，变成暗黄色，水渍状，有时可见到油渍状暗褐色无光泽小点，晴天可凋萎，极易脱落，潮湿情况下可长出菌丝。花药受侵染后，变成苍黄色，并且通过蜜蜂携带有病的花粉，在植株间传播，可引起顶枯。叶片感病后，初生暗青色水渍状斑块，后扩展成圆形或不规则形大斑，病斑灰褐色或黄褐色，有同心轮纹，外围暗青色，外缘具黄晕。潮湿时病斑迅速扩展，全叶腐烂，上面生出白色菌丝；干燥时则病斑破裂穿孔。主茎与分枝感病后，病斑初呈水渍状，浅褐色，椭圆形，后发展成长椭圆形、梭形直至长条状茎大斑。病斑略凹陷，有同心轮纹，中部白色，边缘褐色，病健交界明显。在潮湿条件下，病斑扩展迅速，病部软腐，表面生出白色絮状菌丝，故称"白秆""霉秆"，此时，髓部消解，植株渐渐干枯而死或提早枯熟，可见皮层纵裂，维管束外露呈纤维状，极易折断，剖视病茎，可见黑色鼠粪状菌核。当病斑绕茎后，一般病斑上部的茎枝将枯死，角果早熟，籽粒不饱满，含油量降低。角果感病后，初期形成水渍状浅褐色病斑，后变成白色，边缘褐色。潮湿时可全果变白腐烂，长有白色菌丝，在角果内面和外面形成黑色小菌核。种子感病后，表面粗糙，无光泽，灰白色，皱秕，含油量降低（图 1）。

病原及特征 病原为核盘菌 [*Sclerotinia sclerotiorum*（Lib.）de Bary]，属核盘菌属真菌。马铃薯琼脂培养基适合菌丝生长。在该培养基上生长的菌丝白色、丝状，具隔膜，有分枝，菌落圆形，菌丝平展、白色、粗糙，不产生色素。在寄主或培养基上，老龄菌丝聚集成团，形成白色无定形颗粒状物，称为菌核，随着菌核的成熟，颜色转变为黑色，鼠粪状，球形或不规则形，直径一般为 2～6mm，大约由 3 层细胞厚的黑色外皮和埋在纤丝状基质中的疏丝组织的髓组成，髓部粉色至米黄色，表面无绒毛。菌核萌发有两种形式：产生子囊盘柄和子囊盘，或直接萌发形成菌丝，是采用子囊盘柄还是菌丝形式的萌发取决于菌核生理状态和萌发所处的环境条件。每个菌核萌发可产生 1 至数个柄，柄褐色，顶部膨大张开形成子囊盘，每个柄上产生 1 个子囊盘，偶尔柄分枝产生 2 个子囊盘。子囊盘肉质，淡褐色至暗褐色，初成杯状，展开后呈盘状，直径 2～16mm。子囊着生在子囊盘内，棍棒状或圆柱形，无色，顶部钝圆，无囊盖，大小为 91～162μm×6～11μm。每个子囊内生 8 个子囊孢子，子囊孢子无色透明，单胞，椭圆形，具 2 核，大小为 8～14μm×3～8μm，单倍染色体数 8 条，孢子内常有 2～3 油球（图 2、图 3）。

在老熟的营养菌丝上或菌核的子囊盘原基突破表皮萌发时，也可产生小分生孢子。分生孢子圆形，无色，成链状，

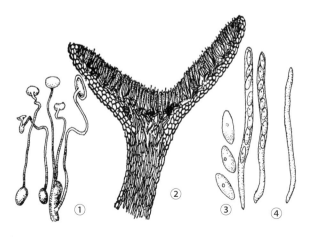

图 1 油菜菌核病症状（程晓晖等提供）

①②苗期症状；③④蕾薹期症状；⑤叶片症状；⑥角果症状；⑦⑧茎秆症状；⑨全株症状；⑩大田症状；⑪种子症状

图 2 油菜菌核病菌（引自陈利峰等，2001）

①菌核萌发形成子囊盘；②子囊盘纵剖面；③子囊和子囊孢子；④侧丝

在病害循环中不起作用，但有人认为它们起精子作用。

该病原菌有 2 个近缘种：三叶草核盘菌（*Sclerotinia trifoliorum* Eriks）和小核盘菌（*Sclerotinia minor* Jagger）。三叶草核盘菌产生菌核较大，直径一般为 2～6mm，表面有绒毛；子囊孢子 4 核；单倍染色体数 8 条（亦有报道为 9 条）；子囊孢子需要外来营养才能侵染，一般通过凋萎的花和植株衰老、坏死部分侵染；寄主范围窄，仅侵染饲用豆科作物、绿肥作物。小核盘菌产生菌核较小较多，直径一般为 0.5～2mm，表面无绒毛；子囊孢子 4 核；单倍染色体数 4 条；菌核不需要外来营养，可直接萌发产生菌丝侵染植物；寄主范围广。

该病原菌在 5～30°C 的温度范围内均可形成菌核，其中最适温度为 15～25°C。菌核耐干热，低温，但不耐湿热。在 -17～31°C 下 4 个月不丧失生活力，干热 70°C 10 小时仍有部分生活力；但在 50°C 热水中浸 5 分钟或 60°C 热水浸 1 分钟全部死亡。在自然条件下，水田中的菌核易为土壤微生物所寄生，夏季 1 个月即全部腐烂死亡；旱地土温达

图 3　油菜菌核病菌（①②③程晓晖提供；④⑤李国庆提供；⑥⑦L. Buchwaldt 提供）
①②菌核；③④⑤菌核萌发形成子囊盘；⑥⑦子囊和子囊孢子；⑧菌丝

28～34℃、含水量在 20% 以上，历时 1 个月绝大部分菌核也会死亡；而在室内干燥条件下却可存活数年。

菌核在 5～25℃ 都可萌发形成子囊盘，其最适温度因各地环境差异而不同，一般为 8～20℃，并且要求连续 10 天以上温暖湿润环境，土壤水势在 -0.1～-0.2Pa 为最佳。子囊盘不耐 3℃ 以下低温和 26℃ 以上干燥气候。子囊盘形成还必须有 320nm 以下的短波光照射。处于土壤深度 10cm 以下的菌核不能形成子囊盘。

子囊孢子在 -1～35℃ 均可发芽。发芽最适温度为 5～20℃，相对湿度要求在 85% 以上。侵染的最适温度为 15～25℃。子囊孢子在日光下直射 4 小时丧失发芽力。

菌丝生长的温度是 0～30℃，最适温度为 18～25℃。相对湿度 85% 以上菌丝生长迅速，70% 以下则停止生长。菌丝生长需要丰富的碳素、氮素营养，适宜 pH1.7～10，最适 pH2～8。形成菌核条件与菌丝生长相似。

病菌具有生理分化现象，异源菌系在培养、生理特征和致病力等方面均有差异。

侵染过程与侵染循环

侵染　子囊孢子和黏性物质一道释放，使在空气中浮游时易于黏附在寄主上，当子囊孢子黏附在油菜组织上，条件不适宜时不会萌发，可存活一段时间（在田间条件下存活可长达 12 天）。子囊孢子在田间的存活时间与气候条件有密切关系，特别是温度与水势。子囊孢子在适宜的条件下（一定温度、水膜和外来营养）释放后 3～6 小时即可萌发。主要侵染油菜即将凋萎的花瓣和花药，其次是衰老的叶和瘦弱的茎等组织。大多数情况下子囊孢子萌发后通过角质层以机械压力直接侵入寄主，偶尔通过气孔侵入。菌核如萌发成菌丝束，这种菌丝束在侵染前需要外来的补充营养。除直接通

过气孔侵入外，一般都形成一种复杂的多细胞圆顶形结构附着胞。这种组织结构的产生需要接触刺激，与寄主接触后，菌丝对生分枝，形成指状结构，最后发展成圆顶形的侵染垫。附着胞有黏液物质，能牢牢固着于寄主上，在其顶部形成侵染栓，以机械压力侵入寄主。在角质层与表皮细胞之间形成扁平的颗粒状泡囊，从泡囊放射状地长出菌丝向细胞间伸展，进而导致寄主细胞壁间的果胶层发生改变，积累大量液体和水，细胞渗透性和酶也发生变化。侵入 12～24 小时后，在菌丝顶端产生直径小的菌丝分枝，这些"分枝菌丝"大量分枝，广泛侵入死的或垂死组织的细胞间和细胞内。

发病　病程是一个复杂的动力学过程，它决定于病菌的致病能力、寄主的防卫机制以及提供侵入和侵染油菜的各种环境因素。就油菜菌核病的发病过程而言，病菌的致病手段主要是产生多种水解酶类和毒素——草酸。病菌侵入组织后首先引起膜的渗透性发生变化。菌丝及围绕菌丝周围的高渗透压可使其他区域的水分和营养流向菌丝，这种影响可达到距离菌丝较远的几层细胞，导致细胞内的水分和营养物渗入细胞外，在症状表现上为水渍状。细胞壁被破坏，病菌蛋白酶和磷脂酶对原生质成分的分解，以及草酸浓度的增加引起 pH 的下降，严重影响到寄主细胞的活力和对侵染的反应能力，最后导致细胞死亡，引起发病。另外，草酸盐堵塞寄主维管束中的导管，使水分不能向上运输，最终造成萎蔫症状。

油菜菌核病主要以菌核在种子、土壤和病残体中越夏（冬油菜区）和越冬（冬、春油菜区）。其次是以菌丝在病种中或以菌核、菌丝在野生寄主（如芥菜、紫罗兰、刺儿菜、金盏菊等）中越夏越冬。病残体、种子中的菌核可随着施肥、播种等农事操作进入土壤。越夏的菌核在秋季有少量萌发，产生子囊盘或菌丝，侵染油菜幼苗，这种情况在自然

条件下仅在四川盆地发生较普遍，而在长江中下游地区，苗期（11～12月）如遇温暖多雨气候，偶尔也可见到。大多数菌核在越夏越冬后，至翌春，在旬平均气温超过5℃、土壤湿润的条件下陆续萌发，除少数直接产生菌丝侵染油菜外，主要是形成子囊盘。子囊盘初现至终止历时20～50天。子囊盘成熟后（约5天）散出大量子囊孢子，呈烟雾状，每个子囊盘喷射子囊孢子的持续时间为8～15天，晴天多在上午10：00～12：00释放，雨天则在雨停后释放。释放的子囊孢子可随气流传播，最远可至数千米。子囊孢子可在寄主上发芽产生侵入丝，借助机械压力由寄主表皮细胞间隙或伤口、自然孔口侵入，在寄主体内发育成菌丝。菌丝直接侵染寄主的方式与子囊孢子发芽侵染相同，二者均需外来营养，主要侵染处于衰老阶段的器官组织。在寄主体内，菌丝分泌多种果胶酶、纤维素分解酶、蛋白分解酶及草酸等毒素，分解或杀死寄主细胞导致发病。在田间，子囊孢子主要侵染花瓣，少数可侵染花药、老叶和弱小植株的茎，感病的花瓣和花药落到叶上，引起叶片感病，而后通过叶柄或病叶黏附到茎秆上引起茎秆发病，再通过毗连茎、叶蔓延至邻近健株。至油菜成熟阶段，当田间小气候相对湿度较大时，病菌在发病部位形成菌核，随着收获、运输、脱粒等农事操作，又混入种子或遗落于土壤、病残体内越夏越冬，从而完成一个生产季节的病害循环（图4）。土壤中菌核表面虽然可产生小孢子丛，但无特殊功能或其功能尚不清楚。

流行规律　该病的发生和流行主要受菌源、寄主抗病性、气候条件、栽培管理条件等诸多因素的影响。田间菌源量大，寄主抗性差，田间阴雨潮湿都会加重此病的发生危害。

菌源数量　菌核在土壤中的存活率和存活数量随着年限的加长而锐减，在高温、长期泡水的田中（如水稻田）死亡更快。旱地油菜发病率较水旱轮作油菜一般高1倍以上，旱地连作油菜发病率又高于旱地轮作油菜发病率。轮作油菜的发病率与轮作年限、换茬作物等有关，轮作年限长、与禾本科作物轮作病害发生较轻。除此之外，施用未腐熟的油菜病残体作肥料，播种带菌种子，都会增加田间菌源数量，增加发病可能性。而菌核在土壤中腐烂死亡，主要是多种微生物寄生所致。已知寄生菌核的真菌、细菌、放线菌有30余种。土壤寄生菌在有机质含量高、潮湿的土壤中最为活跃，寄生率亦高。

寄主抗病性　油菜抗病性对菌核病流行有着重要的影响。这种影响表现在：①抗病品种阻止或减慢了病害扩展或扩展速度，致使当年病害流行减轻，病情指数降低，产量损失减少，如图5所示，抗感品种的发病率相同，但病情指数抗病品种却明显低于感病品种，从而减少了产量损失。②抗病品种阻止了病害流行，使田间病原和菌核数减少，从而减少了翌年田间菌原数，这种效应逐年累积将使病害流行明显减轻。抗病品种中油821的长期推广应用明显减轻了推广地区的菌核病流行。

油菜类型间、品种间抗病性差异很大。3种类型的油菜品种中，以芥菜型抗性最好，甘蓝型次之，白菜型最感病。迄今为止未发现高抗品种，但品种抗病性差异大，田间避病品种也存在。分枝部位高、分枝紧凑、茎秆紫色、坚硬、蜡粉多的品种一般病害较轻。在冬油菜区，开花迟、花期集中或无花瓣的油菜因错开了子囊孢子发生期或减少了子囊孢子感染机会，病害较轻。能耐受草酸毒害的品种抗病性较强。

气候条件　已知气温、降水量、雨日数、相对湿度、日照和风速等气象因子与病害的发生和流行都有关系，其中影响最大的是降水和湿度。在病害常发区，油菜开花期和角果发育期降水量均大于常年雨量，特别是油菜成熟前20天内降雨很多，是病害大流行的必备条件。

温度。温度除了影响病菌的生长发育之外，还影响油菜的生长发育，进而影响发病。在中国冬油菜区，由于各地温度和播种期不同，油菜开花结果期也不一致，一般长江上游区早，下游区迟，相差约1个月；江南早，江北迟，相差约半个月；秦岭—淮河以北地区与华南沿海地区相差更大。各地区病害发生期相应早迟不同。这种地区间病害发生期的差异，主要受温度控制。温度主要影响油菜开花期，而开花期的迟早又决定了病害的发生时期。同时，开花期与子囊孢子发生期相吻合时间的长短，也进一步影响到病害发生量，影响这种吻合期长短的一个重要因素就是温度。叶发病迟早与1～2月气温高低有关，均温高于5℃，发病偏早，反之较迟。另外，叶片病情增长速度，亦与温度呈正相关。同样的原因，在同一地方，由于每年春季的气温回升快慢不同，寒流频繁次数有别，每年发病迟早和病害严重程度也有所差异。寒流到来的天气，温度下降至0℃，就会造成花器受冻大量脱落，而子囊孢子抗低温能力强，有利于子囊孢子侵染与传病。寒流往往伴随着大风与降雨，造成油菜倒伏与田间高的相对湿度，加重病害的发生。至油菜角果发育期，如果气温过低，即使雨量充沛，病害的扩展亦将受到抑制，这是高山地区和平原丘陵区某些年份虽雨量充足而病害较轻的重要原因。

降雨量。雨量的多少和雨日持续时间，一方面影响大气的相对湿度与田间小气候；另一方面影响土壤含水量，即土壤的湿度，从而在油菜抽薹至开花期影响菌核萌发、子囊盘形成与子囊孢子释放、萌发及侵染。此外，同一时期的降雨和气温常常呈负相关关系，降雨通过影响气温也可影响到发

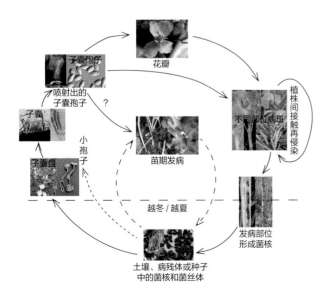

图4　油菜菌核病病害侵染循环示意图（刘胜毅绘制）

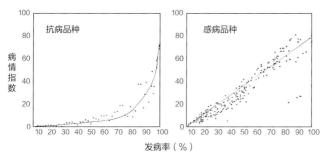

图 5　油菜抗感品种发病率和病情指数关系

病。在温度适宜的条件下，田间菌核萌发与子囊盘形成至少需要连续 10 天以上的湿润土壤。开花后期至结果期降雨主要影响病菌在田间的传播。雨量大，雨日多，田间湿度高，油菜叶片易衰老，病斑扩展快而大，可使整叶腐烂，粘贴于茎上，病菌易传播至健康的茎。同时，茎、枝上的病菌由于湿度大，菌丝生长繁茂，有利于接触侵染。降雨少，晴天多，田间湿度小，油菜叶上病斑扩展慢，表面不长菌丝，叶片衰老脱落，病菌不会传至茎秆，这是某些年份前期子囊盘产生多，花瓣、花药侵染多，叶发病高，而后期茎发病轻的原因。在长江中下游地区，降雨量和雨日是影响相对湿度的一个决定性因素，但在云贵高原，由于高原山区的特有气候，雾大，维持时间长，相对湿度相应地也高，因此，有时发病较重。

　　周必文根据在武汉积累的 25 年的资料分析，从上年油菜收获后的 5 月中旬开始至当年 5 月上旬油菜成熟，各旬降雨量（mm）对油菜成熟期发病率（%）的时间效应 $[a(t)]$ 为：$a(t)=0.031\Phi_0(t)+0.0056\Phi_1(t)+0.00029\Phi_2(t)+0.000031\Phi_3(t)$

　　式中，$\Phi_k(t)$ 为第 t 旬（上年 5 月中旬 $t=1$，余类推）的第 k 正交多项式的值。据此式，降雨影响病害主要发生在当年 1 月上旬至 5 月上旬（图 6），此期正逢菌核萌发，子囊盘形成，子囊孢子侵染，菌丝再侵染和病害发生发展阶段，降水量与成熟期发病率成正相关。雨量时间效应 $[a(t)]$ 随时间呈加速增长趋势，1 月上旬雨量每增加 10mm，成熟期发病率平均增加 0.1%；5 月上旬雨量同样增加 10mm，成熟期发病率增长 2.5%，说明时间不同，降雨作用大小不一。雨量影响成熟期病害的另一段时间是在上年油菜收获后的 5 月中旬至 6 月下旬，雨量与病害呈负相关，其原因可能是多雨促成落入土中的菌核腐烂，减少了当年菌源之故。但这阶段雨量影响较当年 1～5 月的影响要小很多。

　　日照。日照与晴天是密切相联的。在子囊盘形成期，日照时间长，空气和土壤湿度低，子囊盘的寿命很短。据陈祖佑（1989）观察，气温 20℃ 以上，日照 6 小时以上，相对湿度 60% 以下，子囊盘很快受旱、干裂、枯萎死亡。日照除影响温度与相对湿度外，也影响油菜的生长发育，日照不足，油菜株间温度低，茎秆木质化速度慢，程度低，中下部叶易衰老变质，有利于病菌侵染，促进病害发生。反之，日照充足，油菜木质化程度高，抗病能力增强，再加上田间小气候不利于病菌侵染繁殖，病害发生轻。中国北方春油菜区油菜开花期平均日照时数在 250 小时以上，加上风速大，大气湿度在 60% 以下，病害发生少，危害轻；而长江中下游

地区，油菜开花期间，平均月日照时数仅 160 小时以下，相对湿度 80% 以上，病害重。

　　风。和风对降低油菜株间湿度、调节蒸腾和光合作用有一定作用，可以促进油菜生长发育健壮，减轻病害。但在冬油菜区，寒潮往往伴随大风，使油菜倒伏，加上多雨，更加加剧病发。而在北方春油菜区，大风则往往使土壤干燥，由于降雨少，病害发生极少。

　　栽培管理条件　栽培管理因素对病害发生和流行的影响非常复杂。各地耕作制度、种植品种、栽培管理技术等千差万别，各个因素之间相互联系、相互促进或制约，对病害发生和流行的影响是各种因素综合作用的结果，在特定地点和年份也许某一因素起着主要的作用，其他因素只是辅助的作用。各种栽培管理因素主要通过直接影响病原数量、田间小气候和油菜抗病力，间接影响病菌的侵染、繁殖和传播，油菜在空间和时间上的避病程度，从而影响病害发生轻重。

　　轮作。轮作是指每年在同一栽培季节不连续种植油菜，但水稻田因为特殊的淹水条件，虽连年栽培油菜一般年份病害发生不十分严重；而旱地虽 2～3 年更换一次，由于轮作的作物不同，发病有时也相当严重，如南方冬油菜区与蔬菜轮作发病重，而与蚕豆、豌豆轮作次之，与大、小麦轮作最轻。轮作减轻病害的主要原因是可以减少田间有效菌源，一方面，当年土壤中菌核在翌年大量萌发因无适宜寄主侵染而不能增殖；另一方面，轮作可影响土壤中的微生物群体，种植相应的寄主植物可能增加土壤中对病菌有寄生或拮抗作用的真菌、细菌，从而减少了菌源。然而国外也有报道认为轮作对减轻发病是无效的，理由是菌核在土壤中生存期长，且能产生次生菌核，病菌寄主范围广，包括许多田间杂草；此外，子囊孢子可以传播一定距离，流行年份稻田油菜发病重可以充分说明这一点。因此，要使轮作能有效减轻病害，一是要大面积实行；二是要时间长，至少 4 年以上；三是要搞好防除杂草的工作。

　　播种期。在油菜正常播种时间范围内，播种越早发病越重。一方面，播种早，开花早，开花期长，与子囊盘形成期吻合时间长，角果发育期也较长，感病机会多，发病重。另一方面，油菜苗期生长发育需要较高的温度，早播有利于幼苗生长，植株高大，分枝多，株间生态条件更适于菌核病的发生。

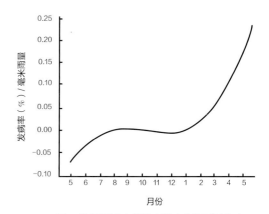

图 6　降雨量影响菌核病发病率的时间效应

施肥。肥料中对病害影响较大的是氮肥。氮肥可促进茎叶生长。氮肥施用过多，易使植株组织柔嫩，枝叶生长繁茂，田间郁闭，相对湿度大，且后期易倒伏，油菜抗病力下降，加重病害发生。特别是氮素薹肥施用迟、用量大时，易造成油菜"贪青"倒伏，则病害更重。除氮素之外，磷、钾肥与病害发生的关系，尚无一致看法。

密度。油菜种植密度与发病的关系，实际上是通过影响田间油菜植株间湿度，从而影响病菌的侵染、繁殖与传播，导致发病程度不同。因此，在不同肥力、不同施肥水平下的密植程度，植株生长发育有差异，田间相对湿度不同，病害发生也有差别，不能一概都认为稀植病轻、密植病重。

翻耕土壤。菌核在土层 5cm 以下时，萌发出土率很低；而在 10cm 以下时，则不能萌发出土，一般子囊盘柄长度只能达 6cm。因此，土壤翻耕 20cm 以上，可以将落在表土的大部分菌核埋入土层深处，防止其萌发产生子囊盘，减少菌源。另外，深耕可使油菜根系发达，生长健壮，不易倒伏，间接地减轻病害。

中耕培土。油菜抽薹期进行中耕培土有两方面作用，一是破坏子囊盘，防止子囊盘形成与喷射子囊孢子，一般情况下，中耕培土可使子囊盘数量减少 50%～90%；另一方面，培土可以防止油菜倒伏，从而减轻病害。

开沟排水。排水好的地（山地、斜坡地）和土壤（砂土、壤土）一般发病轻，排水差的地（洼地）和土壤（黏土）一般发病重。同一类型土壤和排水条件，窄畦深沟的油菜地比宽畦浅沟地发病轻。土壤的排水条件，主要通过影响土壤湿度和植株间湿度，进而影响菌核的萌发、侵染和菌丝的生长、传播；同时，还可影响油菜的生长发育，从而导致病害发生轻重不同。

防治方法　根据油菜菌核病的发生流行规律和生产实际，该病的综合防治策略为：以种植抗病品种为基础，化学防治为加强措施，生物和农业防治为辅。将来该病的综合防治策略应为：在防治决策指导下，以抗病品种和施用生物制剂为基础，化学防治为加强措施，农业防治等措施为辅。

选用抗病品种　芥菜型、甘蓝型油菜较白菜型油菜抗病，同时，甘蓝型油菜对病毒病、霜霉病等病害的抗性亦较强，因此，在油菜产区应选用芥菜型或甘蓝型抗病良种。在甘蓝型油菜中，以分枝部位稍高、分枝角度较小的品种抗病性更强。在现有的栽培油菜品种中，虽然缺乏高抗品种，但品种间表现出明显的抗性差异，如中油 821、陕油 18、中双 9 号、中双 11 号、中油杂 11 号、苏 9905、油 H1023、圣光 76、华油杂 12 号、华双 5 号、皖核杂 4 号、沪油杂 1 号、核杂 9 号、扬 6614、浙油 17 等品种抗性较好，生产上可因地制宜选用适合当地种植的抗病品种。

农业防治　合理轮作。重病田块实行轮作，可有效减少土壤中的菌源数量。在有条件的地方，可实行水旱轮作，能显著减轻病害的发生。没有水旱轮作条件的，旱地油菜的轮作年限应在 2 年以上，而且按照子囊孢子传播距离，至少要在 100m 范围内进行轮作，小面积的轮作防病效果甚微。

选留无病种子与种子处理。油菜成熟期选择田间无病、性状优良的植株，取主轴中段留种。未进行无病选种的种子，在播种前可用 10% 的盐水或 20% 的硫酸铵溶液淘选种子，汰除浮在上面的菌核和秕粒，清水洗种后播种；也可用 50°C 温水浸种 10～20 分钟或 1∶200 福尔马林浸种 3 分钟，福尔马林浸种需用清水洗净后方可播种。

科学施肥。从防病角度考虑，并注意到高产栽培，施肥应掌握：注意氮、磷、钾等多种肥料配合施用，防止偏施氮肥。注意油菜各生长发育阶段氮肥的用量比例，重施基肥和苗肥，早施或控施蕾薹肥，最好不施花肥。在氮肥总用量中，基肥和苗肥应占 80% 以上，薹肥控制在 20% 以内较好，进入开花期后不宜施用氮肥。氮素薹肥以早施为适，可在薹高 5cm 以前施下。在红、黄壤水稻土上，油菜现蕾开花期喷施硼、锰、钼、铜、锌等微量元素具有一定的防病增产作用。

通过施肥等管理措施，使油菜苗期生长健壮，薹期稳长，花期茎杆坚硬，着果发育期不脱肥早衰，不贪青倒伏，关键是预防营养生长过旺而产生的倒伏。

加强栽培管理。①深耕、培土。油菜收获后种植下季作物之前，深耕将落入土壤表层的菌核深埋于土层 10cm 以下，可以促进菌核腐烂，防止菌核产生子囊盘。在油菜抽薹期进行一次中耕培土，破坏已出土的子囊盘和土表的菌核，防止菌核萌发长出子囊盘。②深沟窄畦，清沟防渍。病区地势低及其他排水不良的油菜地，要注意整窄畦，开深沟，畦面宽度一般不宜超过 2m，沟深应在 25cm 以上。油菜开花之前还应注意清沟排水，预防开花结果期田内渍水。③合理安排油菜播期。一般在正常播期内，早播油菜产量高，但也不可过早播种，一方面易引起冬季抽薹，另一方面油菜生长过旺，菌核病发生重。播种密度可根据土壤肥沃情况、施肥水平和品种特性来综合考虑，肥少可密植，肥多可适当稀植。④摘除病、黄、老叶。在油菜开花期分 1～2 次摘除油菜中下部黄、老、病叶，可以大大减少菌源，预防叶病向茎部转移；还可降低田间湿度，改善田间小气候，增强植株抗病力，提高油菜产量。摘叶可在生长茂密长势好的油菜田进行，摘下的叶片要运出田外集中处理。

处理病残体。油菜收获后的残体、残茬等可能混有大量菌核，应及时清除，集中烧毁或加水沤肥。

化学防治　国内外用于防治油菜菌核病常用的药剂有：①25% 咪鲜胺乳油，每亩用药 30～50ml，加水 50～60L 喷雾，防治 1～2 次。②50% 啶酰菌胺水分散粒剂，每亩用药 25～50g，加水 50～60L 喷雾，防治 1～2 次。③15% 氯啶菌酯乳油，每亩用药 55～66g，加水 50～60L 喷雾，防治 1～2 次。④80% 代森锰锌可湿性粉剂，每亩用药 100～120g，加水 50～60L 喷雾，防治 1～2 次。⑤255g/L 异菌脲悬浮剂，每亩用药 150～200ml，加水 50～60L 喷雾，防治 1～2 次。⑥40% 菌核净（纹枯利）可湿性粉剂，每亩用药 100～150g，加水 50～60L 喷雾，防治 1～2 次。⑦50% 多菌灵可湿性粉剂，每亩用药 150～200g，加水 50～60L 喷雾，防治 2～3 次。⑧50% 腐霉利（速克灵）可湿性粉剂，每亩用药 30～60g，加水 50～60L 喷雾，防治 2～3 次。⑨70% 甲基硫菌灵（甲基托布津）可湿性粉剂，加水稀释 500～1500 倍，或 36% 甲基硫菌灵悬浮剂，加水稀释 500 倍，每亩喷施药液 75～150L，防治 2～3 次。⑩50% 氯硝胺可湿性粉剂，加水稀释 100～200 倍，每亩喷施药液 100～150L，或 5% 氯硝胺粉剂，每亩每次 2kg，防治 2～3 次。

药剂防治主要用于油菜长势好，计划亩产在 100kg 以上的田块，或根据预测预报病害有可能大发生的田地。施药时间一般可掌握在初花期至盛花期，叶病株率达 10% 以上，茎病株率在 1% 以下时最为适宜。用手动喷雾器喷药时，将药液主要喷于植株中下部茎叶上，注意喷药均匀、全面覆盖。用动力喷雾器喷药时，可将药液主要喷于植株上部花序上，用药量要适当加大。药剂防治的次数需要根据病害发生轻重、天气状况以及油菜生长的好坏来决定，一般喷施 1～2 次药，病重或雨天多可适当增喷一次药。每次施药时间相隔 10 天左右。因节省人力成本的需要，建议采用小型遥控飞机进行大面积高效喷施。

生物防治　研究最多的，已知对油菜菌核病田间防治效果较好的细菌有产碱假单胞菌（如菌株 A9）、巨大芽孢杆菌（如菌株 A6）和枯草芽孢杆菌（如菌株 TU100）等，真菌有盾壳霉（*Coniothyrium minitans*）、木霉（*Trichoderma viride*、*Trichoderma hamatam*、*Trichoderma harzianum*）、黄蓝状菌（*Talaromyces flavus*）（如 Tf-1）和黏帚霉（*Gliocladium virens*、*Gliocladium deliguescens*）等。上述生防菌可在富含有机质的基质上生长，如麦麸、谷粒、麦粒、棉子壳、稻草等，培养方便，可以和培养基质一道施入田中，也可以用它们制成包衣、丸剂、液剂、粉剂等施用。其中研究较多的是丸化和包衣两种剂型，包衣以藻酸钠和明胶最好，丸化优于包衣，且对种子发芽率没有影响，菌剂可在室温下储存 10 个月，菌体仍有很高的活力。另外，还研制出种子 + 真菌 + 细菌 + 硼肥的丸化复合制剂，复合制剂的防病效果比单一真菌制剂增加 20% 以上，增产效果是单一真菌制剂的 1 倍以上。

参考文献

罗宽，周必文，1994. 油菜病害及其治理 [M]. 北京：中国商业出版社：3-81.

中国农业科学院植物保护研究所，中国植物保护学会，2015. 中国农作物病虫害 [M]. 3 版. 北京：中国农业出版社：1450-1457.

ROGERS R, SHATTUCK V I, BUCHWALDT L, 2007. Compendium of *Brassica* diseases[M]. St. Paul: The American Phytophological Socitey Press.

（撰稿：程晓晖、刘胜毅；审稿：周必文）

油菜枯萎病　oilseed rape *Fusarium* wilt

由尖孢镰刀菌黏团专化型侵染引起的一种油菜真菌病害。

发展简史　该病于 1899 年首次在纽约地区的白菜中被报道，很快在美国东北部和中西部的几个州均被发现，由于该病一般发生较轻且分布范围也不是很广，因此，国内外的研究还较少。

分布与危害　油菜枯萎病一般发生在土壤温度处于 18～32℃ 的温带地区，寒带和热带地区通常较少发生。有详细报道的国家有美国、加拿大等，但大都发生较轻，对产量的危害也较小。油菜枯萎病在中国发生极轻，在湖北、湖南、江西、安徽、浙江、云南、贵州、四川、陕西、河南、山西、甘肃、内蒙古等地均有报道。除油菜外，还可危害其他十字花科植物，如花椰菜、羽衣甘蓝、球芽甘蓝、球茎甘蓝、大白菜、芜菁、芥菜和萝卜等，其中白菜是其最重要的寄主作物。

油菜植株在从苗期到成熟期的任何阶段均可感染枯萎病。油菜枯萎病发病初期，病株叶片表现出暗绿至黄绿的变色并伴随着植株生长停滞。随着病情的发展，植株黄化愈发明显并且严重矮化，下部叶片转为黄褐色，出现坏死区域，并提早脱落。后期叶片黄化、变褐、脱落，并逐渐向上部发展。苗期在茎基部产生褐色或黄褐色病斑，多从基部向上发展，严重时或土壤湿度低、气温高时叶失水、卷曲至枯死（见图）。初花期前后，茎秆出现隆起的和沟状的长斑，并造成落叶，根和茎的维管束有菌丝或分生孢子并为黑色黏状物所填塞，植株矮化、萎蔫，最后枯死。

病原及特征　病原为尖孢镰刀菌黏团专化型［*Fusarium oxysporum* f. sp. *conglutinans*（Woll.）Snyder et Hansen］，属镰刀菌属真菌。病菌可产生大小两种分生孢子。大型分生孢子镰刀形或纺锤形，两端稍尖，略弯曲，无色，孢子壁较薄，典型的孢子具有 3 个分隔，大小为 28～34μm×3.2～3.7μm。小型分生孢子无隔，单胞，无色，卵圆形至椭圆形，单生或串生，大小为 6～15μm×2.5～4.0μm。子座玫瑰色至浅紫色。厚垣孢子单胞或双胞。在人工培养基上

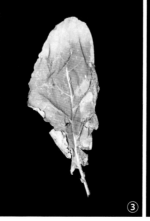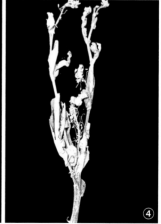

油菜枯萎病症状（①②R. H. Morrison 提供；③④程晓晖提供）

①苗期发病初期症状；②苗期发病末期症状；③成株期叶片发病症状；④成株期茎秆发病症状

可形成菌核，菌核圆形，单生或群生。病菌存在明显的致病力分化，在 7～35℃ 下均可生长，最适生长温度为 25～27℃。

侵染过程与侵染循环　病菌在土壤中越夏越冬，附着在土粒上传播，在土壤中可存活 11 年以上。带菌土壤可由风、灌溉水和雨水等传播，到达油菜根部。病原菌主要通过根尖侵染，从根冠细胞间隙或表皮细胞进入分生组织细胞，也可通过伤口侵入。病原菌侵入后，先在木质部定殖，随后又向上扩展到茎秆和叶片部位。病原菌繁殖后堵塞导管并产生可能导致木质部变黑和叶片黄化的毒素。植株死亡后，在受侵染组织的外表和内部会产生大量的分生孢子和厚垣孢子。病菌可产生镰刀菌酸和果胶酶类，对致病有一定作用。此外，病菌还影响寄主植物的蛋白质代谢。油菜枯萎病是一种典型的温带气候病害，其发生和严重度与土壤温度关系密切，当土壤湿度低，温度达到 27～33℃ 时，发病最重。

防治方法

种植抗病品种　品种间抗性差异较大，各地可因地制宜选用抗病品种。

轮作　严重病地与非十字花科作物轮作 3～4 年，尤其是水旱轮作。

选用无病种子或种子消毒　可选用乙蒜素、多菌灵等药剂对种子进行浸种处理。

加强田间管理　科学管理水肥，及时间苗、中耕除草，使植株生长健壮，增强抗病力。在收获后及时清除地里遗留的病残株。

参考文献

罗宽，周必文，1994.油菜病害及其治理 [M].北京：中国商业出版社：292-294.

中国农业科学院植物保护研究所，中国植物保护学会，2015.中国农作物病虫害 [J].3 版 .北京：中国农业出版社：1485-1486.

ROGERS R, SHATTUCK V I, BUCHWALDT L, 2007. Compendium of *Brassica* diseases[M]. St. Paul: The American Phytophological Socitey Press.

（撰稿：程晓晖、刘胜毅；审稿：周必文）

油菜类菌原体病害　oilseed rape mycoplasma diseases

由类菌原体（也称植原体）侵染引起的一种油菜病害。

发展简史　油菜类菌原体病害最早在 1955 年由施密特（M. Schimdt）报道，但该病最初认为是非病原物导致的畸形。1969 年德国的莱曼（W. Lehmann）和匈牙利的霍瓦特（J. Horváth）证实了其传染特性，发现该病可由介体昆虫传播。随着技术的发展，类菌原体病害也由根据传播介体、症状及寄主鉴定等传统方法，发展到利用 PCR 及 Southern blot 杂交等分子生物学技术的快速鉴定方法。

分布与危害　加拿大、美国、希腊、波兰、捷克和伊朗等多个国家均有该病害发生的报道，中国多个油菜种植区亦可偶见该病发生。

油菜的主要发病症状有花变叶、黄化、绿瓣和带化等多种类型。花变叶的主要特征是花为绿色的叶片形状结构，花冠为萼片状，带化则为油菜茎秆呈扁平宽阔形成，顶端丛生。

病原及特征　类菌原体（mycoplasma-like organisms, MLO），也称为植原体（phytoplasma），是介于独立生活和细胞内寄生生活之间的最小型原核生物，单细胞，无细胞壁，大小为 100～300nm，形状为圆形、椭圆形或不规则形。类菌原体可在几百种农作物、园艺作物和森林作物上导致重要病害，侵染油菜的最常见类菌原体为翠菊黄化植原体（aster yellows phytoplasma）。

侵染过程与侵染循环　类菌原体可通过在韧皮部取食的介体昆虫如叶蝉等进行传播，介体昆虫在发病植物上取食一定时间即可获得病原，介体昆虫获得病原后在 10～45 天后才能开始传播病害，这一时间的长短取决于温度，一般环境温度在 30℃ 所需时间最短，在 10℃ 所需时间最长。带病原介体昆虫通过取食健康寄主植物传播病害，而且病原在介体昆虫体内也可增殖，因此，介体昆虫一旦获得病原后即可终生传播病害。此外，在油菜籽中可检测到类菌原体的存在，说明该病害可通过种子进行传播。

流行规律　油菜类菌原体病害在发病初期具有分布不均匀的特性，病害的进一步流行不仅取决于病原的毒力、寄主的敏感性和温度光照等环境因素，而介体昆虫的种类、繁殖扩散能力及其行为在病害流行过程中发挥更为重要的作用。

防治方法　在病害发生初期可采取清除发病寄主植株和田间杂草的农业防治措施。类菌原体对四环素族抗生素敏感，因此，在病害发生初期对初侵染源使用抗生素处理，可明显减轻病害症状，延缓病害发生。介体昆虫对类菌原体病害的扩散非常重要，可使用杀虫剂或黏板、种植和利用抗虫植物品种等手段对介体昆虫进行防治；生产应用中，对油菜类菌原体病害进行检疫，也可防止该病害通过人为方式远距离传播。

参考文献

耿显胜，舒金平，王浩杰，等，2015.植原体病害的传播、流行和防治研究进展 [J].中国农学通报，31(25): 164-170.

AGRIOS G N, 2005. Plant pathology[M]. 5th ed. New York: Elsevier Academic Press.

CHITTEM K, MENDOZA L, 2015. Detection and molecular characterization of 'Candidatus phytoplasma asteri' related phytoplasmas infecting canola in North Dakota[J]. Canadian journal of plant pathology, 37(3): 267-272.

OLIVIER C Y, GALKA B, SÉGUIN-SWARTZ G, 2010. Detection of aster yellows phytoplasma DNA in seed and seedlings of canola (*Brassica napus* and *B. rapa*) and AY strain identification[J]. Canadian journal of plant pathology, 32(3): 298-305.

SALEHI M, IZADPANAH K, SIAMPOUR M, 2011. Occurrence, Molecular characterization and vector transmission of a phytoplasma associated with rapeseed phyllody in Iran[J]. Journal of phytopathology, 159: 100-105.

（撰稿：姜道宏；审稿：刘胜毅）

油菜立枯病 oilseed rape sore shin

由立枯丝核菌侵染引起的一种油菜真菌病害，是油菜苗期的主要病害之一。又名油菜根腐病。在苗期和移栽后一个月左右发生较重，油菜感病后，降低植株结荚率，造成植株早衰、倒伏，对油菜产量和品质构成严重威胁。

分布与危害 在中国各油菜产区均有分布。根据田间调查，株发病率一般在3%～5%，发病重的田块，株发病率可达10%～20%。

油菜立枯病在油菜整个生育期均可发生危害，但以苗期发病最严重。发病植株在近地面茎基部出现褐色凹陷病斑，以后逐渐干缩变成细线状。湿度大时，有淡褐色蛛丝状菌丝附在其上，病叶萎垂发黄，易脱落（图1）。苗期发病，主根及土壤5～7cm下的侧根常有浅褐色病斑，后期病斑扩大，变深凹陷，继而发展为环绕主根的大斑块，有时还会向上扩展至茎部形成明暗相间的条斑。由于根系吸水、吸肥能力差，植株的叶片常变黄，失水过快时，植株叶片萎蔫，严重时倒伏枯死。成株期发病，根颈部膨大，主根根皮变褐色，侧根很少，根上有灰黑色凹陷斑，稍软，主根易拔断，断处上部常有少量次生须根，有时仅剩一小段干燥的主根。

病原及特征 病原为由立枯丝核菌（*Rhizoctonia solani*），属无性孢子类丝核菌属真菌。菌丝初期无色，分枝成直角，基部缢缩，距分枝不远有一隔膜，随着菌丝生长，菌丝体颜色加深，老熟菌丝体黄褐色，较粗大，部分菌丝形成膨大的念珠状细胞。后期菌丝相互纠结在一起，形成菌核，菌核暗褐色，不规则形（图2）。

根据不同菌株菌丝间融合结果，可将菌丝融合群划分为AG2-1、AG2-2、AG3、AG4、AG5等类型。不同类型菌株融合群的培养特性、致病力有明显差异，同一融合群内不同菌株的致病力也不一致。

侵染过程与侵染循环 病菌主要以菌丝体和菌核在土中或病残体上越夏越冬，油菜播种后，菌核或菌丝受雨水和人为农事活动传播接触油菜植株，病菌的菌丝借助于侵染垫侵染油菜苗的胚轴和根。菌丝在其表面顺向生长，次生菌丝有纵横分枝，进一步变粗缩短，相互缠绕形成致密的半球形侵染垫。从侵染垫下生出无数侵染丝穿透角质层和表皮细胞的垂周细胞壁进入胚轴。一旦进入皮层，病菌可在胞间和胞内

生长，并通过酶解中间层破坏皮层组织，产生明显褐色病斑。最后危害维管组织，导致胚轴和根组织的全部崩解。病菌在抗、感品种上均能形成侵染垫，但菌丝生长速度、侵染垫数量在抗、感品种上有明显差异。在抗病品种中，菌丝侵染胚轴后仅在薄壁组织内生长，不能危害内皮层或维管束组织。侵染植株1周左右就表现症状，其茎基部产生菌丝和菌核又进一步传播危害。

流行规律 油菜立枯病的发生受天气、土壤条件、菌丝融合群类型和土壤中菌源数量影响。该病在苗期常见，在苗床发生最频繁。如果种植油菜的田块整地不均匀，油菜根系扎根不牢固；田间清沟不好，排水不畅，厢面易积水；油菜播种量过大，种植过密。在这些栽培条件下立枯病发生较为严重。

此外，施用未腐熟的带菌肥料，也可加重病害的发生，因为该病病原菌可以在土壤中进行腐生生活，长期生存，一旦遇到合适的条件就可以侵染危害油菜。

防治方法 油菜立枯病的防治应采取以加强苗床栽培管理、培育壮苗、增加幼苗抗病力为主，化学防治为辅的综合防治措施。

合理利用抗性品种 尚未发现高抗立枯病的油菜品种。但不同品种对菌株的抗病性表现出明显差异。成株期比苗期发病轻，胚轴角质层厚的品种抗病性较好。可以通过田间抗性鉴定，筛选对当地菌株表现较好抗性的品种进行推广种植。

加强栽培管理 新苗床应选择地势较高、排水良好的田块。播种时整平苗床，除去植株病残体，施用充分腐烂的有机肥和氮、磷、钾肥。播种均匀，不宜过密。使用旧苗床，

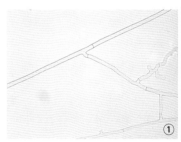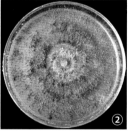

图2 立枯丝核菌形态（李国庆提供）
①菌丝形态；②菌落形态（PDA，12天）

图1 油菜立枯病症状（程晓晖、刘胜毅提供）
①叶片发黄，根部缢缩；②发病植株与正常植株比较；③④植株矮小、萎蔫倒伏

可在播种前每平方米用 50ml 1：50 倍 40% 甲醛溶液喷洒苗床土壤，薄膜覆盖 4～5 天，2 周后待药液充分挥发后再播种。油菜移栽大田后要搞好田间排水防渍、合理施肥等栽培管理措施。

生物防治　育苗时在苗床可施用木霉菌，其中哈茨木霉（*Trichoderma harzianum*）对立枯病有较好的防治效果。此外，VA 菌根和荧光假单胞菌也能抑制病菌侵染油菜根系，用其处理种子和土壤可降低立枯病的发病率。

化学防治　田间发现零星病株，应及时用药剂喷雾或浇灌，控制病害蔓延。常用药剂包括百菌清、多菌灵、利克菌、环唑醇。施药后撒草木灰或干细土，降湿保温，防病效果更好。

参考文献

KATARIA H R, VERMA P R, 1992. *Rhizoctonia solani* damping-off in oilseed rape and canola[J]. Crop Protection, 11: 8-13.

VERMA P R, 1996. Biology and control of *Rhizoctonia solani* on rapeseed: A review[J]. Phytoprotection, 77: 99-111.

YANG J, TEWARI J P, VERMA P R, 1993. Calcium oxalate crystal formation in *Rhizoctonia solani* AG2-1 culture and infected crucifer tissue: relationship between host calcium and resistance[J]. Mycological research, 97: 1516-1522.

YANG J, VERMA P R, LEES G L, 1992a. The role of cuticle and epidermal cell wall in resistance of rapeseed and mustard to *Rhizoctonia solani*[J]. Plant soil, 142: 315-321.

YANG J, VERMA P R, TEWARI J P, 1992b. Histopathology of resistant mustard and susceptible canola hypocotyls infected by *Rhizoctonia solani*[J]. Mycological research, 96: 171-179.

（撰稿：黄俊斌；审稿：李国庆）

油菜软腐病　oilseed rape bacterial soft rot

由胡萝卜果胶杆菌侵染引起的一种油菜细菌性病害。又名油菜根腐病、油菜空胴病。在生产上较为常发、多发、易发。

分布与危害　该病在中国各油菜产区均可发生和危害，以冬油菜区发病较重。寄主植物除油菜外，还有大白菜、小白菜、芜菁、芥菜、甘蓝、萝卜等十字花科蔬菜。另外，还可侵染瓜类、辣椒、马铃薯等。芥菜型、白菜型油菜上发生较重，油菜整个生育期均能发生，一般在抽薹后危害严重。白菜型油菜如开花期发病，受害严重的病株枯死，受害轻的大量落花。健株成荚率 54.2%～68.8%，而病株成荚率仅为 34.1%～44.2%。如角果发育成熟期发病，受害重的造成落荚，落荚率 44.6%～61.4%，受害轻的则影响籽粒千粒重和增加秕粒数。

病菌初在茎基部或靠近地面的根颈部伤口侵入后，产生不规则形水渍状病斑软腐，后逐渐扩展，略凹陷，表皮微皱缩，后期皮层易龟裂或剥开，病害向内扩展，茎内部软腐变成空洞。病菌可从茎部蔓延至根部及茎基部的叶柄、叶片，使病根、病叶软腐，腐烂部位有灰白色或污白色菌脓溢出，有恶臭味，病株与根部分离稍拔即起，靠近地面的叶片叶柄纵裂、软化、腐烂。被侵染的叶片萎蔫，早晚可恢复，而晚期则失去恢复能力。严重的病株倒伏干枯而死。苗期重病株因根部腐烂而死亡（见图）。

病原及特征　病原为胡萝卜果胶杆菌胡萝卜亚种（*Pectobacterium carotovorum* subsp. *carotovorum*，Ecc）。该菌在普通肉汁胨的培养基上的菌落呈灰白色，圆形或不定形，表面光滑，突起，半透明，边缘整齐。菌体短杆状，大小为 0.5～1.0μm×2.2～3.0μm，周身鞭毛 2～8 根，无荚膜，不产生芽孢，革兰氏染色阴性。在 Cuppels 与 Kelman 的结晶紫果胶酸盐培养基（CPV）上产生杯状凹陷。

该菌生长发育最适温度为 25～30℃，致死温度为 50℃经 10 分钟，或 4℃经 10 天；在 pH 为 5.3～9.2 时均可生长，以 pH7.2 最适；不耐日光和干燥，在日光下暴晒 2 小时，大部分死亡，在脱离寄主的土中只能存活 15 天左右。

侵染过程与侵染循环　病菌主要是在土壤、堆肥、田中病残体以及留种株上越冬和越夏。在温度适宜的条件下大量繁殖，通过雨水、灌溉水以及昆虫传播，从植株伤口、生理裂口处侵入组织中。软腐病寄主广泛，它可以在田中多种蔬菜如马铃薯、番茄、辣椒、莴苣、胡萝卜、芜菁、芹菜上传播繁殖不断危害，然后传到伏白菜和秋菜上。该病菌是由新鲜伤口进入到组织中，因此，茎基部和叶柄基部有无伤口直接关系到发病的轻重。病菌分泌果胶酶分解植株细胞中胶层，使细胞分离，组织瓦解。在腐烂过程中由于腐败细菌的侵染，分解细胞的蛋白质，产生吲哚，因而产生臭味。发病植株的病菌又可通过雨水、灌溉水传播，感染无病株。

流行规律　病菌主要初侵染来源是土壤中的病残体以及未腐熟带菌的有机肥。一般认为病菌可在土中存活 4 个月以上。病菌在土温 15℃ 以上很快死亡，10℃ 以下死亡速度减慢，5℃ 以下几乎不死亡。病菌主要靠雨水、灌溉水和昆虫传播，从伤口或自然孔口侵入油菜组织内。连作地或前作为软腐病菌可侵染的蔬菜作物、施用带菌肥料，土壤中病菌多，病害重。害虫多的田块病害也重，这是由于昆虫在油菜上取食造成伤口，又可携带病菌传播感染。这些昆虫有种蝇、黄曲条跳甲、菜粉蝶、菜螟、菜蝽和蝼蛄等。秋冬温度高，而春季又偏低的年份往往发病重。油菜播种愈早，发病愈重，播种早，气候有利于病菌繁殖与侵染。高畦栽培、排水好且土壤湿度低的地块，发病轻。施用高氮肥的有利于发病。油菜生长期雨水多，田间油菜伤口愈合速度慢，或受冻伤，也

油菜软腐病症状（刘胜毅提供）

会加重病害发生。

防治方法

选用抗病品种　白菜型和芥菜型油菜易感病，可推广抗病性较强的甘蓝型油菜。

农业防治　主要包括轮作、适期播种、田间管理等措施。实行水旱轮作或与禾本科作物轮作，可有效减轻危害。适期播种，秋季高温年份要适当推迟播种。加强田间管理，合理掌握播种期，采用高畦栽培，防止冻害，减少伤口。播前 20 天耕翻晒土。施用酵素菌沤制的堆肥或充分腐熟的有机肥，提高植株抗病力。合理灌溉，雨后及时开沟排水。发现重病株连根拔除，带出田外深埋或沤肥，病穴撒石灰消毒。收获后及时清除田间病残体，减少翌年菌源。认真治虫减少病原入侵的伤口，苗期开始防治食叶及钻蛀性害虫如菜青虫、甘蓝夜蛾、甜菜夜蛾、小菜蛾、菜螟、根蛆、黄条跳甲等，此外，病毒病、霜霉病、黑腐病等病害都可能加重软腐病的危害。因此，要做好这些病害的防治。

化学防治　发病初期，可选用噻唑锌、王铜、氢氧化铜、喹啉铜、三氯异氰尿酸、氯溴异氰尿酸、噻菌铜等进行植株喷雾防治，隔 7～10 天 1 次，交替用药、连续预防 2～3 次。白菜类油菜对铜剂敏感，要严格掌握用药量，以避免产生药害，炎热的中午不宜喷药。

参考文献

冯高 , 2010. 油菜主要病虫害的防治 [J]. 植物医生 , 23(3): 21-22.

中国农业科学院植物保护研究所 , 中国植物保护学会 , 2015. 中国农作物病虫害 [M]. 3 版 . 北京 : 中国农业出版社 : 1478-1479.

（撰稿：刘勇、张蕾；审稿：刘胜毅）

油菜霜霉病　oilseed rape downy mildew

由寄生霜霉引起的一种油菜上发生较为普遍的病害。在世界各油菜产区均有发生。中国长江流域和东南沿海油菜产区的大部分油菜田中均可以见到。过去，该病曾位列油菜三大病害之一，然而随着全球气候的变化和耕作模式的改变，该病发生危害较轻，一般年份并不需要特别重视。

发展简史　1796 年，Persoon 在芥菜上首次报道了霜霉病菌，并将其命名为 *Botrytis parasitica* Persoon。1849 年，Fries 将其归到 *Peronospora* 属中，并将其种名改为 *Peronospora parasitica*（Pers.）Fr.，此后，从十字花科所有寄主上获得的分离菌都被描述为 *Peronospora parasitica*。1923 年 E. Gäumann 首次报道了油菜霜霉病在印度发生，同时，在其《霜霉属专著》一书中提出了从不同寄主上采集的霜霉菌应该分为不同的种，他根据孢子囊形态尺度和交互接种试验结果将其分为 54 个种。其实，这许多种在形态上并无显著区别，只是在生理上各有不同，且对不同寄主的寄生能力呈现明显差异而已，但是否应该依此而分为不同的"种"，Thung（1926）、王铨茂（1944）、Felton 和 Walker（1946）、Fraymouth（1956）、Yerkes 和 Shaw（1959）、章一华（1963）、Waterhouse（1973）、Dickinson 和 Greenhalgh（1977）、

魏景超（1979）等均提出了不同看法。尤其是 Yerkes 和 Shaw，他们于 1959 年系统评述了 Gäumann 的研究和各方面的工作，测量了 21 种十字花科作物上的霜霉菌孢子囊和卵孢子大小，认为变异相当大，不能作为分类根据，所有十字花科植物上的霜霉菌应属同一个种 *Peronospora parasitica*，Gäumann 等新立的其他种都应归为它的同物异名，这一结论得到了公认且沿用至今。

分布与危害　该病在世界各油菜产区均有分布，在油菜生长季节处于冷湿的气候条件下一般发生较为严重。已有记载的国家和地区包括安哥拉、阿根廷、澳大利亚、奥地利、巴西、英国、文莱、加拿大、智利、哥伦比亚、哥斯达黎加、埃及、埃塞俄比亚、斐济、芬兰、法国、德国、希腊、危地马拉、海地、印度、伊朗、伊拉克、以色列、意大利、牙买加、日本、柬埔寨、肯尼亚、朝鲜、利比亚、马拉维、马来西亚、马耳他、毛里求斯、墨西哥、摩洛哥、尼泊尔、荷兰、新西兰、北爱尔兰、挪威、巴拿马、巴基斯坦、巴布亚—新几内亚、菲律宾、葡萄牙、波多黎各、罗马尼亚、萨摩亚、南非、西班牙、特立尼达、土耳其、乌干达、美国、俄罗斯、委内瑞拉、越南、前南斯拉夫地区等，其中以德国、意大利、英国、印度、加拿大等国发病较为严重。

该病在中国所有油菜栽培地区均有发生。一般而言，以长江流域及东南沿海冬油菜区发病较重，春油菜区发病少而轻。3 种类型油菜中，以白菜型油菜最为感病，芥菜型油菜次之，甘蓝型油菜最轻。一般发病率为 10%～30%，严重时可达 100%。白菜型油菜感病后，千粒重降低 0.5%～29.4%，单株产量损失 15.6%～52.0%，种子含油量降低 0.3%～10.7%。该病菌寄主范围较窄，除危害油菜外，还可危害白菜、萝卜、花椰菜、甘蓝、芥菜、榨菜、芜菁等十字花科植物，一般属间植物上病原不互相危害。

油菜各生育期均可感病，危害叶、茎、花、花梗、角果等地上部分各器官。叶片感病后，初现淡黄色斑点，后扩大成黄褐色大斑，因受叶脉限制呈不规则形，叶背面病斑上出现霜状霉层，严重时全叶变褐枯死。一般由植株的底叶先变黄枯死，逐渐向上发展蔓延。薹、茎、分枝、花梗和角果感病后，病部初生褪绿斑点，后扩大呈黄褐色不规则形斑块，病斑上有霜状霉层。花梗和角果严重受害时变褐萎缩，密布霜状霉层，最后枯死。花梗发病后有时顶端肿大弯曲，呈"龙头状"，花瓣肥厚变绿，不结实，长有霜状霉层。感病严重时，叶片枯落直至全株死亡（见图）。

病原及特征　病原为寄生霜霉［*Hyaloperonospora parasitica*（Pers. ex Fr.）Constant］，早期也被称为 *Peronospora parasitica*（Pers.）Fr.，属霜霉属真菌。病原菌的菌丝体无色，不具隔膜，分枝多，在寄主组织细胞间生长，以球形或棍棒形吸胞伸入寄主细胞内吸收营养。从菌丝体上分化长出的孢囊梗为有限生长，从病组织气孔伸出。孢囊梗无色，单生或束生，高 200～500μm，较细，基部稍缢缩，双叉分枝，分枝末端尖锐，弯曲，顶端着生 1 个游动孢子囊。油菜叶片上的白色霜霉状物就是由孢囊梗和孢子囊组成。游动孢子囊无色，球形至椭圆形，单胞，大小为 24～27μm×12～22μm，成熟时通过交叉的壁从小梗脱落，可以直接萌发产生芽管，行使游动孢子的功能。病原菌的有性生殖可同宗结合也可异

Y

油菜霜霉病症状（①～⑥程晓晖提供；⑦⑧刘胜毅提供）
①②③子叶；④⑤⑥叶片；⑦茎分枝；⑧花梗

宗结合。有性繁殖器官在发病后期病组织内的菌丝上形成球形的藏卵器和侧生的雄器，受精后形成卵孢子。成熟卵孢子球形、单胞、厚壁、黄褐色，表面光滑或略有皱纹，直径26～46μm，可直接萌发产生芽管。它的功能是休眠，以躲过不适宜的环境，如高温的夏季。

孢子囊的活力与温度、湿度、营养等有关，其中温湿度是影响孢子囊形成和萌发的最主要因素，强光和干燥条件不利于孢子囊的形成和萌发。病菌的孢子囊形成最适温度为8～12℃，相对湿度为90%～95%。孢子囊在3～25℃范围均可萌发，以7～13℃为最适，在0℃时孢子囊发芽率很低，干燥5小时即失去发芽力，90%以下相对湿度不发芽。卵孢子形成的最适温度为10～15℃，萌发的最适宜温度为25℃，30℃以上不能萌发。光照对霜霉菌的侵染有一定影响，光照超过16小时不发生侵染，光照少于16小时，在子叶阶段可发生严重的系统侵染。

霜霉菌属活体营养寄生，有明显生理分化现象。侵染十字花科不同属植物的霜霉菌，根据其致病力差异可分为芸薹属变种、萝卜属变种和芥菜属变种等。

侵染过程与侵染循环　霜霉菌的孢子囊落到感病部位，在适宜的温湿度条件下产生芽管，形成附着胞，产生侵入丝，直接穿透角质层（产生直径4～5μm孔洞）侵入，偶尔也通过气孔侵入植物组织。侵入寄主的菌丝开始在表皮细胞垂周壁之间生长，然后在细胞间向所有方向分枝，在寄主细胞内形成吸器，以帮助霜霉菌从寄主组织中吸取营养。电镜观察显示，最初与菌丝接触的寄主细胞壁局部膨大，出现微纤维结构，吸器分枝通过直径1～2μm的孔洞侵入，围绕吸器基部形成一个类菌环结构，吸器膨大时，发生寄主原生质膜的成鞘作用。寄主细胞和吸器作用面的精细组成和构造尚不清楚。吸器的形状和大小，不同种寄主甚至同一寄主细胞内均有不同。芜菁和萝卜根中开始为球形至梨形，后变成圆筒状或棍棒状，二叉或三叉分枝；甘蓝中为不规则泡囊或两裂片状；花椰菜中为球形。温度20～24℃有利于吸器的形成。吸器对寄主不同组织细胞影响不同。子叶表皮细胞反应比叶肉细胞大得多。前者由于病菌侵入，细胞质明显解体，而后者吸器侵入细胞质仅形成鞘，液胞膜和原生质膜未被破坏。直到后来细胞内营养消耗殆尽，细胞才逐渐死亡，表现组织变黄和枯死。

病原菌主要以卵孢子随病残体在土壤、粪肥和种子上越冬和越夏，并成为初侵染源。在冬油菜区，病菌以卵孢子随病残体在土中、粪肥和种子中越夏，秋季时萌发侵染幼苗，产生孢子囊进行再侵染。冬季气温低，不适于病害发展，以菌丝在病叶中越冬，翌春气温回升，又产生孢子囊再侵染叶、茎、角果，条件适合时可有多次再侵染。油菜成熟时，在组织中又形成卵孢子，进入休眠阶段。

流行规律

病菌的传播与扩散　霜霉病菌的短距离传播主要是依靠气流和雨水。孢囊梗干缩扭曲后，孢子囊从小梗顶端释放到空气中，然后随气流传播到油菜植株上，传播距离可达10m。土壤病残体中的卵孢子可能通过水流移动，萌发产生孢子囊，由雨水溅到健康幼苗上，秋季灌溉时孢子囊也可随流水传播。另外，施用带菌的粪肥也可传播病菌。霜霉病菌的长距离传播主要是依靠携带有卵孢子或菌丝的种子的调运。

病害流行因素　该病的发生与气候、品种和栽培因素等有一定的关系。温度和雨量是霜霉病流行的重要条件，低温、多雨、高湿和日照少的条件有利于病害的发生。甘蓝型油菜比白菜型、芥菜型油菜抗病，一般而言，霜霉病的流行主要发生在栽培白菜型油菜的地区。连作地土壤中存留卵孢子多，菌源多，发病比轮作地相应要重些，前作为水稻的油菜地一般发病轻。早播由于秋季有利于发病的温度期较长，发病数量增多，病原多，造成春季发病重。氮肥施用过多，油菜生长过旺，易造成倒伏，增加植株间的湿度，往往发病重，缺钾也增加发病。另外，种植过密，田间湿度大，发病加重。

地区流行规律　在长江中下游和东南沿海油菜产区，秋、冬季一般气温低，雨水较少，苗期发病较轻；抽薹开花期雨水多，湿度大，且气温较低，因而发病较重。长江上游区，苗期湿度大，病害发生普遍，而春季干旱，发病轻。北方冬油菜区、云南冬油菜区以及北方春油菜区，苗期与抽薹开花期雨水均少，一般发病极轻。长江中下游山区一般发病重于平原区。

季节流行规律　在冬油菜区，油菜霜霉病一般在秋、冬期间致幼苗发病，冬季停发，春季流行。油菜苗期霜霉病的发生与降雨密切相关，9～10月至少有连续4天以上的降雨，霜霉病才能迅速蔓延。春季寒潮频繁，冷暖交替，并伴随着降雨，容易满足病菌孢子囊形成和侵染条件，是春季病害流行的重要影响因素。种植白菜型油菜易造成病害流行，除品种感染外，生育期的气候条件也是一个重要原因。白菜型油菜霜霉病发生高峰出现在开花结果期，病害发生重；甘蓝型油菜出现在抽薹开花期，而在角果发育期温度高，不适于再侵染，因此，病害发生轻。

防治方法

种植抗病品种　因地制宜种植抗病品种，如秦油2号、中双4号等。3种类型油菜中，甘蓝型油菜最抗病，芥菜型次之，白菜型油菜最感病。

农业防治　油菜与大麦、小麦等禾本科作物轮作2年以上，或者水、旱轮作，可以大大减少土中的卵孢子数，减轻发病。适时播种，合理密植，使田间通风透光，降低田间湿度；均衡施肥，增施微量元素；窄畦深沟，注意排渍。

化学防治　从油菜苗期开始，病株率在20%以上时开始喷药，隔10天左右再喷1次。防效较好的药剂有80%乙蒜素乳油5000倍液、0.3%苦参碱乳油300倍液、25%烯酰松脂铜水乳剂300倍液、25%甲霜灵可湿性粉剂或58%甲霜·锰锌可湿性粉剂1500倍液、80%烯酰吗啉可湿性粉剂2500倍液、80%代森锌可湿性粉剂500倍液、75%百菌清可湿性粉剂1000倍液等。以上药剂也可用于种子处理。

参考文献

罗宽，周必文，1994. 油菜病害及其治理 [M]. 北京：中国商业出版社：126-148.

中国农业科学院植物保护研究所，中国植物保护学会，2015. 中国农作物病虫害 [M]. 3版. 北京：中国农业出版社：1459-1461.

GÖKER M, VOGLMAYR H, BLÄZQUEZ G, et al, 2009. Species delimitation in downy mildews: the case of Hyaloperonospora in the light of nuclear ribosomal ITS and LSU sequences[J]. Mycological research, 113: 308-325.

ROGERS R, SHATTUCK V I, BUCHWALDT L, 2007. Compendium of *Brassica* diseases[M]. St. Paul: The American Phytophological Socitey Press.

（撰稿：程晓晖、刘胜毅；审稿人：周必文）

油菜炭疽病　oilseed rape anthracnose

由希金斯刺盘孢侵染引起的一种油菜真菌病害。该病在中国分布较为普遍，但危害损失一般不大。

发展简史　1917年Higgins在芜菁叶片上发现了一种炭疽病。由此，将引起该病的病原命名为希金斯刺盘孢（*Colletotrichum higginsianum*）。随后在许多其他十字花科植物（包括油菜、小白菜和萝卜）上发现了这种病菌引起的炭疽病。研究者发现希金斯刺盘孢可侵染模式拟南芥。希金斯刺盘孢逐渐成为半活体营养型的一种模式病原真菌。

分布与危害　油菜炭疽病在中国油菜产区分布广泛。以湖北、湖南、安徽、江苏、浙江、云南、贵州、四川、河南、山西、甘肃等地为主要发生区。由于病害主要发生在白菜型和芥菜型油菜上，而田间油菜以甘蓝型油菜为主，因此，一般情况下炭疽病危害不是十分严重。

油菜炭疽病主要危害油菜地上部分。叶上病斑小而圆，初为苍白色，水渍状，以后扩展为直径1～3mm的圆形病斑，中心呈白色或草黄色，稍凹陷，呈薄纸状，极易穿孔（见图）。边缘紫褐色，微隆起。叶柄和茎上斑点呈长椭圆形或纺锤形，淡褐色至灰褐色，明显凹陷，中央偶见小黑粒。角果上的病斑与叶上相似。潮湿情况下，病斑上产生淡红色黏状物，为炭疽菌的分生孢子。发病重的叶片病斑相互连合后，形成不规则形的大斑块，导致叶片变黄而枯死。

病原及特征　病原为希金斯刺盘孢（*Colletotrichum higginsianum* Sacc.），属刺盘孢属。分生孢子盘埋生于表皮下，圆盘形或近圆盘形，盘周围生有黑色刚毛，深褐色至黑褐色，1～3个分隔，大小为45～70μm×3～6μm，盘内产生圆柱形、无色、单胞的分生孢子，大小为13～21μm×2～5.5μm。

侵染过程与侵染循环　病菌以菌丝在病残体、土壤或种子内越冬和越夏，也可以分生孢子在寄主种子表面越冬越夏。秋天油菜播种时产生分生孢子。孢子萌发后从叶片气孔或表皮直接侵入，经过3～5天的潜育期后形成病斑，病斑上产生的孢子借风雨传播，可进行再侵染。

流行规律　油菜炭疽病是一种高温高湿型气流和雨水传播病害。病原菌生长温度为10～38°C，最适温度为28～30°C。病原菌对pH适应范围较广，为3.5～10.5，弱酸性环境有利于菌丝生长，最适pH6，但弱碱性环境有利于产孢，最适产孢pH8.2～9.0。条件适宜，病菌再侵染频繁，病害发展很快。高温、高湿条件有利发病，24～28°C且多雨时病害易流行。

除气候条件外，病害发生也与品种抗性有关，一般甘蓝型油菜抗病，叶色深比叶色淡的品种抗病。

希金斯刺盘孢是一种半活体营养型真菌。它在侵染过程中会形成一些结构以助于侵染。当病原黏附到寄主表面后，分生孢子萌发形成圆顶状黑色的附着胞和细长的侵染钉，以

油菜炭疽病症状（吴楚提供）

帮助病菌穿破寄主表皮和细胞壁。之后，肿胀的初级菌丝侵入寄主的表皮细胞并进入质膜内，类似于活体营养菌的吸器一样。与其他种类炭疽菌不同，油菜炭疽菌在活体营养阶段，初级菌丝被完全限制在最初侵染的表皮细胞内，之后病菌会形成次级菌丝。次级菌丝的分枝在寄主细胞间扩展成网状，在侵染前杀死寄主细胞，病原进入死体营养阶段。病菌侵入后经 3～5 天潜育期即可发病。

防治方法

选用抗病品种　一般甘蓝型油菜抗病性比白菜型和芥菜型强。

种子处理　选用无病菌种子。对于带菌种子，一般要进行种子消毒，可用 50℃ 温水浸种 10 分钟，或用种子重量 0.4% 的 50% 多菌灵、32.5% 苯甲嘧菌酯水剂等拌种。

农业防治　播种前深翻晒土。适时播种，合理密植。注意肥水管理，增施磷、钾肥以增强植株的抗性，苗期控制氮肥的使用。雨后及时排水。收获后清除田间病残体，并深翻土壤。重病地与非十字花科蔬菜进行两年轮作。

化学防治　发病初期及时进行药剂防治，可用药剂有 75% 百菌清可湿性粉剂 500 倍液、70% 甲基托布津 600 倍液、32.5% 苯甲嘧菌酯 1000 倍液、25% 氟硅唑咪鲜胺 800 倍液、80% 炭疽福美 800 倍液。共喷施 2～3 次，间隔 7～10 天。

参考文献

刘胜毅，马奇翔，周必文，等，1998. 油菜病虫草害防治彩色图说 [M]. 北京：中国农业出版社 .

BIRKER D, HEIDRICH K, TAKAHARA H, et al, 2009. A locus conferring resistance to *Colletotrichum higginsianum* is shared by four geographically distinct *Arabidopsis accessions*[J]. The plant journal, 60: 602-613.

HUSER A, TAKAHARA H, SCHMALENBACCH W, et al, 2009. Discovery of pathogenicity genes in the crucifer anthracnose fungus *Colletotrichum higginsianum*, using random insertional mutagenesis[J]. Molecular plant-microbe interaction, 22(2): 143-156.

KLEMANN J, RINCON-RIVERA L J, TAKAHARA H, et al, 2012. Sequential delivery of host-Induced virulence effectors by appressoria and intracellular hyphae of the phytopathogen *Colletotrichum higginsianum*[J]. PLoS pathogens, 8(4): 1-15.

（撰稿：任莉、李国庆；审稿：刘胜毅）

油菜细菌性黑斑病　oilseed rape bacterial leaf spot

由丁香假单胞菌侵染引起的一种油菜细菌性病害。

分布与危害　该病在中国油菜产区均有发生和危害，以陕西汉中地区发生较重，常造成很大损失，影响油菜产量和品质。寄主植物除油菜外，还有芥菜、芜菁、甘蓝、大白菜、小白菜、萝卜、花椰菜等十字花科蔬菜。

该病可侵染油菜叶、茎、花梗、角果和根头部。病斑初起出现在叶片背面，初生不规则形、水渍状或油渍状绿色至淡褐色小斑点，直径约 1mm，后变为具有光泽的褐色或黑褐色不规则形或多边形病斑，薄纸状，不突破叶脉；开始时在外叶发生多，后延及内叶，叶片正面初起为与叶背对应的青色斑块，当坏死斑连合后形成大的不整齐的坏死斑，可达 2～4cm，后变为淡褐、黑褐色焦枯状（见图）；病菌还可危害叶脉，致使叶片生长变缓，叶面皱缩，开始外叶发生多，后波及内叶；发病严重时，全株叶片表现为白色灼状斑块，后变为淡褐色焦枯状，导致植株枯黄而死亡。茎及花梗上病斑椭圆形至线形，水渍状，褐色或黑褐色，有光泽，斑点部分凹陷。角果上产生圆形或不规则形黑褐色，偶成条斑，稍凹陷。根头部初生暗色病斑后变深，渐成黑色，或不规则圆形斑纹。

病原及特征　油菜细菌性黑斑病（*Pseudomonas syringae* pv. *maculicola*），称丁香假单胞菌斑点致病变种（十字花科蔬菜黑斑病假单胞菌），属假单胞菌属的丁香假单胞菌。

菌体杆状或链状，无芽孢，具 1～5 根极生鞭毛，大小为 1.5～2.5μm×0.8～0.9μm，革兰氏染色阴性，好气性。在肉汁胨琼脂平面上菌落平滑有光泽，白色至灰白色，边缘初圆形，后具皱褶。在肉汁胨培养液中云雾状，没有菌膜。在 KB 培养基上产生蓝绿色荧光。该菌发育适温 25～27℃，最高 29～30℃，最低 0℃，致死温度 48～49℃ 经 10 分钟，适应 pH6.1～8.8，最适 pH7。病原菌具有丁香假单胞菌种的特征，此外，还能产生果聚糖。水解熊果苷，明胶缓慢液化或不液化。利用 D-葡糖酸、内消旋肌醇、甘露醇和酒石酸盐作为碳源；但不利用赤藓糖醇、甲酸盐、D-高丝氨酸、L（+）酒石酸盐，大多数菌系利用 D-山梨醇。

侵染过程与侵染循环　病菌主要在种子、土壤及病残体上越冬，在土壤中可存活 1 年以上，随时可侵染植株，雨后易发病。病菌可通过植株地上部伤口和自然孔口侵入寄主发病。病菌在土壤中的存活能力相对较差，病害主要由带菌种子进行传播，田间传播以风雨和昆虫传播为主，发病田块有明显的发病中心，多雨潮湿环境条件下病害能迅速流行。

流行规律　病害由带菌种子传播，田间传播以风雨和昆虫传播为主，细菌性黑斑病在田间有明显的发病中心，在多雨潮湿的环境条件病害能迅速流行，株发病率 100%。

油菜细菌性黑斑病叶片症状（R. H. Morrison 提供）

防治方法

田间管理　选用抗病品种。加强田间管理，采用高畦栽培，雨后及时排水，降低田间湿度。发病区实行定期轮作，与非十字花科蔬菜轮作 2 年以上或与水稻进行轮作。

种子消毒　加强种子管理，杜绝带菌种子进境。发病区油菜播种前进行种子消毒，用 50℃ 温水浸种 20 分钟后移入凉水中冷却后催芽播种。

化学防治　发病初期可用噻唑锌、王铜、氢氧化铜、乙蒜素、喹啉铜、春雷霉素、三氯异氰尿酸、氯溴异氰尿酸、噻霉酮、噻菌铜、碱式硫酸铜进行喷雾防治。白菜类油菜对铜剂敏感，要严格掌握用药量，以避免产生药害。炎热的中午不宜喷药。

参考文献

中国农业科学院植物保护研究所，中国植物保护学会，2015. 中国农作物病虫害 [M]. 3 版 . 北京 : 中国农业出版社 : 1480-1481.

（撰稿：刘勇、张蕾；审稿：刘胜毅）

油菜线虫病　oilseed rape nematodes

由植物寄生线虫侵染引起的、危害油菜根组织的病害，为各国油菜生产区的重要病害之一。

病原及特征　可侵染危害油菜的植物寄生线虫主要包括孢囊线虫（*Heterodera* spp.）、短体线虫（*Pratylenchus* spp.）、根结线虫（*Meloidogyne* spp.）和针属线虫（*Paratylenchus* spp.）这四大类群。其中，孢囊线虫主要包括甜菜孢囊线虫（*Heterodera schachtii* Schmidt）和甘蓝孢囊线虫（*Heterodera cruciferae*）等，且以甜菜孢囊线虫危害最为严重。短体线虫主要包括落选短体线虫（*Pratylenchus neglectus*）和桑尼短体线虫（*Pratylenchus thornei*）等。根结线虫主要包括南方根结线虫［*Meloidogyne incognita*（Kofoid et White）Chitwood］、甘蓝根结线虫（*Meloidogyne artiellia*）、花生根结线虫［（*Meloidogyne arenaria*（Neal）Chitwood］、北方根结线虫（*Meloidogyne hapla* Chitwood）、爪哇根结线虫［*Meloidogyne javanica*（Treub.）Chitwood］和哥伦比亚根结线虫（*Meloidogyne chitwoodi* Golden et al.）等，为危害油菜的三大线虫类群。针属线虫主要包括新钝头针线虫（*Pratylenchus neoamblycephalus*）、腐菌异滑刃线虫（*Pratylenchus myceliophthorus*）和假墙草异滑刃线虫（*Pratylenchus pseudoparietinus*）等。各线虫类群代表性种形态特征如下：

甜菜孢囊线虫　雌虫：$L=626\sim890\mu m$，$W=361\sim494\mu m$；St.$L=27\mu m$；Oe.$L=28\sim30\mu m$，角质层厚度 $=9\sim12\mu m$；

雄虫：$L=1119\sim1438\mu m$，$W=28\sim42\mu m$，$a=32\sim48$，St.$L=29\mu m$，Spi.$L=34\sim38\mu m$，Gu.$L=10\sim11\mu m$；

二龄幼虫：$L=435\sim492\mu m$，$W=21\sim22\mu m$，St.$L=25\mu m$。

落选短体线虫　雌虫：$L=432\sim517\mu m$，$W=18\sim19\mu m$，$a=22.7\sim28.7$，$b=5.4\sim6.7$；$b'=3.9\sim4.7$，$c=20.7\sim21.6$，$c'=2$，唇高 $=2.2\mu m$，唇宽 $=6.8\mu m$，spear$=15.5\mu m$，DGO$=3.0\mu m$，AM$=42.5\sim50.0\mu m$，ex$=82.5\sim85.0\mu m$，V$=79.1\sim89.7$，PUS$=18.4\sim23.5\mu m$，Tail$=20\sim25\mu m$，尾纹

$17\sim20$ 条，phas$=10\sim12\mu m$，口针基球高 $=4.0\mu m$，口针基球宽 $=6.0\mu m$。

南方根结线虫　雌虫：$L=748$（$456\sim1135$）μm，$W=464$（$361\sim585$）μm，$a=1.6$（$1.1\sim2.2$），$b=5.4$（$4.3\sim6.7$）；ST$=15.0$（$13.6\sim15.3$）μm；STKW$=3.7$（$3.0\sim4.3$）μm，DGO$=5.0$（$4.06\sim6.00$）μm，VSL$=25.2$（$21\sim30$）μm；V—A$=18$（$16\sim20$）μm；

雄虫：$L=1797$（$1203\sim2450$）μm，$a=43$（$32\sim52$），$b=8$（$6\sim11$），$c=184$（$122\sim372$）；ST$=22.4$（$21.3\sim23.8$）μm，STKW$=5.2$（$5.0\sim5.6$）μm，DGO$=3$（$2.6\sim3.4$）μm，SPI$=33$（$28\sim36$）μm，GUB$=9.6$（$9.4\sim10.2$）μm，TAIL$=10$（$6\sim12$）μm；

二龄幼虫：$L=385$（$352\sim404$）μm，$a=28$（$26\sim31$），$b=2.3$（$2.0\sim2.6$），$c=8.1$（$7.4\sim9.0$），ST$=10.3$（$9.5\sim10.6$）μm，DGO$=2.4$（$2.2\sim3.0$）μm，MEV—HE$=53$（$49\sim56$）μm，HH$=2.6$（$2.2\sim2.8$）μm，HW$=5.04\mu m$，HW/HH$=2.1$（$1.8\sim2.3$），TAIL$=47.4$（$43\sim51$）μm，TTL$=11.2$（$9.6\sim13.0$）μm。

新钝头针线虫　雌虫：$L=359.0$（$308.0\sim410.0$）μm，St$=30.6$（$31.0\sim34.0$）μm，StC$=21.9$（$20.0\sim24.0$）μm，EP$=78.0$（$70.0\sim84.0$）μm，$W=15.2$（$14.0\sim18.0$）μm，Tail$=28.2$（$20.0\sim36.0$）μm，V%$=86.0$（$82.0\sim84.0$）%，$a=23.2$（$21.8\sim25.6$），$b=3.9$（$3.4\sim4.3$），$c=12.8$（$8.9\sim17.6$），$c'=3.0$（$2.0\sim3.8$），St%/L$=9.2$（$8.0\sim10.4$），EP%L$=22.4$（$21.0\sim23.8$）。

侵染过程与侵染循环　在土壤中，线虫侵染前，二龄幼虫通过感知油菜根系分泌物定位识别油菜根，然后通过口针穿刺作用和分泌的各类细胞壁修饰蛋白侵入油菜根组织，在油菜根组织中取食获取营养，行寄生生活。随后线虫经过 3 次蜕皮发育成成虫。成虫以孤雌生殖或两性生殖方式产卵。卵在适宜条件下经一龄幼虫发育至二龄幼虫，二龄幼虫从卵壳中释放出来，即完成一个生活史。其中，侵染油菜的孢囊线虫和根结线虫在根内营固着性内寄生生活，并在根韧皮部邻近细胞建立取食位点——分别称之为合胞体（syncytial）和巨型细胞（giant cell）。而短体线虫则在油菜根内营迁移性内寄生生活，针属线虫在油菜根外营寄生生活。

油菜线虫病为土传病害。油菜种植田以及油菜苗圃的病土为当期病害的重要初侵染源。此外，携带病土的农具和耕作人员的鞋子也为重要的初侵染源。油菜地一旦受到病原线虫污染，将很难根除。

防治方法　加强油菜苗圃管理，防止病原线虫污染油菜苗圃和经油菜苗传播，加强农具和耕作人员鞋子的清洁，是预防油菜线虫病害扩散的重要举措。对于油菜线虫病防治最经济有效的方法为栽培抗病油菜品种。此外，应用化学防治和生物防治相结合的综合防治手段，也能有效控制油菜线虫病害的发生。如化学杀线剂阿维菌素和噻唑膦等，生物制剂淡紫拟青霉颗粒菌剂等。

参考文献

刘维志，2004. 植物线虫志 [M]. 北京 : 中国农业出版社 .

王明祖，1998. 中国植物线虫研究 [M]. 武汉 : 湖北科学技术出版社 .

Y

DOBOSZ R, KORNOBIS S, 2008. Population dynamics of sugar-beet cyst nematode (*Heterodera schachtii*) on spring and winter oilseed rape crops[J]. Journal of plant protection research, 48(2): 237-245.

JONES J R, LAWRENCE K S, LAWRENCE G W, 2006. Evaluation of winter cover crops in cotton cropping for management of *Rotylenchulus reniformis*[J]. Nematropica, 36(1): 53-66.

STEFANOVSKA T, PIDLISNYUK V, 2009. Challenges to grow oilseed rape *Brassica napus* in sugar beet rotations[J]. Communications in agricultural and applied biological sciences, 74(2): 573.

（撰稿：王高峰、肖炎农；审稿：刘胜毅）

化学防治　烯唑醇、氟硅唑等杀菌剂对圆斑病防治效果较好。

参考文献

BRUN H, RENARD M, JOUAN B, et al, 1979. Preliminary observations on some rape diseases in France: *Sclerotinia sclerotiorum, Cylindrosporium concentricum, Ramularia armoraciae*[J]. Sciences agronomiques rennes: 7-77.

DRING D M, 1961. *Ramularia armoraciae* Fuckel[J]. Transactions of the British mycological society, 44(3): 333-336.

ZHUANG W Y, GUO L, GUO S Y, et al, 2005. Fungi of northwestern China[M]. Ithaca, NY: Mycotaxon, Ltd.

（撰稿：方小平；审稿：刘胜毅）

油菜圆斑病　oilseed rape pale leaf spot

由辣根柱隔孢侵染引起的一种油菜真菌性病害。

发展简史　圆斑病在十字花科植物如萝卜、荠菜、辣根等有报道，芸薹属的白菜（*Brassica rapa*）和黑芥（*B. nigra*）上也有报道，但油菜上较少见。Brun 等人（1979）报道了法国油菜雄性不育系发生圆斑病。中国仅庄文颖（2005）报道过萝卜圆斑病。

分布与危害　在法国、美国、英国、德国等国有报道。除危害油菜外，病菌还可侵染其他十字花科蔬菜，如白菜、萝卜、黑芥等。

油菜圆斑病是一种真菌病害，病原主要侵染叶片，在叶上形成圆形褐色斑点，后为灰白色。高温高湿条件下，病部产生白霉（菌丝和分生孢子梗）。

病原及特征　病原为辣根柱隔孢（*Ramularia armoraciae* Fuckel=*Entylomella armoraciae*），属柱隔孢属真菌，有性态为子囊菌门。分生孢子梗长，无色、不分枝，从孔口伸出，无隔，与菌丝有明显区别；产孢梗顶端屈膝状；分生孢子圆柱形，无色双细胞，顶生，呈串珠式连接。

侵染过程与侵染循环　柱隔孢菌引起的油菜圆斑病较少见，研究报道极少。根据该菌在辣根（*Armoracia rusticana*）上引起的叶斑病，可以大致推断油菜圆斑病的侵染循环。病原菌以分生孢子或类似菌核的结构在病残体上越冬。分生孢子在合适的温湿度条件下萌发产生芽管，芽管顶端膨大形成附着胞。菌丝直接穿透寄主表皮侵入，不断向叶肉组织深入并形成新的菌丝分枝。分生孢子随风雨传播，在整个生长季节进行多次再侵染。

流行规律　柱隔孢菌生长发育的温度范围为 5～30℃，最适温度 20℃；病菌在 pH3～11 均可生长，偏好弱酸性环境，pH5～6 适宜于黑粉菌生长，在强酸性（pH＜3）和碱性（pH＞8）条件下黑粉菌的生长显著受阻。病菌可利用的碳源范围较广，光照和碳源对其菌丝生长和孢子萌发没有显著影响。田间湿度大有利于病害发生。

十字花科重茬地、地势低洼、排水不良的地块发病重，高温多雨有利于病害的流行。

防治方法

种植抗病品种　是防治病害的最重要途径。

农业防治　与非十字花科作物进行轮作。

油茶白朽病　oil tea white rot

由杯状无疣革菌引起、危害油茶地上部分的一种真菌病害。又名油茶半边疯、油茶白腐病。是老油茶林内常见的一种病害。

发展简史　油茶白朽病的研究相对较少，袁嗣令等（1997）提出油茶白朽病病原菌为碎纹伏革菌，此后仅李河等（2009）对该病病原菌的 ITS 基因进行了克隆、测序及分析，补充了相关基因序列信息。

分布与危害　分布广泛，在江西、安徽、湖南、广西、广东等地均有发生，病株率达 10%～47%。发病多从背阴面开始。主要危害主干，并常延及枝条。病部局部凹陷，因病组织周围愈合组织增生，形成梭状或长条溃疡斑，病健交界处有明显棱痕。染病木质部呈黄褐色腐朽，病健部交界处的横切面，有棕褐色带线。病斑纵向发展快于横向发展，因而树木半边枯死。有病皮层无光泽，较粗糙，以后成为石膏状白粉层，平铺表面，即病菌子实体（见图）。

油茶白朽病症状（周国英提供）

病原及特征　病原为杯状无疣革菌［*Athelia scutellaris*（Berk. & M. A. Curtis）Gilb.］，异名碎纹伏革菌（*Corticium scutelare* Brek. & M. A. Curtis）。子实体平伏，结构多样，从棉絮状到蛛网状，膜质或蜡质；表面平滑或皱褶状或齿状，多种颜色。菌肉淡色，在氢氧化钾溶液中不变黑。囊状体或胶囊体存在或不存在。担子棒状、泡囊状或坛状，2～8个孢子。孢子无色或淡色，平滑到有纹饰。

侵染循环　病原菌以菌丝体在病枝干上越冬，3～10月病害连续发生，7～8月气温高时病斑发展快，发病植株很难防治根除。如林分中存在着"历史病株"，将成为翌年的初侵染源，不断产生再侵染而向周围扩散蔓延，危害逐年加重。

防治方法　做好抚育管理，及时垦复、施肥，以促进生长。冬季至早春，清除病株、病枝，以减少侵染源。用实生林代替萌条老林。对轻病枝干及时刮除后，涂以 1：3：15 波尔多液。

参考文献

李河，郝艳，宋光桃，等，2009. 油茶白朽病菌 ITS 基因的克隆及序列分析 [J]. 西南林学院学报，29(2): 40-43.

袁嗣令，1997. 中国乔、灌木病害 [M]. 北京：科学出版社.

（撰稿：周国英；审稿：田呈明）

油茶茶苞病　oil tea *Exobasldium* gracile

由细丽外担菌引起、危害油茶叶部的真菌病害。又名茶饼病、油茶叶肿病、茶桃等。

发展简史　2008年，阙生全等对江西大余油茶发病情况的调查结果表明叶肿病的发病率为 40%～50%。贵州油茶叶肿病的发病率平均在 39% 左右，并且油茶的发病症状与树龄有密切关系。2010年，彭丽娟通过 rDNA-ITS 序列分析确定其病原菌为细丽外担菌［*Exobasidium gracile*（Shirai）Syd. & P. Syd.］。2012年，刘世彪等用石蜡切片观察了油茶叶肿病肿大子房和肿大叶片的形态结构特征，发现细丽外担菌分布于成熟发病器官的表面，肿大部位的细胞明显增大，是正常部位细胞的 5～10 倍，细胞质稀薄，细胞内无叶绿体。1998年，Pius 在研究油茶饼病菌（*Exobasidium vexans*）感染山茶（*Camellia sinensis*）的糖代谢变化中发现，蔗糖和葡萄糖含量降低，并且在整个孢子形成期间保持恒定；果糖含量在孢子形成的开始阶段突然增加，淀粉含量连续减少。而过氧化物酶活性在叶衰老的最后阶段高度增强，酸性转化酶的活性与淀粉含量成反比，并与蔗糖和葡萄糖含量的变化密切相关，蛋白质和叶绿素含量在发泡区逐渐减少。另外，也有研究表明来自马铃薯的Ⅰ类几丁质酶基因的在茶树（*Camellia sinensis*）中的过表达可以用于改善其对真菌病原体的抗性。

分布与危害　主要分布于长江以南各地油茶产区。危害花芽、叶芽、嫩叶和幼果，产生肥大变形症状。由于发病的器官和时间不同，症状表现略有差异。

病原菌侵染当年不发病，越夏后才发病。子房及幼果罹病膨大成桃形，一般直径 5～8cm，最大的直径达 12cm；

叶芽或嫩叶受害常表现为数叶或整个嫩梢的叶片成丛发病，成肥耳状。症状开始时表面常为浅红棕色或淡玫瑰紫色，间有黄绿色。待一定时间后，表皮开裂脱落，露出灰白色的外担子层，孢子飞散。最后外担子层被霉菌污染而变成暗黑色，病部干缩，长期（约1年）悬挂枝头而不脱落。

有时在发病高峰后期，约3月下旬出现由病菌侵染形成淡绿色向绿色过渡的叶片，常表现为局部性症状。罹病叶片形成 1～3 块 1cm 左右的圆形斑，有时 2～3 块相连形成大斑。斑块部位比正常叶肉肥厚，表面稍凹陷，紫红色或浅绿色；背面微凸起，粉黄色或烟灰色。最后斑块干枯变黑，常引起落叶（图1）。

病原及特征　病原为细丽外担菌［*Exobasidium gracile*（Shirai）Syd. & P. Syd.］。该菌的外担子层长在肥大变形的植物组织表面，成熟后呈灰白色。担子球棒状，无色，大小为 115～173μm×5～10μm，担子上端有 2 或 4 个小梗，每小梗着生孢子 1 个。担孢子椭圆形或倒卵形，无色，单胞，成熟后有 1～3 分隔，呈现淡色，大小为 5.2～5.9μm×14.8～16.5μm。两种发病形态的担孢子形态是一致的。

侵染过程与侵染循环　油茶茶苞病发病的季节性明显，在低纬度地区，如广西的中南部一般只在早春发病1次，发病时间相对较短。个别较阴凉的大山区，发病期可拖延至4月底。病菌有越夏特性，以菌丝形态在活的叶组织细胞间潜伏。病害的初侵染来源是越夏后引起发病的成熟担孢子，干死后残留枝头的旧病物致病性较弱。病菌孢子以气流传播，在发病高峰期担子层成熟后大量释放孢子（图2）。孢子数量随病源距离的增加而递减，油茶林缘至 10m 距离处孢子最多，20m 以上的距离尚能捕捉到孢子。大风（4～5级）天气，孢子的传播距离在千米以上。

流行规律　病菌孢子的萌发、侵入并引起发病要有3个条件，即水分、温度和叶龄。最适发病的气温是 12～18℃。空气相对湿度在 79%～88%、阴雨连绵的天气有利发病。孢子在气温 16～19℃，在水分、空气充足的条件下，孢子萌发率在 65% 以上。萌发后的孢子产生芽管，从气孔或直接穿透侵入植物组织。

叶龄影响着病菌的侵入和发病。据观察，油茶新叶约在

图1　油茶茶苞病症状（何苑皞提供）

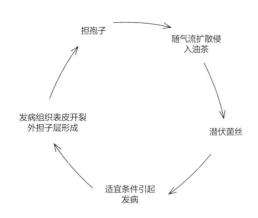

图 2 油茶茶苞病侵染循环示意图（何苑暚提供）

半月内是淡绿色的，1 个月左右的叶片渐呈绿色，最后呈深绿色。随着绿色加深，叶的质地亦加厚变硬。病菌容易侵入淡绿色叶片，并引起发病。病菌侵入后处在潜育阶段时，由于叶龄增加或气温不适宜发病时，发病常会被抑制、推迟。若叶片处在绿色阶段，尚能产生次要发病形态。当叶片已呈深绿色，发病则受抑制。病菌潜伏越夏（气温 20℃ 以上），待翌年春季再引起发病，产生主要发病形态。因此，根据病害的发生过程，病害的侵染循环是一个大循环，而中间可能有一次小循环（产生次要发病形态）。

日照每月在 70～80 小时，云量在 25% 以上的阴天达半月以上，有利于该病的发生。

在通风不良、阳光不足的茂密林分中发病较重，更新的分蘖嫩枝叶片最易感病。病害以在树冠中下部发病较多。

发病与油茶种的关系密切。在广西普遍发病的是大叶类型的大果油茶，如陆川大果油茶（越南油茶）、博白大果油茶等；而小叶类型中果、小果油茶，如普通油茶、小果油茶、小叶油茶（又名茶梅）等，发病甚轻，有的地方长期与病株相邻也不发病。原因是小叶类油茶萌动迟，常是病害后期（3 月底、4 月初）尚未长出新叶，因而形成一种避病作用，避开担孢子有效侵染的机会。而大叶类油茶正相反，萌动早，发叶快，新叶出来时恰好是病害侵染的有利时机。

防治方法　对该病的防治主要通过 4 个方面：优良抗病品种的选育、化学防治、生物防治和农业管理。

抗病优良种的选育　是现阶段防治油茶病害有效的途径。已经通过鉴定分析抗病种质资源，得到一些优良抗病品种，应用于油茶的栽培和生产。现有的高抗品种有攸县油茶、岑溪油茶和答溪油茶等；普通油茶品种里的紫球和铁青也具有一定的抗病性。

农业防治　合理的农业管理是保证油茶品种、产量以及质量的基础。一方面通过适宜的修剪，清除病害油茶树及病害组织。防治试验结果表明，在油茶叶肿病的发病初期，摘除发病组织，有较好的防治效果；如果翌年连续摘除发病叶片或者果实，防治效果能达到 72% 以上。另一方面，合理施肥、适时追肥，也与油茶植株对病原菌的抵抗力密切相关。

化学防治　主要是使用化学药剂来杀灭病原菌。用波尔多液等药剂喷洒发病油茶树，得到了一定的治疗效果。根据试验结果，在发病期间喷洒 1∶1∶100 波尔多或 500 倍

敌克松液，可分别获得 75% 和 62% 以上的防治效果。

生物防治　生物防治的应用主要涉及拮抗微生物的运用、植物次生物质的利用以及植物与植物之间的相克作用。但是，在这些生物防治的机制研究中，大多数的实验结果是在室内试验条件下得到的，而栽培和生产环境具有复杂性，因此，生物防菌抗菌在生产中可能会存在多种抗性机制共同的结果。

参考文献

黄瑞君，2017. 细丽外担菌感染油茶的形态特征和转录组学研究 [D]. 杨凌：西北农林科技大学.

孙涛，彭丽娟，蒋选利，2011. 油茶茶苞病原菌（细丽外担菌）的生物学特性 [J]. 贵州农业科学，39(6): 83-84, 89.

袁嗣令，1997. 中国乔、灌木病害 [M]. 北京：科学出版社.

中国林业科学研究院，1982. 中国森林病害 [M]. 北京：中国林业出版社.

（撰稿：周国英；审稿：田呈明）

油茶赤叶斑病　oil tea leaf spot

由茶生叶点霉引起、危害油茶地上部分的真菌病害。是油茶的主要病害之一。

发展简史　该病缺乏系统的研究报道，谭世经等（1995）曾对其有过初步研究。而后，该病研究也多针对于病症病状、流行规律及防治方法。

分布与危害　主要分布在浙江、安徽、湖北、湖南、河南、广西等地。危害油茶成叶和老叶，常由叶尖或边缘开始发生，逐渐向里蔓延。发病初期病斑呈淡褐色，以后变成赤褐色，病斑内的颜色比较一致（见图）。病斑边缘常有稍隆起的颜色较深的褐色纹线，病部和健部分界明显。后期病斑产生许多黑色稍微突起的小粒点。病斑背面较正面色浅，黄褐色。造成叶尖、叶缘干枯，严重时整个茶园呈红褐色焦枯状，引起大量落叶，影响生长。

病原及特征　病原为茶生叶点霉（*Phyllosticta theicola*

油茶赤叶斑病症状（何苑暚提供）

Petch）。分生孢子器半球形或球形，黑色，大小为70～100μm，具孔口，内壁上着生分生孢子梗，上生分生孢子。分生孢子单胞无色，圆形至广圆形，大小为7～12μm×6～8μm。湿度大时，器孢子似挤牙膏状从分生孢子器中涌出。

侵染过程与侵染循环 病菌以菌丝体和分生孢子器在茶树病叶组织里越冬。翌年5月开始产生分生孢子，靠风雨及水滴溅射传播，侵染成叶引起发病，病部又产生分生孢子进行多次再侵染。该病属高温高湿型病害，5～6月开始发病，7～8月进入发病盛期。

流行规律 茶园缺水、茶树水分供应不足、抗性下降易诱发该病。台刈及修剪后抽生嫩枝多，采摘不净留叶多或夏季干旱，蒸腾，根部供水不足，易遭受病菌侵染。

防治方法 选择良好的宜林地造林，注意防旱，加强抚育管理，改良土壤，增强植株根系的吸水力，是防治此病的关键；适当间种其他阔叶树种和农作物，降低地面辐射；发病期喷洒1%波尔多液，可防止病害扩展。

参考文献

谭世经，黄素珍，1995.油茶叶斑病及其防治法 [J].广西林业 (6): 13.

袁嗣令，1997.中国乔、灌木病害 [M].北京：科学出版社.

（撰稿：周国英；审稿：田呈明）

油茶软腐病 oil tea soft rot

由油茶伞座孢菌引起、危害油茶地上部分的一种真菌病害。又名油茶落叶病。是油茶主要病害之一。

发展简史 中国自20世纪50年代末期就发现此病并对它进行了研究，但当时对该病的病原菌和病害侵染循环均不清楚。自1976年开始，魏安靖等人对该病进行了研究，详细记录了其症状和发病条件，依据其病原形态建立了伞座孢（*Agaricodochium*）新属，鉴定病原菌为油茶伞座孢菌（*Agaricodochium camelliae* Liu，Wei & Fan），并记录了侵染循环过程，发现病原菌的致病力受湿度的影响最大，高湿的环境条件（相对湿度接近100%）和水分的存在是病原菌发生侵染的决定因素。另外，温度高低决定潜伏期的长短，低于10°C和高于30°C则侵染率大大降低或不发生侵染，他们认为苗木带菌是病害传导新旱林地的主要途径。2008年，对哀牢山千家寨景区的野生茶树林进行病害调查，首次在国内野生茶树林发现油茶软腐病。此后在油茶软腐病的防治技术研究上取得一定成果，如油茶软腐病内生拮抗细菌的分离筛选及菌剂的研制提供了生物防治油茶软腐病的可能。赵丹阳等人用5种杀菌剂对油茶软腐病的防治效果进行试验，结果表明1%波尔多液、2.00g/L 50%多菌灵溶液和1.25～1.67g/L 10%吡唑醚菌酯溶液防治效果较好，其中1.67g/L 10%吡唑醚菌酯溶液的防治效果达到91.3%。

分布与危害 在中国亚热带地区均有不同程度发生。主要危害油茶叶片和果实，也能侵害幼芽嫩梢。受害油茶树叶片、果实大量脱落，严重影响生长和结果。油茶软腐病在成林中常块状发生，单株受害严重。油茶软腐病对油茶苗木的危害尤为严重。在病害暴发季节，往往几天内成片苗木感病，引起大量落叶，严重时病株率达100%，严重受害的苗木整株叶片落光而枯死。

叶上病斑多从叶缘或叶尖开始，也可在叶片任何部位发生。侵染点最初出现针尖样大的黄色水渍状斑，中心可见一稍隆起的蘑菇形分生孢子座。叶片侵染点1个到多个，几个小病斑可扩大连合成不规则形大病斑。侵染后如遇连续阴雨天气，病斑扩展迅速，边缘不明显，叶肉腐烂，呈淡黄褐色，形成"软腐型"病斑。这种病叶常在2～3天内纷纷脱落。侵染后如遇天气转晴，病斑扩展缓慢，棕黄色至黄褐色，中心褐色，边缘明显，形成"枯斑型"病斑。这种病叶不易脱落，有的可留树上越冬。

叶片感病5～7天后，在适宜的温度、湿度条件下，病斑上陆续产生许多近白色、淡黄色乃至淡灰色的蘑菇形分生孢子座。

病害能侵染未木质化的嫩梢和幼芽。受害芽或梢初呈淡黄褐色，并很快凋萎枯死，呈棕褐色，可留树上越冬。条件适宜时其上可产生大量蘑菇形分生孢子座。

感病果实最初出现水渍状淡黄色斑点，斑点逐渐扩展成为土黄色至黄褐色圆斑，与炭疽病初期症状相似，但软腐病病斑色泽较浅。侵染后如遇阴雨天，病斑迅速扩大，圆形或不规则形，病部组织软化腐烂，有棕色汁液溢出。如遇高温干旱天气，病斑呈不规则开裂（见图）。

病原及特征 病原菌的无性态是油茶伞座孢菌（*Agaricodochium camellia* Liu，Wei & Fan），在不同环境条件下可形成两种形态和习性完全不同的分生孢子座。通风湿润、干湿交替条件下，形成蘑菇形分生孢子座：坐垫状、半球形，具短柄，近白色到淡灰色，成熟时顶部宽315～563μm，高113～225μm（柄部在内），由许多从柄部顶端辐射状伸向边缘的分生孢子梗所组成，容易脱落。新鲜的蘑菇形分生孢子座具有很强的侵染能力。

在高湿、不通风条件下，病斑上常形成非蘑菇形分生孢子座：黑色，垫状，无柄，单生或连生，与叶组织连在一起，不易脱落，成熟时缘面被分生孢子梗和分生孢子所覆盖，宽57～168μm，高45～85μm，没有侵染能力。林间常在病落叶堆中找到。

分生孢子梗无色，5～8个横隔，稍弯曲，双叉分枝5～9次，产孢细胞外露，瓶梗单点产孢。分生孢子淡青色，近球形，基部平截，无隔，直径2.1～3.7μm，常发生粘连而呈

油茶软腐病症状（董文统提供）

黑色黏质孢子团。

侵染过程与侵染循环　油茶软腐病病原菌的分生孢子座接触到油茶叶片上后，在适宜的条件下，很快萌发出刷状菌丝丛侵入寄主，最快的 20 小时即可表现症状。从接种到表现症状须经过菌丝萌发、菌丝伸长、侵入寄主和表现症状 4 个阶段。

菌丝萌发阶段　在合适的温、湿条件下数小时后，分生孢子座与叶片接触部分的最外层细胞（即未发育的分生孢子梗）首先伸长、萌发形成先端钝圆、分隔密、原生质浓、短而粗的菌丝。这时分生孢子座菌体尚未侵入叶片。

菌丝伸长阶段　8～12 小时后，分生孢子座菌体萌发的菌丝迅速伸长，形成大致平行伸向叶片表皮的刷状菌丝丛。

侵入寄主阶段　12～20 小时后，刷状菌丝丛迅速生长伸入叶片表皮，穿过气孔侵入叶肉组织或穿透表皮直接侵入叶肉组织。这时分生孢子座菌体因养分的大量消耗而开始萎缩。

表现症状阶段　20～24 小时后，刷状菌丝大量侵入叶肉组织并迅速生长蔓延，叶肉组织被吸收瓦解，分生孢子座菌体也因养分消耗殆尽而完全萎缩。

病菌以菌丝体和未发育成熟的蘑菇形分生孢子座在病部越冬。冬季留于树上越冬的病叶、病果、病枯梢及地上病落叶、病落果是病菌主要越冬场所。翌春当日平均气温回升到 10℃ 以上，越冬菌丝开始活动，雨后陆续产生蘑菇形分生孢子座，是病害的初侵染源。晚秋侵染的病斑黄褐色，是病菌主要的越冬场所和初侵染源。越冬病叶及早春感病病叶，在阴雨天气，能反复产生大量蘑菇形分生孢子座。当环境不宜侵染时，蘑菇形分生孢子座能在病斑部或侵染处渡过干旱期，到下次降雨时再行传播侵染。

流行规律　油茶软腐病只有在阴雨天发生，每次降中到大雨后，林间相继出现许多新病株、新病叶。雨量大、雨日连续期长，新病叶出现多。反之则病叶少。4～6 月是南方油茶产区多雨季节，气温适宜，是油茶软腐病发病高峰期。10～11 月小阳春天气，如遇多雨年份将出现第二个发病高峰。山凹洼地、缓坡低地、油茶密度大的林分发病比较严重；管理粗放、萌芽枝、脚枝丛生的林分发病比较严重。

防治方法　应以营林措施为主，加强培育管理，提高油茶林的抗病能力。采穗圃、苗圃等可考虑波尔多液、多菌灵、退菌特、甲基托布津等药剂防治。晴天喷 1∶1∶100 等量式波尔多液，附着力强，耐雨水冲刷，药效期持续 20 天以上，防效达 84.4%～97.7%，是较理想的药剂。喷药时间以治早为好，第一次喷药在春梢展叶后抓紧进行，以保护春梢叶片。雨水多、病情重的林分，5 月中旬到 6 月中旬再喷 1～2 次，间隔期 20～25 天。

参考文献

李雪娇，2011.油茶软腐病内生拮抗细菌的分离筛选及菌剂的研制 [D].长沙：中南林业科技大学 .

刘锡琎、魏安靖、樊尚仁，等，1981.油茶软腐病病原菌的研究 [J].微生物学报，21(2): 154-163.

魏安靖，戚英鹤，1982.油茶软腐病病原菌侵染机制的初步研究 [J].林业科技通讯 (3): 26-28.

魏安靖，杨万安，戚英鹤，1981.油茶软腐病的初步研究 [J].浙江林业科技 (4): 157-161.

袁嗣令，1997.中国乔、灌木病害 [M].北京：科学出版社 .

泽桑梓，闫争亮，张立新，等，2008.我国野生茶树林首次遭受油茶软腐病侵害的调查报告 [J].西部林业科学，37(3): 97-98.

赵丹阳，秦长生，廖仿炎，2013.5 种杀菌剂对油茶软腐病的防治研究 [J].林业与环境科学，29(2): 28-31.

中国林业科学研究院，1982.中国森林病害 [M].北京：中国林业出版社 .

（撰稿：周国英；审稿：田呈明）

油茶炭疽病　oil tea anthracnose

由炭疽菌属真菌引起、危害油茶叶、果部分的一种真菌病害，是油茶林内常见且危害巨大的一种病害。

发展简史　20 世纪 50 年代，中国在黔阳、平江、衡山、新化四地对油茶病害进行初步调查，记录了油茶炭疽病的病状及病征。1958 年在黔阳的落果调查中，炭疽病引起的落果数占有果数的 13%～29%，衡山、黔阳和新化等地未成熟前油茶的大量落果也是由油茶炭疽病所致，落果率为 48%～83%。同时提出对油茶炭疽病的防治应做到扫除和摘除落果落叶，防止它传播和蔓延；在发病之前，应定期喷射 0.5%～1% 的波尔多液，保护健果不遭侵染，发病后除将病果摘除烧毁之外，喷 1% 的波尔多液防止其扩展。此后数十年间，中国学者对油茶炭疽病进行了症状、防治、抗病育种、抗病分泌物等研究，推动油茶炭疽病防治研究的发展。曾大鹏等在 1987 年首先在中国提出运用芽孢杆菌对油茶炭疽病进行生物防治，从油茶分离出的内生拮抗细菌 Y13 分泌枯草菌素同系物，能够诱导寄主系统抗性对抗炭疽病菌的侵染。另外，对油茶的果皮及次生代谢物进行抗病机理的研究也取得一定成果，深红色果皮的油茶果实较青色果实抗病。叶锋等人的研究表明，在油茶的各种次生物质成分中，油茶皂苷对炭疽病菌的毒害作用最强，皂苷经过水解产生皂苷元后对炭疽病菌的毒害作用大大增强，0.05mM 皂苷元可使炭疽病菌渗漏的氨基酸量比 0.05mM 皂苷增加 16.86 倍，菌丝体向外大量渗漏氨基酸导致病原菌细胞死亡，油茶皂苷元是抑制油茶炭疽病菌的主要物质。

分子生物技术为研究油茶炭疽病的发生流行机制提供了新的技术手段，通过对病原菌进行分子鉴定和对遗传群体结构的分析，研究人员对致病炭疽菌有了更深入的了解，中国对油茶炭疽病的研究文献也越来越多，但其致病机制还需更深入的研究。

分布与危害　在油茶产区普遍发生，引起严重落果、落蕾、落叶、枝枯，甚至整株衰亡。病害落果率通常在 20% 左右，严重时 40% 以上。晚期病果虽可采收，但种子含油量仅为健康种子的一半。病菌危害果、叶、枝梢、花芽和叶芽。果实被害初期在果皮上出现褐色小斑，渐扩大为黑色圆形病斑，有时数个病斑连结成不规则形，无明显边缘，后期病斑上出现轮生的小黑点，此为病菌的分生孢子盘。当空气湿度大时，病部产生黏性粉红色的分生孢子堆。病果开裂易落。嫩叶受害，其病斑多在叶缘或叶尖，呈半圆形或不规则形，黑褐色，具水渍状轮纹，边缘紫红色，后期病部下陷，病斑中心灰白色，内有轮生小黑点。枝梢受害，病斑多发生在新梢基部，少数在梢中部，椭圆形或梭形，略下陷，边缘淡红色，病斑后期黑褐色，中部灰白色，其上生黑色小粒点，皮层纵向开裂，病斑若环梢一周，梢即枯死。枝干上的病斑呈梭形溃疡或不规则下陷，剥去皮层，可见木质部变黑色。花芽和叶芽受害变黑色或黄褐色，无明显边缘，后期呈灰白色，上生小黑点，严重时芽枯蕾落（见图）。

病原及特征 由小丛壳目小丛壳科炭疽菌属的真菌侵染引起的。已报道的油茶炭疽病菌有 4 种，分别是胶孢炭疽菌［*Colletotrichum gloeosporioides*（Penz.）Sacc.］、果生炭疽菌（*Colletotrichum fructicola*）、山茶炭疽菌（*Colletotrichum camelliae*）和暹罗炭疽菌（*Colletotrichum siamense*）主要以无性孢子侵染。分生孢子单胞、长椭圆形，12～24μm× 4～6μm。子囊壳黑色，略长圆形，散生，半埋生在寄主组织内，直径 86～189.2μm× 111.8～197.8μm。子囊无色，棍棒状，子囊孢子 8 个，单胞，无色或淡色，椭圆形或纺锤形，大小 15.27μm×5.67μm。炭疽菌对温度适应范围较广，菌丝在 10°C 时开始生长，38°C 停止，最适温度为 28°C。

侵染过程与侵染循环 冬季在枝、叶病部可见子囊腔、子囊和子囊孢子。枝叶和花芽上的病菌可直接侵染其后开放的花，花上的病菌可直接侵染果实。每年冬前，果实的感染率可达 22%～73%，这些病果不表现症状，病菌在其组织内潜伏，至翌年 5～9 月发病，潜育期达数月之久。每年从 5 月前后开始，枝叶和果实上的病菌开始产生新的分生孢子，靠风雨传播，从伤口、自然孔口或由表皮直接侵入，进行新的侵染，潜育期为 5～17 天，随后经多次反复侵染，病害因而不断扩展蔓延。7～9 月为发病盛期。病害的发生和蔓延与温度和湿度关系密切。

流行规律 早春气温在 20°C 以上时开始发病，27～30°C 迅速发展。春雨早发病早，春雨多发病多。夏秋间降雨次数越多，持续时间越长，越有利于病害的发生和蔓延。病害的发生与地形、坡向和树龄等也有一定的关系，发病率在低山区阳坡高于阴坡，成林高于幼林。有些病株年年发病，称为历史病株。不同的油茶品种的抗病性有一定差异，比较抗病的有湖南的攸县油茶、广西的岑溪油茶以及普通油茶中的紫球、紫桃及铁青等品种。油茶果实的抗病性存在明显的阶段性：幼果具有较强的抗扩展能力，病菌较易侵入，但不易扩展；老果具有较强的抗侵入的能力，病菌较难侵入，但较易扩展。抗病果实的表皮角质层较厚，细胞层多，排列紧密。油茶的抗病性与果实的糖分、皂素、单宁和纤维素等含量有关。

防治方法

农业防治 油茶林内查清历史病株，在冬、春挖去另行补种。重病区或在轻病区内的重病株，结合油茶复壮修剪，清除病枝、病叶、枯梢、病果和病蕾，最大限度减少初侵染来源。油茶林密度不宜过大，使通风透光，降低林内湿度。若要间种，需选择矮秆作物，忌用高秆作物，以此造就不利于病菌生长发育的环境条件。发病期不宜多施氮肥，应增施磷、钾肥，以提高植株抗病力。

化学防治 主要可定期喷施国光银泰（80% 代森锌可湿性粉剂）600～800 倍液＋国光思它灵（氨基酸螯合多种微量元素的叶面肥），用于防病前的预防和补充营养，提高观赏性；在入冬前或早春幼果期内喷洒内吸杀菌剂多菌灵可取得 70% 的防治效果；发病初期喷洒 25% 咪鲜胺乳油（如国光必鲜）500～600 倍液，或 50% 多锰锌可湿性粉剂（如国光英纳）400～600 倍液。连用 2～3 次，间隔 7～10 天。

选育抗病品种 新发展油茶林地区，应选育或推广抗病品种。如攸县油茶或普通油茶中的丰产高抗优株。从普通油茶中选择抗病优株，建立抗病无性系，其感病率可控制在 5% 以下，果实产量比普通油茶提高 1 倍以上。

参考文献

李河，李杨，蒋仕强，等，2017.湖南省油茶炭疽病病原鉴定 [J]. 林业科学，53(8): 43-53.

刘伟，2012.油茶炭疽病的病原学、发病规律及防治技术研究 [D].武汉：华中农业大学．

谭松山，1959.油茶病害初步调查 [J].林业实用技术 (33): 7-8.

王义勋，刘伟，郑露，等，2016.油茶炭疽病病原菌生物学特性研究 [J].湖北林业科技，45(3): 40-44.

叶锋，2001.油茶皂甙在抗油茶炭疽病中的作用研究 [J].江西农业大学学报，23(5): 160-163.

曾大鹏，贺正兴，符绮群，等，1987.油茶炭疽病生物防治的研究 [J].林业科学 (2): 144-150.

中国农业百科全书编辑部，1989.中国农业百科全书·林业卷：下 [M].北京：农业出版社．

（撰稿：周国英；审稿：田呈明）

油橄榄孔雀斑病 olive peacock spot

由油橄榄黑星菌引起的一种病害。

分布与危害 中国分布于云南（昆明、晋宁、永胜等种植区）、四川、重庆、湖南（邵阳、常德）、江西等地。国外分布于地中海沿岸地区、非洲北部和美国。寄主是油橄榄。

发病初期叶面出现灰色小斑点，随着病斑的扩大，周围渐由浅褐色变深褐色，温暖月份常有一黄色晕圈包围着圆形病斑而酷似孔雀眼睛，故称孔雀斑病。叶背沿主脉出现的暗色霉层是病原菌所产的分生孢子梗和分生孢子。严重感染的叶片有多个病斑并逐渐枯萎、早落。果实成熟期易感病，病果表面出现褐色圆斑，稍下陷；果柄受害可导致果实早落。枝条有时也感病，但病斑小，病症也不明显（图 1）。

油茶炭疽病症状（周国英提供）

图 1 油橄榄孔雀斑病（周彤燊、伍建榕摄）
①病枝症状；②病叶症状；③病果症状

病原及特征　病原为油橄榄黑星菌 [*Venturia oleaginea*（Castagne）Rossman & Crous]，属黑星菌属。其分生孢子梗散生，褐色，基部膨大略呈球形，全壁芽生环痕式产孢，环痕多者可达 20 余个；分生孢子暗色，略呈卵形，基部稍平截而顶部渐窄，初形成时为单细胞，成熟时双胞，大小为 14～27μm×10～12μm（图 2）。未发现病原菌的有性型。

侵染过程与侵染循环　油橄榄孔雀斑病是通过苗木引进而传播到中国的。主要侵染油橄榄的叶片。其分生孢子随风雨飞散传播，落在叶片表面后，所萌生的芽管可直接穿透角质层侵入叶表皮组织内，一般需 14 天的潜育期可发病，但条件不适宜时，可潜伏数月之久。

分生孢子萌发的适温范围为 9～25℃，以 18～20℃ 为最适；在 1% 的葡萄糖溶液中，萌发率较高，接近 50%。菌丝生长的适温范围为 12～30℃，以 20℃ 左右最为适宜。相对湿度 80% 以上有利于孢子萌发和菌丝生长、产孢。病原菌以菌丝体在寄主罹病组织中越冬。翌年春末夏初，气温达 15℃ 以上并遇雨，越冬叶片和落叶、落果上的老病斑能继续扩展并产生分生孢子，成为当年病害发生的初侵染源。新病斑上产生的分生孢子为再侵染源，生长季节可多次重复侵染，使病害迅速扩展蔓延。此外，病落叶上的病斑在叶片脱落 20 天内仍有产孢能力，但所产生的分生孢子萌发率很低，能否成为侵染源尚有疑问。

流行规律　温凉多雨的气候有利于孔雀斑病的发生。云南中部一般 5～6 月雨季到来后开始发病，7～8 月发展很快，9～11 月随雨量的减少、旱季的到来，病情逐渐消退。但在四川东部各种植区，一年有 2 次发病高峰：一次是 6 月下旬至 8 月上旬；第二次在 10 月中旬至 11 月中旬。在地中海地区，春季和秋季发病严重。

排水不良、土壤透气性差的油橄榄种植园，该病发生严重；枝叶茂密、通风欠佳的植株受害重；洼地、谷底发病重于山腰和顶。中国引种的品种中，以卡林最易感病，贝拉、爱桑次之，佛奥感病最轻。

防治方法

做好检疫　严禁从国外疫区和境内疫区引进病苗。应进行产地现场检疫，对出圃苗木严格检查，杜绝病苗外运。发现可疑病株时可在 20～25℃ 下将可疑病叶保湿 72 小时，如产生油橄榄环梗孢的分生孢子，即可确诊。

农业防治　选择抗病品种种植，可从病区内选出抗病性

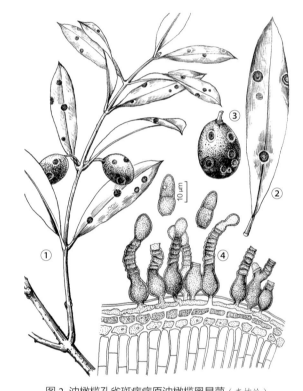

图 2 油橄榄孔雀斑病病原油橄榄黑星菌（李楠绘）
①发病症状；②病叶症状；③病果症状；④生于病叶表面病原菌的产孢细胞、分生孢子

强的抗病单株加以繁殖。

加强油橄榄种植园的水、肥管理，促使植株健壮生长，增强其抗病力。清除地面落叶、落果并集中烧毁，以减少侵染源。

化学防治　严重发病的种植园内，可在病害发生前和发病初期喷洒 50% 多菌灵可湿性粉剂 1000 倍液或 50% 苯来特可湿性粉剂 1000 倍液。1:2:50 波尔多液防治效果也较好，但要注意喷药时间并控制药量，以免引起叶片早落。

参考文献

任玮，1993. 云南森林病害 [M]. 昆明：云南科技出版社：316-319.
袁嗣令，1997. 中国乔、灌木病害 [M]. 北京：科学出版社.

（撰稿：周彤燊；审稿：田呈明）

油橄榄青枯病 olive bacterial wilt

由假茄科雷尔氏菌引起的一种细菌性油橄榄病害。

分布与危害 1964 年大量引种油橄榄以来，油橄榄青枯病在四川、湖北、广西、广东、福建、江西、湖南及上海等地的种植点均有发生，导致植株短期死亡，并危害多种茄科农作物。

苗木和大树均能感病。发病植株的叶片失去光泽，似乎保持着绿色，叶向背面反卷。生长季节出现反常的不抽新梢。叶片失水，反卷，缺乏光泽并由绿变黄、变褐、脱落，大部分枝干死后木质部变色，根茎横切面有乳白色至淡棕色细菌脓液溢出。地下须根变褐腐烂，逐渐向上蔓延，而后出现个别枯枝。地下侧根腐烂直到整株枯萎死亡，但叶片干枯卷曲，不脱落。地下主根腐烂，从根部一直烂到主干。枝条的木质部大部或全部变为黑褐色，横切面检查，有黄色浑浊的细菌液溢出，这是青枯病的一大特征，并以此特征与根腐病相区别。

病原及特征 病原为假茄科雷尔氏菌［*Ralstonia pseudosolanacearum*（Smith）Yabuuchi］，短杆状，两端钝圆，单生或双生，大小为 0.5×0.8μm～1.6×2.2μm，端生鞭毛 1 根或多根。

流行规律 立地条件与土壤情况与发病有密切关系。地势低洼、排水不良或土壤板结，发病则重；疏松坡地多不发病。前作为茄科植物的土地，发病则重。高温高湿有利于病害发生与蔓延，6～10 月为发病盛期。

防治方法 油橄榄园地切忌与茄科作物、马铃薯、西红柿等间作。若在前作是茄科植物的土地上种植油橄榄，必须经过 2 年以上轮作其他作物之后再种。加强林地管理，控制发病条件，在染病的林地内及时挖除、烧毁感染病株。对病穴土壤可用硫酸铜、石灰（1：10）进行消毒处理，经日光暴晒一段时间后再填入新土进行补种。

施用有机肥，特别是城市的垃圾肥料，必须经过充分腐熟后再施用。

选用抗病品种，以尖叶木樨榄（*Olea ferrugince*）作砧木的嫁接树，表现一定的抗病力；非洲油橄榄（*Olea afrioana*）也较抗病。

参考文献

柯治国，1981. 油橄榄青枯病与根腐病症状及简易区分方法 [J]. 林业科技通讯 (1): 24-25.

任玮，1993. 云南森林病害 [M]. 昆明：云南科技出版社：327-328.

（撰稿：伍建榕；审稿：田呈明）

油橄榄肿瘤病 olive knot

由萨氏假单胞萨氏致病变种引起的，危害油橄榄的细菌性病害。

分布与危害 在油橄榄种植区内广泛分布，地中海沿岸各地、美国加利福尼亚州、墨西哥、巴西、阿根廷以及伊朗等地均有报道。1949 年引进油橄榄时此病带入中国。在云南（昆明）、广西（桂林及柳州）、重庆、浙江（富阳）、湖北（武汉）、贵州（独山林场）等引种点均有发现，经采取一系列防治措施后，仅贵州独山林场还有少量残余病株。

苗木、幼树、大树都可发病，主要发生于根颈处以及主根、侧根。导致植株矮小，严重时叶片萎蔫、早衰，甚至死亡。大树受害，树势衰弱，生长不良。受害处形成大小不等、形状各异的瘤。开始近圆形、淡黄色，表面光滑，质地柔软，渐变为褐色至深褐色，质地坚硬，表面粗糙龟裂，瘤内组织紊乱。后期肿瘤开放式破裂，坏死，不能愈合。受害株上的病瘤数多少不一，当病瘤环树干一周、表皮龟裂变褐色时，植株上部死亡（图 1）。

病原及特征 病原为萨氏假单胞萨氏致病变种（*Pseudomonas savastanoi* pv. *savastanoi*）（图 2）。短杆状，大

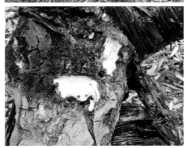

图 1 油橄榄肿瘤病症状（伍建榕提供）

图 2 油橄榄肿瘤病病原特征（陈秀虹绘）

小为（1.0～）1.3～1.5（～1.9）μm×（0.6～）0.7～0.9μm，端生鞭毛1根或多根。该菌对链霉素十分敏感，其次是土霉素。

侵染过程与侵染循环　病原在癌瘤组织的皮层内或土壤中越冬，在土壤中存活2年以下。借灌溉水、雨水、嫁接工具、机具、地下害虫等传播，苗木调运是远距离传播的主要途径。伤口侵入，潜育期几周至1年以上。碱性、黏重、排水不良的土壤比酸性、砂壤土、排水良好的土壤发病重。芽接比切接发病少。根部伤口多少与发病率呈正比。

防治方法

严格苗木检疫。

农业防治　发现病苗烧毁。可疑病苗用0.1%高锰酸钾溶液或1%硫酸铜溶液浸10分钟后用水冲洗干净，然后栽植。无病区不从疫区引种。选用未感染根癌病、土壤疏松、排水良好的砂壤土育苗。如圃地已被污染，用不感病树种轮作或用硫酸亚铁、硫黄粉75～225kg/hm²进行土壤消毒。加强栽培管理，注意圃地卫生。起苗后清除土壤内病根；从无病母树上采接穗并适当提高采穗部位。中耕时防止伤根。及时防治地下害虫。嫁接尽量用芽接法，嫁接工具在75%酒精中浸15分钟消毒。增施有机肥如绿肥等。

生物防治　利用根癌病菌的邻近菌种不致病的放射土壤杆菌（*Agrobacterium radiobacter*）K84制剂，用水稀释为10⁶/ml的浓度，用于浸种、浸根、浸插条。

参考文献

任玮，1993.云南森林病害 [M].昆明：云南科技出版社：327-328.

袁嗣令，1997.中国乔、灌木病害 [M].北京：科学出版社：200-203.

（撰稿：伍建榕；审稿：田呈明）

油杉枝干锈病 *Keteleeria fortunei* twig rust

由昆明被孢锈菌引起的、危害云南油杉枝条的一种重要病害。

分布与危害　油杉枝干锈病分布于中国西南地区。

病枝局部肿大并逐渐变粗，后形成纺锤形菌瘿，为皮部增生所致；有时，一病株有多个枝条长有菌瘿。秋季菌瘿下溢出浅橙色蜜露，为病原菌的性孢子堆；翌年春末夏初开始直至秋季，菌瘿皮层裂隙处长出筒状锈子器，密聚，成熟时散出污褐色粉末状锈孢子堆。冬季菌瘿渐干枯，但少数翌年仍可再产锈子器。肿瘤以上的枝条细弱、针叶稀疏，枝条逐渐枯萎（图1）。

病原及特征　病原为昆明被孢锈菌（*Peridermium kunmingense*），属被孢锈菌属（*Peridermium*）。锈孢子器圆筒形，高3mm，宽1～2mm，橙黄色，护膜白色。锈孢子成熟时沿边缘裂开，呈片状脱落，护膜细胞卵形至多角形，无色，大小为57～78μm×29～57μm，细胞壁厚4～6.5μm，外表面和内表面均光滑。锈孢子椭圆形或卵形，褐色，大小为39～51μm×34～42μm，孢子壁厚2.5～5μm，褐色，表面具有密布的瘤状突起（图2）。

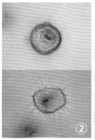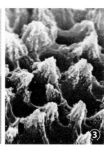

图1　油杉枝干锈病（周彤燊提供）

①病枝及菌瘿；②经基姆萨染色的锈孢子（具其双核）；③锈孢子表面纹饰（电镜照）

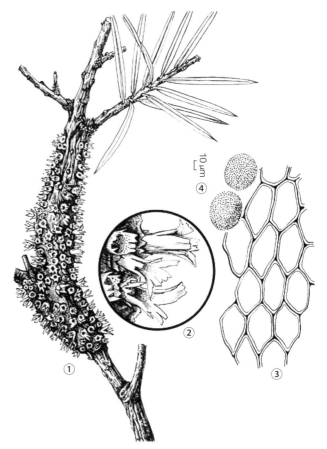

图2　油杉枝干锈病（周彤燊提供）

①病枝上的菌瘿和锈子器；②锈子器包被不规则开裂（放大）；③护膜细胞；④锈孢子

侵染过程与侵染循环　昆明被孢锈菌的锈孢子器开始出现于4月中旬，每年4月中旬至10月间，在病株肿瘤上陆续产生锈孢子器，锈孢子相继成熟。至10月中旬，多数产生锈孢子器的纺锤形肿瘤逐渐干枯，病枝肿瘤以上部分枝叶枯萎死亡。

防治方法　清除主干感染该病的幼树和中心病株的病枝以减少侵染源。

参考文献

任玮，1993.云南森林病害 [M].昆明：云南科技出版社：6-7.

袁嗣令，1997.中国乔、灌木病害 [M].北京：科学出版社：77-79.

（撰稿：周彤燊；审稿：张星耀）

油杉枝瘤病 *Keteleeria fortunei* brance tumor disease

由油杉被孢锈菌引起的、危害油杉枝干的一种重要病害。

分布与危害 油杉枝瘤病危害云南油杉，分布于云南昆明等地。在枝条上形成扁球形菌瘿，为木质部增生所致，大者直径达10cm。春末夏初菌瘿表皮下溢出橙黄色蜜露，为病原菌之性孢子堆；秋末冬初于肿瘤表皮下产生锈子器，皮部破裂露出密聚的短柱状锈子器（高不及3mm）和暗褐色粉末状锈孢子堆。菌瘿以上部分的枝条瘦弱、针叶细小、枝条渐枯萎。幼树主干上出现肿瘤，一般在2～3年内全株枯死。

病原及特征 病原为油杉被孢锈菌（*Peridermium keteleeriae-evelynianae* T. X. Zhou et Y. H. Chen），锈子器生于扁球形肿大的菌瘿表皮下，在表皮破裂脱落处外露，短柱状，直径1～2mm，高不及3mm。包被膜质、白色、不规则开裂，锈孢子粉暗褐色。护膜细胞无色，不规则多角形，少数近球形，44～98.5μm×31～52μm，内外壁均平滑，相嵌排列。锈孢子卵形、广椭圆形或近球形，浅黄褐色，55～89μm×42～68μm，多具2～4个芽孔。外壁厚薄不匀，5.0～15.5μm，具疣突。扫描电镜观察，突起呈山峰状，具深沟，沟纹明显且表面平滑（见图）。

侵染过程与侵染循环 病原菌的夏孢子、冬担孢子阶段均未发现，也未找到转主寄主，其锈孢子经基姆萨染色具双核。性子器产生于春末夏初，锈子器秋冬季成熟且皮部破裂脱落才外露。病枝通常仅1个菌瘿，偶见2～3个似串生。菌瘿易受昆虫危害而枯死。

防治方法 及时清除主干带病的幼树，砍除有菌瘿的病枝。

参考文献

任玮, 1993.云南森林病害[M].昆明：云南科技出版社：8-10.

周彤燊, 陈玉惠, 1994.云南油杉枝锈病—新病原—油杉被孢锈[J].真菌学报, 13(2): 88-91.

（撰稿：周彤燊；审稿：张星耀）

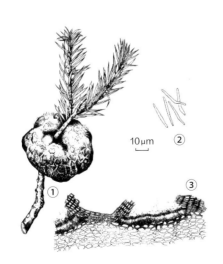

油杉枝瘤病（周彤燊提供）

①病枝上的菌瘿；②平展型的性子器；③性孢子

油桐根腐病 tung oil tree root rot

由茄腐皮镰刀菌油桐专化型侵染油桐根部引起根腐，从而切断了整株油桐树的水分营养供给，导致全株枯死的一种病害。

分布与危害 油桐根腐病在大部分油桐产区多为零星发生，重病区可导致成片油桐林毁灭。1957年，首先在四川万县桐区发生，此后各桐区相继发生并不断蔓延，危害十分严重。万县沙滩公社在1961—1964年因根腐病枯死桐树3.8万余株；1979—1986年全国因病枯死49.25万株。寄主主要危害三年桐（光桐）（*Aleurites fordii* Hemsi），较少危害千年桐（皱桐）[*Aleurites montana*（Lour.）Wils]。感病初期桐株叶片变小，浅红色，稍下垂，须、侧根腐烂38%～40%，为Ⅰ级病株；继而叶片呈失水状态，浅褐色，根系腐烂60%～75%，为Ⅱ级病株；随着病情发展，至Ⅲ级病株时，须、侧根大部分腐烂，叶片红褐色、明显下垂，叶、芽停止生长直至全株枯死。

该病是根部皮腐类型病害，先从须根开始坏死腐烂。从病株解剖观察，染病须根多在根尖变色，有的在须根中间或侧根处开始变色坏死，然后扩展蔓延。须根大多腐烂后，地上部叶、果较小。当主根和侧根逐渐腐烂时，叶失水萎蔫卷缩。叶柄黄脱落，以至全株干枯而死。

病原及特征 病原为茄腐皮镰刀菌油桐专化型 [*Fusarium solani*（Mart.）Sacc. f. sp. *aleuritidis* Chen et Xiao]，常与油桐枯萎病菌混淆。病菌的菌落生长较快，气生菌丝体白色棉絮状，菌丝分枝有隔，能分泌紫红色素；产生大小二型分生孢子，大型分生孢子短而粗。在不适宜的条件下，在菌丝和大型孢子间常产生成串或单生、褐色的厚垣孢子。将油桐根腐病菌接种到其他植物上均不致病。

流行规律 根腐病除危害2～5年生的幼树外，结果的壮年树和老龄树发病也重。病株在桐林中先是零星分布，以后才成片发生；在同一林地、同一时间，罹病植株表现出不同的发展阶段。病株在不同的立地条件下，如在土层瘠薄的陡坡和土壤肥沃的山脚、乃至田边的桐林均有发生。在广西、湖南、浙江某些油桐林，有的植株由于林地潮湿或积水而发生根腐，这多属于窒息性根腐，为生理性病害。四川根据气候生态条件，将油桐根腐病发生地域区划为重病区、发病区和无病区。同时，从土壤生态条件出发，将病害发生的林地类型划分为4个序列：Ⅰ类严重受害的油桐钙质紫色土林地，Ⅱ类中等受害的油桐中性紫色土林地，Ⅲ类轻度受害的油桐中性紫色土林地和Ⅳ类无病的油桐酸性紫色土林地。

防治方法 禁止从病区调运种子。对可疑种子可用70%的401抗菌乳剂1500倍稀释液浸种24小时进行消毒后播种。促使初病株生长新根。对未萎蔫但叶黄生长势差的病株，可在根际适当增施桐麸或尿素，然后用草木灰50kg、硫酸亚铁0.25kg拌匀撒入土内，抑杀病菌，促使新根生长。也可用401抗菌剂800～1000倍稀释液，或50%乙基托布津可湿性粉剂400～800倍稀释液，对初发病树淋根，可抑制根腐病蔓延。清除病死株（挖除病根烧毁），防止扩展蔓延，病土用石灰消毒。苗圃地或林地积水所致的根腐病，应对苗

Y

圃地或林地及时排水、深翻，增加土壤通气性，防止嫌气性微生物的大量增殖。

参考文献

陈守常，肖育贵，1990.油桐根腐病的研究 [J].植物病理学报，20(3): 166-170.

陈守常，肖育贵，1990.油桐根腐病发生动态和预测研究 [J].林业科学，26(3): 219-226.

陈守常，肖育贵，杨大胜，1989.四川地区油桐根腐病的发生和控制研究 [J].四川林业科技，10(1): 7-10.

中南林学院，1986.经济林病理学 [M].北京：中国林业出版社：127.

（撰稿：伍建榕；审稿：田呈明）

油桐黑斑病　tung oil tree black spot

由油桐球腔菌引起油桐落叶、落果，影响油桐产量和降低籽仁出油率的叶部病害。又名油桐叶斑病、油桐角斑病、油桐果实黑疤病。

分布与危害　安徽、福建、湖南、广东、广西、四川、贵州、云南等地均有发生，又以湖南、贵州较为严重。主要危害叶片和果实，有时也危害 1 年生苗的幼茎。引起早期落叶和落果，导致生长衰弱，降低油桐产量和籽仁出油率，造成经济损失。云南福贡新植桐林地大面积发生此种病害，给油桐生产造成严重经济损失。1998 年桐籽的产量由 400 万 kg 减少到 250 万 kg，且桐籽的出油率由 33% 下降到 25%。寄主是三年桐、千年桐。

叶片感病，初呈褐色小点，后逐渐扩大成圆形或多角形病斑，可多个相连形成不规则大块斑，叶面病斑呈红褐色至暗褐色，叶背为黄褐色，严重时全叶枯死。后期病斑以背面为多且形成灰黑色霉状物，即病原菌分生孢子梗和分生孢子。果实感病后，初期在表面出现淡褐色小圆斑，后逐渐扩大，最后形成黑褐色、下陷、表面有皱纹的椭圆形硬疤，直径可达 1～4cm，硬疤上有灰黑色霉状物。幼茎受害，形成长椭圆形、下陷的黑褐色病斑，病斑扩展一周时，可使病部以上枯死。

病原及特征　病原菌有性态为座囊菌目的油桐球腔菌 [*Mycosphaerella aleuritidis*（I. Miyake）S. H. Ou]。子囊座多于叶背形成，球形、聚生、黑色，埋生在寄主组织内，直径 60～100μm，成熟时假孔口处有乳头状突起。子囊束生，圆柱形至棍棒形，35～45μm×6～7μm，无侧丝。子囊孢子椭圆形，双行排列在子囊内，无色、双胞，大小为 9～15μm×2.5～3.2μm。分生孢子梗 5～37 根成丛生于子座上，直或稍弯曲，一般不分枝，淡橄榄色，22～65μm×4～5.5μm，单胞或具 1～5 个分隔，产孢细胞合轴式延伸。分生孢子尾状，无色或淡橄榄色，一般 50～80μm×3～4.5μm，长可达 135μm，有 2～12 个不明显的隔膜（见图）。

侵染过程与侵染循环　病原菌以菌丝体在病叶、病果内越冬。翌年 3～4 月形成子囊座，子囊孢子成熟后，借气流传播，从气孔侵入新叶，5～6 月出现病斑，产生分生孢子

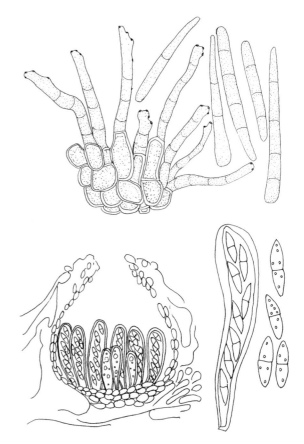

油桐黑斑病病原菌（陈秀虹绘）

梗及分生孢子，并以分生孢子进行多次再侵染。果实形成后，侵染果实形成病疤，除叶、果受害外，还侵染果柄和果柄。7～8 月果实开始发病，9 月下旬病落果最多，有时也危害 1 年生苗木的幼茎。在油桐生长期内，病害可陆续发生和蔓延，早期落叶落果可导致树势衰弱，降低产量和籽仁率。三年桐和千年桐均可发病，但三年桐发病重于千年桐，尤以葡萄桐最易感病。

流行规律　阴湿和通风不好的油桐林易发病；树冠下部的叶片和果实比上部的发病早且严重；4～8 年生油桐感病重。云南福贡油桐黑斑病的发生与海拔有关：海拔 1300m 以下的沿江两岸危害严重，发病率高达 95%，受害株率达 100%，落果率达 70%；海拔 1300～1500m 地带的桐林为中度危害区，发病株率一般在 50% 左右，落果率为 20%～30%；分布在 1500m 以上的桐林，病害发生较轻。

防治方法

农业防治　选择苗圃地，苗圃排水良好，在远离油桐林的地方育苗。播种前，进行种子检验后，用 50% 托布津 200 倍液消毒，晾干 24 小时后播种。油桐树苗是半阴性，长大后成喜光树种，结果期应该有充分的光照，不能种植过密，树荫下不透气，不透光处黑斑病比较严重。加强抚育管理，适时适度修剪病虫枝叶，促进桐林健康生长，提高抗病能力。冬季清除病、落叶和树上挂的病果深埋或烧毁，减少初侵染源，坚持数年可收到良好效果。

化学防治　发病初期及早喷洒杀菌剂进行控制，于 4～5 月用 0.8%～1% 波尔多液，连喷洒 3～4 次（两次中间隔 7～10

天），每季度连续喷 2 次，以保护叶和果实不受侵染，减少病害的发生和蔓延。山地缺水，6～8 月可撒草木灰：石灰 = 3：2 或 1：1 的混合物，保护果实。在缺水坡陡的怒江大峡谷，预防措施是用长竹竿将树上挂着不落的病果打落到地上，冬季清除病、落叶和打落的病果，烧毁或深埋；也可用草木灰加生石灰参半拌匀撒在清除物上，可控制翌年油桐黑斑病的流行。

参考文献

和波益，白如礼，1999.福贡县油桐林油桐黑斑病的成因及防治措施 [J]. 云南林业科技 (3)：45-47.

西南林学院，云南省林业厅，1993.云南森林病害 [M]. 昆明：云南科学技术出版社：254.

中国林业科学研究院，1984.中国森林病害 [M]. 北京：中国林业出版社：135.

中南林学院，1986.经济林病理学 [M]. 北京：中国林业出版社：122.

（撰稿：伍建榕；审稿：田呈明）

油桐枯萎病 tung oil tree wilt

由尖孢镰刀菌引起的，是中国油桐产区一种毁灭性病害。又名桐瘟疫。

分布与危害　在中国湖南、广西、四川、江西、浙江、云南等地均有分布。病树多整株枯死，甚至整片桐林被毁灭，给油桐生产造成很大经济损失。早在 1939 年广西、浙江等地就已发生。1962—1964 年，浙江常山重病区被害株率达 60%。广西柳州、南宁地区发病率 32%～90%。主要危害三年桐，千岁桐和四季桐次之。油桐枯萎病菌从油桐根部侵入，在木质部导管中繁殖并通过维管束向树干、枝条、叶柄及叶脉扩展，引起部分枝干或全株枯萎死亡。同一植株由于各部位组织结构不同，症状特征有一定区别。

叶部病状分急性型和慢性型。前者叶脉及其附近叶肉组织变褐色或黑褐色，主脉稍突出，形成掌状病斑，或叶脉间形成放射状枯死斑，以后全叶枯黄皱缩，大都不脱落。后者病叶或叶柄逐渐黄化，叶缘向上卷缩，继而叶柄萎垂，病叶逐渐干枯，且不易脱落。

发病枝干初期无明显症状，较难诊断。当病害发展到一定程度，嫩枝梢出现赤褐色后变黑褐色的湿润状条斑，并逐渐枯萎而死。后期木质部坏死处的树皮形成明显凹槽并常开裂，有时病部干缩与健部脱离，而使木质部外露。空气湿度大时，病部的裂缝和皮孔处长出粉红色或橘红色的镰刀菌分生孢子座。将树皮剥开，木质部呈红褐色或黑褐色干腐状。

病根腐烂，皮层脱落，木质部和髓部变褐坏死。根部不规则腐烂时，树冠亦不规则枯死。根系全部腐烂时，地上部分全部枯死（图 1）。

病果初期黄化，继而有紫色或褐色带产生并逐渐干缩，最后完全变黑褐色，干枯，成为树上的僵果。剖视种仁已干腐，有时可见粉层状物，镜检为镰刀菌的孢子和菌丝体。

病原及特征　病原为尖孢镰刀菌（*Fusarium oxysporum*

Schlect.）。气生菌丝白色棉絮状，有明显的分枝和分隔，能分泌紫红色素。分生孢子有两种类型：小型分生孢子最多，生于气生菌丝上，单或双细胞、卵形、近球形、椭圆形、弯月形、柱形、梨形等，大小为 5.1～20.8μm×2.7～4.4μm，多聚成头状。大型分生孢子弯月形，有短柄，多细胞，以 3 个隔膜的为多，大小为 24.1～40.8μm×3.4～5.1μm。厚垣孢子壁光滑，顶生或间生（图 2）。

尖孢镰刀菌在培养基上生长迅速，其生长发育与温、湿度有密切关系。在 0℃ 以下和 40℃ 以上时菌丝不生长，孢子也不萌发，而温度在 20～30℃ 时生长较好。25～28℃，孢子萌发率最高，菌丝生长最旺盛。

侵染过程与侵染循环　在湖南和广西，此病一般在 5～9 月发生，6～7 月为发病高峰期。病菌是弱寄生菌，主要存活在土壤和病株残体内。病菌主要从须根和根部及根颈部伤口侵入，潜育期 15 天左右。病原菌的菌丝在寄主细胞间和细胞内蔓延，当病原物分泌毒素破坏寄主输导组织，堵塞水分和养分的运行时，感病植株表现出病态。

流行规律　油桐枯萎病的危害程度与海拔高度、土壤条件、油桐品种有密切关系。低丘红壤地带，土质差、pH 偏低，发病率较高；千年桐以及用千年桐作砧木的嫁接桐，不感染枯萎病。不同树龄枯萎病的严重程度不一，一般 3～15 年生的桐林死亡较多。

防治方法　以营林综合措施为主，药物治疗为辅；选用抗病砧木和抗病良种是防治的根本措施。以千年桐作砧木，三年桐作接穗嫁接，在生产中已收到一定效果。

适地适树。发展油桐的重点宜放在土质较好、pH 偏高

图 1 油桐枯萎病症状（陈守常摄）

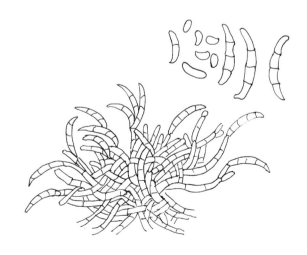

图 2 油桐枯萎病病原（陈秀虹绘）

的石灰岩地区。土质差、偏酸性的土壤，必须采取改土防病措施，增施有机肥、石灰、磷钾肥或林下种植绿肥等。

土壤消毒。造林地前作如为感染枯萎病植物，土中菌量较大，为减少侵染源，应结合施基肥进行土壤消毒，撒施生石灰 750～1500kg/hm^2。也可采用 1：3 的草木灰和生石灰，或 1：3 的茶枯和生石灰。

营造混交林，适时抚育管理。实行油桐、油茶混交，油桐、杉木混交，油桐、八角树混交，对病害的传播蔓延有一定的隔离作用。

轻病株可采用乙基托布津可湿性粉剂 400～800 倍液，淋洗根部或包扎树干，有一定的效果。

参考文献

吴光金，林雪坚，1982.油桐枯萎病的研究 [J].东北林学院学报 (1)：20-30.

中国林业科学研究院，1984.中国森林病害 [M].北京：中国林业出版社：184.

中南林学院，1986.经济林病理学 [M].北京：中国林业出版社：119.

（撰稿：伍建榕；审稿：田呈明）

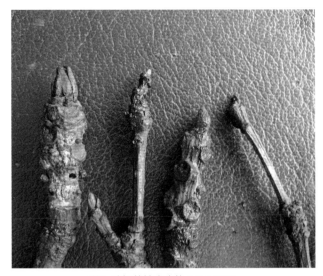

图 1 油桐芽枯病症状（伍建榕摄）

油桐芽枯病 tung oil tree bud blight

由灰葡萄孢侵染所致的一种病害。

分布与危害 分布在湖南、贵州等油桐种植区。危害苗木、幼树和成年树的芽，使病芽腐烂枯死。2003 年 4 月 19 日被列入林业危险性有害生物名单。寄主是三年桐。

感病植株的芽鳞先出现红褐色病斑，逐渐扩展至全芽，呈赤褐色水渍状腐烂并产生黏液，后失水干枯。严重时由顶芽向枝梢蔓延，病枝梢皮层腐烂、失水皱缩，变紫褐色枯死。后期病芽表面产生一层灰绿色霉状物（图 1）。

病原及特征 病原为灰葡萄孢（*Botrytis cinerea* Pers. ex Fr.），属葡萄孢属。潮湿时病部表层产生大量的灰色霉层（分生孢子梗和分生孢子），灰霉菌子实体从菌丝或者菌核生出；分生孢子梗 280～550μm×12～24μm，丛生，灰色，后转为褐色，其顶端膨大或是尖削，在其上有小的突起；分生孢子单生于小突起之上；分生孢子亚球形或卵形，大小为 9～15μm×6.5～10μm（图 2）。

侵染过程与侵染循环 病原菌以菌丝体在病组织内越冬，翌年以分生孢子传播危害。还可以菌核在土壤或病残体上越冬越夏，温度在 20～30℃。病菌耐低温，7～20℃大量产生孢子。苗期棚内温度 15～23℃，弱光，相对湿度在 90% 以上或幼苗表面有水膜时易发病。花期最易感病，借气流、灌溉及农事操作从伤口、衰老器官侵入。如遇连阴雨或寒流大风天气，放风不及时、密度过大、幼苗徒长、分苗移栽时伤根、伤叶，都会加重病情。

防治方法

农业防治 注意排灌，适当间苗或打去下叶，降低湿度，通风透光。剪除病枝梢以减少侵染源。

化学防治 发病期使用 50% 退菌特 500 倍液、50% 托

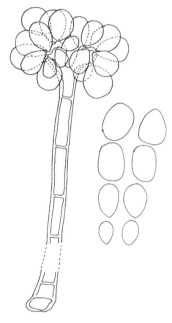

图 2 油桐芽枯病病原菌（陈秀虹绘）

布津 600 倍液、25% 多菌灵 500 倍液，每隔 15 天喷洒一次，连续 2 次效果明显。水源困难的地方，可用上述药剂与草木灰混合喷粉。

参考文献

中南林学院，1986.经济林病理学 [M].北京：中国林业出版社：76.

（撰稿：伍建榕；审稿：田呈明）

油桐枝枯病 tung oil tree branch blight

由油桐丛赤壳菌引起的一种病害。

分布与危害 病害可造成局部枝条枯死，影响植株生

长，减少结果量，在各地油桐林均有发生。寄主是三年桐和千年桐。油桐新发嫩梢的芽苞首先受害，芽鳞变褐坏死，顶芽干缩，流出胶汁，褐色病斑向下蔓延致使新梢皮层纵裂坏死。潮湿时病斑上的皮孔处产生白色分生孢子堆。在夏、冬季枝枯上可见赤褐色颗粒状的子囊壳（图1）。

病原及特征　病原为油桐丛赤壳菌（*Nectria aleuritidia* Chen et Zhang）。属丛赤壳属

子囊壳球形或椭圆形，赤红色，直径223～237μm×197.0～200μm。壳壁分为不明显的两层。子囊棍棒形，大小为58～60μm×12.7～13.2μm，内有8枚上部斜双列、下部斜单列的子囊孢子。子囊孢子椭圆形，透明，1个隔膜，大小为15.7μm×7.1μm（图2）。

侵染过程与侵染循环　病原菌以子囊壳越冬。翌年以子囊孢子借雨水飞溅传播。病菌还能在枯枝的患病组织内越冬。有性阶段于翌年早春形于病枝上，随后由产生的子囊孢子或分生孢子借风雨和水溅传播成为初侵染源，一般通过休眠芽或伤口侵入。整个生长季主要由分生孢子侵染、传播和危害，有再侵染。

由于病害主要从伤口侵入，病菌的分生孢子萌芽和生长的最适温度较高，为25～28℃，故夏季发病较重。干旱

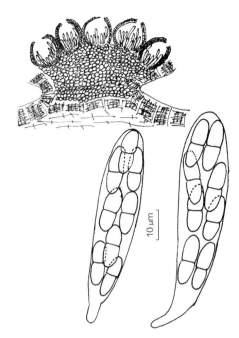

图2　油桐枝枯病病原油桐丛赤壳菌（陈秀虹绘）

胁迫会使病害加重，这主要可能由于寄主受旱、抗性降低导致。

防治方法　以适地适树加强抚育管理为根本措施，既可减少生理性枝枯，又因树势健壮抗病力强，抑制弱寄生菌的侵入。冬季或初春休眠期修剪枯死枝条，生长季节喷施1%波尔多液、50%退菌特500倍液防治效果较好。

参考文献

张金钟，黄菊芳，刘久义，1984. 油桐枝枯病（*Nectria* sp.）防治试验 [J]. 四川林业科技 (2): 69.

中南林学院，1986. 经济林病理学 [M]. 北京：中国林业出版社：60.

（撰稿：伍建榕；审稿：田呈明）

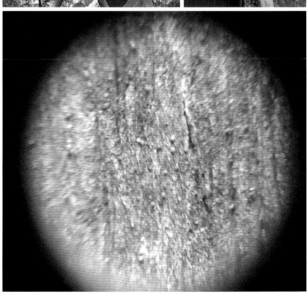

图1　油桐枝枯病症状（伍建榕、陈秀虹摄）

油棕猝萎病　oil palm sudden wither

由原生动物 *Phytomonas staheli* 引起的油棕猝萎病，是油棕上最严重的病害之一。又名油棕凋萎病。

发展简史　最早的关于油棕猝萎病的记录（哥伦比亚）可以追溯到1970年。随后，秘鲁（1977）、苏里南（1977）、特立尼达和多巴哥（1977）相继发现该病。1979年，McGhee 和 McGhee 最早将油棕猝萎病的病原鉴定为 *Phytomonas staheli*。1982年，McCoy 和 Martinez-Lopez 报道了哥伦比亚成年油棕猝萎病的发生。至2002年，记录有油棕猝萎病的国家和地区达到14个，均分布中美洲和南美洲。至2020年，又有多个美洲国家发现该病。

分布与危害　油棕猝萎病在哥伦比亚、厄瓜多尔和秘鲁已引起严重损失，如在哥伦比亚造成的损失超过90%，在秘鲁对4年生树造成损失25%，厄瓜多尔达20%。该病在

Y

委内瑞拉、苏里南、特里尼达岛、巴西和美国等均有分布。在苏里南，该病被称为"Hartrot"病，在巴西的Bahia也有一种类似的病害。该病也危害野生油棕、椰子、可可、大戟、等，对大面积种植的椰子、可可极具威胁。

油棕猝萎病症状表现为发育中的油棕果穗全部突然腐烂，叶柄顶部红色褪去，老叶片快速干枯。下层叶片末端和中部先出现红棕色条纹，随后变为淡绿色、黄色、红褐色和灰色等颜色。发病植株2～3周死亡，根系快速腐烂、干枯。在哥伦比亚，有一种被称为"Marchintez progresiva"（西班牙语）的病害，症状类似但扩展较慢。该病从1龄油棕开始侵染，典型症状是开始时箭叶不发病；根部皮层腐烂，天气潮湿时皮质分解；但皮层只在干旱季节坏死，从中柱上脱落。腐烂组织可扩展至主干以及下层根系。

病原及特征 病原为 *Phytomonas staheli*，属原生动物门鞭毛纲动质体目锥体虫科植生滴虫属。传播媒介有 *Myndus crudus*（*Haplaxius pallidus*）和 *Lincus lethifer*，可能还包括根潜蝇（*Sagalassa valida*）。*Phytomonas staheli* 为单细胞，表面为细胞膜，形状可以改变，鞭毛1根或4根。有1个细胞核，胞质分化。如鞭毛是运动器官；胞口、胞咽、食物胞和胞肛是营养器官，眼点是感觉器官等。虽 *Phytomonas staheli* 仅1个单细胞，但它是一个完整的生命体，但它具有一切作为一个动物所具有的功能。

侵染过程与侵染循环 尚未有相关研究资料。

防治方法

农业防治 合理施肥，适时灌溉或排水，及时除草。铲除病株并集中烧毁。

化学防治 搭配使用杀虫剂和除草剂控制传播媒介。

参考文献

CORLEY R H V, TINKER P B, 2015. The oil palm[M]. 5th ed. Chichester, UK: John Wiley & Sons Ltd.

MCCOY R E, MARTINEZ-LOPEZ G, 1982. *Phytomonas staheli* associated with coconut and oil palm diseases in Colombia[J]. Plant disease, 66(8): 675-677.

（撰稿：唐庆华；审稿：覃伟权）

油棕环斑病毒病 oil palm ringspot virus disease

由非洲油棕环斑病毒引起的一种油棕病害。又名油棕叶片斑驳病（leaf mottle 或 mancha anular）、油棕芽叶斑驳病（bud leaf mottle）。该病也曾被称为油棕环斑病（ring spot）和油棕致死性黄化病（fatal yellowing disease），但环斑病和致死性黄化病是不同于油棕环斑病毒病的两种病害。

发展简史 1969年，非洲油棕环斑病毒病最早发现于秘鲁西北部亚马孙河流域的圣马丁。1974年左右，厄瓜多尔西北部油棕种植区发现环斑病毒病，哥伦比亚于1985年发现该病。由于该病危害严重，引起了中南美洲主要油棕种植国厄瓜多尔、秘鲁、哥伦比亚等国广泛关注。

分布与危害 该病分布于厄瓜多尔、秘鲁和哥伦比亚。在厄瓜多尔和秘鲁，油棕环斑病毒病常引起油棕植株死亡。发病率一般为3%～40%，但18～24个月的油棕发病率可达95%。从1985年发现环斑病毒病至1988年，哥伦比亚2.5龄面积约有4500hm²的油棕被侵染，发病率达2%～45%。在厄瓜多尔和秘鲁，现有10万hm²的油棕处于潜在病害风险之中。

油棕环斑病毒病多在1～4龄油棕上发生（见图），5龄以上的油棕上未发现该病。症状为箭叶和新生叶及叶轴上出现状和椭圆形的斑点，随后斑点变黄；叶片黄化症状最终扩展到下层叶片，箭叶坏死。下部叶片从开始表现症状到最终变褐、死亡仅3个月，长出油棕果串坏死。第三、第四级根坏死，随后扩展到主根和次根的中心部位；靠近根部的茎基部维管束变紫，随着症状进一步沿茎部向上扩展，呈现紫色的环状坏死斑。一些植株表现症状后3～4个月死亡；而一些油棕虽然也表现叶部症状，但在几年内仍然可以继续生长并结果。油棕环斑病毒病发病严重时可引起整园发病。

病原及特征 非洲油棕环斑病毒（African oil palm ringspot virus，AOPRV），为新鉴定的一个种，属ssRNA(+)组 Tymovirales 目 β 曲线病毒科 Quinvirinae 亚科 *Robigovirus* 属成员。病毒粒子长约800nm，直径15nm。非洲油棕环斑病毒的开放阅读框有51%～67%的氨基酸序列与凹陷病毒属的樱桃绿斑驳病毒和樱桃绣状坏死花叶病毒一致，40%～62%的氨基酸序列与苹果茎痘病毒的一致。RT-PCR结果显示来源于染病美洲油棕、非洲油棕及杂交油棕的病毒基因型存在差异，具体原因有待于进一步研究。

侵染过程与侵染循环 尚未见该方面的报道，推测该病可通过媒介昆虫、种苗、割刀等农事操作工具传播。

防治方法 油棕环斑病毒病的防治重点是要做好检疫工作。

进口油棕时要有出口国的检疫证明，种果要从原产国官方指定的种子公司引进。此外，油棕种子公司需提供技术指导、标准等服务。

参考文献

覃伟权，朱辉，2011. 棕榈科植物病虫鼠害的鉴定及防治[M]. 北京：中国农业出版社.

CORLEY R H V, TINKER P B, 2015. The oil palm[M]. 5th ed. Chichester, UK: John Wiley & Sons Ltd.

MORALES F J, LOZANO I, VELASCO A C, et al, 2002. Detection of a Fovea-like virus in African oil palms affected by a lethal 'Ringspot' disease in South America[J]. Journal of phytopathology, 150: 611-615.

PEÑA E, REYES R, BASTIDAS S, et al, 2010. Annular spot and

苗圃油棕环斑病毒病病症状（引自Peña等，2010）
①小叶及叶轴上出现白化不规则斑点；②小叶上出现褪绿环斑

chlorotic ring spot in *Elaeis guineensis* and OxG hybrids at the nursery stage in Tumaco, Colombia[J]. *ASD oil palm papers (Costa Rica)*, 34: 33-39.

（撰稿：唐庆华；审稿：覃伟权）

油棕茎基腐病　oil palm basal stem rot

由狭长孢灵芝引起的、油棕生产上的一种致死性病害。

发展简史　1920 年，Wakefield 首次报道了刚果 1915 年发生的油棕茎基腐病。在东南亚，油棕茎基腐病于 1930 年首次在马来西亚报道。20 世纪 90 年代，研究发现该病在非洲的安哥拉、喀麦隆、坦桑尼亚、扎伊尔、加纳和尼日利亚，大洋洲的巴布亚新几内亚，中美洲的洪都拉斯，南美洲的哥伦比亚以及亚洲的泰国等国家均有发生。

分布与危害　该病在非洲、中美洲、南美洲、大洋洲以及亚洲十几个国家均有发生。起初该病仅危害 25 龄以上需重新更新的油棕园，因此，未引起重视。20 世纪 60 年代油棕大面积推广种植，该病发生逐渐加重并开始危害 10～15 龄的低龄油棕。该病造成马来西亚滨海地区的油棕园平均减产 50%，13 龄以上的油棕园减产达 80%。调查发现，在定植 7 年的油棕园发生较轻，而定植 12 年后发病率可达 40%；在多次定植的槟榔园该病发生更早，1～2 年生的幼苗即可受害。2003 年调查结果显示，马来西亚滨海地区 13 龄以上的油棕园发病率仍达 30%，并且该病有向内陆地区不断蔓延的趋势。在印度尼西亚苏门答腊岛北部，种植的油棕发病率达 40%～50%，每公顷鲜果减产 160kg。

油棕茎基腐病在油棕的苗期至成株期均可危害。发病初期，植株表现为轻微萎蔫，生长缓慢，外轮叶片变黄，随后下部叶片逐渐黄化、垂挂在树干上。果实和雄花停止发育，心叶枯萎，与缺水症状相似。严重时，除最嫩的叶片和中心的心叶仍保持挺直外，其他叶片都从叶柄处断折，悬挂于树干上，干枯的叶片在靠近树干处形成斗篷状。活着的叶片也变成淡黄色，最后整株枯死，茎干内部组织腐烂。

病原菌沿茎干向上侵染，横切染病油棕茎基部，在树干中央可发现明显的圆形至不规则形坏死区。根系不断腐烂变色，皮层组织碎裂，根的中柱显露出来，邻近中柱的组织变褐；湿度大时，病原菌会在发病根系长出白色的菌丝垫。人工接种 4～5 叶期的油棕幼苗，叶片从下部老叶开始黄化，12～16 周后即可形成子实体，横切树干，可以看到切茎基部完全腐烂并伴随着流胶现象。低龄油棕表现症状 6～24 个月后整株黄化枯死，成龄油棕 2～3 年内死亡，在紧贴地面的茎基部长出纽扣状担子果，随后迅速长成托架状，其形状、颜色、大小各异。

病原及特征　病原为狭长孢灵芝（*Ganoderma boninense* Pat.）属灵芝属真菌。狭长孢灵芝菌子实体中等，无柄或有短粗柄，一年生。孢子狭长卵圆、椭圆形或顶端平截。壁双层，外壁无色，平滑，内壁有不明显的小刺。该菌在土壤中主要营腐生生活，当遇到油棕等合适的寄主后便可侵染并建立寄生关系。

侵染过程与侵染循环　油棕茎基腐病菌可通过健康植株的根部接触土壤中的病残体进行传播，还可依靠担孢子通过空气和风进行传播。油棕苗期发病主要是由于根部受菌丝侵染引起的，孢子在这一阶段不起作用，而 6 龄以上油棕发病主要是由于孢子侵染引起。此外，油棕茎基腐病菌还可能通过大伪瓢虫（*Eumorphus quadriguttatus*）、锯白蚁（*Microcerotermes serrula*）等介体昆虫进行传播。

流行规律　Rees 等研究发现 10～30 龄的成龄油棕由于树体茂盛，处在遮阴下的根际土壤温度不超过 32℃，适合病原菌的侵染；而 10 龄以下的幼龄油棕由于遮阴面积较小，根际土壤暴露于阳光下，土壤温度常超过 40℃，病原菌生长受到抑制。因此，老树常比幼树更易受油棕茎基腐病菌侵染。油棕园内的椰子残体对油棕茎基腐病的扩展具有重要作用。若前茬种植椰子，尤其是深埋的树桩没有清除干净时，油棕茎基腐病往往发病较重；一般 4～5 年即可发病，15 龄油棕的发病率可高达 40%～50%。重茬油棕发病重。在马来西亚，油棕茎基腐病主要危害滨海地区砂质土壤或砂壤土中种植的油棕，该类土壤属于黏土，通透性较差，湿度较大，适于病原菌的定殖和扩展。然而，马来西亚内陆地区油棕茎基腐病的发生报道渐多，故土壤条件对茎基腐病发生的影响还需进一步研究。土壤营养条件也会影响油棕茎基腐病的扩展。增施磷肥和钾肥发病严重，而施用尿素可降低油棕茎基腐病的发生。微量元素对病害发生也有影响，染病油棕园土壤中镁元素的含量明显高于健康油棕园土壤中镁的含量。

防治方法　由于缺乏十分有效的化学防治药剂，防治油棕茎基腐病最经济有效的方法是种植抗病品种，今后防治的重点应在抗、耐病品种的选育上。

农业防治　清除田间病残体，集中焚烧。使用有机硫土壤熏蒸剂如棉隆进行土壤杀菌；培育健康种苗，使用无菌土壤育苗。改良土壤营养状况，增施钙肥。

化学防治　放线菌酮、三唑酮、三唑醇、萎锈灵、多菌灵、戊菌唑、十三吗啉等杀菌剂对油棕茎基腐病菌均有较强的抑制作用。可采用土壤淋透和茎干注射的方法，一般而言，茎干注射法比土壤淋透法效果较好。同时在茎干注射萎锈灵和五氯硝基苯两种药剂防治效果最好。

生物防治　一些木霉菌、放线菌、芽孢杆菌等对油棕茎基腐病菌都有一定拮抗作用。哈茨木霉和绿黏帚霉对油棕茎基腐病菌具有显著的抑制作用，油棕内生菌洋葱伯克霍尔德氏菌、绿脓杆菌、黏质沙雷氏菌有较强的抑制作用，具有较好的生防潜能。丛枝菌根真菌是一类，施用植物有益菌丛枝菌根真菌可使染病油棕长势得到明显改善，抗病性增强，25 龄油棕施用后增产 42%～68%。

抗病品种筛选　商业化种植的油棕品种抗性差异明显，Deli 品种比非洲油棕抗性差。马来西亚棕榈油局实验发现油棕品种 Zaire 与 Cameroon 杂交后代的根系对茎基腐病菌具有一定抗性。

参考文献

覃伟权，朱辉，2011. 棕榈科植物病虫鼠害的鉴定及防治 [M]. 北京：中国农业出版社.

CORLEY R H V, TINKER P B, 2015. The oil palm[M]. 5th ed. Chichester, UK: John Wiley & Sons Ltd.

Y

MIH A M, KINGE T R, 2015. Ecology of basal stem rot disease of oil palm (*Elaeis guineensis* Jacq.) in Cameroon[J]. American journal of agriculture and forestry, 3(5): 208-215.

（撰稿：唐庆华；审稿：覃伟权）

油棕茎基干腐病　oil palm dry basal rot

由奇异长喙壳菌引起的油棕茎基干腐烂的致死性真菌病害。

发展简史　1962 年，该病是 Robertson 在 *Transactions of the British Mycological Society* 上首次报道的。Corley 和 Tinker 在 2015 年出版的 *The Oil Palm*（Fifth Edition）中进行了系统总结。

分布与危害　茎基干腐病仅在西非和扎伊尔流行。在尼日利亚，3～8 龄油棕发病严重，死亡率约为 70%，该病曾造成该国一油棕园完全被摧毁。喀麦隆和加纳也有小面积发生。发病初期油棕死亡很普遍，但后期发病油棕大多能恢复健康。迄今，再未见该病严重危害的报道。马来西亚的沙巴和马来亚也曾有疑似茎基干腐病的报道。此外，该病病原奇异长喙壳菌还可引起油棕箭叶腐烂病。

油棕茎基干腐病通常在旱季末期发生，叶部先发病，随后果穗和花序大量腐烂。内部症状表现为病株基部干腐，病健交界处维管束坏死。外部症状为下层叶片折断而上层叶片依然保持挺立，整株形成一个完整的环，这是油棕发病初期的典型症状。随后，上层叶片和箭叶发病，植株死亡。通常情况下，部分发病油棕植株可以恢复，但需要数年才能结果。

病原及特征　病原为奇异长喙壳菌［*Ceratocystis paradoxa*（Dade）Moreau］，属长喙壳属真菌；其无性态为奇异根串珠霉［*Thielaviopsis paradoxa*（Seyn.）Höhn］，属根串珠霉属。奇异根串珠霉菌在 PDA 培养基上生长迅速，菌落初期为白色，1～2 天后变为黑色，且散发出强烈水果香味。该菌可产生两种无性孢子，一种为分生孢子，无色至浅棕色圆柱形，大小为 6.9～14.9μm×3.1～6.0μm；另一种为厚垣孢子，棕褐色或黑色，卵圆形，大小为 7.9～19.4μm×4.6～11.0μm。菌丝最适生长温度为 25～35℃，5℃ 和 40℃ 菌丝都不再生长。奇异长喙壳菌是一种土壤习居菌，广泛分布于非洲和亚洲的热带地区，可侵染椰子、甘蔗、菠萝等多种作物。

侵染过程与侵染循环　油棕茎基干腐病菌以菌丝体或厚垣孢子潜伏在染病组织内或在土壤中越冬，条件适宜时，便从寄主种苗的伤口处侵入开始初侵染。菌丝在油棕髓部的薄壁组织里生长，后在裂口处产生分生孢子和厚垣孢子。分生孢子易萌发，借空气、土壤及灌溉水、蝇类昆虫等传播，当年即可再侵染。

流行规律　遇到暴风雨或台风天气，发病率可达 90% 以上。此外，土壤黏重、板结、低洼积水、湿度大的油棕园发病重。

防治方法
农业防治　合理种植。避免偏施氮肥，宜增施钾肥；清除病叶并集中烧毁。

化学防治　发病初期可选用克菌丹、王铜、波尔多液、甲基托布津、代森锰锌和异菌脲等药剂，每隔 7～14 天往叶部喷药 1 次，连续喷施 2～3 次可有效防治油棕茎基干腐病。发病严重时，需先把病叶清除干净，然后再喷施上述药剂。

选育抗（耐）病品种。

参考文献

覃伟权，朱辉，2011. 棕榈科植物病虫鼠害的鉴定及防治 [M]. 北京：中国农业出版社．

ÁLVAREZ E, A LLANO G, LOKE J B, et al, 2012. Characterization of *Thielaviopsis paradoxa* isolates from oil palms in Colombia, Ecuador and Brazil[J]. Journal of phytopathologoy, 160 (11/12): 690-700.

CORLEY R H V, TINKER P B, 2015. The oil palm[M]. 5th ed. Chichester, UK: John Wiley & Sons Ltd.

SUWANDI, SEISHI A, NORIO K, 2012. Common spear rot of oil palm in Indonesia[J]. Plant disease, 96(4): 537-543.

（撰稿：唐庆华；审稿：覃伟权）

油棕枯萎病　oil palm *Fusarium* wilt

由尖镰孢油棕专化型侵染引起的，是油棕生产上最具毁灭性的病害，也是中国的检疫性病害之一。

发展简史　1946 年，Wardlaw 首次在刚果报道油棕枯萎病。随后，科特迪瓦、尼日利亚、加纳、喀麦隆、刚果均报道了该病的发生。巴西和厄瓜多尔分别于 1984 年和 1989 年发现局部地区也有暴发。

分布与危害　油棕枯萎病是非洲种油棕上一种最重要的致死性病害，主要分布于刚果、科特迪瓦、扎伊尔、尼日利亚、加纳、喀麦隆、科特迪瓦、贝宁、圣多美和普林西比，巴西和厄瓜多尔局部也有暴发。在一些再植园区发病尤为严重。园内低于 10 龄的油棕最高减产量可达 50%，多数减产量只有 1%～2%。Renard 和 de Franqueville 报道在一些再植园中 6 龄油棕实际产量降低 6%～16% 时，仅有 2.5%～5.5% 的植株表现叶片枯萎病症，而大部分已经感病但尚未表现症状的油棕减产量可达 20%～30%。因此，6 龄油棕即使症状不明显也能严重影响产量。

在成年树上，油棕枯萎病有两种表现症状。一种是急性枯萎，表现为叶片干枯并迅速死亡，但仍保持直立状态直到断折，通常从根颈处被风吹断。这种症状的枯萎病发病迅速，植株在 2～3 个月内死亡。另一种是慢性枯萎，表现为染病植株矮小，但可继续存活数月甚至数年之久。首先是外层叶片干枯、垂挂在树干上，呈斗篷状，随后枯萎症状逐渐蔓延到新叶。同时，当新叶长出时尽管保持直立状态，但一般呈萎黄色，并且比正常叶片小很多。整个树冠扁平，树干顶部也逐渐缩小。油棕发病时有许多介于急性枯萎和慢性枯萎之间的症状。从表现这两种症状的病株上分离到的病原菌都为油棕尖镰孢菌。

油棕苗期也可发病。幼苗感病后植株矮小，外轮叶片干枯，茎干组织维管束变褐色、粉红色或黑色，茎基部至顶芽附近的维管束呈褐色。感病后，油棕的中层叶片和嫩叶首先变黄，随后长出的叶片逐渐变短。病株外观呈平顶状，下层叶片干枯，心叶细小、紧缩成束，淡黄色至象牙白色（见图）。

病原及特征　病原为尖镰孢油棕专化型（*Fusarium oxysporum* f. sp. *elaeidis* Toovey），属镰刀菌属真菌。在马铃薯蔗糖培养基上，菌落羊毛状，气生菌丝开始为白色，随后变为粉红色、紫色或黄色。小型分生孢子单细胞，少数双细胞，透明，无分隔或有1个分隔，卵形或椭圆形，单生或串生。大型分生孢子多细胞，纺锤形至镰刀形，无色，基部常有一显著突起（足胞），大多有3～5个分隔，偶有1～2个分隔。厚垣孢子数量多，间生或顶生、单生，偶尔串生，壁光滑或粗糙。

油棕枯萎病菌为土壤习居菌，菌丝体和厚垣孢子可以在土壤中长期存活，厚垣孢子的存活力更强。该菌主要危害非洲种油棕，但人工接种也可侵染美洲种油棕。此外，油棕园中的飞机草、白茅等杂草也可能是油棕枯萎病菌中间寄主。用油棕枯萎病菌在长有2片叶的幼苗根部进行接种实验，接种1～2个月幼苗即发病死亡。

侵染过程与侵染循环　油棕枯萎病菌以休眠厚垣孢子土中或腐生在受侵染的油棕残体上存活，可通过土壤传播病害，也可通过繁殖材料和种子等进行传播。油棕被病原菌侵染死亡后变成邻近油棕的初侵染源，使邻近的油棕受到感染。据报道，发病油棕的种子表面和果仁表面也带菌，证实种子可以传播此病。由于油棕种子纳入全球育种计划，存在长距离传播的危险。因此，已有对带菌种子传染该病可能性的调查。

与许多枯萎病菌一样，油棕尖镰孢菌从根部侵入并直接在维管束内生长。该菌可从伤口和自然孔口侵入。定殖在木质部的小型分生孢子随着蒸腾作用而充塞于整个导管内。当病原菌通过端壁生长的时候，寄主通过产生树胶、凝胶和侵填体来阻止病原菌通过蒸腾作用而扩散。抗病油棕品种的侵填体、凝胶等物质产生得非常快，并且同时产生抗菌物质，油棕自身含有固有的和诱导产生的抗菌物质。导管的堵塞和抗菌素的积累进一步抑制了病原菌的定殖。该过程发生在受侵染导管中，严格来说是在导管上和邻近的导管里。感病品种油棕也会产生侵填体和凝胶，不过浓度很低。这使得病原菌能够大量定殖在导管中，致使大量的维管束被堵塞，最终表现出感病症状。

防治方法　虽然一些田间管理措施可以在一定程度上控制该病害发生，但从长远来看，选育抗病品种更有效，

农业防治　加强田间管理，在离旧树桩超过2m的地方

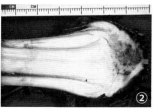

油棕枯萎病危害症状（引自 CABI，2019）
①成年油棕感染枯萎病症状；②幼苗感染油棕枯萎病茎基部症状

重新定植油棕，发病率可以减少一半。增施钾肥也可降低发病，而施用粉碎的秸秆则会提高发病率。

选择抗性品种　科特迪瓦育种工作者成功培育出了一些抗性新品种，种植后油棕枯萎病发病率通常降低20%～30%，最低也可降低3%。但是，选育出一个抗性品种通常需要超过7年时间，田间选育至少也需要4年。

参考文献

覃伟权，朱辉，2011. 棕榈科植物病虫鼠害的鉴定及防治 [M]. 北京：中国农业出版社.

CABI, 2019. *Fusarium oxysporum* f.sp. *elaeidis* (*Fusarium wilt of oil palm*). Wallingford, UK: CABI. https://www.cabi.org/isc/datasheet/24639.

CORLEY R H V, TINKER P B, 2015. The oil palm[M]. 5th ed. Chichester, UK: John Wiley & Sons Ltd.

FLOOD J, 2006. A review of *Fusarium* wilt of oil palm caused by *Fusarium oxysporum* f. sp. *elaeidis*[J]. Phytopathology, 96(6): 660-662.

（撰稿：唐庆华；审稿：覃伟权）

油棕苗疫病　oil palm blight

由华丽腐霉菌和 *Macrophomina phaseoli*（Maublanc）Ashby（原薄片丝核菌 *Rhizoctonia lamellifera* W. Small）复合侵染引起的一种病害，是油棕苗圃中幼苗（1龄油棕幼苗）上最重要的根部病害。一旦发病可导致苗圃中所有幼苗死亡，即使少数植株得以幸免，也会变得畸形、矮小，不适于移栽至油棕园。

发展简史　最早的关于油棕苗疫病记录已难以追溯。1960年，*Nature* 杂志对该病进行了介绍。鉴于该病的流行及危害性，Blaak 提出培育抗病品种的策略。1975年，Renard 等发现在笼子中育出油棕苗发病率为0，笼子上方开口时发病率为6%，而完全没有遮阴和保护条件下发病率为45.8%，由此提出媒介昆虫与油棕苗疫病传播有一定联系，但迄今没有其他实验证据支持该结论。据国际应用生物科学中心（CABI）统计，至2015年非洲、亚洲、大洋洲、南美洲共计38个国家和地区均有该病发生的记录。

分布与危害　油棕苗疫病在气候条件适宜和缺乏管理的苗圃中均可发生。该病在非洲的科特迪瓦、尼日利亚、马达加斯加、南非、坦桑尼亚、喀麦隆以及亚洲的越南、老挝、柬埔寨、新加坡等国危害严重，在马来西亚、印度尼西亚、巴西和哥伦比亚也有发生。中国海南亦有报道。

发病初期，叶片失去正常光泽，萎蔫，呈黄绿色或鲜黄色；叶尖出现红棕色或紫色斑块，坏死部由顶端向下蔓延，几天内叶片枯死，深褐色，似火烧状。老叶首先死亡，箭叶多坏死，幼苗发病后几天内死亡。根部症状为初生根尖先受害，根部皮层腐烂，在病根的中柱或下表皮上可看到深褐色或黑色小菌核。

病原及特征　华丽腐霉（*Pythium splendens* Braun）属腐霉属真菌。*Macrophomina phaseoli*（Maublanc）Ashby［syn: *Macrophomina phaseolina*（Tassi）Goid.；*Botryodiplodia*

Y

phaseoli（Maublanc）Thir.］属 *Macrophomina* 属真菌。腐霉菌为主要初侵染源，它能穿透幼苗根系薄壁细胞进行扩展。丝核菌能穿过先侵入的腐霉菌进行侵染，该菌在破坏油棕皮层组织中起着重要作用。

在 V8 琼脂或玉米粉琼脂培养基（CMA）上，华丽腐霉菌落边缘整齐，棉絮状，气生菌丝较丰富；菌丝一般无隔，但老化或者长时间保存的菌丝会产生隔膜，主菌丝直径 6～9μm。菌丝膨大体球状、光滑、大多顶生，少数间生，直径 25～49μm。单独培养或将菌块放在灭菌水中均不能诱导产生游动孢子。大多数为异宗配合交配型，极少数菌株单独培养能产生有性器官。藏卵器顶生或间生，球形，表面光滑，直径 30～38μm（平均 34.6μm）；未满器的卵孢子率约为 65.4%，直径 25～35μm，壁厚 1.6～2.2μm。雄器异丝生，顶生或间生，9.5～20μm×6.25～15μm，袋状或弯棍棒状。每个藏卵器周围有 1～5 个雄器。

侵染过程与侵染循环　华丽腐霉菌主要是通过带菌土壤、生长基质和繁殖材料传播，主要以菌丝膨大体存活于土壤中。存在寄主植物时，孢子萌发产生一至多个芽管开始侵染。华丽腐霉常常侵染油棕幼苗和其他植物的根部。

防治方法　油棕苗疫病的防治重点是加强苗圃的管理。

加强苗圃管理　在雨季，将育秧盘中发育良好的幼苗适时移栽到苗圃，从而错开幼苗感病期与苗疫病流行期。在旱季，要特别注意进行灌溉，确保整个苗期育苗袋中均有足够水分供应同时做好遮阴措施。合理施肥，避免偏施氮肥；及时清除苗圃中的杂草和病株，必要时可施用石灰控制苗疫病发生。

化学防治　可用福美双加敌菌酮进行苗圃土壤淋灌。

参考文献

覃伟权，朱辉，2011. 棕榈科植物病虫鼠害的鉴定及防治 [M]. 北京：中国农业出版社．

BLAAK G, 1969. Prospects of breeding for blast disease resistance in the oil palm (*Elaeis guineensis* Jacq.)[J]. Euphytica, 18: 153-156.

CORLEY R H V, TINKER P B, 2015. The oil palm[M]. 5th ed. Chichester, UK: John Wiley & Sons Ltd.

RENARD J L, MARIAU D, QUENCEZ P, 1975. Oil palm blast: role of insects in the disease. Preliminary results[J]. Oleagineux, 30(12): 497-502.

（撰稿：唐庆华；审稿：覃伟权）

油棕芽腐病　oil palm bud rot

由多种病因引起的油棕芽腐病是根据其典型症状命名的。又名油棕致死性黄化病（fatal yellowing of oil palm）、pudrición de cogollo 和 amarelecimento fatal 病。

发展简史　油棕芽腐病最早发现于拉丁美洲的苏里南共和国，1920 年该病曾造成一块 4 龄油棕种植园完全全部被摧毁。1927 年，巴拿马报道发生该病病害。随后，委内瑞拉、哥伦比亚、厄瓜多尔、苏里南、秘鲁及巴西分别于 20 世纪 50～90 年代报道了该病害的发生危害。该病在历史

上曾被命名为箭叶腐烂病、心腐病、致死性黄化病、小叶病等。2013 年，Sarria 等通过实验证实，历史上报道的那些用来描述该病不同症状发展阶段的不同病害名称实际上都是由棕榈疫霉引起的同种病害。

分布与危害　该病在尼日利亚、苏里南、马来西亚、巴拿马、非洲、刚果、委内瑞拉、哥伦比亚、厄瓜多尔、巴西、印度尼西亚均有发生。油棕芽腐病给中美洲和南美洲（如巴西、厄瓜多尔和苏里南）的油棕种植业造成了严重损失，一些油棕园已经被完全摧毁，其他发病油棕园也损失严重，许多重病园已被弃管。

该病典型症状是箭叶干腐或湿腐，在雨季幼嫩叶片变黄，但在旱季黄化症状消失（图 1、图 2）。该病有"急性"和"慢性" 2 种症状，典型的"急性"症状表现为当生长点腐烂后可导致油棕整株死亡。发生时 4～6 片幼嫩箭叶聚成一束，不能展开，形状像一个"指挥棒"。该症状出现后 10～30 天内箭叶开始腐烂并向下扩展，1～9 周内直立的箭叶在腐烂部倒塌，当生长点被侵染腐烂后植株死亡。"慢性"症状表现为尽管箭叶腐烂可向生长点扩展，但染病油棕植株通常能恢复。油棕芽腐病有很多种症状，但通常不包括典型的"小叶"症状。该病在不同国家或地区症状和严重度差异很大，并不总是导致油棕植株死亡。油棕芽腐病可分为两个

图 1　油棕芽腐病症状（引自 Torres et al., 2016）

①②未展开的箭叶表现出现病斑；③大病斑扩展引起二次侵染；④小病斑侵染附件小叶的其他组织；⑤箭叶展开后组织坏死；⑥病害后期整个箭叶被感染，外部小叶干枯；⑦病害后期尚未形成箭叶的芽死亡；⑧染病箭叶湿腐；⑨⑩幼嫩组织内部出现病斑

图 2　油棕芽腐病危害症状（冯美利提供）

阶段，第一阶段可持续到 12 龄油棕，病害呈线性增长；第二阶段病害加速扩展，呈指数增加。

病原及特征　该病病因广泛，包括卵菌、真菌、细菌、类病毒昆虫等。卵菌为棕榈疫霉［*Phytophthora palmivora*（Butler）Butler］。真菌有串珠镰刀菌（*Fusarium moniliforme* Sheld.）、奇异根串珠霉［*Thielaviopsis paradoxa*（Seyn.）Höhn］、尖孢镰刀菌（*Fusarium oxysporum* Schlecht.）、球二孢菌（*Botryodiplodia* sp.）、茄腐皮镰刀菌［*Fusarium solani*（Mart.）Sacc.］和 *Sclerophoma* sp.。细菌和类病毒也可能引起致死性黄化病，但尚需进一步的实验证据。此外，有报道认为该病害与植原体有关。一些昆虫（如 *Alurnus humerlis*）也可能与该病有关，但尚未确认这些昆虫和病害之间的确切联系。有报道认为该病是非病原生物引起的，而一些除草剂也可引起类似的症状。此外，该病还可能与季风有关。总之，该病病因非常复杂，学界尚有争议，黄化症状仅是一种胁迫应激反应。

流行规律　该病多发生于高温高湿季节。持续干旱后连续下雨或移栽后管理不善（如大水漫灌致使土壤含水量突然增高、通风不良等）或者处在风口位置的植株容易发病。在低洼、排水不良、重茬油棕园发病严重。此外，该病常与移栽时根部损伤严重又经远距离运输有关。

防治方法　该病防治非常困难，推荐采取加强田间管理和种植抗病品种治理的策略。

农业防治　选择地势高、排水良好的壤土或砂壤土地种植油棕。改善排水系统和土壤的通透性（深耕），清除根颈部地表覆盖物。增施有机肥，增强树势，提高抗性。及时清理病株，深埋或烧毁，病穴用石灰消毒。对超过 20 龄的病园松土后重新定植健康油棕。

化学防治　在发病前一两个月至发病期间，用杀毒矾、乙膦铝或卡霉通及土菌消、石硫合剂、敌克松等防治。移栽油棕时先用土菌消喷洒坑穴和油棕根部，在连续晴天时挖坑暴晒杀菌以及用石灰粉或敌克松进行土壤消毒均可。对于成年油棕，可施用甲霜灵和甲基托布津；喷施铜制剂保护油棕嫩芽。台风过后及时施用杀毒矾，加洗衣粉后灌心或喷雾均可；也可喷施代森锰锌，每 7～10 天 1 次，连喷 2～3 次，可有效预防和防治油棕芽腐病发生。

选育抗（耐）病品种　选育并种植抗（耐）病杂交种。

参考文献

CORLEY R H V, TINKER P B, 2015. The oil palm[M]. 5th ed. Chichester, UK: John Wiley & Sons Ltd.

TORRES G A, SARRIA G A, MARTINEZ G, et al, 2016. Bud rot caused by *Phytophthora palmivora*: a destructive emerging disease of oil palm[J]. Phytopathology, 106(4): 320-329.

（撰稿：唐庆华；审稿：覃伟权）

柚木锈病　teak rust

由 *Uredo tectonae* 引起的、柚木上的一种常见叶部病害。

分布与危害　分布于广东、广西、云南等地，国外印度、巴基斯坦、斯里兰卡、缅甸、印度尼西亚和泰国也有此病发生。病害在株间传播。在广东和海南地区，周年均有发生。在广州市郊，一般从 10 月中旬开始，至翌年 5 月发病。高热而干燥的天气，有利于该病发生。在广州市郊，集中成片的柚木林较多发病，零星分布的柚木较少发病。3 年生以上的幼林较多发病，1、2 年生的幼林发病较少。

寄主通常为柚木。主要危害柚木的老叶，病叶提前脱落，对苗木的生长影响较大，对林木生长量的影响较轻。受害叶片背面出现暗橙黄色锈状物，轻时零星分布，重时布满叶背。叶片表面，初时呈杏黄色斑块，以后变为茶褐色，斑块周围有杏黄色黄晕（见图）。

病原及特征　病原为 *Uredo tectonae*，属冬孢菌纲锈菌目夏孢锈菌属，是一种专性寄生菌，只在柚木叶片上寄生，不能腐生。

流行规律　在南方林区柚木的叶片从 9 月至翌年 5 月普遍受锈菌危害。温暖和干燥的气候有利于此病的发生。

防治方法　采用疏伐或修枝，使林地空气流通，以减少病害发生，或喷洒百菌清 400 倍液。

参考文献

岑炳沾，苏星，2003. 景观植物病虫害防治 [M]. 广州：广东科技出版社.

苏星，岑炳沾，1985. 花木病虫害防治 [M]. 广州：广东科技

柚木锈病症状（王军提供）

出版社.

张素敏，刘春雨，徐少锋，2014.园林植物病害发生与防治 [M].北京：中国农业大学出版社.

（撰稿：王军；审稿：叶建仁）

诱导抗病性　induced systemic resistance, ISR

当植物受到生物或非生物因素诱导时，在系统范围内（指整个植物体，包括未受到诱导剂处理的部位）产生的对多种病原微生物和昆虫都有效的抗病性。

诱导抗病现象的发现已经有近百年的历史。20 世纪 60 年代，Ross 等最早提出系统获得性抗病性（systemic acquired resistance，SAR）的概念，描述时序上先发生的病原物侵染可以在相同甚至不同的系统部位诱导产生抗病性，使后续侵染的致病力明显减弱。其后在 1991 年，研究人员分别在豆科植物、康乃馨和黄瓜等不同植物中证实根В促生细菌（plant growth–promoting rhizobacteria，PGPR）也可以通过激活植物自身免疫系统，促进植物健康，并提出了诱导抗病性这个新概念。

诱导抗病性和系统获得性抗病性有许多相似之处，都包括在时序上先发生的微生物与植物相互作用增强植物免疫，使其对后续侵染产生系统性的抗性。一般来讲，系统获得性抗病性主要是指病原物侵染而引起的系统抗性，并且是依赖于水杨酸（SA）信号通路实现的；而诱导抗病性是指由有益微生物引起的系统性抗病性，且不依赖于 SA 信号通路。然而，近些年来，陆续发现了一些依赖于 SA 信号通路的诱导抗病性，说明系统获得性抗病性和诱导抗病性在某些情况下具有信号通路上的交叉。

总体来说，诱导抗病性有以下几个特点：①诱导因子范围广泛。诱导因子可以是某种植食性昆虫的取食，是某种化学试剂的处理，或是某种益生微生物在根际土壤的定殖。已经发现多种生活于植物根际土壤的微生物，包括假单胞菌、杆状菌、木霉菌和菌根真菌等均可以诱导植物产生抗病性。②潜伏性。受到诱导后，植物抗病性一般不被立即激活，而是处于一个锐化状态。在一定时间范围内受到再次侵害时，受到诱导的植物会比未受到诱导的植物表现出更迅速且更强烈的防卫反应。③系统性。抗病性不仅可以在诱导剂直接处理的部位产生，而且可以在诱导剂未直接接触的部位产生。通常讲的诱导抗病性都是指后者。④抗性范围广泛。诱导抗病性可以增强植物对多种病原物的抗性。多数情况下，是指诱导剂与二次侵染病原物不同的情况。⑤受特定植物激素信号通路的调节。诱导抗病性是茉莉酸（JA）、乙烯（ET）等多种植物激素信号通路综合调控的结果。并且，调控病原微生物、有益微生物和昆虫诱导剂所激起的植物抗性的激素信号通路在很大程度上都是一致的。

生产中运用的诱导剂大致可以分为非生物和生物诱导剂两大类。非生物诱导剂包括噻二唑素（acibenzolar-S-methyl）和噻菌灵（probenazole）等。其中噻菌灵在 1975 年就已经在日本被开发成为产品销售。生物型诱导剂主要分为根际细菌和真菌两大类。诱导抗病性的有效保护对象包括多种单子叶和双子叶植物。诱导抗病性具有针对对象较为广泛、持续时间长等优点，但是并不能诱导产生绝对的抗病效果，同时也不可遗传。诱导抗病性的有效率通常在 20%～85%，效果还受到环境、品种、营养条件、已有抗性水平等多种因素的影响。

参考文献

NIU D X, WANG Y, WANG X, et al, 2016. *Bacillus cereus* AR156 activates PAMP-triggered immunity and induces a systemic acquired resistance through a *NPR1*-and SA-dependent signaling pathway[J]. Biochemical and biophysical research communications, 469(1): 120-125.

PIETERSE C M J, ZAMIOUDIS C, BERENDSEN R L, et al, 2014. Induced systemic resistance by beneficial microbes[J]. Annual review of phytopathology, 52: 347-375.

ROSS A F, 1961. Systemic acquired resistance induced by localized virus infections in plants[J]. Virology, 14: 340-358.

WALTERS D R, RATSEP J, HAVIS N D, 2013. Controlling crop diseases using induced resistance: challenges for the future[J]. Journal of experimental botany, 64(5): 1263-1280.

（撰稿：赵弘巍；审稿：陈东钦）

玉米矮花叶病　maize dwarf mosaic disease

由马铃薯 Y 病毒科马铃薯 Y 病毒属的多种病毒引起的、主要危害玉米叶片和引起植株矮化的病毒性病害。

发展简史　早在 1923 年 Brandes 和 Klaphaak 就确认 *Sugarcane mosaic virus* 能够侵染玉米，但一直没有玉米矮花叶病的正式报道。1963 年，Janson 和 Ellett 在文章中首次描述了 1962 年发生在美国俄亥俄州的玉米矮花叶病为一种新病害。1964 年，玉米矮花叶病在俄亥俄州暴发流行。1965 年，Williams 和 Alexander 鉴定引起玉米矮花叶病的病原为线状病毒。在 20 世纪 70 年代，矮花叶病已成为美国北部玉米种植州的一个主要病害。自该病害被发现后，科学家就对病毒进行了一系列特性研究，致病病毒曾一度被鉴定为 sugarcane mosaic virus。在 1976 年 Ricaud 和 Felix 经过研究和分析，确认其应为 maize dwarf mosaic virus，研究结果得到国际公认。sugarcane mosaic virus 作为玉米矮花叶病的病原也早已得到认可，并在世界上有较广泛的分布。

1968 年，中国在河南北部地区突发严重的玉米矮花叶病，此后病害逐渐蔓延，20 世纪 80～90 年代一度成为许多玉米种植区的主要生产问题，但在当时未准确鉴定致病病毒，长期认为是 maize dwarf mosaic virus 不同株系 MDMV-B（SCMV-MDB）和 MDMV-G 所致。2002 年，Jiang 和 Zhou 检测了采自 8 省玉米矮花叶病田的 62 份样本，证明引起中国玉米矮花叶病的病原为 sugarcane mosaic virus。2003 年对 12 省 176 株病样的检测也证明该病害由单一的甘蔗花叶病毒所引起。还证明了白草花叶病毒（pennisetum mosaic virus，PenMV）在山西和河北局部地区引起玉米矮花叶病，该病毒曾被认为是 MDMV-G 株系。

分布与危害　该病是温带玉米种植区广泛分布、危害较重的病害之一，主要致病病毒为玉米矮花叶病毒（maize dwarf mosaic virus，MDMV）和甘蔗花叶病毒（sugarcane mosaic virus，SCMV）。已知有玉米矮花叶病毒分布的国家和地区有印度、伊朗、伊拉克、以色列、哈萨克斯坦、韩国、巴基斯坦、乌斯别克斯坦、也门、土耳其、波黑共和国、保加利亚、克罗地亚、捷克、法国、德国、希腊、匈牙利、意大利、罗马尼亚、俄罗斯、西班牙、乌克兰、埃及、摩洛哥、埃塞俄比亚、布基纳法索、喀麦隆、毛里求斯、赞比亚、津巴布韦、南非、加拿大、美国、墨西哥、古巴、海地、洪都拉斯、委内瑞拉、哥伦比亚、巴西、智利、秘鲁、阿根廷、澳大利亚等。有甘蔗花叶病毒分布的国家和地区包括中国、日本、越南、老挝、泰国、柬埔寨、缅甸、马来西亚、菲律宾、印度尼西亚、孟加拉国、尼泊尔、印度、斯里兰卡、巴基斯坦、土耳其、法国、罗马尼亚、保加利亚、塞尔维亚、马其顿、希腊、波黑、斯洛文尼亚、克罗地亚、匈牙利、捷克、奥地利、意大利、西班牙、美国、墨西哥、古巴、多米尼加、危地马拉、洪都拉斯、尼加拉瓜、哥斯达黎加、哥伦比亚、委内瑞拉、秘鲁、巴西、圭亚那、苏里南、法属圭亚那、玻利维亚、巴拉圭、阿根廷、埃及、埃塞俄比亚、塞拉利昂、科特迪瓦、加纳、尼日利亚、喀麦隆、肯尼亚、乌干达、刚果（金）、安哥拉、赞比亚、莫桑比克、马拉维、津巴布韦、马达加斯加、南非、澳大利亚、巴布亚新几内亚等。

该病在中国各地都有发生，包括北京、天津、河北、山西、辽宁、吉林、黑龙江、内蒙古、河南、山东、江苏、上海、浙江、湖北、广东、广西、台湾、海南、重庆、四川、云南、陕西、甘肃和新疆等地。

该病属于媒介昆虫传播的病毒病，同时也可以经种子传播和机械摩擦方式进行传播，蚜虫是该病害田间流行的传播介体。在气候条件有利于蚜虫发生和迁飞时，玉米矮花叶病易流行，田间植株发病率高达 80%～100%，引起 20%～80% 的产量损失，重病田甚至绝收。1968 年，河南辉县因暴发矮花叶病而导致玉米减产 30% 以上。此后在 70 年代中期和 90 年代中期，中国又形成了两次矮花叶病的大流行，其中在 1998 年，仅山西就因病减产 5 亿 kg。

由甘蔗花叶病毒（SCMV）引起的典型症状为：最初在玉米幼苗心叶基部细叶脉间出现圆形褪绿斑点，并逐渐扩展至全叶，表现为典型的花叶状（见图）；有些品种可表现为叶片叶脉间组织褪绿，呈现黄色条纹症状；苗期发病后，叶色变浅，叶片发脆，植株矮化显著，重病植株不抽雄不结穗，植株早衰枯死；侵染晚的植株，前期生长基本正常，但后期随着田间温度的降低而在叶片上出现斑驳褪绿，顶叶花叶症状明显，果穗小，籽粒不饱满。

病原及特征　马铃薯 Y 病毒属（*Potyvirus*）的多种病毒在玉米上引起症状相似的矮花叶病，在中国主要为甘蔗花叶病毒（sugarcane mosaic virus，SCMV），国外报道较多的是玉米矮花叶病毒（maize dwarf mosaic virus，MDMV），还有约翰逊草花叶病毒（Johnsongrass mosaic virus，JGMV）、高粱花叶病毒（sorghum mosaic virus，SrMV）和玉米花叶病毒（zea mosaic virus，ZeMV）。这些

玉米矮花叶病在叶片上的症状（王晓鸣提供）

病毒均属于单链正义 RNA（+ssRNA）病毒类群中的马铃薯 Y 病毒科（Potyviridae）马铃薯 Y 病毒属（*Potyvirus*）甘蔗花叶病毒亚组的成员。6 种引起玉米矮花叶症状的病毒地域分布不同。引起玉米矮花叶病的 6 种病毒寄主均为禾本科植物，多达 250 种，其中包括玉米、谷子、高粱、甘蔗等农作物，杂草寄主有牛鞭草、芒草等。矮花叶病病毒通过蚜虫以非持久性方式进行传播。

甘蔗花叶病毒（SCMV）为无包膜的单链 RNA 病毒。病毒粒子弯曲线状，大小约 750nm×13nm；沉降常数为 170～175S，在氯化铯中的浮力密度为 1.34g/cm³；致死温度为 56℃，体外存活期（20℃）为 1～2 天，稀释终点 100～10000 倍。在寄主组织中可形成风轮状、管状和卷叶状内含体。该病毒已被测序，RNA 由 9596 个核苷酸组成，包括 3'-poly（A）和一个长度为 9192 个核苷酸的开放阅读框架（ORF）。在甘蔗花叶病毒中，包括原来的玉米矮花叶病毒的 MDMV-B 株系以及 SCMV 的 A、B、D、E、H、I、M 及其他株系。

玉米矮花叶病毒（MDMV）为无包膜的单链 RNA 病毒。病毒粒子弯曲线状，大小 430～750nm×12～15nm；沉降系数为 165～175S，在氯化铯中的浮力密度约为 1.30g/cm³；致死温度 55～60℃，体外存活期（20℃）为 1～2 天，稀释限点 1000～2000 倍。病株组织中的病毒在超低温条件下保存 5 年仍具侵染力。在寄主细胞中可见风轮状、卷叶状、束状、圆柱状、环状等形状的内含体，病毒提纯制剂的紫外最大吸收峰值约在 260nm，A_{260}/A_{280} 在 1.20～1.22。根据血清学关系，玉米矮花叶病毒划分为 A、C、D、E 和 F 株系。

侵染过程与侵染循环　该病病原传毒介体蚜虫在玉米植株间传播病毒时，要经历识别—吸附—释放病毒的过程。蚜虫的口针前端存在一个病毒附着位点，蚜虫在获毒过程中，需要通过病毒自身编码的蚜传辅助因子的桥梁作用完成与病毒的结合，使植株体内的病毒粒子附着在蚜虫口针上，然后通过在其他植株上的取食过程将病毒成功传播。病毒进入寄主细胞后，通过维管束系统在植株体内扩散，直至到达种子的小盾片、种胚和子叶中。在被 MDMV 侵染的玉米叶片细胞中可见典型的风轮状和卷叶状内含体，而被 SCMV 侵染

Y

后仅见层状内含体。

引起玉米矮花叶病的病毒可以通过在田间地边的多年生杂草中存活而越冬，或通过玉米种子带毒方式越冬并形成翌年的重要初侵染源。带毒种子长成幼苗后，叶片表现花叶症状，病毒在玉米幼苗体内繁殖，形成田间的发病中心和初侵染源；越冬并带毒的多年生禾本科杂草越冬后，也产生新的幼嫩病叶。蚜虫在玉米病苗或杂草病叶上刺吸取食，并通过迁飞进行病害的扩散，田间有翅蚜的数量和迁飞状况决定玉米矮花叶病的发生程度。此外，病毒也能够通过汁液摩擦的方式传播，因此，一些田间活动也可以传播病害，但最主要的是通过蚜虫传播。

由于带毒种子是最重要的初侵染源，因此，种子带毒水平与病害的发生程度密切相关。一般情况下，玉米矮花叶病毒在马齿型玉米上的种子带毒率为 0.007%～0.4%，在甜玉米上为 0.4%。对中国的甘蔗花叶病毒的种子带毒状况调查发现，种子的一般带毒率为 0.15%～6.52%，杂交种掖单 2 号的种子带毒率达到 3.15%，自交系 7922 的种子带毒率更是高达 12% 以上。玉米种子的种表、种皮、胚乳均可携带甘蔗花叶病毒，以胚乳部位携带病毒的侵染活性最高，可达 100%，而种皮带毒的活性较低，为 13.3%。玉米花粉可以传播甘蔗花叶病毒，种胚也可以携带甘蔗花叶病毒。

流行规律　多种蚜虫具有传播玉米矮花叶病的作用，如玉米蚜（*Rhopalosiphum maidis*）、禾谷缢管蚜（*Rhopalosiphum padi*）、桃蚜（*Myzus persicae*）、豚草蚜（*Uroleucon ambrosiae*）、棉蚜（*Aphis gossypii*）、麦二叉蚜（*Schizaphis graminum*）和狗尾草蚜（*Hysteroneura setariae*）等。玉米矮花叶病暴发与蚜虫群体及行为密切相关，因此，冬季温暖利于蚜虫越冬，是春季病害流行的主要因素；玉米幼苗阶段若遇到干旱，将促进有翅蚜的发育和迁飞活动，易引发较重的矮花叶病；环境温度为 20～25℃ 时，病害显症快。

防治方法　玉米矮花叶病为虫传和种传病害，首要控制措施是防虫控病。可以通过内吸杀虫剂进行种子包衣或在玉米苗期喷施内吸杀虫剂的方式控制田间蚜虫的种群数量，减少病害传播；其次要及时拔除由于种子带菌形成的发病中心，减少病毒的初侵染源。由于玉米品种间对矮花叶病存在抗病性差异并已经鉴定出 2 个抗甘蔗花叶病毒的基因（*Scmv1* 和 *Scmv2*），在病害常发区应积极培育和推广种植抗矮花叶病品种，避免生产损失。

参考文献

中国农业科学院植物保护研究所，中国植物保护学会，2015. 中国农作物病虫害 [M]. 3 版. 北京：中国农业出版社.

ACHON M A, ALONSO-DUENAS N, SERRANO L, 2011. Maize dwarf mosaic virus diversity in the Johnsongrass native reservoir and in maize: evidence of geographical, host and temporal differentiation[J]. Plant pathology, 60: 369-377.

LENG P F, JI Q, TAO Y F, et al, 2015. Characterization of Sugarcane mosaic virus *Scmv1* and *Scmv2* resistance regions by regional association analysis in maize[J]. PLoS ONE, 10(10): e0140617. DOI:10.1371/journal. pone.0140617.

MUNKVOLD G P, WHITE D G, 2016. Compendium of corn diseases[M]. 4th ed. St. Paul: The American Phytopathological Society Press.

STEWART L R, TEPLIER R, TODD J C, et al, 2014. Viruses in maize and Johnsongrass in southern Ohio[J]. Phytopathology, 104:1360-1369.

（撰稿：王晓鸣；审稿：陈捷）

玉米北方炭疽病　maize eyespot

由玉蜀黍球梗孢引起的、以危害玉米叶片为主的一种真菌病害。主要分布在冷凉环境的玉米种植区。

发展简史　该病最早由 Narita 和 Hiratsuka 记载在 1956 年发生于日本，但在 1959 年的一篇文章中，是用"玉米褐斑病"对病害进行的描述，并鉴定致病菌为 *Kabatiella zeae* Narita et Hiratsuka。1971 年，Arny 等在描述北美地区玉米新病害的文章中，根据该病的叶部症状，给予病害英文名称为"eyespot"。1973 年，Dingley 在研究文章中根据当时 *Kabatiella* 属已经被作为 *Aureobasidium* 属的异名，因而根据真菌分类学规则将病菌命名为 *Aureobasidium zeae*（Narita et Hiratsuka）Dingley。2011 年，Seifert 等根据形态学和分子生物学的研究，指出 *Kabatiella* 属应该是一个有别于 *Aureobasidium* 属的分类单元，因此，再次将其作为一个独立属予以保留。据此，玉米北方炭疽病病原菌的种名应该恢复为 *Kabatiella zeae* Narita et Hiratsuka。

自该病在日本首次报道后，直至 20 世纪 60 年代末至 70 年代初该病害才在加拿大、美国及欧洲部分国家的玉米种植区发生，但未见较大的生产损失报道。在中国，关于该病害的最早记述来自 1964 年聂衍文和段永加的《云南经济植物病害名录》第一部分粮食作物病害（油印本），第一次正式报道是在戚佩坤等 1966 年著述的《吉林省栽培植物真菌病害志》一书中。此时，"eyespot"一词尚未出现，中国的专家对此病害采用了"北方炭疽病"的中文名称，主要与该病症状与玉米炭疽病比较相似、在吉林普遍发生有关。

分布与危害　该病害主要分布在湿度较高、温度偏低或海拔较高的玉米种植区。世界上约 20 个国家对此病害有正式报道，包括中国、印度、日本、加拿大、美国、阿根廷、巴西、法国、德国、英国、奥地利、保加利亚、克罗地亚、波兰、葡萄牙、斯洛文尼亚、塞尔维亚、黑山、新西兰。在中国，玉米北方炭疽病主要分布在东北地区的黑龙江、吉林、辽宁以及内蒙古、河北北部和陕西北部地区，在云南和贵州的高海拔山区也有发生。

该病害一般对生产影响较小，但发生严重时能够引起约 10% 的产量损失。在中国局部地区由于该病害的发生，造成重病田中玉米植株 20% 以上出现空秆，对生产影响较大。

致病菌主要侵染玉米植株叶片，对叶鞘和苞叶危害较轻。叶片被侵染后，在小叶脉间出现大量水渍状的小斑点；随着病害发展，叶片上的褪绿点扩展为椭圆形、周缘褐色、中央灰白色、常具有褪绿边缘的病斑，直径 1～2mm。病斑可以发生在叶片的中脉上，呈现褐色的分散或汇聚的小点（见图）。

玉米北方炭疽病在叶片和苞叶上的症状（王晓鸣提供）

病原及特征　病原为玉蜀黍球梗孢（*Kabatiella zeae* Narita et Hiratsuka）真菌，属球梗孢属。分生孢子座埋生于玉米叶片组织中，浅褐色；分生孢子梗短棒状，无色或淡褐色，顶端膨大，其上聚生分生孢子；分生孢子单胞，新月形，微弯，无色，大小为18～33μm×2～3μm。病菌在培养基上可以生长，菌落从浅灰色逐渐转变为深绿色至灰黑色。病菌仅侵染玉米和高粱。

侵染过程与侵染循环　分生孢子萌发侵入叶片，环境湿度高或叶片在夜间能够形成表面结露的条件有利病菌萌发和入侵。在适宜条件下潜育期为7～10天。

病菌主要在玉米病残组织上以子座结构方式越冬。在适宜的温度和湿度条件下，从病残体上的病菌子座上产生大量的分生孢子，形成新的侵染源。孢子在风雨的作用下传至田间玉米幼苗上进行侵染并很快形成病斑并产生新的分生孢子。病菌也可以以菌丝的方式通过种子携带越冬，但对于病害流行的作用较小。

流行规律　多雨和偏低的温度利于玉米北方炭疽病发展和流行。因此，在中国东北地区，如果玉米生长过程中遇到持续的低温和连续降雨，则可能会暴发该病害；而在西南高海拔山地，具备病害流行所需要的多雾和低温条件，一旦病害随种子进入这些地区就可能引起流行。

防治方法　该病的流行和暴发与环境条件密切相关。由于病害从苗期至成株期均可发生，因此，选择种植抗病品种是控制病害流行的第一选择。

病害发生与病菌的越冬密切相关，因此，在秋季玉米收获后，应及时处理植株茎秆，或粉碎后通过深翻令其在冬春季雨雪作用下腐烂，减少越冬菌源。

参考文献

中国农业科学院植物保护研究所，中国植物保护学会，2015. 中国农作物病虫害 [M]. 3 版. 北京：中国农业出版社.

MUNKVOLD G P, WHITE D G, 2016. Compendium of corn diseases[M]. 4th ed. St. Paul: The American Phytopathological Society Press.

SEIFERT K, MORGAN-JONES G, GAMS W, et al, 2011. The genera of hyphomycetes[M]. Utrecht: CBS-KNAW Fungal Biodiversity Centre.

THAMBUGALA K M, ARIYAWANSA H A, LI Y M, et al, 2014. Dothideales[J]. Fungal diversity, 68: 105-158.

（撰稿：王晓鸣；审稿：陈捷）

玉米粗缩病　maize rough dwarf disease

由呼肠孤病毒科斐济病毒属第二组多种病毒引起的、导致玉米植株矮缩和不能正常结实的一种病毒性病害。

发展简史　关于该病的最早记载来自1949年的意大利，Biraghi在1949年发表文章 *Reperti istologici su piante di mais affette da nanismo*，记述了发生在意大利玉米上的粗缩病；1950年Trebbi也在文章 *Il nanismo del mais in Provincia di Brescia nel 1949* 中报道了发生在意大利北部Brescia的玉米粗缩病。1952年Biraghi在两篇文章中分别提出了病害的英文名称rough dwarf of corn和病原的意大利名称nanismo ruvido del mais，但直到1965年，研究文章中才普遍采用maize rough dwarf virus的病原英文名称，意为茎秆变粗、植株矮缩。病害的中文名称来自对英文名称的直接意译。

1959年，Harpaz分别采用针刺接种和寄生植物菟丝子接种的方法均未成功诱发粗缩病。1965年Harpaz等通过细致的田间调查，比较了两种飞虱的传毒作用，证明灰飞虱（*Laodelphax striatellus*）是玉米粗缩病毒的传播介体昆虫。

在中国，1954年该病害首次在新疆南部和甘肃西部被发现。根据粗缩病特有的症状，在民间又被称为"万年青""小老苗"等，并逐渐成为中国玉米上最重要的病毒性病害。

在中国，较早时期一直将玉米粗缩病的致病病毒认为是玉米粗缩病毒（MRDV）。1981年，龚祖埙等提出中国的"玉米粗缩病毒和水稻黑条矮缩病毒可能不只相近而是同一病毒"。2000年方守国等通过对玉米粗缩病病毒S10区段的序列测定，证明水稻黑条矮缩病毒引起了玉米粗缩病。2001年Zhang等和Fang等也分别发表文章，证明在中国引起玉米粗缩病的病原为rice black-streaked dwarf virus；此后，对广泛采自中国10余个省份的玉米粗缩病样本的检测结果表明，在中国引起玉米粗缩病的病毒均为水稻黑条矮缩病毒，而非玉米粗缩病毒。

分布与危害　该病在中国、韩国、日本、伊朗、以色列、意大利、瑞典、瑞士、挪威、捷克、法国、德国、希腊、塞尔维亚、西班牙、葡萄牙、加拿大、美国、巴西、乌拉圭、阿根廷等国家都有发生。在中国，自1954年该病害首次发生后，病区逐渐扩大，已知的发生区域包括黑龙江、辽宁、北京、天津、河北、山西、河南、山东、安徽、江苏、福建、湖南、四川、云南、陕西、宁夏、甘肃和新疆等地。

该病是一种毁灭性病毒病害，玉米感病后，不能结实或雌穗畸形，严重影响产量。20世纪60年代玉米粗缩病曾在中国中东部夏玉米区发生流行，70年代在北京和河北大范围流行，使玉米大幅度减产。90年代中期该病害在多个玉米产区流行发生，1996年全国玉米粗缩病发病面积达233万hm²，毁种绝收面积约4万hm²。2004—2008年，玉米粗缩病在黄淮夏玉米区的山东西南部、河南东部、江苏北部和安徽北部持续严重发生，2008年山东发生面积达73.3万hm²，改种5.9万hm²，致使绝产1.7万hm²。在阿根廷，1996—1997年玉米粗缩病大暴发，玉米发病面积达30万hm²，造成1.2亿美元的生产损失。

当玉米粗缩病致病病毒的侵染发生在玉米6叶期前时，对玉米生产的危害最大。发病植株明显矮化，发育迟缓；节间缩短，茎节变粗，叶片密集重叠，顶叶簇生，且叶色浓绿，叶片宽、短、厚、脆，在叶片背面叶脉上有白色、断续的蜡状突起（见图）；重病株高度不及正常的1/3，不能抽雄和结穗，植株在乳熟期前枯死，造成绝产；病株根粗短，出现纵裂，总根数少，不发次生根。

病原及特征　引起玉米粗缩病的病毒有4种，在欧洲和北美洲主要为玉米粗缩病毒（maize rough dwarf virus，MRDV），在亚洲主要为水稻黑条矮缩病毒（rice black-streaked dwarf virus，RBSDV）和新近发现的南方水稻黑条矮缩病毒（southern rice black-streaked dwarf virus，SRBSDV），在南美洲为里奥夸尔托病毒（Mal de rio cuarto virus，MRCV），均属于双链RNA病毒群呼肠孤病毒科斐济病毒属第二组。

水稻黑条矮缩病毒（RBSDV）的粒子主要存在于玉米病叶隆起的细胞内。病毒粒子直径70～75nm，等轴二十面体结构、球形，具双层蛋白质衣壳，内含10条分散的双链RNA基因组，病毒基因组全长29141nt。病毒的致死温度为70℃，在提纯状态的汁液中可存活37天，完整粒子具有较强的侵染力。水稻黑条矮缩病毒主要侵染禾本科植物，自然寄主为高粱、谷子、水稻、玉米、大麦、燕麦、黑麦、小黑麦、小麦及其他禾本科杂草共28属57种，该病毒不感染双子叶

植物。传毒昆虫介体为灰飞虱（*Laodelphax striatellus*）。

2001年在广东水稻上发现新病毒——南方水稻黑条矮缩病毒（SRBSDV），并很快发现该病毒也侵染玉米，引起相同症状的粗缩病。南方水稻黑条矮缩病毒在山东、安徽、江苏、广西、浙江、福建、河北等地玉米上已有发生。南方水稻黑条矮缩病毒粒子直径为75～80nm，含10条分散的双链RNA基因组，大小范围为1.8～4.5kb，基因组全长29106～29115nt；低温下病毒粒子结构不稳定。南方水稻黑条矮缩病毒寄主包括水稻、玉米、稗、白草和水莎草，传毒介体为白背飞虱（*Sogatella furcifera*）。

玉米粗缩病毒（MRDV）粒子直径约为70nm，病毒基因组全长29144nt。寄主为玉米、马唐和稗，传毒介体为灰飞虱。

里奥夸尔托病毒（MRCV）粒子直径为60～70nm，病毒基因组全长29102nt。寄主为玉米、小麦、燕麦和大麦，传毒介体为库氏德飞虱（*Delphacodes kuscheli*）。

侵染过程与侵染循环　灰飞虱在带有水稻黑条矮缩病毒的小麦、水稻或玉米植株上刺吸，约30分钟后可以获毒。RBSDV在灰飞虱体内的带毒循回期受温度影响而表现为8～35天不等，之后终身可传毒，称之为持久性传毒方式。灰飞虱带毒后再在健康寄主上取食，最短只需5分钟就可将病毒传至健康寄主。当灰飞虱蜕皮后，其体内仍有病毒并可繁殖，但灰飞虱体内的病毒不经卵传给子代。

在中国，水稻黑条矮缩病毒可在冬小麦、水稻、多年生杂草及传毒昆虫体内越冬。在黄淮海小麦—玉米连作区，灰飞虱若虫以休眠或滞育状态在冬小麦、田间地边禾本科杂草等场所越冬，翌年春季2～3月第一代灰飞虱在越冬的带毒寄主（小麦绿矮病株，感染水稻黑条矮缩病毒的马唐、稗草等杂草）上取食获毒；或越冬的带毒灰飞虱把病毒传播到返青小麦上，使小麦发生绿矮病，成为侵染玉米的主要毒源。

玉米粗缩病在幼苗、叶背和田间的症状（王晓鸣提供）

5～6月灰飞虱陆续向附近的春播和夏播玉米田和水稻田迁飞传毒危害，在小麦乳熟后期至收获期间形成迁飞高峰，引发玉米罹患粗缩病。2～4代灰飞虱主要在玉米、水稻及田间杂草上越夏，随着玉米的成熟便迁至禾本科杂草。秋季小麦出苗后，第四代灰飞虱转迁至麦田传毒危害并越冬。感染水稻黑条矮缩病毒的马唐、稗草和再生高粱是冬麦苗期感染的侵染源。

带毒灰飞虱也可以在南方稻区越冬，5月中下旬随高空气流直接迁飞到玉米上取食传毒，造成玉米粗缩病，如山东滕州的1代灰飞虱主要为外地虫源。

流行规律　该病的发生与田间传毒介体灰飞虱的数量和带毒水平密切相关，也与第一代灰飞虱传毒高峰期与玉米敏感叶龄期吻合程度、品种抗性等因素密切相关。若冬季温暖干燥有利于灰飞虱越冬代存活，虫源基数增大，早春气温偏高、雨量偏少利于灰飞虱冬后若虫的羽化繁殖，灰飞虱易暴发成灾。灰飞虱发育的适宜温度为15～28℃；最适温度为25℃，30℃以上高温不利于其发育繁殖。若5月中旬至6月初田间平均气温偏低且雨水偏多，适于灰飞虱生长活动，田间灰飞虱种群数量大，玉米粗缩病易发生。灰飞虱带毒后对种群繁衍有不利影响，因此，灰飞虱种群的带毒率会逐渐下降，玉米粗缩病的发生也会有高峰期和平缓期。稻套麦、麦套玉米、免耕等栽培模式下粗缩病发生较重，原因在于这些栽培模式为灰飞虱提供了充足食料和适宜的越冬场所，广泛的寄主对其转移为害和繁衍十分有利，并有利于毒源的衔接过渡。晚春播玉米、蒜茬、菜茬倒茬玉米和早夏播玉米，苗期感病敏感期与灰飞虱迁飞高峰吻合，常导致玉米粗缩病严重发生。

防治方法　该病的发生受到带毒灰飞虱群体发育进程和迁飞时间的影响，虽然可以通过调整玉米播期进行避病，但受到品种生育期、气候状况、作物衔接等条件的制约。因此，最为有效的粗缩病控制措施是培育和推广种植抗病品种。中国的研究者已经发现了一些抗病性或耐病性较强的自交系并培育出了一些品种，同时也在玉米种鉴定发现了抗水稻黑条矮缩病毒的基因。

针对带毒灰飞虱，可以采用喷施杀虫剂的方式控制在小麦田中的越冬群体，能够有效减少毒源的传播。

在水稻、小麦、玉米混种区，要减少稻茬麦，水稻收获后稻田要翻耕再种植小麦，降低灰飞虱在水稻和小麦间的转移率，消灭稻茬中的越冬若虫，或种植灰飞虱不寄生的油菜、豌豆、蚕豆等作物；水稻适当晚播，减少小麦与水稻的共存时间，减少灰飞虱越冬虫量。

参考文献

中国农业科学院植物保护研究所，中国植物保护学会，2015.中国农作物病虫害 [M]. 3版. 北京：中国农业出版社.

CHEN G, WANG X, HAO J, et al, 2015. Genome-wide association implicates candidate genes conferring resistance to maize rough dwarf disease in maize[J]. PLoS ONE, 10(11): e0142001. DOI:10.1371/journal.pone.0142001.

CHENG Z B, LI S, GAO R Z, et al, 2013. Distribution and genetic diversity of Southern rice black-streaked dwarf virus in China[J]. Virology journal, 10: 307. DOI: 10.1186/ 1743-422X-10-307.

MUNKVOLD G P, WHITE D G, 2016. Compendium of corn diseases[M]. 4th ed. St. Paul: The American Phytopathological Society Press.

（撰稿：王晓鸣；审稿：陈捷）

玉米大斑病　northern corn leaf blight

由大斑刚毛球腔菌引起的、主要危害玉米叶片的一种真菌病害。是世界玉米生产中发生最普遍、流行性强、对生产影响大的病害之一。

发展简史　1876年，Passerini报道了意大利发生大斑病，并将致病菌鉴定为 *Helminthosporium turcicum* Passerini。此后，随着真菌分类学的发展，致病菌的拉丁学名进行了多次更改。1959年，Shoemaker建立 *Bipolaris* 属，将 *Helminthosporium* 属中具有纺锤形、常呈弯曲状分生孢子的真菌归入本属，病菌更名为 *Bipolaris turcica*（Pass.）Shoemaker；1966年，Subramanian和Jain根据大斑病病菌分生孢子具有圆柱形、多为不弯曲的特征，将其转入Ito在1930年建立的 *Drechslera* 属，学名随之改为 *Drechslera turcica*（Pass.）Subramanian et Jain；1974年，Leonard和Suggs建立 *Exserohilum* 属，该属真菌的分生孢子具有脐点明显突出、从两端细胞萌发的特征，因而将大斑病病菌更名为 *Exserohilum turcicum*（Pass.）Leonard et Suggs并作为该属的模式种，其他名称均作为异名，包括1878年命名的 *Helminthosporium inconspicuum* Cooke et Ellis。与此同时Leonard和Suggs建立了 *Exserohilum* 的有性态 *Setosphaeria* 属，将大斑病病菌的有性态命名为 *Setosphaeria turcica*（Luttrell）Leonard et Suggs，以往采用的名称作为其异名，包括 *Trichometasphaeria turcica* Luttrell、*Trichometasphaeria turcica* Luttrell f. sp. *sorghi* Bergquist et Masias、*Trichometasphaeria turcica* Luttrell f. sp. *zeae* Bergquist et Masias 和 *Keissleriella turcica*（Luttrell）Arx。至此，玉米大斑病病菌的学名得到确定并为世界各地研究者采用。2013年，*Setosphaeria turcica* Et28A菌株全基因组序列公布，大小为43Mbp（43013545bp），含有11846个基因转录本，编码11698个基因和146个非编码基因。根据基因组信息，认为378种碳水化合物活性酶（carbohydrate-active enzyme）、215种蛋白酶（peptidases）、43种分泌性蛋白酶（secreted peptidases）、124种脂肪酶（lipases）、68种分泌性脂肪酶（secreted lipases）、77种激酶（kinases）、17种非核糖体合成酶（nonribosomal peptide synthetases）、27种Ⅰ型聚酮合成酶（polyketide synthases typeⅠ）、1种Ⅲ型聚酮合成酶（polyketide synthases typeⅢ）以及7种萜类合成酶（terpene synthases）与病菌的毒力有关。

在中国，1919年分别由Reinking和泽田兼吉第一次正式记述了发生在广东和台湾的玉米大斑病。此后，中国学者韩旅尘（1927）、涂治（1932）、戴芳澜（1936）、周家炽（1936）、邓叔群（1938）等记载了发生在不同省份的大斑病。20世纪50年代后，随着玉米育种技术的进步，农家种逐渐为双交种和单交种取代，但随着品种的更新换代，大斑病也在局部地区流行，进而引起了对病菌生理小种的研究和抗病育种工作的开展。李竞雄利用从美国引进的自交系 Mo17 选育出抗大斑病品种中单 2 号，对于促进抗病育种工作、控制大斑病流行发挥了重要作用。进入 21 世纪后，东北地区大斑病再度流行，从而促成了对大斑病防控技术的研发并在生产中得到应用。

分布与危害 该病主要发生在冷凉湿润区域。世界上已有 90 多个国家和地区有大斑病发生的记录，遍布各大洲，包括亚洲的中国、日本、韩国、土耳其、阿富汗、伊朗、黎巴嫩、以色列、伊拉克、沙特阿拉伯、孟加拉国、尼泊尔、印度、巴基斯坦、越南、老挝、缅甸、泰国、柬埔寨、菲律宾、马来西亚和印度尼西亚；欧洲的俄罗斯、波兰、匈牙利、捷克、斯洛伐克、奥地利、法国、克罗地亚、斯洛文尼亚、罗马尼亚、保加利亚、意大利、西班牙和葡萄牙；北美洲的加拿大、美国、墨西哥、古巴、多米尼加共和国、波多黎各（美）、海地、牙买加、洪都拉斯、危地马拉、萨尔瓦多、尼加拉瓜、特立尼达和多巴哥、哥斯达黎加、巴拿马和英属百慕大群岛，南美洲的阿根廷、巴西、哥伦比亚、厄瓜多尔、圭亚那、秘鲁、乌拉圭和委内瑞拉；大洋洲的澳大利亚、斐济、新喀里多尼亚、新西兰、巴布亚新几内亚和汤加；非洲的埃及、埃塞俄比亚、利比亚、摩洛哥、喀麦隆、中非、乍得、刚果、加纳、几内亚、肯尼亚、尼日尔、尼日利亚、苏丹、坦桑尼亚、多哥、乌干达、扎伊尔、赞比亚、塞内加尔、毛里求斯、塞拉利昂、布基纳法索、马达加斯加、马拉维、津巴布韦、安哥拉。在中国各地均有玉米大斑病发生的记录，其中发生严重的地区包括黑龙江、吉林、辽宁、内蒙古、河北北部、山西北部和中部、宁夏南部、甘肃东部以及湖北、湖南、四川、重庆、云南等地的高海拔山区。

该病的流行能够造成巨大的生产损失。在 1939—1943 年、1951—1952 年及 1961 年，美国多次发生大斑病流行，感病品种的产量损失超过 30%。在印度，由于大斑病流行，局部地区产量损失高达 98%。在中国，20 世纪 70 年代初期，大斑病在吉林暴发，1974 年全省发病面积 267 万 hm²，减产 20%，仅长春地区就损失产量 1.6 亿 kg。2003—2006 年，大斑病在东北地区再度流行。2012—2014 年，由于感病品种的大量种植，东北地区形成了第三次大斑病的流行，对生产冲击极大。大斑病的发生不仅由于叶片提前干枯而引起籽粒灌浆不足而减产，也会在重病田引起茎秆倒伏并加重其他病害的发生。

病菌侵染叶片后，出现水渍状褪绿斑，病斑沿叶脉方向快速扩展，形成梭状、中部坏死组织土灰色、边缘浅褐色的病斑，病斑一般长 5～8cm、宽 1～2cm，大型病斑可达 20cm×2cm。田间湿度较高时，病斑上布满黑褐色的病菌分生孢子梗和分生孢子，形成霉层。在抗病材料上，病斑周缘常常有黄色褪绿圈（见图）。

病原及特征 玉米大斑病致病菌有性态为大斑刚毛球腔菌［*Setosphaeria turcica*（Luttrell）Leonard et Suggs］，属球腔菌属，但在自然条件下少见。子囊座形成于寄主组织表面，黑色，椭圆形，外壁有短而坚硬的褐色刚毛。子囊腔内有侧丝，子囊圆桶形或棍棒形，具短柄，子囊壁双层，子囊大小为 161μm×27μm，内含 1～6 个或 2～4 个子囊孢子。子囊孢子无色，有时为褐色，近纺锤形，直或略弯，1～5 个隔膜，多为 3 个隔膜，隔膜处缢缩，平均大小为 52.7μm×14.1μm，表面为黏质鞘包裹。病菌的无性态为大斑凸脐蠕孢［*Exserohilum turcicum*（Pass.）Leonard et Suggs］，无性态的中文名称还有大斑凸脐蠕孢菌、大斑突脐蠕孢、大斑病凸脐蠕孢、大斑病突脐蠕孢。大斑凸脐蠕孢属暗色孢科凸脐蠕孢属，是自然条件下病菌的主要形态。分生孢子梗单生或 2～6 根丛生，不分枝，直或膝状弯曲，褐色，有分隔，长

玉米大斑病在叶片上的症状（王晓鸣提供）

①感病型病斑；②病斑上的霉层；③抗病型病斑

度可达 300μm，宽 7～11μm，基细胞膨大，在顶端或膝状弯曲处有明显孢痕；分生孢子直，长梭形，浅褐色或灰橄榄色，两端渐狭，具 2～7 个假隔膜，顶细胞钝圆，基细胞锥形，孢子脐点突于基细胞外，孢子大小为 50～144μm×15～23μm。分生孢子萌发时两端产生芽管，当芽管接触到硬物时，在顶端形成附着胞。

大斑凸脐蠕孢为兼性寄生菌，能够在培养基上生长。在马铃薯葡萄糖琼脂（PDA）培养基上，菌落突起，周缘平滑呈大波浪状；菌丝在 10～35℃和 pH2.6～10.9 条件下能够生长，最适温度为 26～28℃，最适 pH 为 8.7，最适产生分生孢子的温度为 23～25℃；气生菌丝灰白色，茂密，菌落背面呈橄榄绿色。

1958 年，Luttrell 首次发现大斑凸脐蠕孢具有两种交配型：A 和 a。研究表明，病菌在不同地区两种交配型的出现比例不一样，一些地区还存在 Aa 两性交配型。大斑凸脐蠕孢群体间存在致病性分化，在寄主水平被划分为 2 个专化型，即仅侵染玉米的玉米专化型 Setosphaeria turcica f. sp. zeae 和既能侵染玉米，也能侵染高粱、苏丹草和约翰逊草的高粱专化型 Setosphaeria turcica f. sp. sorghi。在玉米专化型中，根据病菌与玉米中含有抗大斑病单基因 Ht1、Ht2、Ht3 和 Htn1（原为 HtN）互作的反应类型，划分为不同的生理小种。1989 年，Leonard 提出根据病菌的毒力公式，以寄主无效抗大斑病基因的序号命名小种（见表）。

0 号小种在玉米种植区普遍存在，对具有 Ht1、Ht2、Ht3、Htn1 显性单基因玉米无毒力，只引起褪绿斑，在病斑上不产生孢子。1 号小种对具有 Ht1 显性单基因玉米有毒力，病斑为萎蔫型，并能够在病斑上产生大量的分生孢子，但对具有 Ht2、Ht3、Htn1 的玉米无毒力；1 号小种首次在 1974 年发现于美国的夏威夷，中国辽宁在 1983 年也发现了 1 号小种。23 号小种对带 Ht2、Ht3 基因的玉米有毒力，但对带 Ht1、Htn1 基因的玉米无毒力，该小种 1980 年发现于美国伊利诺伊州和南卡罗来纳州，之后，在中国的云南和台湾也有报道。在美国的夏威夷还发现了 23N 号和 2N 号小种，23N 号小种对具有 Ht2、Ht3、Htn1 基因的玉米有毒力，但对具有 Ht1 基因的玉米无毒力；而 2N 号小种对具有 Ht2、Htn1 基因的玉米有毒力，对具有 Ht1、Ht3 基因的玉米无毒力。不同国家和地区的玉米大斑病病菌生理小种构成日趋复杂，小种类型多，属于质量性状的 Ht1、Ht2、Ht3、Htn1 的抗病

米大斑病病菌生理小种表

小种名称	玉米反应型				毒力公式（有效抗性基因／无效寄主基因）
	Ht1	Ht2	Ht3	Htn1	
0	R	R	R	R	Ht1, Ht2, Ht3, Htn1 / 0
1	S	R	R	R	Ht2, Ht3, Htn1 / Ht1
2	R	S	R	R	Ht1, Ht3, Htn1 / Ht2
12	S	S	R	R	Ht3, Htn1 / Ht1, Ht2
23	R	S	S	R	Ht1, Htn1 / Ht2, Ht3
23N	R	S	S	S	Ht1 / Ht2, Ht3, Htn1
123N	S	S	S	S	0 / Ht1, Ht2, Ht3, Htn1

注：S 为萎蔫斑，R 为褪绿斑。

基因正在逐渐失去作用。

不同的抗病基因具有不同的表型特征。Ht1 基因来源于秘鲁的爆裂玉米 GE440 和 Ladyfinger，为显性单基因，位于第二染色体长臂，对大斑病菌 0、23、23N、2N 号小种均表现为褪绿斑抗性，对 1 号小种表现为感病的萎蔫斑。Ht2 基因来自澳大利亚自交系 NN14，为显性单基因，位于第八染色体长臂，对大斑病菌 0 号和 1 号小种表现为褪绿斑抗性，对 23、23N 和 2N 号小种表现感病的萎蔫斑。Ht3 基因来自摩擦禾，为显性单基因，对 0、1 和 2N 号小种表现褪绿斑抗性，对 23 和 23N 号小种表现为萎蔫斑。Htn1 基因属于无病斑抗性，来自墨西哥玉米品种 Pepitilla，具有阻止病菌进入木质部导管、延长病害潜育期、推迟病斑出现及产孢时间的特征，位于第八染色体长臂，对 0、1 和 23 号生理小种表现抗性，对 23N 号小种表现感病。隐性抗病基因 Ht4 来自自交系 357，对 0、1、23 和 23N 号小种表现褪绿斑外缘具有黄色晕圈的抗性。HtP 基因来源于自交系 L30R，位于第二染色体长臂，能够抵抗多个小种，包括 123N 小种。rt 基因来自自交系 L40，位于第三染色体长臂，对 123N 小种也具有抗性。Htm1（曾用 HtM）来自波多黎各的 Mayorbela 并转入自交系 H102，具有完全的抗性。2015 年，Htn1 基因已被克隆，其编码一个与细胞壁相关的类激酶受体。

1990 年以来，对由数量性状位点（quantitative trait loci，QTL）控制的对大斑病抗性也有较多研究，在 1、2、3、4、5、7、8、9 染色体上均有发现。已鉴定出位点 $qNLB1.06_{TX303}$ 和 $qNLB8.06_{DK888}$ 与 Ht2 基因控制的抗性有关；位点 qNCLB5.04 与控制发病程度和病斑面积有关。

侵染过程与侵染循环　玉米在全生育期都可以被大斑病病菌侵染，但在田间自然条件下，最初的侵染发生在植株喇叭口后期（一般为 10 叶期后）。病菌的分生孢子在风雨作用下沉降至叶片表面后，在适宜的湿度条件下经 3～6 小时开始萌发，孢子产生的芽管生长至一定阶段后在顶端形成紧贴叶片表皮细胞的附着胞，然后在下方产生侵染钉，直接穿透表皮细胞的细胞壁入侵玉米组织。侵入丝形成泡囊样组织，并产生次生菌丝向其他细胞扩展。在侵染和扩展的同时，病菌也产生致病毒素，引起玉米细胞的死亡，导致症状的出现。

大斑凸脐蠕孢主要以潜伏在发病玉米组织中的休眠菌丝体或厚垣分生孢子越冬，堆放在田边和院落周边的带菌秸秆成为翌年病菌重要初侵染源的最主要来源。病菌越冬后遇到适宜的温度和湿度条件，病残体中的休眠菌丝体和分生孢子恢复生长，产生大量新的分生孢子并借助风雨和气流传播到田间，引起新的侵染。一般情况下，玉米植株下部老叶先发病，约 10 天完成一次侵染循环，在病斑上产生新的分生孢子，继续向植株中上部叶片进行侵染或传播至其他田块中，导致植株发病加重、田间发病面积扩大。

流行规律　该病发生需要冷凉湿润的环境条件。20～25℃是病害发生的适宜温度，高于 28℃时病害受到抑制。田间相对湿度在 90% 以上时，有利于病菌孢子的产生、萌发和入侵，有利于病害发展。中国北方春玉米区，7～8 月遇到温度偏低、连续阴雨、日照不足的气候条件，大斑病易发生和流行，降水状况对病害是否流行起关键的影响作用。在夏玉米区和南方地区，有时也会发生较严重的大斑病，

Y

与这些地区存在最适生长温度为 30℃ 的大斑病菌菌株有关。

玉米大斑病病菌毒性频率的改变、感病品种的大量种植、植株后期由于脱肥而引发的叶片抗性降低均与病害流行密切相关。

防治方法 种植抗病品种是防控大斑病的最为经济有效的措施。在选育抗病品种过程中，避免过度利用质量抗病基因选育高抗类型的品种，而忽视品种的综合生产能力，提倡选育中抗或抗病水平的品种，减少抗病品种对病菌的选择压力，达到保护生产、避免病害流行的目的。

在无法更换感病品种的地区，应在植株喇叭口后期及时喷施内吸杀菌剂，推迟病菌侵染，降低病害严重程度，减少产量损失。

若采用机械收获，可在收获时同时机械秸秆粉碎还田并进行深耕松土，使带病菌的植株组织翻入土壤中，经过冬季的雨雪作用发生腐烂，减少翌年的初侵染源。若为人工收获，也应及时清理田间秸秆，在冬季作为饲料饲喂牲畜，避免堆放至翌年形成病菌的初侵染源。

参考文献

王晓鸣，王会伟，2009.玉米大斑病小斑病及其防治 [M].北京：金盾出版社 .

中国农业科学院植物保护研究所，中国植物保护学会，2015.中国农作物病虫害 [M].3 版 .北京：中国农业出版社 .

MUNKVOLD G P, WHITE D G, 2016. Compendium of corn diseases[M]. 4th ed. St. Paul: The American Phytopathological Society Press.

（撰稿：王晓鸣；审稿：陈捷）

玉米泛菌叶斑病 maize *Pantoea* leaf spot

由菠萝泛菌引起的、主要危害玉米叶片组织、分布广泛的一种细菌性病害。

发展简史 关于泛菌类细菌引起玉米叶斑病的报道较少。除 1897 年美国首次报道了由细菌 *Erwinia stewartii*（病菌现名称为斯氏泛菌斯氏亚种 *Pantoea stewartii* subsp. *stewartii*）引起以植株枯萎和叶片萎蔫为特征的玉米细菌枯萎病（stewart's bacterial wilt）外，直至 21 世纪均无关于泛菌引起玉米叶斑病的报道。2001 年巴西报道从一种真菌引起的玉米叶斑病病斑中同时分离获得菠萝泛菌（*Pantoea ananati*），并在 2002 年根据进一步的研究和该菠萝泛菌引起的病害特征，将该病定名为玉米白斑病。2009 年墨西哥报道了菠萝泛菌引起的玉米叶斑病，2010 年阿根廷和波兰也先后报道菠萝泛菌引起叶斑病。根据文章描述及病害图片可以确认，墨西哥、阿根廷和波兰的泛菌叶斑病与由巴西称为"玉米白斑病"的病害一致。中国自 2003 年开始关注发生在田间的玉米细菌性叶斑病并持续进行了相关研究，2009 年在文章《玉米细菌性叶斑病——上升中的玉米病害》中描述了发生在中国的具有 4 种不同症状和不同细菌分离物的玉米细菌叶斑病，这些症状与巴西报道的白斑病不同，并确定其中一类为菠萝泛菌所引起。

根据玉米病害命名基本以症状特点给予英文名称的惯例，在症状相似时，可以病菌名称作为病害名称的一部分，因此，中国采用了"病菌名称 + 病害症状"的方法将由菠萝泛菌引起的玉米叶斑病称为"玉米泛菌叶斑病（maize pantoea leaf spot）"。不同国家在菠萝泛菌引发病害症状上的差异，可能与菌株、玉米材料和环境各异有关。

分布与危害 玉米泛菌叶斑病是一种新病害，仅在中国、波兰、墨西哥、巴西、阿根廷等少数国家有报道。在中国，通过田间调查和分子鉴定，在河北、北京、广东、海南、贵州、宁夏等地发现了泛菌叶斑病。

泛菌叶斑病在发生严重时能够引起叶片上大面积叶肉组织坏死，叶片提早枯萎死亡，对生产具有较大影响。在病害严重时能够引起 60% 的产量损失。

菠萝泛菌能够在玉米生长的早期和中期侵染叶片，发病初期可在叶脉间出现许多小型、水渍状、形状不定的褪绿斑点；病斑在两叶脉间的组织中扩展，渐渐形成长短不一、断续的或条状的组织坏死带；当大片组织坏死时，叶片萎蔫甚至植株枯萎死亡（见图）。

病原及特征 病原为菠萝泛菌［*Pantoea ananatis*（Serrano）Mergaert，Verdonck & Kersters］，属泛菌属。病菌对革兰氏染色反应阴性、兼性厌氧，培养中产生黄色色素；菌体短杆状，0.5～1.3μm×1.0～3.0μm，周生鞭毛，具运动性。

菠萝泛菌广泛存在于土壤、水和植物中，寄主范围广，已报道能够引起双子叶植物和单子叶植物的病害，包括棉花、洋葱、哈密瓜、白兰瓜、桉树、玉米、水稻等作物的病害；菠萝泛菌是一种广泛附生在许多植物表面的细菌，一些菌株属于拮抗细菌，具有抵抗致病细菌和致病真菌的作用；一些菌株又是植物内生菌，具有促进植物生长的功能；一些菌株具有冰核细菌的功能，影响植物的生长。在玉米上，菠萝泛菌还能够引起褐茎腐病。巴西的研究表明，引起白斑病的 90 个菠萝泛菌菌株可以分为明显的 2 群，群间相似性 50%～60%。

侵染过程与侵染循环 对于菠萝泛菌引起玉米叶斑病的动态过程缺乏了解和报道。在不同的发病阶段，都能够在玉米叶片组织的细胞间看到许多细菌菌体，这些菌体是菠萝

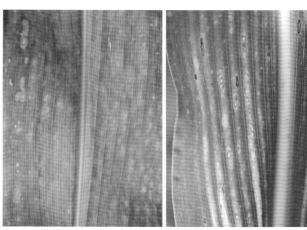

玉米泛菌叶斑病在叶片上的症状（王晓鸣提供）

泛菌。这一现象表明，在田间，病菌主要通过风雨传播降落至玉米叶片上，通过气孔和伤口侵染叶片的叶肉组织并在细胞间进行繁殖与扩散。

菠萝泛菌既能够在带菌的玉米病残体中越冬，又可以通过种子携带而越冬，还可以在土壤中自然越冬。越冬后的细菌恢复生长后，借助风雨进行田间传播并引发叶斑病。秋季，病菌可以随植株病残体还田而进入土壤中，增加土壤中的病菌群体数量。

流行规律　对该病的发生和流行规律缺乏研究。田间调查表明，较高的湿度环境和适中的温度（20～25℃）下病害发生较重。

防治方法　在泛菌叶斑病常发区，在观察到田间出现轻微的泛菌叶斑病时，应立即向叶片喷施杀细菌剂，间隔7～10天后再喷施1次，有较好的控制病害作用。

在泛菌叶斑病严重发生地区，建议实施与非禾本科作物轮作。

参考文献

张小利，王晓鸣，何月秋，2009. 玉米细菌性叶斑病——上升中的玉米病害 [J]. 植物保护，35(6): 114-118.

中国农业科学院植物保护研究所，中国植物保护学会，2015. 中国农作物病虫害 [M]. 3 版. 北京：中国农业出版社.

COLAUTO N B, PACCOLA-MEIRELLE L D, 2016. Genomic variability of *Pantoea ananatis* in maize white spot lesions assessed by AFLP markers[J]. Genetics and molecular research, 15(4): gmr15049452. DOI: 10.4238/gmr15049452.

COUTINHO T A, VENTER S N, 2009. *Pantoea ananatis*: an unconventional plant pathogen[J]. Molecular plant pathology, 10(3): 325-335.

PACCOLA-MEIRELLES L D, FERREIRA A S, MEIRELLES W F, et al, 2001. Detection of a bacterium associated with a leaf spot disease of maize in Brazil[J]. Journal of phytopathology, 149: 275-279.

（撰稿：王晓鸣；审稿：陈捷）

玉米疯顶霜霉病　maize crazy top downy mildew

由大孢指疫霉引起的、主要危害玉米雄穗和雌穗的一种卵菌病害。具有区域性发生的特点。

发展简史　该病于 1902 年在意大利首次被报道，1939 年报道在美国发生。此后，墨西哥、加拿大及欧洲、非洲、亚洲的一些国家也相继报道了该病害。由于玉米被病菌侵染后，植株顶部的穗状雄花花序变为巨大的一团组织或发展为奇形怪状，因此，1939 年 Koehler 将此种病害冠以 crazy top 的名称。由于病害为霜霉科的病菌引起，属于植物霜霉病的一种，中国的许多研究者也习惯采用"玉米霜霉病"的名称。这种中文病害名称与由指霜霉属（*Peronosclerospora*）引起的玉米霜霉病相混淆，因此，中文名称宜采用"玉米疯顶霜霉病"，简称"疯顶病"。

早在 1890 年 Saccardo 以 *Sclerospora macrospora* Saccardo（大孢指梗霜霉）命名了致病菌。1927 年，Tasugi 指出大孢指梗霉的孢子囊形成方式与疫霉属（*Phytophthora*）类似。此后，Peyronel、Peglion 和 Tanaka 也分别证实了该菌的这一特性。由于大孢指梗霉与疫霉属间存在相似性，1940 年曾把它归入疫霉属，给予名称 *Phytophthora macrospora*（Saccardo）Ito & Tanaka。然而 McDonough 对此持有不同看法，认为大孢指梗霉卵孢子形态与疫霉属不同。1953 年 Thirumalachar、Shaw 和 Narasimhan 基于形态学研究结果，取疫霉属和指梗霉属两属属名中的词干建立了新属 *Sclerophthora*（指疫霉属），确认该属成员具有孢子囊形成方式与疫霉属（*Phytophthora*）类似、卵孢子和引发的症状与指霜霉属（*Sclerospora*）相似的特征。

大孢指疫霉能够侵染多种禾本科作物及杂草。1990 年和 1998 年，中国的张忠义等通过对水稻、玉米、小麦、高粱上引起霜霉病的大孢指疫霉的形态学研究，将其区分为 4 个变种，其中将发生在江苏、四川、云南玉米上的致病菌定名为 *Sclerophthora macrospora* var. *maydis* Liu & Zhang（大孢指疫霉玉蜀黍变种）。

分布与危害　该病在世界上有许多报道，已知有该病害报道的国家 37 个，包括亚洲的中国、日本、朝鲜、韩国、哈萨克斯坦、土耳其、伊朗、叙利亚、伊拉克、印度、巴基斯坦、泰国；欧洲的波兰、德国、奥地利、瑞士、法国、塞尔维亚、克罗地亚、斯洛文尼亚、保加利亚、意大利；北美洲的加拿大、美国、墨西哥、古巴；南美洲的委内瑞拉、巴西、秘鲁、阿根廷；大洋洲的澳大利亚、新西兰；非洲的埃塞俄比亚、乌干达、刚果（金）、南非、毛里求斯等。在中国，已有玉米疯顶病发生记载的有辽宁、内蒙古、新疆、青海、甘肃、宁夏、陕西、山西、河北、北京、河南、山东、安徽、江苏、台湾、湖北、四川、重庆、贵州、云南。

该病主要发生于局部地区，未造成大范围生产损失，该病害在多数国家和地区对玉米的总体生产并没有重要的经济意义。中国自 20 世纪 70 年代以来，一度在宁夏、新疆和甘肃西部暴发玉米疯顶霜霉病，病害发生面积大，田间病株率 5%～10%，严重发病田病株率高达 50% 以上。由于罹病植株几乎不结果穗，因此，个别田块因病近乎绝收。其他地区玉米疯顶病均为局部突发和偶发，病害面积小，对生产无显著影响。

该病症状类型繁多，与病菌侵染时间及在植株上定殖程度、菌体数量有关；病害在不同年份、不同地区、不同田块的主要症状各不相同。病菌通过系统侵染而引起玉米植株雄穗和雌穗的异常生长，症状的形成可能与玉米体内激素紊乱有关。玉米疯顶病的典型症状为：雄穗小花异常增生，导致雄穗全部或局部小花变态生长，形成"绣球"的团状组织，即"疯顶"的症状；雌穗被害后呈现为无穗轴与籽粒分化，不形成花丝，呈现多层的叶状结构或形成多个不结实的小穗，或穗柄发育为多节的茎状组织而顶部无果穗；罹病植株顶叶扭曲或呈对生状（正常为轮生），有时罹病植株超高生长并在后期表现持绿性（见图）。

病原及特征　病原为大孢指疫霉玉蜀黍变种（*Sclerophthora macrospora* var. *maydis*），属指疫霉属。菌丝体在寄主细胞间隙生长，产生大小为 3.5～4µm×3.5µm 的吸器并进入寄主细胞内。玉米拔节前，在病叶等组织中可见无隔菌丝体，

玉米疯顶霜霉病在雄穗和雌穗的症状（王晓鸣提供）

分布在维管束两侧；玉米抽雄后，病组织中少见菌丝体。环境潮湿时，从寄主气孔伸出短的孢囊梗，单生，少数有分枝，长4.8～30μm，顶端着生孢子囊；孢子囊椭圆形、倒卵形、洋梨形、柠檬形，有紫褐色或淡黄色乳突，大量形成时在寄主表面形成霜状霉层，但在田间少见。游动孢子无色，半球形至肾形，双鞭毛。藏卵器和卵孢子产生于寄主维管束及叶肉组织中，外由数个无色细胞包围，不易散出。藏卵器球形或椭圆形，壁表面不太光滑，淡黄褐色至茶褐色，大小为27～83μm×27～75μm，壁厚3～5μm。卵孢子淡黄色至淡褐色，球形、椭圆形，壁光滑，几乎充满藏卵器，直径39.8～52.9μm，壁厚约7.2μm。雄器侧生，淡黄至黄色，1～3个，17.5～66.5μm×5～29μm。寄主仅为玉米。

侵染过程与侵染循环　病菌的侵染有两个途径：①在病害常发区，土壤中的病菌萌发后通过玉米胚芽鞘进入玉米幼芽的分生组织。②种子中携带的病菌直接在玉米萌发时进入玉米幼芽的分生组织。在成功定殖在分生组织后，病菌随着植株的生长发育，通过系统侵染到达植株的各个部位，特别是随分生组织的发育进入到顶端组织，如雄穗和果穗，引起特异性病害症状。

大孢指疫霉由于引起系统侵染，能够在玉米植株内部各个组织（包括种子、茎秆、叶片和根系）中产生具有很强抗逆能力的卵孢子进行越冬。随着秸秆还田、根茬粉碎等农事操作，卵孢子又回到土壤中，或通过种子携带进入其他地区。病菌卵孢子可以在土壤中存活多年，甚至长达10年，是玉米疯顶病常发区的主要初侵染源。

在春季玉米播种后至4～5叶期（此时玉米生长点尚在土表下），如果田间或玉米种子带有大孢指疫霉，此阶段遇到强降雨或进行漫灌，形成1～2天的淹水或土壤处于饱和湿度环境，病菌即可萌发并在水中产生游动孢子囊，侵染萌动中的幼苗并引发疯顶病。病害发生后，农户极少拔除病株并带出田间进行销毁，导致收获后病菌随着植株的处理而再度进入土壤，增加了土壤中的病菌数量。

流行规律　病菌主要以卵孢子的形式在玉米病残体和土壤中越冬，属于典型的土传病害，田间的扩散主要与病田中卵孢子通过病残体和土壤颗粒携带随水流在田块间的流动有关。同时，病害常发区外玉米田中疯顶病突发的特点又表明

该病害能够通过种子传播，具有种传病害的特征。

该病的发生和流行受田间土壤环境影响。病菌只有在玉米苗期遭受水淹或灌溉过量引起土壤湿度饱和时，病菌才能够萌发并游动侵染玉米，引发疯顶病。因此，地势低洼，易在雨后或灌溉后积水的田块，一般发病较重。苗期干旱、田间无积水，病害一般不会发生。新疆和宁夏局部地方在一些年份玉米疯顶病发生严重的原因主要受小麦—玉米套作生产方式的影响，小麦开花灌浆期需要进行一次灌溉，此时玉米已经播种，田间的漫灌导致套作玉米田中湿度过大或有积水，极易诱发玉米疯顶病的发生。

该病是一种单循环病害，从病菌侵染至在发病植株中产生卵孢子，需要2～3个月的时间，卵孢子在当季无法再侵染。

防治方法　对于苗期土传病害的治理，有效的措施是采用含有杀菌剂的药剂进行种子包衣处理，但市场销售的种衣剂基本不含杀卵菌的药剂，无法控制大孢指疫霉对玉米的侵染。因此，对玉米疯顶病的防治宜采用农业防治为主的措施，同时应加强健康、无疯顶病菌侵染的种子生产。

由于该病的发生与田间发生积水有关，因此，玉米播种后严格控制土壤湿度，避免在5叶期前进行漫灌和降雨形成的积水，将能够有效控制病害的发生。在病害常发区，减少收获后的秸秆还田，推广玉米单作，必要时用杀卵菌药剂进行二次种子包衣，都对减少病菌侵染有良好的作用。

玉米品种间存在对疯顶病的抗病性差异，应在病害常发区选择多年推广中表现不发病或发病很轻的品种种植。

对于存在疯顶病的玉米制种区，需要同时采用播后控水和种子包衣措施，防止植株侵染而形成带菌种子。

参考文献

余永年，1998. 中国真菌志：第六卷　霜霉目 [M]. 北京：科学出版社.

中国农业科学院植物保护研究所，中国植物保护学会，2015. 中国农作物病虫害 [M]. 3版. 北京：中国农业出版社.

MUNKVOLD G P, WHITE D G, 2016. Compendium of corn diseases[M]. 4th ed. St. Paul: The American Phytopathological Society Press.

（撰稿：王晓鸣；审稿：陈捷）

玉米腐霉根腐病　maize *Pythium* root rot

由多种腐霉菌引起的、主要危害玉米根系组织并引起幼苗萎蔫死亡的一种卵菌病害。

发展简史　1926年Johann报道腐霉菌引起美国玉米根腐病和苗枯病，并在1928年对病害进行了详细的描述。1928年Drechsler确认在美国威斯康星州和伊利诺伊州引发玉米根腐病的致病菌为强雄腐霉（*Pythium arrhenomanes* Drechs.）。此后，该病在美国玉米带逐渐成为影响生产的病害之一，因此，1940—1941年Elliott系统研究了12份玉米品种的抗病性，为利用品种抗病性进行病害的田间控制奠定了重要基础。此后，许多国家有玉米腐霉根腐病的

报道。

在中国，最早关于玉米腐霉根腐病的报道来自1930年Miura，其记述了发生在吉林的玉米根腐病；1943年Iwadare等也记述了发生在辽宁和吉林由德巴利腐霉（*Pythium debaryanum* Hesse）引起的根腐病。而在日本，2011年才有玉米腐霉根腐病的首次报道。

分布与危害 该病属于土壤传播病害，病菌因需要水流才能够快速传播的腐霉菌，因此，在降雨多的玉米种植区或玉米苗期多雨年份该病害发生比较普遍。腐霉根腐病的分布与腐霉茎腐病的分布相同。在中国，南方玉米种植区病害发生较为普遍，在黄淮海夏玉米区，夏播后的6～7月遇较强降雨，易引发腐霉根腐病。

由于腐霉根腐病易造成玉米幼苗根系腐烂，植株因病害引发的根系死亡而枯死，常常造成田间缺苗断垄，一些田块植株死亡率高达80%，对生产影响较大。

腐霉根腐病发生在幼苗2叶期后，病菌从土壤中侵染玉米幼苗根系，特别是从种子刚刚发育出来的主根，引起主根上方的中胚轴和整个根系出现浅褐色至深褐色的坏死，根组织变软、腐烂，根系生长严重受阻，无法从土壤中吸收水分，植株矮小，叶片发黄，直至根系全部腐烂，幼苗萎蔫死亡（见图）。在田间土壤中病菌数量大、土壤湿度高，病菌也能够引起种子在发芽前腐烂死亡。

病原及特征 引起玉米根腐病的腐霉致病菌有20余种，属腐霉属。在中国较常见的为肿囊腐霉（*Pythium inflatum* Matthews）、瓜果腐霉［*Pythium aphanidermatum*（Eds.）Fitz.］和禾生腐霉（*Pythium graminicola* Subram.）。其他致病腐霉菌还有棘腐霉（*Pythium acanthicum* Drechs.）、黏腐霉（*Pythium adhaerens* Sparrow）、无性腐霉（*Pythium afertile* Kanouse & Humphrey）、狭囊腐霉（*Pythium angustatum* Sparrow）、强雄腐霉（*Pythium arrhenomanes* Drechs.）、引雄腐霉（*Pythium attrantheridium* Allain-Boulé & Lévesque）、异丝腐霉（*Pythium diclinum* Tokun）、宽雄腐霉（*Pythium dissotocum* Drechsler）、异宗结合腐霉（*Pythium heterothallicum* Campb. & Hendrix）、下雄腐霉（*Pythium hypogynum* Middleton）、畸雌腐霉（*Pythium irregulare* Buisman）、简囊腐霉（*Pythium monospermum* Pringsh.）、卵突腐霉（*Pythium oopapillum* de Cock & Lévesque）、侧雄腐霉（*Pythium paroecandrum* Drechs.）、绚丽腐霉（*Pythium pulchrum* Minden）、喙腐霉（*Pythium rostratum* Butler）、施氏腐霉（*Pythium schmitthenneri* Ellis, Broders & Dorrance）、刺腐霉（*Pythium spinosum* Sawada）、华丽腐霉（*Pythium splendens* Braun）、缓生腐霉（*Pythium tardicrescens* Vanterpool）、簇囊腐霉（*Pythium torulosum* Coker & Patterson）、终极腐霉（*Pythium ultimum* Trow）、钟器腐霉（*Pythium vexans* de Bary）等。

肿囊腐霉在CMA培养基上菌丝略细，宽3～4μm；游动孢子囊指状，平均大小55μm×18μm；藏卵器壁光滑，直径约20μm；雄器异丝，每个藏卵器有1～3个；卵孢子满器。寄主除玉米外，还有水稻、甘蔗。

瓜果腐霉在CMA上气生菌丝絮状，菌丝粗大，宽7～8μm；游动孢子囊多为膨大菌丝或瓣状，平均大小230μm×13μm；藏卵器壁光滑，平均直径23μm；雄器同丝或异丝，1～2个；卵孢子非满器。瓜果腐霉具有较广的寄主范围，包括禾本科的玉米、大麦、高粱，葫芦科的各种瓜类作物，豆科的菜豆等，茄科的番茄、马铃薯等以及一些木本植物。

禾生腐霉在CMA上气生菌丝绒状，菌丝较粗，宽6～8μm；游动孢子囊指状；藏卵器壁平滑，平均直径25μm；雄器常为同丝，偶为异丝，1～6个；卵孢子满器。寄主有玉米、小麦、大麦、谷子、高粱、甘蔗、蚕豆、姜以及大狗尾草和青狗尾草。

侵染过程与侵染循环 土壤中的病菌卵孢子萌发后产生芽管或菌丝直接侵染玉米幼嫩的根系组织，也能够通过游动孢子囊释放出大量游动孢子，在水流作用下游至玉米根系后萌发进行侵染。如果土壤水分持续处于饱和状态，数日后即可形成严重的根腐病。

病菌主要以具有很强抗逆能力的卵孢子在土壤和田间植株病残体中越冬。在田间土壤湿度高或有积水时，病菌卵孢子萌发，产生芽管并逐渐发育出孢子囊，释放出大量游动孢子。游动孢子通过水流的作用在土壤中扩散，并侵染玉米萌动中的种子和幼苗，造成种子腐烂或因根腐病而引起幼苗猝倒等死亡。病菌在土壤中进行腐生生长并越冬。

流行规律 腐霉菌不经过种子传播，但卵孢子可以在土壤中存活多年。腐霉菌为卵菌，游动孢子的扩散需要有水流的作用。因此，玉米苗期多雨、过量灌溉形成田间土壤水分饱和有利于病菌的侵染和病害的流行。

秸秆还田为土壤中腐霉菌的腐生生长提供了充足的生长基质，导致土壤中病菌群体数量快速增长；南方地区土壤黏重，降雨后田间积水无法排除，在这些地区腐霉根腐病易于流行。

防治方法 由于常规种衣剂中仅添加杀真菌药剂，不能够有效控制卵菌病害的发生与流行，因此，在腐霉根腐病常发区应采用含有杀卵菌药剂的种衣剂进行种子包衣处理，减轻腐霉根腐病的发生。

玉米品种间对腐霉根腐病具有抗性差异，应通过田间观察，淘汰严重感腐霉根腐病的品种，选择种植对病害抗性较好或耐病性突出的品种。

强化田间排水设施的建设，避免播种后降雨引发田间积

玉米腐霉根腐病在幼苗和根系的症状（王晓鸣提供）

Y

水而诱发病害。

参考文献

中国农业科学院植物保护研究所,中国植物保护学会,2015.中国农作物病虫害[M].3 版.北京:中国农业出版社.

ELLIS M L, PAUL P A, DORRANCE A E, et al, 2012. Two new species of *Pythium*, *P. schmitthenneri* and *P. selbyi* pathogens of corn and soybean in Ohio[J]. Mycologia, 104: 477-487.

MATTHIESEN R L, AHMAD A A, ELLIS M L, et al, 2014. First report of *Pythium schmitthenneri* causing maize seedling blight in Iowa [J]. Plant disease, 98(7): 994.

MUNKVOLD G P, WHITE D G, 2016. Compendium of corn diseases[M]. 4th ed. St. Paul: The American Phytopathological Society Press.

TSUKIBOSHI T, SUGAWARA K, MASUNAKA A, et al, 2014. First report of Pythium root and stalk rot of forage corn caused by *Pythium arrhenomanes* in Japan[J]. Plant disease, 98(8): 1155.

（撰稿:王晓鸣;审稿:陈捷）

玉米腐霉茎腐病　maize *Pythium* stalk rot

由腐霉菌引起的、主要危害玉米基部茎秆组织的一种卵菌病害。广泛分布在玉米各种植地区。

发展简史　1940 年美国农业部的总农艺师 Jenkins 第一次在弗吉尼亚州的 Arlington 试验站发现了由腐霉菌引起的玉米茎腐病。Elliott 在 1943 年撰文 *A Pythium Stalk Rot of Corn* 并配以许多图片,详细描述了 1940 年的茎腐病和 1941 年发生在该州 Dinwiddie 县一个试验站的相同病害。通过对分离物的鉴定和田间及温室接种进行致病性测定,确定引起玉米腐霉茎腐病的为 *Pythium butleri* [巴特勒腐霉,现为瓜果腐霉 *Pythium aphanidermatum*（Eds.）Fitz. 的异名]。在亚洲,1964 年印度报道了腐霉茎腐病,而日本在 2014 年才首次确认玉米腐霉茎腐病的发生。

在中国,腐霉菌引起的玉米茎腐病早在 20 世纪 50 年代在河南有发生,但缺乏相关研究,首次正式报道是发表于 1973 年《山东农业科学》的文章《玉米青枯病发生情况调查简报》。在 70 年代以后,以"青枯"为特征的玉米茎腐病发生渐多,但致病菌长期不明确。随着病害发生范围的扩大和对玉米生产的威胁加重,相关研究工作开始增多。80 年代后期至 90 年代初期,是中国玉米腐霉茎腐病发生的一个高峰期,也是开展研究和获得突破的重要时期。自 1982 年开始,国内一批从事玉米病害研究的科学家开始玉米青枯型茎腐病病原菌的研究。1985 年,徐作珽等证明山东的玉米茎腐病为瓜果腐霉和禾谷镰孢复合侵染所致,首次提出腐霉菌为玉米茎腐病的致病菌之一。吴全安等通过对大量田间病株的分离、形态学鉴定和致病性测定,1989 发表文章,首次在中国证明引起玉米青枯型茎腐病的致病菌为腐霉菌,而非镰孢菌,致病腐霉包括肿囊腐霉（*Pythium inflatum* Matthews）和禾生腐霉（*Pythium graminicola* Subram.）。此后,国内各地的许多研究也证明,青枯型茎腐病的致病菌为腐霉菌。为有别于玉米上的其他茎腐病,将由腐霉菌引起的茎腐病按照病害英文名称称为玉米腐霉茎腐病。

分布与危害　玉米腐霉茎腐病是世界玉米生产中普遍发生、对生产具有重大影响的土传病害,在世界热带、亚热带和温带玉米种植区都有发生。根据国际玉米小麦改良中心（CIMMYT）信息及相关报道,发生腐霉茎腐病的国家包括中国、日本、越南、泰国、马来西亚、印度尼西亚、菲律宾、尼泊尔、印度、斯里兰卡、巴基斯坦、伊朗、土库曼斯坦、乌兹别克斯坦、吉尔吉斯斯坦、哈萨克斯坦、阿塞拜疆、加拿大、美国、墨西哥、委内瑞拉、巴西、秘鲁、智利、阿根廷、英国、法国、荷兰、波兰、捷克、斯洛伐克、奥地利、意大利、波黑、塞尔维亚、阿尔巴尼亚、马其顿、埃及、苏丹、突尼斯、马里、塞内加尔、几内亚、科特迪瓦、加纳、贝宁、尼日利亚、刚果、坦桑尼亚、赞比亚、莫桑比克、津巴布韦、南非、澳大利亚、巴布亚新几内亚等。中国各玉米种植区普遍有腐霉茎腐病的发生,如黑龙江、吉林、辽宁、新疆、甘肃、宁夏、陕西、山西、河北、北京、天津、河南、山东、安徽、江苏、浙江、广东、海南、广西、湖南、湖北、四川等地,病害的重要发生区域为华北、东北和西北。

玉米腐霉茎腐病是多种茎腐病中发生突然、防治困难的一种病害。腐霉茎腐病发生在玉米生育后期的灌浆阶段,病害发生越早,对产量影响越大。一般年份,田间发病率普遍为 5%～10%;在病害严重发生年份,发病率可达 20%～30%,一般减产 9%～10%;感病品种的发病率高达 40%～80%,减产超过 15%。中国在 2014 年和 2016 年,分别在黄淮海夏玉米区和西北春玉米区暴发严重的腐霉茎腐病,对生产和玉米制种影响极大。

玉米腐霉茎腐病发生在玉米籽粒灌浆至乳熟期。田间植株叶片突然呈现失绿、变灰、下垂、无光泽,似水烫;数日后植株地表上方的 1～3 茎节表皮失绿,逐渐变褐并失去硬度,内部茎髓组织分解变色,剖开可见褐色腐烂和残存的维管束;病害严重时发病茎节缢缩,茎秆易发生倒折;发病植株根系腐烂,呈现黑褐色,植株易被拔起;果穗穗柄变软,果穗倒挂,植株早衰（见图）。

病原及特征　多种腐霉菌能够引起玉米腐霉茎腐病,包括肿囊腐霉（*Pythium inflatum* Matthews）、禾生腐霉（*Pythium graminicola* Subram.）、瓜果腐霉 [*Pythium aphanidermatum*（Eds.）Fitz.]、棘腐霉（*Pythium acanthicum* Drechs.）、强雄腐霉（*Pythium arrhenomanes* Drechs.）、链状腐霉（*Pythium catenulatum* Matthews）、德巴利腐霉（*Pythium debaryanum* Hesse）、盐腐霉（*Pythium salinum* Hohnk）、群结腐霉（*Pythium myriotylum* Drechs.）等,均属腐霉属。

肿囊腐霉在 CMA 培养基上菌丝略细,宽 3～4μm;游动孢子囊指状,平均大小 55μm×18μm;藏卵器壁光滑,直径约 20μm;雄器异丝,每个藏卵器有 1～3 个;卵孢子满器。寄主除玉米外,还有水稻、甘蔗。

瓜果腐霉在 CMA 上气生菌丝絮状,菌丝粗大,宽 7～8μm;游动孢子囊多为膨大菌丝或瓣状,平均大小 230μm×13μm;藏卵器壁光滑,平均直径 23μm;雄器同丝或异丝,1～2 个;卵孢子非满器。瓜果腐霉具有较广的寄主范围,包括禾本科的玉米、大麦、高粱,葫芦科的各种瓜

湿度、降水量、品种抗性等影响。7月的雨量大小决定夏玉米区褐斑病初始病斑出现的时间，尤其是暴雨后更有利于病菌的侵染。由于病菌休眠孢子囊萌发的最适温度为26～32℃，因此，在田间温度为23～30℃、相对湿度85%以上时，病害发展迅速，病情严重。另外，土壤贫瘠和潮湿、地势低洼的地块发病较严重。在田间菌源量大且7～8月高温、多雨的年份，玉米褐斑病易于流行。

防治方法　由于褐斑病为土传病害和具有主要在苗期发生的特点，因此，在褐斑病常发区应在植株7～10叶期时选择长效内吸杀菌剂进行叶面喷雾，减轻侵染和抑制病菌在叶片中的定殖与生长。

玉米品种间存在对褐斑病抗性的差异，因此，在病害常发区、尤其是夏玉米区应选择种植田间病害轻的抗病或耐病品种，减少感病品种的种植。

在重病区，应避免秸秆还田，减少土壤中病菌的积累。

参考文献

中国农业科学院植物保护研究所，中国植物保护学会，2015.中国农作物病虫害 [M].3 版.北京：中国农业出版社.

MUNKVOLD G P, WHITE D G, 2016. Compendium of corn diseases[M]. 4th ed. St. Paul: The American Phytopathological Society Press.

（撰稿：王晓鸣；审稿：陈捷）

玉米黑束病　maize black bundle disease

由直帚枝杆孢引起的、主要危害玉米维管束组织并引发全株症状的一种真菌性病害。

发展简史　在 20 世纪 30 年代，美国首次报道了玉米黑束病的发生危害，此后陆续有一些国家报道了该病害的发生。1972 年，中国山东滨州发生玉米黑束病；直至 1984 年，甘肃和新疆开始种植从南斯拉夫引进的玉米杂交种 Sc704 及其亲本，当年在母本 ZPL773 繁殖田中和制种田中发生黑束病，田间植株发病率达到 66%～98.9%；在甘肃临泽，自交系 Mo17 和自 330 上也有零星黑束病发生。1985 年后，随着种子从甘肃调运至其他地区，玉米黑束病逐渐在中国一些玉米种植省份出现。

病害英文名称 black bundle disease（黑束病）源于该病害引起玉米茎秆中维管束组织变黑的特殊症状。

黑束病的致病菌最初鉴定为 *Cephalosporium acremonium*，该种名为 Corda 在 1839 年命名。此后，不同的学者对 *Cephalosporium acremonium* 几经更名，归于不同的属下，导致在文献中 *Cephalosporium acremonium* 被用于大量不同真菌种的描述，已经无法再作为一个种的标准进行应用。Gams 根据形态学研究，在 1968 年建立 *Acremonium* 属，1971 年提出了种名 *Acremonium strictum*，将 *Cephalosporium acremonium* 作为其异名。数十年来，*Acremonium* 形成了一个包含有约 150 个种的大属，但其有性态却对应多个子囊菌属，包括 *Emericellopsis*、*Hapsidospora*、*Nectria*、*Nectriella* 和 *Pronectria*。近 20 年对 *Acremonium* 属分子特征的研究

表明，可将原 *Acremonium* 属中的种分别划归为不同属：*Acremonium*、*Gliomastix*、*Sarocladium*、*Trichothecium* 和 *Cosmospora*，而种 *Acremonium strictum* 的分类地位也划入属 *Sarocladium*（帚枝杆孢属）中。因此，玉米黑束病病原菌的种名应采用 *Sarocladium strictum*（直帚枝杆孢）的名称。

分布与危害　有黑束病报道的国家有中国、美国、荷兰、印度、意大利、前南斯拉夫、埃及、加纳、坦桑尼亚、澳大利亚等。中国有黑束病发生记载的地区包括甘肃、新疆、陕西、河南、山西、河北、北京及东北地区。

黑束病症状出现在玉米灌浆后的乳熟阶段，由于病菌在维管束内危害和扩展，因此，病害潜伏期长，症状出现突然，田间出现病株时，已是发病后期。

病菌通过系统侵染进入玉米茎秆的维管束组织中并向上部扩展生长。发病初期，玉米植株顶部叶片失绿，叶片主脉由浅绿逐渐变红，叶片从叶尖沿周缘向下出现紫红色条纹并向叶片基部扩展，直至引起叶片枯黄死亡；茎秆叶鞘也出现紫色条纹；病害的发展导致全株叶片逐渐干枯死亡；病株茎秆组织发脆，易折断。剖茎检查可见病株基部茎节的维管束变黑、坏死。重病株不结果穗，形成"空秆"。病株根系变黑并腐烂（见图）。

病原及特征　病原为直帚枝杆孢［*Sarocladium strictum*（W. Gams）Summerbell］，异名直枝顶孢（*Acremonium strictum* W. Gams）和顶头孢（*Cephalosporium acremonium* Corda），属帚枝杆孢属。直帚枝杆孢在培养中气生菌丝初为白色、致密呈羊毛状，逐渐变稀薄至消失；菌落边缘平展，从白色变为淡粉红色，初期菌落中部隆起，逐渐下陷至平匐；菌丝纤细无色，常数根或数十根联合呈菌索状；分生孢子梗单生，直立，长 23.2～78.3μm，有时二叉或三叉式分枝；分生孢子无色、单胞，椭圆形或长椭圆形，在孢梗端部相互黏合呈头状，大小为 3.0～8.5μm×1.5～3.0μm。

侵染过程与侵染循环　直帚枝杆孢对玉米的侵染过程缺乏研究。

玉米黑束病为土壤传播和种子传播病害。病菌主要在种子上或随病残体在土壤中越冬。在春季，土壤中的病菌恢复生长并产生分生孢子，通过风雨作用传播至玉米植株上，直接或通过伤口侵入茎部组织。种子携带的病菌则能够在种子萌发时直接侵入到维管束系统。黑束病以苗期根部侵染为

玉米黑束病在植株和茎髓中的症状（董怀玉提供）

主，在田间无再侵染，属系统性侵染病害。秋季，玉米收获后，植株中的病菌随秸秆还田再次进入土壤或堆放在田边并越冬；制种田收获的带菌种子则通过调运进入新的生产区域。

流行规律　黑束病的主要初侵染源来自土壤和种子的带菌，因此，任何对病菌越冬有利、促进病菌在玉米萌发至幼苗阶段侵染的耕作措施都能够加重黑束病的发生。作为系统性侵染病害，一旦病菌在玉米茎秆的维管束组织中定殖后，外部环境因素对病菌扩展和病害发生的影响就较小。

玉米种植中偏施氮肥、过量灌溉引发田间积水、土壤干旱、盐碱严重，都能够降低植株的抗病性，加重病害。

防治方法　玉米黑束病的发生较为隐蔽，防控黑束病应采取以种植抗病品种为主、辅以健康栽培措施的原则。注意淘汰田间发病严重的品种，推广具有较好抗病性表现的品种。针对种子带菌的问题，在种衣剂中应确保含有足够浓度的杀菌剂。在重病区，生产过程中要少施氮肥，增施磷肥和钾肥，进行合理灌溉。在病田，收获后避免秸秆还田，减少进入土壤的病菌。

参考文献

中国农业科学院植物保护研究所，中国植物保护学会，2015. 中国农作物病虫害 [M]. 3 版. 北京：中国农业出版社.

GRÄFENHAN T, SCHROERS H-J, NIRENBERG H I, et al, 2011. An overview of the taxonomy, phylogeny, and typification of nectriaceous fungi in *Cosmospora*, *Acremonium*, *Fusarium*, *Stilbella*, and *Volutella*[J]. Studies in mycology, 68: 79-113.

MUNKVOLD G P, WHITE D G, 2016. Compendium of corn diseases[M]. 4th ed. St. Paul: The American Phytopathological Society Press.

SUMMERBELL R C, GUEIDAN C, SCHROERS H-J, et al, 2011. *Acremonium* phylogenetic overview and revision of *Gliomastix*, *Sarocladium*, and *Trichothecium*[J]. Studies in mycology, 68: 139-162.

（撰稿：王晓鸣；审稿：陈捷）

玉米红叶病　barley yellow dwarf virus disease of maize

由玉米黄矮病毒和大麦黄矮病毒引起的、导致叶片变红并枯死的一种病毒性病害。属于媒介昆虫蚜虫传播的病害。

发展简史　1957 年，Allen 首次描述了玉米品种接种大麦黄矮病毒后的症状，但直到 1975 年 Panayotou 发表文章，才首次于 1974 年在英国埃克塞特地区发现自然发病的玉米红叶病并对病毒进行了分离。此后，英国（1975—1976）、美国（1976）、意大利（1980）和法国（1980）也相继自然发生玉米红叶病。中国在 20 世纪 80 年代初期曾在河南等地发生玉米红叶病，1985 年确诊是由小麦黄矮病致病病毒所引起。

国际上普遍采用 "barley yellow dwarf" 作为玉米等作物被大麦黄矮病毒侵染引起的病害通用名称。我们根据国际普遍认同的对由 barley yellow dwarf viruses 引起的燕麦病害

称为 "oat red leaf" 的做法，根据玉米病害症状和汉语习惯，以 "玉米红叶病" 特指由大麦黄矮病毒引起的病害。

分布与危害　明确报道玉米红叶病的国家较少，仅有中国、美国、意大利、法国、西班牙、德国、前南斯拉夫和摩洛哥等。在中国，玉米红叶病主要发生在甘肃的东部地区以及陕西、河南、河北、山东、山西等地。

玉米被病毒侵染后，植株的高度降低不明显，病株一般比正常植株低约 10%，产量减少 15%～20%，减产原因在于植株患病后，由于叶片代谢改变，引起果穗中籽粒数量减少甚至引起有穗无粒。

病害初发症状出现在叶尖，叶尖的脉间叶肉细胞失绿色并渐变为红色；叶尖和叶缘的脉间红色条纹逐渐向叶片基部组织扩展，变红区域常常达全叶的 1/3～1/2，有时仅叶脉保留绿色；发病严重时由于叶片细胞中叶绿体分解，引起叶片干枯死亡（见图）。

病原及特征　病原为大麦黄矮病毒（barley yellow dwarf

玉米红叶病在叶片和植株的症状（王晓鸣提供）

viruses，BYDVs），属于单链正义 RNA（+ssRNA）病毒类群中的黄症病毒科（Luteoviridae）黄症病毒属（Luteovirus）。病毒粒子为等轴对称二十面体，直径 25～28nm，六边形，有 180 个蛋白亚基，基因组全长 5673nt。沉降常数为 115S～118S，在氯化铯中的浮力密度为 1.40g/cm³；RPV 株系和 MAV 株系致死温度分别为 65℃和 70℃（10 分钟），A_{260}/A_{280} 比值分别为 1.72 和 1.92。病毒通过蚜虫以持久方式传毒，汁液不传毒，病毒颗粒在被侵染的植物组织韧皮部中存在。根据病毒分离物的传毒介体种类专化、毒力变异和血清学特异性，大麦黄矮病毒被区分为许多不同的株系，如 MAV、RPV、RMV、PAV、SGV 等株系。2009 年 Zhang 等根据对 BYDV-GPV 中国株系的研究，提出该株系应该成为 Polerovirus 属中的独立种 wheat yellow dwarf viruses；2013 年 Krueger 等依据基因组序列分析，提议将由玉米蚜传毒的 BYDV-RAM 株系（RMV MTFE87，基因组全长 5612nt）从原 Luteovirus 属转至 Polerovirus 属，并升级为种 maize yellow dwarf virus-RMV（MYDV-RMV）；2015 年 Sathees 等在研究的基础上，提出 BYDV-OYV（燕麦株系）也应独立为一个种。

周广和等早在 1985 年就发表文章，认为引起玉米红叶病的致病病毒是由玉米蚜专化传播的小麦黄矮病毒玉米蚜株系。其后也有研究者认为，玉米红叶病致病病毒为大麦黄矮病毒的不同株系，如 BYDV-RMV（玉米蚜株系）、BYDV-GPV（禾谷缢管蚜株系）等，但主要为 BYDV-RMV（玉米蚜株系）。根据国际上的研究，引起中国玉米红叶病的病毒为玉米黄矮病毒玉米蚜株系 maize yellow dwarf virus-RMV（MYDV-RMV），主要传毒介体为玉米蚜（Phopalosiphum maidis）。

侵染过程与侵染循环　病害的田间传播需要借助蚜虫。带毒蚜虫在健康植株上刺吸汁液的同时，将病毒传至寄主的韧皮部组织中。病害的田间侵染一般发生在玉米 7 叶期前后，但显症却在玉米拔节后。

在小麦—玉米两熟制的种植方式下，秋播麦田中有较多残留玉米秸秆，由于蚜虫对黄色的趋性，因此，常常导致秋季麦田中蚜虫较多，小麦黄矮病发生重，形成大量毒源，为次年的病害传播奠定了基础。此外，大麦黄矮病毒可以在多年生禾本科杂草的组织中存活越冬，也是翌年玉米红叶病发生的重要原因。

大麦黄矮病毒的传播媒介为多种蚜虫。当春季气候适宜时，蚜虫开始迁飞，将小麦中或多年生杂草上的大麦黄矮病毒传至玉米、燕麦、水稻幼苗和其他禾本科杂草寄主上，病毒在这些被侵染的植株体内繁殖并通过蚜虫活动在田间传播，引起病害。在秋季，同样通过蚜虫的迁飞活动，再将上述作物和杂草上的大麦黄矮病毒传至冬小麦或多年生禾本科杂草。

流行规律　大麦黄矮病毒不经种子传播，也不能够通过机械摩擦方式进行传播，在田间仅依靠传毒介体昆虫蚜虫进行传播。因此，田间有效传毒蚜虫种群数量的多少成为玉米红叶病是否暴发的重要影响因素。能够传播玉米红叶病致病病毒的蚜虫主要为玉米蚜（Rhopalosiphum maidis）。

虽然蚜虫能够传播大麦黄矮病毒，但病毒在蚜虫体内不增殖，也不能够通过繁殖传递给下一代蚜虫。蚜虫获毒后需要经过一定的时间才能够传毒，蚜虫带毒期为数天或几周。

光照强、温度低（15～18℃）有利于病毒在玉米体内增殖和症状表现。高温（30℃）有助于蚜虫迁飞，但无助于提高传毒率。

防治方法　由于红叶病为蚜虫传播的病毒病，病害发生程度与蚜虫种群和田间毒源状况有关，年度间病害的发生程度具有不确定性。因此，控制红叶病的最有效措施是推广种植抗红叶病玉米品种或种植耐病品种，在红叶病常发区坚决淘汰感病品种。已报道在 10 号染色体上的 3 个 SNP 位点与控制病毒在寄主体内增殖有关，而 4 号和 10 号染色体上的 5 个 SNP 位点与降低侵染率有关。

针对红叶病为蚜虫传播的病害，在病害常发区，若春播玉米区同时是冬小麦或春小麦种植的地区，应在玉米苗期发生蚜虫的阶段，及时在玉米田和麦田喷施内吸杀虫剂，控制蚜虫，可以有效减轻红叶病的发生。

参考文献

中国农业科学院植物保护研究所，中国植物保护学会，2015. 中国农作物病虫害 [M]. 3 版. 北京：中国农业出版社.

HORN F, HABEKUSS A, STICH B, 2014. Genes involved in barley yellow dwarf virus resistance of maize[J]. Theoretical and applied genetics, 127: 2575-2584.

KRUEGER E N, BECKETT R J, GRAY S M, et al, 2013. The complete nucleotide sequence of the genome of barley yellow dwarf virus-RMV reveals it to be a new Polerovirus distantly related to other yellow dwarf viruses[J]. Frontiers in microbiology, 4: 205. DOI: 10.3389/fmicb.2013.00205.

MUNKVOLD G P, WHITE D G, 2016. Compendium of corn diseases[M]. 4th ed. St. Paul: The American Phytopathological Society Press.

ZHANG W W, CHENG Z M, XU L, et al, 2009. The complete nucleotide sequence of the barley yellow dwarf GPV isolate from China shows that it is a new member of the genus Polerovirus[J]. Archives of virology, 154: 1125-1128.

（撰稿：王晓鸣；审稿：陈捷）

玉米灰斑病　maize gray leaf spot

由尾孢菌引起的、以危害玉米叶片为主的一种真菌病害。主要分布在低温、高湿、冷凉环境的玉米种植区。

发展简史　在玉米上发现尾孢菌的历史可以追溯到 1887 年，Ellis 和 Everh 将侵染高粱和玉米的尾孢菌鉴定为 Cercospora sorghi，又根据寄主的不同将玉米上的尾孢菌定名为 Cercospora sorghi var. maydis Ellis et Everh，将高粱上的定名为 Cercospora sorghi var. sorghi Ellis et Everh。最新的分类学研究证明，Cercospora sorghi var. maydis Ellis et Everh 应该归为种 Cercospora apii Fresen. s. lat.。玉米灰斑病在 1924 年由 Tehon 和 Daniels 在美国伊利诺伊州南部的 Alexander 县发现，于 1925 年该病害被首次正式报道，病

Y

菌经真菌分类学家 Chupp 鉴定后被命名为 *Cercospora zeae-maydis* Tehon et Daniels。此后，对玉米灰斑病仅有零星报道，直到 20 世纪 70 年代初期，该病害开始在生产中严重发生，1974 年在研究文献中出现 gray leaf spot 的病害名称。在长期的研究中，人们发现在 *Cercospora zeae-maydis* 中存在变异。借助新兴的分子生物学技术，1998 年，证明该种群中确实存在着明显不同的两个类群，即 *Cercospora zeae-maydis* Group Ⅰ和 Group Ⅱ。2006 年，Crous 等人通过系统的形态学、培养特征和分子结构研究，将原 *Cercospora zeae-maydis* Group Ⅰ确定为 *Cercospora zeae-maydis*，将 Group Ⅱ确定为新种 *Cercospora zeina*。

中国玉米灰斑病最早记载的文献是 1966 年戚佩坤所著的《吉林省栽培植物真菌病害志》，病原菌记述为 *Cercospora sorghi*。直至 1991 年，玉米灰斑病首次在辽宁丹东玉米生产中暴发流行。2000 年以来，东北地区的玉米灰斑病发生平稳，但西南地区则迅速发展，病原菌被鉴定为 *Cercospora zeina*。

分布与危害　该病自 1924 年在美国发现后长期处于零星发生状态，至 20 世纪 70 年代才在墨西哥、秘鲁等国家流行。病害从美洲扩展至非洲并逐渐构成生产危害。迄今，近 30 个国家和地区报道了玉米灰斑病，包括中国、印度、菲律宾、加拿大、美国、墨西哥、特立尼达和多巴哥、哥斯达黎加、委内瑞拉、哥伦比亚、巴西、厄瓜多尔、秘鲁、埃塞俄比亚、肯尼亚、坦桑尼亚、乌干达、尼日利亚、喀麦隆、刚果（金）、赞比亚、津巴布韦、马拉维、莫桑比克、南非、斯威士兰等。在中国，发生玉米灰斑病的地区有黑龙江、吉林、辽宁、内蒙古、山西、河北、山东、河南、湖北、四川、重庆、贵州、云南、陕西、甘肃等。中国始发于云南的、由 *Cercospora zeina* 引起的灰斑病正在逐渐向北方玉米主产区扩展，平均每年向北推进超过 100km。

灰斑病是玉米生产中重要病害之一，其流行时引起 30%～50% 甚至更高的玉米产量损失。在高海拔高湿度的玉米种植区，如果病害发生早，甚至可以造成绝收。

灰斑病主要发生在玉米叶片上，但在植株叶鞘和苞叶也可见病斑。病菌侵染叶片后，初期在叶片上出现水渍状褪绿小斑点；病斑逐渐沿小叶脉方向扩展，呈现灰褐色、灰色至黄褐色的近矩形病斑或不规则形病斑，病斑大小为 10～20mm×1～2mm，中间灰白色，边缘褐色，病害严重时因叶片上布满病斑而引起叶片枯死（见图）。

病原及特征　该病由尾孢属不同的种引起，主要致病种为玉蜀黍尾孢（*Cercospora zeae-maydis* Tehon et Daniels）和玉米尾孢（*Cercospora zeina* Crous et Braun），少数地区存在芹菜尾孢（*Cercospora apii* Fres.）异名 *Cercospora sorghi* var. *maydis* Ellis et Everh，这些种属尾孢属。玉蜀黍尾孢分生孢子梗褐色，3～14 根从寄主表皮的气孔长出，呈屈膝状，梗上有明显的分生孢子脱落后留下的孢痕；分生孢子无色，倒棍棒形、近圆柱形，向顶渐细或略弯，端钝圆，基部略平截，1～10 个隔膜，30～100μm×4～9μm；在培养中菌落灰黑色，生长速度为 1.0～2.0mm/d，多产生紫红色的尾孢菌素。玉米尾孢分生孢子梗与玉蜀黍尾孢相似，分生孢子呈较直和略粗的宽纺锤形，大小为 40～100μm×5～7μm，1～5 个隔膜；在培养中生长较慢，为 0.4～0.8mm/d，不产生紫红色的尾孢菌素。

侵染过程与侵染循环　当致病尾孢菌的分生孢子附着于玉米叶片表面后，在高湿度的环境条件下孢子萌发，伸出芽管并很快在顶端与寄主接触的部位形成附着胞。病菌从附着胞下方伸出侵染钉，穿透寄主细胞壁并继续在感病材料的细胞中生长，逐渐引起细胞死亡；在抗病玉米材料上，病菌在进入寄主细胞后才引发互作反应，寄主细胞中产生相应的化学物质，抑制菌丝的生长和进一步在细胞间的扩展，表现

玉米灰斑病在叶片、茎秆和全株的症状（王晓鸣提供）

出抗病性。致病种 *Cercospora zeae-maydis* 在寄主细胞中生长时，还分泌寄主非专化性毒素——尾孢菌素，引起细胞内的脂质过氧化和膜结构的渗透性改变，从而引起寄主细胞和组织的死亡。

致病菌主要以菌丝体在玉米秸秆等病残体上越冬，成为翌年的初侵染源。在适宜的温度和湿度条件下，越冬后未腐烂的病残体上产生新的分生孢子，借助风雨进行传播。病菌侵染后在玉米组织中扩展，有 9～13 天的潜育期，条件适宜时在侵染 16～21 天后在病斑上形成分生孢子。

流行规律　该病的流行主要受到环境条件的影响。在高湿低温条件下，病害发展快，玉米一个生长季中可发生多次侵染，病害形成流行。病菌萌发温度范围为 10～30℃，以 22℃ 为最适，因此，低温环境不影响病菌的侵染。西南地区有许多玉米生产区处于高海拔的山区，随着海拔的升高，灰斑病发生加重，这与多雾环境和玉米叶片常常有较多露水的条件有关，利于病菌孢子的产生、萌发和侵染致病。因此，玉米喇叭口阶段降雨多以及中后期温度偏低是灰斑病流行的必要外部环境条件。

在生产中，玉米种植过密，或者生产田位于山谷中，造成通风差、湿度高，灰斑病的发生则偏重。

防治方法　该病的发生受环境影响较大，主要发生在玉米生长中后期，因此，选择种植抗灰斑病品种是最有效的防治措施。2012 年以来，西南地区已经选育出一些具有较好抗病性的品种，推广后对于灰斑病防控起了非常好的作用。但由于生产中仍然还有许多感灰斑病品种在种植，因此，在病害重发区，提倡在喇叭口期喷施内吸杀菌剂，控制病菌的初侵染，降低玉米后期灰斑病流行速度，保护生产。秋季收获玉米后，应及时清除田间发病的植株残体，深埋或销毁，减少翌年的初侵染菌源。

参考文献

中国农业科学院植物保护研究所, 中国植物保护学会, 2015. 中国农作物病虫害 [M]. 3 版. 北京: 中国农业出版社.

BRAUN U, CROUS P W, NAKASHIMA C, 2015. Cercosporoid fungi (Mycosphaerellaceae) 3. Species on monocots (Poaceae, true grasses)[J]. IMA fungus, 6(1): 25-97.

LATTERELL F M, ROSSI A E, 1983. Gray leaf spot of corn: a disease on the move[J]. Plant disease, 67(8): 842-847.

MUNKVOLD G P, WHITE D G, 2016. Compendium of corn diseases[M]. 4th ed. St. Paul: The American Phytopathological Society Press.

WARD J M J, STROMBERG E L, NOWEL D C, et al, 1999. Gray leaf spot: a disease of global importance in maize production[J]. Plant disease, 83(10): 884-895.

（撰稿：王晓鸣；审稿：陈捷）

玉米镰孢顶腐病　maize *Fusarium* top rot

由亚黏团镰孢引起的、主要危害玉米新生叶片的一种真菌病害。

发展简史　在玉米上，该病害最早的记述可以追溯至 1929 年，美国玉米上发生了类似甘蔗顶腐病的病害症状，并对病株进行病原菌分离，获得镰孢菌分离物，经接种玉米产生了顶腐病症状，但并未明确致病镰孢种类。1933 年，Edwards 在澳大利亚首次研究证实玉米顶腐病是由亚黏团镰孢（*Fusarium subglutinans*）所致。1936 年，Ullstrup 发表了该病害发生危害及病原菌的生物学特性等的较详细研究结果。此后玉米顶腐病在许多国家或地区曾有不同程度发生危害报道。在中国，徐秀德等 2001 年报道了 1998 年在辽宁阜新地区发现玉米顶腐病；此后该病害在许多省份相继发生。由于一些致病细菌也能够引起玉米顶腐病，为有别于两类病害，将由镰孢菌引起的顶腐病称为玉米镰孢顶腐病。

分布与危害　玉米镰孢顶腐病在许多国家和地区曾有不同程度发生。在中国，已知在辽宁、吉林、黑龙江、山东、河北、内蒙古、山西、陕西、甘肃、贵州、四川、河南、新疆等地有顶腐病的发生。2002 年，玉米顶腐病在辽宁、吉林严重发生，田间一般发病率 7%，重病田达 31%，许多地块因病造成毁种。2004 年，在甘肃酒泉、张掖、武威三地发生镰孢顶腐病，植株发病率 7%～30%，重病田达到 80%，死苗严重。

玉米镰孢顶腐病主要发生在玉米喇叭口期。发病植株表现为不同程度的矮化，新生叶片失绿、畸形、皱缩或扭曲，叶片边缘呈现黄化条纹和刀削状缺刻，叶尖枯死，严重时新生叶片卷缩为"鞭状"（见图）。

病原及特征　病原为亚黏团镰孢（*Fusarium subglutinans* Wollenw. & Reink.），属镰刀菌属。病菌的分生孢子梗无色，单瓶梗和复瓶梗并存，以单瓶梗居多；小型分生孢子较小，长卵形或拟纺锤形，多无隔或 1～2 个隔，大小为 6.4～12.7μm×2.5～4.8μm，聚集成假头状黏孢子；大型分生孢子镰刀形，较直，顶胞渐尖、足胞较明显，2～6 个隔，以 3 个隔者居多，大小：2 隔者 14.0～25.5μm×2.8～5.0μm，平均 20.9μm×4.2μm；3 隔者 24.2～44.6μm×3.5～5.0μm，平均 34.7μm×4.5μm；4 隔者 42.1～51.0μm×4.8～5.4μm，平均 47.2μm×5.1μm；5 隔者 43.3～56.1μm×4.8～5.9μm，平均 48.4μm×5.4μm；厚垣孢子未见。在 PDA 或 PSA 培养基上菌落粉白色至淡紫色，气生菌丝绒毛状至粉末状，长 2～3mm，

玉米镰孢顶腐病在顶叶的症状（王晓鸣、石洁提供）

培养基背面边缘淡紫色，中部紫色。

侵染过程与侵染循环　病菌的侵染发生在玉米喇叭口阶段。病菌在风雨作用下飘落至玉米喇叭口内。由于植株喇叭口内夜间有露水积累，因此，病菌能够萌发与侵染。喇叭口内的高湿度环境，导致病菌快速生长，引起幼嫩的叶片组织腐烂分解。当新生叶片伸出喇叭口后，就可见幼叶顶端出现褐色腐烂。

玉米镰孢顶腐病为土传病害，致病菌亚黏团镰孢属于土壤习居菌，能够在土壤中腐生生长和越冬，或通过玉米植株病残体越冬，形成翌年的病害初侵染菌源。病菌主要通过风雨的作用进入玉米喇叭口内，引起病害。由于叶片多为局部发病，因此，发病叶片在玉米收获后会通过秸秆还田方式又回到土壤中，进一步增加了田间的病菌群体。

流行规律　玉米镰孢顶腐病的发生受到环境的影响。在田间病菌较多的条件下，如果玉米在喇叭口期遇到持续多天的 35℃ 以上高温时，植株发育快，幼嫩的心叶易形成微小的伤口，加之昼夜温差在玉米喇叭口中形成的结露，为病菌快速侵染奠定了基础，极易引起镰孢顶腐病在局部地区的暴发。

防治方法　玉米镰孢顶腐病的发生受到环境的极大影响，因此，年度间的发生具有不确定性。这一病害发生特点导致在病害防控方面需要采取以选择种植抗病品种为主的策略。此外，如果田间暴发镰孢顶腐病，可以采用向叶面喷施内吸性杀菌剂的措施减轻病害的影响。

参考文献

徐秀德，董怀玉，赵琦，等，2001.我国玉米新病害顶腐病的研究初报 [J]. 植物病理学报，31(2): 130-134.

中国农业科学院植物保护研究所，中国植物保护学会，2015.中国农作物病虫害 [M]. 3 版 . 北京：中国农业出版社 .

（撰稿：徐秀德、王晓鸣；审稿：陈捷）

玉米镰孢茎腐病　maize *Fusarium* stalk rot

由多种镰孢菌引起的、危害玉米茎秆组织的一类真菌性病害。广泛分布在各玉米种植区。

发展简史　1914 年美国的 Pammel 首次报道玉米茎腐病，1920 年 Valleau 确认引起玉米茎腐病的致病菌为 *Fusarium moniliforme*（串珠镰孢，现中文名称为拟轮枝镰孢 *Fusarium verticillioides*）。随着玉米种植地域的扩大和长期的连作，茎腐病发生逐渐加重，发病地域增多，同时引发茎腐病的致病镰孢种类在不同国家也出现差异。

中国的玉米茎腐病早在 20 世纪 20 年代即有发生，随着70 年代后玉米种植面积的迅速扩大，田间茎腐病发生增多，80 年代开始国内关于镰孢茎腐病发生与危害的报道已非常普遍。

根据致病镰孢的不同，国外将由 *Gibberella zeae*（玉米赤霉，无性态为 *Fusarium graminearum* 禾谷镰孢）引起的茎腐病称为 *Gibberella* stalk rot（赤霉茎腐病），而将由 *Fusarium verticillioides*（拟轮枝镰孢，异名 *Fusarium moniliforme*，有性态为 *Gibberella fujikuroi* 藤仓赤霉）引起的茎腐病称为 *Fusarium* stalk rot（镰孢茎腐病）。由于各国报道的引致茎腐病的有多种镰孢菌 / 赤霉菌，主要以镰孢菌的无性阶段危害玉米，在中国将各种镰孢菌引起的茎腐病统称为镰孢茎腐病。

分布与危害　该病是由多种镰孢菌引起的重要病害，属于世界性分布的玉米病害，迄今有该病害发生的国家包括中国、日本、韩国、越南、老挝、泰国、柬埔寨、缅甸、菲律宾、马来西亚、印度尼西亚、孟加拉国、印度、斯里兰卡、巴基斯坦、伊朗、土库曼斯坦、乌兹别克斯坦、哈萨克斯坦、吉尔吉斯斯坦、塔吉克斯坦、伊拉克、土耳其、俄罗斯、乌克兰、波兰、白俄罗斯、立陶宛、拉脱维亚、保加利亚、罗马尼亚、捷克、斯洛伐克、匈牙利、塞尔维亚、克罗地亚、奥地利、比利时、德国、意大利、法国、英国、荷兰、西班牙、葡萄牙、加拿大、美国、墨西哥、伯利兹、洪都拉斯、尼加拉瓜、哥伦比亚、委内瑞拉、圭亚那、苏里南、巴西、秘鲁、玻利维亚、巴拉圭、智利、阿根廷、埃及、利比亚、摩洛哥、马里、塞内加尔、塞拉利昂、科特迪瓦、加纳、尼日利亚、喀麦隆、中非、苏丹、埃塞俄比亚、肯尼亚、乌干达、刚果（金）、坦桑尼亚、赞比亚、安哥拉、莫桑比克、津巴布韦、南非、马达加斯加、澳大利亚、新西兰、巴布亚新几内亚等。

在中国，玉米镰孢茎腐病发生广泛，在黑龙江、吉林、辽宁、陕西、山西、河北、山东、江苏、浙江、广西、湖北、四川、云南等玉米产区发生日益严重。

在美国，镰孢茎腐病不仅引起减产，更因发病植株极易发生茎秆倒折而影响机械收获。美国堪萨斯州，镰孢茎腐病每年造成玉米减产约 5%，在重病田中植株发病率可达 90%～100%，减产高达 50%；在俄亥俄州，一般引起 5%～10% 的产量损失；在内布拉斯加州，镰孢茎腐病较重发生年份减产 10%～20%。在加拿大东部地区，镰孢茎腐病导致 10%～20% 的产量损失。2012 年，美国的 22 个玉米生产州及加拿大安大略省因镰孢茎腐病造成生产损失约 428 万 t。

镰孢茎腐病发生在玉米灌浆后期至乳熟阶段。发病植株叶片逐渐转为枯黄，在近地表的茎节出现纵向扩展的不规则状褐色病斑，茎髓由于失水而发生缢缩，后期茎髓中的薄壁细胞消解，维管束呈丝状游离，并有粉红色菌丝或病菌代谢产生的红色色素印记，茎秆极易倒折；镰孢茎腐病发生后期，果穗苞叶青干并松散，穗柄柔韧，果穗下垂，穗轴柔软，脱粒困难（见图）。

病原及特征　多种镰孢菌是镰孢茎腐病的致病菌，国外报道的主要致病种有拟轮枝镰孢［*Fusarium verticillioides*（Sacc.）Nirenberg］、禾谷镰孢（*Fusarium graminearum* Schw.）、亚黏团镰孢（*Fusarium subglutinans* Wollenw. & Reink.）、层出镰孢［*Fusarium proliferatum*（Mats.）Nirenberg］、茄腐皮镰孢［*Fusarium solani*（Mart.）Sacc.］、温和镰孢（*Fusarium temperatum* Scauflaire & Munaut）等，均属镰刀菌属。在中国，主要致病种为禾谷镰孢复合种。

禾谷镰孢在 PSA 平板培养基上菌落呈絮状，初为白色，逐渐由于菌丝生产紫红色色素而呈现紫红色。大分生孢子多

玉米镰孢茎腐病在茎秆和叶片的症状（王晓鸣提供）

具有 3～5 个隔膜，大小为 18～45μm×3.5～5.0μm，不产生小分生孢子，能够形成厚垣孢子。

侵染过程与侵染循环　土壤中的病菌菌丝从玉米根系的伤口或直接穿透根的皮层侵入根颈、中胚轴组织，逐渐引起根系腐烂。侵染较重时引起苗枯病；如果侵染较轻，病菌可潜伏在根系，形成后期侵染的基础。在成株期，病菌可从根部发病组织逐渐向上进入地上茎节，或从近地表的茎节伤口入侵。在玉米生长后期，由于下部茎节中病菌的繁殖导致茎髓中薄壁细胞分解，引起茎腐病。

镰孢菌引起的茎腐病属于土壤传播的病害。禾谷镰孢以子囊壳、菌丝体和分生孢子在病株残体组织、土壤中和种子上存活越冬，成为翌年的主要侵染菌源。春季，从病残体上产生的子囊壳中释放出子囊孢子，借气流传播，进行初侵染；病残体上和土壤中的禾谷镰孢也可以产生分生孢子，分生孢子借助风雨、灌溉水流、机械作业和昆虫迁飞进行传播，在温暖潮湿条件下进行再侵染；种子带菌也是田间初侵染来源，种子表皮的带菌率高达 34%～72%。镰孢菌既能够在土壤中腐生生长，也能够以无症状态存在于玉米植株内部。当秋季收获玉米后，随着秸秆还田，大量带菌的病残体回到土壤中，进一步增加了土壤中病菌数量，也由于秸秆还田，为病菌在土壤中的生长繁殖提供了大量的营养基质。

流行规律　由于镰孢菌引起的茎腐病是全生育期侵染的病害，因此，前期对根系侵染的轻重能够影响到后期茎腐病发生的水平。较高的温度和适当的降雨有助于病菌的繁殖，能够促进病害的发生。种植密度高和施用氮肥多也会利于镰孢茎腐病的发生。

防治方法　该病发生在玉米生长后期，通过施用杀菌剂预防和控制都较为困难，因此，应采用推广种植抗镰孢茎腐病品种的方式进行病害防控。

在镰孢茎腐病常发区和重发区，应减少秸秆还田，控制土壤中病菌的群体数量，减少发病需要的菌源。

参考文献

中国农业科学院植物保护研究所，中国植物保护学会，2015. 中国农作物病虫害 [M]. 3 版 . 北京：中国农业出版社 .

KHOKHAR M K, HOODA K S, SHARMA S S, et al, 2014. Post flowering stalk rot complex of maize - present status and future prospects [J]. Maydica, 59: 226-242.

MUNKVOLD G P, WHITE D G, 2016. Compendium of corn diseases[M]. 4th ed. St. Paul: The American Phytopathological Society Press.

QUESADA-OCAMPO L M, AL-HADDAD J, SCRUGGS A C, et al, 2016. Susceptibility of maize to stalk rot caused by *Fusarium graminearum* deoxynivalenol and zearalenone mutants[J]. Phytopathology, 106: 920-927.

（撰稿：王晓鸣；审稿：陈捷）

玉米镰孢穗腐病　maize *Gibberella* / *Fusarium* ear rot

由多种镰孢菌引起的、危害玉米果穗，但症状不同的真菌性病害。广泛分布在各玉米种植区。

发展简史　多种镰孢菌能够在玉米上引起穗腐病，但最主要和发生广泛的为禾谷镰孢（*Fusarium graminearum*）和拟轮枝镰孢（*Fusarium verticillioides*）两种菌引起的穗腐病。1904 年，Sheldon 从发生在美国霉烂玉米果穗上分离出镰孢菌，经过形态学鉴定，将病菌定名为 *Fusarium moniliforme* Sheldon。1909 年，Burrill 和 Barrett 报道了发生在美国的玉米穗腐病，首次采用了 "ear rots of corn" 作为病害的英文名称。1923 年，Bisby 和 Bailey 报道了加拿大发生的镰孢菌引起的玉米穗腐病。镰孢菌（*Fusarium*）是这类致病菌的无性态，已知的有性态均为赤霉菌（*Gibberella*）。由于 *Fusarium graminearum*（禾谷镰孢）在自然界中常可见其有性态 *Gibberella zeae*，并且发病果穗呈现紫红色的特征，因此，科学家用病菌的有性态名称称呼其引起的玉米穗腐病为 *Gibberella* ear rot，而对自然界中以无性态 *Fusarium moniliforme*（串珠镰孢）为主，较少发现有性态 *Gibberella fujikuroi*（藤仓赤霉）的一类镰孢菌引起的穗腐病用病菌无性态名称称为 *Fusarium* ear rot。

关于 1904 年建立的致病菌 *Fusarium moniliforme* Sheldon 的名称，Manns 和 Adams 在 1923 年就指出该名称应该采用在 1881 年 Saccardo 定名的 *Oospora verticillioides* Sacc. 为种名。由于建立于 1821 年的 *Fusarium* 属已经为研究者广泛接受，所以种名 *Fusarium moniliforme* 一直被延续采用。1974 年 Nirenberg 根据真菌命名法规，对该种名进行了修订，确定为 *Fusarium verticillioides*（Sacc.）Nirenberg，但未被广泛采用。直至 2004 年 Seifert 等以信函形式发文指出，根据国际植物病原学会和国际真菌分类学大会（ISPP/ICTF）*Fusarium* 系统学分会签署的意见，在充分讨论的基础上，根据对原名称 *F. moniliforme* 的合法性、应用现状、多种特性特征、镰孢菌现代种概念等分析，将 *Fusarium moniliforme* 更正为 *Fusarium verticillioides*。2010 年中国的吕国忠等将该菌的中文译名确定为拟轮枝镰孢菌，根据许志刚等出版的《拉汉—汉拉植物病原生物名称》，该菌的中文名称应为拟轮枝镰孢。

实际上，20 多种镰孢菌都是玉米穗腐病的致病菌，但主要致病类群为拟轮枝镰孢和禾谷镰孢。考虑到镰孢菌引起的穗腐病是玉米生产中最主要的穗腐病，因此，将包括拟轮枝镰孢和禾谷镰孢在内的多种镰孢菌引起的玉米穗腐病统一用病菌无性态属的中文名称称为镰孢穗腐病。对应于国外广泛采用的 *Fusarium* ear rot 和 *Gibberella* ear rot 的病害称谓，为有效在生产中区分这两种穗腐病，已采用拟轮枝镰孢穗腐病和禾谷镰孢穗腐病的病害名称。

在中国，戴芳澜在 1948 年、王鸣歧在 1950 年分别记述了河南玉米上有串珠镰孢（*Fusarium moniliforme*）引起的穗腐病；戚佩坤等在 1966 年报道了吉林的串珠镰孢引起的穗腐病。关于禾谷镰孢引起的穗腐病，中国较早由陈庆涛在 1965 年和戚佩坤等在 1966 年报道发生在黑龙江和吉林。

分布与危害　玉米镰孢穗腐病是世界各玉米种植区广泛发生的病害，禾谷镰孢穗腐病和拟轮枝镰孢穗腐病的发生地域几乎是重叠的，包括以下国家与地区：亚洲的中国、日本、韩国、越南、老挝、柬埔寨、泰国、马来西亚、菲律宾、印度尼西亚、哈萨克斯坦、乌兹别克斯坦、土库曼斯坦、土耳其、伊朗、伊拉克、黎巴嫩、沙特阿拉伯、孟加拉国、尼泊尔、印度、巴基斯坦、斯里兰卡；欧洲的俄罗斯、芬兰、瑞典、挪威、立陶宛、丹麦、乌克兰、波兰、匈牙利、捷克、德国、奥地利、荷兰、比利时、卢森堡、瑞士、英国、爱尔兰、法国、塞尔维亚、克罗地亚、斯洛文尼亚、罗马尼亚、保加利亚、希腊、意大利、西班牙、葡萄牙；北美洲的加拿大、美国、墨西哥、多米尼加共和国、洪都拉斯、圣卢西亚、

格林纳达、哥斯达黎加；南美洲的哥伦比亚、委内瑞拉、巴西、圭亚那、苏里南、法属圭亚那、玻利维亚、秘鲁、巴拉圭、阿根廷；大洋洲的巴布亚新几内亚、澳大利亚、新西兰、斐济、所罗门群岛、法属波利尼西亚；非洲的埃及、利比亚、摩洛哥、突尼斯、埃塞俄比亚、肯尼亚、苏丹、塞内加尔、几内亚、马里、科特迪瓦、加纳、冈比亚、尼日利亚、喀麦隆、赞比亚、中非、刚果（金）、安哥拉、坦桑尼亚、津巴布韦、马拉维、南非、马达加斯加等。

在中国，镰孢穗腐病是玉米穗腐病的主要问题，发生普遍，分布在各玉米种植区。已知有镰孢穗腐病发生的有：黑龙江、吉林、辽宁、内蒙古、甘肃、陕西、山西、河北、北京、天津、河南、山东、安徽、江苏、海南、湖北、四川、重庆、贵州、云南等。

镰孢穗腐病在一般年份的田间发病率为 10%～20%，造成产量损失 5%～10%；严重发病年份的田间发病率超过 40%，能够引起 30%～40% 的产量损失。1988 年美国玉米穗腐病大流行；1997 年印度迈哥哈拉雅邦发生严重的玉米穗腐病，发病果穗超过 25%，对生产造成巨大影响。2012 年美国 22 个玉米生产州和加拿大安大略省因镰孢菌穗腐病造成 33 万 t 的玉米产量损失。

玉米镰孢穗腐病不仅引起籽粒霉烂，严重影响产量和品质，同时由于致病镰孢菌在腐烂籽粒和无腐烂症状的籽粒中产生对人和畜禽健康严重有害的多种毒素（禾谷镰孢产生呕吐毒素等，拟轮枝镰孢产生伏马毒素），因而其引起的食品和饲料安全问题已广泛引起关注。

禾谷镰孢引起的穗腐病常表现为果穗从顶端向下发生腐烂，腐烂的籽粒和穗轴变为紫红色。拟轮枝镰孢引起的穗腐病表现为果穗的成片籽粒或分散的籽粒在表面有一层粉白色的病原菌菌丝和分生孢子覆盖，穗轴一般不腐烂；发病轻微时，籽粒上可见浅紫红色的放射条纹，有时发病籽粒上的菌丝呈现紫色（见图）。

病原及特征　引起玉米镰孢穗腐病的致病镰孢有十余种，在中国主要为拟轮枝镰孢［*Fusarium verticillioides*（Sacc.）Nirenberg］和禾谷镰孢（*Fusarium graminearum* Schw.）。

玉米镰孢穗腐病发病果穗的症状（王晓鸣提供）

①禾谷镰孢穗腐病；②拟轮枝镰孢穗腐病

世界上报道的其他致病镰孢还有：层出镰孢［*Fusarium proliferatum*（Mats.）Nirenberg］、燕麦镰孢［*Fusarium avenaceum*（Corda et Fr.）Sacc.］、亚黏团镰孢（*Fusarium subglutinans* Wollenw. & Reink.）、黄色镰孢（*Fusarium culmorum*）、尖镰孢（*Fusarium oxysporum* Schlecht.）、半裸镰孢（*Fusarium semitectum* Berk. et Rav.）、茄腐皮镰孢［*Fusarium solani*（Mart.）Sacc.］、木贼镰孢［*Fusarium equiseti*（Corda）Sacc.］、锐顶镰孢（*Fusarium acuminatum* Ellis & Everh.）、克地镰孢（*Fusarium crookwellense*）、厚垣镰孢（*Fusarium chlamydosporum*）、芜菁镰孢（*Fusarium napiforme*）、早熟禾镰孢［*Fusarium poae*（Peck）Wollenw］和拟奈革麦镰孢（*Fusarium pseudonygamai*）。

拟轮枝镰孢在中国长期称为串珠镰孢（*Fusarium moniliforme* Sheld.），属镰刀菌属。在 PSA 培养基上气生菌丝绒状至粉状，菌落白色或淡紫色；产生大量卵形或椭圆形的小型分生孢子，5～12μm×1.5～2.5μm；大型分生孢子较少，镰刀形，细长，顶胞渐尖，基胞足跟明显或不明显，3～5个隔膜，多数 3 隔膜；3 隔孢子大小 20～42μm×3～4.5μm，5 隔孢子大小 32～54μm×3～4.5μm；无厚垣孢子。禾谷镰孢在 PDA 培养基上气生菌丝绒状，茂密，白色至淡橙黄色，后期产生橙色分生孢子座，在培养基中产生红色色素。无小型分生孢子；大型分生孢子镰刀形，中等弯曲或略直，顶胞渐尖，基胞足跟明显，5～6个隔膜，40～54μm×3～4.5μm；厚垣孢子间生，单个或串生，无色至浅褐色，10～12μm。

镰孢菌寄主植物非常广泛，能够侵染各类农作物和田间杂草。

侵染过程与侵染循环　镰孢菌侵染玉米果穗主要通过 3 个途径：①以萎蔫的玉米花丝为桥梁，病菌孢子沉降在花丝上后沿花丝向籽粒方向生长和扩展，到达籽粒后进行侵染，导致连片籽粒或分散的籽粒发病。②通过各种害虫造成的伤口侵染籽粒，造成局部籽粒连片发病。③病菌通过植株的维管束组织从根系或茎部扩展至穗轴组织，从果穗内部经穗轴侵染籽粒，引起籽粒腐烂。

镰孢菌有多种越冬方式，既能够在土壤中腐生，在作物和杂草的病残体上以菌丝或厚垣孢子的方式存活，也能够通过附着在玉米种子表面或寄生在种子内部而存活。

在春季，镰孢菌可以直接从玉米种子进入幼苗组织内部并通过维管束系统向上扩展；而土壤中越冬的菌丝恢复生长后直接接触玉米根系进行侵染，然后在玉米植株内扩展到达穗轴组织，从内部侵染籽粒，引起穗腐病。土壤中的病菌为后期通过气流或风雨的作用侵染果穗提供了基础菌源。禾谷镰孢能够在玉米或小麦秸秆等病残体上越冬并在春季形成大量子囊壳，在适宜的湿度条件下释放出子囊孢子，通过风雨传至玉米植株及果穗上。在玉米生长阶段，田间空气中散布许多镰孢菌的分生孢子，能够直接从害虫危害果穗后留下的伤口侵染而引发穗腐病，也能够通过附着害虫体表，在害虫危害果穗时直接侵染籽粒而引起穗腐病。由于镰孢穗腐病主要发生在果穗的籽粒上，外部有苞叶保护，因此，属于单循环病害。

秋季，秸秆还田可直接将其上生长的镰孢菌带入土壤中越冬，更重要的是还田的秸秆成为土壤中病菌的营养基质，

为病菌生长提供了非常好的物质条件。

流行规律　镰孢菌具有较强的腐生能力，能够在植物病残体和土壤中长期存活。因各地推广玉米和小麦秸秆还田，由此导致土壤中镰孢菌群体数量迅速扩大，在玉米生长季节向空气中释放出大量分生孢子，在适宜的气候条件下引发玉米穗腐病的发生。玉米生长后期若遇到连续降雨、害虫严重危害果穗时，穗腐病将偏重发生；后期籽粒脱水慢、持绿性强的玉米品种易发生穗腐病。

防治方法　镰孢穗腐病为后期发生病害，病菌侵染期长，发病隐蔽，因此，穗腐病较难通过植株外部施药加以控制。玉米品种间对穗腐病抗性存在明显差异，利用抗穗腐病品种能够有效减轻病害引起的生产损失。同时，在生产中提倡选用果穗苞叶不开裂、籽粒脱水快、硬粒型的品种，也具有减轻病害的作用。

镰孢穗腐病的发生与果穗受到害虫危害轻重有关，多种螟虫、双斑萤叶甲、金龟子等喜在果穗上聚集危害，造成镰孢菌侵染的大量伤口。因此，采用早期喷施杀虫剂等措施控制害虫数量，也有利于减轻镰孢穗腐病的发生。

参考文献

吕国忠，赵志慧，孙晓东，等，2010. 串珠镰孢菌种名的废弃及其与腾仓赤霉复合种的关系 [J]. 菌物学报，29(1): 143-151.

中国农业科学院植物保护研究所，中国植物保护学会，2015. 中国农作物病虫害 [M]. 3 版. 北京：中国农业出版社.

CHEN J F, SHRESTHA R, DING J Q, et al, 2016. Genome-wide association study and QTL mapping reveal genomic loci associated with Fusarium ear rot resistance in tropical maize germplasm[J]. G3: genesl genomesl genetics, 6: 3803-3815.

MESTERHAZY A, LEMMENS M, REID L M, 2012. Breeding for resistance to ear rots caused by *Fusarium* spp. in maize - a review[J]. Plant breeding, 131: 1-19.

MUNKVOLD G P, WHITE D G, 2016. Compendium of corn diseases[M]. 4th ed. St. Paul: The American Phytopathological Society Press.

SEIFERT K A, AOKI T, BAAYEN R P, et al, 2003. The name Fusarium moniliforme should no longer be used[J]. Mycotoxin research news, 107: 643-644.

（撰稿：王晓鸣；审稿：陈捷）

玉米瘤黑粉病　maize common smut

由玉蜀黍瘿黑粉菌引起的、危害玉米植株地上部组织的一种真菌病害。广泛发生在各玉米种植区。

发展简史　玉米瘤黑粉病的致病菌在 1760 年首次被报道。1768 年，Beckmann 因病菌子实体与大型真菌马勃相似，给予了病菌 *Lycoperdon zeae* Beckm.（玉米马勃）名称；de Candolle 在 1805 年将病菌鉴定为夏孢锈菌属的 *Uredo segetum* var. *mays-zeae* DC.，1815 年又将其提升为种 *Uredo maydis*（玉蜀黍夏孢锈菌）；1822 年，Schweintzii 提出了名称 *Uredo zeae* Schwein.；1825 年，Link 命名病菌

Y

为 Caeoma zeae Link（玉米裸孢锈菌）；1836 年，Unger 将 Link 的定名修订为 Ustilago zeae（Link）Unger（玉米黑粉菌），确认致病菌为黑粉菌；1842 年，Corda 将病菌名称确定为 Ustilago maydis（DC.）Corda，该名称为世界各国的研究者广泛接受和采用。2000 年以来的研究揭示，Ustilago 是一个多源（polyphyletic）的属，Ustilago maydis 在黑粉菌目中有独特的进化位置，特别是根据基因组比较和系统进化研究，证明 Ustilago maydis 与真正的 Ustilago 属中其他物种遗传距离相距较远。根据 Brefeld（1912）、Vánky（1990）、Piepenbring 等（2002）、Stoll 等（2005）、Vánky 和 Lutz（2011）、McTaggart 等（2012）对 Ustilago maydis 的形态学、系统进化、分子特征及黑粉菌科（Ustilaginaceae）内不同分类种群共同衍生特征的研究，McTaggar 等在 2016 年撰文提出玉米瘤黑粉病致病菌的种名应恢复为 1912 年 Brefeld 建立 Mycosarcoma 属时作为该属模式种所采用的名称 Mycosarcoma maydis（DC.）Brefeld。根据这一新的研究结论，Mycosarcoma 属的中文名称宜采用"瘤黑粉菌属"（"瘤黑粉菌属"的中文名称已被用于黑粉菌科中的 Melanopsichium），物种 Mycosarcoma maydis 的中文名称建议采用"玉蜀黍瘤黑粉菌"。

在中国，有文字记述的玉米瘤黑粉病首见 1927 年朱凤美的文章，其描述了发生在河北的这一病害。1929 年，陈隽人的文章也记载了河北的玉米瘤黑粉病病害。1930 年，Miura 记载了吉林发生的玉米瘤黑粉病。

分布与危害 该病是一种世界性玉米病害。自首次报道后，长期认为其引起的生产损失较小，因而相关研究较少。随着世界玉米生产的发展，瘤黑粉病逐渐加重，生产损失明显，特别是对甜玉米的鲜穗生产影响巨大，因而引起了广泛关注。玉米瘤黑粉病发生地域遍布世界各玉米主要产区。已知发生瘤黑粉病的国家和地区有亚洲的中国、日本、朝鲜、韩国、哈萨克斯坦、吉尔吉斯斯坦、土库曼斯坦、格鲁吉亚、土耳其、阿富汗、塞浦路斯、黎巴嫩、以色列、伊拉克、沙特阿拉伯、尼泊尔、印度、巴基斯坦、越南、泰国、柬埔寨、马来西亚、新加坡、印度尼西亚；欧洲的俄罗斯、芬兰、瑞典、挪威、爱沙尼亚、拉脱维亚、立陶宛、丹麦、摩尔多瓦、波兰、匈牙利、德国、奥地利、荷兰、比利时、英国、法国、克罗地亚、斯洛文尼亚、罗马尼亚、保加利亚、希腊、意大利、西班牙、葡萄牙；北美洲的加拿大、美国、墨西哥、古巴、多米尼加共和国、波多黎各（美）、海地、牙买加、洪都拉斯、危地马拉、萨尔瓦多、尼加拉瓜、安提瓜和巴布达、圣文森特和格林纳丁斯、特立尼达和多巴哥、哥斯达黎加、巴拿马、百慕大（英）、瓜德罗普（法）、蒙塞拉特岛（英）；南美洲的圭亚那、苏里南、委内瑞拉、哥伦比亚、玻利维亚、厄瓜多尔、秘鲁、乌拉圭、阿根廷、智利；大洋洲的巴布亚新几内亚、澳大利亚、斐济、萨摩亚（美）；非洲的埃及、苏丹、利比亚、摩洛哥、埃塞俄比亚、肯尼亚、坦桑尼亚、科特迪瓦、加纳、尼日利亚、喀麦隆、加蓬、刚果（金）、赞比亚、莫桑比克、南非、马达加斯加等。

该病在中国分布广泛，几乎有玉米种植的地区均有病害发生，包括北京、天津、河北、山西、内蒙古、辽宁、吉林、黑龙江、河南、山东、安徽、江苏、上海、浙江、福建、台湾、海南、广西、湖南、湖北、四川、重庆、贵州、云南、陕西、甘肃、宁夏、新疆。2005 年以来，瘤黑粉病已经成为北方夏玉米区、西北玉米制种基地的重要病害。

玉米感病后造成的损失因发病时期、发病部位、菌瘿（病瘤）大小和数量而异。如果菌瘿生长在果穗上，则直接取代了正常的籽粒，造成严重减产；如果菌瘿生长在植株的其他部位，则菌瘿的生长与植株生长形成对养分的竞争，影响植株发育、籽粒结实，甚至引起植株空秆无果穗。瘤黑粉病发病越早，菌瘿越大，对产量的影响越严重。即使是种植抗病品种，也能够造成约 2% 的产量损失。2005 年，甘肃武威地区瘤黑粉病严重发生，面积达 2.98 万 hm²，减产 2000kg。瘤黑粉病严重发生地块损失可高达 80%；在少数甜玉米种植地区，由于果穗普遍形成瘿瘤，生产损失近 100%。

瘤黑粉病为局部侵染病害，在玉米的全生育期，植株地上部幼嫩组织均可受害。被病原菌侵染的组织增生肿大，形成大小不一（最大 30cm）、形状各异（球状、棒状等）的菌瘿。初生菌瘿白色或淡黄色、绿色，肉质，外层包被具光泽的由玉米表皮组织形成的薄膜；逐渐在白色肉质组织中出现黑色的断续条纹，即成熟的病菌冬孢子，同时菌瘿质地开始变软；菌瘿成熟后，整个肉质组织呈黑褐色，最终外被薄膜破裂，释放大量的粉末状冬孢子（见图）。

病原及特征 病原为玉蜀黍瘤黑粉菌［Mycosarcoma maydis（DC.）Brefeld］，属瘤黑粉菌属。病菌菌瘿成熟后释放出大量黑褐色粉末即冬孢子，冬孢子为二倍体细胞，球形或椭圆形，暗褐色，壁厚，壁表有细刺状突起，直径 6～11μm。

玉蜀黍瘤黑粉菌存在生理分化现象，但生理小种研究缺乏统一的标准，相关报道较少，中国也缺乏对病菌生理小种的研究。玉蜀黍瘤黑粉菌寄主范围较窄，除侵染玉米外，还能侵染两种大刍草，即四倍体多年生类玉米种（Zea perennis）和二倍体多年生类玉米种（Zea diploperennis）。

2006 年已经完成对玉蜀黍瘤黑粉菌菌株 521 的全基因组测序，单倍体基因组全长 20.5Mb，由 23 条染色体构成，包含 6902 个编码蛋白基因。2007 年的研究又发现了 619 个新的基因。

侵染过程与侵染循环 玉蜀黍瘤黑粉菌冬孢子萌发时，伴随减数分裂形成具有 4 个细胞的担子，在每个细胞顶生或侧生梭形、无色的担孢子。担孢子萌发形成侵入丝侵染玉米幼苗或老植株的生长组织，或担孢子以芽殖方式产生次生担孢子，次生担孢子也能萌发形成侵入丝，侵入寄主。由担孢子产生的单核菌丝虽能侵染玉米组织，但却没有致病性，若在玉米组织中与另一个亲和交配型的担孢子萌发形成的单核菌丝发生交配、细胞质融合，形成直径增大的双核菌丝（双核单倍体），才能够具有致病性，否则单核菌丝停止生长，萎缩甚至死亡。双核菌丝在玉米组织细胞间生长，产生类似生长素的物质刺激菌丝周围的寄主细胞，使其快速分裂和膨大，因而造成局部组织异常增大形成菌瘿。初生菌瘿由双核菌丝和膨大的细胞内容物组成，随着菌瘿的成熟，菌丝体利用分解细胞内的营养物质，玉米细胞解体死亡。双核菌丝也能在叶片和茎秆组织内扩展，在叶片上形成长串的菌瘿，在茎秆上引起相邻茎节发病，但双核菌丝扩展距离较短。多数

玉米瘤黑粉病在雌穗、雄穗和茎秆上的症状（王晓鸣提供）

双核菌丝在外被薄膜的包被下完成细胞核融合而发育成二倍体的冬孢子，完成侵染周期。

　　玉蜀黍瘿黑粉菌主要以冬孢子的形式在植株病残体或土壤中越冬，也可混在粪肥或依附于种子表面越冬，成为翌年的初侵染菌源。自然条件下，分散的冬孢子不能长期存活，但集结成块的冬孢子可存活数年。在春季和夏季，遇到适宜的温湿度条件，越冬后的冬孢子萌发，其产生的担孢子和次生担孢子通过气流或雨水飞溅到玉米植株幼嫩或具有伤口的组织上进行侵染。形成菌瘿后可再次释放大量冬孢子进行再侵染。玉米植株上的微型伤口是病菌侵染的重要位点。

　　流行规律　玉蜀黍瘿黑粉菌冬孢子无休眠现象，具有很宽的萌发温度范围，在 10～40℃ 均可萌发，萌发的适宜温度为 26～30℃。高湿的环境条件有利于冬孢子的萌发。在中国东北、华北及西北地区，冬季和春季气候干燥、气温偏低，病菌冬孢子越冬存活力高，存活时间长，因此，北方地区发病较重。玉米生长期遭遇干旱，易形成大量的微小伤口，有利于病菌侵染。玉米制种田去雄等诸多农事活动造成的伤口、玉米螟等害虫危害造成的伤口也是病菌侵染的重要部位，是导致瘤黑粉病发生偏重的原因。

　　防治方法　由于玉蜀黍瘿黑粉菌在玉米全生育期都能够侵染玉米，因此，病害的田间控制比较困难。但人工接种鉴定表明，玉米品种间对瘤黑粉病表现出明显的抗性差异，因此，选择种植对瘤黑粉病具有较好抗性的品种是最有效的病害控制措施。

　　在玉米制种田，去雄作业不可避免地带来大量暴露的伤口，因此，在去雄前和去雄后，应分别喷施内吸杀菌剂，此措施能够有效减轻制种田瘤黑粉病的发生。

　　在瘤黑粉病常发区，提倡及时拔除田间病株并带出农田进行深埋处理，重病田避免秸秆还田作业。及时防控害虫以减少植株伤口等措施都能够减轻瘤黑粉病的发生。

　　参考文献

中国农业科学院植物保护研究所，中国植物保护学会，2015. 中国农作物病虫害 [M]. 3 版 . 北京：中国农业出版社 .

HO C H, CAHILL M J, SAVILLE B J, 2007. Gene discovery and transcript analyses in the corn smut pathogen *Ustilago maydis*: expressed sequence tag and genome sequence comparison[J]. BMC genomics, 8: 334. DOI: 10.1186/1471-2164 -8-334.

KAMPER J, KAHMANN R, BOLKER M, et al, 2006. Insights from the genome of the biotrophic fungal plant pathogen *Ustilago maydis*[J]. Nature, 444: 97-101.

MCTAGGART A R, SHIVAS R G, BOEKHOUT T, et al, 2016. *Mycosarcoma* (Ustilaginaceae), a resurrected generic name for corn smut (*Ustilago maydis*) and its close relatives with hypertrophied, tubular sori [J]. IMA fungus, 7(2): 309-315.

MCTAGGART A R, SHIVAS R G, GEERING ADW, et al, 2012. Soral synapomorphies are significant for the systematics of the *Ustilago-Sporisorium-Macalpinomyces* complex (Ustilaginaceae)[J]. Persoonia, 29: 63-77.

MUNKVOLD G P, WHITE D G, 2016. Compendium of corn diseases[M]. 4th ed. St. Paul: The American Phytopathological Society Press.

（撰稿：王晓鸣；审稿：陈捷）

玉米苗枯病　maize *Fusarium* seedling blight

　　由以镰孢菌为主的多种土传病菌引起、导致玉米幼苗枯萎死亡的一类真菌性病害。

　　发展简史　较早关于玉米苗枯病的记载来自美国 1918 年 Hoffer 等发表的文章，1920 年 Valleau 研究了玉米种子携带 *Fusarium verticillioides* 与玉米苗枯病和茎腐病发生的关系。1927 年，Limber 详细研究了 *Fusarium verticillioides* 与玉米根腐病、茎腐病和穗腐病的关系。随着玉米苗枯病的报道渐多，致病镰孢种类也在增多。可见该病害对生产的危害在逐步增加。在中国，20 世纪 70 年代前在文献中未见关于玉米苗枯病的记载。但近10年来，各玉米种植区中苗枯病发生普遍。

镰孢菌引起的苗枯病不仅对生产有直接的影响，同时，由于致病菌在玉米植株内生长时能够产生对以玉米秸秆为主要饲食原料的家畜具有致害作用的多种毒素，也更加引起对镰孢菌病害的关注。

病害的中文名称"玉米苗枯病"是以症状进行定义的，因为该病的症状不具有对应不同类别病菌的明显特异性，这与国外普遍以"病菌名称+苗枯病"的病害名称命名方式不同，更便于田间一般人员进行病害鉴别和开展病害控制管理工作。

分布与危害 玉米苗枯病广泛发生在世界各玉米种植区。2005年以来，苗枯病在中国的发生和危害逐渐加大，特别是一些年份，由于环境条件的诱发，在东北春玉米区和黄淮海夏玉米区苗枯病发病较重，一般年份，苗枯病的田间发病株率约10%，重病田可达60%以上。有苗枯病记载的包括黑龙江、吉林、辽宁、山西、河北、山东、河南、安徽、江苏、浙江、福建、广西、甘肃等，局部地区对生产影响较大。由于苗枯病发生在玉米生产初期，较难评价其对玉米后期产量形成的影响程度，其主要危害在于引起幼苗死亡，造成田间缺株断垄，特别是在推广单粒播种技术的生产方式下，其影响更为显著。此外，苗枯病的发生还引起植株发育滞后，形成小苗和弱苗，导致后期群体产量的降低。

玉米苗枯病虽然主要是由土壤中的病菌引发，但部分病菌又能够通过种子携带越冬。因此，玉米制种过程中收获的种子是否携带引起苗枯病的致病菌，也对苗枯病的发生具有重要影响。

玉米苗枯病为系统侵染病害，从出苗至3叶期开始表现症状，3～5叶期为发病高峰。造成地上部植株矮化，生长迟缓，发育不良，叶片萎蔫或黄化（图①）。

根部症状 在种子萌动初期，病菌侵染后引起种子或根尖首先变褐，逐渐扩展成一段或整个根系变褐或呈棕褐色，继而侵染中胚轴，先出现水渍状侵染点，后扩大为淡黄色至黄褐色的病斑，并从一条根逐渐扩展至其他根，严重时根皮层腐烂，根毛脱落，次生根减少或无次生根，根系逐渐变

玉米苗枯病在幼苗和根系的症状（毛晓鸣提供）
①幼苗受害症状；②根系受害症状

黑褐色（图②）。

茎部症状 发病轻植株的茎外部无明显变化，但在茎内部的下方已发生褐变，维管束组织呈现黄褐色。发病严重植株茎基部呈褐色腐烂，叶鞘变褐并破裂，下部茎节易折断。

叶部症状 植株下部叶片的叶尖和叶缘发黄，3～5天后叶片变青灰色或黄褐色枯死，上部叶片逐渐发病，心叶失水萎蔫，严重时全株枯萎死亡。

病原及特征 引起玉米苗枯病相似症状的病原有多种。在不同的玉米种植区，致病菌种类各异。苗枯病可以由一种致病菌侵染或者几种病原菌共同侵染，常见致病菌主要有：镰孢菌、丝核菌、离蠕孢菌等，青霉菌、曲霉菌在一些地区也能够引起玉米苗枯病。

镰孢菌是苗枯病的最主要致病菌类群，世界各国报道的常见致病种类有拟轮枝镰孢［*Fusarium verticillioides*（Sacc.）Nirenberg，异名串珠镰孢（*Fusarium moniliforme* Sheld.）］、禾谷镰孢（*Fusarium graminearum* Schw.）、半裸镰孢（*Fusarium semitectum* Berk. et Rav.）、尖镰孢（*Fusarium oxysporum* Schlecht.）、亚黏团镰孢（*Fusarium subglutinans* Wollenw. & Reink.）、层出镰孢［*Fusarium proliferatum*（Mats.）Nirenberg］、茄腐皮镰孢［*Fusarium solani*（Mart.）Sacc.］、锐顶镰孢（*Fusarium acuminatum* Ellis & Everh.）、木贼镰孢［*Fusarium equiseti*（Corda）Sacc.］、燕麦镰孢［*Fusarium avenaceum*（Corda et Fr.）Sacc.］、温和镰孢（*Fusarium temperatum* Scauflaire & Munaut），均属镰刀菌属。在引起苗枯病的镰孢菌中，以拟轮枝镰孢最为主要，禾谷镰孢次之。拟轮枝镰孢寄主广泛，可侵染30多科植物，包括玉米、水稻、高粱等农作物；禾谷镰孢同样有广泛的寄主，能够侵染玉米、小麦、大麦、燕麦、咖啡属、番茄属、豌豆属、枳属、茄属等多种植物。

拟轮枝镰孢在PSA培养基上气生菌丝绒状至粉状，菌落白色或淡紫色；产生大量卵形或椭圆形的小型分生孢子，5～12μm×1.5～2.5μm；小分生孢子能够形成较长的孢子链。

侵染过程与侵染循环 对镰孢菌的研究表明，病菌从玉米根系的根尖部位入侵，穿过表皮层后进入外皮层组织和维管束，被侵染的外皮层组织细胞发生皱缩和变形，细胞逐渐死亡，坏死组织腐烂，呈现褐色，根腐症状出现。

镰孢菌与玉米根系接触后，菌丝顶端膨大形成侵入结构（侵染垫或裂片状附着胞），从附着胞下方产生纤细的侵染丝，靠机械压力或酶的作用直接穿透根系表皮细胞壁或从自然孔口（主要是气孔）及伤口进入表层组织细胞内，病菌菌丝一旦侵入寄主，即在皮层的薄壁组织中迅速定殖和扩展，破坏和分解大量的薄壁细胞组织，导致细胞坏死和组织崩解，随着病原菌进一步繁殖和蔓延，受害部位逐渐由表层向中胚轴发展。病原菌在细胞内经过10天左右的扩展繁殖，根系被破坏，玉米幼苗地上部表现症状。

玉米苗枯病的各种致病菌均有较强的在土壤中腐生的能力，因此，土壤或植株病残体是这些病菌存活和越冬的主要场所，在土壤中一般能够存活2～3年，成为引发苗枯病的主要初侵染源。镰孢菌通常以厚垣孢子、分生孢子、菌丝体在土壤或植株病残体中存活和越冬；丝核菌主要以菌核方

式在土壤中或以菌丝体在植株病残体及其他杂草的根中越冬；离蠕孢菌以菌丝体和分生孢子在病残体上越冬。镰孢菌还能够通过种子传播，存在于种皮、胚、胚乳等各个部位，成为苗枯病的另一个重要初侵染源。

土壤或病残体内的越冬病菌在翌年春天条件适宜时萌发，产生菌丝或孢子侵染玉米幼苗根系，并通过雨水、耕作、灌溉水进行田间传播。田间植株发病后，在病组织上再产生大量的孢子或菌丝进行再侵染。

流行规律　玉米苗枯病菌中，拟轮枝镰孢和禾谷镰孢在湿度适宜、温度10℃以上即可萌发生长，20～26℃最适于病菌生长。茄丝核菌生长温度为7～39℃，适温为26～30℃。玉米生平脐蠕孢菌的生长适温为25～30℃。在以镰孢菌为主要致病菌的地区，具备低温、高湿环境条件的年份，玉米苗枯病发生严重。

防治方法　在不了解玉米品种对苗枯病的抗性水平时，采用含有广谱杀菌剂的种衣剂进行玉米种子包衣是控制苗枯病发生的最主要措施。包衣后，既可以抵御土壤中致病菌的侵染，也可以直接杀死种子自身携带的能够引起苗枯病的病菌，因此，具有双重保护作用。

由于玉米品种间对苗枯病存在抗病性差异，因此，通过田间观察，选择种植抗病品种是最有效的控制措施。采用抗病品种＋种子包衣的双重措施，能够确保苗枯病的有效治理。

由于镰孢菌的种子携带也是引发苗枯病的重要原因，因此，在制种区应强化生产过程中对种子健康质量有影响环节的控制，要注意防治各类镰孢菌病害。

参考文献

中国农业科学院植物保护研究所，中国植物保护学会，2015. 中国农作物病虫害 [M]. 3 版. 北京：中国农业出版社.

BALDWIN T T, ZITOMER N C, MITCHELL T R, et al, 2014. Maize seedling blight induced by *Fusarium verticillioides*: accumulation of fumonisin B1 in leaves without colonization of the leaves[J]. Journal of agricultural and food chemistry, 62 (9): 2118-2125.

MUNKVOLD G P, WHITE D G, 2016. Compendium of corn diseases[M]. 4th ed. St. Paul: The American Phytopathological Society Press.

（撰稿：王晓鸣；审稿：陈捷）

玉米木霉穗腐病　maize *Trichoderma* ear rot

由多种木霉菌引起的、造成玉米果穗和籽粒霉烂的一种真菌性病害。主要发生在种植环境长期处于高湿度的地区。

发展简史　关于玉米木霉穗腐病缺乏相关的报道和研究，但该病害在许多玉米种植区常见，在中国西南地区，由于玉米生长阶段处于高温多雨环境中，田间湿度高，因此，木霉穗腐病的发生较普遍。早在1966年，戚佩坤等就记载了发生在吉林、由绿色木霉引起的玉米穗腐病。

分布与危害　关于玉米木霉穗腐病的世界分布由于缺乏相关报道而无从考证，但该病害在中国广泛发生，特别是在南方玉米种植区发生较为普遍。已知有木霉穗腐病发生的地区包括北京、河北、内蒙古、辽宁、河南、安徽、广东、海南、四川、重庆、云南、贵州等。

玉米木霉穗腐病田间发病率较低，总体上对产量影响较小，但如果病害发生早则常常引起全穗籽粒腐烂，对局部生产也具有一定影响。

木霉穗腐病通常从果穗苞叶的下方开始发生，病菌生长速度极快，在高湿度环境中，病菌菌丝很快穿透苞叶到达籽粒表面，在果穗苞叶外表、苞叶之间以及籽粒表面快速扩展，产生深绿色的菌丝和分生孢子；同时，病菌穿过籽粒间隙达到穗轴并开始侵染，引起穗轴组织的分解并充满深绿色的病菌（见图）。

病原及特征　已知的木霉致病菌为绿色木霉（*Trichoderma viride* Pers. ex Fries）和哈茨木霉（*Trichoderma harzianum* Rifai），以绿色木霉为主。绿色木霉属木霉属。菌落黄绿色或蓝绿色；分生孢子梗顶端2次或3次分枝，对生或轮生无色的瓶梗状产孢细胞；分生孢子在瓶梗上聚集成团，孢子球形，无色至淡绿色，有微刺，2.5～4.5μm×2～4μm；在菌丝中产生间生或顶生的厚垣孢子，球形，光滑，直径12～14μm。

两种木霉均有广泛的寄主，并能够在土壤中腐生生长。

侵染过程与侵染循环　未见对木霉菌侵染玉米的细胞学研究报道。

木霉菌在植物病残体上和土壤中以菌丝和厚垣孢子的形式越冬。木霉菌具有较强的腐生能力，越冬后，在适宜的温度和湿度条件下恢复生长，菌丝快速扩展，产生大量的分生孢子并释放到空中，借助风雨传播。当病菌孢子沉降在果穗苞叶上后，环境条件适宜时即萌发并开始侵染，引起穗腐病。由于土壤中保留有大量木霉菌，因此，不断成为新的侵染源。

流行规律　木霉菌是一种喜湿的真菌，因此，玉米种植田湿度越高越有利于木霉穗腐病的发生。南方的高温高湿气候条件下，木霉穗腐病发生较北方为重。

防治方法　木霉穗腐病的发生与高湿的生产环境有关。因此，控制田间玉米种植处于适当的密度、改善植株间的通

玉米木霉穗腐病在雌穗苞叶和籽粒的症状（王晓鸣提供）

风状况、选择种植早熟及籽粒脱水快的品种等措施都有利于减轻木霉穗腐病的发生。

参考文献

中国农业科学院植物保护研究所，中国植物保护学会，2015. 中国农作物病虫害 [M]. 3 版. 北京：中国农业出版社.

LIPPS P E, DORRANCE A E, MILLS D, 2004. Corn disease management. In Ohio Bulletin 802. Available at http://estore.osu-extension.org/Corn-Disease- Management-in-Ohio-P22.aspx.

MUNKVOLD G P, WHITE D G, 2016. Compendium of corn diseases[M]. 4th ed. St. Paul: The American Phytopathological Society Press.

（撰稿：王晓鸣；审稿：陈捷）

玉米南方锈病　southern maize rust

由多堆柄锈菌引起的、主要危害玉米叶片且分布在热带亚热带及南温带的一种真菌性病害。

发展简史　玉米南方锈病是在 1949 年于非洲地区暴发流行并造成严重产量损失后才得到重视的玉米病害，但该病害的病原菌则是由 Underwood 早在 1891 年于美国亚拉巴马州的鸭茅状摩擦禾（*Tripsacum dactyloides*）上发现并在 1897 年正式以名称 *Puccinia polysora* 命名发表的。玉米南方锈病在美洲加勒比海地区有久远的发生历史，研究推测病原菌从位于大西洋西部的加勒比海地区经过风的作用、远涉 4828km 后传入非洲大陆并逐渐引起严重的生产问题。20 世纪 70 年代后，玉米南方锈病逐渐在许多国家流行，包括玉米主产国美国的南部地区、巴西、非洲许多国家，乃至亚洲的印度、泰国等。玉米南方锈病在中国的发生也始于这个阶段，1972 年后在海南的三亚、乐东和陵水等玉米南繁地区出现南方锈病的流行；1976 年台湾也有南方锈病的正式报道。自 20 世纪 90 年代后期以来，南方锈病开始在中国玉米主产区之一的夏玉米区的南部发生，一些年份病害暴发，对玉米生产影响巨大，病害甚至向北扩展至春玉米区的辽宁和向西扩展至甘肃。

分布与危害　玉米南方锈病主要分布在世界玉米生产的热带、亚热带地区，但已经波及至暖温带地区，是玉米多种锈病中对生产影响最重的病害。已有玉米南方锈病发生的国家和地区包括：亚洲的中国、日本、印度、越南、泰国、柬埔寨、菲律宾、文莱、马来西亚、印度尼西亚，及位于亚洲地区的澳大利亚的圣诞岛；北美洲的美国、墨西哥、多米尼加共和国、牙买加、洪都拉斯、伯利兹、危地马拉、萨尔瓦多、尼加拉瓜、圣卢西亚、圣文森岛、特立尼达和多巴哥、格林纳达、哥斯达黎加、巴拿马、波多黎各（美）、法属马提尼克岛；南美洲的圭亚那、委内瑞拉、哥伦比亚、巴西、玻利维亚、秘鲁、阿根廷；大洋洲的巴布亚新几内亚、澳大利亚、斐济、所罗门群岛、西萨摩亚、汤加、瓦努阿图、法属新喀里多尼亚；非洲的苏丹、埃塞俄比亚、索马里、肯尼亚、坦桑尼亚、乌干达、毛里塔尼亚、塞内加尔、马里、布基纳法索、几内亚、塞拉利昂、利比里亚、科特迪瓦、加纳、

多哥、贝宁、尼日尔、尼日利亚、乍得、中非、喀麦隆、赤道几内亚、加蓬、刚果（金）、刚果（布）、赞比亚、津巴布韦、马拉维、莫桑比克、南非、马达加斯加、毛里求斯、法属留尼旺岛。在中国，辽宁、陕西、河北、北京、河南、山东、安徽、江苏、上海、浙江、福建、台湾、广东、海南、广西、湖南、湖北、重庆、贵州、云南及甘肃等地都有玉米南方锈病发生的记录，而海南、广东、广西、福建、浙江、江苏等属于常年发生较重的地区。

玉米南方锈病曾在美国、巴西及非洲的许多国家流行危害。在温暖高湿的适宜条件下，病害流行年份可造成 20%～50% 的产量损失。中国在 1996—1998 年、2007—2008 年、2015 年多次发生南方锈病的流行，局部地区减产达到 20%～30%，是夏玉米区和南方玉米区面临的重要病害之一。

玉米南方锈病病菌可以侵染玉米植株的所有地上部组织，主要危害叶片、叶鞘和苞叶。在感病品种上，病菌侵染叶片后，初期在叶片表面出现淡黄色的小点，小点逐渐略隆起并突破叶片表皮组织而露出圆形、直径 0.2～1.5mm 的夏孢子堆，从夏孢子堆中散出大量橘黄色的夏孢子（见图）。随着病害的发展，感病品种叶片上下两面可以布满橘黄色的夏孢子堆。苞叶等部位的症状与叶片相似，但在叶鞘和雄穗穗轴上有时夏孢子堆相连而呈现为短线状。一般情况下，很少见黑褐色的冬孢子堆形成。

病原及特征　玉米南方锈病的致病菌为多堆柄锈菌（*Puccinia polysora* Underw.），属柄锈菌属。多堆柄锈菌夏孢子椭圆形或卵形，少数近圆形，单细胞，大小为 28～38μm×23～30μm，淡黄色至金黄色，壁厚 1～1.5μm，壁表面有细小突起，芽孔腰生，4～6 个。冬孢子形状不规则，常有棱角，多为近椭圆形或近倒卵球形，30～50μm×18～30μm，顶端圆或平截，基部圆或狭，隔膜处略缢缩，表面光滑，栗褐色，壁厚 1～1.5μm，中间一个隔膜。尚未发现多堆柄锈菌存在转主寄主。多堆柄锈菌为专性寄生菌，寄主除玉米外，还有甘蔗属中的 *Saccharum apopecuroides*、摩擦禾属中的东方鸭茅状摩擦禾、矛形摩擦禾、摩擦禾、毛摩擦禾和宽叶摩擦禾，蔗茅属的开叉蔗茅和

玉米南方锈病在叶片和叶鞘上的症状（王晓鸣提供）

狐状蔗茅，假蜀黍。

多堆柄锈菌具有显著的生理分化，与寄主的互作属于"基因—基因"模式。20 世纪 50 年代，在非洲东部地区鉴别出 3 个生理小种（EA1、EA2 和 EA3）。1962 年，美国又报道了 6 个新小种（PP3、PP4、PP5、PP6、PP7 和 PP8）。1965 年，在南非鉴定出第十个小种 PP9。1986 年，叶忠川在台湾利用 4 个自交系鉴定出 13 个生理小种。2002 年，巴西报道用 6 个玉米杂交种对巴西的 60 个多堆柄锈菌分离物进行鉴定，区分出 17 种毒力型。在美国，抗南方锈病基因 Rpp9 的利用超过 20 年，但自 2006 年以来，已在田间发现一些具有该抗病基因背景的自交系和品种开始感病，叶片上出现许多夏孢子堆，表明新的致病小种已经形成。

侵染过程与侵染循环　玉米南方锈病病菌的夏孢子沉降在叶片上并有适宜的湿度条件时，4 小时后开始萌发，芽管多沿与叶脉垂直方向生长，趋向气孔并通过气孔进入寄主组织，也可以通过细胞间隙侵入或直接穿透寄主表皮细胞侵入。直接穿透细胞前在菌丝与寄主组织接触面形成附着胞，进一步在其下方发育出侵染丝，通过机械压力穿透细胞壁并在细胞内形成气孔下囊结构，进而生成初生菌丝和吸器母细胞，建立寄生关系。病菌在侵入之后的菌态发育因玉米材料抗感的不同而表现差异。在感病材料上，菌态发育快，初生菌丝和吸器母细胞的形成较在抗病材料中早约 4 小时，胞内菌丝生长快，分枝多；在抗病材料上，菌态发育滞后，生长受到抑制，吸器数量少，胞内菌丝的发育被推迟了 12 小时且分枝少、长度短。

在适宜的发病温度下，病菌在玉米细胞内发育 7～10 天后形成明显的病斑并产生新的夏孢子堆和夏孢子，完成一个侵染循环。

在热带和亚热带玉米种植区，只要田间有玉米种植，多堆柄锈菌就能够以夏孢子的形式不断地侵染玉米，保持病害发生的周年连续性。但在暖温带地区，玉米春种秋收，多堆柄锈菌不能够以夏孢子形式在枯死的玉米植株上越冬，仅在少数情况下可以形成少量的冬孢子，但其在翌年的病害流行中作用十分有限。因此，暖温带的南方锈病初侵染源应该来自热带和亚热带玉米种植区，在热带气旋（台风）的作用下，病菌进行单向的远距离传播，这是造成美国一般 4～5 年有一次南方锈病大发生、中国夏玉米区南方锈病年度间发生水平不同的重要原因。

当南方锈病发生后，病害在玉米田块间和植株间的进一步扩散主要依赖风雨的作用。

流行规律　多堆柄锈菌具有较广的温度适应能力，夏孢子的适宜萌发温度为 24～31℃，即使是在 37℃ 下萌发率仍有 8%。因此，在炎热的夏季，只要有病菌通过气流传播到玉米种植区，在适宜的湿度下，病菌均能够萌发和完成对玉米的侵染并在玉米组织中扩展。但病害症状的出现又需要较低的环境温度，因此，热带和亚热带高海拔地区和暖温带秋季凉爽的条件是南方锈病暴发的时期。影响玉米南方锈病发生程度的最主要环境因素是日平均温度，当日平均温度为 25℃ 左右时，病害将严重发生。中国夏玉米区的河南、山东、河北南部、安徽北部和江苏北部，南方锈病症状一般出现在 8 月下旬至 9 月上旬；在浙江和福建为 9 月下旬至 10 月上旬；

在广东和广西有 2 个发病期，分别为 6 月和 11 月；海南的发病期为 1～3 月。

防治方法　玉米南方锈病由于病菌在中国大部分发生区无法越冬，因此，病害的发生受到外来菌源的影响，造成年度间病害发生程度的很大差异。因此，有效防控南方锈病发生的最好措施是选择种植抗南方锈病品种。美国利用 Rpp9（来自 PI 186208，定位在第十染色体）抗南方锈病基因选育了许多抗病品种，在生产中对减轻锈病流行引发的损失发挥了重要作用。已知的抗南方锈病基因还有 Rpp1（位于第十染色体）、Rpp2、Rpp10（显性）和 Rpp11（部分显性）。中国的研究者也分别从自交系 P25、齐 319 和 W2D 中鉴定出 RppP25、RppQ 和 RppD 三个抗南方锈病基因，其中齐 319 已经培育出多个抗病品种。

由于南方锈病在玉米生长后期具有突发的特点，因此，在病害常发区，也可以采用在玉米喇叭口后期向叶片喷施内吸杀菌剂的方式，推迟玉米生长后期病害的显症时间并减轻病害的严重程度。

参考文献

中国农业科学院植物保护研究所，中国植物保护学会，2015. 中国农作物病虫害 [M]. 3 版. 北京：中国农业出版社.

MUNKVOLD G P, WHITE D G, 2016. Compendium of corn diseases[M]. 4th ed. St. Paul: The American Phytopathological Society Press.

（撰稿：王晓鸣；审稿：陈捷）

玉米普通锈病　maize common rust

由高粱柄锈菌引起的、主要危害玉米叶片的一种真菌性病害。广泛分布在冷凉玉米种植区。是玉米生产中最为常见的病害之一。

发展简史　作为玉米普通锈病的致病菌，Schweinitz 在 1832 年发表的名称 Puccinia sorghi 所依据的标本是高粱幼苗，但后来的研究证明，高粱属（Sorghum spp.）植物并不是该菌的寄主。在 1844 年和 1851 年由 Berenger 命名了 2 个来自玉米的柄锈菌种，分别为 Puccinia maydis Berenger 和 Puccinia zeae Berenger。经过后人的研究并根据真菌命名法规，Berenger 创立的 2 个种已经作为 Puccinia sorghi 的异名。尽管存在寄主不符的问题，但 Puccinia sorghi 仍是玉米普通锈病病菌的合格种名并一直沿用至今。20 世纪 50 年代，普通锈病在美国中北部玉米种植区的发生加重，开始对生产形成影响。在中国，关于玉米普通锈病的最早报道来自 1937 年清华大学的一份报告，记述了 1935—1936 年的植物病害，包括发生在陕西的玉米普通锈病；同年，戴芳澜和周家炽发表的报告中也记述了陕西的玉米普通锈病；1938 年贵州报告了该病害，1941 年杨新美和陈冠球记述了广西的玉米普通锈病，1942 年 Sasaki 报道了发生在河北的玉米普通锈病。

分布与危害　玉米普通锈病为气流传播病害，主要分布在世界各大洲中高纬度的温带玉米种植地区和低纬度高海拔的玉米种植区域。迄今，已明确有玉米普通锈病发生的国家和地区有 100 余个，包括亚洲的中国、日本、韩国、阿塞拜疆、格鲁吉亚、土耳其、阿富汗、伊朗、黎巴嫩、以色列、约旦、伊拉克、沙特阿拉伯、也门、阿曼、孟加拉国、尼泊尔、印度、巴基斯坦、斯里兰卡、缅甸、泰国、柬埔寨、菲律宾、马来西亚、印度尼西亚；欧洲的俄罗斯、瑞典、爱沙尼亚、拉脱维亚、乌克兰、摩尔多瓦、波兰、匈牙利、德国、奥地利、荷兰、英国、法国、塞尔维亚、克罗地亚、斯洛文尼亚、罗马尼亚、保加利亚、希腊、意大利、西班牙、葡萄牙；北美洲的加拿大、美国、墨西哥、古巴、多米尼加共和国、波多黎各（美）、海地、牙买加、洪都拉斯、伯利兹、危地马拉、尼加拉瓜、特立尼达和多巴哥、哥斯达黎加、巴拿马；南美洲的圭亚那、苏里南、委内瑞拉、哥伦比亚、巴西、玻利维亚、厄瓜多尔、秘鲁、巴拉圭、阿根廷、智利；大洋洲的巴布亚新几内亚、澳大利亚、新西兰、斐济、瓦努阿图、库克群岛（新西兰）、法属新喀里多尼亚；非洲的埃及、苏丹、利比亚、摩洛哥、埃塞俄比亚、索马里、肯尼亚、坦桑尼亚、乌干达、卢旺达、塞拉利昂、科特迪瓦、加纳、贝宁、尼日利亚、喀麦隆、刚果（金）、刚果（布）、赞比亚、安哥拉、马拉维、莫桑比克、南非、马达加斯加、毛里求斯、留尼汪岛。玉米普通锈病在中国主要发生在气候冷凉的春播玉米区，包括河北、山西、辽宁、吉林、黑龙江、内蒙古、甘肃、宁夏、陕西等地，以及山东、广东、广西、台湾、海南、四川、贵州、云南等地的高海拔山区或秋玉米上。

玉米普通锈病发生广泛，一般年份发生引起减产 10%～20%，严重发病年份则减产 50% 以上，部分地块甚至绝收，是冷凉玉米种植区的重要病害。

玉米普通锈病主要侵害玉米叶片，严重时危害叶鞘。发病初期在叶片基部或上部主脉两侧出现乳白至淡黄色针尖大小病斑，为病原菌未成熟夏孢子堆，随后病斑扩展为圆形至长圆形，隆起，颜色加深至黄褐色，表皮破裂散出铁锈色粉状物，为成熟夏孢子，夏孢子散生于叶片的两面，以叶面居多（见图）。在玉米生长后期，叶片两面尤其背面靠近叶鞘或中脉附近形成黑色冬孢子堆，冬孢子堆初椭圆形、埋生时间较长，后突破表皮外露。

病原及特征 病原为高粱柄锈菌（*Puccinia sorghi*），属柄锈菌属。夏孢子多为近球形，少为矩形与不规则形，

玉米普通锈病在叶片和植株上的症状（王晓鸣提供）

淡褐色至金黄褐色，壁厚 1.5～2μm，表面布满短而稠密的细刺，大小为 24～33μm×21～30μm，沿赤道上有 4 个发芽孔，分布不均；冬孢子为椭圆形至长椭圆形，多为双细胞；中部具一个隔膜，微缢，顶端钝圆，少数扁平，顶膜厚 4～6μm，表面光滑，基部圆，栗褐色，大小为 28～46μm×14～25μm；冬孢子柄淡黄色，永久性，长达 80μm，是冬孢子长度的 2～3 倍，并与冬孢子结合稳固。冬孢子是原担子，萌发后形成先菌丝，又称后担子，先菌丝转化为有隔担子，担子的小梗上产生担孢子，释放时可强力弹射，是经过减数分裂后形成的单核孢子。病菌性孢子和锈孢子阶段的转主寄主为酢浆草属植物，包括酢浆草、欧洲酢浆草、直酢浆草和康诺根酢浆草等。侵染玉米的高粱柄锈菌存在生理分化，形成不同的致病小种。

侵染过程与侵染循环 高粱柄锈菌夏孢子在 2 小时内可萌发，从萌发孔伸出的菌丝在与寄主组织接触的尖端下方形成附着胞并长出侵染钉，穿透寄主细胞形成侵染。成功侵染后，病菌在玉米表皮组织中逐渐发育为由大量夏孢子组成的夏孢子堆，突破表皮释放夏孢子。在适宜条件下，夏孢子可以再次侵染玉米。当玉米进入生长后期、气候逐渐转冷时，病菌在玉米组织中产生冬孢子构成的冬孢子堆，冬孢子为双核细胞，是病菌的越冬形态。直至翌年春季病菌萌发前，两个单倍体的细胞核融合成为双倍体。冬孢子萌发形成先菌丝并产生 4 个单倍体的担孢子，通过气流传至玉米叶片上开始初侵染。

在中国北方春玉米区，病菌产生的冬孢子能够在植株病残体上越冬。翌年春季在温度与湿度条件具备时，冬孢子萌发并产生担孢子，经风雨传播至玉米叶片形成侵染并通过产生大量夏孢子完成病害的田间扩散；秋季，病叶上产生冬孢子并随病残体越冬。在中国南方和新疆玉米区，病菌的休眠夏孢子可以越冬并成为翌年的初侵染源。

流行规律 高粱柄锈菌夏孢子萌发和侵染的适宜温度为 10.8～29.0℃，最适温度为 14.9～22.4℃，温度在 10℃ 以下萌发终止。因此，当玉米生产中环境温度低、降雨多的年份普通锈病发生重。

防治方法 玉米普通锈病属于以气流传播为主的病害，其发生程度受环境影响较大，又因该病害主要发生在玉米生产的中后期，因此，宜采取以种植抗病品种为主的防控策略。由于病菌存在不同的生理小种，因此，在选择抗病品种时应注意年度间抗性表现是否一致，或选择中等抗病的品种，避免病菌的变异。

在普通锈病严重的地区，减少收获后的秸秆还田，以减少越冬的病菌群体；同时，在玉米喇叭口期，可以喷施内吸杀菌剂，控制病菌的侵染，减轻病害的发生。

参考文献

中国农业科学院植物保护研究所，中国植物保护学会，2015. 中国农作物病虫害 [M]. 3 版 . 北京 : 中国农业出版社 .

MUNKVOLD G P, WHITE D G, 2016. Compendium of corn diseases[M]. 4th ed. St. Paul: The American Phytopathological Society Press.

ROELFS A P, BUSHNEL W R, 1985. The cereal rusts[M]. Orlando San Diego, New York: Academic Press.

（撰稿：王晓鸣；审稿：陈捷）

玉米鞘腐病　maize sheath rot

以层出镰孢为主引起的、主要危害玉米叶鞘组织的一种新的真菌性病害。分布较广泛。

发展简史　2005年美国在玉米上记载了一种紫叶鞘病，但未见有致病菌的报道。2008年中国辽宁、吉林和黑龙江的春玉米上发现了一种以叶鞘局部出现紫褐色病斑为特征的新发病害，根据病害症状仅发生在叶鞘部位的特点，称其为鞘腐病。

分布与危害　中国河北、山西、辽宁、吉林、黑龙江、山东、江苏、四川、陕西、甘肃、宁夏等地有该病害的发生，局部地块发生严重。

由于叶鞘是输送叶片光合产物的通道，叶鞘组织受损将极大影响光合产物向玉米籽粒的转运。因此，鞘腐病发生重，玉米籽粒的灌浆受到干扰大，能够引起4%～15%的产量损失。

玉米鞘腐病在玉米生长的中后期发生，受害叶鞘呈灰褐色至黑褐色或呈水渍状腐烂。病斑初为椭圆形褐色、黑色或黄色小点，后逐渐扩展为圆形、椭圆形或不规则状斑点，多个病斑联合后形成黄色或黑褐色不规则形斑块，蔓延至整个叶鞘，导致叶鞘干枯死亡，但病斑不扩展至茎秆（见图）。

病原及特征　主要致病菌为层出镰孢［*Fusarium proliferatum*（Mats.）Nirenberg］，属镰刀菌属。在培养基上，气生菌丝茂盛，菌丝颜色从灰白色渐变为灰紫色。大型分生孢子较少产生，细长，镰刀形，略直，多为3～5个隔膜，大小为27～38μm×3.5～5.0μm；小型分生孢子形成短串状结构或假头状结构，短棒状，多无隔，大小为7.5～10.5μm×3.5～4.5μm。层出镰孢的寄主包括农作物中的玉米、高粱、水稻、燕麦、大豆、柑橘、杧果、芦笋、兰花、韭、蒜、洋葱等，以及木本植物的椰枣、松树。其次，木贼镰孢［*Fusarium equiseti*（Corda）Sacc.］也被证明是玉米鞘腐病致病菌之一。

侵染过程与侵染循环　迄今，对病菌侵染玉米叶鞘的过程尚缺乏细胞学的研究。

玉米鞘腐病属于土壤传播的病害。病菌有很强的腐生能力，主要以菌丝体和分生孢子形式在玉米病残体和土壤中存活越冬，少数可以通过种子传播，但带菌病残体在翌年形成的分生孢子是最主要的侵染源。病菌孢子借助风雨在田间传播，落在叶鞘与茎秆交界处的病菌，通过雨水进入叶鞘内侧进行侵染，引发鞘腐病；由于夏季在玉米叶鞘内侧常有大量蚜虫为躲避高温而栖居并刺吸叶鞘取食，在叶鞘内侧形成许多伤口，为层出镰孢的侵染提供了条件。秋收后，带有大量病菌的玉米组织或通过秸秆还田方式重新进入土壤，或堆放在田边，构成病菌越冬的两个重要场所。

流行规律　玉米鞘腐病在高温多雨年份发生较重；田间植株密度高，鞘腐病发生偏重；叶鞘内蚜虫危害重则会加重鞘腐病的发生。

防治方法　由于玉米鞘腐病为土壤传播病害，主要发生在玉米生长的中后期，发生部位为叶鞘组织，因此，病害防治比较困难。由于不同玉米品种间鞘腐病的田间发病程度差异很大，因此，可以选择种植田间发病轻的品种，避免病害突发带来的损失。

参考文献

王宽，曹志艳，李朋朋，等，2015. 鞘腐病发生程度与玉米倒伏及产量损失间的相关性分析 [J]. 植物保护学报，42(6): 949-956.

中国农业科学院植物保护研究所，中国植物保护学会，2015. 中国农作物病虫害 [M]. 3版. 北京：中国农业出版社.

LI P P, CAO Z Y, WANG K, et al, 2014. First report of *Fusarium equiseti* causing a sheath rot of corn in China[J]. Plant disease, 98(7): 998.

MUNKVOLD G P, WHITE D G, 2016. Compendium of corn diseases[M]. 4th ed. St. Paul: The American Phytopathological Society Press.

（撰稿：王晓鸣；审稿：陈捷）

玉米鞘腐病在叶鞘上的症状（王晓鸣提供）

玉米曲霉穗腐病　maize *Aspergillus* ear rot

由多种曲霉菌引起的、导致玉米籽粒和果穗霉烂的一类真菌性病害。具有广泛的地域分布。

发展简史　玉米曲霉穗腐病没有明确的早期发生记录，但在1957年，Burnside等在 *A disease of swine and cattle caused by eating moldy corn* 文中明确了引起玉米籽粒霉变的主要真菌为黄曲霉（*Aspergillus flavus*），并通过饲喂试验证明其对猪、马、山羊及小鼠具有毒性。20世纪70年代后，随着黄曲霉毒素对人和动物的危害日益加重，开始引起人们对玉米曲霉穗腐病的关注与研究。在中国，20世纪70年代前的文献中无玉米曲霉穗腐病的记录，直至2001年在有关书籍中才出现相关描述。

分布与危害　玉米曲霉穗腐病是生产中常见、分布广泛的病害，引发该类病害的致病菌有黄曲霉、黑曲霉、寄生曲霉、杂色曲霉等多种曲霉。迄今，由于引起穗腐病的黄曲霉产生致癌毒素，因此，被广为关注，研究和报道较多。已有玉米黄曲霉穗腐病报道的国家包括亚洲的中国、日本、亚美尼亚、土耳其、伊朗、黎巴嫩、以色列、伊拉克、也门、巴

Y

林、孟加拉国、尼泊尔、印度、巴基斯坦、阿曼、越南、泰国、菲律宾、印度尼西亚；欧洲的俄罗斯、瑞典、波兰、捷克、斯洛伐克、英国、希腊、意大利、西班牙、葡萄牙；北美洲的美国、墨西哥、古巴、洪都拉斯、巴拿马；南美洲的委内瑞拉、哥伦比亚、厄瓜多尔、巴西、玻利维亚、秘鲁、阿根廷；大洋洲的澳大利亚；非洲的埃及、苏丹、利比亚、摩洛哥、埃塞俄比亚、肯尼亚、坦桑尼亚、乌干达、塞内加尔、布基纳法索、加纳、贝宁、尼日尔、尼日利亚、乍得、喀麦隆、赞比亚、博茨瓦纳等。玉米曲霉穗腐病在中国各玉米种植区均有分布，但无详尽的调查报告。根据田间调查，能够确认北京、河北、黑龙江、四川、重庆等地有分布。

　　曲霉穗腐病由于田间发病率较低，一般情况下引起的减产小于5%，所以对玉米产量的影响较小。曲霉穗腐病的危害在于其致病菌在寄主组织中生长时产生对人畜健康有重大影响的毒素，当食用和饲用含有病菌的玉米籽粒中积累的毒素后，能够导致一系列中毒症状，甚至引发癌症。不同的曲霉菌产生的毒素种类有差异，黄曲霉和寄生曲霉产生以黄曲霉毒素为主的多种毒素，而黑曲霉则产生赭曲霉素和伏马毒素；杂色曲霉产生具有致癌性的杂色曲霉素。玉米黄曲霉穗腐病表现为部分或整个玉米果穗发病，发病籽粒表面布满黄绿色、松散、棒状或近球状的病原菌结构（病菌的分生孢子梗和分生孢子），籽粒一般表现明显的变软腐烂（图①）。

　　黑曲霉穗腐病则在剥开苞叶后，果穗上较少出现大片籽粒发霉的症状，但籽粒松动；掰除籽粒后，在籽粒基部及穗轴表层变黑，籽粒易脱漏，潮湿条件下，在籽粒或发病穗轴表面长出许多散生的黑色球状物，是病菌的孢子梗和孢子结构（图②）。

　　病原及特征　玉米黄曲霉穗腐病致病菌为黄曲霉（*Aspergillus flavus* Link），属曲霉属。菌落在 PDA 培养基上扩展快，呈现灰绿色绒状；菌丝有隔膜，产生大量无色、壁粗糙的分生孢子梗，长 400～1000μm；分生孢子梗顶端膨大为球状顶囊，顶囊表层长出一层或两层辐射状小梗（初生小梗与次生小梗），最上层小梗瓶状，顶端着生成串的分

生孢子；分生孢子近球形，表面有细刺，直径 3.5～4.5μm，聚集时呈灰绿色或黄绿色。

　　玉米黑曲霉穗腐病致病菌为黑曲霉（*Aspergillus niger* Tiegh），属曲霉属。分生孢子梗无色或顶部黄色至褐色，直立，有分隔，200～400μm×7～10μm；产孢结构两层排列，褐色至黑色，顶层孢梗长瓶状，6～10μm×2～3μm；分生孢子聚集形成的头状物灰黑色、炭黑色、球形；分生孢子球形，深褐色，初期光滑，后变为粗糙或表面有小刺，直径2.5～4.0μm。

　　曲霉菌主要以半腐生的方式引起植物病害，因此，寄主范围非常广泛，同时还能够在土壤中腐生生长。

　　侵染过程与侵染循环　当黄曲霉菌在发育的穗轴表面接种后，逐渐向穗轴表层的幼嫩组织缓慢扩展生长，但不进入中间的髓部组织和木质化的纤维组织中。病菌从发育的花轴和苞叶组织进入花轴上部，继续生长并穿过薄壁组织到达花轴顶端和果皮内层，但无法穿透全部果皮组织；菌丝在花轴、花轴上部和果皮组织的细胞间生长，而在花轴顶端组织中则可在细胞间和细胞内生长，最终进入外种皮。种子下方发育后期形成的黑层能够阻止病菌进入种子内部。

　　由于曲霉菌具有较强的腐生能力，因此，主要在被侵染的植物病残体上和土壤中以菌丝或分生孢子的形式越冬，也可以通过种子内外的携带越冬。翌年春夏季节，曲霉菌在植株病残体上进行腐生生长并向空气中释放大量的分生孢子，通过气流和风雨的作用进行传播。当玉米果穗受到各种机械损伤、害虫咬食后形成许多开放的伤口时，病菌就可以通过伤口侵染玉米籽粒，直至引起穗腐病。

　　流行规律　病原菌自玉米苗期至种子储藏期均可侵入与危害。病害发病程度受品种、气候、害虫危害、农艺活动、果穗脱水状况等多种因素影响。特别是延缓籽粒脱水的因素（品种苞叶过紧、植株持绿性强、籽粒脱水慢）是引起玉米曲霉穗腐病的重要原因。有研究认为，在干旱和蛀穗害虫严重发生的年份易引发曲霉穗腐病。

　　防治方法　曲霉穗腐病的防治具有一定难度，但应以选择种植具有较好抗病性的品种为主要措施，在育种材料中已经发现具有抗病菌侵染或抗黄曲霉毒素累积的材料，可以将不同抗病特点的材料进行聚合，培育籽粒脱水快、抗曲霉穗腐病的品种。

　　由于果穗被害虫取食后形成的伤口是曲霉菌侵染的最主要途径，因此，在果穗发育过程中应及时防治玉米螟、桃蛀螟等蛀穗害虫对穗部的危害。

　　参考文献

中国农业科学院植物保护研究所，中国植物保护学会，2015. 中国农作物病虫害 [M]. 3 版. 北京：中国农业出版社.

GARY P M, 2003. Cultural and genetic approaches to managing mycotoxins in maize[M]. Annual review of phytopathology, 41: 99-116.

MIDEROS S X, WINDHAM G L, WILLIAMS W P, et al, 2012. Tissue- specific components of resistance to Aspergillus ear rot of maize [J]. Phytopathology, 102: 787-793.

MUNKVOLD G P, WHITE D G, 2016. Compendium of corn diseases[M]. 4th ed. St. Paul: The American Phytopathological Society Press.

WARBURTON M L, WILLIAMS W P, 2014. Aflatoxin resistance

玉米曲霉穗腐病果穗症状（王晓鸣提供）
①黄曲霉穗腐病；②黑曲霉穗腐病

in maize: what have we learned lately? [J]. Advances in botany, article ID 352831.

（撰稿：王晓鸣；审稿：陈捷）

玉米丝黑穗病　maize head smut

由丝孢堆黑粉菌引起的、主要危害玉米雌穗和雄穗组织、在冷凉玉米种植区广泛发生的一种真菌病害。

发展简史　该病早在 1875 年由 Kühn 以 *Ustilago reiliana* Kühn（丝黑粉菌）首次对病原菌进行了命名；1900 年，Clinton 将此名修订为 *Cintractia reiliana*（J. G. Kühn）Clinton（丝核黑粉菌），而同年 McAlpine 根据研究将病菌修订为 *Sporisorium reilianum*（J. G. Kühn）McAlpine（丝孢堆黑粉菌），但 *Sporisorium* 属自 1825 年建立后被忽视了约 150 年，直到 1978 年才恢复名称，此后研究者将原属于 *Ustilago* 属的 60 多个种和 *Sorosporium* 属中的 170 多个种归入了 *Sporisorium* 属中。1902 年 Clinton 又再次将病菌 *Cintractia reiliana* 更名为 *Sphacelotheca reiliana*（J. G. Kühn）Clinton（丝轴黑粉菌），该名称已为大家接受并广泛采用，在关于玉米丝黑穗病的文献中，对病菌基本采用的是该名称。根据 2000 年郭林主编的《中国真菌志：第十二卷黑粉菌科》及国外真菌分类学家基于对黑粉菌科真菌在形态学、寄主病害特征和多基因联合序列分析方面的研究进展，*Sporisorium reilianum*（丝孢堆黑粉菌）应是玉米丝黑穗病致病菌的正确名称。

在中国，最早关于该病发生的正式记载来自 1930 年 Miura 的报告，记述了发生在吉林的玉米丝黑穗病。戴芳澜在 1937 年的材料记述了河北在 1935 年前有玉米丝黑穗病的发生。随着玉米种植面积的扩大，丝黑穗病的发生区域也在扩大，已经成为冷凉春玉米区的主要病害之一。

分布与危害　该病是一种广泛分布在世界冷凉玉米种植区的病害，发生国家与地区有 70 余个：亚洲的中国、日本、韩国、哈萨克斯坦、伊朗、塞浦路斯、以色列、伊拉克、也门、不丹、尼泊尔、印度、巴基斯坦、缅甸、菲律宾、马来西亚、印度尼西亚；欧洲的俄罗斯、瑞典、乌克兰、摩尔多瓦、波兰、匈牙利、德国、奥地利、法国、塞尔维亚、斯洛文尼亚、罗马尼亚、保加利亚、希腊、西班牙、葡萄牙；北美洲的加拿大、美国、墨西哥、牙买加、洪都拉斯、危地马拉、萨尔瓦多、巴巴多斯、巴拿马；南美洲的哥伦比亚、巴西、玻利维亚、秘鲁、阿根廷；大洋洲的巴布亚新几内亚、澳大利亚、新西兰；非洲的埃及、苏丹、利比亚、埃塞俄比亚、厄立特里亚、索马里、肯尼亚、坦桑尼亚、乌干达、卢旺达、布隆迪、毛里塔尼亚、塞内加尔、马里、布基纳法索、加纳、多哥、尼日尔、乍得、喀麦隆、刚果（金）、赞比亚、津巴布韦、马拉维、莫桑比克、南非、毛里求斯。该病害在中国春玉米区普遍发生，如北京、天津、河北、山西、辽宁、吉林、黑龙江、内蒙古、陕西、甘肃、宁夏、新疆、四川、重庆、贵州、云南以及湖南、湖北的山地玉米种植区。

由于丝黑穗病主要破坏玉米雌穗和雄穗，因此，对生产

影响极大。当病害流行时，常常造成 30%～50% 的产量损失。中国在 20 世纪 70 年代后期、90 年代后期以及 21 世纪初期 3 次发生丝黑穗病的流行，重病田中植株发病率超过 60%。

典型的丝黑穗病症状出现在玉米抽雄和雌穗形成期。发病雌穗外观较短粗，呈圆锥状，无花丝发育，后期苞叶枯黄，一侧开裂并散出黑褐色粉末，正常雌穗组织消失，仅存留黑色丝状物（残存的维管束组织）黑粉状的病菌冬孢子；少数病穗保持绿色，但内部组织发育异常，呈丛枝状结构。发病雄穗的小花形成黑色菌瘿，破裂后散出黑粉；一些雄穗转变为小叶状聚集或刺状结构（见图）。

病原及特征　病原为丝孢堆黑粉菌玉米专化型 *Sporisorium reilianum* f. sp. *zeae*，属孢堆黑粉菌属。孢子堆主要生在花序中，成熟后黑粉外露，其中夹杂丝状的寄主维管束组织和中轴。冬孢子暗褐色，近球形，直径 9～14μm，壁表面有细刺。冬孢子萌发时产生有分隔的担子，侧生担孢子。担孢子无色，单胞，椭圆形，直径 7～15μm。病菌的寄主仅为玉米。

侵染过程与侵染循环　该病主要通过土壤传播。玉米播种后，散落在田间土壤中的病菌冬孢子也同时萌发，病菌"+""−"两性菌丝结合后产生侵染丝，并通过玉米幼苗的芽鞘、胚轴或幼根侵入。菌丝在玉米幼苗组织中发育直至分生组织中，并随着发生组织的生长进入雌穗和雄穗。病菌侵染雌穗和雄穗后，引起发育异常，在雌穗中仅残存植物的维管束组织和雌穗的中轴，同时产生大量的冬孢子。

该病为土壤传播病害。发病的雌穗和雄穗中散出的大量病菌冬孢子落入田间并可存活 2～3 年。翌年玉米播种后，病菌同时萌发并侵染玉米，直至玉米生长后期在组织中形成病菌的冬孢子。由于病菌从侵染至再次产生冬孢子需要较长的周期，因此，该病害在一年中仅完成一次侵染循环。

流行规律　该病的流行与环境条件密切相关。在土壤中存在病菌冬孢子的田间，玉米播种早并遇到土壤温度和湿度较低时，由于玉米出苗慢，胚芽在土壤中停留时间长，造成病菌有较多的机会侵染玉米胚芽，丝黑穗病往往发生重，病害呈现流行状。相反播种略晚时，土壤温度较高，幼苗出土

玉米丝黑穗病在雌穗和雄穗的症状（王晓鸣提供）

快，病菌侵染概率较低。如果土壤墒情好，也能够加快幼苗的出土，有利于减轻丝黑穗病的发生。

防治方法　玉米品种间对丝黑穗病存在明显的抗病性差异，因此，选择种植抗病品种是控制丝黑穗病发生的最主要措施。

采用三唑类内吸杀菌剂进行玉米种子包衣，能够有效抑制病菌对玉米幼苗的侵染，具有较好的丝黑穗病防控作用，但应注意三唑类药剂易在低温下引起玉米的药害问题。

参考文献

郭林, 2000. 中国真菌志：第十二卷　黑粉菌科 [M]. 北京：科学出版社.

中国农业科学院植物保护研究所, 中国植物保护学会, 2015. 中国农作物病虫害 [M]. 3 版. 北京：中国农业出版社.

MCTAGGART A R, SHIVAS R G, GEERING A D W, et al, 2012. A review of the *Ustilago-Sporisorium-Macalpinomyces* complex [J]. Persoonia, 29: 55-62, 116-132.

MCTAGGART A R, SHIVAS R G, GEERING A D W, et al, 2012. Taxonomic revision of *Ustilago, Sporisorium* and *Macalpinomyces* [J]. Persoonia , 29: 116-132.

MUNKVOLD G P, WHITE D G, 2016. Compendium of corn diseases[M]. 4th ed. St. Paul: The American Phytopathological Society Press.

（撰稿：王晓鸣；审稿：陈捷）

玉米弯孢叶斑病　maize *Curvularia* leaf spot

由弯孢菌引起的、危害玉米叶片的一种真菌病害。又名玉米黄斑病、玉米拟眼斑病、玉米黑霉病。主要分布在高温高湿环境的玉米种植区。

发展简史　弯孢菌在玉米上危害的最早报道来自1952 年 McKeen 的文章，当时将致病菌鉴定为 *Curvularia inequalis*；1956 年，R. R. Nelson 报道了 *Curvularia maculans* 引起的玉米叶斑病。1969 年，Mabadeje 首次提出了玉米上 *Curvularia* leaf spot 病害一词，将不同的弯孢种引起的叶斑病归为一类病害。1970 年以来，有关 *Curvularia* 不同种引起玉米叶斑病的报道逐渐增多，迄今已报道的致病弯孢种达8 个。中国自 20 世纪 80 年代该病害开始在夏玉米区发生，但正式报道为 1995 年。近 30 年来，弯孢叶斑病已经在中国普遍发生，一度成为玉米生产中的重要问题。

分布与危害　该病主要分布在热带和亚热带玉米种植区，但已扩展至温带玉米种植区，在世界各大洲的 20 个国家有明确的生产危害报道，这些国家包括中国、泰国、印度、土耳其、前南斯拉夫、罗马尼亚、意大利、匈牙利、美国、墨西哥、波多黎各（美）、巴拿马、巴西、委内瑞拉、玻利维亚、埃及、苏丹、尼日利亚、津巴布韦、澳大利亚等。在中国，玉米弯孢叶斑病主要发生在夏玉米区和辽宁南部较热的区域，病害发生严重时，能够引起 20% 的产量损失，例如在 1996 年，辽宁葫芦岛地区暴发该病，辽南地区发病面积达 16.8 万 hm²，损失玉米约 2.5 亿 kg。

弯孢叶斑病主要发生在玉米叶片。病菌侵染叶片后，叶上出现散生的水渍状或淡黄色透明小斑点；病斑逐渐发展，形成近圆形、直径 1～2mm、中央乳白色、边缘褐色的斑点，但在叶片主脉上没有病斑。病害严重时，叶片上布满小斑点，导致叶片局部或全叶枯死（见图）。

病原及特征　已报道有至少 8 种弯孢菌能够引起玉米弯孢菌叶斑病，在中国，主要致病菌为新月弯孢［*Curvularia lunata*（Wakker）Boedijn］，有性态为新月旋孢腔菌（*Cochlibolus lunatus* Nalson et Haasis）；一些国家的主要致病菌为苍白弯孢（*Curvularia pallescens* Boedijn），有性态为苍白旋孢腔菌［*Cochliobolus pallescens*（Tsuda et Ueyama）Sivanesan］。此外，致病弯孢种还有不等弯孢［*Curvularia inaequalis*（Shear）Boedijn］、间型弯孢（*Curvularia intermedia* Boedijn），有性态为间型旋孢腔菌（*Cochliobolus intermedius* Nelson）、棒弯孢（*Curvularia clavata* Jain）、画眉草弯孢［*Curvularia eragrostidis*（Henn.）Meyer］，有性态为画眉草假旋孢腔菌（*Pseudocochliobolus eragrostidis* Tsuda et Ueyama）、塞内加尔弯孢［*Curvularia senegalensis*（Speg.）Subram.］、小瘤弯孢（*Curvularia tuberculata* Jain），有性态为小瘤旋孢腔菌（*Cochliobolus tuberculatus* Sivan.）。

新月弯孢属暗色孢科弯孢属。分生孢子梗单生或多个丛生，多隔膜，直或略弯，顶部呈膝状；分生孢子生于孢子梗的顶端侧面，多数由 4 个细胞组成，中间 2 个细胞深褐色，两端细胞色较淡，并由于中间 2 个细胞单侧膨大，分生孢子呈弯曲状，大小为 18～32μm×8～16μm。分生孢子从一端或两端萌发。有性态新月旋孢腔菌属格孢腔菌目格孢腔菌科旋孢腔菌属，在自然界中较少见。病菌能够在人工培养基上生长，菌落圆形，周缘整齐，气生菌丝绒絮状，灰白色，菌落背面呈黑褐色；新月弯孢在 PDA 上生长温度为 9～38℃，最适生长温度为 25～32℃；在 pH5～9 的培养基上均能生长，pH 为 6 的条件最适宜生长；分生孢子萌发温度为 7～41℃，最适温度为 30～32℃，最适相对湿度为 98%。新月弯孢在长期与玉米品种互作的过程中，出现致病力变异。

2012 年，新月弯孢基因组测序完成，基因组全长 35.5Mbp

玉米弯孢叶斑病在叶片上的症状（王晓鸣提供）

（有的菌株为 31.2Mbp），编码 11234 个基因，其中 840 个基因编码分泌蛋白。

侵染过程与侵染循环　弯孢菌的分生孢子在风雨作用下沉降至玉米植株叶片后，在适宜的湿度条件下经过 3～6 小时开始萌发，从分生孢子上产生的芽管生长至一定阶段后在顶端形成紧贴叶片表皮细胞的附着胞，然后在下方产生侵染钉，直接穿透表皮细胞的细胞壁入侵玉米组织。病菌进入寄主细胞后的侵入丝组织顶端形成泡囊样结构用于吸收寄主组织的营养，并产生次生菌丝向相邻细胞扩展。在侵染和扩展的同时，病菌也产生致病毒素，引起玉米细胞的死亡，导致症状的出现。病菌从侵染至寄主出现症状一般为 3～4 天；侵染后 7～10 天即可在病斑上产生新的分生孢子。

引起玉米病害的弯孢菌主要以休眠菌丝体的形态在玉米病株残体上越冬为主，也能够以分生孢子状态越冬。在干燥环境条件下，病残体中的菌丝体和分生孢子可以安全越冬，但若遇到降雪、降雨引起玉米病残体腐烂，则病菌随之死亡。因此，遗弃在田边、堆垛在村庄周边的玉米带菌秸秆是翌年产生新的病菌初侵染源的重要场所。在玉米进入喇叭口期（一般为 10 叶期后）时，越冬病菌产生的新分生孢子大量形成并随风进入田间，逐渐引发弯孢叶斑病。一旦田间出现发病植株，在高温高湿条件下，数日内就可以在病斑上产生新的分生孢子，不断传播扩散，引起弯孢叶斑病的流行。

由于许多弯孢菌也可侵染水稻、高粱及各种禾本科杂草，因此，这些植物发病后的带菌残体也能够形成玉米病害的侵染源。

流行规律　病菌分生孢子最适萌发温度为 30～32℃，最适的湿度为超饱和湿度，相对湿度低于 90% 萌发减少。因此，在高温高湿环境下，玉米弯孢叶斑病易发生流行。在夏玉米区，7 月和 8 月为雨热同步时期，玉米逐渐从营养生长阶段转入繁殖生长阶段，环境和寄主因素都十分有利于弯孢叶斑病的发生与流行。

防治方法　由于玉米育种中的大多数亲本自交系对弯孢病菌表现感病，因此，生产中的抗弯孢叶斑病品种较少，需要在该病害常发区的夏玉米种植区积极推动抗病性品种选育，避免该病害的后期突发。由于田间感病品种较多，因此，在弯孢叶斑病流行地区可以采用在玉米喇叭口期喷施内吸杀菌剂的措施，控制病菌的初侵染，推迟病害发生和暴发流行时间。

参考文献

中国农业科学院植物保护研究所,中国植物保护学会,2015.中国农作物病虫害 [M]. 3 版 . 北京 : 中国农业出版社 .

MANAMGODA D S, CAI L, BAHKALI A H, et al, 2011. *Cochliobolus*: an overview and current status of species[J]. Fungal diversity, (51): 3-42.

MUNKVOLD G P, WHITE D G, 2016. Compendium of corn diseases[M]. 4th ed. St. Paul: The American Phytopathological Society Press.

（撰稿：王晓鸣；审稿：陈捷）

玉米纹枯病　maize banded leaf and sheath blight

由多种丝核菌引起的、主要危害玉米茎秆、叶片和果穗的一种真菌性病害。主要分布在环境湿热的玉米种植区。

发展简史　玉米纹枯病在 1927 年首次报道发生在斯里兰卡，Bertus 将其定名为菌核病，病菌鉴定为 *Rhizoctonia solani* f. sp. *sasakii*。病害首次报道后，在马来西亚的病害报道中给予了病害英文名称为 banded sheath rot；在菲律宾，该病害被称为 banded sclerotial disease；在日本，病害被描述为 summer sheath blight。此外，关于该病害还有许多其他名称，如 oriental leaf blight, sharp eye spot, leaf and sheath blight, corn sheath blight, horizontal banded blight, *Rhizoctonia* ear rot, sheath rot 等。现在已经将病害的英文名称统一为 banded leaf and sheath blight。根据病害的特征，中国将该病害称为纹枯病，意指在玉米茎秆表面有云纹状的枯死斑。中国最早的关于玉米纹枯病的记载来自 1958 年戴芳澜等著的《中国经济植物病原目录》一书，致病菌记述为 *Rhizoctonia zeae*，病害发生在四川。经过数十年的研究，证明引起玉米纹枯病的除 *Rhizoctonia solani* 外，还有另外 2 种丝核菌也是纹枯病的致病菌，即 *Rhizoctonia zeae* 和 *Rhizoctonia cerealis*。

分布与危害　玉米纹枯病在许多国家已经成为流行性病害，有病害报道的国家包括中国、日本、韩国、孟加拉国、尼泊尔、印度、巴基斯坦、斯里兰卡、不丹、越南、老挝、缅甸、泰国、柬埔寨、菲律宾、马来西亚、印度尼西亚、德国、英国、美国、委内瑞拉、塞拉利昂、科特迪瓦、尼日利亚等。20 世纪 70 年代中后期纹枯病逐渐成为中国玉米生产中的重要病害之一，发生地区包括黑龙江、吉林、辽宁、陕西、山西、河北、河南、山东、安徽、江苏、上海、浙江、台湾、广东、广西、湖南、湖北、四川、重庆、贵州、云南等地。在中国西南地区，由于特殊的气候环境，纹枯病已成为限制该区域玉米发展的重要因素。

在纹枯病常发区，一般能够引起 10%～40% 的产量损失，特别是在病害扩展快、病菌较早侵染果穗组织的情况下，减产可高达 80%～100%。由于植株发病始于近土壤的茎节并逐渐向上部扩展，叶鞘、茎秆、叶片及果穗都会严重发病和腐烂，导致植株输导组织破坏，水分和营养传送终止，因此，发病越重越早则引发的损失越重。1983 年和 1985 年，浙江松阳因纹枯病分别引起 9.3% 和 16.5% 的减产；1987 年，湖北秭归玉米纹枯病发生面积 5300hm²，严重成灾 1000hm²，平均发病株率为 98.5%，平均减产 18.8%；2008—2010 年，四川南部纹枯病大发生，植株发病率 13.5%～80.6%，产量损失 10%～30%；在广西，一些玉米品种因纹枯病减产 57.8% 和 87.5%。

玉米纹枯病在苗期即可发生，但主要发病阶段为抽雄期和灌浆期。病害始发于近地茎节的叶鞘。叶鞘被侵染后逐渐形成灰褐色的云纹状病斑，发病组织逐渐坏死，严重时病菌能够侵入茎秆，使茎秆表面也产生褐色、形状不规则的病斑并导致茎秆质地松软、组织逐渐解体，植株倒伏。病斑可以从叶鞘向叶片扩展，引起植株下部叶片从基部向顶部逐渐坏死；当植株果穗穗位较低时，常常被病菌侵染，在苞叶上产生云纹状病斑，病菌从苞叶侵染到果穗的籽粒上，造成籽粒因灌浆不足而干瘪，严重时引起果穗干腐、穗轴霉变。环境潮湿时，茎秆、叶鞘、果穗病斑上产生大量大小不一、褐色、球形或扁圆形的颗粒状菌核，成熟后脱落至土壤中（见图）。除在玉米植株上引起组织表现纹枯症状外，病菌还能够引起种子腐烂、幼苗猝倒、根系腐烂、植株枯萎、穗轴腐烂等。

病原及特征　病原主要为立枯丝核菌（*Rhizoctonia solani* Kühn），其次还有玉蜀黍丝核菌（*Rhizoctonia zeae* Voorhees）和禾谷丝核菌（*Rhizoctonia cerealis* Van der Hoeven），均属丝核菌属，不产生分生孢子，依靠营养菌丝的生长侵染植物。在中国，玉米纹枯病的主要致病菌为立枯丝核菌。立枯丝核菌为多核丝核菌，在 PDA 平板培养基上生长快，菌落淡黄褐色，气生菌丝发达，从白色菌丝团逐渐变为淡褐色并产生褐色、球形或扁圆形、直径 1～15mm 的菌核。菌丝主枝直径 8～12.5μm，分枝与主枝成直角、锐角或钝角，二次分枝多为直角或近直角，分枝处有明显缢缩和隔膜；不产生分生孢子；菌丝细胞具有多个细胞核，一般为 3～10 个。在中国，侵染玉米的立枯丝核菌以 AG1-IA 菌丝融合群为主。立枯丝核菌寄主范围很广，已知有 15 科 200 多种植物，包括禾本科的水稻、甘蔗、高粱及多种杂草，豆科的花生、大豆、豌豆、绿豆、小豆、菜豆等作物，茄科的番茄、马铃薯等。

侵染过程与侵染循环　立枯丝核菌能够通过菌丝的生长从玉米植株的表皮、气孔和自然孔口侵入，以菌丝端部直接穿透表皮组织侵入为主。当病原菌在玉米组织表面生长 8～12 小时后，在叶鞘表面的菌丝尖端下方形成近圆形的侵染垫及附着胞，并产生侵染钉进行侵入。此后在叶鞘组织细胞内可见富含液泡的菌丝。细胞内的菌丝可以穿透细胞壁在细胞间生长扩展。在侵入后 4 小时，从气孔中向外长出新的菌丝，并逐渐引起叶鞘表皮组织崩解和细胞死亡。

立枯丝核菌具有很强的腐生能力，以菌丝体和菌核在病残株上和土壤中越冬。菌核在土壤中可存活 2 年以上，是玉米纹枯病发生的主要初侵染源。在温度、湿度、光照条件适宜时，菌核萌发并长出菌丝。菌丝在土壤表层生长，当其与玉米幼苗接触后，通过表皮、气孔和自然孔口进行侵染，并从近地表茎节向上扩展，同时也通过叶鞘引起叶片发病。田间灌溉和耕作能够促进病菌的移动，而玉米植株间叶片等组织的接触也能够导致病害在植株间的扩展。玉米组织因发病死亡后，在组织表面即可形成病菌的菌核。菌核成熟后脱落进入土壤越冬，而发病植株中的病菌菌丝则随秸秆还田或收获后堆放在地边的病残体越冬。

流行规律　丝核菌对环境的适应能力强，其生长喜高温高湿环境。因此，当田间平均温度为 25～32℃、相对湿度高于 90% 时，纹枯病扩展迅速，田间发病严重；若田间相对湿度低于 70%，纹枯病则发生较轻。

土壤中病菌数量影响纹枯病的发生轻重，而生态地势、栽培方式、种植密度、施肥水平以及品种抗性等因素与纹枯病发生水平具有密切的关系。通风差、地势低洼易积水、玉米连作、种植密度高、氮肥施用多等因素都能够加剧纹枯病的暴发。

防治方法　由于病菌的致病特性和具有较强的腐生能力以及考虑玉米种植和病害发生的特点，对纹枯病采用轮作措施进行调控或施用内吸杀菌剂进行控制都没有很好的效果，也很难在田间实施。因此，选育抗纹枯病品种成为了病害控制的首要选择。通过几十年的研究，已经发现了一些具有一定水平的抗性材料或耐病性较强的材料，并从中发掘出一些与抗纹枯病紧密相关的 QTL，印度等国家也已育成了一些抗纹枯病品种。中国通过多年的人工接种鉴定，也从大量品种中筛选出部分具有较好耐病性的品种。选择种植抗纹枯病或耐纹枯病品种，可以有效减低病害的田间发病程度，保护生产。

玉米纹枯病在茎秆、叶片和果穗上的症状（王晓鸣提供）

对于土传病害，生物防治具有重要的意义，许多国家都在开展相关的田间试验，木霉生物防治菌剂、荧光假单胞和枯草芽孢杆菌生防菌剂都表现出一定的作用，应该成为未来玉米纹枯病的重要防治技术之一。

参考文献

中国农业科学院植物保护研究所，中国植物保护学会，2015. 中国农作物病虫害 [M]. 3 版. 北京：中国农业出版社.

HOODA K S, KHOKHAR M K, PARMAR H, et al, 2015. Banded leaf and sheath blight of maize: historical perspectives, current status and future directions[J]. Proceedings of the National Academy of Sciences, India-Section B: Biological sciences, 87: 1041-1052.

MUNKVOLD G P, WHITE D G, 2016. Compendium of corn diseases[M]. 4th ed. St. Paul: The American Phytopathological Society Press.

SINGH A, SHAHI J P, 2012. Banded leaf and sheath blight: an emerging disease of maize (*Zea mays* L.)[J]. Maydica, 57: 215-219.

（撰稿：王晓鸣；审稿：陈捷）

玉米细菌干茎腐病病株及茎秆干腐症状（王晓鸣提供）

玉米细菌干茎腐病　maize bacterial dry stalk rot

由成团泛菌引起的、主要危害玉米茎秆的土传和种传细菌性病害。仅发生在局部地区的少数玉米材料上。

发展简史　玉米细菌干茎腐病是 2006 年在中国甘肃玉米制种田中新发现的一种病害。病害仅在少数玉米自交系上发生，而其组配后的杂交种发病轻微或不发病，未影响到正常的生产。已知有细菌干茎腐病发生区域为甘肃、新疆等制种基地。由于该病害严重影响杂交种种子的配制，育种企业不得不将对病害高度敏感的自交系退出育种应用，随之其组配的新品种也退出生产市场。因此，2005 年以来在制种基地已未见该病害的发生。

玉米细菌干茎腐病的病害名称源于该种病害与玉米上发生的普通细菌茎腐病引起茎秆组织分解、产生大量黏稠的菌溢并具有腥臭味的软腐特征不同，其发病部位呈黑褐色，无黏稠的菌溢和腥臭味，组织发生缺刻的干腐特征。

分布与危害　玉米细菌干茎腐病仅在甘肃、新疆和北京有发生记录，分布范围狭小的原因与该病害主要通过种子传播和仅有少量玉米自交系对致病菌表现高度敏感有关。

发病玉米植株在苗期生长缓慢，拔节期时茎节略短于正常植株，叶鞘表面出现不规则的小型褐斑；植株抽雄阶段，病症逐渐明显，在叶鞘内侧的茎皮上出现不规则的黑褐色病斑；病斑在茎皮表面扩展并向茎髓组织内部发展，引起茎皮和茎髓组织消解，发病部位出现明显的组织缺失；发病茎秆单侧组织的消解导致植株茎秆弯曲并易发生折断（见图）。发病植株（自交系父本）由于发育迟缓、茎秆弯曲或折断，其株高低于杂交种制种中的母本高度，因而无法进行正常制种。

病原及特征　病原为成团泛菌［*Pantoea agglomerans*（Beijerinck）Gavini, Mergaert, Beji, Mielcarek, Izard, Kersters & De Ley］，属泛菌属。病菌革兰氏染色反应阴性。

在 NA 培养基上 30℃ 时生长迅速，菌落淡黄色，圆形，表面光滑，微凸起，边缘整齐，直径为 0.8～1.5mm，半透明，较软，略黏，培养基不变色；在 YDC 培养基上菌落呈黄色；菌体短杆状，两端圆，单细胞，大小为 $0.5～1.0\mu m×1～3\mu m$，周生鞭毛。

成团泛菌广泛分布在世界各地土壤中。在植物组织中也常见成团泛菌，属于植物内生菌或附生菌，一些菌株具有固氮和生防菌的功能。2007 年以来研究表明，成团泛菌菌株也是植物致病菌，能够引起玉米叶疫病和枯萎病以及芋头、洋葱、棉花、水稻的一些病害。成团泛菌还是人的条件致病菌。

侵染过程与侵染循环　病菌能够从种子和土壤进入玉米植株的维管束系统并扩展至地上部茎秆并引起发病，属于系统侵染病害。

成团泛菌是一种土壤中常见的细菌，能够在土壤进行腐生生长并越冬。病菌也能够通过维管束组织进入种子，在种子中越冬。由于细菌干茎腐病属于系统侵染病害，因此，病害具有单循环的特点。同时，由于土壤中普遍存在成团泛菌，因此，带菌病残体对于病害的侵染循环作用有限。

流行规律　玉米细菌干茎腐病的发生与玉米自交系的敏感性有密切关系。对细菌干茎腐病的感病性受一对隐性基因控制，少量自交系在田间自然侵染条件下能够发生细菌干茎腐病，因此，病害的发生可能与自交系来源相关。对细菌干茎腐病发生所需要的环境条件还缺乏研究。

防治方法　由于玉米细菌干茎腐病的发生仅限于少数自交系，因此，应避免将这些自交系在易发生病害的制种区进行种子生产。

如果田间发生细菌干茎腐病，应在病害初发阶段喷施杀细菌的药剂，能够控制病害发展，保护种子生产。

参考文献

曹慧英，李洪杰，朱振东，等，2011. 玉米细菌干茎腐病菌成团泛菌的种子传播 [J]. 植物保护学报，38(1): 31-36.

中国农业科学院植物保护研究所，中国植物保护学会，2015. 中国农作物病虫害 [M]. 3 版. 北京：中国农业出版社.

（撰稿：王晓鸣；审稿：陈捷）

Y

玉米细菌茎腐病 maize bacterial stalk rot

由玉米迪基氏菌引起的、危害玉米茎秆组织的一种细菌性病害。是一种世界性病害。主要发生在热带和亚热带玉米种植区。

发展简史 1921年Rosen第一次正式报道了在美国发生的玉米细菌茎腐病，1922年将致病细菌鉴定为一个新的致病种 *Pseudomonas dissolvens* Rosen。1930年Prasad在文章中记述了1928年发生在印度的玉米细菌茎腐病，同样将致病菌鉴定为 *P. dissolvens*。1948年，Burkholder将该菌重新定名为 *Aerobacter dissolvens*（Rosen）Burkholder。1940年，Ark报道了另一种玉米茎腐病的致病细菌 *Phytomonas lapsa* Ark。1954年，Sabet在埃及报道鉴定了引起玉米细菌茎腐病的胡萝卜欧文氏菌玉米专化型（*Erwinia carotovora* f. sp. *zeae*），此后在印度和非洲其他地区的玉米上都发现了由这种专化型致病菌引起的玉米细菌茎腐病。1958年，Volcani报道从玉米细菌茎腐病植株上分离到一种不产生气体的 *Erwinia carotovora* 菌系，人工接种能危害玉米。Mungonery在同年也报道 *Erwinia atroseptica* 菌系人工接种也能够危害玉米。此后，不同的研究者又对致病菌种名进行了多次修订，因而针对玉米细菌茎腐病致病种，不仅有不同的致病种报道，即使是同一致病种，也因分类地位的改变而出现十余个不同的名称。2005年Samson等建立了 *Dickeya* 属，并以种名 *Dickeya zeae* 作为玉米细菌茎腐病的致病细菌种名，将历史上应用的其他名称作为其异名，如 *Erwinia carotovora* f. sp. *zeae*、*Erwinia chrysanthemi* pv. *zeae*、*Pectobacterium carotovorum* f. sp. *zeae* 和 *Pectobacterium chrysanthemi* pv. *zeae* 等。

中国在1962年由夏锦洪与方中达首次报道玉米细菌茎腐病，对分离自江苏玉米细菌性茎腐病病株的多个细菌菌株进行研究，发现 *Erwinia carotovora* f. sp. *zeae* 菌系对玉米具有很强的致病力，是引起病害的致病菌。

2007年，报道在南非发生了一种新的细菌茎腐病，称为褐茎腐病（brown stalk rot），致病菌为菠萝泛菌和另一种未确定的泛菌。这种褐茎腐病在症状上表现为植株变矮，地表第一茎节纵向开裂，内部茎髓呈现黑褐色并向上部茎节扩展，这些症状均与玉米迪基氏菌引起的细菌茎腐病不同。

分布与危害 玉米细菌茎腐病在玉米茎秆中部引发腐烂，因此又被称为烂腰病。细菌茎腐病历史上主要发生在热带和亚热带玉米种植区，但随着全球气温的升高，在温带玉米产区也时有发生。玉米细菌茎腐病在许多国家和地区分布，包括中国、印度、伊朗、日本、韩国、朝鲜、马来西亚、菲律宾、埃及、科摩罗、毛里求斯、南非、苏丹、津巴布韦、法属留尼汪岛、美国、墨西哥、哥斯达黎加、古巴、洪都拉斯、牙买加、巴拿马、波多黎各、巴西、哥伦比亚、圭亚那、法国、德国、希腊、意大利、荷兰、葡萄牙、俄罗斯、西班牙、瑞士、英国、澳大利亚、新西兰、库克群岛。印度曾报道局部地区玉米细菌茎腐病的田间发病率达80%～85%，在人工接种条件下，能够造成92%产量损失。

玉米细菌茎腐病在中国有扩大的趋势，该病害在吉林、陕西、甘肃、河北、天津、河南、山东、安徽、浙江、福建、海南、广西、四川、云南等地有发生的记载，并在四川、海南等地发生较重，局部地区对生产影响较大。1996年，吉林桦甸大范围发生细菌茎腐病，重病田病株率达71.4%；在黄淮夏玉米区，一些年份发生偏重。

玉米细菌茎腐病主要发生在玉米茎秆的中部果穗下方茎节，常常引发茎秆折断，果穗发育受到严重影响（见图）。玉米细菌性茎腐病多在植株生长中期发生，有时发病期提早

玉米细菌茎腐病引起茎秆倒折的症状（石洁、王晓鸣提供）

至拔节期。发病初期在叶鞘表面出现水渍状病斑，椭圆形或不规则形，有浅红褐色的边缘；病菌从叶鞘侵染茎秆，在茎秆上引起梭形或不规则形的褐色病斑，病菌侵入茎组织后分解髓组织的薄壁细胞，导致茎秆因腐烂而内陷；在高温高湿环境中，病斑从侵染点快速向茎秆上下侧发展，数日后即可引发茎秆倒折，并从腐烂部位溢出大量黄褐色或乳白色、具有腐臭味的细菌菌液。严重时，病菌从叶鞘扩展至果穗，直接导致果穗腐烂。

病原及特征　病原为玉米迪基氏菌（*Dickeya zeae*）。病菌菌体杆状，两端钝圆，菌体长度变异较大，0.85～1.6μm，无荚膜和芽孢，周生鞭毛6～8根，革兰氏染色反应阴性；在肉汁陈蔗糖培养基上菌落圆形，微突起，乳白色，略透明，菌落有胶质；不同致病菌株在不同的培养基上色泽有差异，并且生长状况及耐盐性都存在差异；菌株为好气性，适宜生长温度32～36℃，最高38℃。玉米迪基氏菌全基因大小为4532364bp，含4154个开放阅读框。该病菌也引起水稻、菊花、马铃薯、烟草、香蕉等细菌性腐烂病害。此外，有报道认为丁香假单胞菌倒折致病变种［*Pseudomonas syringae* pv. *lapsa*（Ark）Young，Dye and Wilkie］和玉米假单胞菌（*Pseudomonas zeae* Hsia et Fang）也是该病的病原。

侵染过程与侵染循环　玉米迪基氏菌在自然条件下通过玉米叶片和叶鞘表面的气孔、水孔、伤口等侵入植株组织。当病菌与玉米组织接触后，分泌大量的寄主细胞壁降解酶，如纤维素酶、果胶酶、多聚半乳糖醛酸酶、蛋白酶等，分解玉米组织的中胶层和细胞壁，导致细胞解离，细胞膜被破坏，使寄主细胞内的糖分及可溶性物质外渗，为细菌的进一步繁殖创造条件，同时引起玉米组织的腐烂。对于病害为何主要发生在茎秆中部的原因还缺乏研究。

玉米迪基氏菌能够在位于地表的玉米病叶、茎秆、穗轴、病种子等病残体上越冬，成为初侵染源。翌年，在病残体上的病菌恢复生长，在风雨、昆虫和动物活动以及人的田间劳作等方式的作用下进行扩散，风雨对病害在田间的传播与扩散具有最主要的作用。发病植株常常倒伏，茎秆进一步腐烂或秋季病残体直接遗留在田间或粉碎后还田，病菌进入越冬状态。

流行规律　由于致病菌玉米迪基氏菌发育的适宜温度为30～35℃，因此，高温和高湿的环境条件成为玉米细菌茎腐病发生的基础条件。连续干旱后，突降大雨或田间大水灌溉，利于致病细菌的迅速传播和蔓延，常导致细菌茎腐病发生严重。低洼地或易积水的地块发病较重；施用未腐熟农家肥或单施氮肥发病重；连作年限越长发病越重。

防治方法　由于玉米细菌茎腐病具有突发、病程短、危害重和防治期短的特点，一旦观察到田间出现发病植株，采用喷施药剂的方式进行病害控制常常效果较差。因此，提倡选择种植抗病或耐病品种。在2010年，Canama等在热带白玉米自交系YIF62第二染色体上鉴定出一个抗细菌茎腐病位点，能够解释抗性变异的26%。

在细菌茎腐病常发区，可以根据病害的发生规律，提前进行田间施药，控制病菌的侵染和抑制已经进入玉米组织的病菌繁殖和生长。

参考文献

中国农业科学院植物保护研究所，中国植物保护学会，2015.中国农作物病虫害[M].3版.北京：中国农业出版社.

MUNKVOLD G P, WHITE D G, 2016. Compendium of corn diseases[M]. 4th ed. St. Paul: The American Phytopathological Society Press.

SUBEDI S, SUBEDI H, NEUPANE S, 2016. Status of maize stalk rot complex in western belts of Nepal and its integrated management[J]. Journal of maize research and development, 2(1): 30-42.

ZHOU J N, CHENG Y Y, LV M F, et al, 2015. The complete genome sequence of *Dickeya zeae* EC1 reveals substantial divergence from other *Dickeya* strains and species[J]. BMC genomics, 16: 571. DOI 10.1186/s12864-015-1545-x.

（撰稿：王晓鸣；审稿：陈捷）

玉米细菌性顶腐病　maize bacterial top rot

由多种细菌引起的、以危害玉米叶片顶端为主要特征的一种细菌性病害。常受环境影响，为偶发性病害。

发展简史　玉米细菌性顶腐病为局部发生病害，在中国为新病害。1982年曾报道细菌性顶腐病于1979—1980年在巴西甜玉米上发生，美国在1986年也发生过细菌性顶腐病，2011年和2013年在墨西哥有发生记录。

分布与危害　该病害在中国河北、河南、山东、新疆地区有发生，局部地区对玉米生产造成较大影响。

细菌性顶腐病主要发生在玉米喇叭口期，引起叶片叶尖部位变褐腐烂，一般对生产的影响较小；但在2010年，新疆伊犁新源部分玉米田曾因严重发病导致毁苗重播；新疆博乐精河数百亩玉米发生严重的细菌性顶腐病，田间病株率50%以上，无穗空秆率超过30%，全田减产40%。

玉米细菌性顶腐病在玉米抽雄前均可发生。从喇叭口伸出的心叶尖端出现褐色腐烂，腐烂部位沿叶片边缘向基部扩展；发病轻的叶片表现叶缘失绿，叶片透明；发病部位组织消失，形成缺刻；严重发病植株，顶部叶片叶尖相互粘连，导致植株叶片紧裹，雄穗无法伸出；由于雄穗与发病叶片接触，也被细菌侵染发生腐烂；如果植株上部叶片因腐烂后紧贴茎秆而不伸展，能够引起无雌穗形成；发病腐烂部位有明显的臭味（见图）。

病原及特征　多种细菌能够引起玉米细菌性顶腐病。由于细菌性顶腐病的发生与玉米心叶期叶片叶尖形成的微小伤口有关，因此，为各种具有腐生或寄生能力的细菌创造了侵染的机会。玉米细菌性顶腐病的致病菌有肺炎克雷伯氏菌（*Klebsiella pneumoniae*）、铜绿假单胞菌［*Pseudomonas aeruginosa*（Schroeter）Migula］、黏质沙雷氏菌（*Serratia marcescens*）、鞘氨醇单胞菌（*Sphingomonas* sp.）等。巴西、美国和墨西哥的研究认为玉米迪基氏菌（*Dickeya zeae*）引起细菌性顶腐病。

铜绿假单胞菌属于非发酵革兰氏阴性杆菌。菌体细长且长短不一，大小为1.5～3.0μm×0.5～0.8μm，有时呈球状杆状

细菌性顶腐病在玉米生长中期的症状（董金皋、王晓鸣提供）

或线状，成对或短链状排列，菌体的一端有单鞭毛；生长温度范围 25～42℃，最适生长温度为 25～30℃；在普通培养基上可以生存并能产生水溶性的色素，如绿脓素与带荧光的水溶性荧光素等。

肺炎克雷伯氏菌、铜绿假单胞菌、黏质沙雷氏菌和鞘氨醇单胞菌广泛分布在环境中，是人和动物的重要致病菌，在引发植物病害方面属于条件性致病菌。铜绿假单胞菌能够侵染烟草、生菜、拟南芥等植物；肺炎克雷伯氏菌除侵染玉米外，在甘蔗、水稻和香蕉体内均分离到该菌并证明有一定的固氮作用；鞘氨醇单胞菌引起红掌的细菌性叶斑病；黏质沙雷氏菌引起瓜类黄色葫芦藤病。因此，这些细菌均具有跨界侵染能力，属于跨界病原菌。

侵染过程与侵染循环　对细菌引发的顶腐病的侵染过程缺乏研究，但一般认为是从叶尖的伤口入侵引起病害。

病原细菌具有较强的腐生能力，主要在土壤和带菌病残体中越冬。翌年，细菌借助风雨进入玉米大喇叭口中，在夜间喇叭口中的积露中活动并经心叶的气孔、水孔或伤口侵入。侵染仅发生在植株喇叭口期，叶片展开后不再发生侵染，因此，属于单循环病害。致病细菌广泛分布在农田土壤和空气中，带菌病残体对病害发生的影响较小。

流行规律　高温高湿有利于致病细菌的快速繁殖，也易使幼嫩的心叶生长过快而形成微伤，利于病菌侵入、在玉米组织中的繁殖，造成病害流行。玉米幼苗阶段如遇到白天环境温度超过 35℃ 并在夜间在喇叭口中形成较好的结露，易诱发细菌性顶腐病。蓟马等喜在玉米心叶中活动的微小害虫也能够造成许多伤口，是诱发细菌性顶腐病的原因之一。

防治方法　玉米细菌性顶腐病的发生较难预测，受环境温度影响明显。因此，一旦发现田间普遍发病，应及时喷施杀细菌的药剂，控制病害发展。如果植株顶叶腐烂后粘连严重，影响生长和抽雄，可及时用刀片挑开粘连的叶片，保证雄穗正常抽出。

参考文献

中国农业科学院植物保护研究所,中国植物保护学会,2015.中国农作物病虫害 [M].3 版.北京:中国农业出版社.

HUANG M, LIN L, WU Y X, et al, 2016. Pathogenicity of *Klebsiella pneumonia* (KpC4) infecting maize and mice[J]. Journal of integrative agriculture, 15(7): 1510-1520.

MARTINEZ-CISNEROS B A, JUAREZ-LOPEZ G, VALENCIA-TORRES N, et al, 2014. First report of bacterial stalk rot of maize caused by *Dicheya zeae* in Mexico[J].Plant disease, 98(9): 1267.

（撰稿：王晓鸣；审稿：陈捷）

玉米细菌性褐斑病　maize holcus leaf spot

由丁香假单胞菌丁香致病变种引起的、以危害玉米叶片为主的一种细菌性病害。

发展简史　1916 年，在美国艾奥瓦州发现一种细菌性叶斑病，1924 年暴发危害。1926 年，Kendrick 撰文首次报道发生在玉米和当时分类地位处于绒毛草属（*Holcus*）中的高粱等作物上的一种细菌性叶斑病，考虑到此前 Burrill 已给予高粱细菌病害以 "sorghum blight" 的名称，因此，对新病害给予了以 "绒毛草属名 + 病害类型" 的名称 "*Holcus* bacterial spot"，并将致病细菌鉴定为一个新致病种 *Pseudomonas holci* Kendrick 1926（异名 *Bacterium holci* Kendrick 1926）。1930 年，Bergey 等以种名 *Phytomonas holci*（Kendrick）Bergey et al., 1930 重新命名了致病菌。根据对 *Pseudomonas holci* 多个菌株的研究，已经将其归为 *Pseudomonas syringae* pv. *syringae*。

关于 *Holcus* bacterial spot 病害的中文名称，在 1997 年出版的由白金铠主编的《杂粮作物病害》中，根据症状特点，被称为 "细菌性褐斑病"。

分布与危害　有明确报道玉米细菌性褐斑病的国家较少，包括美国、加拿大。美国 2004 年在艾奥瓦州、2012 年在密西西比州和印第安纳州仍有该病害发生的报道。病害一般对生产影响较小。

玉米细菌性褐斑病在中国局部地区偶发，如海南的冬季南繁玉米田和北京的试验田中偶有发生，但在生产中未见。

病菌侵染玉米叶片后，在叶脉间出现暗绿色、水渍状斑点，渐渐扩大为黄褐色、近椭圆形病斑，直径 2～8mm，中央组织细胞坏死后呈现为白色，边缘为浅褐色或红褐色，或有黄色晕圈。分散的多个病斑可以联合形成较大的坏死斑（见图）。

病原及特征　致病菌为丁香假单胞菌丁香致病变种（*Pseudomonas syringae* pv. *syringae* van Hall），属假单胞菌属。病菌革兰氏染色反应阴性，好氧，在 King's B 平板培养基上产生黄绿色荧光；菌体杆状，相互呈链状连接，0.7～0.9μm×1.4～2μm，端生鞭毛 1～5 根，有荚膜，无芽孢。生长适温 24～28℃，最高 39℃，最低 4℃。玉米细菌性褐斑病病菌还能够侵染高粱、甜高粱、苏丹草、约翰逊草、珍珠粟、狐尾草等。

侵染过程与侵染循环　丁香假单胞菌丁香变种对玉米的侵染过程缺乏研究。

引起玉米细菌性褐斑病的丁香假单胞菌丁香变种能够在玉米病残体上越冬。进入春季后病菌恢复生长，通过水流及风雨在田间扩散，通过叶片组织的气孔、微小伤口侵染并

细菌性褐斑病在玉米叶脉间形成的病斑症状（王晓鸣提供）

在叶肉组织中定殖和扩散，逐渐在叶片上出现大量坏死斑。秋季，细菌随病残体回到土壤中。

流行规律　细菌性褐斑病在气温偏低（12～25℃）、多雨大风的条件下易发生。

防治方法　如果侵染发生在玉米生育阶段的早期，可以及时喷施杀细菌剂进行防控，避免叶片因大量病斑而早枯。

在玉米自交系中存在对细菌性褐斑病的抗病性差异，并已经在自交系 F349 的 10 号染色体长臂上鉴定发掘出一个抗致病菌丁香假单胞菌丁香变种的抗病基因 *Psy1*，为培育抗病品种奠定了基础。

参考文献

中国农业科学院植物保护研究所，中国植物保护学会，2015. 中国农作物病虫害[M]. 3 版. 北京：中国农业出版社.

MUNKVOLD G P, WHITE D G, 2016. Compendium of corn diseases[M]. 4th ed. St. Paul: The American Phytopathological Society Press.

KENTRICK J B, 1926. Holcus bacterial spot of *Zea mays* and *Holcus* species[J]. Research Bulletin. Agricultural Experiment Station Iowa State College of Agriculture and Mechanic Arts (100): 303-334.

XU L, HE Y, ZHANG D F, et al, 2009. Identification and fine-mapping of a bacterial brown spot disease resistance gene in maize[J]. Molecular breeding, 23(4): 709-718.

（撰稿：王晓鸣；审稿：陈捷）

玉米细菌性穗腐病　maize bacterial ear rot

由嗜麦芽寡养单胞菌等多种细菌引起的、危害玉米籽粒的一种细菌性病害。

发展简史　国外几乎没有关于玉米细菌性穗腐病的报道。在中国，特别是在以生产甜玉米为主的广东玉米产区，细菌性穗腐病是生产中常见的一种病害。

分布与危害　在中国，玉米细菌穗腐病散发于各地，在广东发生更为普遍，对以采收鲜穗供应市场或进行籽粒加工的甜玉米生产有一定影响。甜玉米的高含糖量果穗易招害虫危害，导致大量糖分从受损籽粒流出，造成空气中或虫体上携带的各类细菌快速在伤粒处生长并侵染周围籽粒引起局部或全穗腐烂。

细菌侵染玉米果穗后，可引起分散的籽粒发生腐烂，有时也因严重发病而造成局部连片籽粒的腐烂。籽粒发病后，正常的浅黄色逐渐变为褐色，发病籽粒中营养物质被大量消耗而导致病粒皱瘪，被细菌侵染引发腐烂的籽粒散发出臭味。在高温高湿地区，病菌也能够通过在果穗苞叶上引起腐烂，然后逐渐向内层苞叶扩展并最终引起果穗腐烂（见图）。

玉米细菌性穗腐病在籽粒上的症状（王晓鸣提供）

病原及特征　由于开放的籽粒伤口能够引起各种细菌的定殖和扩展，因此，玉米细菌性穗腐病的致病细菌几乎没有限制和主要致病菌之分，不同的研究者可能在致病菌分离时会获得不同的分离结果，许多致病细菌分离物属于条件致病菌。嗜麦芽寡养单胞菌［*Stenotrophomonas maltophilia*（Hugh.）Palleroni et Bradbury 1993］就是致病细菌之一。

细菌性穗腐病的致病细菌嗜麦芽寡养单胞对革兰氏染色反应阴性；菌体短杆状，大小为 $0.7\sim1.8\mu m\times0.4\sim0.7\mu m$，鞭毛极生，1 至数根。

引起玉米细菌性穗腐病的细菌多为条件致病菌，病害的发生主要与籽粒出现各种微型伤口有关。嗜麦芽寡养单胞菌广泛存在于各种环境中，已证明该菌能够引起水稻的白条病，同时也是人和多种动物及鱼类的重要条件致病菌。

侵染过程与侵染循环　对引起穗腐病的致病细菌在玉米果穗上的侵染过程缺乏研究。

嗜麦芽寡养单胞菌普遍存在于土壤和水流等环境中，具有较强的腐生能力，不属于专化性植物致病菌，仅在条件适宜时侵染玉米籽粒并引起局部腐烂。由于玉米细菌性穗腐病致病细菌多具有腐生能力，因此，能够在自然环境中生长、繁殖和越冬。

流行规律　由于引起玉米穗腐病的细菌生长和繁殖适应高温高湿条件，因此，高温多雨气候以及危害果穗的害虫较多时，玉米细菌性穗腐病发生较重。

防治方法　由于细菌引起的玉米穗腐病发生较为隐蔽性，同时甜玉米以收获鲜穗为目的，因此，玉米籽粒灌浆期药剂防治无法成为生产中的选择。最为有效的控制细菌穗腐病的方法是在玉米生长的前期和中期，及时采取物理或生物技术控制田间各类害虫、减少其对果穗的危害即可减轻穗腐病的发生。

参考文献

中国农业科学院植物保护研究所,中国植物保护学会,2015.中国农作物病虫害[M].3 版.北京:中国农业出版社.

（撰稿:王晓鸣;审稿:陈捷）

玉米线虫矮化病　maize nematode stunt disease

由发垫刃线虫引起的、以干扰玉米发育为特征的一种线虫病害。分布具有局限性。

发展简史　玉米线虫矮化病为在中国和世界上首次记载的玉米新病害。

世界上曾报道矮化线虫属（*Tylenchorhynchus*）的线虫能够引起玉米矮化症状，但发生区域和生产损失均较小。

早在 1992 年，在中国东北地区发生了一种玉米幼苗畸形生长、植株后期严重矮化并且不结穗的未知病害，许多研究认为是地下害虫，如瑞典蝇幼虫、异跗萤叶甲幼虫（俗称旋心虫）、金针虫等危害后所致，又被称为"丛生苗""老头苗""君子兰苗"。2008—2009 年，该种玉米植株异常生长现象在辽宁和吉林严重发生。此后连续多年在局部地区偏重发生，涉及辽宁、吉林、黑龙江、内蒙古、河北、北京、

山西等地。经过玉米病虫害专家的系统研究，2013 年确认该种生长异常是由土壤中的外寄生线虫所致。根据新的认识，对病害给予了名称"玉米线虫矮化病"，并开展了病害的田间防治，有效解决了生产问题。

分布与危害　玉米线虫矮化病主要在在中国北方春玉米种植区发生，已知的发生地区包括黑龙江、吉林、辽宁、内蒙古、山西、河北、北京等地。2008—2009 年，线虫矮化病在辽宁和吉林局部暴发，仅在 2009 年吉林的发生面积就高达 37.3 万 hm²，田间病株率 21%～67%。由于发病植株停止生长，株高仅 1m，几乎不结穗，因此，对生产影响极大。

病株在苗期即表现异常：叶片上出现平行于叶脉的褪绿变黄或发白条带，有时叶片扭曲；从土中拔出幼苗，将茎组织基部的 1～2 层叶鞘剥除后，能够清晰地看到有很小的变褐并轻微开裂的病斑；随着植株长大，叶片上的黄条纹逐渐明显，诱导叶片或叶鞘边缘出现缺刻，茎基部组织在发病点形成开裂，似被害虫取食，但开裂组织基本可以对合而非虫害取食形成的不规则缺失（见图）；至植株 10～13 片叶时，病株因节间压缩而整株明显矮于正常株，茎基部组织明显开裂，后期不能结实或果穗短小、籽粒瘦瘪。

病原及特征　病原为外寄生的长岭发垫刃线虫（*Trichotylenchus changlingensis*）所引起。雌虫体较长，869.4～1078.9μm，平均为 973.2μm，圆筒状，体表有显著的环纹，侧线 3 条；唇区高，有明显缢缩和 5～6 条唇环；口针细长；中食道球卵圆形，食道腺长梨形；虫尾圆锥

玉米线虫矮化病在叶片和植株的症状（王晓鸣提供）

形至亚圆柱形，末端光滑无环纹。雄虫体长略短于雌虫，819.4～995.5μm，平均915.4μm；交合刺发达，弧形，末端具环纹。

侵染过程与侵染循环　侵染发生在玉米苗期，线虫幼虫从土壤中活动至幼苗地下茎节部位，以口针刺入幼苗取食为害，若危害部位为生长点，则引起矮化病。

长岭发垫刃线虫以卵、幼虫或成虫在土壤中存活并越冬，成为翌年的初侵染源。春季温湿度适宜时，卵孵化，以二龄幼虫破壳进入土中。玉米播种萌芽后，二龄幼虫从幼芽或胚轴侵入。该线虫为外寄生线虫，寄生于根或茎基部的皮层中，在皮层或靠近表皮根毛细胞上取食。幼虫危害一定时期后即离开玉米幼苗，因此，在幼苗组织中较少可见线虫的存在。随玉米生长，线虫不断繁殖，但具体生活史还不明确。

流行规律　如果玉米播种后地温较低，玉米幼芽滞留在土壤中时间长，则病害发生较重。

防治方法　由于致病线虫在土壤中越冬并侵染玉米萌动后尚在土壤中的幼嫩茎基部组织，因此，最有效的病害控制措施是选用含有杀线虫剂的种衣剂进行种子包衣处理。该措施能够有效降低线虫矮化病的田间发病率。

在玉米品种间存在对矮化线虫病的抗性差异。在病害常发区，应淘汰感病品种，推广种植抗病性好或多年表现田间发病率低的品种。

参考文献

郭宁，石洁，王振营，等，2015. 玉米线虫矮化病病原鉴定. 植物保护学报，42(6): 884-891.

MUNKVOLD G P, WHITE D G, 2016. Compendium of corn diseases[M]. 4th ed. St. Paul: The American Phytopathological Society Press.

（撰稿：王晓鸣；审稿：陈捷）

玉米小斑病　southern maize leaf blight

由异旋孢腔菌引起的、主要危害玉米叶片的真菌性病害。广泛分布于世界湿热环境的玉米种植区。

发展简史　小斑病是广泛发生和流行于热带、亚热带和南温带玉米种植区的最重要病害之一。由 Drechsler 最早在 1925 年报道，并给予了病菌以子囊真菌 Ophiobolus heterostrophus Drechsler 的名称，确认其无性阶段为 Helminthosporium。1926 年，Nisikado 和 Miyake 把该病菌的无性阶段命名为 Helminthosporium maydis Nisikado et Miyake。随着真菌分类学的发展，1934 年 Drechsler 建立 Cochliobolus 属，将 Ophiobolus 属中具有子囊孢子个体较大、呈螺旋状和两极萌发特征的真菌从 Ophiobolus 属中划出，归入新建的 Cochliobolus 属，并以种 Cochliobolus heterostrophus（Drechsler）Drechsler 作为该属的模式种，该有性态名称一直沿用至今，Ophiobolus heterostrophus Drechsler 是其异名。关于小斑病菌无性态种名，1959 年 Shoemaker 建立 Bipolaris 属，并以 Bipolaris maydis（Nisikado et Miyake）Shoemaker 作为该属的模式种；此后该种在 1966 年又被改为 Drechslera maydis（Nisikado et Miyake）Subramanian et Jain，但由于 Drechslera 属对应的有性态为 Pyrenophora 属，因此，Drechslera maydis 未被广泛接受，仍以 Bipolaris maydis（Nisikado et Miyake）Shoemaker 为大家公认的玉米小斑病致病菌的种名，其余均做异名处理。自小斑病首次报道以来，许多国家相继有小斑病发生的研究。中国在 20 世纪 20 年代由俞大绂于江苏发现玉米小斑病，1933 年发表正式研究报告。此后，中国的玉米小斑病报道渐多并在生产上成为湿热玉米生产区的主要病害。

2013 年，小斑病病菌的 5 个菌株被测序（O 小种：C5 和 Hm540 菌株；T 小种：C4、Hm338 和 PR1x412 菌株），但菌株间差异较大，基因组大小为 32.57～36.46Mb。C5 菌株基因组最大，为 36.46Mb，包含 13336 个基因；Hm540 菌株基因组最小，为 32.57Mb；C4 菌株基因组为 32.93Mb，包含 12720 个基因；Hm338 菌株为 33.35Mb，PR1x412 菌株为 32.66Mb。

分布与危害　玉米小斑病在世界各玉米种植区都有分布，已有该病害发生报道的国家和地区达 80 余个，包括亚洲的中国、日本、韩国、塞浦路斯、以色列、孟加拉国、尼泊尔、印度、巴基斯坦、越南、老挝、缅甸、泰国、柬埔寨、菲律宾、文莱、马来西亚和印度尼西亚；欧洲的俄罗斯、丹麦、乌克兰、德国、瑞士、法国、罗马尼亚、意大利、西班牙、葡萄牙和前南斯拉夫；北美洲的加拿大、美国、墨西哥、巴哈马、古巴、牙买加、伯里兹、危地马拉、萨尔瓦多、尼加拉瓜、特立尼达和多巴哥、巴拿马；南美洲的圭亚那、苏里南、委内瑞拉、哥伦比亚、法属圭亚那、巴西、玻利维亚、厄瓜多尔、巴拉圭和阿根廷；大洋洲的巴布亚新几内亚、澳大利亚、新西兰、斐济、西萨摩亚、所罗门群岛、美属东萨摩亚、法属新喀里多尼亚、美国的夏威夷州、新赫布里群岛；非洲的埃及、苏丹、肯尼亚、塞内加尔、几内亚、塞拉里昂、科特迪瓦、加纳、多哥、贝宁、尼日尔、尼日利亚、喀麦隆、刚果（金）、赞比亚、津巴布韦、马拉维、南非、斯威士兰、毛里求斯和法属留尼汪岛。在中国，除青海和西藏外，其他地区均有发生小斑病的报道，其中对玉米生产构成较大影响的有河南、山东、河北中南部、安徽、江苏以及西南地区的平原和低海拔丘陵地区。

小斑病主要引起玉米叶片产生大量小型病斑，严重时引起叶片干枯，植株早衰。当玉米进入吐丝授粉期后，病害逐渐加重，由于叶片绿色组织被破坏，光合能力降低，营养合成减少，导致籽粒皱瘪，产量下降。病菌也能够侵染果穗，引起籽粒变黑，降低品质。病害严重时，由于植株生长衰弱，茎秆易发生倒折，引发更重的生产损失。美国在 1970 年因小斑病的暴发损失玉米产量高达 165 亿 kg，直接经济损失达 10 亿美元，严重冲击了美国和世界的玉米生产。在中国，育种家汲取了美国的教训，不过多利用 T、C 等细胞质类型材料，避免了小斑病的暴发，同时在育种中关注对小斑病的抗性。因此，长期以来小斑病虽然一直是夏玉米区的重要病害，田间发生普遍，局部地区较重，感病品种因病减产 10%～20%，但均未发生小斑病的大流行，造成的生产损失也较小。

病菌侵染玉米植株后，首先在叶片上出现水浸状的褪绿

Y

小病斑。随着病害的发展，出现圆形或近长方形、中部黄褐色、边缘深褐色、大小为 10～15mm×3～4mm 的病斑，病斑多受到叶脉的限制（见图）。在具有抗病性的材料上，病斑较小，不规则，周缘褪绿。

病原及特征　玉米小斑病致病菌有性态为异旋孢腔菌〔*Cochliobolus heterostrophus*（Drechsler）Drechsler〕，属旋孢腔菌属，但在田间可见的是病菌无性态。子囊壳部分埋生，黑色，近球形，具喙状突起开口，大小为 357～642μm×276～443μm。子囊圆桶状，有柄，160～180μm×24～28μm，内含 4 或 8 个子囊孢子。子囊孢子无色，丝状，5～9 个隔膜，盘绕在子囊中，大小为 130～340μm×6～9μm。病菌的无性态为玉蜀黍平脐蠕孢〔*Bipolaris maydis*（Nisikado et Miyake）Shoemaker〕，属平脐蠕孢属。分生孢子梗在病斑上散生，单生或 2～3 根束生；直或膝状弯曲，深褐色，具多个隔膜，基细胞略膨大，顶端细胞略细且颜色较浅；顶端和膝状弯曲处有明显的孢痕，64～160μm×6～10μm。分生孢子长椭圆形，淡至深褐色，向两端渐细，两端钝圆，向一侧弯曲，具多个隔膜，30～115μm×10～17μm，基部有明显的、凹陷于基细胞内的脐点；从两端细胞萌发。

玉蜀黍平脐蠕孢为兼性寄生菌，能够在人工培养基上生长。在马铃薯葡萄糖琼脂（PDA）培养基上，菌落多为近圆形，但边缘为波浪状；气生菌丝茂密，浅灰色，高 3～5mm；菌丝老熟后呈现橄榄绿色。

玉蜀黍平脐蠕孢存在 2 种交配型 MAT1-1 和 MAT1-2，但田间未见自然形成的子囊壳。病菌有生理小种分化，依据在不同细胞质类型的自交系上的致病能力，分为 O 小种、T 小种和 C 小种：O 小种，其对普通细胞质类型玉米具有致病性；T 小种，对 T 细胞质（texas male sterile cytoplasm，cms-T）类型玉米具有专化致病性；C 小种，对 C 细胞质（charrua male sterile cytoplasm，cms-C）类型玉米具有专化致病性。在中国，小斑病致病菌主要为 O 小种。

已经发现 *rhm1* 和 *rhm2* 为分别具有不同细胞质背景的隐性抗小斑病基因，其位于玉米第六染色体短臂上，但尚未被克隆。

侵染过程与侵染循环　小斑病病菌在玉米的各个生育期都能够侵染。玉米田间发病初始阶段为喇叭口后期，植株下部叶片首先发病。病菌孢子沉降在叶片表面后，在适宜的温度与湿度条件下从孢子两端细胞萌发。萌发的菌丝沿叶片表面生长，通过气孔入侵叶片或通过菌丝尖端分泌酶分解叶片表面的蜡质层和细胞壁，然后进入细胞。与一般的真菌不同，小斑病病菌在侵染过程中，菌丝尖端与寄主组织间形成的附着胞只起到探查和信号的作用，对于穿透寄主表皮组织不起主要作用。病菌侵染后即可在寄主细胞内和细胞间扩展生长，通过分泌毒素引发细胞坏死。如果环境条件适宜，病菌在 60～72 小时就可完成侵染循环，在叶片上形成病斑并逐渐产生新的分生孢子，从而开始第二次传播和侵染。

玉蜀黍平脐蠕孢主要在堆放的玉米病残体上越冬，形成翌年病害初侵染源的主要来源地。在春夏季适宜的温湿度条件下，越冬病残体上不断产生大量的病菌分生孢子，在风雨的作用下传播至田间，开始侵染玉米叶片。一般条件下，7～10 天完成一次侵染循环，因此，田间极易积累大量的菌源并不断侵染植株，田间环境条件适宜时引起病害暴发。

由于玉蜀黍平脐蠕孢也能够侵染高粱和许多禾本科杂草甚至双子叶杂草，因此，这些田间地边的杂草也能够提供小斑病发生的初侵染菌源。

流行规律　病菌对玉米的侵染具有较宽的适宜温度范围，为 15.5～26.5℃，也需要环境相对湿度达到 90% 以上，甚至是玉米叶片湿润的条件。病害发展需要偏高的环境温度和湿度，病菌在 20～30℃ 都能够较好产孢，26℃ 时产孢最好；高湿度环境有利于病菌孢子梗的形成和分生孢子的发育。因此，当玉米生长中后期遇到多雨和 28～30℃ 的环境时易引发小斑病流行。

防治方法　由于玉米小斑病的流行与环境和寄主抗性水平密切相关，且病害发生在玉米生长的中后期阶段，因此，最为有效的防治措施是选用抗病品种。除了对抗病基因 *rhm1* 和 *rhm2* 的利用外，还发现了 20 多个抗小斑病的数量性状位点，是未来抗病育种值得利用的。如果生产中种植的品种对小斑病表现感病，后期的病害影响产量，则需要在玉米喇叭口期及时喷施内吸杀菌剂，既可减少玉米病菌的初侵染，也能够减缓病害后期的发展，从而达到降低小斑病危害程度的目的。

参考文献

王晓鸣，王会伟，2009. 玉米大斑病小斑病及其防治 [M]. 北京：金盾出版社 .

中国农业科学院植物保护研究所，中国植物保护学会，2015. 中国农作物病虫害 [M]. 3 版 . 北京：中国农业出版社 .

CONDON B J, WU D L, KRAŠEVEC N, et al, 2014. Comparative genomics of *Cochliobolus* phytopathogens[M] // Dean R A, Lichens-Park A, Kole C. Genomics of plant-associated fungi: monocot pathogens. Berlin Heidelberg: Springer-Verlag: 41-67.

HORWITZ B A, CONDON B J, TURGEON B G, 2013. *Cochliobolus heterostrophus*: a Dothideomycete pathogen of maize[M] // Horwitz B A, Mukherjee P K, Mukherjee M, et al. Genomics of soil- and plant-associated fungi. Berlin Heidelberg: 213-228: Springer-Verlag: 213-228.

玉米小斑病在叶片上的症状（王晓鸣提供）
①感病病斑；②发病植株

MUNKVOLD G P, WHITE D G, 2016. Compendium of corn diseases[M]. 4th ed. St. Paul: The American Phytopathological Society Press.

（撰稿：王晓鸣；审稿：陈捷）

玉米芽孢杆菌叶斑病　maize *Bacillus* leaf spot

由巨大芽孢杆菌引起的、主要危害玉米叶片组织的一种细菌性病害。是一种新的土壤传播的玉米病害，仅在局部地区发生。

发展简史　2008年发现于浙江东阳的玉米试验田中，2011年发表的文章《浙江东阳玉米细菌性叶斑病病原菌的分离与鉴定》，确认此叶斑病由巨大芽孢杆菌所致，第一个提出该菌能够引起作物病害。2016年，Chen等报道了巨大芽孢杆菌是紫苏细菌叶斑病的致病细菌，再次证明巨大芽孢杆菌可以在一定条件下引发植物病害。同年，P. Kong和C. H. Hong也发表文章，认为土壤中的巨大芽孢杆菌具有病菌毒力信号的作用，能够提高疫霉菌对植物的侵染能力。

分布与危害　玉米芽孢杆菌叶斑病仅发现在中国浙江局部，未见其引起广泛生产问题。病害严重时，引起叶片干枯，植株早衰。

发病初期，在玉米叶片上呈现许多分散的小型黄色斑点，周围水渍状；病斑逐渐发展，变为边界不明显的黄色斑，周围环绕浅黄色晕圈；发病后期，病斑扩大并相互结合，在叶片上造成局部组织枯死（见图）。

病原及特征　病原菌为巨大芽孢杆菌（*Bacillus megaterium*

芽孢杆菌引起的玉米叶片组织失绿及坏死症状（王晓鸣提供）

de Bary），属芽孢杆菌属。病菌革兰氏染色呈阳性反应，好氧，也可在厌氧条件下生长；菌体杆状，末端圆，单个或短链状排列，1.2～1.5μm×2.0～4.0μm，无鞭毛，具运动性；芽孢大小为1.0～1.2μm×1.5～2.0μm，椭圆形，中生或次端生。基因组全长5.1Mbp，含有约5300个基因。现已更名为 *Priestia megaterium*。

该菌为土壤、水体中广泛存在的细菌之一。作为植物的一种根圈细菌，其具有分泌细胞激动素、活化土壤中磷元素、促进植物生长的功能，同时一些菌株还具有对病害生物防治的作用。

侵染过程与侵染循环　对该菌引发植物叶斑病的侵染过程缺乏研究。

该菌是土壤和水体中的常见细菌，因此，具备在土壤中和植物带菌病残体上越冬的能力，特别是该菌能够形成具有很强抗逆性的芽孢，更加提高了其抵御冬季不良环境的能力。病菌能够通过水流、风雨在田间传播并沉降至玉米叶片进行侵染和引发叶斑病。秋季，玉米收获后可以随着病残体再度回到土壤中。

流行规律　该菌具有较宽的温度适应范围，在3～45℃条件下均可生长，因此，引发病害所需的环境条件不需十分严格。但由于是新发病害，对于玉米芽孢杆菌叶斑病的流行规律尚缺乏研究。

防治方法　玉米芽孢杆菌叶斑病发生较轻，尚不需进行重点防治。如果局部发生较重，可以喷施杀细菌药剂进行控制。

参考文献

司鲁俊，郭庆元，王晓鸣，2011. 浙江东阳玉米细菌性叶斑病病原菌的分离与鉴定 [J]. 玉米科学，19(1): 125-127.

中国农业科学院植物保护研究所，中国植物保护学会，2015. 中国农作物病虫害 [M]. 3版. 北京：中国农业出版社.

CHEN C Q, PAN L, LI J, et al, 2016. First report of bacterial leaf spot on green perilla (*Perilla frutescens*) caused by *Bacillus megaterium* in China[J]. Plant disease, 100(12): 2520.

KONG P, HONG C H, 2016. Soil bacteria as sources of virulence signal providers promoting plant infection by *Phytophthora* pathogens [J]. Scientific reports, 6: 33239. DOI: 10.1038/srep33239.

（撰稿：王晓鸣；审稿：陈捷）

玉米圆斑病　northern maize leaf spot

由玉米生平脐蠕孢引起的、以危害玉米叶片和果穗为主、广泛分布的一种真菌病害。

发展简史　玉米圆斑病最早于1926年确认在美国的伊利诺伊州发生，自1940年后该病逐渐在美国多地发生。病害最早的英文名称为 *Helminthosporium* leaf spot，此后又出现过 *Carbonum* leaf spot 的病害名称，较为通用的为 northern corn leaf spot。致病菌的拉丁学名随着真菌分类学的发展历经多次改变。1930年，Stout在首次报道玉米圆斑病病病菌时，将致病菌鉴定为 *Helminthosporium zeicola*；1944

Y

年，Ulltrum 描述了 *Helminthosporium carbonum* Ullstrup 为玉米的致病菌；1959 年，Nelson 发现了该菌有性态，并根据无性态 *Helminthosporium carbonum* 的种名将其命名为 *Cochliobolus carbonum*；同年，*Bipolaris* 属的建立，病原菌名称改为 *Bipolaris zeicola*；1966 年，有关学者将 *Bipolaris zeicola* 转入新建的 *Drechslera* 属中，名称随之改为 *Drechslera zeicola*；1984 年，根据病菌有性态的名称，其无性态出现了 *Drechslera carbonum* 的名称。由于相关真菌属名称的多次变化，最后，经过真菌分类学家讨论和投票，*Bipolaris* 属名被认为是合理的，因而最终的圆斑病病菌无性态学名采用了 *Bipolaris zeicola*。通过形态学和多基因序列的鉴定，证明玉米圆斑病致病菌 *Bipolaris zeicola* 是一个独立的物种。在中国，玉米圆斑病也有较长的发生历史，先后在云南（1958）、河北（1959）和吉林（1965）对该病有文献记载。病害的中文名称"圆斑病"来自阮兴业等 1958 年编写的《云南省主要农作物病害名录初报》。

圆斑病病菌 *Bipolaris zeicola* 已经被测序，全基因组约为 32.3Mbp。

分布与危害　玉米圆斑病发生的区域包括热带、亚热带和温带地区，因此，该病害在世界上许多国家和地区有分布，如亚洲的中国、韩国、日本、越南、菲律宾、马来西亚、印度尼西亚、泰国、缅甸、孟加拉国、印度、斯里兰卡、尼泊尔、巴基斯坦、阿富汗、哈萨克斯坦、乌兹别克斯坦、伊朗、伊拉克、也门、沙特阿拉伯、叙利亚、土耳其；欧洲的俄罗斯、波兰、乌克兰、罗马尼亚、希腊、意大利、葡萄牙、西班牙、法国、荷兰、英国；北美洲的美国、加拿大、墨西哥、古巴、危地马拉、洪都拉斯、尼加拉瓜、萨尔瓦多、哥斯达黎加；南美洲的委内瑞拉、哥伦比亚、厄瓜多尔、秘鲁、巴西、智利、阿根廷；非洲的埃及、苏丹、乍得、埃塞俄比亚、肯尼亚、索马里、坦桑尼亚、卢旺达、安哥拉、马拉维、赞比亚、津巴布韦、莫桑比克、南非、喀麦隆、加纳、象牙海岸、塞内加尔、马里、尼日尔、阿尔及利亚、摩洛哥、突尼斯；大洋洲的澳大利亚、新西兰、新喀里多尼亚、瓦努阿图。

玉米圆斑病在中国的北京、河北、内蒙古、辽宁、吉林、黑龙江、山东、浙江、台湾、四川、重庆、贵州、云南及陕西有分布，一般对生产影响不严重，但在少数敏感品种中由于果穗大量腐烂而引发较大的损失。

玉米圆斑病一般对生产中的杂交种影响较小，发生严重时能够引起约 10% 的产量损失；一些玉米自交系对圆斑病敏感，因此，在田间种植时能够发生较重的病害。中国局部地区由于该病害的发生，造成重病田中 20% 以上玉米植株出现空秆，对局部生产有一定影响。

玉米圆斑病的症状与不同小种的侵染有关。小种 CCR0 在玉米上不引起病害；小种 CCR1 在叶片上引起卵圆形、具有同心圆纹、大小约为 2.5cm×1.2cm 的病斑，也引起果穗霉烂；小种 CCR2 在叶片上引起长圆形、大小为 2.5cm×0.5cm 的病斑，也引起果穗霉烂；小种 CCR3 在叶片上引起沿叶脉扩展的细长条纹，大小为 1.5～2.5cm×0.1cm；小种 CCR4 致病力弱，引起卵圆形病斑（见图）。

玉米圆斑病菌能够产生多种寄主专化性毒素，其中 HC-toxin I 对幼苗具有很强的毒性；小种 CCR1 在进入玉米细胞后，能够产生 HC-toxin（一种环肽类毒素）。

病原及特征　病原为玉米生平脐蠕孢［*Bipolaris zeicola*（Stout）Shoemaker，异名 *Helminthosporium carbonum* Ullstrup，*Helminthosporium zeicola* Stout，*Drechslera zeicola*（Stout）Subramanian and Jain，*Drechslera carbonum*（Ullstrup）Sivan.］，属平脐蠕孢属。有性态为炭色旋孢腔菌（*Cochliobolus carbonum* Nelson），属格孢腔菌科旋孢腔菌属，可人工培养形成，但在自然界中尚未发现。分生孢子座着生于寄主组织表皮层，盘状，暗褐色；分生孢子梗暗褐色，顶端色淡，单生或 2～6 根丛生，直或膝状弯曲，孢痕明显，隔膜 6～11 个，大小为 117～180μm×6～9μm；分生孢子深橄榄色，长椭圆形，中央宽，两端渐狭，胞壁厚，顶细胞和基细胞钝圆形，孢子较直，脐点小不明显，位于基细胞内，隔膜 4～10

玉米圆斑病不同致病小种在叶片和果穗上的症状（石洁、王晓鸣提供）

个，多为 5～7 个，大小为 33～105μm×12～17μm，平均 56.9μm×12.4μm。玉米生平脐蠕孢在 PDA 培养基上菌落圆形，培养初期菌丝灰白色，后变为深绿色至黑褐色，适宜生长温度为 25℃。

一般认为病菌的寄主范围较为狭窄，主要侵染玉米和水稻，但鉴定表明，垂穗草、大画眉草、彩叶芦竹、榆叶臂形草、盖氏虎尾草、轮叶虎尾草、狗牙根以及非禾本科的小果咖啡也是该菌的寄主。已经发现 *Bipolaris zeicola* 具有生理分化，鉴定出了 5 个小种：CCR0、CCR1、CCR2、CCR3 和 CCR4。

侵染过程与侵染循环 在适宜的环境条件下，病菌分生孢子附着在玉米叶片表面后 2～6 小时从分生孢子两端细胞萌发，形成芽管。经过 8～10 小时的生长，在芽管与寄主表面组织接触的地方产生附着胞；再经过约 15 小时，萌发的芽管产生大量分枝，附着胞伸出侵染丝，穿透寄主的表皮组织进入叶片细胞中。病菌也能够通过寄主的气孔进入细胞或通过分解细胞壁降解酶从细胞间隙逐渐进入寄主细胞。在 36 小时时，病菌在细胞内形成大量菌丝，通过从寄主中获得大量营养，引起寄主表皮细胞出现崩解，叶片上可见水渍状病斑。在 48 小时时，水渍状病斑渐多，病害症状更为明显。96 小时时，叶片上可见坏死斑，病斑上伸出病菌的分生孢子梗并开始产生新的分生孢子。

玉米圆斑病菌主要以菌丝体在田间散落的秸秆垛上的叶片、叶鞘、苞叶和籽粒里越冬。菌丝体在植株病残体上可存活 1～2 年，而在种子内可以存活 3 年以上。翌年春季，伴随着降雨和温度升高，在土壤或田间病残体上越冬的病原菌开始生长，产生新的分生孢子。病菌孢子在风雨作用下传至田间玉米叶片上，引起病害。由于病菌完成一个侵染周期仅需要 5～7 天，因此，在玉米生长中后期能够完成重复侵染。

流行规律 多雨和偏低的温度利于玉米圆斑病发展和流行。因此，在中国东北地区，如果玉米生长过程中遇到持续的低温和连续降雨，则可能会暴发该病害；而在西南高海拔山地，具备病害流行所需要的多雾和低温条件，一旦病害随种子进入这些地区就可能引起流行。

气候和栽培条件对圆斑病的发生影响较大。湿度和温度是圆斑病流行程度的决定因素。圆斑病发生的最适宜温度为 25℃ 左右，在此温度下，田间相对湿度超过 75% 时，圆斑病发病快、病情重。此外，圆斑病在地势高、干燥通风、透光条件好的地块发生轻，但在低洼地块，由于通风透光差和植株间湿度高则导致发病重。

防治方法 玉米圆斑病在品种间的发病差异明显，仅有少数品种表现敏感。因此，提倡种植抗病品种，在病害常发区淘汰敏感品种，推广种植含有抗病基因 *Hm1* 的品种。当病害有暴发趋势时，应在田间植株处于喇叭口后期时，及时指导农户进行叶面喷施内吸性杀菌剂进行防控。

参考文献

中国农业科学院植物保护研究所，中国植物保护学会，2015. 中国农作物病虫害 [M]. 3 版 . 北京：中国农业出版社 .

LIU M, GAO J, YIN F Q, et al, 2015. Transcriptome analysis of maize leaf systemic symptom infected by *Bipolaris zeicola*[J]. PLoS ONE, 10(3): e0119858. DOI: 10.1371/ journal. pone.0119858.

MUNKVOLD G P, WHITE D G, 2016. Compendium of corn diseases[M]. 4th ed. St. Paul: The American Phytopathological Society Press.

（撰稿：王晓鸣；审稿：陈捷）

玉竹根腐病 *Polygonatum odoratum* root rot

由茄腐皮镰刀菌的一个专化型引起的、危害玉竹地下根茎的一种真菌性病害，是中国玉竹主产区最重要的病害之一。

发展简史 由于早期玉竹为野生状态，玉竹不发病或发病较轻。玉竹栽培驯化成功后，随着大面积栽培生产以及连年种植的影响，玉竹根腐病的发生日益严重，因此，根腐病的研究才逐渐引起人们的重视。尽管如此，对该病的病原研究资料仍然较少，初步确定茄病镰刀菌为其主要病原。

分布与危害 在中国各玉竹产区均有发生。主要危害玉竹地下根茎，初期根茎上出现淡褐色圆形或椭圆形、直径 6～11mm 的病斑，后期病部腐烂，地上植株逐渐黄化，叶片脱落，直至枯死，严重影响玉竹产量和品质。随生长年限增长病情出现加重趋势（见图）。

病原及特征 病原为茄腐皮镰刀菌的一个专化型 [*Fusarium solani*（Mart.）Sacc. f. sp. *radicicola*（Wr.）Snyd. & Hans.]，属镰刀菌属。可产生两种分生孢子，小型分生孢子无色单胞，卵圆形，大小为 6～15μm×2～4μm；

玉竹根腐病根部症状（毕武提供）

大型分生孢子纺锤形，无色，有隔，顶端略尖，大小为 20～35μm×2.6～47μm。厚垣孢子产生较多，圆形，着生于孢子梗顶端。

侵染过程与侵染循环　茄腐皮镰刀菌一般是从寄主作物玉竹的根部伤口侵入。因中耕除草、松土、施肥等农事操作造成根部伤口，以及因线虫和地老虎、蛴螬等地下害虫危害造成的根茎部伤口，最利于根腐病的发生。

流行规律　玉竹根腐病病菌以菌丝体、厚垣孢子或分生孢子在土壤中、病残体和种茎上越冬，带菌土壤、种茎等成为主要传染源，借助雨水、流水、种茎、田间操作传播。该病可在土壤中长期存活，一旦引入很难根除。该病病菌生长发育的温度范围为13～35℃，多在雨季高温高湿的环境下发病较重。南方以5～6月发病严重；东北则在7～8月发病较重，尤其是低洼易涝地势更易发病。连作、土壤黏重等亦有利于发病。

防治方法　根腐病的发生原因较为复杂，与气候、土壤、栽培年限、耕作方式等因素密切相关。而且发生部位为地下部位，因此，根腐病的防治较为困难，应坚持重点在防的策略，综合考虑各种发病因素进行防治，将土壤消毒与药剂防治相结合，以达到从根本上控制病害的蔓延发展。

合理轮作　土壤是玉竹根腐病的主要初侵染源，是镰刀菌越冬的主要场所。采取与非寄主作物轮作，特别是有条件的地方进行水旱轮作，将大大减轻病害的发生与流行。因此，轮作是防治玉竹根腐病最经济有效的方法。玉竹连作一般不宜超过3年，对于玉竹根腐病老病区应采用5年以上的轮作制，可与玉米、水稻等作物进行轮作。一般轮作的时间越长，根腐病发病就越轻。

栽培防治　在种植时应从源头出发，选地、选种、种植密度等方面严格把关，同时严格注意田间卫生，及时清除病株，同时做好田间管理工作，从多方面控制病害发生的条件。选用无病虫害、健壮的玉竹种茎或组织培养种苗进行种植；选择排水良好、土质肥沃、质地疏松的非连作地进行种植。视土壤实际情况适当增施磷钾肥和腐熟的猪牛粪肥，勿施带病残体粪肥，避免过量施氮肥。整地时建好排水沟，并配合中耕培土和冬春培土保持高垄，减少土壤湿度，保持排灌畅通，严禁串灌、漫灌和渍涝。在地块内发现个别病株时，应及时拔除，并穴施石灰或用药剂消毒。及时清除发病原始点，有利于防止病害的蔓延和流行。

土壤消毒　在土地翻耕前，撒施石灰1000～1500kg/hm²，可起到杀灭地下有害菌的效果。进行土壤消毒，每亩施石灰100～150kg，或50%多菌灵5kg，或95%敌克松粉剂1.5kg，整地前翻入土中。对于老病区，可用50%敌磺钠可溶性粉剂600倍液、50%甲基硫菌灵可湿性粉剂800倍液、40%五氯硝基苯可湿性粉剂800倍液或15%噁霉灵水剂1500倍液进行土壤消毒，可明显减轻根腐病。

有条件的地方，可在8～9月种植玉竹前，翻耕地块后，灌水浸泡10天以上，待水分自然落干后，晒透地块，再进行整地，可有效消除土壤中的病原菌；如果浸泡20天以上，还可有效控制线虫的危害。

化学防治　一般应进行前期预防，要加强种茎的药剂消毒，播种沟、冬春培土时用药剂进行处理。为了防止通过种茎带菌而引起病害的发生，进行种茎消毒处理是非常必要的环节。

种茎药剂消毒。一般选用0.1亿CFU/g多黏类芽孢杆菌（康地蕾得）细粒剂300倍液或25%咯菌腈悬浮种衣剂（适乐时）1000倍液、70%甲基硫菌灵可湿性粉剂（甲基托布津）1000倍液，将玉竹种茎置于药液中浸3～5分钟，药液多少以浸没种茎为度。浸种时间视气温而定。温度高浸种时间短；反之，则浸种时间长。浸后摊开晾干即可播种。

播种沟施药。下列杀菌剂任选1种稍稀释后，喷于黄土（砂）上（50kg/亩），拌匀制成毒土，将毒土撒于播种沟内，其上再播种。若播种沟内施钙镁磷肥的，须先覆土盖没磷肥后再施毒土，以免药液接触带碱性的磷肥而加速分解失效。若播种时错过了沟施的机会，也可在播种后在靠近种茎的行间开浅沟，撒施毒土，随即盖土。主要药剂有54.5%噁霉·福可湿性粉剂（边健菌）每亩1kg，或50%敌磺钠可溶粉剂（敌克松）1.5kg、20%井冈霉素可溶粉剂300g、30%噁霉灵水剂350g、50%甲基硫菌灵可湿性粉剂1.2kg、50%福美双可湿性粉剂2kg。

生长季节施药。生长季节一般在5月对病害较严重的田块施药。既可采用播种时沟施的方法，在靠近植株的行间开沟，将毒土撒施于沟内，随即盖土。也可选用下列杀菌剂，按比例加水稀释后淋兜。一般每亩淋药液1000kg。淋兜要选择雨后3～4天的晴天或阴天进行。土表板结的在淋兜前要锄松表层土后再淋兜，以免渍水影响玉竹生长。主要药剂有0.1亿CFU/g多黏类芽孢杆菌细粒剂600倍液、20%井冈霉素可溶粉剂3000倍液、2.5%咯菌腈悬浮种衣剂1000倍液、15%噁霉灵水剂1500倍液、54.5%噁霉·福可湿性粉剂800倍液、50%福美双可湿性粉剂800倍液、50%甲基硫菌灵可湿性粉剂800倍液、50%敌磺钠可溶粉剂600倍液、23%咯氨铜水剂250～300倍液。

冬春培土时施药。结合玉竹生长的第二年冬季或第三年春季培土时施药，方法同播种时沟施药。

病害发生时施药。生长季节若有病害发生时，可用70%甲基托布津可湿性粉剂600倍液灌根1～2次。

参考文献

崔蕾，刘塔斯，龚力民，等，2013. 玉竹根腐病病原菌鉴定及抑菌菌筛选试验研究 [J]. 中国农学通报，29(31): 159-162.

吴金平，刘晓艳，丁自立，等，2016. 玉竹根腐病病原鉴定 [J]. 中国植保导刊，36(9): 16-17.

吴社高，吴明志，2005. 玉竹病害种类及药剂防治技术 [J]. 中国植保导刊，25(2): 27-28.

邹坤，陈勇，2011. 玉竹根腐病的发生与防治 [J]. 湖南人文科技学院学报 (2): 82-83.

（撰稿：毕武；审稿：高微微）

玉竹褐斑病　*Polygonatum odoratum* brown spot

主要由中华尾孢引起的、危害玉竹地上叶片的一种真菌性病害。又名玉竹叶斑病。是中国玉竹主产区最重要的病害之一。

发展简史　由于早期玉竹为野生状态，玉竹不发病或发病较轻。玉竹栽培驯化成功后，随着大面积栽培生产，玉竹褐斑病的发生日益严重，此时才开始关注该病。

分布与危害　褐斑病主要危害玉竹地上部分。受害时叶面产生褐色病斑，初期叶缘或叶尖开始发病，病斑逐渐向内蔓延，圆形、半圆形至不规则椭圆形，常受叶脉所限而呈条状。病部逐渐变干，黄褐色至棕色，病斑边缘呈深棕色至紫色，与正常部位有明显的界线。两面生有黑色霉层，为病菌的分生孢子梗和孢子（见图）。在辽宁清原等玉竹主产区，成株发病率接近100%。

病原及特征　病原为中华尾孢（*Cercospora chinensis* Tai），属尾孢属。子实体叶两面生。子座球形至近球形，暗褐色，分生孢子梗8～18根，丛生，基部细胞膨大。分生孢子倒棒状，有隔，4～6个横隔膜，1～3个纵隔膜，直立或弯曲，顶部近钝至尖细，基部近平截至平截，33.8～200.0μm×2.5～6.3μm。

此外，东北地区报道褐斑病病原为锐顶镰孢（*Fusarium acuminatum* Ellis & Everh.），属于镰刀菌属。

侵染过程与侵染循环　病菌主要以分生孢子在病株残体上越冬。待生长季节条件合适时侵染植株。

流行规律　该病在高温高湿的雨季发病最为严重。各栽培区均有发生。一般在南方5月初开始发病，7～8月严重，直至收获均可感染。氮肥过多、植株生长过密以及田间湿度过大，均有利于此病的发生。若不加防治可持续到收获期。

防治方法　坚持以防为主的策略，综合考虑各种发病因素进行防治。在种植时从选地等方面严格把关，同时严格注意田间卫生，及时清除病株，通过栽培措施与药剂防治相结合的方式，从根本上控制病害的蔓延和发展。

农业防治　选择病原菌少的地块，生长期间注意排水等；及时拔除病株，集中烧毁。

化学防治　发病初期用77%可杀得800倍液或70%甲基托布津可湿性粉剂800倍液或10%世高水剂1500～2000倍液或50%扑海因水剂1000倍液喷雾，每隔7～10天喷1次，连续2～3次。或在发病前或发病初期喷1∶1∶120波尔多液或50%代森铵800倍液，每10天喷1次，连喷2～3次；也有用37%苯醚环唑加醚菌酯混施或70%甲基硫菌灵1000倍液加3%井冈霉素500倍液混施防治。为防止产生抗药性，多采用几种药剂交替使用的方式进行。

参考文献

贾秀梅，2011. 玉竹常见病害的发生及综合防治 [J]. 特种经济动植物 (10): 51-52.

吴社高，吴明志，2005. 玉竹病害种类及药剂防治技术 [J]. 中国植保导刊，25(2): 27-28.

伍贤进，王依清，李胜华，等，2014. 南方玉竹规范化栽培技术规程 [J]. 安徽农业科学 (6): 1669-1670.

周阳阳，杨洪一，2010. 玉竹锐顶镰孢菌的生物学特性及药剂防治 [J]. 中国农学通报，26(9): 315-318.

（撰稿：毕武；审稿：高微微）

玉竹褐斑病症状（毕武提供）

芋病毒病　taro virus disease

主要由芋花叶病毒引起的芋的病害。

发展简史　据国内外文献报道，侵染芋的病毒有近10种，国内报道发现的仅有3种，分别为芋花叶病毒（dasheen mosaic virus，DsMV）、黄瓜花叶病毒（cucumber mosaic virus，CMV）和芋杆状病毒（taro bacilliform virus，TaBV），其余几种病毒只在斐济、巴布亚新几内亚等太平洋岛国有发现。

芋花叶病毒（DsMV）为世界范围内芋生产上分布最广、危害最大和研究报道最多的病毒种类。DsMV于20世纪60年代被发现，通过研究确定其属于马铃薯Y病毒属（*Potyvirus*）。随后发现该病毒寄主范围广泛，可侵染最少16个属的植物，引起的植物病害遍及世界各地，DsMV主要是通过种子、种苗、机械和蚜虫等媒介传播。中国对DsMV进行了较为系统的研究，2001年Chen等公布了一个来自马蹄莲的DsMV基因组全长，这也是迄今为止唯一一个DsMV全基因组序列，系统进化分析表明DsMV属于大豆普通花叶病毒亚组（bean common mosaic virus subgroup）。华中农业大学洪霓教授课题组研究了中国栽培芋上DsMV的侵染状况，明确了其生物学特性，在此基础上还开展了病害的化学防治技术研究，为芋病毒病防控体系的建立提供了技术支持。

Y

分布与危害 芋在生产上主要通过球茎进行繁殖，在长期的无性繁殖过程中，植株内病毒含量不断积累，且病毒复合侵染的现象也很普遍，导致病毒病为害逐年加重，严重影响芋的产量和品质，已成为中国芋头生产上的一个重要问题。

该病主要危害叶片，从苗期到成熟期均可表现症状。受害叶片首先沿叶脉出现褪绿黄点，扩展后呈黄绿相间的花叶，严重的植株矮化。新叶除上症状外，还常出现羽毛状黄绿色斑纹或叶片扭曲畸形。严重株有时维管束呈淡褐色，分蘖少，球茎退化变小（见图）。

病原及特征 国内外报道的芋病毒有近 10 种，分别为芋花叶病毒（dasheen mosaic virus，DsMV）、芋羽状斑驳病毒（taro feathery mottle virus，TFMoV）、香蕉束顶病毒（banana bunchy top virus，BBTV）、大杆（菌）状病毒（taro large bacilliform virus，TLBV）、小杆（菌）状病毒（taro small bacilliform virus，TSBV）、芋叶脉缺绿病毒（taro vein chlorosis virus，TaVCV）、芋杆状病毒（taro bacilliform virus，TaBV）、黄瓜花叶病毒（cucumber mosaic virus，CMV）、芋瘦小病毒（colocasia bobone disease virus，CBDV）等。其中芋花叶病毒为主要病毒，其病毒粒子呈弯曲线状，无包膜，长 750nm，直径 12nm，呈螺旋对称结构。

侵染过程与侵染循环 病毒可以在芋球茎内或野生寄主及其他栽培植物体内越冬，翌年春天，播种带毒球茎，出芽后即出现病症，6～7 叶前叶部症状明显，进入高温期后症状隐蔽消失。

流行规律 主要由蚜虫传播，长江以南 5 月中下旬至 6 月上中旬为发病高峰期。用带毒球茎作母种，病毒随之繁殖蔓延，造成种性退化。

防治方法 芋病毒病的防控以预防为主，结合芋病毒的传播途径，具体可从培育无病毒种苗、培育抗病毒品种和减少病毒田间传播等 3 个方面制订防治对策。

培育无病毒种苗 可以采用茎尖离体培养结合高温脱毒来生产芋脱毒种苗，脱毒种苗经组织培养快繁可获得大量种苗，在隔离条件下继续繁殖成一级、二级种球，再经田间种植可显著提高芋产量和品质。

培育抗病毒品种 筛选作物种质资源中的抗病毒基因和源于病原的抗性基因是获得抗性基因的 2 种主要途径。一方面可以从自然界中筛选高抗病毒基因，另一方面可以利用源于病原的抗性基因，如外壳蛋白介导的抗性、移动蛋白介导的抗性、复制酶介导的抗性、卫星 RNA 介导的病毒抗性、反义 RNA 与缺陷 RNA 介导抗性及利用 RNA 沉默获得病毒抗性。

减少病毒田间传播 芋病毒田间传播介体以蚜虫和粉蚧为主，因此，积极防治田间蚜虫和粉蚧的发生可有效地阻断芋病毒的田间传播，达到良好的防治效果。此外，及时清理田间感染病毒的种球和植株，使用防虫网进行隔离栽培都是阻止芋病毒田间传播的有效手段。

参考文献

李永伟，2002. 天南星科植物病毒研究 [D]. 杭州：浙江大学.

刘文洪，陈集双，李永伟，2004. 侵染天南星科植物病毒的分子鉴定及其生态学研究 [J]. 应用生态学报 (4): 566-570.

施世明，洪霓，2010. 芋病毒病研究进展 [J]. 长江蔬菜 (14): 3-5.

王彦芬，SYEDA A K，曲林宁，等，2012. 芋病毒病田间调查及毒氟磷对芋病毒病的防治效果 [J]. 长江蔬菜 (16): 108-110.

CHEN J, CHEN J P, CHEN J S, et al, 2001. Molecular characterisation of an isolate of dasheen mosaic virus from *Zantedeschia aethiopica* in China and comparisons in the genus *Potyvirus*[J]. Archives of virology, 46(9): 1821-1829.

REVILL P A, JACKSON G V H, HAFNER G J, et al, 2005. Incidence and distribution of viruses of taro (*Colocasia esculenta*) in Pacific Island countries[J]. Australasian plant pathology, 34(3): 327-331.

（撰稿：刘浩；审稿：黄俊斌）

芋病毒病危害症状（洪霓提供）

①脉间黄化；②叶片皱缩，沿叶脉褪绿；③羽状斑驳晚期症状；④叶片向上反卷及羽状花叶

芋软腐病 taro soft rot

由胡萝卜果胶杆菌胡萝卜亚种侵染引起，是芋上常发生的一种毁灭性病害。又名芋腐败病、芋腐烂病。

发展简史 该病在生长旺盛时期遇高温多湿天气往往引起大流行，具有传播速度快、传播途径多、防治困难等特点。关于该病的研究较为缺乏。

分布与危害 该病主要危害叶柄基部或地下球茎。叶柄基部染病，初生水浸状、暗绿色、无明显边缘的病斑，扩展后叶柄内部组织变褐腐烂或叶片变黄而折倒；块茎受侵染后逐渐腐烂，横切观察，中心呈暗赤色，放射状，最后变黑，使块茎组织内部变软，腐败发出恶臭味，仅留外皮形成空壳。病害发生严重时病部迅速软化、腐败，终至全株枯萎倒伏，病部散发出恶臭味。该病在芋头储藏期可继续危害，在窖藏中发生软腐。近几年来，该病呈逐年加重发生态势，造成严重损失，已成为制约芋生产的一大障碍因素。

病原及特征　病原为胡萝卜果胶杆菌胡萝卜亚种（*Pectobacterium carotovorum* subsp. *carotovorum*），属胡萝卜细菌菌体短杆状，周生鞭毛2～8根，无荚膜，不产生芽孢，革兰氏染色反应阴性，兼嫌气性。

侵染循环　病菌主要在种芋和植株病残体上越冬，也可在萝卜、马铃薯等其他寄主植物病残体上越冬。病菌一般从伤口侵入，在入侵伤口组织中繁殖。病菌在田间可通过雨水、灌溉水、农事操作以及昆虫等途径传播，引起再侵染。

流行规律　环境温度、湿度对病害影响较大，高温、多雨有利于病害的发生。

防治方法　芋软腐病的防治应采取以选用无病种芋为主，加强栽培管理，辅以药剂防治的综合措施。

选用无病种芋　从无病芋田选择健株作种芋，播前剔除病芋，杜绝病源。

农业防治　选择地势高燥、排灌便利的地块种植；及时中耕培土，施足充分腐熟的粪肥，且施肥时不宜太靠近根部。均匀灌水，防止土壤忽干忽湿，雨后应及时排水，严防田间积水。由于芋要多次采摘叶柄，造成植株损伤，田间农事作业时，尽量不伤及叶柄基部和球茎，栽培上可采用高厢起垄技术，每次采收前，降低田间水位至厢面以下，采收叶柄2～3天后等伤口完全愈合后，再灌水到适量，避免细菌从采摘伤口侵入。进行2～3年轮作，并实行水旱轮作。

化学防治　下种前，可用77%可杀得可湿性粉剂800倍液或30%氧氯化铜悬浮剂600倍液浸种4小时，滤干后，拌草木灰下种；芋出苗后，可喷施30%氧氯化铜悬浮剂600倍液、77%可杀得可湿性粉剂1000倍液、72%农用硫酸链霉素可溶性粉剂3000倍液进行防治；地下球茎膨大前则可喷布30%氧氯化铜悬浮剂600倍液、77%可杀得可湿性粉剂1000倍液、72%农用硫酸链霉素可溶性粉剂3000倍液等。

参考文献

何耀明, 2010. 芋软腐病综合防治技术 [J]. 上海蔬菜 (4): 60-61.

徐正绪, 阴华海, 2010. 芋软腐病的发生与防治 [J]. 植物医生, 23(3): 12-13.

钟凤林, 林义章, 2010. 芋软腐病的防治 [J]. 中国果菜 (7): 23.

（撰稿：刘浩；审稿：黄俊斌）

芋疫病　taro blight

由芋疫霉引起的芋头病害。

分布与危害　在中国，芋头种植区主要分布于南方各地，以珠江流域及台湾种植较多，长江流域次之，其他地区也有少量种植。芋头有水芋和旱芋之分，以旱芋种植面广。芋生性喜潮湿，不耐旱，虽有旱芋种植，但旱芋仍需较高的土壤含水量才能生长良好。土壤潮湿的条件非常适宜芋头疫病病菌的生长，因此，芋疫病在中国许多芋种植地区都有发生。在广东、广西、云南、福建和江苏等地发病普遍和严重。病害在水芋和旱芋上都有发生。发病严重的叶片可出现枯萎至整叶死亡，叶柄受害能导致上部叶片枯死，芋头发病即失去食用价值，经济损失较大。

芋疫病危害叶片、叶柄和球茎。叶片病斑初期为圆形淡褐色小斑，病健交界处不明显，病斑扩大后成不规则形深浅相间的轮纹斑，常有黄褐色液滴从病斑渗出，相对湿度大时，表面有稀薄的白色霉层；后期叶片病斑常破裂或穿孔，严重时叶肉组织破碎消失，仅剩叶脉。叶柄受害形成大小不等的不规则黑褐色斑块，潮湿时表面也有白色霉层产生，病斑连片或环绕叶柄时可导致上部叶片萎蔫。地下球茎的外部症状不明显，内部组织变褐色甚至腐烂。

病原及特征　病原为芋疫霉（*Phytophthora colocasiae* Racib.），属疫霉属。芋疫霉营养体为发达的无隔菌丝体；孢囊梗单根或数根从叶片气孔伸出，短而直，一般不分枝，大小为15～24μm×2～4μm，无色，无隔膜，顶端单生孢子囊；孢子囊梨形或长椭圆形，顶端有乳头状突起，单胞，大小为48～55μm×19～22μm，具短柄；27℃以上时孢子囊萌发产生菌丝，22℃以下萌发产生游动孢子；游动孢子在孢子囊内形成，肾形或近圆形，单胞无色，大小为10～16μm，成熟后从孢子囊顶部排孢孔释放；异宗配合，藏卵器球形，壁光滑，平均直径29μm左右，雄器下位。

侵染过程与侵染循环　病原菌主要以菌丝体在种芋球茎、病株体内或病残体上越冬，因此，种芋球茎、病残体、田间病株都是病菌的初侵染来源，也有认为病菌可形成厚垣孢子在土壤中越冬。翌年越冬病菌产生孢子囊，孢子囊随气流传播，在适宜条件下萌发产生游动孢子或菌丝，从气孔、伤口或直接侵入，一般潜育期3～5天。病斑表面能形成大量孢子囊，孢子囊随气流传播进行多次再侵染，使病害不断蔓延（见图）。

流行规律　病害在适温高湿时发病严重。多雨、地势低洼积水、过度密植、偏施氮肥植株长势过旺的田块也会加重病害。品种间抗感差异明显。

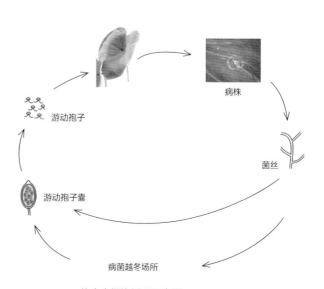

病株

游动孢子

菌丝

游动孢子囊

病菌越冬场所

芋疫病侵染循环示意图（童蕴慧提供）

防治方法

利用抗病品种和无菌种芋 不同栽培品种对病菌的抗感差异明显,各地应根据具体情况选择适合的抗病品种种植。建立无病留种田,保证种芋不携带病菌。购买的种芋需要经过处理,可用 60℃ 温水浸种 15 分钟,或 25% 甲霜灵可湿性粉剂 800 倍液浸种 30 分钟,晾干后播种。

加强栽培管理 种植前清理田间病残体,开沟清墒,做到田平、土细、沟深。施足有机基肥,追施复合肥,忌偏施氮肥。控制土壤含水量,雨后要及时排水。清除杂草,降低田间密度,增加通风。

化学防治 发病初期施用化学药剂,采收前 1 个月不用药。剂量按每公顷施用的有效成分计算,药剂可选择甲霜灵 560～750g,噁霜锰锌 1950g,氟吗啉 100～200g,嘧菌酯 50～300g,兑水喷雾,每隔 7～10 天用药 1 次,共用 2～3 次。

参考文献

姜东明 , 2012. 芋头疫病大发生原因分析及防治对策 [J]. 福建农业科技 (12): 50-51.

莫俊杰 , 胡汉桥 , 梁钾贤 , 等 , 2012. 芋疫病抗病性鉴定及不同品系遗传多样性分析 [J]. 广东海洋大学学报 (4): 67-72.

BROOKS F E, 2008. Detached-leaf bioassay for evaluating taro resistance to *Phytophthora colocasiae*[J]. Plant disease, 1: 126-131.

MISHRA A K, SHARMA K, MISRA R S, 2010. Cloning and characterization of cdna encoding an elicitor of *Phytophthora colocasiae* [J]. Microbiological research, 2: 97-107.

(撰稿:童蕴慧;审稿:赵奎华)

图 1 鸢尾白绢病症状 (伍建榕摄)

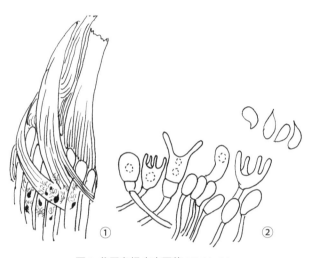

图 2 鸢尾白绢病病原菌 (陈秀虹绘)
①齐整小核菌;②薄膜革菌

鸢尾白绢病 iris southern blight

由白绢薄膜革菌引起的危害鸢尾的一种病害。又名鸢尾菌核性根腐病。

分布与危害 主要分布在种植鸢尾的地区。感染后叶片变黄,花茎和叶基部出现纤维状软柔型腐斑,植株枯萎夭折。病斑上覆盖的一团团白色菌丝,逐步扩散到邻近的健株上 (图 1)。

该病通常发生在鸢尾的根颈部或茎基部。感病根颈部皮层逐渐变成褐色坏死,严重的皮层腐烂。受害后影响水分和养分的吸收,以致生长不良,当病斑环茎一周后会导致全株枯死。在潮湿条件下,受害的根茎表面或近地面土表覆有白色绢丝状菌丝体。后期在菌丝体内形成很多油菜籽状的小菌核,初为浅色,后变为近黄褐或红褐色,表面常有凹陷。菌丝逐渐向下延伸至根部,引起根腐,病斑上长出小菌核,菌核常和菌丝连在一起,遍布于土壤。

病原及特征 病原为薄膜革菌属的白绢薄膜革菌 [*Pllicuaria rolfsii*(Sacc.) West.], 有性态不常出现。病菌的子实体密集成层,白色,担子棍棒状,担孢子梨形或椭圆形,单胞。病菌的无性态为齐整小核菌(*Sclerotium rolfsii* Sacc.), 属于小核菌属真菌。菌核圆形,直径约 6mm, 初为浅色,后变为近黄褐或红褐色,表面常有凹陷 (图 2)。

侵染过程与侵染循环 以菌丝体或菌核在土壤中或病根上越冬,翌年温度适宜时,产生新的菌丝体,病菌在土壤中借地表水进行传播。

流行规律 该病普遍发生在种植鸢尾的地区,无论寒冷或温暖地区危害都较严重。

防治方法 将零星出现的病株连同植株附近的土壤一并挖去。及时掘出根茎(迅速淘汰带病根茎),并使之干燥后储藏于通风处。适量撒施石灰,改变土壤酸度,实行深耕,每隔三四年进行轮栽。选择健株根茎繁殖,或用 50ml 苯来特 2.25L 的温水(26.7～29.5℃)中浸 15～30 分钟后再栽。

参考文献

陈秀虹 , 伍建榕 , 西南林业大学 , 2009. 观赏植物病害诊断与治理 [M]. 北京 : 中国建筑工业出版社 .

陈秀虹 , 伍建榕 , 2014. 园林植物病害诊断与养护 : 上册 [M]. 北京 : 中国建筑工业出版社 .

李丽 , 屠莉 , 肖迪 , 等 , 2016. 鸢尾白绢病发生动态与综合防治研究 [J]. 中国植保导刊 , 36(8): 26-32.

(撰稿:伍建榕、魏玉倩、周媛婷;审稿:陈秀虹)

Y

鸢尾白纹羽根腐病 iris *Rosellinia* root rot

由褐座坚壳菌引起鸢尾根部腐烂的一种真菌性病害。

分布与危害 广泛分布于鸢尾种植区域。危害根和根茎，表面密集白色或淡灰色或灰绿色至黑色、大量直立的具有羽纹状菌索。

病原及特征 病原为褐座坚壳菌［*Rosellinia necatrix*（Hart.）Berl.］，属球壳科真菌，菌丝层铺展型，生于树皮上，暗红褐色；子囊壳半埋于菌丝层中，直径1～5mm，黑色、平滑；子囊圆筒形，200～300μm×5～9μm；子囊孢子纺锤形，单胞、深褐色，35～55μm×4～7μm。无性阶段是白纹羽束丝菌（*Dematophora necatrix* Hartig）。无性阶段的白纹羽束丝菌从菌丝体上产生孢囊梗，顶生或侧生1～3个无色孢子，肉眼可见，高达1.5mm，菌丝体中具羽纹状分布的纤细菌索，常覆盖表面，其皮层内产生黑色细小的菌核。子囊壳只在已死的病根上产生（图1）。分生孢子椭圆形至卵圆形，无色，5μm×3μm。除鸢尾属外，还可侵染水仙、苹果、梨和针阔叶木本等植物（图2）。

侵染过程与侵染循环 病原菌常以往年的病残体在土壤中度过不良环境。遇条件适宜，则可发病，传染到健康植株。病原真菌主要是来自土壤中的植物残体和堆肥中的菌核

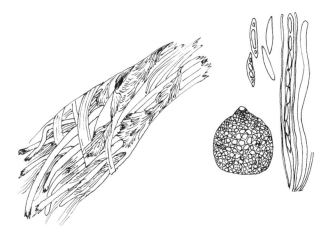

图2 病原无性阶段：白纹羽束丝菌
右：烂根示意图（有羽毛状菌丝索）（陈秀虹绘）

（黑色颗粒状物）和其营养体所致，它可以在土壤中存活1～3年；其次是种植材料上带有病菌。

流行规律 地势低洼、土壤黏重、排水不良、田间积水，春季多雨的年份发病重。

防治方法 清理田间病株残体；前作是鸢尾属，且有病株的地要土壤消毒，可深翻土堆，在垄沟中放可燃物烧热土壤灭菌；也可用硫酸亚铁混细干土3∶7，每亩撒药土100～150kg；在酸性土壤上，结合整地每亩撒石灰20～25kg。对种植材料消毒：播种前用食盐水1∶10或硫酸铵水1∶10泡2分钟，清水洗净后播种。

参考文献

陈秀虹,伍建榕,西南林业大学,2009.观赏植物病害诊断与治理[M].北京:中国建筑工业出版社.

陈秀虹,伍建榕,2014.园林植物病害诊断与养护:上册[M].北京:中国建筑工业出版社.

王丽霞,2012.主要花卉真菌病害调查与病原真菌鉴定[D].沈阳:沈阳农业大学.

（撰稿：伍建榕、魏玉倩、周媛婷；审稿：陈秀虹）

图1 鸢尾白纹羽根腐病症状（伍建榕摄）

鸢尾根结线虫病 iris root-knot nematodes

由南方根结线虫引起的鸢尾根部病害。

分布与危害 在中国范围内均有分布。鸢尾苗从小直到开花前，经常发生叶片发黄、生长不良和芽枯现象。挖开地表10～15cm处，可见须根上长有许多小型不规则状肿瘤，在幼瘤上还常见小孔，从小孔内可挑出半透明乳白色小球珠状物（雌虫体）1mm大小。有些瘤长大至5～8mm时溃烂（图1）。

病原及特征 病原为南方根结线虫（*Meloidegyne incognita*）（图2）。虫体长圆形，幼虫似蚯蚓，无色透明，不易区分雌雄。雌成虫体呈梨形，头部较小。雄虫体形似幼虫，只是个体大于幼虫。

Y

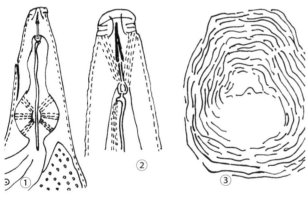

图 1 鸢尾根结线虫病症状（伍建榕摄）

图 2 南方根结线虫（陈秀虹绘）

①②为线虫头部；③为雌虫会阴纹示意图

侵染过程与侵染循环　该线虫以卵或成虫在鸢尾根部越冬，春季平均地温 10℃ 以上时线虫开始活动侵染。

流行规律　夏秋季线虫繁殖代数多、数量大，发病严重。植株生长势弱时发病重。

防治方法　清除病源，避免连作或使用无病土育苗。用茎顶芽做组织培养的繁殖材料。药剂防治可用 1000mg/L 克线磷或 150ml/L 杀螟松喷施，每隔 7～10 天喷 1 次，连续2～3 次。

参考文献

陈秀虹，伍建榕，2014. 园林植物病害诊断与养护：上册 [M].北京：中国建筑工业出版社 .

付锋，田年军，刘学芝，等，2019. 长白山区鸢尾属野生花卉育苗技术 [J]. 农业开发与装备 (3): 205-206.

刘少霞，2004. 鸢尾三病的防治 [J]. 花木盆景（花卉园艺)(10):23.

（撰稿：伍建榕、魏玉倩、周嫒婷；审稿：陈秀虹）

鸢尾根茎腐烂病　iris root and stem rot

由异孢蠕孢陷球壳菌引起的鸢尾根部腐烂的一种真菌性病害。

分布与危害　在中国鸢尾种植地均有分布。在根茎部产生黄褐色至褐色斑，逐渐扩大围绕整个根茎，后期出现小黑点，根茎腐烂，植株极易枯死（图 1）。鸢尾在养护过程中易发生根腐病，开始时只是个别根系变褐软腐。地上植株无症状，然后肉质根腐烂，植株在阳光强烈、蒸发旺盛时顶部

图 1 鸢尾根茎腐烂病症状（伍建榕摄）

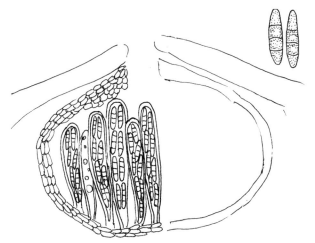

图 2 异孢蠕孢球壳菌（陈秀虹绘）

鸢尾花腐病（伍建榕摄）

叶片萎蔫，后期根部腐烂程度加剧，叶片变小，颜色由绿变黄，新叶生出慢而少；最后根部全部腐烂，叶片自下而上逐渐干枯，全株枯死。

病原及特征 病原为异孢蠕孢陷球壳菌［*Trematosphaeria heterospora*（de Not.）Winter］，属蠕孢球壳菌属（图 2）。孢子隔膜 1 个以上；孢子有 2 个以上的细胞；孢子暗色。

侵染过程与侵染循环 病菌以菌丝体或者子囊孢子在病根中越冬，翌年温度适宜时借助雨水进行侵染传播。

流行规律 病原菌常以往年的病残体在土壤中度过不良环境。遇条件适宜则可发病。

防治方法

农业防治 拔除病株并烧毁。发病初期可用波尔多液喷洒植株。注意避免在干湿变化大、园圃卫生差的地方种植。

化学防治 发病时可用 2～3 波美度石硫合剂或 200 倍多菌灵浇淋病根部。

参考文献

陈秀虹，伍建榕，西南林业大学，2009. 观赏植物病害诊断与治理 [M].北京：中国建筑工业出版社 .

陈秀虹，伍建榕，2014. 园林植物病害诊断与养护：上册 [M].北京：中国建筑工业出版社 .

（撰稿：伍建榕、魏玉倩、周嫒婷；审稿：陈秀虹）

鸢尾花腐病　iris flower rot

由拟盘多毛孢属引起的危害鸢尾花的一种真菌性病害。

分布与危害 在中国鸢尾栽培地区均有分布。主要发生在花上。初期叶上出现不规则的淡绿色斑纹，后扩大呈黄褐色到暗紫色，最后为灰褐色。边缘色较深，逐渐扩大蔓延到健康组织，无明显界线。空气湿度大时，叶背面可见稀疏的灰褐色霉层，病斑为紫灰色，中间为灰白色。新梢和花感染时，病斑与叶的病斑相似，但枝梢上病斑略凹陷。严重时叶枯萎脱落，新梢枯死。花朵感病时，发病初期，受害的花朵出现棕褐色的小斑点，以后逐渐扩大，直至整个花朵变成褐

色而枯萎。还会造成蕾枯不能开放（见图）。

病原及特征 病原为拟盘多毛孢属的一个种（*Pestalotiopsis* sp.），属黑盘孢科真菌。分生孢子盘生于寄主组织；分生孢子长梭形，5 个细胞的中部 3 个为暗色，两端细胞无色；顶端细胞具 3～5 根纤毛。

侵染过程与侵染循环 病原以菌丝体和分生孢子丛随病残体或采种株上存活越冬。条件适宜时产生分生孢子，借风雨传播进行初侵染，发病后在病部产生分生孢子进行再侵染。

流行规律 连作、过度密植、通风不良、湿度过大均有利于发病。主要发生于温室中，6～11 月发病最重。温室苗床植株密集时发病重。

防治方法

农业防治 及时清除病株或病叶，并销毁，将污染的植株拔除消毒换土。严重发病苗床，下次播种前土壤要先消毒。温室要注意通风，保持干燥。

化学防治 发病初期应喷 50% 代森锰锌 600 倍液 1 次，或 50% 代森铵 1000 倍液，若连喷 2 次效果更好。

参考文献

陈秀虹，伍建榕，西南林业大学，2009. 观赏植物病害诊断与治理 [M].北京：中国建筑工业出版社 .

（撰稿：伍建榕、魏玉倩、周嫒婷；审稿：陈秀虹）

鸢尾花枯病　iris flower blight

由果生盘长孢引起的危害鸢尾花朵的真菌性病害。又名鸢尾花霉病。

分布与危害 鸢尾种植地区均有发生。危害鸢尾花朵，在花冠发病，出现圆形或近圆形的斑点，使花瓣从发病处枯萎，逐渐变褐枯死。在盛花期病害易流行（图 1）。

病原及特征 病原为果生盘长孢（*Gloeosporium fructigenum* Berk.），属盘长孢属。该菌是个复合真菌种，株系较多，寄主范围广。病花残体上生存的病菌是病害的侵染来源（图 2）。

Y

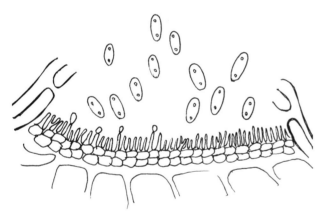

图 1 鸢尾花枯病症状（伍建榕摄）

图 2 果生盘长孢（陈秀虹绘）

侵染过程与侵染循环 病原菌以分生孢子在病残体上越冬，翌年条件适宜时开始侵染。

流行规律 病菌在 5～25℃ 均可生长，而以 20～25℃ 生长最适宜。种植密度大，通风条件差，秋季多雨，花期发病严重。

防治方法

农业防治 花期注意通风透光，修剪病叶、病花穗等，减少侵染来源。加强通风，控制温棚中的温度在 20～24℃，相对湿度不大于 70%。浇水时不用喷雾和高淋法，而改用顺上壤走低灌法。

化学防治 近花期要特别注意喷施杀菌剂，药剂见鸢尾眼斑病，也可用 0.3 波美度石硫合剂喷雾，每 10 天 1 次，

连续 2～3 次。

参考文献

陈秀虹，伍建榕，西南林业大学，2009. 观赏植物病害诊断与治理 [M]. 北京：中国建筑工业出版社.

陈秀虹，伍建榕，2014. 园林植物病害诊断与养护：上册 [M]. 北京：中国建筑工业出版社.

刘少霞，2004. 鸢尾三病的防治 [J]. 花木盆景（花卉园艺）(10)：23.

（撰稿：伍建榕、魏玉倩、周媛婷；审稿：陈秀虹）

鸢尾花叶病毒病 iris mosaic virus disease

由芜菁花叶病毒引起的危害鸢尾叶片和花瓣的一种病毒性病害。

分布与危害 中国范围内均有发生。叶片和花瓣产生黄色条斑和斑驳，德国鸢尾呈矮化状，花器变小（见图）。

病原及特征 病原为芜菁花叶病毒（turnip mosaic virus, TuMV）。粒体线状，大小 700～800nm×12～18nm，失毒温度 55～60℃ 经 10 分钟，稀释限点 1000 倍，体外保毒期 48～72 小时，通过蚜虫或汁液接触传毒，在田间自然条件下主要靠蚜虫传毒。除十字花科外，还可侵染菠菜、茼蒿、芥菜等。已知其分化有若干个株系。

鸢尾花叶病毒病症状（伍建榕摄）

侵染过程与侵染循环   病毒主要在田间杂草上寄生越冬。温度适宜时，蚜虫从越冬带毒的田间杂草上感毒，之后飞到鸢尾上传毒危害。

流行规律   病毒在田间受侵染的寄主植株上越冬，主要通过传毒介体蚜虫或农具传播。与传毒介体蚜虫的暴发密切相关。

防治方法

农业防治   田间发现及时拔除销毁，减少侵染来源。建立无病留种圃地，从初叶期开始防治蚜虫，减少媒介昆虫传播。

化学防治   用杀虫剂喷杀，如50%马拉松1000倍液、2.5%溴氰菊酯乳油2000倍液，或0.5~1波美度石硫合剂。

物理防治   可用黄色有黏液小板诱杀成龄蚜虫。

参考文献

陈秀虹，伍建榕，西南林业大学，2009.观赏植物病害诊断与治理[M].北京：中国建筑工业出版社.

陈秀虹，伍建榕，2014.园林植物病害诊断与养护：上册[M].北京：中国建筑工业出版社.

（撰稿：伍建榕、魏玉倩、周嫒婷；审稿：陈秀虹）

鸢尾环斑病   iris ring spot

由烟草环斑病毒引起的危害鸢尾的一种病毒性病害。

分布与危害   在中国鸢尾种植地区均有发生。在鸢尾上表现环斑、枯萎或褪绿斑等病状（见图）。可危害德国鸢尾、八仙花、百合、黄瓜、烟草等17科38属植物。

病原及特征   病毒，种群待定。据资料鸢尾属病毒中有烟草环斑病毒（tobacco ring spot virus，TRSV），病毒粒体球形，直径28nm，外有棱角，有60个结构亚单位。TRSV核酸为单链RNA。有2个主要的RNA分子即：RNA-1、RNA-2，分子量分别为2730000、1340000。沉降系数RNA-1为32S；RNA-2为24S。

侵染过程与侵染循环   病毒主要在田间杂草上寄生越冬。温度适宜时，蓟马、蚜虫、线虫从越冬带毒的田间杂草上感毒，之后飞到鸢尾上危害传毒，病毒寄生到杂草上越冬。

流行规律   该病的发生与传播介体蚜虫大发生密切相关。

防治方法   田间发现病株拔除后烧毁，加强对传毒媒介生物的防治工作。尽量少伤害植株，减少伤口，减少与其他寄主的近距离栽种。

参考文献

陈秀虹，伍建榕，西南林业大学，2009.观赏植物病害诊断与治理[M].北京：中国建筑工业出版社.

陈秀虹，伍建榕，2014.园林植物病害诊断与养护：上册[M].北京：中国建筑工业出版社.

张柏松，傅循晶，徐文通，等，2003.球根花卉主要病害发生规律与防治措施[J].引进与咨询(7): 33-35.

（撰稿：伍建榕、魏玉倩、周嫒婷；审稿：陈秀虹）

鸢尾基腐病   iris basal rot

由尖孢镰刀菌引起的危害鸢尾茎基部的一种真菌性病害。

分布与危害   主要危害茎基部，这种土壤习居真菌侵染的部位是根颈处，使全株变黄，受害处变褐色至黑褐色，先湿腐后干腐。溃烂后全株死亡（图1）。

病原及特征   病原为尖孢镰刀菌（*Fusarium oxysporum* Schlecht.），属镰刀菌属真菌（图2）。孢子为二型：大型分

图1 鸢尾基腐病症状（伍建榕摄）

鸢尾环斑病症状（伍建榕摄）

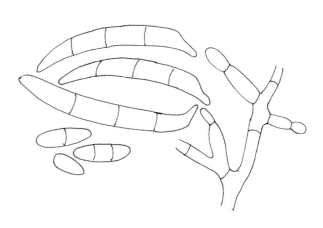

图2 尖刀镰孢菌（陈秀虹绘）

生孢子新月形或镰形，3～5 个隔，少数 6～7 个隔，3 个隔的大小为 20～60μm×2～4.5μm，5 个隔的大小 37～70μm×2～4.5μm；小型分生孢子卵形，生于气生菌丝中，成串，1～2 个细胞，大小 4～16μm×2～5μm。

侵染过程与侵染循环　病菌主要以菌丝体在病残体上存活，营腐生生活。病菌萌发生长，从鸢尾的茎基部侵染，一般在鸢尾根茎结合处先发病，随着雨水传播，逐渐向内扩展侵染茎基部和根部，完成再侵染和多次侵染。

流行规律　连作、排水不良、土壤板结、通风不良，高温多雨时发病严重。

防治方法　栽种地的干湿度间歇性变化有利于尖刀镰孢菌的发生发展。病区土壤灭菌或更新土壤为重要的工作，或将鸢尾种到无病区。将初病根茎冲洗干净后，放在苯来特（4.5L 26.7～28.9°C 温水中加 50ml 苯来特）溶液中，浸泡 15～30 分钟，然后迅速干燥。严重发病后应考虑轮作 3～4 年。

参考文献

陈秀虹，伍建榕，西南林业大学，2009. 观赏植物病害诊断与治理 [M]. 北京：中国建筑工业出版社.

陈秀虹，伍建榕，2014. 园林植物病害诊断与养护：上册 [M]. 北京：中国建筑工业出版社.

赵京鹏，2020. 广州九种观赏植物真菌性病害病原鉴定 [D]. 广州：仲恺农业工程学院.

（撰稿：伍建榕、魏玉倩、周媛婷；审稿：陈秀虹）

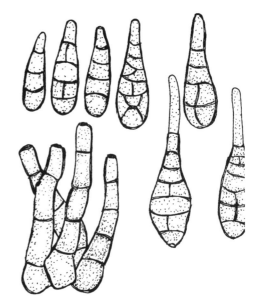

图 2　鸢尾生交链孢（陈秀虹绘）

鸢尾交链孢叶斑病　iris Alternaria leaf spot

由交链孢属引起的危害鸢尾叶部的一种真菌病害。

分布与危害　广泛分布于中国鸢尾种植地。鸢尾交链孢叶斑病侵染鸢尾叶片，产生褐色梭形至不规则形病斑，边缘深褐色隆起。病斑可愈合成大枯斑，在叶两面均生黑褐色霉状物（图 1）。

病原及特征　病原为鸢尾生交链孢 [*Alternaria iridicola*（Ell.et Er.）Elliott.]，属交链孢属真菌，还危害鸢尾属的蝴蝶花。菌丝暗色至黑色，有隔膜，以分生孢子进行无性繁殖。分生孢子梗较短，单生或丛生，大多数不分枝，分生孢子呈纺锤状或倒棒状，顶端延长成喙状，多细胞，砖隔状，分生孢子常数个成链，一般为褐色（图 2）。

侵染过程与侵染循环　病原在病残体或土壤越冬，翌年发病期随风、雨传播侵染寄主。

流行规律　连作、过度密植、通风不良、湿度过大均有利于发病。

防治方法

农业防治　加强栽培管理。合理密植，增施腐熟有机肥，科学灌水。保持环境温湿度适宜，雨季及时排涝。增强树势，提高植株抵抗力。秋冬清除病残体，减少病源。重病区忌连作，实行轮作。因地制宜地选择较抗病品种。

化学防治　发病初期喷洒 25% 咪鲜胺乳油 500～600 倍液，或 50% 多锰锌可湿性粉剂 400～600 倍液。连用 2～3 次，间隔 7～10 天。

参考文献

陈秀虹，伍建榕，西南林业大学，2009. 观赏植物病害诊断与治理 [M]. 北京：中国建筑工业出版社.

陈秀虹，伍建榕，2014. 园林植物病害诊断与养护：上册 [M]. 北京：中国建筑工业出版社.

张柏松，傅循晶，徐文通，等，2003. 球根花卉主要病害发生规律与防治措施 [J]. 引进与咨询 (7): 33-35.

（撰稿：伍建榕、魏玉倩、周媛婷；审稿：陈秀虹）

图 1　鸢尾交链孢叶斑病症状（伍建榕摄）

鸢尾墨汁病　iris ink

由鸢尾德氏霉引起的危害鸢尾叶部的一种真菌病害。

分布与危害　主要分布在种植鸢尾的地区。鸢尾墨汁病侵染叶片，在衰弱叶片、尤其在叶基部形成卵形或长椭圆形菌落，长有黑褐色绒毛状物（图 1）。

病原及特征　病原为鸢尾德氏霉 [*Drechslera iridis*（Oud.）M. B. Elis.]，属德氏霉属真菌。分生孢子梗粗壮、褐色，产孢细胞多芽生，合轴式延伸，分生孢子淡色至暗色、单生，圆筒形（图 2）。

图 1　鸢尾墨汁病症状（伍建榕摄）

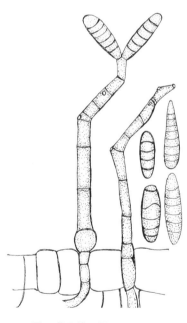

图 2　鸢尾德氏霉（陈秀虹绘）

侵染过程与侵染循环　病菌可通过风、雨水、灌溉水、机械或人和动物的活动等传播到健康的叶或叶鞘上。墨汁病的发生主要是在春秋两季。病原菌从秋季至春季的任何时候都可侵染茎基部、根部以及根状茎，在一些地方在温和的冬季也能引起发病，造成腐烂。

流行规律　阴雨或多雾天气、叶面长期有水膜的存在、午后或晚上灌水排水不良等造成的湿度过高，光照不足，氮肥过多，磷、钾肥缺乏，植株生长柔弱，抗病性降低，病叶和修剪的残叶未及时清理等，都会有助于菌量积累和加重病害的发生。0℃左右的温度和叶面水滴是最适于病菌侵染发病的条件，春秋季的温度、降雨、结露及其时间的长短影响病害流行的程度。

防治方法

农业防治　将零星出现的病株连同植株附近的土壤一并挖去。及时掘出根茎（迅速淘汰带病根茎），并使之干燥后储藏于通风处。适量撒施石灰，改变土壤酸度。实行深耕。每隔 3～4 年进行轮栽。

化学防治　选择健株根茎繁殖，或用 50ml 苯来特加 2.25L 的温水（26.7～29.5℃）中浸 15～30 分钟后再栽。

参考文献

陈秀虹，伍建榕，西南林业大学，2009. 观赏植物病害诊断与治理 [M]. 北京：中国建筑工业出版社 .

陈秀虹，伍建榕，2014. 园林植物病害诊断与养护：上册 [M]. 北京：中国建筑工业出版社 .

王丽霞，2012. 主要花卉真菌病害调查与病原真菌鉴定 [D]. 沈阳：沈阳农业大学 .

张柏松，傅循晶，徐文通，等，2003. 球根花卉主要病害发生规律与防治措施 [J]. 引进与咨询 (7): 33-35.

（撰稿：伍建榕、魏玉倩、周媛婷；审稿：陈秀虹）

鸢尾球腔菌叶斑病　iris *Mycosphaerella* leaf spot

由鸢尾球腔菌引起的危害鸢尾叶部的真菌病害。

分布与危害　主要分布在种植鸢尾的地区。该病主要危害叶片，在叶部发病，出现边缘褐色中心灰色并有小黑点的病斑（图 1）。球茎鸢尾最易遭受此病，病菌穿入芽内使之腐烂变硬。

病原及特征　病原为鸢尾球腔菌［*Mycosphaerella iridis*（Auersw.）Schrot.］，属球腔菌属真菌。子囊座着生在寄主叶片表皮层下，假囊壳埋生，球形或扁圆形，孔口平齐或呈乳头状突起，子囊孢子椭圆形，无色，双胞大小相等。该病原菌无性世代包括许多属，如叶点霉属（*Phyllosticta*）、茎点霉属（*Phoma*）、尾孢属（*Cercospora*）（图 2）。

侵染过程与侵染循环　病原在病残体或土壤越冬，翌年发病期随风、雨传播侵染寄主。

流行规律　该病在种植环境湿度大、栽植过密及连作时发病较重。连作、过度密植、通风不良、湿度过大均有利于发病。

防治方法

农业防治　选用抗病良种。在秋季和春季清除病残体，防止土壤湿度过大。

化学防治　在发病初期适时喷药，用 70% 甲基托布津或 50% 多菌灵可湿性粉剂，两种药交替使用，每隔 7 天喷 1 次，连喷 2 次。

Y

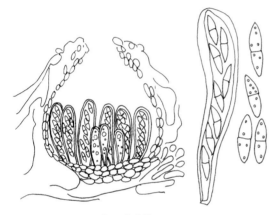

图 1 鸢尾球腔菌叶斑病症状（伍建榕摄）

刀形，盘内有黑褐色刚毛（图2）。

侵染过程与侵染循环 病菌以菌丝在寄主残体或土壤中越冬，翌年4月初老叶开始发病，5～6月气温达到22～28℃时发展迅速。病菌孢子靠气流、风雨、浇水等传播，多从伤口处侵入。以菌丝体和分生孢子器在病部或土中越冬，翌春释放出分生孢子，可循环再侵染。

流行规律 该病在炎热潮湿的季节多发生，浇水过多，放置过密，植株在偏施氮肥、缺乏磷钾肥以及在通风透光不良时发病严重。在夏季由于土壤过湿，氮肥用量过多，或没

图 2 鸢尾球腔菌（陈秀虹绘）

参考文献

陈秀虹，伍建榕，西南林业大学，2009.观赏植物病害诊断与治理 [M].北京：中国建筑工业出版社．

陈秀虹，伍建榕，2014.园林植物病害诊断与养护：上册 [M].北京：中国建筑工业出版社．

刘少霞，2004.鸢尾三病的防治 [J].花木盆景（花卉园艺）(10):23.

（撰稿：伍建榕、魏玉倩、周嫒婷；审稿：陈秀虹）

图 1 鸢尾炭疽病症状（伍建榕摄）

鸢尾炭疽病 iris anthracnose

由炭疽菌引起鸢尾叶片具轮纹状病斑的病害。

分布与危害 该病广泛分布于鸢尾种植区，危害鸢尾叶片，感病植株的叶片上产生坏死斑，影响鸢尾生长及观赏价值。病叶上有梭形或不规则形斑，边缘深褐色，微隆起，中心灰白色，散生许多黑色点粒（图1）。

病原及特征 病原为炭疽菌（*Colletotrichum* sp.）。刺盘孢属分生孢子盘盘状或平铺，上面敞开，半埋于基质内，分生孢子梗无色透明一般不分枝，上端渐尖细；分生孢子由分生孢子梗顶端长出，单胞，无色，长椭圆形、弯月形或镰

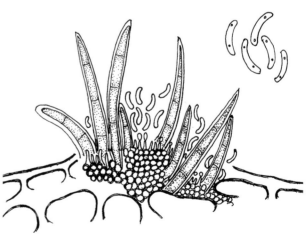

图 2 刺盘孢属的一个种（陈秀虹绘）

有使用磷肥、钾肥时，容易发生此病。高湿多雨季节发病严重。

防治方法

农业防治　加强栽培管理，增强植物的抗逆性。及时清除病残株，剪除病枝病叶。

化学防治　可喷洒 50% 代森锌 500 倍液、50% 多菌灵 1000 倍液。

参考文献

陈秀虹，伍建榕，西南林业大学，2009. 观赏植物病害诊断与治理 [M]. 北京：中国建筑工业出版社.

陈秀虹，伍建榕，2014. 园林植物病害诊断与养护：上册 [M]. 北京：中国建筑工业出版社.

刘丽萍，高洁，李玉，2020. 植物炭疽菌属 *Colletotrichum* 真菌研究进展 [J]. 菌物研究，18(4): 266-277.

张柏松，傅循品，徐文通，等，2003. 球根花卉主要病害发生规律与防治措施 [J]. 引进与咨询 (7): 33-35.

（撰稿：伍建榕、魏玉倩、周嫒婷；审稿：陈秀虹）

鸢尾锈病　iris rust

由鸢尾柄锈菌引起的危害鸢尾的一种真菌性病害。

分布与危害　主要分布在江苏、浙江、上海、甘肃、云南、广西、吉林等鸢尾种植地区。病原侵染叶片，病叶两面生有近圆形黄褐色疱状斑（图 1）。其上散生红褐色粉粒状物，秋后叶背病斑生黑褐色粉粒物（病症）。

病原及特征　病原为鸢尾柄锈菌 [*Puccinia iridis*（DC.）Wallr.]，属柄锈属真菌。夏孢子球形或椭圆形，黄褐色，有刺，冬孢子椭圆形或棍棒形，淡褐色或黄褐色，双细胞，柄褐色，不脱落（图 2）。

侵染过程与侵染循环　通常病菌以冬孢子越冬，锈菌的夏孢子可借气流进行远距离传播。

流行规律　该病春季发生，初夏病害加重，盛夏病害发展缓慢。病菌侵入寄主的适宜温度为 15～20℃，发病适温

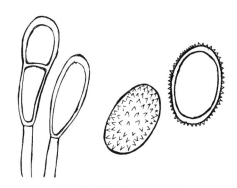

图 2　鸢尾柄锈菌（陈秀虹绘）

为 17～22℃。连作、氮肥过多、排水不良、植株过密等情况会使病害加重。不同品种的鸢尾抗病特性有一定差异，如素地安、苗色曼等品种及野生鸢尾抗病力弱；矮花紫鸢尾、溪苏刚毛鸢尾等品种抗病力较强。

防治方法

农业防治　选育抗病品种。严防过多施用氮肥，加强管理，排去多余的水分，清除病株，使之通风透气。清除转主寄主植物，其附近不种转主植物。避免连作。清除病叶集中销毁。

化学防治　早春用代森锌或代森锰锌 800～1500 倍液，或 20% 粉锈宁 1000 倍液（可保 20 天），隔 7～10 天喷病区 1 次。植株周围湿度大时可撒硫黄粉杀菌，湿度小时用石硫合剂。

参考文献

陈秀虹，伍建榕，西南林业大学，2009. 观赏植物病害诊断与治理 [M]. 北京：中国建筑工业出版社.

陈秀虹，伍建榕，2014. 园林植物病害诊断与养护：上册 [M]. 北京：中国建筑工业出版社.

王丽霞，2012. 主要花卉真菌病害调查与病原真菌鉴定 [D]. 沈阳：沈阳农业大学.

（撰稿：伍建榕、魏玉倩、周嫒婷；审稿：陈秀虹）

鸢尾眼斑病　iris eye spot

由鸢尾褐斑瘤蠕孢引起的危害鸢尾的一种病害。又名鸢尾褐斑病。

分布与危害　分布在中国江苏、浙江、福建、安徽、吉林、辽宁、北京等种植鸢尾的地区。主要危害鸢尾的叶片，鸢尾眼斑病因在叶片上的病斑大小不一，初期病斑近圆形，随病原物生长病部有中央灰白色，边缘红褐色，且中央有暗黑色子实体的纺锤形病斑，病斑周围有黄色晕圈，呈独特的"眼斑"而得名（图 1）。也发生在茎和花芽上，但不侵染根状茎和根。病斑扩大和汇合，导致叶片早枯，根状茎逐渐衰弱。严重时病斑融合，致部分叶组织或全叶干枯。

病原及特征　病原为鸢尾褐斑瘤蠕孢（*Heterosporium gracile* Sacc.），属蠕孢属真菌。分生孢子梗及分生孢子褐色，

图 1　鸢尾锈病症状（伍建榕摄）

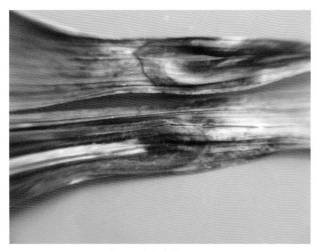

图1 鸢尾眼斑病症状（伍建榕摄）

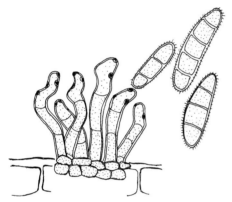

图2 鸢尾褐斑瘤蠕孢霉（陈秀虹绘）

分生孢子梗大小为 18～57μm×8～14μm。分生孢子圆筒形，大小为 40～60μm×15～21μm，具 1～8 个隔膜。其有性态为 *Didymellina macrospora*，称鸢尾褐斑亚双孢腔菌（图2）。

侵染过程与侵染循环 该病菌在土壤中或病残体上越冬。经雨水溅射传染病菌，近地面的茎部易染病。

流行规律 该病在种植环境湿度大、栽植过密及连作时发病较重，植株进入花期以后，连续阴雨，危害逐渐加重，土壤中钙和磷肥缺乏时易发病。

防治方法

农业防治 加强栽培管理。合理密植，增施腐熟有机肥，科学灌水。保持环境温湿度适宜，雨季及时排涝。增强树势，提高植株抵抗力。秋冬清除病残体，减少病源。重病区忌连作，实行轮作。因地制宜地选择较抗病品种。

化学防治 可定期喷施 80% 代森锌可湿性粉剂 600～800 倍液 + 氨基酸螯合多种微量元素的叶面肥，用于病前预防和补充营养，提高观赏性。病初期喷洒 25% 咪鲜胺乳油（如国光必鲜）500～600 倍液，或 50% 多锰锌可湿性粉剂（如国光英纳）400～600 倍液。连用 2～3 次，间隔 7～10 天。

参考文献

陈秀虹，伍建榕，西南林业大学，2009.观赏植物病害诊断与治理 [M].北京：中国建筑工业出版社.

陈秀虹，伍建榕，2014.园林植物病害诊断与养护：上册 [M].北京：中国建筑工业出版社.

魏景超，1979.真菌鉴定手册 [M].上海：上海科学技术出版社.

（撰稿：伍建榕、魏玉倩、周媛婷；审稿：陈秀虹）

鸢尾叶斑病　iris leaf spot

由鸢尾壳二孢侵染鸢尾叶片而形成叶斑的真菌性病害。

分布与危害 主要分布在种植鸢尾的地区。主要危害叶片，叶上半部易产生病斑，形成边缘色深、内部色淡的小圆斑，在小圆斑中心灰白处有几个小黑点（图1）。

病原及特征 病原为鸢尾壳二孢（*Ascochyta iridis* Oudem.），属球壳孢目（图2）。分生孢子器暗色、球形，分开，埋生在寄主组织中，有孔口；分生孢子无色、双胞，卵圆形到长圆形。

侵染过程与侵染循环 病原在病残体或土壤越冬，翌年发病期随风、雨传播侵染寄主。

流行规律 连作、过度密植、通风不良、湿度过大均有利于发病。

防治方法

农业防治 加强栽培管理。合理密植，增施腐熟有机肥，科学灌水。保持环境温湿度适宜，雨季及时排涝。增强树势，提高植株抵抗力。秋冬清除病残体，减少病源。

化学防治 冬春结合清园剪除病叶及收集病残物烧毁，

图1 鸢尾叶斑病叶部症状（伍建榕摄）

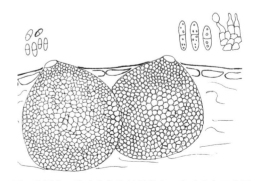

图2 鸢尾壳二孢（左）和黄菖蒲壳二孢（右）示意图

（陈秀虹绘）

随之喷药一次。新叶抽出至展开时交替喷保护剂：炭疽福美 800 倍液，或 50% 苯来特 1000 倍液，或 50% 克菌丹 800 倍液，或 25% 炭特灵可湿粉 500 倍液，或 25% 应得悬浮剂 1200 倍液，或 50% 施保功可湿粉 1000 倍液，或 69% 安克锰锌 75% 百菌清可湿粉（1：1）1500 倍液（即混即喷），或 40% 多丰农可湿粉 600 倍液，或 15% 亚胺唑可湿粉 2000 倍液，共喷 3～4 次，7～15 天 1 次。

参考文献

陈秀虹，伍建榕，西南林业大学，2009.观赏植物病害诊断与治理 [M].北京：中国建筑工业出版社.

伍建榕，陈秀虹，2014.园林植物病害诊断与养护：上册 [M].北京：中国建筑工业出版社.

王丽霞，2012.主要花卉真菌病害调查与病原真菌鉴定 [D].沈阳：沈阳农业大学.

（撰稿：伍建榕、魏玉倩、周媛婷；审稿：陈秀虹）

鸢尾叶点霉叶斑病　iris *Phyllosticta* leaf spot

由鸢尾叶点霉引起的危害鸢尾叶片的真菌性病害。

分布与危害　主要分布在种植鸢尾的地区。鸢尾叶点霉叶斑病危害鸢尾叶叶尖（图 1），尖部易发生近圆形小斑，多个小斑可连接成一大斑，病斑不规则，边缘暗褐色，中心灰色，内有小黑点。

病原及特征　病原为鸢尾叶点霉（*Phyllosticta iridis*），属叶点霉属真菌。分生孢子器近球形，有或无突起，孔口小，分生孢子单胞、无色（图 2）。

侵染过程与侵染循环　病菌以分生孢子器在病残体或土壤越冬，翌年发病期随风、雨传播侵染寄主。

流行规律　该病在种植环境湿度大、通风不良、光照不足、栽植过密及连作时发病较重。

防治方法

农业方法　加强栽培管理。合理密植，增施腐熟有机肥，科学灌水。保持环境温湿度适宜，雨季及时排涝。增强树势，

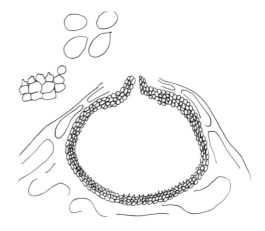

图 2　鸢尾叶点霉（陈秀虹绘）

提高植株抵抗力。秋冬清除病残体，减少病源。重病区忌连作，实行轮作。因地制宜选择较抗病品种。

化学防治　可定期喷施 80% 代森锌可湿性粉剂 600～800 倍液＋氨基酸螯合多种微量元素的叶面肥，用于防病前的预防和补充营养，提高观赏性。病初期喷洒 25% 咪鲜胺乳油 500～600 倍液，或 50% 多锰锌可湿性粉剂 400～600 倍液。连用 2～3 次，间隔 7～10 天。

参考文献

陈秀虹，伍建榕，西南林业大学，2009.观赏植物病害诊断与治理 [M].北京：中国建筑工业出版社.

陈秀虹，伍建榕，2014.园林植物病害诊断与养护：上册 [M].北京：中国建筑工业出版社.

刘少霞，2004.鸢尾三病的防治 [J].花木盆景（花卉园艺）(10)：23.

魏景超，1979.真菌鉴定手册 [M].上海：上海科学技术出版社.

（撰稿：伍建榕、魏玉倩、周媛婷；审稿：陈秀虹）

鸢尾叶枯病　iris leaf blight

由运载小球腔菌引起的危害鸢尾叶部的一种重要真菌性病害之一。

分布与危害　主要分布在种植鸢尾的地区。鸢尾叶枯病侵染叶部，造成叶片枯萎（图 1）。

病原及特征　病原为运载小球腔菌［*Leptosphaeria vectis*（Berk. & Br.）Ces & de Not.］，属小球腔菌属真菌。子囊座埋生寄主表皮下，球形或近球形，形似子囊壳，黑色，短喙外露，内生单个子囊腔与假孔口相通，假孔口周围光滑，腔内并列多个圆筒形、双层壁、短柄的子囊，子囊间有拟侧丝。子囊内含 8 个子囊孢子，纺锤形或椭圆形，多胞，黄褐色至橄榄褐色或无色（图 2）。

侵染过程与侵染循环　叶枯病菌在病叶上越冬，翌年在温度适宜时，病菌的孢子借风、雨传播到寄主植物上发生侵染。

流行规律　该病在 7～10 月均可发生。植株下部叶片

图 1　鸢尾叶点霉叶斑病症状（伍建榕摄）

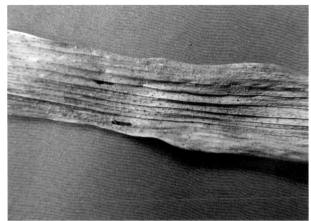

图 1 鸢尾叶枯病症状（伍建榕摄）

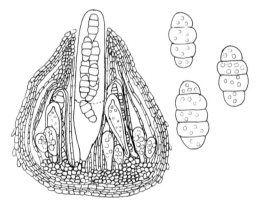

图 2 运载小球腔菌（陈秀虹绘）

发病重。高温多湿、通风不良均有利于病害的发生。植株生长势弱的发病较严重。病菌在 5～25℃ 均可生长，而以 20～25℃ 生长最适宜。秋季多雨和花期发病严重。

防治方法

农业防治　清除病残株并及时销毁，减少病源。加强栽培管理，控制病害的发生。

化学防治　近花期要特别注意喷施杀菌剂，药剂见鸢尾眼斑病。其他常用药剂为 50% 托布津、50% 多菌灵可湿性粉剂 1000 倍液和 65% 代森锌 500 倍液。也可用 0.3 波美度石硫合剂喷雾，每 10 天 1 次，连续 2～3 次。

参考文献

陈秀虹，伍建榕，西南林业大学，2009. 观赏植物病害诊断与治理 [M]. 北京：中国建筑工业出版社.

陈秀虹，伍建榕，2014. 园林植物病害诊断与养护：上册 [M]. 北京：中国建筑工业出版社.

王海英，2013. 地栽鸢尾主要病虫害防治 [J]. 园林 (8): 64-65.

王丽霞，2012. 主要花卉真菌病害调查与病原真菌鉴定 [D]. 沈阳：沈阳农业大学.

（撰稿：伍建榕、魏玉倩、周媛婷；审稿：陈秀虹）

鸢尾枝枯病　iris branch blight

由鸢尾拟茎点霉引起的鸢尾枝秆上出现斑点并枯萎的一种真菌性病害。

分布与危害　在中国鸢尾栽培地区均有分布。在近地面弱枝上散生许多小黑点状物，下部枝呈枝枯状（图 1）。

病原及特征　病原为鸢尾拟茎点霉 [*Phomopsis iridis* （Cooke）Hawksw. & Punith.]，属拟茎点霉属，有两种分生孢子（图 2）。分生孢子在基部和顶端具分枝和产生隔膜，短小且具 1～2 个隔膜，多为多个隔膜，线形，无色。产孢细胞为内壁芽生瓶梗式产孢，聚生，少离生，圆柱形，无色，

图 1 鸢尾枝枯病症状（伍建榕摄）

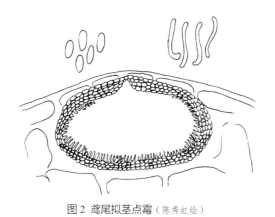

图 2　鸢尾拟茎点霉（陈秀虹绘）

在分生孢子梗上的主枝和长或短的侧枝上着生的产孢细胞的孔口呈圆锥状，孔道和周壁加厚不明显。

侵染过程与侵染循环　病菌以菌丝在寄主残体或土壤中越冬，翌年4月初老叶开始发病，5～6月气温达到22～28℃时发展迅速。病菌孢子靠气流、风雨、浇水等传播，多从伤口处侵入。以菌丝体和分生孢子器在病部或土中越冬，翌春释放出分生孢子，可循环再侵染。

流行规律　该病在炎热潮湿的季节多发生，浇水过多、放置过密、植株在偏施氮肥，缺乏磷钾肥以及在通风透光不良时发病严重。在夏季由于土壤过湿，氮肥用量过多，或没有使用磷肥、钾肥时，容易发生此病。高湿多雨季节发病严重。

防治方法

农业防治　种植株行距不能过密，周围应保持通风透光，尽量消除种植环境中的枯枝败叶。发现病叶及时修剪、销毁。

化学防治　病区喷杀菌剂。药剂选择见鸢尾叶斑病，7～10天1次。空气湿度大时喷硫黄粉剂。

参考文献

陈秀虹，伍建榕，西南林业大学，2009.观赏植物病害诊断与治理［M］.北京：中国建筑工业出版社.

陈秀虹，伍建榕，2014.园林植物病害诊断与养护：上册［M］.北京：中国建筑工业出版社.

王丽霞，2012.主要花卉真菌病害调查与病原真菌鉴定[D].沈阳：沈阳农业大学.

（撰稿：伍建榕、魏玉倩、周嫒婷；审稿：陈秀虹）

圆柏锈病　juniper rust

由胶锈菌属几种锈菌引起的、危害圆柏的常见病害。

分布与危害　圆柏锈病有圆柏梨锈病、圆柏苹果锈病和圆柏石楠锈病3种。圆柏梨锈病广泛分布于中国的梨栽培区。冬孢子堆阶段危害圆柏及其变种，如龙柏、塔柏、偃柏等，锈孢子阶段危害梨属、木瓜、贴梗海棠、日本海棠、山楂、山林果、楹梓等。圆柏苹果锈病危害多种苹果属的植物。圆柏石楠锈病危害石楠属植物如小叶石楠、毛叶石楠等。

圆柏梨锈病发生在圆柏的刺状叶、绿色小枝或木质小枝上。在叶上多生于叶面，冬季出现黄色小点，继而略为隆起。早春，咖啡色冬孢子堆突破表皮生出。受害木质小枝常略肿大呈梭形，小枝上冬孢子堆常多数聚集。冬孢子堆成熟后，遇水浸润即膨胀成橘黄色胶质物如花瓣状。树上冬孢子堆多时，雨后如黄花盛开。在梨属植物上主要危害叶片。病叶上初产生多数橙黄色小斑点，后扩大成近圆形病斑，直径4～8mm，中部橙黄色，边缘淡黄色，病组织肥厚，向背面隆起。后病斑正面生许多蜜黄色小点，终变黑色，即病菌的性孢子器。约半月后，病斑背面产生许多黄白色毛状物，即病菌的管状锈孢子器。叶柄、幼果和果柄有时也受侵染，病部肥肿，也产生性孢子器和锈孢子器。

圆柏苹果锈病危害圆柏的木质小枝。小枝受害处肿大成半球形或球形小瘤，直径一般为3～5mm。但也有大至15mm的，可能是多年生的活瘤。春季在瘤上产生暗褐色至紫褐色冬孢子堆，遇雨胶化成橘黄色花瓣状。苹果上的症状与梨锈病相似，但病斑边缘为暗红色。

圆柏石楠锈病危害圆柏的较大木质枝条。受害枝条稍肿大成长梭形，冬孢子堆突破表皮生出，肉桂色，常互相纵向连接成一长列。石楠属植物上的症状与梨锈病相似。

病原及特征　胶锈菌属除极少数例外，其冬孢子堆阶段寄生在柏科植物上，性孢子器和锈孢子器阶段寄生在蔷薇科植物上，它们都缺少夏孢子堆阶段。

圆柏梨锈病的病原菌是亚洲胶锈菌（*Gymnosporangium asiaticum* Miyabe ex Yamada）。冬孢子堆圆锥形或扁楔形，咖啡色。冬孢子椭圆形，黄褐色，双细胞，分隔处不缢束，33～75μm×14～28μm，每细胞具2芽孔，位于近分隔处，有时顶部也有一芽孔。柄无色，极长。性孢子器瓶状，性孢子单胞，无色，8～12μm×3～3.5μm。锈孢子器管状，长5～6mm，直径0.2～0.5mm。锈孢子橙黄色，近球形，18～20μm×19～24μm。

圆柏苹果锈病的病原菌是山田胶锈菌（*Gymnosporangium yamadai* Miyabe）。冬孢子堆生小枝的瘿瘤上，紫褐色，高1.5～3mm，宽2.5～5mm，厚0.5～2mm，常互相连接成鸡冠状，冬孢子广椭圆形，长圆形或纺锤形，黄褐色，双细胞，分隔处略缢束或不缢束，32～53μm×16～22μm，每细胞有2芽孔，位于近分隔处，柄无色，极长。性孢子器瓶状，直径190～280μm，性孢子椭圆形，3～8μm×1.8～3.2μm。锈孢子器管状，5～12mm×0.2～0.5mm。锈孢子球形至椭圆形，淡黄褐色，直径15～25μm。

圆柏石楠锈病的病原菌是日本胶锈菌（*Gymnosporangium japonicum* Syd.）。冬孢子椭圆形，长圆形或梭形至长梭形，顶部圆或微尖，灰褐色，双细胞，49～68μm×17～23μm，每细胞2个芽孔，位于分隔附近。

侵染过程与侵染循环　在安徽和江苏，2、3月间，圆柏上出现冬孢子堆，到3月下旬先后成熟。此时如遇雨天，成熟的冬孢子堆胶化后萌发产生担孢子。担孢子随风传播，直接或自气孔侵入转主寄主的幼叶。叶龄超过20天即很少受侵。潜育期约10天。自性孢子器出现至产生锈孢子器约需1个月以上，5月下旬至6月上旬为锈孢子释放盛期。锈孢子随风传播，侵染圆柏。

Y

防治方法　圆柏受害不显著,但却严重危害苹果和梨等。在苹果园或梨园周围 2.5～5km 范围内不栽植圆柏及其变种即可避免发生锈病。或在圆柏上冬孢子堆成熟前喷施 3～5 波美度石硫合剂或 0.3% 五氯酚钠可抑制冬孢子萌发。在苹果、梨等转主寄主放叶期也可喷波尔多液、代森锌等杀菌剂保护幼叶。圆柏及其变种或栽培种大多是优美的庭园绿化树种。在这些树种比较集中的公园和庭院,不宜靠近栽植杜梨、榅桲、海棠等观赏植物。

参考文献

袁嗣令,1997.中国乔、灌木病害 [M].北京:科学出版社.

（撰稿:李传道、叶建仁;审稿:张星耀）

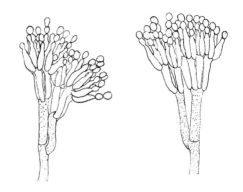

图 1　圆弧青霉（引自蔡静平,2018）

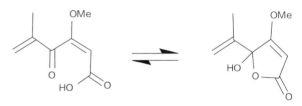

图 2　PA 的分子结构式（引自雷红宇,2009）

圆弧青霉　*Penicillium cyclopium* Westl.

分布与危害　该菌在自然界分布较广,在粮食、食品、饲料及霉腐材料上较为常见。圆弧青霉能产生多种毒素,可引发食物中毒。

病原及特征　圆弧青霉（*Penicillium cyclopium* Westl.）属于不对称青霉组,束状青霉亚组,圆弧青霉系。圆弧青霉生长较快,12～14 天后菌落直径可达 4.5～5cm,略带放射状皱纹,老熟后可显环状纹理,暗蓝绿色。在生长期有宽 1～2mm 的白色边缘,质地绒状或粉粒状,但较幼的区域为显著的束状。菌落背面无色或初期带黄色,后变为橙色或褐色。用 CYA 培养基 25℃ 培养 7 天,菌落直径约 5cm,毛状或束丝状,边缘全缘,分泌物棕色,背面浅黄色;MEA 培养基 25℃ 培养 7 天,菌落直径可达 3～4cm,菌落稀疏,边缘全缘,黄绿色,无分泌物,背面黄绿色;而用 G25N 培养基在相同条件下培养时,菌直径为 1.2～1.5cm,菌落全缘,白色,无分泌物,背面灰白色。

菌丝体帚状枝不对称、紧密,常具 3 层分枝,上生相互交缠的分生孢子链。分生孢子梗粗糙,但也有少部分株系为光滑型。分生孢子梗多分枝,小梗 4～8 个轮生。分生孢子形状大多近球形,光滑或略显粗糙（图 1）。

毒素产生与检测

毒素产生　圆弧青霉是一种产毒真菌,产生的毒素有圆弧偶氮酸（cyclopiazonic acid,CA）、青霉酸（penicillic acid,PA）、展青霉素（patulin）和棕曲霉素（ochratoxin）等。1989 年,中国首次报道了圆弧青霉毒素引起人群急性食物中毒的事件。在产生的多种毒素中,PA 是圆弧青霉菌有毒代谢产物的主要成分,最先从青霉侵染的玉米中分离得到。现在玉米、豆类、花生、坚果和动物饲料中都已检测到青霉酸的存在。约 50% 的圆弧青霉菌株会形成 PA,在受到损伤的稻谷籽粒上 PA 的含量更高。

许多青霉属的真菌都能产生 PA,如软毛青霉、圆弧青霉、马顿青霉、托姆青霉、徘徊青霉、棒形青霉以及棕曲霉等,有人曾在感染软毛青霉和圆弧青霉的玉米中分离出含量较高的 PA。PA 是无色结晶化合物,熔点 83℃,相对分子质量为 170.16,极易溶于热水、乙醇、乙醚和氯仿,但不溶于戊烷、己烷（图 2）。

PA 对多种动物均有毒性作用,能引起心脏、肝脏、肾脏和淋巴等多种器官的损伤,同时具有细胞毒性,对体外培养的肺泡巨噬细胞有细胞毒作用,使巨噬细胞的 ATP、RNA 和蛋白质合成降低。PA 能使人呼吸道上皮细胞死亡,阻断细胞的能量传导和降低细胞的呼吸作用,是一种潜在的致癌物。研究还发现 PA 会导致恶性肿瘤的发生,PA 与其他毒素如赫曲霉素、展青霉素与橘青霉素等相互作用,联合毒性增强,亚致死量的 PA 与赫曲霉素结合后,作用于小鼠,毒性明显增强,而且对肾脏的毒性作用相同。

PA 对玉米的发芽过程会造成不良影响。在浓度为 25μg/ml 时会抑制 50% 的玉米种子发芽,而 50μg 的 PA 也会导致玉米主根长度减少 50%。

毒素检测　国内外主要使用的方法有薄层层析法（TLC）和高效液相色谱法（HPLC）。

薄层层析法是测定 PA 的经典方法。将样品经过提取、柱层析、洗脱、浓缩和薄层分离后,在波长 365nm 的紫外光下产生蓝紫色或黄绿色荧光,可以根据 PA 在薄层上显示的最低检出量来确定其含量。

高效液相色谱法是逐渐得到应用的检测方法。将样品经过酞内酰胺苯甲酸氯（PIB-Cl）为柱前衍生试剂与 PA 发生衍生反应,衍生物再进行柱分离,用 HPLC 检测。HPLC 法的检测结果灵敏、准确,但样品前处理过程较为烦琐、技术性要求高。

除上述两种常规检测方法外,还有胶体金免疫层析检测方法。胶体金免疫层析试纸条具有操作方便、快捷迅速、特异性强、灵敏准确、经济实用等优点,适于大批量检测和大面积普查 PA 的存在。

防治方法　对储藏期粮食和水果中由圆弧青霉引发病害的防治包括采后热处理、化学药剂、拮抗细菌和拮抗真菌等方法。此外,由于植物源的杀菌剂低毒、低残留、可在环境中被自然代谢,且对非靶标生物相对安全,逐渐成为植物

Y

病害防治的热点。黄连、丁香和黄芩等植物浸出液对对青霉菌有较好的抑菌效果，其中黄连抑菌效果最好。

通过对艾叶、白芍、麻黄、蒲公英等 87 种植物提取物和水合霉素、多抗霉素与多菌灵等 6 种化学药剂的筛选，确定化学药剂水合霉素和植物提取物 Ts-109 混合使用，对苹果青霉病有较好的防治效果，在活体上防效达到 82.56%。

在对 PA 的脱毒研究中，人们采用碳酸氢钠、次氯酸钠、氢氧化钠和氯化钠等化学品对 PA 进行脱毒处理，发现碳酸氢钠是最有效的 PA 去毒剂。用 3% 的碳酸氢钠对 PA 处理 1 天，就能使 PA 降低 96.51%。此外，氨能够解除饲料中 PA 的细胞毒性和基因毒性。添加也可吸附霉菌毒素的物质，如铝硅酸盐类、活性炭、沸石、酵母或酵母细胞壁成分，使毒素在经动物肠道时不被吸收，直接排出体外，或者利用拮抗微生物来抑制产毒霉菌生长，以降低 PA 的污染。

参考文献

蔡静平，2018. 粮油食品微生物学 [M]. 北京：科学出版社.

何祖平，袁慧，2000. 青霉酸的化学脱毒效果试验 [J]. 湖南农业大学学报 (5): 64-65.

雷红宇，2011. 圆弧青霉菌毒素—青霉酸的单克降抗体及免疫毒理学研究 [D]. 长沙：湖南农业大学.

王若兰，2016. 粮油贮藏学 [M]. 北京：中国轻工业出版社.

朱丽，袁慧，2010. 胶体金免疫层析法检测圆弧青霉毒素—青霉酸的初步研究 [J]. 中国兽医杂志 (46): 65-68.

KEROMNES J, THOUVENOT D, 1985. Role of penicillic acid in the phytotoxicity of *Penicillium cyclopium* and *Penicillium canescens* to the germination of corn seeds[J]. Applied and environmental microbiology, 49: 660-663.

（撰稿：胡元森；审稿：张帅兵）

远程传播　long distance spread

病害的远程传播一般是指传播距离在数百千米的病害传播。植物病害依靠气流实现远程传播的明确实例不多，主要集中在小麦秆锈病、小麦条锈病、小麦叶锈病、小麦白粉病、玉米锈病、烟草霜霉病、黄瓜霜霉病等。病害要实现远程传播必须具备几个条件：①菌源区要有巨大的菌量，通常只有部分病菌孢子能逸出植物冠层，升到高空，此后在长距离输送过程中，有一部分会失去侵染力，加上稀释作用，只有极少数可以到达远距离的寄主上，所以菌源区的巨大菌量是必备的先决条件。②孢子释放后要有合适的气流条件和天气过程，以保证巨量孢子从冠层中逸出并被上升气流、旋风等携带到上千乃至两三千米高空，然后具备水平气流以便将孢子运输到远距离，最终在目的地有下沉气流或降雨帮助孢子降落，着落到植物冠层。因为远距离气流运动往往在特定作物生长季具有方向性，因此，远距离传播通常也具有明显的方向性，比如春季小麦条锈病在中国华北地区的传播方向是由南向北。③在目的地有大面积感病寄主，远距离传播的真菌孢子有时候需要跨越很长的距离，甚至是在大陆间传播，实现这样的传播就需要有大范围的对该基因型病原菌感病的寄

主，在现代作物遗传背景日趋单一的情况下这种情况更容易满足。④病菌的孢子可以抵抗长时间传输期间的不良环境，在着落寄主后能萌发侵染寄主植物，模型模拟研究表明病原菌能否远距离传播的主要限制因素是它的繁殖能力以及在大气层中的生存能力。⑤在着落期间，目的地的天气条件适合病菌侵染健康植株造成发病。

除了依靠气传实现远距离传播外，人类活动，如种子贸易、引种、机器的远距离调用等，也可造成病害的远距离传播，随着远距离各项交流的增多，人类活动在病害远距离传播中的作用有日趋加强的趋势。

参考文献

曾士迈，杨演，1986. 植物病害流行学 [M]. 北京：农业出版社.

AYLOR D E, 2003. Spread of plant disease on a continental scale: Role of aerial dispersal of pathogens[J]. Ecology, 84(8): 1989-1997.

BROWN J K M, HOVMOLLER M S, 2002. Aerial dispersal of pathogens on the global and continental scales and its impact on plant disease[J]. Science, 297(5581): 537-541.

（撰稿：吴波明；审稿：曹克强）

月季白粉病　Chinese rose powdery mildew

由白粉菌引起的月季地上部的一种病害。该病除危害月季外，还危害蔷薇属的多种植物，但以月季受害最重。

发展简史　在古希腊时就对月季白粉病的发生有过描述。1819 年由 Wallr. 等定名 *Alphitomorpha annosa* Wallr.:Fr。此后这个菌的命名几经变动，1829 年曾认为是 *Erysiphe pannosa*（Wallr.）Fr.；1851 年被定名为 *Sphaerotheca pannosa*（Wallr.: Fr.）Lev.；1870 年由 de Bary 定名为 *Podosphaera pannosa*（Wallr.: Fr）de Bary。此后又几经变动，但是在中国的文献中很长一段时间将危害蔷薇属（*Rosa* spp.）花卉的白粉菌定为 *Sphaerotheca pannosa*（Wallr.: Fr.）Lev.，而将危害蔷薇科果树的白粉菌定名为 *Podosphaera oxyacanthae*（DC.）de Bary。经过分子病理学鉴定，结合对病菌的核酸分析，得到公认的月季白粉病菌仍为 *Podosphaera pannosa*（Wallr.:Fr）de Bary 这个种。

分布及危害　月季白粉病是一种世界病害。在世界各种植区都有发生，一般保护地内发生的情况要重于露地。

在中国最早是在 1922 年发生于江苏，在 20 世纪 30～40 年代，还有浙江、云南、四川等地，至 50～70 年代，甘肃、河北、吉林、江西等地也有发生。此后随着月季产业的大发展，发生的地区更加普遍，新疆、山西、黑龙江、北京、贵州、重庆等地都有发生。

在蔷薇科的主要花卉中，白粉病还危害玫瑰和蔷薇，但对月季的危害更为普遍和严重。白粉病可危害月季的叶片、嫩梢、花梗、花蕾及花。在叶的正反面出现边缘不明显褪绿黄斑，逐渐扩大显出白色。但有时看不到黄斑，一些白粉状物可在绿色部分呈放射状扩展，后逐渐变浓，构成白粉斑（图 1 ①）。进一步发展时，白粉斑逐渐扩大、变暗，并互相融合连接成片，覆盖整个叶面，形成一层白粉状物。有时

Y

还可使叶片发红。在后期有时在白粉状斑的中部出现变黑的小粒点，即为白粉菌的有性世代闭囊壳（图1②）。嫩叶被害时叶片翻卷、畸形、变厚，严重时萎蔫、易脱落和枯死。叶柄和嫩梢发病时，生长受到抑制，节间缩短，粗度减小，被害部位也布满白粉且略肿胀，向反面弯曲，甚至病梢出现回枯。花蕾被害时表面布满白色霉层（图1③），畸形，向地面弯曲，花变小、变色、畸形或常不能开花。有时花瓣上也会附着白粉（图1④）。严重受害时整个植株布满白粉，叶片从边缘开始逐渐枯死，脱落，以致整株死亡。

月季可以绿化美化环境，也可以作为鲜切花出售。鲜切花月季对品质要求十分严格，而鲜切花多为保护地种植周年生产，白粉病发生十分严重，已成为月季的第一大病害，造成巨大的经济损失。

病原及特征　病原为叉丝单囊壳属的毡毛单囊壳〔*Podosphaera pannosa*（Wallr.：Fr）de Bary〕。其无性态为粉孢属的 *Oidium leucoconium* Desm.。

菌丝无色丝状，在寄主表面匍匐生长，穿透寄主包皮深入细胞产生吸器吸取营养。在获取一定的营养后，在菌丝上直立生出孢子梗，其顶端分化为串生的分生孢子。分生孢子无色椭圆形至桶形，5～10个串生，大小为（20～）23～34μm×（7.5～）13～21μm。闭囊壳球形或扁球形，暗褐色，直径（66～）75～90（～110）μm，附属丝丝状生于闭囊壳的下端，淡褐色，基部褐色，有隔膜，少且短，长度一般不超过闭囊壳的直径，闭囊壳内有子囊1个，子囊椭球形或长椭球形，无柄，大小66～99（～108）μm×45～57（～81）μm，其中有子囊孢子8个，子囊孢子无色，椭球形，大小为15～24（～27）μm×9～15（～18）μm。在不同来源的月季上，该菌上述子实体的大小会有些差异。

侵染过程与侵染循环　月季白粉菌主要以3种形式越冬。①在加温温室和居民室内越冬，由于这类月季冬季还可以生长，所以白粉病一般没有越冬的情况，仍可不断地产生分生孢子，在春季可作为初侵染的来源四处传播。②从中国南方传入。在海南岛等地，因没有霜冻，月季仍可以发病，

翌春北方的月季发芽后，随风吹去的白粉菌孢子，可作为初侵染源使月季发病。③在露地越冬的芽内越冬。菌丝和无性孢子经过冬季一般都死亡，而潜伏在芽中的菌丝可以越冬，翌年当温湿度合适时，产生分生孢子成为初侵染源。④靠病残体中存留的闭囊壳越冬。闭囊壳抗逆性较强，在翌年温湿度合适时，闭囊壳开裂放出子囊孢子也可以直接侵染嫩芽及叶片，再产生分生孢子，扩大蔓延，继续危害。

病菌主要经风、雨或产品（带病母株或鲜切花）的转运进行传播。当分生孢子或子囊孢子落在月季的叶、茎表面，在温湿度合适时发芽长出菌丝，菌丝可向下生长穿透角质层、细胞壁进入表皮细胞，在表皮细胞中长出初生吸器吸收养分使植株发生病变。当有足够的营养后，向上长出孢子梗，形成成串的孢子，孢子成熟后脱落，可随风雨飞散扩大蔓延。当植株营养耗尽或气候不适合（如入秋后天气渐冷）时，在菌丝丛中产生闭囊壳，闭囊壳成熟后在病残株上越冬，翌年在遇到适合的条件时，放出子囊孢子在新的月季植株上又开始新一轮的侵染（图2）。

月季白粉菌的侵染点多分布在叶面的低洼处，因为洼处湿度较大，细胞表皮叶肉较嫩，细胞壁较薄，同时凹处胶质膜较弱，蜡线分布较少，便于该菌的入侵。该菌侵染迅速，在接种4小时后可见孢子萌发并形成分生孢子梗，8小时菌丝数量明显增多并有大量分生孢子梗出现，12小时叶片表皮细胞结构已不完整，叶片出现弯曲。

流行规律　月季白粉病的流行与环境条件的关系密切。它发生的条件并不严格，凡是月季能生长的条件，白粉菌都可发生。但是如果流行则需要积累足够的菌源及适合发病条件的配合。月季白粉病在2～36℃，相对湿度为23%～99%都可以发生。最适温度28～32℃，低湿虽也可侵染，但低于95%萌发率就明显降低，相对湿度降至23%时只有少数孢子可以萌发。在少雨季节或保护地里田间湿度大，白粉病流行的速度加快，尤其当高温干旱与高温高湿交替出现、又有大量白粉菌源时，很易流行。在接种后的6小时内，湿润的叶片对孢子顺利萌发。但是长时间在水中反而会使月季的

图1　月季白粉病危害症状（李明远摄）
①叶部被害状；②月季白粉病在叶片上的初生闭囊壳；③花蕾被害状；④花瓣被害状

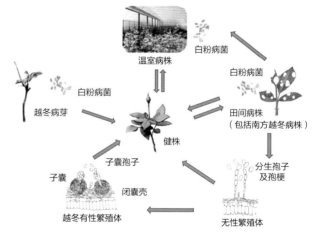

图2　月季白粉病侵染循环示意图（李明远绘制）

分生孢子膨大过度而引起细胞破裂，失去侵染的能力。因此，长时间的降雨，并不利于月季白粉病的流行。白粉菌在月季上的发展很快，在保护地中适合的条件下72小时即可完成无性循环，而在大田栽培的条件下则需7～10天。

在露地月季白粉病一般5～6月和9～10月发病较多。在保护地中，月季白粉病周年均可以发生。1、2月的低温条件下（10℃以下）病情发展较慢，一般在3～5月及9、11月呈现两个发病的高峰。发病低谷在6～8月及11月以后。这种势态的形成，除了环境因素的影响外，还受到采收的影响。一般5月是鲜切花大量采收的季节，农户往往结合采收清洁田园，使田间病情得到抑制。此后病情会逐渐上升，至10月初，在中秋节与国庆节鲜切花又大量上市，使病情受到遏制，此后病情仍会缓慢地发展，或因气温降低，发展受阻。

此外，栽培的方式和管理方式对月季白粉病影响也很大。不同栽培方式下白粉病的发生不同。在露地一般高温、高湿的季节，种植密度大、通风不好的地块病重。氮肥过多病害较重。在植株的幼嫩期，嫩叶中含有的β-丙氨酸有助于菌丝生长和孢子萌发。此外，品种间对白粉病的抗病性存在差异。种植感病品种，会导致植株受害严重。芳香族的月季多数品种，尤其是红色品种较感病；光叶、蔓生的月季品种较抗病。

防治方法

农业防治　①选用抗病或耐病品种。在该病常发的地区，应多观察比较，选用比较抗病及耐病的品种种植。较抗病的品种有黑魔术、俏丽人、卡罗拉、维西利亚、雪山、芬德拉和瑞普索迪等。鉴于月季白粉菌存在多个生理小种，而且仍处于不断的变化中，某个抗病品种也不是一劳永逸的。②严格保持田园清洁。田园清洁应当从冬季和春季开始贯彻始终，结合冬剪和采收后及时剪除病枝、病芽、病叶、弱枝、老枝和病梢残枝败叶，同时在发病初期及时清除病叶及病蕾，清除时应带个塑料袋或编织袋将其立即装入袋内，集中处理或销毁。防止病原的扩散。然后喷施防治白粉的农药，追杀飞散出的病菌孢子。③优化栽培管理措施。合理控光，夏季适当遮阴，防止暴晒，冬季使用白炽灯补光，增强植株的抗病性。科学灌水，在保证水分需求的前提下尽量降低温室内的湿度。有条件的地方可以推广滴灌技术，在干旱的季节适当增加供水量，在冬季适当控制给水量。灌溉时尽量在晴天的上午进行，浇水防止大水漫灌，浇后应注意放风排湿。月季需肥量较大，应采取施足底肥、适量施用追肥的方法保证养分的供应。但应注意不要偏施氮肥，可增施硼、锰、硅肥增强植株的抗病力。有报道说在露地将月季和夹竹桃或蓖麻间作，可以减轻月季白粉病的发生，有条件的园区可以试用。

化学防治　在发病前和发病初可用多种保护剂进行预防。比较常用的是HY-电热硫黄熏蒸器（或每亩放入6～7个普通电热硫黄熏蒸器，每个器内放入50g硫黄），加热2～3小时，连续使用2～3个晚上，此外，还使用0.2～0.3度波美石硫合剂、40%代森锰锌可湿性粉剂400倍液喷雾预防。发病较多时可使用的农药包括20%三唑酮乳油2000～3000倍液、12.5%腈菌唑乳油2000倍液、10%苯醚甲环唑水分散粒剂2000倍液、20%丙硫咪唑悬浮剂1000倍液、40%

氟硅唑乳油8000～10000倍液、43%戊唑醇悬浮剂3000倍液、43%己唑醇悬浮剂6000～9000倍液等。

生物防治　常用的有2%农抗120水剂200倍液、2%武夷菌素水剂200倍液、27%高脂膜乳剂80～100倍液等对月季白粉病都有一定的防治效果。并成为有机花园可使用的农药。

值得注意的是三唑类专性内吸性农药容易诱发出粉病病菌的抗药性。为了避免这种情况出现，在使用专性杀菌剂防治白粉病时，最好同时加上一些保护剂。如硫黄悬浮剂、代森锰锌等。延长内吸性杀菌剂的有效性。如在发现防治效果下降时，及时更换农药。

参考文献

向贵生，张真建，王其刚，等，2017. 月季白粉病及其抗性研究进展 [J]. 江苏农业科学，45(10): 9-15.

杨忠义，赵伟，罗尧幸，2018. 月季白粉病孢子形态观测与病害调查 [J]. 山西农业科学，46(3): 449-452.

张斌，李涛，2009. 实施栽培月季白粉病田间发生消长规律与防治技术 [J]. 贵州农业科学，37(9): 101-103.

张中义，1992. 观赏植物真菌病害 [M]. 成都：四川科学技术出版社：158-159.

（撰稿：李明远；审稿：王爽）

月季穿孔病　Chinese rose perforation

由小孢壳二孢侵染造成月季叶片穿孔的一类真菌病害。

分布与危害　在中国主要分布于湖北、四川、甘肃、上海、北京等月季种植地。

霉斑穿孔病：危害叶片，初为淡黄绿色病斑，圆形或不规则形，边缘紫色，后变成褐色，大小为2～6mm，最后穿孔。潮湿时，病斑背面长出污白色霉状物。幼叶受害后变枯焦，不穿孔。枝条受害后，以芽为中心，形成圆形病斑，边缘紫褐色，有裂纹和流胶现象。果实受害后，病斑初为紫色，后变成褐色，边缘呈红色，中央凹陷。

褐斑穿孔病：叶片受害后，两面可产生圆形或近圆形病斑，边缘紫色或紫红色，略有轮纹，后期病斑两面可长出灰褐色霉状物。中部干枯脱落或穿孔，穿孔的边缘整齐。新梢和果实上的病斑与叶片相似，也可产生褐色霉层（图1）。

病原及特征　病原为小孢壳二孢［Ascochyta leptospora（Trail）Hara］，属壳二孢属（图2）。孢子淡色，双胞，分隔处稍缢缩，大小为14.5～16μm×4.5～5μm，多种寄主。病菌发育适温24～28℃，最高38℃，最低7℃，致死温度51℃。病菌在干燥条件下可存活10～13天，在枝条溃疡组织内可存活1年以上。

侵染过程与侵染循环　病菌在病组织及土壤中越冬，温度适宜，雨水频繁或多雾、重雾季节利于病菌繁殖和侵染，排水不良和偏施氮肥发病重。病菌借风雨传播（图3）。

流行规律　气候温暖、排水不良、透气透光不好发病严重。夏季干旱时发病缓慢，秋季再次侵染。气候温暖、多雨或多雾季节发病严重，偏施氮肥也有利发病。

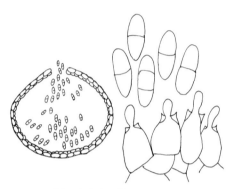

图 1 月季穿孔病症状（伍建榕摄）

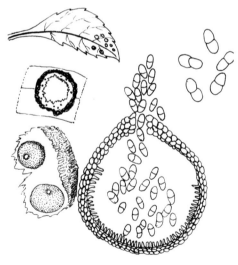

图 2 小孢壳二孢（陈秀虹绘）

图 3 月季穿孔病真菌病原侵染示意图（陈秀虹绘）

防治方法

加强栽培管理　要注意园地的排水、通风和透光，增施有机肥，避免偏施氮肥，增强树势，提高抗病力。冬季剪除病枝集中烧毁。对不能剪除的病枝，应用 0.2% 升汞水 800ml、95% 酒精 200ml 及甘油 200ml 的混合液涂刷消毒。生长期及时修剪，使树体通风透光。及时喷药保护。萌芽前喷 1～2 波美度石硫合剂，展叶后喷 0.3～0.4 波美度石硫合剂，

或发病初期喷 65% 代森锌 500 倍液，每 10～15 天喷 1 次，共喷 2～3 次，防治效果较好。喷硫酸锌石灰液（硫酸锌 1 份、消石灰 4 份、水 240 份）对此病有特效，但易发生药害，须先行试验后酌情喷用。

化学防治　于萌芽前喷 5 波美度石硫合剂，或喷 0.5∶1∶100 的硫酸锌石灰液，或用 65% 代森锌 600 倍液。生长期喷 75% 百菌清 600～800 倍液，或 70% 甲基托布津 1000～1500 倍液。

参考文献

陈秀虹，伍建榕，西南林业大学，2009. 观赏植物病害诊断与治理 [M]. 北京：中国建筑工业出版社

陈秀虹，伍建榕，2014. 园林植物病害诊断与养护：上册 [M]. 北京：中国建筑工业出版社 .

（撰稿：伍建榕、武自强、吴峰婧琳；审稿：陈秀虹）

月季干腐病　Chinese rose dry rot

危害月季枝干的真菌性病害。又名月季干腐病、月季胴腐病。

分布与危害　在月季、玫瑰种植区内都有可能发生，但危害不严重。发病后的典型症状是病斑凹陷、边缘开裂，表面密生黑色小粒点。初期症状表现为水渍状，椭圆形，褐色或者暗褐色病斑，发病部位多会烂至木质部，发病后期发病部位干燥失水，发病树皮凹陷紧贴木质部，剥离较困难，且病皮上出现密集的黑色小点（图 1）。

病原及特征　病原为狭冠囊菌（*Coronophora angustata* Fuckel.）和帚梗柱孢菌（*Cylindrocladium scoparium* Mongan.）。前者属冠囊菌属（图 2）。冠囊菌属的形态特征是子囊果在离开木质部的树皮下聚生至密集成堆，黑色，炭质，球形，表面粗糙，直径 280～330μm，有疣状孔口或无孔口；子囊矩圆形或倒卵形，大小为 20～24μm×10.5～12μm，下端突然缩小成长约 7μm 的短柄；孢子很小，极多，圆柱形，剧烈地弯曲，无色，大小为 2～2.5μm×1μm。

侵染过程与侵染循环　病原在枝干病部越冬，春天在病组织中继续扩展危害，通过风雨传播，从伤口、芽痕、皮孔处侵入枝干。病原还可以随苗木调运作远距离传播。病斑从春至秋均能缓慢扩展，以春秋季扩展较快。

流行规律　干腐病的发生是与气候条件有关的，干旱高温的情况下，它就会集中性暴发。氮肥使用过多，会造成树的徒长，表现出一种虚旺的情况。这种情况下，一些枝条的成熟度就会非常差，质地比较疏松，皮孔会比较大，非常容易遭受病菌侵染，这个时候再加上气候条件合适，很有可能出现集中性暴发的情况。

防治方法

农业防治　苗木严格消毒。秋季起苗后，在贮存前、春季发往种植地前以及定植前，使用 1%～3% 的硫酸铜进行整树消毒处理。在苗木繁育过程中，要适时浇水，严格控制后期浇水的量，施肥要均衡，苗木生长后期，注意控氮增钾，促进枝条成熟。在苗木贮存时，深埋贮存注意土壤含水量，

图 1　月季干腐病症状（伍建榕摄）

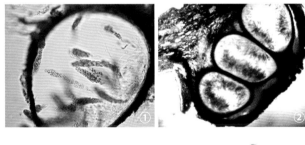

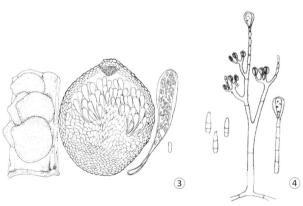

图 2　月季干腐病病原特征（①②伍建榕摄；③④陈秀虹绘）
①月季干枯病切片显微图；②狭冠囊菌切片显微图；③帯梗柱孢菌；
④狭冠囊菌

要保持手握成团不散的湿度，在窖藏时注意沙子的湿度同样要保持在手握成团不散。

化学防治　在树干出现初期症状时，及时将病斑刮出，并使用 50% 甲基托布津可湿性粉剂 200 倍涂干两次，两次间隔 10 天。重点是发病部位和嫁接口以上部分，然后使用 5 波美度的石硫合剂进行涂干处理。生长季节，使用 50% 甲基托布津可湿性粉剂 400 倍或者 25% 多菌灵可湿性粉剂 250 倍喷雾，雨季每隔 10 天 1 次，旱季 15～20 天 1 次。

参考文献

陈秀虹，伍建榕，西南林业大学，2009. 观赏植物病害诊断与治理 [M]. 北京：中国建筑工业出版社.

陈秀虹，伍建榕，2014. 园林植物病害诊断与养护：上册 [M]. 北京：中国建筑工业出版社.

（撰稿：伍建榕、武自强、吴峰婧琳；审稿：陈秀虹）

月季黑斑病　Chinese rose black spot

由玫瑰放线孢引起的一种月季病害。又名月季褐斑病。

发展简史　该病起源于 18 世纪末和 19 世纪初，于 1815 年由 Fries 在瑞士报道。现已成为世界性病害。在中国最早于 1912 年发现于河北（寄主为金樱子 *Rose laevigata* Mich.）。此后报道发生此病的蔷薇属植物除月季外，还有山刺玫、黄刺玫、多花蔷薇、木香花及山木香等。但以月季及玫瑰发病较重。

由于该病的危害性较重，对它的研究也越来越深入，除了发生规律和防治技术以外，更多的是围绕病原菌的分化、寄主抗病性的相关研究等方面。包括寄主超显微结构、生理生化机制、抗性遗传规律、抗病基因、遗传图谱构建、分子标记辅助选择育种等。

分布与危害　在中国主要分布在河北、山东、广东、四川、上海、北京、吉林、浙江、云南等地，几遍布全国，已成为月季的重要病害。

该病主要危害叶片，此外还危害嫩茎、花梗、花蕾、花瓣及新梢。危害叶片时在叶正面出现边缘不规则约 1mm 的小点，后逐渐扩大，直到病斑直径达到十多毫米边缘不整齐病斑。起初病斑多近圆形有时呈不明显放射状，后经扩展或互相连合为不规则形或病斑褐色至黑色，周围有或无黄色晕圈（图 1 ①），放大后会发现病斑中的颜色并不均匀，包含着一些黑色的小点（图 1 ②）。严重时整叶变黄、脱落。在此过程中，有时在叶片变黄后部分的病斑周围仍会保持绿色，形成"绿岛"现象（图 1 ③）。发生严重时，叶片大量脱落。甚至出现叶片落光，仅留上部几个心叶的情况。嫩茎和病梢得病时，形成紫色或黑色长椭圆形至条形稍凹陷的病斑。花蕾发病出现紫黑色的斑点，椭圆形，稍突起，可导致花不能开放。花瓣发病时，为紫红色小点，病斑周围略扭曲。特别是作为鲜切花时，造成的损失极其严重。

病原及特征　在田间常见的是该病菌的无性态玫瑰放线孢 [*Actinonema rosae*（Lib.）Fr.]，属放线孢属。

发病时，在病斑中可见大量呈轮纹状排列的分生孢子

Y

盘，分生孢子盘初埋生于角质层下，后突破角质层外露，圆形至不规则形，黑色，直径 108～198μm（图 2 ①），盘下有放射状菌丝，菌丝长于寄主角质层与表皮之间。以垂直分枝形式穿过细胞壁进入细胞，形成吸器，吸收寄主的养分。分生孢子梗短或不明显，上生大量分生孢子。分生孢子椭圆形、长椭圆形，无色，双胞，两个细胞大小不等，大小为 18～25.2μm×5.4～6.1μm（图 2 ②）。

有的文献上将玫瑰黑斑病的病原称为蔷薇盘二孢［*Marssonina rosae*（Lib.）Fr.］。而将玫瑰放线孢作为异名。但是这两个属是有区别的，放线孢在分生孢子盘的周围有放射状菌丝，似垫状组织着生于表皮下，以此可将其与盘二孢属区分开。

玫瑰放线孢有性态为蔷薇双壳菌（*Diplocarpon rosae* Wolf.），但比较少见。它在寄主表面产生子囊盘，该盘球形至盘形，深褐色，裂口呈辐射状，盘内产生子囊，子囊筒形，内有子囊孢子多个，子囊孢子长椭圆形至卵形，无色，有隔膜 1 个，将孢子分为大小两部分，分隔处略缢缩，孢子顶端为喙状，微弯（图 3）。

还有文献报道，通过分离，有时有交链孢属的真菌（*Altenaria* spp.）引起的月季黑斑病。但其致病性与上述

提到病原不是一个水平，和大家公认的月季黑斑病应有所区别。

侵染过程与侵染循环　在露地病菌以菌丝和分生孢子盘在芽鳞、叶痕、病枝和落叶上越冬（有人认为有性时代不提供初侵染源）。翌春形成分生孢子盘或分生孢子。借风和雨露飞溅传播。在温室一般无越冬问题，只是发生的较少。当环境更合适时，产生更多的分生孢子，扩大蔓延。此外，病菌还可以随鲜切花及苗木通过运输作远距离的传播，在田间还可以通过农具、操作人员的衣物以及昆虫进行传播。月季黑斑病的孢子在温度合适有水膜的情况下经 6 小时即可萌发，潜育期一般新叶 10～11 天（短时仅 5 天），老叶 13 天，15 天后病斑不再变大，20 天叶片开始腐烂。在发生的过程中如条件合适，产生的分生孢子会多次反复地侵染，酿成严重损失（图 4）。

病菌是由寄主气孔侵入，在有水的条件下病菌孢子经 6 小时即可完成侵染，15～20 小时在细胞内形成吸器，建立起寄生关系。此后，病菌会放出毒素杀死和分解寄主细胞。在此过程中可见到细胞中叶绿体由椭圆形变成圆形，类囊体形态均一性降低，严重时叶绿体整体瓦解，只留液泡和细胞核，且出现许多空泡，进一步侵染细胞内仅剩下絮状细胞质

图 1 月季黑斑病危害症状（李明远摄）

①叶部症状；②病叶斑的局部放大；③叶片受害后，出现的"绿岛"现象

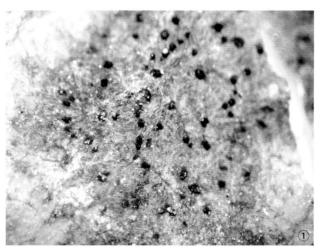
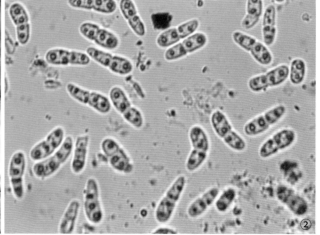

图 2 月季黑斑病病原特征（李明远摄）

①分生孢子盘（图中黑点）；②分生孢子

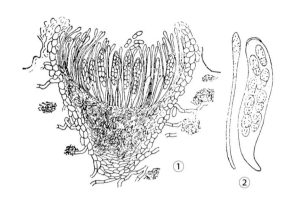

图 3 蔷薇双壳菌（仿陆家云，1997）

①子囊盘；②侧丝及子囊

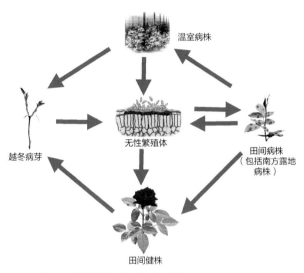

图 4 月季黑斑病侵染循环示意图（李明远绘制）

降解物，最后细胞完全降解，成为一个空壳，使寄主组织表现为变褐、坏死。同时叶片产生乙烯和脱落酸，导致叶片脱落。

流行规律　月季黑斑病菌在 10～35℃ 的条件下都可以生长，最适 20～25℃。由于月季在中国的种植面积较广，随着种植纬度的不同发病的时间也不一样。在北京 5、6 月始发，7～9 月盛发。在上海 3 月下旬始发，4 月下旬至 6 月下旬盛发，7、8 月（30～35℃）高温并不适合月季黑斑病的发生，9、10 月为第二个高峰期，11 月下旬至 12 月为终止期。在广州 4 月下旬至 6 月中旬及 9 月下旬至 11 月为发病的盛期。

月季黑斑病属于喜湿的病害，如在 100% 的相对湿度下病菌孢子 5 分钟即可以萌发，在相对湿度 92% 时 6 小时才能萌发；在田间相对湿度达到 85% 时才可以发病，在 98% 时发病严重。由于在露地种植的月季淋雨的机会较多，所以发病较保护地中种植的发病要重。此外，鉴于每年的降雨期和降雨量的差异，也影响着每年发病的轻重。在上海，3、4 月春雨的多少，决定了当年的发病基数，5、6 月进入梅雨季节后，雨量和雨次对发展的影响较大。

菌丝生长适宜的 pH 为 7～10，比较偏爱中性或偏碱的条件。

月季品种间抗病性差异较明显。品种抗病性与其形态结构及遗传特点有关，如叶片的厚薄、表面光洁度、气孔的密度、品种的染色体倍性以及花色。一般叶片厚的较薄的抗病，叶表面光洁的较粗糙的抗病，气孔少的较气孔多的抗病，二倍体的月季较四倍体的抗病。在不同花色中粉色最为抗病，有文献将抗病性按花色排序，由强到弱为粉色＞红色＞黄色＞渐变色＞蓝紫色＞复色＞朱红＞白色＞紫红。此外，攀缘月季抗性最强。品种的抗病性还和各地月季黑斑病菌生理小种的分布有关。

月季黑斑病的流行和栽培的方式和管理有关。全黑暗有利于菌丝的生长，所以在郁闭和阴影中的月季发病重。实行不同品种月季交叉种植的较单一品种连片种植的病害要轻。种植密度大的较适当稀植的病重，使用喷淋灌溉的较沟灌和滴灌的病要重，偏施氮肥的较增施磷、钾肥的病重。

防治方法　应当采用农业防治与化学防治相结合的综合措施。

选用抗病品种　比较抗病的如粉和平、卡罗娜、黄蝴蝶、花房、光谱、口红、溪水、戴高乐、白骑士、马戏团、青莲学士等。选用抗病品种从扦插时即开始规划。在定植时如有可能，最好将抗病的和不抗病的品种混栽，以阻断病害传播。

农业防治　清洁花圃。此项工作应从冬季开始，包括重度修剪，清除残枝病叶，集中销毁，消灭菌源。此外，在定植、管理中发现病叶、带病残花及时清除，减少病菌。小面积（包括新引进的）或家庭栽培的月季，仔细检查病芽、病叶，及时剪除并销毁。插条时，仔细挑选无病枝条作为插条，扦插前用药消毒。大量生产时应建立无病栽植区，认真防除黑斑病，供应无病插条。合理密植。分枝多的及时修剪，保证通风透光。加强水肥管理，提高抗病力。首先要施足底肥，追施磷钾肥，提高植株抗病力。浇水时尽量采用沟灌和滴灌，避免从植株上部喷淋，减少叶面积水。还可以采用地膜栽培，阻隔病原菌的传播。

化学防治　病区或病株喷布杀菌剂防治。发芽前使用波尔多液（1∶2∶100～200 倍液），3～4 波美度的石硫合剂，消灭越冬病菌。生长期控制黑斑病应注意提前预防，如上海一般清明节前即开始用第一次药，开始间隔期可 10 天左右，发病后可间隔 5～7 天。发病前可使用 40% 代森锰锌可湿性粉剂 500 倍液预防保护。发病后可用 50% 异菌脲可湿性粉剂 800～1000 倍液、20% 苯醚甲环唑微乳剂 1500～2000 倍液、40% 氟硅唑乳油 5000～6000 倍液、43% 戊唑醇乳油 3000～4000 倍液等专性杀菌剂。

参考文献

高珊梅，李丽，徐华，等，2017. 上海地区月季黑斑病的发生规律与防治技术 [J]. 中国科技推广 (8): 63-65.

陆家云，1997. 植物病害诊断 [M]. 北京：中国农业出版社：78，190.

张真建，相贵生，陈敏，等，2019. 月季黑斑病及其抗性研究进展 [J]. 江苏农业科学，47(5): 78-84.

（撰稿：李明远；审稿：王爽）

月季黑斑叶点霉病　Chinese rose *Phyllosticta* black spot

由蔷薇叶点霉引起月季叶部黑斑的一种真菌性病害。

分布与危害　主要分布在中国华南、西南、华中、华东、华北及北方温室。该病发生在蔷薇叶部，初期叶面出现黄绿色针点斑，后期病斑扩大呈圆形或不规则形，边缘紫色，扩展后连成片，病健交界明显，后期病部出现小黑点，病叶边缘似火烧状（图1）。

病原及特征　病原为蔷薇叶点霉（*Phyllosticta rosarum*），属叶点霉属。分生孢子器球形、扁球形、有或无突起，或短喙，孔口小，圆形，周围壁明显加厚，色深，器壁较薄，多为膜质，黄褐色至深褐色，表生，半埋生或埋生在寄主组织内。分生孢子梗短小，常不明显，单枝，平滑，无色，产孢细胞全壁芽生产孢，环痕式延伸，分生孢子卵形（图2）。

侵染过程与侵染循环　病菌以分生孢子和菌丝体在病组织、病残体及土壤中越冬，翌春产生分生孢子，靠风雨传播，由伤口侵入，进行初侵染，以叶边缘被害重。

流行规律　在潮湿情况下，约26℃，叶片上的分生孢子6小时之内可萌发侵入，潜育期7～14天。阳光不足、通风不良、肥水不当、地面残存病枝落叶等均会加重病害的发生。

秋季老叶发病重，生长衰弱枝病重，多年留茬植株发病重，气温在20℃以上的多雨季节发病重，栽植过密、管理粗放的绿地发病重。

防治方法

农业防治　及时清除并销毁病叶，减少病源。加强养护管理，合理密植，提高月季抗性。选择和栽植抗病品种，淘汰感病品种。

化学防治　发病初期可喷洒50%多菌灵500倍液。

参考文献

陈秀虹，伍建榕，西南林业大学，2009. 观赏植物病害诊断与治理[M].北京：中国建筑工业出版社.

陈秀虹，伍建榕，2014. 园林植物病害诊断与养护：上册[M].北京：中国建筑工业出版社.

（撰稿：伍建榕、武自强、吴峰婧琳；审稿：陈秀虹）

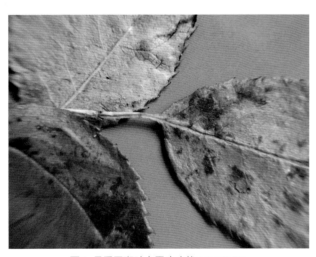

图1　月季黑斑叶点霉病症状（伍建榕摄）

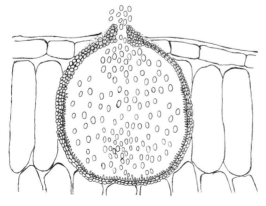

图2　蔷薇叶点霉属（陈秀虹绘）

月季灰斑病　Chinese rose gray spot

由普德尔尾孢引起的蔷薇属植物叶部灰斑的一种真菌性病害。

发展简史　1815年瑞典首次报道。1910年中国首次报道了蔷薇属植物上的这一病害。

分布与危害　世界各地均有分布。黑斑病（灰斑病）是月季、玫瑰、山玫瑰普遍而严重的病害。该病主要危害叶片，使叶片枯黄、早落。病菌侵害叶片后，形成圆形、近圆形或不规则形的病斑，直径2～6mm，初为黄绿色，后中央变为灰褐色至灰白色，边缘褐至红褐色，湿度较高时，在叶面生淡黑色的霉状物（图1）。

病原及特征　病原为普德尔尾孢（*Cercospora puderi* Ben Davis），属尾孢属。分生孢子盘生于角质层下，盘下有呈放射状分枝的菌丝。分生孢子盘直径108～198μm。分生孢子长卵圆形或椭圆形，无色，线形，多隔膜，基部平截至倒圆锥形平截，顶部细，大小为18～25.2μm×5.4～6.5μm。分生孢子梗单生或簇生，褐色。

侵染过程与侵染循环　露地栽培时，病原菌以菌丝体在芽鳞、叶痕及枯枝落叶上越冬。翌年春天产生分生孢子，进行初侵染。温室栽培则以分生孢子和菌丝体在病叶上越冬。分生孢子由雨水、灌溉水的喷溅传播。分生孢子由表皮直接侵入，在22～30℃，以及其他适宜条件下，潜伏期为10～11天。生长季节有多次再侵染。

流行规律　分生孢子的萌发适温为20～25℃，温度范围10～35℃，在适温下，25℃萌发达到高峰。萌发最适pH7～8。生长最适温度为21℃；侵入最适温度为19～21℃。

月季灰斑病与降雨的早晚、降雨次数、降雨量密切相关。老叶较抗病，新叶较感病，展开6～14天的叶片最感病。所有的月季栽培品种均可受侵染，但抗病性差异明显。茶香、金背大红等月季品种感病。温度高、湿度大病害加重。密度大，病害发生严重，氮肥过多病害加重。在英国，寄主叶片

图 1　月季灰斑病症状（伍建榕摄）

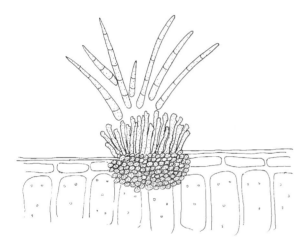

图 2　普德尔尾孢菌（陈秀虹绘）

的黑色病斑上产生的分生孢子盘，整个冬季都可产生具有繁殖能力的分生孢子。

防治方法

农业防治　随时清扫落叶，摘去病叶，以减少侵染来源。冬季对重病株进行重度修剪，清除病茎上的越冬病原。秋季彻底清除月季园内的带病落叶、病枝一并集中销毁，以减少越冬病原菌。生长期应及时修剪，避免徒长，创造良好的通风、透光条件，尽量从根部灌水为好，降低湿度。施足底肥，盆栽要及时更换新土。加强栽培管理，多施磷、钾肥，提高植株的抗病力。改善环境条件，控制病害的发生。灌水最好采用滴灌、沟灌或沿盆边浇水，切忌喷灌，灌水时间最好是晴天的上午，以便使叶片保持干燥。

化学防治　选用 25% 多菌灵 500 倍液均匀喷雾。喷施50% 多菌灵可湿性粉剂 1000 倍液或 50% 代森铵 1000 倍液，或 70% 甲基托布津可湿性粉剂 1000 倍液或波尔多液（1∶1∶200），在发病较严重或发病高峰期，间隔一周重喷一次，连续 2～3 次。1 月中旬施用硫酸铵可抑制病原萌发。

参考文献

陈秀虹，伍建榕，西南林业大学，2009. 观赏植物病害诊断与治理 [M]. 北京 : 中国建筑工业出版社 .

陈秀虹，伍建榕，2014. 园林植物病害诊断与养护 : 上册 [M].
北京 : 中国建筑工业出版社 .

傅玉祥，2003. 园林植物病理学 [M]. 北京 : 中国农业出版社 :
164.

（撰稿：伍建榕、武自强、吴峰婧琳；审稿：陈秀虹）

月季灰霉病　Chinese rose gray mold

由灰葡萄孢引起的月季产生灰霉腐烂的一种真菌性病害。又名月季花腐病。

分布与危害　分布于天津、上海、浙江、江苏等地。发病严重时，造成月季花苞不能正常开放，影响生长和降低观赏价值。

此病发生在叶缘和叶尖，初为水渍状小斑，光滑稍有下陷。蕾上病斑和叶上相似，水渍状的不规则病斑扩大之后，全部变软腐败，产生灰褐色霉状物，花蕾变褐枯死。花瓣被侵染后变褐色皱缩腐败。黑色的病部可以从侵染点向下延伸数厘米。在温暖潮湿的情况下，灰色霉层可以长满被侵染的部位（图 1）。

病原及特征　病原为灰葡萄孢（*Botrytis cinerea* Pers. ex Fr.），属孢盘菌属。分生孢子梗大小为 280～550μm×12～24μm，丛生，灰色，后转为褐色。分生孢子球形或卵形，大小为 9～15μm×6.5～10μm（图 2）。

侵染过程与侵染循环　病菌以菌丝体或菌核在病残株或土壤中越冬。翌年产生分生孢子借风雨传播到远方。可从伤口、气孔侵入，可多次重复侵染危害。孢子借气流传播，从伤口或衰弱器官侵入。适温 18～25℃。棚内侵染主要靠分生孢子随风、浇水、棚顶结露下滴、带菌花的残片等传播到健康组织上。

流行规律　露地栽培的月季梅雨季节容易发病。栽植过密或盆栽放置过密，不通风透光也容易发病。地栽土壤黏重、板结或低洼积水、排水不良等均易导致根部发病。在嫁接苗木中为了保温但未用消毒物护根也可感染发病。开花后未及时摘除也易发病。湿冷、连续阴雨、光照不足易诱发该病。地势低洼、通透性不好、灌溉不当、排水不良、遮阴过度、种植过密等大棚发病重。叶上的灼伤斑易受二次侵染。昆明

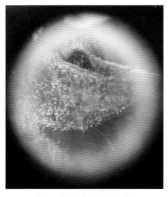
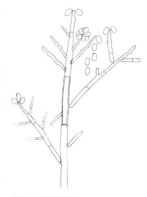

图 1　月季灰霉病症状　　　　图 2　灰葡萄孢（陈秀虹绘）
（伍建榕摄）

地区雨季开始后，7～11月为发病高峰期。冬季湿度大的棚内也会发生重。杂交香水月季或白色、粉色品种更易感病。

防治方法

农业防治　及时清除病残株予以烧毁，减少侵染来源。为了清除彻底，可将与病芽相连的茎部从芽以下数厘米处剪除。温室注意通风，透光良好，湿度不要过高。及时换土，低洼地注意排水，以利于根部发育。

化学防治　切花的切口均应喷药保护，可用70%甲基托布津1500倍液、50%多菌灵1000倍液、75%百菌清700倍液，或50%氯硝铵1000倍液。

参考文献

陈秀虹，伍建榕，西南林业大学，2009.观赏植物病害诊断与治理[M].北京：中国建筑工业出版社.

陈秀虹，伍建榕，2014.园林植物病害诊断与养护：上册[M].北京：中国建筑工业出版社.

（撰稿：伍建榕、武自强、吴峰婧琳；审稿：陈秀虹）

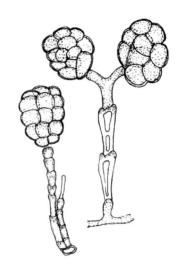

图2　匐柄霉（陈秀虹绘）

月季梢枯病　Chinese rose shoot wilt

由匐柄霉侵染造成的月季梢枯的病害。

分布与危害　中国上海、江苏、湖南、河南、陕西、山东、天津、安徽、广东等地均有发生。通常发生于枝干部位，病斑最初为红色小斑点，逐渐扩大变成深色，病斑中心变为浅褐色，病斑周围褐色和紫色的边缘与茎的绿色对比明显，病菌的分生孢子器在病斑中心变褐色时出现，随着分生孢子器的增大，茎表皮出现纵向裂缝，发病严重时，病部以上部分枝叶萎缩枯死（图1）。

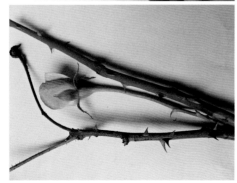

图1　月季梢枯病症状（伍建榕摄）

病原及特征　病原为匐柄霉（*Stemphylium botryosum* Wallr.）（图2），属匐柄霉属。分生孢子梗常簇生，从一半埋生的子座上生出。在自然基质上可以长达80μm，在人工培养基上更长，粗4～7μm，围绕各环痕膨大部各有一条暗色带。分生孢子具纵横隔膜，大小为27～42μm×24～30μm。

侵染过程与侵染循环　病菌以菌丝或分生孢子器在病枝上越冬，翌年产生分生孢子借风雨传播。该病菌一般从伤口侵入，嫁接及修剪时的切口易感染此病。

流行规律　管理不善、过度修剪、生长衰弱的植株发病重。

防治方法

农业防治　秋末收集病枯枝集中烧毁。修剪应在晴天进行。

化学防治　发病时可喷50%多菌灵可湿性粉剂1000倍液进行防治。

参考文献

陈秀虹，伍建榕，西南林业大学，2009.观赏植物病害诊断与治理[M].北京：中国建筑工业出版社.

陈秀虹，伍建榕，2014.园林植物病害诊断与养护：上册[M].北京：中国建筑工业出版社.

（撰稿：伍建榕、武自强、吴峰婧琳；审稿：陈秀虹）

月季霜霉病　Chinese rose downy mildew

由蔷薇霜霉引起月季叶部出现霜霉的一种卵菌病害。是一种世界性病害。

分布与危害　在中国各地广泛分布。发生在叶、新梢和花上。初期叶上出现不规则的淡绿色斑纹，后扩大呈黄褐色到暗紫色，最后为灰褐色，边缘色较深，逐渐扩大蔓延到健康组织，无明显界线。空气湿度大时，叶背面可见稀疏的灰白色霜霉层。有的病斑为紫红色，中心为灰白色，如同被化肥、农药烧灼状。新梢和花感染时，病斑与叶片上的病斑相似，但梢上病斑略凹陷。严重时叶枯萎脱落，新梢枯死（图1）。霜霉病对温室切花月季是一种危害性极大的病害，起病急、传播快、损失大，往往在几天内一幢温室中即将采收的切花全被毁掉。1990年秋冬，北京出现首例大规模切花月季霜霉病病害，继而1991年秋冬北京郊县出现了几例霜霉病病情，由于防治不及时，损失都较惨重。

病原及特征　病原为蔷薇霜霉（*Peronospora sparsa* Berk.），属霜霉属。孢囊梗锐角叉状分枝，顶端微弯而尖，孢子囊椭圆形至亚球形，卵孢子球形，大小为17～22μm×14～18μm。孢子囊在水中18℃时只要4小时即可萌发，低于4℃、高于27℃不萌发（图2）。

侵染过程与侵染循环　月季霜霉病菌有卵孢子时以此越冬，但茎干内菌丝体可多年生存，进行越冬、越夏，以孢子囊产生孢囊孢子蔓延侵染。

流行规律　该病主要在温室中发生，3月底到4月上中旬和11月中旬较严重，90%～100%湿度和相对低的温度有利病害发展。温室月季苗床上苗密集时发生多。通风不良、盆土潮湿、氮肥过量时病重。霜霉病孢子发芽温度为1～25℃，最适宜温度为18℃，21℃时发芽率降低，26℃时24小时孢子死亡。霜霉病发病另一个重要条件是水，孢子依靠水滴才能从气孔侵入，在100%的湿度条件下才能发病。温室切花月季多发生在加温的10月，而无加温设备的日光温室，秋末、整个冬季均易发生，露地生产则发生较少。

不同品种对霜霉病的抗性不同。易感病的品种有佐丽娜、杰出、卡琳娜及其芽变品种卡列尼拉、明星、幸福、贝林达、外交家、天使等。抗病较强的品种有索尼亚、金欢喜、萨曼莎、哈洛、婚礼粉、玉石、小步舞曲、玛丽娜等。石榴石及其芽变品种快乐的阿林、木琴对霜霉病具有免疫的能力。了解这些情况对指导生产和抗病品种的育种都具有很大的意义。

防治方法

农业防治　尽可能选用抗霜霉病的切花月季品种。冬季日光温室要注意通风，防止湿度过大，如果叶缘部分出现滞留水珠时，则是将发生霜霉病的危险信号，应及时采取去湿和打药等措施。冬季采取漫灌式浇水特别容易造成棚内湿度过大，所以冬季应采取分段间隔式浇水，以降低整个塑料棚的湿度。现有日光温室应增设一些启动快的加温辅助装置，以防连续阴天所造成的低温高湿环境，保证切花月季正常生长。大棚内湿度过大是诱发霜霉病的主要因素，调节控制大棚内的湿度是防治该病的主要措施。

化学防治　及时剪除病株和叶，并销毁，将污染的苗木消毒换土。严重发病苗床，下次播种前土壤要先消毒。温室要注意通风，保持干燥。发病初期应喷50%代森锰锌600倍液1次、50%代森铵1000倍液，或1%波尔多液均有效果。

专门防治霜霉病的药物有甲霜灵、烯酰吗啉等。百菌清对防治霜霉病也有效，但一般用于预防。10～11月是霜霉病多发季节，每月预防喷洒2次，可轮流使用甲霜灵与百菌清。以后每月预防一次。可用70%百菌清700～1000倍液、58%雷多米尔1000倍液或80%代森锰锌等保护和预防。清除感病叶片、病茎和病花，减少侵染来源。温室中通风降湿，可减少发病。发病初期喷洒58%瑞毒锰锌500倍液、或25%甲霜灵与65%代森锌按1：2混合后的500倍液、40%乙膦铝（疫霉灵）200～250倍液、75%百菌清可湿性粉剂600倍液、40%增效甲霜灵500倍液、60%琥·甲霜灵可湿性粉剂500倍液，或50%琥胶肥酸铜可湿性粉剂500倍液等，6天1次，连续3～4次。注意各种药剂交替使用，喷雾时应均匀周到。

参考文献

陈秀虹，伍建榕，西南林业大学，2009. 观赏植物病害诊断与治理 [M].北京：中国建筑工业出版社.

陈秀虹，伍建榕，2014. 园林植物病害诊断与养护：上册 [M].北京：中国建筑工业出版社.

（撰稿：伍建榕、武自强、吴峰婧琳；审稿：陈秀虹）

月季炭疽病　Chinese rose anthracnose

由胶孢炭疽菌引起的月季地上部分病害，是月季的一种常见病害。又名蔷薇炭疽病。

分布与危害　2000年在阿根廷首都布宜诺斯艾利斯发现了该病害。在中国主要分布于湖北、四川、甘肃、上海、北京等月季种植地。通常炭疽病对月季生长没有很大影响。

叶片受害后，症状一般表现在叶缘，呈半圆形病斑，深褐色边缘，中间呈褐色至浅褐色；发生后期，病斑中间变为灰色，常常脱落。病斑呈均匀的黑色，边缘为不规则的放射状。在潮湿的环境下，病斑上生有黑色小粒点，即病原菌分生孢子盘（图1）。

病原及特征　病原为胶孢炭疽菌 [*Colletotrichum gloeosporioides*（Penz.）Sacc.]，异名蔷薇炭疽菌，属炭疽菌属真菌。分生孢子盘略埋生，盘边缘有暗色分隔的刚毛，分生孢子长椭圆形或弯月形（图2）。其有性态为围小丛壳属的围小丛壳 [*Glomerella cingulata*（Stonem.）Spauld. et Schrenk]。分生孢子盘褐色或黑色，直径100～300μm；刚毛少，隔膜1～2个，深褐色，大小为64～71μm×5～6μm；分生孢子梗圆筒形，大小为12～

图1 月季霜霉病症状（伍建榕摄）　图2 蔷薇霜霉菌（陈秀虹绘）

图 1 月季炭疽病症状（伍建榕摄）

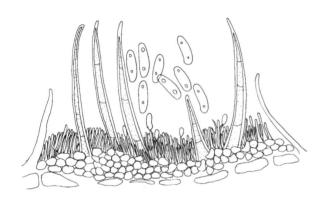

图 2 胶孢炭疽菌（陈秀虹绘）

21μm×4～5μm；分生孢子圆筒形，单胞，无色，大小为 11～18μm×4～6μm。

侵染过程与侵染循环 胶孢炭疽菌可在病部及土壤中越冬，翌年温、湿度适宜时借风雨或昆虫传播。一般春梢生长后期开始发病，夏、秋梢期盛发。分生孢子进行再侵染。

流行规律 高温、多湿条件下发病重。

防治方法 增施有机肥，防止偏施氮肥，适当增施磷、钾肥，雨后排水，防止湿气滞留。及时清除病残体，集中烧毁或深埋，并喷施新高脂膜 600 倍液形成一层高分子膜隔离病害，以减少菌源。发病初期应及时喷施针对性药剂，喷药时必须配合新高脂膜一起使用，提高农药有效成分利用率，提高防治效果（多倍）。

参考文献

陈秀虹，伍建榕，西南林业大学，2009.观赏植物病害诊断与治理[M].北京：中国建筑工业出版社.

陈秀虹，伍建榕，2014.园林植物病害诊断与养护：上册[M].北京：中国建筑工业出版社.

魏景超，1979.真菌鉴定手册[M].上海：上海科学技术出版社：471.

RIVERA M C, WRIGHT E R, CARBALLO S, 2000. First report of *Colletotrichum gloeosporioides* on Chinese rose in Argentina[J]. Plant disease, 84: 1345.

（撰稿：伍建榕、武自强、吴峰婧琳；审稿：陈秀虹）

月季叶斑病 Chinese rose leaf spot

由大孢大茎点菌和月季壳针孢引起的一种危害月季叶片的真菌性病害。

分布与危害 月季叶斑病是世界性病害，在中国普遍发生，以危害叶片为主。叶片受侵染后，在叶片、叶柄上出现黑褐色圆形或不规则形斑点，病斑逐渐扩大连在一起，使叶片变黄脱落，感病严重的植株，下部叶片全脱落，变为光杆状，甚至导致植株死亡（图1）。

病原及特征 病原为大孢大茎点菌[*Macrophoma macrospora*（McAlp.）Sacc. et D. Sacc.]和月季壳针孢（*Septoria rosae* Desm.）（图2）。大孢大茎点菌属大茎点霉属真菌。分生孢子器球形、透镜形、锥形或瓶形，无喙或有喙，有孔口，膜质、革质或炭质，黑色，分生孢子器的孔口不突起；分生孢子梗短或线状，不分枝。分生孢子单生于梗的末端，具各种形态如椭圆形、卵形、针形、筒形、梨形、角形和肾形，单胞，少数孢子有1～3隔，透明，通常有2个油球。分生孢子长度大于15μm。月季壳针孢，属球壳孢目球壳孢科壳针孢属真菌。分生孢子器暗色，散生，近球形，生于病斑内，孔口露出。分生孢子梗短，分生孢子无色、多胞，细长至线形。

图 1 月季叶斑病症状（伍建榕摄）

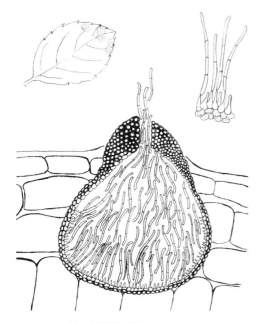

图 2　月季壳针孢（陈秀虹绘）

侵染过程与侵染循环　大孢大茎点菌病原菌以菌丝体、分生孢子器在病枝、病叶或落叶上越冬，翌年春天产生分生孢子借助风雨传播危害。

月季壳针孢以菌丝体、分生孢子在病叶及其落叶上越冬，翌年春天温度适宜时，借助风和雨水进行远距离传播危害。

流行规律　叶斑病多发生在高温潮湿的气候条件下，地势低洼、排水不良、通风透光差，特别是多雨季节感病严重。

防治方法

农业防治　及时将病叶摘除焚烧，减少侵染源。加强栽培管理，多施磷、钾肥，提高植株抗病能力。浇水应采取根部浇灌，避免水滴飞溅促使病菌孢子的传播蔓延。

化学防治　发病初期用 1:1:200 的波尔多液或 50% 的多菌灵可湿性粉剂 1000 倍液、70% 的甲基托布津可湿性粉剂 1000 倍液、80% 的代森锌可湿性粉剂 500 倍液进行喷雾，每隔 7 天一次，全生育期共喷 3~4 次。为防止抗药性，各种药剂交替使用。

参考文献

陈秀虹，伍建榕，西南林业大学，2009. 观赏植物病害诊断与治理 [M].北京：中国建筑工业出版社.

陈秀虹，伍建榕，2014. 园林植物病害诊断与养护：上册 [M].北京：中国建筑工业出版社.

（撰稿：伍建榕、武自强、吴峰婧琳；审稿：陈秀虹）

月季叶尖枯病　Chinese rose leaf tip blight

由芸薹生链格孢和蔷薇尾孢引起月季叶尖枯的一种真菌性病害。

分布与危害　分布于华中、华东、华南、西南、华北，北方温室。发生在月季、玫瑰叶部。初期叶面出现黄绿色针点斑，后期病斑扩大呈圆形或不规则形，边缘紫色，扩展后连成片，病健交界明显，后期病部出现小黑点，病叶边缘似火烧状（图 1）。

病原及特征　病原为芸薹生链格孢（*Alternaria brassicicola*）和蔷薇尾孢［*Cercospora rosae*（Fuck.）Hohn.］，前者属链格孢属（图 2）。旋转交链孢的分生孢子梗较短，单生或丛生，大多数不分枝，分生孢子呈纺锤状或倒棒状，顶端延长或成喙状，多细胞，有壁砖状分隔，常数个成链，一般为褐色。后者为蔷薇尾孢属，分生孢子梗青褐色至黑褐色，顶端着生芽殖型分生孢子，分生孢子脱落后，分生孢子梗继续生长，

图 1　月季叶尖枯病危害症状（伍建榕摄）

①蔷薇尾孢叶尖枯病症状；②交链孢叶斑病症状

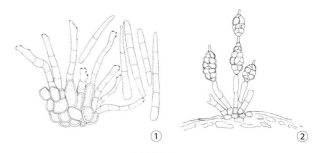

图 2　月季叶尖枯病病原（陈秀虹绘）

①蔷薇尾孢菌；②旋转交链孢

顶端又形成分生孢子,故分生孢子梗呈屈膝状;分生孢子线形、鞭形至蠕虫形,多细胞。

侵染过程与侵染循环　病菌以分生孢子和菌丝体在病组织、病残体及土壤中越冬,翌年春天产生分生孢子,靠风雨传播,由伤口侵入,进行初侵染,以叶边缘被害重。

流行规律　秋叶老叶发病重,多年留茬植株发病重,气温在 20℃ 以上的多雨季节发病重,栽植过密、管理粗放的绿地发病重。

防治方法

农业防治　加强养护管理,合理密植,提高月季抗性。选择和栽植抗病品种,淘汰敏感品种。清除地上和地下的病叶,消灭越冬病原。若在发病期间及时摘除病叶,可有效控制病情扩散。

化学防治　可在发病期间喷 75% 百菌清 600～800 倍液或 25% 多菌灵 500 倍液。

参考文献

陈秀虹,伍建榕,西南林业大学,2009.观赏植物病害诊断与治理[M].北京:中国建筑工业出版社.

陈秀虹,伍建榕,2014.园林植物病害诊断与养护:上册[M].北京:中国建筑工业出版社.

（撰稿:伍建榕、武自强、吴峰婧琳;审稿:陈秀虹）

图 1　月季叶枯病症状（伍建榕摄）

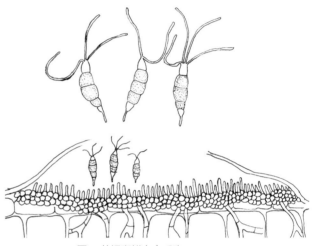

图 2　茶褐斑拟盘多毛孢（陈秀虹绘）

月季叶枯病　Chinese rose leaf blight

由茶褐斑拟盘多毛孢引起月季叶部枯萎的一种真菌性病害。

分布与危害　在中国主要分布在广东、长沙、云南、四川、江苏、北京、唐山等地。上海、广州危害较严重。该病主要危害叶片,尤以老叶受害危重。病害多发生在叶尖或叶缘处。叶面出现圆形或不规则形的大斑,中央褐色,后变为灰白色,边缘红褐色。病部与健康部分界明显。病斑上散生许多黑色小点。后期有些病斑可破裂,甚至脱落形成穿孔。果实发病则出现茶褐色小斑点,逐渐扩大后可蔓延至整个果实表面,最后病果变软脱落（图 1）。

病原及特征　病原为茶褐斑拟盘多毛孢（*Pestalotia guepini*）,属拟盘多毛孢属（图 2）。该属真菌分生孢子为 5 细胞、梭形,中间 3 细胞为有色胞,顶端细胞无色,1 至多根附属丝。

侵染过程与侵染循环　病菌以分生孢子和菌丝体在病组织、病残体及土壤中越冬,翌春产生分生孢子,靠风雨及灌溉水传播,由伤口侵入,进行初侵染,以叶边缘被害重。

流行规律　秋季老叶发病重,多年留茬植株发病重,气温在 20℃ 以上的多雨季节发病重,栽植过密、管理粗放的绿地发病重。

防治方法

农业防治　秋季彻底清除病落叶。选择肥沃、排水良好的土壤或基质种植,增施有机肥料及钾肥;栽植密度要适宜,以利通风透光;降低叶面湿度,以减少叶害的发生。

化学防治　发病初期喷洒 1:2:200 的波尔多液,或 50% 多菌灵可湿性粉剂 1000 倍液,或 50% 苯菌灵可湿性粉剂 1000～1500 倍液。重病区的苗木出圃时用 0.1% 的高锰酸钾溶液浸泡消毒。

参考文献

陈秀虹,伍建榕,西南林业大学,2009.观赏植物病害诊断与治理[M].北京:中国建筑工业出版社.

陈秀虹,伍建榕,2014.园林植物病害诊断与养护:上册[M].北京:中国建筑工业出版社.

（撰稿:伍建榕、武自强、吴峰婧琳;审稿:陈秀虹）

月季枝孢花腐病　Chinese rose *Cladosporium flower rot*

由蓼丝枝孢和多主枝孢引起的月季花腐及叶斑的真菌性病害。

分布与危害　在中国均有分布。病害发生在叶片和花上,病斑圆形或不规则,周围黄褐色,中央为橄榄褐色的霉层,直径约 3mm,危害花器引起花腐。初生圆形凹陷斑,后病部生灰绿色霉层,即病原菌的分生孢子梗和分生孢子（图 1）。

图 1 月季枝孢花腐病症状（伍建榕摄）

①月季条斑花腐病症状；②月季黑点花腐病症状；③叶片受害

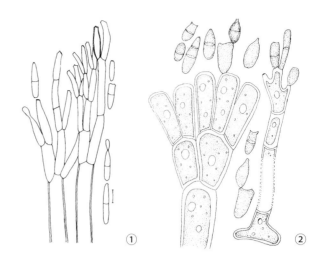

图 2 月季枝孢花腐病病原（陈秀虹绘）

①蕨丝枝孢；②多主枝孢

陈秀虹，伍建榕，2014.园林植物病害诊断与养护：上册 [M].北京：中国建筑工业出版社．

（撰稿：伍建榕、武自强、吴峰婧琳；审稿：陈秀虹）

病原及特征　病原为蕨丝枝孢（*Cladosporium musae* Mason）和多主枝孢［*Cladosporium herbarum*（Pers.）Link.］，属暗丛梗孢科枝孢属真菌。常形成子座。分生孢子梗丛生，榄黑色，顶端或中部常有局部膨大，长 250µm；分生孢子长圆形、卵圆形或长椭圆形，浅橄榄色，表面密生细刺，单胞或双胞，0～1 个隔膜，大小为 5～23µm×3～8µm，多数为 8～15µm×4～6µm。该菌多生在禾本科或木本植物上或土壤及空气中。有性态为 *Mycosphaerella tulasnei*，但有性态不易产生，通常以无性态多主枝孢危害小麦、大麦、高粱、玉米、水稻等多种禾本科植物，引起黑霉病。子囊座黑色，壁厚，瓶形，有短颈，大小为 150～250µm×100～150µm。子囊圆筒形，大小为 80～120µm×15～20µm。子囊孢子椭圆形，两端钝，一个隔膜，上部细胞略大于下部细胞，18～28µm×6～8.5µm（图 2）。

侵染过程与侵染循环　病菌在病残体上越冬，翌年春季形成子囊孢子，进行初侵染，随风、雨水等进行传播。分生孢子进行再侵染。

流行规律　湿度大和生长衰弱时容易发病。

防治方法　选取健壮无病的健康植株，清除病残体，尽可能保持植株表面干燥。温室应保持良好的通风状况，黄昏前通风很重要。由于这种病周年都可发生，需要定期进行消毒杀菌，特别是在切花之后及时喷药。

参考文献

陈秀虹，伍建榕，西南林业大学，2009.观赏植物病害诊断与治理 [M].北京：中国建筑工业出版社．

月季枝干溃疡　Chinese rose branch canker

危害月季枝干的真菌性病害。又名月季普通茎溃疡病。

分布与危害　在世界各地月季种植区发生普遍，危害严重，造成较大损失。病菌引起上部茎干叶片变褐，茎皮皱缩、失水干枯，皱皮上有许多小黑点，当病斑扩大环绕茎皮后便枯萎死亡（图 1）。除月季外，还危害玫瑰等蔷薇属花卉，使其枝梢及部分枝条直接枯死。

病原及特征　病原为葡萄座腔菌［*Botryosphaeria dothidea*（Moug. ex Fr.）Ces. et de Not.］，属葡萄座腔菌属（图 2）。假囊腔聚生，内含多个子囊，子囊成束排列于子囊腔基部，有拟侧丝，子囊孢子单胞，无色。

侵染过程与侵染循环　病菌在茎枝的患病组织内越冬。有性阶段于翌年早春在病枝上形成。随后由产生的子囊孢子或分生孢子借风雨和水溅传播成为初侵染源。一般通过休眠芽或伤口侵入而较少从无伤表皮侵入。整个生长季主要由分生孢子侵染、传播和危害，有再侵染。

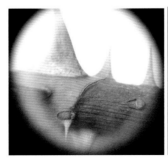
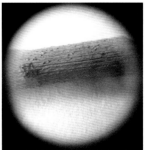

图 1 月季枝干溃疡病症状（伍建榕摄）

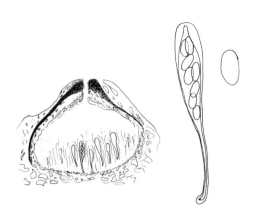

图2　葡萄座腔菌（陈秀虹绘）

流行规律　温度高且干旱时、通风透光性差易发病。该菌可忍受较低或较高的温度（12～30℃），土壤和盆土过湿易发病，连作发病重。此病在广州6～9月高温干旱季节发生最严重。

防治方法　及时修剪病枯枝烧毁。台风雨后的伤折枝也应剪除，剪切口尽量靠近腋芽处，并应连同部分健枝同时剪去。晴天修剪，伤口易干燥愈合。剪口用1：1：15硫酸铜、石灰、水的波尔多液涂抹更佳。药剂可选用50%多菌灵800～1000倍液、0.2%代森锌与0.1%苯来特混合液。

参考文献

陈秀虹，伍建榕，西南林业大学，2009.观赏植物病害诊断与治理[M].北京：中国建筑工业出版社.

陈秀虹，伍建榕，2014.园林植物病害诊断与养护：上册[M].北京：中国建筑工业出版社.

（撰稿：伍建榕、武自强、吴峰婧琳；审稿：陈秀虹）

月季枝枯病　Chinese rose branch blight

由多种真菌引起的一种月季枝部病害。

分布与危害　在中国主要分布于湖北、四川、甘肃、上海、北京等月季种植地。通常发生于枝干部位，在枝干出现溃疡病斑，病斑最初为红色小斑点，逐渐扩大变成深色，病斑中心变为浅褐色，病斑周围褐色和紫色的边缘与茎的绿色对比明显，病菌的分生孢子器在病斑中心变褐色时出现，随着分生孢子器的增大，茎表皮出现纵向裂缝，后期病斑凹陷，纵向开裂，病部中心出现黑点，潮湿时涌现出黑色孢子堆。发病严重时，病部以上部分枝叶萎缩枯死（图1）。

病原及特征　主要病原为伏克盾壳霉（*Coniothyrium fuckelii* Sacc.），有性态为盾壳霉小球腔菌[*Leptosphaeria coniothyrium*（Fuckel）Sacc.]，属盾壳霉属（图2）。分子孢子器埋生于枝条表皮下，扁球形，器壁黑色，直径180～250μm。分生孢子近球形、短椭圆形或卵形，大小为2.5～4.5μm×2.5～3.0μm，有色。分生孢子梗短，无色。其次还有2种次要病原，一种是小孢壳囊孢[*Cytospora microspora*（Corda）Rabenh]，属壳囊孢属。子座埋生，突出，具有单一

或复杂多腔室的子实体；分生孢子梗线状，有时在基部或中部分枝；分生孢子较小，透明，单胞，腊肠状，表面光滑无附属物。另一种是炭疽菌（*Colletotrichum* sp.），炭疽菌属。分生孢子盘略埋生，盘边缘有暗色分隔的刚毛，分生孢子长椭圆形或弯月形。

侵染过程与侵染循环　以分生孢子器（盘）和菌丝在病株或病残体上越冬，有些地方以子囊壳越冬。翌春产生分生孢子或子囊孢子借风雨传播，从伤口，特别是修剪伤口、嫁接伤口侵入。后产生分生孢子进行再侵染。

流行规律　这种病害发生的轻重与植株生长势和管理水平有密切关系。凡老、弱、残株及水肥缺乏株发病严重；

图1　月季枝枯病症状（伍建榕摄）

①盾壳霉枝枯病症状；②壳囊孢枝枯病症状；③炭疽枝枯病症状

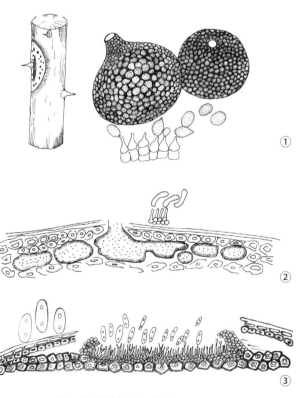

图2　月季枝枯病病原特征（陈秀虹绘）

①伏克盾壳霉；②小孢壳囊孢；③炭疽菌

健壮旺株则不发病。湿度大、管理跟不上、过度修剪发病重。6～9月高温干旱季节枝枯病最为严重。

防治方法

农业防治 秋冬季彻底剪除病枯枝集中烧毁。加强栽培管理，施足基肥。暴风雨后的伤折枝也应及时剪除。剪时切口应尽量靠近腋芽处，并应连同部分健枝同时减去。剪后对剪口及时用护树大将军消毒杀菌，减少伤口感染病菌。生长期可喷适量尿素溶液加新高脂膜，以增强植株长势，10～15天喷1次。现蕾后定期在花蕾上喷洒花朵壮蒂灵，可促使花蕾强壮、花瓣肥大、花色艳丽、花香浓郁、花期延长。修剪应在晴天进行，伤口容易干燥愈合。剪口先用10%硫酸铜消毒，再涂抹愈伤防腐膜，保护愈伤组织生长，防腐烂病菌侵染。修剪、嫁接后管理要跟上，促使伤口早日愈合。

化学防治 发病时可喷70%百菌清可湿性粉剂，或50%多菌灵可湿性粉剂1000倍液进行防治，同时喷施新高脂膜，可巩固防治效果。休眠期喷施5波美度石硫合剂。5～6月喷施25%多菌灵可湿性粉剂600倍液，或喷施50%百菌清可湿性粉剂500倍液。

参考文献

陈秀虹，伍建榕，西南林业大学，2009.观赏植物病害诊断与治理[M].北京：中国建筑工业出版社.

陈秀虹，伍建榕，2014.园林植物病害诊断与养护：上册[M].北京：中国建筑工业出版社.

（撰稿：伍建榕、武自强、吴峰婧琳；审稿：陈秀虹）

云南油杉叶锈病 Keteleeria evelyniana leaf rust

由油杉金锈菌引起的危害云南油杉幼树的一种叶部病害。

分布与危害 主要分布于云南昆明等地，危害云南油杉，多发生于油杉林下的次生苗和幼树。当年生新梢的部分针叶感病后，叶面于7月始出现1～3个淡黄色的段斑，偶见多个，色渐加深呈鲜黄色。翌年春末夏初，叶背段斑处长出橙色或橘红色、扁平柱状、直或弯曲的冬孢子堆。连续阴雨后因萌生担子、担孢子，冬孢子柱下方可见橙色粉状的担孢子堆，冬孢子柱则变黑、萎缩、脱落。病叶易早落，但少数可留存并于翌年在老病斑处再长冬孢子柱。病株抽梢较晚（图1）。

病原及特征 病原为油杉金锈菌［Chrysomyxa keteleeriae（Tai）Wang et Peterson］，鞘锈科（Coleosporiaceae）。冬孢子堆扁平柱状，直立或稍弯曲，散生或聚生，高1.5～4（～6）mm，宽0.2～1（～2）mm，厚不及1mm。新鲜时橙黄色或橘红色，软，干后变硬且色褪淡，但吸湿可膨胀变软。冬孢子柱无细胞组织垫座，无包被，其横向由40～100个冬孢子组成，相嵌排列呈柱状。冬孢子拟纺锤形，两端尖，无柄，大小19.5～36μm×（5～）10～15.5μm，内含物橘黄色，壁薄。冬孢子壁的外面具有一层无色近透明的胶质鞘，冬孢子常两两相连，连结处的鞘呈平截状，另一端渐尖；担子无色透明，弯曲，四胞，每胞具一担子小梗，着生一个球形或近球形的桔黄色担孢子，大小7～10（～12.5）μm×7～9

（～10）μm，壁薄（图2）。

侵染过程与侵染循环 每年7月上旬，在当年抽生的新梢上，部分叶片开始出现淡黄色段斑，以后段斑颜色逐渐加深。翌年3月中下旬，段斑多呈鲜黄色。4月初，病叶叶背病斑的寄主表皮下可见橘红色、微突起的幼冬孢子柱。4月中旬，冬孢子柱突破寄主表皮外露，至5月下旬，大量冬孢子柱出现。有一些老病叶，从上年冬孢子柱脱落的老病斑上，可再长出新的冬孢子柱。连续阴雨之后，冬孢子柱因萌生担子而逐渐变黑、萎缩、脱落，大多数病叶也提早脱落。7月初林内就很少见冬孢子柱。其生活史中，从未发现性孢子器、锈孢子和夏孢子，为单循环锈菌。

流行规律 油杉叶锈病多发生在云南油杉林下的次生油杉苗，尤其是在比较阴湿的沟谷地带，树龄较大的植株上较少发病。

图1 云南油杉叶锈病（周彤燊提供）

①病叶叶面病斑（初期）；②病叶叶面老病斑；③病叶叶背的冬孢子柱

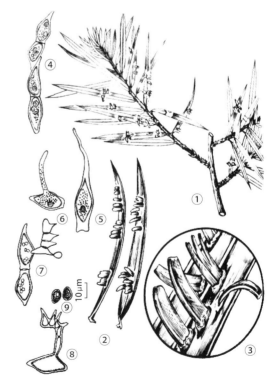

图2 云南油杉叶锈病病原特征（李楠绘）

①病枝；②病叶叶背的冬孢子柱；③冬孢子柱（局部放大）；④～⑨病原菌形态：④串生成短链的冬孢子；⑤～⑥冬孢子萌发；⑦～⑧冬孢子萌生担子；⑨担孢子

防治方法　该病多发生于林下次生苗，对林木生长影响不大，但在病株较集中的林分，可于秋冬季节收集病叶烧毁或在春末夏初喷洒杀菌剂。

参考文献

任玮，1993. 云南森林病害 [M]. 昆明：云南科技出版社：4-5.

袁嗣令，1997. 中国乔、灌木病害 [M]. 北京：科学出版社：76-77.

周彤燊，陈玉惠，1992. 云南油杉叶锈病原菌的研究 [J]. 西南林学院学报 (2): 148-155.

（撰稿：周彤燊；审稿：张星耀）

云杉矮槲寄生　spruce dwarf mistletoes

隶属于槲寄生科油杉寄生属的多年生半寄生种子植物。侵染寄主云杉造成云杉生长衰弱或枯死。又名云杉矮槲寄生害。

发展简史　槲寄生植物是第一个被认定的植物型病原物（公元 1200 年左右），属于槲寄生科，包含 7 个属 350 余种，主要分布于热带和亚热带地区，其中以油杉寄生属的危害最为严重和广泛，此属内的部分槲寄生植物个体矮小，因此，得名矮槲寄生（dwarf mistletoes）。矮槲寄生植物分布十分广泛，几乎能够危害世界范围内的所有针叶树种。全世界已记载矮槲寄生植物 45 种，主要分布在非洲东北部、亚洲、欧洲南部和北美洲的热带和温带地区。中国记载的矮槲寄生植物有油杉矮槲寄生（*Arceuthobium chinense* Lecomte）主要分布在青海、四川及云南等地；高山松矮槲寄生（*Arceuthobium pini* Hawksworth & Wiens）主要分布在四川西南部、西藏和云南的西北部；圆柏矮槲寄生［*Arceuthobium oxycedri*（Candolle）Bieberstein］主要分布在西藏和青海；冷杉矮槲寄生（*Arceuthobium tibetense* Kiu & Ren）主要分布在西藏和分布于青海、四川、甘肃、西藏等地的云杉矮槲寄生［*Arceuthobium sichuanense*（Kiu）Hawksworth & Wiens］。其中油杉矮槲寄生、冷杉矮槲寄生和云杉矮槲寄生为中国的特有种。

分布与危害　云杉矮槲寄生的寄主植物包括青海云杉（*Picea crassifolia* Kom.）、川西云杉［*Picea likiangensis*（Franch.）Pritz. var. *balfouriana*］、紫果云杉（*Picea purpurea* Mast.）、西藏云杉（*Picea spinulosa*（Griff）Henry）和青杆（*Picea wilsonii* Mast.）。2011 年在青海互助发现云杉矮槲寄生能够侵染油松（*Pinus tabuliformis* Carr.）。当寄主被云杉矮槲寄生成功侵染后，其生理状态和形态结构会发生一定改变，枝条和树干组织处异常膨大并抽发大量下垂的扫帚状丛枝，导致寄主的生长量和种子产量大幅降低，减弱了寄主抵御其他生物灾害和环境胁迫的能力（如干旱、木腐菌、小蠹虫等），并严重影响寄主的群落结构和木材质量。受害严重时，寄主植物常发生畸形、矮化甚至死亡。另外，云杉矮槲寄生的危害会诱导寄主植物过多分泌树脂，从而使得受害树木往往比健康树木更加易燃，导致受侵染地区有更多严重的火灾发生。截至 2018 年，仅青海天然云杉林中云杉矮槲寄生的发生面积就已超过 1 万 hm²，成为威胁中国天然云杉林健康发展的重要生物灾害。

病原及特征　病原是隶属于槲寄生科（Viscaeae）油杉寄生属（*Arceuthobium*）的多年生的半寄生种子植物云杉矮槲寄生［*Arceuthobium sichuanense*（Kiu）Hawksworth & Wiens］。该病原物属于半寄生性亚灌木或矮小草本，茎长 2～6cm，茎、枝圆柱状，具有明显的节，茎简单或分枝，交叉在一起。叶片不明显，对生，退化为鳞片状，含有叶绿体，虽然能进行光合作用产生一部分生长所需的糖类和其他有机物，但其生长所需的大部分营养物质和水分均通过其侵染过程中形成的内寄生系统从寄主植物中获取。

云杉矮槲寄生植物为雌雄异株，能够产生雄花和雌花，其花梗较短或基本不存在，雄花通常具有 3～4 枚萼片，花药轮生，花药粒近长球形；雌花单生，柱头较短，呈现钝状，子房 1 室，上位。果实类似浆果，椭圆形，成熟时棕黄色，内含有 1 粒种子，卵圆形，长约 1.8mm，宽约 0.6mm。成熟期果实膨胀，并在其内部产生相当大的压力，将包含有微小的种子弹射出去，由于种子外具有黏性物质外皮，被弹出后能够黏附在枝条上，一旦条件适宜又开始新一轮的侵染循环。种子弹射是云杉矮槲寄生最主要的传播方式。少部分可以通过鸟类或动物吞食进行长距离传播，种子经过其消化道被排出后，再黏附在枝条上（图 1）。

侵染过程与侵染循环　云杉矮槲寄生的生活周期包括传播期、定植期、潜育期和繁殖期 4 个时期。云杉矮槲寄生的种子经弹射后，通过种子表面具有黏性的槲寄生素（图 2①）黏附在寄主枝条或针叶基部（图 2②），即为传播期。随后，云杉矮槲寄生的种子开始萌发形成胚根，胚根突破内果皮，当接触到寄主枝条表面时，胚根顶端产生吸盘（图 2④），并将其紧紧固着在寄主的枝条上。吸盘的下部产生楔形的侵染钉（图 2④），侵染钉穿透寄主的表皮层侵入到寄主组织中。在侵染钉接触到寄主的表皮层时，表皮层会出现加厚现象，可能用于抵抗侵染钉的侵入（图 2③）。侵染钉侵入寄主一段时间后，侵染点周围的寄主枝条逐渐膨大（图 2⑤），即为定植期。和相邻非膨大部位枝条（图 2⑦）相比，寄主膨大部位枝条内部的皮层细胞数量显著增加，但细胞大小无明显差异（图 2⑥）。侵染钉侵入到寄主的皮层后，定向穿过寄主的皮层、韧皮部和形成层，侵入到寄主的木质部，形成云杉矮槲寄生的初生吸器，部分初生吸器分裂产生云杉矮槲寄生的皮层根，部分皮层根细胞通过分裂产生云杉矮槲寄生的吸根，吸根能够穿透寄主的皮层、韧皮部和形成层侵入到寄主的木质部，最深能够侵染到寄主的髓附近。定植后，云杉矮槲寄生在寄主内潜育，并伴随着云杉矮槲寄生

图 1 云杉矮槲寄生的花和果（田呈明提供）

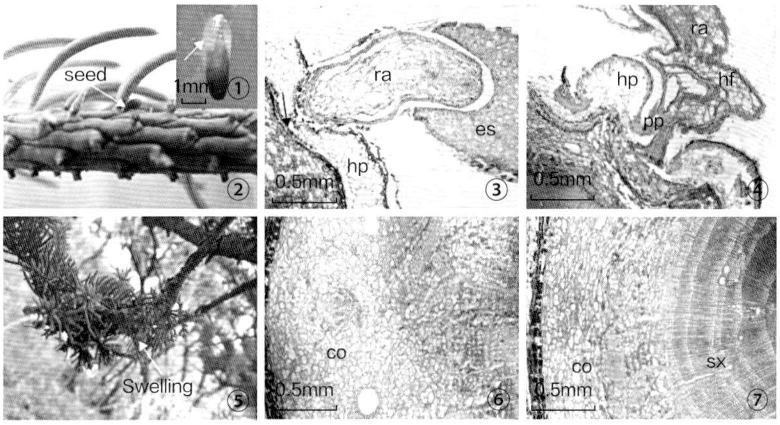

图 2 云杉矮槲寄生的侵染过程（田呈明提供）

①带槲寄生素的种子，箭头表示胶状透明的槲寄生素；②生长在针叶基部的云杉矮槲寄生种子；③种子萌发产生胚，箭头表示寄主表皮加厚；④萌发的种子产生胚、固着器和侵染钉；⑤在侵染点处膨大的枝条；⑥枝条膨大处的寄主皮层；⑦和膨大枝条同年生枝条非膨大处的寄主皮层 co. 皮层；es. 胚乳；hf. 固着器；hp. 寄主表皮层；pp. 侵染钉；ra. 胚；sx. 次生木质部

内寄生系统的建立，称为潜育期，潜育期的长短与多种因素有关，多为 3～4 年。云杉矮槲寄生的内寄生系统一旦形成，便能够在寄主体内发育并穿透寄主表皮层形成寄生芽，翌年或几年后由芽再长出嫩茎并发育繁殖，开始新一轮的侵染循环，即繁殖期。云杉矮槲寄生通过复杂的内寄生系统从寄主中获取大量的水分和营养物质，导致寄主植物的枝条处于营养缺乏状态而枯死。同时，矮槲寄生的侵染会打破侵染部位植物激素的平衡，如细胞分裂素、吲哚乙酸等，从而引起枝条畸形。

云杉矮槲寄生 4 月初开始萌芽，5 月下旬至 7 月初为花期，7 月中旬至 8 月形成逐渐膨大的果实，种子在 8 月中旬至 9 月中旬成熟并进行弹射传播。云杉矮槲寄生的开花期、结果期和种子弹射期受到温度和光照的影响，在低海拔、光照好的林分内要比高海拔、光照条件差的林分内更早进入繁殖阶段。云杉矮槲寄生会随着寄主植物的死亡而死亡。

流行规律　云杉矮槲寄生的发生是一个长期累积的过程，而不是突发性或流行性的植物病害。该病害开始时蔓延速度较慢、危害较小，几年后呈指数型增长，逐渐造成严重的危害，因此，大部分受侵染的树木可以存活数十年。云杉矮槲寄生在林间的发生与郁闭度、海拔和林分组成等关系十分密切。2007 年，周在豹等发现云杉矮槲寄生的发生与林地内较低的郁闭度呈正相关，较低郁闭度林地内的云杉矮槲寄生发生程度更为严重。当郁闭度超过 0.7 时，云杉矮槲寄生几乎不发生；但当天然云杉林的郁闭度低于 0.4 时，随着林分郁闭度的降低，发病率和病情指数呈增加的趋势。郁闭度对云杉矮槲寄生的影响可能是由于高郁闭度的林分会阻遏云杉矮槲寄生种子的传播，同时由于林下光照不足，影响云杉矮槲寄生的开花及繁殖。此外，随着海拔高度的升高，云杉矮槲寄生发病程度逐渐增加。林分组成与树种的分布影响着云杉矮槲寄生在林间的发生，通常混交度较高的林分内云杉矮槲寄生的危害较轻，原因可能是由于云杉矮槲寄生种子弹射过程中被非寄主植物所阻挡，使其种子的传播强度、距离都受到影响。此外，不含阔叶树种的混交林要比含有阔叶树种的混交林发病更重。

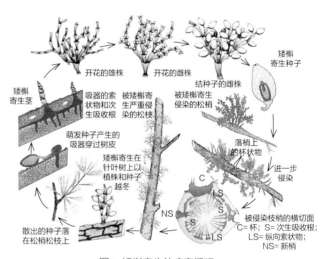

图 3 矮槲寄生的病害循环
（引自 George, 2005）

防治方法　最为直接有效的方法是人工铲除。可以通过修剪病枝、砍除或将整棵病树移走，建立无云杉矮槲寄生危害的保护区。然而，由于云杉树体较为高大且大部分云杉矮槲寄生分布在海拔较高、地势复杂的山地上，因此，对于大面积发生云杉矮槲寄生的天然云杉林在实际操作过程中具有很大的困难。北美洲使用矮槲寄生的天敌昆虫或生防真菌［胶孢炭疽菌（*Colletotrichum gloeosporioides*）；大胞丛赤壳（*Neonectria neomacrospora*）］也取得了一定防治效果。

对于云杉矮槲寄生大面积暴发成灾的天然云杉林，化学防治依然是最直接有效的方法，通过使用对寄主和非目标物种无有害影响的除草剂和植物生长调节剂，除草剂能够使云杉矮槲寄生死亡脱落，减少对寄主生长的危害；而植物生长调节剂通过促进矮槲寄生的花芽、果实提前脱落，从而减少矮槲寄生的种子传播。使用 1∶100 的 90% 乙草胺乳油药剂能够导致云杉矮槲寄生的寄生芽 100% 脱落，但并不清楚该药剂能否破坏云杉矮槲寄生的内寄生系统。在云杉矮槲寄生发育的不同阶段喷施 1∶200 的 40% 乙烯利水剂，其防治效

Y

果均能达到90%，同时乙烯利从寄主与寄生芽的接触点开始产生伤害，并沿着产生寄生芽的皮层根方向对皮层根造成伤害，直至药效结束，但不能彻底破坏未产生寄生芽的皮层根，因此，药效结束后又会出现新的寄生芽。

对于云杉矮槲寄生的防治，应用确矮槲寄生的发生与当地生态环境、其他病虫害发生之间的关系，考虑云杉矮槲寄生的生物学特性、诱发病害发生流行的关键因素等方面，以生态控制理念为核心，对云杉矮槲寄生进行综合防治，包括选育抗病树种、营林措施、物理修剪、化学防治和生物方法等。

参考文献

胡阳，田呈明，才让旦周，等，2014. 青海仙米林区云杉矮槲寄生空间分布格局及其与环境的关系 [J]. 北京林业大学学报，36(1): 102-108.

孙秀玲，许志春，周卫芬，等，2014. 云杉矮槲寄生种子雨的时空分布格局 [J]. 西北林学院学报，29(4): 65-68.

夏博，2011. 云杉矮槲寄生对天然云杉林的影响及成灾因子 [D]. 北京：北京林业大学.

周在豹，2007. 三江源云杉矮槲寄生生物学特性及防治研究 [D]. 北京：北京林业大学.

朱宁波，陈磊，白云，等，2015. 云杉矮槲寄生内寄生系统的解剖学研究 [J]. 西北植物学报，35(7): 1342-1348.

AGRIOS G N, 2005. Plant pathology[M]. 5th ed. New York: Elsevier Academic Press.

BRANDT J P, 2006. Life cycle of *Arceuthobium americanum* on *Pinus banksiana* based on inoculations in Edmonton, Alberta[J]. Canadian journal of forest research, 36: 1006-1016.

MA J Q, JIANG N, GAO F M, et al, 2019. First report of *Arceuthobium sichuanense*, a dwarf mistletoe, on *Pinus tabuliformis* in Qinghai Province, China[J]. Plant disease, 103(6): 1436.

（撰稿：田呈明、熊典广；审稿：张星耀）

云杉球果锈病　spruce cone rust

由杉李膨痂锈菌和鹿蹄草金锈菌等侵染云杉球果的一种真菌性种实病害。

分布与危害　云杉球果锈病主要分布在四川（西部）、云南、西藏、青海、新疆、甘肃（陇南）、陕西（秦岭西段）、黑龙江和吉林等地，危害寄主有云杉、紫果云杉、丽江云杉、麦吊云杉、青海云杉、雪岭云杉、红皮云杉和鱼鳞云杉等多种云杉属植物和李属、樱属或鹿蹄草属植物。其中，云杉球果被害率高达20%～80%。染病球果提前开裂，种子质量严重下降或不结实，影响云杉林自然更新。

云杉球果锈病由几种锈菌引起，表现出不同的症状，最常见的有两种。

由杉李膨痂锈菌［*Pucciniastrum areolatum*（Fr.）Otth］引起的云杉球果锈病主要发生在球果上，有时也侵害枝条，使其形成"S"形弯曲。1年生球果被害后，初期在鳞片内侧表面出现白色壳状颗粒及渗出物，即锈菌的性孢子器。随后在鳞片内侧（少数在外侧）基部产生许多半球形锈孢子器，

似虫卵状，橙黄色或红褐色（图①）；发病球果变为褐色，鳞片提前开裂、外卷，锈孢子器成熟后顶部破裂，散出黄色粉状锈孢子。该锈菌在稠李或樱桃叶背产生斑点状夏孢子堆，褐色；冬孢子堆集生于叶面叶脉间，呈多角形，痂壳状具光泽，暗褐色至淡紫色。

由鹿蹄草金锈菌［*Chrysomyxa pyrolae*（DC.）Kostr.］引起的云杉球果锈病，在鳞片外侧基部形成1～2个大型、扁平不规则形、淡紫色或黄色的锈孢子器（图②），病鳞仅提前开裂，但不外卷。该锈菌的夏孢子及冬孢子阶段寄主为鹿蹄草。

病原及特征　杉李膨痂锈［*Pucciniastrum areolatum*（Fr.）Otth=*Thekopsora areolata*（Fr.）Magn.］属膨痂锈菌属（*Pucciniastrum*）。锈孢子器半球形，直径0.8～1.5mm，高0.7～1mm，外呈红褐色，被膜组织坚实，包被细胞多角形，近等径，或稍长，大小为32.5～48μm×17.5～32.5μm；内向壁被疣，较薄，2～3μm；外向壁光滑，厚达10～20μm，红褐色；锈孢子矩圆形、椭圆形至近圆球形，淡黄色或绿黄色，大小为25～35μm×20～26μm，壁厚5～7.5μm，密被长疣（疣高3～3.5μm），一端平截、壁薄、无疣。夏孢子堆斑点状，直径1～5mm；夏孢子长卵形或椭圆形，被刺，淡色，大小为15～21μm×10～14μm，壁厚1～2μm。冬孢子生于寄主表皮细胞内，亚球形、卵形或棱柱形，具2～4个纵向隔膜，宽20～30μm，高15～24μm，外壁薄，光滑，淡褐色。

鹿蹄草金锈菌［*Chrysomyxa pyrolae*（DC.）Kostr.=*Chrysomyxa pirolata*（Körn.）Wint.］隶属锈菌目鞘锈菌科（Coleosporaceae）。锈孢子器生于云杉果鳞片之外侧，不规则垫状，大型，直径可达0.3～1cm；锈孢子串生，近球形、表面有疣（图③）。该锈菌系统侵染鹿蹄草，在其叶背面产生橘黄色、粉状的夏孢子堆及黄褐色、扁平、蜡质的冬孢子堆，其冬孢子串生。

侵染过程与侵染循环　杉李膨痂锈、鹿蹄草金锈菌均为长循环型生活史锈菌，以冬孢子堆或多年生菌丝（如*Chrysomyxa pyrolae*）在转主寄主越冬。冬孢子于5～6月（球果授粉期）萌发产生担孢子，担孢子经气流传播入侵云杉球果。初夏在鳞片上出现白色疣状扁平的性孢子器，于中夏至

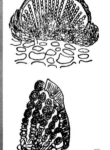

云杉球果锈病症状及病原菌形态特征（曹支敏提供）

① *Pucciniastrum areolatum* 所致球果锈病症状；② *Chrysomyxa pyrolae* 所致球果锈病症状；③ *Chrgsomgxa pyrolae* 锈孢子器与锈孢子（仿）

早秋产生锈孢子器。锈孢子器越冬后，翌年 5 月逐渐成熟，于 6～7 月破裂释放出锈孢子，锈孢子借风传播侵入转主寄主叶片，产生夏孢子，并在转主寄主上引起重复侵染，秋末产生冬孢子堆越冬。

流行规律　云杉球果锈病的发生与云杉树种、转主寄主的多寡、林分组成、海拔高低及温湿度等有关。在四川小金川林区，云杉感病率达 64.5%，紫果云杉感病率为 30.7%。转主寄主野樱桃数量较多的林分发病严重。纯云杉林病害重于混交林，阳坡重于阴坡；山脊重于中山，而中山重于山下林分，林缘、孤立木球果发病较重。河谷地云杉林的球果锈病感病率高。同一树种，树冠上部球果染病率高于树冠中部，树冠中部又高于下部。

防治方法

建立无病种圃　选择适宜地点建立云杉母树林种子园，为育苗造林提供无病种子。母树林、种子园及其周围 200m 以内的转主寄主要全部清除。

营林管理　选育抗病云杉树种，并尽可能营造云杉—冷杉混交林。同时，加强抚育管理，增强树势，提高抗病力。

清除转主寄主　人工清除云杉林中的球果锈菌的转主寄主（如稠李、鹿蹄草等），是控制锈病的有效措施。

清除病残体　对重病林区，可对染病云杉卫生择伐、摘除染病球果，以降低初侵染源。

参考文献

陈守常，1959. 云杉球果锈病锈病 *Thekopsora areolata* (Fr.) Magn. 初步研究 [J]. 植物病理学报，3(1): 35-44.

肖育贵，林强，马旭鹏，1994. 云杉：球果锈病菌转主植物的研究 [J]. 森林病虫通讯 (3): 7-8.

周仲铭，1990. 林木病理学 [M]. 北京：中国林业出版社：114-115.

SUTHERLAND J R, MILLER T, QUINARD R S, 1987. Cone and seed diseases of North American conifers[J]. North American Forestry Commission Publication(1): 77.

WILSON M, HENDERSON M, 1966. British rust fungi[M]. London and New York: Cambridge University Press: 35-62.

（撰稿：曹支敏；审稿：张星耀）

云杉梢枯病　spruce shoot rot

由霍氏刺黑球腔菌引起的，危害嫩梢和针叶的一种病害。

分布与危害　国外主要分布于法国、美国、加拿大和韩国。2014 年首次发现于甘肃临夏康乐的云杉苗圃，侵染青海云杉嫩梢和针叶，造成梢部枯死，严重时引起整株死亡。

病菌侵染 1 年生枝梢后，针叶失绿渐变为黄至黄褐色，并逐渐向下延展，使整个针叶脱绿，严重时导致落叶，枝梢枯死（图 1）。在枯梢上可看到黑色颗粒状，即病原菌的子实体。

病原及特征　病原为霍氏刺黑球腔菌（*Setomelanomma*

holmii M. Morelet），属暗壳腔科。子实体单生或散生，早期埋生在表皮下，之后突出带有针叶的小枝条表皮。子囊壳直径 105～279μm，球形或近球形，无喙，有孔口，表面有散生的、疏密不一的刚毛。子囊双层壁，53～77μm×10～18μm，圆柱形至椭圆柱形，顶端圆，有短茎，与子囊果连接，8 个子囊孢子。侧丝自子囊果中心基部产生，有隔膜，透明。子囊孢子宽椭圆形，16～20.8μm×5.9～8.4μm，浅至深褐色，具有 3 个分隔，隔膜两端略缢缩，第一和第三细胞近等长，倒数第二节细胞最宽，顶端宽圆形，基部圆形，表面光滑，无胶质鞘（图 2）。

图 1　云杉梢枯病危害状（田呈明提供）

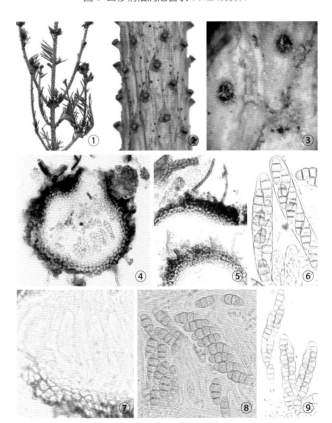

图 2　霍氏刺黑球腔菌形态（田呈明提供）

①受害云杉枝条；②③枝条上的子实体；④子囊果纵切面；⑤子囊果上的刚毛；⑥⑨子囊；⑦不成熟的子囊中的侧丝；⑧子囊孢子

侵染过程与侵染循环　病原菌以未成熟的子囊果在病部枝梢上越冬。翌春，条件适宜时产生子囊孢子，借风雨传播，侵染枝梢，7月中旬达高峰，9月下旬停止发病。初春气温回升快，温度高，发病迅速且较重。

防治方法　要做到适地适树培育抗病壮苗，加强幼苗抚育工作，适时灌水、修剪和施肥；对已经发病的苗木，于4月上旬用70%甲基硫菌灵可湿性粉剂500倍液、50%多菌灵可湿性粉剂400倍、80%代森锰锌可湿性粉剂400倍液、75%百菌清可湿性粉剂400倍液、20%三唑酮乳油和80%乙蒜素乳油500倍液喷雾防治，间隔15天再喷1次，可有效降低田间病情指数。对枯死枝或濒临枯死的带病枝条剪下来集中烧毁，以防止病害进一步蔓延。

参考文献

马艳芳，张永强，马慧，2015.9种杀菌剂对青海云杉梢枯病田间防治试验[J].林业科技通讯(7): 54-55.

WU Z Q, FAN X L, YANG T, et al, 2014. New record of Setomelanomma holmii on *Picea crassifolia* in China based on morphological and molecular data[J]. Mycotaxon, 128: 105-111.

（撰稿：田呈明；审稿：叶建仁）

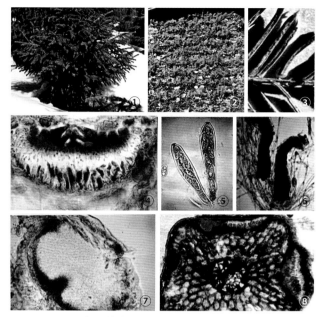

云杉雪枯病症状图（引自刘振坤，1992）

①②林地和苗圃的雪枯病症状；③针叶上着生的子囊盘；④子囊盘顶裂特征；⑤子囊和子囊孢子及子囊顶环碘液着色（Ⅰ+）；⑥枯死针叶上表生的小菌核菌丝；⑦无性阶段座壳梭孢属分生孢子器型子座；⑧无性时期和有性时期连生

云杉雪枯病　spruce snow blight

危害云杉幼苗、幼树的一种重要病害。

分布与危害　云杉雪枯病主要分布在美国、加拿大、瑞典、吉尔吉斯斯坦以及中国新疆天山、阿尔泰山、准噶西部山地和昆仑山的云杉林中。危害欧洲云杉、白云杉、黑云杉、红皮云杉、雪岭云杉、大山云杉、新疆云杉、青海云杉和川西云杉。在新疆林区的苗圃发病率10%～100%，幼林发病率2%～88%。

在雪下发病，初期针叶呈水煮状褪绿（3月下旬至4月上旬），表面发生污白到浅褐色絮状菌丝或菌膜；融雪一个多月后，病叶变红褐色，叶两面散生近1mm的红褐色隆肿斑，溢泌污白色胶滴或卷须，为病菌的无性阶段；后期病叶呈黄褐色，沿气孔线出现暗褐色线点并连接成线段，由凹陷变平展，进而隆起，外观似泡状、稻草色，顶部或侧方以纵向开裂，为有性阶段的子囊盘，可见盘内部污白色有光泽子实层。症状发展过程从3～10月中旬以后，子囊盘陆续成熟。

病原及特征　该病原菌属于全型真菌 holomorph。有性型为顶裂盘菌（*Lophophacidium hyperboreum* Lagerb.）。子座叶背面生或周生，分散到群集，500～1000μm×200～500μm。子囊盘纵长，泡状，常常由几个子座融合。子囊棒状，89～122μm×14～19μm，8个孢子，双列，顶部孔口遇碘液变蓝。子囊孢子长卵圆到纺锤形，直或略弯，含2～3个油滴，近无色，14～21μm×5～7μm；侧丝线形90～130μm，具2～4个隔膜，有时分枝。无性型为座壳梭孢属（*Apostrasseria* sp.），分生孢子器与子囊连生或伴生，产孢细胞葫芦形到近筒形，无色，9～15μm×2～3μm，瓶梗产孢，分生孢子无色，单胞，2.5～4.0μm×1～1.5μm（见图）。发病初期在表生菌丝中合生大量的黑褐色小菌核，融雪后易脱落，菌核长

形，略弯曲，表面粗糙，由褐色纵长具隔膜的厚壁菌丝集结成束状，轻压易散开，80～320μm×40～120μm。

侵染过程与侵染循环　云杉雪枯病3月下旬在雪下发病，随着雪层升温，病情逐渐加重。当积雪消融到植株病部完全暴露时，停止发展，发病前20～30天。融雪后至9月是其个体发育和形成期；9月中旬到10月，有性阶段子囊孢子陆续成熟，为初侵染来源。

流行规律　冬季长期积雪（40～50cm）是发病的主导生态条件，凡积雪深厚、融雪晚、融雪期长的地区发病重。

防治方法　积雪覆盖前植株喷药保护。每年6～7月及时清理病株，轻病株剪除病枝。

参考文献

袁嗣令，1997.中国乔、灌木病害[M].北京：科学出版社.

岳朝阳，刘振坤，张新平，等，1994.云杉雪枯病发生发展规律的研究[J].新疆林业科技(2): 3-7.

（撰稿：刘振坤、岳朝阳、张新平；审稿：张星耀）

云杉雪霉病　spruce snow mold

危害云杉幼苗的一种重要病害。

发展简史　针叶树雪霉病在国外主要分布在北纬40°以北的加拿大、美国、挪威、瑞典、英国、俄罗斯、吉尔吉斯斯坦和日本。在中国，云杉雪霉病是首次发现的新记录病害，仅知分布在新疆。

分布与危害　中国分布新疆天山西部、准噶尔西部山地和阿尔泰山西部的云杉林区，主要发病地区有巩留、新源、

察布查尔、塔城、哈巴河等地，以海拔 400～2100m 的森林中山分布带发病严重，主要危害雪岭云杉、天山云杉、新疆云杉及引进的多种云杉。

苗木针叶或全株在雪下被侵染，被灰褐到深褐色菌丝层覆盖，或病菌入侵植株内部，引起苗木窒息霉烂。菌丝层的色泽、质地和厚薄因病情而异，病轻时呈白色或灰褐色絮状，严重时呈深褐色毡状。融雪后，病叶脱落，茎的皮层溃烂，地上部枯死。发病初期田间呈现团块状缺苗断行，连年继发，常造成苗木大面积枯死。

病原及特征　病原菌主要包括的灰葡萄孢（*Botrytis cinerea* Pers. ex Fr.）、核盘菌［*Sclerotinia sclerotiurum*（Lib.）de Bary］和狭截盘多毛孢（*Truncatella angustata* Hughers）。灰葡萄孢菌核近黑色，表面粗糙，叶生者 0.1～1mm，茎生者 2～3mm，形状不规则，成熟时半外露，不易脱落，由菌核和生殖菌丝产生分生孢子梗和分生孢子，分生孢子顶生或间生。核盘菌菌核黑色，表面光滑，蚕豆形，4～8mm，生于幼茎、小枝、子叶柄和新芽顶端，偶生叶上，易脱落，由菌核产生营养菌丝或形成子囊盘；窄截盘多毛孢盘座茎生，黑色胶质状，250～1100μm×100～450μm，半外露。

侵染过程与侵染循环　云杉雪霉病在生长期发病之后，在雪下继续发展蔓延造成危害。初冬和早春是主要发生期，早春蔓延迅速。成熟的菌核一般无休眠期，温、湿度适宜即可萌发。在雪覆盖下，冬季土壤不结冻，苗冠层和土壤层长期（达 5～6 个月）处于低温高湿状态，适合这些病原菌的营养生长和繁殖，导致寄主受害严重。

流行规律　初冬和早春气温不稳定，经常出现冻雨、雨夹雪，在积雪层下形成冰盖，被压倒伏的苗木透气性差，更加有利于病害的发展。病原菌均属于弱寄生菌，苗木受冻害、生理干旱、灼伤等各种自然和人为的伤害，以及管理粗放、多年连作、高密度种植、不利于排水、通风条件差和不及时采取化学防治等，都将造成该病害的大发生。

防治方法　轻病区强调综合防治，重病区应全面采取化学防治。

育苗技术　选择中山带海拔高度偏低的地段建立苗圃，实施集约经营，严格控制种植密度，适时间苗、定苗，剔除弱苗和及时换床分级移植；在放叶和新梢期防晚霜，适量施用化肥、促壮剂、除草剂，防止徒长和灼伤；改善苗床通透条件，秋季疏通渠道和排水口，清除杂草等障碍物，早春冰凌防淤积；幼龄苗床越冬前搭隔雪棚防雪压。

营林管理　做好造林前的清林整地，使用合格的健壮苗木造林，推广大苗更新；造林后及时扶苗、培土、除草、割灌、清障、预防植株被压倒伏。

化学防治　苗圃初积雪覆盖前喷施广谱性、药效期长、内吸性和吸附性强的杀菌剂，如 20% 三唑酮乳油 1.5～4.5kg/hm²，70% 甲基托布津 3.0～9.0kg/hm²，25% 多菌灵或多福合剂 9～12kg/hm² 等。药剂稀释 5～10 倍，喷施 1 次。幼林防治以喷施原液最为方便，如多菌灵胶悬剂、三唑酮乳油等。

参考文献

刘振坤，张新平，岳朝阳，等，1991. 云杉雪霉病的病原菌研究 [J]. 林业科学研究，4(4): 400-404.

岳朝阳，张新平，刘振坤，1992. 几种杀菌剂对云杉雪霉病原菌的毒力测定 [J]. 新疆林业科技 (1): 8-13.

（撰稿：刘振坤、张新平、岳朝阳；审稿：张星耀）

云杉叶锈病　spruce needle rust

由金锈菌属真菌引起的云杉叶部病害。主要危害各种云杉针叶。

发展简史　1928 年在辽宁凤凰山的红皮云杉上发现。1954 年赵震宇在乌鲁木齐南山小渠子林业经营所的大黑沟发现此病。2017 年曹晶等研究发现寄生在青海云杉上的为祁连金锈菌，而寄生在粗枝云杉上的分别是卓尼金锈菌和迭部金锈菌，紫果云杉上的为紫果透明鞘锈。

分布与危害　云杉叶锈病广泛分布于世界各地。红皮云杉叶锈病主要分布于黑龙江（大兴安岭、小兴安岭、张广才岭）、吉林（长白山）、辽宁（昭乌达盟白音敖包）、内蒙古（多伦和锡林郭勒）、云南、四川、山西、山东、河北、台湾、青海等地。1990 年汤旺河林业局天然幼壮云杉林受害面积达 3.4 万 hm²，占云杉幼壮林面积的 33.9%；5～15 年生的云杉人工幼林危害面积达 866hm²，发病率平均 49.3%，病情指数为 30.5。

青海云杉叶锈病主要分布于青海、甘肃、宁夏、内蒙古（大青山）等林区。据 1985 年调查，此病在甘肃天祝青海云杉天然林里发病总面积 2.8 万 hm²，祁连山北坡西段受害面积约 0.8 万 hm²。

紫果云杉叶锈病分布于云南、四川、甘肃。粗枝云杉叶锈病分布于四川、甘肃。林芝云杉叶锈病和油麦吊云杉叶锈病分布于西藏林芝、波密。

鱼鳞云杉叶锈病分布于吉林长白山，小兴安岭，张广才岭林区的松花江中下游的蚂蚁河、牡丹江、汤旺河、绥芬河一带。

该病可危害红皮云杉、青海云杉、紫果云杉、粗枝云杉等多种云杉属植物，引起叶锈病和顶芽锈病（图1）。在西南、甘肃、青海林区常引起针叶提早落叶；新疆地区主要危害顶芽，往往造成双叉苗，不能用来造林；东北地区的云杉叶锈病常侵染嫩叶，也侵染嫩枝、顶芽，影响生长，延缓发芽、展叶（图2）。

病原及特征　云杉叶锈病由锈菌属真菌引起，分别侵染不同的寄主。

青海云杉叶锈病的病原为祁连金锈菌（*Chrysomyxa qilianensis* Y. C. Wang X. B. Wu & B Li.）。性孢子器大小为 115～150μm×150～215μm。性孢子圆形、小而无色，多数。锈孢子器宽度为 0.2～0.3mm，具包被膜，淡黄色，半埋于针叶里，期内串生多数锈孢子，锈孢子浅黄色，近圆形、长椭圆形和方形，大小为 26～34μm×17～24μm，膜厚 3.5μm 左右，膜无色、疣点密而短。冬孢子堆头状，橘红色，基部具一根菌丝束梗，长 0.2～0.5mm，淡黄色。冬孢子无色、单胞，长椭圆形，大小为 17～26μm×10～14μm，多数 4～5 个串生。病原缺少夏孢子阶段。

粗枝云杉叶锈病的病原有两种,一种是卓尼金锈菌（*Chrysomyxa zhuoniensis* C. J. You & J. Cao）。锈孢子器舌状,散生,淡黄或白色,包被细胞外壁光滑,内壁密被疣突;锈孢子圆形或椭圆形,24～37μm×17～28μm,孢子表面的帽状结构表面光滑,具有4～6层锥形环纹,顶端为花瓣状突起。夏孢子堆叶背散生,近圆形或宽椭圆形,大小为21～30μm×17～20μm。夏孢子表面具有较窄的帽状结构,具3层圆柱形环纹,顶部为半球形帽状结构,底部为柱形底座。另一种是迭部金锈菌（*Chrysomyxa diebuensis* C. J. You & J. Cao）。锈孢子器与祁连金锈菌的锈孢子器外观十分相似,长条状,纵向连结,包被细胞形状多变,矩形、圆形或长椭圆形大小为28～46μm×11～24μm,外壁凹,具长线状疣突,内壁凸,具孔状细疣;锈孢子黄色或者橘黄色,圆形、卵圆或长椭圆形,大小为27～43μm×22～33μm,疣突加壁厚为4.5μm。该种为钉头型锈孢子表面纹饰类型,钉头表面光滑,高0.3～0.6μm,宽为0.8～1.2μm,纤丝相连形成底座。

红皮云杉叶锈病的病原为杜鹃金锈菌［*Chrysomyxa rhododendri*（DC.）de Bary］。性孢子器寄生在红皮云杉的嫩叶上,呈棕褐色丘形小突起,性孢子椭圆形,大小为4.3～6.5μm×2.3～3.4μm。锈孢子器初为橘红色小斑,逐渐隆起,后呈扁长柱形。锈孢子卵圆形,疣区有尖塔形的疣,光滑区似"U"字形,无疣,锈孢子16.8～19.2μm×19.2～20.2μm。夏孢子堆橘红色、尖塔形,有拟包被,夏孢子橘黄色,广卵形,串生,整个表面长满疣,孢子大小为24～30μm×15～18.6μm。冬孢子堆扁圆形,棕红色,0.3～0.5mm,常基部相连成大堆,冬孢子短圆柱形,单胞链生,大小为10～20μm×10～16μm,全链长达40～80μm,无色,光滑（图3）。担孢子鲜黄色,不规则圆形,表面具有短刺疣、圆顶,疣疏密不均,孢子大小为22～24.7μm×16～21μm。

鱼鳞云杉叶锈病的病原为疏展金锈菌（*Chrysomyxa expansa* Dietel.）。性孢子器和锈孢子器阶段生于云杉叶上,性孢子器生于叶背面,扁瓶形,蜜黄色,干后成暗褐色,性孢子球形或近球形。锈孢子器生于叶背中脉两侧,初期埋在表皮下,以后突破表皮外露,大小为0.5～2.0mm×0.2～0.8mm。一个针叶上有2～4个锈孢子器,多者有6个,散生或相互连接。锈孢子广椭圆形或近球形,少数卵形,壁有疣突。冬孢子堆橘红色,干后橙黄色。冬孢子单胞,串生成链状。冬孢子菱形、柱形、长椭圆形,近无色。夏孢子阶段未发现。

图1 云杉顶芽锈病
（田呈明提供）

图2 云杉叶锈病危害状
（田呈明、梁英梅提供）

图3 云杉叶锈病冬孢子（杜鹃）
（梁英梅提供）

紫果云杉叶锈病和油麦吊云杉叶锈病的病原菌均为紫果透明鞘锈菌（*Diaphanopellis purpurea* C. J. You & J. Cao）。锈孢子器舌状或管状,散生,扁平,包被外延,白色或淡黄色;锈孢子圆形、椭圆形或矩圆形,大小为16～28μm×11～24μm,疣突加壁厚1.2～3.4μm,锈孢子表面覆盖圆锥状小刺。夏孢子堆叶背散生,橘黄色或淡黄色,具包被;夏孢子多为近圆或宽椭圆,大小为22～38μm×20～30μm。夏孢子纹饰为火焰状,顶部尖或指状,底部为圆柱状,高0.7～1.6μm,宽0.2～0.4μm。冬孢子堆生于叶背面,集中聚集在圆形、红褐色坏死病斑中;冬孢子堆突出寄主表面,无柄呈垫状,圆形、多角形或者不规则形,孢子堆基部无柄,130～300μm×100～280μm,冬孢子无色、单胞、串生,矩形、矩柱形或不规则形,大小为10～28μm×5～12μm,薄壁光滑。冬孢子顶端具有细长的透明胶质鞘。

林芝云杉叶锈病的病原为云南金锈菌（*Chrysomyxa yunnanensis* comb. nov C. J. You & J. Cao）。锈孢子器主要危害当年生枝条和顶芽。锈孢子器管状,散生而不连续,宽0.2～0.5mm,长达5mm。包被细胞内壁较光滑,外壁被疣突。锈孢子椭圆形、近球形或卵形,大小为19～38μm×16～30μm,锈孢子表面具有3层环纹,高1.2～1.6μm,顶端具有一个小的灯焰状突起,底部疣突之间分布有小疣突。夏孢子堆生于转主寄主杜鹃叶背,单个或多个聚集在一起圆形或近圆形,直径为0.2～0.8mm,破皮外露后为橘黄色或淡黄色粉状物;夏孢子多为近圆、椭圆或梭形,大小为21～30μm×14～22μm,具2层环纹,孢子表面无光滑区或网纹区（图4）。

侵染过程与侵染循环　青海云杉叶锈病菌的转主寄主是青海杜鹃,缺夏孢子型生活史。每年7月中下旬青海杜鹃当年生叶受锈孢子侵染后,一般不表现症状,到翌年5月底才产生病斑,在3年生的叶背呈现大量冬孢子堆。6月中旬,冬孢子遇水陆续萌发,形成担孢子,随气流传到云杉嫩叶上侵染。7月初云杉针叶开始呈现症状,8月上旬针叶破裂而干枯脱落。病菌以菌丝体在青海杜鹃叶片组织里越（夏）冬,潜育期较长。

红皮云杉叶锈病菌是长循环型锈菌,转主寄主为兴安杜鹃。性孢子器和锈孢子器均极生在红皮云杉当年生的嫩枝、叶上。性孢子器在7月上旬产生,7月中旬形成锈孢子器。8月上旬,锈孢子成熟借风力传播到兴安杜鹃的叶上,到8月中旬出现夏孢子堆。冬孢子堆在翌年5月下旬开始出现,到6月上中旬发育成熟,此时镜检可分辨出呈柱形链生冬孢子。病叶上冬孢子在适宜的气候条件下（6月下旬）,萌发出表面具疣的担孢子,借风力传播,再侵染红皮云杉嫩叶、嫩枝。

鱼鳞云杉叶锈病的病原菌生活史为缺夏型。在春夏之交,针叶上长出锈孢子器,包被破裂后,散出锈孢子,借风力传播到杜鹃的叶上,萌发侵入,在叶背面产生冬孢子堆。冬孢子不经越冬,遇阴雨天气即可萌发生出担子和担孢子。担孢子传播到云杉嫩梢上,萌发侵入,在芽内越冬。翌年在针叶上产生性孢子器和锈孢子器。

粗枝云杉叶锈病菌与青海云杉叶锈病菌的生活史相同,均缺少夏孢子,不同的是其转主寄主为栎叶杜鹃。

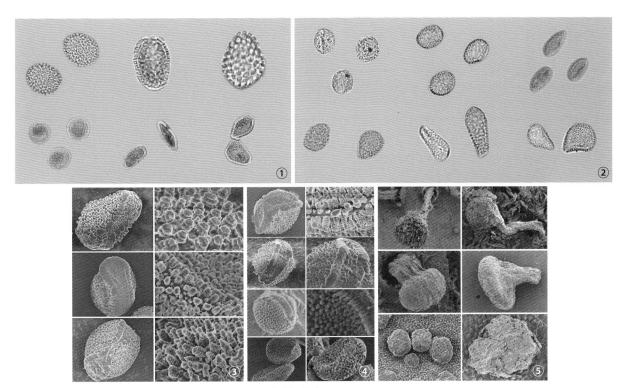

图4　云南金锈菌病原（梁英梅提供）
①金锈菌锈孢子；②金锈菌夏孢子；③夏孢子表面纹饰；④锈孢子表面纹饰；⑤冬孢子堆形态

林芝云杉叶锈病菌的转主寄主为糙毛杜鹃。

流行规律　海拔高度增加，病害严重程度随之增加。间断小雨有利于病害发生。在病害发生前半个月内的平均气温9～13℃，晴阴交替、间断小雨天气，病害发生重，而连日降雨过多，不利于担孢子传播，则发病较轻。光照时间长有利于发病。林缘、疏林地及林冠上部病重，受光照时间较长的云杉林分病重。云杉纯林比各种云杉混交林发病重。

防治方法

农业防治　清除转主寄主。减少侵染源是防治森林锈病类的一种常规而又有效的方法，也是比较根本的措施。营造混交林。尽可能营造针阔叶树混交林，提高林分抗病能力，对成年林实行合理抚育间伐，同时严格控制间伐强度，保持林分郁闭度大于0.7。

选育抗病品种　选择高度抗病的优良单株，做抗病育种和繁殖的原始材料，进行抗病品种的选育。

化学防治　使用25%三唑酮500倍液对青海云杉叶锈病进行防治。在6月上旬至中旬，使用20%三唑酮乳油、20%萎锈灵乳油500倍液对粗枝云杉叶锈病进行喷雾防治，可以取得较好的防治效果。

参考文献

曹晶，2017.中国金锈菌属分类学和分子系统发育研究[D].北京：北京林业大学.

曹秀文，2000.粗枝云杉、青海云杉叶锈病病原及转主寄主研究[J].中南林学院学报(2): 78-80.

郭廷举，杜亚琴，郭思琪，等，1990.红皮云杉叶锈病病原菌的研究[J].林业科学研究(5): 533-535, 540.

邱书志，2006.云杉病害综合治理[M].兰州：甘肃科学技术出版社.

CAO J, TIAN C M, LIANG Y M, et al, 2017. Two new *Chrysomyxa rust* species on the endemic plant, *Picea asperata* in western China, and expanded description of *C. succinea*[J]. Phytotaxa, 292(3): 218-230.

（撰稿：梁英梅；审稿：田呈明）

Y

Z

杂色曲霉 *Aspergillus versicolor*

在全世界广泛分布，也是中国最常见的曲霉类群之一。该霉菌可危害含水量稍高的粮食、饲料及其他农产品。调查淮河中下游部分地区小麦、玉米、大米等霉菌侵染状况，结果显示三种粮食中霉菌侵染严重，侵染率分别为 96.27%、84.79% 和 26.80%。

病原及特征　杂色曲霉（*Aspergillus versicolor*）属曲霉属。杂色曲霉种内不同菌株在外观上有很大差异，其菌落颜色多样，常被认为是不同的种。通过显微镜观察可以看到其显微结构基本相同，属同一个种。种内某些菌株多形变，如小顶囊上只生有少数梗基和小梗，或不具梗基；有时小梗直接生于气生菌丝上。

杂色曲霉菌落生长局限，颜色变化多样，菌落呈浅绿色、浅黄色甚至粉红色等；菌落背面有时呈深红色或暗紫色，具有无色或紫红色的液滴菌体；分生孢子头形状不一，放射状至疏松的柱状，通常呈绿色，但有些种具有绿色和白色两种颜色。分生孢子梗颜色不一，从无色到明显褐色，通常光滑，偶尔细密粗糙或呈现表面沉积物，有一种为明显粗糙型。顶囊卵圆形至椭圆形，在小分生孢子头中常呈陀螺形至匙形，表面上部至 3/4 处可育。小梗双层，分生孢子通常为球形至近球形，较少为椭圆形，通常具小刺。壳细胞是一种厚壁细胞，在一些菌系和菌株中产生，多为球形或近球形（图 1）。在少数种中产生菌核或致密的变形菌丝团。

流行规律　杂色曲霉孢子萌发和生长的相对湿度分别为 76%～78% 和 75%。在适宜的情况下，有些杂色曲霉菌株可产生杂色曲霉毒素，导致人畜中毒或引起肝癌。

杂色曲霉毒素与检测　杂色曲霉产生的毒素为杂色曲霉素（sterigmatocystin，ST），曲霉属许多霉菌都能产生 ST，如杂色曲霉、构巢曲霉、皱曲霉、赤曲霉等。产生 ST 的菌种广泛分布于自然界，从土壤、农作物、多种水果、饲料等多种物品中都分离获得产毒菌株。

ST 是一组化学结构近似的有毒化合物，已确定结构的有 10 多种，其基本结构是由二呋喃环与氧杂蒽醌连接组成，与黄曲霉毒素结构相似。ST 为微黄色针状结晶，易溶于氯仿、苯、吡啶、乙腈和二甲基亚砜，微溶于甲醇、乙醇，不溶于水和碱性溶液。以苯为溶液时其最高吸收峰波长为 325nm。该毒素相对分子质量为 324，熔点为 246～248℃，在紫外线照射下具有砖红色荧光。ST 的衍生物包括 O- 甲基 ST、双氢 -O- 甲基 ST、5- 甲氧基 ST、双氢脱甲氧基 ST、二甲氧基 ST，对人和动物危害最严重的为 ST（图 2）。

当培养基中同时添加无机磷酸盐及与柠檬酸循环相关的物质（如琥珀酸、苹果酸、富马酸、酮戊二酸等）时，会促进 ST 的产生。温度也会影响 ST 的生成，27～29℃ 是杂色曲霉产生 ST 的最适温度，液体培养时杂色曲霉产生 ST 的最大量为 210mg/kg，利用整粒玉米作为添加物时，ST 的最大产量可达 8g/kg。

许多粮食作物如大麦、小麦、玉米及常见饲草、麦秸和稻草等均易被 ST 污染。在自然状况下，ST 最高产量约 1.2g/kg

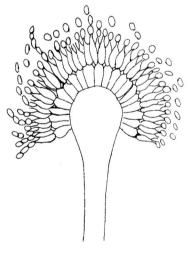

图 1　杂色曲霉（引自蔡静平，2018）

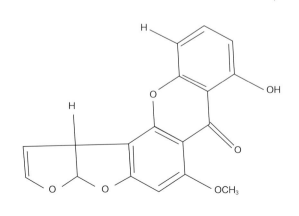

图 2　ST 的分子结构式（引自蔡静平，2018）

食物，而在人工培养条件下 ST 产量可达 12g/kg 培养基。研究发现，饲料中 ST 的含量可高达 6.5mg/kg；而原粮的 ST 污染量显著高于成品粮，不同粮食品种之间 ST 污染量有差异。

ST 毒性较大，主要影响肝、肾等脏器。各种动物均会因食入被污染的饲料而发生急性中毒、慢性中毒最后导致死亡。ST 急性中毒的病变特征是肝脏、肾脏坏死；慢性中毒主要表现在肝硬化和肝脏坏死等。

ST 是较强的致癌因子，其致癌作用仅次于黄曲霉毒素，被认为是非洲某些地区肝癌的主要因子。大白鼠采食含有 ST 的饲料后可发生肝癌及其他肿瘤（如肠系膜肉瘤、肝脏肉瘤、脾血管肉瘤和胃鳞状上皮癌等）。ST 还可诱使大鼠出现血管肉瘤、背组织血管瘤和肝脏肉瘤。研究人员通过对中国 10 个县综合考察发现，ST 是胃内检出的优势真菌毒素。对胃癌、肝癌发病区的粮食进行了检测，发现高发区 ST 污染量高于低发区。ST 对动物和体外培养的人体细胞有致癌作用，并可使抑癌基因 $p53$ 突变，而使其蛋白呈高表达状态。

用于检测 ST 的方法有薄层层析法（TLC）、高效液相色谱法（HPLC）、气质联用法（GC-MS）、偶联质谱法（tandem MS）和固相酶联免疫技术（ELISA）等。TLC 法操作简单，不需要复杂精细的仪器设备；HPLC、GC-MS、tandem MS 等检测灵敏度高、可靠性强，但需要昂贵的仪器设备和专门的操作人员，并且预处理十分复杂，无法同时对大批量样品进行检测；ELISA 法灵敏度高，特异性强，预处理简单，且不需要昂贵的仪器设备，但其前提条件是需要先制备 ST 抗体，而中国尚无大批量生产 ST 抗体的厂家，因此，现阶段难以广泛使用 ELISA 法。

中国在食品上已有检测 ST 的国家标准（GB/T 5009.25—2003），其原理是将样品中的 ST 经提取、净化、浓缩、薄层展开后，用三氯化铝显色，再经加热产生一种在紫外光下，显示黄色荧光的物质，根据其在薄层上显示的荧光最低检出量来测定样品中 ST 的含量。

HPLC 的定量分析法：样品中的杂色曲霉毒素经正己烷提取后，经硅胶柱固相萃取，去除脂肪等杂质，再运用高效液相色谱进行测定。该方法在 0.08～4.00μg/ml 范围内线性良好（R^2=0.9996），平均回收率为 86.5%。HPLC 方法具有简便、快速和准确的特点，可用于小麦等粮食中杂色曲霉毒素的测定。此外，还可以应用 HPLC- 气质联用来检测谷物中浓度在 0.5g/kg 以下的 ST，该方法灵敏度高，检测限低，准确率高。

酶联免疫吸附测定法：样品 ST 测定时用包被抗原包被酶标板，明胶封闭，加入待检试样和抗 ST 的单克隆抗体竞争反应，加酶标记抗体（羊抗鼠 IgG），再加邻苯二胺底物液显色，2mol/L 硫酸终止反应，酶标仪检测。绘制标准工作曲线，计算试样的 ST 浓度。

酶联免疫吸附测定方法可以简化样品中 ST 的提取及检测步骤，特别是使用抗 ST 单克隆抗体使最小检出量由原来的 4ng 达到 0.01ng，提高了检测方法的特异性。ELISA 方法具有特异、灵敏和快速的特点，得到了广泛的应用。然而 ELISA 方法的稳定性是方法标准化中需要重点解决的问题。如控制酶标板的质量，抗体的纯度及毒素标准系列的精度等。

杂色曲霉素脱毒技术　日光分解。日光可分解 ST，日光晾晒方法不但可分解粮食中的 ST，并可有效地消除其致突变作用。其原理可能类似用紫外线照射消除黄曲霉素，由阳光中的紫外线光解了 ST。此种方法简便易行，不需要任何设备，阳光照射还可分解亚硝胺类致癌物，无毒副作用。日光晾晒方法是去除粮食中霉菌毒素的有效方法，适合在肿瘤高发区居民中推广应用。

植物提取物抑制作用。牛至是多年生草本植物，也是食品工业中广泛应用的香料，用来提高食物味道和香气，增加芳香性。牛至有较为明显的抗氧化和抗菌活性。牛至提取物能明显降低杂色曲霉合成 ST，当提取物浓度为 0.2 ml/ml 时，牛至提取物可以彻底抑制杂色曲霉的生长以及 ST 的合成，牛至提取物可作为植物保护剂而进行应用。

吸附脱毒。蒙脱石和矿物黏土对 ST 有吸附作用，对 ST 的吸附效率最高可达 93%，EM 存在时可明显减少 ST 对鱼产生的毒性并且减小肾脏中的染色体畸变的频率。

防治方法　粮食收获后，经晾晒、干燥、去杂等过程将水分降到安全水分之下后再入库。通过自然冷却低温、机械通风冷却低温及强制制冷冷却等方法将粮仓温度控制在 10°C 以下，从而可有效地抑制粮食中的微生物活动，保证粮食品质安全。

参考文献

蔡静平，2018. 粮油食品微生物学 [M]. 北京：科学出版社 .

何树森，辛汉川，刘金秀，等，1998. 四川省部分地区主粮中杂色曲霉及其毒素的污染状况调查 [J]. 卫生研究 (S1): 21.

胡伟连，吕建敏，2004. 杂色曲霉素毒性及检测方法研究进展 [J]. 中国饲料 (23): 32-33.

王若兰，2016. 粮油贮藏学 [M]. 北京：中国轻工业出版社 .

谢同欣，张祥宏，严霞，等，1996. 日光消除杂色曲霉素致突变作用的研究 [J]. 卫生研究 (4): 234-236.

袁建，杜娟，汪海峰，等，2011. 高效液相色谱法测定粮食中杂色曲霉毒素 [J]. 食品科学，32(12): 174-177.

RABIE C J, LUBBEN A, STEYN M, 1976. Production of sterigmatocystin by *Aspergillus versicolor* and *Bipolaris sorokiniana* on semisynthetic liquid and solid media[J]. Applied and environmental microbiology, 32(2): 206-208.

（撰稿：胡元森；审稿：张帅兵）

枣疯病　jujube witches' broom

由植原体引起的典型致死性病害，危害枣树的主要病害之一。具有传播途径广、传染性强、预防困难、发病危害严重、难以根治等特点，素有枣树的"癌症"之称。

分布与危害　早在 1951 年，陕西、河南、河北、四川、山东、浙江等地就发现枣疯病的危害。作为枣树主产栽培地区的河北、河南、山东、山西、陕西受害程度最严重，安徽、湖南、北京、辽宁等地的一些枣区也严重受害。大多数枣树品种遭受枣疯病病原侵染后幼苗当年枯死，10 年生以下的幼树在 1～2 年内死亡，成年树树冠枝叶丛生，花器变态返

Z

枣疯病危害状（田呈明摄）

祖变为小叶，无法结果或者果实畸形，导致产量明显下降，并且病树在3~5年内全株枯死。在枣疯病流行的枣区，受害株率可以达到10%~30%，严重时高达70%~80%，甚至导致整个枣区全片毁灭。

枣树受到枣疯病病原侵染后，会导致其内部正常生理代谢产生紊乱，生长素含量降低，细胞分裂素含量相对升高，致使受害株外观形态上产生严重病变，主芽、副芽、多年生的隐芽以及结果母枝同时萌发，形成的新生发育枝上的芽又继续萌发，导致枝条纤弱细长，节间变短，从而产生典型的丛枝病症；花器染毒后，花梗明显伸长，花萼、花瓣、雌蕊均畸变为小叶或小枝，花盘和胚珠萎缩，果实干缩瘦小着色不均，呈花脸状，果肉绵软疏松，不堪食用；根部出现根瘤，不定芽大量萌发导致一条根上可见多丛疯根，根蘖苗出土后便出现丛枝症状（见图）。

病原及特征 病原属于柔膜菌纲植原体属（*Phytoplasma*）榆树黄花组（EY）16SrV-B亚组的枣树暂定种（*Candidatus phytoplasma ziziphi*）。菌体在枣树韧皮部呈不规则球状，直径90~260nm，厚8~9nm，其形态结构与植物病原细菌相似，但是没有细胞壁，专性寄生于植物韧皮部的筛管细胞内。

侵染过程与侵染循环 枣疯病的传播主要通过营养繁殖如嫁接（如芽接、皮接、枝接、根接）、根蘖苗以及媒体昆虫橙带拟菱纹叶蝉、中华拟菱纹叶蝉、红闪小叶蝉、凹缘菱纹叶蝉等传播。从嫁接到新生芽上出现症状最短25天，最长可达1年以上。一般6月底以前嫁接的，当年就能发病，以后嫁接的要到翌年才发病。病原物侵入后，首先运转到根部，经增殖后再由根部向上运行，引起地上部发病。

流行规律 不同品种和品系之间对枣疯病的抗病性差异明显。马牙枣、婆枣、长红枣、赞皇大枣、梨枣、冬枣易感病，而骏枣、秤砣枣、清徐圆枣、南京木枣、蛤蟆枣、胡瓶枣较抗病。新梢和枣吊的生长量与病情指数间存在相关性，病情指数越高，生长量越小。

防治方法 清除疯枝，铲除无经济价值的病株。避免在枣园周边种植蔬菜、苜蓿、牧草、果树，阻断枣疯病传播介体的转主寄主与越冬场所，远离枣疯病的带毒寄主，减少循环侵染。选用抗病的酸枣品种作砧木。培育无病苗木。即在无枣疯病的枣园中采取接穗、接芽或分根进行繁殖，以培育无病苗木。加强果园管理，增施碱性肥和农家肥。发病初期，于春季枣树萌芽期，用0.1%的四环素药液或1万单位的土霉素药液或祛风1号液树干注射；喷施0.2%的氯化铁溶液

2~3次，隔5~7天喷1次。

参考文献

黄盼，2013. 北京市古枣树对枣疯病的抗性研究[D]. 北京：北京林业大学.

刘孟军，赵锦，周俊义，2006. 枣疯病病情分级体系研究[J]. 河北农业大学学报，29(1): 31-33.

田国忠，张志善，李志清，等，2002. 我国不同地区枣疯病发生动态和主导因子分析[J]. 林业科学，38(2): 83-91.

温秀军，孙朝辉，孙士学，等，2001. 抗枣疯病枣树品种及品系的选择[J]. 林业科学，37(5): 87-92.

赵锦，刘孟军，周俊义，等，2006. 枣疯植原体的分布特点及周年消长规律[J]. 林业科学，42(8): 144-146.

（撰稿：田国忠；审稿：田呈明）

枣黑腐病 jujube black rot

由几种真菌单独或复合侵染引起的枣果实病害，是枣分布区枣果的重要病害。又名枣缩果病。

发展简史 中国20世纪70年代后期始见枣缩果病的报道。1985年河南省新郑县枣树研究所和中国科学院微生物研究所对在河南新郑发生的枣缩果病进行了研究，认为其病原是 *Erwinia jujubovora* Wang. Cai. Feng et Gao，为肠杆菌科欧文氏菌属的一个细菌新种。1992年曲俭绪等对河南濮阳的枣黑腐病进行研究，认为病原菌为聚生小穴壳菌（*Dothiorella gregaria* Sacc.）。在此之后，又有其他几种真菌引起缩果病的报道。同时，开展了病害发生发展规律和防治技术的研究。

分布与危害 枣黑腐病分布于河南、河北、山西、内蒙古、山东、陕西、辽宁、广西等地。病菌侵染枣树果实。受害果先是在肩部或胴部形成浅黄色不规则变色斑，边缘较清晰，以后逐渐扩大，病部稍有凹陷或皱褶，颜色也随之加深变红褐色，最后整个病果呈暗红色，失去光泽。接近成熟期染病的枣果，病斑不明显，果皮提早变红，果肉呈软腐状，于成熟前脱落。该病造成提前落果，导致产量和品质下降（见图）。

枣黑腐病症状（贺伟提供）

病原及特征 各地报道的病原的种类有所不同，包括多种真菌。常见的有聚生小穴壳菌（*Dothiorella gregaria* Sacc.），子座组织生于寄主表皮下，成熟后突破表皮外露，呈球状凸起。每个子座内形成1至数个腔室，近圆形，有明显孔口，分生孢子纺锤形，单胞，无色，大小为29.2～18.0μm×7.2～4.3μm；橄榄色盾壳霉（*Coniothyrium olivaceum* Bonord.）分生孢子器圆形至椭圆形或呈洋梨形，孔口略突起，大小152～242μm×108～195μm；分生孢子椭圆形至卵形，榄褐色，顶端钝圆、基部平截，大小为3.9～6.9μm×2.5～4.6μm；链格孢［*Alternaria alternata*（Fr.）Keissl.］，分生孢子梗分枝或不分枝，淡榄褐色至榄褐色，明显屈膝状。分生孢子倒棒形、椭圆形或卵圆形，淡榄褐色至榄褐色、褐色，平滑或有细点，大小19.5～49.0μm×10.0～11.5μm，具横隔3～4个，纵隔1～2个，常具短喙，串生；毁灭茎点霉菌（*Phoma destructiva* Plowr），分生孢子器球形、扁球形，淡褐色至褐色，假薄壁状，大小154～173μm×142～162μm。产孢细胞安瓿瓶状，无色、光滑，瓶体式产孢。分生孢子椭圆形或卵圆形，大小4.5～5.0μm×2.5～3.0μm。

侵染过程与侵染循环 从枣树花期就开始侵染大枣的花、叶、果实，整个生长期都可侵染。病原菌通过枣果面上的伤口（刺伤、机械伤）、皮孔和表皮侵入，在果实上到近成熟期才开始表现症状。病菌通过风雨传播。落地病果、枣树皮、枝、枣头等是病菌的越冬场所。

流行规律 树势强弱与发病轻重有紧密相关性：树势弱，发病早而重；树势强，发病晚而轻。枣黑腐病的发生与流行，与气温、降水、大气湿度、日照等因子相关。7～8月阴雨天多、降雨量大，则发病重；反之，则发病轻。枣果成熟前期雨日、雨量对发病高峰期出现早晚有直接影响。气温在26～28℃时，遇到阴雨连绵或夜雨昼晴天气，此病就容易暴发成灾。密植枣园空气相对湿度较大、通风透光条件差，有利于发病。黏土地的枣园缩果病重，砂土地的枣园缩果病轻；土壤养分充足、配比合理的地方黑腐病轻，反之则重。不同的枣树品种抗黑腐病的能力有所不同。

防治方法

农业防治 早春及时清除落果、落叶、枣吊、枯枝，并结合冬剪及夏剪及时剪除病枝，集中烧毁，减少初侵染来源。选用抗性品种，适度密植建园，加强栽培管理，合理施肥灌水，改善树体光照，提高树木抗病性。

化学防治 于萌芽前喷布3～5波美度石硫合剂，减少侵染来源。在绿幼果期，用生物农药3%中生菌素800～1200倍、4%农抗120的400～600倍，或用1:2:200波尔多液喷药防治。

参考文献

康绍兰、邸垫平、李兴红，等，1998.枣铁皮病病原鉴定 [J]. 植物病理学报，28(2):165-171.

李志清、张兆欣、田国忠，等，2005.枣黑腐病田间药剂防治技术研究 [J]. 中国森林病虫 (5): 3-6.

曲俭绪、沈瑞祥、李志清，等，1992.枣黑腐病病原研究 [J]. 森林病虫通讯 (2): 1-4.

魏天军、魏象廷，2006.中国枣果实病害研究进展 [J]. 西北农业学报，15(1): 88-94.

郑晓莲、齐秋锁、赵光耀，等，1996.枣缩果病病原子实体的诱导和鉴定 [J]. 植物保护，22(6): 6-8.

（撰稿：贺伟；审稿：田呈明）

枣锈病 jujube leaf rust

由枣砌孢层锈菌引起的、危害枣树叶片的一种真菌病害。又名枣叶锈病。

分布与危害 枣锈病在中国各产枣区都有发生，以河北、山西、陕西和河南等枣区最为普遍。主要危害枣和酸枣，发病严重时，引起大量叶子提前脱落，削弱枣树势，降低枣的产量和品质。

枣锈病仅发生于叶片上。发病初在叶背散生褪绿小点，后逐渐形成疱疹状、土黄褐色突起，即夏孢子堆（图①）。夏孢子堆圆形或不规则形，直径0.2～0.6（～1）mm，多出现在叶中脉两侧及叶片尖端和基部，表皮下生，以中心孔口外露，土黄褐色。秋天在叶背形成黄褐色至黑褐色、不规则形的冬孢子堆。严重发病时，叶片失去光泽、变灰、干枯、脱落。

病原及特征 病原为枣砌孢层锈菌［*Phakopsora zizyphi-vulgaris*（P. Henn）Diet.］，属层锈属（*Phakopsora*）。在枣树上仅发现该菌的夏孢子及冬孢子阶段。夏孢子堆叶背生，散生或稍集生，疱疹状，以中心孔口外露，土黄褐色；夏孢子长椭圆、卵形或矩圆形，大小为17.5～32.5（～37.5）μm×17.5μm，薄壁，约1μm，表面具刺，淡黄色；夏孢子堆周围具有向内弯曲的棒状侧丝，薄壁，无色（图②）。冬孢子堆叶背散生或集生，近圆形，较小，0.1～0.3mm，表皮下生，黄褐色至黑褐色；冬孢子多为不规则矩形，较窄，大小为7.5～20μm×4～7.5μm，壁厚1～1.5μm，黄褐色，呈4～5层不规则排列，上层颜色稍深（图③）。

侵染过程与侵染循环 枣锈病菌的越冬场所与越冬方式目前仍不十分清楚。有试验证明，该锈菌夏孢子堆可以在病叶越冬。据河北枣区试验，每年8～9月均能捕捉到空中夏孢子，夏孢子的始见期为病害零星发生期，且零星发病的病叶都集中在近地面的枝条上，故认为此病的初侵染源是地面越冬的病叶。

流行规律 枣锈病一般于7月中下旬开始发病，8月下旬至9月初出现大量夏孢子堆，并不断进行再次侵染，使发病达到高峰，病叶开始落叶。发病轻重与当年降水量有关，

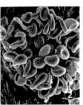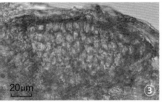

枣锈病症状和病原菌形态特征（曹支敏提供）

①枣锈病症状；②枣砌孢层锈菌夏孢子与侧丝；③枣砌孢层锈菌冬孢子堆

7～8月降雨量大于130mm、空气相对湿度80%发病重，干旱年份则发病轻，甚至无病。枣树下间作高秆作物，通风透光不良，发病早而重。枣树品种之间的抗病性有明显差异。鸣心枣、扁核枣、木枣最感病，赞皇大枣、核桃纹枣和芽枣等品种较为抗病。

防治方法

农业防治　通过合理密植、适当修剪枝条，以利通风透光、降低湿度。秋末、冬初清除病落叶并集中焚烧，以减少病害的侵染来源。推广栽培赞皇大枣、冬枣等抗病或耐病枣树品种。

化学防治　发病严重的枣园，可于7月上旬开始喷1:1:200的波尔多液、或25%三唑酮可湿性粉剂1000倍液、22.5%啶氧菌酯悬浮剂1500～2000倍液或80%代森锰锌可湿性粉剂600～800倍液，隔1月左右再喷1次，可有效控制此病。

参考文献

李向军，温秀军，孙士学，1994. 枣锈病流行规律的研究 [J]. 河北林业科技 (2): 6-9.

李秀生，任国兰，刘增荣，1981. 枣锈病发生和防治的研究 [J]. 河南农林科技 (6): 29-32, 38.

王兆富，王锦肖，张学武，等，2000. 枣锈病发生规律及防治试验 [J]. 陕西林业科技 (1): 44-46.

徐樱，郑晓莲，刘书伦，1994. 枣锈病初侵染来源的研究 [J]. 河北农业大学学报，17(1): 62-65.

闫学军，2010. 枣锈病的药剂防治技术 [J]. 西北园艺 (4): 40.

（撰稿：曹支敏；审稿：田呈明）

樟树枝枯病　camphor tree blight

一种危害樟树较为严重的枝干真菌性病害。

分布与危害　枝枯病主要发生在广州和深圳100～500年生的古老樟树上，树势生长衰弱、潮湿荫蔽、阳光不足以及树下卫生状况差的发病严重。樟树枝枯病引起樟树小枝和侧枝干枯；病树树冠稀疏，严重影响树木生长活力。

枝枯病菌初期主要危害幼嫩的小枝，以后与一些担子菌复合危害，侵染衰弱的主侧枝。病部开始为浅栗褐色，椭圆形，似癣斑，病斑逐步扩展，环绕枝条一圈时上部的枝条干枯，叶片脱落呈秃枝。枯枝黄褐色，病部与健部没有明显界限，嫩枝上散生或丛生许多小黑点，此为病原菌的分生孢子器。严重的病株秃枝多，易折断，遇上风雨纷纷断落（见图）。

病原及特征　病原菌早期主要为 *Cytosporella cinnamomi* Turconi，属小壳蕉孢属，兼性寄生。当古老的樟树出现枝干枯枝后，高等担子菌 *Poria xantha* Cke. 便乘虚侵入复合危害。

子座黑褐色，由菌丝和寄主部分组织融合形成，埋生于寄主表皮下，后突出表皮；分生孢子器圆锥形，大部分单生于子座中，有单独的孔口，大小133～213μm×53～119μm；分生孢子单胞，无色，棒形至倒卵形，大小5.0～7.3μm×2.0～2.6μm。

樟树枝枯病症状（王军提供）

侵染过程与侵染循环　病菌在枯枝上越冬，翌年环境适宜时，形成分生孢子从芽痕或嫩枝皮层穿透侵入危害。

流行规律　树势生长衰弱，在潮湿荫蔽、阳光不足的环境以及林下卫生状况差的发病较重。

防治方法　修剪病枝，清除地下枯枝，集中烧毁。树冠修剪后，喷1.5%波尔多液保护。初春树木抽梢后，喷洒1%波尔多液或65%代森锌600～800倍液。

参考文献

苏星，岑炳沾，1985. 花木病虫害防治 [M]. 广州：广东科技出版社.

（撰稿：王军；审稿：叶建仁）

樟子松脂溢性溃疡病　*Rhizosphaera canker* of mongolian scotch pine

由根球壳孢菌引起的，一种主要危害樟子松的真菌病害。又名樟子松溃疡病。

发展简史　1914年首次在欧洲的欧洲赤松发现并报道，故定名为欧洲赤松脂溢性溃疡病。1950年美国的蓝叶云杉、北美云杉上暴发，造成巨大损失。1967年在日本，1968年在北美洲均造成严重的损失。受害严重的寄主植物枝梢干枯死亡，针叶大量凋落，植株枯萎而亡。任玮等1990年在云南西北部和四川西部的丽江云杉上首次发现该病原菌根球壳孢菌可以引起云杉针叶脱落，定名为云杉叶疫病。田呈明等2010年在内蒙古大兴安岭地区采集出现严重枯梢、树皮开裂、枝干及球果有溢脂现象的樟子松标本，经鉴定确认病原菌为根球壳孢菌，广泛分布于内蒙古东北部地区、云南西北部地区和四川西部地区等，其中，受害严重地区造成大面积樟子松林和云杉林死亡。

分布与危害　该病害在国外主要分布在丹麦、德国、瑞典、奥地利、斯洛文尼亚、英国、美国、加拿大和日本等。欧洲北部地区的挪威云杉也受危害严重。

樟子松脂溢性溃疡病发展蔓延快，受害的樟子松出现严重的枯梢、树皮开裂和枝干及球果溢脂等现象。在内蒙古锡泥河西苏木、额尔古纳、海拉尔的辉河林场、红花尔基林场和诺干诺尔林场等发病面积大，造成的危害严重。在四川泸定二郎山地区的人工云杉幼林和云南的部分地区的丽江云杉等云杉属寄主上，主要是感病针叶表现褪绿、后期紫褐色枯死，产生小而黑色有柄的分生孢子器，秋季引起大量针叶脱落（图1）。

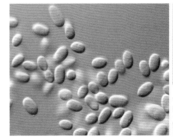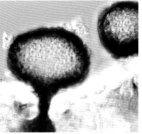

图2　病原菌分生孢子器和分生孢子形态（梁英梅摄）

病原及特征　病原为根球壳孢菌（*Rhizosphaera kalkhoffii* Bubak），属黑星菌科。感染云杉等针叶时，形成的黑色分生孢子器的柄从针叶气孔口中伸出，在针叶表面有规则地成行排列，分生孢子器顶端带有一个细小而有光泽的蜡质气孔栓，后期气孔栓会逐渐消失。

分生孢子器黑色球形，表面光滑且无孔口。分生孢子器的外壁由单层细胞组成。无分生孢子梗，产生分生孢子的细胞存于分生孢子器壁内。分生孢子单细胞，无色，椭圆形至卵形，两端圆形，大小为5～8μm×3～4μm（图2）。

侵染过程与侵染循环　病原菌主要通过感病组织中的子实体和菌丝来度过漫长的冬季。翌春，子实体受到温度和降水的影响，生成并释放大量的分生孢子，分生孢子随风雨和气流向周边地区扩散传播，侵染当年生针叶继续危害新的寄主，在感病植物组织中形成新的子实体，一年可以发生多次再侵染，这一过程一直持续到当年秋季。

流行规律　樟子松溃疡病的潜育期长，早期识别特征不明显，一旦暴发，防治困难。病害的发生和流行主要受降水和温湿度的影响，一般而言，感病程度与降水量呈正比。

防治方法　春季喷洒1%波尔多液效果良好。

图1　樟子松脂溢性溃疡病危害状（王晓玮、田呈明摄）

参考文献

任玮 , 1990. 云杉叶疫病的研究 [J]. 西南林学院学报 , 10(2): 176-179.

王晓玮 , 2019. 樟子松脂溢性溃疡病的适生区预测及危险性分析 [D]. 北京 : 北京林业大学 .

许秀兰 , 张岩 , 杨春琳 , 等 , 2016. 云杉叶疫病根球壳孢菌的分子检测 [J]. 湖南农业大学学报 (自然科学版), 42(1): 70-74.

PHILLIPS D H, BURDEKIN D A, 1982. Diseases of forest and ornamental trees[M]. London: The Macmillan Press Ltd: 127.

YOU C J, TIAN C M, LIANG Y M, et al, 2013. First report of pitch canker disease caused by *Rhizosphaera kalkhoffii* on *Pinus sylvestris* in China[J]. Plant disease, 97(2): 283-284.

（撰稿：梁英梅；审稿：田呈明）

针叶树苗木猝倒病　conifer damping-off

主要由丝核菌、镰刀菌、腐霉引起的、危害针叶树幼苗的病害。又名针叶树苗木立枯病。

分布与危害　中国各地苗圃中均有发生。通常出现种芽腐烂型、猝倒型和立枯型三种症状类型。

病原及特种　病原菌主要有丝核菌、镰刀菌、腐霉等。引起猝倒型的丝核菌主要是立枯丝核菌（*Rhizoctonia solani* Kühn）。菌丝初期无色，呈锐角分枝；老期丝黄褐色，呈直角分枝，分枝处明显缢缩。菌核浅褐色至褐色，大小及形态不一。

引起苗木立枯型的主要是茄腐皮镰孢［*Fusarium solani*（Mart.）Sacc.］和尖镰孢（*Fusarium oxysporum* Schlecht.）。茄腐皮镰刀菌大型分生孢子纺锤形，两端稍弯曲，有 3～5 个隔膜，大小为 19～68mm×3.5～7mm，具小型分生孢子。厚垣孢子顶生或间生，褐色、单生、球形或洋梨形。尖镰孢霉大型分生孢子纺锤形至镰刀形，弯曲或端直，基部有足细胞或近似足细胞，多为 3 个隔膜，少有 5 个隔膜，30～60mm×3.5～5mm。小型分生孢子 1～2 个细胞，卵形至肾形，散生于菌丝间，但不与大型分生孢子混生。厚垣孢子顶生或间生，球形，平滑或皱褶，单细胞。

引起苗木猝倒型的主要是瓜果腐霉［*Pythium aphanidermatum*（Eds.）Fitz.］和德巴利腐霉（*Pythium debaryanum* Hesse）。前者孢子囊瓣裂状，不规则分枝，顶生或间生。泡囊球形，内含游动孢子。藏卵器球形，多顶生，偶间生。卵孢子球形，平滑，不满器，14～22mm。

侵染过程与侵染循环　病原菌具有较强的腐生习性，通常在土壤的植物残体上腐生生活。它们分别以卵孢子、厚垣孢子、菌核等度过不良环境，一旦遇适合寄主和适宜环境便侵染危害。土壤带菌是猝倒病病原菌的主要来源。在北京，一般 4 月中旬主要发生种腐和芽腐型，表现为缺苗断垄。5 月上中旬如遇连续阴雨或土壤潮湿，则表现为猝倒型。6 月下旬以后，苗木逐渐木质化，表现为立枯型。7 月末病害逐渐停止发展。

防治方法　在防治上主要采取以改进育苗技术和减少土壤中病菌数量为主的综合控制措施。

选好圃地，尽可能避免用连作地以及易感病植物的栽培地块和洼地育苗。细致整地，深翻耙耱，平整圃地。开垄条播不但有利于提高垄面温度，而且也易控制水分、减少发病。适时播种，选好播种材料。合理施肥，施用农家有机肥时，必须充分腐熟后再施入。

参考文献

李传道 , 1995. 森林病害流行与治理 [M]. 北京 : 中国林业出版社 .

杨旺 , 1996. 森林病理学 [M]. 北京 : 中国林业出版社 .

（撰稿：朱克恭；审稿：张星耀）

真菌病害综合防控　integrated control of plant fungal disease

对植物病原真菌进行科学管理的体系。其从农田生态系统总体出发，根据植物病原真菌与环境之间的相互联系，充分发挥自然控制因素的作用，因地制宜协调必要的措施，将植物病原真菌控制在经济损害允许水平之下，以获得最佳的经济、生态和社会效益。

形成和发展过程　1967 年，联合国粮农组织在罗马召开的有害生物综合防控会议提出的综合防控的概念：综合防控是一种对有害生物的管理系统，该系统考虑到有害生物的种群动态及其有关环境，利用适当的方法与技术互相配合把有害生物种群控制在低于危害的水平。中国于 1975 年全国植保工作会议上确定了以“预防为主，综合防治”作为植保工作的方针，指出在综合防治中，要以农业防治为基础，合理运用化学防治、生物防治、物理防治等措施，达到经济、安全、有效地控制病虫害的目的。1986 年，在第二次农作物病虫害综合防治学术讨论会上，明确了综合防治的含义是对有害生物进行科学管理的体系，其从农田生态系统总体出发，根据有害生物与环境之间的相互联系，充分发挥自然控制的作用，因地制宜协调必要的措施，将有害生物控制在经济损害允许水平之下，以获得最佳的经济、生态和社会效益。

基本内容　植物病害中 80% 以上是由真菌引起的，不同类群植物病原真菌的形态、生物学特性和生活史不同，因而所导致的发生规律和防治措施也不相同。依据防治措施的实施途径一般可归类为植物检疫、农业防治、生物防治、物理机械防治和化学防治。

植物检疫　国家或地区政府依据法规，对植物或植物产品及其相关的土壤、生物活体、包装材料、运载工具等进行检验和处理，通过阻止病原真菌在国内区域间传入和扩散，达到避免植物遭受病原真菌危害的目的。中国农业重要作物检疫性真菌有香蕉镰刀菌枯萎病菌 4 号小种［*Fusarium oxysporum* Schl. f. sp. *cubense*（E. F. Sm.）Snyd. et Hans（Race 4 non-Chinese races）］、玉米霜霉病菌（*Peronosclerospora* spp. non-Chinese）、大豆疫霉病菌（*Phytophthora sojae* Kaufmann et Gerdemann）、马铃薯癌肿病菌［*Synchytrium endobioticum*（Schil.）］、苹果黑星病菌［*Venturia inaequalis*

（Cooke）Winter〕和棉花黄萎病菌（*Verticillium dahliae* Kleb）等百余种。

农业防治　通过适宜的栽培措施降低病原真菌的数量或减少其侵染可能性，培育健壮植物，增强植物抗、耐真菌病害和自身补偿能力，或避免病原真菌危害的一种植物保护措施。改进耕作制度，可使一些常发性重要真菌病害变为次要病害，并成为大面积真菌病害治理的有效措施，例如稻棉等水旱轮作可以有效防治棉花枯萎病。生产上根据病原真菌群体的生理小种组成，因地制宜选用和推广适合当地的抗病品种。因病菌群体变异频率，在生产中应采取相应措施合理地使用抗病基因资源，延缓抗病品种抗性丧失。如利用生物多样性控制的措施防治水稻稻瘟病，可以改善环境条件，控制稻瘟病菌的繁殖和传播，促使水稻提高抗病性，从而获得高产稳产。

生物防治　利用有益生物及其代谢产物控制病原真菌种群数量的一种防治技术。生防真菌在防治真菌病害中的生防机制包括重寄生作用、交叉保护作用、产生拮抗物质和竞争作用等。生防真菌可以产生具有抑菌活性的次生代谢产物，抑制病原真菌侵入结构的形成；也可以分泌纤维素酶、果胶酶、葡聚糖酶、几丁质酶等水解酶，溶解病原真菌细胞壁的主要成分几丁质和纤维素。例如，木霉生物农药主要对土传真菌病害如油菜菌核病、香蕉和棉花枯萎病等植物真菌病害具有较好的防病效果。部分生防真菌可以引起寄主植物产生诱导抗病性。细菌来源的生物农药，除产生抗生素外，抑制病原真菌生长，还具有良好的定殖能力和促生增产作用。放线菌是可以产生多种抗菌素的生防微生物，其生防机制主要包括促进植物生长、提高植株抗逆境能力和拮抗作用。井冈霉素是由吸水链霉菌井冈变种产生的，可有效防控水稻和小麦纹枯病。植物源杀菌剂在防治水稻稻瘟病中的生防机制主要包括拮抗作用和诱导抗病性。

物理防治　利用人工和简单机械，通过汰选携带病原真菌的病种子、菌核，可明显减少初始菌量。选用无病种子和种子消毒或者热力处理，可杀死种子苗木中的病原物。例如，番茄经 75℃ 处理，可杀死种传黄萎病菌。及时清除田间病株。

化学防治　在确保人、畜和环境安全的前提下利用化学药剂（化学农药）控制植物真菌病害的危害。根据真菌病害的种类及其发生灾变规律和危害部位等，选用合适的药剂种类与剂型，例如卵菌引起的作物病害，可选用甲霜灵、烯酰吗啉；气传病害如小麦锈病可选用三唑酮、烯唑醇等；土传真菌病害如棉花枯萎病可选用多菌灵浸种或消毒剂如三氯异氰尿酸、棉隆进行土壤消毒。选择适当的施药方法和时间，不可随意增加用药量和用药次数。两种或两种以上的农药合理混用，可扩大防治病害对象。

真菌病害的综合防控　首先是防治对象的综合，即根据当前农业生产的需要，从农业生产全局和生态系统的观点出发，针对多种真菌病害进行综合防治。例如，气流传播真菌病害的综合防控以种植高产抗病品种为基础，种子消毒和消灭越冬菌源，改进栽培措施和科学水肥管理。中国学者探索出一套生物多样性控制稻瘟病的措施，利用与抗病品种生育期相当但高度感病的品种与抗病品种混合种植或者配套间栽，可使高产、优质的感病品种病害减轻 80% 以上。药剂防治主要控制发病中心，根据病情的发展及天气变化决定施药次数。土传真菌病害的综合防控以选用抗病品种和严格剔除带菌种子为基础，适期早播，栽培土质疏松且排水良好，不宜密植，及时清除中心病株。

科学意义与应用价值　任何依赖单项手段防治植物病害都是有很大局限性的。植物真菌病害的综合防控就是采取各种经济、安全、简便易行的有效措施对植物真菌病害进行科学的预防和控制。力求防治费用最低、经济效益最大、对植物和环境的不良作用最小，既有效地预防或控制病害的发生发展，达到高产、稳产和增收的目的，又确保对农业生态环境最大程度地保护，对农业生产的可持续发展具有重要的科学意义和作用。

参考文献

马桂珍，2016. 普通植物病理学 [M]. 北京：科学出版社.

（撰稿：杨根华；审稿：李成云）

芝麻白粉病　sesame powdery midew

由多种真菌侵染引起的、发生于冷凉高湿条件下、主要危害叶片的一种真菌病害，是芝麻上的一种常见病害。

发展简史　迄今对于该病害的病原物报道不一，1949 年 Patel 等报道由 *Leveillula taurica* 引起，1951 年 Mehta 和 1965 年 Roy 报道由 *Oidium erysiphoides* 引起，1958 年 Venkatakrishnaiya 报道由 *Oidium* sp. 引起；1990 年，Reddy 和 Haripriya 报道由 *Erisiphe cichoracearum* 引起；1993 年，Rajpurohit 报道由 *Erisiphe orontii* 引起；1972 年 Gemawat、Verma 和 2006 年 Lawrence Puzari 等报道由 *Oidium sesami* 引起；2003 年 Srinivasulu 等报道由 *Oidium mirabilifolii* 引起。因此，该病害的病原还存在争议，多数人认为因地域不同存在多种不同的病原。中国对芝麻白粉病的研究始于 1940 年俞大绂的首次报道。

分布与危害　主要发生在冷凉高湿地区，或发生于南方迟播或秋播芝麻上。在世界上分布十分广泛，遍布亚洲、欧洲、美洲和大洋洲，尤其以湿度较大的印度、日本、澳大利亚和乌干达最为常见。在中国河南、湖北、安徽、吉林、山东、山西、陕西、云南、湖南、江苏、江西、广东、广西、海南等芝麻产区均有发生，但一般危害不大。

该病害危害芝麻叶片、叶柄、茎秆、花及蒴果。在芝麻叶片表面生出白粉状霉层，严重时白粉状物覆盖全叶，导致叶片变黄，影响植株光合作用，使植株生长不良，严重时导致叶片枯死、脱落，感病植株叶片先为灰白色（见图），后逐渐变为苍黄色。茎秆、蒴果被白粉病侵染后亦产生类似症状。感病植株种子瘦瘪，产量降低。

病原及特征　引起芝麻白粉病的病原菌除菊科白粉菌（亦称二孢白粉菌）外，还有 *Erisiphe orontii*、*Sphaerothica fuliginea*、*Leveillula taurica*（Lév）G. Arnaud、*Oidium erysiphoides* Fr. 和 *Oidium sesami*，但以菊科白粉菌报道最多。

菊科白粉菌（*Erysiphe cichoracearum* DC.），属白粉菌属真菌。侵染之初，菌丝匍匐于寄主叶正面或背面，

Z

芝麻白粉病症状（刘红彦提供）

以吸器伸入表皮细胞内吸收营养。从菌丝上生出短梗，梗端串生分生孢子，分生孢子单胞，椭圆形，无色，大小为 30～40μm×18～25μm。后期病部菌丝层中偶尔可见黑褐色小点，即病菌子囊壳，壳上生有附属丝，闭囊壳直径 85～114μm，内生子囊 6～21 个，子囊卵圆形，大小为 44～107μm×23～59μm，内生子囊孢子 2 个，大小为 19～38μm×11～22μm。

侵染过程与侵染循环　白粉菌以吸器侵入芝麻叶片或蒴果表皮细胞，吸收营养，造成危害。菊科白粉菌寄主范围广，除芝麻外，还寄生烟草、野菊花、豆类、瓜类、向日葵等。在南方高湿地区终年均可发生，无明显越冬期。在北方寒冷地区以闭囊壳随病残体在土表越冬。翌年条件适宜时产生子囊孢子进行初侵染，后初侵染病斑产生分生孢子借气流进行再侵染。

流行规律　降水量大、湿度高、夜间温度低有利于病害发生。在黄淮和北方芝麻产区，该病害多在芝麻生长后期发病，气候凉爽有利于白粉病的发生。土壤肥力不足或偏施氮肥，易发病。在南方产区，早春 2、3 月温暖多湿、雨水大或露水重易发病，病害持续时间较长。在海南进行南繁加代的芝麻，遇凉爽天气，白粉病易发生。芝麻品种间存在耐病性差异，不同品种发病程度不同。

防治方法　该病害的防治技术主要采取农业防治和物理防治为主，化学防治为辅的综合防治措施。首先应做好土壤清洁及田间卫生，芝麻收获后，销毁芝麻病株残体和其他寄主植物残体。另外，适期早播早熟品种；选用抗病品种；合理间作；加强栽培管理，注意清沟排渍，降低田间湿度；增施磷钾肥、避免偏施氮肥或缺肥，增强植株抗病力，是防治该病害的根本措施。在病害发病初期，降低田间湿度的同时，及时喷洒 25% 三唑酮可湿性粉剂 1000～1500 倍液或 40% 氟硅唑乳油 8000 倍液可有效控制病害的发生。

参考文献

李丽丽 ,1993. 世界芝麻病害研究进展 [J]. 中国油料 (2): 75-77.

中国农业科学院植物保护研究所 , 中国植物保护学会 , 2015. 中国农作物病虫害 [M]. 3 版 . 北京 : 中国农业出版社 .

GEMAWAT P D, VERMA O P, 1972. A new powdery mildew of *Sesamum indicum* incited by *Spaerotheca fuliginea*[J]. Phytopathological notes, 2: 94.

PUZARI K C, SARBHOY A K, AHMAD N, et al, 2006. New species of powdery mildews from north eastern region of India[J]. Indian phytopathology, 59(1): 72-79.

RAJPUROHIT T S, 1993. Occurrence, varietal reaction and chemical control of new powdery mildew (*Erysiphe orontii*) of sesame[J]. Indian journal of mycology and plant pathology, 23(2): 207-209.

ROY A K, 1965. Outbreaks and new records; occurrence of powdery mildew caused by *Oidium erysiphoides*[J]. Plant protection bulletin, 13: 42.

（撰稿：赵辉；审稿：刘红彦）

芝麻白绢病　sesame white mold

由齐整小核菌引起的、危害芝麻根系和茎基部的一种真菌性病害。

发展简史　1979 年戴芳澜在《中国真菌总汇》中记载了引起芝麻白绢病在湖北、广西、台湾芝麻产区发生的病原菌为 *Corticium centrifugum*（Weinm.）Fr.。2013 年，王雅等调查了河南南阳芝麻产区的白绢病，经鉴定病原菌为 *Sclerotium rolfsii* Sacc.。Litzenberger 等 1962 年首次报道了芝麻白绢病在哥伦比亚发生，随后印度、希腊、古巴、韩国也相继有报道。

分布与危害　在中国广西、湖北、河南、台湾等地有分布。哥伦比亚、印度、希腊、古巴、韩国等国芝麻产区也有发生。其危害程度主要取决于病害发生的时间，发生期越早，损失越大。染病幼苗常整株枯死，因此，苗期发病时损失率与病株率相等。成熟期发病，视发病轻重，可致产量损失 15%～80%。

芝麻白绢病在芝麻整个生育期均可发生，主要发病部位为根部和茎基部。染病幼苗叶片自下而上逐渐萎蔫，幼苗显症后通常数日内死亡，死亡前在病株上常观察到白天失水萎蔫（图①）、晚上症状暂时消退的现象。连根拔出病苗，可见根系表面密布白色菌丝体，根系皮层腐烂脱落（图②）。在多雨天、土壤湿度大的条件下，病原菌可扩展至茎基部，前期染病茎基部表面产生白色绢丝状物（菌丝体），后期由菌丝体发育形成菌核（图③）。纵剖染病主茎基部，可见韧皮部凹陷，木质部发生褐变（图④）。将病株根部泥土用清水洗净后置于塑料袋内常温保湿 7～14 天，病部先产生白色菌丝体，随后由菌丝体发育成油菜籽般大小、初呈白色后转黄色、最后为茶褐色的菌核。

病原及特征　病原为罗耳阿太菌［*Athelia rolfsii*（Curzi）Tu & Kimbr.］，无性态为齐整小核菌（*Sclerotium rolfsii* Sacc.）。该菌在马铃薯葡萄糖琼脂（PDA）平板上菌落圆形，菌丝白色绢丝状，呈辐射状向四周扩展。菌核为球形或近球形，先呈白色，后渐变成黄色，最后变成茶褐色。成熟菌核表面光滑且有光泽，其内部为灰白色。菌核直径因培养基质的不同而异，一般为 0.6～1.7mm。在天然成分培养基上产生的菌核直径一般大于合成培养基上的菌核直径，尤其

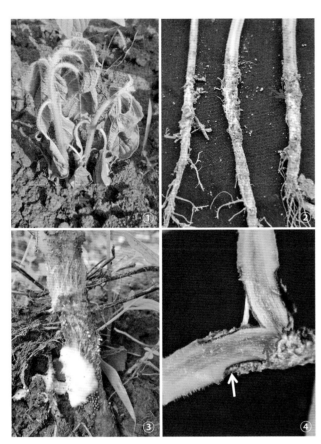

芝麻白绢病症状（黄思良提供）

①发病幼苗白天萎蔫（箭头示茎基周围土表的白色菌丝体）；②病苗地下部症状（箭头示白色菌丝体）；③病株地上茎基部白色菌丝体和菌核（箭头）；④病株茎基部纵剖面（白色箭头示凹陷的韧皮部，红色箭头示褐变的木质部）

在牛肉膏蛋白胨培养基上产生的菌核较大，平均直径可达1.7mm。

病原菌生长温度范围为 13～37℃，适宜生长温度范围 22～34℃，最适温度范围 28～31℃，在 28℃ 培养 3 天即可长满直径 70mm 的 PDA 平板。在 ≤10℃ 或 ≥40℃ 温度下停止生长或死亡。该菌在 pH4.0～9.0 范围内均可生长，其中，在 pH6.5～7.0 中生长最好。在 pH6.5 以下的酸性环境中，菌丝体的生长量随 pH 的升高而平缓增大；在 pH7.0 以上的碱性环境中，菌丝体的生长量随 pH 升高而下降的幅度较大。不同碳源对该菌生长及菌核形成有显著影响：在测试的 13 种碳源中，以 D- 海藻糖、D- 山梨糖、木糖醇、甘露醇、鼠李糖和 D- 半乳糖为唯一碳源时生长较好，可正常形成菌核，且菌核数量与菌落大小存在一定的正相关性；而以可溶性淀粉、蔗糖、葡萄糖、麦芽糖、D- 果糖、L- 阿拉伯糖和菊糖为唯一碳源时则生长较差，且基本不产生菌核。病原菌能利用多种无机和有机氮源，其中，铵态氮源有利于菌核的产生。在天然成分培养基中，PDA 较适合该菌生长和菌核形成。

齐整小核菌属广寄主范围的植物病原菌真菌，可侵染 62 科 200 多种植物，包括多种重要的粮食和经济作物，如水稻、小麦、茉莉、韭菜、加拿大一枝黄花、黄连、大豆、花生、黄瓜、胡萝卜、蚕豆、白术、烟草、魔芋、鱼腥草、蝴蝶兰、辣椒、三叶草、草乌、苍术、荸荠、草莓、黄菖蒲、番石榴、山楂、乌头、马蹄金等。

侵染过程与侵染循环　病原菌主要以菌核在病残体及土壤中越冬，翌年当环境条件适合时，由菌核萌发形成菌丝，直接侵染芝麻幼苗根系和茎基部，引发初侵染。再侵染主要有 2 个方面：一是通过菌丝体生长繁殖对邻近植株根系及茎基部进行近距离扩散侵染；二是菌核通过雨水或灌溉水传播进行远距离扩散侵染。

流行规律　夏季高温高湿，尤其 28～31℃ 且阴雨连绵天气有利于芝麻白绢病发生。播种密度大，且长势弱的芝麻幼苗容易被芝麻白绢病菌感染。从植株生长阶段来看，苗期比成株期更易感病。

防治方法

农业防治　芝麻种植密度过大，通风透光不良，植株长势弱，有利于病原菌侵染及病害传播。应采取合理密植，严格控制播种密度，每公顷的种植密度以 22.5 万株为宜。芝麻植株喜阳忌涝，在排水不良的环境下，植株长势衰弱，容易发病。播种前要精细整地，开好排水沟，采用沟厢种植。

生物防治　对病原菌生长及菌核形成抑制效果较好的哈茨木霉（*Trichoderma harzianum* Rifai）或绿色木霉（*Trichoderma viride* Pers.）菌株可作为生防菌，用木霉的分生孢子与麸皮、米糠、甘蔗渣及腐熟后的家禽家畜粪便等营养基质混匀（浓度约 10^8 个孢子 /g），然后按 1 份木霉孢子营养基质与 100 份细土的比例混匀，撒施于病穴及发病中心周边植株的茎基部。

物理防治　在有条件的地方可利用盛夏太阳能加石灰氮对土壤进行消毒。具体做法：每亩用未腐熟的有机肥 1000～1500kg 或麦秆（或稻草）1000kg 加 50% 石灰氮 70～80kg 均匀撒施于土表，用旋耕机将有机肥或麦秆翻埋入土中（深度 20～30cm），平整土壤后，起约 1.5m 宽的畦，用两层 0.1～0.2mm 厚的塑料薄膜铺盖于土表，从薄膜下往畦间灌水，至畦面充分湿润，利用盛夏高温处理 20～30 天（如能结合温室闷棚效果更好，时间可缩短至 10～15 天），揭开地膜后翻土晾晒 3～5 天后播种或移栽。

化学防治　播种前，使用咯菌腈、噻呋酰胺单剂或复配制剂进行种子处理，是防治病害的最有效措施。发现发病中心后，用 50% 多菌灵可湿性粉剂 800～1000 倍稀释液，或噻呋酰胺单剂或混剂进行喷雾防治。

参考文献

李丽丽, 1989. 我国芝麻病害种类、研究概况及展望 [J]. 中国油料 (1): 11-16.

李丽丽, 1993. 世界芝麻病害研究进展 [J]. 中国油料 (2): 75-77.

于雅, 黄思良, 何朋朋, 等, 2013. 芝麻白绢病病原菌的分离鉴定及其生物学特性 [J]. 中国油料作物学报, 35(1): 84-91.

（撰稿：黄思良；审稿：刘红彦）

Z

芝麻棒孢叶斑病　sesame *Corynespora* leaf spot

由多主棒孢引起的、主要危害叶片的芝麻真菌病害。又名芝麻棒孢叶枯病。

发展简史　由 Wei 于 1950 年首次在坦桑尼亚报道，由 *Corynespora cassiicola*（Berk. et Curt）Wei 引起。之后，在哥伦比亚、美国、委内瑞拉等国也有报道。1979 年戴芳澜在《中国真菌总汇》中记载该病的病原菌为 *Corynespora sesameum*。2015 年刘红彦等鉴定认为 *Corynespora cassiicola* 是中国芝麻产区的主要叶斑病病原菌。

分布与危害　在中国芝麻产区发生普遍，对千粒重和产量影响较大。在印度、哥伦比亚、美国、委内瑞拉、坦桑尼亚、乌干达、巴西、泰国等国也有发生危害。

该病害以危害叶片为主，也能在茎秆和蒴果上形成典型病斑。芝麻叶片上初期病斑为圆形、近圆形或不规则形，褐色或暗褐色，中心有一白点，后来病斑扩大，有些病斑因受叶脉限制而呈不规则形，有不明显的同心轮纹，白点居中或位于病斑一侧。随病害发展叶斑形成枯死斑，多个病斑融合导致病叶脱落。在茎秆上形成褐色、不规则长形病斑或长椭圆形，病斑扩大后病株会在病斑处不规则弯曲，有时病斑发展为溃疡，溃疡中心呈疣状。后期病斑长达 5cm 以上，其上产生多圈黑色霉状物，即病菌的分生孢子。茎秆上大病斑多位于下部，常围绕叶柄（图 1）。病害严重时，病株纵裂或折断。蒴果上病斑先呈圆形，后延长呈凹陷斑点。

病原及特征　病原为多主棒孢［*Corynespora cassiicola*（Berk. & Curt.）Wei］，异名有 *Helminthosporium cassiicola*（Berk. & Curt.）Berk.、*Corynespora mazei* Güssow、*Cercospora melonis*。菌丝初为无色，后变为褐色，有隔，分枝。分生孢子梗单生或丛生，隔膜多达 20 个，大小为 44～380μm×6～11μm。分生孢子有隔，有时顶端呈链状；无色，倒棍棒形，有时圆柱形，通常有 10～15 个隔膜，长 39～280μm（图 2）。该病菌存在 2 个生理小种，均能侵染大豆、豇豆、扁豆和番茄。还能侵染黄瓜、南瓜、灯笼椒、番木瓜、黄秋葵、棉花和一些观赏植物。

侵染过程与侵染循环　芝麻种子内外均能携带病菌，病原菌能够在病残体或病粒中长久存活，在田间条件下能存活 10 个月以上，成为初侵染源，病斑上产生的分生孢

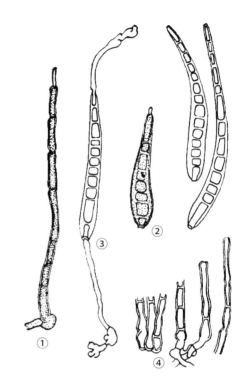

图 2　多主棒孢的分生孢子梗和分生孢子
（引自《中国农作物病虫害》，2015）
①分生孢子梗示层出现象；②分生孢子；③萌发的分生孢子；
④分生孢子梗

子成为再侵染源，通过气流和雨水持续传播危害。种子在 26±2℃、相对湿度为 50% 条件下，病原菌在 10 个月内失去活性。

流行规律　在河南平舆，多主棒孢分生孢子从 7 月上旬至 9 月上旬中旬芝麻采收前均能捕捉到其孢子，7 月 9～13 日和 8 月 10～13 日出现了两个孢子数量高峰。2012 年平舆芝麻田多主棒孢分生孢子 6 月 21 日已经出现，7 月 25 日至 8 月 6 日和 8 月 10～14 日出现了 2 个孢子密度高峰，至 9 月 13 日芝麻采收前均能捕捉到其孢子。田间 8 月上中旬棒孢叶斑病病叶率上升很快，8 月下旬至 9 月上旬，病叶严重度上升很快。棒孢叶斑病多和其他叶病如黑斑病等混合发生，综合严重度高达 50%～80%，导致病叶在芝麻成熟前大量脱落。7～8 月多雨、高湿天气有利病害的发生流行。

防治方法

农业防治　清除芝麻病株残体；实行轮作倒茬，压低菌源量；合理间作套种，芝麻与珍珠粟以 3∶1 方式间作，可降低发病程度；在芝麻播种和定苗时，要做到合理密植，减少行间郁闭，可减轻叶病发生；雨季及时排水，降低田间和土壤湿度；增施有机肥料，提高植株抗性。

物理防治　采用 55～56℃ 温水浸种 30 分钟或 60℃ 温水浸种 15 分钟，消灭种子携带的病原菌。

化学防治　播前可用种子重量 0.15%（有效成分）的福美双和 0.05%（有效成分）的多菌灵混配进行种子处理；病害初发时，可使用 50% 多菌灵 500 倍液、70% 甲基托布津 800 倍液、25% 嘧菌酯 800 倍液喷雾，间隔 10 天连续喷 2～3

图 1　芝麻棒孢叶斑病症状（刘红彦提供）
①叶部；②茎部

次，注意茎秆和叶片上下全部喷到。

参考文献

李丽丽，1993. 世界芝麻病害研究进展 [J]. 中国油料 (2): 75-77.

杨永东，薛香云，靳秀兰，等，1994. 芝麻叶斑病的发生及防治 [J]. 河南农业科学 (6): 18-20.

中国农业科学院植物保护研究所，中国植物保护学会，2015. 中国农作物病虫害 [M]. 3 版 . 北京 : 中国农业出版社 .

FARR D F, ROSSMAN A Y, 2017. Fungal databases, systematic mycology and microbiology laboratory, ARS, USDA. Retrieved January 4. from http://nt.ars-grin.gov/fungaldatabases/.

（撰稿：刘红彦；审稿：杨修身）

芝麻病毒病 sesame virus diseases

由多种植物病毒引起的、一类危害芝麻生产的病毒病。

发展简史 芝麻病毒病是一类常见的芝麻病害。早在 1959 年，杨新美等首次报道由病毒感染引起的芝麻花叶病害，由于病害仅零星发生，未引起足够的重视。进入 20 世纪 80 年代，芝麻病毒病发生数次流行，1985 年赵书训等和 1989 年侯明生等相继报道河南和湖北芝麻病毒病流行和造成的损失，引起有关部门和研究单位的重视。在国家自然科学基金和瑞典科学基金资助下，中国农业科学院油料作物研究所开展了对病原病毒的系统鉴定。1985 年许泽永等首次报道芝麻黄花叶病的病原病毒鉴定结果，确认为花生条纹病毒（peanut stripe virus，PStV）；1989 年和 1992 年杨书军等报道芜菁花叶病毒（turnip mosaic virus，TuMV）不同株系引起的芝麻病害，从而完成了中国芝麻上流行的两种主要病毒种类的鉴定。此外，在病害初侵染源、流行规律、病害抗性筛选和防治研究上也取得显著进展。随着病毒分子生物学研究的进展，应用反转录 PCR 扩增技术，2015 年和 2016 年 Y. Shi 等对从河南芝麻病毒病样品中获得的病毒核酸片段序列分析，首次报道西瓜花叶病毒（watermelon mosaic virus，WMV）和小西葫芦黄花叶病毒（zucchini yellow mosaic virus，ZYMV）可侵染芝麻并产生危害。

在国外，1964 年小室康雄首次报道 TuMV 在日本芝麻上的发生，1986 年 P. Screenvasulu 首次报道豇豆蚜传花叶病毒（cowpea aphid-borne mosaic virus，CABMV）在美国引起的芝麻花叶病，2011 年 L. G. Segnana 等报道 CABMV 在巴拉圭流行给芝麻生产带来损失。在印度和非洲芝麻生产国，1985 年 S. J. Kolte 报道通过甘薯粉虱传播的芝麻卷叶病毒病给生产带来重大损失。

分布与危害 中国依据病原病毒不同，划分 3 种症状类型芝麻病害。PStV 引起的芝麻黄花叶病主要分布在湖北、河南、安徽和北京等芝麻和花生混合种植区域。TuMV 引起的芝麻普通花叶病分布于湖北、河南等芝麻主产区。此外，1990 年在武昌个别地块曾发现土传的芝麻坏死花叶病。3 种病害症状表现如下。

芝麻黄花叶病 田间典型症状为全株叶片由于褪绿而偏黄，呈现黄色与绿色相间的黄花叶症状，有的病叶叶尖和叶缘向下卷曲，病株长势弱，表现不同程度矮化。发病早的植株严重矮化，不结蒴果或蒴果小而畸形（图 1）。

芝麻普通花叶病 病株叶片表现浅绿与深绿相间花叶症状，叶片稍皱缩；病叶上常出现 1～3mm 大小的黄斑，单个或数个相连，叶脉变黄或褐色坏死。病毒可沿着维管束侵染部分叶片或半边叶片，受感染叶片变小、扭曲、畸形、病株明显矮化。在严重情况下，病株叶片、茎或顶芽出现褐色坏死斑或条斑，最后引起全株死亡（图 2）。

芝麻坏死花叶病 病株叶片表现浅绿、绿色相间花叶，由于小脉坏死，叶片呈皱缩状，叶片变小，病株矮化明显。另有病株中、上部叶片黄化、变小，节间缩短、矮化。有的病株表现皱缩花叶与黄化的复合症状（图 3）。

迄今芝麻坏死花叶仅在武昌少数芝麻地发现，尚不具经济重要性。从表现花叶、小叶、褶皱、畸形症状芝麻株中分离到 WMV 以及从花叶、畸形和黄化病株中分离到 ZYMV，还有待于进一步开展生物学特性研究，明确它们引起芝麻病害的特征以及分布。

上述不同病毒引起的芝麻病害均引起芝麻叶片叶绿素破坏，表现花叶、黄化、皱缩，植株矮化症状，严重影响产量。20 世纪 80 和 90 年代，病毒病曾在河南和湖北芝麻主

图 1 PStV 引起的芝麻黄花叶病田间症状

（许泽永提供）

图 2 TuMV 引起的芝麻普通花叶病田间症状

（许泽永提供）

图 3 SNMV 引起的芝麻坏死花叶病田间症状

（许泽永提供）

产区流行，田间普遍发病率 5%～20%，严重的达 40% 以上。河南驻马店 1984 年部分地块发病率高达 80%，产量损失达 70%。湖北襄阳芝麻花叶病发病率 10%～30%，重者达 50% 以上，病株单株产量下降 68.4%～98.4%。1992 年病害流行，河南驻马店、南阳、邓县和开封芝麻地块平均发病率为 5%～15%，最高达 30%。湖北襄樊、武昌和中国农业科学院油料作物研究所农场平均发病率为 12%～35%，最高发病率达 77%。

在国外，豇豆蚜传花叶病毒（CABMV）引起的芝麻花叶病给美国佐治亚州芝麻生产带来损失。2006—2010 年 CABMV 引起的芝麻病害在巴拉圭流行，芝麻生产受到严重影响。由甘薯粉虱传播的芝麻卷叶病毒引起的芝麻病害在尼日利亚、坦桑尼亚等非洲国家和印度、巴基斯坦芝麻上流行，印度有的年份发病率超过 60%，造成严重产量损失。

病原及特征　中国已报道侵染芝麻的有 4 种属于同一病毒属的线状病毒和 1 种球状病毒。除了 WMV 和 ZYMV 两种病毒尚待进一步系统鉴定外，其他 3 种病毒特征如下。

芝麻黄花叶病病原为花生条纹病毒（PStV）属马铃薯 Y 病毒科马铃薯 Y 病毒属。国际病毒分类委员会（ICTV）病毒分类报告已将 PStV 归属为菜豆普通花叶病毒（bean common mosaic virus，BCMV）花生条纹（Pst）株系，但目前应用上仍习惯称 PStV。

PStV 芝麻分离物粒体线状，长 750～775nm，宽 12nm 左右；在病组织细胞质内产生卷筒类型、风轮状内含体。病毒致死温度为 55～60℃，稀释限点为 10^{-4}～10^{-3}，体外存活期 4～5 天。PStV 除自然侵染花生、大豆、芝麻和鸭跖草外，在人工接种条件下，还系统侵染望江南、克利夫兰烟、绛三叶草、白羽扁豆、葫芦巴、白氏烟；局部侵染决明、昆诺藜、苋色藜和灰藜等植物。在酶联免疫血清试验（ELISA）中，PStV 芝麻分离物与 PStV 和西瓜花叶 2 号病毒（WMV-2）抗血清有强阳性反应，与大豆花叶病毒（SMV）抗血清有弱阳性反应，与芜菁花叶病毒（TuMV）抗血清为阴性反应。PStV 芝麻分离物壳蛋白基因（cp）序列大小为 861 核苷酸，编码分子量为 32.4kDa 的蛋白。两个 PStV 芝麻分离物 cp 基因与 PStV 其他株系核苷酸序列一致性为 94.4%～99.9%，氨基酸序列一致性为 93.7%～100%。

芝麻普通花叶病病原为芜菁花叶病毒（turnip mosaic virus，TuMV）属马铃薯 Y 病毒科马铃薯 Y 病毒属。病毒粒体线状，长 650～990nm，多数为 770～810nm，宽 13～17nm（平均 15nm）。病毒在病组织细胞质内产生风轮状及直片层叠聚内含体。病毒致死温度为 60～65℃，稀释限点为 10^{-4}～10^{-3}，体外存活期 4 天。人工接种 8 科 37 种植物，TuMV 芝麻分离物系统侵染芝麻、油菜、白菜、萝卜、豌豆、灰藜、百日菊、酸浆；局部侵染苋色藜、昆诺藜、蚕豆、千日红；隐症感染红三叶草。不侵染花生、大豆、豇豆、普通烟、黄烟等 23 种植物。

在 ELISA 血清试验中，TuMV-DNe 和 YS 两个芝麻分离物与 TuMV 抗血清有强阳性反应，与花生条纹病毒（PStV）和花生斑驳病毒（PMV）抗血清有弱阳性反应，与大豆花叶病毒（SMV）和西瓜花叶 2 号病毒（WMV-2）抗血清阴性反应。TuMV 芝麻分离物 cp 基因大小为 867 核苷酸，编码 288 个氨基酸，与来源于油菜、白菜、红菜薹的 15 个 TuMV 分离物 cp 基因序列同源性高达 97.6%～100%，同属于 TuMV-MB 类群。

芝麻坏死花叶病毒病病原为芝麻坏死花叶病毒（sesame necrotic mosaic virus，SNMV）属绿萝病毒属（Aureusvirus）。病毒粒体球状，表面有粒状突起，平均直径 32nm。体外致死温度 80～85℃；稀释限点 10^{-5}～10^{-4}；体外存活期 40 天。仅发现芝麻为自然侵染寄主。人工接种的 7 个科 38 种植物，SNMV 侵染芝麻产生系统叶脉坏死、皱缩花叶，有的也出现黄化或黄化和皱缩花叶混合病症，病株矮化；系统侵染蚕豆、赤豆、决明、昆诺藜、矮牵牛、白氏烟、杂交烟、克利夫兰烟，引起花叶、轮纹和叶脉坏死症状。局部侵染长豇豆等 12 种植物。

以 SNMV RNA 为模板，反转录合成 cDNA，序列测定后拼接获得 3368nt 大小片段序列，含 1 个完整的开放阅读框架（ORF）和 3 个不完整的 ORF，其结构与绿萝病毒属（Aureusvirus）病毒相似。SNMV cDNA 序列与该属石柑子潜隐病毒（pothos latent virus，PoLV）和黄瓜叶斑病毒（cucumber leaf spot virus，CLSV）相应片段序列同源性最高，达 63% 和 64.3%。

侵染过程与侵染循环

芝麻黄花叶病　芝麻种子不传毒，邻近的 PStV 感染花生是病害主要初侵染源，病害主要发生于芝麻、花生混作区，北方通常花生播种早，PStV 通过花生种传，在花生上传播，花生普遍感染 PStV 并通过蚜虫向芝麻传播，在气候条件适宜蚜虫发生和活动的情况下，病害则可能在芝麻上流行。花生地内撒播芝麻发病率高达 82%，花生地内种植的芝麻发病率 8.7%，而与花生 20m 距离隔离的芝麻发病率仅为 1.8%。PStV 被蚜虫以非持久性方式在芝麻田间传播。桃蚜传毒效率高达 37%，豆蚜和大豆蚜传播效率分别为 19.3% 和 13.8%。

芝麻普通花叶病　未发现 TuMV 通过芝麻种传。初侵染源主要是感染 TuMV 的十字花科油菜、蔬菜和其他寄主植物，通过蚜虫以非持久性方式向芝麻传播。在传毒试验中，桃蚜传毒效率为 36.6%，但未能通过豆蚜传播。

芝麻坏死花叶病　用病汁液浸泡未发芽或发芽种子均能引起发病。通过土壤传播，将芝麻播入混有病叶的土壤中，或播在病株间均能引起发病。试验未发现蚜虫传毒。

流行规律

芝麻黄花叶病　芝麻黄花叶的流行在不同年份、地区、甚至地块间差异都很大，病害流行与毒源、芝麻生育期、传播介体蚜虫和气象因素相关。①毒源。邻近花生条纹病发生的地块，芝麻黄花叶病发生重，远离花生条纹病发生地块，芝麻黄花叶病发生轻。花生条纹病毒病流行年份，芝麻黄花叶病发生重，反之则轻。②芝麻生育期。芝麻苗期和蕾期为高度感病期，接种芝麻发病率为 100%，进入花期以后，芝麻抗性略有增强，到蒴果期以后，芝麻对 PStV 表现明显的成株期抗性，接种发病率仅为 12.7%，并且症状明显减轻。③传播介体蚜虫。芝麻苗期、蕾期和初花期感病期蚜虫发生量大，芝麻黄花叶病发生则重，这一时期蚜虫发生量少，病害则轻。④气候因素。病害流行与 6 月下旬至 7 月上旬（芝麻苗期和花蕾初期）平均气温、降水量及雨日密切相关。若这段时间气温低、雨日多但雨量少，有利于蚜虫发生与活动，病害发生则重，反之病害发生则轻。

芝麻普通花叶病 病害的流行与毒源植物多少、相邻远近、蚜虫发生和活动直接相关，而气象因子通过影响蚜虫发生和活动间接影响病害发生。病害多发生在城市郊区和离十字花科蔬菜近的芝麻地块。

防治方法

选用抗性强的芝麻品种 芝麻品种对黄花叶病抗性差异显著。1986 年鉴定 12 个品种，发病率幅度 2.5%～19%；1990 年 32 个品种，发病率幅度 0～33.3%；1992 年 8 个品种（系）小区试验中，平均发病率 8.9%～36.1%。芝麻对普通花叶病抗性也有明显差异。43 份芝麻品种和资源材料人工接种鉴定，病指在 10 以下的高抗材料 1 份（4-0035），10～25 之间的抗性材料 11 份，其余均为感病和高感材料。当前推广品种：中芝 7 号、中芝 8 号、中芝 10 号、豫芝 4 号、豫芝 10 号等均为感病和高感品种。其中，对 TuMV 和 PStV 两种病毒均有抗性的材料有 86-302、ZZM2239、2267。

与花生和十字花科蔬菜等毒源作物隔离种植 在芝麻与花生种植区域，避免芝麻与花生间作或相邻种植，与花生地至少相隔 100m 以上，可以显著减少病害发生。如前茬是油菜，应注意清除油菜自生苗。

适期播种 避开芝麻感病生育期与蚜虫发生高峰期相遇。根据各芝麻产区的气候特点和蚜虫发生规律，选择合适的芝麻播种期，避开芝麻苗期、蕾期同蚜虫高峰期相遇，减少蚜虫传播和病害的发生。

防治蚜虫 芝麻生长早期及时防治蚜虫，可减少病害发生。

参考文献

许泽永，陈坤荣，张宗义，等，2000. 芝麻坏死花叶病毒的鉴定 [J]. 植物病理学报，30(3): 226-231.

中国农业科学院植物保护研究所，中国植物保护学会，2015. 中国农作物病虫害 [J]. 3 版. 北京：中国农业出版社.

SCREENIVASULU P, DEMSKI J W, PURCIFULL D E, et al, 1994. A *Potyvirus* causing mosaic disease of sesame (*Sesamum indicum*) [J]. Plant disease, 78: 95-99.

SEGNANA LG, DE LOPEZ M R, MELLO A P O A, et al, 2011. First report of cowpea aphid-borne mosaic virus on sesame in Paraguay[J]. Plant disease, 95(5): 613.

SHI Y, SUN XY, WANG Z Y, et al, 2016. First report of zucchini mosaic virus infecting sesame in Cnina[J]. Plant disease, 100(12): 2545.

（撰稿：许泽永；审稿：刘红彦）

芝麻病害 sesame diseases

芝麻（*Sesamum indicum* L.）是世界上重要的油料作物之一，主要分布于中国、印度、缅甸、埃塞俄比亚、苏丹、尼日利亚、乌干达、墨西哥、危地马拉和委内瑞拉等国。中国地域广阔，芝麻在绝大多数地区均可种植，但主产区位于淮河流域和长江中下游地区的河南、安徽、湖北、江西、河北、山西、辽宁、吉林、山东、陕西、江苏、湖南等地也有一定的种植面积。芝麻在全世界的种植区域主要集中于热带和亚热带地区，温暖和高温高湿多雨的条件有利于各种病害的发生。引起芝麻病害的病原物约有 172 种，其中，真菌 128 种、细菌 13 种、病毒 17 种、类菌原体 2 种、线虫 7 种。另外，还发现有 5 种生理性病害。在中国芝麻产区侵染芝麻的病原菌种类有 30 种之多。2008—2016 年国家芝麻产业技术体系开展了芝麻病害的系统调查，发现中国芝麻主产区病害主要是茎点枯病、枯萎病、疫病、青枯病、棒孢叶斑病和黑斑病，其他病害如立枯病、白绢病、白粉病、叶枯病、角斑病、褐斑病、轮纹病和细菌性角斑病在局部地区发生和危害。芝麻病毒病包括芝麻黄花叶病、芝麻普通花叶病和芝麻坏死花叶病，发病较普遍，但病株率不高。植原体引起的变叶病，零星发生。

中国芝麻病害的发生和危害具有明显的地域特点。黄淮芝麻产区以麦茬芝麻为主，其次是油菜茬芝麻。该地区降雨集中在 7～8 月，此时芝麻处于花蒴期，易感病，有利于病害的发生。其中，茎点枯病和枯萎病为易发性病害，特别是在轮作年限短的地块发病较重，而生长后期芝麻黑斑病和棒孢叶斑病发生普遍。长江中下游地区的气候特点是年降水量大，易发生渍害，芝麻生长期高温高湿，茎点枯病和青枯病发生较重。华北和东北地区以春芝麻为主，降水量偏少，病害以枯萎病、叶病为主，在蚜虫发生较重的年份病毒病发病率较高，多雨年份茎点枯病局部发生严重。芝麻病害常常是多种土传病害和叶部病害混合发生，常年造成的损失达 15%～20%，严重时达 30% 以上，甚至绝收。

芝麻病害的发生和危害程度受品种抗性水平、耕作制度、水肥管理条件和气候条件等因素的影响很大，因此芝麻病害的防治应根据各种病害发生的特点，贯彻预防为主、综合防治的方针，优先采用农业防治、物理防治和生物防治，尽可能减少或避免使用化学农药，满足芝麻高产优质和安全生产的需要。

参考文献

李丽丽，1993. 世界芝麻病害研究进展 [J]. 中国油料 (2): 75-77.

中国农业科学院植物保护研究所，中国植物保护学会，2015. 中国农作物病虫害 [M]. 3 版. 北京：中国农业出版社.

（撰稿：倪云霞；审稿：刘红彦）

芝麻褐斑病 sesame brown spot

由芝麻壳二孢引起的、危害芝麻叶片的一种真菌病害。

发展简史 戴芳澜在 1979 年出版的《中国真菌总汇》中记录了芝麻褐斑病在河南、吉林、黑龙江、四川芝麻产区的发生危害。其他国家尚未见该病的报道。

分布与危害 在中国河南、湖北、山东、山西、陕西、江西、云南、湖南、江苏、广东、广西、吉林等芝麻产区均有发生。主要危害芝麻叶片和茎秆，严重发生时，造成芝麻叶片枯死或提前脱落，使芝麻不能正常成熟，籽粒瘦秕，千粒重降低，影响芝麻产量和品质。

芝麻叶片受侵染后，叶片上的病斑初期较小，暗褐色，后逐渐扩大，变为灰褐色，病斑形状不规则，有时病斑外围出现棱角，病斑中心常有灰白色圆点，周围病斑上有黑褐色小点（病原菌分生孢子器），无明显轮纹（图1）。

病原及特征　病原为芝麻壳二孢（*Ascochyta sesami* Miura），属壳二孢属。分生孢子器球形，黑褐色，直径80～100μm，有孔口，寄生在寄主组织里，部分外露。分生孢子纺锤形，无色，多数双胞，大小为10μm×3μm，少数单胞，椭圆形，大小为5μm×3μm（图2）。

侵染过程与侵染循环　芝麻褐斑病菌随病残体在土壤中越冬，成为翌年发病的初侵染源。越冬菌源在适宜条件下产生分生孢子，随风雨传播，侵染芝麻下部叶片，形成病斑；病斑上产生的分生孢子，通过风雨再传播侵染周围植株叶片，并逐渐向中上部叶片蔓延。

流行规律　在河南平舆，芝麻壳二孢分生孢子均从7月

图1 芝麻褐斑病危害症状（吴楚提供）

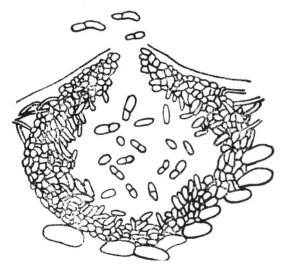

图2 芝麻壳二孢的分生孢子器和分生孢子
（引自《中国农作物病虫害》，2015）

上旬开始出现，8月上中旬孢子捕捉量骤减，此后未再捕捉到其孢子。芝麻壳二孢分生孢子出现时间与田间芝麻褐斑病发病时期有相随关系。该病7月中下旬在河南夏芝麻上开始出现，最初主要发生在芝麻植株下部叶片上，然后逐渐向中上部叶片发展蔓延。田间种植密度过大，偏施氮肥致使芝麻旺长，行间叶片郁闭，病害发生严重。7～8月连续降雨、田间空气湿度大，有利于病菌传播和侵染，病害蔓延快，发生重。干旱少雨天气则不利于病菌传播侵染，病害发展蔓延慢，发生轻。

防治方法

农业防治　①合理轮作。轮作倒茬、清理田间病残体，减少菌源积累。②合理密植。适量播种，及时定苗，要做到合理密植，减少芝麻行间郁闭，可减轻病害发生。③加强田间管理。科学施肥，注意氮磷钾肥配合使用，避免过量使用氮肥，增施有机肥料，提高植株抗病性；天旱时小水轻浇，避免大水漫灌；遇雨涝天气及时排除田间积水，降低田间和土壤湿度。在多雨易涝地区和排灌不畅低洼地块实行起垄种植，减少渍涝灾害和病害发生。④种植抗病品种。因地制宜选择种植病害发生较轻的品种，如豫芝11、郑芝98N09、郑芝13、驻芝15、驻芝19号、中芝11、中芝12号等。

化学防治　在发病初期，可选用50%多菌灵可湿性粉剂600倍液、70%甲基托布津可湿性粉剂800倍液、25%戊唑醇可湿性粉剂3000倍液、12.5%烯唑醇可湿性粉剂3000倍液或25%嘧菌酯悬浮剂2000倍液进行喷施保护。一般年份，黄淮流域夏播芝麻在7月下旬和8月中旬各喷施1次。喷药时注意芝麻植株周身包括叶片正反面全部喷到。多雨年份应在8月下旬增加喷施1次。

参考文献

李丽丽，1993.世界芝麻病害研究进展 [J]. 中国油料 (2): 75-77.

中国农业科学院植物保护研究所，中国植物保护学会，2015. 中国农作物病虫害 [M]. 3 版 . 北京 : 中国农业出版社 .

（撰稿：刘红彦；审稿：杨修身）

芝麻黑斑病　sesame black spot

由链格孢引起的芝麻真菌病害。又名芝麻链格孢叶斑病。

发展简史　1928 年，Kavashnina 首次报道于苏联北高加索地区。1931 年，日本学者 Kawamura 鉴定其病原菌为 *Macrosporium sesami*，但 1958 年印度报道病原菌为 *Alternaria sesame*（Kawamura）Mohanty et Behera，该病菌与 *Macrosporium sesami* 亲缘关系很近。戴芳澜在 1958 年出版的《中国经济作物病原目录》中记载芝麻黑斑病在中国的发生情况，1991 年杨修身等调查了黑斑病等病害对芝麻产量的影响。

分布与危害　芝麻黑斑病遍布所有热带和亚热带芝麻产区。在中国河南、安徽、湖北、山西、河北、吉林、辽宁、黑龙江、内蒙古等芝麻产区均有发生。在印度、美国、埃塞俄比亚、尼日利亚、萨尔瓦多、肯尼亚等芝麻产区发生也较

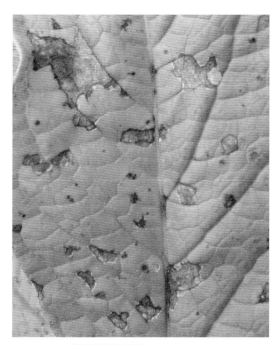

芝麻黑斑病症状（刘红彦提供）

普遍。该病侵染芝麻叶片和茎秆，严重影响芝麻产量。每百个蒴果粒重降低0.1～5.7g。

芝麻叶片发病后，出现圆形至不规则形褐色至黑褐色病斑。田间常见大型病斑和小型病斑两种类型。大型病斑多为圆形，或因叶脉限制呈椭圆形或不规则形，直径3～10mm，有明显轮纹；下部叶片的病斑浅褐色；叶片上的多个病斑可连在一起，造成叶片干枯。小型病斑多为圆形至近圆形，直径1～4mm，轮纹不明显，中间颜色稍浅，病害严重时一片叶上有几个病斑，连接成大枯斑（见图）。叶柄、茎秆发病，呈现黑褐色水浸状条斑；蒴果上也能产生褐色小病斑。病斑上有黑色霉状物，即病菌的分生孢子梗和分生孢子。轻度发生时造成落叶，严重时植株枯死。

病原及特征 芝麻黑斑病的病原菌有两种，大型斑的病原菌为芝麻链格孢［*Alternaria sesami*（Kawamura）Mohanty et Behera］。分生孢子不分枝，梗黄褐色至暗褐色，有隔膜，单生或簇生，大小为65.0～109.5μm×6.0～9.5μm。分生孢子单生，褐色至深褐色，梭形或倒棒形，具横隔膜5～12个，纵隔膜3～8个，孢身大小为71.5～101.5μm×18.5～31μm。喙丝状，极淡的褐色至无色，大小为85.5～234.0μm×3.0～3.5μm。该病菌在10～35℃范围内可生长，以25℃为生长最适温度。分生孢子在5～40℃均能萌发，以20～30℃为最适范围，孢子萌发快，24小时达100%，在此范围以外萌发慢，萌发率低。相对湿度低，不利于孢子萌发，相对湿度在90%以上时萌发较快，萌发率较高，但以水滴中的孢子萌发率最高。叶片和茎秆接种孢子液后，均可产生病斑，潜伏期为36～72小时。

小型病斑的病原菌为芝麻生链格孢（*Alternaria sesamicola* Kawamura）。分生孢子梗直立，分枝或不分枝，单生，有分隔，淡黄褐色。分生孢子单生，偶尔两个孢子链生，棕褐色至深褐色，长椭圆形或倒棒状，主横隔膜增厚，具横隔膜

3～7个，纵、斜隔膜0～3个，分隔处缢缩明显，孢身大小为29.0～49.0μm×10.0～16.5μm。喙丝状，极淡的褐色至无色，大小为61.0～197.0μm×2.0～3.5μm。该病菌在PCA平板上生长极慢。

侵染过程与侵染循环 对豫芝1号田间自然发病植株上收获的种子进行带菌率测定，未经任何处理的种子黑斑病菌带菌率10.4%，用升汞水表面消毒后再用无菌水冲洗后种子带菌率为0.8%，表明芝麻黑斑病菌主要附着在种子表面携带传播。

芝麻黑斑病菌随病残体在土壤中或附着在种子上越冬，成为翌年发病的初侵染源。越冬菌源在适宜条件下产生分生孢子，随风雨传播，侵染芝麻。带菌种子在播后4～6周产生典型病症。

流行规律 芝麻黑斑病菌在出苗期侵染能导致幼苗枯死，其发病盛期主要在播种后8～12周，7月中旬至9月上旬是黄淮流域夏芝麻黑斑病发生严重时期。

在黄淮流域夏芝麻产区，7～9月的温湿度有利于多种芝麻叶部病害的发生，田间常常是黑斑病、棒孢叶斑病、假尾孢叶斑病、叶枯病、褐斑病、轮纹病等混合发生。不同年份、不同地区、不同品种芝麻叶病发生种类、发生始期和最终病情有所差异，但一般表现为先从下部叶片在植株间水平发展，而后沿茎秆自下而上垂直发展，然后再水平发展的流行动态。发病过程分为3个阶段，始发期：在河南夏播芝麻产区，7月上中旬（3～4对真叶）始见病株，7月下旬、8月上旬（现蕾～初花）病株率达到饱和，此阶段病害以水平方向扩展为主，表现为病株率增加，病叶率上升缓慢，病情指数很低，为菌源初步积累期。普发期：从7月下旬到8月下旬（封顶）病叶率饱和，此阶段病害自下而上垂直发展，主要表现为病叶率增加迅速，病情指数上升缓慢，为菌源的再积累期。盛发期：从8月底病叶率饱和到芝麻成熟，病害全面发展，严重度迅速上升达最高，叶片枯死脱落。由此可见，始发期菌源量最小，病叶尚在植株下部，是药剂保护的有利时机。

初花期和盛花期两个阶段的降雨对芝麻黑斑病发生迟早和流行进程影响最为明显，此段降水量大、雨日多，田间空气湿度高，有利于病菌侵染，病害发生早且重，反之晚且轻。

芝麻播种期与叶病发生关系密切，河南夏芝麻从5月20日到6月20日播种，播种越早发病越早，病情越重。播期推迟虽然发病较轻，但晚播使芝麻减产更大。

防治方法

种植抗病品种 芝麻品种之间存在抗病性差异，郑芝98N09、郑杂芝3号、漯芝16、中芝12等具有较好的抗病性。

农业防治 与红薯、花生、小尖辣椒等低秆作物间作，增加田间通风透光；增施有机肥料，提高植株抗性；及时排水防涝，降低田间和土壤湿度；合理密植，减少行间郁闭，为芝麻生长创造良好条件，均可减轻叶斑病的发生。

生物防治 芝麻盛花期用微生物农药96-79连续喷洒2次，对黑斑病等真菌性叶部病害有良好的防治效果。用印楝叶提取物喷洒芝麻幼苗，能产生诱导抗性，降低黑斑病发病率。

化学防治　播种前用福美双（0.15%）+ 多菌灵（0.05%）进行种子处理；在芝麻开花结蒴期，先用 70% 代森锰锌 400～600 倍液进行预防，在发病初期用 50% 多菌灵 500 倍液、70% 甲基托布津可湿性粉剂 800 倍液、25% 戊唑醇可湿性粉剂 3000 倍液、12.5% 烯唑醇可湿性粉剂 3000 倍液喷雾，每隔 10 天喷雾 1 次，连续 2～3 次。

参考文献

李丽丽，1993. 世界芝麻病害研究进展 [J]. 中国油料 (2): 75-77.

杨修身，薛香云，杨永东，1991. 芝麻叶病发生危害调查及防治对策 [J]. 病虫测报 (2): 34-35.

杨永东，薛香云，靳秀兰，等，1994. 芝麻叶斑病的发生及防治 [J]. 河南农业科学 (6):18-20.

中国农业科学院植物保护研究所，中国植物保护学会，2015. 中国农作物病虫害 [M]. 3 版 . 北京：中国农业出版社 .

（撰稿：刘红彦；审稿：杨修身）

芝麻角斑病　sesame angular leaf spot

由芝麻假尾孢引起的、主要危害芝麻叶片的真菌病害。又名芝麻灰斑病。

发展简史　芝麻角斑病首次由 Mohanty 于 1958 年报道发生于印度奥里萨邦，病原菌为 *Cercospora sesamicola* Mohanty，北方邦及其他地区也有发生，但危害不重。随后在尼日利亚、尼加拉瓜、巴拿马等国也有报道。该病害的病原菌有多个异名。1961 年杨新美记载了该病害在中国的发生情况，认为病原菌为 *Cercospora sesami*。目前该病原菌通用名为 *Pseudocercospora sesami*（Hansf.）Deighton。

分布与危害　在中国河南、河北、湖北、湖南、江苏、山东、安徽、内蒙古、辽宁、黑龙江、吉林、甘肃、陕西、江西、福建、台湾、广东、广西、四川、云南、贵州等芝麻产区均有发生。印度、尼日利亚、尼加拉瓜、巴拿马、缅甸、古巴、美国、苏丹、乌干达、赞比亚、巴西、坦桑尼亚、南非、塞拉利昂、津巴布韦、委内瑞拉等国均有报道。

该病害主要危害芝麻叶片，也能侵染蒴果。发病初期叶片正面出现小的褪绿斑点，背面发病组织逐渐坏死，呈暗褐色，病斑橄榄棕色。随后病斑发展因受叶脉限制而呈多角形，中央灰褐色，边缘暗褐色，病斑背面没有暗褐色边缘。单个病斑不超过 1cm，常多个病斑融合。在病斑的正面、背面可能看到病菌产孢结构，但通常以叶片背面较常见。病害严重时导致落叶。在环境条件有利发病时，病害扩展到叶柄、茎秆和蒴果，产生长条形暗色凹陷病斑。

病原及特征　病原为芝麻假尾孢［*Pseudocercospora sesami*（Hansf.）Deighton］，子实体生于叶面，菌丝体内生，子座致密近球形，褐色，直径 10.0～25.0μm。分生孢子梗紧密簇生在子座上或少数从气孔伸出，浅青黄色，色泽均匀，向顶渐细，直立至稍弯曲，不分枝，有隔膜，10.0～35.0μm×2.5～3.0μm。分生孢子针形至线形，大小为 45.0～150.0μm×2.5～3.0μm，近无色至非常浅的青黄色，直立或稍弯曲，顶部尖细至钝，基部倒圆锥形平截，多个隔膜，

不明显。该病菌仅侵染胡麻属植物。

侵染过程与侵染循环　芝麻病种子能带菌越冬成为初侵染源，但仅通过植物残体上活的菌核长久生存，翌年产生分生孢子，随风雨传播，导致病害流行。

流行规律　高温、多雨潮湿有利于发病，所以芝麻角斑病在夏季发病重。

防治方法

农业防治　清理田间病残体；种植抗病或耐病品种；芝麻与珍珠粟以 3 : 1 方式进行间作套种。

化学防治　用 0.15% 的福美双和 0.05% 的多菌灵混配进行种子处理；用代森锰锌或甲基硫菌灵在病害初发时进行喷雾防治 2～3 次，每次间隔 10 天。

参考文献

程明渊，白金铠，刘维东，1991. 东北地区 *Cercospora* 属及相近属分类研究 [J]. 沈阳农业大学学报，22(1): 6-12.

李丽丽，1993. 世界芝麻病害研究进展 [J]. 中国油料 (2): 75-77.

（撰稿：倪云霞；审稿：刘红彦）

芝麻茎点枯病　sesame stem rot

由菜豆壳球孢菌引起、危害芝麻根、茎及蒴果的一种真菌病害。又名芝麻茎枯病、芝麻黑根疯、芝麻黑秆疯、芝麻炭腐病、芝麻茎腐病、芝麻根腐病。是世界上许多国家芝麻种植区最重要的病害之一。

发展简史　引起芝麻茎点枯病的菜豆壳球孢菌是一种寄主范围很广的病原菌，能导致芝麻、黄麻、豆类、花生、烟草、甘蔗、向日葵、甘薯、棉花、茄子、番茄等多种植物根、茎腐烂。因此，国内外对该病原菌研究历史比较悠久，在多种植物上均有研究。1901 年，Tassi 首次对该病原菌进行了描述。1923 年，Petrak 将来自芝麻的病原菌 *Macrophoma philippinensis* 划分到 *Macrophomina* 属。1928 年，Small 在乌干达发现芝麻茎点枯病菌引起的病害。之后在缅甸、美国、菲律宾、巴西、印度、伊拉克、韩国、委内瑞拉、希腊、印度、马来半岛、墨西哥、尼日利亚、中国等地的芝麻上相继发现了该病原菌引起的病害。随着该病原菌造成的病害在不同植物上的相继发现和研究深入，其命名也经历了多次变更，命名先后有 *Macrophoma phaseolina* Tassi（1901）、*Macrophoma phaseoli* Maubl.（1905）、*Sclerotium baticola* Taubenh.（1913）、*Macrophoma corchori* Sawada（1916）、*Macrophoma sesami* Sawada（1922）、*Macrophomina philippinensis* Petr.（1923）、*Rhizoctonia lamellifera* W. Small（1924）、*Rhizoctonia bataticola*（Taubenh.）E. J. Butler（1925）、*Dothiorella phaseoli*（Maubl.）Petr. & Syd.（1927）、*Macrophomina phaseoli*（Maubl.）S. F. Ashby（1927）、*Macrophomina phaseolina*（Tassi）Goid.（1947）、*Botryodiplodia phaseoli*（Maubl.）Thirum.（1953）、*Tiarosporella phaseoli*（Maubl.）Aa（1977）、*Tiarosporella phaseolina*（Tassi）Aa（1981），现在文献中命名多使用 *Macrophomina phaseolina*（Tassi）Goid.，在较

早文献中还可见其他的命名。

在 *Macrophomina phaseolina* 致病力研究方面，2000 年 Suriachandraselvan 等对来自印度泰米尔地区向日葵上的 25 个菌株的致病力进行了研究，证明不同地域的同一寄主上分离到的 *M. phaseolina* 菌株存在致病性的差异。2005 年 Reyes-Franco 等对来自美国、墨西哥、意大利、日本、澳大利亚、哥伦比亚和阿根廷等地的 23 个菌株进行了 AFLP 分析，确定不存在致病专化型。2001 年 Su 等对从不同的寄主组织分离到的 *Macrophomina phaseolina* 的 DNA 转录间隔区、5.8SrRNA、25SrRNA 进行 RFLP 和 RAPD 分析，没有发现变种和生理小种。2000 年 Pecina 等在 *Macrophomina phaseolina* 脂囊泡中发现了双链 dsRNA 病毒颗粒，拷贝数从 1 到 10，大小为 0.4～10kb，这种颗粒能降低病原菌的致病性，因此认为这种病毒颗粒是引起菌株间致病性差异的因素之一。

在 *Macrophomina phaseolina* 致病基因研究方面，已克隆了两个 egl 基因，egl1 基因的表达产物有分解纤维素的活性，可以增强病原菌菌丝的穿透能力，egl2 基因的表达产物有利于病原菌在寄主上的营养生长。另外，在寄主与病原菌互作方面，2002 年 Nagy 等从 *Macrophomina phaseolina* 的细胞壁中还分离出一种激发子，它能诱导抗性寄主快速合成酚类物质苯丙氨酸解氨酶、过氧化物酶，从而诱导寄主增强抗病性。2012 年 Islam 等完成了 *Macrophomina phaseolina* 的基因组草图。

中国对芝麻病害的研究始于 20 世纪 40 年代。1940 年，俞大绂首次报道了中国芝麻白粉病，至 20 世纪 50 年代，黄齐望、杨新美等对中国芝麻病害进行了深入调查和鉴定。直至 20 世纪 60 年代，李丽丽和周汝鸿等才开展了对芝麻茎点枯病的系统研究，初步明确了病原主要特性、传播途径、发病条件和防治措施。20 世纪 80 年代，开展了中国的种质资源茎点枯病和枯萎病的抗性鉴定研究，筛选出一批高抗材料。2008 年，刘红彦等在芝麻产业技术体系的支持下对芝麻茎点枯病的病原主要特性、传播途径、发病条件、防治措施和基因组、转录组等方面进行了较深入的研究。

分布与危害　主要分布于中国、朝鲜、缅甸、孟加拉国、巴基斯坦、巴勒斯坦、印度、伊拉克、土耳其、塞浦路斯、埃及、尼日利亚、苏丹、乌干达、希腊、美国、委内瑞拉等芝麻产区。在中国主要分布于河南、湖北、山东、河北、安徽、江西、江苏、浙江、福建、广西、台湾等地，尤以河南、江西、湖北、安徽等主产区危害严重，发病率一般为 10%～25%，一般年份减产 10%～15%，病株平均高度降低 15%～37%，蒴果数减少 20%～50%，千粒重损失达 4.3%～10.7%，单株产量损失达 19%～100%，含油量下降 4.2%～12.6%，严重者则全田枯死，减产达 80%，甚至完全绝收。

芝麻茎点枯病在芝麻整个生育期内均可发生，发病盛期常在终花期后，其他时期发病较轻。主要危害芝麻的根、茎及蒴果，也能侵染叶片。播种后到出苗前可引起烂种、烂芽。苗期发病，根部先变褐腐烂，随后地上部萎蔫枯死，在茎秆上散生出许多小黑点（分生孢子器和小菌核）。成株期发病，多从植株根部或茎基部开始变褐腐烂，而后向茎秆上部扩展，有时病菌也可直接侵染茎秆中下部。根部感染后，主根和侧根逐渐变褐枯萎，皮层内布满黑色小菌核。茎部感病初呈黄褐色水渍状，病健交界不明显，条件适宜时，病部很快发展为绕茎大斑，病斑变为黑褐色，后期病部中央变为银灰色，有光泽，其上密生针尖大的小黑点（分生孢子器和小菌核）（图 1）。病株较正常植株稍矮，叶片由下面上逐渐发黄变黑褐色，卷缩萎蔫下垂，不脱落，植株顶端弯曲下垂。轻病株仅部分茎秆或枝梢枯死，严重时整株枯死，髓部被蚀中空，易于折断。蒴果感病后呈黑褐色枯死状，无光泽，有时也能产生小黑点。种子感病后表面散生出许多小黑点（小菌核）。

病原及特征　病原为菜豆壳球孢［*Macrophomina phaseolina*（Tassi）Goid.］，属壳球孢属真菌。感病植株病部产生分生孢子器和菌核（图 2），但分生孢子器和菌核的着生位置不同，分生孢子器着生在表皮角质层下，以孔口突破表层而外露；菌核着生在表层下或皮层与木质部之间。分生孢子器球形或近球形，器壁黑色或暗褐色，炭质，有孔口，以孔口突破表皮而外露，大小为 116.0～238.0μm×92.8～220.4μm。器壁内密生孢子梗，孢子梗无

图 1　芝麻茎点枯病症状（刘红彦提供）
①田间；②局部

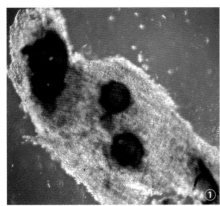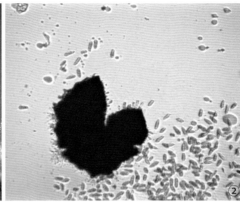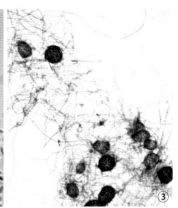

图 2 芝麻茎点枯病菌（赵辉提供）

①分生孢子器；②分生孢子；③菌核

色，长 12.0～13.0μm，顶端生分生孢子。分生孢子长椭圆形、卵形或圆筒形，无色，单胞，内含几个油球，大小为12.5～30.0μm×5.0～11.3μm。在病根和人工培养基上可产生大量菌核，菌核比分生孢子器小，球形或不规则形，黑褐色，大小一般为 82.5～120μm×67.5～120μm。

菌丝生长最适温度为 30～35℃，最适 pH 6～6.8。分生孢子在 0～40℃均可萌发，萌发适温为 25～35℃，萌发最适相对湿度为 96%以上或水滴。菌核形成的适温为 30～35℃。致死温度为 60℃ 0.5～2 分钟或 55℃ 8～12分钟。

侵染过程与侵染循环 主要以菌核在种子、土壤及病残体上越冬，成为翌年的初侵染源。种子上的菌核是造成烂种和烂芽的主要根源，而带菌土壤及病残体是成株期发病的主要菌源。病原菌在潜伏期过后即可产生分生孢子，芝麻生长后期分生孢子借风雨传播，进行再侵染。病菌能产生一种称为球二孢菌素的毒素，可促进病菌对植物的侵染。Macrophomina phaseolina 的菌核在干燥土壤中能存活 10 个月，在含有玉米残留物的土壤中能存活 18 个月，含有高粱残留物的土壤中存活 16 个月。在向日葵种子上可存活 39 个月，在植株残体上能存活 31 个月，在芝麻病株残体上能存活 24 个月以上。另外，研究表明分生孢子在蓖麻叶—琼脂—水介质中 90 天还能保持生存能力的有 50%，170 天以后只有 3.3%的孢子有生存能力。所以控制该病害需要与非寄主作物长时间轮作。

流行规律 发病高峰期在芝麻开花结蒴至终花期后（7～8 月），此时正处于芝麻主产区的高温季节，一般温度在 25℃以上，完全适合病菌的侵入和扩展。但是，温度不是该病流行的主要限制因素，决定流行严重度的关键因素是降雨量和降雨日，尤以开花结蒴期间降雨对病害流行程度影响至关重要。据湖北襄阳连续 7 年的观察结果：7～8 月旬降雨量为 50～70mm，雨日 3～5 天，为小发生年（平均发病率在 5%以下）；旬降雨量 100mm 左右，雨日 6 天，为中发生年（平均发病率 10%左右）；旬降雨量 130mm 以上，雨日 7 天左右，为大发生年（平均发病率 20%以上）。因此，7～8 月高温天气条件下，雨日多、降雨量大，芝麻茎点枯病发病重。

防治方法 主要采取以农业防治为主（如轮作、种植抗病品种、种子消毒和加强栽培管理）、化学防治为辅的综合防治措施。首先要清除田间病株残体，降低病原菌在土壤中的数量；收获前从无病田或无病株选留种子；播种前要进行种子处理，可用 55～56℃温水浸种 30 分钟或 60℃温水浸种 15 分钟。用禾本科作物小麦、玉米、谷子以及棉花、甘薯等较抗病的作物实行 3 年以上轮作可降低重茬危害。采用沟畦栽培，做好田间排水，减少田间积水，也可防止病害的发生。

芝麻品种间抗病性差异显著，因地制宜地选用抗病良种，是防治该病经济有效的措施。有代表性的抗病品种主要有豫芝 4 号、豫芝 7 号、豫芝 8 号、郑芝 98N09、郑州 13、郑州 15、中芝 5 号、中芝 7 号、中芝 8 号、中芝 9 号、冀芝 1 号、冀芝 3 号等。

在化学防治方面，用种子重量 0.2%（有效成分）的多菌灵、福美双进行种子处理，或播种前可用 50%多菌灵18kg/hm² 拌适量细土撒入播种沟内，可预防和减轻茎点枯病的发生。苗期、初花期、终花期或发病初期对芝麻的茎秆和蒴果各喷 1 次 50%多菌灵、70%甲基硫菌灵、25%醚菌酯、28%井冈·多菌灵（4%井冈霉素+24%多菌灵）等可有效防治病害。

参考文献

李丽丽，1993.世界芝麻病害研究进展 [J].中国油料 (2): 75-77.

孟祥峰，高新国，张春生，2003.河南省芝麻茎点枯病发病规律及防治措施 [J].河南农业科学 (10): 69.

中国农业科学院植物保护研究所，中国植物保护学会，2015.中国农作物病虫害 [M].3 版.北京：中国农业出版社.

KANAKAMAHALAKSHMI B, RAVINDRA B R, RAOOF M A, 2001. Role of pycnidiospores of Macrophomina phaseolina (Tassi) Goid the incitant of root rot of castor[J]. Journal of oilseeds research, 18(2): 234-236.

SU G, SUH S, SCHNEIDER R W, et al, 2001. Host specialization in the charcoal rot fungus, Macrophomina phaseolina[J]. Phytopathology, 91(2): 120-126.

SURIACHANDRASELVAN M, SEETHARAMAN K, 2000. Survial of Macrophomina phaseolina, the causal agent of charcoal rot of sunflower in soil, seed and plant debris[J]. Journal of mycology and plant pathology, 30(3): 402-405.

（撰稿：赵辉；审稿：刘红彦）

芝麻枯萎病　sesame *Fusarium* wilt

由尖孢镰刀菌芝麻专化型引起的危害芝麻根、茎生长发育的一种真菌性病害。是芝麻最重要的两大真菌病害之一。

发展简史　先后在埃及、印度、苏联、多米尼加、日本、乌干达、委内瑞拉、尼亚萨兰、意大利和美国发现了该病害。1926年E. J. Butler发现芝麻枯萎病由棉花枯萎病菌（*Fusarium vasinfectum*）引起。1925年N. G. Zaprometoff将该菌命名为棉花枯萎病菌芝麻专化型（*Fusarium vainfecum* var. *sesami*）。但是，1940年E. Castellani根据Snyder & Hansen命名系统将该菌命名为尖孢镰刀菌芝麻专化型（*Fusarium oxysporum* var. *sesami*）。1953年J. K. Armstrong & G. M. Armstrong认为虽然仅根据形态和培养特点无法将该菌与棉花枯萎病菌区分开来，但二者在致病性上的确有所不同。至今人们采用该命名方法，认为引起芝麻枯萎病害的菌株为尖孢镰刀菌芝麻专化型。

20世纪80年代，国内外曾开展了芝麻枯萎病菌分离、鉴定以及多样性分析等研究。2005—2006年，中国开展了芝麻枯萎病病原菌毒素研究，并在河南芝麻主产区分离出了枯萎病病原菌，提取了尖孢镰刀菌粗毒素。2015年朱强宾研究证实，芝麻枯萎病菌能够产生镰刀菌酸等毒素，粗毒素能够导致芝麻植株生长抑制。2017年李海玲等从芝麻枯萎病菌培养液中成功分离出了镰刀菌酸、9,10-脱氢镰刀菌酸、10-羟基镰刀菌酸等毒素主要成分，并验证了镰刀菌酸和9,10-脱氢镰刀菌酸对芝麻幼苗的毒害作用。2007年，中国开展了芝麻枯萎病菌库构建工作，共收集枯萎病菌株500余份；2014年仇存璞等年建立了芝麻枯萎病菌致病力室内鉴定评价技术方法。此外，中国开展了尖孢镰刀菌芝麻专化型基因组测序工作，已完成基因组拼接和重要致病基因克隆工作。研究结果为探明芝麻枯萎病菌致病机理奠定了信息基础。

现有芝麻种质资源库中抗枯萎病种质比例较低，育种过程中缺乏高抗病的优异种质。2006年EL-Bramawy在大田环境下利用15个芝麻杂交组合对芝麻枯萎病的抗性进行分析，发现不同的组合对芝麻枯萎病的抗性表现出较大的差异。2016年Wei等对尖孢镰刀菌侵染后的抗、感芝麻品种转录组进行了分析，发现差异表达的基因主要涉及抗病防卫反应（抗病基因同源物、病原菌诱导反应基因等）、抗逆反应（热激、盐胁迫和干旱胁迫基因等）、细胞死亡、信号转导（蛋白激酶、激素、活性氧和钙信号途径等相关基因）、转录调控（WRKY、Myb类转录因子等）以及糖和蛋白代谢等通路。近几年来，中国芝麻研究人员还开展了芝麻种质资源抗枯萎病基因组扫描，结合病圃多年多点鉴定结果，在分析连锁不平衡、群体结构和kinship的基础上，运用全基因组关联方法（GWAS）开发了抗病基因定位和功能性分子标记数十

个，表型变异解释率为4.61%～20.99%，推动了芝麻抗病育种研究发展。

分布与危害　在中国、巴基斯坦、埃及、美国等芝麻生产国均有不同程度的发生。在中国，主要分布于吉林、辽宁、河北、山西、陕西、河南、湖北、安徽等芝麻产区。其中，在东北、华北产区发病较为普遍，黄淮、江淮产区次之，在江西等南方地区较为少见。发病植株变矮，蒴果较小，籽粒秕瘦，易在收获前炸落，对产量和籽粒品质影响较大，一般发病率为5%～10%，较重地块高达30%以上，严重时可导致绝收。

芝麻各生育期均可受到枯萎病菌侵染，以苗期和成株期发病重。苗期症状表现：病株病程进展比较缓慢，节间缩短，植株矮化，生长十分缓慢；或病株叶片萎蔫卷曲，根部多发红，进而全株萎蔫枯死；或病株叶片失水褪色，植株叶片全部或先从一边自下而上萎蔫下垂，不久全株凋萎死亡。依据病害症状，苗期芝麻枯萎划分为3个等级：0级，长势良好无病症，地上部茎叶正常，根、茎部维管束正常；Ⅰ级，病株茎叶萎蔫，根、茎部维管束多红褐色，长势缓慢；Ⅱ级，病株萎蔫、干枯、倒伏死亡。

成株期芝麻枯萎病株主要表现为：发病初期，叶片往往半边变黄（又称"半边黄"），下垂卷曲，后期会表现出萎蔫，严重时叶片脱落；茎部半边或全部维管束变褐，病株根部组织表现为红褐色。在发病严重、环境潮湿的情况下，病株茎秆一侧常出现纵向扩展的褐色或暗褐色长条斑，后期茎秆干枯，表面有粉红色霉层，蒴果常过早干枯、炸裂，种子发褐，多不能正常成熟（图1）。

病原及特征　病原为尖孢镰刀菌芝麻专化型（*Fusarium oxysporum* f. sp. *sesami*，FOS），属镰刀菌属绮丽组。分生孢子有大、小两型。大型分生孢子镰形，无色透明，3～5个分隔，大小为19～51μm×3.5～5μm；小型分生孢子卵圆形，无色，单胞或双胞，大小为6～21μm×3～6μm。在马铃薯蔗糖培养基（PDA）上生长良好，气生菌丝絮状。FOS菌落呈发射状生长，但菌落颜色多样，如淡紫色、粉红色、白色等；厚垣孢子顶生或间生，球形或椭圆形，表面光滑或有皱纹，单或双胞，直径7～16μm。培养温度为10～35℃

图1　芝麻枯萎病症状（苗红梅提供）
①茎部；②根部

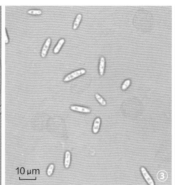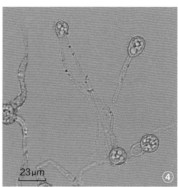

图2 尖孢镰刀菌芝麻专化型病原菌形态（苗红梅提供）
①菌落形态；②大分生孢子；③小分生孢子；④厚垣孢子

利于菌落生长，以26～30℃为最适（图2）。可采用-70℃离心管冷冻法和无菌水常温保存法对菌株进行保存。2014年，仇存璞等根据植株病情指数，将尖孢镰刀菌芝麻专化型菌株致病力划分为4个等级：0级（无致病力），平均病情指数为0；1级（弱致病力），平均病情指数0.01～20；2级（中等致病力），平均病情指数20.01～35；3级（强致病力），平均病情指数35.01～100。

通过对93份尖孢镰刀菌芝麻专化型菌株进行的菌落直径等11个指标的相关性和差异显著性分析，结果发现高致病力FOS菌株往往生长较慢，小孢子长宽相对较大。不同产区的菌株在厚垣孢子大小和菌落边缘颜色等方面有一定差异，吉林、辽宁等北方枯萎病菌厚垣孢子较大，湖南、江苏等南方产区FOS厚垣孢子较小。菌株致病力与第6天菌落直径呈极显著负相关，在4个品种上的相关系数范围为-0.3852～-0.4627；菌落边缘颜色与菌株地理来源呈显著正相关。

侵染过程与侵染循环　病原菌以菌丝或厚垣孢子在土壤、病株残体内越冬，在土壤中可存活6年以上。种子亦可带菌。病菌主要通过根毛、根尖和伤口侵入，也能侵染健全的根部。在接菌后7天，芝麻幼苗即开始出现枯萎、死亡等病症；至25～28天，病情指数趋于稳定。FOS病菌穿过角质层以及表皮细胞壁，利用胞质分解和细胞壁分解破坏改变细胞形态并到达维管束组织，然后通过纹孔膜到达木质部导管。芝麻枯萎病病原菌与其他尖孢镰刀菌相似，能够产生果胶酶和纤维素酶等水解酶以及尖孢镰刀菌毒素，对植株起侵染作用；侵染后菌丝体逐渐堵塞维管束，切断水分及营养物质供应，从而导致发病。播种带菌种子，可引起幼苗发病。在河南、安徽、湖北等主产区一般于7月上旬（2～4对真叶）开始发病，主要发病时期为苗期以及初花期到终花期。芝麻收获后，病菌又在土壤、病残株和种子内外越冬，成为下一生长季节的初侵染源。

流行规律　芝麻枯萎病的发生具有明显的地区差异性，中国东北、华北地区发病普遍且较重，黄淮、江淮流域多零星发生，华南芝麻产区极少发生。除品种差异外，芝麻枯萎病的发生与土壤环境、播种时期、栽培与田间管理措施等多种因素有关。发生程度与空气湿度呈正相关，与重茬种植密切相关，连作地块发病重。温度、湿度及其交互作用均

呈现出显著效应（$P<0.1\%$）。"温度＋湿度"模型R2为60.53%；平均气温为负效应，湿度为正效应，对芝麻枯萎病流行发生呈极显著影响。当平均气温降低（22.5～26.5℃）或空气湿度增加（77.0%～89.9%）时，利于芝麻枯萎病发生。

此外，病原菌菌株的致病力差异亦可导致同一品种对FOS不同菌株的抗性表现不完全一致，并可能造成品种抗性具有地域性特征，如在湖北表现抗病的品种到河南则呈现感病；一些外引系在当地多表现感病等。除野生种芝麻（如 *Sesamum radiatum* Schum & Thonn 和 *Sesamum schinzianum* Asch.）表现为免疫外，尚未发现对枯萎病免疫的栽培种芝麻种质。

防治方法

选用抗病耐渍品种　选用抗（耐）枯萎病的芝麻品种，如郑芝98N09、豫芝11、中芝12、驻芝15号等，可以显著减轻病害发生程度和产量损失。

农业与物理防治　①温汤浸种以减少芝麻种子带菌量，从而降低发病率。②实施轮作倒茬或间作套种，可以避免因连作引起的病菌数量不断增多的情况。③加强田间管理。在降雨较多地区实施起垄种植，在干旱地区实施地膜覆盖种植，避免因干旱、渍害等造成枯萎病发生。合理施肥，底肥为主，轻追氮肥，辅之以磷钾叶面肥1～2次。及时拔除病株，降低病害发生概率。

化学防治　①药剂拌种。播前用25g/L咯菌腈、55%（50%多菌灵+5%氟硅唑）杜邦升势等拌种，降低苗期发病概率。②苗期病害防控。芝麻出苗后1～2对真叶时，当有枯萎病发生时，每亩采用0.01%的芸薹素内酯3000～3500倍、NEB2500～3000倍和生防菌菌液600～800倍喷雾，2～3周后待病株生长有所恢复后，再喷施0.01%芸薹素内酯3000～3500倍。③花期病害防控。在初花期、盛花期时，采用三组低毒、低残留、广谱的安全性化学杀菌剂联合喷雾防治，每间隔10天更换一组喷雾一次，连续防治3次。三组药剂分别为：每亩50%多菌灵300～500倍和NEB2500～3000倍，兑水30kg；每亩25%戊唑醇可湿性粉剂50g和25%嘧菌酯30～40ml，兑水30kg；每亩50%多菌灵100g和25%戊唑醇可湿性粉剂50g或50%咪酰胺锰盐50g，兑水30kg。第一次喷药时间选择在初花期或者初花期前田间有零星轻发病株时进行。

Z

参考文献

陆家云,2001.病原植物真菌学[M].北京:中国农业出版社.

仇存璞,张海洋,常淑娴,等,2014.芝麻枯萎病病原菌致病力室内鉴定方法[J].植物病理学报,44(1):26-35.

张秀荣,冯祥运,2006.芝麻种资源描述规范和数据标准[M].北京:中国农业出版社.

中国农业科学院植物保护研究所,中国植物保护学会,2015.中国农作物病虫害[M].3版.北京:中国农业出版社.

EL-SHAKHESS S A M, KHALIFA M M A, 2007. Combining ability and heterosis for yield, yield components, charcoal-rot and Fusarium wilt diseases in sesame[J]. Egypt journal of plant breeding, 11 (1): 351-371.

VERMA M L, MEHTA N, SANGWAN M S, 2005. Fungal and bacterial diseases of sesame[M] // Saharan G S, Mehta N, Sangwan M, S. Diseases of oilseed crops. New Deli: B.B.N Printers: 269-303.

（撰稿:苗红梅;审稿:刘红彦）

图1 芝麻立枯病症状（刘红彦提供）

芝麻立枯病 sesame *Rhizoctonia* root rot

由立枯丝核菌引起的危害芝麻根系和茎基部的一种真菌病害,是芝麻苗期主要病害之一。

发展简史 1961年杨新美、1982年刘锡若等报道芝麻立枯病在湖北、河南发生危害。1976年,Alvarez记载了该病害在墨西哥芝麻产区的发生情况,随后古巴、印度、巴西、韩国也有报道。

分布与危害 中国、印度、埃及、墨西哥、古巴、巴西、韩国均有报道。中国各芝麻产区均有发生,以南方产区发生相对较重。主要危害芝麻茎基部和根部,初发病时幼苗茎基部或地下部一侧产生黄色至黄褐色条状病斑,逐渐凹陷腐烂,后绕茎部扩展,最后茎部缢缩成线状,幼苗从地表处折倒枯死。发病轻的病苗仍能恢复生长。病部皮层变褐缢缩,遇天气干旱或土壤缺水时,下部叶片萎蔫,严重时则全株枯死（图1）。特别是芝麻播种后1个月内,如遇降雨多、土壤湿度大,常可引起大量死苗,造成田间缺苗。

病原及特征 病原为立枯丝核菌（*Rhizoctonia solani* Kühn）,有性态为瓜亡革菌[*Thanatephorus cucumeris*（Frank）Donk]。该病菌在PDA上菌丝生长迅速,初生菌丝无色,后为黄褐色至棕褐色,菌丝粗壮呈蛛网状,有横隔,粗8～12μm,分枝处成直角,分枝基部略缢缩。老菌丝常呈一连串桶形细胞。菌核浅褐、棕褐至黑褐色,质地疏松（图2）。担孢子近圆形,大小为6～9μm×5～7μm。该菌生长温度范围10～38℃,最适温度28～31℃。菌核在12～15℃开始形成,以30～32℃形成最多,40℃以上则不形成。该病原菌寄生性不强,但寄主范围甚广,除危害芝麻外,还可危害油菜、白菜、马铃薯、棉花、红麻、黄麻、甜菜、烟草、大豆、花生、茄子等160多种植物。

侵染过程与侵染循环 病原菌以菌丝体或菌核在土壤或病残体上越冬,在土壤中营腐生生活。病菌在土壤中可存活2～3年,带病土壤是主要初侵染源。翌年地温高于10℃

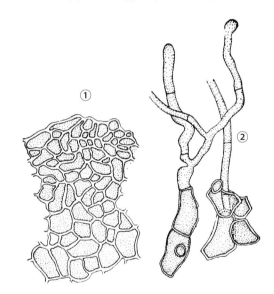

图2 侵染芝麻的立枯丝核菌（引自《中国农作物病虫害》,2015）
①菌核切面;②核菌细胞萌发

时开始萌发,进入腐生阶段。遇适宜环境条件,病菌以菌丝体从植物气孔、伤口或表皮直接侵入植物组织,引起发病。随后发病部位长出菌丝接触健株继续传播。风雨、流水、肥料、种子或农具均可传播病菌。

流行规律 芝麻立枯病主要发生在苗期,低温、高湿、土壤板结、积水条件有利于发病。在土温11～30℃、土壤湿度20%～60%时,易发病。芝麻出土后至2～3对真叶期,如遇降雨多、土壤湿度大时极易发病而导致幼苗大量死亡,造成缺苗断垄。春芝麻播种过早和土壤湿度过大时,往往发病较重。田间芝麻根系发病,常常存在立枯丝核菌、尖镰孢、菜豆壳球孢、蠕孢等多种土传病原菌的复合侵染和危害。芝麻品种间对立枯病的抗性存在差异。埃及学者采用人工接菌鉴定,筛选出中抗和抗病品种,具有较好的应用潜力。

防治方法

农业防治　选用抗病耐病的芝麻品种；精细整地，适期播种；南方芝麻产区宜采用高畦栽培，及时排水除渍；加强田间管理，合理施肥，增施草木灰，及时间苗中耕，增强植株抗病力；与非寄主作物轮作，避免重茬。

生物防治　利用生防菌木霉进行土壤处理，能够显著提高芝麻植株成活率，增加产量。土壤处理的防病效果好于种子包衣处理。

化学防治　播种前每亩可用70%敌磺钠可湿性粉剂1kg，加细土30kg，拌匀制成药土撒施，并用种子重量0.2%（有效成分）的50%多菌灵可湿性粉剂、70%甲基托布津可湿性粉剂或50%福美双粉剂进行拌种处理，可防治多种土传真菌病害。田间发病初期，可选用70%敌磺钠可湿性粉剂1000倍液或50%多菌灵可湿性粉剂800倍液、20%甲基立枯磷乳油1200倍液喷雾防治，重病田间隔7天喷洒1次，连续施药2～3次，有较好的防治效果。

参考文献

高树广，徐博涵，刘红彦，等，2016. 8种杀菌剂对芝麻立枯病菌的室内毒力测定 [J]. 陕西农业科学，62(1): 17-20.

李丽丽，1989. 我国芝麻病害种类、研究概况及展望 [J]. 中国油料 (1): 11-16.

李丽丽，1993. 世界芝麻病害研究进展 [J]. 中国油料 (2): 75-77.

中国农业科学院植物保护研究所，中国植物保护学会，2015. 中国农作物病虫害 [M]. 3版. 北京：中国农业出版社.

（撰稿：刘新涛；审稿：刘红彦）

芝麻轮纹病　sesame ring spot

由芝麻生壳二孢引起的、危害芝麻叶片的一种真菌病害。

发展简史　戴芳澜1958年在《中国经济作物病原目录》中首次记载芝麻轮纹病在吉林发生。其他国家未见报道。

分布与危害　首次报道发生于中国吉林，其他地区和国家未见报道。该病害主要危害叶片，叶上病斑不规则形，大小为2～10mm，中央褐色，边缘暗褐色，有轮纹（见图）。

芝麻轮纹病危害症状（吴楚提供）

病原及特征　病原为芝麻生壳二孢（*Ascochyta sesamicola* P. K. Chi），属壳二孢属真菌。分生孢子器散生或聚生在寄主病部组织中，后穿破寄主组织表皮外露。分生孢子器球形至近球形，器壁膜质浅褐色，大小为84～104μm。分生孢子圆柱形至椭圆形，无色透明，多为双胞，中间隔膜处略缢缩，个别单胞，大小为6～11μm×2～4μm。

侵染过程与侵染循环　分生孢子器随病残体遗留在土壤中越冬，成为翌年的初侵染源，分生孢子侵染叶片形成病斑。病斑上产生的分生孢子器释放分生孢子，借风雨传播引起再侵染。

流行规律　气温20～25℃，相对湿度高于90%或连日阴雨的天气条件下易发病。

防治方法　实行轮作。收获后及时清除病残体。雨后及时排水，降低田间湿度。加强田间管理，适时间苗，及时中耕，增强植株抗病力。在发病初期喷洒70%代森锰锌可湿性粉剂500倍液或50%扑海因可湿性粉剂1500倍液进行防治。

参考文献

戴芳澜，1958. 中国经济作物病原目录 [M]. 北京：科学出版社.

李丽丽，1989. 我国芝麻病害种类、研究概况及展望 [J]. 中国油料 (1): 11-16.

（撰稿：刘红彦；审稿：杨修身）

芝麻青枯病　sesame bacterial wilt

由假茄科雷尔氏菌（简称青枯菌）引起的、危害芝麻的一种土传细菌病害。属世界性的芝麻重要病害之一。

发展简史　植物青枯菌可侵染450多种作物。1896年，由Erwin F. Smith首次在烟草上发现，命名为*Pseudomonas solanacearum*，以后其拉丁名经历了两次变更。1992年，Yabuuchi等根据16S rRNA、DNA-DNA同源性、脂肪酸组成分析以及其他表型特征，将其变更为伯克氏菌属*Burkholderia solanacearum*。1995年，Yabuuchi等根据系统发育以及多种表型特征分析发现，*Pseudomonas solanacearum*与伯克氏菌属的其他细菌差距较大，因此，成立了新的属，命名为雷尔氏菌属*Ralstonia solanacearum*。2002年，Salanoubat等在*Nature*上发表了青枯菌（GMI1000菌株）的全基因组序列，是世界上报道的第一例植物病原菌全基因组序列。

国外关于芝麻青枯病的早期报道见于20世纪60年代，日本的中田觉五郎在《作物病害图说》中描述"青枯病各地到处分布，为芝麻的可怕病害"。60年代，芝麻青枯病曾在中国南方大流行。1955年江西进贤芝麻播种面积2630亩，因青枯病减收面积1550亩，重病田所收无几。1956年，黄齐望在对江西多个县采集的病株标本进行病原菌分离鉴定的基础上，于《江西农业虫志》中详细记载了芝麻青枯病在江西的分布、症状及防治方法等。1959年，杨新美等报道青枯病在湖北汉阳连年发生，严重地块发病率高达40%以上。2015年，中国芝麻青枯病研究取得了较大进展。完成了首例来自芝麻的青枯菌菌株Seppx05的全基因组测序。

分布与危害　广泛分布于印度、韩国、泰国、喀麦隆、菲律宾、埃及、日本、苏丹、乌干达、坦桑尼亚、缅甸、土耳其、南非、墨西哥、委内瑞拉、巴西等多个国家和地区，大多发病严重。其中，印度、苏丹和缅甸三个芝麻生产大国，青枯病发生普遍，危害较为严重。中国主要分布于江西、湖北、湖南、广西、安徽、四川、福建、台湾等南方芝麻产区，且发病较为严重。一般发病率 10%～30%，较重田块病株率可达 50%～70%，严重时成片死亡。北方产区的河南、吉林、新疆等地也有发生，一般发病较轻，个别年份局部危害较重，如新疆有些田块发病率亦高达 30%。

芝麻青枯病为典型的维管束病害，从苗期至成熟期均可发生，以初花期至盛花期病情发展最为迅速。苗期发病表现为叶片失水萎蔫，遇多雨天气，大多病株最终呈黑褐色湿腐状枯死，俗称"煮死"（图①）。成株期感病后，植株顶端及病茎部位叶片先出现萎蔫下垂，继而整株叶片萎蔫（图②），有的病株半边叶片萎蔫，但叶片通常不凋落。初期白天萎蔫，夜间恢复正常。发病茎秆初现黄绿色或暗绿色水浸状斑块，继而迅速呈褐色或黑褐色条斑上下扩展（图③）。病茎上常有多个梭形溃疡状裂缝（图④），表皮下常可见泡状隆起。蒴果受害后亦呈水渍状斑块，之后变为褐色条斑。病蒴内种子瘦瘪、污褐色，多不能正常成熟。该病害常导致植株很快枯死，蒴果瘦小，种子干瘪且呈污褐色，对产量和籽粒品质影响较大，发病越早，损失越大。一般减产 10% 以上，较重田块减产 30% 以上，严重时可导致绝收，是制约中国南方芝麻高产稳产的重要病害。

病原及特征　病原为假茄科雷尔氏菌［*Ralstonia pseudosolanacearum*（*Smith*）Yabuuchi et al.］，属雷尔氏菌属。曾用名 *Burkholderia solanacearum*（Smith）Yabuuchi et al.，*Pseudomonas solanacearum*（Smith）Smith，*Ralstonia solanacearum*（Smith）Yabuuchi。菌体短杆状，两端钝圆，大小为 0.8～2.7μm×0.4～0.8μm，具 1～4 根极鞭，无芽孢和荚膜，革兰氏染色反应阴性。病菌在肉汁胨（NA）琼脂培养基上 28℃ 培养 3 天，菌落污白色，平滑有光泽，呈黏液状，直径 2～3mm。在半选择性培养基 TZC（含 0.005%2,3,5-氯化

芝麻青枯病症状（华菊玲提供）
①病株黑褐色状枯死；②整株叶片萎蔫；③病茎黑褐色条斑；④病茎溃疡状裂缝

三苯四氮唑）培养基上可产生两种类型的菌落，一种是致病力强的菌落，直径 2～5mm，不规则圆形，具流动性，初为白色，后中心呈红色至橘红色，菌落外缘白边大小因不同菌株而异；另一种是致病力弱或丧失致病力的变异菌落，圆形，多为深红色，边缘颜色稍浅。强致病力菌株经长期人工培养，其致病力会减弱，甚至完全丧失，且不可恢复。保存不当，亦会导致菌株致病力下降甚至丧失。因此，常采用甘油 -80℃或冻干保存菌种。

芝麻青枯菌最适生长温度 28～35℃，最适 pH6.8～7.4。28～32℃温室保湿条件下，$1×10^8$CFU/ml 菌悬液剪叶接种 3 天，叶片即出现灰绿色湿润病斑；针刺接种 3～4 天，伤根灌注接种 7～10 天，茎秆或叶柄上即可出现典型的暗绿色或黄绿色条斑。青枯菌侵染寄主植物，存在无症状侵染（symptomless invasiveness） 和 有 症 状 侵 染（symptom invasiveness）两种现象。芝麻植株不存在无症状侵染现象。这也是导致芝麻青枯病发生流行速度快、抗性资源匮乏的原因之一。青枯菌在芝麻病株内的分布呈现先增后减的趋势。即发病初期，病株内青枯菌总数量随着病情的发展而增加，之后随着病情严重度的加重而下降。病菌的致病力则随着病情发展呈现持续上升的趋势。

青枯菌种以下可划分为生理小种（race）和生化变种（biovar）。芝麻青枯菌属 race 1，生化变种以 biovar Ⅲ 为主，其次为 biovar Ⅳ。芝麻青枯菌的致病力存在明显的分化现象，耕作栽培制度和土壤生态是影响青枯雷尔氏菌致病力分化的重要外在因子。尚未发现青枯菌株与芝麻品种之间存在明显的专化性。

已完成全基因组测序的芝麻青枯菌 Seppx05 菌株基因组大小为 5.996Mb，其中染色体基因组 3.9Mb，质粒基因组近 2.1Mb。该菌株 G/C 含量 66.84%，核糖体 RNA8 个，tRNA 58 条。泛基因组分析表明，Seppx05 菌株所特有的基因数为 680 个。与已完成全基因测序的菌株 GMI1000、UY031、Po82 共线性程度高，染色体上为 70%～80%，质粒上为 55%～65%，GMI1000 菌株与之亲缘关系最近。菌株 Seppx05 中存在 97 个已知的致病相关基因。与菌株 GMI1000 相比，缺失了 12 个已知的致病相关基因，多了一个脂肪酶编码基因。

侵染过程与侵染循环　芝麻青枯菌主要在土壤、病株残体、用病残体制作的堆肥及杂草寄主等处越冬。在适宜的温度、湿度等条件下，青枯菌从芝麻根部细胞间隙、伤口、自然裂口或茎部伤口侵入，穿过皮层，进入维管束定植与繁殖后，通过导管上下蔓延，分泌毒素致使芝麻植株失水萎蔫。同时，病菌从维管束向四周组织扩散，侵入皮层和髓部薄壁组织细胞间隙，并分泌果胶酶，消解细胞壁的中胶层，致寄主组织崩解腐烂。腐烂组织的病菌散落至土壤中，借流水等媒介传播至健株，引起再侵染。芝麻收获后，病菌又在土壤、病残体等场所越冬，成为翌年的初侵染源。

流行规律　青枯病菌属喜温细菌，当土壤温度上升至 13℃ 左右，即可侵染；气温 25℃ 以上，土壤温度 30℃ 左右，发病进入盛期，因而中国南方发病高峰多在 7～8 月。芝麻生长期间的温度，一般均适于青枯病的发生，所以病害发生流行的决定因素主要为土壤湿度。降雨增加土壤湿度利于病害发生，尤以久雨骤晴、时晴时雨最易诱发该病害严重发生。暴风雨后骤晴，造成植株大量伤口，叶面蒸腾加大，病株导管内细菌迅速繁殖上升，阻塞导管，且雨水对病菌的传播极为有利，常导致植株大量发病。中国江淮流域和长江中、下游地区降雨多，芝麻青枯病往往发生较为严重。地势低洼、排水不畅的田块发病重。一块坡度约 6° 的田块，地势高处芝麻青枯病病株率为 10.2%，而地势低处病株率高达66.3%。

土壤类型影响芝麻青枯病的发生程度。红壤旱地由于排水不畅，芝麻青枯病发病率高于透气好的砂壤土。土壤酸碱度也影响芝麻青枯病的发生，酸性土壤发病较重，碱性土壤发病较轻。

栽培制度与芝麻青枯病的发生程度高度相关。新种植区极少发生青枯病。芝麻连作，一方面导致土壤微生物环境恶化，引起根际微生物区系结构发生定向改变，土壤由"细菌型"转变为"真菌型"，使得土壤的生物活性下降；另一方面，土壤中青枯菌不断积累，往往发病较重。

芝麻品种的抗感性以及感病品种的种植面积是决定芝麻青枯病发生程度和范围的重要因素。目前尚未有免疫和高抗品种。但豫芝 11 号、丰城灰芝麻等品种抗病性相对较强。同一品种，不同生育期对青枯病的抗感性也有明显差异。从 3 对真叶期开始，每间隔 10 天，用 $1×10^8$CFU/ml 青枯菌菌悬液进行伤根灌注接种，直至终花期。芝麻苗期至初花期接种病株率最高，盛花始期接种病株率次之，盛花末期以后接种病株率显著下降。且不同抗性水平的品种表现一致。说明芝麻苗期至盛花期更为感病。南方芝麻苗期至盛花期正处多雨季节，因此，一般年份夏芝麻发病普遍比秋芝麻严重。

防治方法

选用抗病品种　抗病品种可通过引种、杂交育种、系统选育和人工诱变等途径获得。现有的芝麻品种之间抗病性有一定差异，因地制宜选用具有一定抗病性的丰产良种，如豫芝 11 号、丰城灰芝麻等。雨水充沛地区避免种植高感品种。

农业防治　①在有条件的地区实施水旱轮作，轮作 1～2 年即可取得明显的效果。无水旱轮作条件地区和田块，与甘蔗、棉花等非寄主作物轮作，重病田要实行 4～5 年以上的轮作，轻病田轮作年限可缩短至 2～3 年。②土壤处理。翻耕前，撒施适量石灰，调高土壤 pH，可减轻发病。③科学管水。注意开沟排水降低田间湿度，遇涝及时排水，防止雨水滞留；遇旱小水轻浇，切忌大水漫灌，避免流水传播病菌。④合理施肥。增施有机肥料，合理施用氮、磷、钾肥，避免偏施氮肥。⑤清洁田园。及时除草。尤其要注意清除青枯病菌杂草寄主，如青葙、凹头苋等芝麻田块常见杂草。发现零星病株时，及时连根拔除，带到田外晒干烧毁，同时对病穴土壤进行消毒处理，如撒施石灰等。⑥及时防治地下害虫。若发生小地老虎等地下害虫，及时施用毒死蜱（乐斯本）等药剂进行防治。⑦避免伤根。定苗后不提倡中耕，尽量减少对芝麻根系的伤害。

化学防治　选用农用硫酸链霉素或氢氧化铜等药剂拌种，晾干后播种。定苗时（尤其是最后一次间苗时），选用噻菌铜、噻唑锌、代森铜等兑水粗喷淋根。选用农用硫酸链霉素、噻菌铜、噻唑锌、代森铜等防治细菌病害的药剂，根据芝麻生育期和植株大小，配备足量药液进行喷淋防治，间隔 7～10 天，连续施药 3～4 次。

参考文献

华菊玲，胡白石，李湘民，等，2012. 芝麻细菌性青枯病病原菌及其生化变种鉴定 [J]. 植物保护学报，39(1): 39-44.

杨新美，邝文兰，1959. 湖北芝麻病害调查报告 [J]. 华中农学院学报 (8): 9-15.

中国农业科学院植物保护研究所，中国植物保护学会，2015. 中国农作物病虫害 [M]. 3 版. 北京：中国农业出版社.

中田觉五郎，1955. 作物病害图说 [M]. 贺峻峰，译. 北京：中华书局.

SALANOUBAT M, GENIN S, ARTIGUENAVE F, et al. 2002. Genome sequence of the plant pathogen *Ralstonia solanacearum*[J]. Nature, 415: 497-502.

（撰稿：华菊玲；审稿：刘红彦）

芝麻细菌性角斑病　sesame bacterial angular spot

由丁香假单胞菌芝麻致病变种引起的、主要危害芝麻叶片的细菌性病害。又名芝麻细菌性叶斑病。

发展简史　由保加利亚 Malkoff 于 1903 年首次报道，病原菌命名为 *Bacterium sesame*，后被定名为 *Pseudomonas syringae* pv. *sesami*（Malkoff）Young，Dye et Wilkie。

分布与危害　广泛分布于亚洲、非洲和美洲等芝麻产区，在中国、印度、巴基斯坦、日本、韩国、美国、墨西哥、巴西、委内瑞拉、南非、苏丹、坦桑尼亚、土耳其、乌干达等国家和地区均有报道，在部分地区可造成 27% 的减产。该病在中国芝麻主要产区常见，但在田间多为零星发生，仅在部分地区及地块可造成较重危害。河南平舆、镇平、太康、杞县、开封、民权、商丘、原阳、嵩县、鲁山、洛阳等地均有发生记录。芝麻生育后期多雨条件下发病严重，使叶片提早脱落，影响产量。

该病害侵染危害叶片为主，也常侵染叶柄、蒴果和茎秆。在芝麻生长前、中期均可发病。芝麻出苗后即可被侵染，接近地面的叶柄基部变黑枯死。成株期发病，叶片上病斑呈多角形水渍状，黑褐色（见图）。前期病斑外围有黄色晕圈，

芝麻细菌性角斑病症状（杨修身提供）

后期晕圈逐渐消失。病斑多沿叶脉发展而形成黑褐色条斑，大小为 2～8mm。病斑可引起附近叶片组织干缩，整个叶片可向叶背稍卷曲，造成叶片变形。空气潮湿时病叶背面病斑上有细菌溢脓渗出，干燥情况下病斑破裂穿孔。严重时病叶干枯脱落，甚至仅剩顶部几片嫩叶。叶柄和茎秆上的病斑黑褐色、条状。蒴果上会出现褐色、凹陷、有亮泽斑点。发病早的蒴果呈黑色，不结种子。

病原及特征　病原为丁香假单胞菌芝麻致病变种 [*Pseudomonas syringae* pv. *sesami*（Malkoff.）Young，Dye et Wilkie]。菌体杆状，大小为 1.2～3.8μm×0.6～0.8μm，单生或双生，无荚膜、无芽孢，极生 2～5 根鞭毛。革兰氏染色阴性，好气性，培养基上形成白色圆形菌落。病菌培养适宜生长温度 30℃，最高生长温度 35℃，最低生长温度 0℃。培养温度超过 41℃ 不能生长，致死温度 49℃。该病菌仅能侵染芝麻，从不同芝麻产区分离的病菌菌株致病性有差异，在美国有 2 个生理小种。

侵染过程与侵染循环　芝麻种子可携带病菌，作为病害初侵染来源。病菌通过植物伤口和气孔进入植物，最后到达薄壁组织。病菌在病残体和土壤中不能长时间存活，在土壤中只能存活 1 个月，4～40℃ 温度条件下可在病残体中存活 165 天，在种子上能存活 11 个月。初侵染形成的病组织分泌菌脓，病菌借雨水和农事操作在田间传播，引起再侵染。

流行规律　病害初期先从植株下部叶片发生，遇多雨高温高湿天气后逐渐向植株上部叶片和周围植株传播发展。阴雨大风天气对病菌传播有利，病菌在高温高湿天气条件下易于侵染危害。芝麻生长过程中遇到高温、多雨和持续高湿的天气条件此病发生严重；遇到干旱少雨，空气干燥天气发病轻。黄淮流域夏芝麻田常在 7 月雨后突然发病，在 8 月中下旬进入盛发期。

防治方法

农业防治　①清除病残株。芝麻收获后及时将病株残体清出田间，降低菌源量，减少菌源积累。②实行轮作倒茬。与禾本科作物实行 3 年以上轮作，可有效减轻发病。③加强田间管理。精细平整土地或采取深沟高厢栽培，防止田间低洼处积水和田间流水冲刷传播病害。④选用抗病品种。种植抗病性较强的品种。白芝麻品种较黑芝麻品种抗病性强。

物理防治　在芝麻播种前，用 52℃ 热水浸种 30 分钟，待晾干后播种，可杀灭种子携带的病菌。

生物防治　将芝麻种子用 0.02% 的农用链霉素液浸泡 30 分钟，然后控干水分，在阴凉处干燥后播种，可抑制病菌、减轻发病；在发病初期用 72% 农用硫酸链霉素可湿性粉剂 4000 倍液喷雾防治。

化学防治　发病初期及早喷洒 30% 碱式硫酸铜悬浮剂 300 倍液，或 47% 加瑞农（加收米与碱性氯化铜）可湿性粉剂 700～800 倍液、12% 松脂酸铜乳油 600 倍液，间隔 15 天，连续喷 2 次以上。

参考文献

李丽丽，1989. 我国芝麻病害种类、研究概况及展望 [J]. 中国油料 (1): 11-16.

李丽丽，1993. 世界芝麻病害研究进展 [J]. 中国油料 (2): 75-77.

中国农业科学院植物保护研究所，中国植物保护学会，2015. 中

国农作物病虫害 [M].3 版 . 北京 : 中国农业出版社 .

（撰稿：刘红彦；审稿：杨修身）

芝麻叶枯病　sesame leaf blight

由芝麻长蠕孢引起的、主要危害芝麻叶片的一种真菌病害。

发展简史　1956 年，Poole 报道了芝麻长蠕孢在墨西哥引起芝麻茎腐病。1979 年，戴芳澜在《中国真菌总汇》中记载了该病菌引起的芝麻叶枯病在中国的发生情况。20 世纪 80 年代以来该病发生和危害呈逐步加重趋势。

分布与危害　在中国的吉林、黑龙江、甘肃、山东、河南、湖北、江西、四川、广东等地均有发生。墨西哥、尼加拉瓜、日本、哥伦比亚、巴西等国也有报道。

该病害主要危害芝麻叶片，在叶片上形成病斑。叶片染病之初产生暗褐色近圆形至不规则形病斑，大小 4～12mm，具不明显的轮纹，边缘褐色，上生黑色霉层（图 1①），严重的叶片干枯脱落。叶柄、茎秆染病产生梭形病斑，后变为红褐色条形病斑。茎秆上病斑从小斑点到凹陷、暗褐色大病斑（40mm×30mm），有时候愈合。蒴果染病产生红褐色稍凹陷圆形病斑，大病斑可覆盖蒴果（图 1②）。该病扩展迅速，芝麻生长后期遇到阴雨，仅 20 天左右即可蔓延全田引致大量落叶，造成病株芝麻种子瘦秕，千粒重降低。蒴果染病后容易提前开裂，收获前遇刮风及收获时芝麻茎秆晃动容易落粒，造成产量损失，对产量影响很大。

病原及特征　病原为芝麻长蠕孢（*Helminthosporium sesami* Miyake），异名为 *Drechslera sesami* (I. Miyake) M. J. Richardson & E. M. Fraser，属长蠕孢属。分生孢子梗单生、不分枝，有 2～9 个隔膜，大小为 150～240µm×6～8µm；分生孢子倒棍棒形，常弯曲，褐色，有 5～9 个隔膜，大小为 46～68µm×8～11µm（图 2）。

侵染过程与侵染循环　芝麻叶枯病病菌随病残体遗留在土壤中或附着在种子表面越冬，成为翌年发病的初侵染源。越冬菌源翌年在适宜条件下产生分生孢子，随风雨传播，

图 2　芝麻长蠕孢菌的分生孢子梗和分生孢子
（引自《中国农作物病虫害》，2015）

侵染芝麻。

流行规律　芝麻长蠕孢菌分生孢子从 7 月 5 日至 8 月 2 日均有出现，以 7 月中旬捕捉到分生孢子量较多。

在黄淮流域芝麻产区，7～9 月的田间温、湿度多有利于叶枯病的发生；夏芝麻叶枯病发生进程可分为 3 个阶段：始发期：从 7 月上中旬（3～4 对真叶）始见病株，至 7 月下旬、8 月上旬（现蕾—初花）病株率饱和。普发期：从 7 月下旬到 8 月下旬（封顶）病叶率饱和。盛发期：8 月底病叶率饱和到芝麻成熟，病害全面发展，严重度迅速上升达最高，叶片枯死脱落。从发病进程可见，病害始发期菌源量最小，病株多在植株下部，中上部叶片尚未受到侵染，是药剂保护的有利时机。

降雨对芝麻叶枯病发生流行的影响最明显，芝麻初花期和盛花期两个阶段降水量大，尤其是多日连阴雨，空气湿度大，有利于病菌侵染，病害发展快、发生重；此段时间降雨少、天气干旱，则不利于病害发生，病害发展缓慢，危害较轻。

防治方法

农业防治　①种植抗病品种。各地可因地制宜选择种植芝麻叶枯病发生较轻的品种，如豫芝 11、郑芝 98N09、郑芝 13、驻芝 15、驻芝 19 号、中芝 11、中芝 12 号等。②合理密植。控制播种量，及时定苗，做到合理密植，减少芝麻行间郁闭，可减轻病害发生。③加强田间管理。科学施肥，注意氮磷钾肥配合使用，避免过量使用氮肥，增施有机肥料，提高植株抗性；在多雨易涝地区和排灌不畅低洼地块实行起垄种植，遇旱时以小水轻浇，切忌大水漫灌；遇涝及时排水，降低田间和土壤湿度。

化学防治　在发病初期，可选用 50% 多菌灵可湿性粉剂 600 倍液、70% 甲基托布津可湿性粉剂 800 倍液、25% 戊唑醇可湿性粉剂 3000 倍液、12.5% 烯唑醇可湿性粉剂 3000 倍液对芝麻叶面及茎秆进行喷施保护。一般年份黄淮流域夏播芝麻在 7 月下旬和 8 月上旬各喷施 1 次，防病增产效果显著，多雨年份应在 8 月下旬增加喷施 1 次。喷药时注意茎秆和叶片正反面全部喷到。

图 1　芝麻叶枯病症状（杨修身提供）
①叶片；②蒴果

参考文献

李丽丽，1989. 我国芝麻病害种类、研究概况及展望 [J]. 中国油料 (1): 11-16.

李丽丽，1993. 世界芝麻病害研究进展 [J]. 中国油料 (2): 75-77.

中国农业科学院植物保护研究所，中国植物保护学会，2015. 中国农作物病虫害 [M]. 3 版. 北京：中国农业出版社.

（撰稿：刘红彦；审稿：杨修身）

芝麻疫病　sesame *Phytophthora* blight

由烟草疫霉引起的卵菌病害，危害芝麻根、茎、叶、花和蒴果。

发展简史　首次于 1913 年在印度报道，病原为 *Phytophthora parasitica*。1957 年，Kale 和 Prasad 发现 *Phytophthora parasitica* 对芝麻高度专化，遂命名为 *Phytophthora parasitica* var. *sesami*，异名还有 *Phytophthora nicotianae* var. *nicotianae*、*Phytophthora parasitica* var. *nicotianae*、*Phytophthora nicotianae* var. *parasitica*、*Phytophthora nicotianae* var. *sesami* 等。杨新美、戴芳澜、刘锡若等分别于 1961 年、1979 年、1982 年记载芝麻疫病在中国湖北、江西、河南、山东芝麻产区发生危害严重。有学者认为变种名不再需要，建议通用名为 *Phytophthora nicotianae*。另有少数报道，*Phytophthora cactorum*、*Phytophthora citrophthora*、*Phytophthora drechsleri*、*Phytophthora hibernalis* 和 *Phytophthora tropicalis* 分别在秘鲁、印度、津巴布韦、委内瑞拉、墨西哥等国引起芝麻疫病。

分布与危害　在印度、中国、泰国、朝鲜、韩国、埃及、伊朗、阿根廷、秘鲁、委内瑞拉、津巴布韦、多米尼加、巴西、墨西哥和古巴等国均有发生危害的报道，在苗期适宜发病条件下严重发病时能造成绝收。在中国湖北、江西、安徽、河南等芝麻产区，疫病严重时发病率可达 30% 以上，病株种子瘦瘪，单株产量降低 20.4%～89.7%，千粒重降低 3.8%～39.7%，含油量也显著下降。

芝麻种子萌发后嫩芽即可染病，但地上部症状比较明显，危害芝麻叶片、茎秆、花和蒴果。苗期叶片上最先出现症状，病斑早期为灰褐色水渍状，病斑不规则形。田间湿度大时，病斑迅速扩展，病斑外缘呈水浸状、色浅，内缘暗绿色，呈黑褐色湿腐状，病健组织分界不明显，呈深浅交替的环带（图 1）。空气干燥条件下，病斑变薄、黄褐色，干缩易裂，病叶畸形。遇到干湿交替变化明显的气候条件时，病斑会出现大的轮纹环带。病斑发展造成整叶腐烂变黑，叶柄发病易导致落叶。田间湿度大时，病部迅速向上下蔓延，继续侵染茎部、花蕾和蒴果。茎部染病初期为墨绿色水渍状，后逐渐变为深褐色不规则形斑，环绕茎部缢缩凹陷，植株上部易从凹陷处折倒；生长点染病时会收缩变褐枯死，并易腐烂；花蕾发病后，变褐腐烂；蒴果染病产生水渍状墨绿色病斑，后变褐凹陷。在潮湿条件下，发病部位均会长出棉状菌丝，病斑上下扩展，导致全株枯死。根系腐烂的病株易拔出，但须根和表皮遗留在土中。芝麻疫病在花期发病较重，但苗期遇到连续一周降雨时，会导致严重发病，积水地块全部枯死。

病原及特征　病原为烟草疫霉（*Phytophthra nicotianae* van Breda de Haan），属疫霉属。气生菌丝较细，无隔膜，无色透明，后变成浅黄色。孢囊梗假单轴分枝，顶端圆形或卵圆形，孢囊梗分枝顶端着生孢子囊，孢子囊梨形至椭圆形，

图 1　芝麻疫病症状（刘红彦提供）
①叶片；②幼茎和花蕾

图 2 烟草疫霉孢子囊（引自《中国农作物病虫害》，2015）

顶端有乳状突起，单胞无色，大小为 25～50μm×20～35μm（图 2）。当菌丝浮在冷开水上，48 小时形成孢子囊，并释放游动孢子。游动孢子无色，侧生两根不等长的鞭毛。培养两个月的老菌种中可产生卵孢子。卵孢子球状、平滑、双层壁，无色透明。在病组织或 6 周以上的培养基上菌丝能形成大量的厚垣孢子。

烟草疫霉在麦片洋菜培养基上生长良好，菌丝生长适宜温度为 23～32°C，能忍耐 35°C，但在 37°C 时不能生长；适宜孢子囊产生的温度为 24～28°C。该菌寄主范围很广，有 90 科 255 属植物，包括烟草、番茄、马铃薯、茄子、辣椒、蓖麻、芝麻等农作物，存在生理分化现象。泰国报道从 Kamphaengsaen、Sukhothai 两地分离的疫霉菌株 KPS 和 SKT，在 44 个芝麻品系叶片和茎秆上的发病程度有明显差异，说明侵染芝麻的疫霉致病力存在分化。

侵染过程与侵染循环　烟草疫霉以休眠的菌丝或卵孢子在土壤、病残体和种胚上越冬。翌年侵染嫩芽、苗期叶片，形成初次侵染，在田间形成初侵染点。在较长阴雨天气和潮湿的条件下，经 2～3 天病部孢子囊大量出现，从裂开的表皮或气孔成束伸出，释放游动孢子，经风雨、流水传播到邻近植株，形成再侵染。用病菌接种芝麻茎基部，保持土壤高湿度，9 天后出现水渍状症状，潜伏期 9 天左右；接种叶片，4 天后表现症状，潜育期 4 天左右。

流行规律　芝麻苗期比成株期更易感病。芝麻疫病一般花期发病较重，但在苗期连续阴雨条件下，发病和危害更重。在正常降雨年份，施氮肥量大，发病率高。发病轻的植株仍可恢复生长，开花结荚，但连续大雨，发病严重且无法恢复。湿度大于 90% 的长时间高湿天气，气温 25～30°C，有利于疫病发展，高于 30°C 不利于发病。土壤温度对疫病的发生有较大的影响，土壤温度在 28～30°C，病菌易于侵染和引起发病。连续 2～3 天的阳光照射能阻止病菌卵孢子的形成，不利于病害发生。土壤黏重的地块发病重，大雨、暴雨、排水不良或长时间涝害会导致幼苗出现很高的死亡率。2011 年 7 月下旬和 8 月上旬淮河流域出现持续降雨，河南平舆、周口芝麻产区疫病发生普遍，地势低洼地块成片发病。

芝麻品种抗病水平的不同，也影响症状表现和发病程度。泰国学者比较了两个疫霉菌株对 44 芝麻品系的毒性，有 38 个品系抗 KPS 菌株，有 36 个品系抗 SKT 菌株。对于 KPS 菌株，有 18 个品系仅在叶片上产生轻微症状，有 14 个品系表现中抗，4 个品系叶片上有严重症状，6 个品系在茎秆上有轻微症状，在 2 个品系的茎秆上有严重症状；SKT 菌株在 44 个芝麻品系叶片和茎秆上的症状也有明显区别。

防治方法　芝麻疫病的发生程度与品种抗性水平、整地质量、土壤湿度和降水量密切相关，因此，需要采取以种植抗病品种为主、栽培管理与药剂防治为辅的病害综合防控措施。

农业防治　选择优质高产、耐渍、抗病性强品种。实行轮作和间作，发病地块进行 3 年以上轮作；采用芝麻与珍珠粟按 3∶1 进行间作，有利于减轻发病。加强田间管理，淮河流域和长江流域芝麻产区宜采用高畦栽培，雨后及时排水，降低田间湿度；合理密植，加强肥水管理，增施施磷、钾肥，苗期不施或少施氮肥，培育健苗。

物理防治　播种前用 55～56°C 温水浸种 30 分钟或 60°C 温水浸种 15 分钟，晾干后播种；芝麻收获后及时销毁田间病残株。

生物防治　用生防制剂哈茨木霉、绿色木霉进行土壤处理或用哈茨木霉 / 绿色木霉 / 枯草芽孢杆菌（0.4%）进行种子处理。

化学防治　播前用甲霜灵（0.3%）或福美双（0.3%）进行种子处理；发病初期用药，可用 25% 甲霜灵可湿性粉剂 500 倍液，或 58% 的甲霜灵·锰锌可湿性粉剂 500 倍液、56% 甲硫·噁霉灵 600～800 倍液、69% 烯酰·锰锌 1000 倍液喷雾，间隔 7～10 天，连喷 2～3 次。

参考文献

李丽丽，1993. 世界芝麻病害研究进展 [J]. 中国油料 (2): 75-77.

中国农业科学院植物保护研究所，中国植物保护学会，2015. 中国农作物病虫害 [M]. 3 版. 北京：中国农业出版社.

FARR D F, ROSSMAN A Y, 2017. Fungal databases, systematic mycology and microbiology laboratory, ARS, USDA. Retrieved January 4, from http://nt.ars-grin.gov/fungaldatabases/.

SAHARAN G S, NARESH M, SANGWAN M S, 2005. Diseases of oilseed crops[M]. New Delhi: Indus Publishing Co..

（撰稿：刘红彦；审稿：杨修身）

植保素　phytoalexin

源于希腊文，phyton 即植物，alexin 即保护物质，是植物受病原物侵染或生物因子处理后产生的一类具有抗菌活性的低分子量化合物。一般出现在侵染部位附近，其产生速度和积累的量与植物的抗病性有关。真菌、细菌、病毒等病原微生物及它们的代谢物、细胞壁多糖、糖蛋白、几丁质、脂肪酸以及重金属、过氧化氢、伤口、紫外线等均能诱导寄主产生植保素。Müller 和 Börger 最早提出植保素的存在，第一个被分离鉴定的化合物是豌豆的异黄酮豌豆素。目前已分离鉴定的植保素大致可以分为以下几类：酚类（绿原酸、香豆素等）、萜类（单萜、倍半萜和二萜等）、黄酮异黄酮类（樱花素、豌豆素、大豆素等）、含硫化合物和吲哚类化合物等。不同植物中所合成植保素的结构可能不同，但同种类的植物大多产生同类型的植保素。例如：十字花科植物中最典型的是含硫的吲哚类生物碱（camalexin）；水稻中主要的植保素有黄酮类樱花素（sakuranetin）、二萜类（momilactones）和 phytocassanes；可可（Theobroma cacao）积累阿江榄仁酸、3,4-二氢乙酰苯、4-羟基乙酰苯和环辛硫（俗名硫黄），而硫黄自古被用作杀菌剂。大部分植保素由以下三条主要生物合成途径之一或联合合成，即莽草酸（shikimate）、乙酸–丙二酸（acetate-malonate）和乙酸–甲羟戊酸（acetate-mevalonate）途径。实际上，多数植保素的合成是在初级代谢物的基础上进行一步或者数步反应而得，这样有利于植保素的快速积累。例如：柚皮素的甲基化产生樱花素，酚胺类由酚酸与芳香胺或者多胺耦合而成。另一方面，在植物与病原菌的共同进化过程中，病原菌也获得了降解植保素的功能。

参考文献

COOPER R M, RESENDE M L V, FLOOD J, et al, 1996. Detection and cellular localization of elemental sulphur in disease-resistant genotypes of *Theobroma cacao*[J]. Nature, 379: 159-162.

JEANDET P, 2015 Phytoalexins: current progress and future prospects[J]. Molecules, 20: 2770-2774.

（撰稿：郭泽建、陈旭君；审稿：陈东钦）

植保系统工程　plant protection system engineering

把植保工作视为系统，运用系统工程的理论和方法，对植保科学中的事物进行分析研究、规划设计、运筹决策和管理评估的科学方法和工作程序。简而言之，就是应用系统工程的理论和方法解决植物保护问题。明确指出植物保护学科发展必然要走系统工程之路，这将使农业有害生物治理的理论研究和战略研究上升到一个新的高度，对当前的战术研究也有重要的指导意义。植保工作是一个复杂的大系统，其组分和互作很复杂，动态性很强，不确定性很大。管理这种系统，只靠经验行事是难以做好的，需要采用系统分析的方法来更为深刻和全面地认识这个系统，并采用系统管理的方法来管理这个系统，这就是植保系统工程。

植保工作面对的是多种不同的生物和错综复杂的生物间相互作用，既逃不脱复杂多变的气候条件的影响，又要不断适应农业技术的变革和发展，受到经济条件和社会需求的制约和促进。有时需要考虑的时空跨度还很大，如大区流行病害等。如病害系统就是一个由一种或几种作物、多种病原物、相应传播介体、有关的天敌益菌和理化环境条件组成。是农田生态系统的一个子系统，不能孤立地研究植物病害系统，必须把它放在农业生产甚至农牧业发展历史的背景系统之中，才能更全面和深入地认识其变化规律。植物病害系统的管理，更需要从农田生态系统管理全局出发，把病害管理协调融汇于整个农田生态系统管理之中。农田生态系统各子系统中，和病害系统性质最近、关系最密切的是害虫、杂草和有害动物等子系统，病、虫、草、鼠诸害虽各有其不同特点，但在发生规律和基本理论上存在着许多共性，而在防治原理和措施上既有共性和一致之处，也有相互作用甚至相互矛盾之处。实际上，植保工作就总体而论，病、虫、草、鼠的防治不能各自为政，不能单打一地就病论病、就虫治虫，而应从全局出发，综合考虑，组成一个统一的综合治理系统（见图）。植保工作的管理目标是满意的综合效益，包括经济效益、生态效益和社会效益，而三者间的协调兼顾有时并不容易。既要力求适应于母体系统即植物生产系统，保证增产和持续农业的实现，而在特定条件下，有时也不得不要求植物生产系统作出某些结构和功能的改进。

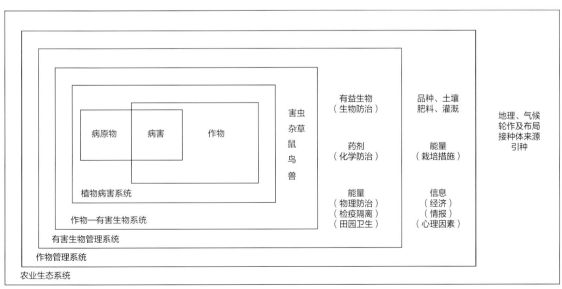

与植物病害流行有关的系统层次（引自肖悦岩等，1998）

历史经验证明，要搞好病虫害工作不能单纯依靠技术的改进，还要研究防治策略，做好技术管理和行政管理，有许多软科学研究应予重视和有待加强。曾士迈认为：系统科学的理论和方法在植物保护科学中的应用，大体上可分为3个阶段或3个层次：①面对有害生物，用于有害生物发生规律、种群动态、预测预报、防治决策或种群控制技术研究。②面对田间防治，用于有害生物综合防治管理。相对而言，如把上一层次的研究看作是单项研究或集成线路的研究，则这一层的研究可视为系统的研究，也就是把综合防治工作作为一个整体，看作是有目标建立、监测、预测、防治决策、综合效益评估等工作环节组成的系统，来研究如何管理这个系统，以求得最好的防治效果。③面对一个地区或国家的植保工作的系统管理。一个地区或国家的植保工作除检疫、防治、测报、药械等业务技术性工作外，还包括信息、规划、决策、评估等管理性工作，以及科研、教育、推广等支持性的工作，及其管理优化的问题。植保系统工程是以第一层次研究为基础，进而对田间综合防治以及其上诸层植保工作进行系统分析和系统管理的研究，是对这些事物进行分析、认识、设计、评估的一套思维方法和工作方法。

参考文献

曾士迈，庞雄飞，1990. 系统科学在植物保护研究中的应用 [M]. 北京：中国农业出版社.

曾士迈，赵美琦，肖长林，1994. 植保系统工程导论 [M]. 北京：中国农业大学出版社.

（撰稿：赵美琦；审稿：肖悦岩）

植病流行遗传学基础 genetic basis of plant disease epidemic

用遗传学观点分析病害流行条件影响下寄主与病原物群体水平上相互作用的动态表现。环境为外在条件，寄主抗病性—病原物致病性的遗传特性是流行的内在基础。寄主病原物在协同进化的历史中建立了病害的动态平衡（见植物病害流行的生态观），现代农业活动使生态系统的结构发生变化，特别是寄主植物基因型的人为改造，动态平衡遭到破坏，有利植物病害发生和流行。

简史　20世纪20～30年代科研工作者就已发现大面积推广单一抗性品种而导致抗病性"丧失"的问题，如在30年代欧洲大面积推广单一的垂直抗性品种（如Vertifolia）及其衍生品种，几年内就丧失了抗病性；美国1926年在生产上大面积推广小麦品种Ceres，8年后导致秆锈菌56号生理小种的出现和迅速上升，1934年此品种就丧失抗病性，以后开始大面积推广抗56号小种的Thatcher，又导致了秆锈菌生理小种15B上升从而造成Thatcher的抗病性丧失。此后品种抗病性丧失的报道接连不断。在中国最典型的例子是20世纪50年代大面积推广种植碧蚂1号小麦品种，致使相应的小麦条锈病菌条中1号小种迅速上升，而导致该品种抗病性迅速丧失。20世纪50年代以前的植病流行学主要研究环境条件对病害流行的影响，1963年范德普朗克在《植

物病害：流行和防治》一书强调了植物抗病性类型（水平抗病性和垂直抗病性）的不同的流行学效应。例如1970年美国玉米小斑病大流行，主要原因是当年美国种植了对小斑病菌T小种高度感病的T型胞质雄性不育系玉米面积达75%以上，表明作物遗传单一化造成病害流行。寄主抗病性丧失的一再重演，告诫我们植病流行学的研究不可忽视寄主植物—病原物的遗传基础。

寄主—病原物的协同进化　协同进化也称共同进化，指两种或两种以上的生物具有密切的生态关系，相互施加选择压力，使任何一方的进化需不同程度地依靠另一方的进化。在长期的进化过程中，寄主和病原物的协同进化也是相互作用、相互适应和相互选择，寄主发展出种种类型和程度的抗病性，病原物也发展出种种类型和程度的致病型。在自然界中寄主植物群体和病原物群体都由多种基因型组成，通过突变、杂交等途径，基因和基因型经常发生变异。一定的寄主基因型—病原物基因型组合导致寄主植物某种程度的抗病或感病。寄主植物—病原物在相互的选择压力下寄主群体中抗病基因和感病基因的频率发生变化，病害流行使抗病基因频率上升，后代病害减轻，病害轻微使感病基因频率上升。病原物方面也是如此。自然生态系中普遍存在着自动平衡的机制，使生物群体中各种基因的频率趋向某种中间程度，频率过高时自然受到控制而下降，过低时又上升，形成一种动态平衡。

自然生态系统和农业生态系统中植物寄主群体的遗传防御　在自然生态系统中，寄主植物和病原物在长期的协同进化过程中相互选择、相互适应达到相互依存的动态平衡状态，表现为病害经常存在，寄主与病原物共存，病害水平不高，偶尔暴发流行，但局限于一定时间和空间中，经过一定时间的自动调节，病害又恢复原来的平衡状态。这种动态平衡状态，正是现代人们在病害管理中所希望建立的状态。从遗传学观点来看，在平衡状态下寄主植物对于病原物的侵染是具备了一套防御机制的，理解这套防御机制，可以为农业生态系统中建立病害管理系统提供依据和模板，因此，研究自然生态系统中植物群体对于病害的遗传防御机制，具有重要的理论和实践意义。

在现代农业系统中，寄主的遗传多样性被削弱，持续大面积栽培同种作物且种内遗传明显单一化，上百万亩农田种植同一纯系品种或同一杂交组合的品种，自动平衡机制受到冲击。由于遗传单一化的寄主植物群体对复杂多变的病原物群体起定向选择作用，在有病原物存在时，一旦遇气候条件适合，病害容易大流行。由于作物育种和栽培中遗传单一化倾向越演越烈，育成的新品种抗某种或几种主要病害，但对次要病害高度感病，往往在解决了主要病害时，使次要病害上升；尤其是垂直抗病性或单基因主效基因品种的大面积品种推广，造成寄主植物群体对病原物小种的定向化选择，导致新小种上升使寄主的"抗病性丧失"。因此，感病性强的寄主植物和致病性强的病原物大量存在，是病害大流行的前提，致病性强的病原物大量发展是寄主群体定向选择的后果，这在基因对基因病害系统中尤为明显。

植物病害体系及寄主与病原菌群体互作　1976年，鲁宾逊（Robinson）提出植物病害体系是由寄主植物的多种

抗病性类群和病原物的多种致病性类群组成的系统，抗病性类群（pathodeme）指具有某种共同的抗病性的品种组成的亚群体。致病性类群（pathotype）指具有某种共同的致病性的菌系组成的亚群体。一系列不同的寄主抗病性类群和一系列不同的病原致病性相组合时，在相互关系中出现两种典型情况：一是寄主—病原物间存在着专化性或分化性相互作用，这种体系称垂直体系，专化性互作指的是寄主免疫或高度感病的质量差异的互作，分化性互作指寄主抗病和感病数量差异的互作。另一种则没有专化性或分化性互作而呈现抗病性和致病性恒定等级（constant ranking），后者称水平体系。故此植物的抗病性可分为垂直抗病性（vertical resistance）和水平抗病性（horizontal resistance），病菌的致病性可分为毒性（或作毒力 virulence）和侵袭力（aggressiveness）两大组分。在基因对基因病害系统中，寄主植物两类抗病性并存，而且可以同时存在于同一品种（基因型）中，同样病原物两种致病性组分也可并存于同一菌系（基因型）中；在非基因对基因病害系统中，只存在水平抗病性和侵袭力的对应。在垂直体系中，寄主抗病性差别是垂直抗病性的差别，病原物致病性差别是毒性（virulence）差别。垂直体系要保持抗病性总体效应稳定，寄主群体抗病性遗传是要多样化或者在时间或空间呈不连续性。如果寄主群体抗病性遗传是单一化的，则抗病性难以持久。在水平体系中，寄主抗病性差别是水平抗病性的差别，病原物致病性差别是侵袭力的差别。水平体系的抗病性强度一般不如垂直体系，但较稳定持久。在自然生态系统中，水平抗病性普遍存在，某些情况下虽有垂直体系，往往处于动态平衡之中，因为寄主遗传物质以及垂直抗病性多样并存，寄主植物在时空的不连续性，使病原物各种致病性类群大体均衡并存，很难形成优势小种。在农业生态系统中，在人们选用某一单一的垂直抗病性基因并大面积单一化种植后，发生定向化选择（directional selection），形成优势小种，导致"抗病性丧失"。例如20世纪50年代中国大面积单一化推广小麦品种碧蚂1号后，相应小种条中1号迅速发展成优势小种，使碧蚂1号丧失抗病性。范德普朗克1968年提出稳定化选择（stabilizing selection）的概念，当病原物在获得一个新的毒性基因时，必然在遗传上进行改造，其侵袭力（或适合度）往往下降，在感病品种上，毒性小种往往竞争不过无毒性小种。而稳定化选择不利于毒性，使之频率下降。他认为在感病品种上毒性小种竞争不过无毒性小种，毒性和侵袭力间呈反相关，小种含毒性基因越多侵袭力越弱。这一假说有人支持，也有人怀疑，认为稳定化选择只是某些条件下的局部现象，而非普遍规律。

在寄主植物抗病性和病原菌致病性群体互作系统中，新小种的产生和流行对植物病害系统和病害流行有着重要的影响。新小种的产生源于病原物毒性基因或基因型的变异，这是新小种的萌芽，是否可发展成具一定数量的亚群体、流行为害，取决于下述条件：① 病原物变异潜能和速度。仅以突变来分析，一般估计无毒性到毒性的突变率为 $10^{-9} \sim 10^{-5}$，如有人估计小麦白粉病菌某毒性位点的突变率为2000次/公顷·日。有些病菌还远高于此，如稻瘟病菌等。② 病原物群体大小。基数越大，变异体个体数量越多。③ 病原物发育特性和病害流行规律。无性生殖发达的病菌比没有无性生殖年年进行有性生殖的更易形成新小种，因为只有变异后经过选择形成稳定的无性生殖系之后，更易发展成有一定数量的毒性相同的亚群小种。在同一地块能完成周年循环的病害比大区流行病害更易发展出新小种。④ 气候条件和栽培条件：条件越利于病害流行，就越利于新小种迅速上升。当病害种类、栽培地区和气候条件都已限定时，上述四者已成固定因素，这时新小种流行速度取决于下述⑤⑥因素。⑤ 生产上品种组成和布局。感病品种和相应抗病品种在总种植面积中所占比例，影响新小种的发展速度，前者影响病原物群体大小，后者决定选择压力的强弱。抗病品种连年种植或抗病性品种在病菌越冬和越夏区连片种植，有利于新小种的定向选择。⑥ 新小种的寄生适合度。寄生适合度越高，新小种发展越快。

寄主—病原菌群体互作模型 关于寄主和病原菌群体互作模型的研究主要涉及以下4个方面：① 自然群体中寄主与病原菌群体的互作模型。② 多系品种或混系品种（单基因品种）—多小种互作模型。③ 多主效基因品种—多小种互作模型。④ 多品种（多种基因型）—多小种互作模型。1958年，Mode首次报道了自然生态系中寄主—病原物群体相互选择模型，以后Jayakar（1970）、Leonard（1977）对其进行了改进和发展，Sedcole（1978）、Fleming（1980）等对自然系统的群体模型进行了"平衡点"等方面的理论分析。1976年，Groth提出了多系品种与多小种的简要模型，1978年，Barrett和Wolfe对其进行了改进。同年，Fleming等给出了此模型的通式。1976年Kiyosawa等提出了多主效基因品种—多小种的模型，此模型只涉及2个抗性位点，4种病原基因型，其通用性受到一定的限制。1998年张忠军提出了小麦品种—条锈病小种的互作模型，并做了一系列模拟试验；1993年Hovmoller也建立了一个和张忠军相似的多品种—多小种互作模型，并通过田间试验对其进行了验证。1996年周益林以竞争模型为基础，组建了小麦白粉病多小种—多品种群体互作模型。1996年曾士迈以相对寄生适合度为主要参数组建了小麦条锈病品种抗病性持久度预测简要模型。这方面的研究越来越接近作物病害系统的实际，但由于病害系统是寄主群体的抗病性多样性、病原菌群体的致病性多样性和环境条件共同作用构成的复杂系统，因此，对寄主品种—病原菌小种群体互作模型方面的研究目前大多局限于理论研究，对模型行为的计算机模拟多，而对模型的试验验证相对比较少。

遗传多样化寄主和多样化病原物互作及在病害控制中的应用 寄主遗传单一化导致病害大流行，促进了以寄主遗传多样化来防止病害大流行的研究。但现代农业中商品质量、栽培技术等要求一致的纯系品种（包括杂交种），因此，这类研究大多很难进入实用的领域，如20世纪50年代倡导的多系品种，至今只在个别病害、少数国家或局部地区应用。多系品种、混合品种、品种条状间作乃至作物间混套作均属寄主遗传多样化。这些方法可通过苍蝇纸效应、稀释作用、物理阻挡作用、寄主密度效应、病原物种间或小种间的拮抗作用或交叉保护作用以及品系种或作物间的产量补偿等减轻病害作用。另一方面也可能会有病原物间的协生作用和促进新小种产生等不良效应。已有的研究报道大多都肯定了这些方法不同程度的防病保产（增产）效果。20 世纪 80 年代，前民主德国运用大麦品种混合种植，成功地在全国范围内控制了大麦白粉病的发生，丹麦、波兰在大麦上也做了类似的研究，并获得类似的结果；加拿大进行了大麦和燕麦混种的研究，也获得对白粉病的控制结果。中国深入开展了利用农业生物多样性控制作物病害的研究，在国际上创建了"水稻遗传多样性持续控制稻瘟病的理论和技术"，在云南和其他 9 个省（自治区、直辖市）小区试验和大面积示范的结果表明，水稻品种多样性混合间栽可以将感病优质水稻品种的稻瘟病发病率控制在 5% 以下，与净栽优质稻相比，对稻瘟病的防效达 81.1%～98.6%，减少农药施用量 60% 以上，每公顷增产优质稻 630～1040kg，平均每公顷增收 1500 元以上，获得了显著的经济、社会和生态效益。

参考文献

马占鸿，2010. 植物病害流行学 [M]. 北京：科学出版社 .

肖悦岩，季伯衡，杨之为，等，1998. 植物病害流行与预测 [M]. 北京：中国农业大学出版社 .

曾士迈，2005. 宏观植物病理学 [M]. 北京：中国农业出版社 .

曾士迈，杨演，1986. 植物病害流行学 [M]. 北京：农业出版社 .

曾士迈，张树榛，1998. 植物抗病育种的流行学研究 [M]. 北京：科学出版社 .

朱有勇，2004. 生物多样性持续控制作物病害理论与技术 [M]. 昆明：云南科技出版社 .

DAY P R, 1977. The genetic basis of epidemics in agriculture[M]. New York: The New York Academy of Sciences.

MILGROOM M G, 2015. Population biology of plant pathogen: genetic, ecology, and evolution[M]. St. Paul: The American Phytopathological Society Press.

（撰稿：周益林；审稿：段霞瑜）

植物病毒　plant virus

一组（一种或一种以上）DNA 或 RNA 核酸分子，通常包裹在蛋白或脂蛋白保护性外壳中，在植物细胞内借助寄主的核酸和蛋白质合成系统以及物质和能量进行自我复制。植物病毒的基本单位是病毒粒体（virion），完整的病毒粒体是由一个或多个核酸分子包被在蛋白或脂蛋白外壳内构成的。大多数植物病毒只含有外壳蛋白，外壳蛋白是由核酸所编码，起着保护核酸的作用，并决定着病毒的不同形态。有些病毒粒体中还含有其蛋白，如 DNA 聚合酶、RNA 聚合酶。每种植物病毒只含有一种核酸（DNA 或 RNA），病毒的核酸即基因组很小，编码的蛋白种类也很少。植物病毒粒体具有不同的形态与大小，大多数的形态为球状（也称等轴体、二十面体）、杆状和线状，少数为杆菌状、弹状、双联体状和细丝状。植物病毒作为植物的一类重要病原物，所引起的植物病毒病害往往很难防治，有"植物癌症"之称，在全世界范围内对农作物、花卉等的生产造成严重危

害。植物病毒无主动侵染寄主的能力，自然状态下需要依赖介体（昆虫、线虫、菌类、螨类或菟丝子）及非介体（机械伤口、花粉、种子或营养繁殖材料）将其从一个植株转移或扩散到其他植株。

参考文献

洪健，李德葆，周雪平，2001. 植物病毒鉴定图谱 [M]. 北京：科学出版社 .

谢联辉，2011. 植物病毒学 [M]. 3 版 . 北京：中国农业出版社 .

（撰稿：周雪平；审稿：陈万权）

植物病毒病害综合防治　integrated control of plant viral disease

对植物病毒病害进行科学管理的体系。

自然和农业系统的生产力经常受到水限制的限制，并且由于全球气候变化，干旱期的频率和持续时间可能增加。此外，植物病毒在野生和栽培植物种中更是高度普遍的生物威胁。有害生物的综合治理（IPM）是从生态学和系统论的观点出发，针对整个农田生态系统，研究生物种群动态和与之相关联的环境，采用尽可能相互协调的有效防治措施并充分发挥自然抑制因素的作用，将有害生物种群控制在经济受害水平之下，并使防治措施对农田生态系统内外的不良影响减少到最低限度，以获得最佳的经济、生态和社会效益。

在有害生物中，植物病毒病由于具有独特的病原特性，如病毒粒子借助昆虫、人为或自然因素造成的植物伤口等因素进入植物体内后，利用植物细胞的信息、能量和酶系统，完成病毒自身的复制与增殖，植物病毒的这种增殖机制给病毒病的防治带来了极大的困难。植物病毒病的发生与寄主植物、病毒、传播介体、外界环境条件以及人为因素密切相关。当田间有大面积的感病植物存在，毒源、介体多，外界环境有利于病毒的侵染和增殖，有利于传毒介体的繁殖与迁飞时，植物病毒病害就暴发流行。因此，植物病毒病的综合防治具有独特性。

完善检疫制度　检疫制度是指在农作物品种运输期间，相关人员所运输的农产品种苗要尽可能是由无病区带来，继而要对其展开严格检疫审核，最大限度地从源头降低病毒病的出现概率，防止病毒病出现大面积扩散。

植物抗性的应用　植物在与病原物长期协同进化过程中，会产生一些主动的抵御机制，即过敏反应。这是特异的植物抗性基因与病原的误读基因互作而产生的。许多能识别不同植物病原体的显示 R 基因已经被克隆与测序。不管 R 基因在模式植物或者不同作物品种中，所有 R 基因编码的蛋白质都具有富有亮氨酸重复结构（leucine-rich repaet，LRR）或者丝氨酸 - 苏氨酸蛋白激酶（serine-threonine kinase，STK）结构。R 基因都能与不同植物病原互作。同时基于对 R 基因的 LRR—NBS 序列的研究，可以得到一些与抗性基因相关的同源序（resistance geneanalogues，RGAs1），对 RGAs 的研究发现，它们大部分都能表达并

且表现出较强的抗性。表达胞外核糖核酸酶基因能够增加烟草对 CMV 的抗性。利用 CRISPR（clustered，regularly interspaced short palindromic repeats-CRISPR-associated proteins）系统可以增强植物对 DNA 病毒的抗性。plum pox virus（PPV）具有很广泛的寄主范围，植物病毒蛋白磷酸化与病毒 CP 的 O-GlcNA 酰化共存能影响 PPV 的感染。研究利用这些植物的抗病特性，可以培育出符合生产实际需要的抗病新品种。

抗病毒植物基因工程方法的应用　病毒编码的蛋白所介导的抗性，或者转化表达病毒基因组上的其他基因的产物使植物获得抗性。我们可以利用病毒外壳蛋白基因培育抗病毒病转基因植物。当植物受到某一种病毒侵染后，可免除其他同源病毒的侵染。TMV、CMV 已经成功在植物中表达病毒 CP 获得抗性。复制酶基因有关的组分转化可以使植物获得抗性。目前，已经在 PEBV、CMV、PVX、PVY 等病毒中利用与复制酶基因有关的组分转化植物获得抗性。应用病毒移动蛋白基因，通过分子生物学技术将 TMV 的正常株系缺失突变后，使其失去产生移动蛋白的能力，再接种健康普通烟草，不会产生系统侵染；而对照则可发生系统性侵染。将 TMV 的移动蛋白基因缺失后转化烟草，获得的转基因烟草不仅对烟草花叶病毒组的多种病毒具有抗性，对烟草脆裂病毒（tobacco rattle virus，TRV）、烟草环斑病毒（tobacco ringspot nepovirus，TRSV）、花生褪绿线条病毒（peanut chlorotic streak，PCSV）及黄瓜花叶病毒（CMV）也具有抗性。利用病毒卫星 RNA 时，卫星 RNA 只需低水平表达并且不需要产生新的异源蛋白就可使转基因植物产生较强的抗性，可避免外源基因在植物体内产生异源蛋白而对植物产生不利影响。田波等利用卫星 RNA 作为生防制剂，控制 CMV 引起的病害获得了成功。但利用卫星 RNA 也存在着局限性与危险。

轮作　在田间栽培时，在病毒病危害严重的区域可以考虑进行与不易感染病毒病的作物进行轮作，建议 2～3 年轮作 1 次。增强植物抗病力，培育和推广抗病或耐病品种等可以减少病毒病的发生。

药物防治　利用化学药剂、植物源或者生物制剂防控病毒病。有些化学物质对病毒侵染或病毒在植物体内的繁殖有一定程度的抑制效果，或者被植物吸收后，可诱导植物产生一定程度的抗病性。病毒唑、E30 制剂，通过喷施到植物表面后，很容易被植物吸收，吸收到植物体内的 E30 对侵染植物的 TMV、CMV、PVX、PVY、PVA 多种病毒具有较好的钝化作用。马蓝（*Baphicacanthus cusia*）、五倍子（*Rhus chinensis*）等植物或者中草药提取物具有抑制烟草感染 TMV 的作用。哈茨木霉菌（*Trichoderma harzianum*）菌株 strain T-22（T22）可以抑制 CMV 对番茄的侵染。NS83 增抗剂可有效防治侵入烟草等植物的 TMV 和 CMV，其效果可达 30%～50%；DHT（2,4 -dioxohydro-1,3,5，triazine）对侵染植物的多种病毒具有治疗作用。但病毒种类不同，其治疗效果差异很大。目前化学药剂尚无法根治病毒病，存在环境污染和对生态系统的负面影响。宁南霉素，果树病毒 I、II 号，农抗 120 等植物源中草药病毒抑制剂，对苹果、葡萄、樱桃的花脸病、卷叶病毒病及扇叶病毒病防治效果显著。喷洒叶面后能迅速传导至植株全身，达到阻止病毒侵染、钝化病毒病原体活性、抑制病毒自身复制的作用，同时能促进植物细胞的生长、分化，增强作物的免疫力，进而提高作物的抗病毒能力。

建立无病毒种苗繁育体系　通过组织脱毒法获得无病毒病种植材料。主要适用于无性繁殖的农作物。将未被病毒侵染的茎尖、芽尖等植物组织通过组织培养获得大量无病毒的健康苗，而后再移栽到大田。少数植物繁殖材料如接穗、鳞茎等可利用脱毒技术获得无毒繁殖材料，或通过药液热处理进行灭毒。中国的柑橘通过茎尖组培的方法已经建立了健康种苗防治体系，成功地应用于生产。但是该方法由于成本高、工作量大，有些病毒不容易脱除，存在一定的局限。

综合消灭传染源及切断传播途径　有些病毒是通过昆虫、线虫、真菌等传播媒介的活动而传播流行。具有传播媒介的病毒病，媒介生物的种群活动直接影响着病毒病的发生与严重程度。选用抗病或耐虫优良品种。清除田园病残体，减少传播媒介生物种群，并采取防虫网保护育苗及全程覆盖栽培，应用黄板、蓝板诱虫，银灰色地膜覆盖趋避传媒昆虫、人工抓捕、黑光灯诱杀等及高效低毒农药防虫控病，多措并举控制传播媒介生物的活动。在种植过程中，适当增加瓢虫及蜘蛛数量，借此降低传播媒介生物的总体数量，由于其不会产生公害，因而在实际防治中会被广泛应用。

参考文献

秦小庆，冯妮，吉根林，等，2017. 黄瓜病毒病综合防控 [J]. 西北园艺 (9): 53-54.

姚祥坦，曹家树，李晋豫，等，2004. 植物抗病毒病育种策略 [J]. 细胞生物学杂志 (26): 362-366.

（撰稿：孔宝华；审稿：李成云）

植物病害标本　specimen of plant disease

自然界中不同植物有不同的病害，为了描述记录、传播知识和科学研究等，将田间或温室发病的植物样本取回进行干燥、浸泡、记录，在适宜的地方保存，用以代表不同时期、不同地点、不同生态条件下发生病害的植物群体症状，这些采集而来的植物发病样品称为植物病害标本。

植物病害标本是记录某地区病害资料的一种重要方法，是经采集、整理、制作等环节制成的，它在专业教学、社会生产和科学研究中有不可替代的作用，是理论联系实际的重要工具和载体，是加强实践教学必不可少的实物，尤其是在病害的鉴定分类、专业人员培训、科普教育等方面具有重要用途。植物病害标本能够形象直观地展示植物病害症状的特点或病原物的形态特征，并具有不受植物生长季节和区域限制的特点，有助于植物病理学实验对病害症状的展示和描述。

植物病害标本主要有干腊标本（包括玻盒标本、过塑标本）、浸渍标本和玻片标本等类型。

干腊标本是将植物病害标本放在标本夹里的吸水纸中压制，通过不断更换吸水纸、烘干、熨烫、冷冻等使病害样本干燥制作而成，适合保存叶片、茎、细枝条、树皮等标本。压制好的腊叶标本置于单面玻璃标本盒中，称为玻盒标本；过塑标本是将病害标本放在吸水纸中熨烫，让标本快速脱水干燥，保持原有色泽，并封于塑料膜中，适合叶片、花瓣、较小的茎秆（如水稻、小麦）等大量保存，便于携带和观赏。

浸渍标本是指经过保色、防腐等处理浸于装有特殊化学药剂的密封容器中的植物罹病组织，多用于保存多汁果实、肉质子囊菌、担子菌子实体、蕈类、根部病害等。

玻片标本指植物病原物（如真菌、细菌、放线菌、线虫等）经固定、染色、密封等措施，将其形态、颜色、大小、侵染途径、结构特征等特定现象固封于载玻片内形成的标本，按保存时间可分为临时玻片、半永久玻片、永久玻片标本；按制作方法分为装片、切片和涂片。

参考文献

曹若彬，李德葆，1965. 第二讲植物病害标本的采集和制作 [J]. 浙江农业科学 (4): 216-217.

潘春清，张俊华，文景芝，等，2015. 植物病害标本室的组建与标本制作 [J]. 实验室科学 (2): 154-157, 162.

徐志华，1981. 林木病害标本的采集与制作 [J]. 河北林业科技 (2): 45-47.

杨媚，2014. 植物病害标本的类型及其制作技术 [J]. 安徽农业科学 (8): 2359-2360, 2467.

杨广玲，张卫光，董会，2010. 植物病害标本的采集制作与保存 [J]. 现代农业科技 (11): 188-189.

张镇中，1966. 植物病害标本的采集、制作、保存和邮寄 [J]. 新疆农业科学 (5): 204-206.

（撰稿：刘太国；审稿：陈万权）

植物病害防治策略　strategy of plant disease control

根据植物病害流行规律的特点和防治实施的能力，因时因地制宜的防治对策和谋略。病害防治服务于植物生产，要求以最经济易行的方法取得最大的综合效益。不同病害或同一病害在不同条件下，流行规律和防治难易不同，防治条件和能力也有所不同，因而设计具体的防治目标和方法时，既要满足需要，又要符合客观可能性，抓准病害发展的薄弱环节，发挥主观有利条件，因情况制宜。从植病流行学看防治策略，主要依据不同病害的流行学类别、流行规律的特点及流行主导因素、现有防治技术的效能和成本、防治上的经济社会约束条件等。

简史　最早提出的植物病害防治主要围绕病原物和病害过程，并将防治方法分为"杜绝""歼灭""保护"和"免疫"（或"抵抗"）四类（Whetzel，1926），随后又补充了"回避"和"治疗"两类。"杜绝"和"歼灭"主要是针对病原物的，"保护"和"免疫"主要针对寄主植物。曾士迈（1989）认为防治病害可以从三个方面（寄主、病原物和环境）、四道防线（拒绝、免疫、保护和治疗）上采用多种措施和方法，并且认为在一定情况下采取回避政策亦不失为良策，如果某

种病害经常流行而且靠现有防治技术很难控制，或虽能防治而成本过高、得不偿失，在生产经营作物布局等允许下，采取回避策略，在易流行地区或地块不再种植该种作物。如美国玉米带农民因小麦赤霉病难防而不种小麦；大城市近郊老菜区如病害年年严重，防治负担极重，则可以放弃老菜田另辟新菜区。许志刚 1997 年将植物病害防治措施的作用原理区分为"回避""杜绝""铲除""保护""抵抗"和"治疗"6 个方面。常用的植物病害防治措施有植物检疫、品种抗性利用、农业防治、生物防治、化学防治等，它们分别或共同可起到"回避""杜绝""铲除""保护""抵抗"和"治疗"6 个方面的作用。

流行结构和防治策略　植物病害流行的指数方程 $X=X_0 \cdot e^{rt}$（见病害流行时间动态）体现了一种简要的流行结构，即流行程度是初始菌量 X、流行速度 r 和流行时期长短 t 三者的函数，因此，植物病害防治措施的设计可针对病害的流行学类型或流行规律特点分别采取减少初始菌量、降低流行速率或缩短流行时间，即 X_0 策略、r 策略和 t 策略。当然不同病害或同一病害在不同条件下，三者作用的相对大小不同，如再侵染频繁的病害（见单年流行病害）X_0 一般很小，主要靠 r 值、或 r 和 t 值高而引致流行；没有再侵染或再侵染作用不大的（见积年流行病害）病害则 r 值很低，主要靠 X_0 初始菌量大而引致流行。常用的植物病害防治措施植物检疫、品种抗性利用、农业防治、生物防治、化学防治等，这些防治措施可分别起到减少初始菌量 X_0、降低流行速度 r、或缩短流行时期 t、或兼而有之等流行学的作用。①X_0 策略。通过减少初始菌量或降低其作为接种体的效能，可以有效抑制植物病害的流行，尤其是对初始菌量起主要作用的积年流行病害或单循环病害或大菌量低速度的流行病害有明显的抑制作用，起"回避""杜绝""铲除"和"治疗"作用的防治措施，均可起到减少初始菌量的流行学效果，这些防治措施包括植物检疫、抗病品种（垂直抗病品种）、农业防治或物理防治（如汰除病种子、菌核、菌瘿等，使用无病种苗，砍除野生寄主或转主寄主，消灭越冬菌源，田园卫生，拔除病株或消灭发病中心，轮作物，腐熟肥料等）、化学防治（如土壤消毒、种子消毒、铲除性喷药等）、生物防治（使用拮抗生防菌等）等方法。②r 策略。通过减低流行速率控制这类病害。对于单年流行病害或多循环病害，一般采用 r 策略，能"保护""抵抗""治疗"和"铲除"作用的防治措施均可起到降低流行速率的流行学效应。这些防治可包括使用抗病品种（水平抗性品种、多系品种等）、农业防治（如合理灌水、施肥和密植、合理间套作、合理密植等）、生物防治和化学防治（保护和治疗性药剂、诱导抗性、生防菌等）。③t 策略：对 r 值高而后期流行的病害，一般采取 t 策略，"抵抗"和"回避"可起到降低病害流行速率 t 的效果，如可通过使用抗病品种或调整植物的生育期使寄主植物的感病期、病原物传播期和适合发病的环境条件的时间减少重叠，因此，在防治上可考虑早熟品种、早熟栽培（调整播种期和播种深度促进早出苗、控制水肥等促进早熟等）、化学控制生长发育等。同一病害有多种对策时，根据各对策的效果、成本、实施难易和预期效益进行决策，以求用最小投入获取最大产出。有些病

害用上述控制单一流行组分的基本策略难以奏效，则须采用复合策略，即 X_0—r 策略、X_0—t 策略、r—t 策略或 X_0—r—t 策略。以上所述只是拟定防治策略的定性分析，为能通过定量分析作出更可靠的决策，还可借助防治策略的量化模型。

流行主导因素和防治策略 通过流行因素分析找出病害流行主导因素，主导因素如果是可控因素，如品种、栽培等人为因素，成为防治的主攻点；如果是不可控因素，如气候条件等，须分析其他流行要素，选出既对流行影响很大又较易人为控制的因素作为主攻点。

许多病害的逐年流行主导因素表面上看都是气候因素，但作为流行三要素之一，感病寄主的大量存在是流行的内在遗传学基础，防治仍须从提高寄主抗病性着手。从抗病性看，病害可分为寄主主导的和环境主导的两大类，前者如锈病、白粉病、霜霉病等专性寄生菌所致病害，寄主植物品种间对病原物抗病性分化明显，感抗悬殊，环境条件对抗病性的影响相对居于次位，遗传的抗病性居主导地位，因此，防治上以抗病品种为主。后类一如苹果树腐烂病、水稻纹枯病、小麦赤霉病等寄主遗传的抗病性分化不大或寄主缺乏抗源，栽培和环境条件对寄主发病和流行的影响居主导地位，因之防治上以栽培防治或化学防治为主。许多土壤真菌引致的土传病害也属于后一类，须从栽培防治和生物防治着手。此外，还有一些病害寄主普遍感病，关键在于病原物的传播，传播是主导的，如许多虫传病毒病害，蚜虫传播的小麦黄矮病、灰飞虱传播的小麦丛矮病、玉米粗缩病等，由于对这些病害抗病品种很少，介体昆虫的数量及其在毒源植物和被害植物之间的迁移传毒活动便成为病害流行的主导因素，防治上应以治虫防病、或割断毒源植物和受害植物的时空连续（以打断传播）为主攻点。

参考文献

马占鸿，2010. 植物病害流行学 [M]. 北京：科学出版社 .

肖悦岩，季伯衡，杨之为，等，1998. 植物病害流行与预测 [M]. 北京：中国农业大学出版社 .

许志刚，1997. 普通植物病理学 [M]. 2 版 . 北京：中国农业出版社 .

曾士迈，2005. 宏观植物病理学 [M]. 北京：中国农业出版社 .

曾士迈，肖悦岩，1989. 植物保护总论 (一) 普通植物病理学 [M]. 北京：中央广播电视大学出版社 .

（撰稿：周益林；审稿：段霞瑜）

植物病害分子流行学 molecular epidemiology of plant diseases

流行学的一个新分支，其核心概念是应用分子手段解决流行学的问题，特别是那些应用传统流行学方法无法或很难解决的问题。分子流行学一词源于医学，注重应用分子手段和方法研究人类流行病的病原遗传与环境的相互关系、这些关系对流行病的影响以及研究病原分类、群体分布和流行病防治的策略等。随着分子技术逐步应用于各个生物学领域，

植物病害流行学家也开始应用分子手段研究病害流行现象。2007 年骆勇等首次发表了这方面的专著《植物病害分子流行学导论》。

分子方法应用于流行学研究可以包括以下方面（但不局限于此）：在病害快速诊断与病原菌鉴定方面，利于种或针对某种致病菌的特异性引物可以快速、准确地确定引起病害流行的病原菌种类。也可以在潜育状态下确定致病菌的种类和侵染程度。

初始菌量是研究病害大流行的关键参数。初始菌源包括空气、雨水、土壤、种子、灌溉水中的孢子或菌体，也包括植物体内处于潜伏侵染的菌体等。较之传统流行学的方法，分子生物学技术能够应用 DNA 引物和定量方法快速、准确地定量测定初始菌源的种或特定菌系，为病害预测预报提供及时和可靠的依据。

对病害发展和病原菌的动态变化的监测，特别是大范围、多地点的监测是病害流行学研究中不可缺少的环节。应用分子生物学手段，能够快速、准确掌握病害和病原菌群体的分布，为病害防治策略的制定提供可靠依据。分子手段的应用优势在于大范围取样和快速获得相关数据，这成为监测的有效手段。

病原菌的远距离传播的推测一直是流行学研究的难题，特别是对于依靠远距离传播完成病害循环的植病体系，了解病原菌的传播规律和路径成为区域性防治的关键。分子流行学应用群体遗传学原理和方法以及不断发展的系统发育分析理论和手段，有效地推测病原菌的传播规律，为制定区域性的病害防治策略，如大面积抗性品种合理布局提供重要依据。

了解病原菌的进化，特别是对那些造成大面积危害的专性寄生菌，对于掌握流行规律，制定防治措施以及预测未来发展趋势都是非常重要的。分子流行学应用系统发育理论和方法推测病原菌起源与进化，特别是与人类农事活动相关的重大事件所引起的病害大流行以及相关信息，为掌握流行规律和病原菌群体动态与进化趋势做出正确预测。

病原菌群体的竞争，例如不同小种间的动态变化或子群体之间的竞争等是分析病害流行规律、预测未来发展趋势、制定长远防治策略所需的重要信息。分子流行学应用定量分析手段实时、准确地量化各子群体的动态变化，获取竞争机制方面的信息，从流行学角度认识病原菌群体间互作所引致的病害宏观发展的趋势和长远效应。

流行学侧重的有关寄主抗病性的研究一般集中在抗性的宏观表现及其在流行学方面的效应。无论是垂直或水平抗性的宏观表现都需要稳定、可靠的评估方法，以量化未来抗病品种大面积推广后对降低病害流行程度的宏观效果。分子流行学填补了传统流行学方法的某些不足，能够准确、快速和测定某些或某组抗性基因的表达程度、与其他抗性基因的相互关系以及在不同环境下的表现等。结合流行学研究的其他方法以估计未来抗性表现和应用价值等。

在抗药性监测和病原菌抗药群体动态方面，分子流行学能够对已知分子机制的抗药性的宏观表现以及病原菌群体中抗药性亚群体的变化做出及时、准确的定量测定和正确分析。这对于评价杀菌剂的防治效果、药效期以及预测病原菌

群体抗药性的发展趋势等都会提供及时可靠的信息。

以上这些分子流行学的研究领域其实都在不同方面涉及病害防治的决策。无论是预测预报、病害和病原菌群体监测、抗病性利用和抗药性评估方面都为制定病害防治决策策略提供必要的信息。流行学研究更侧重宏观的、区域性的病害防治决策方案的制订。而这些方面都不同程度地依赖病原、寄主和环境三方面互作的信息。分子流行学方法与传统流行学方法的相互补充成为制定病害宏观防治策略的必不可少的途径。

参考文献

LUO Y, MA Z, 2007. Introduction to molecular epidemiology of plant diseases[M]. Beijing: China Agricultural University Press.

（撰稿：骆勇；审稿：肖悦岩）

植物病害流行　plant disease epidemic

植物病原物增殖、传播，在一定的环境下诱发植物群体发病并且造成损失的过程和现象。病害流行通常是指由真菌、细菌、病毒、植物寄生线虫等生物因素引致的侵染性（或传染性）病害，表现为病原物数量和一定的植物群体中病害数量、病害严重程度随时间和空间而变的过程和现象。

流行的英语 epidemic，源于希腊文 επιδημιοσ，原意是"发生在人群中的"，作形容词用。15 世纪见于医学文献，后被移植于植物病理学，仍然强调是发生在植物群体中的现象。病害如果仅发生在少量植株上，对植物种群延续和农业生产不会造成危害。只有大量而集中发病才会造成某种程度的损失乃至灾害。人们之所以关切和研究植物病害，发展植物病理学，归根结底是因为植物病害流行所造成的损失。

植物病害流行又是一个动态过程，是病害数量、严重程度和发生空间随时间的变化，包括病害数量在年度间的消长和在一年内随季节乃至逐日的变化（见病害流行时间动态），以及病害发生范围、分布格局随时间而发生的变化（见病害流行空间动态）。

病害流行作为一个名词，经常被理解为病害在短时间内大量传播和蔓延并造成严重损失的现象，如公元 857 年欧洲莱茵河谷麦角病流行，致使食用者中毒死亡数千人。1845—1846 年马铃薯晚疫病在爱尔兰大流行，导致百万人饿死。1970 年美国玉米小斑病大流行，玉米产量损失 15%。20 世纪 50 年代中国华北红麻因炭疽病流行而停种；1950 年、1964 年和 1990 年小麦条锈病三次全国性大流行分别使小麦减产 60 亿 kg、30 亿 kg 和 12.38 亿 kg。还有很多类似的病害，其传染性强，经常发生或突然发生，也被称为流行病（epidemic）或流行性强的病害。病害流行作为动词使用，如"某某病害大流行"，则含有突然蔓延成灾害（disaster）以至暴发（outbreak）的意思。

另一方面，流行也不仅仅表现为一种状态或样式。其概念也可以派生出流行程度（严重程度）的高低、流行速率（变化速度）的快慢、流行频率或发生频率的高低等。如流

行程度，通常分为大流行（即严重流行）、中度流行和轻度流行三级，有时再加用特大流行和中度偏重或中度偏轻两个中间等级。其分级依据主要是病情及其所致产量损失百分率；如针对一个较大面积的地区，则除病情损失外还常加上流行面积。分级的具体数量标准因作物和病害种类而不同。以小麦条锈病为例，分级大体如下表：

小麦条锈病流行等级表

流行等级	小麦乳熟期病情指数	减产百分比（%）	流行面积占当地栽培面积百分比（%）
特大流行	>60	>30	>80
大流行	>60	30	50～80
中度偏重流行	45～60	20～30	50～80
中度流行	30～45	10～20	50 左右
中度偏轻流行	15～30 或 10～15	10～15 或 5～10	50 左右或 <50
轻度流行	10～15 或 5～10	5～10 或 5 左右	50 左右或 <50
未流行	<5	<3	

病害流行还可以按其病理学规律分为单年流行、单年流行病害和积年流行、积年流行病害，按寄主—病原物协同进化时间分出突发流行和稳态流行。有些病害还可以按地理属性赋予大区流行、大区流行病害和流行区系的术语。

突发的或新出现的病害流行往往由于缺乏防治经验而使人猝不及防，从而造成巨大损失，理当受到重视。然而经常发生或增长缓慢的病害也会酿成巨大的损失，如黑穗病、枯萎病和一些种传或土壤传播的植物病害。比较病害的不同类型和不同程度的流行事例，观测、归纳各种病害流行事件的规律并分析某种变化与生态环境中相关因子的关系，有助于寻找有效的控制方法、战术和战略。

植物病害流行，无论是大发生还是轻度发生，其内因都是寄主—病原物群体相互作用、协同进化的后果。作为外部因素则是诸多的自然环境因素和人为的栽培管理措施。寄主、病原物和环境是病害流行的三个必要因素，缺一不可。三方面因素不同质和量的组合导致各种程度和各种样式的流行现象。在针对具体病害和在具体时间、地点发生的流行案例，分析时又需要分清各种因素的主次。针对主导因素采取控制措施，方能达到预期的防病效果。从生态学观点出发并经过长期生产实践证实：农作物病害流行往往是人类农业活动打破了原有的生态平衡，又没有完善新的平衡关系所致。"病害四面体"的概念较"病害三角"突出了人为因素在病害流行中的重大作用。曾士迈（1996）认为：人为因素、品种、耕作、栽培、植物保护等，在病害流行中的作用十分重要，是引致流行的主导因素，又是防止流行的主要手段。

参考文献

肖悦岩，季伯衡，杨之为，等，1998. 植物病害流行与预测 [M]. 北京：中国农业大学出版社.

曾士迈，1996.植物病害流行 [M]// 中国农业百科全书总编辑委员会植物病理学卷编辑委员会，中国农业百科全书编辑部.中国农业百科全书：植物病理学卷.北京：中国农业出版社：610-611.

（撰稿：肖悦岩；审稿：丁克坚）

植物病害流行的生态观　ecological viewpoint on plant disease epidemic

用生态学观点探讨植物病害流行的本质和规律。即从群体水平用生物学和生态学方法进行植物病害流行研究。植病流行的生态学观点或经济生态学观点认为，植物病害是生物界进化的自然现象，病原物是自然生态系统的天然成员之一，而病害流行则是寄主-病原物相互作用的动态平衡发生剧烈振荡，乃至遭到破坏的结果。因此，病害防治是农田生态系统治理的一部分，除少数病害在局部范围内可以采取消灭的战略外，从宏观整体看，大多数情况下只能采取综合治理的策略，建立既符合人类利益又遵循客观规律的新的生态平衡，把病害压低到经济损害水平(economic injury level，EIL)以下。

简史　人们对于植物病害的认识，自从 19 世纪中叶破除了宗教迷信观念和低等生物自然发生说之后，走上了观察、实验、分析、比较的科学研究道路。100 多年来在研究植物病害并与病害作斗争的过程中，人们的思想中形成了这样一种观念，即植物病害是一种不正常的、非自然的、坏的现象，研究植物病理学的最终目的是排除或消灭植物病害。这是植物病理学中一种相当普遍的传统观点，可以称为病理学观点。但同时人们在与病害作斗争的过程中，也经常有一些不成功的经验，甚至失败的教训，从而逐步认识到植物病原物很难彻底消灭。加之，20 世纪 30 年代开始生态学理论观点提出及其广泛传播和影响，在植病流行学者中逐步形成另一种看待植物病害的观点。人们把植物病害看作是寄主植物和病原物之间在长期进化过程中出现的一种自然现象，它们在生物群落中可以起到抑制和稳定种群数目的作用，在物质循环和能量流动中也有一定作用。此外，还可能有其他作用。总之，病害是生态系统中众多错综复杂关系中的一个环节，是生态系统中的一个组成成分，不能单凭人类的利害观点对它作出主观的评价，这种观点可以称为生态学观点。对于病害发生发展的原因，这两种观点的见解也不相同。病理学观点着眼于植物个体受病或感病，认为根本的原因是病原物的侵染寄生，寄主感病和适宜的环境条件也是发病的原因，即所谓"病三角"的观点。生态学观点着眼于群体中的病害状态，认为在自然生态系统中病害处于平衡状态或常发状态，"病三角"的观点是适用的；但在农业生态系统中，病害易于成为流行状态，大都是由于人类活动的干扰，破坏了病害的平衡状态引起的。因此，对于病害流行的原因除"病三角"之外，还应加上"人类干扰"这个重要因素，即所谓"病害四面体"的观点。在处理病害问题的战略目标方面，两种观点也不一致。病理学观点的目标是防治病害，排除或消灭病原物。生态学观点的目标是管理病害，在寄主与病原物共存的前提下，建立人为的病害平衡，把病害控制在经济

危害水平以下。这两种观点的区分，当然是相对的。在对病害发生发展的许多基本规律的认识上，两种观点是一致的。植病流行学者在采取生态学观点的同时，注意吸取和继承了传统植物病理学中一些正确的理论和适用的技术。

自然生态系中植物病害的动态平衡　在生态系统中不同种类生物间结成各种相互关系，植物传染性病害中，病原物致病性和寄主植物抗病性是一种负的相互作用。新形成的负相互作用较为强烈，成熟的生态系统中，两种生物长期共同进化，负的相互作用趋于减弱，因为持续强烈的负互作必将导致两败俱伤。如果生态系统结构突然发生重大变化，负互作又会加剧。在自然生态系统中，植物病害各年不同程度发生，很少达到大流行程度。除上述原因外，还有下列自然控制因素：① 植物种间的异质性（heterogeneity）或多样性（diversity）。多种植物混生、互为物理隔离，不利于病害的传播。② 植物种内的异质性或多样性。同一种植物内多种基因型同时存在，对病原物种类或小种的抗病性不同，不利于病原物和小种的定向选择。③ 病原物的天敌和重寄生物广泛存在。一定程度上抑制了病原物的发展。④ 气候条件不是经常利于病害发展。病害发展在时空上呈不连续性。⑤ 高山、大洋、沙漠等天然屏障。阻止了病原物的远程传播。在一定地理范围内，即便气候条件经常利于某种病害发生，由于寄主植物、病原物和病原物的天敌、重寄生物三方面的长期协同进化，导致其间的动态平衡，寄主植物和病原物处于势均力敌状态，病害很少大流行，除非森林野火、洪水等自然灾害和环境剧烈变化打破这种动态平衡，而导致某种病害大流行。

农田生态系统中的病害流行　自农业开垦以来，生态系统的结构和功能逐渐发生变化，和原来的自然生态系统相比，已大为不同。从影响病害流行的因素看：① 生态系统中物种多样性急速降低。1966 年曼格尔斯多夫（Mangelsdorf）指出，历史上人类用作食物来源的植物曾达 3000 种左右，全球广泛栽培的有 150 种，而 20 世纪 60 年代以后，人类主要粮食作物集中到 15 种植物，占作物面积约 80%。② 种内多样性越来越小。过去 100 年世界农作物种植的品种急剧减少，在美国的玉米、西红柿等品种减少 85%；韩国 14 种作物品种减少 74%；在中国水稻品种由 4.6 万余个降为 1000 余个，小麦由 1.3 万余个降为 500 余个，玉米由 1.1 万余个降为 150 余个。而且同一作物主栽品种往往只是少数几个纯系品种或群体遗传同质的杂交种，从抗病性遗传质来看，常大面积上使用同一个垂直抗病性基因，病原物一旦适应这品种或克服其抗病性，则造成大流行。③ 病原物的天敌、寄生物的种类和数量减少。农田生态系统的生物组分减少、某些耕作栽培措施的影响和广谱杀虫剂、杀菌剂的误伤，造成这种不良后果。④ 不断改造的农田环境条件利于某些病害的发展。大面积单作连作、密植、高肥、灌溉等利于某些病害的侵染和传播。此外，轮作间套作造成寄主植物的时间空间连续，有利于某些病原物的周年循环。⑤ 作物资源的洲际交换和病原物的人为远程传播日益频繁。这造成原来尚未协同进化的寄主植物与病原物新的遭遇战。⑥ 系统杀菌剂的连续施用促进了病原物抗药性的发展。

原始植物种群大多为遗传质多样化的群体，能抵抗多种

病害和多种小种，虽然其抗病性程度仅居中等。在驯化和纯系育种过程中，为追求产量品质的提高，遗传质经人为改造，抗病性受到削弱；即使在抗病育种中，被加强的也只限于抗病育种目标中的主要病害（或其主要小种），对其他次要病害（其他罕见小种）的抗病性可能削弱。一旦条件具备，由于不同病害种类消长和小种变异，新品种又可受到其他变种（或小种）的袭击。病害大流行的外因是气候条件，而内因却是品种更换、品种布局、耕作改制、栽培管理方法的变化，乃至植保措施本身某一方面或几方面综合作用的后果。绝大多数情况下植物病害大流行是人为的，是人类认识不足、农事活动未臻完善的后果。农田生态系是人工或半人工的生态系，且不断发展变化，不如自然生态系成熟和稳定。病害大流行是原有动态平衡被打破、新的动态平衡尚未建成的生态系的表现。

现代化农业的经营管理和技术中，商品化、专业化和标准化要求一定时空范围内作物的遗传质一致，集约化则往往使农田生态系统的组分更趋简单，化学和生物技术的应用将逐渐增加农田生态系的组分并改变组分间的相互作用，给植病流行和防治带来深刻的影响。虽然在理论上，关于系统结构的复杂程度（包括组分的多样性和组分间相互作用的多样性）和稳定性之间的关系尚无一致定论，但一般认为，系统的组分和结构越复杂、其中负反馈越多，则系统的稳定性越强，如自然生态系统；反之，如现代化农业的农田生态系统集约度强，系统组分和结构越来越简单，其中负反馈也越来越少，系统自身的稳定性也就越来越弱。植物生产集约度越强、系统越人工化、结构越简单，病害流行的风险也越大。简单系统也可以较为稳定，但这就要求系统中设有有效的反馈机制和缓冲机制，或严格而及时的系统监测和人工调控。前者如设置和保护田间病原物的天敌益菌，后者如病原菌的小种或毒性监测下的品种轮换。

持续农业和病害流行　持续农业，要求兼顾当前和长远的总体效益，在高产优质高效的同时，维护和发展农田生态系统持续增长的生产潜力，这就要求把植病防治组入农田生态系统治理中，使病害系统更趋稳定，避免或减少人为酿成的病害流行灾害。因此，需要从更大的时空尺度研究农田生态系统中植物病害系统的演化规律和消长动态，进行超长期预测，以便更有预见地进行系统管理，减少和预防病害流行。寄主群体抗性持久化和持久抗病性的研究，生物防治的研究以及病害流行的生态学研究将越来越显重要。

参考文献

曾士迈，2005.宏观植物病理学 [M].北京：中国农业出版社．

曾士迈，杨演，1986.植物病害流行学 [M].北京：农业出版社．

曾士迈，张树榛，1998.植物抗病育种的流行学研究 [M].北京：科学出版社．

朱有勇，2004.生物多样性持续控制作物病害理论与技术 [M].昆明：云南科技出版社．

MILGROOM M G, 2015. Population biology of Plant Pathogen: genetic, ecology, and evolution[M]. The Minnesota: American Phytopathological Society.

（撰稿：周益林；审稿：段霞瑜）

植物病害流行学　plant disease epidemiology

植物病理学的一个分支学科，研究植物群体中病害在环境影响下发生发展的规律、病害预测和病害管理的综合科学。又名植物流行病学（botanical epidemiology，plant epidemiology）。它通过观察、试验、模拟、定性、定量、分析、综合，掌握在环境影响下寄主—病原物群体水平上相互作用所形成的时空动态规律，用于病害的预测和综合治理。和植物病理学相比较，研究的仍然是植物生病的现象，然而更注重群体属性、群体时空动态和种群间互作关系，并向生物与环境、生态平衡等生态学领域扩展。现代流行学也已经从定性研究转入定量研究阶段，更多地采用数值、模式和数学模型来表述各种状态和变化规律。同时，在上述理论研究的基础上开展病害预测、损失估计、病害管理策略的研究，兼具基础科学和应用科学双重性质。

简史　1926 年英国人巴特勒（E. J. Butler）首次提出病害三角的概念，在理论上指出了病害流行这一新领域。1946 年，瑞士植物病理学家高又曼（E. Gäumann）在其经典著作《植物侵染性病害原理》（*Pflanzenliche Infektionslehre*）中分析了植物病害流行问题，标志着植物病害流行学的诞生。1960 年，美国霍斯福和戴蒙德（J. G. Horsfall 和 A. E. Dimond）合编的《植物病理学》的第三卷《群体中的病害》为植物病害流行学专著，其中南非范德普朗克（J. E. Van der Plank）所写"病害流行的分析"一章使植物病害流行学由定性描述发展到定量分析。1961 年和 1962 年荷兰扎多克斯（J. C. Zadoks）和中国曾士迈，先后独立地采用逻辑斯蒂模型对小麦条锈病春季流行规律进行数理分析。1963 年范德普朗克出版了《植物病害：流行和防治》，标志着植物病害流行学进入定量发展阶段。1969 年，美国的瓦格纳和霍斯福（P. E. Waggoner 和 J. G. Horsfall）发表了世界上第一个模拟番茄早疫病流行的电算模型 EPIDEM。1973 年，英国的格雷戈里（P. H. Gregory）所著《大气微生物学》对气传病害的流行学研究做出了独特的贡献。1979 年，扎多克斯和沙因（J. C. Zadoks 和 R. D. Schein）合作编写了《植物病害流行和病害管理》（*Epidemiology and Plant Disease Management*），是世界上第一本植物病害流行学教材。1986 年，曾士迈、杨演编著了中国第一本《植物病害流行学》专著，并使植物病害流行学理论从病害三角、病害四面体发展到病害系统观和生态观，将病害防治理论提高到系统管理的高度。

研究内容　流行学研究内容包括流行规律和防治理论两大部分。前者为基础，是认识客观规律；后者是应用，涉及科学的防治方针和策略。

流行规律指生态系统中植物—病原物相互作用的动态规律。包括由侵入、潜育、发病、产孢组成侵染过程（即病程，或称侵染循环），由侵染和传播组成侵染链，由侵染链和休止期（越冬、越夏）组成病害周年循环（或称病害循环）等构成植物生病的基本过程。它们都处在一定的时间和空间里，也都可以用数值和速率来表述其状态和动态。而寄主群体、病原物群体、环境条件和人为干预四方面的多种因素的相互作用和对各种状态和动态的综合作用及效果，最终决定了病害的田间表现。流行规律研究的具体内容可以包括：①植物病害流行的生态观。从生态系角度分析论证植物病害流行是生态平衡被破坏的后果之一。②流行因素分析。寄主、病原物、环境条件和人为干预四方面因素作用的比较，以及流行主导因素的时空条件性。③病害流行的遗传基础。寄主—病原物相互作用的群体遗传学是流行动态规律的内在基础。④侵染过程和病害循环是流行的基本程序。侵染和侵染概率则是重要的概念。⑤病害流行的时间动态。流行速度的定量分析，单年流行病害和积年流行病害，季节流行动态和逐年流行动态。⑥病害流行的空间动态。传播梯度、传播速度和传播距离定量分析，近程传播、中程传播和远程传播。⑦病害流行过程的系统分析和电算模拟。

防治理论即病害流行系统管理理论。流行学不研制具体的防治技术（如研制药剂、选育抗病品种等），而是研究如何正确认识病害问题，如何确定防治技术研究方向，如何合理运用各种防治技术。由于病害防治也是人类经济活动的一部分，因此，在制定病害防治策略时也需要进行经济分析，考虑生态和社会的效应。具体内容有：①病害流行的预测。②病害损失估计。③经济阈值和防治指标。④防治效果的动态分析。⑤防治策略。⑥防治决策。⑦综合防治效益评估。⑧综合防治方案的优化等。

研究方法 由实验生物学方法（包括传统的植物病理学、生物学和生态学的试验研究和调查研究方法）和系统分析结合而成。

实验生物学方法 流行学研究始于田间观察，发现一些现象的差异或趋势，提出假说，再进行人工设置的试验，并通过种种数学方法对数据资料的加工分析得出结论。试验验证是认识不断提高的过程。调查研究和试验研究相比，前者真实性和综合性较强而精确性和分析性较差，后者精确性和分析性较强而真实性和综合性较差。流行学研究注重两者的结合互补。流行学研究技术多由生物学、植物病理学的一般实验技术移植过来。如病害诊断、病原物鉴别、田间试验方法、人工控制条件下试验技术、病害调查取样技术。为取得定量观测数据，流行学研究也开发了病情测量方法、小气候电子监测技术、孢子捕捉技术以及病原物生理小种鉴定、病原物群体毒性分析和抗药性检测、传毒介体带毒率测定等特殊技术，也不断引进新的信息存储、传输和分析技术，如电算技术、数据处理、统计分析、图像处理和数学模拟等。

系统分析 病害流行是个复杂的动态系统，且时空尺度很大，其中某个单因素或少数几个因素在一定阶段或环节中的作用可以用实地试验得出较准确的结论，但囊括全部主要因素、长达数月数年、大面积的实地试验却不可能做到，必须采用实验生物学和系统分析相结合的研究方法。系统分析方法把病害流行看作是一个系统，将整个系统分解为若干子过程和环节，在实验生物学研究的基础上，构建相应的模拟模型，然后再组装成整个能够模拟病害发生全过程的模型。现代植物病害流行学强调这种分析与综合并注重整体效果的研究。新组建的模拟模型提升了通过田间观察和试验研究所获得的认识，而对系统进行的系统分析，改变输入（如初始菌量、品种抗病性、杀菌剂等）运转模型（相当于试验），又可以延伸人们的认识。具体步骤可以分为：实况观察、系统监测、抓准问题、室内试验和田间试验、数据资料分析加工、综合定论或组建系统模型，再经可靠性检验，付诸应用。因此，实地试验可提供系统或组分在多维状态空间中的几个

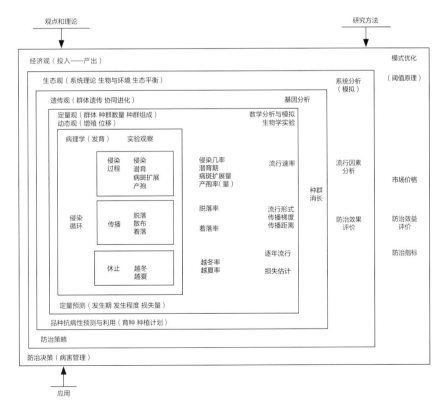

植物病害流行学主要研究内容和体系（肖悦岩仿曾士迈,1998）

点的确切位置，而系统分析和系统模拟则可推演出系统在状态空间中的动态全貌。

上述研究内容、方法按其层次和对应关系大体如图所示。

与有关学科的关系　植病流行学形成初期，许多概念、术语和研究方法都是从人类医学中的流行病学里移植过来的，比如英语 epidemic（流行）一词即来自医学。但医学流行病学主要靠大量流行事例的调查和统计来完成，不能在人群中进行对比试验，而植病流行学则除事例调查外，还可以进行大量的生物学试验。植物病害流行受气象因素影响甚大，因此，流行学研究不可缺少气象学知识。许多病害流行是昆虫传播的，而且病虫间常有相互作用，再者，昆虫生态学与植病流行学虽对象不同而研究方法相似，两者需结合又可相互借鉴。植病流行是生态平衡被破坏的后果之一，以寄主—病原物群体遗传结构为内在的基础，因而植病流行学研究与生态学、遗传学和群体遗传学研究交叉又互为促进。在农田生态系统中，病害大流行往往是农事活动失当所致，流行的控制需从改进农业措施着手，因此，植物育种学、栽培学、土壤学、肥料学等学科是植病流行学研究不可或缺的。没有育种学知识无法作抗病性分析，不懂栽培就不能深入掌握流行规律和因地制宜地制定防治策略，忽略土壤肥料对病害的影响就不会全面理解病害流行规律。流行学定量研究面对许多变量，病害流行因素和流行程度具有不确定性和模糊性，需要生物数学知识。随着分子植物病理学的发展，微观深入研究和流行学宏观研究间也有相互对应和联系，分子水平的变化和改造可导致宏观动态的某种后果，宏观规律应有其相应的分子水平上的机制为基础，分子生物学手段如分子标记等也可用于流行学研究，特别是病原物致病性变异和进化研究。近代流行学也不断引进信息和计算机技术，包括专家系统、地理信息系统（GIS）、数据库。

应用及前景　20 世纪 60 年代以前，植病流行学主要应用于预测预报、指导药剂防治。80 年代以来应用领域扩大，为病害防治的战术、策略乃至战略规划服务。在战术上，除以预测预报、防治指标等指导科学合理的药剂防治外，还能指导抗病育种和抗病品种的合理布局，指导栽培防治和生物防治的研究和应用。研究趋势表明，生物防治的效果和其他生态后果的研究更需要流行学的理论和方法，因为只有在病原物和生防生物两者互作的复杂的流行学和生态环境下，才能体现。在制定病害防治策略时，病害的流行学类型、流行结构和流行因素分析无论过去、现在和将来，都是重要的理论基础（见植物病害防治策略）。此外，流行学中正在发展的地理植物病理学、大区流行和流行区系、病害超长期预测等研究，为宏观战略研究和长期防治规划服务。1994 年和 2005 年曾士迈从已有的流行学研究基础上，尝试开设了植保系统工程课程并倡导宏观植物病理学研究。

参考文献

曾士迈，1996. 植物病害流行学 [M]// 中国农业百科全书总编辑委员会植物病理学卷编辑委员会，中国农业百科全书编辑部. 中国农业百科全书：植物病理学卷. 北京：中国农业出版社：612-615.

曾士迈，杨演，1986. 植物病害流行学 [M]. 北京：农业出版社.

（撰稿：肖悦岩；审稿：丁克坚）

植物病害调查　plant disease investigation

病害调查是重要的基础工作，它既是开展试验研究的前提，也是生产上制定防治策略前必须进行的基础工作。病害调查分为基本调查（普查）和专题调查两大类型。基本调查以了解一定地理区域内各种植物或特定植物的病害种类、分布与损失程度为目的，所获得的资料用于编写病害志、绘制病害分布图和拟定防治规划。植物检疫性病害普查资料是划分疫区和保护区，确定或撤销检疫对象的重要依据。专题调查的对象和目的各不相同，多以具有重要经济意义的病害为调查对象，深入了解病害发生和防治中的关键问题。

调查内容　①病害发生规律调查。主要了解病害发生与环境条件、品种和栽培措施的关系，或病害流行关键阶段（越冬期、越夏期）的发病特点。有时通过多年多点调查了解病情发展的时间动态和空间动态，累积系统数据，用于建立数学模型。②测报调查。侧重收集菌量、病情和气象资料，用于建立预测模式或依据已有的办法进行病害预测。③病害防治专题调查。具体是评价农药、品种、天敌以及综合措施的防治效果、效益和存在问题。④作物品种抗病性调查。主要了解田间品种的抗病性表现和变异情况。

植物病害调查基本原则　①要有明确的调查目的和任务。②要有周密的调查方案，确定适宜的调查方法。③如实反映情况，防止主观片面。④控制调查的规模，尽量节约时间、人力和财力。⑤调查资料完整、配套，调查数据准确、可靠并具有代表性和可比性。⑥与田间试验和室内研究紧密结合，互相衔接。

植物病害调查方法　根据病害性质和调查目的，选择适宜的调查方法。常见的调查方法有巡回调查和定点调查两类。巡回调查适用于较大地理范围，多按既定的路线进行调查，有些病害测报调查，各年均按一定的路线巡回调查，以积累可比性的病情资料。定点调查是选择代表性田块，固定调查点或固定调查植株，按一定的时间间隔多次调查，以了解病情消长规律。此外，在测报调查和品种抗病性调查时，还在适于发病的地块，特设调查圃（观察圃），前者种植感病品种，以避免品种抗病性的干扰，获得真实的菌源和病情数据，后者则种植一套抗病品种，观察抗病变异情况。

病害调查以发病现场的实查为主，辅以访问、座谈，查阅历史资料。除定点系统调查外，因时间和劳力的限制，多采用田间踏查和目测估计的方法，必要时取样细查计数。调查时间间隔和次数依调查目的而异，普查每 5～10 年 1 次，专题调查可不定期或定期进行。

调查设备　调查前要研究确定调查时期、次数、取样方法，选定发病率、病害严重度和侵染型的记载标准，印制调查表，备好计数器、放大镜、望远镜、海拔仪、录音机、照相机等常用工具。对少数作物已研制出半自动式或自动式田间病情数据收集器，可在调查人员监控下自行记录病情数据并输入计算机。遥感技术也已用于病情调查和损失估计。

取样量与田间分布型有关，发病初期或呈聚集分布时需要大的采样量，当发病严重或呈均匀分布时可减少取样量。

田间病害主要有 3 种分布型，分别为正态分布、负二项分布和泊松分布，根据不同的分布型套用不同的公式得出取样量（见植物病害流行学）。取样方式分为随机取样、顺序抽样（五点取样、对角线取样、棋盘式取样、平行式取样和"Z"形取样），以及分层取样。

参考文献

马占鸿，2010. 植病流行学 [M]. 北京：科学出版社.

中国农业百科全书编辑部，1996. 中国农业百科全书：植物病理学卷 [M]. 北京：中国农业出版社.

（撰稿：马占鸿；审稿：陈万权）

植物病害预测　plant disease prediction

病害预测（prediction）是根据病害发生发展和流行规律和必要的因素监测，结合历史资料进行分析研究，对未来病害发展趋势和流行程度作出定性或定量估计的过程。由权威机构发布预测结果称为预报（forecasting），有时对两者并不作严格的区分，通称病害预测预报，简称病害预测。病害预测以病原物、寄主、环境和病害监测为基础，同时又是防治决策、防治行动、效益评价等植保工作的基础。做好预测预报工作，为病害防治决策、防治行动以及防治效益评估提供依据。准确的测报能对病害流行防患于未然，或者减少受害的损失，有效地为经济建设服务。病害预测的概念可以归纳为：①是人对病害发展趋势或未来状况的推测和判断，是主观见之于客观的一种活动，属于软科学。②是在认识病害客观动态规律的基础上展望未来。而这种认识又是对大量病害流行事实所表露的信息资料进行加工和系统分析的过程，有关生物学、病理学、生态学等科学理论、科学思想和科学模式则是现有认识的结晶，也是预测的依据。③预测是概率性的。其本质是将未来事件或者说可能性空间缩小到一定的程度，只是对某一尚不确知的病害事件作出相对准确的表述。④其目的是为了当前。在可能预见的前景和后果面前，决定我们应该采取何种正确的防治决策。

形成和发展过程　人类向往美好事物或美满的结果，古代从事渔猎活动时会根据经验选择路径和场所；而许多自然灾害则危及他们的生活以至生命，必须时刻小心地避免灾难，由此产生了预知未来、未见和推测其他地方的事物的欲望。在科学技术远未发达的时期，尽管人类十分重视预测，但是由于对客观世界只是一知半解，只能凭借个人的历史经验和直觉进行简单的逻辑推断。直到 19 世纪 40 年代，随着社会对预测的需求不断增加，科学知识的不断积累，预测才开始采取科学和理性的逻辑推理展望未来，形成了一门真正的学科。20 世纪 60 年代，预测学从纯理论转向实际应用，研究领域从社会科学转向自然科学和工程技术，从而取得了长足的发展。进入 70 年代，多学科理论和技术得到了飞速的发展，一方面提供了日益成熟的预测方法，特别是进入21 世纪时代，以互联网为代表的信息技术在病虫害监测、数据存储、数据规范化、数据分析和预警等方面发挥了越来越大的作用，利用数据挖掘和机器学习等人工智能手段对病虫害进行预测的方法，逐步迈入病虫害预测的大数据分析处理阶段，大大提高了预测的可靠性，从而带来可观的社会、经济效益；另一方面现代化社会生产也带来一些令人担忧的全球性问题，如人口问题、粮食问题、能源问题、环境污染问题、不可再生资源利用问题等。预测学和未来学更加引起重视。世界各国政府、各种企事业纷纷投入大量的人力、物力和财力进行范围广泛的预测研究。预测也成为每一个现代人不能回避的课题。预测在当代社会、经济、科学技术领域的许多重大活动中发挥着启动和导向作用。预测学与未来学在很大程度上是相通的，与情报学、信息科学、管理科学有着十分密切的联系。

中国的病虫害预测预报工作始于 20 世纪 50 年代。1952年，在全国螟虫座谈会上制定了第一个螟虫测报方法；1955年农业部颁布了"农作物病虫预测预报方案"，测报对象包括两种病害，即马铃薯晚疫病和稻瘟病。1973 年农林部专门召开病虫座谈会，修订了测报方法。1979 年农业部农作物病虫测报总站组织修订了稻、麦、旱粮、棉花、油料作物上的 34 种病虫害测报方法，从 1987 年开始组织制定病虫测报规范。在病虫信息传递技术上也推广了模式电报，90年代中期又开展了全国病虫测报系统计算机联网工作。21世纪初开始了 3S 技术和信息技术的应用，随着互联网、物联网、移动计算技术的快速发展，"互联网＋"现代植保成为重要的发展方向，其标志是监测预警信息化，物质装备现代化。

预测目的　预测的目的是以便采取正确防治行动和合理措施。做好预测预报工作可以提高植物保护工作水平，或防患于未然，或减少受害后的损失，产生巨大的经济效益、社会效益和生态效益。

预测原理　病害预测以病害流行规律为理论基础，以系统论和信息论为认识论和方法论。预测的一般原理是建立在一般系统论的结构模型理论的基础之上的。病害系统的结构决定了系统的功能和行为（即病害流行动态）。例如根据单一侵染循环中病害过程的多寡，在病害系统结构上划分为多循环病害和单循环病害，也就是确定流行学领域中的单年流行病害和积年流行病害的主要原因。在一个生长季节内只有一次初侵染的病害其病害增长的能力总不及再侵染频繁的病害，其流行速率往往比较低。系统的有序性和结构的稳定性与系统的行为是紧密结合在一起的，如果客观系统的结构稳定，就会在其行为、发展变化上遵从同样的规律，无论过去、现在和将来。例如在中国长江中、下游麦田经常发生的小麦赤霉病，该病以子囊孢子初侵染危害花器，而阴雨天气是侵染的有利条件。当菌源量和寄主抗病性在年度间变化不大的情况下，只要在小麦扬花到灌浆期阴雨天数较多，病害就会流行。而这些经验就可以作为预测规律。预测分析就是根据客观事物的过去和现在的已知状态和变化过程，来分析和研究预测规律，进而应用预测规律来进行科学预测。植物病理学、微生物学、生态学、气象学、流行学等多学科研究成果、理论和知识以及有关专家的智能都可以作为预测规律，再结合当地的其他环境因素的分析，共同构建了预测模型。利用预测规律时要遵守惯性原则和类推原则。所谓惯性原则是借用物理学中惯性定理，认为当某一病害系统的结构没有发生大的变化时，未来的变化率应该等于或基本等于过去的变化率，或做这种假设，那么就可以采用以下公式：

$$\begin{cases} X_1 = X_0 + \int r_1 dt_1 \\ X_2 = X_1 + \int r_2 dt_2 \end{cases}$$

式中，X_0、X_1、X_2 分别表示病害的初始状态、现实状态和未来状态；t 为时间；r_1 和 r_2 分别表示过去和未来的变化速率，预测的前提假设是它们二者相等或能够找到它们之间存在一定的转换关系。显而易见，生物发育进度、病害侵染过程等生物学基本规律和某些因果关系是不会改变的，那么以上假设就能成立。在惯性原则指导下，人们利用先兆现象和采用了趋势外推、时间序列等重要的预测方法。类推原则基于自然存在的因果关系和（或）协同（或同步）变化现象。由于在农田生态系统或更大的生态系统中的不同事物，特别是一些生物同时感受到环境的某一些影响而同时发生一些变化，或者由于系统的整体性，某一组分的变化可以导致一系列的连锁反应，由此引发了预测的类推原则和类推预测方法。

预测的基本要素 实现预测的基本要素是信息、信息加工方法或模式及预测者的直觉判断能力。病害流行因素的信息是预测的基础和依据，包括以下 5 个方面：①病害流行的规律。包括预测对象的流行类型、病害循环、侵染过程的特点，病原物、寄主、环境条件的相互关系，病害流行的主导因素等。②历史资料。包括当地或有关地区逐年积累的病害消长资料，与病害有关的气象资料，品种栽培资料等。③实时信息。按病害测报要求，由病害监测获得的当前病情、菌量及气象实况资料。④未来信息。从其他部门获得的情报资料，如天气或天气形势预报、外来菌源预报等。⑤测报工作者的经验和直观判断。参与预测人员的经验、有关植物病理学知识和逻辑思维能力，它们是预测的首要基础。预测者根据已有的经验思考可以构建预测对象的系统结构模型（或称物理模型）。它包括该病害系统的组分和各组分之间的关系，动态过程中各阶段（状态）和各阶段之间的关系，应该能够体现预测者对预测对象的总体认识。而这种关于总体的认识对于以后的资料收集、监测和建立数学模型都有重要的指导意义。预测专家则可能主要依靠这些结构模型进行预测。所以病害系统的结构模型就成为预测的要素之一。情报资料是预测的重要基础之一，是预测信息的载体。没有完整可靠的情报资料就不可能加工出好的预测模型。数据资料则是开展定量研究的客观依据。在定量预测中，如何构建符合客观发生规律的数学模型则成为研究的核心问题。构建数学模型需要一定的数学知识和方法，各种数学方法是人类智慧的结晶，有助于提高预测者的思维、分析、判断能力。在预测研究诸要素中，建立正确的物理模型是至关重要的。预测研究的一般步骤为：①明确预测主题，根据当地农业病虫害发生情况和防治工作的需要，并结合有关病害知识，确定预测对象、范围，预测期限、项目和精确度。②收集背景资料，依据预测主题，大量收集有关的研究成果、先进的观念、数据资料和预测方法。针对具体的生态环境和发生特点还要进行必要的实际调查或试验，以补充必要的信息资料。在此基础上不断完善预测病害系统的结构模型。③选择预测方法，建立预测模型。根据具体的病害特点和现有资料，从已知的预测方法中选择一种或几种，建立相应的数学模型或其他预测模型。④预测和检验。运用已经建立的模型进行预测并收集实际情况，检验预测结论的准确度。评价各种模型的优劣。⑤应用。在生产中进一步检验预测模型和不断改进。在上述程序中，还要不断反馈。通过多次循环往复才能形成比较合理的预测方案。

预测类型 病害预测按其目的和内容划分为不同类型。按预测内容分为发生期、发生量、损失量、防治效果和防治效益预测等；按预测形式和方法分为定性预测、分级预测、数值预测和概率预测；按预测依据的因素分为单因子预测和复因子综合预测；按特殊要求进行品种抗病性、小种动态、病害种群演替预测等；按预报的形式可分为 0-1 预测、分级预测、数值预测和概率预测；按预测期限分为短期、中期、长期和超长期预测。超长期预测的预测期限为若干年至十几年，为国家或地区制定宏观、长远的病害管理规划服务。主要根据病害流行特点、寄主与病原物相互关系、病害流行的周期变化并结合专家经验判断作出。长期预测的预测期限一般以生长季或年为单位，其时限尚无公认的标准，用以指导种植计划、品种布局等。为制定防治计划服务。主要依据为上一生长季或上年病害消长动态、品种布局以及病害循环特点和长期天气预报等分析作出。需要以后用中、短期预测加以修订。中期预测的预测时限一般为 1 个月至 1 个季度，以旬或月为单位，用以指导栽培防病或做好化学防治的准备工作。主要根据田间菌量，品种抗病性、旬、月天气趋势及病原物的再侵染特点分析作出。短期预测的预测时限在 1 周之内，以天为单位，主要用以指导药剂适时防治，是中期预测的补充和校正。主要根据田间菌量积累的状况，短期天气预测及病原物侵染特点进行分析作出。在实际工作中，根据具体目的和具体病害种类、生态类型、已有的资料情况以及预测者水平等选择相适应的预测方法。

科学意义与应用价值 病害预测是实现病害管理的先决条件，在现代有害生物综合治理中占有重要的地位。预测的意义在于增加谋事的成功率，减少风险度。病害预测服务于病害防治决策和防治工作，根据准确的病情预测，可以及早做好各项防治准备工作；可以更合理地运用各种防治技术，提高防治效果、效益；也可以减少不必要的防治费用和减少滥用农药所带来的环境污染。

参考文献

刘万才，刘宇，龚一飞，2011.论重大有害生物数字化监测预警建设的长期任务 [J].中国植保导刊，31(1): 25-29.

马占鸿，2008.植物病害流行学导论 [M].北京：科学出版社.

肖悦岩，季伯衡，1998.植物病害流行与预测 [M].北京：中国农业大学出版社.

曾士迈，杨演，1986.植物病害流行学 [M].北京：农业出版社.

SHTIENBERG D, 2013. Will decision-support systems be widely used for the management of plant diseases?[M]. Annual review of phytopathology, 51: 1-16.

（撰稿：檀根甲；审稿：丁克坚）

植物病害预警信息平台　plant disease forecasting and early warning information platform

预警信息平台是通过互联网、物联网、数据库等信息技术手段对危害发生、发展的趋势进行预测，在危险发生前，根据以往总结规律或观测得到的可能性前兆，通过信息手段向相关部门发出不同等级的警示，以避免危害在不知情或准备不足的情况下发生，从而最大程度地减轻病害所造成损失的各类信息服务平台。

植物病害预警信息平台通过人工或信息感知手段对植物病害发生相关联的气象、栽培等环境因素和寄主、病原物等因素进行监测，通过网络上传至数据中心，根据专家先验知识和历史数据，分析病害发生的因素和相互关系，利用数理统计、人工智能等手段构建程序化的预测分析模型或专家系统，对近期监测的数据进行系统分析，获得未来病害的发生程度，为提前植物病害防治提供科学的决策支持。

植物病害预警信息平台是现代植保和智慧植保的主要承载形式，改变了传统植保以经验为主的测报形式，是一种建立在历史数据和知识基础上定量、及时、科学的预警方式。

参考文献

钟天润，刘万才，黄冲，2012. 加快数字化监测预警建设为建设现代植保提供支撑 [J]. 中国植保导刊，32(12): 5-7.

JIA W M, ZHOU Y L, DUAN X Y, et al, 2013. Assessment of risk of establishment of wheat dwarf bunt (Tilletia controversa) in China[J]. Journal of integrative agriculture(1): 87-94.

PAN Z, YANG X B, PIVONIA S, et al, 2006. Long-term prediction of soybean rust entry into the continental United States[J]. Plant disease, 90(7): 840-846.

（撰稿：张友华；审稿：丁克坚）

植物病害诊断　diagnose of plant disease

根据发病植物的症状表现、所处场所和环境条件，经过必要的调查、检验与综合分析，对植物病害的发生原因（病因）做出的准确判断的过程。植物病害诊断的过程和目的与人类临床医学相似，都在于查明和确定病因，然后根据病因做出准确判断的过程，而不同点是它的经历和受害程度需要植物病理工作者凭借经验和知识进行调查判断。植物病害诊断的主要内容包括植物病害的症状及其变化、植物病原生物的分类系统及特征、柯赫氏法则、病原物的分离培养技术、病原物的接种技术、显微技术、血清学技术、噬菌体技术、基因探针检测、植物组织化学技术等。

发展过程　1767 年，Giovanni Targioni Tozzetti 创立了基于科学方法进行植物病害的现代植物病菌检测的学科。基于马铃薯晚疫病和葡萄白粉病的大暴发激发了诊断学的发展，19 世纪上半叶，Filippo Re 和 Carlo Berti Pichat 根据症状开始进行植物病害分类。到了 19 世纪 80 年代，可视化的

病害评价通常用于传统病害中。视觉症状的辨别对于植物病害是必不可少的，但是这些方法都很主观。在过去的 30 年来，可见光照相技术和数字图像分析越来越多的利用，为评价辨别病害提供了先进的手段。此外，PCR 检测技术的引入也显著影响植物病害诊断，但还是不能完全取代经典微生物学和可视检测方法。这 3 种方法作为诊断方法相互补充。

植物病原菌的检测方法包括病原物分离培养技术、电子显微镜技术（电镜负染检测法、免疫电镜检测法、透射电镜、扫描电镜）、生物学方法（传播介体、噬菌体技术、鉴别寄主）、生物化学反应法、免疫学技术（非标记免疫分析法、标记免疫分析法）、分子生物学技术（核酸杂交技术、限制性片段长度多态性技术、聚合酶链式反应）等方法。目前，基因芯片技术方法、基于具有生物标记的挥发性化合物分析方法、植物病害的遥感技术、生物传感器等现代新型应用技术也得到开发利用，这些技术具有可持续、安全、快捷等特点。

诊断的流程及要求　植物病害诊断需要做出以下诊断结果：首先是植物发生的症状表现是否为病害；其次，这个病害是侵染性病害还是非侵染性病害；再次，这个病害是由哪一类病害因子所造成；最终，进行病原物的进一步鉴定和验证。诊断的主要程序一般包括：全面细致地观察、检查发病植物的症状；调查询问病史和相关情况；采样检测（镜检或剖检）病原物形态或者特征性结构；进行必要的专项检测；综合分析病因，提出诊断结论。

田间诊断是指在田间病害发生的现场对植物病害进行实地考察和分析诊断。田间诊断有利于初步确定病害类别；缩小诊断范围，并可通过发病规律客观准确地诊断病害。但田间诊断要注意区分不同的症状，尽可能排除其他病害的干扰。

实验室诊断是田间诊断的补充或验证，当一种病害经过田间诊断后，较复杂或者不常见或为新的病害而不能确诊，需要进行进一步的检测和诊断。对于疑似侵染性病害取典型症状的标本做病原物显微镜检测和鉴定。对于疑似非侵染性病害，可进行模拟试验、化学分析、治疗试验和指示植物鉴定等。对于已知的引起某种病害的病原物，参考专门手册进行检测，完成诊断。对于新病害或者病害由新病原物引起，需利用柯赫氏法则进行验证。具体步骤为：在带病植物上常伴随一种病原生物的存在，该生物可在离体或人工培养基上分离纯化培养，所得到的纯培养物能接种到该植物的健康植株上，并能在接种植株上表现出相同的病害症状，从接种发病的植株上能分离得到这种病原物，且症状与原来分离的相同。这样就完成了柯赫氏法则的新病原物鉴定，完成诊断。

科学意义与应用价值　植物病害诊断是防治管理和检测植物病害的重要措施。诊断的目的在于确定是否为病害，病害的类型、发病的原因、病原物的种类等，根据病原物的特性和发病规律，制定相应防治对策，采取合适的防治措施，挽救植物生命，减少产量损失。诊断是防治病害的重要环节，如果诊断不当或者失误，就会贻误时机，造成更大的损失。

参考文献

谢联辉，2006. 普通植物病理学 [M]. 北京：科学出版社.

Z

MARTINELLI F, SCALENGHE R, DAVINO S, et al, 2015. Advanced methods of plant disease detection. A review[J]. Agronomy for sustainable development, 35(1): 1-25.

（撰稿：马占鸿；审稿：陈万权）

植物病害症状　symptom of plant disease

植物体受病原物或不良环境的影响，其内部的生理活动和外部的生长发育所发生的病变特征。植物受到侵扰后，其受害部位首先发生一系列的生理活动变化，如增加呼吸强度、改变代谢途径、产生抗性物质等，或者局部细胞发生过敏性坏死反应以限制病原物的入侵，这些改变可用专门的仪器检测。当病变出现在组织或器官表面时，肉眼就可以识别。症状是植物与病因互相作用的结果，是一种表现型，它是人们识别病害、描述病害和命名病害的主要依据，在病害诊断中十分重要。

症状类型　植物病害的症状表现十分复杂，按照症状在植物体上的显示部位可分为内部症状和外部症状两类。外部症状根据病原物的显露与否又有病症与病状之分。

内部症状是指病植物体内细胞形态或组织结构发生的变化，可在显微镜或电子显微镜下观察和识别，如病毒的内含体，萎蔫病组织中的侵填体等。根茎部的维管束受到真菌或细菌的侵染后，内部逐渐变褐坏死，然后外部才表现出萎蔫的症状。

外部症状是指在病植物外表所显示的病变特征，肉眼可识别。外部症状包括病症和病状两个部分。病症是指病原物在寄主植物外表所显示的特殊结构，如真菌的菌丝体、菌核、孢子堆等，细菌的菌脓，线虫的虫体，寄生植物的个体等；病状则是指病植物自身表现出的异常状态，如枝叶萎蔫或畸形等。

常见的病害症状大致可以分为5类，即变色、坏死、萎蔫、腐烂和畸形。

变色　指发病植物颜色发生变化，大多出现在病害初期，在病毒病中最为常见。变色症状有两种，一种是发病部位均匀变色，主要表现为褪绿和黄化；另一种是发病部位不均匀变色，如常见的花叶是由形状不规则的深绿、浅绿、黄绿部分相间而形成的不规则的杂色，不同变色部分轮廓清晰。变色部分的轮廓不是很清晰的症状称为斑驳。植物的病毒病和有些非侵染性病害（特别是缺素症）常表现出以上两种形式的变色症状。

坏死　是细胞和组织的死亡，因受害部位不同而表现出不同的症状。坏死在叶片上常表现为叶斑和叶枯。叶斑有各种不同的形状、大小和颜色，但边缘都比较清晰。叶斑的坏死组织有时可以脱落而形成穿孔症状。有的叶片上的叶斑有轮纹，称作轮斑或环斑，有的则在叶片上形成单线或双线的一环纹或线纹。如在表皮组织出现坏死纹的则称为蚀纹。许多植物病毒病表现环斑、纹环或蚀纹症状。叶枯是指叶片上较大面积的枯死，枯死的轮廓有的不如叶斑明显。叶尖和叶缘的枯死一般称作叶烧。植物根茎也可以发生各种形状的坏死

斑。幼苗茎基部的坏死，有时引起突然倒伏的称为猝倒，坏死而不倒伏的称为立枯。果树和树木的枝干上有大片的组织坏死称为溃疡，坏死的主要是皮层，病部微微凹陷，周围细胞有时木栓化，以限制病斑的进一步扩展。

腐烂　是植物组织较大面积的分解和破坏。可发生在植物的任何部位，幼嫩或多肉的组织更容易发生。腐烂可以分为干腐、湿腐和软腐。如果组织解体较慢，腐烂组织中的水分能及时蒸发，病部表皮干缩或干瘪则形成干腐。相反，如果组织解体很快，腐烂组织不能及时失水则形成湿腐。软腐主要是中胶层先受到破坏，腐烂组织的细胞离析，以后再发生细胞的消解，有的病部表皮不破裂，手触有弹性。根据腐烂的部位，又可以分为根腐、基腐、果腐等。流胶的性质与腐烂相似，是从受害部位流出的细胞和组织分解的产物。

萎蔫　是指由于茎基部的坏死或腐烂、根的腐烂或生理活性受到破坏，使根部水分不能及时向上输送，细胞失去膨压导致地上部枝叶萎垂。典型的萎蔫症状是指植物根茎的维管束组织受到破坏而发生的凋萎现象。凋萎如果只在高温强光照条件下发生，早晚仍然能恢复的称为暂时性萎蔫，出现后不能恢复的称为永久性萎蔫。萎蔫根据程度有青枯、枯萎、黄枯等之分，受害部位有些是局部性的，但全株性凋萎更加常见。

畸形　是指植株受病原物产生的激素类物质的刺激而表现出来的异常生长，有增大、增生、减生和变态4种。增大是病组织的局部细胞体积增大，但数量并不增多，如根结线虫在根部取食时，分泌毒素刺激线虫头部周围的细胞使之增大成为巨型细胞，外表略呈瘤状凸起。增生是病组织的薄壁细胞分裂加快，数量迅速增多，导致局部组织出现肿瘤或癌肿，细小的不定芽或不定根的大量萌发产生的丛枝或发根也是增生的结果。减生是指病部细胞分裂受到阻碍，生长发育减慢，造成植株的矮缩、矮化、小叶、小果等症状。矮缩是由于茎干或叶柄的发育受阻，叶片卷缩，如水稻矮缩病。矮化是枝叶等所有器官的生长发育均受到阻碍，整株植物几乎等比列缩小，如玉米矮化病等。变态或变形是病株的一种器官变态成为另一种器官，如花变叶、叶变花、扁枝和蕨叶等。

症状的变化　植物病害的症状具有复杂多变的特点。通常情况下，一种植物在发生一种病害后就出现一种症状，但有许多病害的症状可以在不同阶段或不同抗性的品种上或不同的环境条件下出现不同类型的症状，并不是固定不变的。有的病害在一种植物上可以同时或先后表现两种不同类型的症状，称为综合症。当两种或多种病害同时在一株植物上发生时，可以出现多种不同类型的症状，称为并发症。当两种病害在同一部位或同一器官上出现时，可能彼此干扰发生拮抗作用，表现为只出现一种症状或症状较轻；也可能相互促进发生协生作用，使症状加重甚至出现不同于原来两种症状的第三种类型的症状。隐症现象也是症状变化的一种类型，是指由于环境条件的改变或者农药的使用等，导致原有病害症状逐渐减退甚至消失，但植株体内的病原物仍然存在，一旦环境条件合适，症状又会重新出现。

症状在病害诊断中的作用　症状是病害在植物上表现的特征之一，认识病害首先从了解病害的症状及变化过程开始，选择最典型的症状来命名这种病害。当掌握了大量的病

害症状表现及其发生发展过程，就能相对容易对一些病害样本做出初步的诊断，从而对症下药，制订合适的防治方案。

参考文献

许志刚，2009. 普通植物病理学 [M]. 4 版. 北京：高等教育出版社.

（撰稿：马占鸿；审稿：陈万权）

植物病理学　plant pathology

研究植物不正常状态或病态的症状、发生原因、致病机理、发生发展规律以及测报和防治原理与技术等的科学，是农业科学的一个分支学科。目的是通过对植物病害发生原因、本质和规律的认识，获得控制病害流行危害的科学方法，保护植物免受或少受病害，保障农业的稳产增产和优质高效。研究范围涉及寄主植物、病原生物和环境因素之间的相互关系，与植物学、植物生理学、微生物学、生态学、作物学、植物遗传学、植物育种学、植物栽培学、生物化学、农业昆虫学、农药学、土壤学、农业气象学、生物统计学、分子生物学等有密切关系。植物病害流行学、植物免疫学、病原生物学、分子植物病理学、生态植物病理学、植物真菌学、植物细菌学、植物病毒学、植物线虫学等是其衍生的主要分支学科。

发展简史　植物病理学是顺应农业和社会发展需要于19世纪中后叶逐步发展起来的，与真菌学相伴而生，曾被称为"应用真菌学"。在巴比伦王国的楔形文字、《诗经》、《圣经》中均有关于植物病害的记载。1755年，蒂利特（M. Tillet）研究证明小麦腥黑穗病是传染性的，发病麦粒中的孢子是传"毒"来源，奠定了真菌病原学的基础。1807年，普雷维特（M. Prevost）进一步证实黑粉病菌的孢子就是传染病害的"毒"，同时提出禾本科植物锈病也是由相应病原物引起的。1853—1866年，植物学家和真菌学家德巴利（H. A. de Bary）确定了锈菌、黑粉菌、马铃薯晚疫菌等多种真菌是植物病害的病原物，创立了植物病害的病原生物学说，推翻了"生物自然发生论"。1858年库恩（J. Kühn）编写了《作物病害原因和防治》，总结了这一时期对植物病害发生和对病原菌的认识，提出了环境因素与植物病害发生的关系和病害防治方法，标志着植物病理学的诞生。库恩被誉为"第一个植物病理学家"和"植物病理专业的创始人"。分子生物学和植物病理学的交叉融合，催生了分子植物病理学。1986年《美国植物病理学报》增列分子植物病理学栏目，1991年格尔（S. J. Gurr）、麦克弗森（M. J. McPherson）和鲍尔斯（D. J. Bowles）主编出版了《分子植物病理学》专著，标志着分子植物病理学的诞生。2000年《分子植物病理学》在英国创刊。

中国植物病理学方面的高等教育始于20世纪初，邹秉文撰写了中国植物病理学的第一本专著《植物病理学概要》。此后，金陵大学、中央大学等高等院校相继设立了植物病理学系。20世纪30年代以前的研究重点是病原真菌学，以后逐渐向其他研究领域拓展。1950年后，重点对小麦黑穗病、锈病、线虫病等植物病害防治开展了研究，如对小麦锈病流行规律、抗病育种等的协作研究，明确了小麦锈病在中国的传播规律、生理小种类型和特性，并成功选育出多种抗病良种。此外，对稻瘟病、稻白叶枯病、甘薯黑斑病、苹果烂皮病、白菜软腐病等也开展了研究。

美国植物病理学会（ASPP）是国际上较早的植物病理学的学术机构，1909年成立，1911年开始出版《植物病理学报》。欧洲国家植物病理学会成立相对较晚，但植物病理专业学术期刊创刊较早，如德国的《植物病理学杂志》于1880年创刊。中国植物病理学会成立于1929年，1955年开始出版《植物病理学报》。1963年国际植物病理学会在英国成立，中国为该学会理事国。

研究内容与方法　主要包括以下方面：①病害症状。宏观方面是研究植物器官和组织的变色或枯死，植物生长的畸形、增生或抑制，种子或果实产量的减少和品质的变劣等；微观方面是借助显微技术观察染病植物组织生长发育的改变和破坏，属病组织学或病细胞学的研究范畴。②病害发生原因。植物病害按病因可分为侵染性病害和非侵染性病害两大类。前者大都为病原物引起，包括真菌、卵菌、细菌、病毒、线虫、类病毒、菌原体、类菌原体、类立克次氏体以及寄生性原生动物和种子植物，植物病害的发生是病原物和寄主植物在一定环境条件下相互作用的结果；后者由非生物因素引起，如高温和低温的伤害、空气和水的污染、有毒物质或农药中毒、土壤营养元素过多或缺少等。③病害生理。运用植物生理学和生物化学原理与方法，从个体水平和微观水平上研究染病植物体内生理生化方面所发生的变化及其规律。④病害流行。在群体水平上研究寄主植物—病原物—环境条件（包括生物的、物理的、化学的、地理的环境条件）三者之间的相互关系，探讨生态平衡同病害发生和传播之间的关系。以病原生态学为基础，定量和定性调查与植物病害发生发展和传播密切相关的因素，并运用数理分析方法和计算机技术，构建病害流行预测和防控决策模型，指导病害测报和防治。⑤植物抗病性。主要研究寄主植物抗病性和病原物致病性的变异机制和遗传规律、抗病基因发掘与利用、优良抗病种质或品种培育与创造、植物抗病性的保持与提高等。⑥病害综合防治理论与技术。基于病害的发生发展规律及危害特点，研究预防和控制病害的原理、技术和方法，包括培育和利用植物的抗病性、杜绝和减轻病害初染源、降低病害流行速度与程度3个方面。其基本途径包括植物检疫、农业防治、抗病品种利用、生物防治、物理防治和化学防治等。病害的综合防治是以互不矛盾的方式联合使用物理、化学、农业、遗传和生物等一切适当的防治技术，有效而经济地抑制病害的发生和危害，把对非靶标生物和环境的不良影响降低到最低限度，突出病害防治的生态学观点、经济学观点和环境保护学观点。⑦分子植物病理。以DNA重组技术为主要手段，研究寄主—病原物相互作用中基因及其表达特征，解析植物病原菌致病过程的机理和寄主植物抗病、感病机理。

发展趋势　20世纪90年代以来，生命科学、信息科学、材料和能源科学领域的重大突破以及生物技术、信息技术、系统工程技术等在植物病害研究中的应用，促进了植物病理学学科发展。其主要发展趋势包括：①利用植物免疫技术和核酸杂交技术进行植物病害的诊断与判别。②依靠信息技术提高病害监测预警能力。利用先进的卫星、雷达遥感遥测系统、全球定位系统、地理信息系统以及互联网、物联网、云计算技术、人工智能技术和多媒体技术等对农作物重大病害的发生和危害进行监测、预测和防治决策，将大大提高病害预测预报的时效性和准确率。③利用细胞工程技术、基因工程技术、发酵工程技术、酶工程技术、基因编辑技术等生物技术培育植物抗病品种、无病种苗以及进行生防微生物的遗传改良。国际上有关研究十分活跃，并进入了实用化阶段。④经济有效、环保型病害绿色防控新技术的开发应用。多抗性和持久抗病品种选育、病原物致病性变异和品种抗病性变异的超前预测、植物疫苗、高效低风险生物杀菌剂、农田生态调控等病害绿色防控技术符合农业科技革命和可持续发展需求，有关技术创新与发展十分迅速。⑤植物病害的系统管理。即以一定地区的农业生产为背景，以所有有意识或无意识行动的全体为管理对象，调节病害水平使之保持在经济允许范围内。

参考文献

YOUNG R A, 1981. 植物病害的发生和防治 [M]. 陈延熙，译. 北京：农业出版社.

方中达，1979. 普通植物病理学 [M]. 北京：农业出版社.

（撰稿：陈万权；审稿：陈剑平）

植物病理学发展史　history of plant pathology

植物病理学是一门年轻的学科，它是顺应农业和社会发展需要，于 19 世纪中后叶逐步发展起来的，具有复杂而悠久的历史起源。植物病理学的发展史也就是人类社会文明和进步的历史。

远在人类历史有记载之前，植物病害已经影响着人类的福祉。《圣经》中就有关于植物疫病、瘟病和霉病的记载。从公元前 1700 年左右巴比伦王国的楔形文字到公元前 500 年左右中国的《诗经》中均有关于植物病害的记载。古希腊人赛奥弗莱蒂斯（Theophrastus，前 374—前 288）及古罗马人普利尼（Pliny，23—79）都注意到了植物病害。前者是一个著名的植物学家，被尊称为"植物学之父"，他对植物病害的危害状进行了分类；后者除对病害进行记载外，还注意了病害的防治。然而，他们对病害的认识还处于迷信阶段，带有浓郁的迷信色彩，缺乏科学依据。因此，为抑制病害所做的一切努力都是徒劳的。长期以来，由于植物病害"自然发生论"的影响，真菌学家和植物病理学家对在发病植物上观察到的真菌是引起病害的原因，还是植物病害组织的产物？一直认识不清。到 18 世纪后半叶，蒂利特（Tillet）对小麦腥黑穗病的传染和防治研究证明，小麦腥黑穗病是传染性的，孢子球中的孢子是传"毒"来源，于 1755 年发表了论文，并获得了波尔多皇家文学、科学和艺术学院的奖励，但对所谓的传"毒"本质未做进一步说明。随后不久，Fortana 和 Targioni 通过研究和观察认为小麦锈病是由一种

微小的寄生植物引起的，但是它们没有证实，只是推测。由于当时的条件所限，这三位学者虽然未曾弄清病原物传染危害的本质，但他们的工作却成功地改变了人们对事物的看法，为真菌病原学正确概念的建立奠定了基础。他们是杰出的开路者，1958 年曾被美国著名的植物病理学家斯塔克曼（Stakman）称之为植物病理学的祖父。

1807 年，瑞士籍法国人普雷维特（Prevost）证实黑粉病菌的孢子就是传染病害的"毒"，是用显微镜观察到的引起病害的植物繁殖体。他同时提出禾本科植物锈病也是由相应的病原物引起的。1882—1895 年法国化学家和细菌学家巴斯德（Pasteur）从酿酒工业中发现了微生物的作用，从而彻底摧毁了古老的生物自生学说，对一切生物的病害研究产生了深远的影响。德国的植物学家和真菌学家德巴利（de Bary，1831—1888）确定了多种锈菌、黑粉菌、马铃薯晚疫病菌以及其他许多真菌是植物病害的病原物，从而创立了植物病害的病原生物学说。在此期间，德国人库恩（Kühn，1825—1910）出版了第一本植物病害的教科书，其中包括了巴斯德、德巴利及其他一些真菌学家确立的寄生学原则。一般认为植物病理学始于库恩，他在农场工作近 14 年，是当时比较突出的真正植病工作者，37 岁被聘为德国哈雷大学教授，被誉为"第一个植物病理学家"和"植物病理专业的创始人"。虽然在这一时期，德巴利等人对植物病害的研究起了奠基的作用，但他们的研究大都是学院式的。

由此可见，植物病理学的形成与发展与真菌学（mycology）是相伴而生的，真菌学显然先于植物病理学。真菌学家对世界各地的真菌进行采集、描述、命名和分类，不仅促进了真菌学本身的发展，而且对其后研究这些真菌的致病性打下了基础。长期以来，植物病理学被称之为应用真菌学（applicable mycology），所以植物病害的研究是以病原真菌所致的病害开始的。

分子植物病理学产生于分子生物学和植物病理学的交叉融合，是传统植物病理学的一门年轻分支学科，仅有近 20 年的历史。20 世纪 80 年代以来，用 DNA 重组技术为主要手段，以研究寄主—病原物互作中基因及其表达为特征的植物病原菌致病过程机理和寄主植物抗、感病机理的研究迅速发展，促进了分子植物病理学作为一门新兴学科从传统植物病理学中脱颖而出。1986 年分子植物病理学作为栏目标题在《美国植物病理学报》（*Phytopathology*）出现。同年《生理植物病理学杂志》（*Physiological Plant Pathology*）改名为《生理和分子植物病理学》（*Physiological and Molecular Plant Pathology*）。从此植物病理学进入了分子时代。为反映迅速增长的研究成果，美国植物病理学会 1988 年又创立了《植物－微生物分子互作杂志》（*Molecular Plant-Microbe Interactions*，简称 MPMI）。其后，有关分子植物病理的专著和汇编不断涌现，其中英国学者格尔（S. J. Gurr）、麦克弗森（M. J. McPherson）和鲍尔斯（D. J. Bowles）于 1991 年主编了《分子植物病理学》（*Molecular Plant Pathology*），由 57 位专家分别撰写了分子植物病理学的主要研究领域及其研究方法。

参考文献

YOUNG R A, 1981. 植物病害的发生和防治 [M]. 陈延熙，译.

北京：农业出版社．

　方中达，1979.普通植物病理学 [M].北京：农业出版社．

（撰稿：陈万权；审稿：陈剑平）

植物病原卵菌　plant pathogenic oomycete

　卵菌是真核微生物，隶属于茸鞭生物界（Stramenopilia），目前地球上已知有 2000 余种。大多数生活于水中，少数具有两栖和陆生习性，主要营腐生和寄生。植物病原卵菌是指对植物有致病性，能够引起植物病害的一类卵菌，占卵菌的绝大多数种类。植物病原卵菌主要包括链壶菌目、水霉目、霜霉目、指鞭霉目、水节霉目等五个目。卵菌中的代表微生物包括大豆疫霉、橡树疫霉、致病疫霉、葡萄霜霉等，其中有很多种类是高等植物的专性寄生菌，能引起农作物、树木、花卉植物灾难性病害。植物卵菌寄主范围很广，但不同种卵菌的寄主范围差异很大。有些卵菌侵染不同种植物时呈现出高度的寄主专化性，如致病疫霉（Phytophthora infestans）只侵染马铃薯和番茄等少数几种植物，大豆疫霉（Phytophthora sojae）只侵染大豆而不能侵染其他植物。但是该群生物中不少种的致病力分化不明显，具有很广的寄主范围，有报道显示腐霉菌的寄主范围可达 200 多种，而樟疫霉（Phytophthora cinnamomi）更是可以侵染高达上千种植物。

　植物病原卵菌的营养体是二倍体，具发达的、没有隔膜的菌丝体，少数低等的是多核的有细胞壁的单细胞。无性生殖产生丝状、圆筒状、球形、卵形、梨形或柠檬形的游动孢子囊，主要以释放出多个游动孢子的方式萌发，少数高等的病原卵菌如致病疫霉菌的孢子囊可以直接萌发产生芽管。游动孢子和孢子囊主要通过带病种苗、土壤、风、雨水及灌溉水传播，还可以通过溅起的水滴在植物上部传播。侵染形成的病斑能在几天内又产生新的孢子囊和游动孢子进一步传播，使病菌的接种体数量在短时间内急速上升。有性生殖以雌雄配子囊相互接触完成交配，产生卵孢子，卵孢子具有厚壁，可以帮助病菌抵抗不利环境。大部分卵菌侵染寄主植物主要包括两个步骤：首先是无性孢子或者孢子囊直接萌发形成芽管和侵入结构，能直接穿透寄主的表皮层进入到内部组织，另一步骤是在进入植物内部组织后，在植物细胞间隙营丝状扩展，并在与寄主细胞接触处形成吸器。吸器被认为是卵菌吸收营养并借此抑制寄主抗病反应的主要器官，植物病原卵菌吸器的形态变异较大，但是也并非所有卵菌都会产生吸器。

　部分植物病原卵菌的基因组已经被测序，卵菌基因组大小从腐霉菌的 43Mb 到致病疫霉菌的 240Mb 不等，编码 15000～18000 个基因。与其他病原菌基因组不同的是植物卵菌基因组拥有大量的分泌蛋白，这些蛋白除了传统研究中已经明确的细胞壁降解酶、蛋白酶抑制剂、毒素之外，还有大量的可转运到植物细胞内的转运蛋白。目前，已知的卵菌效应因子功能包括抑制植物抗病信号的转导、植物抗病激素生成、抗病基因转录、内质网压力等。植物病原卵菌与植物的互作模式符合基因对基因假说，自 20 世纪 70 年代，人们在野生马铃薯、大豆、拟南芥等植物中已经鉴定到 30 余个

抗病基因，相对应的卵菌中也有多个无毒基因。随着遗传学、基因组学、生物信息学的不断发展，目前已经克隆到的卵菌无毒基因包括来自拟南芥霜霉的 ATR1 等 3 个；来自致病疫霉的 Avr3a、Avr2、Avr4、Avrblb2 等 9 个，以及来自大豆疫霉的 Avr1b、Avr3c 等 11 个。这些卵菌无毒基因的特点是编码在氨基端具有分泌信号肽以及 RxLR（精氨酸—任意氨基酸—赖胺酸—精氨酸）保守序列的分泌蛋白。卵菌的无毒基因研究对了解病原菌与寄主的协同进化，以及深入认识和防治病害具有重要意义。

　植物卵菌病害的发生与寄主抗病性和气象因素关系密切。在高温、多雨、土壤积水的条件下发病严重。初侵染源为土壤或病残体中的卵孢子或菌丝体。无性生殖由病斑中孢子囊产生的游动孢子通过雨水、灌溉水，或是孢子囊经空气流动再侵染，病害发病周期短，流行速度快。防治策略主要以选用抗病品种，加强栽培管理和化学防治为主。甲霜灵锰锌、百菌清、退菌特、瑞凡、银法利、安克等农药都具有很高的杀卵菌活性。

参考文献

郑小波，1997.疫霉菌及其研究技术 [M].北京：中国农业出版社．

FAWKE S, DOUMANE M, SCHORNACK S, 2015. Oomycete interactions with plants: infection strategies and resistance principles[J]. Microbiology and molecular biology reviews, 79(3): 263-280. DOI: 10.1128/MMBR. 00010-15.

KAMOUN S, FURZER O, JONES J D G, et al, 2015. The Top 10 oomycete pathogens in molecular plant pathology[J]. Molecular plant pathology, 16(4): 413-434. DOI: 10.1111/mpp. 12190.

（撰稿：董沙萌；审稿：康振生）

植物病原生物　plant pathogen

　除植物自身以外的另一些造成植物生长发育过程中生理上或外观上异常，引起植物病害的所有生物的统称。

　植物病原生物的种类很多，分属于 6 个生物界。细胞生物有 5 个生物界，分别是动物界的线虫和原生动物，植物界的寄生藻类和寄生性的种子植物，菌物界的真菌和黏菌，原生生物界的鞭毛虫，原核生物界的细菌、放线菌和支原体；非细胞生物 1 个界，即病毒界的病毒和类病毒。

　大多数情况下，1 种植物病原生物侵袭植物就能引起植物病害，但有时也会有 1 种以上的病原物共同侵染造成植物病害。植物病原生物可以直接通过某些结构如附着胞从植物的表皮直接侵入植物，也可以通过植物伤口或者植物的孔口如气孔等侵入植物，还有的要通过某些媒介如携带病毒的昆虫才能入侵植物。

　病原生物侵染植物引起的植物病害称为侵染性病害。病原生物引起植物病害的过程是病原生物、被侵染寄生的植物和环境条件包括各种物理因素和化学因素相互作用的过程。当不适宜于植物而又对病原生物有利的环境条件居于上风时，植物就容易受到病原生物的侵袭；当环境条件有利于植物而不利于病原生物时，病原生物就难以侵袭植物。植物病

Z

原生物和植物之间也存在着一些相互识别的机制，植物病原生物与植物的相互识别是通过植物病原生物和植物某些信号物质来完成的。因此，并非一种植物病原生物能够侵染所有的植物，有些植物病原生物只能侵袭 1 种植物，有些病原生物能侵袭数种植物。植物病原生物常常存在着生理小种、生物型或株系的分化，因此，植物病原生物的某些生理小种、生物型或株系能侵染一种植物的某些品种，但同种病原生物中的另一些生理小种、生物型或株系不能侵染同种植物的另外一些品种。在植物病原生物中，有些病原物只能从活体植物细胞或组织中获取所需的营养物质才能完成自身的生长发育和生活史，这种只能靠从活体植物上获取营养的活体营养型病原生物叫专性寄生物。有些植物病原生物除寄生生活外，还能在死的植物组织上生活或者以死亡的有机体作为营养来源，这些则称为非专性寄生死体营养型植物病原生物。植物病原生物中，真菌中的白粉菌、锈菌、霜霉菌等，以及寄生在植物上的病毒和种子植物都是专性寄生的活体营养型植物病原物。绝大多数植物病原真菌和植物病原细菌都是非专性寄生的病原生物。非专性寄生的植物病原生物的寄生能力有强有弱。寄生能力很弱的接近于腐生物，寄生能力强的接近于专性寄生物。弱寄生物的寄生方式大多先分泌一些酶或者其他破坏或杀死植物细胞或植物组织然后获取所需养分，这种弱寄生物一般称为低级寄生物或死体寄生物。强寄生物对寄主细胞和组织最初破坏作用较小，主要是为了从活体或组织中获取所需的养分，寄生能力强的植物病原生物一般称为高级寄生物或活体寄生物。从进化上讲，寄生物是从腐生物渐渐演化而来的，专性寄生物是从兼性寄生物演化来的。

　　植物病原生物的鉴定除了可以通过常见的病害症状鉴定外，还要通过病原物的结构特征和生物分类特征、显微技术、分子生物学技术等技术来鉴定。由于植物病害症状上可能存在多种生物，这时植物病原生物的鉴定要遵循病理学研究的柯赫氏法则来进行。

　　植物病原生物引起植物发病通常表现出各种症状。症状是植物受到植物病原生物侵袭后，植物内部的生理活动和外观的生长发育显示出来的一些异常状态。一般来说，不同的植物病原生物引起的植物病害的症状是不同的，所以人们可以通过病害症状表现来诊断植物受到哪种植物病原生物的侵染，用症状来命名病害、识别病害和描述病害。也有些植物病害症状表现相同，但植物病原生物不同。植物病原生物所引起的植物病害症状种类很多，变化也很大。总体来说，植物病原生物造成的植物病害症状主要有 5 种类型。一是受病植物的色泽发生改变，称为变色。变色症状有整个植株或整片叶片，或叶片的一部分均匀地表现出褪绿和黄化，或出现紫色或红色。变色还有一种表现是叶片出现不规则的深绿、浅绿、黄绿或黄色相间形成杂色的花叶或果实的斑驳。二是受病植物的某些细胞和组织死亡，称为坏死。坏死在叶片上表现为叶斑和叶枯，有时形成穿孔，也有称为轮纹或环斑的叶斑，还有幼苗近土面的茎组织的坏死造成的猝倒，还有植株顶部枯死的枯梢，树干大部坏死的溃疡。三是受病植物根和茎基的坏死或者维管束堵塞而引起的植物上部可见的萎蔫。四是植物组织大面积的分解和破坏，称为腐烂。腐烂和坏死有时很难区别。腐烂有干腐、湿腐和软腐。组织解体较

慢，水分能及时流出和蒸发，病部表现干缩或干瘪即为干腐，相反则形成湿腐，如果是中胶层受到破坏，组织细胞离析，然后细胞消解，这时病部形成软腐。五是植物病原生物可以产生一些激素类物质，受病植物受到这类物质的刺激表现出异常生长，称为畸形。畸形可分为增大、增生、减生和变态四种类型。局部组织出现肿瘤、癌肿、丛枝和发根即为增生；受病植物细胞体积变大，数量不变，即为增大；受病植物细胞分裂受阻，表现出矮缩、矮化、小叶、小果等即为减生；如果出现叶片变花朵，花呈叶片状等则为畸形。

参考文献

KAR A K，李晓健，张德荣，1984. 黏菌分类的现状 [J]. 微生物学杂志，4(2): 50-51.

梁训生，谢联辉，1994. 植物病毒学 [M]. 北京：中国农业出版社.

刘维志，2000. 植物病原线虫学 [M]. 北京：中国农业出版社.

陆家云，2001. 植物病原真菌学 [M]. 北京：中国农业出版社.

曼纳斯，1982. 植物病理学原理 [M]. 王焕如，等译. 北京：中国农业出版社.

许志刚，2003. 普通植物病理学 [M].3 版. 北京：中国农业出版社.

（撰稿：喻大昭；审稿：陈万权）

植物病原物毒素　toxic compounds produced by plant pathogens

由引起植物病害的生物（主要包括真菌、卵菌、细菌、线虫、病毒和寄生性种子植物）产生的对其他生物生长发育具有明显抑制和毒害作用的次生代谢产物。通常是指由病原真菌、细菌、卵菌产生的引起哺乳动物、昆虫和植物病害的次生代谢产物。

发展简史　植物病原物毒素概念的提出可以追溯到 19 世纪中期的德巴利（de Bary）时代。20 世纪 50 年代以后，对病原物毒素的结构、活性、作用机制及其应用的研究得以迅速发展，研究最为深入的还是毒素在病原致病过程中的作用机制。植物性毒素（phytotoxins）是指生物（包括动物、植物和微生物）产生的对植物有害作用的化合物。一些植物病理学家建议使用"致病毒素（pathotoxin）"一词。由于多数植物病原菌产生的毒素与病原菌的致病力有关，毒素被认为是病原侵染并致使寄主发病的一个重要因素，因此，病原菌毒素的产生和作用机制备受关注。

类别及其对植物和动物的毒性　植物病原物毒素按来源分真菌毒素（fungal toxins）、细菌毒素（bacterial toxins）、卵菌毒素（oomycete toxins）等；按作用对象分动物性毒素（zootoxins）、植物性毒素（phytotoxins）、昆虫性毒素（insecticidal toxin）；按毒素生源合成途径分为萜类、甾体、生物碱、苯丙素类、醌类、黄酮类、酚酸类、聚酮环肽、多肽、糖肽、多糖等，其中绝大多数环肽为非核糖体肽。

这里按来源讨论植物病原物毒素的毒性，代表性例子见表。病原真菌产生的毒素种类最多，包括聚酮、萜类、生物碱、环肽等，产生毒素的真菌种类有稻绿核菌、镰刀菌、链

植物病原物毒素的代表性例子表

病原物类型	病原	病害	毒素名称	生源合成途径分类	毒性
真菌	链格孢番茄专化型 *Alternaria alternata* f. sp. *lycopersici*	番茄茎枯病	AAL 毒素	生物碱	植物毒活性
真菌	燕麦镰刀菌 *Fusarium avenaceum*	小麦赤霉病	恩镰刀菌素	环肽（非核糖体肽）	植物毒活性
真菌	禾谷镰刀菌 *Fusarium graminearum*	小麦赤霉病	单端孢霉烯	萜类	植物毒活性
真菌	禾谷镰刀菌 *Fusarium graminearum*	小麦赤霉病	玉米赤霉烯酮	聚酮类	植物毒活性
真菌	尖孢镰刀菌古巴转化型 *Fusarium oxysporum* f. sp. *cubense*	香蕉枯萎病	白僵菌素	环肽（非核糖体肽）	昆虫毒活性
真菌	维多利蠕孢菌 *Helminthosporium victoriae*	燕麦叶枯病	维多利长蠕孢素	生物碱	植物毒活性
真菌	稻绿核菌 *Villosiclava virens*	稻曲病	稻曲菌素	环肽（核糖体肽）	植物毒和动物毒活性
细菌	丁香假单胞菌烟草致病型 *Pseudomonas syringae* pv. *tabaci*	烟草野火病	烟草野火菌毒素（tabtoxin）	二肽	植物毒活性
卵菌	水稻黄单胞菌 *Xanthomonas oryzae*	水稻白叶枯病	苯甲酸等	有机酸	植物毒活性
卵菌	致病疫霉 *Phytophthora infestans*	马铃薯晚疫病	疫霉菌毒素	糖蛋白	植物毒活性
卵菌	瓜果腐霉 *Pythium aphanidermatum*	草坪草腐霉病	腐霉毒素	糖蛋白	植物毒活性

格孢、维多利蠕孢菌等。

细菌产生的毒素包括胞外多糖、有机酸、寡肽、多肽、糖肽等。研究较为深入的产毒细菌如密执安棒杆菌（*Clavibacter michiganesis*）、解淀粉欧文氏菌（*Erwinia amylovora*）、青枯雷尔氏菌（*Ralstonia solanacearum*）、丁香假单胞菌（*Pseudomonas syringae*）、水稻黄单胞菌（*Xanthomonas oryzae*）、野油菜黄单胞菌（*Xanthomona scampestris*）等。

卵菌产生的毒素主要为糖蛋白。分泌糖蛋白毒素的疫霉有柑橘疫霉（*Phytophthora cactorum*）、辣椒疫霉（*Phytophthora capsici*）、致病疫霉（*Phytophthora infestans*）、烟草疫霉（*Phytophthora nictianae*）、大豆疫霉（*Phytophthora sojiae*）等。腐霉有瓜果腐霉（*Pythium aphanidermatum*）、禾生腐霉（*Pythium graminicola*）、终极腐霉（*Pythium ultimum*）等。

生物活性与开发应用　植物病原真菌毒素除具有明显的植物毒活性外，还具有抗菌、抗氧化、细胞毒、杀虫等多种生物活性。植物病原真菌产生的毒素（如镰刀菌酸）引起植物发生病害，但同样可使杂草白化、萎蔫、生长受抑制、导致杂草死亡，作为潜在的除草剂是一类可开发利用的资源。一些病原真菌毒素（如稻曲菌素）具有明显的细胞毒活性，为抗肿瘤药物的开发与利用提供了依据。一些真菌毒素（如白僵菌素）具有杀虫活性，作为杀虫剂的开发具有较好的应用前景。一些真菌和细菌毒素还可用于狩猎或作为生化武器用于军事。

参考文献

LOU J, FU L, PENG Y, et al, 2013. Metabolites from *Alternaria fungi* and their bioactivities[J]. Molecules, 18: 5891-5935.

PITSCHMANN V, HON Z, 2016. Military importance of natural toxins and their analogs[J]. Molecules, 21: 556.

REVERBERI M, RICELLI A, ZJALIC S, et al, 2010. Natural functions of mycotoxins and control of their biosynthesis in fungi[J]. Applied microbiology and biotechnology, 87: 899-911.

VAREJAO E V V, DEMUNER A J, BARBOSA L C A, et al, 2013. The search for new herbicides–strategic approaches for discovering fungal phytotoxins[J]. Crop protection, 48: 41-50.

（撰稿：周立刚；审稿：朱旺升）

植物病原细菌　plant pathogenic bacteria

侵染植物的一类重要的病原微生物。由这类微生物引起的植物细菌病害发生面广、危害性大，常造成农作物产量和品质的下降，给农业生产带来巨大损失。在已鉴定出的1600多种细菌中约有300种引起植物细菌病害。已知的植物细菌病害有500种以上，其中作物叶枯病、叶斑病、青枯病、软腐病、溃疡病、根癌病和环腐病都是世界性的重要细菌病害。导致植物病害的革兰氏阴性细菌主要有假单胞菌属（*Pseudomonas*）、黄单胞菌属（*Xanthomonas*）、土

Z

壤杆菌属（*Agrobacterium*）、欧文氏菌属（*Erwinia*）、泛菌属（*Pantoea*）、果胶杆菌属（*Pectobacterium*）、伯克氏菌属（*Burkholderia*）、雷尔氏菌属（*Ralstonia*）、噬酸菌属（*Acidovorax*）、木质部小菌属（*Xylella*）、韧皮部杆菌属（*Liberobacter*）、肠杆菌属（*Enterobacter*）、根杆菌属（*Rhizobacter*）、嗜木质菌属（*Xylophilus*）、迪基氏菌属（*Dickeya*）等。

革兰氏阳性细菌主要有：棒形杆菌属（*Clavibacter*）、节杆菌属（*Arthrobacter*）、短小杆菌属（*Curtobacterium*）、红球菌属（*Rhodococcus*）、芽孢杆菌属（*Bacillus*）、拉塞氏杆菌属（*Rathayibacter*）、链丝菌属（*Streptomyces*）等。

有些植物细菌病原在种以下还存在亚种（subspecies，简称 subsp.）、致病变种（pathovar，简称 pv.）和生化变种（biovar，简称 bv.）。

植物病原细菌属于单细胞原核生物。与真菌等真核生物不同，原核生物的遗传物质分散在细胞质中，没有核膜包围、没有明显的细胞核。植物病原细菌的形态呈现多样化，包括球状、杆状和螺旋状等，但大多数植物病原细菌都是短杆状。虽然不同植物病原细菌的细胞大小有所差异，但它们的细胞直径都是微米级。革兰氏阴性植物病原细菌的细胞结构主要包括细胞壁、细胞膜（内膜和外膜）以及周质空间。细菌细胞表面通常有鞭毛，能帮助细菌在固体表面和液体中进行运动，用于寻找食物以及侵染植物。同时，鞭毛介导的趋化性也能帮助细菌"趋利避害"，快速适应多变的环境条件。除鞭毛外，细菌表面还有一类毛发状细丝，称为菌毛，其中四型菌毛可以帮助细菌实现遗传物质的水平转移，增强细菌的生态适应性。植物病原细菌通常情况下是以横向二分裂的方式繁殖，俗称裂殖，并且繁殖速度快。例如熟知的大肠杆菌在 37℃ 的培养条件下每 20 分钟就能分裂一次。同时，温度对细菌生长和繁殖的影响较大。绝大多数植物病原细菌的生长适温为 26～30℃，只有少数在高温或低温下生长较好，例如青枯病菌的生长适温为 35℃，而马铃薯环腐病菌的生长适温为 20～23℃。

与植物病原真菌不同，植物病原细菌不能直接穿过植物的角质层或从表皮侵入，一般情况下，这些细菌只能从植物的自然孔口和伤口侵入，其中植物表面的气孔、水孔、皮孔、蜜腺等自然孔口都是细菌侵入的重要场所。植物病原细菌侵入植物后，要与植物建立寄生关系，帮助其在寄主植物体内的存活与繁殖。在寄生过程中，细菌会对寄主植物造成破坏，引起植物病变，产生致病性。已知植物病原细菌可通过多种途径来攻击寄主植物，造成致病性，大致包括：①细菌通过各种蛋白泌出系统分泌各种胞外降解酶和毒素，破坏植物细胞，获得其在寄主体内生长和繁殖所需的各种营养物质。②细菌通过细胞上的多种感受装置，感知寄主植物的信号，进而启动各种与寄生与侵染相关的途径，逃避寄主植物的防卫反应，从而成功侵染寄主植物。③植物病原细菌可利用其细胞表面的一种纳米级的"注释器"，称为Ⅲ型泌出系统（T3SS），直接分泌效应分子到寄主植物的细胞内，干扰寄主植物的抗病性。

植物病原细菌多为非专性寄生，侵入寄主细胞后通常是先使细胞或组织致死，然后再从坏死的组织中吸取养分。多数细菌病害有菌脓溢出。显微观察时维管束或薄壁组织病部中常出现喷菌现象，是区分细菌病害和真菌、病毒病害最简便的手段之一。细菌病害导致的症状主要有腐烂、坏死、萎蔫、畸形和变色 5 大类。

植物病原细菌的侵染来源主要有种子和无性繁殖材料、土壤和病残体、雨水和灌溉水传播及昆虫介体。

植物细菌病害的防控应采用"预防为主、综合防控"的策略。首先，植物细菌病害的发生发展与环境条件密切相关。通常情况下，高温、多湿、台风等自然环境条件有利于植物病原细菌的传播和繁殖。因此，改进农业措施，创造不利于病原细菌生长和繁殖的农业微生态环境是防治植物细菌病害的一种有效策略。其次，植物细菌病害的防控还要以寄主抗病性利用为主要手段；培育抗病品种以及利用抗病品种的多样性来控制植物细菌病害被证明是一种经济有效的防控途径。最后，化学和生物防治也是一种有效的防控措施。但与植物真菌病害防治不同，目前生产上用于防治植物细菌病害的化学药剂较少，主要是有机铜制剂、无机铜制剂（噻菌铜、波尔多液、乙酸铜等）等。生防芽孢杆菌、假单胞菌等生物农药也是作为植物细菌病害绿色防控的一种有效途径。

参考文献

王金生，1999.分子植物病理学 [M].北京：中国农业出版社．

（撰稿：钱国良；审稿：冯洁）

植物病原真菌　plant pathogenic fungi

真菌是一类具有真正细胞核、营养体为丝状体、能产生孢子、无叶绿素以吸收方式吸取养分的异养生物。真菌种类多、分布广，地球上凡有空气的地方就有真菌的存在。已知超过 10000 种以上的真菌能够引起植物病害，是最为重要的植物病原物类群。由真菌侵染引发的植物真菌病害约占植物病害总数的 70%～80%。

真菌的一般性状　真菌是多型性生物，其生长发育过程中表现出多种形态特征。绝大多数真菌的营养体为菌丝体。菌丝体的单个分枝称为菌丝，粗细一致，直径 2～30μm，最大可达 100μm。菌丝细胞壁主要成分为几丁质和 β- 葡聚糖。少数真菌的营养体为单细胞。真菌菌丝可形成具有特定功能的变态菌丝，如吸器、附着胞、附着丝、假根、菌丝索等。有些真菌的菌丝体生长到一定阶段，可纠结形成疏松或紧密的组织，进而形成菌丝组织体，如菌核、子座和菌索等。

真菌无性繁殖是不经过核配和减数分裂，营养体直接由断裂、裂殖、芽殖和割裂产生后代的繁殖方式。真菌的无性孢子常见的有游动孢子、孢囊孢子和分生孢子。真菌的有性生殖是通过细胞核结合和减数分裂产生后代的生殖方式，整个过程分为质配、核配和减数分裂 3 个阶段。有性生殖通常是通过两个同型或异型的配子囊或配子间的结合完成的，产生的后代称接合孢子、子囊孢子和担孢子。许多真菌的有性生殖存在性分化现象，即同宗配合和异宗配合。真菌准性生殖是不经过有性生殖的减数分裂而导致染色体的基因重组和单倍体化的一种生殖方式，整个过程包括质配、核配、单倍体化。

植物病原真菌的主要类群 基于真菌的系统演化将其分化6门，其中与植物病害有关的真菌归属于壶菌门（Chytridiomycota）、接合菌门（Zygomycota）、子囊菌门（Ascomycota）和担子菌门（Bosidiomycota）。没有或尚未发现有性态的真菌归为无性真菌类（anamorphic fungi）。

真菌在植物上引起的病害症状 由真菌侵染引致的植物病害症状多样，各有特点。真菌病害的主要症状类型有：①坏死型。叶斑、枯死、溃疡、枝枯、猝倒、立枯、炭疽、疮痂及穿孔等。②腐烂型。根腐、茎腐、干腐、花腐、果腐等。③萎蔫型。枯萎和黄萎等。④畸形型。根肿、瘿瘤、丛枝、卷叶、衰退等。真菌病害在发病部位常出现具有特征性的真菌子实体，如各种各样的霉层、粉层、颗粒等病征。

（撰稿：王源超；审稿：彭友良）

植物非侵染性病害 non-infectious disease

植物自身生理缺陷或遗传性缺陷而引起的生理性病害或由于生长在不适宜的物理、化学等因素环境中而直接引起或间接引起的一类病害。它和侵染性病害的区别在于没有病原生物的侵染，在植物不同的个体间也不能互相传染，所以又名为非传染性病害。非侵染性病害在植物病害中约占1/4，不仅本身对农作物产量和品质造成不利影响，而且还可能加剧侵染性病害的发生程度。

发生特点 ①没有病征，但是患病后期由于抗病性降低，病部可能会有腐生物出现。②田间分布往往受地形、地貌的影响大，发病比较普遍，面积较大。③没有传染性，田间没有发病中心。④在适当条件下，病状可以恢复。诊断非侵染性病害首先是现场观察和调查，了解有关环境条件的变化；其次是依据侵染性病害的特点和侵染性试验的结果，尽量排除侵染性病害的可能；第三是进行治疗性诊断。

引起非侵染性病害的化学因素 ①营养失调。指营养条件不适宜，包括营养缺乏引起的缺素症、营养元素间的比例失调和（或）过量。缺素症产生的重要原因是缺乏某种营养元素。缺氮引起植物新叶淡绿、黄绿色，老叶黄化枯焦，早衰；缺磷引起茎叶暗绿或呈紫红色，生育期推迟；缺钾引起植物叶尖及边缘先枯焦，植株早衰；缺锌引起植物叶小，在主脉两侧先出现斑点，生育期推迟；缺镁引起植物脉间明显失绿，产生斑点或斑块；缺钙引起植物茎叶软弱，发黄焦枯，早衰；缺锰引起植物叶脉失绿，出现斑点，组织易坏死；缺硫引起植物新叶黄化，失绿，生育期延迟；缺铁引起植物叶脉失绿、叶片淡黄或发白；缺铜引起植物幼叶萎蔫，出现白色叶斑，果穗发育不正常；缺钼引起植物叶片生长畸形，叶片上散生斑点。营养元素（尤其是微量元素）过量对植物不利。氮过量引起小麦组织柔嫩，叶色深绿，麦株贪青并晚熟；锰过量则引起小麦叶皱，叶尖和叶缘褐枯，导致减产；硼和锌过量往往对植物造成严重毒害；钠过量引起土壤pH升高，导致植物产生盐碱害，出现褪绿、矮化、叶焦枯和萎蔫等症状；硼过量抑制植物种子萌发，引起幼苗死亡；氟过量导致叶片焦枯。②农药药害。指使用农药对植物造成的毒害作用，可能的原因包括农药使用浓度过高，用量过大，或使用时期不适宜等。农药药害分为急性药害和慢性药害两种。急性药害一般在施药后2～5天内发生，常常在叶面上或叶柄基部出现坏死的斑点或条纹，叶片褪绿变黄，严重时凋萎脱落，一般来讲，植物的幼嫩组织或器官容易发生此类药害，施用无机铜、无机硫杀菌剂和有机砷类杀菌剂容易引起急性药害。慢性药害指施药后植物并不马上表现出明显的中毒症状，而是影响植株正常生长发育，使植物生长缓慢、枝叶萎垂或畸形，进而叶片变黄以至脱落，或开花减少，结实延迟，果实特大或特小，空心，籽粒不饱满等。不同植物对农药毒害的敏感性不同。桃、李、梅、白菜、瓜类、大豆和小麦等作物对波尔多液特别敏感，极易发生药害，而马铃薯、茄子、甘蓝、丝瓜、柑橘等作物则不易发生药害。植物药害发生与环境温度有关系，如石硫合剂在高温下药效发挥快，易产生药害。此外，同一植物在不同生育期对农药的敏感性也不同，一般来说，幼苗和开花期植物较敏感。③环境污染。包括空气污染、水污染和土壤污染等。空气污染源包括化学工业和内燃机排出的废气（臭氧、氟化氢、二氧化硫和二氧化氮等）。水体污染对生态的影响十分巨大，造纸厂和化工厂未处理的污水，常常带有大量的碱和毒素，都对植物有严重的毒害作用。土壤污染包括土壤重金属元素（汞、镉、铅、铜、铬、砷、镍、铁、锰、锌、砷）超标以及除草剂残留等。

引起非侵染性病害的物理因素 环境中的物理因素超越了植物的忍受限度，植物就表现出异常或病态。①温度。不适宜的温度（气温、土温、水温）包括高温、低温、剧烈的变温。20世纪80年代以来，全球气候变暖趋势明显，对水稻、玉米、大豆和小麦生长发育的影响很大，除对大豆产生增产效应外，对其他3种作物均产生减产效应。水稻生长期间平均夜间最低温度每升高1°C，水稻产量就下降10%。高温引起番茄、辣椒和其他果实的灼伤。干热风是高温、低湿和大风等因子共同作用引起的一种气象灾害，干热风对长江流域小麦生长发育影响很大，这种灾害常出现在小麦灌浆中后期，以发生在灌浆中期危害最大，其危害轻者减产5%左右，危害重者减产10%～20%。形成干热风的气象指标是日最高气温在30°C，相对湿度在30%以下，风力在3～4级以上。低温冷害指0°C以上的低温所致的病害。喜温作物（黄瓜、水稻、菠萝、柑橘、香蕉）以及盆栽和保护地栽培植物较易遭受冷害。当气温低于10°C时，就会出现冷害。冻害是指在0°C以下低温所致的病害，主要症状是幼茎或幼叶出现水渍状暗褐色的病斑，后期植物组织逐渐死亡，严重时整株植物变黑、枯干、死亡。剧烈变温对植物的影响往往比单纯的高、低温更大。②水分（湿度）。长期水分供应不足形成过多的机械组织，使一些肥嫩的组织或器官（如肉质果实或根）的一部分薄壁细胞转变为厚壁的纤维细胞，可溶性糖转变为淀粉而降低品质。严重干旱可引起植物萎蔫、叶缘焦枯等症状。土壤中水分过多造成氧气供应不足，使植物的根部处于厌氧状态，最后导致根变色或腐烂。同时，植物地上部可能产生叶片变黄、落叶及落花等症状。③光照。光照不足通常发生在温室和保护地（设施）栽培的环境下，导致植物徒长，影响叶绿素的形成和光合作用，植株黄化，组织结构脆弱，容易发生倒伏或受到病原物侵染。日照时间的长短影响植物的生长和发育。

非侵染性病害的防控 ①认真贯彻执行相关法规和条例。包括《中华人民共和国种子法》《中华人民共和国环境保护法》《中华人民共和国土壤污染防治法》以及《农作物病虫害防治条例》，提高农作物种子生产水平并规范经营环节，增强环保意识，落实环保措施，提高农药使用水平。②科学管理水肥。依据农作物生长发育对水肥的需求规律，科学用水，测土配方施肥。做好高标准农田建设工作，适时适量灌溉及排涝，减少农作物渍害。③提高农业气象预测水平，适时播种，适时收获，规避及减少气象灾害。

参考文献

许志刚, 2004. 普通植物病理学 [M]. 3 版. 北京: 中国农业出版社.

（撰稿：李国庆；审稿：陈万权）

植物感病基因 susceptibility gene

植物中能促进病原物侵染以及为病原物—植物亲和性提供帮助的基因。对于大多数病原物，尤其是活体营养型的病原物来说，除了抑制或躲避宿主植物的免疫系统，还需要与宿主植物合作从而建立一个亲和性的相对和谐的关系，即不杀死宿主植物细胞并从中汲取营养完成生活史。因此，当感病基因突变或者功能丧失后会限制病原物的致病力。值得指出的是，抗病基因通常为显性或半显性遗传，而感病基因通常是隐性的。

简史 迄今，隐性抗性（recessive resistance）的概念已经使用了几十年，而感病基因的概念直到 2002 年在拟南芥中发现了抗白粉菌突变体 pmr6 之后才被第一次提出。当时，感病基因被这样描述：对亲和性的病原物—宿主相互作用必需的基因突变后产生一种新型的抗病性。自此，"感病基因"术语在植物病理学中开始使用。

分类 适应性病原物要成功侵染植物，除了需要攻破植物免疫的防线，还需要宿主的其他生理过程的主动参与。根据宿主—病原物相互作用的不同阶段，可将感病基因分为三类：吸引病原物、促进其附着及进入宿主细胞的基因，以及参与病原物在宿主细胞中侵染结构形成的基因；负调控植物免疫反应的基因；满足病原物代谢和结构需求的基因以及容许病原物增殖的基因。第一类基因包括合成角质、蜡、多糖和微量化合物如类黄酮等的基因（Glossy1，Irg1 和 Ram2 等），控制气孔开闭的基因（LecRK，RIN4 和 AHA1 等），帮助白粉菌穿透表皮细胞及吸器形成的基因（MLO，BI-1，LFG，RAC/ROP 和 GAP 等）。第二类基因包括控制水杨酸水平的基因（如 S3H 和 UGT76B1），抑制基础抗性的基因（如 CESA3，CESA4，GSL5/PMR4，MKP1，WRKY45-1，PUB22/23/24 和 NtUBP12 等），茉莉酸途径的抑制子基因（bHLH3/13/14/17）等。第三类基因包括编码蔗糖转运蛋白的基因（如 SWEET11 和 SWEET13），代谢物的合成及代谢相关基因（如 HSK，AK2，DHDPS，LOX3 和 ADH），内复制和细胞扩张相关基因（如 PUX2，PMR5，PMR6，Upa20 和 Upa7），病毒复制的必需基因（如 TOM1，eIF4E，eIF4G，eIF（iso）4E，RH8，PpDDXL，rim1）。

感病基因的利用 植物病害的产生源于植物和病原物之间的亲和性相互作用。改良植物抗病性常用的方法是在感病植物中引进显性的抗病基因（dominant resistance genes）。由于这些抗病基因介导的抗病反应通常是小种特异性，其抵御范围较窄，常常在一段时间后由于病原物的进化而被突破。根据感病基因的定义，其对病原物侵染是有利的，将感病基因突变也可以增强宿主抗病性。因此，感病基因也成为抗性育种的理想靶标。最著名的利用感病基因进行抗性育种的案例当属大麦的 MLO 基因。MLO 基因功能缺失突变体（mlo）表现出对几乎所有小种的大麦白粉菌的持久、广谱抗性。目前，在欧洲大麦主栽品种大多具有 mlo 抗性，且已在产上使用了近 40 年，而抗性还没有被打破，取得了巨大的经济效益。随着基因组编辑技术在植物抗病育种中的应用，感病基因已成为最重要的靶标。

虽然改变感病基因可能会产生持久且广谱的抗性值，但值得指出的是，由于感病基因其还具有其他生物学功能，功能完全缺失后可能对植物的生长发育不利。因此，在感病基因的利用上首先需要权衡其功能缺失后对植物的有利效应和潜在的不利效应。为了更好地利用感病基因的抗病潜力，还可以通过其他方法对其进行定向改造，一方面使其不再被病原物利用从而达到抗病的目的，另一方面还能继续行使其他生物学功能。

参考文献

LAPIN D, VAN DEN ACKERVEKEN G, 2013. Susceptibility to plant disease: morethan a failure of host immunity[J]. Trends in plant science, 18: 546-554.

VAN SCHIE C C, TAKKEN F L, 2014. Susceptibility genes 101: how to be a good host[J]. Annual review of phytopathology, 52: 551-581.

WANG Y, CHENG X, SHAN Q, et al, 2014. Simultaneous editing of three homoeoalleles in hexaploid bread wheat confers heritable resistance to powdery mildew[J]. Nature biotechnology, 32: 947-951.

（撰稿：邱金龙、尹康权；审稿：郭海龙）

植物检疫 plant quarantine

任何为防止检疫性有害生物传入、扩散或使它们处于官方控制之下的活动统称为植物检疫。植物检疫是植物保护工作的重要组成部分，具有强制性，也称为法规防治。植物检疫从字面上看有两层意思，一是学科属性，二是行政执法程序。

检疫性有害生物特指对受其威胁的地区具有潜在经济重要性或环境重要性，但尚未在该地区发生，或虽已发生但分布不广且进行官方防治的有害生物。这类生物具有经济重要性和环境重要性，也可能对人类健康具有较大威胁。随着对植物检疫认识的深入，检疫性有害生物的内涵也在发生变化。从 20 世纪 90 年代开始，因为转基因生物风险的不确定性，国际社会包括中国对转基因生物也提出了检疫要求。因此，检疫性有害生物除了传统的危险性病原物、害虫、杂草及软体动物外，还包括转基因生物。植物检疫研究或工作的对象仅限于（潜在的）检疫性有害生物，这与常规的植物保护措施的工作对象相区别。

植物检疫学是一门为保护农林生产安全、生态环境安全及人体健康，阻止某些对植物（含种子、种苗等繁殖材料及植物产品，下同）有严重危害的检疫性有害生物随植物或其他应检物随人为调运而传播，对有害生物进行风险分析，提出检疫决策与合理的检疫措施，并制定与执行检疫法律、法规的科学。植物检疫学主要研究有害生物的生物学、生态学、流行学、防治学；研究其检验、检测技术及相关的杀灭与除害等检疫处理。因此，植物检疫学是一门与法律、法规和贸易密切相关的综合性科学，是植物保护领域的新兴学科。它与法律学、政治经济学、商品贸易学、植物学、动物学、昆虫学、生态学、微生物学、植物病理学、分子生物学、地理学、气象学、信息学等许多学科有关。从行政执法看，植物检疫的执法需要航空、海运、机场、码头、口岸、海关及植物检疫专门机构（出入境检疫局、农业和林业行政管理部门）共同参与完成。

发展简史　检疫 "Quarantine" 一词源于意大利语 "Quaranta"，原意为 "四十天"，最初是在国际港口对旅客执行卫生检查的一种措施。14 世纪，欧洲国家黑死病（肺鼠疫）、霍乱、黄热病、疟疾等疫病肆虐，对城市发展产生极大威胁。1377 年，意大利的威尼斯市政府为防止这些致死率极高的疾病传染给本国人民，规定外来船只在到达港口前必须在海上停泊 40 天后船员方可登陆，以便观察船员是否带有传染病。这种措施对当时在人群中流行的危险性疫病的控制起到了重要作用，其他国家也纷纷效仿，所以 Quarantine 就成为隔离 40 天的专有名词，并演绎为现在的 "检疫"，词义本身具有 "预防" 和 "隔离" 之意。

植物检疫最早可追溯至 1660 年法国里昂地区为防止小麦秆锈病而颁布铲除小檗的法令。当时认为只要铲除小麦田周围秆锈病的中间寄主小檗，小麦就不再发生秆锈病。随后在其他地方，1700 年代美国的马萨诸塞州和 1800 年代的德国也通过类似的强制法规进行小檗的控制。由于世界各国农业的发展依赖种质资源的引进及农作物优良品种的推广，加快了国际间植物及其产品的流通，有害生物随贸易而传播的事件越来越多，人们开始关注到经济贸易与有害生物传播的关系。自 19 世纪末期开始，越来越多的国家开始制定相应的法规以控制外来有害生物入境或在境内传播。这一时期，许多法规的颁布和实施主要源于一种害虫葡萄根瘤蚜（*Daktulosphaira vitifoliae*），1859 年葡萄根瘤蚜随葡萄枝条从美国传播到法国，在法国造成巨大危害，并扩散至欧洲葡萄主产国。1872 年，葡萄根瘤蚜又随葡萄枝条从法国传入澳大利亚，很快成为澳大利亚的葡萄主要害虫，致使 1877 年澳大利亚通过严格立法以控制这一害虫。由于葡萄根瘤蚜对葡萄酒行业造成的巨大损失，欧洲各国开始意识到需要共同防止这种害虫的传播。1878 年，第一个植物

检疫的国际协议诞生——《防治葡萄根瘤蚜国际公约》，该协议旨在防止葡萄根瘤蚜在国际间的蔓延和扩散。1891 年，瑞典植物学家 Jacob Eriksson 在海牙举办的国际农林大会上提议，为控制有害生物的扩散，有必要进行国际间的合作。1903 年，在罗马举行的国际会议上他再次提出这一动议。该提议得到了越来越多科学家的响应，1905 年，国际农业研究所在罗马成立，该研究所的一个重要目标就是为了更好地控制植物有害生物。1914 年《国际植物保护公约》（International Plant Protection Convention，IPPC）诞生，其宗旨是防止危险性有害生物在国际间的扩散，提出了要加强国际合作，以应对随植物及其产品人为调运而带来的有害生物传播。第二次世界大战后，联合国粮农组织（Food and Agriculture Organization，FAO）取代国际农业研究所，各成员国开始起草新的植物保护国际协议，1951 年 FAO 采用 IPPC 协议，并在 1979 年和 1997 年两次对 IPPC 进行了修订。IPPC 逐渐成为协调国际植物检疫和信息交流的重要平台，其主要任务是加强国际间植物保护的合作，更有效地防治有害生物及防止植物危险性有害生物的传播、统一国际植物检疫证书格式、促进国际植物保护信息交流，是目前有关植物保护领域中参加国家最多、影响最大的一个国际公约。IPPC 秘书处也成为发布国际植物检疫措施标准（International Standard for Phytosanitary Measures，ISPMs）的权威机构，与区域性植物保护组织及国家植物保护组织协同进行国际间的植物检疫工作。

第二次世界大战后，贸易保护主义盛行，为打破国际贸易关税壁垒，1947 年国际贸易和关税总协定（General Agreement on Tariffs and Trade，GATT）缔结，在一定程度上促进了国际贸易的发展。1979 年，为限制技术性贸易壁垒，在第七轮多边谈判东京回合中通过了《关于技术性贸易壁垒协定草案》，并于 1980 年 1 月生效。该草案在乌拉圭回合谈判中正式定名为《技术贸易壁垒协议》（*Agreement on Technical Barriers to Trade*，TBT）。由于 GATT、TBT 对这些技术性贸易壁垒的约束力仍然不够，要求也不够明确，为此，乌拉圭回合中许多国家提议制定针对卫生与植物卫生（植物检疫）的《实施卫生和植物卫生措施协定》（*Agreement on the Application of Sanitary and Phytosanitary Measures*，SPS）。Phytosanitary 字面意思为 "植物卫生"，实质为植物检疫，源于对植物检疫含义认识的深化和拓展。《实施卫生和植物卫生措施协定》（SPS）是所有世界贸易组织成员都必须遵守的。其总的原则是为促进国际贸易的发展，保护各成员国动植物健康、减少因动植物检疫对贸易的消极影响。由此建立有规则、有纪律的多边框架，以指导动植物检疫工作。

纵观植物检疫发展的历史，有害生物风险分析（pest risk analysis，PRA）是植物检疫的前提和核心内容。无论是 IPPC 还是 SPS 都强调任何植物检疫措施必须建立在充分的科学依据基础之上，PRA 成为科学依据的重要来源。有害生物风险分析即 "以生物的或其他科学的和经济的依据，确定一种有害生物是否应该限制和加强防治措施力度的评价过程"。有害生物风险分析可以追溯到 20 世纪 20 年代。有害生物风险分析工作的先驱是美国的生态学家 Cook 和

Weltzien（1972）。他们分别在昆虫学和植物病理学方面提出了生态区（损害区）（ecological zonation，damage zone）和地理病理学（geopathology）的概念，逐步形成了研究有害生物分布、传播与流行以及有害生物适生性、迁移、入侵、定殖等方向，逐步发展到有害生物风险分析。

中国有关植物检疫的论著见于20世纪初，邹秉文撰写了中国植物病理学的第一本专著《植物病理学概要》，提出了"防病""御病"的概念。植物检疫行政执法的正式记载是1928年的"农产品检查条例"，1980年以后，中国的植物检疫步入了正轨。自20世纪50年代起，中国的植物检疫历经由外经贸部、农业部与地方政府共管，中华人民共和国出入境动植物检验检疫总局、国家质量监督检验检疫总局主管出入境检疫（外检），农业部和林业总局及其下属机构分别负责农业植物检疫和森林检疫（内检）。自2018年开始，因机构改革，出入境的动植物检疫整体划入海关。《中华人民共和国进出境动植物检疫法》和《中华人民共和国进出境动植物检疫法实施条例》是中国行使进出境检疫执法的法律依据，而农业植物检疫的执法依据是《植物检疫条例》。

法国、英国、德国、瑞士、意大利、澳大利亚、新西兰及美国对植物检疫的立法和研究起步较早，美国的植物病理学会（ASP）是国际上成立较早的植物病理学的学术机构，1909年成立，主办的《植物病理学报》（Phythopathology）和《植物病害》（Plant Disease）对植物病害检疫影响较大。由于植物检疫学研究的生物学对象在生物学分类上差别较大，学科交叉较多，有关植物学、生态学、入侵生物学、植物病理学、植物昆虫学及农药学，甚至经济学、管理学的学术期刊对本学科和领域都产生较大影响。中国是IPPC和SPS协议缔约国，也是亚洲和太平洋植物保护委员会（Asian and Pacific Plant Protection Commission，APPPC）成员国。中国检验检疫科学研究院是国家市场监督管理总局下属的植物检疫专门研究机构，主办的《植物检疫》和《植物检疫学刊》是中国植物检疫的专门期刊。

研究内容与方法　主要包括以下方面：①有害生物的生物学。采用形态观察和系统发育的角度研究有害生物的分类、分布、危害、生物学特性及与环境和其他生物之间的关系。②有害生物风险分析。采用计算机模拟和数学模型评估评价有害生物进入的可能性、定殖的可能性和定殖后扩散的可能性。根据适生性，查明有害生物风险分析地区中生态因子利于有害生物定殖的地区，以确定受威胁地区；考虑有害生物的影响，包括直接影响（对有害生物分析地区潜在寄主或特定寄主的影响，如产量损失、控制成本等）和间接影响（如对市场的影响、社会的影响等），分析经济影响（包括商业影响、非商业影响和环境影响），查明有害生物风险分析地区中有害生物的存在将造成重大经济损失的地区；风险管理应考虑选择各种植物卫生措施和各种植物卫生措施的组合，包括：应用于货物的措施、为阻止或减少在作物中蔓延的措施和确保生产地区、产地或生产点或作物没有有害生物的措施，国内的控制措施以及禁止输入的措施。③有害生物杀灭与除害处理。研究新的物理技术、化学熏蒸及微波处理等对危险性病原、害虫、杂草或软体动物等的作用方式和效果。④快速检测技术研发。采用形态学、血清学、分子生物学等技术，研究能快速、准确检测有害生物（包括转基因生物）的新方法。

发展趋势　20世纪90年代以来，生命科学、计算机科学、信息科学、材料和能源科学领域的重大突破以及生物技术、风险分析技术、信息技术、系统工程技术等在植物检疫中的应用，促进了植物检疫的发展。其主要发展趋势包括：①全球合作。植物检疫已经成为国际间经贸活动中任一个主权国家的基本主权要求。随着全球经济一体化和国际贸易活动日益频繁，植物检疫的国际化也日益加强，世贸组织（World Trade Organization，WTO）和IPPC支持任何一个成员国提出合理的检疫措施，但其透明度和科学性要求及非歧视原则是前提，有害生物疫情信息交流和共享以及技术援助成为国际植物检疫的重要形式。②利用免疫学技术和核酸扩增技术进行植物有害生物（包括转基因生物）的定性或定量检测。③依靠信息技术提高有害生物的监测预警能力。利用卫星气候云图、雷达遥感遥测系统、全球定位系统、地理信息系统以及互联网、物联网、云计算技术、人工智能技术和多媒体技术等对危险性有害生物的发生和危害进行监测、预测、风险分析和防控决策。④消除贸易技术壁垒。随着关税壁垒的逐步消除，植物检疫成为一种隐蔽性较强的技术壁垒措施，在WTO贸易规则框架下，加强植物检疫措施的科学性与透明度以及贸易各方的磋商机制建设，将成为WTO、FAO与国家植物保护组织的努力方向。

参考文献

商鸿生，2017.植物检疫学[M].2版.北京：中国农业出版社.

DEVORSHAK C, 2012. Plant Pest Risk Analysis Concepts and Application[M]. Wallingford: CABI.

GENSINI G F, YACOUB M H, CONTI A A, 2004. The concept of quarantine in history: from plague to SARS[J]. Journal of infection 49: 257-261.

WTO, 1994. The WTO Agreement on the Application of Sanitary and Phytosanitary Measures[M]. Geneva: World Trade Organization.

（撰稿：谢勇；审稿：李成云）

植物检疫程序　quarantine procedure

植物检疫行政执法的重要步骤，是实现植物检疫宗旨的基本保障，也是植物检疫行政执法的工作程序。检疫许可、检疫申报、现场检验、实验室检验、检疫处理与出证以及检疫监管等组成了植物检疫程序的基本环节。

基本内容

检疫许可　在调运、输入某些检疫物或引进禁止进境物时，输入单位须向当地的植物检疫机关预先提出申请，检疫机关经过审查做出是否批准引进的法定程序。无论是国际贸易还是国内贸易，凡涉及植物和植物产品调运的，事先都要办理检疫许可的手续。检疫许可分为特许审批和一般审批两种类型。

检疫申报　有关检疫物进出境或过境时，由货主或代理人向植物检疫机关及时声明并申请检疫的法律程序。就植物检疫而言，需进行检疫申报的检疫物主要包括输入、输出以及过境的植物、植物产品、装载植物或植物产品的容器和材料、输入货物的植物性包装物、铺垫材料以及来自植物有害生物疫区的运输工具等。

现场检验　检疫人员在现场环境（车站、码头、仓库、机场等）对应检物进行检查、抽样，初步确认是否符合相关检疫要求的法定程序。现场检查和抽样是现场检验的主要内容。取样方法可采用简单随机取样、分层随机取样和规律性随机取样或系统随机取样法等。主要根据有害生物的分布规律及生物学特性（危害特征、趋性等）、货物数量、装载方式、堆放形式等因素决定取样方法。可按照植物或有害生物种类不同选用植物检疫国家标准或规程进行取样。

检疫监管　检疫机关对进出境或调运的植物、植物产品的生产、加工、存放等过程实行监督管理的检疫程序。检疫监管的主要内容包括产地检疫、预检、隔离检疫和疫情监测等。产地检疫是在植物或植物产品出境或调运前，输出方的植物检疫人员在其生长期间到原产地进行检验、检测的过程。预检是在植物或植物产品入境前，输入方的植物检疫人员在植物生长期间或加工包装时到产地或加工包装场所进行检验、检测的过程。隔离检疫是将拟引进的植物种子、苗木和其他繁殖材料，于植物检疫机关指定的场所内，在隔离条件下进行试种，在其生长期间进行检验和处理的检疫过程。隔离检疫主要应针对风险极高的进境繁殖材料，这样才能发挥隔离检疫严格防范的作用。疫情监测是各国植物保护机构（NPPOs）的核心活动之一。它为各国植物保护机构的多种植物检疫措施提供了技术基础，例如植物检疫进口要求、非疫区、有害生物报告和根除以及有害生物在某区域的状况等。植物病虫害田间疫情监测的方法很多，检疫工作中常用的虫情监测手段是诱捕监测。

实验室检验　植物检疫检验的技术核心环节，也是执法取证的重要步骤，尤其是针对病原物检验和转基因生物的检验。常用方法有肉眼检验、过筛检验、比重检验、染色检验、X光检验、洗涤检验、保湿萌芽检验、分离培养与接种检验、噬菌体检验、显微镜检验、血清学检验、指示植物接种检验、分子鉴定和计算机辅助鉴定等。

检疫处理　采用物理或化学的方法杀灭植物、植物产品及其他检疫物中有害生物的法定程序。针对调运的植物、植物产品和其他检疫物，经现场检验或实验室检测，如果发现带有国家规定的应禁止或限制的危险性病、虫、草等有害生物，则应区分情况对货物分别采用除害处理、禁止出口、退回或销毁处理，严防检疫性有害生物的传入和传出。其中，邮寄及旅客携带的植物和植物产品，由于物主无法处理，需由检疫机关代为处理；其他的植物及其产品均可通知报检人或承运人负责处理，并由检疫机关监督执行。除害处理可采用冷、热处理等物理方法或化学熏蒸方法，但应保证对植物或植物产品的活力或风味的影响最小。

检疫出证　是检疫机关根据进出境或调运的植物、植物产品及其他检疫物的检疫和除害处理结果，签发相关单证并决定是否准予调运的法定程序。经检验、检测合格或经除害处理合格的检疫物，由检疫机关签发单证准予放行。

科学意义与应用价值　植物检疫程序包含了植物检疫行政执法的各项环节，也是检疫措施和检疫决策的具体实施步骤，对植物检疫处理与出证影响最大。因此，在IPPC发布的有关植物检疫措施国际标准（ISPMs）中涉及的标准也较多（Framework for pest risk analysis ISPMs 02；Surveillance，ISPMs 06；Phytosanitary certification system，ISPMs 07；Determination of pest status in an area，ISPMs 08；Requirements for the establishment of pest free places of production and pest free production sites，ISPMs 10；Phytosantiary certificate ISPMs，12；Guidelines for inspection，ISPMs 23；Diagnostic protocols for regulated pests，ISPMs 27）。在植物或植物产品输出的国际贸易纠纷中，许多与植物检疫有关的案例皆与国家间对检疫程序认识分歧有关。因此，了解WTO的贸易规则和IPPC及SPS的国际标准与国际惯例，制定和完善植物检疫行业的国家标准，有利于在处理和磋商贸易谈判中争取主动权。

存在问题和发展趋势

存在问题　IPPC的第六条"进口检疫要求，涉及缔约国对进口植物、植物产品的限制进口、禁止进口、检疫检查、检疫处理（消毒除害处理、销毁处理、退货处理）的约定，并要求各缔约国公布禁止及限制进境的有害生物名单，要求缔约国所采取的措施应最低限度影响国际贸易"，然而，由于不同国家间科技水平、经济实力及客观生态环境差异的存在，这种不平衡导致不同国家在履行国际标准时存在较大偏差。IPPC第七条"国际合作，要求各缔约国与联合国粮农组织密切情报联系，建立并充分利用有关组织，报告有害生物的发生、发布、传播危害及有效的防治措施的情况"，由于发展中国家人力、物力的限制，有害生物疫情难以进行有效和准确的调查，导致在发达国家和发展中国家间有害生物的事实型信息不对称，采取技术援助支持，有利于帮助发展中国家的农产品国际市场准入。SPS协定规定了各缔约国的基本权利与相应的义务，明确缔约国有权采取保护人类、动植物生命及健康所必需的措施，其涉及的范围更广，但这些措施对相同条件的国家之间构成不公正的歧视，或变相限制或消极影响国际贸易。

发展趋势　农业和农产品是人类赖以生存和发展的基础，在国民经济中处于基础性地位，具有关系国计民生的战略意义。因此，各国长期以来一直把农业当作弱势产业大力保护，对农产品国际贸易实施各种各样的政策限制，如配额、许可证、关税、专营、禁令等，使得农产品国际贸易的自由化进程受到严重影响。1998年关贸总协定（GATT）乌拉圭回合（农业协议）的签署是农产品贸易体制的一个历史性突破，它将农业纳入了世界贸易组织（WTO）的主航道，对农产品贸易的自由化起到了极大的推动作用。但是农业和农产品的基础性地位并没有改变，农业作为一种弱势产业始终需要得到各国政府的保护。关税壁垒措施减少以后，越来越多的国家为了保护本国的农产品市场，更多地利用非关税措施来阻止国外农产品进入本国市场，其中SPS措施是使用频率最高的措施之一。各国为限制SPS措施对贸易产生影响而达成的《SPS协定》，强调了科学性、必要性、合理性和非歧视性等原则。

在这种情况下，一方面由于各成员之间经济发展水平不同，一些合理的 SPS 措施对某些成员特别是发展中成员农产品出口造成客观的困难；另一方面一些成员利用《SPS 协定》中存在的灰色区域，采用 SPS 措施作为具隐蔽性的非关税技术贸易措施，从而限制了国际农产品贸易的发展。《SPS 协定》既可以制约别人，保护自己免受对方的无理侵犯，同时也可能约束自己，使自己无法回避自己的薄弱面而受到更多的攻击。如果不能正确地理解和应用 SPS 措施，主观随意地设置技术壁垒，便可能引发争端，一旦败诉，将蒙受巨大的经济损失。

只有全面掌握《SPS 协定》，并对农业生产和农产品进出口贸易的现状有比较客观的认识和了解，采取正确的应对措施，用好有关规则，才能更好地促进农产品的出口贸易。

全球经济一体化是不可逆转的经济规律，促进植物和植物产品的自由流通是 WTO 的宗旨和目标。但是，贸易保护主义一直客观存在，植物检疫作为隐蔽性较强的技术性贸易壁垒已经成为国际贸易的实质障碍。因此，通过各成员国的努力和磋商，加快有害生物风险分析的研究和实施，加强国际植物检疫机构的合作，在预检、产地检疫、实验室检验等环节简化检疫程序，才能真正实现服务于贸易和适当保护水平的植物检疫职能。

参考文献

王国平，2006. 动植物检疫法规教程 [M]. 修订版. 北京：科学出版社.

IPPC, 2010. International standards for phytosanitary measures, publication No. 5: glossary of phytosanitary terms. Secretariat of the international plant protection convention (IPPC)[S]. Rome: Food and Agriculture Organization of the United Nations.

（撰稿：谢勇；审稿：李成云）

植物检疫措施　phytosanitary measure

旨在防止检疫性有害生物传入和（或）蔓延，或限制非检疫性限定有害生物的经济影响的任何立法、法律或官方程序。这些措施包括法律法规、检验、检疫处理、检疫监管、出证以及针对有害生物管理的一切活动。

发展简史　随着国际贸易的发展和自由化程度的提高，植物及其产品的国际间贸易越来越频繁。为了保护农业生产安全，各国施行的动植物检验检疫措施对贸易的影响亦越来越突出，特别是有些国家为了保护本国农产品的市场，利用非关税措施来阻止国外农产品的输入，而动植物检验检疫就是其中一种具有隐蔽性的技术措施。为了促进国际贸易自由化，世界贸易组织（WTO）和联合国粮农组织（FAO）均要求各国在采取植物检疫措施时要增加透明度，采用国际标准来制定应限制的有害生物名单。

为限制技术性贸易壁垒，促进国际贸易发展，1979 年 3 月在国际贸易和关税总协定（GATT）第七轮多边谈判东京回合中通过了《关于技术性贸易壁垒协定草案》，并于 1980 年 1 月生效。该草案在第八轮乌拉圭回合谈判中正式定名为《技术贸易壁垒协议》（TBT）。由于 GATT、TBT 对这些技术性贸易壁垒的约束力仍然不够，要求也不够明确，为此，乌拉圭回合中许多国家提议制定针对植物检疫的《实施卫生和植物卫生措施协定》（SPS 协定）。该协定对检疫提出了比 GATT、TBT 更为具体、严格的要求。《SPS 协定》是所有世界贸易组织成员都必须遵守的。总的原则是为促进国家间贸易的发展，保护各成员国动植物健康、减少因动植物检疫对贸易的消极影响。由此建立有规则的和有纪律的多边框架，以规范和指导国际动植物检疫。《SPS 协定》是世贸组织成员为确保卫生与植物卫生措施的合理性，并对国际贸易不构成变相限制，经过长期反复的谈判和磋商而签订的。其实质可理解为，《SPS 协定》是对出口国有权进入他国市场和进口国有权采取措施保护人类、动物和植物安全，两个方面的权利的平衡。《SPS 协定》要求缔约国所采取的检疫措施应以国际标准、指南或建议为基础，要求缔约国尽可能参加如 IPPC 等相关的国际组织。《SPS 协定》要求缔约国坚持非歧视原则，即出口缔约国已经表明其所采取的措施已达到检疫保护水平，进口国应接受这些等同措施；即使这些措施与自己的不同，或不同于其他国家对同样商品所采取的措施。另外，《SPS 协定》要求各缔约国采取的检疫措施应建立在风险性评估的基础之上；规定了风险性评估考虑的诸因素应包括科学依据、生产方法、检验程序、检测方法、有害生物所存在的非疫区相关生态条件、检疫或其他治疗（扑灭）方法；在确定检疫措施的保护程度时，应考虑相关的经济因素，包括有害生物的传入、传播对生产、销售的潜在危害和损失、进口国进行控制或扑灭的成本以及以某种方式降低风险的相对成本。

基本内容　《国际植物保护公约》（IPPC）由植物检疫措施委员会（The Commission on Phytosanitary Measures，CPM）管理，该委员会是根据 1997 年核准的国际植保公约新修订文本第十二条设立的，并作为公约的理事机构。其职责之一就是起草和制定国际植物检疫措施标准（International Standards for Phytosanitary Measures，ISPMs）。作为联合国粮农组织全球检疫政策和技术援助计划的一部分，该计划向粮农组织成员和其他有关各方提供使植物检疫措施在国际上统一的准则，以促进贸易并避免各国不恰当地使用技术壁垒等措施所造成的矛盾。截至 2019 年 3 月，IPPC 秘书处已颁布了 42 个国际植物检疫措施标准，其中包括国际贸易中植物保护和植物检疫措施应用的原则（phytosanitary principles for the protection of plants and the application of phytosanitary measures in international trade，ISPMs 01）、有害生物风险分析框架（framework for pest risk analysis，ISPMs 02）、植物检疫术语表（glossary of phytosanitary terms，ISPMs 05）、植物检疫证书（phytosanitary certificates，ISPMs 12）、检验指南（guidelines for inspection，ISPMs 23）、管制有害生物的诊断规程（diagnostic protocols for regulated pests，ISPMs 27）等。这些有关植物检疫措施的国际标准有助于成员国制定、沟通和协调国家植物检疫措施，统一植物检疫在适当保护水平上的认识和形式要求。

各国可根据国情参照国际标准制定适合本国的检疫措施。中国现行主要植物检疫措施如下：

禁止进境　针对危险性极大的有害生物，严格禁止可传带该有害生物的活植物、种子、无性繁殖材料和植物产品进境。土壤可传带多种危险性病原物，也被禁止进境。

限制进境　提出允许进境的条件，要求出具检疫证书，说明进境植物和植物产品不带有规定的有害生物，其生产、检疫检验和除害处理状况符合进境条件。此外，还常限制进境时间、地点，进境植物种类及数量等。

调运检疫　对于在国家间和国内不同地区间调运的应行检疫的植物、植物产品、包装材料和运载工具等，在指定的地点和场所（包括码头、车站、机场、公路、市场、仓库等）由检疫人员进行检疫检验和处理。凡检疫合格的签发检疫证书，准予调运，不合格的必须进行除害处理或退货。

产地检疫　种子、无性繁殖材料在其原产地，农产品在其产地或加工地实施检疫和处理。这是国际和国内检疫中最重要和最有效的一项措施。

国外引种检疫　引进种子、苗木或其他繁殖材料，事先需经审批同意，检疫机构提出具体检疫要求，限制引进数量，引进后除施行常规检疫外，尚必须在特定的隔离苗圃中试种。

旅客携带物、邮寄和托运物检疫　国际旅客进境时携带的植物和植物产品需按规定进行检疫。国际和国内通过邮政、民航、铁路和交通运输部门邮寄、托运的种子、苗木等植物繁殖材料以及应施检疫的植物和植物产品等需按规定进行检疫。

紧急防治　对新侵入和定植的病原物与其他有害生物，必须利用一切有效的防治手段，尽快扑灭。中国国内植物检疫规定，已发生检疫对象的局部地区，可由行政部门按法定程序划为疫区，采取封锁、扑灭措施。还可将未发生检疫对象的地区依法划定为保护区，采取严格保护措施，防止检疫对象传入。

科学意义与应用价值　检疫措施实施的目的是降低传带有害生物入境的风险，是风险管理的范畴，其基础是有害生物风险评估，制定检疫措施可提高有害生物风险分析的研究水平，实施"可接受风险"的管理理念，达到"适当保护水平"的目的。

检疫措施是主权国家行使基本主权的具体体现。

科学合理的检疫措施有利于加强国际农产品流通，服务国际贸易，增强本国农产品市场准入机会。

植物或植物产品国际贸易的争端往往源于植物检疫措施的透明度、科学性或歧视性，作为技术性贸易壁垒的一种重要表现形式，可在贸易谈判或处理国际关系中发挥举足轻重的作用。

存在问题和发展趋势　现代农业的发展伴随着农作物的引种与作物良种化，农产品调运日益成为国际贸易的重要组成部分，植物检疫作为国际贸易保驾护航的重要工具将发挥越来越重要的作用。

但不恰当的植物检疫措施逐渐成为隐蔽性较强的贸易壁垒，尤其是发达国家与发展中国家客观存在科技实力和经济实力的巨大差距，导致发展中国家的农产品在国际市场上缺乏竞争力，实质上形成贸易障碍。

各国国情不同，粮食和工业原料作物种植区划有差异，

保护的目标千差万别，植物检疫技术力量的强弱不平衡。因此，照搬别国的植物检疫法规和检疫措施就会降低植物检疫的行政职能。FAO 制定的 IPPC 和 ISPMs 也只是供国与国之间制定双边条约时作为参考。至于各国制定的植物检疫措施主要是为本国发展农、林生产的最高利益服务的。这是其共性，但在具体的条款上则大不相同。究其原因，是由植物检疫的地区性决定的。因为有害生物与植物一样有明显的区域分布特性。此外，植物检疫的实施又只能依靠行政法令才能实现。在制定本国的植物检疫法规时，都要结合本国的实际情况，对各国发生的疫情做科学的系统分析。首先考虑的是有害生物能否在本国适生，是否在本国存在，能否随植物、植物产品传播；其次是有无准确的检测手段和可靠的检疫处理技术。只有对国内外的资料作充分分析后，才能制定正确的检疫措施。

参考文献

许志刚, 2008. 植物检疫学 [M]. 3 版. 北京：高等教育出版社.

FAO, 1997. New revised text of the international plant protection convention[M]. Rome: Food and Agriculture Organization of the United Nations.

IPPC, 2010. International standards for phytosanitary measures, publication No. 5: glossary of phytosanitary terms. Secretariat of the international plant protection convention (IPPC)[S]. Rome: Food and Agriculture Organization of the United Nations.

IPPC, 2019. https://www.ippc.int/zh/core-activities/standards-setting/ispms/.

（撰稿：谢勇；审稿：李成云）

植物健康管理　plant health management

在探明限制植物生长和发挥遗传潜力的生物与非生物因子的基础上，最大限度地发挥作物生长遗传潜力的管理科学，并开发以植物健康为中心，以品质保障为重点，以环境友好为保障的植物管理新技术。

形成和发展过程　植物健康管理的实践最早可追溯到农业生产的起始阶段，但是作为一个科学的概念，植物健康管理是近年才明确提出来的，并且不只限于病虫害综合治理。在植物健康管理的成功案例中，包括通过清理病残体来控制病虫害、土壤熏蒸剂的使用、轮作和清洁耕作或免耕等。随着对病原菌传播渠道认识的不断深化，植物免疫学、病害流行学、生物防治、种群生物学、大气生物学以及预测预报、决策支持系统等学科的发展，为植物健康管理的发展提供了重要的支撑。

基本内容　植物健康管理是从种子（种苗）到农产品收获全程的品质管护，是将农田内外结合起来的生态管护。在取得合理产量的同时，保障农产品的品质，建立包括健康的环境、健康的土壤及健康的植株构成植物健康栽培技术的完整体系。它是以品质为中心，以植株健康生长和农产品健康为目的，尽可能减少化学农药、化肥等对作物生长的干扰，依据多种栽培方式（间作、套作、轮作）制定植物全程

Z

生长管理措施，是新的植物管理理念；同时又具有操作简便、质量与产量并举、经济效益与生态效益相得益彰的技术体系。

环境健康　良好的生存环境是植物健康生长的重要条件，优良的空气、水质为植物的健康生长提供充分和必要的条件。因此，选择适宜作物生长的环境是植物健康栽培的关键，如果环境选择不当，植物无法健康生长，也不可能获得好的品质和产量。

土壤健康　土壤健康是植物健康栽培的保障，没有健康的土壤，就不会有健康的植株。由于滥用化学农药和化肥，对土壤造成不同程度的污染，部分土壤处于亚健康状态，亚健康土壤只有经过科学的修复才能恢复到健康土壤的状态。充分发挥土壤自身的调节功能，尽可能避免过多的人为干预，使亚健康土壤经过休耕并添加生物质恢复健康。

空气健康　大气中存在大量与植物相关的微生物，包括真菌、细菌和病毒，由于受到大气环流的影响，这些微生物借助空气进行远距离传播。但由于大气中微生物的浓度很低，以前的研究不多。随着宏基因组等技术的发展，通过系统研究大气中植物病原微生物的组成、活性及变化预测作物病害，将是健康空气管理的重要组成部分。

植物健康　健康的植株一般应有如下特征：①具有良好的遗传性状并得到充分发挥。②从土壤中获得足够营养满足自身生长的营养要求。③有极强的抵御外部不良环境的能力。④极佳的产量和品质，选用良种（高活力种子）是获得健康植株的基础，建立追溯种子来源和质量则可进一步保障体系的安全。

总之，植物健康管理就是在植物生长的全过程中创造有利于植物生长的环境，充分利用大自然赋予的光、水、热并结合施用生物质提高植物的免疫力，使植物播种到收获（或一个生长期）始终处于健康生长的状态。

科学意义与应用价值　植物健康管理理念的形成及其在生产中的实践，为农产品的生产提供了新的思路和模式，其核心内容是尽可能地减少农药、化肥的施用，尽可能地减少能量的损失，尽量避免不必要的人为干预，立足环境健康、土壤健康、植株健康，最终达到生产高效、产量合理、优质保障的目的，既能提供安全、有效、足量的农产品，又能增加生产者的收入，保护环境、保护生态。今后，这一概念必将被更多地接受并应用于农业生产和生态文明建设。

近来，植物—生物互作的研究发展十分迅速，环境健康的范围还应包括植物内部及周围的所有生物。植物的生长和发育都是在与内部和周边生物相互作用的结果。这也为未来植物健康管理提出了新的课题，即不仅仅包括对植物自身的管理，也包括植物内部与周边微生物系统的管理，而且在植物健康管理中可发挥重要的作用。

参考文献

COOK R, J, 2000. Advances in plant health management in the twentieth century[J]. Annual review of phytopathology, 38: 95-116.

DEGUINE J P, AUBERTOT J N, FLOR R J, et al, 2021. Integrated pest management: good intentions, hard realities. A review[J]. Agronomy for sustainable development, 41: 38.

（撰稿：李成云；审稿：朱有勇）

植物抗病基因工程　genetic engineering for plant disease resistance

传统植物抗病基因工程是将植物或微生物中分离出的功能基因，通过遗传转化的手段导入到受体植物基因组中，获得抗性性状稳定遗传的转基因后代，以此提高植物抗病能力的方法。最新定义的植物抗病基因工程是利用基因组定点编辑技术 ZFN、TALEN、CRISPR 等，对植物基因组中抗病相关基因直接进行定点修饰，从而赋予个体抗性新特征，并稳定遗传至下一代。植物基因工程在分子水平对 DNA 进行直接操作，打破了物种间的生殖隔离，大大拓宽了植物可利用的基因库。

简史　20 世纪中期，DNA 被发现是携带生命遗传物质的分子，其双螺旋结构的解析以及分子操作的实现奠定了基因工程的基础。70 年代末，研究发现根癌农杆菌（*Agrobacterium tumefaciens*）在侵染植物细胞后，能将其携带的 T-DNA 片段插入到被侵染的细胞基因组中，并且稳定地随着植物遗传至后代。借助这一机制，研究人员将性状基因表达框与抗性筛选标记基因连在一起，插入 T-DNA 区间，通过细胞工程转移，整合至植物基因组中，进而通过抗性筛选获得转基因植株，植物基因工程研究领域由此建立。1983 年，世界上第一例转基因植物——抗病毒转基因烟草在美国问世，标志着人类利用转基因技术改良农作物的开始。1986 年，世界首批抗虫和抗除草剂转基因棉花在美国获得批准进入田间试验。1994 年世界首例转基因植物——转基因耐储藏番茄在美国被批准，正式进入市场。2009 年，第一代植物基因组定点编辑技术——锌指核酸酶在玉米中成功应用。2012 年，第二代植物基因组定点编辑技术——TALEN 成功开发出白叶枯病原菌小种抗性水稻。2013 年，更为高效的第三代基因组定点编辑技术——CRIPSR 系统在水稻、烟草等植物中相继成功建立，随后其技术不断完善，并在其他植物材料上的开发呈井喷式发展。2016 年，美国相继豁免不含任何外源 DNA 的防褐变基因编辑蘑菇和杜邦先锋公司一种基因编辑玉米的监管。1996—2015 年，传统的转基因作物在全球种植面积增加了 100 倍，已达 1.797 亿 hm²。全球转基因第一种植大国是美国，约占全球种植面积四成，另外，几个排名前十的国家分别是巴西、阿根廷、印度、加拿大、中国、巴拉圭、巴基斯坦、南非、乌拉圭。传统转基因作物生产主要集中在玉米、大豆、棉花、油菜、甜菜、苜蓿、木瓜、南瓜、马铃薯、杨树和茄子上。

转基因植物所产生的具抗病等特性的物质，也可能对环境中的其他有益生物的生存产生破坏性影响。其所携带的外源基因可能会通过花粉传播给其野生型或其他植物种，从而造成"基因污染"。与此同时，发生重组的基因有可能导致出乎意料的结果，产生有害的新型生物，导致生态平衡被打破。面对基因工程这柄"双刃剑"的时候，世界各国都一直在着手应对转基因动植物产品所带来的安全性问题。1976 年，世界上第一个实验室基因工程法规在美国诞生。此后，英国、德国、法国等二十几个国家也根据自身的国情制定和颁布了相应的法律法规，用以规范转基因动植物的研究与应用。世界卫生组织、世界粮农组织、联合国环境规划署等国际性组织也都纷纷制定了各自的生物安全规划或技术准则，大量国际性公约、文件的签署也必将成为未来规范转基因动植物研究与生产的有效手段。中国也于 1993 年 12 月发布了《基因工程安全管理办法》，要求转基因生物在应用之前要进行安全性评价。农业部还专门成立了农业生物工程安全管理办公室和生物基因工程安全委员会，并实施了《农业生物基因工程安全管理办法》。值得一提的是，对于最新的基因编辑作物，其相关的法律法规在世界各国目前还处在论证阶段。

植物抗病基因工程中可利用的功能基因 病原菌成功侵染寄主植物依赖于其致病因子在植物细胞内对植物防御反应的抑制作用以及对有利于病原菌生长、增殖的各种反应的启动。因此，在寄主植物中，参与与病原菌互作的基因，理论上在植物抗病基因工程中都可以得以利用。主要分为几大类：①激活植物基本性抗性的关键基因——受体样蛋白激酶基因（receptor-like kinase，*RLK*），激活植物小种特异性抗性的抗病基因。②基础抗性和小种特异性抗性下游信号转导链中涉及的关键节点蛋白编码基因，如 MAPK 途径、活性氧激发途径、激素信号转导途径、次生物质代谢途径等相关基因。③植物抗病反应最下游各种防御蛋白编码基因和酶类相关基因。④植物感病基因，如各种植物营养途径相关基因。⑤非植物源的基因和遗传物质，如病原菌的效应蛋白、昆虫的抗菌肽、病毒的 RNA 等。

植物转化方法 自 1983 年第一例转基因植物获得成功以来，国内外研究人员设计发明了多种转化方法用于植物基因工程。其中，农杆菌介导的对受体植物外植体的转化占绝大多数，达 80% 左右。此技术借助根癌农杆菌中的 Ti 质粒，将携带有目的基因和抗性筛选基因表达框架的 T-DNA 插入到植物的基因组中，使目的基因在受体植物中表达。另一种主要的方法是基因枪法，又称微弹法、粒子轰击法等，1987 年由 JC. Sanford 在美国康奈尔大学发明，其利用加速的金属微颗粒携带外源 DNA 打入植物细胞或组织中进行基因转移。基因枪转化技术简单易行，对没有农杆菌侵染技术体系的植物材料也十分有效，具有广泛的应用范围。除此之外，原生质体转化技术、植物生殖细胞转化技术、离子束转化技术也被成功地应用于植物基因工程，各具特点。

植物抗病基因工程策略一：基因超量表达技术 提高植物细胞内抗病相关基因的表达水平，增强植株抗病性，从而抵御病原菌对植物的危害是植物抗病基因工程的重要策略。通常，利用组成型启动子（来源于烟草花叶病毒的 *CaMV* 35S 启动子、各种泛素蛋白基因启动子、肌动蛋白基因启动子等）驱动目的基因，在植物整个生长发育过程中各个组织器官中进行表达，使转基因产物在植物体内大量积累，达到提高植物抗病性的目的。如 35S 启动子驱动水稻的几丁质酶基因在粳稻中的表达，足以使转基因植株对稻瘟菌产生抗性；将来自于水稻抗病品种的 *Xa21* 基因导入感病品种中，获得高抗白叶枯病原菌的转基因植物；来自于番茄的抗 *Pedudomonas syringae* pv. *tomato* 的抗病基因 Pto 转化烟草，后代表现出对烟草野火病菌的抗性；将胡萝卜软腐欧文氏菌（*Erwinia carotovora*）果胶酸酯裂解酶编码基因转入马铃薯，

转基因马铃薯在受到病原物侵染时，植物组织受伤，释放果胶酸酯裂解酶，该酶分解植物细胞壁，释放一种寡糖激发子，对软腐病菌的抗性大大提高。

但是，转基因过量表达有时导致能量过多消耗而影响植物的正常生长和经济产量。因此，在这种情况下，研究人员借助组织特异性启动子，使目的基因的表达只限于某些特定的器官或组织部位，组织特异性表达能使目的基因在一定组织器官中积累，增加区域表达量，同时也可避免植物营养的不必要浪费。*GstA1* 是小麦的上表皮特异性启动子，该启动子驱动 *TaPERO* 氧化酶基因在小麦的上表皮表达，可提高小麦对白粉病的抗性。松树的 *PR10* 基因不仅具有病原诱导性表达，同时在其生长发育过程中还具有组织、器官特异性表达。另外，目的基因在诱导性启动子的控制下，在时间和空间上可控的表达，也可避免转基因产物在植物中的过量效应。如烟草的 hsr203J 启动子驱动来自青枯菌的 popA 基因，无病原菌感染时，转基因处于沉默状态；当病原菌感染时，popA 基因仅在转基因植株的感病部位诱导表达，对烟草疫霉具有高度抗性。

植物抗病基因工程策略二：RNA 干扰技术和 TILLING 技术 与基因超量表达技术相反，基因沉默技术降低植物抗病过程中的负调控作用蛋白编码基因的表达水平，或抑制病原微生物的关键致病因子同样能够达到提高植物抗病性的目的。RNA 干扰（RNAi）是有效沉默或抑制目标基因表达的技术，其通过双链 RNA 使得目标基因相应的 mRNA 选择性失活来实现的，因其特异性和高效性已经成为当今抗病分子育种的一个重要手段。RNA 干扰是植物体内天然的抗病毒机制，将含有大麦黄矮病毒 PAV 株系的复制酶基因片断，设计成反向重复序列构建成可产生发夹结构的载体导入大麦，后代转化系表现出对黄矮病毒较强的抗性；将病毒基因序列来源的双链 RNA 导入植物叶片细胞后发现，均可成功阻止烟草蚀刻病毒、辣椒轻斑驳病毒和苜蓿花叶病毒的侵染过程。RNA 干扰在植物对细菌、真菌和卵生菌的防御反应中也十分有效。将针对于马铃薯致病疫霉纤维素合酶基因的双链 RNA 转化易感品种，大大延缓了后代植株的发病过程；通过表达白粉病菌致病因子 Avra10 的 RNA 同源序列，双链 RNA 转移至真菌细胞内，导致了真菌基因的沉默，转基因大麦表现出对白粉病的抗性。

另外，化学诱变直接破坏植物抗病过程中的负调控作用蛋白编码基因，利用 TILLING 技术对目的基因位点进行高通量筛选，获得抗性种质也是植物基因工程的重要策略。目前已有大麦、小麦、水稻等多个 TILLING 群体被成功创建，用于品种改良中。如小麦的隐性抗病基因 *TaMLO* 被突变后，植株对白粉病具有广谱抗性。

植物抗病基因工程策略三：基因组定点编辑技术 传统的植物抗病基因工程在培育社会所需抗性农作物新品种上显示出独特的技术优势和全新的开发前景，但它可能会带来一些潜在危险或目前尚不可预见的后果。如用于筛选的标记基因是否会对人畜有害？是否会被病原菌所摄取而造成更为严重的后果？转基因的逃逸是否会造成杂草泛滥或是生态系统的崩溃等。幸运的是，最新研发的基因组定点编辑技术 ZFN、TALEN、CRISPR 等在生物安全性上，为植物基因工

Z

程开辟了一个崭新的方向。基因组定点编辑是利用人工核酸酶，对复杂生物基因组特定位点快速而精确地进行遗传改造的一项新技术。尤其是 CRISPR 技术，因其简单、廉价、高效以及通用的特性，已经广泛地应用于植物研究，其性能也在不断地完善中。与传统的转基因植物相比，基因组定点编辑材料除靶位点数个核苷酸的缺失或矫正外，不携带任何其他外源 DNA 片段，与常规育种手段获得的材料无异。如 TALEN 技术突变水稻隐性抗病基因 *Os11N3* 启动子区域，其不再被白叶枯病原菌小种分泌的 AvrXa7 所识别，从而赋予了编辑植株对白叶枯病原菌的抗性；CRISPR 技术对小麦中 *TaMLO* 基因的 3 个拷贝同时突变，获得的纯合突变体株具有对白粉病的广谱抗性；利用 CRISPR 介导的单碱基定向突变技术，可直接对水稻的抗性功能缺失基因进行矫正，重新恢复抗性。

参考文献

王关林，方宏筠，2015. 植物基因工程 [M]. 2 版. 北京：科学出版社.

DAVID B COLLINGE, 2016. Plant pathogen resistance Biotechnology[M]. New Jersey: Wiley-Blackwell Press.

（撰稿：周焕斌；审稿：郭海龙）

植物抗病激素　plant disease resistance hormones

是参与植物抗击病原物（包括细菌、真菌、病毒、昆虫和线虫等）侵染的植物激素。狭义的抗病激素主要是指水杨酸（salicylic acid，SA）和茉莉酸（jasmonic acid，JA），是植物分别对寄生（包括半寄生）和腐生及虫害等侵染响应而产生抗性的激素。这两类激素也是发现较早且在抗病过程中的作用相对较为明确的激素。相关研究也发现，其他的一些植物激素如乙烯、脱落酸、生长素、细胞分裂素、油菜素内酯和赤霉素等也在植物抗病过程中发挥重要的作用。因此，广义而言，它们也是植物抗病激素。但是由于它们参与抗病过程的机制不是非常清楚，而且它们对植物生长发育的影响要较抗病作用更为明显，一般把它们归为植物生长类激素。尽管水杨酸和茉莉酸主要参与植物的抗病过程，但它们对植物的生长发育也有一定的影响。如水杨酸可以调节植物的光周期、影响瓜类的性别分化和植物的呼吸作用等；而茉莉酸则可以影响种子萌发、植物衰老、果实成熟和花粉发育等。此外，水杨酸和茉莉酸还可以影响其他植物激素的积累或功能，如水杨酸积累可以抑制乙烯合成。而茉莉酸则和衰老激素乙烯和抗逆激素脱落酸具有协同影响，并拮抗水杨酸的作用。尽管水杨酸和茉莉酸是公认的植物抗病激素，但在不同植物上也可能有差异。如脱落酸和乙烯在水稻上对抗病作用的影响就可能比水杨酸和茉莉酸重要。

植物抗病激素与抗病性

水杨酸和茉莉酸在抗病过程中的作用　水杨酸是植物体内普遍存在的一类小分子酚类物质。水杨酸首先在 1828 年从柳树皮中分离出来，其衍生物乙酰水杨酸（阿司匹林）对人体有重要作用。直到 1990 年，才发现水杨酸可能作为一个内源信号分子在烟草抵抗病毒侵染中有重要的作用。目前的研究认为，水杨酸参与植物抗病的证据是：病菌侵染可以诱导水杨酸在植物体内的合成；水杨酸可以诱导植物病程相关蛋白的合成；水杨酸可以诱导系统获得性抗性。此外，水杨酸还可以激发活性氧类的物质大量生成，活性氧对病菌有直接的杀灭作用。水杨酸介导的间接抗病性还包括如对细胞壁加厚和对其他生长激素的影响而增强的抗病性。

茉莉酸在 1960 年首次被发现，因为来源于茉莉花的精油，因而称之为茉莉酸。植物中已发现茉莉酸及其衍生物有 20 多种，茉莉酸和茉莉酸甲酯是主要代表，它们均具有环戊烷酮的基本结构。在 1980 年左右，人们已发现茉莉酸对植物的生长发育有影响。到 90 年代的时候已经发现昆虫取食植物释放的芳香类化合物也可以通过茉莉酸诱导，因此，证明了茉莉酸可能是伤害诱导的一个植物内源信号分子。伤害诱导的茉莉酸积累可以促使植物产生蛋白酶抑制剂，影响昆虫对植物营养的消化。除了诱导芳香类化合物释放外，茉莉酸还可以促进其他抗病次生代谢物的合成，如植保素等。

水杨酸和茉莉酸都参与了植物的抗病过程，但水杨酸主要对寄生和半寄生的病菌起作用，而茉莉酸主要参与抵抗腐生菌和虫害等。水杨酸和茉莉酸在发挥各自作用时相互拮抗。水杨酸途径的激活抑制茉莉酸和乙烯信号，利于对寄生和半寄生菌的抗性；而茉莉酸信号的激活可以抑制水杨酸信号，利于植物对腐生菌和昆虫的抗性。

病菌对植物抗病激素的影响　尽管病菌侵染可以导致植物抗病激素的合成，但是病菌也进化了许多途径影响或干扰植物激素的合成或其介导的信号通路。主要体现在：①病菌可以直接合成植物激素影响抗病性。许多病菌可以合成植物激素，如丁香假单胞菌和灰霉等可以产生乙烯，稻瘟菌可以合成脱落酸和细胞分裂素等。这些激素可以间接地影响植物抗病激素的作用。②病菌毒素干扰植物抗病激素的信号途径。如细菌分泌的冠菌素（coronatine）可以激活茉莉酸信号过程，抑制水杨酸信号。而其分泌的毒素 syringolin A 则可以干扰水杨酸信号途径。此外，旋孢霉属的腐生菌 *Cochliobolus victoriae* 分泌维多利长蠕孢毒素 victorin 也可以抑制水杨酸介导的信号通路，加重侵染。③效应蛋白对植物抗病激素的干扰。很多病菌分泌的效应蛋白可以影响植物激素途径，如细菌效应蛋白 XopJ 可以抑制水杨酸途径的调控蛋白 NPR1，抑制其降解而影响水杨酸途径；而 HopZ1a 促进茉莉酸信号途径的 JAZ 蛋白的降解，激活茉莉酸信号；效应蛋白 HopX1 和 AvrB 也可以通过类似途径激活茉莉酸信号。

病菌分泌的效应蛋白也可以干扰其他激素信号途径，促进侵染。如黄单胞菌属的 XopD 可以帮助其侵染番茄时降低乙烯的积累。丁香假单胞菌效应蛋白 AvrPtoB 可以在拟南芥中诱导 ABA 的生物合成，但其另一个效应蛋白 AvrRpt2 则诱导了生长素的积累。此外，其他一些病菌可以直接操控植物激素的合成，如农杆菌就可以将合成生长素和细胞分裂素的基因整合到寄主基因组。稻瘟菌则通过分泌一种酶类羟化自由态茉莉酸为羟化茉莉酸，影响茉莉酸信号途径。随着研究的深入，越来越多的病菌如何操控植物激素或抗病激素的合成或信号途径将被揭示。

植物抗病激素的利用　根据植物抗病激素的特点及在

植物抗病过程中发挥的作用，对植物抗病激素的利用主要体现在两个方面。一方面是模拟内源激素功能的植物抗病激活剂，如苯并噻二唑（benzothiadiazole，BTH）、DL-β-氨基丁酸（BABA）、水杨酸甲酯和茉莉酸甲酯等，其中 BTH 是模拟水杨酸的作用，可以诱导抗病性及系统获得性抗性，体外施用的效果甚至好于水杨酸。BTH 也是目前开发最为成功的商用植物抗病激活剂，可以诱导对真菌、细菌和病毒的广谱抗病性。另一方面则是通过遗传改造激活抗病激素的途径实现抗病性。如水稻中转入水杨酸下游的关键转录因子 OsWrky45 可以显著增强转基因水稻对稻瘟菌的抗性。而拟南芥中转入水杨酸信号的关键调节基因 NPR1 可以增加其广谱抗病性。此外，由于植物抗病激素途径的激活往往影响了植物的生长发育，因此倾向于用诱导型启动子来激活抗病激素信号途径。如水稻中表达病菌诱导型启动子激活乙烯生成显示了对稻瘟菌和立枯丝核菌的抗性。

参考文献

De VLEESSCHAUWER D, XU J, HOFTE M, 2014. Making sense of hormone-mediated defense networking: from rice to Arabidopsis[J]. Frontiers in plant science, 5: 611.

MA K W, MA W B, 2016. Phytohormone pathways as targets of pathogens to facilitate infection[J]. Plant molecular biology, 91: 713-725.

（撰稿：刘俊；审稿：梁祥修）

植物抗病性　disease resistance in plant

植物体具有的能够减轻或克服病原物致病作用的可遗传性状，有时特指植物阻止病原物生长、发育、侵染和危害的能力。抗病性是植物与病原物长期协同进化过程中所形成的一种可遗传特性，广泛存在于植物种属及其品种（系）中，其表现与植物本身的遗传特性、病原物致病危害的遗传特性、环境条件等诸多因子有关。植物抗病性的研究内容涉及抗病性的性质与类型、起源与演化、遗传与变异、生理生化机制以及环境因素对抗病性的影响、抗病性鉴定、抗病育种原理和方法、抗病品种合理使用等。

形成和发展过程　19 世纪中后期，各国学者相继发现和描述了植物对各种病原物的抗病性。1896 年瑞典的埃里克森（J. Eriksson）、1916 年美国的斯塔克曼（E. C. Stakman）等关于麦类秆锈菌寄生性分化以及同一时期关于植物过敏性坏死反应的发现，有力地促进了小种专化型抗病性的研究和利用，育成了一大批高效抗病品种，促进了抗病品种在植物病害防治中的应用。1905 年英国的比芬（R. Biffen）发表了小麦抗条锈病遗传研究结果，开创了抗病遗传分析的先河。1940 年德国的缪勒（K. O. Muller）发现了植物保卫素，促进了对植物抗病机制的研究。1956 年，美国的弗洛尔（H. H. Flor）通过对亚麻抗锈性和亚麻锈菌致病性的遗传研究，提出了基因对基因假说。

小种专化抗病品种被广泛应用后，因病原菌小种变异而导致寄主品种"丧失"抗病性的现象日益严重，在这种背景下，1963 年英国的范德普朗克（J. E. Van der Plank）提出了垂直抗病性和水平抗病性的观点，倡导研究植物抗病性的群体属性和群体效应。1975 年英国的约翰逊（R. Johnson）和洛（C. N. Law）提出了持久抗病性概念，即在有利于病害发生的环境条件下，寄主品种大规模长期种植后仍能保持其原有的抗病特性，称为持久抗病性，这是由植物本身所具有的持久抗病基因所决定的。此外，染色体工程和分子生物学技术也先后被用于转移异源抗病基因和探索抗病性的分子机制。

表现及遗传　抗病性是寄主植物对病原物的一种适应性，寄主植物和病原生物在一定的环境条件下相互适应、相互选择、协同进化，使寄主植物形成了多种类型的抗病性。从广义上可分为避病性、抗病性和耐病性。根据抗病性的遗传特性、抗性机制及其对环境条件稳定性的不同，可划分为单抗性和多抗性；寄主抗病性和非寄主抗病性；吸器前抗病性和吸器后抗病性；基因抗病性和生理抗病性；被动抗病性和主动抗病性；质量抗病性和数量抗病性；主效基因抗病性和微效基因抗病性；小种专化抗病性（垂直抗病性）和非小种专化抗病性（水平抗病性、一般抗病性、广谱抗病性）；苗期抗病性和成株抗病性（田间抗病性）；持久抗病性和非持久抗病性；完全抗病性和部分抗病性；快病性和慢病性等。因此，植物抗病性是寄主植物和病原生物相互作用的产物，在进行植物抗病性研究时，可根据具体情况，相对划定，灵活运用。

植物抗病性通常是指对特定病原物种或一定小种的抵抗能力，并不是指能抵抗其他多种病原物的多抗性。植物对病原物的抗性表现出不同的程度，在免疫（没有任何症状）到高度感病之间存在高度抗病、中度抗病、中度感病等一系列中间类型。抗病和感病分界线需根据不同研究目的和要求而划定。

抗病性是一种可遗传性状，是由抗病基因控制的，抗病性可以不同的方式传递给子代。抗病植物的遗传潜能，遇到病原物侵染后才能得以表现。抗病性的表现型实际上是在环境条件作用下寄主植物与病原物结合体的表现型。基因对基因假说揭示了寄主—病原物之间的相互关系，两者之间具有亲和性时，寄主表现感病；具有非亲和性时表现抗病。感病的植物在优良栽培条件下或经某些化学药剂处理后，往往会减轻发病，甚至出现与抗病品种类似的低侵染型病斑，但这些表现不能遗传，与植物抗病性有本质区别，有人称之为"栽培免疫"或"化学免疫"。

科学意义与应用价值　利用抗病性防治植物病害是人类最早采用的方法，合理选用抗病品种是病害综合防治中最经济有效的关键技术。20 世纪 70 年代以来，在植物病害防治中提出了"综合治理"和"可持续控制"策略，其中，作物抗病性利用是最基本、最重要的措施。农作物病害中有 80% 以上要靠抗病品种或主要靠抗病品种来解决，如在对麦类锈病、麦类白粉病、稻瘟病、稻白叶枯病、玉米大斑病、玉米小斑病、棉花枯萎病、棉花黄萎病、马铃薯晚疫病等的防治中，抗病品种的利用几乎是主要的措施。对于一些难以防治的土传病害、病毒病害和大区流行的气传病害，种植抗病品种几乎是唯一可行的防治途径。即使在药剂防治为主的一些病害防治中，也要求作物本身有一定程度的抗病性和耐病性，才能更好地发挥药剂的防治作用。此外，种植抗病品

Z

种防治作物病害不需额外增加设施和投资，是一种广义的生物防治方法，可代替和减少化学农药的使用，避免和减轻农药引起的残毒和对环境的污染，经济、简便、易行。

长期以来，植物抗病育种曾偏重于选择和利用垂直抗病性（低反应型抗病性），植物固有的水平抗病性因不被选择而逐代流失，致使抗病品种的遗传基础狭窄与脆弱，一旦病原菌毒性类型改变，就可能酿成病害大流行。基于这种历史教训，人们致力于抗病种质资源的发掘与利用，选育具有复杂遗传基础的多抗性和持久抗性品种。同时通过抗源或抗病品种的地区合理布局或轮换使用，抑制病原物毒性小种的产生。因此，加强作物抗病性及其应用研究，大量收集、系统研究和合理利用作物抗病种质资源，开发准确而简便适用的抗病性鉴定技术，广泛发掘和筛选多抗性及持久抗性作物种质，通过各种途径转导和积累抗性基因，培育抗病品种并在生产上合理利用，保持和提高农作物的抗病性，对于持续控制病害的发生和危害，确保农作物安全生产具有重要的理论意义和实用价值。

参考文献

RUSSELL G E, 1978. Plant breeding for pest and disease resistance[M]. London: Butterworth.

VAN DER PLANK J E, 1984. Disease resistance in plant[M]. 2nd ed. New York: Acadmic Press.

（撰稿：陈万权；审稿：陈剑平）

植物免疫　plant immunity

植物固有及受到病原物攻击时诱导产生的防御能力。植物细胞表面和细胞内的受体识别病原释放的分子，并触发特定的信号级联，产生对抗病原的初级或次生代谢产物，保护植物免受伤害。

形成和发展过程　人类对植物免疫的探索和利用已经历了漫长的历程，但植物免疫学的概念是近期才明确提出的。人类对植物和病原物互作不断探索和认知的过程可分4个阶段。① 19世纪中期被视为植物免疫的"萌芽"时期。该时期始于植物病害的"病原学"，认识到植物病害是由病原微生物的侵染造成的。随后，通过增施磷肥提高了马铃薯对晚疫病的抗性，提示作物对病原菌的抗病性可通过肥水调节进行控制；通过杂交育种，育成了马铃薯晚疫病抗性品种，人们认识到利用作物抗病遗传资源，能提高作物抗病性。② 20世纪早期被视为植物免疫学科形成时期。基于病原菌生理小种分化的机制开展了专化性抗病育种的研究，培育成功西瓜抗萎蔫病品种。同时加深了对病原菌致病性的遗传和变异规律的认知。③ 20世纪中后期被视为植物免疫学科的快速发展期。由于分子生物学、化学和生物信息学等学科的兴起及其在植物病理学领域的应用，植物免疫得到全面发展，通过深入阐释病原与寄主间的互作关系，剖析寄主植物的抗病机制，利用植物免疫进行病虫害的有效控制。这一时期植物免疫的代表性成果包括林传光等著的《植物免疫的生物化学和生理学》、苏霍鲁柯夫著的《植物免疫生理学》、鲁宾·阿尔齐霍夫斯卡娅著的《植物免疫学》等著作。④进入21世纪后，植物免疫的物质基础、信号通路和互作网络得以解析，从而促进了学科理论基础和应用实践的迅猛发展。2002年Asai等发现植物的防御机制依赖于蛋白激酶的磷酸化级联反应，从而实现了对病原菌侵染的防御，这从物质基础上证实了植物存在防御体系。2006年，Jones和Dangl正式提出了植物免疫和植物免疫系统（plant immune system）的概念，并提出了植物通过受体感受病原，并激活免疫信号通路的机制。同年，Park等在植物体内发现了免疫激活信号传递及关键调控的物质——水杨酸甲酯（methyl salicylate，MeSA）。

基本内容　不同系统发育程度的生物如细菌、病毒、真菌、卵菌、线虫、有花植物都可以感染并寄生植物。然而，只有极少数寄生物会引起疾病。这主要是由于植物在漫长的进化过程中，通过与病原菌的共进化获得了复杂而精细的防御系统，形成抵御外来生物入侵、定殖、生长以及保护自身的防护机制，这种防御机制借助于植物激活的信号通路，并产生一系列生化代谢物质，完成对病原生物的抵御。植物的这种防御机制与哺乳动物的免疫系统在构成、作用机制及功能上具有极大的差异，导致其长时间内未得到充分认识。随着分子生物学等学科的发展及其在植物保护学中的应用，科学家逐渐解析了植物针对外来病虫害侵害及损伤的防御机制，植物免疫原理被用于植物激活剂研发和抗病育种领域，取得重大的进展。同时，利用植物免疫的原理控制农作物病虫害，对于减少病虫害发生频次、降低为害程度、减少农药过量使用所带来的"3R"问题，保障了农作物产量和品质，具有重要意义。

植物免疫主要有两种模式。第一，PAMP触发的免疫（PAMP-triggered immunity，PTI）。PTI是植物免疫最基本的过程，也被称为植物的基础抗性或基础免疫。它是植物通过模式受体（pattern recognition receptors，PRRs）系统识别病原相关分子模式（pathogen-associated molecular patterns，PAMPs），植物通过启动水杨酸（salicylic acid，SA）、茉莉酸（jasmonic acid，JA）、乙烯（ethylene，ET）和脱落酸（abscisic acid，ABA）等信号转导通路，产生系列抗病反应。例如，胼胝质沉积、激酶活化、病程相关蛋白（Pathogen-related proteins，PRs）表达和小RNA合成。PAMPs包括真菌的葡聚糖、几丁质等，细菌鞭毛蛋白（flagellin）、脂多糖等。病原为了能在寄主植物上定殖和生长，会向植物细胞内注入毒性因子，以抑制植物的PTI，通常采用3种途径：①分泌毒性因子抑制PTI。②分泌效应子干扰PRR信号通路下游环节或其他抗病通路。③分泌低分子毒素攻击PTI（PAMP triggered immunity）。相应地，植物也发展了第二种防御模式，即效应子触发的免疫（effector-triggered immunity，ETI）。当病原物产生的效应子进入宿主细胞后，被宿主细胞产生的R蛋白特异性地识别，并启动免疫反应。因这种防御反应是由 *R* 基因介导，又称为 *R*- 基因抗性（R-gene-based disease resistance）。植物NBS-LRR（nucleotide binding leucine-rich repeat）蛋白负责识别病原物效应子，并与效应子直接或间接互作，从而启动防御反应。

植物免疫的信号转导通路主要涉及水杨酸（salicylic

acid，SA）、茉莉酸（jasmonic acid，JA）、乙烯（ethylene，ET）和油菜素内酯（brassinosteroid，BR）信号通路，以及 ABA、生长素（auxins）、细胞分裂素（cytokinins）和赤霉酸（gibberellic acid）等激素的相关通路。这些信号通路形成复杂的拮抗或协同的互作网络，在植物寄主遭受病虫攻击时，平衡防御与生长的关系，在整体水平上进行调控。

科学意义和应用价值　植物激活剂、植物诱导剂和植物激发子的概念相似，前两者常指人工合成化合物或微生物提取物，后者指微生物的分泌物，但植物激活剂这个概念更为常见。在控制农作物病害方面，施用植物激活剂具有有效剂量低、持效期长、抗病谱广、对作物和环境相对安全等优点，可提高农作物抗性，减少农作物的病虫害发生率，降低其危害度。自 20 世纪以来，国外农药公司、研究院所等开展了基于 SA 信号通路的小分子植物激活剂的创制。发现了烯丙苯噻唑（probenazole，PBZ）［3-（2- 丙烯基氧基）-1, 2- 苯并异噻唑 1, 1- 二氧化物）、苯并噻二唑（benzothiadiazole，BTH）［S- 甲基苯并［1, 2, 3］噻二唑 -7- 硫代羧酸酯）、N-氰甲基 -2- 氯异烟碱（N-cyanomethyl-2-chloroisonicotinamide，NCI）、2, 6- 二 氯 异 烟 酸（2, 6-dichloroisonicotinic acid，INA））、噻酰菌胺（tiadinil，TDL）［N-（3- 氯 -4- 甲苯基）-4- 甲基 -1, 2, 3- 噻二唑 -5- 甲酰胺）等高活性的植物激活剂，阐明了作用机理，评价了生物活性，总结了田间应用技术。如日本 Meiji Seika 公司开发的 PBZ，活性评价表明其对稻瘟病和水稻白叶枯病具有防治效果，并将其开发成商品化的农药——Oryzaemate。BTH 是由 Schurter 等通过大量室内和田间试验所筛选发现，并发现其对多种真菌、细菌和病毒等多种病原所致病害具有保护活性，因此，诺华公司（现为瑞士先正达公司）将其开发成商品化激活剂——Bion。

针对植物免疫激活，还有科学家通过微生物进行植物激活剂的开发。其中，代表性成果是康奈尔大学和美国 EDEN 公司从梨火疫病病原菌中分离 Harpin 蛋白，发现其独特的免疫激活功能，并将其开发成生物农药——Messenger，多年的应用推广，Messenger 成为世界上一个知名的免疫诱抗品种，对多种病害具有保护活性。

近 20 年来，中国科学家在植物激活剂的研究方面开展了大量的研究，发现了多个结构新颖、活性突出、具有开发潜力的新先导，筛选了新颖的作用靶标，阐释了抗病激活机理，并由此创制了毒氟磷、甲噻诱胺和氟唑活化酯等多个植物激活剂（或杀菌剂）品种，推动了中国农药创制水平。

作为一类新型农药，植物激活剂对 SAR 的激活普遍有剂量效应和时间效应。①剂量效应。随着植物激活剂的剂量加大，其诱导效果也增加，当剂量增加至一定浓度，其诱导效果即达到饱和。例如，施用苯并噻二唑（BTH）、3- 氯 -1H- 吡 唑 -5- 羧 酸（3-chloro-1H-pyrazole-5-carboxylic acid，CM-PA）或噻酰菌胺（TDL）的活性中间体—SV03，均可诱导烟草 SAR 效应基因—PR-1a、PR-2 和 PR-5 的表达，且发现呈剂量依赖效应。此外，植物激活剂对病害的控制效果也呈剂量效应。例如，研究 BTH 施用与小麦白粉病之间的关系，发现 BTH 剂量在 0.01～3.2mM 的范围内，随着剂量加大，小麦对白粉病控制效果也随之提高。②时间效应。当施用植物激活剂，其激活 SAR 的效应与时间相关，效应

物质逐渐增加，达到最大表达量后，逐渐下降。如 BTH 处理烟草后，喷施 12 小时后开始表达；1～5 天期间的表达量呈逐渐增加趋势；第 5 天增加至最大量；7～20 天期间维持在一个较高的表达状态，然后逐渐下降。

从病虫害控制的室内或田间效果分析，植物激活剂对病毒、细菌和真菌均有较好的诱导保护效果，其抗病谱广、维持时间长。如 BTH 对番茄、黄瓜、大豆、烟草、棉花等双子叶作物的病害表现出保护活性。BTH 的施用对小麦等单子叶作物的病害也表现出保护活性，甚至还可以减少潜叶蝇幼虫虫口密度，降低其危害。

针对植物激活剂的免疫激活机制和作用植物的靶标，可将其作为抗病育种的重要基因进行研究，有望研制出抗病活性强的新品种。例如，有学者采用 BTH 作用抗性或敏感品系水稻，筛选调控关键基因，以此作为抗性水稻的遗传资源。此外，也可反过来研究植物免疫的机制。

利用植物免疫能有效控制农作物的病虫害危害、提升品质、减少生产投入，因此，植物免疫在未来植物保护中有巨大的发展前景。

参考文献

DANGl J L, JONES J D, 2001. Plant pathogens and integrated defence responses to infection[J]. Nature, 411 (6839):826-833.

GASSMANN W, 2019. Plant innate immunity[M]. Clifton: Humana Presss.

（撰稿：李成云；审稿：朱有勇）

植物生物群落　phytobiomes

指特定环境下植物、植物相关联生物以及能影响这些生物的非生物因素之间的互作调控网络。植物相关联生物包括植物体内、体表以及在植物附近的微生物（细菌、真菌、病毒和藻类等）、动物（节肢动物和啮齿动物等）以及其他植物。非生物因素包括土壤、空气、水分、气候等环境因素。这些组分的相互作用深远影响着植物和农业生态系统的健康发展，并最终影响了土壤肥力、作物产量、食品品质和安全性。

简史　"Phytobiomes" 概念最初在 2012 年 5 月召开的美国植物病理学会 Thought Leaders 研讨会上孕育。2013 年 10 月，美国植物病理学会公共政策委员会正式提出 "Phytobiomes" 概念。在接下来的时间里，Phytobiomes 研究的发起者先后在动植物基因组大会、美国植物病理学会学术年会、国际水稻会议、土壤学和昆虫学联合年会等国际会议上倡议研究者更多关注和参与 Phytobiomes 研究。其中，2015 年 7 月在美国华盛顿召开了首届 "Phytobiomes 2015" 研讨会，倡议建立作物改良的新典范。2016 年 2 月，美国植物病理学会发布 "Phytobiomes：A Roadmap for Research and Translation"，为进一步促进该领域的研究和交流，提出创办新杂志 Phytobiomes 和建立 Phytobiomes 国际联盟。现在，Phytobiomes 杂志已经上线，Phytobiomes 国际联盟也于 2016 年 11 月在美国圣达菲召开了第一次会议。Phytobiomes 研究正以前所未有的速度得到迅速的发展和壮大。

Z

Phytobiomes 的研究现状　由于 Phytobiomes 是交叉学科，得益于植物生理学、植物病理学、昆虫学等学科的快速发展，Phytobiomes 具有较好的发展基础，然而，当前以 Phytobiomes 为基础的技术策略在知识上、技术上以及基础设施上还存在很多不足之处。主要体现在，在知识上，需要填补下面 5 方面的不足：Phytobiomes 组分以及它们之间的动态调控机制；预测模型和 Phytobiomes 数据互作网络的构建；全方面揭示 Phytobiomes 对植物健康和生产力的影响；Phytobiomes 知识系统向农业可持续发展的转化应用；Phytobiomes 知识的广义影响。在技术上，需要在以下 5 方面进一步加强：利用和发展多组学技术揭示单个 Phytobiome 以及 Phytobiomes 之间的动态调控；建立和发展高通量低成本植物表型鉴定平台；技术、算法和统计方法的整合和标准化；建立和发展代表性研究模式系统；样品选取的最佳设计和优化。在基础设施上，还需要进一步加强数据库的建设和发展。

Phytobiomes 的应用前景和展望　Phytobiomes 研究预以在系统水平和整体水平上揭示农业生态系统中不同组分之间的交互作用，其研究目标和应用前景是为粮食、饲料和纤维的生产提供技术策略，为农业的可持续发展保驾护航。为了实现这一终极目标，下一步对 Phytobiomes 的研究重点需要以下 5 方面进一步加强：①研究单一 Phytobiomes 成分以及它们之间的相互作用。②整合 Phytobiomes 系统为基础的知识、资源和工具。③优化以 Phytobiomes 为基础的技术策略。④在下一代精准农业中实施以 Phytobiomes 为基础的技术策略，促进世界范围内粮食、饲料和纤维生产的可持续发展。⑤培养一大批从事 Phytobiomes 研究的科学家以及熟练应用 Phytobiomes 技术策略的农业技术人员。

参考文献

www.apsnet.org/publications/phytopathologynews/Issues/2013_11.pdf.

http://www.phytobiomes.org/Roadmap/Pages/default.aspx.

http://apsjournals.apsnet.org/page/aboutphytobiomes.

（撰稿：宁约瑟、王国梁；审稿：梁祥修）

植物先天免疫　plant innate immunity

植物先天免疫的概念借用了人们对动物免疫的描述。与动物先天免疫相对的是获得性免疫。后者是针对一种特定抗原，由免疫细胞形成特异抗体而产生的特异性免疫反应。由于植物不具备专门从事免疫的细胞，所以植物没有获得性免疫，只有先天免疫。从概念上来讲，植物的先天免疫包括两个层次：PTI（PAMP-triggered immunity）和 ETI（effector-triggered immunity）。PTI 是指植物通过定位于细胞表面的模式识别受体（pattern-recognition receptors，PRRs）识别了来自于病原微生物非常保守的病原相关分子模式（pathogen-associated molecular patterns，PAMPs）而诱发的免疫反应；ETI 是由效应因子诱发的免疫反应。

简史　20 世纪 90 年代，科学家发现植物可以识别一些微生物所共有且高度保守的分子，包括蛋白质、多糖、糖蛋白和脂多糖等。因为它们多数能诱导植物产生一些与植物抗病相关的反应，所以，这类分子被统称为诱导子（elicitors）。最典型的诱导子当属细菌的鞭毛蛋白。鞭毛对于细菌的运动至关重要。人工合成的含有 22 个保守序列氨基酸的肽段，flg22，可以导致植物的胼胝质累积、植物病程相关基因的表达和抑制植物的生长。2000 年，瑞士科学家 Thomas Boller 通过正向遗传学的方法发现了拟南芥的 flg22 受体 FLS2，从而奠定了植物先天免疫的基础。随后，细菌的翻译延伸因子 EF-Tu 的受体 EFR，真菌细胞壁组分几丁质在拟南芥中的受体 CERK1 等也陆续被发现。而植物在识别 PAMPs 后的免疫信号转导机制在过去的十几年里也被科学家进行了广泛深入的研究。

表现及信号转导机制　PTI 被激活后，植物会产生一系列的标志性反应。早期的反应如 BIK1 的磷酸化、ROS 的暴发、气孔的关闭等。稍晚一些的反应如胼胝质的累积，对植物生长的抑制以及最终植物对于病原菌的抑制作用等。

FLS2、EFR 和 CERK1 均属于植物的一类重要蛋白，受体激酶蛋白。它们通过跨膜区域定位于细胞表面，而亮氨酸富集重复区（LRR，如 FLS2 和 EFR）或含有 LysM 的功能域分布在胞外，胞内则为丝氨酸/苏氨酸结构域。flg22 与 FLS2 的 LRR 区域的结合诱导了其与另一个受体激酶 BAK1 形成异源二聚体。它们共同识别 flg22，并相互激活，使免疫信号向下游传递。MAPK 级联和 CDPK 都参与了免疫信号的传递。MAPK 的激活也是免疫信号转导早期的重要事件，在 PRRs 识别 PAMPs 不到 5 分钟，MAPK3/4/6 就通过磷酸化被激活。磷酸化 MAPKs 的上游激酶为 MAPKKs（也被称作 MEKs）。而 MAPKKs 又被 MAPKKKs（也被称作 MEKKs）所磷酸化。钙离子的内流同样是植物先天免疫信号转导早期的重要事件之一。植物的钙离子感受器之一 CDPK（钙离子依赖的蛋白激酶）参与了免疫信号的传递，如拟南芥的 CDPK4/11/5/6。MAPK 和 CDPK 两类激酶最终通过对一些转录因子的磷酸化，从而实现了免疫相关基因的转录重编程，使植物产生一些具有抑菌活性的小肽或次生代谢物，抑制病原菌的入侵和生长。同时，来自于 FLS2/BAK1 的免疫信号也可以激活一个胞质类受体激酶 BIK1。BIK1 可以磷酸化植物 NADPH 氧化酶 RbohD，从而产生 ROS 暴发，导致气孔关闭，使病原菌被拒之门外。

植物先天免疫的利用　利用植物先天免疫理论来提高植物的基础抗病性已经得到了应用。一个典型的例子就是对 *EFR* 的利用。*EFR* 基因仅分布于十字花科植物，因此，科学家将拟南芥 *AtEFR* 基因转到了水稻、小麦等农作物，显著地增强水稻对于白叶枯菌的抗性以及小麦的抗细菌病害能力。

参考文献

DODDS P N, RATHJEN J P, 2010. Plant immunity: towards an integrated view of plant-pathogen interactions[J]. Nature review genetics, 11(8): 539-548.

LU F, WANG H, WANG S, et al, 2015. Enhancement of innate immune system in monocot rice by transferring the dicotyledonous elongation factor Tu receptor EFR[J]. Journal of integrative plant biology, 57(7): 641-652.

ZHANG J, LI W, XIANG T, et al, 2010. Receptor-like cytoplasmic kinases integrate signaling from multiple plant immune receptors and are targeted by a Pseudomonas syringae effector[J]. Cell host & microbe, 7(4): 290-301.

（撰稿：吕东平；审稿：朱旺升）

植物线虫　plant nematode

植物线虫是植物侵染性的病原之一，是一类无色、透明、不分节的无脊椎动物。植物线虫最主要的特征是有口针，植物线虫细长透明，一般体长仅 1mm，体宽 0.05mm 左右，一般肉眼看不见，要借助解剖显微镜才能看到。

危害症状　植物线虫广泛寄生和危害植物的根、块根、块茎、鳞茎、球茎、叶、花、果实和种子，使植物发生各种线虫病。植物线虫大多数在地下根系内隐蔽危害，通常植物地上部无明显的特殊症状，一般表现为植株生长衰退，叶片褪绿、矮化、黄化、畸形生长，叶枯、叶片扭曲、萎蔫，容易与缺水、缺肥、缺素以及其他病害一起发病，从而影响人们对线虫造成病害的认识和误诊。地下部根系症状表现为：①根结。根结线虫危害造成根系局部肿大和膨大。②根丛生。根系侧根增多，须根减少形成根丛生。③坏死。植物根表皮和地下果实被害部分酚类化合物增加，细胞坏死并变成棕色，形成褐色斑块。④短粗根。根尖死亡或衰弱形成。⑤干腐。块茎、根茎、鳞茎表面、边缘和内部腐烂坏死变质。⑥脏根。⑦孢囊。

植物线虫寄生性　植物线虫的寄生方式和取食习性可分为内寄生、半内寄生及外寄生三个类型。内寄生线虫的全部虫体进入寄主植物体内，在内寄生线虫中根据线虫是否在寄主根系内迁移分为定居型内寄生线虫和迁移性内寄生线虫，其中定居型内寄生线虫主要有胞囊线虫（*Heterodera* spp.）、根结线虫（*Meloidogyne* spp.）、球胞囊线虫（*Globodera* spp.），迁移性内寄生线虫型有短体线虫（*Pratylenchus* spp.）、穿孔线虫（*Radopholus* spp.）、茎线虫（*Ditylenchus* spp.）、粒线虫（*Anguina* spp.）、松材线虫（*Bursaphelenchus xylophilus*）和滑刃线虫（*Apehlenchoides* spp.）等。半内寄生线虫仅以头部或虫体的前半部进入植物体内，而后半部则留在植物体外，其定居型半内寄生线虫有柑橘半穿刺线虫（*Tylenchulus semipenetrans*）、肾形线虫（*Rotylencyhulus reniformis*）。外寄生线虫不进入植物体内，只以口针刺破植物表皮吸取营养，如剑线虫（*Xiphinema* spp.）、锥线虫（*Dolichodorus* spp.）、拟环线虫（*Criconemoides* spp.）和针线虫（*Paratylenchus* spp.）等。

植物线虫繁殖和传播　植物线虫的生殖方式有有性生殖和孤雌生殖两种类型。有性生殖时受精卵经减数分裂而形成胚胎；孤雌生殖时卵母细胞不经过受精，而通过有丝分裂后形成胚胎。植物线虫自身的主动移动能力有限，主要随病残体、虫瘿和种子、种苗材料传播，或借助于水的流动、土壤、农机具的沾带和昆虫传播。远距离传播则主要靠携带线

虫的种苗、罹病种子、混杂在种子之间的病残体的调运。

重要植物线虫病害　植物线虫绝大多数为雌雄虫，均呈线状。一些固定性植物线虫是雌雄异形，雄虫仍呈线条状，而成熟雌虫呈梨形、球形或囊状，最常见的如根结线虫、胞囊线虫、球胞囊线虫、肾状线虫和半穿刺线虫等，它们是最重要的植物病原线虫。在中国重要的植物线虫病害有小麦胞囊线虫病、大豆胞囊线虫病、番茄根结线虫病、黄瓜根结线虫病、柑橘根结线虫病、花生根结线虫病、烟草根结线虫病、茶和桑根结线虫病、水稻根结线虫病、甘薯腐烂茎线虫病、松材线虫病等。

（撰稿：彭德良；审稿：康振生）

致病机制　mechanism of pathogenicity

病原物引起寄主植物发生病变的作用原理。

营养掠夺　病原物在其生长和发育过程中需要的大量且多样营养物，主要从寄主植物的细胞中夺取。因此，植物发病后常常丧失大量养分和水分，表现褪绿、黄化或矮化等症状。

机械压力　病原真菌、线虫和寄生性种子植物可通过对寄主植物表面施加机械压力而侵入。如真菌和寄生性种子植物产生的侵入钉、线虫的口针等。

化学作用　是植物病原物侵染危害寄主最重要的手段。病原物侵袭寄主的化学作用主要有毒素、胞外酶、生长调节物质和多糖类。

毒素　毒素是植物病原真菌和细菌代谢过程中产生的一类小分子的非酶类化合物，是一种高效的致病物质，能在很低浓度下干扰植物正常生理功能，诱发植物病害。

寄主专化性毒素亦称寄主选择性毒素，这类毒素与产生毒素的病原菌有相似的寄主范围，能够诱导感病寄主产生典型的病状，在病原菌侵染过程中起重要作用，是一类对寄主植物和感病品种有较高致病性的毒素。

非寄主专化性毒素亦称寄主非选择性毒素，这类毒素对寄主植物没有严格的专化性和选择性，因寄主植物没有高度专化的作用位点，这类毒素在病原菌侵染寄主植物的过程中所起的直接作用较小。

胞外酶　病原物侵染寄主植物的过程中产生多种与致病性相关的胞外酶类。这些酶类的产生与寄主植物细胞表面和细胞壁的组成有关，根据其作用对象可分为分解细胞壁物质的酶（如几丁质酶、果胶酶、半纤维素酶、纤维素和木质素降解酶等）、分解细胞膜物质的酶（如类脂质水解酶和蛋白质水解酶等）、分解细胞内物质的酶（如核酸酶），还有能引致许多代谢产物发生变化的一些氧化酶等。

生长调节物质　病原物侵入寄主植物后能产生与植物天然激素相同或相近的生长调节物质。比较重要的生长调节物质有植物生长素、赤霉素、细胞分裂素、乙烯和脱落酸。病原物产生的生长调节物质对植物的病理学效应是综合性的，一种病原物往往可产生几种植物生长调节物质。

改变寄主生物合成方向　如病毒、类病毒，可改变寄主

细胞内的蛋白质和核酸的合成方向，形成病毒、类病毒和病原生物的质粒等。

参考文献

王金生，1999.分子植物病理学 [M].北京：中国农业出版社.

许志刚，2009.普通植物病理学 [M].4 版.北京：高等教育出版社.

中国农业百科全书编辑部，1996.中国农业百科全书：植物病理学卷 [M].北京：中国农业出版社.

（撰稿：王慧敏；审稿：康振生）

致病相关小 RNA　pathogenicity-related small RNA

非编码小 RNA 是一类能转录但不编码蛋白质的功能性小 RNA 分子，包括 siRNA、microRNA 和 snoRNA 等。致病相关小 RNA 特指在病原菌致病过程中发挥重要作用的小 RNA。致病相关小 RNA 可通过调控病原菌致病相关基因的表达参与其致病过程。鉴于高通量测序技术的发展及普及，目前已经在多种植物病原菌中克隆或检测到致病相关小 RNA，如病原真菌稻瘟菌（ *Magnaporthe oryzae* ）和核盘菌（ *Sclerotinia sclerotiorum* ），病原卵菌致病疫霉（ *Phytophthora infestans* ）以及病原细菌黄单胞杆菌（ *Xanthomonas* ）等。

有关植物病原菌致病相关小 RNA 的报道目前均侧重于研究病原菌侵染时小 RNA 的表达情况及其靶标预测等，而关于这些小 RNA 的靶标验证及其如何调控病原菌自身致病相关基因表达的机制尚需进一步探讨，如不同病原菌中小 RNA 与靶标基因互作方式尚未明确，有可能导致靶标基因 mRNA 的降解或是翻译抑制在转录后调控，也可能导致靶标基因启动子区域甲基化而在转录水平发挥抑制作用。此外，致病相关小 RNA 也可通过病原菌进入到寄主植物细胞，调控寄主植物中关键抗病基因的表达从而抑制其免疫反应。如在灰葡萄孢（ *Botrytis cinerea* ）致病过程中其小 RNA Bc-siR3.2 可进入寄主细胞，并利用寄主的 RNAi 通路抑制靶标基因 MPK1 和 MPK2 的表达，进而促进病原菌致病。同时病毒也会编码致病相关小 RNA，并在病毒的复制和增殖过程中发挥重要作用。

参考文献

CUI J, LUAN Y, WANG W, et al, 2014. Prediction and validation of potential pathogenic microRNAs involved in *Phytophthora infestans* infection[J]. Molecular biology reports, 41(3):1879-1889.

SCHMIDTKE C, ABENDROTH U, BROCK J, et al, 2013. Small RNA sX13: a multifaceted regulator of virulence in the plant pathogen *Xanthomonas*[J]. PLoS pathogens, 9(9): e1003626.

WANG Z, SHEN W, CHENG F, et al, 2017. *Parvovirus* expresses a small noncoding RNA that plays an essential role in virus replication[J]. Journal of virology, 91(8): e02375-16.

WEIBERG A, WANG M, LIN F M, et al, 2013. Fungal small RNAs suppress plant immunity by hijacking host RNA interference pathways[J]. Science, 342(6154): 118-123.

ZHOU J, FU Y, XIE J, et al, 2012. Identification of microRNA-like RNAs in a plant pathogenic fungus *Sclerotinia sclerotiorum* by high-throughput sequencing[J]. Molecular genetics and genomics, 287(4): 275-282.

（撰稿：程家森；审稿：杨丽）

致病性　pathogenicity

病原物所具有的严重影响或破坏寄主正常生理功能并引起病害的特性，是病原物的第二属性，是病原物在"种"的水平上对寄主植物的致病能力或特性。一般来说，病原物都有寄生性，属于寄生物，但不是所有的寄生物都是病原物。病原物的致病作用是多方面的，除了从寄主细胞和组织中掠夺大量养分和水分，影响寄主植物正常生长和发育外，还可产生一些有害代谢产物，如酶、毒素和激素等，使寄主植物细胞的正常生理功能遭到破坏，引起一系列内部组织和外部形态病变，表现各种症状。

致病性是病原物的一种可以遗传和变异的生物学特性，植物病原物致病性的遗传有寡基因遗传、多基因遗传和胞质遗传。病原物的特异性致病性即毒性的遗传多为单基因隐性遗传，毒性基因之间及其与其他性状基因之间多为独立遗传，少数情况下有互作，个别情况下有连锁现象，很少有复等位现象。例如小麦锈菌许多菌系，小麦、大麦、燕麦白粉病菌、大多数黑粉菌，苹果黑星病菌等。

植物病原细菌根癌土壤杆菌 Ti 质粒的遗传特性研究明确了 Ti 质粒的 T-DNA 区决定肿瘤的形成和冠瘿碱的合成；Vir 一区为细菌吸附到植物细胞上使 Ti 质粒进入细胞有关部位，与冠瘿病的形成也有关系；第三区为细菌吸收利用冠瘿碱的区域，已经鉴定出在 T-DNA 的编码结构中有 4 个遗传位点。此外，在病原细菌的产细菌素质粒的研究和植物病毒的致病性遗传研究方面均取得了许多新的进展。植物病毒的基因组位于其核酸链上，基因组决定衣壳蛋白的血清反应特性、致病的专化性、粒子的形态和体积以及其他理化反应特性，基因组受到损害、缺失或其个别核苷酸被取代易发生变异。

参考文献

王金生，1999.分子植物病理学 [M].北京：中国农业出版社.

许志刚，2009.普通植物病理学 [M].4 版.北京：高等教育出版社.

中国农业百科全书编辑部，1996.中国农业百科全书：植物病理学卷 [M].北京：中国农业出版社.

（撰稿：王慧敏；审稿：康振生）

致病性分化　differentiation of pathogenicity

病原物对寄主植物的致病能力是相对的，随寄主植物的遗传分化和生育阶段的变化以及生长发育状况和周围环境条件等因素的影响而提高或降低。一种寄生物成为某种植物的病原物后，同种内的不同小种（真菌、线虫）、菌系或致病型（细菌）、株系（病毒）对所适应的寄主植物不同品种的致病力可能不同，有的致病力强，有的致病力弱，有的甚至不能致病。一种病原物的不同菌株对寄主植物中不同属、种或品种的致病能力的差异，也称寄生专化性或生理专化性。一般说来，寄生性程度越高的病原物其致病性分化程度越高，寄生性程度越低的病原物其致病性分化程度也越低，如一些兼性寄生菌。病原物的致病性分化现象是在病原物与其寄主植物长期演化过程中相互适应和选择下形成的。与寄主植物的抗病性类型相对应，一般可分为专化（或垂直）致病性和非专化（或非垂直）致病性。专化致病性与专化抗病性和非专化致病性与非专化抗病性是两组互为前提而共存的生物学性状。病原物专化致病性的特点，是与其所适应的寄主不同品种之间有特异性或专化性互作关系；而病原物的非专化致病性的特点，是与其所适应的寄主不同品种之间无特异性互作关系。

毒力　病原物的一定菌系对具有一定抗病基因品种的专化性和垂直致病力，也称毒性。研究病原物的毒性主要采取分析病原物小种、毒力频率和联合致病性的方法。

小种　病原物种、变种或专化型以下的分类单位。小种之间在形态上无差异，区别不同的小种主要根据它们对具有不同抗病基因的鉴别品种的致病力差异。细菌的小种有时称为菌系或致病型。

不同病原物小种的鉴定方法不完全相同。病原真菌和细菌小种的鉴定大多是采用一套鉴别品种，根据供测菌株在鉴别品种上的致病力表现来确定小种，目前鉴定病菌的小种有的采用国际通用鉴别寄主，有的采用变动鉴别寄主，有的采用已知基因或单基因品种作为鉴别品种。此外，鉴别非专化寄生物的小种还可根据病原物的生理生化性状、培养性状、血清学和荧光反应等作辅助鉴别。病毒株系间的区别主要根据它们在一定寄主上的症状差异，区别是否为同种病毒的不同株系，也可根据血清学反应和彼此是否有交互保护作用以及是否有相似的寄主范围和传播方式来鉴定。

不同病菌小种的命名方法也不完全相同，有的采用顺序编号法即按国际统一编号，有的采用毒力公式法命名，即用对该小种有效的抗病基因作分子，无效的抗病基因作分母写成的公式：无毒力（R）/有毒力（S）；有的采用分段加数（加抗或加感）法命名。

同一小种的致病力也可进一步分化出不同的致病类型，称为生物型，即小种内由遗传上一致的个体所组成的群体。在一个小种内可有一个生物型，也可有多个生物型。鉴定小种的生物型主要根据供试菌系在辅助鉴别品种上的反应。

毒力频率和联合（综合）致病性　毒力频率是一种病原物群体中对一定抗病品种（抗病基因）有毒力的菌株（毒性菌株）出现频率。毒力频率（%）=有毒力菌株数/总菌株数×100。联合致病性是一种病原物的群体中对两个以上被测品种（抗病基因）有毒力的菌株（毒性基因）出现的频率（%）。毒力频率分析反映1个被测品种与1个病原物群体中多个小种（菌株）的相互关系，而联合致病性分析则反映2个以上被测品种与1个病原物群体中多个小种的相互作用。

寄生适合度　指寄生物在寄主上的定殖能力、繁殖或产孢速度及数量等适应能力。寄生适合度高，两者为亲和组合，其病原物的侵染能力愈强。

（撰稿：王慧敏；审稿：康振生）

致病性相关基因　pathogenicity-related genes

病原物侵染植物过程中对植物致病起决定性作用的基因。它决定着病原物与寄主植物寄生关系的建立，能够破坏寄主植物细胞正常生理代谢功能以及调控对植物趋性、吸附侵入、定殖扩展、破坏寄主和最终显症等一系列病理学过程。

不同病原物中的致病性相关基因　植物病原真菌中的致病性相关基因可分为3类：一是参与真菌发育调节的基因，比如参与游动孢子侵染寄主、分生孢子形成及附着胞形成等发育过程调节的基因；二是编码致病生化因子的基因，比如胞外酶基因、毒素基因以及植物保卫素降解酶基因等；三是植物病原真菌使用的致病信号基因，比如编码G蛋白的基因、促分裂原活化蛋白（MAP）激酶基因和依赖cAMP的蛋白激酶的基因。这些基因被破坏时，真菌可能会丧失致病性或致病力减弱，并伴随其他生理功能的丧失或降低。

植物病原细菌的致病性相关基因可分为4大类：一是与病原细菌侵染相关的基因，比如根癌土壤杆菌的基因 chvE 与其细菌的趋化性有关；二是决定显症的基因，这些基因产生的致病生化分子与植物症状类型有密切的关系。一般来说，胞壁降解酶与组织解离有关，毒素一般与植物坏死、萎蔫相关等；三是决定寄主范围的基因，包括正向和反向调控寄主范围的基因；四是决定致病性或毒性的基因，包括胞壁降解酶基因（果胶酶、纤维素酶等），毒素基因（丁香菌素、冠毒素等），胞外多糖基因，激素基因、hrp 基因以及 dsp 基因等。

大多数植物病毒的外壳蛋白基因对病毒的致病性都起着重要的作用。编码病毒的核酸复制酶的基因也是必不可少的。另外，决定病毒增殖和移动的运动蛋白基因以及参与产生细胞内含物等方面的基因也均是植物病毒的致病性相关基因。

植物病原线虫的致病性相关基因可分为3大类，分别是线虫表皮分泌物、化感分泌物以及食道腺分泌物等合成相关的基因。

研究意义　虽然植物病原物的种类繁多，且各种病原物的病理学过程，如寄主范围、发病过程等都各具特色，但由于基本代谢过程相似，且病原物存在着许多作用相似的基因，使得不同植物病原物之间致病性相关基因具有广泛的同源性。病原物与寄主植物的互作是一个极其复杂的过程，它包含着一系列形态、生理、生化及分子生物学等方面的变化。因此，深入探索植物病原物致病性相关基因的克隆及功能分析，有助于进一步了解植物病原物的致病机理。

参考文献

AGRIOS G N, 2009. 植物病理学 [M]. 沈崇尧，译. 北京：中国农业大学出版社.

王金生，2001. 分子植物病理学 [M]. 北京：中国农业大学出版社.

谢联辉，2013. 普通植物病理学 [M]. 北京：科学出版社.

许志刚，2009. 普通植物病理学 [M]. 北京：高等教育出版社.

DYAKOV Y, DZHAVAKHIYA V, KORPELA T, 2007. Comprehensive and molecular phytopathology[M]. Amsterdam, the Netherland and Oxford, United Kingdom: Elsevier.

（撰稿：彭友良、杨俊；审稿：孙文献）

Z

中国小麦花叶病　Chinese wheat mosaic virus disease

由中国小麦花叶病毒引起的一种重要的小麦病毒病害。

发展简史　在中国研究早期中，该病曾经被认为由土传小麦花叶病毒（soil-borne wheat mosaic virus，SBWMV）引起，后来随着研究不断深入，病毒基因组序列分析表明，该病的病原与 SBWMV 的同源性只有 75% 左右，是一种不同的病毒，于 1998 年被命名为中国小麦花叶病毒（Chinese wheat mosaic virus，CWMV）。

分布与危害　仅在中国局部冬麦区危害，主要分布在山东荣成、文登、崂山和江苏大丰、宝应、兴华等地。

在自然情况下，CWMV 系统侵染普通小麦和硬粒小麦。症状主要表现为花叶、黄化、分蘖增生、僵缩和枯死等，在不同小麦品种上表现症状也存在差异（图1）。通过摩擦接种 CWMV 可以侵染苋色藜和昆诺藜，并形成局部枯斑。

病害发生程度与栽培的小麦品种和气候条件相关。产量损失与小麦表现症状的程度和时间长度呈正相关。春季低温，感病品种发病重，产量损失可达 30%～50%。春季温暖，发病轻，产量损失仅为 10%～20%。在山东烟台、荣成、临沂和江苏大丰等地，发现 CWMV 常与小麦黄花叶病毒（WYMV）复合侵染，造成更严重的危害，产量损失超过 50%，感病品种常常整片死亡，颗粒无收。

病原及特征　病原为中国小麦花叶病毒（Chinese wheat mosaic virus，CWMV），是真菌传杆状病毒属（*Furovirus*）成员。CWMV 粒子为杆状，直径 20nm，长度主要为 150nm 和 300nm，并且短粒子占多数（图2）。其基因组由两条单链正义的 RNA 组成，已测定基因组全序列的烟台分离物 RNA1（登录号 AJ012005）由 7147 个核苷酸组成，含 3 个开放阅读框（open reading frame，ORF），分别编码分子量为 153kDa、55kDa、37kDa 等 3 个蛋白。ORF1 可能通读延伸至 ORF2，编码产生一个 212kDa 的通读产物，该蛋白具有甲基转移酶、解旋酶和 RNA 聚合酶（RdRp）活性位点基序。ORF3 编码产生一个 37kDa 的运动蛋白。烟台分离物 RNA2（登录号 AJ012006）由 3569 个核苷酸组成，含 3 个

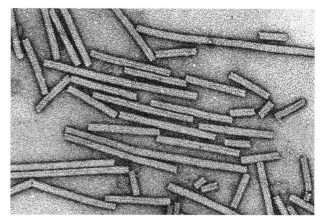

图 2　中国小麦花叶病毒粒子（陈剑平提供）

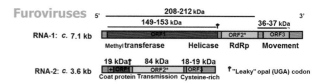

图 3　中国小麦花叶病毒基因组结构（陈剑平提供）

开放阅读框，分别编码分子量为 19kDa、61kDa、19kDa 等 3 个蛋白。ORF1 编码包衣蛋白（coating protein，CP），其 AUG 起始密码子的上游存在 CUG 密码子，可能起始编码一个 23kDa 蛋白；UGA 终止密码子可能被通读，延伸到 ORF2，产生一个 84kDa（或 88kDa，起始密码子为 CUG）CP-RT 蛋白，这种蛋白翻译机制可能与 CWMV 致病强弱有关。另外，研究也表明 23kDa 蛋白和 CP-RT 蛋白与症状的形成无关。ORF3 编码一个富含半胱氨酸的 19kDa 蛋白（19K-crp），此蛋白具有抑制基因沉默的能力（图3）。

侵染过程与侵染循环　中国小麦花叶病的传播介体是禾谷多黏菌（*Polymyxa graminis* Ledingham），其传播特性和病害发生规律见小麦黄花叶病。

发生规律　中国小麦花叶病的发生与土壤温度、湿度、质地、栽培条件和品种抗病性等因素有关。低温高湿有利于病害发生，病害发生的温度范围为 5～17℃。秋季降雨有利于病害的侵染，春季低温寡照有利于病害症状的表现。连作感病小麦品种会导致该类病害的流行，播种偏早等条件均会使病情加重，休耕能降低土壤的侵染性。

防治方法　由于禾谷多黏菌传播的小麦病毒一旦传入无病田就很难彻底根除。轮作、改种非禾谷多黏菌寄主作物、休耕、推迟播期、增施有机肥、春季返青期增施氮肥、土壤处理等方法可以一定程度上减轻病害。种植抗病品种是经济有效的防病措施。但中国小麦花叶病的抗性品种鉴定和选育工作相对滞后，特别是兼抗中国小麦花叶病和小麦黄花叶病的小麦品种更是缺乏。

参考文献

中国农业科学院植物保护研究所，中国植物保护学会，2015. 中国农作物病虫害 [M]. 3 版. 北京：中国农业出版社.

（撰稿：陈剑平；审稿：康振生）

图 1　感染中国小麦花叶病毒小麦植株的症状（陈剑平提供）

种传病害　seed-borne disease

病原体附着或寄生于种子外部、内部或种子之间，随种子萌发与寄主建立寄生关系，引起植物发病。种传病害包括两层涵义：①病害的初侵染源来自于带病的种子或种子是病原物的载体，或种子间有病原体，病原体随同播种进入农田，成为病害的初侵染来源。②由种子提供的初侵染来源直接造成新生植物感病。

种传病害对农业的危害

直接危害　种传病害直接造成新生植物体发病、田间成苗率降低，导致农作物减产，扩散新区，种子变色皱缩，引起生化变化降低营养价值，产生毒素、人畜中毒等危害。

间接危害　为田间作物提供再侵染源。如种传病害水稻白叶枯病的病原细菌在种子上越冬并危害幼苗，病苗为田间成株发病提供菌源。

种传病害的病原和类型

植物种传病害可由真菌、细菌、病毒、线虫和寄生性种子植物引起。最常见的病害有以下3种。

真菌性种传病害　感染真菌的种子或有真菌附着的种子在播种后，植株可能出现各种病状，如组织或器官肿大、坏死、腐烂、产生斑点等，同时产生白色絮状物、丝状物以及不同颜色的粉状、雾状或颗粒状物。严重时，植株会变色、坏死、腐烂、萎蔫。真菌性种传病害有很多种，常见的有黑斑病、白斑病、根肿病和菌核病等。前3种病都以附着在种子表面或内部的菌丝体、卵孢子、孢子囊等形式传播；菌核病以菌丝混在种子中进行传播。

细菌性种传病害　由细菌侵染引起的病害其植株通常表现有萎蔫、腐烂和穿孔等。通常细菌性种传病害比真菌性种传病害少，主要是由于植物细菌性病害少于真菌性病害，除此之外，植物病原细菌在种子上的存活寿命短，且裸露在植物体外面的细菌很难存活。如番茄溃疡病，病原细菌主要靠黏着在种子内部、外部或病残体上越冬；引起大白菜和油菜黑腐病的病原细菌可从果荚柄维管束侵入至种子表面，也可从种脐进入种皮内使种子带菌。

病毒性种传病害　病毒性种传病害感病后，植株的外部症状常出现花叶、褪绿、环斑、枯斑、矮丛及叶片皱缩等，病原病毒主要存在于种子的胚和子叶中。病毒性种传病害的危害大，常使整个植株产生病害。如在自然条件下，黄瓜花叶病毒（cucumber mosaic virus，CMV）和烟草花叶病毒（tobacco mosaic virus，TMV）各自侵染植株，可引起番茄、辣椒的病毒病，也可能由2种病毒复合侵染引起植株发病，使种子带毒。黄瓜绿斑驳花叶病毒（cucumber green mottle mosaic virus，CGMMV）可以附着葫芦科瓜类种子如甜瓜、黄瓜、南瓜、西瓜等的表皮进行远距离的传播。

种传病害的检测

真菌性种传病害的检测　种子受到病原真菌侵染后，出现从生理程序的变化到内部细胞和组织发生的变化，最终导致植株外部形态发生病变。真菌性种传病害的特点是在发病部位出现病原真菌的繁殖体、菌丝体或菌核等病症。因此，在诊断和检测真菌性种传病害时主要以真菌侵染后表现的症状特点、病原真菌的形态及基因组特征和病原真菌的致病性为依据。常用的方法有：①种子带病的初步检查，利用显微镜观察种子的外部形态，将种子上附着的昆虫残体、虫瘿、菌核等分离出来，同时也可以发现种子变色、畸形、腐烂等症状。如在双目显微镜下，可将西兰花菌核病的菌核分离出来。②利用洗涤镜检、挑片和切片镜检、分离培养镜检法对种子病原真菌进行鉴定。③利用保湿培养法检测，该方法是实验室检测病原菌最常用的方法，可用于检测进境植物繁殖材料上携带的病原真菌和细菌，包括吸水纸法和水琼脂平皿法。④致病性检测，当在植物发病部位发现或混杂在进境种子里的真菌，有时并不是引起该种病害的病原真菌，可能是由其他杂菌污染所引起的。为了确定该病害的致病病原，需要进行致病性检测，即先在健康植株上进行接种试验，使其出现典型症状后再进行鉴定。常采用拌种接种、浸种接种、花器接种、喷雾接种、针刺接种、剪叶接种和摩擦接种的方法进行。⑤PCR检测，聚合酶链式反应（polymerase chain reaction，PCR）技术因其灵敏度高、特异性强，已经成为实验室广泛用于病毒、细菌、真菌、植原体、害虫和杂草等有害生物检疫的重要手段。真菌具有真正细胞核、无叶绿素、属异养型、能产生孢子是真核生物，因此，可对真菌进行DNA的提取，并设计特异性引物，利用PCR技术进行相应真菌种类的鉴定。

细菌性种传病害的检测　种子内外有无被细菌侵染或黏附主要采用以下3种方法进行检测：①保湿培养法，该方法包括吸水纸保湿培养检测和水琼脂平皿培养检测，后者是检查细菌典型的定性方法。②直接分离法，用肉眼对种子进行观察，挑出可疑种子，用10%的漂粉精或0.1%的升汞溶液将带菌种子漂洗消毒后，将种子放在无菌水中浸泡30分钟，用合适的培养基进行划线分离或稀释分离。③免疫学检测技术，植物病原细菌是很好的免疫原或抗原，常常用于制备抗体，已广泛用于各种类型的检测，常用的方法包括免疫荧光染色法、反向间接血凝检测法、酶联免疫吸附法等。

病毒性种传病害的检测　种子带毒传播是许多植物病毒病的初侵染来源。对病毒性种传病害的检测通常是将可疑种子进行播种，继而对种植后的幼苗症状进行观察，并采用相应的酶联免疫吸附法、免疫扩散、免疫电泳、斑点免疫结合测定法、荧光免疫等血清学方法和PCR、双链RNA电泳技术、分子杂交技术等分子生物学的方法进行检测，从而鉴定出病毒的种类。

种传病害的防治

选用抗病和无病良种　种子质量是农业生产的关键，种子健康是确保农作物生产持续发展的前提。应用抗病品种是抑制植物病害最有效的方法之一。建立无病留种田，采取严格的防病和检验措施，播种前选用不带病原物的种子。

带菌种子的严格检测　对种子进行带菌检测是有效阻断传播的重要途径之一。

种子消毒处理　利用物理和化学的手段对种子进行消毒处理。物理法主要是采用热力、超声波、激光等手段抑制或杀死病原物，如水选法、干热处理等。化学手段主要是主要利用化学药剂的内吸性，将种子拌种、浸种、闷种或包衣后，药剂可被根部吸收，在作物生长期内缓慢释放，长期保持药效，达到杀菌杀虫、防病抗病的目的。

加强田间管理，合理种植 种子播种前或当季作物收获后，清除田间杂草，清除菌源。发现病株及时拔除。合理轮作，打断部分生态环境条件的连续性，扰乱寄生、传播媒介、病原菌交替的顺序。合理水肥，施用腐熟的肥料，增强幼苗的抗侵染能力。

加强种子的检疫 中国农作物种植面积广，品种多，种植季节、种植方式及地理气候条件差异大，有利于病原物产生侵染性分化，形成适应力较强的病株，在各地调种或交换品种资源时，将可能引入非本地病原物或非本地病原物株系，这种种子的引入必然造成病害的广泛流行。因此，引进种子必须隔离种植，应留无病毒种子，再作繁殖用。此外，检疫及研究单位应加强入境种子的检疫技术，并积极采取有效措施对其进行预防。

参考文献

刘惕若，2000.农作物种传病害 [M].北京：中国农业出版社.

许志刚，2006.普通植物病理学 [M].3 版.北京：中国农业出版社.

（撰稿：吴国星；审稿：李成云）

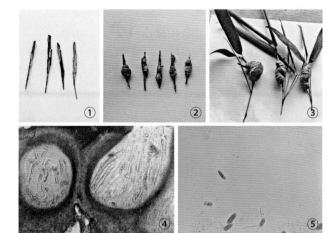

图 1 竹赤团子病的症状及病原形态特征
（浙江农林大学森林保护学科提供）

①—③病菌的子座；④子座中的子囊壳与子囊及子囊孢子；⑤萌发中的子囊孢子与分生孢子

竹赤团子病 bamboo red ball disease

由竹黄菌侵染引起的、主要危害竹子小枝的一种病害。又名竹黄、竹肉、竹花、竹红饼病等。

分布与危害 竹赤团子病分布于浙江、江西、上海、福建、江苏、湖南、湖北、四川、贵州、安徽、河南等地。小枝受害后，枝叶逐渐枯黄，易折落。病竹生长衰弱，发笋明显减少。但在日本可做庭园观赏。在中国中医里其酒浸液可用作治胃痛、关节炎、气管炎的特效药。

病原及特征 病原为竹黄菌（*Shiraia bambusicola* P. Henn.），隶属于竹黄属。子座粉红色、软木质、球形、长椭圆形或不规则块茎状，大小为 1～2cm×1.5～4cm。子囊壳近球形，埋生于子座的边缘，直径 460～600μm。子囊圆筒形，基部有柄，大小为 20～25μm×260～320μm。侧丝线形，长于子囊。子囊孢子 6 个，呈单行排列，梭形，多细胞，砖壁状分隔，初无色，成熟时略呈暗色，大小为 12～16μm×46～60μm。其无性型分生孢子器近球形，直径 320～360μm。分生孢子生于短柄上，纺锤形，多胞，砖壁状分隔，淡褐色，大小为 15～20μm×60～70μm。

侵染过程与侵染循环 竹赤团子病主要发生在竹子的小枝上。春天小枝的叶鞘膨大破裂，最初出现灰白色米粒状物，肉质，后变为木栓质，颜色逐渐变为淡黄色至赤灰色。以后米粒状物继续膨大成球形、椭圆形或不规则形块茎状，直径 2～4cm，粉红色，即为病菌的子座（图 1）。先后在子座内产生无性和有性子实体（图 2）。7 月后子座干瘪消失。

流行规律 竹赤团子病多发生于春夏两季。病原菌的孢子借风、雨传播。高温多雨有利于病害的发生。生长衰弱的

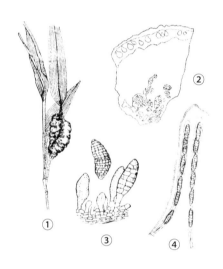

图 2 竹赤团子病病原菌无性和有性子实体
（引自邵力平等，1984）

①生在竹秆上的子座；②子座的剖面，上部有子囊壳，下部有分生孢子器；③分生孢子梗和分生孢子；④子囊和侧丝

竹子易发病。

防治方法 加强竹林管理，保持竹林适当密度，使竹林通风、透光，提高竹林生长势，增强抗性，减少病害发生。清除竹黄，以免蔓延。但从发展中药利用出发，亦可进一步摸索病菌的发生规律，创造特定的发病条件，化害为益。

参考文献

邵力平，沈瑞祥，张秦轩，等，1984.真菌分类学 [M].北京：中国林业出版社.

袁嗣令，1997.中国乔、灌木病害 [M].北京：科学出版社.

中南林学院，1999.经济林病理学 [M].北京：中国林业出版社.

（撰稿：张立钦；审稿：田呈明）

竹丛枝病　bamboo witches' broom

由竹针孢座壳菌引起的一种病害。又名竹雀巢病、竹扫帚病。

分布与危害　国外主要分布于日本、印度和韩国。中国分布极广，河南、江苏、浙江、湖南、贵州、山东、陕西等地均有分布，但以华东地区为常见。寄主有淡竹、箬竹、刺竹、刚竹、哺鸡竹、苦竹、短穗竹。病竹生长衰弱，发笋减少，重病株逐渐枯死，在发病严重的竹林中，常造成整片竹林衰败。发病初期，少数竹枝发病。病枝春天不断延伸多节细弱的蔓枝。每年4～6月，病枝顶端鞘内产生白色米粒状物，大小为5～8mm×3mm。有时在9～10月，新生长出来的病枝梢端的叶鞘内，也产生白色米粒状物。病株先从少数竹枝发病，数年内逐步发展到全部竹枝（见图）。

病原及特征　病原为竹针孢座壳菌（*Aciculosporium take* I. Miyake）。病菌的菌丝组织包裹寄主病枝梢端组织形成米粒状的假子座，假子座内生有多个不规则相互连通的腔室，腔室中生有大量的分生孢子。分生孢子无色、细长，大小为37.8～56.7μm，有3个细胞，两端的细胞稍宽，1.9～2.5mm，中间细胞细弱，1.3～1.9mm，病菌一般于6月间在假子座外方的一侧产生淡褐色垫状子座，子座长3～6mm，宽2～2.5mm，与假子座连接处稍缢缩。子囊密集埋生于子座表层，瓶状，成熟时露出乳头状的孔口，大小为380～480mm×120～160mm。子囊细长棒状，大小为240～280mm×6mm，子囊孢子线形，无色，大小为220～240mm×1.5mm。

侵染过程与侵染循环　病菌以菌丝体在未枯死的病枝内越冬，翌春产生分生孢子，分生孢子通过风雨进行传播，昆虫和风雨造成的伤口是病原侵入的主要途径。竹尖胸沫蝉被认为是毛竹丛枝病发生流行的重要传播昆虫。在南京，5～6月是传播盛期，也是侵染新梢的主要时期。被侵染新梢经4天以上的潜育期，逐渐长成具鳞片状小叶的细长蔓枝。病害的发生是由个别竹枝发展至其他竹枝，由点扩展至片。有时从多年生的竹鞭上长出矮小而细弱的嫩竹。病枝梢在冬天常被冻死，促使翌春产生更多的丛生小枝。

流行规律　在老竹林及管理不良、生长细弱的生林容易发病。4年生以上的竹子、日照强的竹子，均易发病。

竹丛枝病症状（余仲东摄）

病害发生与温湿度关系密切。一般气温在14～21℃、相对湿度在78%～85%时，有利于侵染发病；若气温在24℃以上，即使相对湿度达到80%，病害也不再蔓延。病害的发生常和竹林的抚育管理有关，土壤肥力差、管理粗放、长势衰弱的竹林发病较重；老竹林，生长过密、通风透光条件差也容易发病。该病在发病历史、竹种等相同的条件下，凡地势较低、湿度较大的发病较重；地势高、湿度小的发病轻。

防治方法

农业防治　加强竹林的抚育管理，按期砍伐老竹、病竹，保持适当的密度。同时注意定期浇园，压土施肥，促进新竹生长，对发病轻的病竹应及早剪除病枝，对于一些残次竹林，要及时更新，造林时不要在有病竹林地内选取母竹。

化学防治　发病期，用20% 三唑酮乳油1000mg/kg进行喷雾防治，或者三唑酮乳油与柴油按1∶15比例配成烟雾剂放烟，或用16% 的竹康乳油，在竹株基部采取腔注射法防治。

参考文献

贺伟，叶建仁，2017. 森林病理学 [M]. 北京：中国林业出版社：212-214.

（撰稿：刘会香；审稿：田呈明）

竹秆锈病　bamboo stem rust

由皮下硬层锈菌侵染所致，主要危害竹秆基部、下部和中部的一种病害。又名竹褥病。

分布与危害　江苏、浙江、安徽、山东、湖北、湖南、广西、贵州、云南、四川和陕西等地均有发生。竹秆被害后，病部表层变为暗栗色，病株易枯死，材质变脆，影响竹材产量和竹材工艺加工和食用笋的生产，有的甚至因此毁园。该病多发生在竹秆中下部或基部近地表的竹节两侧，以后逐渐扩大，重病竹林的上部小枝甚至跳鞭上也会产生病斑。病部最初产生褐色黄斑，11～12月至翌春2～3月病部产生土红色至橙黄色的冬孢子堆，突破表皮外露，冬孢子堆圆形或椭圆形，厚0.5～1.0mm，宽1～2mm，常密集连成片，紧密结合成毡状，5～6月，冬孢子堆遇雨后吸水翘裂剥落，夏孢子堆显露出来。夏孢子堆也连成片，初紫灰褐色，不久成黄褐色，粉质，当夏孢子堆脱落后，病斑表面呈暗褐色，到下个冬春老病斑向周围扩展，又产生新的冬孢子堆和夏孢子堆，病斑进一步扩大，当包围或接近包围竹秆1周时，病部即发黑，竹秆逐渐枯死，重病竹林不仅病株基部发黑枯死，而且竹鞭也易发黑枯死。

病原及特征　病原为皮下硬层锈菌［*Sterostratum corticioides*（Berk. et Br.）H. Magn.］。自然界仅见夏孢子、冬孢子阶段，未发现转主寄主及性孢子和锈孢子阶段。冬孢子广椭圆形，两端圆，双细胞，淡黄色或近似无色，成熟的冬孢子大小为27.0～32.4mm×19.8～23.4mm，平均为30.4mm×21.7mm，有细长的柄，无色，长达200～400mm。夏孢子近球形或卵形，单胞，近无色或淡黄色，壁上有小刺突，

Z

大小为 23.4～28.8mm×19.8～23.4mm, 平均 26.3mm×21.5mm。冬孢子萌发常自一个细胞产生担子和担孢子, 担子棍棒状, 直或向一方弯曲。担孢子单胞, 无色, 瓜子形或一侧平直, 大小为 9.0～11.7mm×4.5～6.5mm, 平均 10.7mm×5.5mm。

侵染过程与侵染循环　病菌以菌丝体和未成熟的冬孢子堆在病组织内越冬。菌丝体可在寄主体内存活多年, 每年 10 月开始产生冬孢子堆, 至翌春冬孢子成熟脱落, 即形成夏孢子堆。5～6 月夏孢子成熟释放, 成为唯一的侵染来源。夏孢子借风雨传播, 由伤口或直接穿透无伤表皮侵入新、老竹秆, 潜育期长达 7～19 个月。冬孢子萌发产生担孢子, 但担孢子不侵染竹子。

流行规律　病害发生与温湿度关系密切。一般气温在 14～21℃、相对湿度在 78%～85% 时, 有利于侵染发病。该病在发病历史、竹种等相同的条件下, 凡地势较低、湿度较大的发病较重; 地势高、湿度小的发病轻。

防治方法

农业防治　合理砍除老竹, 瘦小弱竹, 留幼竹和大竹, 砍密留疏。除发笋期外, 定期检查, 发现病竹及时清除, 减少侵染源。在易感病区域种植毛竹、碧玉间黄金竹等抗竹秆锈病的竹种。

化学防治　采用晶体石硫合剂和三唑酮防治效果最好。

参考文献

贺伟, 叶建仁, 2017. 森林病理学 [M]. 北京: 中国林业出版社: 157-158.

（撰稿: 刘会香; 审稿: 田呈明）

图 1　竹黑痣病危害状（束庆龙提供）

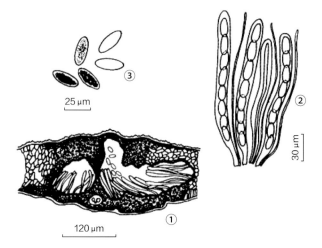

图 2　刚竹黑痣菌形态（引自刘世骐, 1983）
①子座内的子囊壳; ②子囊和侧丝; ③子囊孢子

竹黑痣病　bamboo tar spot

由多种黑痣菌引起、危害竹子叶部的一种真菌病害。又名竹叶疹病。是竹子叶部的常见病害。

分布与危害　在竹种植区分布十分广泛, 很多竹林都有发生。在中国主要分布于陕西、河南、湖北、安徽、江苏、江西、浙江、福建、四川、贵州、云南、广东、广西、台湾等地。危害粉单竹、孝顺竹、刺竹、青皮竹、白夹竹、桂竹、淡竹、水竹、毛竹、刚竹、苦竹、慈竹、乌哺鸡竹、黎子竹等竹种。病害每年于 8～9 月开始发生, 危害叶片, 初期在叶表面生灰白色小斑点, 随后扩大为圆形或纺锤形, 颜色渐变为黄红色。翌年 4～5 月病斑上产生有光泽的小黑点, 稍隆起, 为病菌的子座。病斑外围仍呈黄红色。有时斑点互相连合成不规则形（图1）。被害严重时, 病叶变褐枯死。受害竹林生长衰退, 病叶早落, 出笋减少。

病原及特征　病原为壳菌目中的多种黑痣菌（*Phyllachora* spp.）, 已知有以下 5 种:

刚竹黑痣菌（*Phyllachora phyllostachydis* Hara）　子座生于叶片表面的黄色小叶斑上, 圆形至椭圆形, 黑色, 稍凸, 大小为 1～3mm×1.5～4mm; 子囊壳扁球形或球形, 直径 180～210μm, 高 120～200μm; 子囊圆柱形至棒形, 大小为 110～180μm×9～13μm; 子囊孢子椭圆形或圆柱形, 两端圆, 大小为 20～28μm×6～10μm（图2）。

圆黑痣菌（*Phyllachora orbicular* Rehm.）　子座生于稀散橙黄色的小叶斑上, 圆形, 黑色, 稍凸, 直径 0.5～1mm; 子囊壳扁球形或球形, 直径 300μm, 高 150μm; 子囊圆柱形至棒形, 大小为 55～70μm×10～13μm; 子囊孢子长方棱形, 大小为 12～15μm×5～6.5μm。

白井黑痣菌（*Phyllachora shiraiana* Syd.）　子座散生于叶片的上表面, 长方棱形至圆形, 黑色, 稍凸, 长 1～1.5mm; 子囊壳球形, 直径 180～250μm, 子囊圆柱形, 有短柄, 大小为 90～120μm×7～8μm; 子囊孢子单行排列, 梭形, 大小为 18～20μm×6～7μm。

中国黑痣菌（*Phyllachora sinensis* Sacc.）　子座生于叶片上表稀散的橙黄色小叶斑上, 近圆形, 黑色, 稍凸, 直径 0.5～1.5mm; 子囊壳扁球形或球形, 直径 300～450μm, 高 120～200μm; 子囊圆柱形, 大小为 110～180μm×10～12μm; 子囊孢子单行排列, 梭形, 两端钝, 大小为 16～30μm×7～9μm。

藤竹黑痣菌（*Phyllachora tjangkorreh* Racib.）　子座叶两面生, 黑色, 有光泽, 椭圆形, 外围有黄色晕圈, 子囊圆柱形, 具短柄, 大小为 100.2～110.5μm×10.3～10.3μm,

子囊孢子长卵圆形，斜单行或双行排列，大小为 18.0～28.3μm×7.7～10.3μm，平均 23.6μm×9.1μm。

以上黑痣菌的子囊壳均埋生于子座内，有孔口。子囊间有侧丝。子囊孢子 8 个，无色，无横隔。

侵染过程与侵染循环　病菌以菌丝体或子座在病叶中越冬。翌年 4～5 月子实体成熟，释放子囊孢子，借风雨传播危害。发病均从近地面的叶片开始侵染，逐渐向上蔓延。

流行规律　病害在郁闭度大、管理粗放、阴湿的竹林发病较重。

防治方法　按期采伐老竹，保持竹林通风透光；及时松土、施肥，促进竹林生长，增强抗病力；早春收集病叶烧毁，减少病菌的侵染源。于 6 月喷洒 1% 波尔多液或 75% 百菌清或 50% 托布津 500～800 液 1～2 次。

参考文献

宫飞燕，张陶，曾显雄，等，2008. 我国黑痣菌属物种多样性研究 [J]. 云南大学学报（自然科学版），30 (S1): 1-4.

袁嗣令，1997. 中国乔、灌木病害 [M]. 北京：科学出版社 .

（撰稿：束庆龙；审稿：田呈明）

苎麻白纹羽病田间症状（曾粮斌提供）
①病根；②茎基部

苎麻白纹羽病　ramie *Rosellinia* root rot

由褐座坚壳菌引起的、危害苎麻根和茎基部的一种真菌病害，是中国苎麻种植区最常见的病害之一。

分布与危害　该病在中国湖南、湖北、四川、重庆和江西等各个苎麻产区均有发生；20 世纪 30 到 60 年代，日本、菲律宾和越南曾报道过该病害。

感病麻株矮小、叶片畸形，根群腐烂、败蔸、缺蔸严重。病菌主要危害麻蔸，发病初期在麻蔸上产生白色棉絮状菌丝体，逐渐侵入根颈内吸收养分，使蔸的皮层变黑，肉质变红，根群呈糠心状腐烂，严重时病部发生软腐，木质部完全消失形成空腔，且有白色纹羽状菌丝（见图）。

病原及特征　病原为褐座坚壳菌［*Rosellinia necatrix*（Hart.）Berl.］，属座坚壳属。在田间，病原菌纵横交错的白色菌丝在苎麻根、茎基表面形成蛛网状菌丝层，较多时形成菌丝膜。膜内部的菌丝是薄壁菌丝，直径约 2μm，也有的小于 1μm；外部的菌丝是厚壁菌丝，直径约 4μm，丝隔 35～65μm 处有一节膜，生出梨形膨胀胞，是该真菌的重要特征。梨形胞直径 7～8μm，常常形成厚垣孢子，进行无性繁殖。菌核为黑褐色，形状不规则，大小为 1mm×5mm。分生孢子梗通常有 15～20 个分枝，端部产生分生孢子。分生孢子呈椭圆形至长卵圆形，单胞或 2～3 胞，大小为 7.25μm×2.5μm。子囊壳产于根表孢子梗丝中，球形，基生短柄，外壁黑色，内壁无色，内含子囊及侧丝。子囊圆筒形，有细长的梗，大小为 200～300μm×5～50μm，内含 8 个子囊孢子。子囊孢子长梭形，两端尖，黑褐色，大小为 40μm×70μm。

病菌菌丝发育温度为 11.5～35℃，最适温度为 25℃；适宜的土壤相对湿度为 60%～80%。病原菌寄主广泛，包括苎麻、苹果、梨、无花果、甘薯、花生、马铃薯、胡萝卜、白菜、萝卜等多种植物。

侵染过程与侵染循环　病菌主要以菌丝体在麻蔸和土壤的病残体上越冬，随发病种根和病土传播。在田间靠分生孢子和子囊孢子进行再侵染。

发生规律　根腐线虫和地下害虫的危害是促进和加重病害发生的关键因子。土壤黏重、板结，低洼积水，杂草多，肥力不足及施用未腐熟有机肥料的麻田发病较重。

防治方法

农业防治　选择排水、光照良好的地块种植。移栽前严格剔除病根、虫伤根；移栽前开好排水沟，施足基肥。重病麻田应先改种玉米、水稻或红麻等非寄主作物进行轮作。种植前和栽培期及时防治根腐线虫及地下害虫，及时中耕除草，以促进麻蔸健壮生长，提高抗病力。当发现病株和病死株时，及时挖掉，集中烧毁，并在病穴与周围土壤浇灌药剂消毒。

化学防治　移栽前麻蔸用 20% 石灰水浸泡 1 小时，或用稀释 100 倍的硫酸铜溶液与 2% 福尔马林液浸渍 10 分钟，洗净后栽种。发病初期用 2% 福尔马林液，或五氯酚钠 150～300 倍液浇施病株周围，用 50% 硫菌灵 1000 倍液淋洒病株穴。重病蔸需挖掉烧毁，并用生石灰消毒土壤。

参考文献

张迁西，苏春生，肖平，2006. 野生苎麻主要病虫害发生与防治技术 [J]. 江西植保，29(2): 67-69.

SARMA B K, 1981. Disease of ramie (*Boehmeria nivea*)[J]. Tropical pest management, 27(3): 370-374.

WATANABLE T, 1938. White root rot of ramie and its control method[J]. Journal of plant protection, 25: 761-765, 820-829 (In Japanese).

（撰稿：余永廷；审稿：张德咏）

苎麻根腐线虫病　ramie root lesion nematodes

危害苎麻根部而导致苎麻败蔸的一种线虫病害，是苎麻生产上主要病害之一。

发展简史　中国是苎麻主产国，苎麻根腐线虫病的研究也主要集中在中国。1985年，陈洪福等对湖南、湖北等苎麻产区进行了根腐线虫的调查，通过形态学方法对其病原进行了种类鉴定。表明湖南沅江等地区苎麻根腐病病原线虫为咖啡短体线虫（*Pratylenchus coffeae* Zimmemann）和穿刺短体线虫（*Pratylenchus penetran* Zimmemann），二者均能侵染苎麻，引发根腐病。随后许多学者相继进行了苎麻根腐线虫病病原种类调查与鉴定，认为咖啡短体线虫为主要病原。与此同时，学者们开展了苎麻根腐线虫病的防治研究，早期主要开展化学杀线剂对苎麻根腐线虫病的防治效果研究以及抗性品种的筛选。Tandingan和成飞雪等分别于1990年和2008年利用生防微生物制剂进行了防治苎麻根腐线虫病研究。而随着转录组测序技术的发展，有学者致力于苎麻抗性基因挖掘以及转基因抗性育种相关的研究。

分布与危害　在中国苎麻种植区都有分布。以长江流域和滨湖地区发生最重。特别是老龄麻园，有随麻龄延长而加重的趋势，发病率可高达80%以上，通常造成苎麻减产20%～30%，重者50%以上甚至绝收。

受害麻株初期根常出现黑褐色不规则病斑，稍凹陷，后渐扩大为黑褐色大病斑，并深入木质使之变黑褐色海绵状朽腐，质地疏松似糠状，病灶交接处常见黑绿色病变。而被害麻蔸地上部分常常表现出麻株减少且矮小，叶片发黄，干旱时凋萎。发病严重时整根腐烂，麻株枯死（图1）。

病原及特征　由短体属线虫危害引起，病原线虫主要有2种，为短体属（*Pratylenchus*）的咖啡短体线虫和穿刺短体线虫，以咖啡短体线虫居多。咖啡短体线虫雌、雄体均为线形，虫体粗短，侧线4条，体长500～700μm（体长和体宽之比为20～30），头部低平，头架骨化显著，口针粗短，基部球发达，食道腺覆盖肠腹面；雌虫单生殖腺、前伸，有后阴子宫囊，受精囊明显，尾部宽圆，有时尾部部分平截或有缺刻；雄虫交合伞延伸至尾端（图2）。

侵染过程与侵染循环　短体属线虫为迁移性内寄生线虫，病原以卵、幼虫和雌虫在感病寄主根部或土壤中越冬。雌虫可将卵产于苎麻根内。土壤温度达10℃以上时各虫态相继发育，短体线虫成虫及各龄幼虫都有很强的侵染性，并可反复多次再侵染，整个的生活史可在苎麻根组织内完成。苎麻根腐线虫繁殖能力强，雌虫产卵量大，条件适宜时完成一个世代只需要7周左右时间，在湖南1年约发生5代。线虫多分布在40cm土层内，以5～15cm土层内数量最多。通过病土、带病种蔸、土杂肥、农事操作等途径进行传播，土壤内的根腐线虫卵和幼虫还可随灌溉水传至无病区。该类线虫本身在土壤内只能移动几厘米，所以病蔸是远距离传播的主要途径。

流行规律　病原线虫生活的适宜温度为25～28℃，田间土壤温度是影响其孵化和繁殖的重要条件，温度高于33℃时繁殖量大大下降，温度高于40℃或低于4℃时就很少活动，65℃下10分钟可导致死亡。苎麻根腐线虫在干燥或过湿土壤中，活动受到抑制，而地势高、土壤质地疏松、盐分低的土壤适宜线虫活动，所以在砂土中的往往发病较重。由于根腐线虫的入侵，引起根部皮层细胞产生坏死伤痕，从而极易遭受其他病原菌如镰刀菌属（*Fusarium*）、腐霉属（*Pythium*）以及黑腐霉（*Thielaviopsis*）等真菌的侵害，形成复合感染，加重对苎麻的危害。

防治方法　苎麻根腐线虫病的防治以预防为主，重视农业措施，合理使用农药，进行综合防治。

农业防治　进行抗性种育，选用抗病品种是防治苎麻根腐线虫病最直接有效的方法。苎麻不同品种间抗根腐线虫病差异显著，如独山圆麻、牛耳青和湘苎二号的抗性强，而黑皮蔸和黄壳早则较易感病。此外，实行高垄栽培，适时开沟

图1　苎麻根腐线虫病危害根部症状（成飞雪提供）

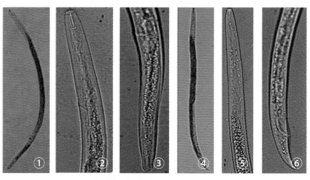

图2　咖啡短体线虫形态（成飞雪提供）
①雌虫；②雌虫头部；③雌虫尾部；④雄虫；⑤雄虫头部；⑥雄虫尾部

排水，降低地下水位，也可有效降低虫口密度，抑制根腐线虫的危害。

化学防治　对重病麻园有必要进行施用化学药剂进行防治。如选用噻唑膦、辛硫磷、氯唑磷等化学农药进行开沟施药，或是在苎麻移植前利用棉隆或威百亩进行土壤熏蒸。

生物药、肥防治　利用生物农药或微生物肥料抑制苎麻根腐线虫病的发生危害。如利用阿维菌素（乳油或颗粒剂）对苎麻根腐线虫病有较好的防治效果。施用微生物肥料可有效改善苎麻生长的微生态环境，使土壤中的有益菌物增多，促进土壤中有益菌群的形成，这些有益菌群可分泌酶类物质，抑制根腐线虫的存活；同时，往土壤中施入生物肥可疏松土壤，利于根系的生长，根系健壮，在一定程度上可提高根系的抗线虫能力。

参考文献

成飞雪，何明远，张战泓，等，2008. 嗜酸柏拉红菌 PSB-01 菌株对苎麻根腐线虫病的防治效果 [J]. 中国生物防治，24(4): 359-362.

薛召东，陈洪福，陈绵才，等，1996. 苎麻根腐线虫病化学防治研究 [J]. 中国麻作，18(6): 41-44.

余永廷，薛召东，曾粮斌，等，2011. 一种苎麻根腐病线虫的鉴定 [J]. 西北农林科技大学学报自然科学版 (7): 105-109.

TANDINGAN J C, ASUNCION E V, 1990. Biological control of root-rot nematodes in ramie using *Paecilomyces lilacinus* (Thom) Samson[J]. Usm research & development, 1(1): 18-24.

YU Y, ZENG L, YAN Z, et al, 2015. Identification of ramie genes in response to *Pratylenchus coffeae* infection challenge by digital gene expression analysis[J]. International journal of molecular sciences, 16: 21989-22007.

ZHENG X, ZHU S Y, TANG S W, et al, 2016. Identification of drought, cadmium and rootlesion nematode infection stress-responsive transcription factors in ramie[J]. Open life sciences, 11: 191-199.

ZHU S, TANG S, TANG Q, et al, 2014. Genome-wide transcriptional changes of ramie (*Boehmeria nivea* L. Gaud) in response to root-lesion nematode infection[J]. Gene, 552: 67-74.

（撰稿：成飞雪；审稿：张德咏）

苎麻褐斑病　ramie brown spot

由壳二孢真菌引起的、危害苎麻叶片、叶柄和茎秆的一种真菌病害，是中国苎麻种植区最常见的病害之一。

分布与危害　该病在中国湖南、湖北、四川、重庆、江西和贵州等苎麻产区均有发生。

主要危害叶、叶柄和茎。叶片染病，叶面初现暗绿色斑点，后扩展为圆形至不规则形、大小不一的病斑，大小 2～40mm，具明显的同心轮纹，中部灰褐色，四周黑灰褐色，与健康组织分界明显（见图）。叶背面病斑灰褐色，叶脉处暗褐色。叶柄染病，生成浅褐色纺锤形凹陷斑。茎秆染病，出现纵条状褐色或纺锤形凹陷斑。后期各病部散生黑色小粒点，即病菌的分生孢子器。

病原及特征　病原为苎麻壳二孢（*Ascochyta*

苎麻褐斑病病叶症状（曾粮斌提供）

boehmeriae Woronich），属壳二孢属。分生孢子器扁球形至近球形，有孔口，黑褐色，大小为 80～120μm。分生孢子卵圆形，无色，具 1 隔膜，各具一油球，大小为 10～21μm×4～5μm。

侵染过程与侵染循环　病原菌以分生孢子器在发病叶、茎上越冬。苎麻生长期间，从分生孢子器溢出的分生孢子，通过雨水和昆虫等进行传播和再侵染。

流行规律　多雨年份发病较重。

防治方法

农业防治　因地制宜选用中苎 2 号、湘苎 3 号、黑皮蔸等较抗病或耐病的品种。选择地势高燥、排灌条件好的地块种麻，合理密植。雨后及时排水，防止湿气滞留。收麻后清除和烧毁残枝落叶。施足底肥，增施磷钾肥，农家肥必须充分沤制腐熟后施用。

化学防治　在发病初期喷洒 50% 多菌灵可湿性粉剂 1000 倍液，或 50% 苯菌灵可湿性粉剂 1500 倍液，或 50% 克菌丹可湿性粉剂 500 倍液，或 25% 溴菌腈可湿性粉剂 500 倍液，80% 炭疽福美可湿性粉剂 800 倍液，隔 7～10 天 1 次，防治 2～3 次。

参考文献

SARMA B K, 1981. Disease of ramie (*Boehmeria nivea*)[J]. Tropical pest management, 27(3): 370-374.

（撰稿：余永廷；审稿：张德咏）

苎麻花叶病　ramie mosaic disease

由苎麻花叶病毒引起的、危害苎麻地上部的一种病毒病害，是苎麻种植区多种种植品种的重要病害之一。

发展简史　苎麻作为中国的重要经济作物，种植历史悠久，距今已有 4700 年以上。野生苎麻和家麻的种植区域均非常广泛，且在自然环境下生活能力极强，苎麻花叶病毒一直威胁着苎麻生产。自 1981 年开始，周振汉、张继成等就对此病的分布、危害、传播等进行了研究，2008 年，冯细华通过 PCR 方法在苎麻植株上检测到致病病毒，并将该致病病毒命名为苎麻花叶病毒。

Z

分布与危害　苎麻花叶病在各苎麻产区都有发生，尤其在长江流域苎麻产区危害较重，病害由湖南扩展到浙江、江苏和江西，严重危害苎麻的产量和品质。病株高度、粗度、叶面积及产量均比健株低，损失率达 28.5%。

病原及特征　病原为苎麻花叶病毒，属于双生病毒。苎麻花叶病症状有 3 种类型：第一种为花叶型，叶上呈现相同褪绿或黄绿斑驳，严重时产生疱斑；第二种为络缩型，叶变络缩不平，叶变短小，叶缘微上卷；第三种是畸形，叶片扭曲，形成一缺刻或叶片变窄。上述 3 种类型均表现为系统症状，以顶部嫩叶和腋芽抽生的叶片症状表现最明显，且植株矮小，其中以花叶型最普遍（见图）。

侵染过程与侵染循环　苎麻花叶病毒由烟粉虱以持久非增殖型方式进行传播，属于双组分双生病毒，隶属于菜豆金色花叶病毒属，该属是双生病毒科中最大的一个属，大多数具有经济重要性的双生病毒均属于菜豆金色花叶病毒属。在自然条件下，Begomoviruses 全部由烟粉虱（*Bemisia tabaci*）传播，因而也称为粉虱传双生病毒（whitefly-transmmitted geminiviruses，WTG）。

流行规律　头、二、三麻均有花叶病发生，头、二麻重于三麻，其发病程度与苎麻生育期密切相关。各季麻出土后即可显症，发病盛期头麻在 4 月中旬至 5 月上旬；二麻在 6 月下旬至 7 月上旬；三麻在 8 月中旬。以后随着麻株的增高，病情逐渐减轻，一般株高 70cm 以后病情减轻，至收获时，症状几乎消失。结合气象资料分析，此病在 6.6～32℃ 均可发病，但以 15～26℃ 症状最明显，28℃ 以上开始隐症，35℃ 以上基本不表现症状。

防治方法　苎麻花叶病的防治可以从植株和传毒介体昆虫两方面入手。植株病害防治可以从 3 个方面入手：①选取无病种蔸繁殖，对控制苎麻花叶病毒的传播蔓延有积极意义，起到了防病增长作用。②在田间认真挑选无病嫩梢进行扦插繁殖，移栽前严格剔除病苗。③选取变异小、产量高、品质优的良种进行种子繁殖，对杜绝新区的初侵染来源和减轻幼龄麻受害是有应用价值的。防治害虫，可在新扩麻园连续 5 年采用速灭杀丁乳剂 4000 倍液于二、三麻防治传病媒介。

苎麻花叶病症状（朱春晖摄）

参考文献

冯细华，2008. 苎麻花叶病毒的分子鉴定及序列克隆 [D]. 海口：海南大学.

梁雪妮，1990. 苎麻花叶病综述 [J]. 作物研究 (2): 47.

梁雪妮，刘飞虎，周咏芝，等，1994. 苎麻花叶病综合研究 [J]. 江西农业大学学报 (4): 355-361.

卢浩然，1992. 中国麻类作物栽培学 [M]. 北京：农业出版社.

鲁运江，1991. 苎麻花叶病的发生与防治 [J]. 湖北农业科学 (9): 23-24.

周咏芝，吴建平，丁达明，等，1989. 苎麻花叶病病原的研究 [J]. 湖南农业大学学报（自然科学版）(89): 124-129.

（撰稿：彭静；审稿：朱春晖）

苎麻角斑病　ramie angular leaf spot

由苎麻尾孢引起的、危害苎麻叶片的一种真菌病害。又名苎麻叶斑病。

分布与危害　该病在中国湖南、四川、重庆、广东、广西和台湾等各个苎麻产区均有发生。乌干达、印度和印度尼西亚，在 20 世纪 30、40 和 80 年代也分别报道过该病害；委内瑞拉、古巴、美国等地均有分布。

主要危害叶片。多从下部叶片向上扩展，初为圆形至不规则形褐色小斑，扩展过程中受叶脉限制形成多角形病斑，大小为 2～3mm，褐色至暗褐色，大流行时扩展融合成大斑，大片组织褐变，造成叶片干枯脱落。

病原及特征　病原为苎麻尾孢（*Cercospora boehmeriae* Peck.），异名 *Cercospora krugliana* Chipp et Muller；*Cercospora fukuii* Yam.。子座小，分生孢子梗 1～10 根丛生，褐色，具隔膜数个。分生孢子鞭状至倒棍棒状，无色，有隔膜 2～4 个，大小为 20～125μm×2～5μm。菌丝发育适温 25℃，适宜 pH4.3，潜育期 10～11 天。

侵染过程与侵染循环　病菌以分生孢子菌丝在病叶中越冬，成为翌年初侵染源。在苎麻生长期间，分生孢子借气流、雨水传播，进行多次再侵染。

流行规律　多雨利于该病的发生和流行。

防治方法

农业防治　选择排水良好的地块栽植苎麻，采用配方施肥技术，增施磷钾肥。及时清除田间的病残组织，减少越冬菌源。

化学防治　在发病初期喷洒 50% 苯菌灵可湿性粉剂 1500 倍液或 36% 甲基硫菌灵悬浮剂 600 倍液，隔 10～15 天 1 次，连续防治 2 次，每亩喷施稀释的药液 75～80L。

参考文献

RACHMAT A S, KOBAYASHI T, ONIKI M, 1994. Angular leaf spot of ramie, *Boehmeria nivea*, caused by *Pseudocercospora boehmeriae* in Indonesia[J]. Japanese journal of tropical agriculture, 38(1): 59-64.

SARMA B K, 1981. Disease of ramie (*Boehmeria nivea*)[J]. Tropical pest management, 27(3): 370-374.

（撰稿：余永廷；审稿：张德咏）

苎麻茎腐病　ramie stem rot

由壳孢目球壳孢科茎点属真菌引起、危害苎麻的危险病害之一。

发展简史　1982 年江西宜春及 1987 年湖南汉寿周文庙均发生该病。1934 年苏联报道该病。1960 年美国报道该病。

分布与危害　苎麻茎腐病在中国各苎麻产区均有零星发生，局部苎麻产区的个别年份能导致成片麻株倒伏枯死。苎麻茎腐病危害苎麻茎秆及叶柄。发病初期，在茎上靠叶柄基部出现黑褐色斑，随后沿麻茎上下逐渐扩大呈暗褐色长条斑，也可以直接侵入细菌内部，并能一直深入到麻茎的韧皮部和木质部，使导管变黑。由于输导组织被破坏，受害麻茎的上部常出现凋萎枯死，或从病部折断。叶柄受害呈暗褐色长条斑，并使叶片凋萎，麻叶早落。各病部后期都散生许多黑色小斑点，即病菌的分生孢子。

病原及特征　病原为 *Phoma boehmeriae* Henn，属茎点属。分生孢子器初生于皮部以下，之后部分外露，分生孢子器扁球形，暗棕色，大小为 101～222.2μm×161.6～252.5μm。分生孢子器顶部有突起孔口，大小为 13.1～28.3μm，成熟的分生孢子遇水时从气孔中涌出，形成很长的灰白色胶质分生孢子带，其中还有众多分生孢子。分生孢子有大小两种，小分生孢子为长椭圆形，单胞，无色，大小为 2.72～2.96μm×5.18～5.93μm；大分生孢子为短杆状，两端微尖，单胞，无色，大小为 4.40～4.69μm×11.85～14.32μm。

侵染过程与侵染循环　分生孢子随风雨进行传播，从表皮伤口侵染植物。

病原菌以分生孢子器和菌丝在病残体及病根中越冬，成为翌年初次侵染源。每次暴风雨后，往往导致麻株间相互擦伤，有利于病原菌侵入。在 15～25℃、高湿的条件下有利于该病的发生。氮肥过多，麻地湿度大，也有利于该病的发生。

流行规律　15～25℃，高湿的条件下有利于此病的发生。长江流域麻区 3 月中旬开始发病，4～5 月发病严重，进入 6 月，因高温干旱，发病较轻。

防治方法　选择排水良好的田地栽种苎麻，开好排水沟，降低地下水位和田间湿度。合理施肥，有机肥应充分腐熟后再进行施用，同时增施磷、钾肥，提高麻株抗病性。

发病初期可用 50% 多菌灵可湿性粉剂或 50% 甲基硫菌灵可湿性粉剂 1000 倍液，也可用 1∶1∶200 倍波尔多液喷雾进行防治。

参考文献

陈洪福，张怀芳，1988.苎麻茎腐病及其防治 [J]. 中国麻作，12:18.

（撰稿：解啸；审稿：朱春晖）

苎麻青枯病　ramie bacterial wilt

由假茄科雷尔氏菌引起、危害苎麻的一种危险性病害。

发展简史　于 1963 年 4 月首次在湖南沅江苎麻品种资源圃中发现。1985 年，浙江省农业科学院植物保护研究所在天台苎麻产区发现该病，据当地种植户反映，该病在天台、临海等地危害已达三四百年之久，一直危害至今，且日趋严重，俗称"苎麻瘟病"。

分布与危害　湖南沅江苎麻种植区未发现该病害危害，该病害只局限于浙江的少量麻区，严重时发病率可达 58%。

该病在整个生长季节都能发生，以 6～8 月的二麻受害最重，其次为三麻，头麻发病最轻。苎麻初发病的地下根、茎外表与健苗无差异，叶片反转卷曲下垂，在低温、多湿的季节，晚间尚能恢复，维持 2～3 天后，中下部叶片凋落，只剩顶部数片叶干枯而死。在高温干燥季节，得病麻株在上午叶片萎蔫下垂，下午叶片即干枯死亡，故有"朝发暮死"之说。横切病株木质部呈黄褐色，稍加挤压则有灰白色乳状细菌菌脓，丧失孕芽能力。病死苎麻地下部分表皮腐烂，木质部呈黑色。病原菌侵害地下根、茎维管束，破坏输导组织，吸收输送水分、营养功能受阻，导致地上植株失水萎蔫而枯死。

将植株茎部经酒精消毒后剥去皮层，切成小块放入灭菌水中，可见病组织释放大量细菌，呈烟雾状扩散，后为乳白色浑浊，高倍镜下可见大量游动细菌。

病原及特征　病原为假茄科雷尔氏菌 [*Ralstonia pseudosolanacearum*（Smith）Yabuuchi]，革兰氏染色阴性反应。菌体杆状，两端圆，大小为 0.9～2μm×0.5～0.8μm，具有 1～3 根单极生鞭毛，无内生孢子，无荚膜，为好气性细菌。

在琼脂、马铃薯、蔗糖培养基上，28℃ 培养 24 小时产生菌落，菌落为小圆形，表面润滑，稍隆起，在反射光下有光泽，呈白色。病原菌生长的温度范围为 18～37℃，最适温度为 30～35℃，致死温度为 52℃10 分钟。

针刺注射法接种病组织浸出菌液，除侵染苎麻外，还能侵染马铃薯、西瓜等作物。

侵染过程与侵染循环　病菌从地下根、茎的伤口处侵入，在寄主体内分裂增殖进入维管束，随输导组织水分、营养物质输送扩散蔓延到其他组织。

病菌主要寄生在苎麻地下根、茎内越冬，亦可在土壤及遗落在土壤中的病残体上越冬。因此，带病组织、病残体、土壤、肥料是该病侵染的主要来源。高温条件有利于病原细菌的增殖和侵染，低洼高湿麻地或暴雨、灌溉有利于病原细菌扩散，发病高峰期多在 7～9 月。连年植麻的病地，发病逐年加重，施用未充分腐熟的带菌土杂肥，也是传播和加剧病害的重要原因（见图）。

流行规律　在高温（30～34℃）条件下有利病菌分裂增殖和侵染。青枯病主要在二麻（6～7 月）、三麻（8～10月）期间发生，头麻（4～5 月）较轻。中国南方地区气候以 7～9 月气温最高，故青枯病主要危害二、三麻。

病原菌在土壤中游动向四周扩散蔓延，土壤中水分是重要媒介。土壤含水量高，尤其阵雨天气或麻地灌溉，会迅速加剧病害发生。

种子繁殖较分株繁殖发病为轻。

尚无对苎麻青枯病高抗的品种，抗病性比较强的品种有湘潭园麻、江西干县白皮苎麻和宜春大叶芦藩等。

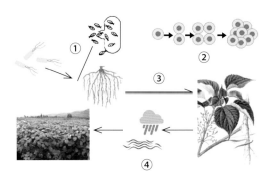

苎麻青枯病侵染循环示意图（解啸提供）

①病原菌侵染根部；②病原菌增殖分裂；③侵染整株植物；④随暴雨、
灌溉等侵染整片麻地

防治方法　苎麻是多年生宿根作物，而青枯病又属土传的系统性病害，一旦发生，极难根绝，故目前尚缺乏彻底根除办法。在生产中，应采取综合防治措施。

加强对病株、病种、病土的检疫，在扩种苎麻时选用无病种根、种苗。选育和推广抗病品种，如湘潭园麻、江西干县白皮苎麻和宜春大叶芦藩等。初发轻病麻地、发现病株立即挖毁，清除病土，并用石灰进行土壤消毒。冬季墩土（托土），每公顷加塘泥、坎边土、砂土、河砂土等客土 600 担，能减轻病害。轮作防病，苎麻与大豆间作，发病较轻；前作为不带病原的水田，可避免发病，前作为小麦、豆类、玉米、粟、番薯等可抑制病情发展。如发病地种植上述作物，可减轻或避免青枯病的发生。

参考文献

来元直，许屋银，申屠广仁，1986. 苎麻青枯病的初步调查及防治意见 [J]. 浙江农业科学 (6): 281-282.

司权民，蒋金根，1984. 苎麻青枯病的调查研究 [J]. 中国麻业 (2): 37-41, 19.

（撰稿：解啸；审稿：朱春晖）

苎麻炭疽病　ramie anthracnose

由炭疽菌引起的危害叶、茎的一种真菌病害，可致种子繁殖的幼苗成片倒伏枯死，成株的茎叶病斑累累。

发展简史　苎麻炭疽病由 Sawada 于 1914 年根据其寄主命名为 *Colletotrichum boehmeriae* Sawada。此后 1919 年在中国台湾产菌类调查报告第一篇中又对该病菌的形态学进行了观察与分析。此后，国外对苎麻炭疽病的研究和报道较少，而在中国也只是集中在 20 世纪八九十年代。

朱健人在 1939—1941 年在西康（现四川）采集到了苎麻炭疽病菌的标本。1960 年江西省农业厅植保检验处、江西省昆虫病理教研组，1964 年广西农业厅、广西农业科学院、广西农学院的研究学者对苎麻炭疽病发生做了报道。20 世纪八九十年代，李瑞明、马辉刚等对苎麻炭疽病菌的研究最为详细。对炭疽病的症状、表观特点及各个生育期发生危害的特点、侵染源、发生规律及防治等进行了系统的研

究。另外，1991 年陈洪福和罗俊国也对该病害给予了研究。1986 年，陈洪福不但描述了苎麻炭疽病害的特点，还提出了有效的防治方法。1991 年，罗俊国对湖北地区分离到的苎麻炭疽病菌的培养性状和苎麻品种对炭疽病的抗性进行了研究。

分布与危害　该病在中国长江流域及华南苎麻产区均有发生，美国也有报道，是苎麻生产上的重要病害。叶上病斑圆形，少数椭圆形，周围褐色，中间灰色，大小 1～3mm。有时一叶上达数十个病斑，病叶发黄，早落。叶柄和茎上病斑纺锤形，边缘褐色，中间灰白色，并下陷。病部纤维变色易断，虽经漂白也不易完全脱色，影响产量和品质。茎秆染病 4 级以上，其原麻产量、单纤维支数、纤维断裂强度分别下降 17.20%、30.15% 和 7.60%。

病原及特征　病原为苎麻炭疽菌（*Colletotrichum boehmeriae*），属黑盘孢目。分离纯化的病菌，在 PDA 培养基上培养，菌落为粉红色，菌丝匍匐状，很薄一层，培养 3 天后形成锈色或黑褐色的分生孢子团，成片分布。分生孢子盘暗褐色，周生数根黑褐色刚毛，刚毛直或微弯，表面光滑，基部较粗，顶端尖细，直或略弯，具 2～5 个横隔膜，大小为 45～85μm×4～5μm。分生孢子梗短、无色，具分隔，基部分枝，光滑；分生孢子单胞、无色，长椭圆形或新月形，薄壁，表面光滑，大小为 14.69～19.01μm×3.46～5.18μm，平均 16.77μm×4.22μm，可见油球，端部钝圆。菌丝或芽管顶端接触固体界面时常产生附着胞。附着胞褐色，边缘整齐或瓣状、厚壁，可反复多次萌发和再产生附着胞，从而形成颇为复杂的结构。

侵染过程与侵染循环　病菌多以菌丝体在病组织内或病残体中越冬，种子也可带菌，成为翌年初侵染源。种子带菌是该病菌远距离传播的媒介，并作为种子繁殖的新麻区的初侵染源。苎麻生长期间，病部产生的分生孢子借风雨及昆虫传播，进行重复侵染。病菌孢子在有水滴条件下萌发直接侵入寄主组织。

流行规律　病菌生长温度 17～33℃，10℃ 以下、38℃ 以上则不能生长。致死温度 55℃。25～30℃ 时潜伏期 5 天左右。pH4～9 范围内均可生长，最适 pH6～7。病菌能利用硝态氮（硝酸钾、硝酸钠）和有机氮（尿素、天门冬氨酸、L-胱氨酸），对氨态氮（氯化铵和硫酸铵）的利用较差，有明显抑制作用。碳源中以葡萄糖、蔗糖、乳糖、淀粉利用最好，对 D- 木糖、山梨糖利用很差。日平均气温 20～30℃ 和相对湿度大于 80% 的环境有利该病的流行。气候闷热高湿、过量偏施氮肥和土质黏重、排水不良的连作以及种植密度过大的麻地发病往往较重。芦竹青、黄壳早等品种较感病。

防治方法　种植抗病品种是防治该病的有效措施，广西黑皮苑、印度苎麻、安仁苑麻等品种抗性较强，前者高产优质，发病重的年份能保产。选择地势高燥、排灌条件好的田块种麻。雨后及时排水，防止湿气滞留。施足底肥，增施磷钾肥，不偏施、多施氮肥，及时中耕除草，清除田间病残体等可减轻发病。合理密植。发病初期用 50% 克菌丹可湿性粉剂或 50% 代森锌可湿性粉剂、50% 退菌特可湿性粉剂或 80% 炭疽福美可湿性粉剂 500～800 倍液喷药保护，效果较好。麻地亩施 50kg 石灰，亦有良好的防病增产作用。

参考文献

王绪霞，2011. 苎麻炭疽病菌的分离鉴定及抗病基因文库的构建 [D]. 武汉：华中农业大学 .

中国农业科学院植物保护研究所 , 中国植物保护学会 , 2015. 中国农作物病虫害 [M]. 3 版 . 北京：中国农业出版社 .

LI R M, MA H G, WU J H, et al, 1990. Studies on the initial inoculum source and occurrence of ramie anthracnose[J]. Acta Agriculturae Universitis Jiangxiensis(1): 60-64.

（撰稿：程菊娥；审稿：朱春晖）

苎麻疫病　ramie *Phytophthora* blight

苎麻疫霉引起的苎麻主要病害之一，主要造成叶片腐烂早落，各苎麻产区均有发生，对苎麻产量和品质影响严重。

发展简史　苎麻疫霉最早由日本菌物学家 Sawada 于 1927 年在中国台湾发现。当时他从发生一种暗褐色叶斑症状的苎麻（*Bochmeria nivea*）叶片上分离得到该菌，经致病性试验和形态、生理特性研究后认为该菌明显不同于以往报道的各种疫霉种，于是命名为新种 *Phytophthora bochmeriae* Sawada。其后，Tucker 和 Leonian 先后承认了该新种，并对其致病性和生理性状作了一些补充。Waterhouse 对该疫霉种作了记述，并将其划归为疫霉属第 I 组，在以后的疫霉属主要分类检索表中苎麻疫霉都被收入第 I 组。

苎麻疫霉在安斯沃思（Ainsworth，1973）分类系统中隶属鞭毛菌亚门卵菌纲霜霉目腐霉科疫霉属。1995 年 12 月出版的《安比氏菌物词典》第 8 版采用了 Cavalier-Smith 生物八界分类系统，将安斯沃思分类系统中卵菌归入藻物界，因此，苎麻疫霉目前分类地位为藻物界卵菌纲霜霉目腐霉科疫霉属。到目前为止，引起苎麻疫病的菌株共 3 种：苎麻疫霉、恶疫霉和 *Phytophthora* sp.。其中，苎麻疫霉是苎麻疫病的主要病原菌，恶疫霉是江西宜春等地区苎麻疫霉的主要病原。*Phytophthora* sp. 则是首次在南京苎麻上分离的异宗配合疫霉种。

分布与危害　分布于苎麻种植区，包括中国、日本、印度、阿根廷、新西兰、澳大利亚等。

苎麻疫病从幼苗到成熟期均可发生，以苗期受害较重。发病初期在叶尖或叶缘上出现褐色小点，后逐渐扩大为近圆形或不规则形灰白色大斑，边缘黑褐色。阴雨高温时，病斑扩展很快，呈深褐色。病部背面灰紫色，叶脉呈褐色。后期病斑有时出现不明显轮纹，易破碎枯卷，引起腐烂。茎秆主要是茎基部受害，病斑椭圆形、黑褐色，严重时整个基部腐烂。

病原及特征　病原为苎麻疫霉、恶疫霉和 *Phytophora* sp. 引起，中国大陆苎麻疫病病原菌普遍认为是苎麻疫霉（*Phytophthora boehmeriae* Sawada）。菌丝初无色，不分隔，老熟后具分隔，有时弯扭成节状，直径 3.05～4.75μm。孢子囊初无色，后变黄至褐色，卵圆形或柠檬形，顶端具 1 个乳突，极少数有 2 个或 3 个突起，遇水可释放出几十个到百余个游动孢子。游动孢子球形，直径约 9.3μm。藏卵器球形，幼时淡黄色，成熟后为黄褐色。雄器基生，附于藏卵器底部。卵孢子球形，满器或偏于一侧。厚垣孢子球形，薄壁，淡黄至黄褐色。

寄主有苎麻、棉花、构树、柑橘、枫树、松树和桉树。

侵染过程与侵染循环　病菌主要以菌丝体在田间病组织内越冬。菌丝体不能在土壤或 3cm 土层以下的病残体内越冬。发病后，病部产生孢子囊随气流或风雨传播到头麻的幼叶上，萌发后产生许多游动孢子。游动孢子形成休止孢子后产生芽管，从叶片自然孔口、伤口或从表皮直接侵入。孢子囊也可直接产生芽管侵入寄主。侵入后经 2～6 天，病叶上产生的孢子囊又可传播危害，不断进行再次侵染。

流行规律　病菌发育温度为 15～35°C，最适温度为 20～25°C。酸碱度 pH5.0～7.5，pH6 为最适。阴雨连绵、田间湿度大、积水可造成疫病大发生。台风侵袭、虫害重、伤口多，疫病发生重。铃期多雨、生长旺盛、果枝密集，易发病。迟栽晚发，后期偏施氮肥麻田发病重。郁闭，大水漫灌，易引起该病流行。果枝节位低、短果枝、早熟品种受害重。

防治方法

农业防治　选用抗病高产品种，如芦竹青、桐树白、圆叶青及黑皮蔸等。冬季培土可将大部分病残体深埋入土中，减少翌年初侵染菌源。避免偏施氮肥，适当增施磷、钾肥可减轻发病。

化学防治　发病初期喷 70% 代森锰锌可湿性粉剂 400～500 倍液，或 25% 甲霜灵可湿性粉剂 250～500 倍液，或 50% 福美双可湿性粉剂 500 倍液。隔 10 天喷 1 次，连续 2～3 次。

参考文献

高智谋 , 郑小波 , 陆家云 , 等 , 1999. 苎麻疫霉研究进展 [J]. 山东农业大学学报 , 5(30): 6-14.

何红 , 郑小波 , 曹以勤 , 等 , 1993. 苎麻疫病病原菌的鉴定及病害诊断 [J]. 中国麻作 (2): 38-40.

中国农业科学院植物保护研究所 , 中国植物保护学会 , 2015. 中国农作物病虫害 [M]. 3 版 . 北京：中国农业出版社 .

（撰稿：程菊娥；审稿：朱春晖）

专化型　forma specialis

病原物的种内存在着对寄主植物的科、属具有不同致病力的类群。专化型是种下的分类单位，在形态上无明显差异，根据同科不同属寄主植物的寄生专化性，致病力不同而划分的类型。病原真菌的种内，以寄生性和致病性分化为依据设立的一个分类亚单元。各专化型之间形态特征相同，但在生理或生化性状以及对寄主植物不同属（或种）的致病性和适应性有差异。专化型相当于植物病原菌的致病变种或致病型。

特点及分类　专化型的区分是以同一种真菌对不同科、属的寄主植物的寄生专化性为依据，例如禾柄锈菌（*Puccinia striiform* Pers）危害多种禾谷类作物，危害小麦的是其中的一个专化型 Puccinia striiform f. sp. tritici。专化性和变异性表现在同一种锈菌对不同属的植物有不同的致病性，因而分为不同的专化型。

例如，根据系统进化学和形态学特征比较，将条锈菌划分为 4 个种，即小麦条锈菌（Puccinia striiformis Westend.）、早熟禾条锈菌（Puccinia pseudostriiformis）、园艺草条锈菌（Puccinia striiformoides）和一个新种 Puccinia gansensis。而根据寄主的不同，进一步将小麦条锈菌划分为 4 个专化型，即小麦专化型（Puccinia striiformis Westend. f. sp. tritici Erikss.）、大麦专化型（Puccinia striiformis Westend. f. sp. hordei Erikss.）、披碱草专化型（Puccinia striiformis Westend. f. sp. elymi Erikss.）和山羊草专化型（Puccinia striiformis Westend. f. sp. aegilops Erikss.）。

瓜类枯萎病的病原物为尖镰孢的多种专化型，已知的有 7 个专化型：尖镰孢黄瓜专化型、甜瓜专化型、葫芦专化型、丝瓜专化型、苦瓜专化型和冬瓜专化型。

科学意义与应用价值　1896 年瑞典的埃里克森（J. Eriksson）、1916 年美国的斯塔克曼（E. C. Stakman）等关于麦类秆锈菌寄生性分化以及同一时期关于植物过敏性坏死反应的发现，有力地促进了小种专化型抗病性的研究和利用，育成了一大批高效抗病品种，促进了抗病品种在植物病害防治中的应用。

（撰稿：王晓杰；审稿：梁祥修）

紫花苜蓿春季黑茎与叶斑病　alfalfa spring black stem and leaf spot, SBSLS

由苜蓿茎点霉侵染紫花苜蓿，引致茎秆变黑和叶斑的一种病害。又名苜蓿茎点霉叶斑黑茎病、苜蓿轮纹病。

发展简史　紫花苜蓿春季黑茎与叶斑病的病原于 1911 年鉴定为不全壳二孢（Ascochyta imperfecta）紫花苜蓿，后 1886 年确定为苜蓿茎点霉（Phoma medicaginis），其异名还有草茎点霉（Phoma herbarum f. medicaginum）、叶点霉（Phyllosticta medicaginis）等。苜蓿茎点霉有多个专化型和多个变种，其中紫花苜蓿上的为苜蓿茎点霉苜蓿专化型（Phoma medicaginis f. medicaginis）。紫花苜蓿高抗该病的品种较少，40 个国内外品种中，无一高抗，1 个品种为中抗，14 个品种为中感，25 个品种为高感，用 36 种一年生苜蓿属植物的 210 个核心种质测定，发现截形苜蓿（Medicago truncatula）Z771、M. solerolii DZA3180.1 高抗苜蓿茎点霉，可用于抗病品种选育。室内评价的抗病性与田间的实际表现的抗病性并不一致，可能与菌株和环境有关，在选育抗病品种时需加以注意。植株被侵染后，叶片中 16 种化合物与糖酵解、三羧酸循环、脂肪酸、谷胱甘肽、肌醇磷酸和氨基酸等 6 条代谢通路有关，丙二醛（MDA）和过氧化氢（H$_2$O$_2$）含量在侵染中期呈显著升高趋势。

分布与危害　广泛分布于欧洲和美洲及其他苜蓿种植区，是苜蓿的毁灭性病害之一。植株发病率通常在 80% 以上，在美国犹他州，该病严重发生时干草减少 40%～50%，种子减产 32%，发芽率下降 28%，病株种子的千粒重仅为健株的 34%。室内接种，植株干物质下降 20%，发病率 80% 时，总碳水化合物下降 62%，粗蛋白质下降 31%，但发病率在 25%～50% 时无显著影响。在中国，凡栽培紫花苜蓿的地区均发生此病，夏季凉爽而多雨的山区发病更普遍，危害也更严重，如甘肃静宁、会宁、榆中的北山，在这些地区叶片提早脱落，干草和种子减产，种子发芽率和千粒重降低，严重影响牧草生产。显著降低光合作用是造成减产的主要因素。给大鼠喂苜蓿茎点霉液体培养的菌液，致大鼠肝脏、肾脏、大脑组织发生脂质过氧化，抗坏血酸和生育酚含量降低，总胆固醇含量增高，与给大鼠喂食铬污染食物的症状相同，多型苜蓿等一年生苜蓿接种苜蓿茎点霉后，茎秆内的雌激素香豆雌酚含量（114～1230mg/kg）与病情指数（1～10）呈显著正相关，以上研究表明用感染苜蓿茎点霉的病草饲喂家畜存在一定风险。

苜蓿茎、叶、荚果以及根颈和根上部均可受到侵染，田间最明显的侵染部位为茎和叶。发病初期叶片上出现近圆形小黑点（图 1 ①），随后逐渐扩大，常相互汇合，边缘褪绿变黄，轮廓不清，病斑中央颜色变浅，多不规则，直径 2～5mm，较大者可达 9mm（图 1 ②）；叶片背面出现与叶片正面病斑对应的斑点。叶部发病严重时叶片变黄，提早脱落（图 1 ①）。叶尖的病斑常呈近圆形、不规则形或楔形大斑，在体视显微镜下可见病斑上有白色小点，为分生孢子黏团（图 1 ③）。

茎秆基部自下而上出现褐色或黑色不均匀变色，无规则形状，后期茎皮层全部变黑（图 1 ④）。发病后期病斑稍凹陷，扩展后可绕茎一周，有时使茎开裂呈"溃疡状"，或使茎环剥乃至死亡，并出现病原物的分生孢子器，但肉眼难以看清楚，需借助体视显微镜或放大镜观察，分生孢子半埋于皮层之中。

带菌种子虽萌发率低，但如果萌发，则幼苗发病，子叶和幼茎出现深褐色病斑，气温适宜时幼苗死亡率超过 90%。病株的根部也可受害，造成根颈和主根变色、腐烂。

病原及特征　病原为苜蓿茎点霉（Phoma medicaginis Malbr. & Rounm. var. medicaginis Boerema），属茎点霉属。其分生孢子器球形、扁球形，散生或聚生于越冬的茎秆或叶斑上，突破寄主表皮，分生孢子器的壁淡褐色、褐色或黑色膜质，直径 93～236μm，浸在水中时排出大量成团的牙膏状（黏稠的）胶质物，即分生孢子；分生孢子无色、卵形、椭圆形、柱形，直或弯，末端圆，多数为无隔单胞，少数双胞，分隔处缢缩或不缢缩，大小为 4～5μm×2μm。用发病的叶片和茎易于分离出此病菌，且在各种培养基上易产生分生孢子器和孢子，最适 pH 6，但在 pH 3～12 下菌落可生长，也可产孢，孢子也能萌发。在马铃薯葡萄糖琼脂培养基（PDA）上，菌落呈橄榄绿色至近黑色，有絮状边缘，菌落表面产生黑色、颗粒状的分生孢子器和黏稠状的分生孢子（图 2）。

苜蓿茎点霉的寄主有鹰嘴黄芪（Astragalus cicer）、小冠花（Coronilla varia）、山黧豆（Lathyrus quinquenervius）、百脉根（Lotus corniculatus）、苜蓿属（Medicago）、草木樨属（Melilotus）、扁蓿豆（Melilotoides ruthenica）、大

翼豆（*Macroptilium* spp.）、豌豆（*Pisum sativum*）、菜豆（*Phaseolus vulgaris*）、三叶草属（*Trifolium*）、蚕豆（*Vicia faba*）等豆科植物。

侵染循环　苜蓿茎点霉的菌丝和分生孢子器在紫花苜蓿田间病株和病残体上越冬，其中田间病株的茎基部、根颈部和主根内以菌丝体越冬。分生孢子借气流和雨水传播，

图 1　紫花苜蓿春季黑茎叶斑病的症状（李彦忠提供）

①叶片上发病初期；②叶片上发病中期；③叶片上发病后期典型症状；④田间黑茎植株；⑤黑茎症状

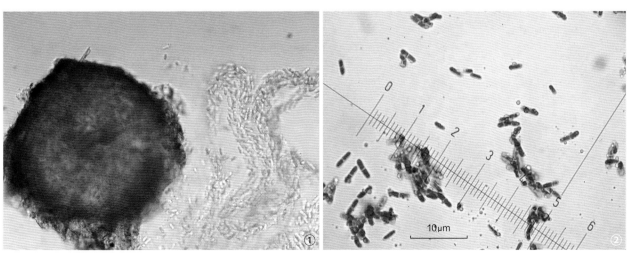

图 2　苜蓿茎点霉的形态特性（李彦忠提供）

①分生孢子器与分生孢子；②分生孢子

在春季返青后即可发病，常年发生，也可以菌丝在种皮内存活 8 年之久，在土壤中可存活 2 年。其发病适宜温度为 16～24℃，故常在春秋两季气温湿冷的时候流行。

防治方法

培育和选用抗病品种　敖汉苜蓿为高抗品种，皇冠、维多利亚、陇东苜蓿、润布勒、多叶苜蓿、察北苜蓿、奇台苜蓿、雷西斯、庆阳苜蓿、沙湾苜蓿、公农 1 号等为中抗。

农业防治　①加强种子管理。不从重病区调运种子；使用带菌率低的干燥温暖地区生产的紫花苜蓿种子。如使用冷凉润湿地区生产的种子时，播前应用药剂处理。②清除田间病残组织，减少翌年春季的初侵染源，减轻发病，冬季焚烧苜蓿残茬能减少生长季中的初侵染源。在加拿大，曾用焚烧成功地控制了黑茎病的危害。③草地合理利用。病害发生普遍的应尽早刈割发病的头茬苜蓿，以减少损失和控制后茬苜蓿的病情。④苜蓿与禾本科牧草混播。苜蓿与无芒雀麦（*Bromus inermis*）混播，可显著地降低该病的发病率。⑤其他措施有夏秋季播种，适量增施磷、钾肥，均可减轻发病。

化学防治　试验地或种子田可选用氯苯嗪、代森锰锌和福美双等喷雾防治，或用福美双和甲基硫菌灵等进行种子处理。

参考文献

樊秦，李彦忠，2017. 苜蓿茎点霉对紫花苜蓿光合生理的影响[J]. 草业学报，26(1): 112-121.

王瑜，刘怡，周彬彬，等，2015. 苜蓿对匍柄霉叶斑病与茎点霉叶斑病的抗性评价研究[J]. 草业学报，24(7): 155-162.

张丽，潘龙其，袁庆华，等，2016. 不同苜蓿种质材料对茎点霉叶斑病的抗性评价[J]. 草地学报，24(3): 652-657.

FAN Q, CREAMER R, LI Y Z, 2018. Time-course metabolic profiling in alfalfa leaves under *Phoma medicaginis* infection[J]. PLoS ONE, 13. DOI: 10.1371/journal.pone.0206641.

GANDHI A, KALE P, 2011. Similarties in toxicity of pathogenic fungus (*Phoma medicaginis*) and chromium (VI)[J]. Journal of cell and tissue research, 11(2): 2821-2826.

O'NEILL N R, BAUCHAN G R, SAMAC D A, 2003. Reactions in the annual *Medicago* spp. core germ plasm collection to *Phoma medicaginis*[J]. Plant disease, 87(5): 557-562.

（撰稿：李彦忠、俞斌华、南志标；审稿：段廷玉）

紫花苜蓿黄萎病　alfalfa *Verticillium* wilt

由苜蓿轮枝菌引致紫花苜蓿植株萎蔫枯死的一种病害。

发展简史　1879 年，Reinke 和 Berthold 在德国发病马铃薯植株上分离出一种真菌，描述为黑白轮枝孢（*Verticillium albo-atrum*）。1918 年，Hedlund 发现该病菌在瑞典可侵染紫花苜蓿，将该病命名为紫花苜蓿黄萎病。1938—1980 年该病在德国、英格兰、加拿大温哥华、美国雅吉玛谷和哥伦比亚盆地、日本相继报道。2004 年，Ghalandar 等报道苜蓿黄萎病在丹麦、荷兰、法国均有发生。

该菌还可侵染啤酒花（*Humulus lupulus*）、番茄（*Solanum lycopersicum*）等上百种植物（包括农作物和杂草），引致的病害均称为黄萎病。但所有植物上的黑白轮枝孢存在 2 个营养亲和性类群，其中紫花苜蓿上的为一个类群，而其他作物上的为另一个类群。引致作物黄萎病的轮枝孢属真菌还有大丽轮枝孢（*Verticillium dahliae*）、变黑轮枝菌（*Verticillium nigrescens*）、云状轮枝孢（*Verticillium nubilum*）和三体轮枝孢（*Verticillium tricorpus*）4 个种，其中变黑轮枝菌可侵染紫花苜蓿。长期以来对此两类黑白轮枝孢的寄主范围、致病性和分子生物学特性，以及黑白轮枝孢与其他轮枝孢的分类地位存在较大争议。2011 年，Inderbitzin 等学者根据分子生物学特性，将黑白轮枝孢划分为艾萨克轮枝孢（*Verticillium isaacii*）、科勒巴轮枝孢（*Verticillium klebahnii*）、非苜蓿轮枝孢（*Verticillium nonalfalfae*）、扎盖木轮枝孢（*Verticillium zaregamsianum*）和苜蓿轮枝孢（*Verticillium alfalfae*）共 5 个新种，其中苜蓿轮枝孢只侵染紫花苜蓿，即紫花苜蓿上的轮枝孢只有苜蓿轮枝孢。中国最早于 1998 年报道在新疆发生紫花苜蓿黄萎病，此时其病原经形态学鉴定为黑白轮枝孢，但此后该地未见发生。2016 年，在甘肃张掖民乐发现苜蓿黄萎病，经分子生物学鉴定，其病原与 Inderbitzin 等 2011 年描述的苜蓿轮枝孢完全一致，且发生数千亩，已造成部分苜蓿草地严重衰退。

分布与危害　由苜蓿轮枝孢引致的苜蓿黄萎病目前发生于加拿大、日本和中国（其他国家的未证实为苜蓿轮枝孢）。

发病植株矮化，枝条萎蔫，植株死亡，严重影响草产量，翌年减产可达 50%。由于发病植株大多不开花结实，故对种子生产巨大影响。随着植株大量死亡，植株密度急剧下降，草地迅速衰退，失去利用价值。紫花苜蓿黄萎病是世界上公认的毁灭性苜蓿病害，其病原（黑白轮枝孢）被中国列入《进境植物检疫性有害生物名录》第 276 号检疫对象，该名录有待将黑白轮枝孢更新为苜蓿轮枝孢。

田间部分植株发黄（图 1①），与苜蓿病毒病相似。症状最早出现在中上部的叶片上（图 1②），即在复叶的个别小叶的叶尖出现"V"字形褪绿斑（图 1④），一些小叶并不明显"V"字形褪绿，但变窄，向上纵卷（图 1③）。发病小叶逐渐变干、脱落，残留变硬、褪绿的叶柄。变干的小叶常呈现粉红色，有些也保持灰绿色。新叶常从有症状叶片的叶腋处长出。叶片脱落后，发病的枝条仍保持绿色。侵染的茎和主根的木质部呈浅褐色或深褐色（图 1⑤⑥），但这一症状在鉴定中并不可靠。同一植株上的枝条或全部表现症状，或部分表现症状，甚至存在无明显症状的感染植株。发病严重时，新生的枝条很快干枯死亡，最终全株死亡。发病枝条只有在发病严重时，特别在中午前后气温高时出现萎蔫（顶梢下垂），但通常在气温下降后可恢复至正常状态，出现萎蔫的枝条或植株在多次萎蔫—恢复—再萎蔫后，最终死亡。由于病菌生活于植株体内，故在发病植株表面观察不到任何病征，当发病部位干枯死亡后在潮湿条件下可出现白色至灰色霉层，刈割后的枝条上端可产生霉状物。

病原及特征　病原为苜蓿轮枝孢（*Verticillium alfalfa* Inderbitzin），属轮枝孢属。其分生孢子梗基部呈暗色，上部白色，轮状分枝，1～4个大分枝，每个大分枝有1～5个小分枝，分生孢子梗长14～38μm（平均28μm），顶端着生分生孢子，分生孢子无色透明，椭圆形，大多数无隔，少数具1隔，3.5～10μm×1.5～3.5μm，平均6.5μm×2.4μm。分生孢子连续产生于分生孢子梗顶端，聚集成球状、水珠状。

菌丝无色，直径2～4μm，也产生暗色厚壁的休眠菌丝，但不产生黑色串珠状的菌核，与大丽轮枝孢不同（图2）。

苜蓿黄萎病菌在PDA平板上产生大量的气生菌丝，1周后菌丝体由白色转变为乳白色，2～3周后为乳褐色，底部零星出现黑色的休眠菌丝。后期产生少量黑色休眠菌丝，

图1 紫花苜蓿黄萎病的症状（李彦忠提供）

①发病苜蓿田；②发病后期枝条枯死；③发病早期叶片褪绿干枯；④叶尖V型褪绿或整叶褪绿变黄；⑤主根的中柱变黄褐色；⑥主根髓部变空腐烂

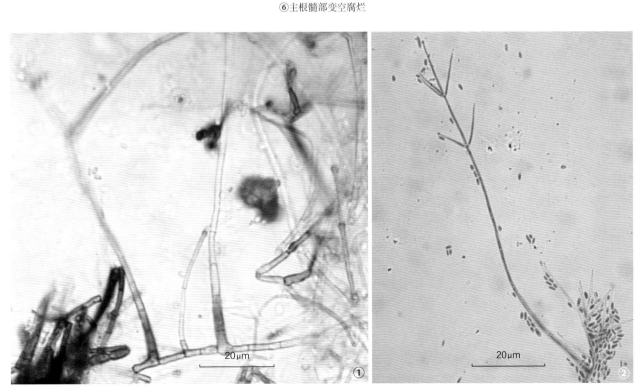

图2 苜蓿轮枝孢的形态特征（李彦忠提供）

①分生孢子梗基部黑色；②分生孢子梗和分生孢子

无厚垣孢子和微菌核的结构。生长温度为 15～30℃，最适温为 20～25℃，高温 33℃ 时即停止生长。病原菌对 pH 的适应性强，在 pH 5.5～11.5 的范围内均能生长，最适 pH 6.5～9.5，但 pH 3.5 以下不能生长。

侵染过程与侵染循环

越冬　该病菌以不同菌态在 3 种场所越冬。①以田间存活的病株中的菌丝越冬。菌丝可在病株的茎基部、根颈和主根中越冬，翌年植株返青后随着新枝从刈割残留的茎基部上生长，病菌扩展到新枝中，并随着枝条的伸长而扩展到其他组织。②以分生孢子在田间病残组织上越冬。田间病残体上的分生孢子可存活 16 个月以上，成为田间病菌在植株之间扩展的途径，但随着时间的推移，分生孢子的死亡率显著增加。③以菌丝在库存的种子内越冬。虽然发病植株大多不开花结实，但发病轻的部分枝条也可能开花结实使种子携带病菌；分生孢子通过侵染健康苜蓿植株花期的柱头进入种子。但大部分籽粒秕瘦，在种子收获处理中被淘汰，故饱满种子上的带菌率较低。由于带菌种子是病害远距传播的主要途径，在新建植的苜蓿地上，若使用带菌的种子，则会生长出带菌的幼苗，这些幼苗在生长后期死亡，病菌在死亡的幼苗上产生大量分生孢子，可能传播到邻近植株上，故虽然种子的带菌率较低，但在新建植苜蓿地中，少量的带菌种子也会造成当地苜蓿黄萎病的迁入和持续危害。该菌的分生孢子在土壤中存活时间尚不明确。

传播　传播方式有：①种子传播。带菌种子播种后导致新建草地发病，这是无病地区开始发病的主要原因。②空气和水流传播。在已发病的草地上，田间病残组织上的分生孢子随气流、雨水传播则是导致发病率增加的主要原因。③农事活动传播，随着发病植株死亡，病菌进入土壤可长期存活，随流水、耕作农具、收获粉尘和污染运输工具而扩散至周围植株甚至更大的区域；收割后的苜蓿干草、苜蓿粉或苜蓿颗粒等饲料中也混杂病菌的分生孢子，可通过气流传播造成新的侵染。④土壤传播。土壤中植物病残体上的分生孢子，可以存活较长时间，并通过根部入侵，使植株感病，携带病菌的土壤被转移到其他地区也可导致病菌的进一步扩散。⑤昆虫传播。苜蓿切叶蜂（*Megachile rotundata*）、豌豆蚜（*Acyrthosiphon pisum*）和苜蓿盲蝽（*Adelphocoris lineolatus*）等昆虫可传播此病菌，切叶蜂切取病叶带到较远的地方，其他昆虫的足部、下腹部黏附黄萎病原菌的孢子，在传粉、取食、筑巢等活动中可能将黄萎病菌从病田传至未发病田，从而加速了苜蓿黄萎病的大面积扩散。⑥病株自身的传播。被侵染的植株如果未死亡，则苜蓿轮枝孢长期生活于植株体内，直到整株死亡。故每当植株越冬后返青期，或在刈割后的下一茬生长时期，在茎基部、根部和根颈部的越冬或存活的菌丝扩展到新长出的枝叶中，继而扩展至该枝条的花和种子中，这是田间发病植株比例稳定增长的重要因素。总之，该病害的传播途径多样，有种传、气传、土传、虫传等，是防治困难的原因之一。

初侵染和再侵染　带菌种子播种出苗后发病，形成发病中心，当病株刈割或病死后则产生分生孢子，侵染周围植株，即再侵染，为新建植草地田间开始发病的一种方式。如果前茬为紫花苜蓿，且已发生过紫花苜蓿黄萎病，则土壤中的病

菌也可侵染幼苗或成株，这是田间发病的第二种形式。在建植一年或多年的已发病田间，每个生长年份新增病株的病菌来源则是田间病株、病残体或土壤中的分生孢子或菌丝体。尤其是在生长中后期遇到连日阴雨，空气湿度高等条件下不仅有利于分生孢子在死亡病株（枝）上的产生，而且有利于分生孢子的萌发和侵染。在潮湿条件下，茎秆内的病菌在刈割留茬的顶端也可产生分生孢子，健康枝条刈割的留茬处也是病菌的侵染部位，因此，刈割加剧了黄萎病的扩散和再侵染。新的枝条被侵染后，苜蓿轮枝孢的菌丝在侵入点可向下扩展，达到茎基部、根颈部和主根中，度过冬季植株休眠期，与此相对，春季返青后，菌丝随枝条生长向上扩展至地上各组织部位。

该病的侵染循环可总结为两种循环：①从种子到种子的循环。带菌种子播种后，长出病株，病菌在病株或死亡植株上产生分生孢子，传播到邻近的植株上引起发病，病枝开花结实，或分生孢子侵染健康植株花期柱头使种子带菌，带菌种子随人工调运进行远距离传播。②从植株到植株的循环。病菌的菌丝在病株的茎基部、根颈部和根部越冬，返青后病株再度发病，或病菌的分生孢子在死亡病株上越冬，返青后侵染周围的健康植株，或随空气等多种方式扩散到较远的区域，造成健康植株发病。

流行规律

产孢条件　该病菌在 5～30℃ 下在枯死病枝和病叶上均可产孢，而最适宜温度为 25℃。

孢子萌发条件　孢子在高湿或有水滴或水膜条件下萌发，孢子萌发最适宜温度为 20～24℃，8～24 小时完成萌发。

发病条件　因为空气湿度是决定该病菌产孢和孢子萌发的主要条件，因此，在降水频繁且年降水量大的地区，密植、灌溉频繁等凡可形成高湿环境的因素均有利于该病害的发生与危害。此外，机械操作造成伤口多的情况下也有利于发病。

防治方法

使用抗病品种　国外抗黄萎病的苜蓿品种和品系有丹麦的 WT90744、WT91409、WT91431，德国的 Pegauer、Sabilt、维尔特斯（Vertus）、玛瑞斯（Maris）、喀布尔（Kabul）等。而中国的公农 1 号、草原 1 号、草原 2 号、和田、肇东等均为感病品种。

农业防治　轮作。紫花苜蓿与禾本科牧草或作物轮作，经 2～3 年可明显减少田间菌源。种子筛选。使用清洁无杂质的种子，将种子传带病原的可能性减少到最低限度。用福美双或酚秋兰姆（药量为种子量的 0.7%），或以每 100kg 种子使用 100～200ml 阿西米达商品剂拌种。对刈割机具进行消毒。刈割机具进入新田块作业之前，特别是当从一个农场向另一农场移动时，应清除植株碎屑和汁液，并将切割器用 10% 的家用漂白粉液消毒，随后用高压清水冲洗。

加强对外检疫　严格防止病菌由欧美等国随苜蓿的种子及草产品传入中国，一经发现应采取坚决措施。对传播媒介和感染的土壤进行灭菌处理。多菌灵、甲基硫菌灵均可收到良好效果。也可以采用氯化苦熏蒸剂进行土壤熏蒸。施药时，在病点打孔 9～12 个 /m²，孔深 20cm，孔距 20cm，每孔用吸管注药 10ml，然后用土封闭孔口。

参考文献

李克梅，赵莉，孙红艳，2010. 新疆苜蓿病害研究现状与展望[J]. 新疆农业科学，47(7)：1348-1352.

王明霞，杨继娟，白应文，等，2011. 苜蓿来源的变黑轮枝菌及其致病性[J]. 西北农业学报，20(1)：169-173.

GHALANDAR M, CLEWES E, BARBARA D J, et al, 2004. Verticillium wilt (*Verticillium albo-atrum*) on *Medicago sativa* (alfalfa) in Iran[J]. Plant pathology, 53(6): 812.

INDERBITZIN P, BOSTOCK R M, DAVIS R M, et al, 2011. Phylogenetics and taxonomy of the fungal vascular wilt pathogen Verticillium, with the descriptions of five new species[J]. PLoS ONE, 6(12): e28341.

REINKE J, BERTHOLD G, 1879. Die Kräuselkrankheit der Kartoffel[J]. Untersuchungen aus dem Botanischen Laboratorium der Universität Göttingen, 1: 67-96.

XU S, CHRISTENSEN M J, CREAMER R, et al, 2019. Identification, characterization, pathogenicity, and distribution of *Verticillium* alfalfae in alfalfa plants in China[J]. Plant disease, 103(7):1565-1576.

XU S, LI Y Z, 2016. First report of *Verticillium* wilt of alfalfa caused by *Verticillium alfalfae* in China[J]. Plant disease, 100(1): 220.

（撰稿：李彦忠、俞斌华、南志标；审稿：李克梅）

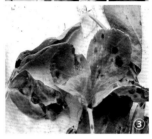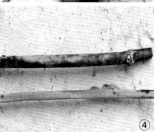

图 1　苜蓿夏季黑茎病的症状（李彦忠提供）

①叶片上黑褐色的斑点；②病斑开始有黄色晕圈；③叶片上红褐色斑点；④茎秆上病斑

紫花苜蓿夏季黑茎病　alfalfa summer black stem

由苜蓿尾孢侵染紫花苜蓿导致茎秆变黑和叶斑的病害。又名苜蓿尾孢叶斑黑茎病、苜蓿霉斑病。

发展简史　苜蓿尾孢是由 Ellis 和 Everh 于 1891 年描述的新种，在美国得克萨斯州小齿苜蓿（*Medicago denticulata*）上引致叶斑病。该菌与侵染三叶草属牧草的条斑尾孢（*Cercospora zebrina*）和侵染草木樨属牧草的戴维斯尾孢（*Cercospora davisii*）为近似种，但不侵染草木樨属和三叶草属植物，仅可侵染一年生和多年生苜蓿属植物。

分布与危害　紫花苜蓿夏季黑茎病在美国、法国、澳大利亚等国家均为常见的病害。在中国吉林、辽宁、内蒙古、甘肃、宁夏、新疆、贵州、江苏、广东等各苜蓿产区均有发生。该菌导致叶片发病后脱落，茎秆变黑甚至枯死，对草产量影响较大，对种子生产的影响尤为明显。

典型症状为不规则的大斑，直径 2～6mm，外围淡黄色，病斑呈黄灰褐色（图1①③），而发病初为褐色小斑点（图1②），小点周围有黄色晕圈，随后逐渐扩大。茎上的病斑红褐色至棕褐色、长形，邻接的病斑扩大汇合造成茎秆大面积变黑（图1④）。下部叶片先发病，茎上病斑出现晚于叶片。

病原及特征　病原为苜蓿尾孢（*Cercospora medicaginis* Ell. & Ev.），属尾孢属。其分生孢子梗在叶片正面和背面都可产生，从气孔长出，丛生，每丛 3～12 根，半透明至榄褐色，1～6 个隔膜，第一个分生孢子由分生孢子梗顶端产生，脱落后在梗上留下明显的痕迹，之后的分生孢子由痕

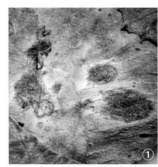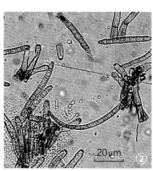

图 2　苜蓿夏季黑茎病的病征、分生孢子梗和分生孢子（李彦忠提供）

①体视显微镜下病斑表面银白色；②分生孢子梗和分生孢子

迹下方长出，孢子梗继续生长，使孢子梗呈屈膝状。病斑在体视显微镜下观察可见褐色霉层表面为银白色丝状物（即分生孢子），即为病征（图2①）。分生孢子无色透明，直或微弯，圆柱形至针形，基部稍宽向上渐窄，有不明显的多个分隔，40～208μm×2～4μm（平均 124μm×3μm）（图2②）。在湿度较低情况下形成的孢子较短，在高湿条件下形成的孢子较长。孢子形成的最适条件为：V8 液琼脂培养基或胡萝卜煎液培养基，温度在 24℃ 左右，最适 pH 5～6。产孢时要求饱和空气湿度。在 8 种培养基中，小麦粒汁液培养基在 25～30℃ 下和 pH 8～9 产孢最多。分生孢子可从任何细胞萌发，但基部细胞通常首先萌发，接种后 24～48 小时，芽管即可通过气孔或表皮侵入。

侵染过程与侵染循环　病原菌以子座体或休眠菌丝体在病叶和病茎上越冬，在苜蓿生长季节产生分生孢子，随空气远距离传播，随雨水飞溅近距离传播。用分生孢子接种，5 天即可发病。通常第二、三茬苜蓿发病较重。偶尔种子带菌，但不是主要的传播方式。

流行规律　高温高湿有利于发病，最适宜发病温度为 24～28℃，病叶在空气相对湿度接近 100% 时即可产生大量

分生孢子，湿度大时也有利于分生孢子萌发与侵染。草层稠密、降水和结露频繁、灌溉、有雾等条件均有利于此病害发生与发展，通常当田间植株高达 10cm 以上时下部叶片已稠密，通气性差，具备发病条件。

防治与方法

选育和使用抗病品种　该病害目前尚无高抗品种，并且有报道来自于中亚地区的种质感病性强。1964 年，Minion 在其博士论文中测定了 9 个单株和 7 个通过自交和杂交后代对苜蓿夏季黑茎病的抗性，选择出了具有选育抗病品种潜力的种质。

农业防治　利用健康无病种子建植苜蓿草地，减少病菌来源。宽行播种，通风透光，可以减轻此病害发生。清除田间病残组织，以减少翌年春季的初侵染源，减轻发病。提前及时刈割已普遍发病的苜蓿，以减少损失并降低后茬苜蓿发病程度。

化学防治　试验地、种子田等必要时可用 70% 代森锰锌可湿性粉剂 600 倍液、75% 百菌清可湿性粉剂 500～600 倍液、70% 甲基硫菌灵 1000 倍液、25% 多菌灵可湿性粉剂 800 倍液等喷雾防治，以上药剂在发病初期应 7～10 天喷施 1 次。

参考文献

李彦忠, 俞斌华, 徐林波, 2016. 紫花苜蓿病害图谱[M]. 北京: 中国农业科学技术出版社.

南志标, 李春杰, 1994. 中国牧草真菌病害名录[J]. 草业科学, 11(S): 3-30.

DJEBALI N, GAAMOUR N, BADRI M, et al, 2010. Optimizing growth and conidia production of *Cercospora medicaginis*[J]. Phytopathologia mediterranea, 49(2): 267-272.

LEYRONAS C, BROUCQSAULT L M, RAYNAL G, 2004. Common and newly identified foliar diseases of seed-producing lucerne in France[J]. Plant disease, 88(11): 1213-1218.

（撰稿：李彦忠、俞斌华、南志标；审稿：段廷玉）

紫花苜蓿锈病　alfalfa rust

由条纹单胞锈菌侵染紫花苜蓿所引起的病害。

发展简史　条纹单胞锈菌是由 Schröt 于 1870 年描述的新种，有 4 个变种，分别为百脉根变种（*Uromyces striatus* var. *loti*）、苜蓿变种（*Uromyces striatus* var. *medicaginis*）、豌豆变种（*Uromyces striatus* var. *pisi*）和本变种（*Uromyces striatus* var. *striatus*），有 2 个亚种，为 *Uromyces striatus* subsp. *insulanus* 和本种亚种（*Uromyces striatus* subsp. *striatus*），还有 2 个专化型，为 *Uromyces striatus* f. *medicaginis-orbicularis*、*Uromyces striatus* f. *striatus*，均为 1950 年前描述的种下分类单元。刘爱萍和侯天爵发现苜蓿上的条纹单胞锈菌不仅可侵染紫花苜蓿（*Medicago sativa*）、天蓝苜蓿（*Medicago lupulina*）、黄花苜蓿（*Medicago falcata*）等苜蓿属植物，还可侵染扁蓿豆属中的扁蓿豆（*Melissutus ruthenicus*），三叶草属的白三叶草（*Trifolium repens*）和野火球（*Trifolium*

lupinaster），乳浆大戟（*Euphorbia esula*）为转主寄主。在内蒙古地区，紫花苜蓿锈病的防治阈值为病情指数 27.83。已发现该菌参与光合作用、能量代谢通路和胁迫反应相关的差异表达蛋白 27 个。叶面施以过氧化氢、甲基茉莉酮酸酯或 β 氨基丁酸可以增强紫花苜蓿抗锈性。锈菌形成吸器后，叶片出现过敏性坏死是紫花苜蓿对此病菌的一种抗病机制。

分布与危害　紫花苜蓿锈病为世界性病害，其中以色列、埃及、苏丹、南非、苏联南部、美国均有发生，但在美国的北部危害较轻，而南部危害较重。在中国 18 个省（自治区、直辖市）都有发生，但严重发生区域主要在北纬 30°～45°，海拔 2000m 以下，年均气温 6℃，降水量 350mm 的地区，其中在内蒙古地区 4～6 月的降水分布均匀，则发生重。

紫花苜蓿发生锈病后，光合作用下降，呼吸强度上升，并且由于孢子堆破裂而破坏了植物表皮，使水分蒸腾强度显著上升，干热时容易萎蔫，叶片皱缩，提前干枯脱落。病害严重时草产量减少 60%，种子减产 50%，瘪籽率 50%～70%。病株的蛋白质和可溶性糖含量下降，总氮量减少 30%，营养价值降低。感染锈病的苜蓿植株含有毒素，影响适口性，易使家畜中毒。

可侵染叶片、叶柄和茎，初现褪绿小斑点（图 1 ①），后隆起成为圆形疱状斑的夏孢子堆，覆盖疱斑的表皮破裂后，露出黄褐色粉末状夏孢子（图 1 ②③④），后期在夏孢子堆之间产生暗褐色的疱斑状冬孢子堆。在叶片上的病斑最常见，正面和背面均出现夏孢子堆和冬孢子堆，冬孢子堆多生于叶背和茎秆上。病叶片在干热时易萎蔫皱缩，严重的提前干枯脱落，但在感病品种和抗病品种上的症状有别，可分为 5 个

图 1　紫花苜蓿锈病的症状（李彦忠提供）

①植株上的病斑；②叶片正面的夏孢子堆；③叶片背面夏孢子堆；④叶片表面开裂的大型夏孢子堆

苜蓿锈病的反应型表

反应型分级	症状特点	所代表的抗病程度
1	无表观症状	抗病
2	叶片上生微小褪绿斑和少数小型不开裂的夏孢子堆	抗病
3	叶片上生少数褪绿斑和不开裂夏孢子堆以及小型开裂的夏孢子堆	感病
4	叶片上生多数小型开裂夏孢子堆	感病
5	叶片上生多数中型至大型的开裂夏孢子堆	感病

反应级别（见表）。

病原及特征　条纹单胞锈菌（*Uromyces striatus*）属单胞锈菌属。夏孢子堆圆形，黄褐色，夏孢子单胞，球形至宽椭圆形，大小为15～23μm×15～20μm（平均20μm×18μm），孢子壁上有均匀的小刺，有2～5个芽孔，多数4个，沿赤道分布（图2①）。冬孢子堆圆形，暗褐色。冬孢子单胞，卵形、近圆形，15～22μm×15～20μm（平均18μm×17μm），外表有纵行隆起的条纹，芽孔顶生，外有透明的乳突，高可达4μm，柄短，无色，多脱落（图2②）。在转主寄主大戟属植物（*Euphorbia* spp.）上还可产生性子器和锈子器，性子器生于叶片正面，梨形，半埋生，平均240μm×180μm，性孢子单胞，无色，椭圆形，2～3μm×1～2μm（平均2.5μm×1.5μm）；锈子器生于叶背，杯形，橙黄色，锈孢子球形至宽椭圆形，直径15～18μm，橙黄色，孢壁表面有细疣，芽孔明显。

侵染过程与侵染循环

越冬　以菌丝体在大戟根部或以冬孢子在紫花苜蓿的病残体上越冬。

传播　紫花苜蓿锈病为气传病害，其夏孢子可以随气流（风）远距离传播，最远可传播到几百千米乃至上千米。在冬季严寒，锈菌夏孢子不能越冬的地区，春季发病的菌源就可能来自南方。而夏季气温过高，锈菌不能越夏的地区，造成秋季发病的菌源可能来自高海拔地区或北方。夏孢子也可随气流或雨滴飞溅而近距离传播，接触并侵入邻近植株，经过潜育期后，出现夏孢子堆，产生新一代夏孢子。

初侵染和再侵染　每年春季，在大戟属植物上相继产生性子器和锈子器，其中锈子器中释放出锈孢子，随气流传播，侵染紫花苜蓿。紫花苜蓿病残体上越冬的冬孢子在春季萌发产生担孢子，侵染大戟属植物，产生系统性症状：病株变黄，矮化，叶形变短宽，有时枝条畸形，病株呈扫帚状。紫花苜蓿发病后很快产生夏孢子，造成再侵染，由于该菌的繁殖能力很强，1片病叶上有几十乃至几百个孢子堆，1个孢子堆可产生几万个孢子，故在适宜条件下，该菌在半个月就可完成一次循环，每年有多个侵染循环。该病菌在南方温暖地方，以夏孢子世代连续侵染，随气流远程传播，向北方地区提供菌源。

流行规律　条纹单胞锈菌的夏孢子萌发和侵入的适温为15～25℃，最低温度2℃，超过30℃虽能萌发，

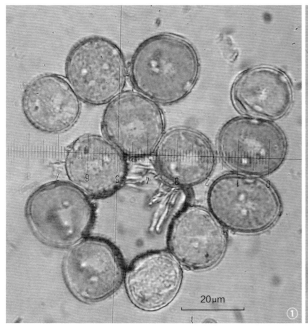
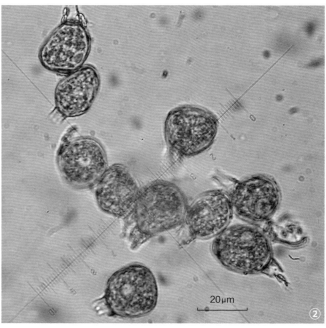

20μm　①

20μm　②

图2　紫花苜蓿锈菌的形态特征（李彦忠提供）

①夏孢子；②冬孢子

但出现芽管畸形，到35℃夏孢子便不能发芽。夏孢子萌发要求相对湿度不低于98%，以水膜内的萌发率最高。温度18～22℃、相对湿度40%～50%以上适于发病。

在中国北方，7月以前多为干旱天气，紫花苜蓿锈病不易流行，此后随雨季的来临，普遍发生，流行成灾，对产量和品质的影响仍然较大。在灌水频繁或灌水量过大的地区，在7月之前紫花苜蓿锈病也会严重发生。过施氮肥，草层稠密和倒伏，利用过迟或不足均可加重发病。品种感病、初始菌量较高和环境条件适宜是锈病流行三要素，其中各年的气象因素是决定紫花苜蓿锈病流行的关键要素。因为叶片表面持续较长时间的水膜是夏孢子萌发和侵入叶片的必要条件，故高湿多雨、降雨日数多、降水量大、昼夜温差大或灌溉频繁往往导致病害大流行。

防治方法　防治紫花苜蓿锈病需采取以选育和使用抗病品种为主的综合措施。

选育和使用抗病品种　在锈病常发地区，应加强抗锈病品种鉴别选育，栽培抗病、耐病品种。

抗锈性鉴定可采用田间自然发病鉴定，也可采用室内接菌鉴定。后者用混合菌种孢子悬浮液喷雾接种3～5周龄的盆栽幼苗，接种后立即移入保湿箱内保湿24小时，然后接种材料置于气温25℃、日照16小时的温室中培育，15～20天后调查发病情况，根据反应型评价抗病程度。叶片上夏孢子堆较小而少、反应型较低的品种以及潜育期较长、发病后的病情指数增长较慢的品种具有选育抗病品种的潜力。

在内蒙古呼和浩特地区，从地方品种中筛选出鄂旗苜蓿、长武苜蓿和阳高苜蓿等抗锈病材料。

农业防治　加强草地管护。铲除田间地边的大戟属转主寄主，冬季采用焚烧或翻耙土地等措施，减少病株残体，可减少菌源。建议增施磷钙肥，勿过量施用氮肥，合理灌水和排水，防止田间积水或过湿，通过加强水肥管理，平衡施肥，提高抗病性。当发病较重时，可适当增加灌溉，防止叶片迅速干枯，可减轻草产量损失。病重草地宜提早刈割，适时刈割可减少菌量，控制锈病流行，也可保障草品质。严重发生锈病的种子田不宜再留种，也应及时刈割。

化学防治　使用波尔多液、石硫合剂（0.5～1波美度）、代森锰锌、萎锈灵、氧化萎锈灵、三唑类内吸杀菌剂、硫悬浮剂等杀菌剂。施药时期以发病早期为宜，即在点片发生期，当大面积发病后再采取药剂防治则为时已晚。

参考书目

侯天爵, 1995. 我国北方苜蓿锈病病原生物学及综合防治研究[J]. 中国农业科学, 28(6): 91-92.

侯天爵, 刘一凌, 周淑清, 等, 1997. 内蒙古中部地区苜蓿锈病发生规律的初步研究[J]. 草业学报, 6(3): 51-54.

刘爱萍, 侯天爵, 1999. 苜蓿锈病寄主范围研究[J]. 中国草地 (1): 49-50, 67.

CASTILLEJO MÁ, SUSIN R, MADRID E, et al, 2010. Two-dimensional gel electrophoresis-based proteomic analysis of the *Medicago truncatula*-rust (*Uromyces striatus*) interaction[M]. Annals of applied biology, 157(2): 243-257.

KEMEN E, HAHN M, MENDGEN K, et al, 2005. Different resistance mechanisms of *Medicago truncatula* ecotypes against the rust fungus *Uromyces striatus*[J]. Phytopathology, 95(2): 153-157.

SARHAN E, ABDEL-MONAIM M F, MORSY K M, 2012. Influence of certain resistance inducing chemicals on alfalfa rust disease and its effect on growth parameters and yield components[J]. Australian journal of basic and applied sciences, 6(3): 506-514.

（撰稿：李彦忠、俞斌华、南志标；审稿：李克梅）

紫荆白粉病　redbud powdery mildew

由大豆白粉菌引起的紫荆病害。

分布与危害　在中国主要分布于华北南部、华东、华中、西南及西北东南部。一般多发生在寄主生长的中后期，可侵害叶片、嫩枝、花、花柄和新梢，影响树木生长及其经济价值和观赏价值。紫荆白粉病在中国各地均有发生，在北方地区的多雨季节以及长江流域及其以南的广大地区，发病率很高。白粉病通常在叶片的正、反面或嫩梢、芽、花和果实的表面产生白色的菌丝体。发病后期，在白粉层上形成许多深褐色至黑色的小颗粒，是病菌的闭囊壳，这是识别白粉病最显著的标志。该病发生时，在叶片上开始产生黄色小点，而后扩大发展成圆形或椭圆形病斑，表面生有白色粉状霉层。通常下部叶片比上部叶片多，叶片背面比正面多。霉斑早期单独分散，后多个相连成一个大霉斑，甚至可以覆盖全叶，严重影响光合作用，使正常新陈代谢受到干扰，造成早衰（见图）。

病原及特征　病原为白粉菌属的大豆白粉菌（*Erysiphe glycines* Tai）。分生孢子圆桶柱形、近柱形，大小为25.4～38.1μm×12.7～17.8μm，子囊果散生，暗褐色。壁细胞不规则多角形，附属丝一般不分枝，较少分枝1次，曲折状至扭曲状，上下近等粗。壁薄、平滑或稍粗糙，有隔膜，无色或淡黄色。子囊卵形、近球形或其他不规则形状，短柄、近无柄或无柄。子囊孢子卵形，带黄色。无性态为粉孢

紫荆白粉病症状（伍建榕摄）

属（*Oidium* sp.）。营养菌丝表生，繁茂，有隔膜，分枝，匍匐或蔓生，在寄主表皮细胞内产生裂片状吸器。分生孢子梗直立，大多数单生，产生向基的分生孢子链，近顶部具有一个有生殖力的分生组织区。分生孢子原始体链由上而下逐步成熟时，与分生孢子梗不易觉察地逐步连接起来。分生孢子顶生，大，卵形或椭圆形，透明或发亮，无隔。有性阶段在昆明未见。

侵染过程与侵染循环 白粉病菌以菌丝体或闭囊壳在病残体、病芽上越冬。翌年春天气温回升时，闭囊壳成熟，释放子囊孢子，越冬菌丝体也产生分生孢子，分生孢子借风雨传播，形成初侵染源，侵染叶片和新梢、幼芽等幼嫩组织，并可通过角质层和表皮细胞壁进入表皮细胞进行危害。生长季节可发生多次重复侵染。病菌以分生孢子在寄主间通过雨水和气流传播，并产生分生孢子进行多次重复侵染。

流行规律 该病主要发生在春秋两季，4～6月和9～10月是发病盛期，尤以秋季发病严重。病原菌一般在温暖、干燥或潮湿的环境易于传播，发病迅速，降雨则不利于病害发生。因施氮肥过多，土壤缺少钙或钾肥时，植株营养不良，也易发该病。植株过密、通风透光不良、小环境温湿度过大时，发病严重。温度变化剧烈，易使寄主细胞膨压降低，减弱植物的抗病能力，从而也有利于病害的发生。

防治方法

农业防治 秋冬季节清除病落叶，集中烧毁，减少侵染来源。

化学防治 发病初期可用20% 三唑酮乳油 20～30ml 或15% 三唑酮可湿性粉剂 350g，兑水 50～60kg 喷雾，或兑水 10～15kg 超低容量喷雾，均有很好的效果。

参考文献

伍建榕，杜宇，陈秀虹，2014. 园林植物病害诊断与养护：下册 [M].北京：中国建筑工业出版社.

张赭苒，李月胜，林柏辉，2015.园林植物叶部病害的症状鉴别方法及综合防治技术 [J].内蒙古林业调查设计，38 (1): 72-73.

（撰稿：伍建榕、韩长志、周婧婷；审稿：陈秀虹）

紫荆黄萎病 *Verticillium* wilt of redbud

由大丽轮枝菌引起紫荆枯萎的一种真菌病害。是中国及世界紫荆种植区域重要病害之一。

发展简史 1978 年和 1991 年国外学者对加拿大紫荆（*Cercis canadensis*）黄萎病有所研究，认为引起发病的病原菌为大丽轮枝菌（*Verticillium dahliae*）和黑白轮枝菌（*Verticillium albo-atrum*）。2013 年陆文静等人对杨凌地区发病紫荆枝条和叶柄进行常规组织分离，柯赫氏法则进行致病性测定，结合形态学和分子生物学方法，证明大丽轮枝菌是引起中国紫荆（*Cercis chinensis*）黄萎病的病原菌。在病害发生季节，陕西户县太平国家森林公园、河南郑州紫荆山公园紫荆黄萎病的发生率分别为 15% 和 20%。

分布与危害 世界毁灭性土传病害，寄主范围十分广泛，可侵染 40 个科 660 多种植物，涉及农作物、蔬菜、水果、观赏花卉、纤维及油料种子作物和各种木本植物等。

紫荆黄萎病的发病初期，植株叶片从边缘开始萎蔫，逐渐向内部扩展，叶片萎蔫分为两种类型：一种为黄色干枯型；另一种为灰绿色干枯型。发病后期，两种类型的坏死病叶均保持在枝条上不脱落；剥开发病枝条表皮可见褐色病残线；用刀片横切发病植株茎部和叶柄，肉眼可见木质部、韧皮部和髓部有褐色病变。发病株的个别枝条或树木的一侧发病严重（见图）。刚开始一般只影响到整株树的几个侧枝，称为"半边风"，严重时导致整株枯萎死亡。但有时树木枯萎落叶几周后，通过木质部导管之间的侧向联结和次生木质部的

紫荆黄萎病症状（祁润身摄）

①树体受害状；②紫荆黄萎病剖干检查病健对比

产生促使树木长出新芽，随后树势一般可以自我修复，或通过茎基部外来冲击恢复健康生长。观赏树木在发病后如能恢复到健康状态，也就没必要全部铲除。

病原及特征　病原为大丽轮枝菌（*Verticillium dahliae* Kleb.），属轮枝菌属真菌。分生孢子梗无色透明，直立，呈轮枝状，通常由1～3层轮枝和1个顶枝组成，3层轮枝常见，每层轮枝有3～4个瓶颈，分生孢子着生瓶体端部，常聚集成孢子球。分生孢子长椭圆形，无色透明，显微观察能看到孢子两端有油球，分生孢子大小为2.5～7.5μm×1.25～4.5μm。中国紫荆与加拿大紫荆的黄萎病发病症状略有不同，中国紫荆发病叶片存在2种症状类型，而加拿大紫荆发病叶片仅有灰绿色干枯型；引发两者黄萎病的病原菌种类也有差异，中国紫荆上仅分离得到大丽轮枝菌，而国外学者研究认为，引起加拿大紫荆黄萎病的有大丽轮枝菌和黑白轮枝菌。

侵染过程与侵染循环　紫荆黄萎病是典型的土传维管束病害，在土壤中抗逆性强，依靠产生少量微菌核就能引起病害的流行和传播，很难防治。在不同寄主中，病原菌存在的形式略有不同。在该病原菌侵染寄主时，首先由根部的表皮或伤口处入侵并在其根部的成熟区以及伸长区定殖，之后逐步向上扩散，侵入并破坏维管束组织，使根部吸收的水分不能向上输送，导致寄主枯死。此外，大丽轮枝菌的致病机理还与很多因子都有关。

流行规律　湿度、pH以及土壤微生物都会在一定程度上对发病程度产生影响。紫荆黄萎病暴发的关键因子除品种的抗病性较低、土壤病原菌的大量积累和适宜的气候条件之外，病原菌的致病力分化和致病力提高是病害发生流行的主要原因。细胞质变异也可能导致产生新的致病类群或生理小种。

防治方法

土壤管理　选择没有被病菌侵染的地块栽培无侵染的栽培苗。被大丽轮枝菌侵染的地块，采用熏蒸、日晒、绿色改良、生物土壤侵蚀的方法改造。由于环境的负面效应，土壤熏蒸剂灭菌法很大程度受到了限制。在地中海区域，土壤日晒成功地用于防治由大丽轮枝菌引起的枯萎病，如橄榄树栽培。而比较流行的做法是通过植物组织有机体发酵，再结合生物土壤灭菌法来防治林木枯萎病、黄萎病。种植前进行土壤消毒，造林时选用健壮及抗病能力强的种苗，增加株行距，改善林地的通风透光环境，使病原菌不易滋生。对已发病严重的植株要马上砍伐集中烧毁，并在病区附近撒石灰粉消毒，严防病原体扩散。避免与被侵染植物间作或混作，最低程度地减少根部损失，避免灌溉传播病原。

生物防治　对感染大丽轮枝菌的棉花、土豆、番茄等农作物进行筛选和接种试验，其中以木霉、黄色蠕形霉研究的较多。针对树木轮枝菌枯萎病的拮抗菌筛选试验报道较少。*Glomus mosseae* 作为菌根真菌应用极为广泛，接种在由大丽轮枝菌引起的橄榄枯萎病幼苗上能够明显控制病害的流行。可应用抗重茬微生态制剂改良土壤防治黄萎病。

参考文献

陆文静, 2013. 紫荆黄萎病病原学研究 [D]. 杨凌：西北农林科技大学.

MICHAEL R S, KLING G J, 1991. *Verticillium* wilt infection in *Cercis canadensis*[J]. Hort science: 68-90.

THORPE H J, JARVIS W R, 1978. *Verticillium* wilt in *Canadian redbud*[J]. Canadian plant disease survey, 58(4): 107.

（撰稿：王爽；审稿：李明远）

紫荆角斑病　redbud angular leaf spot

由紫荆集束尾孢和紫荆粗尾孢引起的、危害紫荆叶部的主要真菌性病害。

分布与危害　主要分布于中国上海、浙江、安徽、江苏、湖北、湖南、四川、云南等地。受角斑病危害的紫荆，通常提前落叶。严重者7月初叶片落光。翌年开花迟，花期短。该病主要危害叶片，病斑受叶脉限制，呈多角形，褐色至黑色，病斑扩展后，互相融合成大斑。感病严重叶片上布满病斑，导致叶片枯死，脱落。一般下部叶片先感病，逐渐向上蔓延扩展。在雨季，病斑扩大较快，常相互连接成片，引起叶枯、叶落（图1）。病斑有大小2种：大斑直径5～15mm；小斑为1～6mm。

病原及特征　紫荆集束尾孢（*Cercospora chionea* Ell. et Ev.）引起大斑；紫荆粗尾孢（*Cercospora cercidicola* Ell.）引起小斑。病菌分生孢子座圆球形，淡褐色，大小为37～86μm；分生孢子梗短，密集成束，淡橄榄色，不屈曲，不分枝，隔膜0～4个，大小为12.4～37.5μm×2.5～5.0μm；分生孢子线形或圆筒形，无色或近无色，直或弯曲，基部倒圆锥形平切，顶端钝圆，隔膜1～7个，大小为22～

图1　紫荆角斑病症状（朱丽华提供）

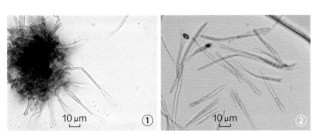

图2　紫荆角斑病病原 *Cercospora chionea*（朱丽华提供）

①分生孢子座及分生孢子梗；②分生孢子

100μm×2.5～3.7μm（图2）。该菌分生孢子萌发的最适温度28℃，最适pH3.5，最适湿度为水滴。紫外光、黑光灯和日光灯均可促进分生孢子产生，但以紫外光最好。用一只20W紫外光灯管，24小时连续光照，第9天产孢量达最高峰。

侵染过程与侵染循环 该病一般在7～9月发生，在雨水多的年份，发病严重。植株生长不良，多雨季节发病重。在武汉和株洲，每年4月中下旬可初见病斑。但5月上旬后病斑（小圆斑）停止扩展，至6月初才继续发展而形成角斑。6月底或7月初病部产生分生孢子，并以分生孢子再侵染。在湖南通常只有一次再侵染。7月出现大量病斑，8月开始落叶，9月常常出现下部枝条叶片全部脱落。严重时叶柄、新梢都能发病，引起枝梢死亡。植株生长不良时容易病重。病原在病叶及残体上越冬，翌年春季温湿度适宜时，孢子经风雨传播，侵染发病。

流行规律 紫荆角斑病发生严重与否，与湿度密切相关。多雨年份或靠近水源的紫荆发病重，发病早。

防治方法 秋季清除病落叶，集中烧毁，减少翌年侵染源。发病时喷50%多菌灵可湿性粉剂700～1000倍液，70%代森锰锌可湿性粉剂800～1000倍液，10天喷1次，连续喷3～4次均有良好的防治效果。

参考文献

吴时英, 2005. 城市森林病虫害图鉴[M]. 上海: 上海科学技术出版社.

杨子琦, 曹国华, 2002. 园林植物病虫害防治图鉴[M]. 北京: 中国林业出版社.

（撰稿: 刘红霞; 审稿: 叶建仁）

紫荆青枯病症状（伍建榕摄）

防治方法

农业防治 加强养护管理，增强树势，提高植株抗病能力。及时挖除枯死的病株，集中烧毁，并用70%五氯硝基苯或3%硫酸亚铁消毒处理。

化学防治 可用50%福美双可湿性粉剂200倍或50%多菌灵可湿粉400倍，或用抗霉菌素120水剂100μl/L药液灌根。

参考文献

陈秀虹, 伍建榕, 西南林业大学, 2009. 观赏植物病害诊断与治理[M]. 北京: 中国建筑工业出版社.

伍建榕, 杜宇, 陈秀虹, 2014. 园林植物病害诊断与养护: 下册[M]. 北京: 中国建筑工业出版社.

（撰稿: 伍建榕、韩长志、周媛婷; 审稿: 陈秀虹）

紫荆枯萎病 redbud wilt

由尖孢镰刀菌引起的紫荆病害。

分布与危害 分布于中国东南部，北至河北，南至广东、广西，西至云南、四川，西北至陕西，东至浙江、江苏和山东等地区。病菌从根部侵入，沿导管蔓延到植株顶端。地上部先从叶片尖端开始变黄，逐渐枯萎、脱落，并可造成枝条或整株枯死。一般先从个别枝条发病，后逐渐发展至整株枯死。剥开树皮，可见木质部有黄褐色纵条纹，其横断面导管周围可见到黄褐色轮纹状坏死斑（见图）。该病害通常从老叶开始发病，起初出现针尖大小浅褐色斑点，病斑逐渐扩大为圆形或近圆形深褐色斑点，边缘清晰，红褐色，严重时叶片黄化，枯萎并脱落。

病原及特征 病原为镰刀菌属的尖孢镰刀菌（*Fusarium oxysporum* Schlecht.）引起的输导系统病害。小型分生孢子1～2个细胞，卵形至肾脏形，散生于菌丝间，但不与大型分生孢子混生，大小为5～26μm×2～4.5μm；大型分生孢子在分生孢子座或黏分生孢子团内形成，纺锤形至镰刀形，弯曲或曲直，基部有足细胞或近似足细胞。

侵染过程与侵染循环 病菌以菌丝体、子囊壳在溃疡斑内越冬，翌年温湿度适宜时继续侵染危害。

紫荆溃疡病 redbud canker

由拟黑腐皮壳菌引起的，危害紫荆主干、枝梢的真菌性病害。

分布与危害 在中国主要分布于东南部，北至河北，南至广东、广西，西至云南、四川，西北至陕西，东至浙江、江苏和山东等地区。主干和枝梢感染溃疡病后，枝条上出现水渍状病斑，失水后病斑下陷，逐渐扩大，环绕枝条，树皮变黑，形成裂纹，当病斑在皮下连接包围树干时，上部即枯死。翌年在枯死的树皮上出现散生小黑点，即病原菌子实体（见图）。

病原及特征 病原为假小黑腐皮壳属（*Pseudovalsella* sp.）。子座圆锥形，埋没在树皮内，仅顶端暴露于表皮外。子座无暗色边缘。子囊孢子单胞、无色、腊肠形。分生孢子产生于子座中多腔的分生孢子器内，单胞、无色、腊肠形。

侵染过程与侵染循环 冬季病菌会潜藏在组织内越冬，由雨水及昆虫作短距离传播，通过苗木、接穗及果实作远距离传播。当组织幼嫩时，病菌自气孔、皮孔和伤口侵入。

流行规律 高温多雨，尤其是台风雨有利于病菌的繁

Z

紫荆溃疡病症状（伍建榕摄）

表面生有白色粉状霉层。通常下部叶片比上部叶片多，叶片背面比正面多。霉斑早期单独分散，后多个相连成一个大霉斑，甚至可以覆盖全叶，严重影响光合作用，使正常新陈代谢受到干扰，造成早衰。主要危害叶片、嫩枝。老叶从叶缘再易受害。初期病斑为淡褐色小点状，渐扩大变成褐色大斑，最后形成灰白色枯斑，在病健处有一紫褐色微突起的环纹。靠近环纹有轮生或散生黑色小点，潮湿时小点上有淡粉色黏液（分生孢子堆）（图1）。

病原及特征　病原为炭疽菌（*Colletotrichum* sp.）的一个种。分生孢子盘一般生于寄主表皮下，常产生褐色、有分隔、表面光滑、顶部渐尖的刚毛；分生孢子梗无色至褐色，分隔；产孢细胞无色，圆柱形，以内生芽殖的方式产生分生孢子；孢子无色，单胞，柱状或新月形，萌发后芽管顶端产生附着胞（图2）。

侵染过程与侵染循环　病菌以分生孢子在寄主间通过雨水和气流传播，并产生分生孢子进行多次重复侵染。炭疽

殖、传播和侵入，病害发生加重。

防治方法

农业防治　发现感病植株，及时剪除病枝并集中烧毁。

化学防治　发病较轻时，可用刀刮除病皮木质部。在伤口喷涂溃腐灵原液＋有机硅（涂抹面积应大于发病面积），病情严重的（多处流液且量大）次日再涂抹1次。发病季节，喷施0.5%等量式波尔多液，每隔15天喷1次，喷施次数依病害而定。

参考文献

陈秀虹，伍建榕，西南林业大学，2009.观赏植物病害诊断与治理[M].北京：中国建筑工业出版社.

伍建榕，杜宇，陈秀虹，2014.园林植物病害诊断与养护：下册[M].北京：中国建筑工业出版社.

（撰稿：伍建榕、韩长志、周媛婷；审稿：陈秀虹）

图1　紫荆炭疽病症状（伍建榕摄）

紫荆炭疽病　redbud anthracnose

由炭疽菌引起的紫荆叶部病害。

分布与危害　紫荆种植地都有发生。该病发生时，在叶片上开始产生黄色小点，而后扩大发展成圆形或椭圆形病斑，

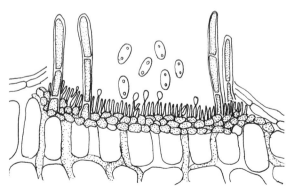

图2　紫荆炭疽病病原（陈秀虹绘）

菌属主要采用两种侵染策略：细胞内定殖和角质层下内部定殖。相应的病原菌也分为细胞内半活体营养型病原菌和角质层下病原菌。该病菌有潜伏侵染特性，易从伤口或日灼斑侵入。自然条件下主要以无性阶段在寄主植物上繁衍，有性阶段很少见，但也有例外，刘晓云 1995 年报道杉木炭疽菌在潮湿的环境下可以产生子囊壳，王晓鸥 1993 年在菜豆炭疽菌中发现了能够在 PDA 培养基上产生子囊壳的菌系。而 Waller（1992）研究中表明了炭疽菌既可作为潜伏菌和叶面区系成员存活在成熟组织上，也可作为腐生菌存活在死亡的组织上，作为越冬接种源场所。炭疽菌有些种类有很强的腐生和潜伏侵染能力，先侵染紫荆形成大量分生孢子，花瓣凋谢后炭疽菌侵染花梗或叶片，并转入潜伏侵染期，待翌年再侵染花瓣。

流行规律　当高温多湿气候时，衰弱株通风不良林地易发生炭疽病流行。病菌生长发育的适宜温度为 25℃ 左右。一般 5～6 月开始发病，7 月初达盛期，9 月以后逐渐停止发病。

防治方法

农业防治　秋冬季节清除病落叶，集中烧毁，减少侵染来源。

化学防治　发病初期可用 20% 三唑酮乳油 20～30ml 或 15% 三唑酮可湿性粉剂 50g，兑水 50～60kg 喷雾，或兑水 10～15kg 超低容量喷雾，均有很好的效果。

参考文献

吕锐玲，2008. 武汉梅树及其它园艺作物炭疽病的病原多样性研究 [D]. 武汉：华中农业大学．

伍建榕，杜宇，陈秀虹，2014. 园林植物病害诊断与养护：下册 [M]. 北京：中国建筑工业出版社．

PERFECT SE, HUGHES HB, O'CONNELL RJ, et al, 1999. *Colletotrichum*: A model genus for studies on pathology and fungal-plant interactions[J]. Fungal genetics and biology, 27(2/3): 186-198.

WALLER J M, BAILEY J A, JEGER M J, 1992. *Colletotrichum* diseases of perennial and other cash crops[J]. *Colletotrichum*: biology pathology and control: 167-185.

（撰稿：伍建榕、韩长志、周媛婷；审稿：陈秀虹）

图 1　紫荆叶斑病症状（伍建榕摄）

图 2　甘蔗田字孢（线筒菌）（陈秀虹绘）

紫荆叶斑病　redbud leaf spot

由拟盘多毛孢属的一个种和甘蔗田字孢两种真菌引起的，危害紫荆叶片的真菌病害。

分布与危害　紫荆栽培地均有分布。主要发生在叶片上，病斑呈近圆形，黄褐色至深红褐色，后期着生黑褐色小霉点。严重时叶片上布满病斑，常连接成片，导致叶片枯死脱落（图 1）。

病原及特征　病原为拟盘多毛孢属的一个种（*Pestalotiopsis* sp.）和田字孢属的甘蔗田字孢（线筒菌）［*Dictyoarthrinium sacchari*（Stevenson）Damon］（图 2）两种真菌引起。拟盘多毛孢分生孢子为 5 细胞、梭形，中间 3 细胞为有色胞，顶端细胞无色，一至多根附属丝。线筒菌，菌落黑色，直径达 1mm，分生孢子梗母细胞大小为 3～4μm×4～6μm，分生孢子梗大小为 130μm×4～5μm，分生孢子十字分隔，球形、近球形，扁平，4 个细胞，中间暗色，有疣，直径 9～15μm。侵染寄主茎叶，还可侵染刺竹、刺桐、凤梨、决明、香茅、龙血树、芦苇、甘蔗及百日菊等。

侵染过程与侵染循环　病菌以分生孢子在寄主间通过雨水和气流传播，并产生分生孢子进行多次重复侵染。

防治方法

农业防治　合理密植，合理施肥，增强生长势。零星发生不防治，但要及时清除病残体集中烧毁，减少侵染源。

化学防治　连片侵染发病时，用 50% 硫悬浮剂 200～400 倍液，27% 碱式硫酸铜 500～800 倍液，3% 多抗霉素

Z

900 倍液，25% 阿米西达悬浮剂 1250～2500 倍液喷雾。

参考文献

陈秀虹，伍建榕，西南林业大学，2009.观赏植物病害诊断与治理 [M].北京：中国建筑工业出版社.

魏晓西，魏林，2017.紫荆 1 种叶斑病病原鉴定及防治药剂初步筛选 [J].中国园艺文摘，33(5): 37-39.

伍建榕，杜宇，陈秀虹，2014.园林植物病害诊断与养护：下册 [M].北京：中国建筑工业出版社.

（撰稿：伍建榕、韩长志、周媛婷；审稿：陈秀虹）

紫荆枝叶枯病　redbud branch and leaf blight

危害紫荆枝叶的真菌病害。是在苗木繁育场和城市绿化紫荆上发生的一种新病害。

发展简史　2005—2006 年张荣对西北农林科技大学周边地区的紫荆枝叶枯病做了调查，并于 2007 年对紫荆枝叶枯病进行首次报道，也是中国第一次了解该病害发生的流行规律。

分布与危害　在中国主要分布于上海、杭州、唐山、苏州、重庆、长沙、福州。该病发生时，主要危害紫荆的枝和叶，造成植株叶片变黄、萎蔫脱落和枝条干枯，严重时导致整个植株枯萎死亡。叶面和小枝出现浅褐色至暗褐色小斑，叶背色淡。病斑扩大后其上生有许多小黑点，病斑围绕叶脉呈多角形、圆形或不规则形（病状）（见图）。紫荆叶枯病病斑呈"V"字形，初期为水渍状，沿叶脉呈网格状，后期

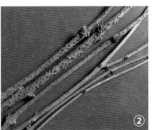

①②

③

紫荆枝叶枯病症状（伍建榕摄）

①叶片正面受害状；②枝条受害状；③叶片背面受害状

变为褐色、红褐色、深褐色，其上散生近球状的黑色颗粒（分生孢子器），病健交界处有黄色失绿。同一叶片上的病斑，一般连接成一个大病斑，从梢部开始蔓延，直至枝条枯萎。病害亦可危害荚果，条件适宜时，病斑扩展为长 2～7cm、宽 0.5～1cm 的黄褐色不规则病斑，严重时导致整个植株死亡。

病原及特征　病原为大茎点菌属某一种（*Macrophoma* sp.）和茎点霉属的紫荆生茎点霉（*Phoma cercidicola* P. Henn）。茎点霉属分生孢子器起初埋入寄主表皮内，后露出表层，壁为膜质、革质、角质或炭质，黑色、球形、扁球形、锥形或瓶形，有乳头状突起或无，有孔口；分生孢子器的壁由多层疏松菌丝交织而成。

侵染过程与侵染循环　病菌以菌丝或分生孢子器在落地叶上越冬，以分生孢子在寄主间通过雨水和气流传播。

流行规律　高温和降雨有利于该病害的发生，随气候的变化一年中该病的发生呈双峰型。

防治方法

农业防治　收集病叶深埋或烧毁，减少侵染来源。

化学防治　待植株开始展叶后，喷 1～2 次波尔多液或喷 1 次 50% 甲基硫菌灵 800 倍液。

参考文献

伍建榕，杜宇，陈秀虹，2014.园林植物病害诊断与养护：下册 [M].北京：中国建筑工业出版社.

张荣，2007.紫荆叶枯病病原菌鉴定及致病性测定 [D].杨凌：西北农林科技大学.

张荣，杨家荣，2007.我国紫荆叶枯病研究初报 [J].西北农业学报 (4): 235-238.

（撰稿：伍建榕、韩长志、周媛婷；审稿：陈秀虹）

紫罗兰白斑病　violet white spot

由白斑柱隔孢引起的一种危害紫罗兰叶的真菌性病害。

分布与危害　在紫罗兰栽培地均有分布。叶上病斑呈近圆形或不规则形，白色或淡绿色，有时因病斑而使叶片部分畸形。空气湿度大时，可见有短的白色绒状物样的白色霉斑（图 1）。

病原及特征　病原为柱隔孢属的白斑柱隔孢（*Ramularia areola* Atk.）（图 2）。菌丝无色或淡色，分生孢子梗无色，无或有分隔，偶有简单分枝，多呈丛生。产孢细胞与孢梗合生、合轴延伸，常成屈膝状，具孢痕，链生或单生分生孢子，分生孢子有或无隔，圆柱形、亚球形、椭圆形、纺锤形、极少线形，偶尔缢缩。孢子无色，平滑，微粗糙或略有小疣突。

侵染过程与侵染循环　主要以分生孢子梗基部的菌丝或菌丝块附着在地表的病叶上生存或以分生孢子黏附在种子上越冬，翌年借雨水飞溅传播到寄主上，孢子发芽后从气孔侵入，引致初侵染。病斑形成后又可产生分生孢子，借风雨传播进行多次再侵染。病原菌在植株病残体上越冬。

流行规律　栽植过密、通风透光不良、湿度高都会造成

图 1　紫罗兰白斑病症状（伍建榕摄）

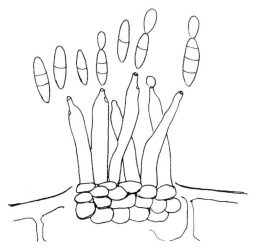

图 2　白斑柱隔孢（陈秀虹绘）

发病严重。

防治方法　播种前将种子用 1% 石灰水浸种 20 分钟后用清水洗净，也可用杀菌剂稀释后浸种消毒。苗床土壤用热力、化学方法消毒。当发现苗床内有病株时，应及时连土一起挖除，并在苗床上喷杀菌剂保护其他尚未发病的植株，防止病害继续蔓延。

参考文献

陈秀虹，伍建榕，西南林业大学，2009. 观赏植物病害诊断与治理 [M]. 北京：中国建筑工业出版社．

（撰稿：伍建榕、刘朝茂、张东华；审稿：陈秀虹）

紫罗兰白锈病　violet white rust

由白锈菌引起的一种危害紫罗兰叶部的卵菌病害。

分布与危害　紫罗兰栽培地均有白锈病的发生。发病初期，感病叶片表面产生褪绿斑点，病斑以后变为淡黄色至褐色。叶背相应处形成白色疱斑，破裂后散出白色粉末状物，为病原菌的游动孢子囊（图 1）。

病原及特征　病原为白锈属的白锈菌［*Albugo candida*（Pers.）Kuntze］，能寄生多种十字花科植物（图 2）。孢囊梗短粗，无限生长，顶生成串的孢子囊。卵孢子厚壁，有纹饰。

侵染过程与侵染循环　病原菌以卵孢子在病组织中越冬，翌年春季条件适宜时，卵孢子萌发形成芽管侵染危害植株，病原菌在新侵染的部位形成游动孢子囊，产生游动孢子进行再侵染。

流行规律　在温暖地区，寄主全年存在，病菌可以孢子囊借气流传播，完成其周年循环。白锈菌在 0～25℃ 均可萌发，潜育期 7～10 天。故此病多在纬度高或海拔高的地区和低温年份发病重，如内蒙古、吉林、云南此病有上升趋势，在广东一带如遇冬春寒雨天气，该病危害有时也很严重。在这些地区如低温多雨，昼夜温差大露量大，连作或偏施氮肥，植株过密，通风不好及地势低排水不良田块发病重。

图 1　紫罗兰白锈病症状（伍建榕摄）

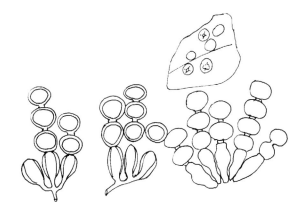

图 2　白锈菌（陈秀虹绘）

防治方法 在空气湿度大的季节如端午节前后或连绵小雨时，注意紫罗兰植株的密度，应使其变稀，有利通风透光，减轻病害。拔除病株。铲除十字花科杂草。初病时喷1%波尔多液或0.5波美度石硫合剂，每隔7～10天1次，共2～3次。

参考文献

陈秀虹，伍建榕，西南林业大学，2009.观赏植物病害诊断与治理[M].北京：中国建筑工业出版社.

宋瑞清，董爱荣，2000.城市绿地植物病害及其防治[M].北京：中国林业出版社.

（撰稿：伍建榕、刘朝茂、张东华；审稿：陈秀虹）

紫罗兰猝倒病　violet damping-off

一种危害紫罗兰根部及根茎的卵菌或真菌性病害。

分布与危害 在紫罗兰种植地均有发生。病株根和根茎处及幼株突然变成黑色不规则斑，迅速死亡。较老植株初病时，下部叶变黄，后茎环割，病株萎蔫（图1）。

病原及特征 病原为大雄疫霉（*Phytophthora megasperma* Drechsl）、腐霉属德巴利腐霉（*Pythium debaryanum* Hesse）、立枯丝核菌（*Rhizoctonia solani* Kühn）。凡是用种子育苗的地方大都会发生猝倒病（图2）。疫霉属（*Phytophthora*）大雄疫霉孢子囊卵形，无乳头状突起，层出形成，大小为$15～60\mu m×6～45\mu m$。藏卵器球形，$16～61\mu m$，一般$42～52\mu m$；卵孢子黄色，平滑，$11～54\mu m$，一般$37～47\mu m$，孢囊梗锐角分枝，具有特征性膨大（节状）；游动孢子囊倒洋梨形，顶端有一明显的乳突状孢子释放区。腐霉属（*Pythium*）德巴利腐霉孢子囊球形至卵形，直径$15～27\mu m$。藏卵器球形，顶生或间生，表面平滑，直径$15～25\mu m$。卵孢子球形，平滑直径$10～18\mu m$。孢囊梗线形、瓣状或球形，孢囊梗不分化为无限生长类型。丝核菌属（*Rhizoctonia*）立枯丝核菌初生菌丝无色，直径$4.98～8.71\mu m$，分枝呈直角或近直角，分枝处多缢缩，并具1隔膜，新分枝菌丝逐渐变为褐色，变粗短后纠结成菌核。菌核初白色，后变为淡褐或深褐色，大小$0.5～5mm$。老菌丝暗色，分枝处略缢缩，老菌丝疏松交织而成菌核。

侵染过程与侵染循环 病原菌在土壤中病残体内越冬。种子可传带病菌。病菌也能以菌丝体在病残体和腐殖质上营腐生生活，产生孢子囊和游动孢子，侵染幼苗引起猝倒病。病菌可借雨水或灌溉水的流动而传播。此外，带菌堆肥、农具等也能传播病害。

防治方法

农业防治 选好圃地，提倡在新垦山地育苗或用生黄土作苗床，或选砂壤排水良好处。前作不宜是感病植物。播种前土壤消毒，采用药剂或加热消毒。用细干土混2%～3%硫酸亚铁（青矾或称黑矾），每亩撒药土100～150kg，或用3%的溶液，每亩浇90kg，在酸性土上结合整地施石灰20～25kg/亩，可达消毒目的。柴草方便处可采取三烧三探，

图1　紫罗兰猝倒病症状（伍建榕摄）

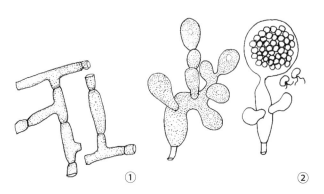

图2　紫罗兰猝倒病病原特征（陈秀虹绘）

①立枯丝核菌菌丝；②腐霉菌孢子囊、泡囊及游动孢子

达减少病苗、增加肥力的作用。用无病土或消毒的土壤。土壤消毒在播种前 2~3 周，每平方米苗床用 30~50ml 甲醛（50 倍液），喷洒土上，再用塑料薄膜覆盖 4~5 天后去膜疏松土壤，经 2 周药液挥发后播种。种子处理，用 50% 福美双，用种子量的 0.4% 拌种。加强经营管理，苗床要平，少施氮肥，发病初时喷杀菌剂 2~3 次，拔除病株销毁。

化学防治　可喷洒 75% 百菌清可湿性粉剂 800~1000 倍液或 65% 代森锰锌可湿性粉剂 600 倍液、64% 杀毒矾可湿性粉剂 500 倍液，每平方米喷药液 3L。

参考文献

陈秀虹，伍建榕，西南林业大学，2009. 观赏植物病害诊断与治理 [M]. 北京：中国建筑工业出版社.

付细会，2010. 论紫罗兰主要病害的症状识别与防治技术 [J]. 农家之友 (6): 93, 97.

刘峰，2005. 紫罗兰常见病害及防治 [J]. 特种经济动植物 (6): 40.

（撰稿：伍建榕、刘朝茂、张东华、肖月；审稿：陈秀虹）

紫罗兰根肿病　violet club root

一种危害紫罗兰根部的病害。

分布与危害　在中国紫罗兰栽培区域均有该病害的发生。主根上的瘤多靠近上部，球形或近球形，表明凹凸不平、粗糙，后期表皮开裂或不开裂；侧根上的瘤多呈圆筒形，手指状；须根上的瘤数目可达 20 余个并串生在一起。外部病症主要体现在：病株在中午炎热时，上部萎蔫，发病轻时，早晚恢复，随后下部叶片变黄枯萎，植株矮化，发病重时，整株死亡。幼苗期感病，早期死亡。地下部有明显根瘤，发病后期，病部易被软腐细菌等侵染，造成组织腐烂或崩溃，散发臭气致使整株死亡（图 1）。

病原及特征　病原为芸薹根肿菌（*Plasmodiophora brassicae* Woron.），属根肿菌属（图 2）。休眠孢子游离分散在寄主细胞内，不联合形成孢子堆，外观呈鱼卵状，成熟时相互分离。

侵染过程与侵染循环　病原菌休眠孢子囊萌发产生游动孢子。游动孢子侵入寄主根毛，生长成小原质团，形成游动配子囊，并产生游动孢子。合子侵入根部皮层，引起薄壁组织膨大，在组织内形成多核原质团。多核原质团经分裂形成多个单核的休眠孢子囊。休眠孢子囊在寄主细胞内，似鱼卵块状，成熟后分开。肿根分解后，休眠孢子囊进入土壤中越夏。这种病菌可寄生多种十字花科植物，如观赏植物中的桂竹香等。

防治方法

农业防治　选择抗病品种。在条件许可的情况下，采取轮作方式。在定植当日尽量选择好天气，定植后一周中或最少 2~3 天不下雨为原则。田间施肥尽量避免使用酸性肥料，尽量选择施用碱性肥。选用未被污染的干净水灌溉，若难以做到，则使用 0.06% 的氧化钙投入水中，可有效杀死病原菌。

化学防治　在紫罗兰播种期至 4 叶期前（使用药剂防治

图 1　紫罗兰根肿病危害症状（伍建榕摄）

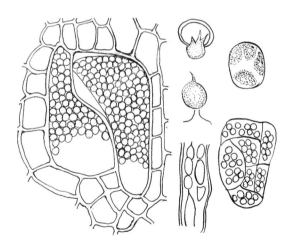

图 2　芸薹根肿菌（陈秀虹绘）

越早越好），使用 60% 百菌清可湿性粉剂 750 倍液灌根施药，间隔 7 天连续灌根施药 3 次，同时使用 60% 百菌清 + 生石灰，做 3 次处理。可采用氟啶胺进行土壤喷雾处理。在重症病株拔除销毁后，该穴要改用无病土或将带菌土用 70% 五氯硝基苯进行土壤消毒处理。可适当施用石灰，使土壤变成微碱性，处理防治效果明显。

生物防治　十字花科作物根部内生菌（*Heteroconium chaetospica*）可有效防治根肿病。其方法为泥炭土粒含麦芽糖及酵母抽出液，并经消毒后在 25℃ 暗处接种，培养本菌约 1 个月后，播种十字花科作物 3～4 周后，把苗定植于 pH5.3～6.7 并加入病菌的田间土壤，3 个月后，根瘤减少率为 52%～97%。

参考文献

刘文武，2012. 紫罗兰根肿病的防治 [J]. 云南农业 (11): 20.

宋瑞清，董爱荣，2000. 城市绿地植物病害及其防治 [M]. 北京：中国林业出版社 .

（撰稿：伍建榕、刘朝茂、张东华、肖月；审稿：陈秀虹）

紫罗兰黑斑病　violet black spot

危害紫罗兰叶片的真菌性病害。

分布与危害　在紫罗兰种植地均有分布。该病多在秋季发生，主要危害叶片、叶柄。病初叶上生褐色圆形病斑，大小 2～20mm，后期病斑中间变薄且变为浅灰色，易破裂或穿孔，其上生黑色小粒点（图 1）。

病原及特征　病原为萝卜链格孢（Alternaria raphani

图 1 紫罗兰黑斑病症状（伍建榕摄）

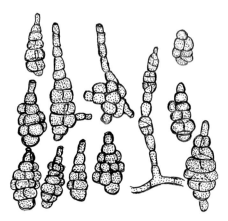

图 2 萝卜链格孢（陈秀虹绘）

Groves et Skoloko）（图 2）和日本链格孢（Alternaria japonica Yoshii），属链格孢属真菌。寄生于萝卜叶上生圆形、黑色斑点，直径 4mm，种荚上呈黑点斑。也发生于紫罗兰和其他十字花科植物。营养菌丝分隔，在分生孢子梗上向顶发育产生典型的链状分生孢子，分生孢子梗和体细胞菌丝很相似，暗色的梨形分生孢子通常既有横隔又有纵隔。

侵染过程与侵染循环　病原菌在植株病残体上越冬。靠风雨传播。

流行规律　栽植过密、通风透光不良、湿度高，发病重。病害高峰期从梅雨季节开始，7 月出现大量病斑，8 月开始落叶，9 月常常出现下部枝条叶片全部脱落。严重时叶柄、新梢都能发病，引起枝梢死亡。植株生长不良时容易病重。

防治方法

农业防治　与非十字花科植物隔年轮作，勿连作。与其他作物进行 3 年以上轮作。及时摘除病叶，收集病残体烧毁。加强管理，合理施肥，适当增施磷、钾肥提高抗病力。播种前用 50℃ 温水浸种 30 分钟或用 3% 农抗 120 水剂浸种 15 分钟。发病初期用 70% 代森锰锌 500 倍液或 50% 扑海因 1500 倍液或 75% 百菌清可湿性粉剂 500～600 倍液，40% 大富丹、50% 克菌丹可湿性粉剂 400 倍液、或 50% 腐霉利可湿性粉剂 2000 倍液，隔 7～10 天 1 次，连续 2～3 次。发病初期用 77% 可杀得可湿性粉剂 500 倍液或 14% 络氨酮水剂 300 倍液喷雾，隔 10 天左右喷 1 次，连续喷 2～3 次。

参考文献

付细会，2010. 论紫罗兰主要病害的症状识别与防治技术 [J]. 农家之友 (6): 93, 97.

刘峰，2005. 紫罗兰常见病害及防治 [J]. 特种经济动植物，8(6): 40.

林焕章，张能唐，1999. 花卉病虫害防治手册 [M]. 北京：中国农业出版社 .

陆谦，2003. 紫罗兰常见病害防治 [J]. 花木盆景（花卉园艺）(10): 30.

（撰稿：伍建榕、刘朝茂、张东华、肖月；审稿：陈秀虹）

紫罗兰花叶病毒病　violet mosaic virus disease

由多种病毒引起的，危害紫罗兰叶部的病毒病害。

分布与危害　在北京、广州、上海等地均有发生。其寄主范围广，包括 20 科的植物，观赏植物中紫罗兰、桂竹香为主要寄主。主要有 2 种症状。①叶子皱缩，呈深色与黄白色镶嵌的花叶。幼叶上可见深绿色的疱，老叶黄化。花小萎缩，花瓣表现深紫与浅紫或紫色与白色的碎锦。重病株矮小，提早枯死。②最初出现明脉，即叶脉褪绿变灰白色，呈半透明状，以后叶片出现近圆形褪绿斑驳，边缘界限不很分明。叶片簇生，叶缘略向上卷（见图）。

病原及特征　病原有芜菁花叶病毒(turnip mosaic virus，TuMV）、黄瓜花叶病毒（cucumber mosaic virus，CMV）及花椰菜花叶病毒（cauliflower mosaic virus，CaMV）。黄瓜花叶病毒病毒粒子为等轴对称的二十面体（T=3），无包

紫罗兰花叶病毒病症状（伍建榕摄）

膜，三个组分的粒子大小一致，直径约 29nm，易被磷钨酸盐降解，经醛类固定或用醋酸铀负染后可显示清晰的结构，有一个直径约 12nm 的电子致密中心，呈"中心孔"样结构。RNA1 和 RNA2 各包裹在一个粒子中，RNA3 和 RNA4 一起包裹在一个粒子中，常存在卫星 RNA 分子。椰菜花叶病毒病毒粒子为等轴状，直径约 50nm，无包膜，具有 T=7（420 个蛋白结构亚基）的多层结构，有 72 个形态亚基。芜菁花叶病毒粒体线状，大小为 700～800nm×12～18nm。

侵染过程与侵染循环　黄瓜花叶病毒可通过蚜虫和摩擦传播，有 60 多种蚜虫可传播该病毒，烟田以烟蚜、棉蚜为主。不能在病残体上越冬，主要在越冬蔬菜、多年生树木及农田杂草上越冬。

流行规律　发病适温 20°C，气温高于 25°C 多表现隐症。翌春比较干旱，旺长前温度出现较大波动，有干热风，可导致 CMV 大流行。

防治方法

农业防治　及时拔除病株，清除杂草和其他寄主，减少病毒来源。用肥皂洗手，消毒工具，防止或减少汁液接触传播。防治蚜虫。覆盖银灰色薄膜，驱避蚜虫。可喷杀虫剂或石硫合剂，冬春用 1～1.5 波美度，夏秋晴天用 0.3～0.9 波美度，7～10 天 1 次。

化学防治　药剂可选用 10% 吡虫啉每亩 30～50g 或 25% 速灭威 200～300 倍液喷雾。40% 乐果乳剂 1500～2000 倍液喷洒防治或用 25% 溴氰菊酯 2000～2500 倍液喷洒。

参考文献

付细会，2010. 论紫罗兰主要病害的症状识别与防治技术 [J]. 农家之友 (6): 93.

刘峰，2005. 紫罗兰常见病害及防治 [J]. 特种经济动植物 (6): 40.

王瑞灿，孙企农，1987. 观赏花卉病虫害 [M]. 上海：上海科学技术出版社 .

（撰稿：伍建榕、刘朝茂、张东华；审稿：陈秀虹）

紫罗兰黄萎病　violet *Verticillium* wilt

由黄萎轮枝孢引起的，主要危害紫罗兰的叶部，后引起整株侵染的一种真菌性病害。

分布与危害　在紫罗兰栽培地均会发生该病害。发病初期，先由下部叶片开始，叶脉间变黄，叶片萎蔫，以后整株出现萎蔫状。这种萎蔫症状在晴天中午显著，在早晨、夜间以及阴雨天尚可恢复，但到了后期萎蔫状便不能再恢复，叶片变褐干枯脱落，严重时全株枯死。剖视病株根、茎、分枝及叶柄，可见维管束变为褐色（图 1）。

病原及特征　病原为轮枝孢属的黄萎轮枝孢（*Verticillium albo-atrum* Reinke et Berth.）（图 2）。营养体集分隔的菌丝体，无色透明，无分隔的小的分生孢子，在分生孢子梗的轮生分枝顶部形成。病菌菌丝初无色，熟后变褐色，有隔膜。

侵染过程与侵染循环　病菌以分生孢子在病残体上越冬。主要靠流水、风雨和耕作传播。远距离靠带菌种子传播。

图 1　紫罗兰黄萎病症状（伍建榕摄）

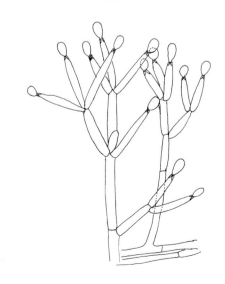

图 2　黄萎轮枝孢（陈秀虹绘）

流行规律　该病害发病适温在 25℃ 左右，气温达到 22～28℃ 时易发病，在 20℃ 以下的低温和 30℃ 以上的高温下难以发病。

防治方法

农业防治　实行轮作。由于黄萎病菌寄主范围较广，要合理选择轮作植物，不能与菊花等花卉轮作，间隔年限为 4～5 年。种子处理。种子繁殖前，用药剂拌种。拌种时可用 50% 苯菌灵可湿性粉剂和 50% 福美双可湿性粉剂各 1 份，加泥粉 3 份混匀后，取用种子质量的 0.2% 药泥粉拌种。培育壮苗。用无病菌的土壤进行营养钵育苗，出苗前维持较高的温度，幼苗期避免低温。定植时要多带土少伤根。定植后选晴天高温时浇水，避免积水。

化学防治　于定植缓苗后或发病初期，用 50% 多菌灵可湿性粉剂 500 倍液，或 50% 甲基硫菌灵可湿性粉剂 500～1000 倍液进行灌根。每株每次 0.3～0.5L 药液，隔 10 天灌 1 次，连灌 2～3 次。或用 25.9% 络锌·络氨铜水剂（抗枯灵）500 倍液喷雾，重点喷洒病株及其邻近健株，每 10 天喷 1 次，连续喷 2～3 次。

参考文献

陈晶，2013. 紫罗兰保护地栽培及病害防治 [J]. 农业工程技术：温室园艺 (5): 84-85.

陆谦，2003. 紫罗兰常见病害防治 [J]. 花木盆景（花卉园艺）(10): 30.

（撰稿：伍建榕、刘朝茂、张东华、肖月；审稿：陈秀虹）

紫罗兰灰霉病　violet gray mold

由灰葡萄孢引起的一种危害紫罗兰的真菌性病害。

分布与危害　在中国南方均有发生。发病时植株叶片先变软，后期病茎部分组织逐渐腐烂，整株死亡。幼苗感病易猝倒死亡或整株软腐溃烂，潮湿时长出 2～6mm 长的灰色绒毛状物。花期受害，花朵被覆盖一层密密的灰霉状物，并能散发出大量灰色孢子雾（见图）。

病原及特征　病原为葡萄孢属的灰葡萄孢（*Botrytis cinerea* Pers. ex Fr.）。营养体是分隔的菌丝体，单个分生孢子卵形，无隔。

侵染过程与侵染循环　病菌以菌核和分生孢子在病部或病残组织上生存，有时也可以黏附在种子表面，幼株接触带菌土壤或紫罗兰衰老组织出现伤口时，易发病。

流行规律　多在高湿条件下造成。种植过密、通风不良发病重。

防治方法

农业防治　一般是单株发生，发现病株应立即除去有病的叶片及花枝。①控制棚室的温度和湿度。晴天，上午棚室内温度升到 33℃ 时开始通风，下午随着光照强度逐渐变弱，温度逐渐降低，始终使温度保持在 20℃ 以上，降低至 20℃ 以下时，封闭棚室保温。②注意棚室卫生。种植过有病花卉的盆土，必须换掉，或是经消毒后方可使用，及时清除病花、病叶。③加强肥水管理，注意园艺操作。定植时要施足底肥，适当施磷肥、钾肥，控制氮肥用量。浇水后要通风排湿；养护过程中应小心操作，避免植株上造成伤口，以防止病菌侵入。

化学防治　施用代森锌、依普同、快得宁等含铜制剂，用 1000～2000 倍液喷洒防治，每隔 7～10 天 1 次，连用 2～3 次，并注意通风，可有效抑制病害传播。用 50% 福美双，按种子重量的 0.3%～0.4% 拌种；发病初期用 50% 克菌丹 500 倍液或 50% 速克灵 1500 倍液喷雾，隔 7～10 天一次，共 2～3 次。在温室大棚内使用烟剂和粉尘剂，是防治灰霉病的一种便捷而有效的方法。用 10% 速克灵烟剂熏烟，每亩用药 200～250g；或用 45% 百菌清烟剂，每亩用

紫罗兰灰霉病症状（伍建榕摄）

药 250g，于傍晚分几处点燃，封闭棚室，过夜即可。也可选用 5% 百菌清烟剂，或 10% 灭克粉尘剂，或 10% 腐霉利粉剂喷粉，每亩用药粉量为 1000g，烟剂和粉剂每 7～10 天用 1 次，连续用 2～3 次，效果很好。播种前将种子用 1% 石灰水浸种 20 分钟，后用清水洗净，也可用杀菌剂稀释后浸种消毒。苗床土壤用热力、化学方法消毒。当发现苗床内有病株时，应及时连土一起挖除，无病土后补种，并在苗床上喷杀菌剂保护其他尚未发病的植株，防止病害继续蔓延。

参考文献

陈晶，2013. 紫罗兰保护地栽培及病害防治 [J]. 农业工程技术：温室园艺 (5)：80-81.

付细会，2010. 论紫罗兰主要病害的症状识别与防治技术 [J]. 农家之友 (6)：93, 97.

李春华、李天纯、李柯澄，2016. 非洲紫罗兰栽培与病虫害防治 [J]. 中国花卉园艺 (10)：40-43.

（撰稿：伍建榕、刘朝茂、张东华；审稿：陈秀虹）

紫罗兰茎溃疡病　violet stem canker

由纤细枝孢和海绵枝孢引起的一种危害紫罗兰茎的真菌性病害。

分布与危害　在紫罗兰种植地均有发生。茎部初有白色菌落和黑色菌落，茎组织有裂口，逐渐裂口变大，白色菌落变为粉红色至橘红色，枝和茎裂口处溃疡斑极易断开（图 1）。

图 1　紫罗兰茎溃疡病症状（伍建榕摄）

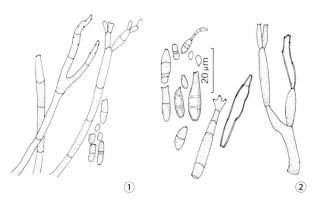

图 2　紫罗兰茎溃疡病病原特征（陈秀虹绘）

①纤细枝孢；②海绵枝孢

病原及特征　白色、红色菌落是极细枝孢（*Cladosporium tenuissimum* Cooke）（图 2 ①），黑色菌落是海绵枝孢（*Cladosporium spongiosum* Berk. & Curt.）（图 2 ②）。属枝孢属真菌。分生孢子梗丛生，黄褐色，分生孢子纺锤形或卵形，黄褐色。营养体为分隔菌丝体，长的、椭圆形的、不分隔或单隔的黑色分生孢子，在分生孢子梗上向顶式发育成链，分生孢子梗末端带有成丛的小梗。

侵染过程与侵染循环　以分生孢子在病残体上越冬。该病原菌主要靠流水、风雨和耕作传播。

流行规律　阴雨潮湿天气利于病害发生。

防治方法　摘除病叶，清除病残体，销毁。发病时喷 50% 退菌特 800 倍液，或 50% 多菌灵 1000 倍液。

参考文献

陈秀虹，伍建榕，西南林业大学，2009. 观赏植物病害诊断与治理 [M]. 北京：中国建筑工业出版社.

吴棣飞，蒋明，2018. 家庭花草病虫害防治百科 [M]. 北京：中国农业出版社.

（撰稿：伍建榕、刘朝茂、张东华；审稿：陈秀虹）

紫罗兰菌核病　violet *Sclerotinia* rot

由核盘菌引起的，危害紫罗兰的一种真菌性病害。

分布与危害　在紫罗兰栽培地均有分布。开花期的叶、茎、花都会受害，以茎部被害最重。叶柄和茎基初病产生红褐色斑，湿腐，渐转为白色，长出白色絮状菌丝，大片长条形或绕茎危害，此时易折断。病斑的皮层易和木质部分离，其后破裂成乱麻状，髓部蚀空，内部产生许多鼠粪状的黑色菌核（图 1）。

病原及特征　病原为核盘菌属的核盘菌［*Sclerotinia sclerotiorum*（Lib.）de Bary］（图 2）。子囊盘小，呈小杯状，浅肉色至褐色，单个或几个从菌核上生出，柄褐色细长，弯曲，向下渐细，与菌核相连。菌丝体可以形成菌核，长柄的褐色子囊盘产生在菌核上。菌核形状多样，子囊圆柱形，大小为 120～140μm×11μm，孢子通常 8 个，单行排列，椭圆

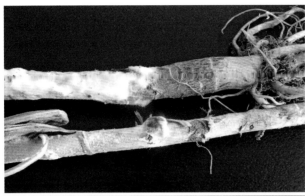

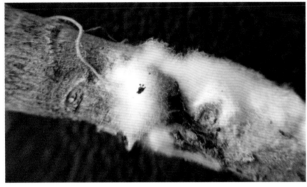

图 1　紫罗兰菌核病症状（伍建榕摄）

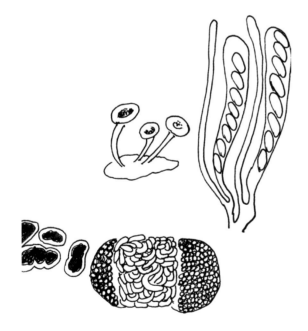

图 2　核盘菌（陈秀虹绘）

形，大小为 8～14μm×4～8μm，侧丝细长，线形，无色，顶部较粗。它可以侵染许多寄主植物，如油菜、鹅掌柴、鸢尾、雏菊等，广泛危害十字花科、菊科、豆科、茄科、葫芦科、锦葵科植物。

侵染过程与侵染循环　菌核在土壤、残体、种子和堆肥中越冬。在温湿度适宜时，菌核萌发长出子囊盘，并散发出子囊孢子，成为初侵染源。在干旱的情况下，土壤中的菌核也可以直接产生菌丝，可侵染接近地面的枝叶而

发病。

流行规律　南方 2～4 月及 11～12 月适其发病。该病对水分要求较高；相对湿度高于 85%，温度在 15～20°C 利于菌核萌发和菌丝生长、侵入及子囊盘产生。因此，低温、湿度大或多雨的早春或晚秋有利于该病发生和流行，菌核形成时间短，数量多。

防治方法

农业防治　着重抓好轮作。播种不带菌的种子。无病株留种或播种前选种，除去菌核。与大葱、菠菜等实行 2～3 年轮作。窄注深沟排渍水。抽薹期控制氮肥施用量等。

化学防治　结合紫罗兰花期适当喷农药。酸性士可喷 1:5～8 硫黄消石灰粉，2～3kg/ 亩；碱性土喷施 50% 多菌灵可湿性粉剂 500～1000 倍液，可 7～10 天喷施 1 次，约喷 2～3 次。消除病残体，深翻土地，用 50% 腐霉利 1500 倍液或 50% 乙烯菌核利 1000 倍液、50% 菌核净 1000 倍液喷雾。保护地用 10% 腐霉利烟剂，每亩 250g。

参考文献

陈秀虹, 伍建榕, 西南林业大学, 2009. 观赏植物病害诊断与治理 [M]. 北京：中国建筑工业出版社 .

刘峰, 2005. 紫罗兰常见病害及防治 [J]. 特种经济动植物 (6): 40.

（撰稿：伍建榕、刘朝茂、张东华；审稿：陈秀虹）

紫罗兰枯萎病　violet wilt

由大雄疫霉和尖孢镰刀菌引起的一种使紫罗兰枯萎的病害。

分布与危害　在紫罗兰栽培区域均有发生。病株根和茎基部及幼株突变黑色至死亡。较老植株初为下部叶变黄，后地表附近环割，病株萎蔫。该病主要发生在中后期，最易发病的部位为茎秆与土表之间。染病株初期表现生长缓慢，从下部到上部叶片逐渐变黄、枯萎；后期植株维管束坏死，植株根系发育较差（图 1）。

病原及特征　病原为大雄疫霉（*Phytophthora megasperma* Drechsl）（图 2）和镰刀菌属尖孢镰刀菌（*Fusarium oxysporum* Schlecht.）。大雄疫霉孢子囊卵形，无乳头状突起，层出形成，大小为 15～60μm×6～45μm。藏卵器球形，16～61μm，一般 42～52μm；卵孢子黄色，平滑，11～54μm，一般 37～47μm。尖孢镰刀菌的小型分生孢子着生于单生瓶梗上，常在瓶梗顶端聚成球团，单胞，卵形；大型分生孢子镰刀形，少许弯曲，多数为 3 隔。厚垣孢子尖生或顶生，球形。

侵染过程与侵染循环　土传病害，病菌在病残体和土壤中越冬，靠雨水和昆虫传播，从伤口侵入。

流行规律　该病菌在土温 28°C 时易侵染植株发病，在 33°C 以上或 21°C 以下时不利发病。土壤板结，透水性差及有根结线虫危害的伤口，枯萎病加重。种子带菌。

防治方法

农业防治　拔除病株销毁，并对病株周围 30cm 直径范

图 1　紫罗兰枯萎病症状（伍建榕摄）

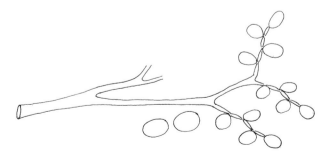

图 2　大雄疫霉（陈秀虹绘）

围给予杀菌剂处理。少施氮肥，增施磷、钾肥。

化学防治　在发病初期应用杀菌剂灌根及喷雾相结合，用 500 倍多菌灵加 500 倍代森锰锌灌根 2～3 次。种子处理用 40% 甲醛 400 倍液浸种 25 分钟，或在 50℃ 温水中浸 10 分钟。用 70% 五氯硝基苯 2kg/ 亩加细土撒施，间隔 7～10 天 1 次，共 3～5 次。卵菌引起的病害用甲霜灵或烯酰吗啉、氟吗啉等进行防治。

参考文献

陈秀虹，伍建榕，西南林业大学，2009. 观赏植物病害诊断与治理 [M]. 北京：中国建筑工业出版社 .

付细会，2010. 论紫罗兰主要病害的症状识别与防治技术 [J]. 农家之友 (6): 93, 97.

刘峰，2005. 紫罗兰常见病害及防治 [J]. 特种经济动植物，8(6): 40.

（撰稿：伍建榕、刘朝茂、张东华、肖月；审稿：陈秀虹）

紫罗兰曲顶病毒病　violet top curl virus disease

由甜菜曲顶病毒引起的一种危害紫罗兰花和叶的病毒病害。

分布与危害　美国北部、墨西哥以及加拿大有分布。病株矮化，枝顶腋芽萌发许多侧枝，其上有线状叶（扭曲向内卷），叶下表面叶脉扭曲，并长出瘤状突起，花茎簇生，花畸形，花瓣变小（见图）。

紫罗兰曲顶病毒病症状（伍建榕摄）

病原及特征　病原为甜菜曲顶病毒（beet curly top virus，BCTV）。甜菜曲顶病毒粒子为双联体结构，每个粒子大小为 18nm×30nm，无包膜，由两个不完整的 20 面体组成。寄主范围广，有 44 科的 300 多种双子叶植物。该病毒分化为许多株系，有的株系只能侵染最易感病的品种。

侵染过程与侵染循环　甜菜曲顶病毒致死温度约 80℃，稀释限点 10^{-3}，体外存活期几天至数个月不等。叶蝉和菟丝子可传播。

流行规律　带毒叶蝉在雨天迁飞时传毒，传播效率高低主要与媒介昆虫带毒数量有关。

防治方法　拔除病株和菟丝子并销毁。严格控制介体昆虫叶蝉，减少感染机会。用 50% 马拉松 1000 倍液或 1 波美度左右的石硫合剂，视天气定，冷天浓度大些，热天浓度小些，可兼防治病害和虫害。

参考文献

陈秀虹，伍建榕，西南林业大学，2009. 观赏植物病害诊断与治理 [M]. 北京：中国建筑工业出版社.

金波，2004. 园林花木病虫害识别与防治 [M]. 北京：化学工业出版社.

孔宝华，蔡红，陈海如，等，2002. 花卉病毒病及防治 [M]. 北京：中国农业出版社.

（撰稿：伍建榕、刘朝茂、张东华；审稿：陈秀虹）

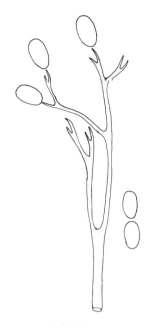

寄生霜霉（陈秀虹绘）

矾可湿性粉剂 500 倍液、40% 乙膦铝可湿性粉剂 250～300 倍液喷施防治。隔 7～10 天喷 1 次，连续喷 2～3 次。

参考文献

陈晶，2013. 紫罗兰保护地栽培及病害防治 [J]. 农业工程技术（温室园艺）(5): 80-81.

金波，余一涛，王军，1994. 花卉病虫害防治 [M]. 北京：中国农业科技出版社.

刘峰，2005. 紫罗兰常见病害及防治 [J]. 特种经济动植物 (6): 40.

（撰稿：伍建榕、韩长志、周媛婷；审稿：陈秀虹）

紫罗兰霜霉病　violet downy mildew

由寄生霜霉引起的，主要危害紫罗兰叶片、嫩梢、花梗和花的一种卵菌病害。

分布与危害　广东、广西、湖南、江西、海南地区春夏季高发。发病初期，感病叶片正面产生褪绿斑点，以后逐渐发展为黄色病斑，叶背相应处产生白色霜状霉层。嫩梢、花梗和花上也产生霜状霉层，有时形成矮化、肿胀等畸形症状。病斑上的霜状霉层为病原菌的孢囊梗和孢子囊。

病原及特征　病原为寄生霜霉［*Hyaloperonospora parasitica*（Pers. ex Fr.）Constant］，属霜霉属真菌。孢囊梗单生或丛生，锐角叉状分枝 4～7 次，顶枝微弯而尖。孢子囊椭圆形。藏卵器多角圆球形。卵孢子球形（见图）。

侵染过程与侵染循环　病原菌以卵孢子在土壤和病残体中越冬，条件适宜时，卵孢子萌发产生芽管，进行初次侵染，病部产生孢子囊，经风雨传播进行再次侵染。

流行规律　在温度较低、湿度高、植株过密、通风透光不良等条件下发病严重。

防治方法

农业防治　及时剪除病株和叶并销毁，将污染的苗床消毒换土。严重发病苗床，下次播种前土壤要先消毒（见紫罗兰猝倒病）。加强栽培管理，植株栽植不宜过密，注意排湿，增强通风透光性。

化学防治　发病前或发病初，可喷洒 1∶1∶200 波尔多液或 80% 乙膦铝可湿性粉剂 800 倍液，每隔 10～15 天喷 1 次。用 58% 瑞毒霉锰锌可湿性粉剂 600 倍液或 64% 杀毒

紫罗兰萎蔫病　violet *Fusarium* wilt

由尖孢镰刀菌引起的危害紫罗兰叶片的真菌性病害。

分布与危害　在紫罗兰种植地均有发生。植株矮化，较大的植株叶片易下垂，病株导管变色。在幼株病叶上产生明显的叶脉半透明现象，病株极易萎蔫（图 1）。

病原及特征　病原为镰刀菌属尖孢镰刀菌（*Fusarium oxysporum* Schlecht.）（图 2）。镰刀菌属（*Fusarium* spp.）具有大、小两型分生孢子，大、小两型分生孢子的形状、细胞数不同。小型分生孢子着生于单生瓶梗上，常在瓶梗顶端聚成球团，单胞，卵形；大型分生孢子镰刀形，少许弯曲，多数为 3 隔。厚垣孢子尖生或顶生，球形。寄主范围广。

侵染过程与侵染循环　病菌为根部习居菌，可在土壤中的病株残组织中生存多年。可通过病土、灌溉水流的带菌组织而传播，从根部伤口侵入寄主。

防治方法　常巡视种植地，及时发现病株，拔除并销毁。土壤蒸汽消毒，或采用无土栽培。培育抗病品种，选用无病插条，建立无病田本圃。种植前浇施 50% 克菌丹或 50% 多

图 1 紫罗兰萎蔫病症状（伍建榕摄）

图 1 紫罗兰细菌性腐烂病症状（伍建榕摄）

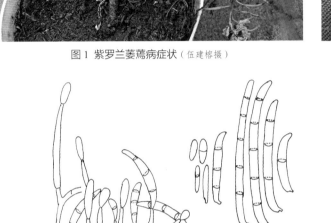

图 2 尖孢镰刀菌（陈秀虹绘）

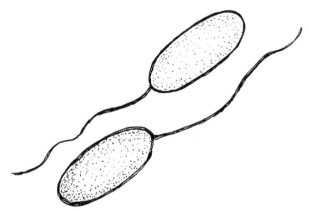

图 2 黄单胞杆菌（陈秀虹绘）

菌灵 800 倍液。

参考文献

陈秀虹，伍建榕，西南林业大学，2009. 观赏植物病害诊断与治理 [M].北京：中国建筑工业出版社.

付细会，2010. 论紫罗兰主要病害的症状识别与防治技术 [J].农家之友 (6): 93.

（撰稿：伍建榕、刘朝茂、张东华；审稿：陈秀虹）

紫罗兰细菌性腐烂病 violet bacterial rot

由黄单胞菌引起的，发生于紫罗兰苗期和成株的一种细菌性病害。

分布与危害 在紫罗兰种植地均有发生。幼苗发病，感病主茎上呈水渍状暗绿色软腐，以后变为暗褐色。成株期发病，在近地面的茎部出现病斑，病斑不规则形或环绕茎部，黑褐色、稍凹陷、开裂，导致植株枯死，病部有脓液状物（图 1）。

病原及特征 病原为黄单胞菌属紫罗兰黄单胞菌（*Xanthomonas incanae*）（图 2）。细胞直杆状，大小

0.4 ～ 1.0μm×1.2 ～ 3.0μm，单端极生鞭毛。

侵染过程与侵染循环 病菌在病斑及病残体上越冬，翌春菌体通过雨水、昆虫等传播。细菌通过气孔、皮孔和各种伤口侵入。

流行规律 发病与雨水关系密切，春夏年份，发病早且严重。虫伤和日灼伤是细菌侵入的适宜条件。

防治方法 种植前种子必须消毒，可用 54.4℃ 热水浸种 10 分钟，然后迅速冷却晾干。土壤消毒。发现病株，立即清除。发病期，可喷洒链霉素进行防治。

参考文献

陈秀虹，伍建榕，西南林业大学，2009. 观赏植物病害诊断与治理 [M].北京：中国建筑工业出版社.

宋瑞清，董爱荣，2000.城市绿地植物病害及其防治 [M].北京：中国林业出版社.

（撰稿：伍建榕、刘朝茂、张东华；审稿：陈秀虹）

紫罗兰叶尖枯病 violet leaf tip blight

由海绵枝孢引起的一种危害紫罗兰叶片的真菌性病害。

Z

分布与危害　在中国南方地区均有发生。初期在较低位叶产生坏死斑，病斑扩展迅速，则会使整株感染病斑并逐渐蔓延到其他植株上，中下部老叶叶尖病初发黄变褐，收缩微卷曲，湿度大时出现暗绿色霉层或暗橄榄色密毡状物，形成叶尖枯病；而海绵枝孢可以引致中下部老叶全片叶产生分散的许多不规则形小斑，叶片不变形，湿度大时产生暗褐色至黑色绒毛状物（图1）。

病原及特征　病原为枝孢属的海绵枝孢（*Cladosporium spongiosum* Berk. & Curt.）（图2）。营养体为分隔菌丝体，长的、椭圆形的、不分隔或单隔的黑色分生孢子，在分生孢子梗上向顶式发育成链，分生孢子梗末端带有成丛的小梗。

侵染过程与侵染循环　病菌在病落叶上越冬。病菌寄生力强，新叶展开后就可致病，该病原菌借助气流等传播。

流行规律　高温或通风透气不良的温室发病较重。

防治方法

农业防治　该菌尚能侵染槟榔（叶枯）、德国兰（花腐）、铁刀木和茼蒿（叶霉）等，种植时不与这些植物种在一起，以免扩大侵染。少量植株发病时，应及时清除病叶，喷杀菌剂保护，若有20%以上植株发病，应拔除那些有病株，使株行距变大，使之通风透光，降低湿度和温度（即调节温棚和遮阳网，达到降温降湿的目的）。

化学防治　在发病初期用75%百菌清可湿性粉剂700～800倍液，或70%甲基托布津可湿性粉剂500～700倍液，或50%苯菌灵可湿性粉剂1000～1500倍液，或霜霉威乳悬剂5000倍液进行喷洒，每隔7～10天1次，连续喷雾2～3次。

参考文献

陈秀虹，伍建榕，西南林业大学，2009. 观赏植物病害诊断与治理 [M]. 北京：中国建筑工业出版社.

黄卫平，刘海涛，2006. 非洲紫罗兰常见病虫害及防治 [J]. 花卉 (5): 25.

李春华，李天纯，李柯澄，2016. 非洲紫罗兰栽培与病虫害防治 [J]. 中国花卉园艺 (10): 40-43.

（撰稿：伍建榕、刘朝茂、张东华；审稿：陈秀虹）

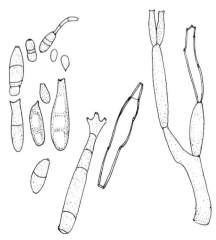

图1 紫罗兰叶尖枯病症状（伍建榕摄）

图2 海绵枝孢（陈秀虹绘）

紫薇白粉病　crape myrtte powdery mildew

由南方小钩丝壳引起，危害紫薇地上部分的一种真菌病害。

发展简史　国内外对紫薇白粉病研究不多。自1899年 D. Mc Alpine 在澳大利亚发现了紫薇白粉病以来，随后100多年中，文献多是关于紫薇白粉病及病原菌一般性描述和调查防治。仅1987年周德群等人对昆明地区紫薇白粉病进行了系统研究，对病原菌的分类、侵染循环及病害的发生发展规律进行了报道。

分布与危害　紫薇种植区均有发生。主要危害嫩叶、新梢、腋芽及花蕾。受白粉病危害后在嫩芽、嫩叶上被白色粉层覆盖，危害部位出现由小逐渐扩大的粉斑。叶片感病初期，在叶片上出现白色小点状斑，逐渐扩大，呈圆形病斑，开始发病多在叶背面，以后发展到叶的两面。发病重者，病斑互相连接成片，有时白粉层覆盖整个叶片，造成叶片皱缩褪色，叶片卷曲，不能正常展开，枯黄早落。幼嫩枝梢感病，遍布白粉，枝条扭曲变形，新梢不能伸展。花蕾受害，亦在表面出现白粉霉层，不能正常开花。深秋，白粉层上出现由黄白色变为黑褐色稀疏的小粒点，即病菌的闭囊壳（见图）。

病原及特征　病原为小钩丝壳属的南方小钩丝壳 [*Uncinuliella australiana* (McAlp.) Zheng & Chen]，异名 *Uncinula australiana* McAlp.。闭囊壳聚生至散生，暗褐色，球形至扁球形。附属丝有长、短两型：长型附属丝常为

紫薇白粉病症状（王爽摄）

11～21 根，多不分枝，直或弯曲，多数下半部有 2～3 个隔膜，基部浅色，上部无色，顶端钩状或卷曲 1～2 圈。短型附属丝 10～28 根，镰形或其他形状，无色至淡黄色。子囊 3～5 个，卵形至近球形，有或无短柄，子囊孢子 5～7 个，卵形至矩圆形。分生孢子为粉孢属（*Oidium*）类型。分生孢子梗棍棒状，分生孢子串生，单胞，无色，椭圆形。

侵染过程与侵染循环 病菌以菌丝体在病芽鳞内或以闭囊壳在病落叶、病梢上越冬。翌春越冬芽萌动，潜伏在芽鳞内的菌丝随之活动，侵染新抽出的嫩叶、嫩梢。越冬后的闭囊壳，于春季破裂后放散子囊孢子，经气流传播，进行初侵染。发病初期现小型白粉状圆斑，后迅速扩展，严重的布满叶片两面，致叶片皱缩或新梢扭曲畸形。发病后形成的白粉层产生大量的分生孢子（粉孢子），随风传播扩散，进行多次再侵染活动。

流行规律 该病是一种多病程病害，分生孢子可以在一年中侵染多次。多于 4 月开始发病，春夏季进入发病盛期，7～8 月气温高于 33℃ 发病趋于停滞，初秋又是一个发生高峰期。植株过密、通风透光不良发病重，遇高温季节病害停止发生。如暖冬年份此病常年发生。分生孢子萌发的温度范围为 5～30℃，最适宜温度为 19～25℃。空气相对湿度为 100%，或接触水滴有利于孢子萌发，侵染力可维持 13 天。

防治方法

栽培防治 结合冬季修剪，剔除病枝梢集中销毁。设置隔离带，清洁田园，减少菌源。

化学防治 紫薇白粉病作为一种多病程病害，大发生的原因除和暖冬气候有密切关系外，药剂防治方法不正确是此病常年发生的另一个重要原因，在防治时机上一要保护性预防，二要抓住病害发生的早期防治。冬季至发芽前喷施石硫合剂，在紫薇白粉病初发期开始喷雾，每隔 1 周用药 1 次，连用 2～3 次。药剂推荐三唑酮、戊唑醇、多菌灵等，交替使用，防止产生抗药性。

生物防治 保护菌食性瓢虫。如十二斑褐菌瓢虫（*Vibidia duodecimguttata*）等。

参考文献

北京市颐和园管理处，2018. 颐和园园林有害生物测报与生态治理 [M]. 北京：中国农业科学技术出版社.

何翠娟，张家驯，王依明，等，2005. 紫薇白粉病发生规律与防治技术 [J]. 上海交通大学学报（农业科学版）(4): 406-409.

周德群，周彤燊，王才军，1987. 昆明地区紫薇白粉病研究——Ⅱ. 病原菌的分类侵染循环及病害的发生发展规律 [J]. 西南林学院学报 (1): 47-54.

（撰稿：王爽；审稿：李明远）

自源流行　esodemic

在不同流行季节中，引起某地区病害流行的病原物来源于本地区内部的流行状态。通常，自源流行地区是大区流行病害的中心，其病害流行程度对靶区（target）的流行有直接影响，是重要的病害监测和防控地区。自源流行一般呈现中心式传播。病害流行开始时，田间有明显的发病中心，空间扩展有明显点片状态，传播梯度明显，田间病害属非随机分布，初侵染主要来自本地。土传病害多属此类，某些气传病害也属于此种类型。

植物病害流行学研究的核心之一是要搞清楚病原菌传播的路线，这对区域性预测预报、病害防治、抗病育种和制定防治策略都关系极大。而自源流行地区正是病原菌传播路线的源头。因此，对自源流行地区的病害流行进行有针对性的系统研究，包括初始菌源的定量分析和病害发展的监测、病原物与寄主寄生适合度研究、病害侵染循环、病原物生活史、病原物群体遗传学、病原群体动态及进化、病原物的竞争与监测、品种多样性布局等研究命题，对整个病害在大范围内的发生、发展和流行具有"射人先射马，擒贼先擒王"的效果。

在生产上，通过降低自源流行地区病原物的数量，可以直接降低其靶区病害的发生程度，这在防治大区流行病害中具有重要的实际价值。例如，对于小麦条锈病，通过人工普查甘肃陇南、陇东、四川西北等周边地区秋苗的发病情况，及时拔除第一片发病叶片，在发病较重或发病较往年早的田块施药等防治措施，控制源区的病原物数量，对整个大区流行病害的防治具有事半功倍的作用。

参考文献

骆勇，2009. 植物病害分子流行学概述 [J]. 植物病理学报，39(1): 1-10.

曾士迈，杨演，1986. 植物病害流行学 [M]. 北京：农业出版社.

（撰稿：马占鸿；审稿：王海光）

综合治理　integrated pest management

一种农田有害生物种群管理策略和管理系统。它从生态学和系统论的观点出发，针对整个农田生态系统，研究生物种群动态和相联系的环境，采用尽可能相互协调的有效防治措施并充分发挥自然抑制因素的作用，将有害生物种群控制在经济损害水平以下，并使防治措施对农田生态系统内外的不良影响减小到最低限度，以获得最佳的经济、生态和社会效益。

有害生物综合治理把"防治"改成"治理"，含有容忍一定数量的有害生物存在的生态学意义和强调要根据生态系统分析进行害虫系统管理的宗旨。它不再以铲除或消灭有害生物为目标，而是将它们控制在一个经济上可以接受和生态允许的水平。治理也包含着以总体上保持生态系统稳定和较高的生产效能为目的的管理方案优化概念。

研究的方法和所用的理论知识也更为广泛。综合指多学科的综合方法和多种战略战术的协调配合,融汇成一个体系。科学家强调未来有害生物综合治理系统应结合作物管理，植保工作者应该更多地了解寄主作物和有关栽培制度。有害生物综合治理强调要充分利用天然控制因素，诸如天敌益菌、生物种间竞争或抑制关系，以及耕作、栽培、品种抗性遗传等作用，同时不要造成环境的污染。特别是有害生物绿色防控技术，该技术以生态安全、生产安全、农产品质量安全为目标，减少化学农药使用量，协调采取生态控制、生物防治、物理防治和化学调控等环境友好型防控技术措施来控制有害生物的行为。它是持续控制病虫灾害，保障农业生产安全的重要手段；是通过推广应用生态调控、生物防治、物理防治、科学用药等绿色防控技术，以达到保护生物多样性，降低病虫害暴发概率的目的，同时它也是促进标准化生产，提升农产品质量安全水平的必然要求；是降低农药使用风险，保护生态环境的有效途径。发展一种病害管理计划，应从农业生态系统整体和农业生产的全局出发，应用三个领域的知识，即生物种群动态和遗传学，作物经济学和病害防治技术，具体操作时要注意以下几点：①确定管理系统的边界和主要组分。②鉴定病害准确，明确主要、次要和潜在病害。③提出管理战略、防治策略和方针。④确定合理的经济损害水平和防治指标。⑤进行预测，包括病害种类、发生动态、所致损失、防效。⑥优化管理方案，按照确定的效益评估办法，择优确定治理方案并通过实践不断积累数据和修订治理方案。

参考文献
马占鸿，2010.植病流行学 [M].北京：科学出版社.

肖悦岩，季伯衡，1998.植物病害流行与预测 [M].北京：中国农业大学出版社.

曾士迈，杨演，1986.植物病害流行学 [M].北京：农业出版社.

（撰稿：汪章勋；审稿：檀根甲）

总状毛霉 Mucor racemosus

分布与危害 总状毛霉是毛霉中分布最广的一种，常见于土壤、空气、粪便、谷物及其他生霉水果、蔬菜等表面。该菌可产生分解大豆蛋白的蛋白酶，中国多用来做豆腐乳、豆豉。适宜生长温度为 20～25℃，相对湿度为 92%，属于湿生性霉菌，可使密闭储藏条件下的高水分粮食短时间内发酵变质。

病原及特征 总状毛霉（Mucor racemosus）属毛霉属。生长前期，菌落质地疏松，呈白色棉絮状，菌丝体直立并在基质上蔓延。随后菌丝体变得紧密整齐，有较明显的暗点状孢子囊出现。后期菌丝逐渐变为灰色，不再伸展或蔓延，菌落中心开始萎缩或凹陷，此时有大量黑点状孢子囊出现。

菌丝无隔、多核、有分枝，在基质内外可以快速蔓延，无假根或匍匐菌丝。孢囊梗最初不分枝，其后以单轴式生出不规则的分枝，长短不一。孢子囊球形，浅黄色至黄褐色，成熟时孢囊壁破裂释放出孢囊孢子，露出囊轴。囊轴与孢囊梗相连处无囊托。异种配合产生接合孢子，球形，有粗糙的突起。配囊柄对生，无色，无附属物。

流行规律 总状毛霉孢子成熟后随空气气流飘散传播。最适生长温度为 20～25℃。基质表面只要湿度合适，孢子就能萌发长出菌丝，在高温高湿条件下生长快，蔓延迅速。

防治方法 粮食在入库前，需把水分降低到安全水分标准下，合理通风，保持仓内和储粮干燥。同时采用低温密闭、缺氧保管的方法，严格控制适当的粮食水分，可防止总状毛霉的产生引起的品质变劣。

参考文献
孙雯，葛菁萍，叶广彬，等，2014.传统豆酱发酵过程中霉菌的形态学分析 [J].中国农学通报，30 (15): 298-304.

王若兰，2016.粮油贮藏学 [M].北京：中国轻工业出版社.

GENTHNER F J, BORGIA P T, 1978. Spheroplast Fusion and Heterokaryon Formation in Mucor racemosus[J]. Journal of bacteriology, 134(1): 349-352.

LASKER B A, BORGIA P T, 1980. High-frequency heterokaryon formation by Mucor racemosus[J]. Journal of bacteriology, 141(2): 565-569.

MOONEY D T, SYPHERD P S, 1976. Volatile Factor Involved in the Dimorphism of Mucor racemosus[J]. Journal of bacteriology, 126(3): 1266-1270.

（撰稿：胡元森；审稿：张帅兵）

柞树干基腐朽病 oak butt and root rot

由硫色炮孔菌引起的、危害柞树干基的一种真菌病害。

分布与危害 在中国各地广泛分布，如东北地区、内蒙古、西北的天山和阿尔泰山林区及河南西部地区。主要危害柞树及栗、桦、杨、柳等，有时也危害针叶树，引起严重的干基腐朽。该病多发生于老树，使树势衰退，叶色发黄，严重时导致死亡。该病连年持续发展，所造成的损失不断扩大。

柞树干基腐朽病病株叶小而黄，树干基部可见病菌子实体，菌盖扇形，无柄，状似扇贝壳，覆瓦状排列，硫黄色至鲜橙色。病树树势逐渐衰弱，干基部或主干腐朽，最后整株枯死。腐朽初期木材浅黄色，有白色纹线，后期变红褐色并沿年轮与射线方向碎裂，裂缝中常生长白色菌膜。

病原及特征 病原为硫色炮孔菌（硫黄菌）[Laetiporus sulphureus（Bull.）Murrill]，又称硫色干酪菌、硫黄多孔菌、硫色多孔菌、鸡蘑，属炮孔菌属。病原菌子实体初如瘤状或脑髓状，后长出无柄扇形菌盖，状似扇贝壳，在树干基部水平伸展，常多个如覆瓦状重叠排列。菌盖宽 3～30cm，厚 0.5～2cm，表面有细茸或无，有皱纹，无环带，边缘薄，波浪状至瓣状裂。菌盖肉质，上表面硫黄色至鲜橙色，下表面硫黄色，菌肉白色或浅黄色。菌盖干后褪色，质轻而脆。菌管长 1～2mm，管口多角形，平均每毫米 3～4 个，硫黄色，后期褪色。担子棒状，前端较宽，有 4 个锥状小梗。担孢子卵形至近球形，光滑，无色，一端具小突起，大小为 5～7μm×4～5μm。

侵染过程与侵染循环　硫色炮孔菌的担孢子在适宜的环境条件下萌发，由柞树干基部伤口、死结等处侵入树干寄生。

硫色炮孔菌的子实体上产生的担孢子成熟后借风力传播，在适宜的环境条件下萌发，可由柞树干基部伤口、死结等处侵入树干寄生。病菌的菌丝体在病部生长，并可越冬，在适宜条件下，在树干伤口、死结等处长出子实体，子实体产生担子，开始新的侵染循环。

流行规律　柞树干基腐朽病多导致树干基部发生腐朽，腐朽部位多在树干距地面 5m 以下范围内，但也有达 7m 以上的，引起主干腐朽，造成柞树枯死。柞林内的枯木、树桩一般先发病，进而病菌侵染周围长势比较弱的树，然后侵染范围不断扩大。该病多半呈隐性发生，发病初期无明显症状，不易从外部发现，往往直到病菌子实体出现时才引起注意。环境条件直接影响该病的发生，在雨水多的年份发病重，地势低洼、窝风、郁闭度大的柞林发病重。柞树树势弱或受伤时易感该病，如受烧伤、冻伤多的柞林发病严重。

防治方法

农业防治　适时修剪，增强通风透光；及时防治病虫害，保持柞树健康生长；干旱季节及时灌水，地下水位高、易积水的柞园，应及时排水，防止土壤湿度过大。通过加强管理促进柞树健康生长，增强树势，提高抗病性。清理病死株、病重株和病菌子实体，以防止扩散。清除病虫木、枯立木、倒木、风折木，减少侵染机会。生长季的雨后，及时进行检查，清除病菌子实体，防止蔓延。

化学防治　仔细刮除病部皮层，用 10 波美度石硫合剂消毒伤口，并加强管理，促进树势恢复。

参考文献

秦利，李树英，2016.中国柞蚕学 [M].北京：中国农业出版社.

任小龙，王世富，2015.辽宁地区柞树早烘病发病规律研究 [J].沈阳农业大学学报，36(3): 328-331.

张国德，姜德富，2003.中国柞蚕 [M].沈阳：辽宁科学技术出版社：332-334.

（撰稿：夏润玺；审稿：秦利）

柞树根朽病　oak root rot

由蜜环菌引起的、危害柞树根和根颈部的一种真菌病害。又名柞树根腐病。

分布与危害　分布于黑龙江、辽宁、吉林、河北、四川、甘肃、云南等地。危害蒙古栎、辽东栎等，引起柞树根颈部的皮层和木质部腐朽，最后整株枯萎死亡。

病株叶片变黄，提早脱落，新梢生长受到抑制，叶变小，枝叶稀疏，最后整株枯死。该病主要危害柞树的根颈部和根部，初期病部呈暗淡的水渍状，之后转呈暗褐色。病部皮层变得疏松，皮层间充满白色的交错蔓延生长的菌丝。皮层与木质部易分离，之间常见白色菌丝束和扇形菌丝层（菌膜），在菌丝层边缘有白色羽毛状分枝，并略带有光泽。后期病部腐朽，皮层腐烂，病重时病部的木质部也腐朽，如海绵状，质地柔软，呈淡黄色或白色，边缘有黑色线纹。在病根表面和皮层内及附近土壤中可见深褐色或黑色扁圆形根状菌索。在高温多雨的季节，在病株干基部和周围地面常见丛生的蜜黄色蘑菇状子实体（榛蘑）。

病原及特征　病原为蜜环菌 [*Armillariella mellea* (Vahl. ex Fr.) Karst.]，属蜜环菌属。子实体从病株干基、根系及土壤中的菌索上长出，初期半球形，后逐渐平展呈伞形至扁平，丛生，肉质，直径 3.5～15cm。菌盖薄锐，表面有细鳞片，滑润，稍黏，黄色至黄褐色，中央色深，边缘色淡。菌盖反面白色，菌褶直生至延生，较疏，后期略呈红褐色。菌柄中生，长 4.0～9.5cm，直径 0.5～1.0cm，上部较细，近白色，有菌环，下部至基部渐膨大，淡黄色至淡黄褐色，幼时充实，老时中空。担孢子椭圆形，无色透明，光滑，大小为 8～9μm×5～6μm。

侵染过程与侵染循环　蜜环菌子实体上产生的担孢子成熟后随气流传播至残桩上，在适宜的环境条件下萌发，长出菌丝体，沿树桩向下延伸至根部，在根部长出菌索。病菌的菌丝体和菌索可在病树根部土壤中越冬。菌索在表土内扩展延伸，当顶端接触到根根时，沿根部表面延伸，长出白色菌丝状分枝并直接侵入根内，或从伤口侵入。在受害根部皮层与木质部间形成白色的扇形菌膜，并在死根部长出菌索。在适宜条件下，菌索上长出子实体。

流行规律　蜜环菌可在土壤里残根上存活多年，主要靠菌丝体和根状菌索的蔓延及病树与健树的根部接触进行传播，也可由工具、流水等传播。该病病程较长，从发病到引起柞树死亡有时达几年时间，初期症状不明显，往往直到干基树皮腐朽开裂或长出子实体才被注意到。病害往往由一个中心向四周扩散。病原菌从根部沿主干向上延伸，引起干基腐朽，在皮层内木质部表面常能见到扇形菌丝层。在温暖潮湿季节，主干上的菌索也能向下延伸到地面，从而转移到邻近的树木根部进行侵染。当蜜环菌在受害林木根颈部形成层内引起环割后，树木便枯萎死亡。随着病株的衰亡，干基树皮干裂并剥离主干。

柞树长势健壮能抵抗蜜环菌侵染，而树势衰弱则易感病，因干旱、冻害、病虫害、管理粗放等导致树势衰弱时容易发病。各种年龄的柞树都能受害。新伐树桩、残根为蜜环菌的滋生提供了有利的条件，更易发生根朽病。

在蜜环菌生长适温（25～30℃）、相对湿度较大的环境条件下，菌索扩展迅速，高温干旱则抑制病菌扩展。地势低洼、地下水位高、排水不良、土壤长期潮湿，有利于病害发生。富含树根和腐朽的木质及腐殖质土壤有利于菌索的蔓延。土壤长期干旱，相对湿度在 5% 以下，病菌不能生长并死亡。

防治方法

农业防治　合理修剪，增强通风透光；及时防治病虫害，保持柞树健康生长；增施有机肥，改良土壤性状；干旱季节及时灌水，地下水位高、易积水的柞园，应及时排水，防止土壤湿度过大。通过加强管理促进柞树健康生长，增强树势，提高抗病性。

清理病死树、病重树和病桩、病根，及时烧毁，病穴土壤可用1%甲醛溶液消毒，以清除传染源。在病树发病区周围挖1m深以上的沟，以隔离病菌，防止其向周围健康树根部蔓延。在生长季节，雨后及时检查，挖除病原菌子实体和残根，集中消毒或烧毁。清除柞园的树桩、树根等易感物，预防和减少该病的蔓延和发生。

化学防治　发病重的柞株彻底清除，发病轻的柞株可进行治疗。挖开土层，找到发病部位及发病根。将发病根从基部锯断，彻底清除。仔细刮除根颈部病斑皮层，用10波美度石硫合剂消毒伤口，然后覆无菌土或药土（70%五氯硝基苯可湿性粉剂与土的比例为1∶50混合均匀），加强管理，促使树势尽快恢复。

对病株进行根部灌药治疗，在树周围呈放射状挖3～5条沟，深约60cm，沟长至树冠投影外围。向沟中浇灌药液，然后覆盖无菌土或药土。也可以在树周围钻孔灌药。常用药液有40%甲醛100倍液、45%代森铵水剂500倍液、70%甲基硫菌灵可湿性粉剂500倍液，每株大树浇灌药液20～25L，幼树酌减。

发病重的柞园可在地面撒药灭菌，用1份福美双、1份硫黄粉和2份碳酸钙混合均匀，按15～30kg/hm² 用量施药于柞园地表。

参考文献

秦利，李树英，2016.中国柞蚕学[M].北京：中国农业出版社.

张国德，姜德富，2003.中国柞蚕[M].沈阳：辽宁科学技术出版社：332-334.

（撰稿：夏润玺；审稿：秦利）

柞树缩叶病　oak leaf blister

由蓝色外囊菌引起的、危害柞树叶片的一种真菌病害。又名柞树烂斑病、柞树叶肿病。

分布与危害　在世界各地均有发生。在中国主要分布于河南、山东、四川、东北等地，危害红橡树、麻栎、栓皮栎、白栎、槲栎等多种柞树，红橡树较易感病，而白栎相对不易感病。该病是柞树的常见病害之一，危害叶片，一般对柞树的生长不会造成太大影响，但严重时造成叶片皱缩、卷曲，使叶片早落，重病区仲夏即有50%～85%的树叶早落。有的年份发病重，可发生重复感染，使树势减弱，降低对其他病原的抗性，影响柞树生长和养蚕。

柞树缩叶病多发生于未成熟叶片，早春即开始出现症状，发病初期叶正面出现黄绿色至黄色的突起似水泡状圆形病斑，直径1.5～13mm，典型病斑直径10mm，随着病情发展，病斑颜色逐渐加深，变成棕褐色，并略带红色，边缘浅

黄色。后期病斑变成灰绿色至深棕褐色。叶背面病斑部位略凹陷，呈灰绿色，后期长出灰白色或紫灰色粉层，为病菌的子囊层。病斑单生、散生或聚生，常见每片叶上散生多个病斑，并可扩展相连成大块枯斑，造成叶片扭曲变形、皱缩卷曲，叶肉略显肥厚，质脆，雨后或呈霉烂状。夏末秋初，病叶多早落。

病原及特征　病原为蓝色外囊菌 [*Taphrina caerulescens* （Desm. et Mont.）Tul.]，属外囊菌属。该菌的菌丝体寄生于叶组织细胞间，不形成子囊果，无足细胞。子囊在叶背病斑处的表皮组织内形成，圆柱形，大小为55～70μm×15～20μm，单生于菌丝上，呈栅栏状平行排列成子囊层，内含子囊孢子。子囊孢子球形或椭圆形，直径1～4μm，无色，单胞，可以芽殖产生许多芽孢子（见图）。

侵染过程与侵染循环　病原菌的孢子在适宜条件下萌发长出芽管，由气孔或直接通过表皮侵入幼叶组织并开始生长，完成侵染。

病原菌的孢子在芽鳞或树皮缝隙中越冬。春季柞树发芽时，病原菌的孢子在适宜条件下萌发，侵入幼叶组织，开始新的侵染循环。

菌丝体在叶表皮下组织细胞间生长，刺激受侵组织细胞过度生长，形成圆形突起泡状病斑。几周后，感染组织最终死亡，变成褐色。

仲夏，菌丝体上长出子囊，之后子囊突破叶表皮，单层排列覆于叶表，并可散出子囊孢子，使叶表病斑处如覆白色或浅黄褐色粉状物。

子囊孢子随风或雨水传播，在适宜条件下萌发，并可产生芽孢子，如落于新发幼叶，则可形成新的侵染循环；有的芽孢子附于叶芽芽鳞下或树皮缝中越冬，成为翌春侵染源。

流行规律　柞树缩叶病菌一般较易侵染新发出的嫩叶，叶成熟后则不易侵染。一般每年发生1个侵染循环，但如果夏季叶芽存在萌动潜力，萌发出易感病嫩叶，则可能发生第二个侵染循环。

柞树缩叶病病原菌的孢子在温暖湿润条件下易于萌发，而湿冷条件利于该病的早期发展，在春季多雨且气温较低的条件下易发生严重侵染，发病重。严重感染的叶片在成熟前早落，连续多年严重感染。影响树的外观，使树势减弱，一般不危及树的生命。柞树萌芽后如果气候条件干热，不适于孢子萌发，则只发生轻微感染，不易发病。

柞树长势旺盛则抗性强，不易感病。

防治方法

农业防治　及时修剪，去除枯枝、弱枝，加强水肥管理，

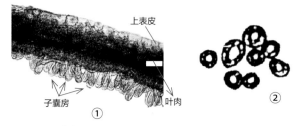

蓝色外囊菌（引自《中国农作物病虫害》，2015）

①病叶组织切片；②芽孢子

增强树势，以增强抗病性。发现病枝、病叶及时清除，防止扩散。秋末或翌春，清除柞园落叶并销毁，以减少病源。

化学防治　柞树缩叶病一般发病不重时对柞树生长影响不大，不需要药物防治，但发病较重和在有特殊需要的时候可施药防治。春季发芽前喷施 1 次抗真菌药剂即可，等萌芽后再施药效果不好。常用药剂有 75% 百菌清可湿性粉剂 600 倍液、70% 甲基硫菌灵可湿性粉剂 1000 倍液、75% 百菌清可湿性粉剂 1000 倍液加 70% 甲基硫菌灵可湿性粉剂 1000 倍液。

参考文献

秦利，李树英，2016. 中国柞蚕学 [M]. 北京：中国农业出版社.

张国德，姜德富，2003. 中国柞蚕 [M]. 沈阳：辽宁科学技术出版社：332-334.

中国农业科学院植物保护研究所，中国植物保护学会，2015. 中国农作物病虫害 [M]. 3 版. 北京：中国农业出版社.

（撰稿：夏润玺；审稿：秦利）

图 1 柞树蛙眼病症状（夏润玺摄）

柞树蛙眼病　oak frogeye leaf spot

由点状球腔菌引起的、危害柞树叶片形成蛙眼形病斑的一种真菌病害。

分布与危害　分布于四川、河南、辽宁、吉林、黑龙江等地。主要危害蒙古栎、辽东栎、麻栎、槲栎等。该病主要危害叶片，影响柞树生长，使叶质变差，影响柞蚕生产。

柞树蛙眼病发病期为 7 月至 9 月下旬（四川在 4 月即有发生）。发病初期，柞树叶片上隐约出现直径约 1mm 的点状病斑。8 月中下旬病斑扩大，直径 3～6mm。病斑中部呈灰白色，边缘一圈呈褐色，灰白色部分与褐色部分界线分明，形似蛙眼。叶背面病斑处呈淡褐色。病斑通常沿叶脉散生或单生，少数集生，每片叶生 1～8 个。发病后期病斑隆起。9 月在病斑灰白部分的边缘出现许多呈环状排列的小黑点，即病原菌的子囊壳（图 1）。

病原及特征　病原为点状球腔菌 [*Mycosphaerella punctiformis*（Pers.: Fr.）Starb.]，属球腔菌属。子囊壳近球形，黑色，直径 70～110μm，囊壁由 2～3 层棕色角胞组织构成，壳口乳头状，黑褐色，直径 5～10μm。子囊壳初期埋生于叶表皮下，成熟时顶破叶表皮，露出壳口。子囊圆柱形，近无柄，无侧丝，双囊壁，无色透明，丛生，大小为 9～12μm×45μm，内含 8 个重叠排列的子囊孢子。子囊孢子无色，壁薄，大小为 2～4μm×9～14μm，近纺锤形，上端略钝，下端略尖细，中间隔膜垂直于长轴将其等分为 2 个细胞，隔膜处略收缩。子囊孢子发芽时，2 个细胞分别沿长轴向两侧长出芽管，同时也可侧向长出芽管（图 2）。该菌无性阶段形成分生孢子器，器内生分生孢子柄，柄上着生分生孢子。分生孢子椭圆形，无色，单胞，大小为 15～21μm×60μm。以前称为梭孢大茎点菌（*Macrophoma fusispora* Bub.）。

侵染过程与侵染循环　点状球腔菌的子囊孢子落于柞叶上，在适宜条件下萌发，长出芽管，由气孔钻入柞叶内开

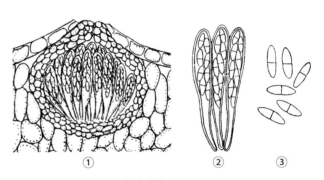

图 2 点状球腔菌（仿秦利，2017）

①闭囊壳纵切面；②子囊；③子囊孢子

始生长，完成侵染。

点状球腔菌以子囊壳在病叶上越冬，翌年 6 月中下旬子囊壳成熟，子囊孢子散出。子囊孢子随风传播，落于柞叶上，在适宜条件下萌发，由气孔侵入柞叶，开始侵染循环。7 月柞叶出现病症，8 月中下旬进入盛发期，病斑迅速扩大、增多，症状明显。至 9 月，病原菌形成子囊壳。病斑处的病菌不产生无性孢子，每年只有 1 次侵染循环。

流行规律　点状球腔菌在病叶上越冬，越冬病菌的数量直接影响当年初侵染的情况及病害发生轻重。6～8 月降水影响子囊壳的成熟和孢子的传播及发病程度，因此，上年病叶多，当年 6～8 月多雨，则该病易流行。此外，土地瘠薄、肥料不足、管理不当、树势弱的柞园发病重。

防治方法

农业防治　清除柞园病叶可以减少翌年侵染源。在秋末冬初，或结合柞园春伐，彻底清理柞园内落叶，集中深埋或烧毁，以减少初侵染源。在生长季，发现病叶及时摘除，减少传染。

柞树长势旺盛则抗性强，不易感病。加强柞园管理，合理修剪，科学施肥，及时排灌，适时防治病虫害，促进柞树

Z

旺盛生长，以提高其抗病性和耐病性。

化学防治　在 6 月上中旬，子囊孢子飞散前喷施防治真菌的药剂，如 36% 甲基硫菌灵悬浮剂 400 倍液、65% 代森锌可湿性粉剂 500 倍液、50% 多菌灵可湿性粉剂 600～800 倍液等，或在子囊孢子飞散时期集中喷药 1 次；在重病区，间隔半个月再喷 1 次效果更好。

参考文献

秦利，李树英，2016. 中国柞蚕学 [M]. 北京：中国农业出版社.

张国德，姜德富，2003. 中国柞蚕 [M]. 沈阳：辽宁科学技术出版社：332-334.

（撰稿：夏润玺；审稿：秦利）

柞树早烘病　oak abnormally withered disease

一种柞树生理性病害，是危害秋柞蚕生产的主要柞树病害之一。

分布与危害　主要分布在辽宁、吉林、黑龙江等地，蒙古栎、辽东栎是柞树早烘病主要危害对象。早烘病的发病时期正处于秋柞蚕生长的盛食期，该病的大面积暴发极大威胁了秋柞蚕的饲料来源，是造成部分蚕区秋柞蚕生产大幅度减产的重要因素之一。

1954 年发现于辽宁铁岭西丰，发生时期主要集中在 9 月中旬，发病率在 30% 左右，近几年该病发生时期有所提前，多在 8 月中下旬到 9 月中旬发生，发病率在 30%～70%。

发病初期，叶片背面褪绿出现淡黄色斑点，随着时间的推移斑点逐渐加深，正面叶片也开始出现褪绿现象，当柞树早烘病进入暴发期，病灶处迅速扩大，叶片直接变成褐色干枯状，发病进程迅速。随着病情的进一步加剧，边缘的叶片因为干枯发生卷曲，干枯的叶片不容易脱离，整个柞园大部分变成了黄褐色，但树叶没有大面积脱落，远远看去像秋末冬初的枫叶，干枯叶片一般会在翌年落叶，和正常叶片落叶时期一致（见图）。

病因　该病是生理性病害还是侵染性病害至今尚不清楚，一般认为是生理性病害。

流行规律　柞树早烘病一般在 8 月开始发病，9 月发病严重，柞树早烘病的病情指数受温度的影响较大，随着土温、最低温、平均温度的降低而增加。

1955 年辽宁省蚕业科学研究所的王昌杰对凤城、宽甸、岫岩、西丰、盖县 5 地的柞树早烘病情况进行了调查，结果表明早烘病与柞树种类有关，蒙古栎和辽东栎易发生早烘病，槲栎和麻栎发病较轻且发病较晚。坡度大、土层薄的柞园易发生柞树早烘病，柞园土壤肥力直接影响柞树的生长，土壤肥沃的土壤发病较轻；柞树利用程度高的柞园易发生柞树早烘病；阴面柞园柞树早烘病的发生较重；柞园密度及发叶时间对柞树早烘病的发生也有影响，调查发现柞墩密度大会加重早烘。柞树早烘病发病与枝龄有关，4～6 年生枝龄重于

柞树早烘病症状（杜占军提供）

1～2 年生枝龄幼树。

防治方法　还没有理想的防治方法，总结生产经验，采用一些预防措施，尽量少用发病重的柞园；历年发病重的柞园，在放蚕规划中要提前利用。生产中，部分柞园施用氮肥和磷肥对柞树早烘病的发生有一定的缓解作用。

参考文献

秦利，李树英，2016.中国柞蚕学 [M].北京：中国农业出版社.

任小龙，王世富，2015.辽宁地区柞树早烘病发病规律研究 [J].沈阳农业大学学报，36(3): 328-331.

张国德，姜德富，2003.中国柞蚕 [M].沈阳：辽宁科学技术出版社：332-334.

（撰稿：杜占军；审稿：夏润玺）

图 1　马铃薯晚疫病监测预警器　　图 2　小麦赤霉病监测预警器
　　　　（胡小平摄）　　　　　　　　　（胡小平摄）

作物病害监测预警器　monitoring and warning device for crop disease

由单片机、传感器、无线数据传输模块、预测模型等组成，可实现田间环境因子数据的采集、传输、存储及病害发生程度监测预警等功能的仪器。

作物病害监测设备的开发与应用可以追溯到 1882 年，Ward 用载玻片模拟咖啡叶片固定在树干上捕捉咖啡锈菌。1952 年，英国的 Burkard 科学仪器制造公司与几所大学合作，在 Hirst 装置（Bartlett 和 Bainbridge，1978）的基础上研制出了一款七天孢子容量测定收集器，并不断优化成田间用气旋采样器，真菌孢子可以收集到 1.5ml 的小离心管中，然后通过显微观察、免疫学或者分子生物学技术进行鉴定和测量，这也是目前世界最顶尖的孢子捕捉器，被认定为业界标准孢子捕捉器。1957 年，Perkins 开发出世界首台高速旋转式自动孢子捕捉器，用于小麦秆锈菌夏孢子传播规律的研究。1975 年，中国浙江金华地区农科所研制出一台定时自控电动孢子捕捉器，用于捕捉赤霉病菌的子囊孢子。1983 年，英国科学家依据作物病害与其生长环境的温度、湿度、叶片湿润情况、降雨和风速等因子的关系，研制出了世界首台作物病害预报装置，定名为"作物病害外因监视器"，用于马铃薯晚疫病、云纹病、斑枯病、大麦叶锈病、苹果黑星病和蛇麻霜霉病等病害的早期预报。1986 年，比利时 Hainaut 省农业应用研究中开始马铃薯晚疫病预警研究，并进行了不断的改进和完善，建立了基于微型气象站的马铃薯晚疫病远程实时预警系统，在中国各马铃薯主要栽培区进行测试和推广，实现了晚疫病的远程实时监测和预警。随着物联网技术、传感器及电子技术、通讯技术的飞速发展，为作物病害测报事业的发展提供了支持。

中国农业农村部种植业管理司和全国农业技术推广服务中心高度重视农作物病虫害预测预报工作，与西北农林科技大学、西安黄氏生物工程有限公司、北京汇思君达科技有限公司联合研发出了马铃薯晚疫病和小麦赤霉病监测预警工具，并进行了试验示范和推广。马铃薯晚疫病监测仪（图 1）可以采集温度、湿度、风速、风向、雨量、气压、露点温度等环境因子，利用马铃薯晚疫病预测模型做出病原菌侵染发生情况预测。小麦赤霉病预报器（图 2）可以采集温度、湿度、叶片表面湿润时间、雨量、光照强度及持续时间等环境因子，并结合初始菌源量、小麦生育阶段等信息，利用小麦赤霉病预测模型做出小麦蜡熟期的病穗率预测。

参考文献

杨世基，1984.英国农业科技新闻—作物病害预报装置 [J].世界农业 (1): 54-55.

袁冬贞，崔章静，杨桦，等，2017.基于物联网的小麦赤霉病自动监测预警系统应用效果 [J].中国植保导刊，37(1): 46-51.

BARTLETT J T, BAINBRIDGE A, 1978. Volumetric sampling of microorganisms in the atmosphere[M]. Scott P R, Bainbridge A. Plant disease epidemiology: Oxford: Blackwell.

（撰稿：胡小平；审稿：肖悦岩）

Z

其他

RNA 干扰   RNA interference, RNAi

RNA 干扰是表观遗传学中的一种重要现象，它是生物体内的双链 RNA 分子在 mRNA 水平上诱导特异性序列基因沉默的过程，通过阻碍特定基因的转录或翻译来抑制基因的表达。RNAi 在生物体的发育调控、基因组完整性的维持以及抗病响应中均发挥着重要作用。由于 RNAi 会造成特定基因降解，因此，也成为研究基因功能的强大工具。

RNAi 的发现   在 20 世纪末发现 RNAi。1990 年，约根森（Jorgensen）研究组试图通过表达查尔酮合成酶基因来加深矮牵牛花的颜色时，意外发现转基因植株的花朵颜色并未像预期那样加深，反而出现杂色花或完全白色的花，进一步发现转基因查尔酮合成酶基因的表达受到抑制，内源查尔酮合成基因的表达量也降低，这一现象被称为"共抑制现象"。在该文章发表后不久，其他关于共抑制现象的文章也相继出现。随后的研究表明在转基因植物中出现的共抑制现象与转基因的启动子甲基化相关。其他例子也暗示 RNA 水平的降低与转录后调控密切相关。与此同时，植物病毒学家在表达病毒基因获得抗病毒植物时发现：无论植物表达或不表达病毒特定蛋白，转基因植物对后续病毒侵染均有一定的抗性；在一些抗性最高的转基因植株中，转基因有高水平的转录，但稳态的 RNA 水平很低，更检测不到蛋白的表达。

1998 年，安德鲁·法厄（Andrew Z. Fire）、克雷格·梅洛（Craig C. Mello）等在 *Nature* 中报道：在秀丽隐杆线虫中进行反义 RNA 抑制实验时发现，双链 RNA 分子可有效导致靶基因的沉默，而 mRNA 或者反义 RNA 对靶基因没有影响，该现象称作 RNA 干扰，即 RNAi，二人也因此获得 2006 年诺贝尔生理学或医学奖。RNAi 的发现，解释了上述基因沉默的种种现象。

RNAi 机制   RNAi 是指利用生物体内的小 RNA（small RNA，sRNA），例如 microRNA（miRNA）及小干扰 RNA（smallinterfering RNA，siRNA），对与其同源序列的基因进行降解的过程。RNAi 参与了大部分的生物学过程，包括病毒抗性，转座子抑制，DNA 甲基化，异染色质组蛋白修饰以及基因组重排等。由 siRNA 及 miRNA 介导的 RNAi，可在转录水平及转录后水平分别发挥作用。RNAi 导致的基因沉默可分为转录后水平的基因沉默（post transcriptional gene silencing，PTGS）和转录水平的基因沉默（transcriptional gene silencing，TGS）。

转录后水平的基因沉默（PTGS）   PTGS 主要借助转录后的加工特异抑制靶标 RNA 的生成，导致特异性蛋白合成的减少。外源基因，如病毒基因、人工转入基因、转座子等，在生物体内形成双链 RNA 后，会被胞质中的核酸内切酶 Dicer 识别并剪切形成具有特定长度和结构的小片段 RNA（21～24bp），即 siRNA。siRNA 其中一条链被解开，与体内的 AGO 蛋白及其他蛋白形成 RNA 诱导的沉默复合物（RNA-induced silencing complex，RISC）。RISC 与同源基因序列结合，在特定位点切割 mRNA，被切割的 mRNA 随即降解。另一种小 RNA，即 miRNA，同样是参与 RNAi 通路的重要小分子之一。植物的 miRNA 基因首先通过 DNA 依赖的 RNA 聚合酶 II（DNA-dependent RNA polymerase II，Pol II）转录产生具有茎环结构的初级转录产物 pri-miRNA，然后经 SE（C2H2 锌指蛋白 SERRATE）-DCL1（Dicer-Like 酶 1）-HYL1（双链 RNA 结合蛋白 HYPONASTICLEAVESI）复合体切割形成 pre-miRNA，pre-miRNA 进一步被该复合体切割产生 miRNA::miRNA* 二聚体，随后，该二聚体从细胞核转运到细胞质中，释放出成熟 miRNA，并与 AGO1 及其他蛋白等组成 RISC，进而对靶基因进行切割或抑制其翻译，另一条 miRNA* 逐步降解。

转录水平的基因沉默（TGS）   TGS 与 DNA 甲基化有关，主要在启动子区域发生甲基化，在细胞核中 RNA 合成受阻，导致基因沉默。sRNA 通过对组蛋白进行修饰（如甲基化）及形成异染色质等过程，使基因在转录前被抑制。植物内源有三种 siRNA，分别是异染色质 siRNA（hcsiRNA），顺式 siRNA（tasiRNA）及反转录 siRNA（nat-siRNA）。其中，hcsiRNA 指导转录水平的基因沉默，后两者指导转录后水平的基因沉默。

植物中 hcsiRNA 来源于异染色质区域。异染色质区域被 CLY、DRD1 及 DDM1 蛋白复合体解聚后，会与 Pol IV 结合，转录出 hcsiRNA 的前体，在 RNA 依赖的 RNA 聚合酶（RDR2）作用下变成 dsRNA，再经 DCL3 切割生成 24 nthcsiRNAs。hcsiRNA 与 AGO4-RISC 形成复合体，招募染色质修饰复合物、DRM2、组蛋白修饰酶结合到目标位点，对靶 DNA 进行甲基化修饰，进而抑制该基因的转录。

RNAi 的应用   RNAi 是植物抗病中重要的一部分。植物被各种病毒侵染后会表达出不同的 Dicer 同源物，这些同源物会切割外源的病毒双链 RNA 分子形成 siRNA，攻击病毒自身基因组，进而产生抗病响应，这一现象称为病毒诱导的基因沉默（virus-induced gene silencing）。利用这一现象发展的技术已成为研究植物基因功能的重要工具。

利用 RNAi 可获得抗病毒、真菌或昆虫的转基因植物。

当人们将昆虫或病菌的部分基因转入植物体内，产生的双链RNA或sRNA分子被昆虫食用，或通过病菌的吸器进入到寄生生物体内，便会触发RNAi，进而可能使植物产生抗病虫的能力。

参考文献

BARTEL D P, 2009. MicroRNAs: Target recognition and regulatory functions[J]. Cell, 136: 215-233.

FREDERICK M J, AZEDDINE S A, TODD B, 2005. RNA silencing systems and their relevance to plant development[M]. Annual review of cell and developmental biology, 21: 297-318.

HANNON G J, 2002. RNA interference[J]. Nature, 418: 244-251.

JOHN A L, WILLIAM G D, 2005. Plant pathogen and RNAi: A Brief History[M]. Annual review of phytopathology, 43: 191-204.

WEIBERG A, HAILING J, 2015. Small RNAs−the secret agents in the plant-pathogen interactions[J]. Current opinion in plant biology, 26: 87-94.

（撰稿：韩璐、刘玉乐；审稿：杨丽）

zig-zag 模型 zig-zag model

zig-zag模型将植物防卫反应分为两层不同的防御体系。第一层防御系统是由位于植物细胞膜表面的模式识别受体（pattern-recognition receptors，PRRs）识别病程相关分子模式（pathogen-associated molecular patterns，PAMPs）。当病原菌侵染寄主时会释放大量的PAMPs，植物细胞膜上的PRRs能够识别这些PAMPs并激活寄主的免疫反应，这类寄主的免疫被称为PAMP-诱导的免疫反应（PAMP-triggered immunity，PTI），寄主启动PTI免疫反应，从而阻止病原物的侵入。同时，病原物会分泌大量的效应因子（effector）来抑制寄主的PTI，突破第一层防御体系，进入植物细胞内或者质外体。这时植物会启动第二层防御体系。第二层防御体系是由植物细胞内的NB-LRR基因编码的R蛋白特异地识别相应的effectors，产生由effector触发的免疫反应（effector-triggered immunity，ETI），这个过程往往会伴随着过敏性坏死反应（hypersensitive response，HR）的发生，从而限制病原物的定殖和扩展。作为选择压力的结果，病原菌通过进化来丢失或者突变这个被识别的效应分子，或者是产生新的效应分子来抑制ETI反应。反过来，植物受体进化为能够识别不同的效应分子或者是产生的新效应分子，从而获得ETI。这种伴随着连续选择的共同进化过程就是不断产生新的病原菌小种克服ETI和不断产生新植物株系来恢复ETI的过程。最终病害能否发生，要取决于病原物抑制植物防卫反应能力与植物识别病原物并激发防卫反应能力之间竞争的结果。

参考文献

JONES J D G, DANGL J L, 2006. The plant immune system[J]. Nature, 444: 323-329.

PANSTRUGA R, DODDS P N, 2009. Terrific protein traffic: the mystery of effector protein delivery by filamentous plant pathogens[J]. Science, 324(5928): 748-750.

TAKKEN F, TAMELING W, 2009. To nibble at plant resistance proteins[J]. Science, 324(5928): 744-746.

（撰稿：王源超；审稿：郭海龙）

其他

病原物外文—中文名称对照

A

Aceria macrodonis Keifer.　　　　　　大瘿螨

Aciculosporium take I. Miyake　　　　竹针孢座壳菌

Acidovorax avenae　　　　　　　　　燕麦噬酸菌

Acidovorax citrulli　　　　　　　　　西瓜噬酸菌

Acremonium strictum W. Gams　　　　直枝顶孢

Actinonema rosae (Lib.) Fr.　　　　　玫瑰放线孢

adzuki bean mosaic virus, AzMV　　　小豆花叶病毒

Aecidium mori (Barela) Diet　　　　　桑锈孢锈菌

Aecidium rhododendri Barcl.　　　　　杜鹃春孢锈菌

African cassava mosaic virus　　　　　非洲木薯花叶病毒

African oil palm ringspot virus, AOPRV　非洲油棕环斑病毒

Agaricodochium camellia　　　　　　油茶伞座孢菌

Agrobacterium vitis　　　　　　　　葡萄土壤杆菌

Agrobacterium tumefaciens (Smith & Towns.) Conn

　　　　　　　　　　　　　　　　根癌土壤杆菌

Albugo achyranthis (Henn.) Miyabe　　牛膝白锈菌

Albugo blitis (Biv.) Kuntze　　　　　苋白锈菌

Albugo candida (Pers.) Kuntze = Albugo cruciferarum (DC.) =

　　Aecidium cadidum Pers. = Uredo candida thlaspeas Pers.

　　= Caeoma candium (Pers.) Nees = Cystopus candidus

　　(Pers.) Lév.　　　　　　　　白锈菌

Albugo ipomoeae-aquaticae Saw.　　　蕹菜白锈菌

Albugo ipomoeae-panduranae (Schwein.) Swing.　旋花白锈菌

Albugo macrospora (Togashi) Ito = Cystopus candidus Lévellé

　　var. mairospora Togashi　　　　大孢白锈菌

Albugo tragopogonis (Pers.) S. F. Gray　婆罗门参白锈菌

alfalfa mosaic virus, AMV　　　　　苜蓿花叶病毒

Alternaria　　　　　　　　链格孢属，交链格孢属

Alternaria alternata (Fr.) Keissl.　　链格孢，互隔交链孢霉

Alternaria alternata f. sp. mali　　　链格孢苹果专化型

Alternaria alternata pathotype tangerine　交链格孢橘致病型

Alternaria brassicae (Berk.) Sacc. var. phaseoli Brun

　　　　　　　　　　　　芸薹链格孢菜豆变科

Alternaria brassicae (Berk.) Sacc.　　芸薹链格孢

Alternaria brassicicola (Schweinitz) Wiltshire　芸薹生链格孢

Alternaria cheiranthi (Lib.) Wiltsh.　桂竹香链格孢

Alternaria chrysanthemi E. G. Simmons & Crosier

　　　　　　　　　　　　　　　　菊花链格孢

Alternaria citri Ell. et Pierce　　　　柑橘链格孢

Alternaria cucumerina　　　　　　　瓜链格孢

Alternaria dianthi Stev. et Hall.　　　石竹链格孢

Alternaria dianthicola Neergaurd　　香石竹生链格孢

Alternaria dioscoreae Vasant Rao　　薯蓣链格孢

Alternaria fasciculata (Cke. & Ellis.) Jones & Grout

　　　　　　　　　　　　　　　　簇生链格孢

Alternaria gansuensis Liu & Li　　　甘肃链格孢

Alternaria helianthi (Hansf.) Tubaki et Nishihara

　　　　　　　　　　　　　　　　向日葵链格孢

Alternaria humicola Oudem.　　　　土生链格孢

Alternaria iridicola (Ell.et Er.) Elliott.　鸢尾生交链孢

Alternaria japonica Yoshii　　　　　日本链格孢

Alternaria macrospore Zimm　　　　大链格孢

Alternaria mali Roberts　　　　　　苹果链格孢

Alternaria nelumbii (Ell.et Ev.) Enlows et Rand.　莲链格孢

Alternaria panax Whetz.　　　　　　人参链格孢

Alternaria porri (Ellis) Ciferri　　　葱链格孢

Alternaria raphani Groves et Skoloko　萝卜链格孢

Alternaria sesami (Kawamura) Mohanty et Behera

　　　　　　　　　　　　　　　　芝麻链格孢

Alternaria sesamicola Kawamura　　芝麻生链格孢

Alternaria solani (Ell. et Mart) Jones et Grout.　茄链格孢

Alternaria sp.　　　　　　　　链格孢属的一个种

Alternaria spinaciae Allescher et Noack　菠菜链格孢

Alternaria tagetica Shome & Mustafee　万寿菊链格孢

Alternaria tenuis Nees　　　　　　　细链格孢

Alternaria tenuissima (Fr.) Wiltsh.　　极细链格孢

Alternaria viticola Brun　　　　　　葡萄生链格孢

Amauroderma elmerianum Murrill　　粗柄假芝

Antrodia wangii Y.C. Dai & H.S. Yuan　王氏薄孔菌

Aphanomyces cochlioides Drechs　　甜菜黑腐丝囊霉菌

Aphanomyces euteiches　　　　　　根腐丝囊霉

Aphelenchoides besseyi Christie

　　　　　　　　贝西滑刃线虫，水稻干尖线虫

Aphelenchoides composticola Franklin　蘑菇堆肥滑刃线虫

Aphelenchoides ritzemabosi (Schwarte) Steiner　菊叶线虫

apple chlorotic leaf spot virus, ACLSV　苹果褪绿叶斑病毒

apple dimple fruit viroid, ADFVd 苹果凹果类病毒

apple mosaic virus, ApMV 苹果花叶病毒

apple scar skin viroid, ASSVd 苹果锈果类病毒

apple stem grooving virus, ASGV 苹果茎沟病毒

apple stem pitting virus, ASPV 苹果茎痘病毒

arabis mosaic virus, ArMV 南芥菜花叶病毒

Arceuthobium sichuanense (Kiu) Hawksworth & Wiens

云杉矮槲寄生

Aristastoma guttulosum Sutton 油滴毛口壳孢

Armillariella 蜜环菌属

Armillariella mellea (Vahl. ex Fr.) Karst. 蜜环菌

Armillariella tabescens (Scop. et Fr.) Singer 发光假蜜环菌

Arthrinium phaeospermum Ellis 暗孢节菱孢

Ascochyta anemones Kabát et Bubák 银莲花壳二孢

Ascochyta anemones 白头翁壳二孢

Ascochyta boehmeriae Woronich 苎麻壳二孢

Ascochyta citrullina 西瓜壳二孢

Ascochyta fabae Speg. 蚕豆褐斑病菌

Ascochyta fagopyri Bres. 荞麦壳二孢

Ascochyta gossypii Syd. 棉壳二孢

Ascochyta iridis Oudem. 鸢尾壳二孢

Ascochyta leptospora (Trail) Hara 小孢壳二孢

Ascochyta molleriana 壳二孢

Ascochyta pinodes (Berk. et Blox) Jones 豆类壳二孢

Ascochyta pisi Libert 豌豆壳二孢

Ascochyta sesami Miura 芝麻壳二孢

Ascochyta sesamicola P. K. Chi 芝麻生壳二孢

Ascochyta sp. 壳二孢属的一个种

Ascothyta chrysanthemi F. L. Stev. 菊壳二孢

Aspergillus amstelodami (L. Mangin) Thom & Church

阿姆斯特丹曲霉

Aspergillus flavus Link 黄曲霉

Aspergillus fumigatus 烟曲霉

Aspergillus glaucus 灰绿曲霉

Aspergillus niger Tiegh. 黑曲霉

Aspergillus restrictus 局限曲霉

Aspergillus sp. 曲霉

Aspergillus versicolor 杂色曲霉

aster yellows phytoplasma 翠菊黄化植原体

Athelia rolfsii (Curzi) Tu & Kimbr. 罗耳阿太菌

Athelia scutellaris (Berk. & M. A. Curtis) Gilb.

杯状无疣革菌

Aurantiporus fissilis (Berk. & M. A. Curtis) H. Jahn

裂皮黄孔菌

B

Bacillus megaterium de Bary 巨大芽孢杆菌

Bacterium sp. 细菌

banana bunchy top virus, BBTV 香蕉束顶病毒

banana streak virus, BSV 香蕉条斑病毒

Barbella pendula Fleis 悬藓

barley mild mosaic virus, BaMMV 大麦和性花叶病毒

barley yellow dwarf viruses, BYDVs 大麦黄矮病毒

barley yellow mosaic virus, BaYMV 大麦黄花叶病毒

bean common mosaic virus, BCMV 菜豆普通花叶病毒

bean yellow mosaic virus, BYMV 菜豆黄色花叶病毒

beet black scorch rirus, BBSV 甜菜黑色焦枯病毒

beet curly top virus, BCTV 甜菜曲顶病毒

beet mosaic virus, BtMV 甜菜花叶病毒

beet necrotic yellow vein virus, BNYVV

甜菜坏死黄脉病毒

beet soilborne virus, BSBV 甜菜土传病毒

beet western yellows virus IM, BWYV-IM

甜菜西方黄化病毒内蒙株系

beet western yellows virus, BWYV 甜菜西方黄化病毒

Belonium nigromaculatum Graddon 黑斑白洛皮盘菌

Bipolaris cynodontis (Marignoni) Shoem.

狗牙根平脐蠕孢

Bipolaris incurvata (Ch. Bernard) Alcorn

印科瓦塔平脐蠕孢

Bipolaris maydis (Nisikado et Miyake) Shoemaker

玉蜀黍平脐蠕孢

Bipolaris Sacchari (Butler) Shoemaker 甘蔗平脐蠕孢

Bipolaris sorghicola Alcorn 高粱生平脐蠕孢

Bipolaris sorokiniana (Sacc.) Shoem. 麦根腐平脐蠕孢

Bipolaris tetramera (Mckinney) Shoem. 四胞平脐蠕孢

Bipolaris zeicola (Stout) Shoemaker	玉米生平脐蠕孢
Bipolaris zizaniae (Y. Nisik.) Shoemaker	菰离平脐蠕孢
Bjerkandera adusta (Willd.) P. Karst.	黑管孔菌
Bjerkandera fumosa (Pers.) P. Karst.	亚黑管孔菌
Blackeye cowpea mosaic virus, BCMV	
	黑眼豇豆花叶病毒
Blumeria graminis	禾谷布氏白粉菌
Bondarzewia berkeleyi (Fr.) Bondartsev & Singer	
	伯氏圆孢地花孔菌
Bostrytis latebricola Jaap.	蝶形葡萄孢
Botryodiplodia sp.	球二孢菌
Botryodiplodia theobromae Pat.	可可球二孢
Botryosphaeria dothidea (Moug. ex Fr.) Ces. et de Not.	
	葡萄座腔菌
Botryosphaeria laricina (Sawada)Shang	
	落叶松葡萄座腔菌
Botryosphaeria obtusa (anamorph *Diplodia seriata*)	色二孢
Botryosphaeria rhodina (Cke.) Arx.	柑橘葡萄座腔菌
Botryosphaeria ribis (Todi) Grossenb et Dugg	
	茶蔍子葡萄座腔菌
Botryotinia fuckeliana (de Bary) Whetzel.	富氏葡萄孢盘菌
Botrytis caroliniana	卡罗来纳葡萄孢
Botrytis cinerea Pers. ex Fr.	灰葡萄孢
Botrytis elliptica (Berk) Cooke	椭圆葡萄孢
Botrytis fabae Sardina	蚕豆葡萄孢
Botrytis fragarias	草莓葡萄孢
Botrytis gladiolirum	唐菖蒲球腐葡萄孢
Botrytis liliorum Hino	百合葡萄孢
Botrytis paeoniae Oudem.	牡丹葡萄孢
Botrytis sinoviticola	中华葡萄生葡萄孢
Botrytis sp.	葡萄孢
Botrytis squamosa Walker	葱鳞葡萄孢
broad bean wilt virus, BBWV	蚕豆萎蔫病毒
Burkholderia andropogonis (syn: *Robbsia andropogonis*)	
	须芒草伯克氏菌
Bursaphelenchus cocophilus Cobb	椰子伞滑刃线虫
Bursaphelenchus xylophilus (Steiner & Buhrer) Nickle = *Aphelenchoides xilophilus* Steiner & Buhrer = *Bursaphelenchus lignicolus* Mamiya & Kiyohara	松材线虫

C

Calonectria ilicicola	冬青丽赤壳菌
Camarosporium sp.	壳砖隔孢之一种
Candidatus Liberibacter africanus	柑橘黄龙病菌非洲种
Candidatus Liberibacter americanus	柑橘黄龙病菌美洲种
Candidatus Liberibacter asiaticus	柑橘黄龙病亚洲种
Candidatus Phytoplasma asteris	植原体翠菊黄化组
Candidatus phytoplasma mulberry dwarf	桑萎缩植原体
Candidatus phytoplasma ziziphi	
榆树黄花组（EY）16SrV-B 亚组的枣树暂定种	
Capnodium citri Berk. et Desm.	柑橘煤炱
Capnodium mangiferae P. Hennign	杧果煤炱
Capnodium sp.	煤炱属的一个种
Capnodium theae Hara	茶煤炱
Capnophaeum fuliginodes (Rehm.) Yamam.	烟色刺盾炱
capsicum chlorosis virus, CaCV	辣椒褪绿病毒
carnation Italy ringspot virus, CIRV	
	香石竹意大利环斑病毒
carnation mottle virus, CarMV	香石竹斑驳病毒
cassava brown streak virus, CBSV	木薯褐条病毒
cassava Caribbean mosaic virus	加勒比木薯花叶病毒株系
cassava Colombian symptomless virus	
	哥伦比亚木薯无症病毒株系
cassava common mosaic virus	木薯普通花叶病毒株系
cassava new alphaflexivirus	木薯新乙型线状病毒株系
cassava virus X	木薯病毒 X 株系
Casytha filiformis L.	无根藤
cauliflower mosaic virus, CaMV	花椰菜花叶病毒
celery latent virus, CLV	芹菜潜隐病毒
celery mosaic virus, CeMV	芹菜花叶病毒
celery spotted wilt virus, CeSWV	芹菜斑萎病毒
celery yellow vein virus, CYVV	芹菜黄脉病毒
Cenangium ferruginosum Fr. ex Fr.	铁锈薄盘菌
Cephaleuros virescens Kunze	寄生性红锈藻
Cephalosporium acremonium Corda	顶头孢

Cephalosporium sp.	头孢霉	*Cercospora roesleri* (Catt.) Sacc.	葡萄座束梗尾孢
Cephalothecium roseum Corda	玫红复端孢	*Cercospora rosae* (Fuck.) Hohn.	蔷薇尾孢
Ceratobasidium cereale Murray et Burpee	禾谷角担菌	*Cercospora sojina* Hara	大豆尾孢
Ceratocystis fimbriata Ellis et Halsted	甘薯长喙壳菌	*Cercospora solani-melongenae* Chupp	茄生尾孢
Ceratocystis paradoxa (Dade) Moreau	奇异长喙壳菌	*Cercospora* sp.	尾孢属的一个种
Ceratocystis paradoxa complex (Dade) C. Moreau		*Cercospora taiwanensis* Met et Yam	台湾尾孢
	奇异长喙壳菌复合种	*Cercospora theae* Breda de Haan	茶尾孢
Ceratosphaeria grisea (Hebert)	灰喙球菌	*Cercospora variicolor* Wint.	黑座尾孢
Ceratosphaeria phyllostachydis Zhang	竹喙球菌	*Cercospora zeae-maydis* Tehon et Daniels	玉蜀黍尾孢
Cercospora achyranthis	牛膝尾孢	*Cercospora zeina* Crous et Braun	玉米尾孢
Cercospora apii Fres. = *Cercospora sorghi* var.		*Cercospora zonata* Wint.	轮纹尾孢
maydis Ellis et Everh	芹菜尾孢	*Cerocsporidium henningsii* (Allesch) Deighton	亨宁氏短胖孢
Cercospora arachidicola Hori	花生尾孢	*Cerrena unicolor* (Bull.) Murrill	一色齿毛菌
Cercospora beticola Scc.	甜菜尾孢	*Chaetospermum chaetosporum* (Pat.) Smith	毛精壳孢
Cercospora boehmeriae Peck.	苎麻尾孢	*Chaetothyrium* Speg.	刺盾炱属
Cercospora canescens	变灰尾孢	*Chaetothyrium spinigerum* (Hohn) Yamam.	刺盾炱菌
Cercospora cannabina Wakefeiid	大麻尾孢	chickpea chlorotic dwarf virus, CpCDV	
Cercospora capsici Heald et Wolf	辣椒尾孢		鹰嘴豆褪绿矮缩病毒
Cercospora cercidicola Ell.	紫荆粗尾孢	Chinese wheat mosaic virus, CWMV	中国小麦花叶病毒
Cercospora chinensis Tai	中华尾孢	Chinese yam necrotic mosaic virus, ChYNMV	
Cercospora chionea Ell. et Ev.	紫荆集束尾孢		山药坏死花叶病毒
Cercospora circumscissa Sacc.	核果尾孢	*Chloroscypha platycladus* Dai sp. Nov.	侧柏绿胶杯菌
Cercospora coffeicola Berket Cooke	咖啡尾孢	*Chondrostereum purpureum* (Pers. Fr.) Pougar	紫色胶革菌
Cercospora corchori Sawada	黄麻尾孢	chrysanthemum stem necrosis virus, CSNV	菊花坏死病毒
Cercospora cryptomeriae Shirai	柳杉尾孢	*Chrysomyxa diebuensis* C. J. You & J. Cao	迭部金锈菌
Cercospora fagopyri Nakata et Takim.	荞麦尾孢	*Chrysomyxa expansa* Dietel.	疏展金锈菌
Cercospora glycyrrhizae	甘草尾孢	*Chrysomyxa keteleeriae* (Tai) Wang et Peterson	油杉金锈菌
Cercospora grandissima Rangel = *C. dahliae* Hara		*Chrysomyxa pyrolae* (DC.) Kostr. = *Chrysomyxa*	
	大丽花大尾孢	*pirolata* (Körn.) Wint.	鹿蹄草金锈菌
Cercospora henningsii	亨宁氏尾孢	*Chrysomyxa qilianensis* Y. C. Wang X. B. Wu & B Li.	
Cercospora kaki Ellis & Everh.	柿尾孢		祁连金锈菌
Cercospora kikuchii (Matsumoto & Tomoyasu) Gardner		*Chrysomyxa rhododendri* (DC.) de Bary	杜鹃金锈菌
	菊池尾孢	*Chrysomyxa yunnanensis* comb. nov C. J. You & J. Cao	
Cercospora longipes Butler	长柄尾孢		云南金锈菌
Cercospora malayensis Stev. et Solh.	马来尾孢	*Chrysomyxa zhuoniensis* C. J. You & J. Cao	卓尼金锈菌
Cercospora mali Ell. et Ev.	海棠尾孢	*Ciboria batschiana* (Zopf) N. F. Buchw.	橡实杯盘菌
Cercospora medicaginis Ell. & Ev.	苜蓿尾孢	*Ciboria carunculoides* Siegleret Jankins.	肉阜状杯盘菌
Cercospora melongenae Welles	茄尾孢	*Ciboria shiraiana* P. Henn	白杯盘菌
Cercospora pini-densiflorae Hori et Nambu.	赤松尾孢	citrus chlorotic dwarf associated virus, CCDaV	
Cercospora puderi Ben Davis	普德尔尾孢		柑橘褪绿矮缩相关病毒

citrus exocortis viroid, CEVd　柑橘裂皮类病毒

citrus tatter leaf virus, CTLV　柑橘碎叶病毒

citrus tristeza virus, CTV　柑橘衰退病毒

Cladosporium caricinum C. F. Zhang et P. K. Chi

　番木瓜生枝孢

Cladosporium carpophilum Thuem.　嗜果枝孢

Cladosporium chlorocephalum Mason & Ellis　氯头枝孢

Cladosporium cladosporioides (Fres.) de Vries　芽枝孢

Cladosporium cucumerinum Ellis et Arthur　瓜枝孢

Cladosporium fulvum Cooke　褐孢霉

Cladosporium herbarum (Pers.) Link.　多主枝孢

Cladosporium macrocarpum　大孢枝孢

Cladosporium musae Mason　蓼丝枝孢

Cladosporium nigrellum Ellis & Everh.　微黑枝孢

Cladosporium sp.　芽枝孢属的一个种

Cladosporium spongiosum Berk. & Curt.　海绵枝孢

Cladosporium tenuissimum Cooke　极细枝孢

Clavibacter michiganensis subsp. *michiganensis*
　(Smith) Davis et al.　密执安棒形杆菌密执安亚种

Clavibacter michiganensis subsp. *sepedonicus* (Spieckermann &
　Kotthoff) Davis et al.　密执安棒状杆菌马铃薯环腐亚种

Claviceps purpurea (Fr.)Tul.　麦角菌

Cleosporium phellodendri Kom.　黄檗鞘锈

Climacodon septentrionalis (Fr.) P. Karst.　北方肉齿菌

Cochlibolus lunatus Nalson et Haasis　新月旋孢腔菌

Cochliobolus carbonum Nelson　炭色旋孢腔菌

Cochliobolus heterostrophus (Drechsler) Drechsler

　异旋孢腔菌

Cochliobolus intermedius Nelson　间型旋孢腔菌

Cochliobolus pallescens (Tsuda et Ueyama) Sivanesan

　苍白旋孢腔菌

Cochliobolus sativus (Ito et Kurib.) Drechsl.　禾旋孢腔菌

Cochliobolus stenospilus (Drech.) Mat. and Yam.

　狭斑旋孢腔菌

Cochliobolus tuberculatus Sivan.　小瘤旋孢腔菌

coconut cadang-cadang viroid, CCCVd　椰子死亡类病毒

coconut lethal yellowing phytoplasma, CLYP

　椰子致死性黄化植原体

Coleosporium evodiae Dietel ex Hiratsuka f.　吴茱萸鞘锈菌

Coleosporium pini-asteris Orish.　松—紫菀鞘锈

Coleosporium pulsatillae (Strauss) Lév.　白头翁鞘锈菌

Coleosporium saussureae Thüm　风毛菊鞘锈

Coleosporium zanthoxyli Diet. & Syd.　花椒鞘锈菌

Collectotrichum spp.　炭疽菌

Colletotrichum acutatum Simm.　尖孢炭疽菌

Colletotrichum acutatum species complex

　尖孢炭疽菌复合种

Colletotrichum aenigma　隐秘刺盘孢

Colletotrichum agaves Cav.　剑麻刺盘孢

Colletotrichum boehmeriae　苎麻炭疽菌

Colletotrichum boninense　博宁炭疽菌

Colletotrichum boninense species complex

　博宁炭疽菌复合种

Colletotrichum camelliae　山茶炭疽菌

Colletotrichum capsici (Syd. & P. Syd.) E. J.
　Butler & Bisby　黑点炭疽菌

Colletotrichum capsici (Syd.) Bulter & Bisby　辣椒炭疽菌

Colletotrichum capsici (Syd.) Butler & Bisby f. *nicotianae*
　G. M. Zhang & G. Z. Jiang f. nov　辣椒炭疽病烟草变种

Colletotrichum carsti　喀斯特炭疽菌

Colletotrichum cinctum　环带刺盘孢

Colletotrichum circinans (Berk.) Voglino.　葱炭疽菌

Colletotrichum coccodes (Wallr.) Hughes　球炭疽菌

Colletotrichum coffeanum Noack　咖啡刺盘孢

Colletotrichum corchorum Ikata et Tanaka　黄麻刺盘孢

Colletotrichum cordylinicola　柯氏炭疽菌

Colletotrichum crassipies　壳皮炭疽菌

Colletotrichum dematium (Pers.) Grove

　黑线炭疽菌，束状刺盘孢，束状炭疽菌

Colletotrichum dematium (Pers.) Grove f. *circinans*
　(Berk.) Arx　束状刺盘孢葱类专化型

Colletotrichum falcatum Went　镰形炭疽菌

Colletotrichum fructicola　果生刺盘孢，果生炭疽菌

Colletotrichum gloeosporioides (Penz.) Sacc.　胶孢炭疽菌

Colletotrichum gloeosporioides species complex

　胶孢炭疽菌复合种

Colletotrichum glycines Hori.　大豆炭疽菌

Colletotrichum gossypii Southw.　棉炭疽菌

Colletotrichum graminicola (Ces.) G. W. Wils.　禾生炭疽菌

Colletotrichum hibisci Poll　木槿刺盘孢

Colletotrichum higginsianum Sacc.
希金斯炭疽菌，希金斯刺盘孢

Colletotrichum horii 哈锐炭疽菌

Colletotrichum liliacearum (West) Duke 百合科刺盘孢

Colletotrichum lilicolum 亚麻炭疽菌

Colletotrichum lilii Plakidas 百合炭疽菌

Colletotrichum lindemuthianum 菜豆炭疽菌

Colletotrichum morifolium Hara 桑叶刺盘孢

Colletotrichum nicotianae Av.-Sacca 烟草炭疽病菌

Colletotrichum nicotianae Averna 烟草炭疽菌

Colletotrichum spinaciae Ell. et Halst. 菠菜刺盘孢

Colletotrichum orbiculare (Berk. et Mont.) Arx
葫芦科刺盘孢

Colletotrichum orchidearum Allesch 兰刺盘孢

Colletotrichum orchidearum f. *cymbidium* Allesch
兰叶短刺盘孢

Colletotrichum panacicola Uyeda & Takimoto 人参生炭疽菌

Colletotrichum populi C. M. Tian & Zheng Li 杨炭疽菌

Colletotrichum siamense 暹罗炭疽菌

Colletotrichum sp. 炭疽菌，刺盘孢

Colletotrichum sublineolum Henn. 亚线孢炭疽菌

Colletotrichum tropicale 热带炭疽菌

Colletotrichum truncatum (Schw.) Andr. et Moore
平头刺盘孢

colocasia bobone disease virus, CBDV 芋瘦小病毒

Coniella diplodiella (Speg.) Petrak & Sydow 白腐垫壳孢

Coniothyrium fuckelii Sacc. 伏克盾壳霉

Coniothyrium kallangurense Sutton et Alcorn 桉盾壳霉

Coniothyrium olivaceum Bonord. 橄榄色盾壳霉

Coniothyrium sp. 盾壳霉

Coprinus atramentarius 墨汁鬼伞

Coprinus comatus 毛头鬼伞

Coprinus micaceus 晶粒鬼伞

Coprinus sterquilinus 粪鬼伞

Coronophora angustata Fuckel. 狭冠囊菌

Corticium scutelare Brek. & M. A. Curtis 碎纹伏革菌

Corynebacterium fassians Tilfordg Dows. 带叶棒状杆菌

Corynespora cassiicola (Berk. & Curt.) Wei 多主棒孢

Coryneum rhododendri Mass. 杜鹃棒盘孢

Coryneum sp. 棒盘孢

Coslenchus spaerocephalus 预头轮线虫

cotton leaf curl Alabad virus, CLCuAlV
阿拉巴德棉花曲叶病毒

cotton leaf curl Bangalore virus, CLCuBaV
班加罗尔棉花曲叶病毒

cotton leaf curl Gezira virus, CLCuGeV
杰济拉棉花曲叶病毒

cotton leaf curl Kokhran virus, CLCuKoV
Kokhran 棉花曲叶病毒

cotton leaf curl Multan virus, CLCuMuV
木尔坦棉花曲叶病毒

cowpea aphid-borne mosaic virus, CABMV
豇豆蚜传花叶病毒

Cronartium flaccidum (Alb. et Schw.) Wint. 松芍柱锈菌

Cronartium quercuum (Berk) Miyabe 松栎柱锈菌

Cronartium ribicola Fischer ex Rabenhorst 茶藨生柱锈菌

Cryphonectria parasitica (Murr.) Barr. 栗疫菌

Cryptodiaporthe populea (Sacc.) Butin. 杨隐间座壳菌

Cryptosporella viticola (Redd.) Shear. 葡萄生小隐孢壳

Cryptosporiopsis citricarpa 柑橘拟隐球壳孢菌

Cryptostictis paeoniae Serv. 牡丹隐点霉

Cryptovalsa extorris Sacc. 丘疹隐腐皮壳菌

Cryptovalsa protracta (Pers. ex Fr.) Ces. et de Not.
女贞隐腐皮壳菌

Cryptovalsa rabenhorstii Sacc. 北婆罗洲隐腐皮壳菌

cucumber green mottle mosaic virus, CGMMV
黄瓜绿斑驳花叶病毒

cucumber mosaic virus, CMV 黄瓜花叶病毒

cucurbit aphid-borne yellows virus, CABYV
瓜类蚜传黄化病毒

cucurbit chlorotic yellows virus, CCYV 瓜类褪绿黄化病毒

Curtobacterium flaccumfaciens pv. *betae*
萎蔫短小杆菌糖甜菜致病变种

Curvularia clavata Jain 棒弯孢

Curvularia cymbopogonis (C. W. Dodge) Groves.
& Skolko 香茅弯孢

Curvularia eragrostidis (Henn.) Meyer 画眉草弯孢

Curvularia inaequalis (Shear) Boedijn 不等弯孢

Curvularia intermedia Boedijn 间型弯孢

Curvularia lunata (Wakker) Boedijn 新月弯孢

Curvularia pallescens Boedijn	苍白弯孢	*Cylindrosporium eleocharidis*	荸荠柱盘孢
Curvularia senegalensis (Speg.) Subram.	塞内加尔弯孢	*Cylindrosporium padi* Karst.	李属柱盘孢
Curvularia trifolii f. sp. *gladioli* Parmeke & Luttrell		*Cylindrosporium* sp.	柱盘孢属真菌
	唐菖蒲弯孢霉	cymbidium mosaic virus, CymMV	建兰花叶病毒
Curvularia tuberculata Jain	小瘤弯孢	*Cytospora carphosperma* Fr.	梨壳囊孢
Cylindrocarpon sp.	柱孢属真菌	*Cytospora chrysosperma* (Pers.) Fr.	金黄壳囊孢
Cylindrocladium canadense	加拿大柱枝双孢霉	*Cytospora elaeagni* Allesch.	胡颓子壳囊孢
Cylindrocladium parasiticum	寄生帚梗柱孢菌	*Cytospora juglandicola*	核桃壳囊孢
Cylindrocladium scoparium Mongan.	帚梗柱孢菌	*Cytospora mandshurica* Miura	壳囊孢
Cylindrosporium cliviae	君子兰柱盘孢	*Cytospora microspora* (Corda) Rabenh	小孢壳囊孢
Cylindrosporium dioscoreae Miyabe et Ito	薯蓣柱盘孢	*Cytospora* sp.	壳囊孢属真菌

D

Daedaleopsis confragosa (Bolton) J. Schroet.	裂拟迷孔菌	*Didymosporium* sp.	双孢霉属一个种
dahlia mosaic virus, DMV	大丽花花叶病毒	*Diehliomyces microspores*	胡桃肉状菌
dasheen mosaic virus, DsMV	芋花叶病毒	*Dinemasporium acerinum* Peck	槭刺杯毛孢
Dematophora necatrix Hartig	白纹羽束丝菌	*Dinemasporium strigosum* (Pers. ex Fr.) Sacc.	硬毛刺杯毛孢
Diaphanopellis purpurea C. J. You & J. Cao	紫果透明鞘锈菌	*Diplocarpon mali* Harada & Sawamura	苹果双壳
Diaporthe amygdali (Del.) Udayanga, Crous & Hyde		*Diplocarpon rosae* Wolf.	蔷薇双壳菌
	桃间座壳	*Diplodia gossypina* Cooke	棉色二孢
Diaporthe batatatis Harter et Field	甘薯间座壳	*Diplodia natalensis* Pole-Evans	蒂腐壳色单隔孢
Diaporthe citri Wolf	柑橘间座壳	*Diplodina* sp.	明二孢属
Diaporthe eres Nitschke	甜樱间座壳	*Ditylenchus destructor* Thorne	马铃薯腐烂茎线虫
Diaporthe nomurai Hara	桑间座壳	*Ditylenchus dipsaci*	鳞球茎茎线虫，起绒草茎线虫
Diaporthe vexans (Gratz)	茄褐纹间座壳	*Ditylenchus myceliophagus* Goodey	食菌茎线虫
Dickeya dadantii	达旦提迪基氏菌	*Dothichiza populea* Sacc. et Briard.	杨疡壳孢
Dickeya dianthicola	石竹迪基氏菌	*Dothiorella dominicana* Pet. et Cif.	多米尼加小穴壳
Dickeya solani	茄迪基氏菌	*Dothiorella gregaria* Sacc.	群生小穴壳
Dickeya zeae	玉米迪基氏菌	*Dothistroma pini* Hulbary	松穴褥盘孢菌
Dictyoarthrinium sacchari (Stevenson) Damon		*Drechslera erythrospila* (Drechsler) Shoem.	赤斑内脐蠕孢
	甘蔗田字孢（线筒菌）	*Drechslera graminea* (Rabenh.) Shoemaker	禾内脐蠕孢
Didymella bryoniae (Auersw.) Rehm	蔓枯亚隔孢壳	*Drechslera iridis* (Oud.) M. B. Elis.	鸢尾德氏霉
Didymella bryoniae	泻根亚隔孢壳	*Drechslera poae* (Baudys) Shoem.	早熟禾内脐蠕孢
Didymella cocoina	棕榈亚隔孢壳	*Drechslera teres* (Sacc.) Shoemaker	大麦网斑内脐蠕孢
Didymella pinodes	豆类亚隔孢壳	*Drummondia sinensis* Mill	中华木衣藓
Didymellina macrospora	鸢尾褐斑亚双孢腔菌	*Dwayabecja* sp.	得瓦亚比夹属一个种

E

East African cassava mosaic Kenya virus	
	东非木薯花叶病毒肯尼亚株系
East African cassava mosaic Madagascar virus	
	东非木薯花叶病毒马达加斯加株系
East African cassava mosaic Malawi virus	
	东非木薯花叶病毒马拉维株系
East African cassava mosaic virus	东非木薯花叶病毒株系
East African cassava mosaic Zanzibar virus	
	东非木薯花叶病毒桑给巴尔株系
Ectostroma iridis Fr.	鸢尾茎叶菌核
Elsinoe ampelina (de Bary) Shear	葡萄痂囊腔菌
Elsinoe australis Bitancourt & Jenkins	柑橘痂囊腔菌
Elsinoe batatas (Saw.) Viégast & Jensen	甘薯痂囊腔菌
Elsinoe mangiferae Bitancourt et Jenkins	杧果痂囊腔菌
Elsinoe sacchari L.	甘蔗痂囊腔菌
Endogenous pararetroviruses	内源拟逆转录病毒
Enterobacter cloacae	阴沟肠杆菌
Entyloma dahlia Syd.	大丽花叶黑粉菌
Entyloma oryzae Syd. et P. Syd.	稻叶黑粉菌
Epichloë bromicola Leuchtm. & Schardl	
	匈牙利匍匐冰草香柱病菌
Epichloë typhina (Fr.) Tul.	新疆阿勒泰鸭茅香柱病菌
Eriophyes sp.	瘿螨
Eriophyes dispar Nal.	四足瘿螨
Erwinia carotovora	欧文氏菌

Erwinia chrysanthemi Burkholder, McFadden et Dimock	
	菊欧文氏菌
Erysiphe betae (Vanha) Weltziem.	甜菜白粉菌
Erysiphe cichoracearum DC.	二孢白粉菌，菊科白粉菌
Erysiphe cruciferarum Opiz ex Junell	十字花科白粉菌
Erysiphe galeopsidis	鼬瓣白粉菌
Erysiphe glycines Tai	大豆白粉菌
Erysiphe heraclei DC.	独活白粉菌
Erysiphe longissima (M. Y. Li) U. Braun & S. Takam.	
	长叉丝壳
Erysiphe lonicerae DC.	忍冬白粉菌
Erysiphe necator (Schw.) Burr.	葡萄白粉菌
Erysiphe paeoniae Zheng & Chen	芍药白粉菌
Erysiphe pisi DC.	豌豆白粉菌
Erysiphe polygoni DC.	蓼白粉菌
Euoidium lycopersici (Cooke & Massee) U. Braun &	
R. T. A. Cook	番茄真粉孢菌
Exobasidium gracile (Shirai) Syd. & P. Syd.	细丽外担菌
Exobasidium hemisphaericum Shirai	半球状外担菌
Exobasidium japonicum Shirai	日本外担菌
Exobasidium reticulatum S. Ito & Sawada	网状外担菌
Exobasidium rhododendri Cram.	杜鹃外担菌
Exobasidium vexans Massee	坏损外担菌
Exserohilum turcicum (Pass.) Leonard et Suggs	
	大斑凸脐蠕孢

F

Fomes fomentarius (L.) Fr.	木蹄层孔菌
Fomes lignosus	木质层孔菌
Fomitiporia hartigii (Allesch. & Schnabl) Fiasson &	
Niemelä	哈蒂嗜兰孢孔菌
Fomitiporia hippophaeicola (H. Jahn) Fiasson & Niemelä	
	沙棘嗜兰孢孔菌
Fomitiporia punctata (P. Karst.) Murrill	斑点嗜兰孢孔菌
Fomitiporia robusta (P. Karst.) Fiasson & Niemelä	
	稀针嗜兰孢孔菌

Fomitopsis officinalis (Vill.) Bondartsev & Singer	
	苦白蹄拟层孔菌
Fomitopsis pinicola (Sw.) P. Karst.	红缘拟层孔菌
Fulvia fulva (Cooke) Ciferri	褐孢霉
Funalia trogii (Berk.) Bondartsev & Singer	
	硬毛栓孔菌，硬毛粗毛盖孔菌
Fusarinm oxysporum Schlecht f. sp. *dianthiprill.* et Del Snyder	
& Hansen	石竹尖孢镰刀菌石竹专化型
Fusarium	镰刀菌属，镰孢属

Fusarium acuminatum Ellis & Everh.

锐顶镰刀菌，锐顶镰孢

Fusarium ananatum 　　　　　　凤梨镰刀菌

Fusarium avenaceum (Fr.) Sacc. 燕麦镰刀菌，燕麦镰孢

Fusarium avenaceum (Fr.) Sacc.f. sp. *fabae* (Yu) Yamamoto

燕麦镰刀菌蚕豆专化型

Fusarium chlamydosporum 　　　　厚垣镰孢

Fusarium continuum Zhou, O'Donnell, Aoki & Cao

连续镰刀菌

Fusarium crookwellense 　　　　　克地镰孢

Fusarium culmorum (Smith) Sacc. 黄色镰刀菌，黄色镰孢

Fusarium graminearum Schw. 禾谷镰刀菌，禾谷镰孢

Fusarium lateritium var. *longun* 砖红镰刀菌长孢变种

Fusarium laterium Nees 　　　　砖红镰刀菌

Fusarium leterosporum Nees ex Fr. 　异孢镰刀菌

Fusarium moniliforme Sheld. 串珠镰刀菌，串珠镰孢

Fusarium moniliforme var. *intermedium* Neish et Leggett.

串珠镰孢中间变种

Fusarium napiforme 　　　　　　芜菁镰孢

Fusarium nivale (Fr.) Ces. 　　　雪腐镰刀菌

Fusarium orthoceras var. *gladioli* Link. 唐菖蒲直喙镰孢

Fusarium oxysporium f. sp. *lini* 亚麻专化型镰刀菌

Fusarium oxysporium f. sp. *nelumbicola* (Nis.&Wat.) Booth

尖镰孢莲专化型

Fusarium oxysporum f. sp. *albedinis* (Killian & Maire)

W. L. Gordon 尖孢镰刀菌的一个专化型

Fusarium oxysporum f. sp. *batatas* (Wollenw.)

Snyder & Hansen 尖孢镰刀菌甘薯专化型

Fusarium oxysporum f. sp. *carthami* Klisiewicz & Houston

尖镰孢红花专化型

Fusarium oxysporum f. sp. *cepae* (H. N. Hans.) W. C.

Snyder & H. N. Hans. 洋葱尖镰孢洋葱专化型

Fusarium oxysporum f. sp. *chrysanthemi* Snyder et Hansen

尖孢镰刀菌菊花专化型

Fusarium oxysporum f. sp. *conglutinans* (Woll.)

Snyder et Hansen 尖孢镰刀菌黏团专化型

Fusarium oxysporum f. sp. *cubense* (E. F. Smith)

Snyder et Hasen 尖孢镰刀菌古巴专化型

Fusarium oxysporum f. sp. *cucumerinum* Owen

尖孢镰刀菌黄瓜专化型

Fusarium oxysporum f. sp. *dioscoreae*

尖孢镰刀菌山药专化型

Fusarium oxysporum f. sp. *elaeidis* Toovey

尖镰孢油棕专化型

Fusarium oxysporum f. sp. *fabae* Yu et Fang

尖孢镰刀菌蚕豆专化型

Fusarium oxysporum f. sp. *gladiolio* (Massey) Snyd & Hans

尖孢镰刀菌唐菖蒲专化型

Fusarium oxysporum f. sp. *lycopersici* (Sacc.)

Snyder et Hansen 尖孢镰刀菌番茄专化型

Fusarium oxysporum f. sp. *melongenae* Matuo et Ishigami

尖孢镰刀菌茄专化型

Fusarium oxysporum f. sp. *melonis* Snyder et Hansen

尖孢镰刀菌甜瓜专化型

Fusarium oxysporum f. sp. *morindae* Chi et Shi f. sp. nov.

尖孢镰刀菌巴戟天专化型

Fusarium oxysporum f. sp. *mungcola* 尖镰孢绿豆专化型

Fusarium oxysporum f. sp. *nelumbicola*

尖孢镰刀菌莲专化型

Fusarium oxysporum f. sp. *nivenm* (E. F. Smith)

Snyder et Hansen 尖孢镰刀菌西瓜专化型

Fusarium oxysporum f. sp. *passiflorae* Schlecht.

西番莲尖镰孢

Fusarium oxysporum f. sp. *perniciosum* (Hept.) Toole

尖孢镰刀菌的一个专化型

Fusarium oxysporum f. sp. *phaseoli* Kendrick et Snyder

尖孢镰刀菌菜豆专化型

Fusarium oxysporum f. sp. *pisi* 尖孢镰刀菌豌豆专化型

Fusarium oxysporum f. sp. *sesami*, FOS

尖孢镰刀菌芝麻专化型

Fusarium oxysporum f. sp. *tracheiphilum* (E. F. Smith) Snyder

et Hansen 尖孢镰刀菌嗜导管专化型

Fusarium oxysporum f. sp. *vanillae* (Tucker) Gordon

尖孢镰刀菌香草兰专化型

Fusarium oxysporum f. sp. *vasinfectum* (Atk.)

Snyder et Hansen 尖孢镰刀菌蚀脉专化型

Fusarium oxysporum f. sp. *vasinfectum* (Atk.)

Snyder et Hansen 尖孢镰刀菌萎蔫专化型

Fusarium oxysporum Schlecht. 尖孢镰刀菌，尖镰孢

Fusarium poae (Peck) Wollenw 早熟禾根腐镰孢霉

Fusarium proliferatum (Mats.) Nirenberg　　层出镰孢

Fusarium pseudonygamai　　拟奈革麦镰孢

Fusarium roseum (Link) S. et Hansen　　粉红镰孢

Fusarium sambucinum Fuckel.　　接骨木镰刀菌

Fusarium semitectum Berk. et Rav.　　半裸镰刀菌，半裸镰孢

Fusarium solani (Mart.) Sacc. f. sp. *aleuritidis* Chen et Xiao

　　　　　　　　茄腐皮镰刀菌油桐专化型

Fusarium solani (Mart.) Sacc. f. sp. *batatas* McClure

　　　　　　　　茄病镰孢甘薯专化型

Fusarium solani (Mart.) Sacc. f. sp. *radicicola* (Wr.)

　　Snyd. & Hans.　　茄腐皮镰刀菌的一个专化型

Fusarium solani (Mart.) Sacc.　　茄腐皮镰刀菌，茄腐皮镰孢

Fusarium solani f. sp. *fabae* Yu et Fang

　　　　　　　　茄腐皮镰刀菌蚕豆专化型

Fusarium solani f. sp. *eumartii*　　茄病镰孢真马特变种

Fusarium solani f. sp. *phaseoli*　　茄镰孢菜豆专化型

Fusarium solani f. sp. *pisi*　　茄镰孢豌豆专化型

Fusarium solani species complex　　茄腐皮镰刀菌复合种

Fusarium solani var. *coeruleum*　　茄病镰刀菌蓝色变种

Fusarium sp.　　镰刀菌，镰孢

Fusarium spp.　　镰刀菌

Fusarium subglutinans Wollenw. & Reink　　亚黏团镰孢

Fusarium sulphureum　　硫色镰刀菌

Fusarium temperatum J. Scauflaire & F. Munaut　　温和镰孢

Fusarium thapsinum Klittich, J. F. Leslie, P. E.

　　Nelson & Marasas　　产黄色镰孢

Fusarium tricinctum (Corda) Sacc.　　三隔镰孢

Fusarium verticillioides (Sacc.) Nirenberg　　拟轮枝镰孢

Fusarium zanthoxyli Zhou, O'Donnell, Aoki & Cao

　　　　　　　　花椒镰刀菌

Fusicladium carpophilum (Thuem.) Oud.　　嗜果黑星孢

Fusicladium kaki Hori & Yoshino　　柿黑星孢

Fusicladium tremulae (Fr.) Aderh.　　山杨黑星孢

Fusicoccum aesculi Corda　　七叶树壳梭孢

Fusicoccum amygdali Del.　　桃壳梭孢

Fusicoccum mori Yendo.　　桑壳梭孢

Fusicoccum viticolum Reddick　　樱桃枝枯壳梭孢

G

Gaeumannomyces graminis (Sacc.) Arx & Oliver　　禾顶囊壳

Gaeumannomyces graminis (Sacc.) Arx & Olivier var.

　　tritici J. Walker　　禾顶囊壳小麦变种

Gaeumannomyces graminis var. *avenae*　　禾顶囊壳燕麦变种

Gaeumannomyces graminis var. *graminis*　　禾顶囊壳禾谷变种

Gaeumannomyces graminis var. *maydis*　　禾顶囊壳玉米变种

Galactomyces citri-aurantii E. E. Butler　　酸橙乳霉

Ganoderma australe (Fr.) Pat.　　南方灵芝

Ganoderma boninense Pat.　　狭长孢灵芝

Ganoderma lipsiense (Batsch) G. F. Atk.　　树舌灵芝

Ganoderma lucidum　　灵芝菌

Ganoderma philippii (Bres. et Henn.) Bers.　　橡胶灵芝

Ganoderma tropicum (Jungh.) Bres.　　热带灵芝

Ganoderma tsugae Murrill　　松杉灵芝

Ganoderma tsunodae (Lloyd) Trott.　　粗皮灵芝

Ganoderma weberianum (Bres. & Henn.) Steyaert　　韦伯灵芝

Garlic common latent virus, GCLV　　大蒜普通潜隐病毒

Geotrichum candidum Lk. ex Pers.　　白地霉

Geotrichum citri-aurantii (Ferr.) Butler　　酸橙地霉

Gerlachia nivalis (Ces. ex Berl. &Voglino) W.

　　Gams & E. Müll　　雪腐格氏霉

Gerwasia rosae Tai　　蔷薇卷丝锈菌

Gibberella baccata var. *moricola* (de Not.) Wollenw.

　　　　　　　　桑生浆果赤霉菌

Gibberella fujikuroi (Sas.)Wollenw.　　藤仓赤霉

Gibberella fujikuroi (Saw.) Wollenw. var. *subglutinans*

　　Edwards　　藤仓赤霉亚黏团变种（近黏藤仓赤霉）

Gibellina cerealis Pass.　　禾绒座壳菌

Gloeodes pomigena (Schw.) Colby　　仁果黏壳孢

Gloeosporium fructigenum Berk.　　果生盘长孢

Gloeosporium sp.　　盘长孢属真菌

Gloeosporium syringage Kleb.　　丁香盘长孢

Glomerella acutata Guerber & Correll　　尖孢小丛壳

Glomerella cingulata (Stonem.) Spauld. et Schrenk　　围小丛壳

Glomerella cingulata var. *orbicularis*　　围小丛壳圆形变种

Glomerella glycines (Hori) Lehman et Wolf　　大豆小丛亦宄

Glomerella graminicola Politis　　禾生小丛壳

Glomerella lagenarium (Pass.) Stev.　　瓜类小丛壳

Glomerella lindemuthianum　　菜豆小丛壳

Glomerella tucumanensis (Speg.) Arx et E. Mull.　　塔地小丛壳

Golovinomyces cichoracearum (DC.)V. P. Helnt

　　菊科高氏白粉菌

Golovinomyces orontii (Castagne) V. P. Heluta

　　奥隆特高氏白粉菌

Golovinomyces sordidus Gelyuta　　污色高氏白粉菌

grapevine fan leaf virus, GFLV　　葡萄扇叶病毒

grapevine leafroll associated viruses, GLRaVs

　　葡萄卷叶伴随病毒

Guignardia bidwellii (Ell.) Viala et Ravaz　　葡萄球座菌

Guignardia camelliae (Cooke) Butler　　山茶球座菌

Gymnosporangium asiaticum Miyabe ex Yamada　　亚洲胶锈菌

Gymnosporangium clavriiforme (Jacq) DC.　　珊瑚形胶锈菌

Gymnosporangium haraeamum Syd. f. sp. *crataegicola*

　　梨胶锈菌山楂专化型

Gymnosporangium haraeanum Syd.　　梨胶锈菌

Gymnosporangium japonicum Syd.　　日本胶锈菌

Gymnosporangium yamadai Miyabe　　山田胶锈菌

H

Haploporus odorus (Sommerf.) Bondartsev & Singer

　　香味全缘孔菌

Helicobasidium mompa Tanaka Jacz.　　桑卷担菌

Helicobasidium purpureum Tul Pat.　　紫卷担子菌

Helicobasidium sp.　　卷担菌属的一种

Helicobasidium tanakae (Miyabe) Boed et Stainm.

　　田中氏卷担菌

Helicotylenchus dihystera　　柯柏螺旋线虫

Helicotylenchus psudorobuslus　　假壮螺旋线虫

Helicotylenchus spp.　　螺旋线虫

Helminthosporium carposaprum Pollack　　番茄长蠕孢

Helminthosporium sesami Miyake　　芝麻长蠕孢

Helminthosporium sorokinanum Sacc.　　禾草蠕孢霉

Helminthosporium sp.　　长蠕孢属真菌

Helminthosporium stenospilum Drechsler　　狭斑长蠕孢

Helminthosporium teres Sacc.　　大麦网斑长蠕孢

Hemileia vastatrix Berk & Broome　　咖啡驼孢锈菌

Hendersonia bicolor Pat　　二色壳蠕孢

Hendersonia paeoniae Allesch.　　芍药壳蠕孢

Hendersonia rhododendri Thum.　　杜鹃壳蠕孢

Hendersonia sp.　　壳蠕孢属真菌

Heterobasidion annosum S. Str.　　多年异担子菌

Heterobasidion parviporum　　小孔异担子菌

Heterodera avenae　　燕麦孢囊线虫

Heterodera cruciferae　　甘蓝孢囊线虫

Heterodera filipjevi　　菲利普孢囊线虫

Heterodera glycines Ichin.　　大豆孢囊线虫

Heterodera schachtii Schvidt　　甜菜孢囊线虫

Heterodera spp.　　孢囊线虫

Heterosporium echinulatum (Berk.) Cooke　　刺状瘤蠕孢

Heterosporium gracile Sacc.　　鸢尾褐斑瘤蠕孢

Heterosporium syringae　　丁香瘤蠕孢

Hormodendrum mori Yendo　　桑单孢枝霉

Hyaloperonospora parasitica (Pers. ex Fr.) Constant =

　　Peronospora parasitica (Pers.) Fr.　　寄生霜霉

Hypoderma desmazierii Duby　　杉木皮下盘菌

Hypomyces solani f. sp. *mori* Sakurai et Matuo　　桑菌寄生菌

Hypomyces solani f. sp. *pisi* (Jones) Snyd. et Hans.

　　豌豆菌寄生菌

I

Indian cassava mosaic virus　印度木薯花叶病毒

Inocutis tamaricis (Pat.) Fiasson & Niemelä　柽柳核针孔菌

Inonotus baumii (Pilát) T. Wagner & M. Fisch.　鲍姆纤孔菌

Inonotus hispidus (Bull.) P. Karst.　粗毛纤孔菌

Inonotus pruinosus Bondartsev　柳生针孔菌

Inonotus radiatus (Sowerby) P. Karst.　辐射状针孔菌

J

Johnsongrass mosaic virus, JGMV　约翰逊草花叶病毒

K

Kabatiella zeae Narita et Hiratsuka　玉蜀黍球梗孢

Kaskaskia sp.　喀什喀什壳孢

Klebsiella peneumoniae　肺炎克雷伯氏菌

L

Lachnellula willkommii (Hartig) Dennis　韦氏小毛盘菌

Laetiporus sulphureus (Bull.) Murrill 硫色焅孔菌（硫黄菌）

Lasiodiplodia theobromae (Pat.) Criff. et Maubl.
　可可毛色二孢

leek yellow stripe virus, LYSV　韭葱黄条病毒

Leifsonia xyli subsp. xyli　木质部赖氏杆菌

Leptosphaeria biglobosa　双球小球腔菌

Leptosphaeria coniothyrium (Fuckel) Sacc.　盾壳霉小球腔菌

Leptosphaeria maculans (Desm.) Ces. & de Not.
　斑点小球腔菌

Leptosphaeria nodorum Müller　颖枯球腔菌

Leptosphaeria sacchari Breda de Haan　甘蔗小球腔菌

Leptosphaeria taiwanensis W. Y. Yen et C. C. Chi
　台湾小球腔

Leptosphaeria tritici　小麦小球腔菌

Leptosphaeria vectis (Berk.&Br.) Ces & de Not.
　运载小球腔菌

Leptosphaerulina crassiasca Séchet　粗小光壳

lettuce speckles mottle virus, LSMV　莴苣小斑驳病毒

Leucophellinus irpicoides (Pilát) Bondartsev & Singer
　齿白木层孔菌

Leucostoma kunzei (Fr.) Munk　白孔座壳菌

Leucostoma nivea (Hoffm. ex Fr.) Hohn.　雪白白孔座壳

Leveillula Arn　内丝白粉菌属

Leveillula leguminosarum Golovin　豆科内丝白粉菌

Leveillula linacearum Golov　亚麻内丝白粉菌

Leveillula taurica (Lév) G. Arnaud　鞑靼内丝白粉菌

lily symptomless virus, LSV　百合无症病毒

longan witches' broom virus, LWBV　丛枝病毒为线状病毒

Lophodermium seditiosum Minter, Staley & Millar
　扰乱散斑壳

Lophodermium uncinatum Dark.　杉叶散斑壳

Lophophacidium hyperboreum Lagerb.　顶裂盘菌

M

Macrophoma abutilonis Nakata et Takimoto　苘麻大茎点霉

Macrophoma aquilegiae　楼斗大茎点霉

Macrophoma fusispora Bub.　梭孢大茎点菌

Macrophoma kawatsukai　轮纹大茎点

Macrophoma macrospora (McAlp.) Sacc. et D. Sacc.

　　　　　　　　　　　　　　　大孢大茎点菌

Macrophoma musae (Cke) Berl. & Vogl　　香蕉大茎点霉

Macrophoma sp.　　　　　　　　　　大茎点菌

Macrophomina phaseolina (Tassi) Goid.　　菜豆球壳孢

Magnaporth grisea (T. T. Hebert) Barr Yaegash

　　　　　　　　　　　　　　　灰色大口球菌

maize dwarf mosaic virus, MDMV　　玉米矮花叶病毒

maize rough dwarf virus, MRDV　　玉米粗缩病毒

Mal de rio cuarto virus, MRCV　　里奥夸尔托病毒

Marssonina Magn.　　　　　　　　　盘二孢属

Marssonina brunnea f. sp. monogermtubi　单芽管专化型

Marssonina brunnea f. sp. multigermtubi　多芽管专化型

Marssonina coronaria (Ell. & Davis) Davis = Marssonina

　　　mali (P. Henn.) Ito　　　　苹果盘二胞

Marssonina rosae (Lib.) Fr.　　　　蔷薇盘二孢

Marssonina zanthoxyli Chona et Munjal　花椒盘二孢

Massaria mori Miyake　　　　　　　桑黑团壳菌

Massaria moricola Miyake　　　　　桑生黑团壳菌

Massaria phorcioides Miyake　　　　梭孢黑团壳菌

Melampsora allii-populina Kleb.　　葱—杨栅锈菌

Melampsora larici-populina Kleb.　　落叶松—杨栅锈菌

Melampsora lini (Ehrenb.) Lév.　　亚麻栅锈菌

Melampsora magnusiana Wagn.　　　马格栅锈菌

Melampsora pruinosae Tranz.　　　粉被栅锈菌

Melanconium oblongum Berk.　　　矩圆黑盘孢

Melanoporia castanea (Yasuda) T. Hattori & Ryvarden

　　　　　　　　　　　　　　　栗黑孔菌

Melasmia rhododendri P. Henn. et Shirai　杜鹃黑痣菌

Meliola ampitrichia Fr.　　　　　　小煤炱

Meliola butleri Syd.　　　　　　　巴特勒小煤炱

Meliola camelliae (Gatt.) Sacc.　　山茶小煤炱

Meliola mangiferae Earle　　　　　杧果小煤炱菌

Meloidogne hapla Chitwood　　　　北方根结线虫

Meloidogyne arenaria (Neal) Chitwood　花生根结线虫

Meloidogyne chitwoodi Golden et al.　哥伦比亚根结线虫

Meloidogyne enterolobii　　　　　象耳豆根结线虫

Meloidogyne fanzhiensis　　　　　繁峙根结线虫

Meloidogyne floridensis　　　　　佛罗里达根结线虫

Meloidogyne hapla Chitwood　　　北方根结线虫

Meloidogyne incognita (Kofoid et White) Chitwood

　　　　　　　　　　　　　　　南方根结线虫

Meloidogyne javanica (Treub.) Chitwood　爪哇根结线虫

Meloidogyne mali Ito　　　　　　苹果根结线虫

Meloidogyne sinensis　　　　　　中华根结线虫

Meloidogyne spp.　　　　　　　　根结线虫

Meloidogyne thamesi Chitwood　　泰晤士根结线虫

melon aphid-borne yellows virus, MABYV

　　　　　　　　　　　　　　　甜瓜蚜传黄化病毒

melon necrotic spot virus, MNSV　甜瓜坏死斑点病毒

melon yellow spot virus, MYSV　　甜瓜黄化斑点病毒

Microdochium nivale (Fr.) Samuels & I. C. Hallett

　　　　　　　　　　　　　　　雪腐小座菌

Microsphaera alni (Wallr) Salm.　　桤叉丝壳菌

Microsphaera schisandrae Sawada　五味子叉丝壳菌

Microstroma juglandis (Bereng.) Sacc.　核桃微座孢菌

Mircosphaera syringejaponicae　　华北紫丁香叉丝壳

Mitrula shiraiana (P. Henn.) Ito etlmai.　白井地杖菌

Miuraea persicae (Sacc.) Hara　　桃三浦菌

Monilia crataegi Died.　　　　　山楂褐腐串珠霉

Monilia fructzgena Pers.　　　　仁果褐腐丛梗孢

Monilia laxa　　　　　　　　　核果丛梗孢

Monilia mumecola Y. Harada, Y. Sasaki & T. Sano

　　　　　　　　　　　　　　　梅果丛梗孢

Monilia polystroma G. C. M. Leeuwen　多子座丛梗孢

Monilia yunnanensis M. J. Hu & C. X. Luo　云南丛梗孢

Monilinia fructicola (G. Winter) Honey　美澳型核果褐腐菌

Monilinia fructigena (Aderh. & Ruhland) Honey

　　　　　　　　　　　　　　　果生链核盘菌

Monilinia johusonii (Ell. et Ev.)　　山楂褐腐菌

Monilinia laxa (Aderh. & Ruhland) Honey　核果链核盘菌

Monilinia mali (Takahashi) Wetze　苹果链核盘菌

Monilochaetes infuscans Ell. et Halst. ex Harter　甘薯毛链孢

Monochaetia kansensis (Ell. et Barth) Sacc.　坎斯盘单毛孢

Monographella nivalis (Schaffn.) E. Müll.　雪腐小画线壳

Mucor racemosus　　　　　　　总状毛霉

mulberry mosaic dwarf associated virus, MMDaV

　　　　　　　　　　　　　　　桑花叶萎缩相关病毒

Mycocentrospora acerina (Hartig) Deighton　槭菌刺孢

Mycogone perniciosa Magn.　　　有害疣孢霉

mycoplasma-like organisms, MLO　　类菌原体

Mycosarcoma maydis (DC.) Brefeld　　玉蜀黍瘿黑粉菌

Mycosphaerella aleuritidis (I. Miyake) S. H. Ou　　油桐球腔菌

Mycosphaerella arachidis (Hori) Jenkins　　落花生球腔菌

Mycosphaerella capsellae　　芥菜小球壳菌

Mycosphaerella cerasella Aderh.　　樱桃球腔菌

Mycosphaerella citri Whiteside　　柑橘球腔菌

Mycosphaerella fijiensis　　斐济球腔菌

Mycosphaerella iridis (Auersw.) Schrot.　　鸢尾球腔菌

Mycosphaerella laricileptolepis Ito et al.　　日本落叶松球腔菌

Mycosphaerella linorum (Wr.) Gbncia-Raba　　胡麻球腔菌

Mycosphaerella musicola　　香蕉生球腔菌

Mycosphaerella nawae Hiura & Ikata　　柿叶球腔菌

Mycosphaerella punctiformis (Pers.: Fr.) Starb.　　点状球腔菌

Mycosphaerella sentina (Fr.) Schrot　　梨球腔菌

Mycosphaerella sp.　　球腔菌

Myrothecium roridum Tode ex Fr.　　露湿漆斑菌

N

Nectria aleuritidia Chen et Zhang　　油桐丛赤壳菌

Nectria haematococca (Berk. & Broome) Samuels & Rossman　　赤球丛赤壳菌

Nectria sanguinea (Bolt.) Fr.　　血红丛赤壳

Nectriella dacrymycella (Nyl.) Rehm.　　泪珠小赤壳

Neocapnodium tanakae (Shirai et Hara) Yamam.　　田中新煤炱

Neocapnodium theae Hara　　茶新煤炱菌

Neofusicoccum parvum　　新壳梭孢

Neofusicoccum ribis　　小新壳梭孢

Neovossia setariae (Ling) Yu et Lou　　狗尾草尾孢黑粉菌

Neurospora crassa　　粗糙脉孢霉

Neurospora sitoohila　　好食脉孢霉

northern cereal mosaic virus, NCMV　　北方禾谷花叶病毒

O

odontoglossum ringspot virus, ORSV　　齿兰环斑病毒

Oidiopsis taurica (Lév) E. S. Salmon.　　鞑靼拟粉孢

Oidium chrysanthemi Rabenh　　菊粉孢

Oidium cratage Grogh.　　山楂粉孢

Oidium erysiphoides Fr.　　白粉孢

Oidium euonymi-japonicae (Arc.) Sacc.　　正木粉孢

Oidium heveae Steinmann　　橡胶树粉孢

Oidium lini Skoric　　亚麻粉孢

Oidium mangiferae Berthet　　杧果粉孢

Oidium sp.　　粉孢霉

Oidium tuckeri Berk.　　托氏葡萄粉孢

Oidium zizyphi (Yen & Wang) U. Braun　　枣粉孢

oilseed rape mosaic virus, ORMV　　油菜花叶病毒

okra enation leaf curl virus, OELCuV　　黄秋葵耳突曲叶病毒

Olpidium viciae Kusamo　　蚕豆油壶菌

onion mite-borne latent virus, OMbLV　　洋葱螨传潜隐病毒

onion yellow dwarf virus, OYDV　　洋葱黄矮病毒

Onnia leporina (Fr.) H. Jahn　　鳞片昂氏孔菌

Onnia tomentosa (Fr.) P. Karst.　　绒毛昂氏孔菌

Oospora citri-aurantii (Ferr.) Sacc. et Syd.　　酸橙节卵孢菌

orchid fleck virus, OFV　　兰花斑点病毒

Orobanche cumana Wallr.　　向日葵列当

Ovulariopsis sp.　　拟小卵孢菌

Oxyporus populinus (Schumach.) Donk　　囊层酸味孔菌

Oxyporus sinensis X. L. Zeng　　中国锐孔菌

P

Panax notoginseng virus A, PnVA	三七病毒	*Pectobacterium wasabiae,* Pwa	山葵果胶杆菌
Panax virus Y, PnVY	三七Y病毒	*Pellicularia filamentosa* (Pat.) Rogers	丝核薄膜革菌
Pantoea agglomerans (Beijerinck) Gavini, Mergaert, Beji,		*Pellicularia sasakii* (Shirai) Ito	佐佐木薄膜革菌
Mielcarek, Izard, Kersters & De Ley	成团泛菌	*Penicillium chysogenum* Thom	产黄青霉
Pantoea ananatis (Serrano) Mergaert, Verdonck & Kersters		*Penicillium corymbiferum* Westl.	丛花青霉
	菠萝泛菌	*Penicillium cyclopium* Westl.	圆弧青霉
Pantoea sp.	泛菌	*Penicillium digitatum* Sacc.	指状青霉
papaya leaf curl virus, PaLCuV	番木瓜曲叶病毒	*Penicillium expansum* (Link.) Thom	扩展青霉
papaya ringspot virus- watermelon strain, PRSV-W		*Penicillium frequantans*	青霉
	番木瓜环斑病毒西瓜株系	*Penicillium gladiolilus* Mach	唐菖蒲青霉
papaya ringspot virus, PRSV	番木瓜环斑病毒	*Penicillium italicum* Wehmer	意大利青霉
Papulariopsis byssina	褐色石膏霉病	*Penicillium lilacinum*	淡紫青霉
Parmastomyces taxi (Bondartsev) Y. C. Dai & Niemelä		*Penicillium oxalicum*	草酸青霉
	紫杉帕氏孔菌	*Penicillium* sp.	青霉菌
Parmelia cetrata Ach.	睫毛梅花衣	*Penicillium viridicatum*	鲜绿青霉
Passalora fulva (Cooke) U. Braun Crous	黄褐钉孢	peony leaf curl virus, PLCV	牡丹曲叶病毒
Passalora henningsi (Allesch.) R. F. Castaneda & U. Braum		peony ringspot virus, PRV	牡丹环斑病毒
	亨宁氏钉孢	*Perenniporia robiniophila* (Murrill) Ryvarden	
Passalora koepkei = Cercospora koepkei Krüger = *Mycovel-*			刺槐多年卧孔菌
losiella koepkei (Krüger) Deighton	散梗钉孢	*Perenniporia subacida* (Peck) Donk	黄白多年卧孔菌
Passalora sojina (Hara) H. D. Shin & U. Braun大豆褐斑钉孢		*Peridermium keteleeriae-evelynianae* T. X.	
paulownia witche's broom phytoplasma	泡桐丛枝植原体	Zhou et Y. H. Chen	油杉被孢锈菌
pea seed-borne mosaic virus, PSbMV	豌豆种传花叶病毒	*Peridermium kunmingense*	昆明被孢锈菌
peach latent mosaic viroid, PLMVd	桃潜隐花叶类病毒	*Peronophythora litchii* Chen ex Ko et al.	荔枝霜疫霉
peanut mild mottle virus, PMMV	花生轻斑驳病毒	*Peronosclerospora sorghi* (W. Weston et Uppal) C. G. Shaw =	
peanut mottle virus, PMV	花生斑驳病毒	*Sclerospora graminicola* var. *andropogonis-sorghi* Kulk.	
peanut stripe virus, PStV	花生条纹病毒	*Sclerospora sorghi* W. Weston ct Uppal	蜀黍指霜霉
peanut stunt virus, PSV	花生矮化病毒	*Peronospora aestivalis* Syd.	夏季霜霉
Pectobacterium atrosepticum	黑腐果胶杆菌	*Peronospora astragalina* Syd.	黄芪霜霉
Pectobacterium carotovorum (Jones) Waldee		*Peronospora destructor* (Berk.) Casp.	毁坏霜霉
	胡萝卜软腐果胶杆菌	*Peronospora fagopyri* Elenev	荞麦霜霉
Pectobacterium carotovorum subsp. *brasiliensis*		*Peronospora farinosa* f. sp. *betae* Byford = *Peronospora*	
	胡萝卜果胶杆菌巴西亚种	*farinosa* (Fries) Fries	甜菜霜霉
Pectobacterium carotovorum subsp. *carotovorum*		*Peronospora manschurica* (Naum.) Sydow	东北霜霉
	胡萝卜果胶杆菌胡萝卜亚种	*Peronospora parasitica* var. *brassicae*	寄生霜霉芸薹属变种
Pectobacterium carotovorum subsp. *odoriferum*		*Peronospora parasitica* var. *capsellae*	寄生霜霉荠菜属变种
	胡萝卜果胶杆菌气味亚种	*Peronospora parasitica* var. *raphani*	寄生霜霉萝卜属变种
Pectobacterium sp.	果胶杆菌	*Peronospora romanica* Savulescu & Rayss	罗马尼亚霜霉

Peronospora sparsa Berk.　蔷薇霜霉

Peronospora spinaciae = *Peronospora farinosa* f. sp.
　　spinaciae　菠菜霜霉

Peronospora trifoliorum de Bary　三叶草霜霉

Peronospora trifoliorum de Bary f. sp. *medicaginis* de Bary
　　三叶草霜霉苜蓿专化型

Peronospora viciae (Berk.) de Bary = *Peronospora viciae*
　　(Berk.) Caspary　野豌豆霜霉

Peronspora radii de Bary.　菊花霜霉

Pestaloptiopsis annulata　环拟盘多毛孢

Pestaloptiopsis calabae (West.) Stey.　胡桐拟盘多毛孢

Pestaloptiopsis congensis　刚果拟盘多毛孢

Pestaloptiopsis funerea var. *mangiferea*
　　枯斑拟盘多毛孢杧果变种

Pestaloptiopsis mangiferae (P. Henn). Steyaert
　　杧果拟盘多毛孢

Pestalotia elasticola P. Herm.　胶藤生盘多毛孢

Pestalotia funereal Desm.　枯斑盘多毛孢

Pestalotia ginkgo Hori　银杏盘多毛孢

Pestalotia guepini　茶褐斑拟盘多毛孢

Pestalotia menezesiana Bresadola et Torrey　盘多毛孢

Pestalotia paeoniae Serv.　芍药盘多毛孢

Pestalotia shiraiana P. Henn.　白井盘多毛孢

Pestalotiopsis euginae (Desm.) Stey　毛孢盘菌

Pestalotiopsis glandicola (Castagne) Steyaert　栎拟盘多毛孢

Pestalotiopsis guepinii (Desm.) Stey　茶褐斑拟盘多毛孢

Pestalotiopsis longiseta Spegzzini
　　茶轮斑病菌的致病菌一种近似种

Pestalotiopsis palmarum (Cooke) Steyaert　棕榈拟盘多毛孢

Pestalotiopsis photiniae　石楠拟盘多孢

Pestalotiopsis podocarpi　罗汉松拟盘多毛孢

Pestalotiopsis rhododendri (Sacc.) Gusa　杜鹃拟盘多毛孢

Pestalotiopsis sp.　拟盘多毛孢属的一个种

Pestalotiopsis theae (Sawada) Steyaert　茶拟盘多毛孢

Peyronellaea arachidicola Marasas, Pauer & Boerema
　　花生派伦霉

Phaeoisariopsis vitis (Lev.) Sawada　葡萄褐柱丝霉

Phaeolus manihotis　木薯栗褐暗孔菌

Phaeolus schweinitzii (Fr.) Pat.　栗褐暗孔菌

Phaeoporus obliquus (Pers.)J. Schroet.　斜生褐孔菌

Phaeoramularia dioscoreae　薯蓣色链隔孢

Phaeosaccardinula javanica (Zimm.) Yamam.　爪哇黑壳炱

Phaeoseptoria eucalypti Hansf.　桉壳褐针孢

Phakopsora zizyphi-vulgaris (P. Henn) Diet.　枣砌孢层锈菌

Phellinidium noxium (Corner) Bondartseva & S. Herrera
　　有害小针层孔菌

Phellinidium sulphurascens (Pilát) Y. C. Dai
　　硫色小针层孔菌

Phellinidium weirii (Murrill) Y. C. Dai　威氏小针层孔菌

Phellinus baumii Pilát Bull.　鲍氏层孔菌

Phellinus gilvus (Schwein.) Pat.　淡黄木层孔菌

Phellinus igniarius (L.) Quél.　火木针层孔菌

Phellinus laricis (Jaczewski in Pilát) Pilát　落叶松针层孔菌

Phellinus lonicerina Parmasto　忍冬木层孔菌

Phellinus noxius (Corner) G. H. Cunn.　有害木层孢菌

Phellinus pini (Brot.) A. Ames　松针层孔菌

Phellinus rhabarbarinus (Berk.) G. Cunn.　黑壳针层孔菌

Phellinus tremulae (Bondartsev) Bondartsev & Borisov
　　窄盖针层孔菌

Phellinus tuberculosus (Baumg.) Niemelä　苹果针层孔菌

Phellinus vaninii Ljub.　瓦尼针层孔菌

Phellinus yamanoi (Imazeki) Parmasto　亚玛针层孔菌

Phialophora cinerescens　瓶霉菌

Phialophora compacta Carr.　紧密瓶霉

Pholiota squarrosa (Weigel) K. Kumm　翘鳞环伞菌

Phoma betae Frank　甜菜茎点霉

Phoma cameliae Cooke　茶茎点霉

Phoma cercidicola P. Henn　紫荆生茎点霉

Phoma citricarpa var. *mikan* Hara　柑果茎点霉蜜柑变种

Phoma cryptomeriae Kaw.　柳杉茎点霉

Phoma destructiva Plowr　毁灭茎点霉

Phoma eucalyptica Sacc.　桉茎点霉

Phoma glomerata　球状茎点霉

Phoma glumarum (Ellis et Tracy) I. Miyake　颖枯茎点霉菌

Phoma herbarum West.　草茎点霉

Phoma jolyana　南方茎点霉

Phoma lingam (Tode) Desm.　黑胫茎点霉

Phoma macdonaldii Boerema　黑茎病菌

Phoma medicaginis Malbr. & Rounm. var. *medicaginis*
　　Boerema　苜蓿茎点霉

Phoma morearum Brun.	桑茎点霉	*Phyllosticta iridis*	鸢尾叶点霉
Phoma moricola Sacc.	桑生茎点霉	*Phyllosticta lilicola* Sacc.	百合生叶点霉
Phoma mororum Sacc.	桑茎茎点霉	*Phyllosticta magnoliae* Sacc.	木兰叶点霉
Phoma pyiformis Br. et Farnet.	梨形茎点霉	*Phyllosticta mali* Prill. et Delacr.	苹果叶点霉
Phoma sorghina (Sacc.) Boerema, Dorenbosch &		*Phyllosticta malkoffii* Bubak	马尔科夫叶点霉
Van Kesteren	高粱茎点霉	*Phyllosticta michelicola* Vasant Rac.	白兰花生叶点霉
Phoma sp.	茎点霉	*Phyllosticta nigra* Sawada	黑叶点霉
Phomopsis amygdali (Del.) Tuset & Portilla		*Phyllosticta osmanthi* Tassi	木樨叶点霉
	桃拟茎点霉（核果果腐拟茎点霉）	*Phyllosticta paeoniae* Sacc.	芍药叶点霉
Phomopsis asparagi (Sacc.) Bubak	天门冬拟茎点霉	*Phyllosticta rosarum*	蔷薇叶点霉
Phomopsis batatis Ell. et Halst.	甘薯拟茎点霉	*Phyllosticta sorghina* Sacc.	高粱叶点霉
Phomopsis fukushii Tanaka & Endô	福士拟茎点霉	*Phyllosticta* sp.	叶点霉属的一个种
Phomopsis iridis (Cooke) Hawksw. & Punith.	鸢尾拟茎点霉	*Phyllosticta straminella* Bres.	藁秆叶点霉
Phomopsis juniperovora Hahn.	圆柏拟茎点霉	*Phyllosticta theaefolia* Hara	茶叶点霉
Phomopsis longicolla Schmitthenner & Kuter		*Phyllosticta theicola* Petch	茶生叶点霉
	大豆拟茎点种腐病菌	*Phyllosticta yuokwa* Saw.	小孢木兰叶点霉
Phomopsis mangiferae Ahmad	杧果拟茎点霉	*Phymatotrichum omniverum* (Shear) Dugg.	多主瘤梗孢
Phomopsis sojae Lehman	大豆拟茎点霉	*Physalospora obtusa* (Schw.) Cooke	仁果囊孢壳
Phomopsis sp.	拟茎点霉	*Physalospora piricola* Nose	梨生囊壳孢
Phomopsis vexans (Sacc. et Syd.) Harter	茄褐纹拟茎点霉	*Physoderma maydis* (Miyabe) Miyabe	玉蜀黍节壶菌
Phomopsis viticola (Sacc.) Sacc.	葡萄生拟茎点霉	*Phytophora* sp.	恶疫霉
Phragmidium mucronatum (Persoon) Schlecht	短尖多胞锈	*Phytophthora arecae* (Coleman) Pethybridge	槟榔疫霉
Phyllachora orbicular Rehm.	圆黑痣菌	*Phytophthora boehmeriae* Sawada	苎麻疫霉
Phyllachora phyllostachydis Hara	刚竹黑痣菌	*Phytophthora cactorum* (Lebert et Cohn) Schröeter	恶疫霉
Phyllachora shiraiana Syd.	白井黑痣菌	*Phytophthora capsici* Leonian	辣椒疫霉
Phyllachora sinensis Sacc.	中国黑痣菌	*Phytophthora cinnamomi* Rands	樟疫霉
Phyllactinia moricola (P. Henn) Homma	桑生球针壳	*Phytophthora citricola* Saw.	柑橘生疫霉
Phyllactinia pyri (Cast) Homma.	梨球针壳菌	*Phytophthora citrophthora* (R. et E. Smith) Leon.	
Phylloporia ribes (Schumach.) Ryvarden	茶藨子叶状层菌		柑橘褐腐疫霉
Phyllosticta cannabis (Kirchn.) Speg.	大麻叶点霉	*Phytophthora colocasiae* Racib.	芋疫霉
Phyllosticta citricarpa	柑橘叶点霉	*Phytophthora cryptogea* Pethybor. et Laf.	隐地疫霉
Phyllosticta commonsii Ell. et Ev.	斑点叶点霉	*Phytophthora drechsleri* Tucker	掘氏疫霉
Phyllosticta corchori Sawada	黄麻叶点霉	*phytophthora erythroseptica*	红腐疫霉
Phyllosticta crataegicola	山楂生叶点霉	*Phytophthora hibernalis*	冬生疫霉
Phyllosticta cymbidiuim Sawada	兰叶点霉	*Phytophthora infestans* (Mont.) de Bary	致病疫霉
Phyllosticta dahliicola Baum.	大丽花叶点霉	*Phytophthora meadii*	蜜色疫霉
Phyllosticta dioscoreae	薯蓣叶点霉	*Phytophthora megasperma* Drechsl	大雄疫霉
Phyllosticta gemmiphliae Chen et Hu	芽生叶点霉	*Phytophthora melongenae* Sawada	茄疫霉
Phyllosticta gossypina Ell. et Martin	棉小叶点霉	*Phytophthora melonis* Katsura	瓜类疫霉
Phyllosticta hydrophila Speg.	喜湿叶点霉	*Phytophthora nicotiana* van Breda de Haan	烟草疫霉

Phytophthora nicotianae var. *nicotianae*	烟草疫霉烟草变种
Phytophthora palmivora (Butler) Butler	棕榈疫霉
Phytophthora palmivora var. *piperis*	棕榈疫霉胡椒变种
Phytophthora parasitica Dast.	寄生疫霉
Phytophthora parasitica var. *nicotianae* (Breda de Haan)	
Tucker	寄生疫霉烟草变种
Phytophthora richardii	蓖麻疫霉
Phytophthora sojae (Kaufmann & Gerdemann)	大豆疫霉
Phytophthora sp.	疫霉菌
Phytophthora syringae Kleb.	丁香疫霉
Phytophthora tjangkorreh Racib.	藤竹黑痣菌
Phytophthora tropicalis	热带疫霉
Phytophthora vignae f. sp. *adzukicola*	豇豆疫霉小豆专化型
Phytophthra nicotianae Breda de Haan	烟草疫霉
phytoplasma	植原体
Piptoporus betulinus (Bull.) P. Karst.	桦剥管孔菌
Piptoporus soloniensis (Dubois) Pilát	梭伦剥管菌
Plasmodiophora brassicae Woron.	芸薹根肿菌
Plasmopara australis (Spegazzini) Swingle	南方轴霜霉菌
Plasmopara halstedii (Farl.) Berl. & de Toni	霍尔斯轴霜霉
Plasmopara pygmaea (Unger) Schroet.	矮小轴霜霉
Plasmopara viticola (Berk et Curtis) Berl. et de Toni	
	葡萄生单轴霉
Plectosphaerella cucumerina	小不整球壳菌
Pleospora betae (Bert) Ncvodovsky	甜菜格孢腔菌
Pleospora lycopersia EL. & Em. Marchal	番茄格孢腔菌
Pleurocytospora sp.	侧壳囊孢属一个种
Pleurophomella eumorpha (Penz.& Sacc.) v. Hohn	
	美形侧茎点壳菌
Pllicuaria rolfsii (Sacc.) West.	白绢薄膜革菌
Podosphaera fusca	综丝叉丝单囊壳白粉菌
Podosphaera leucotricha (Ell. et Ev.) Salm.	白叉丝单囊壳
Podosphaera oxyacanthae f. sp. *crataegicola*	叉丝单囊壳
Podosphaera pannosa (Wallr. : Fr) de Bary	毡毛单囊壳
Podosphaera phaseoli	菜豆叉丝单囊壳白粉菌
Podosphaera tridactyta	三指叉丝单囊壳菌
Podosphaera xanthii (Castagne) U. Braun & Shishkoff	
	苍耳叉丝单囊壳
Polyporus fraxineus (Bondartsev & Ljub.) Y. C. Dai	
	水曲柳多孔菌
Polyporus squamosus (Huds.) Fr.	宽鳞多孔菌
poplar mosaic virus, PopMV	杨树花叶病毒
Poria hypobrunnea Petch	茶红根腐病
Poria xantha Cke.	高等担子菌
Postia stiptica (Pers.) Jülich	柄生泊氏孔菌
potato leaf roll virus, PLRV	马铃薯卷叶病毒
potato virus A, PVA	马铃薯 A 病毒
potato virus M, PVM	马铃薯 M 病毒
potato virus S, PVS	马铃薯 S 病毒
potato virus X, PVX	马铃薯 X 病毒
potato virus Y, PVY	马铃薯 Y 病毒
Pratylenchus coffeae	咖啡短体线虫
Pratylenchus myceliophthorus	腐菌异滑刃线虫
Pratylenchus neglectus	落选短体线虫
Pratylenchus neoamblycephalus	新钝头针线虫
Pratylenchus pseudoparietinus	假墙草异滑刃线虫
Pratylenchus spp.	根腐线虫（短体线虫）
Pratylenchus thornei	桑尼短体线虫
Pratylenchus zeae	玉米短体线虫
Pseudocercospora destructiva (Ravena) Guo et Liu	
	坏损假尾孢
Pseudocercospora lonicericola	忍冬生假尾孢
Pseudocercospora lonicerigena	忍冬假尾孢
Pseudocercospora nymphaeace (Cke. et Ell.)	睡莲假尾孢
Pseudocercospora sesami (Hansf.) Deighton	芝麻假尾孢
Pseudocercospora ulei	乌勒假尾孢
Pseudocercospora wellesiana	杨桃假尾孢
Pseudocercosporella capsellae (Ell. & Ev.) Deighton	
	芥假小尾孢
Pseudocochliobolus eragrostidis Tsuda et Ueyama	
	画眉草假旋孢腔菌
Pseudoidium neolycopersici (L. Kiss) L. Kiss	
	新番茄假粉孢菌
Pseudomonas aeruginosa (Schroeter) Migula	铜绿假单胞菌
Pseudomonas amygdali pv. *lachrymans* (Smith et Bryan)	
Young. Dye et Wilke	扁桃假单胞菌流泪致病变种
Pseudomonas avenae (Manns) Willems et al.	燕麦假单胞菌
Pseudomonas caryphyolli	石竹假单胞菌
Pseudomonas corrugata Roberts & Scarlett	皱纹假单胞菌
Pseudomonas fabae	蚕豆假单胞菌

Pseudomonas putida	恶臭假单胞菌
Pseudomonas savastanoi pv. *savastanoi*	
	萨氏假单胞萨氏致病变种
Pseudomonas solanacearum (Smith) Smith	青枯病假单胞菌
Pseudomonas sp.	假单胞菌
Pseudomonas syringae pv. *actinidiae*	
	丁香假单胞菌猕猴桃致病变种
Pseudomonas syringae pv. *averrhoi*	
	丁香假单胞菌杨桃致病变种
Pseudomonas syringae pv. *cunninghamiae* Nanjing He et Goto	杉木假单胞菌
Pseudomonas syringae pv. *glycinea* (Coeper) Young et al.	
	丁香假单胞菌大豆致病变种
Pseudomonas syringae pv. *lachrymans* (Smith et Bryan) Young Dye & Wilkie	
	丁香假单胞菌流泪（黄瓜）致病变种
Pseudomonas syringae pv. *lapsa* (Ark) Young, Dye and Wilkie	香假单胞菌倒折致病变种
Pseudomonas syringae pv. *maculicola*	
	丁香假单胞菌斑点致病变种
Pseudomonas syringae pv. *mori* (Boyer & Lambet 1983) Yong, Dye & Wilkie 1978	丁香假单胞菌桑致病变种
Pseudomonas syringae pv. *phaseolicola*	
	丁香假单胞菌菜豆生致病变种
Pseudomonas syringae pv. *sesami* (Malkoff.) Young, Dye et Wilkie	丁香假单胞菌芝麻致病变种
Pseudomonas syringae pv. *syringae* van Hall	
	丁香假单胞菌丁香致病变种
Pseudomonas syringae pv. *tabaci* (Wolf et Foster) Young & Dye Wikie	丁香假单胞菌烟草致病变种
Pseudomonas syringae pv. *tomato* (Okabe) Young, Dye & Wilkie	丁香假单胞菌番茄致病变种
Pseudomonas tabaci (Wolf et Foster) Stevens	
	烟草野火假单胞菌
Pseudomonas tolaasii	托拉斯假单胞菌
Pseudomonas woodsii	伍氏假单胞菌
Pseudomonas zeae Hsia et Fang	玉米假单胞菌
Pseudomornas cattleyae	卡特兰假单胞菌
Pseudomornas cypripedii	杓兰假单胞菌
Pseudoperonospora cannabina (Otth.) Curz	大麻假霜霉
Pseudoperonospora cubensis (Berk. et Curt.) Rostov.	古巴假霜霉
Pseudophloeosporella dioscoreae (Miyabe & S. Ito) U. Braun	
Puccinia allii (DC.) Rudolphi	葱柄锈菌
Puccinia arachidis Speg.	落花生柄锈菌
Puccinia asarina Kunze	细辛柄锈菌
Puccinia carthami (Hutz) Corda.	红花柄锈菌
Puccinia chrysanthemi Roze	菊柄锈菌
Puccinia coronata Corda var. *avenae* W. P. Fraser ex G. A. Ledingham	冠柄锈菌燕麦变种
Puccinia dioscoreae Kom.	薯蓣柄锈菌
Puccinia erianthi Padw. et Khan	蔗茅柄锈菌
Puccinia graminis Pers. f. sp. *avenae* Erikss. et Henn.	
	禾柄锈菌燕麦专化型
Puccinia graminis Pers. f. sp. *tritici* J. Eriksson et E. Henning	
	禾柄锈菌小麦专化型
Puccinia graminis var. *secalis* Eriks et Henn.	
	禾柄锈菌黑麦变种
Puccinia helianthi Schw.	向日葵柄锈菌
Puccinia hemerocallidis Thüm	萱草柄锈菌
Puccinia horiana P. Henn	掘柄锈菌
Puccinia iridis (DC.) Wallr.	鸢尾柄锈菌
Puccinia kuehnii Butler	屈恩柄锈菌
Puccinia melanocephala Sydow. et P. Sydow	黑顶柄锈菌
Puccinia phellopteri P. Syd. et Syd.	珊瑚菜柄锈菌
Puccinia polysora Underw.	多堆柄锈菌
Puccinia purpurea Cooke	紫柄锈菌
Puccinia recondita Rob. et Desm.	隐匿柄锈菌
Puccinia recondita Roberge ex Desm. f. sp. *tritici* Eriks. et Henn.	小麦隐匿柄锈菌
Puccinia sorghi	高粱柄锈菌
Puccinia striiformis West. f. sp. *hordei* Eriks. et Henn.	
	条形柄锈菌大麦专化型
Puccinia striiformis West. f. sp. *tritici* Eriks. et Henn.	
	条形柄锈菌小麦专化型
Puccinia striiformis Westend.	条锈菌
Puccinia triticina Erikss.	小麦叶锈菌
Pucciniastrum areolatum (Fr.) Otth	杉李膨痂锈
Puccinina horiana P. Henn.	堀氏菊柄锈菌
Pycnostysanus azaleae (Peck) Mason	杜鹃芽链束梗孢菌
Pyrenopeziza brassicae Sutton & Rawlinson	芸薹硬座盘菌

Pyrenophora graminea Ito & Kuribayashi	麦类核腔菌	*Pythium hypogynum* Middleton	下雄腐霉
Pyrenophora trers (Died.) Dreechs.	圆核腔菌	*Pythium inflatum* Matthews	肿囊腐霉
Pyricularia grisea (Cooke) Sacc.	灰梨孢	*Pythium irregulare* Buisman	畸雌腐霉
Pyricularia oryzae Cav.	稻梨孢	*Pythium monospermum* Pringsh.	简囊腐霉
Pyricularia setariae Nishik.	灰色梨孢	*Pythium myriotylum* Drechs.	群结腐霉
Pythium acanthicum Drechs.	棘腐霉	*Pythium oopapillum* de Cock & Lévesque	卵突腐霉
Pythium adhaerens Sparrow	黏腐霉	*Pythium paroecandrum* Drechs.	侧雄腐霉
Pythium afertile Kanouse & Humphrey	无性腐霉	*Pythium pulchrum* Minden	绚丽腐霉
Pythium angustatum Sparrow	狭囊腐霉	*Pythium rostratum* Butler	喙腐霉
Pythium aphanidermatum (Eds.) Fitz.	瓜果腐霉	*Pythium salinum* Hohnk	盐腐霉
Pythium arrhenomanes Drechs.	强雄腐霉（禾根腐霉）	*Pythium schmitthenneri* M. L. Ellis, Broders & Dorrance	
Pythium attrantheridium Allain-Boulé & Lévesque			施氏腐霉
	引雄腐霉	*Pythium spinosum* Sawada	刺腐霉
Pythium catenulatum Matthews	链状腐霉	*Pythium splendens* Braun	华丽腐霉
Pythium debaryanum Hesse	德巴利腐霉	*Pythium* spp.	腐霉菌
Pythium deliense Meurs.	德里腐霉	*Pythium tardicrescens* Vanterpool	缓生腐霉
Pythium diclinum Tokun	异丝腐霉	*Pythium torulosum* Coker & Patterson	簇囊腐霉
Pythium dissotocum Drechsler	宽雄腐霉	*Pythium ultimum* Trow	终极腐霉
Pythium graminicola Subram.	禾生腐霉	*Pythium ultimum* var. *ultimum* Trow	终极腐霉变种
Pythium heterothallicum Campb. & Hendrix	异宗结合腐霉	*Pythium vexans* de Bary	钟器腐霉

R

radish mosaic virus, RMV	萝卜花叶病毒	*Rhizopus arrhizus* Fischer	少根根霉
Radopholus spp.	穿孔线虫	*Rhizopus artocarpi* Racib	木波罗根霉
Ralstonia pseudosolanacearum (Smith) Yabuuchi		*Rhizopus nigricans* Ehr.	黑根霉菌
	假茄科雷尔氏菌	*Rhizopus oryzae* Went & Prinsen Geerligs	米根霉
Ralstonia solanacearum (Smith) Yabuuchi	茄科雷尔氏菌	*Rhizopus stolonifer* (Ehrenb. ex Fr.) Vuill.	
Ralstonia syzygii	蒲桃雷尔氏菌		黑根霉，匍枝根霉
Ramularia areola Atk.	白斑柱隔孢	*Rhizosphaera kalkhoffii* Bubak	根球壳孢菌
Ramularia armoraciae Fuckel	辣根柱隔孢	*Rhynchosporium orthosporum* Cald.	直喙孢霉
Ramularia beticola Fatur	甜菜柱隔孢叶斑病菌	*Rhynchosporium secalis* (Oudem.) Davis	黑麦喙孢霉
Ramularia leonuri	益母草柱隔孢	*Rhytisma shiraiana* Hemmi et Kurata.	白井氏斑痣盘菌
Ramulispora sorghi (Ellis et Everhart) L. S. Olive et		rice black-streaked dwarf virus, RBSDV	水稻黑条矮缩病毒
Lefebvre	高粱座枝孢菌	rice gall dwarf virus, RGDV	水稻瘤矮病毒
Rhizoctonia aryzae	水稻丝核菌	rice grassy stunt virus, RGSV	水稻草状矮化病毒
Rhizoctonia cerealis Van der Hoeven	禾谷丝核菌	rice ragged stunt virus, RRSV	水稻齿叶矮缩病毒
Rhizoctonia crocorum	紫纹羽丝核菌	rice yellow stunt virus, RYSV	水稻黄矮病毒
Rhizoctonia solani Kühn	立枯丝核菌	*Rigidoporus lignosus* (Kl.) Imaz.	木质硬孔菌
Rhizoctonia zeae Voorhees	玉蜀黍丝核菌	*Rigidoporus lineatus* (Pers.) Ryvarden	平丝硬孔菌

Rigidoporus microporus (Fr.) Overeem	小孔硬孔菌	*Rotylenchulus reniformis*	肾状肾形线虫
Rosellinia necatrix (Hart.) Berl.	褐座坚壳菌	*Rotylenchus* spp.	肾形线虫

S

Sanghuangporus baumii (Pilát) L. W. Zhou & Y. C. Dai		*Septobasidium tanakae* Miyabe	田中隔担耳
	鲍姆桑黄孔菌	*Septoglieum mori* Briosi et Cavara	桑黏隔孢
Sarocladium strictum (W. Gams) Summerbell	直帚枝杆孢	*Septogloeum sojae* Yoshii & Nish	大豆黏隔孢
satsuma dwarf virus, SDV	温州蜜柑萎缩病毒	*Septoria apiicola* Speg.	芹菜生壳针孢
sat-TBTV	烟草丛顶病毒类似卫星 RNA	*Septoria cannabis* (Lasch.) Sacc.	大麻壳针孢
Schizophyllum commune Fr.	裂褶菌	*Septoria chrysanthemella* Sacc.	菊壳针孢
Scirrhia pini Funk et Parker	松瘤座囊菌	*Septoria chrysanthemi-indici* Bubak et Kabat	菊粗壮壳针孢
Sclerophthora macrospora (Sacc.) Thirum. et al.	大孢指疫霉	*Septoria dearnessii*	白芷壳针孢
Sclerophthora macrospora var. *maydis*		*Septoria dianthi* Desm.	石竹白疱壳针孢
	大孢指疫霉玉蜀黍变种	*Septoria dianthicola* Sacc.	石竹生壳针孢
Sclerospora graminicola (Sacc.) Schröt.	禾生指梗霉	*Septoria digitalis*	毛地黄壳针孢
Sclerostagonospora sp.	厚壳多孢属一个种	*Septoria gladioli* Pass	唐菖蒲壳针孢
Sclerotinia asari Wu et C. R. Wang	细辛核盘菌	*Septoria glycines* Hemmi	大豆壳针孢
Sclerotinia fuckeliana (de Bary) Fuckel	富克尔核盘菌	*Septoria linicola* (Speg.) Gar.	胡麻生壳针孢
Sclerotinia gladioli Drayt	剑兰核盘菌	*Septoria lycopersici* Speg.	番茄壳针孢
Sclerotinia homoeocarpa	核盘属真菌	*Septoria melastomatis* (Shear) Dugg.	野牡丹壳针孢
Sclerotinia minor Jagger	小核盘菌	*Septoria mortarlensis* Penz. et Sacc.	桉壳针孢
Sclerotinia nivalis I. Saito	雪腐核盘菌	*Septoria obesa* Syd.	钝头壳针孢
Sclerotinia sclerotiorum (Lib.) de Bary	核盘菌	*Septoria piricola* Desm.	梨生壳针孢
Sclerotinia sp.	核盘菌属的一个种	*Septoria populi* Desm.	杨壳针孢
Sclerotinia squamosa (Viennot, Bourgin) Dennis	葱鳞核盘菌	*Septoria populicola* Peck	杨生壳针孢
Sclerotinia trifoliorum Eriks S.	三叶草核盘菌	*Septoria rhododendri* Sacc.	杜鹃壳针孢
Sclerotium bataticola Trub.	白腐菌	*Septoria rosae* Desm.	月季壳针孢
Sclerotium cepivorum Berk.	白腐小核菌	*Septoria sinarum* Speg.	破坏壳针孢
Sclerotium hydrophilum Sacc.	嗜水小核菌	*Septoria* sp.	壳针孢属真菌
Sclerotium rolfsii Sacc.	齐整小核菌	*Septoria syringae* Sacc. et Speg.	丁香壳针孢
Scurrula parasitica L.	红花寄生	*Septoria tritici* Rob.et Desm.	小麦壳针孢
Scurrula parasitica L. var. *graciliglora* (Wollyrex DC.)		*Serratia marcescens*	黏质沙雷氏菌
H. S. Kiu	变种小红花寄生	sesame necrotic mosaic virus, SNMV	芝麻坏死花叶病毒
Scytalidium lignicola	木栖柱孢霉	*Setomelanomma holmii* M. Morelet	霍氏刺黑球腔菌
Seimatosporium vaccinii (Fckl.) Eriksson	越橘盘双端毛孢	*Setosphaeria turcica* (Luttrell) Leonard et Suggs	
Selenophoma tritici Liu, Guo et H. G. Liu	小麦壳月孢		大斑刚毛球腔菌
Septobasidium citricolum Saw.	柑橘生隔担耳	shallot latent virus, SLV	青葱潜隐病毒
Septobasidium nigrum Yamamoto	黑隔担耳	*Shiraia bambusicola* P. Henn.	竹黄菌
Septobasidium pedicellatum (Schw.) Pat.	柄隔担耳	sorghum mosaic virus, SrMV	高粱花叶病毒

South African cassava mosaic virus　　南非木薯花叶病毒株系

southern rice black-streaked dwarf virus, SRBSDV

　　　　　　　　　　　　南方水稻黑条矮缩病毒

soybean mosaic virus, SMV　　　　大豆花叶病毒

Sphaceloma ampelimum de Bary　　葡萄痂圆孢

Sphaceloma arachidis Bit. & Jenk.　　落花生痂圆孢

Sphaceloma batatas Sawada　　　甘薯痂圆孢

Sphaceloma fawcettii Jenkins　　　柑橘痂圆孢

Sphaceloma mangiferae = Denticularia mangiferae (Bitanc.

　　& Jenkins) Alcorn, Grice et R. A. Peterson　杧果痂圆孢

Sphaceloma paulowniae (Tsujii) Hara.　　泡桐痂圆孢

Sphaceloma sacchari L.　　　　　甘蔗痂圆孢

Sphaceloma sp.　　　　　　　　痂圆孢属一个种

Sphacelotheca sorghi (Link) Clinton　　（高粱）坚轴黑粉菌

Sphaeropsis malorum Peck　　　　仁果球壳孢

Sphaeropsis sapinea　　　　　　松杉球壳孢

Sphaerostilbe repens　　　　　　匐灿球赤壳菌

Sphaerotheca aphanis (Wallr.) Braun　　羽衣草单囊壳菌

Sphaerotheca fusca (Fr.: Fr.) Blum　　棕丝单囊壳

Sphaerotheca pannosa　　　　　桃单壳丝菌

Sphingomonas sp.　　　　　　　鞘氨醇单胞菌

Spilocaea pomi Fr.　　　　　　苹果环黑星孢

Spongipellis delectans (Peck) Murrill　　优美毡被孔菌

Spongipellis spumeus (Sowerby) Pat.　　松软毡被孔菌

Sporisorium cruentum (Kühn) Váhky = *Sphacelotheca cruenta*

　　(Kühn) Potter　　　　　高粱散孢堆黑粉菌

Sporisorium destruens (Schltdl.) Vánky　　稷光孢堆黑粉菌

Sporisorium reilianum (Kühn) Langdon et Full. = *Sphaceloth-*

　　eca reiliana (Kühn)　　　丝孢堆黑粉菌

Sporisorium reilianum f. sp. *zeae*　丝孢堆黑粉菌玉米专化型

Sporisorium scitamineum　　　　甘蔗鞭黑粉菌

Sporisorium sorghi Erenb. ex Link　　高粱坚孢堆黑粉菌

squash leaf curl China virus, SLCCNV　中国南瓜曲叶病毒

squash mosaic virus, SqMV　　　　南瓜花叶病毒

Sri Lankan cassava mosaic virus　　斯里兰卡木薯花叶病毒

Stagonospora nodorum Berk.　　　颖枯壳针孢

Stagonospora sp.　　　　　　　壳多孢属真菌

Stagonosporopsis cucurbitacearum (Fr.) Aveskamp,

　　Gruyter & Verkley　　　　瓜茎点霉

Stemphylium botryosum Wallr.　　匍柄霉

Stemphylium sarciniiforme (Cav.) Wiltsh.　　束状匍柄霉

Stemphylium solani G. F. Weber　　茄匍柄霉

Stemphylium sp.　　　　　　　匍柄霉属的一个种

Sterostratum corticioides (Berk. et Br.) H. Magn.

　　　　　　　　　　　　皮下硬层锈菌

Stigmella lycii X. R. Chen & Yan Wang　　枸杞小黑梨孢

strawberry latent ringspot virus, SLRSV　草莓潜隐环斑病毒

Streptomyces acidiscabies　　　酸疮痂链霉菌

Streptomyces scabies　　　　　疮痂病链霉菌

Streptomyces turgidiscabies　　肿胀疮痂链霉菌

Striga asiatica (L.) Kuntze　　　亚洲独脚金

Striga aspera (Willd) Benth.　　粗毛独脚金

Striga densiflora Benth.　　　　密花独脚金

Striga euphrasioides Benth.　　小米草独脚金

Striga forbesii Benth.　　　　福拜氏独脚金

Striga hermonthica (Del.) Benth.　　美丽独脚金

Stromatinia gladioli (Massey) Whetzel.　　唐菖蒲座盘菌

suakwa aphid-borne yellows virus, SABYV

　　　　　　　　　　　　丝瓜蚜传黄化病毒

sugarcane mosaic virus, SCMV　　甘蔗花叶病毒

sugarcane yellow leaf virus, SCYLV　　甘蔗黄叶病毒

sweet potato chlorotic stunt virus, SPCSV

　　　　　　　　　　　　甘薯褪绿矮化病毒

sweet potato feathery mottle virus, SPFMV

　　　　　　　　　　　　甘薯羽状斑驳病毒

sweet potato latent virus, SPLV　　甘薯潜隐病毒

sweet potato leaf curl virus, SPLCV　甘薯曲叶病毒

sweet potato virus disease, SPVD　　甘薯复合病毒病

T

Taphrina caerulescens (Desm. et Mont.) Tul.　蓝色外囊菌

Taphrina deformans (Berk.) Tul.　　畸形外囊菌

taro bacilliform virus, TaBV　　　芋杆状病毒

taro feathery mottle virus, TFMoV　　芋羽状斑驳病毒

taro large bacilliform virus, TLBV　　大杆（菌）状病毒

taro small bacilliform virus, TSBV　　小杆（菌）状病毒

taro vein chlorosis virus, TaVCV　　　芋叶脉缺绿病毒

Thanatephorus cucumeris (Frank) Donk　　　瓜亡革菌

Thielaviopsis basicola (Berk.& Br.) Ferraris　　　根串株霉

Thielaviopsis paradoxa (Seyn) Höhn = *Chalara paradoxa*
　　(de Seyn.) Hohn.　　　奇异根串珠霉

Tilletia barclayana (Bref.) Sacc. et Syd.　　　狼尾草腥黑粉菌

Tilletia controversa Kühn　　　小麦矮腥黑粉菌

Tilletia tritici (Bjerk.) Wint = *Tilletia caries* (DC.) Tul.

　　　小麦网腥黑粉菌

tobacco bushy top virus, TBTV　　　烟草丛顶病毒

tobacco etch virus, TEV　　　烟草蚀纹病毒

tobacco leaf curl Yunnan virus　　　云南烟草曲叶病毒

tobacco mosaic virus, TMV　　　烟草花叶病毒

tobacco rattle virus, TRV　　　烟草脆裂病毒

tobacco ring spot virus, TRSV　　　烟草环斑病毒

tobacco vein distorting virus, TVDV　　　烟草扭脉病毒

tomato aspermy virus, TAV　　　番茄不孕病毒

tomato leaf curl Bangalore virus, ToLCBaV

　　　班加罗尔番茄曲叶病毒

tomato leaf curl Gujarat virus　　　古吉拉特番茄曲叶病毒

tomato leaf curl New Delhi virus, ToLCNDV

　　　新德里番茄曲叶病毒

tomato leaf curl Palampur virus　　　帕兰波番茄曲叶病毒

tomato leaf curl Philippines virus　　　菲律宾番茄曲叶病毒

tomato leaf curl Sinaloa virus　　　锡那罗亚番茄曲叶病毒

tomato mosaic virus, ToMV　　　番茄花叶病毒

tomato ringspot nepovirus, ToRSV　　　番茄环斑病毒

tomato spotted wilt virus, TSWV　　　番茄斑萎病毒

tomato yellow leaf curl China virus　　中国番茄黄化曲叶病毒

tomato yellow leaf curl Kanchanaburi virus

　　　北碧番茄黄化曲叶病毒

tomato yellow leaf curl Thailand virus

　　　泰国番茄黄化曲叶病毒

tomato yellow leaf curl Vietnam virus

　　　越南番茄黄化曲叶病毒

tomato yellow leaf curl virus, TYLCV　　　番茄黄化曲叶病毒

tomato spotted wilt virus, TSWV　　　番茄斑萎病毒

Trametes suaveolens (Fr.) Fr.　　　香栓孔菌

Trematophoma sp.　　　陷茎点属真菌的一个种

Trematosphaeria heterospora (de Not.) Winter

　　　异孢蟓孢陷球壳菌

Trichocladia astragali (DC.) Neger　　　束丝壳属黄芪束丝壳

Trichocladia baumleri (Magn.) Neger　　　鲍勒束丝壳

Trichoderma harzianum Rifai　　　哈茨木霉

Trichoderma koningii　　　康氏木霉

Trichoderma longibrachiatum　　　长枝木霉

Trichoderma Polysporum　　　多孢木霉

Trichoderma viride Pers. ex Fries　　　绿色木霉

Trichodorus spp.　　　毛刺线虫

Trichothecium roseum (Bull) Link　　　粉红单端孢

Trichotylenchus changlingensis　　　长岭发垫刃线虫

Triphragmiopsis laricinum (Chou) Tai　　落叶松拟三孢锈菌

Tripospermun acerium Speg.　　　三叉孢菌

Triposporiopsis spinigera (Hohn.) Yamam.　　　刺三叉孢炱

Truncatella angustata Hughers　　　狭截盘多毛孢

Truncatella sp.　　　截盘多毛孢属的真菌

turnip mosaic virus, TuMV　　　芜菁花叶病毒

TVDV aRNA　　　烟草扭脉病毒相关 RNA

Tylenchorhynchus spp.　　　矮化线虫

Tympanis confusa Nyl.　　　混杂芽孢盘菌

Typhula incarnata　　　肉孢核瑚菌

Typhula ishikariensis　　　雪腐核瑚菌

U

Ugandan cassava brown streak virus, UCBSV

　　　乌干达木薯褐条病毒

Uncinula necator (Schw.) Burr.　　　葡萄钩丝壳菌

Uncinula verniciferae P. Heen.　　　漆树钩丝壳

Uncinuliella australiana (McAlp.) Zheng & Chen

　　　南方小钩丝壳

Urocystis brassicae Mundkur　　　芸薹条黑粉菌

Urocystis gladiolicola Ainsw.　　　唐菖蒲条黑粉菌

Urocystis pulsatillae (F. Bubák) G. Moesz　　白头翁条黑粉菌

Uromyces appendiculatus (Pers. Ung.)　　　菜豆疣顶单胞锈菌

Uromyces azukicola　　　小豆单胞锈菌

Uromyces coronatus Miyabe et Nishida　　　菱白单胞锈菌

Uromyces dianthi (Pers.) Niessl	石竹单胞锈菌	*Ustilago avenae* (Pers.) Rostr.	燕麦散黑粉菌
Uromyces glcyrrhizae Magn.	甘草单胞锈菌	*Ustilago crameri* Körn.	粟黑粉菌
Uromyces phaseoli (Pers. Wint.)	菜豆单胞锈菌	*Ustilago hordei* (Pers.) Lagerh.	大麦坚黑粉菌
Uromyces setariae-italicae (Diet.) Yoshino	粟单胞锈菌	*Ustilago kolleri* Wille	燕麦坚黑粉菌
Uromyces striatus	条纹单胞锈菌	*Ustilago nuda* (Jens.) Rostr.	裸黑粉菌
Uromyces viciae-fabae de Bary	蚕豆单胞锈菌	*Ustilago tritici* (Pers.) Rostr.	小麦散黑粉菌
Uromyces vignae Barclay	豇豆单胞锈菌	*Ustilago violacea* (Pers.) Rouss.	花药黑粉菌
Ustilaginoidea virens (Cooke) Takahashi	稻绿核菌		

V

Valsa ambiens (Pers. Ex Fr.) Fr.	梨黑腐皮壳	*Venturia oleaginea* (Castagne) Rossman & Crous	油橄榄黑星菌
Valsa ceratophora Tul.	黑腐皮壳	*Venturia pirina* (Cooke) Aderhola	西洋梨黑星菌
Valsa mali Miyabe et Yamada	苹果黑腐皮壳	*Venturia tremulae* (Frank.) Aderh.	欧洲山杨黑星菌
Valsa moricola Yenda.	桑生腐皮壳	*Verticillium albo-atrum* Reinke et Berth.	
Valsa pusio Berk. Et C.	长孢桑苗枯病		黄萎轮枝菌，黑白轮枝菌，黑白轮枝孢
Valsa pyri Wang	梨腐烂病菌	*Verticillium alfalfa* Inderbitzin	苜蓿轮枝孢
Valsa sordida Nit.	污黑腐皮壳	*Verticillium dahliae* Kleb.	大丽轮枝菌，大丽轮枝孢
Valsa sp.	黑腐皮壳	*Verticillium longisporum* (Stark) Karapapa, Bainbridge &	
Venturia carpophila Fisher	嗜果黑星菌	Heale	长孢轮枝菌
Venturia inaequalis (Cooke) Wint.	苹果黑星菌	*Verticillium nigrescens* Pethybr.	变黑轮枝菌
Venturia nashicola Tanaka et Yamamoto	东方梨黑星菌	*Villosiclava virens* E. Tanaka & C. Tanaka	稻麦角菌

W

watermelon mosaic virus, WMV	西瓜花叶病毒	wheat blue dwarf phytoplasm, WBD	小麦蓝矮植原体
watermelon silver mottle mosaic virus, WSMoMV		wheat dwarf virus, WDV	小麦矮缩病毒
西瓜银灰斑驳花叶病毒		wheat streak mosaic virus, WSMV	小麦线条花叶病毒
watermelon silver mottle virus, WSMoV	西瓜银灰斑驳病毒	wheat yellow mosaic virus, WYMV	小麦黄花叶病毒

X

Xanthomonas albilineans	白条黄单胞菌	*Xanthomonas axonopodis* pv. *malvacearum* (Smith)	
Xanthomonas arboricola pv. *juglandis*		Vauterin et al.	地毯草黄单胞菌锦葵致病变种
	树生黄单胞菌胡桃致病变种	*Xanthomonas axonopodis* pv. *manihotis*	
Xanthomonas arboricola pv. *pruni* (Smith) Dye			地毯草黄单胞菌木薯萎蔫致病变种
	树生黄单胞菌桃李致病变种	*Xanthomonas campestris* pv. *arecae* (Rao & Mohan) Dye	
Xanthomonas axonopodis pv. *citri*	地毯草黄单胞菌柑橘致病变种		野油菜黄单胞菌槟榔致病变种
Xanthomonas axonopodis pv. *glycines*		*Xanthomonas campestris* pv. *betlicola* (Patel. et al.) Dye	
	地毯草黄单胞菌大豆致病变种		野油菜黄单胞菌萎叶致病变种

Xanthomonas campestris pv. *campestris* (Pammel) Dowson
野油菜黄单胞菌野油菜致病变种

Xanthomonas campestris pv. *cerealis*
野油菜黄单胞菌禾草致病变种

Xanthomonas campestris pv. *hordei*
野油菜黄单胞菌大麦致病变种

Xanthomonas campestris pv. *juglandis* (Pierce) Dye.
野油菜黄单胞菌胡桃致病变种

Xanthomonas campestris pv. *malvacearum* (Smith) Dye
野油菜黄单胞菌锦葵致病变种

Xanthomonas campestris pv. *mangiferaeindicae* (Patel, Moniz & Kulkarni) Robbs, Ribiero & Kimura
野油菜黄单胞菌杧果致病变种

Xanthomonas campestris pv. *translucens* (Jones et al.Dye)
野油菜黄单胞菌半透明致病变种

Xanthomonas campestris pv. *undulosa*
野油菜黄单胞菌波形致病变种

Xanthomonas campestris pv. *vesicatoria*
野油菜黄单胞菌辣椒斑点病致病变种

Xanthomonas carnpestris pv. *phaseoli* (E. F. Smith) Dye
甘蓝黑腐黄单胞杆菌菜豆致病变种

Xanthomonas citri subsp. *citri*　柑橘黄单胞菌柑橘亚种

Xanthomonas fuscans subsp. *fuscans*　褐色黄单胞菌褐色亚种

Xanthomonas gumnisudans　流胶黄单胞菌

Xanthomonas incanae　紫罗兰黄单胞菌

Xanthomonas juglandis (Pierce) Dowson　核桃黄极毛菌

Xanthomonas nakatae (Okale) Dowson　黄单胞菌

Xanthomonas oryzae pv. *oryzae* (Ishiyama) Zoo
水稻黄单胞菌稻致病变种

Xanthomonas oryzae var. *dianthi*　稻属黄单胞杆菌石竹变种

Xanthomonas translucens pv. *translucens*
半透明黄单胞菌半透明致病变种

Xiphinema spp.　剑线虫

Xylaria furcata　叉状炭角菌

Y

yam mosaic virus, YMV　山药花叶病毒

Z

Zasmidium citri-griseum (F. E. Fisher) U. Branu & Crous
柑橘灰色平脐疣丝孢菌

zea mosaic virus, ZeMV　玉米花叶病毒

zucchini yellow mosaic virus, ZYMV　小西葫芦黄化叶病毒

Zygosporium sp.　接柄霉

条目标题汉字笔画索引

说 明

1. 本索引供读者按条目标题的汉字笔画查检条目。
2. 条目标题按第一字的笔画由少到多的顺序排列。笔画数相同的，按起笔笔形横（一）、竖（丨）、撇（丿）、点（丶）、折（一，包括丁、乚、く等）的顺序排列。第一字相同的，依次按后面各字的笔画数和起笔笔形顺序排列。
3. 以外文字母、罗马数字和阿拉伯数字开头的条目标题，依次排在汉字条目标题的后面。

四画

五画

六画

七画

八画

九画

十画

十一画

十二画

十三画

十四画

十五画

十六画

十七画

十九画

其他

条目标题外文索引

说　明

1. 本索引按照条目标题外文的逐词排列法顺序排列。无论是单词条目，还是多词条目，均以单词为单位，按字母顺序、按单词在条目标题外文中所处的先后位置，顺序排列。如果第一个单词相同，再依次按第二个、第三个，余类推。

2. 条目标题外文中英文以外的字母，按与其对应形式的英文字母排序排列。

3. 条目标题外文中如有括号，括号内部分一般不纳入字母排列顺序；条目标题外文相同时，没有括号的排在前；括号外的条目标题外文相同时，括号内的条目按字母顺序排列。

4. 条目标题中含拉丁文的，拉丁文字母一律斜体。

A

B

C

D

E

F

G

M

P

S

Y

Z

内容索引

说 明

1. 本索引是全书条目和条目又名、别名、俗名、俗称等的索引。索引主题按汉语拼音字母的顺序并辅以汉字笔画、起笔笔形顺序排列。同音同调时按汉字笔画由少到多的顺序排列；笔画数相同时按起笔笔形横（一）、竖（丨）、撇（丿）、点（丶）、折（乛，包括丁、乚、く等）的顺序排列。第一字相同时按第二字，余类推。索引主题中夹有外文字母、罗马数字或阿拉伯数字的，依次排在相应的汉字条目标题之后。索引主题以外文字母、希腊字母和阿拉伯数字开头的，依次排在全部汉字索引主题之后。

2. 设有条目的主题用黑体，未设条目的主题用宋体字。

3. 索引主题之后的阿拉伯数字是主题内容所在的页码，数字之后的小写拉丁字母表示索引内容所在的版面区域。本书正文的版面区域划分 4 区，如右图。

a	c
b	d

A

阿姆斯特丹曲霉　1a
桉苗灰霉病　1d
桉树褐斑病　2b
桉树焦枯病　2d
桉树溃疡病　3d
桉树紫斑病　4b

B

巴戟天茎基腐病　6a
巴戟天枯萎病　6a
白菜炭疽病　7c
白兰花顶死病　10a
白兰花黑斑病　10c
白兰花灰斑病　11b
白兰花炭疽病　12a
白兰花叶腐病　12d
白兰花叶枯病　13c
白兰花枝枯病　14b
白曲霉　15a
白头翁根腐病　15d
白头翁黑粉病　16d
白头翁菌核病　17c

白头翁霜霉病　18c
白头翁锈病　19b
白头翁叶斑病　20a
百合病毒病　20d
百合腐烂病　21d
百合褐皮病　26b
百合黑圆斑病　22c
百合红斑病　23a
百合花腐病　23d
百合茎基腐病　24c
百合鳞茎腐烂病　25c
百合炭疽病　26b
百合叶斑病　27c
百合叶斑枯病　28a

百合疫病　24c
板栗干枯病　30a
板栗实腐病　28d
板栗疫病　30a
半活体营养型病原菌　31d
孢子捕捉器　32a
孢子萌发率　32d
孢子释放　33a
孢子着落　33c
北沙参锈病　34a
荸荠秆枯病　34d
荸荠枯萎病　36b
荸荠瘟　36b
比较流行学　37d

C

D

E

F

H

M

S

T

W

X

Z

其他

病原物中文名称索引

说 明

1. 本索引是针对每个条目释文中"病原及特征"内容而提出的病原物中文名称。

2. 病原物中文名按拼音顺序排序并辅以汉字笔画、起笔笔形顺序排列。第一字同音时按声调顺序排列；同音同调时按汉字笔画由少到多的顺序排列；笔画数相同时按起笔笔形横（一）、竖（丨）、撇（丿）、点（丶）、折（𠃍，包括𠃌、乚、く等）的顺序排列。第一字相同时，按第二字，余类推。

3. 病原物之后的阿拉伯数字是主题内容所在的页码，数字之后的小写拉丁字母表示索引内容所在的版面区域。本书正文的版面区域划分 4 区，如右图。

a	c
b	d

A

阿拉巴德棉花曲叶病毒　980b

阿姆斯特丹曲霉　1a

矮化线虫　422a

矮小轴霜霉　18c

桉盾壳霉　2c

桉茎点霉　4a

桉壳褐针孢　4c

桉壳针孢　4c

暗孢节菱孢　957a

奥隆特高氏白粉菌　593d

B

巴特勒小煤炱　452a，1654b

白斑柱隔孢　1910d

白杯盘菌　1198b

白叉丝单囊壳　522a，1055d

白地霉　847b

白粉孢　104c，869d，1117a

白腐垫壳孢　1095a

白腐菌　1359a

白腐小核菌　196c

白腐亚球腔菌　1095a

白井地杖菌　1198b

白井黑痣菌　1888d

白井盘多毛孢　861c

白井氏斑痣盘菌　319b

白绢薄膜革菌　1776b

白孔座壳菌　578a

白兰花生叶点霉　14a

白条黄单胞菌　407b

白头翁鞘锈菌　19b，1317d

白头翁条黑粉菌　16b

白纹羽束丝菌　153c，808c，1777a

白锈菌　1238d，1668d，1911c

白芷壳针孢　279c

百合科刺盘孢　26c

百合葡萄孢　24a

百合生叶点霉　27c

百合炭疽病菌　26c

百合无症病毒　21a

班加罗尔番茄曲叶病毒　980b

班加罗尔棉花曲叶病毒　980b

斑点嗜兰孢孔菌　843a

斑点小球腔菌　377a，1684a

斑点叶点霉　1323a

半裸镰孢　474c，1484a，1747a，1750c

半裸镰刀菌　36c，681a，993d，1403c

半球状外担菌　313d

半透明黄单胞菌半透明致病变种　1500b

棒盘孢　1080c，1758c

鲍勒束丝壳　104c

东非木薯花叶病毒马达加斯加
　　株系　1032c
东非木薯花叶病毒马拉维株系　1032c
东非木薯花叶病毒桑给巴尔株系
　　1032c
东非木薯花叶病毒株系　1032c
冬青丽赤壳菌　223a
冬生疫霉　1445d
豆科内丝白粉菌　1038c
豆类壳二孢　1379b
豆类亚隔孢壳　1379a
独活白粉菌　181c
杜鹃棒盘孢　313a
杜鹃春孢锈菌　315a

杜鹃黑痣菌　319b
杜鹃金锈菌　328a，1814a
杜鹃壳蠕孢　320d
杜鹃壳针孢　318c
杜鹃拟盘多毛孢　330a
杜鹃外担菌　313d
杜鹃尾孢　322a
杜鹃芽链束梗孢菌　328b
短尖刺盘孢　947a
短尖多胞锈　959d
钝头壳针孢　733c
盾壳霉　536a，757c，1020c，1080c
盾壳霉小球腔菌　1806b
多孢木霉　1255d

多堆柄锈菌　1752c
多米尼加小穴壳　939b
多年生的半寄生种子植物云杉
　　矮槲寄生　1808c
多年异担子菌　1283d
多芽管专化型　1631a
多主棒孢　333c，668a，1024c，
　　1153c，1498b，1826b
多主瘤梗孢　1010a
多主枝孢　334c，802b，1548a，
　　1805b
多子座丛梗孢　1069c

E

恶臭假单胞菌　1584d
恶疫霉　24d，291d，304d，839c，
　　1018d，1171c，1179d，1184a，

1251a，1895b
二孢白粉菌　240a，586a，728c，
　　936a，1126a，1589b，1595c，

1823d
二色壳蠕孢　320d

F

发光假蜜环菌　1065c
番木瓜环斑病毒　336b
番木瓜环斑病毒西瓜株系　597a，
　　1410c
番木瓜曲叶病毒　980b
番木瓜生枝孢　334c
番茄斑萎病毒　244d，737b
番茄不孕病毒　90d
番茄长蠕孢　342d
番茄格孢腔菌　350c
番茄花叶病毒　344a，1178a
番茄环斑病毒　735c
番茄黄化曲叶病毒　91a，346c
番茄壳针孢　341a
番茄真粉孢　1135b

繁峙根结线虫　901c
泛菌　1584d
非洲木薯花叶病毒　980b
非洲木薯花叶病毒（株系）　980b，
　　1032c
非洲油棕环斑病毒　1718c
菲利普孢囊线虫　928a
菲律宾番茄曲叶病毒　346d
斐济球腔菌　1448b
肺炎克雷伯氏菌　1763d
粉孢霉属　240a，522a，1904d
粉被栅锈菌　1641d
粉红单端孢　12d，603c，1326c，
　　1080c
粉红镰孢　633a

粪鬼伞　1256a
风毛菊鞘锈　1318a
凤梨镰刀菌　88a
佛罗里达根结线虫　1141c
伏克盾壳霉　306c，1806b
匐灿球赤壳菌　1026d
辐射状针孔菌　843c
福拜氏独脚金　698c
福士拟茎点霉　812d
腐菌异滑刃线虫　1703b
腐霉菌　22c，112c
富克尔核盘菌　725a，1143b
富氏葡萄孢盘菌　245d，605c，
　　639d，1104c

M

N

X

Y

Z

其他

病原物外文名称索引

说 明

1. 本索引是针对每个条目释文中"病原及特征"内容而提出的病原物外文名称。

2. 病原物外文名大部分为拉丁文。少数为英文。拉丁文一般由属名、种名、定名人组成。属名和种名均为斜体，属名首字母大写，其余小写。定名人为正体。病原物名为英文的均为小写正体。

3. 本索引按照外文的逐词排列法顺序排列。无论是单词条目，还是多词条目，均以单词为单位，按字母顺序、按单词在外文中所处的先后位置，顺序排列。如果第一个单词相同，再依次按第二个、第三个，余类推。

4. 病原物外文名之后的阿拉伯数字是主题内容所在的页码，数字之后的小写拉丁字母表示索引内容所在的版面区域。本书正文的版面区域划分4区，如右图。

a	c
b	d

A

Aceria macrodonis Keifer.　492d

Aciculosporium take I. Miyake　1887a

Acidovorax avenae　410a

Acidovorax avenae subsp. *avenae*　138a

Acidovorax citrulli　516a

Acremonium strictum W. Gams　1739c

Actinonema rosae (Lib.) Fr.　1795d

adzuki bean mosaic virus, AzMV　1519b

Aecidium cadidum Pers.　1239a

Aecidium mori (Barela) Diet　1186a

Aecidium rhododendri Barcl.　315a

African cassava mosaic virus　980b, 1032c

African oil palm ringspot virus, AOPRV　1718c

Agaricodochium camellia　1707d

Agaricodochium vitis　1097a

Agrobacterium tumefaciens (Smith & Towns.) Conn　241d, 817a, 1064c, 1281d, 1334c, 1461a, 1663a

Albugo achyranthis (Henn.) Miyabe　1046a

Albugo blitis (Biv.) Kuntze　1046a

Albugo candida (Perz.) Kuntze　1238d, 1668d, 1911c

Albugo cruciferarum (DC.)　1239a

Albugo ipomoeae-aquaticae Saw.　1397c

Albugo ipomoeae-panduranae (Schwein.) Swing.　1397c

Albugo macrospora (Togashi) S.　1239a

Albugo tragopogonis (Pers.) S. F. Gray　1473d

Alfalfa mosaic virus, AMV　208c, 1162c

Altemnaria brassicicola　1803c

Alternaria　1590b

Alternaria alternata (Fr.) Keissl.　221c, 242b, 332a, 440d, 475a, 624a, 739c, 979b, 1080c, 1476a, 1548a, 1598a, 1640c, 1661b, 1819a

Alternaria alternata f. sp. *mali*　523a, 1058b

Alternaria alternata pathotype *tangerine*　434c

Alternaria brassicae (Berk.) Sacc.　10d, 213a, 1680a

Alternaria brassicae (Berk.) Sacc. var. *phaseoli* Brun　221c

Alternaria brassicicola (Schweinitz) Wiltshire　213a, 1680a

Alternaria cheiranthi (Lib.) Wiltsh.　260b

Alternaria chrysanthemi E. G. Simmons & Crosier　739c

Alternaria citri Ell. et Pierce　440d

Alternaria cucumerina　1425c

E

F

G

H

I

J

K

L

N

Nectria aleuritidia Chen et Zhang　1717a

Nectria haematococca (Berk. & Broome) Samuels & Rossman　692b，825d

Nectria sanguinea (Bolt.) Fr.　391a

Nectriella dacrymycella (Nyl.) Rehm.　689b

Neocapnodium tanakae (Shirai & Hara) Yamam.　452a，1402b

Neocapnodium theae Hara　157c

Neofusicoccum parvum　564a，942d，1108c

Neofusicoccum ribis　1507b

Neovossia horrida (Tak.) Padw. et Azmat Kahn.　281d

Neovossia setariae (Ling) Yu et Lou　507d

Neurospora crassa　1255d

Neurospora sitoohila　1255d

nonotus pruinosus Bondartsev　843c

northern cereal mosaic virus, NCMV　1531c

O

odontoglossum ringspot virus, ORSV　798b

Oidiopsis taurica (Lév) E. S. Salmon.　1135b

Oidium chrysanthemi Rabenh　728c

Oidium cratage Grogh.　1222b

Oidium erysiphoides Fr.　104c，869d，1177a，1823d

Oidium euonymi-japonicae (Arc.) Sacc.　274c

Oidium heveae Steinmann　1496d

Oidium leucoconium Desm.　1792c

Oidium lini Skoric　586a，1589b

Oidium mangiferae Berthet　936a

Oidium monilioides Nees　925c

Oidium sesami　1823d

Oidium sp.　240a，522a，1904d

Oidium tingitaninum C. N. Carter　428c

Oidium tuckeri Berk.　1092d

Oidium zizyphi (Yen & Wang) U. Braun　953d

oilseed rape mosaic virus, ORMV　1671c

okra enation leaf curl virus, OELCuV　980b

Olpidium viciae Kusamo　119a

onion mite-borne latent virus, OMbLV　273b

onion yellow dwarf virus, OYDV　273b

Onnia leporina (Fr.) H. Jahn　843c

Onnia tomentosa (Fr.) P. Karst.　843c

Oospora citri-aurantii (Ferr.) Sacc. et Syd.　457b

Ophiosphaerella　491a

Ophiosphaerella herpotricha　491a

Ophiosphaerella korrae　491a

Ophiosphaerella narmari　491a

orchid fleck virus, OFV　798b

Orobanche cumana Wallr.　1486a

Ovulariopsis sp.　807c

Oxyporus populinus (Schumach.) Donk　843c

Oxyporus sinensis X. L. Zeng　843d

P

panax notoginseng virus A, PnVA　1178a

panax virus Y, PnVY　1178a

Pantoea agglomerans (Beijerinck) Gavini, Mergaert, Beji, Mielcarek, Izard, Kersters & De Ley　1761b

Pantoea agglomerans　984c

Pantoea ananatis (Serrano) Mergaert, Verdonck & Kersters　1732c

Pantoea ananatis　984c

Pantoea sp.　138a，1584d

papaya leaf curl virus, PaLCuV　980b

papaya ringspot virus, PRSV　336b

papaya ringspot virus-watermelon strain, PRSV-W　597a，1410c

Papulariopsis byssina　1256a

S

T

V

W

X